철도공학

철도공학

초판 1쇄 발행일 _ 2006년 9월 10일
초판 3쇄 발행일 _ 2011년 4월 11일

지은이 _ 서사범
펴낸이 _ 최길주

펴낸곳 _ 도서출판 BG북갤러리
등록일자 _ 2003년 11월 5일(제318-2003-00130호)
주소 _ 서울시 영등포구 여의도동 14-5 아크로폴리스 406호
전화 _ 02)761-7005(代) | 팩스 _ 02)761-7995
홈페이지 _ http://www.bookgallery.co.kr
E-mail _ cgjpower@yahoo.co.kr

값 42,000원

* 저자와 협의에 의해 인지는 생략합니다.
* 잘못된 책은 바꾸어 드립니다.

ISBN 89-91177-23-9 93530

철도공학

Railway Engineering

서사범 저

BG 북갤러리

머리말

세계 최초의 공공철도는 1825년 9월 27일에 탄생되었습니다. 그 이후 약 100년 동안은 세계적으로 육상교통 수송에서 철도가 압도적인 시장 점유율을 점하여 왔지만, 제2차 세계대전 이후에는 자동차산업과 항공 산업의 발전에 따라 철도의 시장점유율이 감소되어 왔습니다. 그러나 세계 최초의 고속철도가 1964년에 개업됨에 따라 여러 나라에서 철도를 재인식하게 되어 고속·대량 수송기관인 철도는 점차적으로 육상에서 가장 중요한 교통기관으로서의 위치를 회복하여 가고 있습니다. 더욱이, 생(省)에너지, 생(省)토지, 생력(省力)의 면에서 가장 효율적이고 가장 안전한 수송기관인 철도는 1980년대 후반부터 대두되어 현재 세계적으로 고민하고 있는 지구온난화 등의 환경문제와 자원고갈 등의 에너지 문제에 대처하여 가는데 가장 유리한 교통기관이므로 앞으로 더욱 중요시될 것입니다.

1899년 9월 18일 노량진~제물포(현재의 인천 역)간에 국내 최초의 철도가 개통된 후로 100년 이상의 철도 역사를 갖고 있는 우리나라의 경우도 철도가 국가 동맥으로서의 역할을 수행하여 왔으나, 경제사회발전 5개년 계획을 시작한 1962년 이후로는 도로위주 교통정책에 따른 도로의 급성장 및 자동차산업과 항공산업의 발전으로 철도가 위축되어 왔습니다. 그러한 가운데서도 철도가 국가 수송기관의 역할을 묵묵히 수행하여 오던 중에 국내 최초의 고속철도인 경부고속철도를 1992년 6월 30일 착공하여 2004년 4월 1일에 1단계구간을 개업하였으며, 이를 계기로 국내의 철도가 활기를 되찾기 시작하였습니다. 또한, 1974년 8월 15일 서울 지하철 1호선이 개통된 이후에 계속하여 여러 도시에서 지하철과 경전철 등이 신설, 확충되고 있습니다. 우리의 철도는 2003년의 철도산업 구조개혁과 국가교통정책의 변화 및 지구환경과 에너지 문제에 대한 대처 등 철도를 둘러싼 환경의 변화, 21세기 국가철도망구축계획 수립 등에 따라 앞으로 더욱 활성화되고 크게 발전할 것입니다. 특히, 고속철도를 비롯한 우리 철도는 향후에 국내 교통체계의 중추적인 역할을 하게 될 뿐만 아니라 대륙의 철도망과 연결되어 세계로 나아가는 대로가 될 것입니다. 또한, 우리 철도의 기술과 경험이 대만과 중국 등에서 이미 활용되고 있으며, 앞으로 북한철도 현대화사업과 동북아철도망 구축을 비롯한 해외철도의 건설과 정비 사업에 더욱 활용될 것으로 전망됩니다.

이와 같이 철도의 르네상스 시대를 맞이하여 앞으로 철도기술에 대한 수요는 더 고급화된 전문기술을 필요로 하고 있으나, 국내 철도기술의 실상을 살펴보면 외형적인 발전과는 다르게 기술의 질적인 면에서 다소의 문제점과 어려움이 있는 것도 현실입니다. 철도를 더욱 발전시키고 해외 진출을 뒷받침하기 위해서는 철도기술 수준의 향상과 철도전문 기술 인력의 양성이 더욱 중요하게 될 것입니다.

철도시스템은 토목·기계·전기와 기타의 기술을 종합한 공학에 의존하고 있으며, 선로·차량·신호·전차선 등의 여러 전문기술이 상호 관련되어 있습니다. 철도기술은 해마다 다양·복잡·팽대한 기술 집적이 이룩되고 있습니다. 철도시스템을 떠받치는 공학기술은 지금까지 토목·기계·전기가 중심이라고 생각하여 왔지만, 현재에는 정보시스템의 중요성이 높아지고 있습니다. 또한, 이전에는 공학 영역에 포함되어 있지 않았던 경영기술, 관리·운영기술도 기존의 공학 분야와 밀접 불가분으로 되고 있습니다. 철도토목의 기술을 보아도 교통계획과 같은 종래의 기술 영역 외에 환경공학·도시계획 등의 분야가 더해지고 있습니다. 이와 같이 철도공학은 다기에 걸쳐있는 철도시스템의 개별 공학 영역이 유기적으로 결합하는 경우에만 성립하고 발전하게 됩니다. 따라서 종합공학의 성격을 갖고 있는 철도공학은 시대와 사회조건의 변동에 유연하게 대응하고 요구되는 기술과제에 정확하게 대응하는 노력을 통하여만 철도공학의 사명을 달성하고 장래에 걸쳐 존속·성장하여 가는 것이 기대될 것입니다.

이와 같이 철도시스템을 떠받치는 철도공학을 발전시키고 새로운 기술개발과 철도기술자의 양성 등 저변 확대에 조금이라도 기여하기 위하여 철도기술에 관한 여러 자료를 정리하여 이 책을 만들었으며, 이 책의 초판이라고 할 수 있는 《철도공학의 이해》를 발행한지 6년여의 세월이 흐름에 따라 이를 개정하기로 하고 고속철도의 건설과 개통 및 철도산업구조 개혁에 따른 철도기술 관련규정의 변경 등 그간의 국내 철도여건의 변화와 발전을 감안하여 새로운 기술 등을 추가하고, 또한 철도기술 업무에 종사하는 실무자, 철도 관련 학과의 대학생, 철도기술사 시험을 준비하는 기술자들에게 유용하도록 대폭적으로 보완하여 《철도공학》이라는 새로운 서명으로 발간하게 되었습니다.

이 책은 철도공학 개개의 전문기술에 대하여 상호의 관련을 고려하면서 여러 각도에서 정리하고, 일반철도를 기본 주제로 하여 최근의 고속철도·지하철·모노레일·라이트레일·신 교통 시스템·경량전철·특수철도 등도 다루었습니다. 또한, 철도기술자로서 철도에 관한 필요한 기본지식을 습득하도록 하기 위하여 철도 계획, 노선 선정, 철도의 건설과 정비, 선로와 구조물, 정거장과 차량기지, 신호·보안 장치, 전기운전 설비, 차량, 운전, 안전 대책, 속도 향상, 경영 개선, 유지 보수, 철도의 향후 과제 등 철도공학과 철도기술의 전반에 관한 내용을 종합적으로 기술하였습니다.

이 책을 《철도공학 개론》의 교재로 이용할 경우에는 제1.1절, 제1.3절, 제1.5절, 제2.1.4항, 제2.2.2항, 제2.2.3항, 제2.2.6항, 제3.1.1항~3.1.4항, 제3.2절~제3.5절, 제3.6.1항~제3.6.6항, 제5.2절~제5.6절, 제6.1절, 제7장, 제8.1절, 제9.4절, 제10.1절~제10.4절 등과 그 외의 시항을 적절히 가감하여 강의하는 것도 가능할 것입니다.

이 책에서 논의한 내용의 범위를 벗어나는 철도토목공학의 좀 더 상세한 내용, 또는 새로운 철도선로기술에는 관하여는 이 책의 각론이라고도 할 수 있는 《개정2판 선로공학》, 《궤도장비와 선로관리》, 《고속선로의 관리》, 《궤도 시공학》 등과 더불어 《최신 철도선로》와 《철도공학 개론》 등을 참조하시기 바랍니다. 상기의 책들은 각각 내용을 상술한 부분과 생략 부분이 있고 겹치는 부분이 있는 등 나름대로 특색이 있으므로 철도기술자, 컨설팅 엔지니어 및 학생들은 이를 종합적으로 활용하는 것이 좋겠습니다.

필자는 국내 철도기술의 발전에 조금이라도 기여하겠다는 오로지 필자 스스로의 사명감에서 개인적인 사생활을 희생하면서 이 책을 저술하였습니다. 하지만, 일부의 외국자료 인용 등에 따라 실정에 맞지 않거나 내용의 오류, 또는 불충분한 점이나 미비한 사항이 또한 있을 것으로 예상되므로 앞으로 계속 수정, 보완토록 노력할 것을 다짐하며, 독자 여러분들의 많은 조언과 오류의 지적을 바랍니다. 또한, 지식에 관하여 절대적이고 항구적인 것이 없기 때문에 독자들의 견해와 코멘트를 환영할 것입니다.

이 글의 맺음말로서, 자료 제공 등 이 책의 저술에 여러 가지로 도움을 주신 모든 관계자 여러분, 저의 초등학교 시절부터 평생의 참 스승이신 윤성용 선생님, 학부시절에 문화인으로서의 자세 등을 일깨워 주신 탁용국 교수님, 저의 박사과정을 지도하여주신 구봉근 교수님을 비롯한 여러 스승님들, 그리고 강기동 박사님을 비롯하여 저에게 도움을 주신 사회·학교의 선후배·동료들 및 철도의 발전을 위하여 수고하시는 모든 분들께 깊은 감사를 드립니다. 또한, 이 책의 워드 프로세싱 작업과 그림정리 등으로 많은 수고를 하신 박인실 양을 비롯하여 이 책의 발행에 협조하여 주신 최길주 사장님 등 도서출판 〈북갤러리〉 임직원 여러분에게 감사를 드립니다.

2006. 2.

한밭에서 徐士範

제2장 철도의 계획과 건설 및 정비

제3장 철도 선로

제4장 선로 구조물

제5장 전기 및 신호보안 설비

제7장 정거장 및 차량기지·차량공장

제8장 운전관리·안전대책 및 철도의 유지관리

제9장 속도향상·경영개선·고속철도 및 향후의 과제

제10장 도시철도·신교통 시스템 및 특수 철도

제1장 철도 전반

1.1 개론

1.1.1 철도의 정의

(1) 철도의 정의

철도(鐵道, railway, railroad)는 일반적으로 다음과 같이 정의된다.

협의의 철도는 일정한 부지를 점유하고 레일·침목·도상 등으로 구성되는 궤도에서 기계적·전기적 동력을 이용하는 차량을 운전하여 여객이나 화물을 운반하는 "육상의 교통 기관(means of transport)" 이다.

광의의 철도는 "일정한 가이드 웨이(guide way)에 따라 차량을 운전하여 여객이나 화물을 운반하는 것의 전부"이며, 협의의 철도 외에 미니 지하철·노면 철도·모노레일·신교통 시스템·케이블 카·로프 웨이·부상식 철도 등이 포함된다.

이 책에서는 가장 일반적인 2줄 레일(dual rail, 雙軌式)의 철도를 주로 기술한다.

(2) 공학적인 관점에서 철도의 정의

'철도'라는 용어는 가장 협의로 정의할 경우에 '2줄의 레일과 이것을 지지하는 궤도구조'를 표현하고 있지만, 보다 일반적으로는 이와 같은 '철(鐵)의 길(道)'을 통로로 하여 열차로 대량수송을 하는 육상 교통수단의 호칭으로 이용되어 왔다. 그러나, 현대사회에서의 철도는 형태·기능·역할의 어느 면에서도 다양화되고 또한 여러 분야의 공학기술을 유기적으로 조합한 종합기술로서의 측면을 깊게 하고 있다.

이 책에서는 철도의 형태·기능적 특질에서 포착하여 철도를 다음과 같이 정의한다. "이용의 창구인 역·터미널(노드, node)과 수송로로서의 전용 안내궤도(링크, link)를 주행하는 차량(캐리어, carrier)을 통하여 사람이나 물자의 공간적 이동 서비스를 수행하는 교통시스템"을 형태론에서 단순히 '철도(鐵道)', 또는 그 시설의 시스템 공학적 종합성에 착안하여 '철도시스템'이라 총칭한다. 여기에는 상기의 노드·링크·캐리어를 철도가 갖고있는 주요 요소로서 포착하고 있으며, 더욱이 그것의 원활한 운용을 떠받치는 차고(차량기지), 전력(동력)설비, 신호·보안설비와 운행·제어 시스템을 더한 수송시설 전체를 의미하는 것으로 '철도시스템'을 고려한다. 또한, 철도를 이용하기 위한 노드로 되는 역·터미널은 교통의 결절점(結節點)인 동시에 활발한 도시활동의 장을 제공하는 터미널로서의 의의를 갖고 있으며, 또한 동시에 철도가 갖는 역할로서 중시하고 있다. 이상은 공학적인 관점에서 철도시스템의 정의를 규정한 것으로 이 책은 고속철도나 도시계 철도는 물론 모노레일이나 신교통 시스템 등 새로운 유형의 교통시설도 넓게 철도시스템의 범주에 포함되는 것으로 고려한다.

한편, 교통체계 정비사업의 대상으로서 철도시스템을 보는 경우에는 독립한 철도사업으로서 실시하는 경우가 많은 것은 당연하지만, 최근의 도시 모노레일이나 신교통 시스템의 대부분은 도로교통을 보완하는 기반시설(infrastructure)로서 선로구조물을 건설하는 등 이와 같은 면에서 철도시스템의 의의는 다양화되어 가는 중이다. 이 책에서 논하는 철도시스템의 건설 프로세스에서 기술자는 공학적 의미에서의 철도시스템만이 아니고 행정적 방법에서의 이러한 다면적인 개념을 정확하게 파악해 두는 것이 요청된다.

한편, 철도에는 여객수송과 화물수송이란 2개의 서비스 기능이 있으며, 양자는 링크(link)를 공용(共用)하는 외에는 노드(node)와 캐리어(carrier)에 대하여는 각각 전용(專用)의 시설을 갖는 것이 보통이다. 철도의 화물수송 기능으로서의 역할은 여러 외국의 경우에서는 크지만, 우리 나라의 경우에는 석유, 시멘트 등의 전용화물이나 컨테이너 수송으로 특화되는 중이다.

1.1.2 철도의 종류(classification of railway)

광의의 철도 종류에는 기술상으로 분류하여 ① 궤도의 형태에 따른 분류, ② 궤간에 따른 분류, ③ 동력 방식에 따른 분류, ④ 구동 방식에 따른 분류, ⑤ 궤도의 부설 레벨에 따른 분류, ⑥ 수송 기능에 따른 분류, ⑦ 부설 장소에 따른 분류, ⑧ 법제상·경영상에 따른 분류, ⑨ 경영 주체에 따른 분류, ⑩ 사업 구분에 따른 분류 등이 있다.

(1) 궤도의 형태에 따른 분류

철도의 궤도는 영국에서의 창업 시부터 2 세기에 가깝게 걸쳐 2줄의 강 레일로 구성되는 것이 기본 구조로서 답습되어 왔지만, 최근에 몇 가지 새로운 형태의 궤도가 개발·실용화되어 있다.

(가) 2줄 레일 방식(dual rail, 雙軌式)

강 차륜을 가진 차량을 2줄의 평행한 강 레일로 지지·안내하는 방식이며, 현재도 이 방식의 철도 비율이 압도적으로 많다. 철도의 많은 장점을 갖고 있으며 주행 저항(running resistance)이 적고, 지지와 안내를 2줄의 레일로 수행하므로 분기기(turnout)의 구조도 간단하다.

(나) 모노레일 방식(monorail railway, 單軌式)

차량을 1줄의 가이드 보(beam)로 지지·안내하는 방식이며, 차량이 매달리는 현수(懸垂)식 (suspension type)과 차량이 걸터탄 과좌(誇座)식(straddled type)의 2 종류가 있다. 현수식의 안내는 강제 보, 과좌식의 안내는 큰 PC 보로 하고 차량은 소음 방지를 위하여 고무 타이어 차륜을 사용하는 것이 대부분이다. 예전에 아일랜드에서 채용되었던 과좌식 모노레일은 증기 동력으로 하였지만 최근의 모노레일은 전기 동력으로 하고 있다. 가이드 보를 도로 위의 공간에 건설할 수 있기 때문에 궤도를 위한 전용의 용지를 필요로 하지 않으며 건설비도 지하철의 약 3분의 1밖에 들지 않지만, 수송력은 하회한다(상세는 제10.3절 참조).

(다) 안내 레일식(guide way system)

차량의 지지는 2줄의 콘크리트 노면과 고무 타이어 차륜을 사용하고 안내는 유도 고무 타이어 차륜과 측벽 등을 이용하며, 전기 동력으로 하고 있다. 소형 차량을 연결 운전하는 신교통 시스템(new traffic system)은 건설비가 모노레일의 약 반분이지만 수송력은 철도와 버스의 중간인 중량(中量) 수송기관으로서 위치를 잡고 있다(상세는 제10.4절 참조).

(라) 부상 방식 철도(magnetic levitation railway)

안내 레일 내에서 전자력(電磁力)으로 차량을 부상시켜 전자력으로 견인 추진·안내 제어하는 방식이다. 현재 독일과 일본에서 개발 실용화가 진행되고 있다. 점착 구동의 마찰력에 한계가 없기 때문에 500 km/h 를 넘는 고속 운전이 기대되고 있다(상세는 제9.4절 참조).

(마) 철륜(鐵輪) 리니어 모터(linear-motor) 방식 철도

부상식 철도와 마찬가지로 추진력에는 리니어 모터를 이용하지만, 차량의 지지·유도에 대하여는 종래의 2줄 레일 방식과 같이 레일로 행하는 방식이며 종래의 로터리 모터의 회전자에 상당하는 리액션 플레이트(reaction plate)가 2줄의 레일 사이에 부설되는 점에서 종래의 궤도 구조와는 다르다(상세는 제10.1.9항 참조). 현재 캐나다의 토론토, 뱅쿠버나 미국의 디트로이트에서 실용화되고 있다.

(바) 기타

이 책에서는 제10장에서 간단하게 소개하지만, 광의의 철도에 포함되는 강색(鋼索) 철도의 케이블카나 가공(架空) 삭도(索道)의 로프 웨이(rope way), 스키 리프트 등이 있다. 어느 것도 철도나 자동차를 이용할 수 없는 산악 지대의 교통 수단으로 채용되고 있다. 케이블카의 차량은 급구배인 2줄의 철 레일로 지지되고, 로프 웨이는 공중에 설치된 케이블에 차량을 매달아 고개 위의 전동기로 감아 올리는 강제의 와이어로 견인한다. 철도와 자동차 양방의 기능을 갖춘 것으로 가이드 웨이 버스(노선의 주요부는 안내 레일을 주행하고 말단에서는 도로상을 주행한다)도 도입되고 있다(제10.6.5항 참조).

(2) 궤간에 따른 분류

2줄 레일의 철도에서는 직통 운전을 위하여 궤간의 통일이 바람직하지만 제각각의 경위로 나라에 따라 여러 가지 크기의 궤간이 채용되고 있다(제3.2.2항 참조). 증기 기관차(steam locomotive)의 시대에는 최고 속도(maximum speed)가 궤간 폭에 좌우되는 동륜(driving wheel) 지름에 거의 비례하였기 때문에 협궤는 속도의 점에서 불리하였지만, 전기·디젤의 동력 방식에서는 주행의 안정성만이 관련되고 궤간에 따른 속도의 차이는 적게 되어 있다. 또한, 남아프리카나 브라질 등의 광석수송 철도의 예와 같이 궤도구조(track structure)의 강화에 따라서 협궤에서도 대형 차량이 채용되어 차량 크기(축중)의 차이가 작게 되어 있다.

(가) 광궤 철도(broad-gauge railway)

궤간이 1,435 mm보다 큰 철도를 말한다. 대표적인 것으로 인도, 아르헨티나, 칠레의 1,676 mm, 스페인(고속신선은 표준 궤간)과 포르투갈의 1,668 mm, 오스트레일리아와 아일랜드의 1,600 mm, 러시아, 핀란드, 몽고 등의 1,524 mm 등이 있다.

(나) 표준 궤간 철도(standard-gauge railway)

궤간이 영국의 최초 철도에서 채용된 1,435 mm인 철도를 말한다. 서유럽, 북아메리카에 보급되어 세계적으로 가장 높은 비율을 점하며, 철도의 표준 궤간으로 되어 있다. 크기의 기원은 옛날의 마차 차륜 폭에 기초하며, 탄광 철도의 궤간이라고 하는 설이 있다(제1.2절 참조).

우리 나라의 철도는 표준 궤간을 채용하고 있다.

(다) 협궤 철도(narrow-gauge railway)

궤간이 1,435 mm보다 작은 철도를 말한다. 일본의 재래선이나 대만, 필리핀, 인도네시아, 오스트레일리아, 뉴질랜드, 자일, 수단 등의 1,067 mm, 남아프리카의 1,065 mm(希望峯궤간, 실질은 1,067 mm와 같다), 인도, 미얀마, 태국, 말레이시아, 케냐, 탄자니아, 볼리비아 등의 1,000 mm, 콜롬비아의 914 mm(3 ft), 산업 철도의 762 mm · 610 mm 등이 있다. 또한, 외국에서는 그 밖의 분류로서 1,000 mm 이하의 좁은 궤간의 경편(輕便) 철도(light railway)를 협궤라고 하는 경우도 있다.

(라) 광협(廣狹) 병용 철도

궤간을 달리하는 2 종류의 차량을 주행시킬 수 있도록 3 개의 레일을 부설한 철도이다.

(3) 동력 방식에 따른 분류

주행용 동력 방식의 종류에 따른 분류로 철도 창업으로부터 제2차 세계대전 직후까지는 세계적으로 증기 방식이 주이었지만 최근에는 전기 방식과 디젤 방식으로 되어 있다. 항공기용의 가스터빈 엔진을 탑재한 터보 트레인이 프랑스, 캐나다 등에서 채용되었지만 소음이나 비용 등의 이유로 보급되지 않았다(제9.4.5(1)항 참조).

(가) 증기 철도(steam railway)

1825년 영국에서 첫선을 보인 산업혁명의 상징인 증기기관차는 180년만에 은퇴하여 현재 본선에서 운행되는 증기철도는 없다. 즉, 세계에서 유일하게 철도본선에서 운행되던 중국 네이멍구(內蒙古) 자치구 지닝(集寧)과 퉁랴오(通遼) 사이 1,200 km 구간의 증기기관차가 2005년 10월 30일 운행을 중단하고 내연기관차로 대체되었다.

(나) 전기 철도(electric railway)

선진국의 열차 횟수가 많은 주요 철도는 전기 운전(electric traction)이 원칙이며, 전 세계의 철도 영업선로 연장의 20 %에서 채용되고 있다.

(다) 디젤 철도(diesel railway)

비교적 열차 횟수가 적은 철도에 채용되며 전 세계 철도 영업선로 연장의 80 %가 디젤 운전으로 하고 있다.

(4) 구동 방식에 따른 분류

(가) 점착 철도(adhesion railway)

차륜과 레일의 마찰력으로 구동력을 얻는 방식이며 대부분의 철도가 이 방식으로 하고 있다. 영국의 철도 창업기에 이 방식으로는 차륜이 슬립(slip)하여 충분한 구동력이 얻어질 수 없다고 하여 톱니바퀴가 맞물리는 래크(rack)식으로 한 예도 있었다. 급구배에서는 차륜이 미끄러지기 쉽기 때문에 외국의 본선에서는 최급 구배를 40 %로 하고 특별한 경우로서 JR 信越線의 구간에 67 ‰, 등산 철도(mountain railway)에 80 ‰로 한 예도 있다.

희귀한 철도로서 주행용 레일의 중앙에 또 하나의 양두(兩頭) 레일을 부설하여 양측에서 누르는 수평 동륜으로 보통 동륜의 구동력에 더하는 휄식 철도(fell system railway)가 있다. 예전에 뉴질랜드의 우이라버 철도의 급구배(77 ‰) · 급곡선(115 m) 구간에서 증기 운전으로 1878~1955년에 사용되어 특수 철도로서 유명하였지만, 터널의 별도 신선의 개통에 따라 현재는 없다.

(나) 래크(rack)식 철도(toothed railway, rack (or Abt system) railway, incline)

좌우의 중앙에 래크(rack) 레일(齒形 레일)을 부설하고 차량 측의 피니언(pinion, 齒車)을 래크 레일에 맞물리어 구동하는 방식으로 급구배를 오르는 철도 등에 채용되고 있다. 래크 레일과 피니언의 형상 · 방향에 따라 아프트(Abt)식(齒形을 조금씩 바꾼 2~3 매의 래크레일로 하고 있다), 스트럽(Strup)식(1개의 래크레일로 하고 있다), 리겐바하(Riggenbach)식(사닥다리 모양의 래크레일로 하고 있다), 록휄(Rocher)식{평강판의 양측에 래크를 새긴 특수 레일을 채용하여 양측의 횡(橫)식 피니언이 맞물린다}의 각 종류가 알프스의 산악 철도를 중심으로 개발되었다.

1869년에 리겐바하식이 미국 워싱턴 산(표고 1,917 m)의 등산 철도(구배율 250 ‰)에서 최초로 실용화되었고, 그 후 아프트식(Abt system)과 스트럽식이 리겐바하식보다 건설비를 경감할 수 있고 분기기를 설치하기 쉽다고 하여 독일이나 스위스에서 채용되었다. 뒤이어 록휄식은 250 ‰ 이상의 급구배용으로 개발되어 1889년 스위스의 피라트스 등산 철도(표고 2,121 m, 전장 4.6 km, 고도차이 1,629 m, 최급 구배율 480 ‰)가 증기 운전으로 개업하고 1937년에 전차(electric car) 운전으로 되었다. 세계 래크식 철도의 약 75 %가 아프트식이다.

(다) 전자(電磁) 추진 철도(electromagnetic railway)

리니어 모터(linear-motor)의 전자력을 이용하여 주행하는 방식은 터널(tunnel) 단면을 축소하여 건설비를 축소할 수 있기 때문에 최근의 미니 지하철(mini subway)에 채용되고 있다(제10.1.9항 참조). 또한, 500 km/h 이상을 목표로 하는 고속 리니어 모터 부상식 철도는 현재 개발중이다. 이 외에 궤도 측의 고무 벨트 회전으로 자석을 견인 주행시키는 자석식 연속 수송 시스템(CTM)도 개발되어 박람회 등에서 시용(試用)되고 있지만 실용화되어 있지는 않다.

(라) 강색(鋼索) 철도(cable railway)

고개 위에 설치한 전동기의 회전력을 이용하여 강제의 와이어로 견인하는 케이블카의 방식이다. 등산 철도에 사용되며 일반적으로 단선으로 엇갈리는 구간만 복선으로 하고 케이블의 양단에 차량을 연결한 방식이 대부분이다. 급구배에서의 운전이 가능하여 일본의 최급 구배는 高尾 등산 전철의 608 ‰이며, 차체의 형상은 구배에 맞추어 평행 사변형으로 되어 있다.

1830년에 영국에서 개업한 최초의 본격적 철도인 Liverpool~Manchester간에서는 리버풀을 발차하여 약 2 km는 21 ‰의 급구배가 계속되어 당초의 1 동륜의 힘이 약한 기관차로는 견인력(tractive force)이 부족하기 때문에 구배 정상에 정치의 증기 기관을 두어 와이어로 열차를 끌어 올렸지만 얼마 안되어 기관차 성능의 강력화에 따라 폐지되었다.

(5) 궤도의 부설 레벨에 따른 분류

(가) 지평 철도(ground railway)

건설비의 이유로 대부분의 철도가 이 방식으로 되어 있다.

(나) 고가 철도{overhead railway, elevated (or aerial) railway}

궤도 용지의 취득이 곤란한 시가지 등에서는 지하철보다 선행하여 도로 위 철교 구조의 고가 철도가 시카고나 뉴욕 등에서 최초로 건설되었다. 그 후 지하철(subway)의 보급과 소음이나 경관 등의 이유 때문에 시가지의 고가 철도는 보급되고 있지 않지만 최근의 도시 철도(urban railway)는 시가지에서는 지하철, 교외에서는 콘크리트 구조의 고가 철도(건설비를 지하철보다 약 수 분의 1로 경감할 수 있기 때문에)로 하는 추세로 되어 있다. 또한, 최근의 모노레일 · 신교통 시스템 등은 도로상의 고가 방식으로 하고 있는 예가 증가하고 있다. 더욱이, 지평의 도로와 교차하는 건널목(railroad crossing)을 폐지하기 위하여 시행하는 입체방식의 철도를 고가 철도로 정의하면 최근에 신설(new construction)하는 지상 철도의 대부분은 고가 방식으로 하고 있다.

(다) 지하 철도{tube, underground (railway), subway}

대 · 중 도시에 채용되며 최근에는 자동차의 격증으로 인한 도로의 정체 등으로 대 · 중도시의 기능에서 빠뜨릴 수 없는 교통기관으로서 세계적으로 건설 · 신장되고 있다.

(6) 수송 기능에 따른 분류

열차(train)의 속도 · 빈도 · 수송력 · 서비스 등에 따라 분류된다.

(가) 고속 철도(high-speed (or rapid transit) railway)

일본, 프랑스, 독일, 이탈리아, 스페인 등에서는 곡선반경이 크고 건널목이 없는 높은 규격의 신선을 건설하여 200 km/h 이상의 고속 운전이 보급되어 있다. 2004. 4. 1에는 우리 나라의 경부고속철도가 개통(1단계구간)되었으며, 대만, 오스트레일리아, 중국, 미국 등에서도 건설 또는 계획하고 있다(제9.3.1항 참조).

(나) 간선 철도(main-line railway)

철도 노선망 중에서 수송량이 많고 기간(基幹)적인 철도를 말한다.

(다) 지방 철도(local railway)

지방에서의 생활에 필요한 철도이며 수송량이 적다.

(라) 도시 철도{urban (or city, metropolitan) railway}

도시 기능의 확보에 필요한 지하 철도 · 고가 철도 · 근교 철도(suburban railway) · 노면 철도(tram, tramway, street railway) · 모노레일(monorail) · 신교통 시스템(new traffic system) 등이 포함된다.

(마) 산업 철도(industrial railway)

임항 철도{port (or harbour) railway} · 임해 철도(harbour railway) · 광산 철도(mining railway) · 삼림 철도(forestry railway) · 공장구내 철도 · 농장 철도 등이 있다. 외국에서는 예전에 목재의 반출을 위한 협궤 등의 삼림 철도가 보급되었지만 최근의 수송은 도로와 트럭으로 대신하고 있는 예가 있다. 그리고 해외에는 농장 철도가 보급되어 있는 나라도 있다.

(바) 보존 철도(preserved railway)

오래된 시대의 증기 철도(steam railway)를 역사적 문화재로서 남겨 둔 것이며, 철도 선진국에 예가 많다.

(7) 설치 장소에 따른 철도

등산 철도(mountain railway) · 산악 철도 · 삼림 철도 · 화물 철도 · 관광 철도 · 유원지 철도(recreation railway) · 도시간 철도(interurban railway) · 도시 철도 · 교외 철도 · 시가 철도 · 구내 철도 · 군용 철도(military railway) 등이 있다.

(8) 철도법 등에 따른 분류

(가) 철도법에 의거한 분류

1) 철도 : 철의 궤도를 부설하고 차량을 운전하여 여객과 화물을 운송하기 위하여 필요한 설비를 말한다.

2) 전용 철도 : 영업을 목적으로 하지 않고 특수 목적을 수행하기 위하여 설비한 철도를 말한다.

3) 사설 철도 : 사설 철도와 전용 철도를 경영하고자 하는 자는 대통령령이 정하는 바에 의거하여 건설 교통부장관의 면허와 인가를 받도록 하고 있다.

(나) 도시철도법에 의거한 분류

4) 도시 철도(urban railway) : 도시 교통의 원활한 소통을 위하여 도시 교통권 지역에서 건설 · 운영 하는 철도 · 모노레일 등 궤도를 이용하는 교통 시설과 교통 수단을 말한다. 도시철도법은 국가가 건 설 · 운영하는 도시 철도, 지방자치단체, 법인 등이 건설 · 운영하는 도시 철도에 적용한다.

(다) 삭도 · 궤도법에 의한 분류

5) 삭도(索道) : 공중에 설치한 밧줄에 운반기를 달아 여객 또는 화물을 운송하는 시설을 말한다.

6) 궤도(軌道) : 지상에 부설한 궤도로 여객 또는 화물을 운송하는 시설을 말한다.

7) 외줄 궤도(모노레일) : 주로 도로상에 설치된 외줄의 궤도에 얹히거나 매달려 주행하는 운반기로 여 객 또는 화물을 운송하는 시설을 말한다.

8) 전용 삭도 등 : 자기의 사업(삭도 사업 및 궤도 사업은 제외한다)에 사용하기 위하여 설치한 삭도 또 는 궤도를 말한다.

(9) 경영 주체에 따른 분류

(가) 국영 철도(국유 철도, 國鐵, government (or state, national) railway)

국가에서 건설 · 운영하는 철도이다. 우리 나라의 경우에는 정부 기관인 철도청에서 건설 · 운영하여 왔으 나, 철도산업구조개혁에 따라(제1.5.2(6)항 참조) 철도시설은 국가가 소유하고 투자하며, 철도건설의 집행 은 2004. 1. 1부터 한국철도시설공단이, 철도운영은 2005. 1. 1부터 한국철도공사에서 담당하고 있다.

(나) 공영 철도(public railway)

지방자치 단체(특별시 · 광역시 · 도)나 공적 출자의 공단 등이 경영하는 철도이다.

(다) 사영 철도(private railway)

사기업(주식회사 등)인 전기철도회사 등이 경영하는 철도이다.

(라) 제3 섹터 철도(third sector railway)

공적(제1 섹터)도 사적(제2 섹터)도 아닌 제3의 경영 방식이란 의미로 지방자치 단체 등의 공적 섹터와 사기업 등의 사적 섹터가 합동 출자한 회사가 운영하는 철도이다. 예를 들어, 외국에서 지하철을 운영하는 교통영단(국가, 시청, 사철의 출자)은 그 예이다.

세계적으로는 미국과 캐나다의 약 반분인 사철을 제외하고 기타의 각국은 국유 국영 또는 국유 공사영(公社營)이 많다. 그러나, 최근에는 일본 국철의 민영화 성공 등으로부터 경영 형태를 개선하는 민영화의 움직임이 증가되고 있다. 그 경우는 다른 교통기관의 발달 등으로 자립 채산이 곤란하기 때문에 비용의 부담이 큰 기반시설(infrastructure, 시설)은 도로와 같이 공공적인 것으로 하여 다른 조직의 관리로 하고 있는 예가 많다.

미국의 경우에 이용의 격감으로 단념되어 있던 주요 간선의 여객 수송(passenger transport)을 남기기 위하여 정부와 각 철도회사의 출자에 의한 국유 여객철도회사(AMTRAK)가 1971년에 설립되어 있다. 암트락은 차량과 열차 승무원을 보유하여 공적 보조를 받으면서 여객 열차(passenger train)를 운행하고 있다.

(10) 사업 구분에 따른 분류

철도의 건설은 거액의 자금을 필요로 하고 또한 이용이 증가하여 경영의 채산이 취하여지기까지의 기간이 길기 때문에 외국에서는 정비와 운영의 주체를 분리하는 경우가 있다.

(가) 운영과 정비가 동일 주체인 것

가장 일반적인 유형으로 철도의 경영 주체가 철도 시설을 정비 보수하고 운영 관리를 한다.

(나) 운영과 정비가 다른 것

다른 회사의 철도 시설을 차용하여 철도 수송을 한다. 예를 들어, JR 여객철도회사의 본선에 화물 열차(freight train)를 주행시키고 사용료를 지불하는 JR 화물회사 등은 이 범주에 속한다.

(다) 건설 · 정비를 행하는 것

또 하나의 철도 사업은 상기 (가)의 철도 사업을 경영하는 자에 양도, 또는 (나)와 같은 철도 사업에 대부할 목적으로 철도 시설을 건설 · 정비하는 것이다.

1.1.3 철도의 구성 요소와 기술체계

(1) 철도의 구성 요소

철도를 운영하기 위한 주된 구성 요소로서 다음과 같은 것이 열거된다. 철도 시스템의 운영은 이들 구성 요소의 유기적 연계를 기초로 행하는 것이며, 그러한 점에서 종합 기술의 성과로서의 철도 시스템의 모습을 볼 수 있다. 아래의 (가)~(다)는 각각 링크(link), 캐리어(carrier), 노드(node)라고 하는 철도의 3요소를 구성하는 것이며, (라)~(바)는 이들 3요소를 효과적으로 운용하기 위한 지원 시설이다.

(가) 선로(permanent way)

철도차량의 주행 통로로 되는 시설이며, 궤도와 이것을 지지하는 구조물(노반 · 성토 · 교량 · 고가교 · 터널 등)로 구성된다. 차량의 주행이 궤도에 의하여 제어 · 유도되는 점이 철도의 기본적 특징이며, 이에 따라 장대 열차를 이용한 대량 · 고속 수송이 가능하다.

(나) 차량(rolling stock)

사람이나 화물을 수송하기 위한 이동 공간을 제공하는 것이며, 용도에 따라 각종의 차량이 사용된다. 승객 설비(객실, 조명, 공조 설비, 안내 등의 서비스 설비 등)·주행 장치(차륜, 대차 등)·동력 장치(전동기, 구동 장치, 동력 제어 장치) 등으로 구성된다. 동력집중 방식의 철도에서는 승객 설비와 동력 장치가 객차와 기관차로 각각 전문화되어 있지만, 동력분산 방식에서는 이들이 동일 차량에 갖추어진다.

(다) 정거장(station)

열차(train)를 정거하여 여객을 승하차시키고, 화물을 적재·하화하거나 열차의 운전상 필요한 취급을 하며, 이곳에서 승객을 집산함에 따라 철도와 지역 사회나 다른 교통기관과의 연락 점으로도 된다. 역의 기본 설비로서는 여객의 승강장인 플랫폼, 출·개찰, 기타 여객 관계의 업무 및 열차의 운행 연락·발착 제어를 하는 역사가 있다. 역전 광장은 버스·택시·자가용 차 등 다른 교통 기관과의 유기적인 연락을 확보하는 교통 광장임과 동시에 "도시의 얼굴"이라고도 하는 도시의 상징적인 공간이다. 광장의 주변에는 지역의 상업·업무 활동, 문화 활동의 중심으로 되는 시설이 입지되는 점에서 역전 광장은 도시 활동의 거점 공간으로서의 성격도 가진다.

(라) 전기 운전설비(electric traction equipment)·동력 설비

전기 운전에서는 차량에 전력(electric power)을 공급하기 위하여 선로를 따라 전차선(trolley wire)을 가설하고, 일정 간격으로 변전소(transforming station)를 설치한다. 또한, 디젤 방식의 철도에서는 주요 역이나 차량 기지에 연료의 급유 설비를 설치한다.

(마) 신호보안(signal protection device)·통신(telecommunication) 설비

강의 레일과 강의 차륜에 의한 철도에서는 물리적으로 제동 거리가 길게 되므로 열차의 안전한 운행을 위하여 열차 상호간에 일정 이상의 거리를 유지할 필요가 있기 때문에 신호보안 설비를 설치한다. 또한, 열차의 원활한 운전을 위해서는 통신연락 설비도 필요하다. 이들의 신호보안 설비를 시스템 공학적으로 재편하여 종합적인 통신 제어 시스템으로 한 것이 새로운 철도 시스템의 특징이다.

(바) 차량기지(depot)·철도공장(railway workshop)

차량을 유치하기 위하여 차량기지를 설치한다. 또한, 차량은 일반 기계와 마찬가지로 주행 사용으로 인하여 각부가 마모·열화(deterioration)·피로하기 때문에 차량의 효율적인 운용을 위하여 예방보전 방식(pre-ventive maintenance)에 의한 차량기지에서의 점검 정비와 철도공장에서의 보전 업무가 행하여진다.

(2) 철도의 기술체계

철도에서 다루는 기술 분야는 다기에 걸치며, 토목, 건축, 기계, 전기, 통신이라고 하는 대부분의 공학 분야를 망라하고 있을 뿐만 아니라 이학, 의학 등의 분야도 포함하고 있다. **그림 1.1.1**은 각 학문분야와 철도 연구 분야와의 상관관계를 도식적으로 나타낸 것으로 여러 학문이 관계하고 있는 것을 이해할 수 있다. 그 중에서도 토목, 기계, 전기의 3 분야는 철도기술의 근간을 이루고 있으며, 그 외에 철도고유의 분야로서 열차의 운용을 다루는 운전분야가 있어 열차 다이어그램의 작성이나 열차 운행의 관리 등과 같은 독자적인 기술을 축적하고 있다.

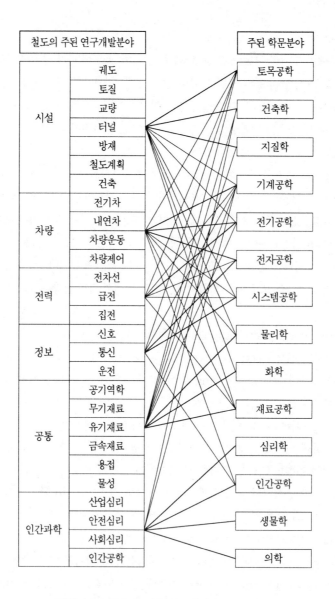

그림 1.1.1 철도의 연구개발 분야와 학문분야

이와 같이 광범위에 걸치는 기술을 어느 특정한 목적을 위하여 망라하고 있는 사업 분야는 철도 이외에 그다지 유례가 없으며 개개의 요소기술을 체계적(systematic)으로 개발시켜온 점에 철도공학의 특징이 있다. 또한, 서양문명의 도입과 함께 발달하여온 분야로서 각종 기술 분야의 기초를 철도가 개척하여왔다고 하는 역사적 측면도 중요하다. 물론, 개개의 기술에서는 타 분야가 앞서있는 것도 많지만 이들을 종합적이고 조직적으로 정리하여 사업을 정리하고 철도망의 정비를 통하여 전국 각지에 이것을 넓혀왔다고 하는 점에서 철도보다 우수한 분야는 없다고 하여도 과언이 아니다.

지금까지의 철도기술 분야는 조직상 각각의 공학 분야가 종적 관계의 조직을 유지하면서 발달하여 왔지만 학문분야에서 학문간 경계 허물기가 진행됨에 따라서 개개의 경계를 넘는 새로운 발상에 따르는 기술개발이나 연구 활동도 활발히 진행되고 있다. 또한, 특정한 현상에 대하여 지금까지는 개개의 분야가 따로따로 검토하여 왔던 과제를 학문간 경계문제로서 접근(approach)하는 일도 왕성하게 되고 진행되고 있다. 특히, 레일과 차륜, 팬터그래프와 가선 등의 경계문제는 철도고유의 문제로서 각 방면에서의 연구가 수행되고 있다.

1.1.4 철도의 두 성질 : 사업과 기술

(1) 철도가 과거로부터 물려받은 일반적인 약점

100~150년 전에 건설된 철도 선로의 현존은 특정한 선로의 운영을 계속하는 것을 결코 충분히 정당화할 수 없으므로 철도운영자는 철도의 상대적인 장점을 찾아야만 하며, 그것은 필요한 기술적 현대화로 개발하여야 한다. 다른 한편으로, 그들은 수십 년 동안 그들을 보호하여 온 국가 보호정책의 우산을 포기하고 다른 사업에 적용된 경쟁의 룰과 동일한 룰로 지배되는 기업으로 운영되어야 한다.

그러나, 철도는 수십 년 동안 국가 보호정책의 결과로서 심각한 핸디캡을 물려받았다.

① 경영과 조직의 불가변성 : 철도 관리는 수십 년 동안 현행의 상황만을 다루었다. 중요한 문제는 흔히 정치 기준에 기초한 감독 부처가 다루었다.

② 일상의 과업에서 인원의 누적 및 경영, 조직과 기술적 업그레이드 위치에 있는 직원의 부족

③ 높은 수송비용, 흔히 시대에 뒤진 운영 방법의 결과

④ 대다수의 경우에 수송의 요구조건에 적합하지 않은 수준의 서비스를 제공하는 흔히 관리하기 어려운 차량

⑤ 도로망 유지관리비에서 작은 몫만을 기여하는 도로 운송회사 및 공항 유지관리비에서 아주 작은 몫만을 기여하는 항공 운송회사와는 대조적으로 철도 기반시설의 유지관리 비용은 철도 회사가 대부분 부담하고 있다. 이 문제에 대하여 중요한 제도상의 진전은 "EC 국가의 철도는 기반시설 비용에 대한 그들의 회계를 운영에 관련되는 것들에서 분리하여야 한다"고 표명한 EC 지시 440/1991이었다. 모든 수송 모드에 대한 기반시설 회계는 국가의 책임으로 될 것이다(우리나라 철도산업의 경우는 제9.5.2(6)항 참조). 더 최근의 EC 지시 18/1995와 19/1995는 철도 회사의 최소 필요조건과 철도 운영자의 철도 기반시설 이용료를 어떻게 계산할 것인지를 정하고 있다.

⑥ 흔히 수십 년 동안 진지한 투자가 없었던 결과로서 시대에 뒤진 기반시설. 똑같은 일이 차량에도 해당된다.

⑦ 수송 활동이 거의 없는 선로를 운영하여야 하는 의무(흔히 공공 사업이라고 한다). 사기업 기준으로 운영하던 철도 기업은 그와 같은 선로의 운영을 유지하지 못할 것이다.

상기 외의 단점으로는 다음과 같은 것이 있다.

① 선로나 정거장 등 전용의 시설에 상당한 투자를 필요로 하기 때문에 상당한 수송량(volume of transportation)이 없으면 채산이 맞지 않는다.

② 강(鋼) 레일 위를 주행하는 강 차륜의 마찰이 적기 때문에 제동거리가 길어 열차의 운전에는 보안설

비가 불가결하다.
③ 시설이나 차량 일부의 지장이 전체에 영향을 미치므로 시설이나 차량의 정비 보수에 특히 중점을 두어야 한다.
④ 역에서 역까지의 수송(transportation)이므로 보완 수송을 수반하는 경우가 많다.

(2) 국내 철도수송 경쟁력 저하의 원인
국내 철도수송의 경쟁력이 저하된 원인은 물류수송의 경우에 다음과 같이 고려할 수 있다[236].
① 철도가 가진 대량수송 및 에너지효율, 안전성 등의 장점에도 불구하고 수송분담율이 지속적으로 감소한 것은 철도 시설투자의 미흡, 비효율적인 운영, 문전수송(Door to Door) 곤란 등의 문제점이 상존하였기 때문이다.
② 도로 위주의 수송체계로서 도로에 비해 운임과 수송시간에서 불리한 여건이다.
③ 다품종 소량생산으로 대량수송 화물품목이 줄어들고 제3자 수송업체 등장 등 물류여건 변화로 수송량이 감소하였다.
(가) 문전수송(Door to Door)이 곤란한 철도운송 시스템
① 도로는 원스톱(One-Stop)시스템으로 문전수송이 가능한 반면 철도는 스테이션 투 스테이션(Station-To-Station) 시스템으로 문전수송이 곤란하다(**그림 1.1.2**).

그림 1.1.2 철도운송 시스템

② 철도역간 운송요금과 수송시간은 도로보다 유리하나 셔틀 운송비 · 환적비 부담과 셔틀수송 시간소요로 도로보다 불리하다.
　※ 열차운행(철도공사), 상 · 하차작업(하역업체), 셔틀수송(운송업체)
(나) 철도시설 개선의 투자부족
① 철도시설 투자의 부족으로 경부 · 호남선을 제외한 대부분의 노선이 단선 · 비전철화 구간이며 급곡선이 많고, 일부 노선은 선로용량의 부족으로 적기에 화물수송이 곤란하여 경쟁력을 저하시킨 원인으로 되었다.
② 주요 항만과 화물기지 내의 철도수송시설의 부족, 컨테이너 야적장 협소 , 하역장비 부족으로 수송량 유치가 곤란한 실정이다.
(다) 물류수송 여건의 변화
① 과거의 소품종 대량생산에서 다품종 소량생산으로 생산체제의 환경이 변화됨에 따라 대량수송 화물품목이 줄고 소량 · 다빈도의 도로수송으로 운송이 여건 변화되었다.
② 도로의 발달과 화물자동차의 증가는 도로 위주의 수송체계로 빠르게 전환하는 반면에 철도는 대응력이 부족하였다.

※ 택배사 등 제3자 물류수송 전문업체의 등장

(라) 철도물류수송 정책의 부재

① 여객 위주의 선로배분으로 화물열차는 야간 운행으로 편중되어 화주 요구에 부합하는 서비스제공이 부족하였다.

※ 열차운용 : 1 일 2,964 회(여객 : 87 %, 화물 : 13 %), 화물열차 : 1 일 387 회(주간 : 40 %, 야간 : 60 %)

② 대형화물자동차에 대해 유류세 감면, 고속도로통행료 인하, 유류값 인상분 환급 등을 지원하고 있으나 철도에 대한 지원은 전무하였다.

③ 외국의 경우에 철도중심 물류수송체계 구축을 위하여 화물자동차의 운행규제와 철도물류부분에 대한 국고보조, 시설현대화 지원, 복합운송전환 세제지원 등을 제도화하고 있다.

※ EU, 프랑스, 독일, 스위스, 일본의 화물역 정비 등 인프라 국고 보조, 트럭운송 규제, 세제지원, 복합운송트럭 세액감면 등

(3) 철도의 상대적인 장점

상기 제(1)항에 언급한 단점의 개론은 철도가 (대부분이 다른 것의 성공의 원인으로 되는) 문제밖에 없다는 인상을 준다. 그러나, 철도가 다음의 사항을 제공하므로 수송과 경제의 발전에 대한 철도의 기여는 결코 무시할 수 없다(제1.6절 참조).

① 날짜와 계절에 개의치 않고 계획된 스케줄에 따라 여객과 화물 수송의 완전한 서비스 시스템을 제공한다.

② 다른 교통 수단과는 현저히 다르게 환경 오염을 최소로 한다.

③ 대량의 수송 용량 때문에 집중 방식의 통행에서 피크 주행기간의 혼잡 완화에 결정적으로 기여한다.

④ 동일 교통량에 대하여 어떠한 다른 수송 수단보다도 에너지를 훨씬 더 적게 소비한다.

⑤ 사회의 큰 부분(예를 들어, 학생, 샐러리맨 등)에게 운임을 할인하며, 따라서 그들이 더 용이하게 여행을 할 수 있게 한다.

(4) 철도 재건의 개발 방책과 수단

유럽과 세계의 수송 부문은 여러 수송 모드간의 경쟁에 대한 강조와 함께 현재 점진적인 규제 철폐와 자유화를 지향하고 있다. 정부와 철도 소유자는 철도에 대한 진정한 자율성을 보장하며, (적자를 커버하기 위하여 사용된) 철도 기업에 대한 보조금을 점진적으로 줄이고, 철도 운영에서 투명성의 제도를 확립하며, 그리고 다른 철도 회사가 철도 기반시설을 사용하고 철도 수송 시장에 들어갈 수 있는 틀을 만들 의무가 있다. 철도는 그러한 틀의 범위 내에서 다음을 목표로 삼아야 한다.

① 조직의 보다 큰 유연성과 여러 가지 대안. 예를 들어, 투자에 대한 운영 기준의 개발.

② 특정한 수송 과업의 필요에 기초하여 인원 배치 및 전문화된 인력을 각종 부서의 직원으로 배치. 특히 경영 및 전문화된 과업에 대하여는 다른 부문에 근무하는 고급 전문가의 사용을 배제하지 않는다.

③ 수송 시장에서 더 경쟁적인 철도 서비스를 수행하기 위하여 비용을 과감히 줄이려는 시도. 비용의 저감

은 현행 인원 레벨의 합리화와 필연적인 축소에 더하여 정보 과학과 신기술의 적용에서 구할 수 있다.

④ 철도가 고객의 요구조건에 적합하게 충족시킬 수 있도록 차량과 기반시설의 체계적인 유지관리와 쇄신

⑤ 기반시설 유지관리의 비용을 다른 경비에서 분리. 유지관리 비용은 (도로망과 공항처럼) 국가의 책임 또는 철도 운영회사와는 분명히 다른 회사의 책임일 수 있다.

⑥ 중요한 투자로 기반시설의 현대화(이 투자는 대부분의 경우에 국가, EU, 세계 은행 등이 맡을 수 있으며 일부의 경우에 민간 부문에 의할 수 있다). 여기서, 현대화는 특수한 프로젝트에 관련되지 않고 철도가 다른 수송 수단과 경쟁적으로 공존할 수 있게 하는 것에 관련된다는 점을 강조하여야 한다. 보다 매력적인 프로젝트를 위해서는 Channel 터널 프로젝트의 경우에서처럼 재정을 민간 부문에서 유치할 수 있다(제2.4.1(4)항 참조).

⑦ 기업이 사업적인 이익만을 추구하는 경우에, 같은 범위나 정도로 떠맡지 않을 것들(예를 들어, 교통량이 적은 선로의 개발)로서 이해되고 있는 공공 서비스 의무의 분명한 한정. 위임된 공공 사업을 집행하는 대리인(예를 들어, 유년-학생의 할인 운임에 대하여 교육부)은 철도 기업에게 수입 손실을 보상하여야 한다.

⑧ 환경을 오염시키지 않고 교통 혼잡을 야기하지 않도록 철도의 적당한 보상. 환경에 대한 여러 교통 모드의 영향에 관한 정량적, 재정적 평가는 이미 이용할 수 있도록 되어 있다. 유력한 견해는 철도 운행이 중지될 경우에 초래하게 될 오염과 교통 혼잡에 대처하기 위하여 소비하여야만 하는 것에 상당하는 양의 보조금을 철도에 지급하는 것이다.

⑨ 적자의 점진적인 감소

(5) 철도와 수송요건

어떠한 수송 활동도 그 자체가 목적이 아니고, 사람과 물자 수송의 특정한 수요의 이행을 위하여 존재한다. 철도는 더 효과적이고 경쟁적인 서비스를 제공하도록 노력하여야 하며 다음 사항을 고려하여야 한다.

① 규제 철폐와 자유화가 증가하면서 경제의 국제화에 따른 수송 시장의 전개

② 고객 서비스에 기초한 경쟁

③ 세계적인 철도 서비스를 허용하기 위하여 각종 철도 기술(예를 들어, 전철화와 신호화 시스템)을 일치시킬 필요성의 증가

④ 장기의 운영 수익성을 확보할 필요성

전개 중인 생존 경쟁 및 크게 경쟁적인 국제 환경은 더 높은 품질의 서비스, 효율적이고, 접근하기 쉬우며, 경쟁적인 철도수송 시스템을 필요로 한다. 이들의 시스템은 더 넓은 환경, 자원의 효율과 안전의 목표를 보장하면서 경제적, 사회적 기대를 충족시켜야 한다. 더욱이, 철도의 발전은 수송과 이동성을 위하여 다른 수송 모드와 최대의 협동작용(시너지)을 허용하여야 하며, 이리하여 현대적 문전 수송(door to door) 요구 조건에 응하여야 한다.

1.1.5 철도의 채산(calculation of railway)

철도의 채산은 이용 운임 등의 수입으로 운영의 경비를 조달하는 것이 원칙이다. 상당한 투자를 요하고, 이용이 증가하여 채산이 취하여지기까지 기간을 필요로 하는 철도는 직접의 경영 채산만이 아니고 간접적인 이익이나 효과도 포함하여 종합적으로 판단하여야 하지만, 먼저 직접의 채산을 중요한 조건으로 하여 다룬다. 철도 투자의 대부분은 고정적 시설이기 때문에 철도의 채산은 어느 정도의 수송량이 없으면 얻어지지 않는다.

수입은 이용의 여객 인km 또는 화물 톤km에 운임 단가를 곱한 것으로 된다. 그 때문에 이용의 다소와 운임 단가가 수입을 좌우한다. 일반 상품의 가격은 취급하는 기업 측의 원가를 기초로 하는 원칙에 비하여 공공성이 높은 철도의 운임 단가는 철도 측만으로는 결정되지 않는 경우가 많다.

경비의 주된 것은 열차 운전(train operation)을 위한 인건비·동력비·차량의 정비 보수비, 선로·전철 설비·신호 설비·교량·터널·역·차량기지 등의 시설 보수비 등의 직접 경비(direct cost)와 시설·차량 등의 자본 경비{capital cost, 이자·감가 상각(depreciation)비·자산세} 등이 있다. 고속선로의 경우는 자본 경비가 모든 경비의 반분 이상을 점하는 예가 많다. 자본 경비의 대부분은 이용의 다소에 관계없이 고정적인 것이기 때문에 일반적으로 이용의 증가에 따라서 채산이 좋게 된다.

경비와 수입이 밸런스 되는 채산 가능한 수입(수송량)의 경계 라인은 시설비의 단가나 운임 단가에 따라 변동하기 때문에 일률적인 사정은 곤란하다. 철도 경영의 역사를 조사하여 보면 철도의 건전 경영의 경계는 투자(投資) 회전율(turnover ratio of investment, 수입을 투자액으로 나눈 비율)의 20 % 이상, 수지계수(rate of accounts, 직접 경비를 수입으로 나눈 비율)의 약 50 %가 실적으로 되어 있다. 즉, 이 이상의 수입에서는 양호한 채산으로 되며, 이 이하의 수입에서는 불량 채산으로 되어 있다. 투자의 약 20 %인 수입의 약 반분으로 직접 경비를, 나머지의 약 반분으로 자본 경비(이자와 감가 상각비)를 조달하는 것이 경영 채산의 경계 라인이었다.

이들의 실적으로부터도 지하철 등 특히 고가인 건설비에 대하여는 상당한 이용이 있어도 채산 라인에 놓이지 않기 때문에 대부분의 경우에 공적 보조를 하고 있다. 또한, 한산한 지방선(local line)이 제3 섹터(third sector) 방식으로 수지 균형을 얻기 위해서는 시설의 무상 양여나 전환 교부금에 의한 차량 투자 등을 위한 자본 경비의 경감, 운임의 개정, 프리켄트 서비스(fegqent service) 등의 경영 노력, 지역 주민의 지원 등이 필요하다.

1.1.6 국제철도기구

(1) UIC

제1차 세계대전 후인 1922년 파리에서 철도에 관한 국제 레벨의 협력체제를 구축하는 것을 목적으로 하는 회의가 개최되었고, 동년 10월 20일 파리에 본부를 둔 국제철도연합(UIC : Union Internationale des Chemins de fers, International Union of Railway)이 발족되었다. 당초는 유럽을 중심으로 중국, 일본을 포함한 29개 국가, 51 철도가 가맹한 조직이었지만 현재에는 전대륙 82개 국가, 160 철도 및 관련 기업이 가맹하고 있다.

또한 철도를 둘러싼 정부기관, 산업계나 국제기관과의 제휴도 다기에 걸치며, 중립적이고 지도적인 입장에서 철도에 관한 21세기 국제전략의 중핵을 담당하고 있다.

UIC의 기본적인 활동 목적은 다음과 같다.

① 철도 운영의 전(全)범위에 걸쳐 국제 협력을 추진한다.

② 철도 시스템의 종합적인 제휴를 강화한다.

③ 철도에 의한 국제 여객·화물 수송의 진전에 기여하는 프로젝트를 추진한다.

④ 정책, 경제면을 포함한 전반에 걸쳐 철도의 국제적 이익대표 역할을 한다.

상기의 ①에서는 철도 및 관련 기업이나 협회라고 하는 범위에 머무르지 않고 국제적 사업추진에 관련되는 조직으로서 국제연합으로 대표되는 국제정치기관, 세계은행과 같은 국제재무기관, 또한 국제표준관련기관 등 많은 기관과의 제휴를 깊게 하고 있다.

(2) 유럽철도연구소

(프랑스식 이전 이름인 최초의 "ORE"로 알려진) "유럽철도연구소(ERRI)"는 철도 기술을 진보시키는 조사와 시험 절차를 구성하고 조정하는 것을 목적으로 하는 국제철도연합의 기관이다. 연구하는 문제는 (문자 A, B, C, D, E로 표시하는) 다음과 같은 5개의 부류로 구분한다.

A : 운전, 신호, 전기통신

B : 차량

C : 차량과 궤도간의 상호 작용

D : 궤도, 교량, 터널

E : 재료 기술

2000~2010년의 10년 동안 주된 연구의 주축은 시설·서비스의 상호 이용, 차량의 모니터링을 위한 GPS(위성위치관측체계) 적용, 비용의 저감, 철도 소음의 저감, 에너지 소비의 개선, 물류 관리 등에 초점을 맞추고 있다.

1.1.7 철도에서 GPS의 적용

철도의 기술과 운영은 "지형공간정보체계(GIS)" 및 "위성위치관측체계(GPS)"와 같은 전자공학과 통신공학의 발전에 강하게 영향을 받을 것이다. 위성은 적당한 수신기로 지상에서 수신하는 신호를 보낸다(**그림 1.1.3**). 4개의 위성으로부터 동시에 신호를 수신함으로서 차량의 위치, 차량의 속도, 이동의 방향을 계산할 수 있다. 적어도 4개의 위성을 언제 어느 때나 특정한 순간에 지상에서 볼 수 있는 방식으로 24개의 위성이 24시간의 회전 주기로 고도 20,200 km에서 원운동으로 날고 있다. 얻어진 정밀성은 차량의 위치에 관하여 20~50 m, 차량의 속도에 대하여 0.35 km/h이다. 미국의 "지능차량 고속도로시스템(Inteligent Vehicle Highway System)", 많은 유럽 국가들의 "버스 운전과 구급차(Bus Operation and Ambulance)" 사건의 수행, (이미 몇 개의 철도 회사에서 사용 중인) 철도 차량의 정밀한 추적과 모니터링 등 많은 GPS의 적용이

등 많은 GPS의 적용이 수 년 전부터 이루어지고 있다.

그림 1.1.3 철도에서 GPS의 적용

1.2 철도의 기원과 발달

1.2.1. 개요

철도(鐵道)의 역사는 레일(rail)의 발달로부터 시작되었다고 한다. 철도(鐵道)는 그 발상지인 영국에서 railway라고 불려지고 있다(미국 : railroad, 프랑스 : Chemins de fer, 독일 : Eisenbahn, 네덜란드 : Spoorweg, 이탈리아 : Ferrovia, 스페인 : Ferrocarril, 중국 : 鐵路). 이것을 직역하면 "레일 길(rail 道)"로 된다. 이 단어가 나타내는 것처럼 간단하게 말하면, 철도란 레일의 위를 달리는 교통기관이며, 레일은 철도에서 가장 중요하고 불가결 · 기본적인 부재이다. 따라서, 레일은 철도의 심볼이라고 할 수 있다.

철도를 상징하는 레일은 그 간에 많은 검토가 가해지면서 그 형상과 재질이 현재와 같이 발전하여 왔다. 즉, 철도는 근대 공업의 발달과 함께 발전하여 철도를 상징하는 레일도 이와 함께 제조법, 품질, 수송력, 보수 등의 면에서 많은 검토가 이루어져 그 형상과 재질이 현재까지 발달하여 왔다.

이 절에서는 세계 철도의 탄생과 발달에 관하여 고찰하며, 아울러 레일을 중심으로 한 궤도(軌道, track)의 발달에 대하여도 함께 기술한다.

1.2.2. 레일과 차륜의 시초

차륜은 인류에게 가장 행운인 발명의 하나이다. 이것을 지지하고 안내하기 위하여 발명되었던 궤도가 현재에 이르기까지에는 차륜의 발명에서부터 천 수백 년을 요하여 왔다. 그 구조는 원리적으로 큰 변화가 없지만 각 시기에 있어 재료와 함께 상당한 발전을 이루어 오고 있다. 레일로 대표되는 궤도재료는 궤도의 역사를 이야기하여 준다. 레일(rail)은 중량물 운반의 수단으로서 발달한 차량을 원활하고, 저항을 될 수 있는 한 작게 하여 주행시킬 목적으로 고안되어, 재질은 목재이면서 현재와 유사한 것이 산업 혁명전인 16세기 후반에서 17세기 전반에 걸쳐 독일, 혹은 영국에서 사용되어 왔다고 한다.

인류가 육상 교통수단으로 처음 사용하였던 방법은 원시적인 기구를 이용하여 인력으로 사람이나 짐을 옮겼을 것이다. 중량물 운반의 수단으로서 인간 생활의 역사 중에서 가장 먼저 시도된 것은 견인저항을 감소시키는 것이었다. 유사 이전에도 미끄럼 재나 굴림 대를 사용하여 중량물의 운반저항을 감소시킨 것은 대량·중량물의 운반에 대한 인간의 소박한 지혜였다.

이윽고, 역사를 여는 기원전 3000년경에는 둥글게 깎은 통나무에 거칠게 깎은 나무 차축(車軸)을 취부한 차륜(車輪)이 출현하고, 계속하여 조잡하게 자른 판을 서로 고정하여 거의 원형의 윤곽으로 주위를 깎아 맞춘 원반상의 합판 차륜이 출현하였다.

철도의 원형인 전용 궤도의 역사는 오래 되어 고대 이집트나 그리스(희랍) 시대부터 수레바퀴 자국에 돌을 넣어 단단하게 하는 것이 시도되었다고 한다. 즉, 차의 하중이 무거우면 바퀴 자국이 남게 되어 여기에 자갈을 채웠다고 한다. 또한, 일설에는 바퀴자국의 자리에 판을 깔아서 차륜을 유도하는 방법이 옛날 그리스 시대에도 있었다고 한다.

인류는 도로교통 수단으로서 도로 위의 차를 동물이 끌게 하여 사람이나 물건을 운반하기 시작하였다. 차를 견인한 최초의 가축은 소였으나 다음에 야생 당나귀가 이용되었고, 더욱이 기원전 2000년경에는 말이 이용되었다. 차륜도 스포크(spoke)가 붙은 것으로 발달하여 2륜차, 4륜차 또는 무개차, 유개차 등의 차를 여러 가지로 사용하게 되었다.

1.2.3. 탄광에서 생긴 사다리 궤도

고대 로마시대의 도시 도로에는 궤도가 아닌 돌길(石道)이 있고, 거기에는 차의 바퀴자국이 남아 있어 이것을 차륜이 직진하도록 인위적으로 제작한 홈(溝)이라고 해석하는 전문가도 있다. 로마 시대로 되어서 "모든 도로는 로마로 통한다"라는 격언과 같이 그 시대에는 포장 도로가 널리 건설되어 차륜에도 철의 테두리가 이용되었다. 로마군은 기원전 50년경 영국에 침입하여 2륜 마차(戰車)를 주행시켜 깊은 자국을 남기고 돌아갔다. 그 당시 전차의 차륜간격은 1,372 mm(4′ 6″)이고, 그 후 영국에서는 차량의 차륜간격을 그것에 맞추어 제작하였기 때문에 이것이 후세의 마차철도에서 철도로 인계되어 세계의 표준 궤간의 단서가 되었다고 한다.

로마제국의 멸망 후의 후기 중세시대에 이르는, 1000년간은 기술개발 불모의 시대이며 인류의 지혜는 동면하여 왔었다. 그간에 차륜과 차량은 계속 이어져 왔지만, 궤도(軌道, track)의 발달은 16 세기의 철광석이나 석탄이 대량으로 채굴되기 시작한 시대를 기다리는 시대로 되었다. 광산의 갱내 운반 차를 위한 평탄한 길을 확보하는 땅고르기는 큰 작업이었다.

일정한 간격을 가지고 설치한 한 쌍의 봉상재(棒狀材)의 위를 플랜지(輪緣)가 붙은 차륜으로 주행하는 차량이 기록으로 남아있는 것은 독일의 G.Agricola가 1550년에 저술한 채광 야금 기술의 체계적인 기록 "금속에 대하여" 중에 있는 탄차(炭車)의 그림이 처음일 것이다. 즉, 땅을 고르던 당시의 갱부들이 오늘날 말하는 Q.C에 의하여 목재로 만든 사다리꼴의 궤도와 같은 것을 제작하였다(그림 1.2.1). 당시 독일의 트란실바니아의 탄갱(炭坑) 내에서 실용화되어 왔다고도 한다. 독일의 루루 탄전에 이 기록이 있지만 그 명칭이 "영국식 석탄 수송로"로 쓰여져 있는 것으로 보아 발상지는 영국으로 추정된다. 갱내 운반 차 차륜의 홈(溝)은 탈선방지 대책이었지만 전체가 목재이었기 때문에 절손·균열·부식으로 인한 사고가 끊이지 않았다. 그러나, 어쨌든 인위에 의한 최초의 궤도가 만들어진 점에 의의가 있다.

또한, 일설에는 16세기초에 독일의 Harz 광산에서 차륜이 땅에 덜 박히고, 원활하게 통행할 수 있도록 목재를 깔은 것이 최초의 철도 형태라고 한다. 영국에서는 17세기 초의 경에 뉴카슬 부근의 탄갱에서 목제의 궤도를 사용하여 말 1두로 8∼9 t의 석탄차를 끌었다고 하는 보고도 있다.

산업혁명에 앞서 16세기에서 17세기에 걸쳐 영국에서는 석탄의 이용이 높아져 대량의 석탄 채굴과 수송이 필요하게 되었었다. 그래서, 당시 석탄 수송의 간선이었던 것은 하천이나 운하를 이용한 주운(舟運)이었지만 탄갱의 갱구에서 선적장까지는 짐 말이나 짐마차를 이용하지 않을 수 없었다.

짐마차가 중량화, 대형화되면 차륜이 도로에 박히기 때문에 탄광 주인은 자기의 비용으로 차륜에 닿는 부분에 목판이나 돌을 깔아 견인 저항을 줄이어 운반능률의 향상에 노력하였다. 예를 들면, 어느 탄광에서 두 가닥의 줄기를 도로에 묻고 군데군데를 횡재로 연결하여 그 위로 짐마차를 주행시켰다고 하는 기록이 남아 있다. 1679년경에는 석탄운반을 위하여 전나무의 각재를 침목 위에 취부한 것이 출현하여 말의 견인중량이 4배로 증가하였다고 하는 기록도 있다. 이것에서 철도가 비롯되었다고 한다.

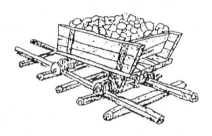

그림 1.2.1 사다리 궤도와 탄차

1.2.4. 철판레일, L형 레일, 철레일

(1) 사위가 명성을 올린 철판 레일

목제(木製) 레일 이후의 큰 진보는 200년 후인 18 세기 중반에 이르러 철제(鐵製) 레일의 등장이었다. 유럽에서 선구적으로 영국 내에서는 제철소와 탄갱이 발달하고 있었지만 대륙에서는 7년 전쟁의 종결과 함께 철강 수요가 떨어져 제철소 구내에는 판로를 구하는 철강재가 산적되어 있었다.

영국의 Derby 제철소에서는 구내의 목재 레일이 빈발하게 파손하여 골머리를 앓던 주인 Derby가 사위인 Richard Reynolds에게 그 대책을 명하였다. Reynolds는 이것과 철강의 재고에 대한 일석이조의 해결책으로서 봉강을 평판으로 고쳐 이것을 떡갈나무에 못을 박아 붙이는 것을 고안하였다(**그림 1.2.2**).

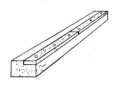

그림 1.2.2 철판레일

Derby는 이것을 크게 떠벌렸다고 상대를 하지 않았지만, 차륜을 주행시켜 보았더니 극히 경쾌하고 또 목재가 쪼개지는 일도 없어 누구의 눈에도 훌륭한 발명인 것이 분명하게 되었다. 이 날이 1767년 11월 13일로 철제레일의 등장 기념일이다. 그 후 1771년까지에 약 800 t의 철판(鐵板)레일이 생산되어 레이놀즈는 기술·경영의 양면에서 면목을 일신하였다. 사위가 명성을 올린 것이었다.

종 방향 각재의 마손을 개선하기 위하여 각재 위에 사용된 이 최초의 주철판(鑄鐵板) 레일은 각재의 내용한도 연신과 차륜의 원활한 주행에 대단히 유용하였지만, 이 주철판의 단부는 때때로 박리하여 뱀의 머리처럼 솟아올라 차륜을 파손하는 결점도 있었다.

(2) 주철 L형 레일

상기의 결점을 개선하여 탈선을 방지하기 위하여 1776년에는 L형 단면의 주철재(鑄鐵材)를 토대에 직접 취부하는 것이 출현하였다. 이 L형재는 **그림 1.2.3**에 나타낸 것처럼 장변(長邊)이 토대의 위에 놓여지고 단변(短邊)은 외연(外緣)에 수직으로 세우고 있다. 보통의 짐차와 같이 플랜지가 없는 차륜을 가진 차는 장변의 위를 전주(轉走)하고 단변이 유도 안내의 역할을 하여 탈선을 방지한 것이다. 이 경우에 당시의 마차 견인 차량의 차륜 외면거리는 1,524 mm (5′)이었으므로 좌우 한쌍의 L형재의 외면거리도 여기에 맞춘 것이다.

또한, 플랜지 붙은 차륜에 대하여는 내연에 단변을 세워 현재의 레일과 같은 모양의 역할을 부담시켰다. 이렇게 하여 처음으로 오늘날과 유사한 레일의 형식을 갖춘 것이 형성되었다. 이 경우에 좌우 한 쌍인 레일의 내면거리는 차륜 답면 폭 44.5 2 = 89 mm를 빼어 1,435 mm로 된다. 이것이 오늘날과 같은 표준 궤간의 기원이라는 설이 있다.

단순한 주철판과 달리 무거운 차륜을 지지함과 동시에 주행저항을 감소시키고, 차륜을 유도하여 탈선을 방지하며, 차륜의 원활한 주행을 확보할 목적으로 취부시킨 철의 봉상재가 레일(rail)이라고 불려지게 된 것은 이 시대의 일이다. 그리고, 이와 같이 나무의 종 각재(縱角材) 위에 취부되었던 레일은 스트랩 레일(strap rail)이라고도 불려졌다. 더욱이, **그림 1.2.3**의 경우, 말의 주행에 편리하도록 하기 위하여 궤간 내에 토사를 전충(塡充)한 것도 있지만 이것은 토사가 레일 위로 모인다고 하는 결점이 있었다.

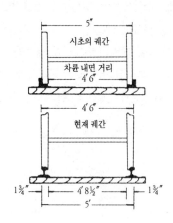

그림 1.2.3 표준 궤간의 기원

(3) 점착의 장애를 넘은 철 레일

철제 레일의 전기는 플랜지 붙은 레일의 발명이다. 1789년 Wiliam Gessop는 단면이 변화하는 플랜지가 붙은 레일을 발명하였다. 주철제 엣지 레일(edge rail)은 그 형상 때문에 어복 레일(fish bellied rail, 또는 fish bellied iron edge rail)이라고도 불려진다. 이 어복(魚腹)레일은 지점에서는 단면계수가 작고 중간부에서는 이것을 크게 하여 부재의 부담을 평균화하고 있는 점에서 극히 합리적인 설계이었다.

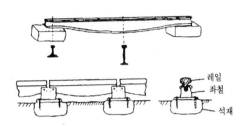

그림 1.2.4 주철 어복레일

그림 1.2.4와 같이 레일의 양단하부에 돌 또는 목침목을 부설하고 여기에 볼트를 깊이 끼워 레일을 고정시켰다. 레일 단부는 설치하기 편리하도록 폭이 약간 넓게 되어 있다. 오늘날의 평저 레일과 비슷한 단면이며, 또 중앙부는 복부가 높은 쌍두 레일과 유사하다. 엣지 레일의 특징은 종 방향의 강성이 크고 곡선 부설이 용이한 점이다. 더욱이, 엣지 레일은 스트랩 레일과 달리 플랜지 붙은 차륜을 레일의 엣지(綠)로 지지하기 때문에 단면을 종 길이로 직립시켜 설치한 레일의 호명이다. 단면이 변화하는 레일은 당시의 길이가 짧은 석탄차량에는 적합하였지만, 짧은 것(3 ft에 불과)밖에는 만들 수 없었던 점이 불편하였다. 플랜지 붙은 차륜용의 복부가 높은 레일은 그 후의 쌍두(雙頭)레일 또는 우두(牛頭)레일의 시초라고도 한다.

당시의 동력은 인력 또는 가축의 힘이었으며, 그 외에 경사면 등의 자연 조건을 이용하는 경우도 있었다. 인력을 이용한 철도를 인차(人車) 철도라고 부르는 예가 있으며, 가축의 힘으로서 말을 이용하여 발달된 것이 마차(馬車) 철도이다. 특히, 동력으로서 말을 이용한 철도의 경우에는 도로 위를 주행하는 마차보다 무거운 중량을 운반할 수 있게 되었다.

1.2.5. 철도의 탄생과 동력차의 발달

(1) 마차철도와 증기기관차의 탄생

18세기 후반에서 19세기 전반의 공업화에 따른 산업 혁명은 원재료나 원료·제품 등의 수송량을 급격하게 증가시켜 종래부터의 마차를 이용한 도로 수송으로는 대응할 수가 없으므로 수송 기능이 우수한 새로운 교통 기관이 요망되었다.

그 하나로서 국토의 기복이 비교적 적은 영국에서는 운하 망이 적극적으로 건설 정비되어 하천과 함께 수운(水運)이 이용되었다. 또한, 내륙의 광산 등에서 운하까지 운반하는 수단으로서 레일을 이용한 궤도와 마차를 이용한 방식(철도에서의 말 한 마리의 견인 능력은 도로에서의 말 약 10 마리에 필적)이 채용되었다.

이 철도는 전용적인 것이 많았지만, 통행료를 지불하면 누구라도 이용할 수 있는 공공적인 것도 개통되었다. 이러한 말 견인의 철도는 지형상 운하의 건설이 어려운 지역이든지 수송 수요가 비교적 적은 지역에서 적당한 교통 기관으로서 수운의 보완 기관으로 이용되었다.

영국의 교통은 1673년에 런던을 기점으로 하는 역마차가 달리기 시작한 이래 그 보급이 눈부시게 되는 한편, 현대 용어로 말하자면 탄광의 "전용철도"이었던 궤도도 단순한 각재에서 주철판 붙이, L형 레일, 더욱이 엣지 레일로 개량 강화되어 차륜의 대형화, 중량화도 가능하게 되었다. 그래서, 마차와 당시 플레이트 웨이 (plate way), 트램 웨이(tram way), 또는 레일 웨이(rail way) 등으로 불려지던 궤도가 결합하여 1801년 세계 최초의 공공 마차철도(馬車鐵道)인 샤레이 철도(Surrey Iron Railway) 회사가 발족되어, 1805년 약 17 km의 선로가 개통되었다. 이것은 어떠한 사람이라도 궤간 1,435 mm에 맞춘 마차를 갖고 오면 통행료를 지불하고 궤도 위를 주행할 수 있었다. 결국, 회사에서 차량을 갖고 있지 않고, 통행료 수입으로 성립한 회사이며 오늘날 말하는 유료 도로와 같은 성격의 것이었다. 그 후에 마차철도는 다른 곳에도 퍼져 영국에서는 1825년까지 16 회사, 합계 약 373 km의 선로를 갖고 마차철도가 영업을 하였다.

한편, 철도의 기술 특성의 하나인 대량 수송을 가능하게 한 증기기관의 이용은 18세기말에 연구가 시작되었다. 영국의 J. Watt가 1765년에 증기기관을 발명하여 공장의 동력만이 아니고 차량의 동력에도 이것을 이용하려고 하는 움직임이 나타났다. 1769년에 프랑스의 N. J. Cugnot, 또 1786년에 W. Murdock이 증기 차를 만들어 도로상을 운전하였다. 또한, 이들의 자동차로 철로 위를 달리게 하였고 J. Blenkinsop는 기관차로 레일 위를 달리게 하였으나 모두 성공하지 못하였다.

증기기관차를 제작하여 레일 위를 주행시킨 최초의 사람은 "기관차의 아버지"라고 불려지는 영국의 Richard Trevithick이다. Trevithick이 1804년에 발명한 증기기관차(**그림** 1.2.5)는 10 t의 철광석을 실은 화차를 끌고 8 km/h의 속도로 주행하는 일에 성공하였다. 이 증기기관차는 사우스 웨일즈의 철공장과 가까운 운하와의 자재 수송에 제공되었지만 기관차나 레일 등에 트러블이 많아 영속되지 않았다. 궤도 위를 운전한 Trevithick 모형(중량 4.5 t)은 기관차의 치차가 레일에 횡으로 취부한 등 간격의 돌기, 즉 래크 레일(rack rail)과 맞물리어 진행하는 방식이었다. 이것의 실용화는 곤란하여 결국 Stephenson의 점착 방식을 이용한 기관차가 실용화에 성공하였다. 그러나, Trevithick이 고안한 치차식 철도는 후세에 급구배 구간 전용의 치차식 철도로서 실현되었다. 그 후 증기기관차는 개량과 함께 각지의 탄광 선에 채용되었지만 기관차의 신규 제작비가 비싸고 동력 효율도 낮았다. 그 때문에 수송 톤당의 비용에서는 마차 견인에 비하여 장점이 적어 보급이 진행되지 않았다.

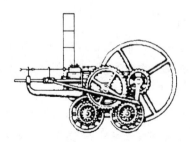

그림 1.2.5 Trevithick의 SL ; 중량 4.5 t(1804년 영국제)

상기와 같이 속도향상에 따른 점착이 염려되어 일 시기에는 이(齒)가 나온 레일도 만들어졌다. 그러나, Wiliam Hedley가 평활한 레일 표면 위를 원활하게 주행하는 기관차를 제작하여, 이 기관차가 1813년 와이람 탄갱에서 주행함에 따라 중견인의 경우에도 상당한 속도까지 치차가 불필요한 점이 증명되었다. 이것은 점착 방식을 이용한 철차륜/레일 시스템의 기본이 확립되었다는 점에 의의가 깊다. 1814년에는 영국의 Geroge Stephenson 등이 증기 기관차 "Blucher"의 제작에 성공하였다. 이들의 기관차는 광산의 마차 철도에 널리 이용되었으나 모두 전용 철도이었으며, 이들이 동력 상으로 본 철도의 기원이라 할 수 있다.

이 당시의 철도 차량은 4륜 마차를 그대로 복사하여 바꾼 듯한 것이었지만, 원시적인 시초부터 따라 다녔던 흔적이 궤도에도 그대로 적용되어 왔다. 기묘한 것으로 초기에 기관차 제작자가 당시의 도로 전용차의 차축 폭에서 유도하였던 표준 게이지의 선로 폭 4피트 8인치(1,435 mm)가 유지되고 있고, 게다가 Malta섬에 남아 있는 선사 시대의 수레바퀴 자국의 자취나 고대 아라비아의 사원용 수레의 그것과 같은 치수라고 하는 것도 불가사의하다.

(2) 철도의 탄생

세계 최초의 기계동력 방식의 공공 철도인 영국의 Stockton-Darlington간 약 40 km는 당초의 계획에서는 석탄의 반출을 주된 목적으로 하여 운하인가 철도인가가 비교 검토되었다. 그 구간은 지형의 표고차가 큰 점 등으로 철도의 건설비가 운하의 반액으로 끝나므로 민영의 철도가 선정되고 동력은 당시 일반적인 말 견인의 계획이었다. 또한, 철도의 건설 착공에 이르기까지에는 연선의 사냥터를 잃은 귀족이나 운송업자 등의 반대도 강하였지만, 건설 자금을 모으기 위하여 년간 15 %(최저 보증 5 %)의 높은 배당을 선전하고, 인가를 필요로 하는 국회의 의원이나 개개의 지주에게 철도의 유리성을 설득하여 겨우 지지와 이해를 얻을 수가 있었다. 그 즈음에 영국의 G. Stephenson은 증기기관차의 실용화에 심혈을 쏟고 개량을 거듭하여 탄광 철도에 납입하였다.

그는 탄광 철도에서의 실적으로부터 S&D (Stockton & Darlington) 철도에서의 증기기관차 견인 방식의 성공을 확신하고, 그 채용을 열심히 요망하였다. 또한, 회사의 유능한 리더인 은행가 E. Peace도 탄광에서의 사용 상황을 견학하고 Stephenson의 열의와 증기 동력에 의한 경영 전망을 받아들여 1825년에 세계 최초로 증기 동력을 이용한 근대의 공공 철도가 개업하였다.

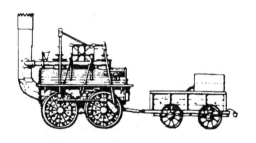

그림 1.2.6 "Locommotion"호 SL

전장 약 9 m, 기관차 중량 6.5 t, 동륜 직경 1219 mm, 보일러 압력 1.7 kgf/cm² (1825년 영국제)

이와 같이 하여, 세계에서 최초의 공공용 철도(鐵道)가 개업한 세계적 철도 기념일은 1825년 9월 27일이다. 개업 일의 기념 열차는 Stockton-Darlington간 43 km의 선로에서 "철도의 아버지"라고 불려지는 Geroge Stephenson이 만들고 "Locommotion"호 (중량 6.5 t, **그림 1.2.6** 참조)라 명명된 증기기관차가 충중량 약 90 t, 33 량의 열차(약 600인의 승객과 약간의 석탄을 적재)를 견인하여 전구간을 약 7~13 km/h (16 km/h이라는 설도 있음)의 속도로 주파하였다(Stephenson 자신이 운전하였다 함). Trevithick의 시기에는 취약한 주철제의 레일밖에 얻을 수가 없었지만, S&D 철도에서는 인성이 높은 연철제 레일을 채용할 수 있었던 것도 행운이었다. 스티븐슨 자신도 레일과 이음매의 특허를 갖고 있었지만 여기서는 J. Birkenshaw의 연철압연 레일을 채택하였다(**그림 1.2.7**). 이 레일은 1805년에 고안된 어복 레일(fish-belly rail)이라 부르는 형상의 것이었다.

이 철도에 관하여는 상기에도 언급하였지만, 지주가 반대하기 때문에 건설에 관한 법안의 의결이 2년간 지연된 일, 또 Darlington에 사는 고액 출자자를 위하여 구배 회피와 함께 선로가 우회된 일 등 비화가 있었다. 180년 후도 어딘가에 같은 모양의 일이…….

동년 10월 10일부터 그 지방민의 요청에 따라 여객과 화물의 취급을 시작한 것이 최초의 철도 영업이었다. 그러나, 이 때는 간간이 말을 이용한 견인이 많았고, 또한 수송 화물도 주로 석탄 운반이었다. 이 철도는 처음에 마차 철도의 계획이었던 것을 증기 철도로 바꾼 것이고, 사람들이 불안하게 생각하였기 때문에 증기기관차를 이용한 수송은 석탄 등의 화물에 한정하고 여객은 마차 수송을 이용하였다. 또 일부 구간에 설치한 증기기관을 이용한 로프 견인 운전도 병용되었다.

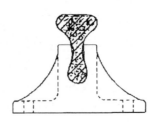

그림 1.2.7 연철 압연레일

종래의 공공 마차 철도에서는 자체 수송용의 차량을 보유하는 일은 없었지만, S&D 철도는 기관차와 약 150 량의 화차를 보유하고 주로 석탄 수송을 시작하였다. 당초는 마차 업자의 승합 마차가 주 3~4회 운행되고 있는 정도로 여객의 수요는 기대할 수 없었다. 이윽고, 여객 수송 다이어그램이 설정되어 이용이 증가되고 운행 다이어그램의 조정이 곤란하게 되었기 때문에 1934년에 객 · 화 수송 모두 자체의 보유 차량을 이용한 증기 견인 방식의 6 왕복으로 되었다.

그러나, S&D 철도에서 "Locommotion"호의 운행은 기관차의 성능이나 비용 면에서 반드시 성공이라고는 말할 수 없었다. 기관차는 보일러의 위에 종 방향 형의 실린더를 설치한 모양이 흉한 구조로서 보일러 안을 한 개의 염관(焰管)이 통할뿐이었다. 이것이 긴 연돌(煙突)을 새빨갛게 작렬시켜 연돌에서 화염을 토하며 달리므로 기관차는 "화룡(火龍)"이라 불려졌다. 기관차는 고장도 많고 신뢰성이 낮으며, 또한 위험한 탈것이라고 보였기 때문에 기관사들은 생명보험 회사와의 계약이 거절되었다고 한다.

이 철도는 공공용 철도로서 처음으로 철도와 증기기관차를 결합시켜, 철도회사의 화차 소유와 화물열차의 운전을 실현한 일에 큰 의의가 있다. 더욱이, 이 철도 전체가 증기철도로 통일된 것은 1833년이었다.

(3) 연철레일의 개발 및 동력차의 발달

당초의 레일은 모두 주철제이었지만 1784년 영국의 H. Cort가 연철을 제조하는 Puddle 노(爐)를 고안하여 처음으로 연철(鍊鐵) 레일이 출현하였다. 1783년 증기기관을 이용한 압연기(壓延機)도 발명되었으므로 이것은 영국에 있어서 Derby 2세의 코크스(Koks) 고로(高爐) 기술(1735년), Puddle법, 압연법이 결합하여 선철-연철-압연의 일관 생산체계의 기초가 구축되었고 근대적인 레일의 제조가 가능하게 되었다.

또한, 이와 같은 기술 배경을 기초로 세계의 철도기념일에 앞서 수년전인 1820년 영국의 J. Birkenshaw는 처음으로 연철을 압연하여 **그림 1.2.7**의 압연레일(길이 3,962~4,572 m(13~15′), 중량 12.9 kg/m(26 lb/yd))을 제작하였다. 이것이 최초의 압연 레일로서 마모와 저항을 줄이기 위하여 둥글게 폭을 넓힌 두꺼운 복부로 만들어져 있고 주철 레일과 비교하여 길이가 길고, 이음매부에는 체어(chair)라고 부르는 주철제 지지대로 지지하는 구조이다.

증기 동력의 철도가 운하 수송을 능가할 수 있다고 평가된 것은 1830년 9월 15에 개업한 영국의 Liverpool-Manchester간 50 km의 철도이었다. 이 철도는 일반의 여객과 화물을 본격적으로 취급한 최초의 철도로서 본격적인 여객 수송용으로서는 최초이며, 또한 개업 당초부터 모든 차량이 증기기관차로 견인된 세계 최초의 도시간 공공철도로서 여객 · 화물의 모든 영업을 증기기관차의 견인에 완전히 의존하였다. 서해안 항만의 Liverpool과 당시에 세계 최대의 방적공업 도시인 Mancheste의 구간에서는 18세기말에 건설되었던 운하가 있었다. 그런데, 화물의 유동이 1일 1000만 t을 넘어 대응할 수 없게 되어 수송 기관의 증강으로서 민영 철도의 건설이 계획되었다. 그러나, S&D 철도의 실적에서도 기관차의 신뢰성과 성능 모두 낮았기 때문에 당초의 계획에서는 증기기관차의 채용을 결정하지 않았다. 그래서, 사용하려는 기관차를 전국에서 널리 현상 모집하여 기관차 콘테스트를 하여 그 결과에 따라 채용 여부를 결정하는 것으로 하였다.

콘테스트의 기관차 사양 조건은 중량 6.1 t 이하, 가격은 550 파운드 이하, 20 t의 열차를 16 km/h 이상으로 견인할 수 있고, 콘테스트 당일에 평탄 구간 3 km를 10 왕복할 수 있는 것 등이었다.

전국에서 많은 관중이 모여 세기적으로 개최된 기관차 콘테스트는 5 량이 참가하였다. 2 량은 사양 조건에 대하여 실격하고, 2 량은 고장으로 주행할 수 없어, Stephenson이 제작한 "Rocket"호 기관차(4.3 t, **그림 1.2.8** 참조)가 최고 속도 35 km/h, 평균 속도 22 km/h(열차속도에 대하여는 20~30 km/h라는 문헌도 있음)의 훌륭한 기능을 발휘하여 합격됨으로서 시비가 없이 결정되었다. "Rocket"호 기관차의 연관(煙管)식 보일러, 좌우에 배치한 실린더와 클램프 기구 등의 합리적인 구조는 그 후 증기기관차의 기본적 설계로서 최후까지 답습하였다. 이 때 부설된 레일은 1829년 Blenkinsop가 만든 연철제 압연 어복 레일(길이 15′ (4.58 m), 17.4 *kg/m*)이다.

개업한 L&M 철도는 여객의 이용이 예상을 상회하여 그 수입이 화물의 2배 이상인 좋은 업적을 거두었다. L&M 철도가 실증한 수송력 · 속도 · 비용 등 우수한 증기 동력의 철도는 요원(燎原)의 불꽃처럼 영국의 국내와 해외에 보급되기 시작하여 영국에서는 20년 후에 영업 킬로가 1만 km를 넘었다.

이 시기에서도 마차철도의 자취가 있고 레일의 지지는 블록이었지만, 적어도 터널 내에 자갈이 부설되어 있어 자갈도상 궤도의 원형이 탄생하고 있었다.

이 철도의 개업에 따라 궤도와 증기기관차 견인차량이 일체로 된 본격적인 철도시대로 되어 그 후 영국 전 국토의 철도망이 형성되었고 수송을 신속하게 하여 산업의 발달을 한층 촉진하게 되었다. 그리고, 철도는 영국에 이어 미국에서 1827년에 볼티모어 · 오하이오 철도회사가 설립되어 1830년에는 영업이 개시되고, 1832년에 프랑스, 1835년에 벨기에와 독일에 보급되는 등 구미 각국으로 철도가 급속하게 퍼졌다. 그 이후의 1세기는 "철도의 세기"라고 하여도 좋을 정도로 철도가 육상 교통의 주요 부분을 독점하고, 증기 열차가 중심적인 운행 형태이었다.

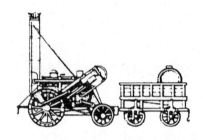

그림 1.2.8 "Rocket"호 SL

전장 약 6.9 m, 기관차 중량 4.3 t, 동륜 직경 1435 mm, 불꽃 격자 면적 0.5 m²,

보일러 압력 3.3 kgf/cm² (1829년 영국제)

1850년대에는 영국에서 약 2만 km, 미국에서 약 3만 km의 철도가 보급되었고, 아시아에서는 1853년에 인도, 이어 오스트리아, 뉴질랜드, 세이론 등 영국의 식민지이었던 지역에서 철도가 개통되었다. 미국의 대륙횡단 철도가 처음으로 동서를 연결하게 된 것은 1869년이며, 또한 세계 최장의 단일 철도인 시베리아 철도가 Voladiostok까지 도달한 것은 20세기초이었고, 19세기 후반은 세계적으로 "철도의 약진 시대"이었다. 이리 하여 철도는 육상 교통기관으로서 각국에서 발달되었고, 차량이나 선로의 개선과 진보도 급진전되어 사회 · 경제의 개발을 촉진하고 현대 사회생활에서 중요한 존재가 되었다. 또한, 이와 같이 하여 1960년대 말까지 세계의 철도 총 영업 연장은 130만 km를 돌파하였다.

다른 한편, 철도의 또 하나의 기술 특성인 고속 수송의 근본으로 되는 전기 운전이 발달하였다. 1879년 독일 베를린 공업박람회에서 Siemens가 처음으로 소형의 전기기관차로 객차 3량을 견인하여 운전하였고, 이어 1881년에 독일의 베를린 교외에서 전기기관차가 정식으로 일반 공중 수송용의 전기철도에 채용되어 영업을 개시하였다. 이것은 철도의 무연화(無煙化)가 가능하고 동력분산 방식을 취하므로 전기 철도는 당초에 도시 내에서, 뒤이어 도시 근교 철도에 대하여 발달하였다. 특히, 제1차 세계대전(1914~1918)시의 석탄 부족은 철도의 전철화를 자극하였다.

또한, 1910년경 독일에서 개발된 디젤전기기관차는 1932년 이후 세계 각국에 보급되었으며, 특히 석유 자원이 풍부한 미국에서 발달하였다. 이와 같이 디젤기관(Diesel Engine)을 중심으로 하여 내연기관이 동력으로 사용되기 시작하였으며 처음에는 전기기관차나 내연기관차로 객 · 화차를 견인하였으나 전동기나 내연기관을 객차에 분산 탑재하는 동력분산 방식의 복합 단위열차(multiple unit train)도 개발되어 철도의 근대화가 이룩되었다.

(4) 초창기의 철도신호

상기의 제(3)항과 같이 정식의 증기 철도로서 계획되어 실현된 것은 1830년 개통의 리버풀~맨체스터 철도이었다. 이 철도의 특징은 이미 마차 철도 시대의 경위를 거쳐 완성되어 있던 4피트 8인치 반의 게이지, 즉 1,435 mm라고 하는 오늘날의 국제 표준 궤간을 사용하고 있던 점이다. 적색의 기를 가진 신호원이 기마(騎馬)로 선행하기도 하고 원반형의 신호기를 이용하기도 하였다. 야간은 적색의 램프를 이용하였다. 적색이 위험 신호로 된 것의 시초이었다. 운하의 항행(航行)에 이 방법이 이용되어 왔던 것은 아닐까? 다만, 당시는 전기 통신의 수단이 없었기 때문에 일정한 시격(時隔)을 두고서 열차를 출발시키는 "격시법(隔時法)"에 의지하는 수밖에 방식이 없었다. 이 문제의 해결은 1837년 미국에서 모르스가 전신기를 발명하기까지 기다려야 하였다.

영국에서 철도가 왕성하게 되어 사람들은 문명의 자비를 받는 것으로 되었다. 그러나, 증기 기관차를 이용한 열차의 운전에는 문제도 많았다. 소음이나 매연으로 인한 불평은 끊임이 없었고 열차의 탈선이나 충돌 등, 인명에 관계되는 사고도 잇달아 일어났다. 어떻게든 안전하게 열차를 주행시킬 수 있는 방법은 없는가, 열차 시각대로 운전하는 방법은 없는 것인가에 대하여 철도 회사는 고심을 거듭하였다.

그레이트 웨스턴 철도에서는 원판과 횡목(橫木)을 사용한 신호기를 만들었다. 횡목은 정지를 나타내고, 90도 회전하면 원판이 나와서 출발 허가로 되는 현시이었다.

1841년이 되어서 영국 사람 고레고리는 세마포어 신호기를 발명하였다. 세마포어란 그리스어로 "전달"이라고 하는 의미이다. 런던 크로이턴 철도는 이것을 조속히 채용하였다. 이것은 그 후 완목식 신호기의 원형으로 되었으며, 현재에도 세계의 일부에서 사용되고 있다. 그러나 영국에서도 그레이트 노턴 철도에서 동계에 완목이 결빙하여 사고를 일으켜 개량되었던 경위가 있다.

그 즈음에 영국인 쿠크는 블록 전신기를 발명하여 시용(試用)하기 시작하였다. 그 후도 많은 개량이 행하여져 1851년이 되어 폐색(閉塞, 충돌 방지를 위하여 어느 일정구간을 1 열차에 점유시키는 것)은 대부분 전신기를 이용하게 되어 충돌 사고의 감소에 큰 역할을 하였다. 이것을 이용한 표권(票券) 폐색식도 차차로 보급되었다.

1870년대에는 새로운 전자석을 응용한 여러 가지 폐색기가 고안되어 왔으며, 큰 역에서는 분기기(포인트)의 전환을 집중하여 행하기 위한 신호 취급소(캐빈)가 시작되어 기계식 연동 장치가 발달하여 왔다. 어느 것도 영국의 제철 기술이나 기계공학의 진보에 힘입은 바가 크다.

기계공학의 진보는 그 후도 증기 기관차의 기술을 개량하고 이론화하여 왔다. 스티븐슨의 발명이래 40년 후의 철도 기술은 이미 시스템화되고 정형화되어 왔다. 철 재료의 진보도 컸다.

운전 시각의 기초로 되는 열차 다이어그램이나, 게다가 그 기초로 되는 운전 성능이나 속도 곡선의 표시법, 더욱이는 석탄의 분화(焚火) 기술 등 여러 가지의 기초가 확고하게 되어 있었던 것도 이 시대다.

영국의 산업혁명에 의하여 철도가 탄생되고 그 철도가 산업혁명을 추진하였다고 하여도 과언이 아니다.

1.2.6 궤간싸움 및 레일의 발달

(1) 궤간 싸움 – 의지가 통하지 않는 다수결

철도의 탄생 당시 마차의 차륜간격은 4′ 3″이었으므로 이것이 표준 궤간의 기원은 아니다. 현재 표준 궤간으로 되고 있는 4′ 8-1/2″의 등장은 19세기 초두 스티븐슨이 화부에서 기사까지 등용시킨 키링워스의 탄갱 내이었다(이설이 있음). 그 후 세계 각지에서 철도가 부설되자 전략상에서 각종 궤간(軌間)이 부설되어 최적 궤간에 관한 논의가 활발하였다. 이 논의가 최고조에 달한 것이 영국에서 광궤와 당시 협궤로 칭하고 있던 4′ 8-1/2″궤간이 대립한 1844년이다. 브르넬 부자가 스티븐슨에 대항하는 의미로 광궤 7′ 1/4″를 채택한 Great Western 철도가 개업하고 3년 후의 일이다. 궤간의 혼용은 극히 불편하였으므로 궤간 통일의 기운이 높아져 왕성한 논쟁이 전개되었다. 견인 기관차의 고속 성능에서는 광궤에 승리의 판정을 내리고 있었지만, 영국 내에서의 부설 비율이 7 : 1(1900 : 270 마일)이었기 때문에 영국의회에서는 1846년에 4′ 8-1/2″(1,435 mm)를 표준 궤간으로 하는 법률(궤간법)을 의결하였다. 그 간의 경위를 "The Guage War"라고 칭하고 있으며, 궤간법 성립 후에도 광궤와 삼선궤(3線軌)가 부설되었지만 1892년에 이르러 전부 도태되어 영국에서는 표준 궤간만으로 되었다. 즉, 당시에 약 500 km에 달한 2,134 mm 궤간의 철도는 1892년까지 모두 1,435 mm 궤간으로 바뀌었다. 그러나, 이 광궤의 정확한 반분인 궤간이 희망봉 gauge, 즉 다른 나라(일본, 오스트레일리아, 뉴질랜드, 남아프리카)에 부설되어 있는 1,067 mm 게이지로 남아 있다.

(2) 우두 레일과 쌍두 레일

1830년에는 영국의 Clarence가 16.4 kg/m 의 압연레일을 제작하였다. 이것은 그 후 영국에서 널리 사용되었던 우두(牛頭)레일(bull-head rail)이라 부르는 형의 원조라고도 한다.

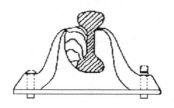

그림 1.2.9 쌍두 레일

1837년에는 영국의 J. Locke가 쌍두(雙頭)레일(double head rail)을 고안하였다(**그림 1.2.9**). 쌍두 레일은 두부와 저부가 같은 단면이며 레일 교환 시에 상하를 전도하여 다시 사용할 목적이 있었다. 그러나, 목적에 반하여 경년과 함께 레일 하부의 레일을 지지하는 체어(chair)부에 접하는 개소가 손상하기 때문에 저부를 주행 면으로 사용하기에는 지장이 생기기 쉬우며, 이 때문에 영국에서는 1844년에 고안된 우두레일로 바뀌었다. 이것은 두부와 저부의 단면이 대칭적이지 않고 두부가 약간 크다. 이 레일은 제조상 비교적 압연이 용이하고 냉각이 보다 빠르기 때문에 똑바른 레일을 얻기가 쉽지만, 레일의 횡 방향 안정성 등에 문제가 있다.

영국에서는 제2차 세계대전 후까지의 사이에 오로지 쌍두 레일이 사용되었다. 이상과 같은 우두 또는 쌍두 레일은 영국 이외에서는 거의 사용되지 않았다. 그 후 영국에서는 우두레일이 대형·장척화되어 1905년에 43 kg/m, 10.97 m, 더욱이 47 kg/m의 것이 표준화되었으며, 평저 레일이 도입되기까지 오랫동안 사용되었다. 그러나, 1949년 이후 보수·경제상의 견지에서 차차 평저 레일로 변경되어 영국에서 현재의 부설 레일은 56.39 kg/m 평저 레일이 가장 많다.

(3) 평저 레일

쌍두 레일 또는 우두레일에 사용되는 체어를 제거하기 위해서는 레일 저부 폭을 넓게, 더욱이 무겁게 하는 것이 필요하다. 미국인 R. L. Stevens는 1831년에 오늘 날 일반적으로 사용되고 있는 평저(平底)레일 (flat-bottom rail)의 원조라고 하는 **그림 1.2.10**과 같은 17.9 kg/m(36 lb/yd), 5.484 m(6 yd)의 연철 T형 레일을 설계하여 영국에서 제작해 가져 가서 그가 사장이던 뉴저지 주의 캄딘·앤드·암보이 철도에 부설하였다. 이 레일은 단면형상이 I형보다도 T형에 가까웠으므로 당시에 T레일 (Tee rail)이라 불렀다. 각이 있는 돌(角石)의 가운데에 매설한 나무에 철 못으로 취부하고 이음매는 꽂아 넣음으로 하여 징을 박아 넣는 구조로 되어있다.

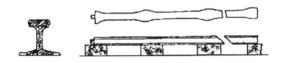

그림 1.2.10 스티븐스의 연철 T형 레일

이것보다 약간 늦게 1836년 영국에서 C. Vignloes이 복부가 낮은 T레일을 발명하여 이것이 파리 지중 철도에 이용되었다. 이것은 나중에 유럽 각국에서 레일 단면형상의 기본형식으로 된 것으로 유럽에서는 비그놀 레일 (Vignoles rail)이라고도 한다. 그 후 19세기 중기까지 U형 레일, 혹은 T형의 두부를 크게 한 레일이 미국에서 고안되는 등 여러 가지 레일의 단면형상이 개발되었지만 철도용으로서 평저 레일과 같이 보편적으로 실용화된 것은 나타나지 않았다.

최종적으로는 두부 마모, 체결 성능 등을 고려하여 현재의 주요한 레일의 대부분은 I형 평저 레일의 단면형상으로 되어 있다(**그림 1.2.11**). 즉, 1855년에는 후술의 강제(鋼製) 레일이 제작됨으로서 레일의 길이와 형상 모두 오늘날에 사용되는 것에 가까운 레일이 제작되기 시작하여 이것이 철도의 발전에 크게 기여하였다.

한편, 당초의 레일 이음매는 꽂아 넣는 방식 또는 조합하는 방식을 이용하여 왔다. 현대와 같이 레일 끝 복부의 내측에 한 쌍의 이음매판을 대고 그것을 볼트로 체결하는 덧붙임식 이음법은 B. Adams가 1847년에 발명하여 1850년 이후 널리 사용되었다.

(4) 레일 재질의 발달

레일의 재질은 철(鐵)의 제조법이 발전함에 따라 내마모성이 우수하지만 크게 무른 주철(鑄鐵) 및 인성(靭性)이 많지만 연약한 상기의 연철(鍊鐵)로부터 현재 왕성하게 사용되고 있는 강(鋼)으로 치환되었다.

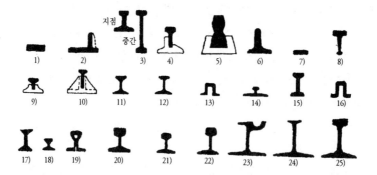

1) 1767년, 주철판레일, 길이 1,524 mm
2) 1776년, 주철 L형레일, 길이 914 mm
3) 1789년, 주철 어복 레일
4) 1797년, 주철옛지레일
5) 1802년, 주철제 레일, 길이 1,372 mm
6) 1808년, 주철레일
7) 1808년, 가단주철판레일
8) 1816년, 주철 어복 레일
9) 1820년, J.Birkenshaw의 연철압연레일, 12.9kg/m
10) 1830년, Clarence의 연철압연레일, 16.4kg/m(이상 영국)
11) 1831년, G.Stephenson의 평저레일, 17.9kg.m(미국)
12) 1831년, Pennsyivania 철도의 평저레일, 20.3kg/m(미국)
13) 1835년, U형레일, 19.8kg/m(미국)

14) 1836년, C.Vignoles의 평저레일, 17.2kg/m(프랑스)
15) 1837년, J.Locke레일(쌍두레일), 28.8kg/m(영국)
16) 1844년, Evancse의 U형레일, 17.8kg/m(미국)
17) 1844년, 우두레일, 28.8kg/m(영국)
18) 1845년, 피아베드레일(미국)
19) 1858년, 중공레일(미국)
20) 1858년, Pennsylvania 철도표준레일, 21.2kg/m(미국)
21) 1864년, 최초 Bessemer 강레일, 24.8kg/m(미국)
22) 1885년, 할레 망레일, 31.6kg/m(독일)
23) 홈붙이 휘닉스레일, 66.8kg/m(독일)
24) HT형, 할규레스레일, 54.7kg/m(독일)
25) 1947년, 76.9kg/m 레일(미국)

그림 1.2.11 레일의 발달

이것은 연철에 비교하여 강도적으로 뛰어나기 때문이다.

1855년에 영국의 H. Bessemer가 발명한 산성 전로 제강법을 1856년에 레일에 적용하여 최초의 강 압연 레일이 출현하였다. 이것은 연철에서 강의 시대로 바뀌어 용강의 대량 생산이 가능하게 되었다. 그러나, 베세마 제조법은 인(Phosphorus) 또는 유황(sulphur) 등이 적은 원료를 사용하지 않으면 안되므로 이와 같은 점을 개량한 염기성 전로 제강법을 영국의 S. G. Thomas에 그 후 1878년에 발명하였다.

전로의 발명과 거의 동시기인 1856년에 선철(銑鐵)과 철광석을 혼합, 용해, 정련하여 강을 제조하는 노상이 평평한 평로의 특허를 영국의 Siemens가 출원하였다. 그래서, 1862년에 처음으로 평로를 이용한 제철공장이 건설되었다. 평노법에도 전로와 마찬가지로 노의 내면재인 내화 벽돌의 성질에 따라 산성과 염기성이 있으며, 일반적으로 염기성이 이용되었다. 또한, 이 방법은 선철(銑鐵)과 설철(屑鐵)의 비율을 자유로 변화시킬 수 있고 제품의 품질도 일정하므로 미국 등을 중심으로 널리 채용되어 후술의 순상소 상취 전로를 이용한 제조까지는 이 방법이 사용되어 왔다.

제2차 대전후 1949년 오스트리아의 Linz 및 Donawitz에서 발명된 순산소 상취 전로 제강법(LD법, BOF)은 생산 효율이 대폭적으로 좋고 품질도 향상되었지만, 이것이 대량으로 사용된 것은 최근의 일로서 1960년대 후반부터 각국에서 평로 대신 급격하게 채용되어 현재 제강법의 중심을 점하고 있다. 이에 따라 평로에 의한 6시간의 제강 시간이 40분으로 단축 가능하게 되었으며, 강중의 함유 가스(N, O, H)가 감소되었다.

최근의 레일 제강 기술에는 연속 주조법(C.C법)이나 1960년대에 채용된 진공 탈가스법이 실시되고 있다.

연속 주조법은 고속·대량의 용강 처리법으로서 종래의 조괴 분괴법(강괴법)과 같이 강괴를 만들지 않고 직접 소정의 최종 주편인 불름으로 냉각 응고시키는 방법으로서 표면 성상의 향상, 파이프나 편석(偏析)의 제거에 따른 재질의 균일화가 이루어 졌다. 진공 탈가스법은 셔터 균열의 원인으로 되는 강(鋼)중의 수소 용해도의 감소가 진행되어 현재 극히 청정한 강이 제조되고 있다.

1.2.7 궤도와 토목기술의 발달

(1) 재료가 역사를 말하는 철도궤도

콘크리트 침목은 1880년에 프랑스에서 고안되었다. 미국에서 1893년 콘크리트 침목을 실험적으로 부설하여 계속 35년간 Pennsylvania 주에서 추가적으로 부설하였으나 이들 대부분이 체결 장치 부식, 콘크리트 균열 및 열화 등의 이유로 몇 년 아니 가서 철거되었다. 이탈리아 국철은 1906년과 1908년 사이에 20만 개의 콘크리트 침목을 부설하였다. 영국의 Great Northern은 1920년에 실험적으로 부설하였다. 블록 침목(단단한 금속 연결재 또는 T바에 걸친 콘크리트 블록)은 같은 시기에 프랑스 Paris-Lyon-Marseilles선에서 만족할만한 사용가치를 마련하였다. 빔 침목은 일찍이 유럽과 미국에서 체결 장치의 부식과 이완·충격으로 인한 파괴 및 레일 아래의 분쇄 등으로 실패하였다.

유럽에서 실용의 PC침목이 처음 개발된 것은 1942년경이라고 한다. PC침목은 제2차 세계대전 직후에 목재가 부족한 유럽과 영국에서 널리 도입되었다. 빔형 침목은 독일, 영국, 러시아 등에서 쓰이고 있다. 블록 침목의 수정된 RS 합성 침목은 프랑스 철도에서 사용한다. 철침목은 철도 초기 1860년경 영국에서 시험적으로 쓰여졌고 그후 독일, 스위스에서 많이 사용되었으나 목침목의 주약방부 처리가 보급되어 차차 사용량이 감소되었다.

제2차 세계대전 후에 콘크리트가 토목재료의 주류를 이루고, 고무 등의 유기재료가 채용됨에 따라 근대 궤도의 형태가 갖춰졌다.

영국에서는 평저 레일을 채용하였고, 팬드롤 레일체결장치가 발달하였다. 팬드롤 레일체결장치는 1957년 노르웨이 국철의 Per Pande-Rolfsen이 발명하였다. 프랑스에서는 2블록 RC침목으로 300 km/h를 실현하였다. 프랑스는 세계 최초로 개발된 2중탄성 레일 체결장치인 RN을 사용하여 왔지만, 1981년 TGV 남동선의 개업시에 Nabla형을 개발하여 사용하고 있다. 독일에서는 긴 PC 침목이 발달하고, 콘크리트 궤도도 발달하였다.

독일의 콘크리트 궤도는 일본의 슬래브 궤도와 형태는 다르지만 근대적인 신궤도 구조이다. 일본의 플라스틱 침목은 새로운 것이다. 레일이 목재에서 철로 되기까지 200년을, 도상이 자갈에서 콘크리트와 고무로 되는 것에 더욱이 200년을 요하고 있다. 최초의 분기기는 영국에 있는 광업단지를 위하여 1796년 John Curr가 발명한 이래 거의 200년 동안 존재하여 오고 있으며, 재료와 구조면에서 많은 발전을 하였다. 현대의 고속 분기기는 관련문헌을 참고하기 바란다.

한편, 장대레일은 독일의 경우, 1924년에 320 m를 시험 부설한 것이 제일 오래 된 것이며, 다음이 미국으로 1933년에 시험 부설을 시작하였다. 일본의 경우는 1937년에 仙山線 터널 내에 처음으로 부설하기 시작하여 1939년 新鶴見 조차장 구내에 시험 부설한 211 m가 시초로 된다.

분기기는 영국의 광업 단지를 위하여 1796년 John Curr가 최초의 분기기를 발명한 이래 거의 200년 동안 유사한 장치로 존재하여 왔다. 기본 아이디어는 변하지 않았으나, 오늘날의 분기기 기술은 상당히 발전하여 고속으로 통과할 수 있는 분기기를 설계 · 제작할 수 있게 되었다.

철도가 탄생하고 처음 10년 동안의 궤도 선형은 직선과 원곡선만으로 구성되었다. 완화곡선은 Wilhelm Prressel이 1864년에 오스트리아의 Brenner 철도에 처음으로 도입하였다. 오늘 날 유럽의 표준인 Klotoid 는 오스트리아의 Max Ritter Von Leber가 1890년에 처음으로 도입하였다.

(2) 우리 나라 궤도의 발달

우리나라 초창기 철도(제1.2.9(1)항 참조)의 궤도는 경인선 개통 당시 미국 일리노이스 스틸회사 제품인 30 kg/m(60 lb/yd) 레일, 경부선 건설시 미국 카네기 회사 제품인 37 kg/m(75 b/yd) 레일, 그 외에 경의 선, 경원선 등에는 9 kg/m(18 b/yd)에서 37 kg/m(75 b/yd)까지 다양한 종류의 레일을 사용하였고, 침목 과 도상은 목침목(일부 소재 침목), 친 자갈 또는 막 자갈을 사용하였다. 1945년 제2차 세계대전 종전후에 궤 도재료의 공급이 어려워 유지에 급급하던 선로는 1950년 6.25 사변으로 막대한 피해를 입었다. 그리고, 레일 은 전체적으로 마모가 심하고 내구 연한이 많이 경과되었다.

1953년 휴전이후 50PS, 50ARA 레일이 도입되고, 산림의 황폐화로 대만, 남양, 북미에서 목침목이 들어 왔으며, 도상은 하천 자갈을 체 가름한 친자갈이 주종이었다. 1963년 이후 경제개발 5개년 계획에 따라 KFX(Korea Foreign Exchange, 국내조달 외자) 자금으로 미국, 일본, 인도에서 37 kg/m 또는 50 kg/m(ARA, PS, N)레일을 수입하여 갱환하였다. 1966년부터 50N 레일이 도입되기 시작하여 그 동안 사 용하던 50PS, 37 kg/m 레일을 1976년부터, 그리고 50ARA 레일을 1977년부터 50N 레일로 갱환하였다. 또 한, 1978년에 50N 레일(레일 길이 25 m로 표준화), 1982년에 60 kg/m 레일을 국산으로 부설하기 시작하였 다. 경인선을 비롯하여 수도권 전철구간 및 경부선 교량 상에는 60 kg/m로 레일 중량화를 시행하였고 현재 는 일반 철도와 도시 철도도 60 kg/m 레일을 부설하고 있다. 경두 레일은 1974년에 시험 부설하여 현재 급 곡선부에 사용하고 있다.

열차의 속도 향상과 승차감 향상을 위한 장대레일은 1959년 100 m 레일 3 개소, 300 m 레일 1 개소를 시 험 부설하였다. 1966년에 20 m 레일 5 개를 가스압접으로 100 m로 용접하여 현장에 부설한 다음 테르밋 용 접으로 1,200~1,800 m로 한 장대레일을 경부선 영등포~시흥간(3 개소)에 부설하기 시작하여 2006년 1월 현재 국철의 궤도연장 7,746 km(본선 5,653 km, 측선 2,183 km)중 2,611 km(34 %)가 장대레일로 부설되 어 있다.

침목은 주약 침목을 사용하여 오다가 콘크리트 침목의 개발을 위한 기술 제휴를 1958년 독일과 맺어 PC 침목을 시험 부설하여 개발에 성공함에 따라 1958년부터 PC 침목을 부설하기 시작하여 1999년 1월 현재 국 철에는 1,078만 개의 침목중 369만 개(34 %)가 PC 침목이고 나머지 709만 개는 목침목이다. 이음매 침목도 1978년부터 사용하기 시작하였다. PC 침목의 레일 체결장치는 1970년에 한성식과 동아식의 장점을 살린 합 성식이 사용되고, 더욱이 1984년부터 코일 스프링식(팬드롤형)으로 개량되었다. 목침목에도 1960년대 후반 에 타이 플레이트를 활용한 2중 탄성 체결 장치를 급곡선부에 사용하여 오다가, 코일 스프링용 베이스 플레 이트를 채택하고 있다.

도상은 막자갈 또는 친자갈을 사용하여 오다가 1960년부터 깬 자갈을 사용하고, 1982년부터는 완전 쇄석화하여 살포와 보충을 하고 있다. 콘크리트 도상은 1974. 8. 15 개통한 서울지하철 1호선의 정거장(7역) 구간에 처음으로 채용하여 서울2기 지하철과 각 지방도시의 지하철 등에 본격적으로 채용하였으며, 경부고속철도도 1단계 구간은 장대터널 구간에만 채용하였으나 2단계 구간은 전구간을 콘크리트 도상으로 추진 중이다.

분기기는 1960년 후반부터 50 kg NS 분기기와 망간 크로싱을 부설하고 있으며, 1967년부터 분기기용 70S 레일이 도입되었다. 1999년 1월 현재 국철의 분기기수는 9,780 틀이다. 이와 같이 1960년대부터 궤도강도 향상이 이루어졌으며, 보선작업도 1957년부터 소형장비를 도입하여 현장에 투입한 것이 보선 기계화의 효시라고 보며, 1972년부터 I.B.R.D. 차관자금으로 멀티플 타이 탬퍼 4 대 등 9 대의 대형 보선장비를 도입하는 등 본격적으로 기계화되기 시작하였다. 또한 1976년부터 궤도 검측차를 이용하여 동적 검측을 시행하고 있다.

(3) 토목기술의 발달
철도건설의 진전과 함께 토목기술도 비약적으로 진보하게 되었다. 철도는 종래의 교통기관에 비하여 구배(기울기)조건, 곡선조건, 하중조건 등이 엄하기 때문에 필연적으로 터널이나 교량 등을 다용하면서 노선을 건설할 수밖에 없으므로 그 때까지 볼 수 없었던 거대한 구조물을 잇달아서 완성시키기에 이르렀다. 1871년에는 유럽 알프스를 가로지르는 최초의 터널인 리용~트리노 간의 몬스니 터널(연장 13,590 m)이 완성되고, 계속하여 1882년에 고트할트 터널(14,998 m), 1884년에 알베룩 터널(10,250 m), 1906년에 심프론 터널(19,803 m)이 완성되어 장대터널의 시대를 구축하였다. 또한, 교량에서도 1884년에 2힌지 브레이스트 리브 아치로서 완성한 프랑스의 갸라비 고가교(지간 165 m), 1890년에 캔틸레버 트러스로서 완성한 영국의 호스 교량(지간 521 m) 등이 완성되었다.

1.2.8 철도의 증흥과 발전

1938년경 구미에서는 최고 130 km/h 정도의 급행 열차를 영업 운행하였으며, 시운전으로서는 1936년 독일에서 3량 편성의 디젤 동차가 205 km/h, 1955년 3월 프랑스의 전기기관차 2량이 객차 6량을 견인하여 339 km/h의 기록을 수립하였다. 그러나, 1964년에 일본의 東海道 신칸센이 개업하기까지 보통 철도의 최고 영업속도는 160 km/h 정도이었다. 시험에서는 상기와 같은 속도 기록이 있지만, 궤도 · 가선(架線)의 보수 등 때문에 실용의 최고 속도로서는 160 km/h 정도가 한계라고 보고 있었다.

철도가 탄생하고부터 약 1백년 동안의 철도는 육상교통 수송에서 압도적인 시장 점유율을 갖고 있었지만, 20세기에 들면서 자동차가 보급되기 시작하고, 특히 제2차 세계대전 후는 도로 정비도 진행되어 단거리 수송에서는 모터라이제이션(motorization)이, 중 · 단거리 수송에서는 항공기의 발달이, 또한 중거리 버스의 발달 등이 철도의 존립 기반을 위협하여 그 결과 세계 각국에서 철도의 사양화를 부르짖게 되었다.

육상 교통에 군림하였던 철도의 상태는 과거의 일로 되었다. 그렇지만, 이것은 철도 역할의 종언(終焉)을 의미하는 것은 물론 아니며, 근거리에서 중 · 장거리의 대 · 중량(大 · 中量) 수송을 담당하는 고속 교통

기관으로 새로운 탈피를 시도하는 과도기라고도 한다. 이 때문에 부단한 경영 노력과 공학적 기술의 가일 층의 혁신이 불가결하지만, 자동차나 항공기와의 경쟁이 오히려 철도 진보의 촉진제로서 작용하는 것으로 바람직하다고 한다.

상기와 같은 철도 경영의 위기 중에 그 간 철도가 가진 대량·고속 수송의 특성을 최대한으로 발휘하여 철도의 소생과 차세대의 교통 기관으로 탈피하기 위하여 많은 노력이 계속되어 왔다. 그 중에서도 영업 운전의 최고 속도가 200 km/h 대를 넘는 일본 東海道 신칸센의 개업은 중·장거리 수송에서 철도의 고속 수송성을 재평가시키고 또한 철도의 기술 발달사에서도 획기적인 사건이었다. 이 신칸센의 성공은 국제적으로 큰 영향을 주었고, 특히 이에 자극을 받은 서구에서도 200 km/h 이상의 속도 향상을 목표로 하는 기술 개발이 채택되어 왔다. 그 다음 해인 1965년에 서독에서 뮌헨 국제철도박람회에 즈음하여 재래선의 짧은 구간 62 km에서 E103 전기기관차 견인의 특별 열차로 200 km/h의 운전을 3 개월 시행하였다.

이와 같이 제2차 세계대전 후에는 일본 신칸센의 영향도 있어 서구 선진국에서는 차량의 고성능화에 따라 선형이 좋은 재래선을 개량하여 많은 주요 간선에 대하여 최고 속도(maximum speed)를 200 km/h로 향상하였다(표 9.1.2 참조).

프랑스에서는 선형이 좋은 재래의 간선을 개량하여 1967년부터 고성능 전기기관차 견인의 특급 열차로 본격적인 200 km/h의 운전을 시작하여 순차적으로 구간을 확대하였다.

뒤이어, 파리-리용간에 높은 규격의 동남(東南) 신선(新線) 389 km를 건설하여 초고속 열차 TGV-SE를 주행시키는 계획을 구체화하였다. 당초는 항공기용의 소형경량 최대출력 가스터빈 기관을 탑재한 터보트렌으로 계획하여 선행의 편성 차량을 시작(試作)하여 장기 시험을 하였다. 1972년의 석유 파동 등으로 인하여 동력 효율이 우수한 전기열차로 변경하여 시험을 계속하였다. 1981년 신선의 부분 개업 시에 양단 동력차 방식의 전기열차로 최고 속도 260 km/h의 운전을 시작하여 전구간을 개업한 1983년에 270 km/h로 향상하였다. 계속하여 1989년 개업의 대서양 신선 TGV-A, 더욱이 1993년 개업의 북부 신선 TGV-R, 1994년 개업의 영불 해협 터널선 통과의 유로스타 등으로 최고 속도 300 km/h의 운전을 하고 있다.

독일에서는 재래의 간선을 개량하여 1977년부터 103형 전기기관차 견인으로 특급 열차의 200 km/h의 운전을 시작하고 또한 ET403 전차를 시작(試作)하였다.

영국에서는 1970년대에 재래 간선에서의 250 km/h를 목표로 한 진자(振子)형의 전기열차 APT를 시작하였지만, 대부분의 새로운 방식이 지나치게 많고 고장이 잇달아 좌절되었다. 대신하여 등장한 것은 재래의 간선을 개량하여 1976년부터의 양단 동력차 방식의 디젤 특급열차 HST로 200 km/h의 운전을 시작하여 고출력 기관에 대한 고심의 보수를 수반하면서 순차적으로 설정 구간을 확대하였다. 그 후에 1991년의 동해안선 전구간의 전철화에 대응하여 91형 고성능 전기기관차를 이용한 편단 기관차 방식으로 225 km/h(재래선에서는 최고 속도)로 향상하였다.

이탈리아에서는 1992년에 전구간이 완성된 로마~휘렌체간의 고속 신선의 건설에 대응하여 1986년부터 전기기관차 견인으로 200 km/h로 운전하고, 1988년부터 고속 전차 ETR450으로 250 km/h의 운전을 시작하였고, 앞으로 양단 동력차 방식의 전기열차 ERT500으로 275 km/h를 목표로 하고 있다.

스웨덴에서는 재래 간선인 스톡홀름~요테보리간 495 km를 개량하고 장기 시험을 거쳐 편측 동력차 방식의 X2000 진자형 고속 전기열차로 1990년부터 200 km/m의 운전을 시작하였으며, 다른 간선에도 확대하고 있다.

스페인에서는 마드리드~세비야간 471km에 고속 신선(궤간은 1435 mm)를 건설하여 프랑스의 TGV-A를 기초로 한 고속 전기열차 AVE로 1992년부터 250 km/h(최고 속도 270 km/h)의 운전을 하고 있다. 이것은 EC 통합 움직임 중의 필요에 강요된 것이다. 스페인의 철도는 레일의 폭이 넓어 인접한 나라와 상호 진입(trackage right operation)할 수 없기 때문에 여러 가지의 면에서 처진다고 하는 위기감이 있었다. 그 때문에 같은 궤간의 신선로를 부설할 필요가 있었으며 프랑스의 철도와 연결할 계획이 있다. 열차의 기술은 프랑스에서, 설비의 기술은 독일에서 도입하였다.

미국에서는 뉴욕~워싱턴간의 북동 회랑선 346 km에 대하여 1967년 당초의 메트로라이너는 전차 운전으로 최고 속도 258 km/h(160 mph)를 목표로 하였지만, 트러블이 많아 193 km/h(120 mph)로 억제되었다. 전차 운전과 병행하여 터보 트레인을 이용한 초고속 운전의 시도가 미국과 캐나다에서 있었지만 신뢰성이나 소음 등에 문제가 있어 실용화될 수 없었다. 그 후에 북동 회랑선은 전면적으로 시설이 개량되어 당초의 전차 대신에 스웨덴제의 고성능 AEM7형 전기 기관차의 견인에 따라 1986년부터 200 km/h로 향상되어 있다. 또한, Amtrack은 미국 북동부축인 보스턴~뉴욕~워싱턴간 734 km의 기존 선로를 개량·전철화하여 틸팅 열차 Acela의 20 편성을 240 km/h로 운행할 계획으로 추진하였다.

구 소련에서는 1970년에 고속 전차 ER200을 시작하여 장기 시험을 계속하고 1986년부터 모스크바~산크토페텔불그간의 재래간선(궤간 1524 mm, 전기 방식 DC 3 kV)에서 주 1왕복의 200 km/h의 운전을 하고 있다. 최근 동구간의 고속 신선의 건설이 착공되어 있다.

가까운 일본에서는 東海道에 계속하여 山陽·東北·上越의 각 신칸센이 건설되어 총연장이 1,879 km에 이르고, 이용 여객수, 열차 횟수는 다른 나라에 비하여 압도적으로 많다.

이상의 실적 경위를 보면 보안(保安)에 대하여 특히 신중히 하면서 높은 철도기술 수준이 기초로 되어 있다. 고속 신선의 실현은 상당한 수송 수요가 있는 것으로 하며, 재래선의 고속 운전은 곡선반경이 크고 특히 선형이 우수하며 건널목이 없던가 특히 적어야 하는 등이 조건으로 된다. 기타 각국에서도 고속 철도의 채용이 구체화 또는 기획되고 있다.

고속 철도는 육상 수송에서는 대신할 기관이 없는 것으로 되어 있다. 여객·화물의 수송량당 소요 에너지나 용지 면적은 도로 수송에 비하여 수(數) 분의 1인 것 등에서도 높게 평가되어야 할 것이다. 앞으로도 우리들의 생활을 유지 개선하여 가기 위하여도 철도는 변함없이 중요시되어 갈 것이다.

1.2.9 한국의 철도

(1) 한국 철도의 기원

1877년에 일본파견 수신사 김기수(金綺秀)가 쓴 "일동기유(日東記遊)"에 일본철도 시승기록이 있으며 구한말 개화 초기 고종 26년(1899년)에 주미 한국 대리공사 이하영이 귀국시에 기차모형을 소개하므로서 우리나라에 철도의 인식을 주었고, 이에 대한 논의가 대두되기 시작하였다.

1896년 3월 29일 한국정부는 미국인 제임스 모르스(James R.Morse)에게 경인선 철도부설권을 특허하여 1897년 3월 22일에 그 기공식을 거행하였다. 그 후 자본난으로 1898년 5월 10일에 일본인에 의한 경인철도 합자 회사에 인계되어 1899년 9월 18일 제물포~노량진간 33.2 km의 경인선이 개통되었다. 이것은 1825년 영국 런던에서 세계 최초의 철도가 개통된 후 74년만의 일이다.

그 후 1905년 5월에 경부선의 전구간이 개통되었고 이어서 1906년 4월에 경의선, 1914년 1월에 호남선, 동년 8월에 경원선이 각각 개통하여 X 자망을 구성하였으며, 1927년 9월에는 함경선, 1936년 12월에는 전라선, 1942년에는 중앙선이 개통되므로서 대체로 국내 주요 간선망이 형성되었다.

(2)고속철도

1980년 중반 이후 급증하는 물류비를 철도로 해결하고 국가경쟁력을 제고하기 위해 고속철도 신설계획에 대한 논의가 시작되어, 1990년 서울~천안~대전~대구~경주~부산 노선을 확정하고 1992년 6월 천안역 예정지에서 1단계로 서울~대구 고속철도 182 km를 착공하여 2004. 4. 1 개통하였으며 대구에서 부산까지 128 km는 기존의 노선(경부선)을 개량하여 운행하고 있다. 또한 2단계로 대구~경주~부산 구간을 건설중에 있으며 대전, 대구 도심구간을 추진하고 있다.

(3) 도시철도(지하철) : 제10.1.1항 참조

1.3 국토에서의 교통과 철도의 역할 및 동향

1.3.1 종합 교통체계

종합 교통체계에는 다음과 같이 두 가지의 정의가 있다.

(가) 협의 : 각종 교통기관이 각각 갖는 안정성 · 정시성 · 대량성 · 고속성 · 쾌적성 등 고유의 특성을 살려 가장 효율적으로, 그리고 요구에 부응한 수송이 가능하도록 적절하게 조합된 교통 시스템.

(나) 광의 : 단지 수송의 양적 · 질적 요청이라고 하는 직접적인 목적으로 그치지 않고, 연선(wayside)에 대한 산업 입지, 정주화의 진행 등과 같은 임팩트나 국민 경제적 효과, 생에너지 효과 등의 간접 효과 · 파급 효과를 포함하여 종합적 · 장기적으로 보아 마음에 드는 교통기관의 조합.

앞으로의 교통기관에 대한 이용자의 요구에는 다음과 같은 변화가 예상된다. 즉, 개성화 · 고령화 · 가치관의 다양화 등의 진전에 따라 양에서 질로, 하드에서 소프트로, 사물에서 서비스로의 국민 생활. 따라서 사회 전체의 기호가 변화하며, 이에 따라 교통기관에 쾌적화와 개성화 등을 요구하는 사회의 요구가 앞으로 더욱 높아져 갈 것이다.

이와 같은 앞으로의 교통기관에 기대되는 요구의 변화에 착안하면서 자동차 · 선박 · 항공기 등 다른 교통기관의 특성과의 밸런스를 기초로 철도의 위치와 역할이 올바르게 인식될 필요가 있다.

과거 혹은 현재에 있어서도 도로 · 철도 · 해운 · 항공의 계획이 각각의 시야만으로 입안되어 사업화되고 있는 예가 많지만, 이 절에서는 철도를 중심으로 종합 교통체계의 기초를 고찰한다.

1.3.2 각종 교통 기관의 특징

각종 교통기관(means of transport)의 기능이나 서비스의 질 등을 비교한 예를 **표 1.3.1**에 나타낸다. 이 표는 각 요소에 대하여 철도 · 자동차 · 선박 · 항공기의 상대적인 우위성을 비교한 것이며 각 교통기관의 일반적인 성격을 나타내고 있다.

이 표에서 예를 들어 다음과 같은 점을 지적할 수 있다.

① 자동차는 편이성과 쾌적성이 우수하며, 특히 자신이 운전하는 자체를 즐길 수가 있다. 그러나, 교통 사고(traffic accident)의 위험성이 높고, 또한 도로 체증에 기인하여 도달 시간의 안정성이 부족한 외에 수송 효율이나 에너지, 외부 조건에서도 다른 교통기관보다 뒤떨어진다.

② 선박은 수송비용이 싸고 또한 외부 조건도 우수하지만, 느리고 기동성이 없다. 이 때문에 부피가 큰(bulky) 화물 수송에 적합하며 이 분야에서 큰 비중을 점하고 있다.

③ 항공기는 선박과는 역으로 빠른 점에서 우수하지만, 경제 효율에서는 불리하다.

④ 철도는 상기 세 개의 교통기관과 비교하여 안전성 · 정시성에 특히 우수한 외에 대량성이 있어 수송비용도 낮다. 일반적으로 보아 4종의 교통기관에 대한 이해 득실의 중간적인 성질을 갖고 있다고 생각할 수 있다.

표 1.3.1 교통기관의 상대적인 질적 특징

질적 특징			철도	자동차	선박	항공기	특기 사항
수송 서비스	안전성	인 · km당의 사고가 적다	◎	×	◉	○	사망 · 상해 등의 인신 사고의 총인 · km당의 발생률
	정시성	목적지 도착 예정시간에 늦지 않는다.	◎	×	-	△	자동차는 도로교통 체증이 많다. 항공기는 이륙전의 정비나 기상조건 등에 따라 늦는 일이 있다.
	신속성	목적지까지 빨리 도착한다.	○	-	×	◎	자동차는 도로 체증의 영향을 받는다.
	편이성	목적지까지 편리하게 간다.	-	◎	×	×	항공기 · 선박은 반드시 양단말 수송이 필요. 철도에 대하여는 지하철 · 노면철도 등 목적지까지 가는 것도 많다.
	쾌적성	편안하고 이동을 즐긴다.	○	◉	○	-	좌석의 크기, 실내의 개별화, 드라이브의 즐거움, 승차감 등을 종합한 것.
경제 효율	생력성	약간의 운전요원으로 많은 사람과 화물을 운반한다.	◉	×	◎	△	점보기는 대단위로 수송할 수 있지만, 객실 승무원을 포함하여 고려하면 생력성은 크지 않다. 선박은 주로 화물에 대하여 고려하였다.
	대량성	많은 사람과 화물을 운반할 수 있다.	◉	-	◎	-	자동차 · 선박은 화물에 대하여 고려하였다.
	에너지 효율	동력을 효율적으로 이용할 수 있다.	◉	×	◎	×	자동차는 도로 체증으로 인하여 효율이 떨어진다.
외부 조건	저공 해성	환경조건을 악화시키지 않는다.	-	×	○	△	항공기에 대하여는 공항 주변에 특히 영향이 있다.
	토지 이용 효율	동일한 양을 운반하기 위하여 넓은 시설용지를 요하지 않는다.	○	×	◉	△	항공기의 경우에 도시권의 공항에서는 이 조건이 극히 심하다.

◎ 특히 좋다.　◉ 상당히 좋다.　○ 좋다.　- 조금 나쁘다.　× 나쁘다.　△ 조건에 따라 다르다.

1.3.3 철도에 적합한 분야

(1) 기본적인 3 가지 역할

향후 철도의 역할은 다음과 같이 세 가지로 요약할 수 있다.

(가) 장·중거리의 여객 수송(passenger transport)

장거리(400·500 km 이상)에서는 항공기와 경합하고 또한 근거리로 됨에 따라서 승용차의 우위성이 증가한다. 특히, 관광에 대하여는 대여 버스를 이용하는 한 단체 여객이 많고 또한 중거리(80·100~400·500 km)에서는 도로 정비의 진전에 따라 자가용차를 이용한 관광 수요가 증가한다.

이와 같이 이 영역의 철도 수송은 도로·항공 등의 정비 템포에 크게 영향을 받으므로 안전성·대량성·고속성·에너지 효율 등 철도의 이점을 살린 서비스의 향상으로 시장을 확보하여 더욱 철도의 역할을 수행하여 갈 필요가 있다.

(나) 도시의 대량·중량 수송

도시권(수도권 등) 교통과 대도시(인구 80·100만 이상) 교통에서는 수송 수요의 크기와 도시 구조의 확대에서 보아 대량형 철도가 장래에 걸쳐 없어서는 아니 되는 대동맥이다.

중도시(인구 10~70만 정도)에서는 대량형 철도의 비중이 적게 되는 대신에 중량형 철도가 상대적으로 비중이 커진다.

여기에서 기술한 도시 교통 중에서 철도의 필요성과 기능 활용을 위한 구체적 방책 등에 대하여는 제10.1절 도시 철도에서 상술한다.

(다) 장·중거리의 화물 수송(goods(or freight) transport)

철도를 이용한 화물 수송은 장·중거리에 한하며, 앞으로의 중점은 도시나 항만·대규모 공업단지 등 대량의 물자가 집산하는 거점 상호간의 직행 수송으로 될 것이다. 다만, 그 경우에 단지, 철도의 채산면만으로 판단하여 트럭과의 경쟁에 대항할 수 있는 분야만으로 극단적으로 철도 화물수송을 한정하는 것은 국토의 장기적인 종합 교통체계로서 올바른가 하는 의문도 있다. 왜냐 하면, 향후 육상화물 수송 수요의 증가에 대응하여 트럭 수송의 증가에만 걸맞도록 간선 도로를 정비하는 것은 앞으로 더욱 거액의 투자를 요하고, 게다가 대단위 수송이 가능한 철도에 비하여 같은 화물량당 다수의 운전사 확보가 장래에 걸쳐 필요하게 되기 때문이다. 종합 교통체계 본연의 모습과 공공성의 관점에서 철도를 이용한 화물 수송의 존폐에 대하여는 대국적인 판단이 필요할 것이다.

이상과 같은 과제도 있지만, 장·중거리의 화물 수송에서 철도가 그 이점을 가장 발휘하기 쉽고, 그것도 채산성을 유지하는 면에서 가장 유리한 방책에 대하여만 기술한다.

먼저, 화물 야드(yard)를 경유하는 종래의 야드 계 수송방식에서 거점 도시간을 직행하는 급행 화물열차의 방식으로 바꾸는 것이다. 양 단말의 집배 수송에 대하여는 트럭을 이용하는 컨테이너 방식과 품목별 전용 화차를 이용한 피스톤(piston) 수송 등으로 철도 화물의 특징을 활용하면 더욱 시장 점유를 유지할 수 있을 뿐만 아니라 적극적인 역할을 수행하여 가는 것도 기대된다.

(2) 장·중거리 여객 수송의 서비스 향상

장·중거리 여객 수송은 철도에 적합하다고 하여도 이미 항공기·버스·승용차 등의 대체 교통기관과 경합하는 분야이다. 여행자에게는 각종 교통기관을 호감에 따라 선택하는 자유도가 높으므로 속도·쾌적성·편리도·안전도 등의 질적 서비스의 경쟁에 견디도록 가능한 한의 노력이 필요하다. 철도의 차량·시설·기타의 서비스에 대하여 앞으로 더욱 고려되는 시책의 일례를 **표 1.3.2**에 나타낸다(제9.2절 참조).

표 1.3.2 장·중거리 여객 서비스 향상 시책의 일례

	고속성	쾌적성의 향상	각종 서비스의 개선
차량	· 보다 고속성을 목표로한 차량의 개발 (전자식 전차 등) · 차량의 경량화	· 승차감의 개선(공기 스프링 등) · 2층 차량(vista car) · 컴파트먼트(compartment) 차량 · 살롱카(salon car) · 리클라이닝 시트(reclining seat) · 실내의 미화 · 매력적인 디자인·도장	· 열차 전화의 보급 · 차내 정비의 철저
시설·설비	· 궤도의 강화 · 곡선·구배의 개량 · 신호·제어 방식의 개량(CTC, ATC 등) · 전철화 · 복선화 · 환경대책 설비의 개량	· 레일의 장대화 · 곡선 개량(급곡선, 완화곡선의 개량) · 역 콩코스·통로의 여유 · 역 콩코스·통로의 미화 · 에스컬레이터, 움직이는 보도의 설치	· 좌석예약 시스템의 질적·양적 개선 · 알기 쉬운 발매기 · 알기 쉬운 안내 표지 · 기능적·근대적 역 설비
서비스	· 접속 다이어그램의 개선 · 항공기와의 연결 수송	· 차내 안내·아나운스의 질적 향상 · 차내 서비스의 개선	· 접객 서비스의 개선 · 식당차·매점의 매력 향상 · 이상시 등에 대한 상세한 정보 연락 · 좌석지정의 전화 예약 · 시민의 요구에 맞는 각종 할인 제도

(3) 화물 수송의 거점 직행 계 시스템

거점 도시에는 대량의 화물 집산이 있으므로 거점 도시 상호간에 대하여 충분한 화물 수요량을 확보할 수 있으면 직행 화물열차를 설정할 수 있다. 이 경우에 거점의 야드 군에 모을 필요가 없기 때문에 철도 수송에서 다음과 같은 점이 발휘된다.

① 목적 도시까지 도착 시각을 명확히 알 수 있고 지연의 염려가 적다.

② 먼 도시간에는 트럭 수송보다 빨리 도착한다.

③ 트럭의 운전사가 불필요하며 수송비용이 싸다.

④ 트럭 교통량이 줄게 되므로 간선 도로의 체증이 완화될 수 있다.

철도를 이용한 화물 수송의 경우에 양단 거점 도시의 화물 역까지는 트레일러를 이용한 단말 수송이 필요하지만, 싣고 내리기 작업을 간이하게 하는 것이 컨테이너화이며, 또한 트럭의 차체째 화차(goods waggon)에 싣는 것이 피기 백 방식(piggy back system)이다(제7.2.3(1)(나)항 참조).

또한, 2 지점간에 동일 품목의 대량·안정적인 화물 유동이 있는 경우에는 그 특정 품목을 위한 전용 화차를 이용한 피스톤(piston) 열차를 설정하여 직송하는 방법이 있다. 석유·시멘트·철강·자동차나 곡물·비료·석탄·석회석·신선한 생선 등의 전용 화차를 이용하여 임항 단지와 내륙 기지간, 대규모 공장과 대규모 소비지간, 어항과 대도시 시장간 등의 급행 수송이 실시되고 있는 예가 있지만, 앞으로의 도로 사정이나 트럭 운전사의 노무 비용 앙등 등의 추이에 따라서는 화물수송 시장 개척의 여지가 남아 있다.

이상에 기술한 것처럼 화물 수송에 대하여도 철도가 갖는 생력성 · 대량성 · 고속성 · 정시성 등의 특징을 효과적으로 활용함으로서 항공기나 특히 트럭과의 경쟁에 대항하여 거점간 화물수송의 시장을 유지함과 동시에 국민 경제와 시민 생활에 대하여 장래에 걸쳐 철도가 그 역할을 수행하여 갈 가능성이 남아 있다.

(4) 철도에서 제공할 수 있는 협동수송 서비스

이미 제(1)항에 기술한 것처럼 각종의 교통기관에는 각각의 득실이 있어 이들을 잘 조합한 협동(합동)수송 시스템으로 합리적 · 효율적인 종합 교통체계를 만들어낼 수가 있다(제(5)(나)항 참조). 결국, 철도인가 도로인가의 2자 택일이 아니고 철도와 선박 · 자동차 · 항공기 등을 부분적으로 조합하여 이용함으로서 빠르고, 안전하며, 쾌적하게 여객이나 화물을 목적지에 도달시키는 방책이다.

예를 들면, 양 단말에서는 기동성이 있는 트럭으로 화물을 집배하고 중간에서는 수송비용이 싼 선박으로 운반하여 운전사의 노무비를 절감할 수 있는 장거리 페리(ferry)나 외국으로부터의 컨테이너선 등도 그 일례이다. 여기서는 그 중에서 철도에 관계하는 것만을 **표 1.3.3**에 나타낸다.

앞으로는 이 고려 방법을 이용하여 가일층의 보편화와 더욱 새로운 방법의 개척이 기대된다.

표 1.3.3 철도에 관한 협동 수송의 사례

협동체제	여객	화물	
철도와 선박	연락선	연락선을 이용한 화차 수송 랜드 브리지(land bridge)수송*	
철도와 트럭	-	컨테이너 피기백(piggy back)	페리 트레인** (ferry train) 〔또는 카 트레인 (car train)〕
철도와 버스	승계 터미널	-	
철도와 승용차	파크 앤드 라이드(park and ride) 키스 앤드 라이드(kiss and ride) 카 슬립퍼(car sleeper)***	-	
철도와 항공기	공항 접근 철도	컨테이너	

*) 예를 들어, 한국에서 유럽으로 컨테이너 화물을 수송할 때, 다음과 같은 경로로 전구간의 선박보다 빨리 목적지에 도착시킬 수 있는 방법.

한국 —선박(또는 철도)→ 블라디보스토크 —시베리아 철도→ 모스크바 —철도→ 유럽의 각 도시, 또는

한국 —선박→ 옌타이(산둥성) —중국횡단철도(TCR)→ 러시아 —철도→ 유럽

한국 —선박→ 다롄항(랴오닝성) —만주철도 · 시베리아횡단철도(TSR)→ 러시아 —철도→ 유럽

한국 —선박→ 미국 서해안 —횡단 철도→ 뉴욕 —선박→ 로테르담 —철도→ 유럽의 각 도시

**) 트럭, 버스, 승용차를 자주시켜 장편성의 무개 열차 위에 싣고 장대 터널(특히 해저 터널)을 지나 목적지 터미널까지 철도로 운반한다. 자동차 터널에서는 배기 가스의 환기 설비 때문에 건설비가 높지만 철도 터널의 쪽이 싸다(유럽에서는 알프스의 장대 터널에서 실시되고 있다. 또한, 예를 들어 유럽의 유로 터널).

***) 침대 특급열차에 승객의 승용차를 싣고 목적지에서 비즈니스나 관광을 위하여 자가용차로 드라이브할 수 있도록 한 것으로 유럽에 예가 많다.

(5) 철도에서 전망이 좋은 기타 수송서비스

고속은 철도가 다른 수송 수단에 비하여 상대적인 장점을 갖고 있는 한 분야이다. 기타의 그러한 분야는 도시 철도 서비스, 합동(협동) 수송 뿐만 아니라 벌크 적재의 수송 및 통합 서비스를 포함하며, 여기서 통합 서비스는 수송에 더하여 물품의 수집, 저장 및 인도(물류 관리)를 수반한다.

(가) 도시 철도 서비스

폭발하는 교통문제를 가진 시대에서는 철도가 큰 수송 용량을 이용하여 교통 문제의 경감에 결정적으로 기여할 수 있다(**그림1.3.1**). 그러므로 도심에서 교외까지 연결되어 있으나 그동안 경시되어왔던 대다수의 철도 선로가 현대화되어 도시 철도 서비스에 사용되고 있으며, 따라서 도시의 교통 문제를 경감하고 있다.

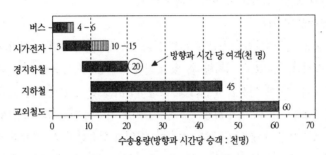

그림 1.3.1 여러가지 수송 시스템의 수송 용량

(나) 합동(협동) 수송

그림 1.3.2는 여러 가지 수송 방식의 수송비에 관한 상대적인 장점을 거리의 함수로서 나타낸다. 따라서 짧은 거리에서는 트럭의 사용을 나타내고, 중간 거리에서는 철도가 우세를 나타내며, 반면에 장거리에서는 선박의 사용이 유리하다. 그러나 화물 수송의 분야에서 증가하는 경쟁은 가장 낮은 비용을 향한 추구를 필수적으로 만든다. 트럭 운송이 중요한 교통인 몇몇 국가들(특히, 그 중에도 오스트리아와 스위스)은 도로망의 정체와 포화상태를 줄이기 위하여 수송 중인 트럭의 수에 대하여 엄한 제한을 정하였다. 마지막으로 정치적 사건과 분쟁은 신뢰할 수 있고 안전한 대안의 수송 루트

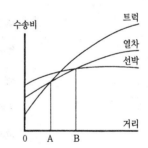

그림 1.3.2 여러 가지 수송 모드에 대한 거리의 함수로서 수송비

를 향한 추구를 요구하였다. 상기의 모두는 합동 수송의 성장에 기여하였다.

합동 수송은 적어도 두 개의 일관된 수송 방식을 포함하는 혼성 수송 프로세스로 정의한다(예를 들어, 트럭-선박, 열차-선박, 트럭-열차). 합동 수송을 위하여 두 개의 주요 기술을 개발하였다.

- 컨테이너는 도로, 철도, 해운에 사용된다. 경향은 기존의 차량 한계에 허용되는만큼 큰 컨테이너를 사용하는 것이다. 보통 컨테이너의 치수는 길이가 13.7 m, 폭이 2.6 m이다.
- Ro-Ro(Roll On – Roll Off) 기술은 그것을 이용하여 화물을 적재한 전체 트럭 또는 트럭 몸체를 열차 또는 선박에 적재하며, 운송의 작은 몫만이 도로를 이용한다. EU 규정에 따르면, 화물 차량의 최대 크기는 높이가 4 m, 폭이 2.5 m, 중량이 40 톤이다.

합동 수송이 (관련 비용과 함께) 한 운반 설비에서 다른 운반 설비로 차량의 전달을 필요로 하므로 합동 수송이 비용 효과적으로 되는 최소 거리를 결정하는 것이 필요하다. 이 질문에 대한 해답은 그것이 인건비, 에너지 및 차량 전달을 위한 기계적 설비 등에 좌우되기 때문에 단순하지 않다. 그러므로, 유럽의 조건은 이 최소 거리를 700~900 km에 위치시키는 반면에, 미국에서는 1,500 km로 설정한다.

합동 수송의 개발은 충분한 도로망과 철도망 및 현대적 옮겨싣기 설비가 존재하는 것을 필요로 한다.

(다) 벌크 적재

철도는 합동 수송에 더하여 벌크 적재 수송(원재료, 석탄, 곡물 및 기타 농업 생산물 등)을 더욱 개발할 수 있다. 벌크 적재 수송에 대한 철도의 적합성은 여러 문제 중에서 화물 열차를 분해하고 재편성하며 길고 (흔히) 정당하지 않은 대기가 발생하는 조차장 시설에 좌우된다.

(라) 철도의 화물 수송과 물류 관리

철도를 이용한 화물 수송은 근래까지 물자를 운송하는 것으로 제한되어 왔다. 그러나 현대적 수송의 역동성은 수송 프로세스의 범위를 넓히었다. 신뢰할 수 있고 신속한 운송만으로는 더 이상 충분하지 않다. 소정 양의 물품을 요구된 장소와 시간에 이용할 수 있도록 보장하면서 또한 가장 싼 비용으로 완수하여야 한다. 이 효과에 대하여 가장 중요한 기여는 소위 화물수송 물류관리로 최근에 성취하고 있으며, 그것은 특정한 장소와 시간에 특정한 항목을 이용할 수 있게 하며, 신뢰할 수 있고 신속한 수송, 가능한 저장 및 수령인에게 최종 인도에 대한 시기 적절한 정보를 확보하는 전체의 프로세스를 포함한다(**그림 1.3.3**). 그러므로 이러한 센스에서 수송 프로세스가 훨씬 더 넓은 의미를 갖는 것이 분명하다.

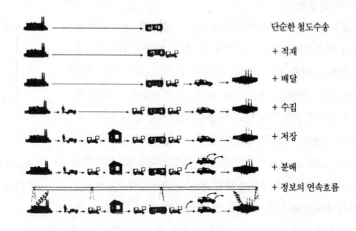

단순한 철도수송
+ 적재
+ 배달
+ 수집
+ 저장
+ 분배
+ 정보의 연속흐름

그림 1.3.3 단순한 철도 수송에서 물류 관리까지

1.3.4 철도에 대한 요구

교통에 대하여 국민이 바라는 기본적인 요구는 변하지 않는다. 언제의 시대에서나 "보다 빨리", "보다 안전하게"라고 하는 것이 중시된다. 그러나, 그 내용 또는 중점을 취하는 경우는 시대의 추이와 함께 크게 변화하고 있다. 교통시설 정비에 대한 여객의 요구는 어떠한 중점이 중시되는가에 관한 외국의 앙케트 조사에 따

르면 "대량성", "저렴성"보다는 "고속성". "쾌적성", "수시성, 빈발성", "정시성, 확실성"이라고 하는 "교통의 질"에 관련되는 면이 중시된다고 하는 점이었다.

철도에 대하여도 지금까지 양에만 대응하여 초점을 맞추어 왔지만, 시대의 요청에 대응하기 위하여 양만이 아니고 질에 대한 대응도 충분히 고려하여 다른 교통기관과의 경쟁 조건을 준비할 필요가 있다.

(1) 고속성의 향상

교통 체계를 고속화하는 것은 당일치기 교통 가능권을 확대시켜 사람이나 물자 교류를 증대시킬 뿐만 아니라 지방의 경우에 산업, 업소의 입지 가능성을 증대시키는 것으로 되며, 대도시로의 집중에 대한 억제를 기대할 수 있다고 하는 부차적인 효과도 나타나고 있다.

고속성의 향상에는 먼저 개개 교통기관의 고속화를 도모하는 것이 필요하다. 이것은 기존 고속 교통기관의 기술 개량, 새로운 발상에 의한 신기술의 개발도 확보할 수 있다.

이것에 맞추어 중요한 것은 교통체계 연속성의 확보이다. 출발지에서 목적지까지의 일관된 교통 시스템이 확보되면 전체의 이동시간이 단축되며, 그 결과 고속화가 도모된다. 여기에는 교통기관 상호간 접속의 원활화에 따른 수송 시간의 단축, 교통기관까지의 접근 시간 단축이 필요하다. 여기서, 특히 문제로 되는 것은 교통 시설의 주체나 경영 주체가 다른 경우이며, 사업 계획이나 운행 계획을 책정할 때의 상호 조정, 공통 차표 제도의 도입 등, 양자를 조정하여 원활하게 체제를 준비하는 것이다.

(가) 스피드 향상에의 근대화 투자(제9.1절 참조)
(나) 갈아타는 부담의 경감(제10.1.4항 참조)
 ① 역과 역, 역과 버스 터미널의 직결
 ② 역전 광장(제7.2.2항 참조), 주차장의 정비에 의한 파크 앤드 라이드(park and ride) 방식(제10.1.2(4)항 참조)
 ③ 철도 상호, 철도와 버스의 공동 운임제 채용(제10.1.4항 참조)

(2) 쾌적성의 향상

이동 중을 쾌적하게 지내고 싶다는 욕구는 배에 가까운 요금을 지불하여도 고급 열차의 이용이 있다고 하는 사실이 증명하고 있으며, 소득 수준의 향상에 따라 더욱 보편화되고 있다. 이동의 쾌적화 외에 교통을 둘러싼 쾌적한 환경(amenity)의 확보도 중요하다. 특히, 고령화 사회를 맞이함에 있어 고령자가 이용하기 쉽도록 계단을 낮추거나 걸어가는 시간을 짧게 하는 등의 배려가 필요하게 되어 간다.

여기서 잊어서는 아니 되는 것은 통근 지옥의 해소이다. 이를 위해서는 수송력 증강을 도모하는 것이 기본이며, 더욱 여유가 있게 이용할 수 있도록 하는 방책은 운수 관계자뿐만 아니라 널리 대도시 문제로서 취급되어 구체적인 대책의 실현이 요망되고 있다.

(가) 대도시 주변의 혼잡 완화 : 신선 건설, 복복선화 등의 수송력 증강, 직통 진입에 의한 갈아타기의 경감 등
(나) 이동 중의 편안함 : 이벤트 열차, 차내 서비스 향상
(다) 기다리는 시간의 편안함 : 역 시설 이용의 다양화(쇼핑, 정보 제공, 공공 이용), 이벤트 개최(전시회, 콘서트)

(3) 안전성의 확보

안전성은 교통 기관의 가장 기본적인 요건의 하나이다. 특히, 새로운 교통기관의 도입, 기존 교통기관의 새로운 분야에서의 활용시에는 안전성에 대하여 충분히 고려하는 것이 불가결의 요건이다. 오늘날 교통체계의 고속화를 바라는 사람들의 요구가 높으므로, 이것에 대응하는 움직임도 급하지만, 고속성과 안전성은 항상 상반되는 관계에 있는 점을 잊어서는 아니 된다.

그런데, 경제 활동이 고도화되어 교통이 잠시도 멈추는 것을 허락하지 않게 되었다. 광역적인 재해(disaster)가 발생한 경우에도 무엇인가의 교통 수단이 확보될 수 있도록 재해에 강한 교통 수단을 정비함과 함께 대체(代替)적인 교통 수단에 대하여도 확보하여 둘 필요가 있다.

(4) 수시성 · 빈발성의 확보

사람들이 이동하는 목적은 비즈니스, 여가 여행 등 다양화되고 있다. 또한, 도시 활동의 24시간화나 주5일 근무제와 같이 자유시간의 증가는 사람들이 교통 시설을 이용하는 시간에 대하여도 다양화시키고 있다. 이러한 교통의 목적이나 시간 분포의 다양화에 더하여 시간가치 자체의 향상은 타고 싶을 때에 "언제라도" 이용할 수 있는 교통기관의 확보, 즉 수시성 · 빈발성의 향상이 요구되고 있다. 이 요구를 충족하기 위해서는 거액의 비용을 필요로 함에 비하여 효과가 작다고 하는 점이 고려되지만, 적어도 지역의 활성화를 촉진할 수 있을 정도로는 확보하여 둘 필요가 있다.

(5) 정시성 · 확실성

사회의 국제화 · 정보화가 진전되어 성숙 사회로 됨에 따라 시간 가치가 높게 되고 신용이 중시된다. 체증이 심한 도심부의 이동에는 자동차의 편이성 · 쾌적성보다는 철도의 정시성 · 확실성을 중시하는 사람이 많다. 교통기관의 기본적인 요구의 하나가 정시성 · 확실성인 점을 잊어서는 아니 된다.

(6) 저렴성 · 효율성의 향상

교통기관의 이용에 거액의 비용이 드는 것은 지역간 교류의 확대를 유지하기에 곤란하다. 업무 여행은 별도로 하고 지금부터의 지역간 교류의 주류로 된다고 생각되는 리조트 체험이나 이벤트 참가를 일상화시키기 위해서는 숙박비 등을 포함한 비용이 저렴하여야 한다. 높은 교류 비용은 모처럼의 교류 가능성의 효과를 반감한다. 교통 체계의 정비를 고려하는 경우에는 초기의 단계부터 효율적인 건설을 염두에 두고 효율적인 운영의 확보를 도모하여야 한다.

1.3.5 교통의 동향

(1)교통의 동향

표 1.3.4에는 우리 나라의 수송 분담(transport share)율의 변화를 나타낸다. 1968년에서 1996년까지 28년 사이에 여객의 철도 분담률은 42.6 %에서 23.8 %로, 화물의 경우는 73.6 %에서 16.5 %로 매년 4 % 이상 낮아졌는데, 이는 미국 46.74 %, 프랑스 27.8 %, 독일 21.9 %에 비하여 매우 낮은 편이다. 이는 철도를

교통 부문 투자에서 소외한 도로 위주의 교통 정책에도 기인한 것으로 생각된다. 즉, 경제사회발전 5개년 계획을 시작한 1962년에서 6차 계획기간인 1991년까지 30년간 교통부문의 투자 비중면에서 볼 때 철도는 소외되어 60.6 %에서 10.1 %로 감소한 반면에 도로는 17.2 %에서 79.6 %로 크게 증대하였다. 그나마, 철도 투자는 간선 철도망 확충보다는 도시철도의 신설 및 차량과 운용 부분에 투자를 우선하여 일반 철도는 침체되어 왔다. **표 1.3.5**에는 국철의 선로 현황을 나타낸다.

표 1.3.4 수송 분담률의 변화

(단위 : %)

구분		1968	1970	1980	1990	1993	1996	1999	2000	2003
여객	철도	42.6	32.3	25.7(1.0)	30.2(8.3)	25.8	23.8	·	36.9(15.9)	34.4(12.7)
	공로	56.1	66.0	73.2	66.5	59.6	58.7	·	56.5	59.1
	항공 등	1.3	1.7	1.1	3.3	14.6	17.5	·	6.6	6.6
화물	철도	73.6	57.6	46.6	30.9	22.1	16.5	19.0	·	·
	공로	11.4	10.7	21.2	21.1	19.1	24.3	17.4	·	·
	항공 등	15.0	31.7	32.2	48.0	58.8	59.2	63.7	·	·

주) 인거리/년 및 톤거리/년 기준. ( )내는 지하철 분담률로서 철도분담률에 포함

그러나, 앞으로 철도는 경부 고속철도의 건설을 계기로 크게 발전할 것으로 전망된다. 21세기 세계 수송망은 분권화·다원화·정보화·친환경화의 추세를 나타낼 것으로 예상되며, 우리 나라의 여건은 고밀도화·고속화·대량 수송체계 구축을 요구하고 있다. 또한, 철도·공로·항공을 유기적으로 연결하는 효율적인 교통체계 구축(상기의 절 참조)의 필요성이 대두되고 있으며, 동북아 경제권역의 형성 등으로 인하여 한반도 공간을 탈피하는 장거리 수송 수요(traffic demand)가 증대할 것으로 전망된다. 또한, 환경 보존·안전·에너지 저소비·환경 친화를 고려한 교통수단이 필요하게 되고, 노약자를 위한 대중교통 서비스의 양적·질적 향상이 요구되며, 지역화·지방화에 따른 대도시 광역교통 시설의 확충이 불가피할 것으로 전망된다.

표 1.3.5 철도선로 현황

구분	1975	1985	1990	1995	2000	2003	2004	연평균 증가율
선로연장(km)	5,619	6,229	6,435	6,554	6,706	7,530	7,746	1.0
영업 킬로미터(km)	3,144	3,120	3,091	3,101	3,123	3,140	3,374	1.0
복선 킬로미터(km)	563	764	847	882	939	1,029	1,284	2.1
(복선화 율 %)	(17.9)	(24.5)	(27.4)	(28.4)	(30.1)	(32.8)	(38)	
전철 킬로미터(km)	414	432	525	557	668	681	1,383	1.7
(전철화 율 %)	(13.2)	(13.8)	(17.0)	(17.9)	(21.4)	(21.7)	(41)	

· 우리나라의 21세기 철도수송 체계는 ① 철도·공로·항공을 효율적으로 연결하는 교통체계의 구축, ② 남북을 통과하여 아시아 횡단 철도와의 연계에 대비한 장거리·대용량 수송체계의 구축, ③ 수도권 및 광역 대도시간을 2~3 시간대로 연결하는 고속 철도망의 구축, ④ 지역의 균형 발전을 위하여 주요 도시에서 1시

간 이내에 고속철도역에 접근할 수 있는 간선 철도망의 정비, ⑤ 원활한 산업물자 수송지원 체계 구축을 위한 주요 산업단지와 항만을 간선 철도망과 연계하는 산업철도망의 구축 등이 필요하다.

(2) 향후 철도물류의 전망

향후 우리나라 철도 물류의 전망은 다음과 같이 고려할 수 있다[236].

(가) 기본 인프라 확충으로 철도수송 효율 증대

① 2010년 경부고속철도 전구간이 완공되고 주요 간선의 복선화·전철화 추진으로 화물수송여건이 크게 개선(표 1.3.6)
  - 급곡선·선로용량 등이 해소되어 수송시간 단축과 수송효율 증가

표 1.3.6 철도시설 확충 목표 : 국가기간교통망 계획(2000~2019년)

구분	1997	2004	2009	2014	2019
·영업거리(km)	3,118	3,472	3,700	4,194	4,908
·복선화율(%)	28.9	38.1	51.4	73.7	82.0
·전철화율(%)	21.2	39.2	61.9	74.4	82.0

　　※ 복선화·전철화·항만인입철도 : 23개 노선 36개 구간 1,877 km
　② 주요 항만, 산업단지, 5대물류권역 철도인입선 건설 등으로 철도망 구축
　　　※ 주요항만 : 부산신항·광양항·포항신항·목포·군산항 등

(나) 환경에 대한 관심제고로 철도위주 수송체계 구축 필요

교토 정서 발효에 따라 수송수단의 배출가스 등에 대한 규제 가속화가 예상되므로 친환경·에너지효율이 높은 철도중심의 수송체계 구축이 국가적 과제

(다) 대륙지향형 철도연결로 물류강국 도약

남북철도·대륙횡단철도 연결시점에서 동북아지역 물류수송 선점과 물류강국으로 도약 가능

1.3.6 철도 물류의 개선 대책

철도물류 개선의 목표는 다음과 같다[236].
　· 철도의 장점을 최대한 살린 수송체계로 개선하여 철도 물류수송의 합리화 및 경쟁력의 강화
　· 수송시간 단축 및 수송력 증강을 위한 간선철도 시설투자 확대 및 고속화차 개발과 물류시설의 확충
　· 도로 위주의 물류수송체계를 철도수송으로 전환하기 위한 각종 제도개선
　　- 철도수송분담율 증대 : 6.2%(2003년) → 20%(2020년)
　· 물류강국으로 도약하기 위한 대륙지향형 철도망의 구축

(1) 철도물류 수송체계의 정비로 경쟁력의 강화

(가) 수요자 욕구에 부응하는 일괄수송체제 구축

① 문전수송이 가능한 일괄운송회사를 운영하여 상하차, 셔틀수송 등 원스톱(One-Stop) 서비스 제공을 위한 일괄 수송체계 구축

② 철도와 도로 운송을 접목한 신개념 운송시스템(Piggyback, Cargo Sprinter)을 도입하여 상하차의 고속화 추진

③ 상시 예약제도 및 효율적인 화차운영을 위한 화물수송 최적화시스템의 구축

(나) 철도물류 운영 효율의 극대화

① 화물량이 적은 역을 단계적으로 정비하여 물류거점화 추진

② 고속철도의 신속성을 이용한 고속 택배 · 특송 서비스 실시

③ 내륙화물기지 및 주요 항만 내 철송장의 운영권을 개선하여 운영의 효율화 도모

④ 컨테이너, 철강 등 고부가가치의 전략적 상품에 대한 맞춤형 블록 트레인(Block-Train) 시행

(다) 철도물류 경쟁력의 강화

① 급변하는 화물운송시장에 대응하기 위하여 우수고객에 대한 인센티브 부여 및 경쟁력 있는 운임제도 마련

② 전문화 · 국제화되어가는 물류시장에 대응할 수 있는 물류 전문인력 양성 등 전략마케팅 강화

③ 도로 위주의 수송구조를 철도운송체계로 전환하기 위한 철도화물 지원제도 마련

(2) 철도 수송력 증대 및 물류중심 철도망 구축

(가) 운송시스템 개선을 통한 철도수송력 증대

① 경부고속철도 전구간개통(2010년) 이후 기존선을 화물 위주로 운영하여 철도수송 극대화 추진

② 수송력 증대를 위한 2단적 컨테이너열차(DST) 도입 검토

③ 화물열차의 중량화(50 톤 → 70 톤) 및 고속화(120 km/h → 150 km/h)용 차체 개발로 철도수송효율 증대

④ 장대화물열차 투입을 위한 역구내 화물유치선의 연장 등을 포함한 시설개량 추진(30량 → 40량)

(나) 물류시설 개량 및 물류중심 철도망 구축(제1.3.8항 참조)

① 대도시 통과시 발생하는 병목현상 · 민원 등을 해소하기 위한 대도시 우회 철도망의 구축

② 주요 항만 · 산업단지 · 복합화물터미널 등의 인입철도 확충 및 건설 추진으로 철도운송체계 구축

③ 컨테이너 처리능력이 초과한 내륙화물기지의 시설 확장 및 추가설치 추진

(3) 대륙지향형 철도망 구축(제1.3.8(6)항 참조)

① 한 · 중간 대륙횡단 철도 이용시 수송거리 단축 및 중국내륙 지역과 직접 연결을 위한 한 · 중 열차페리 사업 추진

② 경의선과 동해선의 철도 연결공사 진행으로 경의선 · 동해선 남북철도 연결 추진

③ TSR 등 대륙횡단철도와 연계 · 운행하여 한반도와 유럽을 잇는 대륙횡단철도와 연계한 철도망 구축

④ 남북한간 교역화물의 원활한 처리를 위해 남북교류 지원형 철도물류기지 건설

1.3.7 21세기 교통의 전망 및 교통정책의 비전과 목표

(1) 지역 사회와 교통의 관계

교통은 크게 표현하면 문명과 함께 발생하여 사회의 변화에 따라 그 내용을 변화시켜 왔다. 다시 말하여 교통은 인간 활동의 행위를 완결시키기 위한 사람이나 물건의 이동이며, 그 때문에 원인으로 되어 있는 활동에 변화가 생기기도 하며, 사회 상황이나 기술 수준이 변하면 교통 현상에도 변화가 나타난다.

철도가 개통된 이후에 교통 기관의 개선 정비는 대담하게 말하면 에너지와 동력의 혁신이었다. 증기 기관에서 내연 기관으로, 그리고 전동(電動)으로의 움직임이었으며, 또한 가솔린 엔진에서 제트 엔진으로의 기술 혁신이었다. 이것은 동력의 고출력(高出力)화를 도모하는 한편으로 운전의 생력화와 안이(安易)화를 촉진하는 것이었다. 동력의 고출력화는 각 교통 기관의 속도를 대폭으로 올리고 또한 열차 편성의 장대(長大)화, 선박의 대형화에 관련되어 어느 쪽이든 수송 효율을 현저하게 높여 왔다.

여기에서 빠뜨릴 수 없는 것은 운전의 용이(容易)화와 반자동화이다. 완전 자동화에는 1960년대에 시작한 컴퓨터와의 완전 연동이 필요하며, 그것의 눈부신 성공은 일본의 동해도 신칸센이 가져 왔지만, 그 전에 달성되어 온 것은 프로가 아닌 일반인이 교통 수단을 운전할 수 있도록 한 자동차이다. 최초는 증기 기관으로 개발된 자동차가 가솔린 엔진으로 되어 운전이 용이하게 되고 포드 등의 양산 노력으로 최초의 미국에 뒤이어 유럽 등에서 국민 일반의 자가용으로서 보급되어 왔다. 자가용으로 보급되기 위해서는 물론 그 만큼 경제 수준의 향상이 필요하지만 인간이 움직임에 대하여 다양한 요구를 가지는 한은 사적 캐리어(private carrier)의 수요가 강하다. 다만, 자동차나 항공기에는 항상 배기 가스의 문제가 있으므로 일부의 대도시나 장기적 관점에서는 문제를 내포하고 있다.

컴퓨터나 통신 관계의 기술이 고속 운전이나 안전 관리에서 이룩하는 역할도 크다. TGV나 신칸센, 게다가 공항에서의 이·착륙은 컴퓨터의 제어가 없이는 기능을 할 수 없는 정도까지 와 있다. 또한 차표의 발매나 좌석의 지정도 오늘날에는 컴퓨터를 통하여 행하는 것이 세계적으로 상식화되어 있다.

그 사이에 선박의 쪽에서도 고속화를 위하여 배를 스크루로 추진시키는 것보다도 고속화에 따라 부력 대신에 양력으로 배를 들어 올려 고속화하는 기술 개발이 진행되어 왔다.

이상의 과거 흐름을 총괄하면 큰 흐름은 교통 수송의 효율화, 고속화이며, 안전성의 향상이었다. 앞으로는 이 효율화, 고속화를 계속하면서 사회, 자연 환경과의 조화를 어떻게 취하여 가는가가 큰 과제로 되어 갈 것이다.

(2) 사회 자본에 대한 정비의 흐름

여기서, 보는 각도를 바꾸어 사회 자본이 어떻게 되었는가, 앞으로의 사회 상황의 중에서 중요한 키워드는 무엇인가에 대하여 언급하여 둔다.

일반적으로 사회자본의 정비 흐름을 보면, 사회자본이 대도시에서 정비되기 시작하여 지방으로, 그리고 전국의 정비가 이루어져 왔다. 제1의 사회자본 정비 흐름은 재래 철도, 제2의 사회자본 정비 흐름은 상수도, 국도 등, 그리고 제3의 사회자본 정비 흐름에 포함되는 것이 하수도, 치수, 토지 개량, 공항, 쓰레기 처리 시설 등으로 현재도 발전 수준은 발전 도상에 있다고 생각한다. 그리고 현재부터 장래에 걸쳐 새로운 제4의 사회자본 정비 흐름에 상당하는 사회자본의 구축에 노력하여야 한다고 생각한다.

제4의 사회자본 정비 흐름에는 산업 기반의 재구축으로서의 광파이버 등의 통신망, 대도시의 환경 정비, 특히 고령화, 사회 복지에 관련한 시설과 창조적인 기술 개발, 그 중에는 국 · 공 · 사립의 연구소나 대학교의 정비 등도 포함되어 있다.

한편, 현재의 사회 상황 중에서 국제화, 정보화, 고령화, 고기술화, 게다가 가치관의 다양화와 사람이나 자연에 온순하다고 하는 환경으로의 배려가 앞으로의 사회자본 정비에 미묘한 영향을 주게 될 것이라고 생각된다.

(3) 국제화에 대응

교통의 면에 대하여 말하면 현재는 지구 규모에서의 대교류(大交流) 시대이며, 국제화의 키워드에 대하여는 국제 공항의 정비 문제와 새로운 항공기나 신시대 선박의 출현 가능성 등이 열거된다. 국제 공항이 잘 말하여주고 있는 것처럼 세계 주요 공항 중에서 수 개소 내지 수십 개소 정도로 좁혀진 슈퍼 허브(super-hub)화하는지 어떤지는 현 시점에서 확정적으로 전망하는 것이 곤란하지만, 적어도 세계의 거점 공항이 복수 활주로를 가진 대형의 거점 공항으로 변화하고 허브와 스포크(spoke)화의 네트워크로 향하고 있음에 틀림없다.

항공기에 대하여는 장거리 제트기의 대형화와 고속화가 사회 경제의 동향 때문에 필연적이다. 대형화의 쪽은 단계적으로 600, 700, 800 명으로 정원의 증가가 진행될 것이다. 궁극적인 크기는 경제적 요청과 기술 개발의 접점에서 결정된다. 이것에 대하여 고속화의 쪽은 준음속의 마하 1 전후에서 일거에 마하 2~2.5로 진행될 가능성이 높다. 이들의 초음속기에 대하여 기술적인 검증은 더욱 더 진행되고 있으므로 항공 회사측의 정상적인 요구가 있다면 실용화되어 갈 것이다. 그 때의 현실화 노선은 미국~유럽, 미국~아시아, 유럽~아시아의 3각 루트로 출현할 것이다. 다만, 항간에 말하여지고 있는 마하 4~5의 고초음속기의 취항까지는 아직 상당한 기간을 요할 것이라고 생각된다.

새로운 선박에 대하여 여객선의 쪽을 보면 백 톤 대까지의 중소형 배에 대하여는 제트 휠과 같은 시속 70~100 km의 초고속선의 기술 향상과 취항의 보급이 진행될 것이지만, 국제간 취항은 일반적으로 곤란할 것이다. 오히려 대형의 호화한 크루징(cruising)이 더 보급될 것이다.

화물선에 대하여도 초고속선의 기술 개발이 진행되고 있으며 기술적으로는 적재량 1,000톤 급의 배로 80 km/h의 속도를 확보하는 것이 가능하게 되었다. 문제는 항만에 있어서 터미널 처리와 수송 코스트를 포함하여 구체화되는 화물량이 어느 정도인가라고 하는 것으로 된다.

(4) 고령화에 대응

우리 나라도 고령화(65세 이상의 인구 비율)가 높아지고 있다. 이러한 고령자들의 모빌리티(mobility)를 어떻게 커버하는가가 가까운 장래에 중요한 과제로 될 것이다. 미국에서는 마이카로 대처하고 있지만 우리 나라에서는 고령 운전 가능자의 비율이 낮다. 다만, 다행인 것은 많은 선진 여러 나라보다는 다리가 튼튼한 사람이 많다는 점이다.

지금까지 우리 나라에서는 철도 · 버스를 중심으로 공공 교통이 여객 유동의 상당한 부분을 지탱하여 왔다. 앞으로의 고령화 사회에 계속하여 공공 교통의 면에서 지탱하여가는 것이 필요할 것이다. 철도역에서는 계단 등도 많아 그 대응으로서 시설 정비도 주요하지만 복지 사업의 일환으로서도 정비를 진행하여야 할 것이다. 버스의 승강구에 대하여도 같다. 그와 동시에 고령자가 운전하기 쉬운 승용차의 개발도 반드시 실현시켜야 한다. 안전과 용이함을 얻는 것으로 한 승용차의 수요가 있다고 생각되지만 어떠한 것일까?

환경 대책도 해마다 엄하여질 것이다. 자동차 업계가 배기 가스, 폐기물, 소음 등의 환경 대책에 몰두하고 있는 것도 주지의 일이지만, 오염 부하가 적은 것은 철도 계의 교통 수단이다. 이 점에서도 철도를 이용하기 쉽도록 정비하고 개선하여야 한다.

(5) 정보화와 고기술화

교통의 면에 대한 정보 기술의 도입은 상당히 빠르고 보편적이었다. 고속 철도의 운행, 공항의 관제 등은 정보 기술의 진보와 그것의 적극적인 도입이 없었다면 불가능하였을 것이다.

정보화, 고기술화는 아직 영역이 넓어질 것이지만 무한은 아니다. 예를 들어, 자동차의 네비게이터(navigator) 기기는 일반화될 것이지만 자동차의 운전을 컴퓨터에 맡기는 것으로는 되지 않을 것이다. 통신 위성을 사용하면 자동차의 위치 확인이 상당히 정확하며, 컴퓨터와 연동시키면 장치화된 특수한 도로(특별한 자동차 전용 도로)에서 기술적으로는 자동 운전화가 가능하지만 자동차의 특성 때문에 자동 운전으로는 되지 않을 것이다.

외국에서는 정보통신기술로 주도되는 차세대 철도의 개념을 만드는 검토작업이 진행되고있다. 이 개념을 사이버철도(cyvernetics rail)라고 칭하며, 그 검토에서는 "복수의 모드(mode)가 유기적으로 제휴한 인터-모들(inter-modal)의 중핵을 철도가 담당하기 위해서는 무엇이 필요한가"를 중심 명제로 한다. ITS(Inteligent Tronsport System, 지능형 교통정보시스템)를 체계화, 직화하여가며, 정보통신기술을 이용한 서비스 향상, 수송의 효율화, 안전성의 향상이 이루어지고 있다. 또한 정보서비스의 개별화, 멀티모드(multimode)안내, 디맨드지향의 수송 서비스, 수송계획의 플렉시블화가 이루어지고 있다.

신교통 시스템의 쪽도 움직이는 보도나 중량(中量) 궤도계에서는 더욱 고기술화가 진행되지만 컴퓨터 컨트롤 수송 시스템의 출현까지는 자동차의 자동 운전화와는 다른 이유로 진전되지 않을 것이다.

고기술화에 대하여는 무엇보다도 초전도형의 리니어 모터카의 출현이 초점으로 된다. 초전도형의 리니어 모터카의 기술은 초전도의 기술에만 대하여도 분야가 현저하게 넓다고 한다.

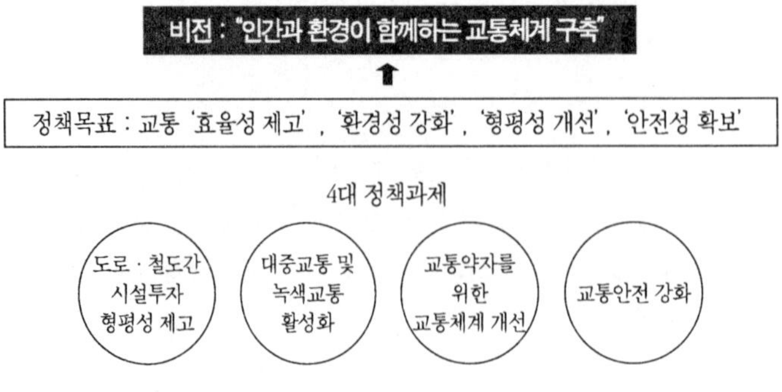

비전 : "인간과 환경이 함께하는 교통체계 구축"

↑

정책목표 : 교통 '효율성 제고', '환경성 강화', '형평성 개선', '안전성 확보'

4대 정책과제

도로 · 철도간 시설투자 형평성 제고 / 대중교통 및 녹색교통 활성화 / 교통약자를 위한 교통체계 개선 / 교통안전 강화

그림 1.3.4 교통정책의 비전과 목표

(6) 21세기 교통정책의 비전과 목표

21세기 교통정책의 비전과 목표는 **그림 1.3.4**와 같이 제시할 수 있다[239].

1.3.8 21세기 국가 철도망 구축 계획

21세기를 맞이하여 교통정책의 여건변화와 철도역할 증대의 가능성은 **그림 1.3.5**, 철도투자(제2.2절 참조) 정책 방향은 **그림 1.3.6**과 같이 고려할 수 있다[239].

그림 1.3.7은 21세기 철도망 구축 계획의 비전과 목표를 나타낸다[250].

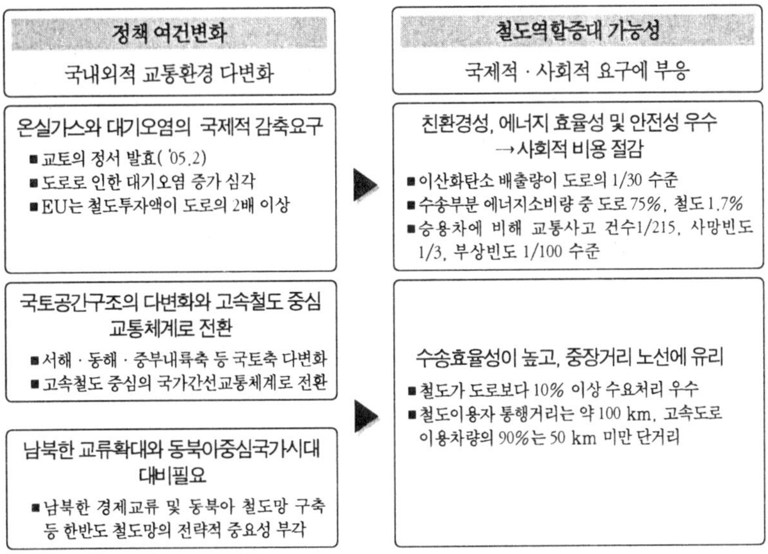

정책 여건변화	철도역할증대 가능성
국내외적 교통환경 다변화	국제적 · 사회적 요구에 부응

온실가스와 대기오염의 국제적 감축요구	친환경성, 에너지 효율성 및 안전성 우수 → 사회적 비용 절감
■ 교토의 정서 발효('05.2) ■ 도로로 인한 대기오염 증가 심각 ■ EU는 철도투자액이 도로의 2배 이상	■ 이산화탄소 배출량이 도로의 1/30 수준 ■ 수송부분 에너지소비량 중 도로 75%, 철도 1.7% ■ 승용차에 비해 교통사고 건수 1/215, 사망빈도 1/3, 부상빈도 1/100 수준

국토공간구조의 다변화와 고속철도 중심 교통체계로 전환	수송효율성이 높고, 중장거리 노선에 유리
■ 서해 · 동해 · 중부내륙축 등 국토축 다변화 ■ 고속철도 중심의 국가간선교통체계로 전환	
남북한 교류확대와 동북아중심국가시대 대비필요	■ 철도가 도로보다 10% 이상 수요처리 우수 ■ 철도이용자 통행거리는 약 100 km, 고속도로 이용차량의 90%는 50 km 미만 단거리
■ 남북한 경제교류 및 동북아 철도망 구축 등 한반도 철도망의 전략적 중요성 부각	

그림 1.3.5 교통정책의 여건변화와 철도역할 증대의 가능성

"에너지 · 환경 · 안전 등 미래가치를 위해 철도투자 확대 필요"

- 경부고속철 마무리 등 속도경쟁력 향상을 위한 고속화 추진
- 접근노선 확충, 환승설비 개선 등 접근성 제고를 위한 시설투자 확대
- 안전 · 친환경 · 쾌적한 철도를 위한 시설개선 및 제도 강구
- 투자효율성 제고를 위한 완공위주 집중투자(선택과 집중)

"객관적 투자우선순위를 정립하고 이에 따른 체계적 투자"

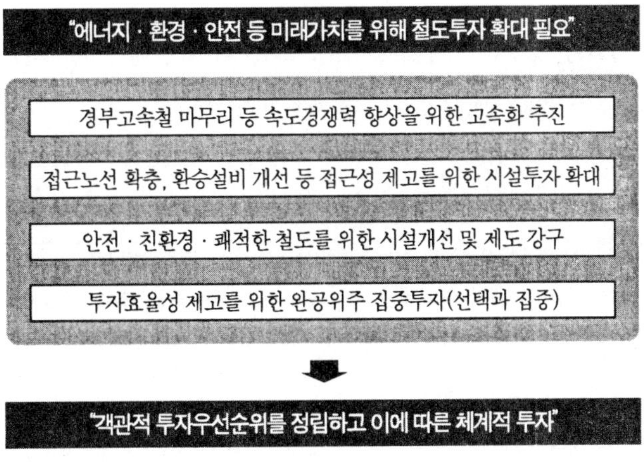

그림 1.3.6 철도투자정책 방향

비전	❖ 철도경쟁력의 획기적 제고
	- 다른 교통수단과 경쟁, 교통수요 최대한 흡수
	- 수송분담율 제고로 대량·대중 교통수단 위상확립

목표	❖ 속도경쟁력 대폭 향상 : 평균 운행속도 180 km/h~200 km/h 이상, 대도시간 2~3시간 이내 이동
	❖ 접근성 개선 : 주요 철도역에 30분 이내 접근
	❖ 안전성·친환경성·쾌적성·효율성 향상 : 인간·환경 중심적 교통수단으로서 역할 강화

| 기대효과 | ❖ 모든 국민이 전국토를 신속·쾌적·안전하게 이동할 수 있도록 중장거리 교통수단으로서 발전 |

중점과제	속도경쟁력의 획기적 향상	접근성의 대폭 개선	안전성·친환경성·쾌적성·효율성 향상
	- 전국적으로 고속화된 철도망 확충	- 철도 중심 연계 교통 체계의 구축	- 안전·친환경·쾌적한 철도망 구축
	- 수송애로구간의 시설 확충	- 네트워크 효율 극대화를 위해 철도 미연결구간의 연결	- 효율적인 철도망 구축
	- 고속화된 철도물류망의 형성	- 남북철도연결 및 대륙철도 연계노선의 확충	

그림 1.3.7 21세기 국가 철도망 구축계획의 비전과 목표

(1) 전국적으로 고속화된 철도망 확충

(가) 전국을 X자형으로 연결하는 국가철도망 구축

1) 통일이전 : 호남 고속철도 분기역인 오송을 중심으로 경부축과 호남선·중앙선 및 원주~강릉 축을 연계하는 X자형을 주축으로 하여 2+6×6 철도망 구축

① 고속철도 2개 노선(경부고속철도 및 호남고속철도)은 국가 철도망의 대골격 구성

② 남북 6개축 및 동서 6개축은 고속철도와 연계하여 고속화(최고속도 180 km/h~200 km/h 이상)된 간선철도망 구성(**표 1.3.7**)

　- 지선은 고속철도 및 간선 철도에의 접근 노선으로서 역할

표 1.3.7 남북 6개축과 동서 6개축

남북 6개축	동서 6개축
호 남 축 : 서울~천안~익산~목포	동서1축 : 서울~춘천~인제~속초
서해·전라축 : 서울~예산~익산~여수	동서2축 : 평택~여주~원주~강릉
경 부 축 : 서울~대전~대구~부산	동서3축 : 보령~조치원~제천~동해
중부내륙축 : 수서~여주~충주~진주	동서4축 : 익산~무주~김천~영덕
중 앙 축 : 청량리~제천~경주	동서5축 : 광주~남원~대구~포항
동 해 축 : 저진~강릉~포항~부산	남해축 : 목포~순천~진주~부산

2) 통일 이후 : 부산~대구~서울~개성~평양~신의주축과 목포~서울~원산~함흥~나진축을 연결
   하는 X자형 한반도 고속 철도망 구축(**그림 1.3.8**)
   →신속한 철도 서비스 제공으로 국민들의 교통 편의 제공

(2) 수송애로 구간 시설 확충
(가) 수송 수요 급증에 따라 용량이 한계에 도달한 노선에 대한 시설 확충으로 네트워크 병목현상 해소
 ① 우회수송 및 열차 운행 지연으로 인한 시간 및 비용 절감
 ② 철도 서비스 공급 능력의 확대로 철도 서비스 수요증가에 적기 대응하고 철도 서비스 수요의 창출
   →철도 네트워크 효율 증대로 선진국형 교통체제 정착에 기여
(나) 대도시 교통난 해소를 위해 광역교통서비스 공급 확대
   →신속한 철도 서비스 제공으로 교통난 해소 및 철도 중심 대중교통체계의 구성

(3) 고속화된 철도물류망 형성
 1) 주요 노선의 고속화 및 수송애로구간의 해소와 동시에 주요 산업단지·항만 등과 연계한 확충으로 고
   속화된 철도 화물 운송체계의 구축
 2) 철도의 확충 등 H/W와 화물역개선·차량개발 등 S/W 측면 개선을 병행 추진
   →도로 위주의 수송구조를 철도로 전환하여 대량 수송에 따른 국가 물류비 절감에 기여

(4) 철도 중심의 연계교통체계 구축
 1) 고속철도에 대한 접근성을 제고하고, 고속철도 서비스 수혜지역의 확대를 위해 고속철도역 중심의
   연계교통체계 확충
 2) 일반 철도역도 지역 교통의 중심이 될 수 있도록 철도역과 연계한 교통체계의 구축
   →고속철도 이용 확대로 철도를 중장거리 이동의 중추 교통수단화
   →철도역을 중심으로 한 지역 교통체계 개선

(5) 네트워크 효율 제고를 위해 미연결 구간의 확충
 1) 철도 미연결 구간을 연결하여 지역간 교통시설 확보수준 및 접근시간 차이의 해소
 2) 남북 6개축과 동서 6개축에 대해 수송수요 및 투자재원 등을 감안하여 단계적으로 연결 사업의 추진
   →주요 도시에서 고속철도 및 주요 간선철도로의 접근성 제고 및 지역 균형개발에 기여
   →전국적인 철도 네트워크가 확보되어 도로 등 다른 교통수단을 이용하지 않고도 지역간 이동이 가능

(6) 남북철도 연결 및 대륙철도 연계노선 확충
 1) 남북간 장거리 대량화물을 수송하기 위해 단절 철도망 연결 및 수도권 우회노선 확충(**그림 1.3.8**)
   →남북관계 개선에 따른 물동량 증가에 적절히 대처
 2) 국제 철도 수송체계를 구축하여 남북한~중국~러시아~유럽을 연결하는 철의 실크로드 구축(**표 1.3.8**)

→ 아시아 · 유럽대륙의 Gateway로서의 역할 수행 및 동북아 물류중심 국가화의 달성

❖ 노선체계구상
· 부산~신의주축 : 부산~대구~서울~개성
　　　　　~평양~신의주축
· 목포~나진축 : 목포~서울~원산~함흥~
　　　　　나진축

❖ 구상도

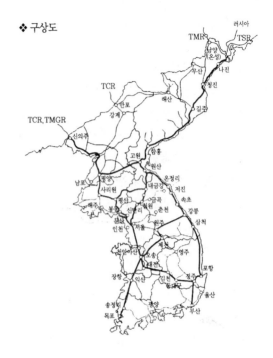

그림 1.3.8 한반도 X형 철도네트워크 구상

표 1.3.8 대륙 철도 연결 구상

❖ 중국 연계 ： 부산/광양~서울~평양~신의주~단동(중국)~TCR~TSR
❖ 러시아 연계 ： 부산/ 광양~서울~평양/원산~두만강~핫산(러시아)~TSR
❖ 만주 연계 ： 부산/광양~서울~평양/원산~남양~도문(중국)~TMR~TSR
❖ 몽골 연계 ： 부산/광양~서울~평양~신의주~단동(중국)~북경(중국)~TMGR~
　　　　　TSR

(7) 안전 · 친환경 · 쾌적한 철도망 구축
1) 안전성 제고를 위해 시설물의 단계적 개량 및 설비 확충
2) 친환경성 향상을 위해 설계부터 환경 피해를 최소화하는 제도적 장치를 강구하고 쾌적성 확보 방안의
수립
→ 고급화된 철도 서비스에 대한 국민들의 요구에 부합

(8) 효율적인 철도망 구축

1) 철도 건설 기간을 대폭 단축하여, 사업비 절감 및 수요 증가에 효율적으로 대처

2) 철도 건설시 유지보수 비용을 절감할 수 있는 운영 효율화 도모

1.4 철도의 기술 개발

1.4.1. 철도 기술 개발의 개관

(1) 철도의 기술

기술 개발이라고 하면 인공 심장, 고성능 여객기 등도 그 대상이지만 같은 시장을 대상으로 하여 경쟁하고 있는 점 때문에 철도와는 약간 다르다.

그리고, 그들은 아무래도 지원 시스템을 무시할 수 없지만 개체로서의 기술 개발이 대상으로 된다. 그러나, 철도는 어떠한가? 차량은 철도에서 중요한 요소 개체이지만 그것만의 기능을 향상하여도 어떠한 효과도 오르지 않는다. 선로, 운전 관리가 함께 향상되지 않으면 의미가 없다.

결국, 다수 개체의 기능 향상이 있고, 게다가 그것이 시스템으로서 작동하기 위한 기술적 연휴도 필요한 것이다. 고속, 안전, 쾌적함, 염가라고 하는 철도로서의 요건을 갖추면서 보조를 맞추는 것이 철도의 기술 개발이며 그것만으로 다방면에 걸치고 게다가 종합적인 면도 가지며 이른바 개체 전문 분야도 다기에 걸치는 것으로 된다.

레일과 차륜간의 전동(轉動) 마찰에 의한 추진 및 양자간에서 중력의 주고받기를 기본으로 한 것이 19세기 초두 스티븐슨 이래의 철도이었지만, 그 기본 원리에서 탈피하는 기술 개발도 진행되고 있다. 예를 들어 자기 부상식 철도가 그것이다.

이상을 종합하면, 철도의 기술은 첨단 기술, 혹은 요소 기술 그것보다도 그와 같은 기술을 조합한 응용 기술, 토털 기술이라고 할 수 있다. 따라서, 신기술을 적극적으로 도입하고, 고품질 상품의 창출 혹은 여러 가지 업무를 개선하여감과 함께 가까운 일상 업무 등의 개선 등에 대하여 기술을 도입하여 응용, 가공하여가는 것도 극히 중요하다.

(2) 기초와 응용

연구라고 하면, 기초 연구와 응용 연구로 나뉘어진다. 노벨상은 주로 기초 연구가 대상으로 되며 거기에 보여지는 창조성이 평가되고 있다.

철도의 기술은 당연히 응용 연구이며 목표를 분명히 하고 있는 것도 당연하다. 그러나, 최근에 이루어지고 있는 철도의 연구는 그 성과가 이쪽 저쪽에 발표되고 또한 실용에 들어가고 있지만 그것이 일일이 정리됨에 있어서는 그것에 상응하여 창조성이 보여지는 것을 간과할 수 없다.

때로는 목표 그 자체에 그것이 보여지는 것도 있고 연구, 혹은 설계, 제작의 단계에서 보여지기도 하며 대소 여러 가지의 형을 취하고 있다. 그리고, 이들이 있기 때문에 성과로서 발표되고 있다. 결국, 창조성이라고 말하지만 무엇이나 세계적 대발견, 대발명만큼이 아니고 항상 여러 가지 형으로 발휘되며, 또한 이것을 추구

하여야 한다.

　최근에 화이트칼라와 블루칼라의 중간을 가는 기술자(일명 "메탈칼라"라고 한다)가 다방면에서 활약하고 있다. 다시 말하여, 단지 책상 앞, 실험실 안이 아니라고 하여 단지 육체적 노동만큼은 아니고 그 중간을 가는 기술자 층이 실은 오늘날의 기술을 힘차게 추진하고 지원하고 있는 모습을 보이고 있다.

　이와 같은 경우에도 끊임없이 창조성이 작용하고 있다. 당연히 기초라든가 응용에 사로잡히지 않고 창조성이 발휘되어 기술이 진행되고 있는 것이다.

(3) 평가

　기술 개발이라고 하여도 어차피 사람이 하는 일이다. 철도는 분야가 넓기 때문에 종사하는 사람들이 다수, 다양하며, 각자가 언제나 마음을 애태우고 땀흘려 역할에 몰두하고 있다. 아마, 다수의 창조적인 일도 당연히 하고 있을 것이다. 그 중에는 문서로서 발표되는 경우도 있고 단지 현장의 작업으로서 몰두하고 있는 경우도 있을 것이다.

　그러나, 그들의 대소 여러 가지의 효과적인 성과가 끝까지 잘 지켜 보여지고 발탁되어 발전시켜지고 있다고 할 것일까?

　연구비의 배분이나 인재의 적성 배치에 관계함에 있어 언제나 성의가 없다고 생각되는 사례는 충분한 평가를 기초로 그것을 행하였는가 하는 점이다. 만약, 잘 평가함으로써 발전시켜야 할 연구에게 그 기회를 가져다주고 진가를 발휘할 수 있는 입장으로 인재를 배치할 수 있다면 기술 개발은 더욱 진행될 수 있을 것이다. 결국, 그만큼의 안목이 요구되고 있으면서도 여기에 답하였는가 라고 하는 것이다.

　이것은 모든 사회, 조직에서 행하여지는 것이지만 기술 개발도 예외는 아니다. 특히, 철도에 대하여는 개별 기술을 향하고 전문 분야와 동시에 종합 분야도 있는 만큼으로 이 의미는 중요하게 된다. 이와 같은 때에 "T"자를 생각할 수 있다. 좌우를 확인하면서 깊이 파들어 간다고 하는 의미가 이 글자에 포함되어 있다고 할 수 있다.

(4) 철도 기술의 시스템화와 기술의 경계

　근년에 모든 기술이 고도화, 전문화되는 경향이 현저하다. 즉, 우주, 원자력, 교통 등의 여러 가지 분야에서 첨단 기술의 발달은 눈부시며 각각의 기술은 일진월보의 감이 든다.

　고속철도의 성공은 시스템 기술에 의하고 있다. 철도 기술에서 시스템적 사고, 종합화, 융합화에 대하여 특히 유의하여야 할 점은 다음과 같다.

　① 이른바 경계 문제이다. 가선과 팬터그래프, 레일과 차륜이라고 하는 문제에서 예를 들어 만일 지진이 일어난다면 어느 정도의 지진에 대하여 염려가 없는가 라는 이야기가 나온다. 고속화가 진행되면 정말로 안전한가, 탈선은 없는 것인가, 속도 한계는 어떠한가 로 된다. 그러나, 차량만을 보아 고찰할 수는 없다. 관련 기술에 대한 이해가 없으면 주변 조건이 점점 변하는 가운데 올바른 답을 내는 것이 어렵다. 정답이라기보다 정답의 방향을 잘못보지 않도록 하여야 한다.

　② 새로운 기술의 등장에 따른 개선이다. "철도의 정보화"라고 할 때에 이제까지의 기술이 그것에 따라 어떻게 바뀌는지 질문이 생긴다. 사회의 가운데서 정보화가 의미하는 것을 잘 이해하고, 그 다음에 대상

으로 하는 기술과의 관계를 고려하여야 한다.

③ 철도의 근본적인 개선, 이른바 리스트럭처링(re-structuring), 재구축이라고 할 때의 시스템 사고(思考)이다. 어느 개별 기술의 재구축을 고려할 때 주변 기술에 대한 통찰이 없으면 예를 들어 몇 개의 효과가 구하여지더라도 단순한 개량, 착상의 경계를 벗어나지 못할 것이다.

더욱이 완전히 새로운 시스템이 만들어지는 경우가 있다. 리니어 모터카나 튜브 수송과 같은 지금까지 없던 시스템을 발상(發想)하는 것은 상당히 광범위한 기술에의 견식이 요구되어진다.

시스템 기술의 대극(對極)에 독선적 혹은 독존적 기술이 있다고 생각된다. 그 차체로 보면 확실히 싸게 되며, 신뢰성이 올라가는 개선책이 만들어진다. 그러나, 다른 것에 전가를 하고, 불필요하게 왜곡을 주어 뒤돌아보는 일이 없다. 차량과 궤도와 같이 서로 접하고 있음에도 불구하고 다른 분야에 속하는 기술에서는 서로를 상당히 의식하여 그 관련을 의식하지 않으면 서먹하여 질뿐만 아니라 상반하여도 불가사의하다고 생각되지 않는 기묘한 일이 일어날 수 있다. 예전의 가선 팬터그래프 등에 그러한 현상이 보였다고 한다. 다른 것에도 짐작되는 점은 많다.

당초에 기술에는 그와 같은 독자성을 주장하고 싶게 되는 배타적 성벽이 기술만이 아니고 기술자에게 있을지도 모른다고 하는 의심이 일어날지 모른다. 그러한 것이 있을지 모르며, 우리들은 오래 전부터 주변의 기술을 알아 늘 철도 전체로서의 최적화를 노력하지 않으면 모르는 사이에 편향된 막다른 골목길로 들어가서 모 종교의 사건 때와 같이, "그러니까 기술자라고 하는 것은", "이공계라고 하는 것은", 이라고 하는 비판을 받아버리는 것으로 된다. 더욱이 그것은 반도 국민의 근성이라고 하고 구미에는 적다고 말하는 경향이 있을지도 모른다. 때로 해외 기술 협력 등에서 지적되고 있는 일이 있다고도 한다.

기술자 본인의 노력도 있어야 하지만, 위에 있는 사람이 그러한 기술의 종합화, 융합화 혹은 주변을 바라보아 최적화를 유의하는 것에 대한 견해의 중요성을 설명하고 그와 같은 지도, 방향 설정을 끊임없이 시행하는 것이 필요하다. 위만이 아니고 주위가 그러하여야 한다. 이것은 그와 같은 버릇을 붙인다고 하는 것이며 교육에도 있다. 또는 문화라고 하여도 좋을 것이다.

우리나라는 경부고속철도의 건설, 철도가 다른 수송 수단과의 경쟁, 해외와의 교류도 왕성하게 되어 철도의 르네상스시대라고도 한다. 국철이나 도시 철도를 포함하여 철도 기술의 종합화, 최적화, 시스템화의 관심은 크다고 생각된다. 그 한편으로 기술 혁신에 따른 업무의 다망(多忙)에 더하여 불황의 장기화, 기술 단층, 각종의 재해 등 기술자의 눈은 자칫하면 근시안적으로 될 우려가 있다. 그러나, 초점만큼은 항상 철도 기술의 종합화, 시스템화를 확인하여야 한다.

차량, 전기, 기계, 토목 기타 여러 가지 분야에서 각각 분담하는 기술이 자칫하면 빠지기 쉬운 섹터화로 되는 일이 없이 서로 절차탁마(切磋琢磨)하는 모습은 확실히 종합 기술이라고 하는 것이며 그 정밀도의 문제에 대하여도 하부구조 사이드와 상부구조 사이드가 융합되는 것이 기대되고 있다.

이에 반하여, 기술의 경계 영역 문제의 예로서 철도, 도로 등의 프로젝트를 시행할 경우에도 계획, 조사, 설계, 시공의 각 단계에 대한 기술의 경계가 애매하기 때문에, 또는 단절하였기 때문에 예를 들어 구조물이 변상하기도 하고 결과적으로 비용이 과대하게 되는 등의 문제가 과거에 많이 발생하였다고 한다. 이와 같은 전문 기술 문제의 경계를 어떻게 보충하는지가 큰 과제로 된 것은 사실일 것이다.

앞으로 더욱더 다기에 걸치는 고도의 기술을 이용하는 복합 기술 프로젝트가 증가될 것으로 예측된다.

따라서, 요즈음에 기술 상호간의 경계 문제에 주목하여 가는 중으로서 경계 영역을 보충하도록 각 기술 사이드의 노력이 요망되며, 이른바 코디네이터(coordinator)의 역할도 점점 중요하게 되어 갈 것이다. 첨단 복합 기술인 철도가 각 분야의 기술을 추구함과 동시에 종합 기술로서 발전하기를 기대하여 본다.

1.4.2 21세기 철도발전을 위한 기술개발의 방향

(1) 기술 개발의 위치

21세기는 고령화 사회의 도래, 지구 환경·에너지 문제, 경제의 변동 등 철도를 둘러싸고 있는 사회 환경이 크게 변화하는 한편, 경기 동향에 따른 철도 수입의 변화, 다른 수송기관과의 경합, 노동력의 압박, 고객의 다양화되는 요구(빠르고 싸고 안전·정확한 수송 및 쾌적하고 편리한 여행), 대도시 인구 집중, 직원의 근무 보람·사는 보람의 창출 등, 철도가 해결하여야 하는 과제를 안고 있다.

이와 같은 상황에 의거하여 장래에 걸쳐 "사회로부터 신뢰되어 경쟁력 있는 철도"로 되기 위해서, 즉 장래의 교통 체계에서도 철도가 중심적인 역할을 계속 유지하여 가고 철도에 요구되는 사명을 확실하게 수행하여 가기 위해서는 생(省)에너지형의 고속·대량 수송 기관으로서의 특성을 살리고 안전 수준의 향상, 수송·영업 서비스의 개선에 의한 수입의 확보 및 비용의 절감에 의한 기업 체질의 강화 등 강고한 경영 기반의 확립이 필요하며, 기술 개발도 이에 따라 진행되는 추세이다.

이를 위하여 향후 당면의 목표로서 현행 철도 시스템의 개량·개선을 주체로 한 기계화·생력화에 의한 업무의 질적 향상을 도모하는 기술 개발을 착실히 진행하여 철도가 "노동집약 산업에서 기술집약 산업으로 전환"되도록 할 필요가 있다. 다시 말하여, 사회의 발전과 함께 상기와 같은 철도에의 고도화된 요청에 유연하게 대응하고 이것을 실현하기 위한 기술 개발에 적극적으로 노력하는 것이 중요하다.

21세기를 향하여 더욱 발전하기 위해서는 지금까지의 연장선상에 있지 않고 새로운 시책의 전개를 가능하게 하는 소프트·하드의 양면에 걸치는 폭넓은 기술 혁신이 필요하다. 게다가 철도 기술이 경험 공학적인 색채가 강한 것을 고려하면 철도 사업자를 비롯한 관계 기관, 기업 등이 가능한 한 유효한 협력 관계를 맺어, 산적한 기술적 과제를 효율이 좋게 해결하는 것이 중요하다.

(2) 철도 경영의 비전

21세기를 개척하여 철도를 중심으로 한 종합 생활 서비스를 실현하기 위하여 철도 경영의 비전을 다음과 같이 고려할 수 있다.

　1) 고객·지역 사회에 공헌한다 : 생활 창조의 철도
　　① 신뢰성이 높은 교통 서비스의 제공
　　② 종합 생활 서비스의 제공
　2) 최신 기술을 개발·활용한다 : 미래 지향의 철도
　　① 기술 혁신 시대에 어울리는 서비스의 제공
　　② 하드·소프트 양면에서의 창조적인 기술 개발
　3) 직원·가족의 행복을 실현한다 : 인간 존중의 철도

① 작업이나 환경의 개선

② 근무 보람이 있는 직장 만들기

이 경영 비전을 실현하기 위하여 새로운 기술의 도입이나 기술의 개발은 중요한 요소(factor)이며, 기술 개발 체제를 정비하여 새로운 철도 만들기에 노력하여야 한다.

장래의 과제로서 기술 분야의 계통을 초월한 토털로서의 철도 시스템과 코스트 퍼포먼스(cost performance)를 철저하게 추구하여 "21세기에 어울리는 철도 시스템의 구축"을 목표로 여러 각도에서 기술 개발을 추진할 필요가 있다. 안전도의 향상, 수입의 증대, 코스트다운을 기술 개발의 기본적 방향으로 잡을 수 있다.

(3) 기술 개발의 방향

21세기를 전망하여 급속하게 진행하는 환경 변화에 대응하기 위하여 추진하여야 할 과제를 다음과 같이 고려할 수 있다.

제1의 과제는 철도의 경쟁력 강화에 불가결한 "안전성의 향상이나 열차의 고속화" 등 철도 기반기술의 개발이다. 장래를 향한 명확한 비전에 기초하여 착실한 시책의 추진이 필요하다.

제2의 과제는 장래의 노동력 부족 시대에 대비하여 3D적 업무에서 탈피하여 발본적인 생인화(省人化)를 가능하게 하는 "새로운 보전(保全) 시스템"을 구축하는 것이다. 단지 인력을 기계로 치환하는 것이 아니고 현행의 노동 집약적 작업을 업무구조의 원점으로 되돌아가 다시 구축하는 것이 중요하다.

제3의 과제는 하이테크 기술이나 VE 기법을 활용한 "자동개찰 등 철도고유의 기기·장치류의 기술혁신"으로 기능 향상과 비용의 저감을 추진하는 것이다. 상식적으로 보아도 결코 편하지 않기도 하고 그 중에는 1세대 전의 오래되고 진부한 기술이 그대로 잔존하고 있는 예도 보여진다. 이들의 기술 혁신을 착실히 추진하는 것은 철도 운영비의 저감이라고 하는 의미에서도 중요한 과제라고 한다.

이상의 여러 시책을 추진하는 중에 직원의 창조의욕이나 기술수준의 향상을 도모하여 직장의 활성화에 노력하는 것이 중요하다. 또한, 철도기술연구원의 기반연구 효과의 유효 활용, 각 철도기관과 국내외의 철도 관련 회사에서의 개발 효과의 도입 등 지금까지의 경험 공학적인 발생에서 취하여지지 않는 새로운 기술의 도입에 노력하고 효율적인 개발을 진행한다.

(4) 기술개발의 기본 방침

이와 같은 철도의 기술개발을 구체적으로 추진하기 위한 기본 방침을 다음과 같이 고려할 수 있다.

(가) 철도 수송의 원점인 안전·안정 수송의 유지·향상

안전·안정 수송의 확보는 수송기관이 수행하여야 할 기본적인 사명이며 이용자와의 신뢰 관계를 구축하여 철도 사업을 유지·발전시켜 가기 위한 기반이므로 항상 새로운 기술의 도입을 도모하고 가일층의 안전·안정성 향상을 위한 연구 개발을 추진한다. 경영을 좌우하는 중대한 사고를 방지하기 위한 기술을 개발한다.

(나) 철도 운영에 관련되는 업무의 효율화

철도 사업은 노동 집약적 산업이며 장래에 걸쳐 항상 안정된 수송 서비스를 제공하여 가기 위해서는 업무의 기계화 · 시스템화에 의한 보수 · 운영비용의 저감뿐만 아니라 노동력의 부족에 대응하는 관점에서 업무의 질적 향상 · 효율화에 노력하여 근무 보람이 있는 직장 환경 만들기를 목표로 한 기술 개발을 추진한다.

(다) 경쟁력의 강화

시간 가치의 증대, 통근권의 확대 등에 따라 교통 기관으로의 도달 시간의 단축이 요구되고 있지만 환경과 조화가 된 최신 · 최량의 고속수송 시스템의 구축을 목표로 한 속도향상을 비롯한 경쟁력의 강화로 향한 새로운 기술의 개발 · 전개를 추진한다.

(라) 환경에 적합한 철도 시스템의 구축

근년의 지구환경 문제나 자원의 유한성에 대한 관심이 높아지고 있으므로 에너지 효율이 뛰어난 철도 시스템의 우위성을 살리기 위하여 연선 환경과의 조화를 유지하면서 지역 사회의 편리성을 향상시키기 위한 기술면에서의 개발을 추진한다.

(마) 요소형에서 시스템형으로

가까운 장래에 예측되는 노동력 부족, 고령화 · 대량 퇴직에 대응하여 21세기에 살아남는 철도로 되기 위해서는 적극적으로 시스템화, 효율화를 추진하여 가야 한다.

철도를 노동집약 산업에서 지적 산업형으로 변화시켜 가기 위한 기계화, 장치화의 추진에 있어서는 기술혁신 등을 확인하면서 요소 기술형에서 시스템 공학 기술형으로 변화시켜 가는 것이 필요하다.

또한, 그를 위한 인재의 육성이나 관리기술의 향상도 중요하다.

1.4.3 21세기 철도 기술의 개발 과제

21세기 철도기술 개발의 방향은 상기에서도 언급하였지만 "고속성", "쾌적성" 등 교통의 질에 관련되는 관계자의 요구를 중시하여 속도 향상이나 승차감(riding quality)의 향상 등에 신기술의 도입과 함께 이것을 효율적으로 추진하는 것이다. 이하에서는 이와 같은 방책이나 추진 체제 등 철도기술 개발 방향의 기본적인 고려 방법에 대하여 기술한다.

(1) 기술 개발의 목표와 과제

(가) 중점 사항

국토의 균형 있는 발전과 풍요를 실현할 수 있는 사회의 구축에 철도기술이 공헌하기 위해서는 다음의 사항에 중점을 두어야 할 것으로 생각된다.

①이용자 측으로부터의 시점을 중시하여 다용(多用)화, 고도화라는 국민의 요구에 대응한 시설 정비나 수송 서비스의 충실을 도모한다.

②환경 문제나 장래의 노동력 문제 등 철도를 둘러싼 사회환경의 변화에 적절히 대응한다.

③수송의 안전 확보가 공공 교통기관의 최대의 사명인 것을 강하게 인식하여 안전성의 도모에 항상 노력한다.

그 외에 전략적 영업 시책의 전개에 불가결한 기술과 토털코스트의 삭감을 충실하게 실현하기 위한 기술을 개발한다.

(나) 목표와 주된 과제

상기의 상황을 감안한 기술 개발의 목표와 그 과제는 다음과 같이 고려할 수 있다.

1) 교통 네트워크의 충실·강화

국민 생활의 기반을 구성하는 교통 네트워크의 충실·강화를 위하여 철도에 대하여도 사회적·경제적, 또는 물리적인 엄한 조건하에서 그 특성을 발휘할 수 있는 분야에서 정비를 도모하여 간다고 하는 관점에서 다음의 각 사항을 이행하여 보다 이용하기 쉬운 네트워크를 구축할 필요가 있다.

   가) 계획 기술의 고도화 : ① 예측의 고정도화·간이화, ② 경제 효과 파악 방법의 확립, ③ 네트워크 구성의 최적화, ④ 노선·시설 배치 계획 방법의 확립

   나) 설계·시공 기술의 고도화 : ① 설계·시공법의 고도화, ② 설계·시공의 효율화·생력화, ③ 미(未)이용 공간의 활용

   다) 새로운 수송 시스템의 개발 : ① 자기 부상식 철도의 개발, ② 소(小)·중량(中量) 수요에 대응한 수송 시스템의 개발

2) 철도 서비스 수준의 향상

사람들의 요구가 "양"에서 "질"로 변화하고 사회적 서비스 시스템인 철도에 대하여도 "고속성", "쾌적성"이라고 하는 "교통의 질"에 관련되는 요구가 한층 높아지기 때문에 서비스 수준을 향상시킨다는 관점에서 다음 각 항에 노력하여 보다 좋은 서비스를 제공할 필요가 있다.

   가) 간선 철도의 고속화 : ① 고속 선로의 최고 속도 향상(공기역학적으로 최적인 차량 등), ② 재래 선로의 최고 속도 향상(경량 차체·경량 대차 등), ③ 표정 속도의 향상(곡선을 고속으로 주행 가능한 차량)

   나) 도시 철도의 혼잡 완화·도달 시간(schedule time)의 단축 : ① 수송력 증강(고밀도 운행을 가능하게 하는 신호 시스템, 차량의 대형화 등), ② 표정 속도의 향상(차량의 고가감속화 등)

   다) 이동의 원활화·연속성의 확보 : ① 교통의 연속성 확보(궤간 가변 대차 등), ② 이동 제약자 대책(플랫폼·차량의 단차 등의 개선 시스템 등)

   라) 쾌적성의 향상 : ① 승차감의 향상(승차감 평가법 등), ② 거주성의 향상(차내 환경 및 디자인의 향상), ③ 역·차내 등에 있어 편리성의 향상(정보 서비스의 향상 등)

   마) 화물 철도의 고도화 : ① 고속화·수송력 증강(고속 컨테이너 대차 등), ② 복합 일관 수송의 추진(온 레일 트레일러 등), ③ 시스템의 근대화

   바) 비용의 저감 : ① 건설·제조비용의 저감, ② 보수·운영비용의 저감

3) 사회환경 변화에의 대응

지구환경 문제에의 관심이 높아지고 생활 환경에의 요청의 질이 높아지고 예측되는 노동력 부족 등의 사회 환경의 변화에 적절하게 대응하여 철도가 건전하게 발전하여 간다고 하는 관점에서 다음 각 항에 의하여 환경에 순응한 시스템으로 할 필요가 있다.

   가) 쾌적한 환경의 형성 : ① 연선 환경의 최적화(소음·진동의 저감, 공간 디자인으로의 배려), ② 생(省)에너지화(미이용 에너지의 활용, 생에너지 차량의 개발 등), ③ 폐기물 대책(산업 폐기물의 처리와 활용 등)

나) 효율적인 보수 · 운영 체제로의 시스템 변경 : ① 보수 업무의 효율화 · 생력화(검사 등의 자동화 · 로봇화 등), ② 수송 업무의 효율화 · 생력화(차량 운용 계획작성 시스템 등), ③ 작업 환경의 개선

4) 수송의 안전성과 안정성의 향상

공공 수송 기관으로서 구비하여야 할 기본 요건인 안전 · 안정 수송의 유지 · 향상을 위하여 과학 기술의 발달 성과를 최대한으로 활용하여 이것을 추구하는 것이 사명이며, 그 관점에서 다음을 염두에 두어 철도에 대한 평가를 한층 높이도록 노력하여야 한다.

- 안전성의 향상(휴먼 에러, 건널목 사고의 방지, 충돌시 승객 피해의 경감 등)
- 신뢰성의 향상(기기 내구성의 향상 등)
- 방재 기술의 향상(재해 예측 · 복구 지원 시스템의 구축 등)

(다) 기술개발 진행시의 배려 사항

이상의 기술개발 과제를 추진함에 있어서는 안전 · 환경 · 비용의 면을 항상 의식함과 함께 다음의 점에 충분히 배려할 필요가 있다.

① 각 분야의 기술이 균형이 되게 시스템 전체로서의 평가에 기초한 종합적인 기술 개발의 추진
② 철도에 대한 첨단 기술의 응용에 관련되는 기술 개발의 강화
③ 사회 현상의 분석, 예측, 계획 방법 등 소프트 면에 대한 연구 개발의 추진
④ 정보 과학, 행동 과학 등 시스템 과학의 활용

(2) 중점을 두어야 할 기술 개발의 과제

앞으로 특히 중점을 두고 추진하여야 할 과제를 사회적 요청의 강도, 파급효과의 크기, 긴급성의 정도 등을 종합적으로 감안하여 4 가지로 집약한 중점 기술 개발의 과제를 **표 1.4.1**에 나타낸다.

표 1.4.1 중점 기술개발 과제의 예

❖ 철도의 고속화 (speed up) 환경을 보전하면서 간선 철도를 중심으로 한 철도의 고속화로 달성하는 역할이 큰 과제	- 초전도 자기 부상식 철도의 개발 - 공기 역학적으로 최적인 차체 형상의 개발 - 곡선을 고속으로 주행 가능한 차량의 개발 - 경량 차체 · 경량 대차의 개발 - 소형의 대출력 모터의 개발 - 승차감을 고려한 최적인 궤도관리 기법의 개발 - 소음 · 진동의 저감화를 고려한 선로 구조의 개발 - 터널 미기압파 저감법의 개발 - 고속 영역에 대응한 고성능 브레이크의 개발
❖ 철도의 쾌적화 (comfort & convenience) 도시철도의 혼잡 완화, 이동의 원활화, 편이성의 향상 등 철도의 쾌적화로 달성하는 역할이 큰 과제	- 고밀도 운전을 가능하게 하는 신호 보안 시스템의 개발 - 차세대 통근 차량의 개발 - 수송력 증강을 위한 심층 지하공간 및 선로 위를 이용한 철도의 설계 · 시공법의 개발 - 혼잡 역에서의 설비의 적정화를 위한 여객유동 예측방법의 개발 - 이동의 원활화를 위한 계단 등의 개선 시스템의 개발 - 승객과 역 이용자에 대한 고도정보 제공 시스템의 개발 - 편이성 향상을 위한 역무 서비스 시스템의 개발 - 갈아타기 저항의 해소를 위한 역무 서비스 시스템의 개발 - 승차감 평가법의 개발 - 차내 환경의 개선 대책

❖ 철도의 안전성 향상 (ensuring safety) 첨단 기술의 활용 및 기초적인 철도 고유 기술의 충실 등에 의한 철도안전성의 향상으로 달성하는 역할이 큰 과제	- 재해 예측, 복구 지원 시스템의 개발 - 탈선 메커니즘의 해명 - 사고 시 승객의 피해 경감기술의 개발 - 휴먼 에러 방지 기술의 개발 - 지능화한 건널목 보안설비의 개발 - 지방 철도에 적합한 간이한 운전보안 시스템의 개발 - 선로 내 작업을 위한 보안 시스템의 개발
❖ 철도의 효율화 (saving & efficiency) 보수 운영의 자동화, 생력화, 비용의 저감화 등, 효율적인 철도 시스템의 구축으로 달성하는 역할이 큰 과제	- 검사·공사의 자동화·로봇 기술의 개발 - 메인테넌스 미니멈 기술의 개발 - 화상 처리 기술, 모니터링 기술의 활용에 의한 보수관리 기법의 개발 - 선로·시설 계획의 최적화 기법의 개발 - 저렴·간이한 보수검사 시스템의 개발 - 차량 등의 비용 저감을 위한 설계·생산 기술의 개발 - 철도 구조물의 저감을위한 설계·시공 기술의 개발

1.4.4 구체적인 기술개발 시책의 예

철도 실무에 관련된 기술 개발에 있어서는 전술한 "안전의 확보", "수입 증대", "비용 절감"의 기본 방침에 기초하여 다음과 같이 고려할 수 있다.

(1) 안전성·안정성(보안도·신뢰도)의 향상

안전의 확보는 수송 서비스를 제공하는 철도 사업의 최고 우선 순위(top priority)이며 기본적이고 중요한 사명으로서, 사회로부터 흔들림 없는 신뢰감을 높여야 한다. 즉, 철도 부문에서 안전성·안정성을 유지하여 가는 것은 중요한 책무이며, 하드·소프트 양면에서 이것을 추구하여야 한다. 하드 면에서는 기술 혁신의 성과를 도입하여 새로운 보안 장치의 개발이나 운전 관리, 방재에 관한 각 시스템의 개발 등 보다 고도인 시스템으로의 전환을 도모한다. 또한, 소프트 면에서는 CAI(Computer Aided Instruction)을 이용한 새로운 교육 훈련 설비의 충실, 보수 작업의 순서·방법 등의 재검토 등 보수 관리 체제의 확립을 도모한다.

안전을 향상시키기 위하여 지금까지 여러 가지 기술 개발이 행하여져 왔지만 새로운 기술의 도입은 반드시 충분하다고는 할 수 없고, 코스트 퍼포먼스(cost performance)의 관점에서 불충분한 면도 있었다. 따라서, VE 기법과 근년에 비약적으로 발전하여 오고 있는 초(超)미소 전자공학(micro-electronics) 등의 새로운 하이테크 기술을 적극적으로 도입하여 보다 안전한 시스템의 구축에 노력한다. 특히 경영을 좌우하게 되는 중대 사고를 방지하는 것에 최대의 역점을 준 시스템 만들기나 열차의 고속화에 따른 안전성 향상 대책의 기술 개발을 추진한다.

철도의 경영 기반에 치명적인 영향을 주는 사고를 절멸하기 위한 시스템을 개발하고, 현재의 철도 시스템이 갖는 약점이나 문제점을 명확히 하여 대책의 우선 순위나 코스트 퍼포먼스를 감안하여 연구를 추진한다. 안전성 평가 기법의 활용 등으로 사고 발생의 가능성을 사전에 예측하는 선취(先取)형의 사고 예방 대책을 구축하여 감과 함께 종래의 설계 사상이나 현상의 시스템에 취하여지지 않는 전혀 새로운 관점에서 장래로 향한 철도 시스템의 토털디자인을 만들어간다.

연구 개발의 장르는 다음과 같이 생각할 수 있다.

① 철도 시스템 전체 및 경계 영역에서의 과학적인 안전관리 방법을 구축하는 "안전성 평가"

② 복잡화되고 고도화되는 철도 시스템과 인간의 조화를 도모하는 "휴먼 팩터(human factor)"

③ 건널목과 자연 현상으로 인한 재해에 대비하는 "건널목·방재" : 자연 재해에 대하여도 안전·안정성이 확보되도록 우량, 지진, 풍속 등의 기상 데이터를 지령 센터에서 리얼타임으로 파악할 수 있는 종합 방재 정보 시스템을 구축한다.

④ 보다 신뢰성이 높은 운전 제어 등 안전 시스템의 구축을 도모하는 "안전 시스템"

⑤ 안전 확보를 위한 알람 시스템은 제(6)항을 참조하기 바란다.

⑥ 안전·안정 수송의 유지 향상에 대하여는 실무적인 예를 들어 강형 교체 방법의 개발, 전철기의 절연 강화 등 경년 및 설비 강화 대책 등의 개발이 있으며, 비용을 대폭 삭감할 수 있는 VE형 지장물 검지 장치, 네비게이션(navigation)을 활용한 건널목 보안도 향상 시스템, 공사에 따른 사고방지 대책을 개발하고 있다.

(2) 유지관리의 혁신과 기술의 체계화

산업계의 공동화가 진행되는 중에 앞으로의 사회에서 환경 기술과 함께 메인테난스 기술이 인버스 매뉴팩 처링으로서 각광을 받아 발전하여가는 것을 고려하는 것에서 다른 산업과의 교류를 도모하면서 메인테난스 기술을 체계화하고 메인테난스 공학의 구축으로 발전시켜야 한다.

철도 체질의 강화를 도모하기 위하여 경영비용의 압축은 중요한 과제이다. 또한, 지금부터의 고령화 사회나 자녀의 소수화 경향과 젊은 노동자의 노동 기호를 고려하면 철도 수송을 지지하고 있는 보수 부문에 대하여 지금까지의 노동 집약적 작업을 혁신하여 장치화·기계화 등으로 "근무의 보람·일의 보람"이 있는 작업 환경을 창출하여갈 필요가 있으며, 이들에 응하기 위해서는 유지 관리(maintenance) 업무의 혁신이 불가결한 테마이다. 또한, 경영비용의 1/3 정도를 점하는 보수 부문의 경비를 압축하는 것은 철도 체질의 강화를 도모하기 위하여도 중요한 과제이다.

그 혁신을 추진하기 위해서는 ① 신뢰성이 높은 차량·설비를 제공하는 메인테난스의 실현, ② 경쟁력이 있는 비용의 메인테난스의 실현, ③ 사람과 환경에 우수한 메인테난스의 실현을 목표로 하여 ① "일손이 들지 않는 차량·설비", ② "작업의 기계화·로봇화", ③ "인텔리젠트화된 검사", ④ "시스템으로 지켜지는 안전 작업"의 개념(concept)을 고려하여 기술 개발을 추진하는 방안이 있다.

검사·작업 관계를 중심으로 한 개발 성과는 이미 아웃풋(output)되고 있는 경우에 현장으로 확실하게 보급하기 위하여 실용화 기기에 대한 교육이나 트러블 대응 등 폴로 업(follow up)의 추진이 중요한 과제이다.

차량에 VVVF, 모니터, 무접점화 등 최첨단 기술을 채용하고 메인테난스프리를 도모한 차량, 지상 설비를 개발, 추진함과 동시에 새로운 진단 기기 등을 도입·개발하고 비해체 검사의 확대를 도모하여 효율화를 추진한다.

한편, 중후(重厚) 장대라고 말하여지는 철도 설비를 설비량이 적고 일손이 필요하지 않는 시스템으로 전환하여가기 위하여 "수명·가격·중량 반분의 차량", "저렴한 생력화 궤도", "30년을 견디는 전차선", "신호의 카세트화" 등의 장래적인 차량·설비를 고려한 개발과 함께 기술 분야를 초월한 토털적인 시야에서 철도 시스템 전체로서 메인테난스의 있어야 할 방법에 대하여 몰두하여야 한다.

(3) 수송 서비스의 개선과 경쟁력 강화

현대의 철도 사업은 시간가치의 증대, 통근권의 확대 등에 따라 속달성이 요구되고 있다. 또한, 고속도로 · 항공기 등의 경합 교통기관과의 경쟁에 충분히 견디고 환경과 조화하는 최신 · 최량의 철도 시스템을 실현시켜야 하며, 이를 위하여 다기에 걸친 기술 개발이 필요하다. 다시 말하여, 대도시로의 인구 집중으로 인한 과밀화, 도시의 확장 등 철도를 둘러싼 사회 환경, 즉 통근 · 통학 수송의 문제나 고속 선로를 중심으로 한 도시간 수송의 속달화에 관계하는 과제의 해결과 함께 지방 선로의 코스트다운과 메인테난스프리화가 큰 과제이다.

다시 말하여, 고객의 요구에 입각하여 수입 증대에의 기여를 목표로 한 기술 개발은 철도에서 중요한 과제이며, 그를 위해서는 대도시권 수송과 고속 선로를 중심으로 한 도시간 수송에서의 과제에 대한 해결이 주요하며 "보다 빠르게(도달 시간의 단축)", "보다 많이(수송력 증강)", "보다 쾌적하게(쾌적한 여행)" 등을 기본으로 하는 개념(concept)으로 기술 개발에 노력하여야 한다.

수송 개선에 대하여는 운전 시격 단축과 역에서의 혼잡 완화를 링크시켜 정보 기술을 활용한 새로운 열차 제어 시스템 등 저비용으로 할 수 있는 인프라스트럭처(infrastructure)의 정비에 몰두한다. 시험 차량을 이용하여 지상과 차상을 연계한 토털코스트가 싸고 도달 시간의 단축을 도모하는 시험을 함과 동시에 경제적인 영업 운전의 실현을 향하여 고속화와 환경 대책 등 여러 비용과의 관계를 추구한다.

기본적으로는 60분 통근권의 확대나 수송력(transport capacity) 증강을 도모하기 위한 인프라스트럭처 기술(저 비용의 새로운 공법의 개발), 운전 제어 기술(차량을 주체로 한 차세대 운전 제어 시스템), 차량 기술(인텔리전트화한 고성능 차세대 차량의 개발) 등에 대한 검토를 추진한다.

이용자로부터의 속도 향상에 대한 요망이 크며, 최신 · 최량의 고속철도 시스템의 구축을 위한 개발이 필요하다. 경량 차체 · 대차의 개발, 고속 · 고밀도 수송에 대응한 새로운 보안 시스템의 개발 등 각종 요소 기술의 개발에 노력하며, 각종 시험 데이터를 취득 · 해석하고 새로운 기술 기준을 책정하여 고속 대응 설비로 반영한다. 또한, 차량의 고신뢰도화를 도모하고 고성능, 고기능화의 개발을 진행한다.

지방 선로 관계에서는 자동차의 고유 기술이나 노하우를 활용한 차세대 기동차용 주요 컴포넌트의 개발이나 운행 관리의 생력화를 도모하여 선구 전체를 하나의 연동 장치로 제어하는 시스템 등의 개발을 추진한다.

(4) 영업 · 서비스의 개선

고객 요구의 다양화, 질의 고도화나 고령화에 따른 이동 제약자(교통 약자)의 증가, 수입의 둔화, 일손에 의지한 역 업무 등 영업이 안고 있는 여러 가지 문제를 해결하기 위하여 역을 중심으로 한 "영업 업무의 근대화", "고객 서비스의 개선"을 목표로 한 기술 개발이 필요하다.

영업 업무의 근대화로서는 기계화 · 시스템화에 의하여 일손 · 경비가 들지 않는 효율적인 영업 · 판매 체제의 구축을 목표로 하여 플랫폼에서의 안전 감시의 효율화나 현금 취급의 간소화 등 현업 제1선에서 일하는 역무원의 후방 업무의 근대화적이고 일하는 보람이 있는 업무로의 질적인 전환을 도모하기 위한 기술과 기계화 · 판매 기기 등의 개발을 추진한다.

고객 서비스의 향상을 도모하기 위하여 최근 급격한 진보를 달성하고 있는 멀티미디어 등의 정보 기술을 활용한 타임리(timely)한 정보의 제공이나 협소한 역 시설에 저비용으로 설치할 수 있는 차 의자용 계단 승강 장치 등 이편성이 높은 역, 사람에게 수월한 역으로 만들기를 목표로 한 개발을 진행한다. 즉, 서비스 개선의 면에서 이용하기 쉬운 역 설비, 고객들에의 정보 전달의 개선 등을 목표로 하여 각종 기술 개발을 추진한다.

(5) 환경에 순응하는 철도 기술

근년에 지구 온난화 등 지구환경 문제나 자원의 유한성에 대한 관심이 높아지고 있다. 이 때문에 에너지 효율이 뛰어난 철도 시스템의 우위성을 살리기 위하여 최신 기술을 도입한 경량화 차량의 개발 등 에너지 절감 대책에 노력하여야 한다. 즉, 지구환경에 관한 문제나 쓰레기 등의 폐기물, 소음·진동 등 철도의 기업 책임, 사회적 공헌의 관점에서 환경관계의 기술개발 추진의 강화가 요구되고 있다.

구체적으로는 생(省)에너지·효율적인 에너지 공급 시스템, 자연 에너지의 이용을 목표로 한 개발이나 저비용·생(省)스페이스·생(省)에너지의 쓰레기 분별 장치의 개발을 추진한다. 또한, 발생원, 회수 방법에서 리사이클까지 토털로서 고려한 청소쓰레기 처리대책을 추진하여야 한다. 이콜러지(ecology) 관련으로는 태양광 발전 시스템이나 연료전지 시스템, 지하수의 냉방 이용 등 사회의 선진 기술을 도입하여야 한다.

연선의 소음·진동은 계속 추진하여야 하는 과제로서 보다 효과가 있는 저감 대책의 개발이 필요하다. 소음에는 집전계 음, 공력 음, 전동 음, 구조물 진동음이 있지만, 각각에 대하여 발생원 대책을 강구함과 동시에 전파 방지대책으로서 현상의 방음벽보다 효과적이고 게다가 경제적인 방음벽의 개발을 추진한다. 진동에 대하여도 발생, 전파 기구의 해명과 차량·궤도의 양면에서 발생원 대책의 연구를 행하며, 연선 환경과의 조화를 유지하기 위한 연구 개발에도 적극적으로 추진한다. 또한, 소음 저감대책 개발의 성과를 영업 차량에 적용한다.

(6) 효율화와 생인화(省人化)의 추진

가까운 장래에 예상되는 고령화·대량 퇴직에 따른 노동력 부족의 시대에 대응하기 위하여 업무 수행에 대한 본연의 모습을 개량하는 것을 포함하여 최신 기술을 개발하고 도입하여 '철도 수송의 시스템화', 진단 장치를 도입하여 '차량·설비 검사의 자동화·생인화(省人化)·메인테난스프리화', 데이터 관리의 시스템화 등을 종합적으로 감안하여 '업무의 기계화·시스템화'를 추진하고 업무의 질적 향상을 위한 '효율화'에 노력하고 활동 효과가 있는 '직장 환경 만들기', '경영 체질의 강화'를 목표로 한다.

운전사무소와 공장의 각 시스템을 온라인화하고 데이터를 일원화하여 차량의 신제(新製)에서 폐차까지 라이프사이클을 종합관리하는 차량종합관리 시스템을 개발하며, 차량의 신제 시나 고속화 등의 각종 성능 시험에서의 시험장치, 데이터 정리 등의 자동 시스템을 개발한다.

예를 들어, "종합 알람 시스템", "새로운 궤도·가선·차량 구조", "일제 교환 시스템 등 작업의 기계화·자동화"를 주로 하는 "새로운 보전(保全) 시스템"의 전개를 추진한다. 이것은 예전부터 인력에 의지한 보수 체계에서 부품별의 신뢰성 관리, 연명화에 따라 정기적인 검사 업무를 적극 폐지하고 마모 부품, 열화 부품에 대하여는 일정한 주기로 일제히 교환하는 시스템을 구축하는 것이며, 더욱이 이 시스템의 보안도와 신뢰성의 한 층의 향상을 도모하기 위하여 차량·궤도·가선 등의 기능 열화를 검지하는 종합 알람 시스템을 개발한다. 이 시스템은 현재의 보전 업무가 3D적인 일에서 컴퓨터 등을 구사한 고도의 두뇌 노동으로 변질되도록 한다.

(가) 새로운 보전 시스템 구축을 향한 기술 개발의 고려 방법

1) 생인화(省人化)의 프로세스 : ① 마모 부품·열화 부품의 신뢰성 관리, ② 인력으로 수행하는 정기적인 검사 업무의 폐지, ③ 마모 부품·열화 부품의 일제 교환 및 유니트 교환, ④ 마모 부품·열화 부품의 수명 연장화에 따른 교환 주기의 연장·메인테난스프리화, ⑤ 부품·장치의 형상 변경에 따른 일제 교환·유니트 교환, 작업의 생인화

2) 새로운 보전 시스템(← 현행의 보수 체계) : ① 두뇌를 사용하는 일+생인화 작업(← 육체를 이용한 일+3D 작업), ② 보안도의 향상(← 보안 레벨의 유지), ③ 토털 보수경비 최소화(← 토털 보수경비 과다)

(나) 새로운 보전 시스템 개발의 진행 방향

1) 마모 부품·열화 부품의 통계 관리 : ① 부품·장치별 이력 관리의 실시(교환, 마모·열화, 수선), ② 종합 이력 관리 시스템의 구축(주요 부품·장치별 이력 관리), (알람 이력 관리)

2) 교환 주기의 연장·메인테난스프리화 : ① 취약 개소 강화·연신화의 실시, ② 로트 마다의 일제 교환을 목표로 한 목표·표준 일제 교환 주기의 설정

3) 일제 교환·유니트 교환·작업의 생인화 : 장래적으로 유니트마다의 일제 교환의 실시(예, 차량 : 편성 단위 ↔ 새로운 차량 검수 시스템, 궤도 : 역간 단위 ↔ 단선 운전 시스템, 가선 : 구간 단위 ↔ 기계화 공법)

   → 로트의 적정화

4) 알람 시스템 : 계의 기본에 관련되는 기능의 이상 검지 → 알람을 이용한 새로운 보수 레벨의 설정 → 처치

   "종합 알람 시스템"은 보안도나 신뢰도를 한 층 향상시키는 본격적인 시스템의 구축을 목표로 하여 궤도·가선·차량의 알람 시스템의 시작(試作), 확인 시험과 함께 데이터 처리 시스템을 구축한다.

5) 안전 확보를 위한 알람 시스템 → 보안도의 향상 : ① 차상의 검지 장치(진동·음·화상)를 이용한 궤도나 가선 이상의 사전 검지, ② 지상의 검지 장치를 이용한 차량(대차 등) 이상의 사전 검지, ③ 차량, 포인트 부품 등의 이상에 대한 자기 진단

   "새로운 궤도·가선·차량 구조"는 모델 선에서의 데이터에 기초하여 통계 관리를 심도화하고 필요한 새로운 장수(長壽) 부품·장치의 개발을 추진함과 함께 주요 부품에 대하여는 기본적인 구조·형상 등의 확인과 순차적인 도입을 추진한다.

   "일제 교환 시스템 등 작업의 기계화·자동화"에서는 새로운 궤도·가선·차량 구조에 대응한 교환 작업 시스템의 개발을 추진하고 생인화(省人化)·비용 삭감에 이바지하는 것부터 순차적으로 개발한다.

(7) 철도 고유의 기기·장치류의 기술 혁신과 비용 절감

철도는 다른 제조업 등과 비교하여 공정비의 비율이 극히 높은 구조적 체질을 안고 있다. 구조적인 코스트의 삭감에는 평소부터 늦추지 않고 노력하는 것이 필요하며, 이것을 실현하는 구체적인 방법으로서는 VE 방법이 유효한 수단이다.

"관공서"적인 일의 관습에서는 하나의 제품을 만드는 경우에도 100 % 이상의 기능을 요구하는 경향이 있다. 안전성을 문제로 하는 경우는 100점 만점이 요구되지만 생인화 등의 경우에는 반드시 필요한 것이 아니다. 90 % 완성된 것에 나머지 10 %의 기능을 부여하기 위하여 비용이 30 %, 50 % 만큼이나 오르는 것이

있다. 정말로 필요한 기능은 무엇인가를 개선하는 것으로 코스트 퍼포먼스(cost performance)를 높일 수가 있다. VE의 기법은 처음부터 제품 개선적인 고려로 시작하고 있으므로 철도의 시스템, 서비스 개선에도 대단히 유효하다. 기존의 기기 · 장치류에 대하여 하이테크 기술의 적극적인 도입과 VE 기법을 이용한 철저한 개선의 기술 혁신을 하여 가일층의 비용 절감을 도모한다.

기타 사항으로 "현장에서의 업무개선경비 제도"를 도입하여 현장에서의 직원들의 창의 의욕의 향상과 직장의 활성화에 힘을 들인다.

(8) 새로운 관점의 기술 개발의 전개

(가) 정보 기술에 의한 철도 시스템의 혁신

근년에 급격하게 발전한 멀티미디어 등의 정보 기술과 광파이버 등의 정보 네트워크를 활용하여 안정성의 향상과 설비의 스마트화, 수송 · 보전 비용의 저감을 목표로 전혀 새로운 수송 시스템의 전개나 고객이 손쉽게 정보를 입수할 수 있는 정보 서비스 네트워크 등 멀티미디어의 특성을 살린 새로운 철도 시스템의 구축을 위한 기초적인 검토가 필요하다.

(나) 기술 집약 산업으로의 전환

기술 개발의 추진에 있어 다른 업종이나 해외 철도와의 기술 교류를 깊게 하고 사회의 첨단 기술을 적극적으로 활용하여가는 것이 중요하다. 동시에 철도 회사가 가지고 있는 기술이나 기술력의 현상을 확실히 인식하여 평가한 후에 철도 사업자로서 장래에도 보유하여가야 할 기술을 확인하여 초점을 좁힌 효율적인 개발을 진행하여야 한다.

지금까지 노동집약 산업이었던 철도산업을 기술개발이나 시책을 추진하여 기술집적 산업으로 전환하여 21세기에 어울리는 철도 시스템으로 만들기 위하여 앞으로 정력적으로 기술 개발을 추진하여야 한다.

1.4.5 시설관계의 기술개발과 기술의 계승

(1) 보선기술의 개발과 교환 · 승계와 과제

안전을 지키면서 선로의 보수비를 삭감하여 가는 것은 보선의 기술자에게 중요한 과제이다. 그를 위해서는 첫째로 평소에 보선 기술력의 향상이 필요하며, 기술력의 향상에 대하여 고려하면 새로운 기술을 개발하고 개량하는 일과 함께 지금까지의 필수 기술을 유지시켜 가는 것이 중요하다.

보선기술의 연구개발은 상기의 여러 항목에도 관련이 있지만, 새로운 기술의 개발 · 개량과 최신의 기초적인 궤도기술의 연구로 나누어서 고려할 수가 있다. 새로운 보선기술은 첫째로 보수기술의 질적 향상, 두 번째는 고객의 편리를 위한 고속성의 추구, 더욱이 사회적인 책임으로서의 철도 주변 환경의 유지기술을 들 수 있다.

특히, 보수기술의 질적인 향상은 보수비의 삭감에 직접 관계되는 기술이지만, 3개의 측면을 고려할 수 있다. 그 첫 번째는 기설 선로 생력화 궤도의 개발, 생력화 · 저비용의 건널목 구조의 개발을 예로 하는 재료 · 궤도 구조의 기술적 개량이며, 두 번째는 선로의 검사 · 작업의 기계화 · 고성능화이며, 세 번째는 보수의 시스템화 · 최적화이다. 또한, 이들의 기술을 계승하고 발전시켜 가기 위하여 기초로 되는 재료 역학 · 구조 해석 등의 기초 연구가 필요하다.

그러나, 보선의 기술력에서 가장 중요한 점은 연구소의 새로운 기술개발뿐만 아니라 현장의 일선에서 근무하는 기술자의 기술력이 철도를 이용하는 고객의 생명·재산을 책임지고 있다는 점을 잊어서는 아니 된다. 현장 일선의 기술자는 평소에 자신 주위의 기술을 점검하고 개량하여가는 행동이 보선 기술을 향상시켜 가는 원천이라고 생각된다. 이 점에서 국철·도시철도의 보선 관계자가 "철도학회지", "철도시설" 등에 발표하는 기술을 잘 보아두는 것이 필요하며, 또한 강한 개선 의욕을 느껴 활용하는 것이 필요하다. "철도시설" 등의 지면이 보선기술의 교환의 장으로서 공헌할 것을 바라며, 근무하는 철도 소속이나 지역은 달라도 같은 선로의 안전을 지키는 책임을 갖는 동지로서 보선기술을 폭 넓게 교환하고 계승하여 갈 것을 기대한다.

선로기술의 장래를 위한 해결과제를 다음과 같이 고려할 수 있다.

① 철도경영의 최적화에 필요한 궤도 틀림진행 량의 정량화와 선로보수 시스템의 최적화
② 요원규모의 감축에 대응하는 고속선로·기설 영업선 궤도의 생력화
③ 고속선로 망과 고속도로망의 트레이드 오프(trade-off)에 견디는 건설비용의 저감과 이것을 커버하는 보수관리 시스템의 확립
④ 승차감(riding quality)의 향상을 위한 궤도틀림 관리의 고도화
⑤ 지진(earthquake)시 등에 있어서 고속열차 주행 안전성의 확보
⑥ 고속선로의 속도 향상을 가능하게 하는 궤도구조와 궤도관리법의 개발
⑦ 궤도에 관한 시험·검사를 고도화·생력화하기 위한 기기의 개발
⑧ 좌굴 등에 대하여 신뢰성이 높은 장대레일 궤도구조 및 그 관리기술의 확립
⑨ 장대 터널, 연락 교량 등 특수 조건에 적용한 궤도구조의 개발과 재료성능의 향상
⑩ 신 형식 철도의 최적인 가이드웨이 상부구조 및 그 보수관리 시스템의 개발
⑪ 여러 외국의 철도선로에 관한 최적의 기술 협력

(2) 시설 관계의 기술 개발

(가) 안전·안정 수송(방재 대책에 관한 기술 개발)

안전·안정 수송의 확보는 제1.6절에서도 언급하지만 수송기관이 수행하여야 할 기본적인 사명이며, 고객과의 신뢰관계를 구축하고 게다가 철도사업을 유지·발전시켜가기 위한 기반이다. 이를 위하여 항상 새로운 기술을 도입하여 보다 한 차원 높은 안전·안정성의 향상에 노력하여여 한다.

1) 강우(하천) 대책

철도를 운행함에 있어 자연 재해로부터 어떻게 사고를 방지하는지가 중요하다. 그 때문에 방재 시스템을 도입하여 기상 정보 등의 데이터가 언제라도 보여질 수 있도록 하여야 한다. 이와 같은 방재 시스템의 일부에 철도와 하천이 교차하고 있는 개소의 수위에 대하여 언제 증수하는지는 지금까지의 경험으로 사전에 현지에 사람을 배치하여 감시를 계속하는 상황이었다. 이것에 대하여 하천 상류의 우량 정보를 입력함으로서 철도와 하천 교차 위치의 수위를 사전에 예방할 수 있는 시스템이 개발되고 있다.

2) 눈 대책

눈이 많은 지방의 고속 선로에서 눈이 차량에 부착되면 이것이 덩어리로 되어 궤도에 낙하하여 자갈

을 튀게 하기도 하고 차량의 바닥 아래 기기를 망가뜨리기도 하여 여러 가지 폐해를 생기게 한다. 그 때문에 스프링클러로 눈을 적셔 눈의 날려 올라감이나 열차에의 부착을 방지하는 예도 있다. 또한, 궤도 내의 제설 대책으로서 모터카 러셀(Russel)을 도입하기도 하며 그 외에 지상 카메라로 제설 상황이나 차량에 부착되어 있는 눈의 량을 촬영하여 서행 결정 시의 판단 자료로 하는 착설 감시 시스템도 도입되고 있다.

3) 지진 대책

지진이 많은 지역의 지진 대책으로는 지진의 발생을 보다 빨리 검지하여 열차를 정지시키는 지진 경보 시스템을 구축하여 열차의 안전을 확보하여야 한다.

4) 안전성의 향상

분기기 망간 크로싱의 검사를 위하여 레일 파손을 검지할 수 있는 장치의 개발이 필요하다.

(나) 생력화

1) 검사의 자동화

궤도의 검측차는 장파장의 궤도 틀림도 검측한다. 종합 시험차는 비디오를 탑재하여 선로 상태나 레일 체결장치 이완 등의 검사도 가능하게 하여야 할 것이다.

건축한계의 검측은 종래 긴 자 등을 사용하여 인해전술로 시행하여 왔지만 건축한계 측정 차를 도입하여 측정시간의 단축을 도모한다. 건축한계 측정차는 레이저를 원추 반사경에 부딪히어 굴절시켜 궤도와 직각 방향으로 확산시켜 조사(照射)하고 반사광을 포착하여 즉시 한계를 측정한다. 이 장치를 궤륙차(軌陸車)에 탑재하여 25 km/h의 속도로 측정할 수 있다.

2) 작업의 기계화(상세 생략, 제3.6.4항, 제9.2.2(2)항 및 문헌[255] 참조)

터널 내의 도상 갱환은 스페이스가 적기 때문에 기계화될 수 없었지만 이 작은 스페이스의 작은 편측에서 굴착 가능한 장치를 개발하여 터널 내의 도상 갱환이 가능하게 되었다. 보선 작업에 대하여는 아직 기계화할 수 없는 작업이 남아 있지만 그 중에서 교량 침목 갱환 작업의 기계화를 도모하는 것이 필요하다.

(다) 환경 보전과 경쟁력의 강화

고속선로 소음의 발생원 대책에는 차량 대책, 지상 대책, 가선 대책이 있다. 지상 대책으로는 방음벽, 도상 자갈 아래에 밸러스트 매트의 부설, 레일 삭정차를 이용한 레일의 평활화 등의 대책이 있다. 고객에 이용되는 교통 기관으로서 속도 향상이나 승차감의 개선이 필요하다.

1.4.6 기술개발의 추진방책과 철도산업정보센터

(1) 기술개발 체제의 현상

현재 철도 계에서의 기술 개발에 관한 과제로서 ① 교통시장에서 조사나 연구가 늦어지고 있는 점, ② 개발 주체간의 제휴나 다른 분야간의 제휴가 늦어지고 있는 점, ③ 철도에 대한 연구 · 개발의 투자가 적어 기술 개발의 축적이 적고 경험이 풍부한 기술자가 적은 점, ④ 자금이 부족한 점, ⑤ 시험 설비가 부족한 점, 특히 시험선(pilot line)이 없는 점, ⑥ 개발 성과의 보급이 늦어지고 있는 점, ⑦ 국제적인 시야가 부족한 점, ⑧ 기타, 철도의 제조품은 다종(多種) 소량의 주문 생산이 많고 근대화가 늦어지고 있는 점 등이 열거된다.

(2) 기술개발 추진의 기본적인 고려 방법

많은 국가에서 기술 개발의 투자는 민간의 활력을 축으로 하여 연구 개발이 진전되어 왔으며, 철도의 기술 개발에서도 종래와 같이 다른 분야와 같은 모양으로 기업간의 경쟁 원리에 따라 각각의 기술개발 주체가 그 기능에 따라서 자주적으로 기술을 개발하도록 하는 것이 기본이다. 그러나, 기술 개발의 증대 때문에 한 기업으로는 "인적 · 자금적 제약"에 기인하여 대응할 수 없는 상황이 생기고 있으므로 동업 타사, 다른 업종간 혹은 산 · 학 · 관 상호의 제휴 · 협력을 적극적으로 추진하여 연구 개발의 전체적인 효율을 높이는 것이 필요하게 되고 있다.

따라서, 국가에서는 민간의 연구개발 활동을 보다 한층 활성화하기 위한 환경 조건의 정비에 노력할 필요가 있다. 또한, 기초 분야나 경영 기반이 취약한 사업자에게 필요한 연구개발 등 민간에 기대하기 어려운 연구 · 개발 및 기술 기준(technical standard)의 정비, 민간에 의한 개발 성과의 평가 방법 등 행정상 필요하게 되는 연구 개발에 대하여 스스로이든지 또는 연구 기관의 활용을 통하여 추진하는 것이 필요하다.

(3) 각 개발 주체에 기대되는 역할

다음과 같이 각각의 입장에 따라 적극적으로 기술 개발에 노력하고 상호의 제휴를 강화하여 효율적인 기술 개발을 진행할 필요가 있다.

(가) 철도 사업자

각종 전문 분야의 기술 개발의 종합화를 도모함과 동시에, 사업자 상호간의 정보 교환이나 공동 개발에의 노력이 기대된다. 그리고 단독으로 기술 개발에 몰두하는 체제가 정비되어 있지 않은 사업자에 대하여는 사업 규모에 적합한 기술 개발을 촉구하는 활동을 추진할 필요가 있다.

(나) 제조업, 건설업 등 민간 기업

차량, 철도 시설 등의 고성능화 · 고품질화를 도모하기 위하여 보다 한층 경제성의 추구와 함께 생산 기술이나 설계 · 시공법 등으로의 적극적인 노력이 기대된다. 앞으로는 특히 철도 사업자 등과의 제휴의 강화, 철도 이외 분야의 기술의 도입, 리사이클링을 촉진하기 위한 기술 개발이 필요하다.

(다) 철도기술연구원

철도 기술개발에서 선도적인 역할이 기대된다. 앞으로는 특히 철도고유기술 분야의 기초적 연구개발이나 철도에의 첨단기술의 응용에 관련되는 연구개발의 강화가 필요하다.

(라) 대학교

철도의 정비 · 발전에 기여하는 정책, 계획 기술, 정보 과학, 행동 과학 등의 소프트 사이언스로의 노력이나 철도기술에 관련되는 다양한 인재를 육성하는 역할이 기대된다.

(마) 철도기술 관계 협회 등

조직의 특성을 살린 연구 · 개발, 강습 · 발표 · 자격 인증 등 업계 기술력의 유지 · 향상에 이바지하는 활동, 규격의 표준화, 해외 기술 협력 등 공익적인 활동이나 기술 정보를 수집하여 전달하는 미디어로서의 역할이 기대된다.

(바) 철도시설공단

철도건설 기술의 개발을 위하여 중추적인 역할을 하는 기관으로서 한정된 비용에 의한 효율적 · 효과적인 철도정비에 이바지하기 위한 계획, 조사, 설계, 시공에 이르는 일련의 기술개발에 대한 노력이 기대된다.

　(사) 건설교통부 및 건설교통기술 평가원

　철도기술개발에 관련된 예산 등을 적극적으로 지원한다.

　(4) 기술 개발의 추진 · 보급 방책

　철도 관계의 기술개발 투자는 우리 나라 산업 분야의 평균 수준에 충족되지 않는 상황에 있으며, 그 외에 기술개발 체제를 지원하는 기술력, 기술 정보 등의 기반에 대하여도 과제를 안고 있는 현상이다. 따라서, 철도계 전체의 기술력 향상 및 기술 개발의 가일층 효율화에 이바지하기 위하여 관계 기관의 협조 · 협력을 얻으면서 다음과 같은 환경 정비를 도모하는 것이 중요하다.

　또한, 철도 사업자는 철도기술연구원의 기반연구 성과의 유효 활용, 대학이나 국내외 철도 사업자 · 메이커의 성과를 받아들이는 등 경험공학적인 것에 사로잡히지 않는 새로운 기술의 도입 · 개발에 노력하여야 한다.

　한편, 특허 등의 공업 소유권에 대하여는 기술개발의 중요한 성과이며, 가일층의 기술 축적, 성과의 보호가 중요하다.

　(가) 연구 개발의 효율 향상

　1) 기술 정보의 집적 및 유통의 활발화

　　가일층의 기술발전에 기여하기 위하여 데이터 · 정보의 일원적인 집적 · 공개나 네트워크의 정비를 추진할 필요가 있다.

　2) 기술개발 주체 상호간 제휴의 강화

　　기술 개발에 관한 연락 · 조정의 장을 두는 것 등에 의하여 기술개발 주체간 기술개발 실태의 상호 이해, 공동 개발의 조정 및 활성화를 도모함과 동시에 철도 사업자로부터 제조업자 등으로의 메인테넌스 정보의 피드 백을 할 필요가 있다. 또한, 사고방지 대책에 대하여 검토하는 장을 두는 것 등에 의하여 사고의 분석 및 이것에 기초하여 재발 방지 대책에 관한 사업자 상호간의 정보를 교환하여 기술 개발에 반영할 필요가 있다.

　3) 신기술 실용화를 위한 시험법 등의 검토 및 대형 시험설비 등의 정비 · 충실

　　신기술의 실용화를 위한 시험법 등에 대하여 검토하고, 그 결과 필요한 시험 설비 등에 대하여 정비 · 충실을 도모하기 위한 시책을 강구할 필요가 있다.

　4) 중요한 기술 개발에 대한 공적 지원의 충실

　　철도 고유의 기술 분야 및 그 경계 영역에 관한 기초적인 연구 개발, 철도에 대한 첨단 기술의 응용에 관계되는 기술 개발 등, 기업으로서 몰두하기 어려운 연구 개발에 대하여 사회적 요청, 파급 효과, 긴급성의 정도를 감안하여 앞으로도 필요한 공적 지원의 충실을 도모하는 것이 중요하다.

　(나) 철도 기술자의 기술력 향상

　철도 기술자의 기술력을 유지 · 향상시켜가기 위하여 철도 고유의 기술 등에 관련된 철도 기술자를 육성하고 항상 연구 개발에 몰두하여 철도 기술자의 사회적 지위의 향상 · 의욕의 고양을 도모한다. 자격 · 인증 제도의 활용 · 충실, 발표회 등의 개최, 공로 표창 등의 활용과 동시에 필요에 따라서 육성 기관의 정비 · 충실을 위한 시책이 필요하다.

(다) 기술개발 성과의 보편화와 효율적인 활용

1) 기술개발 성과에 대한 적극적인 대응

기술개발의 성과에 대한 평가 시스템의 정비를 도모함과 동시에 기술기준에 대하여도 기술개발 성과의 평가 및 내외의 기술동향에 입각하여 적절한 개선을 도모할 필요가 있다. 또한, 시장확대의 관점에서 제품화, 혹은 시스템화를 위하여 가능한 한 규격의 표준화를 도모한다.

2) 기술개발 성과의 공유 체제의 정비

보수작업 기기 등, 사용의 기회를 높임에 따라 보급이 촉진되는 것에 대하여는 공동 소유 등, 기술개발 성과를 공유할 수 있는 체제의 정비를 검토할 필요가 있다.

(라) 국제 교류에 의한 연구 개발의 활성화

철도 선진국과의 국제 공동 연구나 기술 정보의 상호 교환을 촉진하기 위하여 국제적인 기술 개발에 관한 의견 교환 등을 할 수 있는 장을 두는 등의 체제 정비가 필요하다. 또한, 발전 도상 국가에 적합한 기술의 개발 · 보급의 촉진에 대한 지원 등이 필요하다. 그리고, 이와 같은 국제적인 교류의 활성화에 대응하여 국제적인 인재의 양성을 위한 기술 연수, 교육 시스템의 검토가 필요하다.

(마) 새로운 기술의 발굴 · 양성

새로운 기술의 발굴을 촉진하기 위하여 기술자 등으로부터 아이디어를 널리 모집하여 새롭고 우수한 아이디어를 제공한 자에 대한 포상, 조성 등의 지원이 필요하다.

(5) 앞으로의 기술개발 추진체제

장래를 향하여 철도 시스템을 변혁시켜가기 위해서는 전항의 "(4) 기술 개발의 추진 · 보급 방책"에서 제안한 각종의 시책을 실현하여 기술 개발을 활성화시켜 가는 것이 필요하지만, 이를 위한 추진 체제의 현상은 각 기술개발 주체가 각각 전문화, 분산화된 체제가 기본으로 되어 있으며, 이들을 종합하는 기능이 불충분하다. 따라서, 각 분야가 균형이 잡힌 전체 기술개발의 추진을 도모하고, 현행의 추진 체제를 보완 · 강화한 종합적 조정기능을 발휘할 수 있도록 새로운 체제가 필요하며, 그 때에는 기존 공익 법인의 활용 등을 포함하여 검토하는 것이 필요하다.

(6) 철도산업정보센터의 구축

한국철도시설공단은 철도산업에 관한 정보를 효율적으로 수집 · 관리 및 제공하기 위하여 철도산업정보센터를 구축하고 있다. 2006~2008년에 구축을 추진하는 철도산업정보센터의 추진내용은 다음과 같다.

(가) 철도산업정보 데이터베이스/응용시스템 구축 : ① 철도산업정보의 수집 및 조사계획 수립, ② 철도산업정보 데이터베이스(DB) 구축, ③ 철도산업통합자료관리시스템 구축, ④ 철도산업정보센터 조직 구성

(나) 철도산업정보 관리체계 구축 : ① 철도산업정보 유통 및 이용활성화 방안, ② 철도산업정보 서비스 제공

(다) 철도산업정책수립 지원 데이터웨어하우스(D/W) 구축 : ① 정책수립을 위한 데이터 축적, ② 정책지원을 위한 정보 제공

※ D/W : 기존의 데이터베이스에서 요약 · 분석된 정보를 추출, 활용하는 절차

1.4.7 스피드에의 도전

1960년대에 자동차의 성능 향상을 비롯하여 고속도로의 발달, 항공망의 충실에서 고속철도 불필요론까지 세계적으로 주창될 정도로 되었다. 이것은 그 후의 지역간 교통의 본연의 모습을 결정하는 큰 전환점이었는지도 모른다. 이와 같은 역풍의 가운데 운행을 시작한 일본의 신칸센은 유럽 여러 나라를 중심으로 큰 충격을 주었다. 이것이 1980년대의 유럽에서 고속철도의 시대를 여는 원동력으로 되었다. 신선로를 부설하여 신형 차량을 운행하고 있는 나라는 프랑스, 독일, 이탈리아, 스페인, 한국이다. 그 외에 기존 선로에서 200 km/h 이상의 운전을 실현하고 있는 국가에는 영국, 러시아, 미국, 스웨덴이 있다. 상세는 제1.2.9항, 제9.1절과 제9.3절을 참조하기 바란다. 또한, 자기부상 열차(magnetic levitation train)에 대하여는 제9.4절을 참조하기 바란다.

1980년대 말에 프랑스의 교통 관련 한 잡지에 "21세기에 열차는 아직도 달리고 있을 것인가?"라고 하는 쇼킹한 기사가 실렸었다고 한다. 프랑스에서는 "미국에서 일어나는 것은 거의 유럽에서도 일어난다"고 지적하고 "이대로 팔짱을 끼고 있으면 19세기에 승합 마차의 모습이 사라진 것처럼 21세기에는 철도가 존재하지 않게 될 것이다"라고 경고하고 있다. 그러므로, 철도가 21세기에도 존속하기 위한 조건으로서 ① 역을 쾌적하고 세련되게(chic) 할 것, ② 운임을 자유화할 것, ③ 시속 350 km로 주행할 수 있는 고속철도로 만들 것 등의 3점을 열거하고 있다.

철도라고 하는 현재 교통계에 독점적으로 군림하는 존재이지 않게 된 산업으로서 고객에게 기꺼이 받아들여지는 쾌적한 환경(amenity)과 디자인, 규제 완화, 기술 혁신으로의 도전(challenge)이야말로 살아남기 위하여 내걸은 전략인 것을 프랑스 표현으로 제기한 것이다.

東海道 신칸센의 건설은 철도의 서바이벌(survival)을 건 도전이었다고도 한다. 이 신칸센이 없었더라면 다른 신칸센도 생기지 않았을 것이다. 이에 자극을 받은 프랑스에서는 TGV를, 독일에서도 ICE를 개발하여 고속 열차가 주행하고 있다. 신칸센의 건설은 세계 철도의 서바이벌 전략의 출발이었고, 또한 일본 경제의 발전을 위하여도 불가결한 인프라스트럭처이었다고 한다(제9.1.1항 참조).

철도기술의 역사는 안전과 속도(speed)에의 도전이었다고 하여도 과언이 아니다. 안전은 철도라고 하는 대량 교통 기관이 존재하는 원점이기도 하고 속도는 철도의 시장 경쟁력과 기술의 심벌이라고 한다. 고속 철도는 이 두 개의 명제(These)에 정면으로 도전한 새로운 철도의 모델을 나타낸다고도 한다.

1.4.8 기술개발 방향의 결론

이 절에서는, 21세기를 맞이하여 적극적으로 노력하여야 할 기술개발 과제를 명확히 하고 기술 개발을 효율적으로 추진하기 위한 몇 개의 시책을 검토하여 보았다.

철도의 기술 개발을 추진하기 위해서는 철도가 가진 고유 기술을 근저에 두면서 다른 업종이나 해외 철도와의 교류를 깊게 하여 세계의 기술, 또는 첨단 기술을 적극적인 자세로 도입하는 것이 중요하다. 또한, 철도 사업자가 노력하는 기술 개발은 현장에서 안고 있는 문제점·개발 요구를 세심하게 파악하여 가까운 문제의 해결에 노력함과 동시에 고객의 요구나 새로운 기술의 가능성을 통찰하여 지금까지의 기존 개념에서 취하여 지지 않는 업무의 있어야 할 모습 · 장래 비전을 큰 목표로 설정하여 폭넓은 시스템으로 기술 개발에 노력하는 것이 중요하다고 생각된다.

철도와 경쟁 상대인 자동차 · 항공기의 분야에 투입되고 있는 연구 개발비나 인적 자원은 1 차원 이상으로 높다고 생각된다. 또한, 철도 기술의 경험 공학적인 색채가 강한 것을 고려하여도 철도 사업자와 관계 기관, 기업 등이 가능한 한 유효한 협력 관계를 맺어 산적한 기술적 과제를 효율 좋게 해결하여가는 것도 중요하다고 생각된다. 철도가 21세기의 중심적 수송기관으로서 역할을 담당하도록 착실하게 노력하고 코스트 퍼포먼스(cost performance)가 높은 효율적인 기술 개발을 추진하여야 한다고 생각된다.

철도 기술을 향상하기 위해서는 철도기술 개발에 관련하는 모든 사람들의 협력이 필요하므로 관계자들이 이 점에서 제안한 내용의 취지를 이해하고 협조하는 것이 필요하다. 새로운 시대의 철도 시스템의 실현을 향하여 철도 관계자의 총력을 집결함으로써 철도의 기술 개발을 보다 강력하고 효율적으로 추진하는 것이 기대된다.

1.5 신 철도 시스템 공학론

1.5.1 개론

이 절과 제2.5절에서 신 철도 시스템이라고 표제를 붙인 것은 대별하여 두 가지 목적이 있다. 첫째는 형태 면에서도 기능 면에서도 최신의 기술을 구사하여 철도가 가진 가능성과 매력을 최고도로 발휘시키는 명일의 철도 시스템을 항상 시야의 중심에 자리잡도록 유의하는 것이며, 둘째는 이와 같은 명일의 철도 시스템을 실현하기 위하여 그 건설 프로세스에서 기술자가 관계하는 많은 판단 · 의사 결정이 가진 의미를 중시하여 개개 기술 분야의 종합으로서 성립하는 철도 건설 프로세스의 전체를 시스템론적으로 파악하도록 노력하는 것이다. 전자는 문자대로 신 철도, 즉 신 철도 시스템 · 공학을 목적으로 하고, 후자는 건설 프로세스의 시스템 공학적 측면을 중시한다고 하는 점에서 철도공학에의 새로운 프로세스이며, 신 · 철도 시스템 공학으로서 이해된다.

이 절의 주목적은 "신 철도 시스템"을 명확하고 구체적인 목표로서 그 실현을 위한 기술적 방법론으로서의 "신 · 철도 시스템 공학"의 구축을 목표로 하는 것에 중점을 둔다. 이하에서는 이와 같은 점에 대하여 설명한다.

100년을 넘은 우리 나라의 철도를 되돌아 볼 때 예전에 국내 수송에서 거의 유일한 교통 기관이었던 철도의 독점적 역할은 크게 변화하여 현재에는 자동차 · 항공기 · 선박의 발달에 따라 다양화된 교통 수단의 일익을 담당하는 존재로 되어 있다. 그 중에서 철도 자체의 형태 · 기능도 다양화되고 이들을 떠받치는 기술도 혁신되고 있다. 고속 철도 또는 외국의 신 교통 시스템(제10.4절 참조) 등의 기술은 새 형식의 철도만이 아니고 재래형의 철도에도 받아들여지고 있으며, 특히 대도시권의 교통 축을 형성하는 도시 계 철도의 대부분은 궤도 구조 · 차량 · 운행 시스템 · 터미널 기능의 어느 것에 있어서도 면목을 일신하고 있다.

철도는 어느 지역에 일정 이상의 밀도를 가진 수송 수요가 존재하는 경우에 성립되는 것이지만 여기에 또한 사람들로 하여금 이용하고 싶은 욕구를 일으키는 매력적인 탈것이어야 한다. 이를 위해서는 철도가 본래적으로 가진 대량 수송 · 고속성 · 정시성 · 안전성 등의 특색은 물론 쾌적성이나 편이성도 아울러 갖추어야 하며, 단순한 수송 수단으로서가 아니고, 터미널에서 도시활동 기능(교양 · 문화 · 숙박 · 오락 · 쇼핑 등)의 충실 등도 동시에 육성하여야 한다.

따라서, "신 철도 시스템"에서 시설(제1.1.3항 참조)의 이미지를 요약하면, 다음과 같은 요건이 요구된다. ① "수송로(link)"로서는 다른 교통 기관에 대하여 모두 입체 교차화된 선로 시설물과 메인테난스 · 프리 (maintenancefree), 게다가 승차감이 좋은 궤도(철궤도 외에 신 교통 시스템의 가이드 웨이 포함)를 가지 고 목적에 따른 폭넓은 수송 수요에 대응할 수 있을 것, ② "탈것(carrier)"으로서는 고속 · 안전 · 쾌적하고 매력이 있는 차량일 것, ③ "터미널(node)" 기능으로서는 단순한 통과점이 아니고 그곳에 사람들을 흡인하 는 도시 활동의 장이 있을 것. 그를 위해서는 도시 계획과의 정합성만이 아니고 시설 자체가 센스 있고 매력 적인 장소일 것, ④ 운행 · 서비스 시스템은 고도로 제어화되고 이에 따라 정시성과 안전성의 확보, 승객에 의 정보 서비스 등 컴퓨터를 활용한 시스템 제어가 비교적 용이한 철도의 특질이 충분히 발휘될 수 있을 것. 이 절에서는 이와 같은 "신 철도 시스템"을 실현하기 위한 기술론의 일부를 논의한다.

철도의 건설 · 정비에서 철도토목 기술자의 역할은 다면적이다. 노선 시설의 건설이 제1의 역할인 것은 물 론이지만, 토목 · 차량 · 전기 · 건축 · 정보 시스템 등 대부분의 공학 분야의 종합 기술로서 성립하는 철도 건설에서는 각각 고도의 전문 기술뿐만 아니라 이들을 종합화하기 위한 기술 체계를 익힌 기술자로서 건설 프로세스 전체를 훤히 아는 폭넓은 시야가 필요하게 된다. 여기에는 시설 계획 · 설계 조건의 설정 · 기능 설 계 · 형태 설계 · 제작 · 시공이라고 하는 날실의 흐름과, 이들 각 단계에서 여러 가지의 계획 기법, 문제 해결 을 위한 개개의 기술적 수단이라고 하는 씨실이 있으며, 이들을 구사하여 철도 건설이 진행되지만, 우수한 철도를 건설하기 위해서는 이들 대부분의 요소의 내용 뿐만 아니라 그들의 위치 정하기와 상호 정보의 흐름 을 명확하게 파악하는 것이 불가결하다. 즉, 철도 건설 프로세스를 포함하는 개개 문제의 계층 구조와 정보 전달 및 피드 백 기능을 중시하는 시스템 공학적인 시야가 요구된다.

이와 같은 총괄 · 조정자(totalizer)의 역할은 토목 기술자가 담당하여 왔으며 이것은 사회 · 경제 활동의 기초가 되는 기반시설(infrastructure)을 정비한다고 하는 토목기술의 기본적인 성격에 따른 것이다. 다만, 이와 같은 종합화의 노력은 대부분의 경우에 문제 대응형이고 시행 착오적으로 실천되어 오고 있다. 이와 같 은 경험의 축적은 귀중한 것이지만, 이것을 장래에 활용하기 위해서는 종합적인 분석 후에 세워지며, 철도공 학 중에 이것을 체계화하여가는 노력이 필요하다. 즉, 토목기술을 핵으로 하면서 차량 · 전기 · 정보 등 개별 기술과의 유기적 관련을 인식하여 이들 관련 영역간 정보의 흐름을 명확하게 하여 서로 영향 · 발전시키도록 기술론의 체계가 성립되어야 할 것이다. 이와 같이 철도 건설의 프로세스를 시스템 공학적으로 종합화 · 체 계화하도록 하는 것이 "신 · 교통 시스템 공학"의 측면이다.

1.5.2 철도 주위의 환경 변화

철도를 둘러싼 환경의 변화는 다음과 같이 생각할 수 있다.

(1) 자동차 보유의 증대와 항공 수송의 대중화

경제의 발전과 함께 자동차의 보유 대수는 급격하게 증가하였다. 거의 같은 무렵에 항공 수송의 대중화가 시작되었다. 유일한 근대적 교통 기관으로서 부동의 위치를 점하고 있던 철도는 이들 다른 교통 기관과 심하게 경쟁하여야 하는 것으로 되었다.

(2) 생활 수준의 향상에 따른 이용자 요구의 변화

이용자는 생활 수준의 향상에 따라 안전 · 확실하게 수송하는 것을 당연한 것이라고 생각하고 고속성 · 편이성 · 쾌적성 · 액션성 등을 중시하게 되어 왔다. 다른 교통기관과의 경합 중에서 현재의 철도는 고도로 다양한 이용자의 요구에 대응하는 것을 강요받고 있다.

(3) 환경 문제와 주민 운동

철도 공해의 전형이라고 말하여지는 소음 · 진동을 중심으로 하여 공해 방지 기술에 대한 요청이 높아지고 종합적인 대책도 취하여지기 시작하였다. 한편, 주민이나 지방자치 단체 등의 절충을 통하여 계획 결정 제도의 개선, 법 규제의 개선 등 폭넓은 대책이 필요하게 되고 있다.

(4) 지역 · 도시 계획의 정합

도시권으로의 인구 · 산업의 집중에 따른 도시권의 확대에 대응하여 철도 · 도로 등 도시교통 시스템의 정비가 요청되고 있다. 도시교통 시설은 도시의 불가결한 기반시설이라는 인식이 깊어지고 있으며, 근년에는 지역 · 도시 계획의 장래 모양에 기초하여 효율적인 종합 도시교통 체계의 확립을 목표로 한 노력이 진행되고 있다. 이 때문에 철도시설 건설에서도 도로 등과의 적정한 기능 분담이나 우수한 시가지 형성을 도모하기 위한 지역 · 도시 계획과의 정합성이 중요하게 되고 있다.

(5) 경부축의 교통 혼잡

국가 경제규모가 늘어남에 따라 사회, 경제 활동영역의 확대로 수송 수요가 지속적으로 증가하고 있다. 특히, 경부 축은 우리 나라 인구의 64 %, 국민 총생산의 69 %가 집결되어 있는 간선 축으로서 철도, 고속 도로 등 주요 교통 시설은 이미 포화 상태이다. 따라서, 경부축의 교통 혼잡으로 인한 사회, 경제적인 손실은 막대하다. 또한, 국민 소득 향상에 따라 쾌적 및 고급화를 선호하는 등 의식 구조가 변화되고 있다. 이에 따른 대책으로서 경부 고속철도의 1단계구간(광명-대구)이 2004. 4. 1 개통되었고 2단계구간(대구-경주-부산)은 2010년 개통을 목표로 건설되고 있다.

(6) 철도산업의 구조개혁

다른 교통수단과 같이 국가와 민간의 책임과 역할을 명확히 구분하여 철도발전기반을 조성하기 위하여 도로, 항만, 공항과 같이 기반시설은 국가가 건설 · 관리하고, 운수사업은 민간이 운영하는 것과 동일한 방법을 철도산업에도 적용(EC의 경우는 제1.1.4(1)항 ⑤참조)하기 위하여 철도산업발전기본법(법률 제6955호, 2003. 7. 29)에 의거하여 철도시설 부문과 철도운영 부문을 분리하였다(**그림 1.5.1**, **그림 1.5.2**)

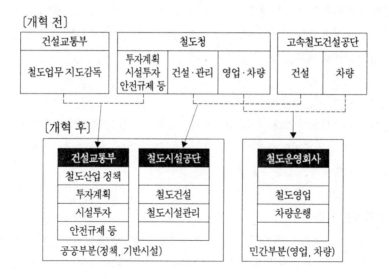

그림 1.5.1 철도산업구조개혁 모델

(가) 철도시설부문 : 국가 소유 · 투자

 ① 공공성이 있는선로 등 철도시설은 SOC 차원에서 국가가 소유하고 투자를 확대

 ② 철도시설의 건설 및 관리 등 집행업무의 효율적인 추진을 위해 전담기관으로 "한국철도시설공단" 설립(2004. 1. 1)

(나) 철도운영부문 : 공사화

 ① 고객유치, 매표, 열차운전, 차량정비 등 영리활동은 국가기관인 철도청의 공무원체제가 비효율적이므로

 ② 수송, 차량 등 영업관련 운영부문은 정부가 전액 출자하는 "한국철도공사"를 설립(2005. 1. 1)하여 공기업형태로 운영 후 에 점진적으로 민영화(시설 유지보수는 철도공사에서 수탁 수행)

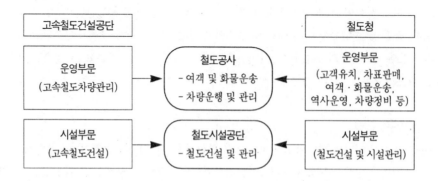

그림 1.5.2 철도구조개혁 기본구도

(7) 기타의 환경 변화

철도 경영의 효율화를 진행하기 위하여 생력화 · 생에너지화가 끊임없이 요청되고 있으며, 궤도 · 차량 등에서 기술 개선이 행하여지고 있다. 안정성에 대하여도 보다 고도의 안전 운행이 요망되고 있으며, 여러 가지의 운행관리 시스템이 개발되고 있다.

1.5.3 철도의 사회화와 철도 기술의 변화

철도의 사회화는 필연적으로 철도기술의 사회화를 산출하는 것으로 된다. 고속 · 고 빈도로 중량이 큰 차량을 운행시키는 철도는 공해문제가 표면화되고 있다. "철도의 사회화"라고 하는 시대의 흐름 가운데 소음 · 진동 문제의 해결이 가능한 여러 가지 기술 개발이 요청되어 철도 기술은 많은 새로운 과제에 직면하게 되었다.

새로운 철도기술의 특징은 무엇보다도 먼저 관련 영역의 확대이다. 소음 · 진동에 대한 환경 보전을 위한 기술 개발을 예로 들어 이것을 고려하여 보자(제2.4.2항 참조). 기술 개발의 방책으로서는 현 단계에서 ① 발생원에서의 방지 대책으로서의 소음 · 진동 등 방지 기술 개발, ② 완충 시설대의 설치를 포함하는 주변 지역 대책 등이 고려되고 있다. 이를 위한 기초 연구로서는 먼저 공기 역학, 음향학 및 소음 · 진동에 관한 생리학 등에 관계하는 소음 · 진동 피해의 메카니즘이 필요하다.

발생원 대책으로서는 차량 · 궤도 · 구조물에 걸쳐 개발이 행하여지고 있다. 소음 대책에 관계된 기술자가 철도기술의 관련 영역을 크게 확대되는 것은 용이하게 상상할 수 있다. 주변 지역 대책으로서는 일조 장해 · 전파 장해에 관한 기술 개발이 필요하며, 한편 "지역 분단"과 같은 사회적 · 경제적인 영향에 대하여도 조사나 연구하여야 한다. 또한, 완충 지대는 철도 측만이 아니고 도시 계획상에서도 주변의 토지 이용과 정합시킬 필요에서 설치되어야 하며, 철도기술은 많은 점에서 도시 계획과 접점을 가질 필요가 있다.

새로운 철도기술의 제2의 특징은 기술의 종합화이다. 철도의 사회화는 다른 기관이나 사람들과의 관련의 강화, 즉 종합화를 의미하며, 이것은 종합화를 위한 기술 개발을 요청하는 것으로 된다. 예를 들어, 환경 문제에 대한 철도 기술의 종합화, 역이라고 하는 터미널 기능을 가진 대도시 거점의 개발 등이 있다. 운행 · 관리면에서는 컴퓨터 · 제어 기술의 발전에 맞춘 고도의 종합관리 기술을 열거할 수 있다. 이것을 이용하여 운행 시의 안전성, 인원 및 자재 관리의 효율화를 추진할 수 있다.

이와 같이 철도의 사회화에 따라 철도 기술은 그 영역을 크게 확대함과 함께 다양한 분야의 종합화를 꾀하게 되었다.

1.5.4 신 철도 시스템 공학의 제언

전체로서의 철도기술은 해마다 다양 · 복잡 · 팽대한 기술의 집적이 이룩되고 있다. 철도를 떠받치는 공학 기술은 지금까지 토목 · 전기 · 기계가 중심이라고 생각하여 왔지만, 현재에는 정보 시스템의 중요성이 높아지고 있다. 또한, 이전에는 공학 영역에 포함되어 있지 않았던 경영기술, 관리 · 운영기술도 기존의 공학 분야와 밀접 불가분으로 되고 있다. 철도토목의 기술을 보아도 구조, 토질 · 기초공학, 재료, 교통 계획과 같은 종래의 기술 영역 외에 환경공학 · 도시계획 등의 분야가 더해지고 있다.

우리들은 철도공학을 "전체로서의 철도를 시설의 건설 · 유지 관리의 입장에서 파악하는" 것이라고 생각하고 있다. 그러나, 근년에 철도기술이 변하는 방향을 보면 종래와 같이 철도에 관한 개별 기술에 대한 인식을 깊게 하는 것만으로는 총체로서의 철도를 올바르게 포착할 수 없지 않은가 하는 느낌이 든다. 현재의 종합기술로서의 철도건설 기술을 철도 기술자가 습득하기 위해서는 개별기술의 개량 · 심화를 도모함과 함께 다기에 걸친 개별기술간의 상호관계를 명확하게 파악하는 것이 필요하다. 그리고, 그를 위해서는 철도에 관한 시스템 공학적 취급이 새로이 필요하게 된다. 지금까지의 개별 기술의 성과를 소양으로 한 후에 이들의 관계를 시스템적으로 취하는 것은 각 개인이 관계하고 있는 기술 과제를 보다 넓은 시야의 기초로 이해하는 것을 가능하게 하고, 더욱이 그에 따라 보다 종합적인 효과를 만드는 대책을 발견할 수 있다. 이 절에서는 기술 영역의 확대와 다양한 분야의 종합화를 도모하고 있는 현재의 철도기술에 시스템 공학적 관점을 도입함으로써 철도건설 프로세스의 시스템화를 도모하고 계통적 고찰을 진행하는 공학을 "신 철도 시스템 공학"이라 부른다.

철도공학에 대한 이와 같은 견해는 우리들이 특별히 새로 보기 시작한 것이 아니다. 종합기술로서 성립하는 철도공학은 처음부터 이러한 성격을 가지고 있다. 또한, 우수한 철도공학의 안내인은 이러한 의미로 공학 센스가 풍부한 사람들이었다. 현시점에서 시스템 공학적 관점을 강조하는 하나의 이유는 근년의 현저한 철도기술 영역의 확대에 대하여 철도 건설 시에 다분야에 걸치는 철도기술을 포괄적으로 포착하고 조직적으로 철도건설 프로세스를 이용하기 위한 시스템 공학적인 견해의 필요성이 높아지고 있는 점이다.

또 하나의 이유는 근년에 철도를 중심으로 한 분야에 기술적 · 제도적 양면에서 시스템 공학적 관점으로 보아 흥미가 깊은 성과가 얻어져 온 점이다. 기술적인 면에서는 프랑스 고속철도인 TGV(traingrande vitesse), 신 교통 시스템, 리니어 모터카, 대규모 터미널 등이 열거된다. 또한, 제도적인 면에는 도로 정비의 일환으로서 외국의 궤도 시스템 등이 있다.

특히, 신 교통 시스템(제10.4절 참조)의 구상과 실용화는 철도공학에 전기(轉機)를 촉구한 중요한 의미를 가지고 있다. 1960년 그 때까지의 도시교통 문제의 막힘이나 등장 중인 전자 · 제어 기술 등을 배경으로 하여 신 교통 시스템이라 총칭되는 여러 가지 도시교통 시스템이 제안되었다. 그 중에는 궤도수송 시스템인 PRT(personal rapid transit) · GRT(group rapid transit)를 비롯하여 복합수송 시스템인 가이드 웨이 버스 등이 포함되어 있으며, 이 가운데 신 교통 시스템의 주류인 것이 중량 규모의 수송 능력을 가진 GRT이다. 교통 기술의 면에서 보면 신 교통 시스템의 개발은 종래의 철도와 자동차 · 버스 수송 시스템으로서의 장점을 융합시킴으로서 매력이 풍부하고 다양한 교통 시스템을 산출하고 있다.

이와 같은 철도기술 혹은 철도 관련 기술의 영역 확대는 종래의 철도 개념을 넘는 공공수송 시스템으로서의 신 철도 시스템의 출현을 촉구하고 있다.

1.5.5 새로운 철도 시스템을 떠받치는 공학의 전개

철도 시스템을 떠받치는 공학 · 기술적 기반은 다기에 걸쳐 있으며, 철도공학은 이들 개별 공학영역이 유기적으로 결합하는 경우에 성립하는 것이다. 이와 같은 종합공학으로서의 성격은 철도공학의 특징이지만,

그 내용은 당연히 시대와 함께 추이(推移)한다. 철도공학은 시대 시대의 사회 조건의 변동에 유연하게 대응하고 요청되는 기술과제에 적확하게 대응하는 노력을 통하여만 그 사명을 달성하고 장래에 걸쳐 존속·성장하여 가는 것이 기대될 것이다.

이하에서는 새로운 철도 시스템의 건설과 운영에 필요한 공학·기술을 ① 구조공학적 측면, ② 기계공학적 측면, ③ 전기공학적 측면, ④ 정보·제어공학적 측면, ⑤ 시스템 공학적 측면 등 5개의 측면으로 나누어 고려한다.

이 중에서 ①~③은 철도 시스템에 필요한 시설·차량 및 기타의 설비를 물리적으로 실현하기 위하여 필요한 공학 영역이며, 말하자면 철도공학의 하드웨어를 담당하는 부분이라고 한다. 이것에 대하여 ④, ⑤는 철도 시스템의 건설 프로세스에서 종합화와 체계화, 건설된 철도 시스템의 효율적 운용에 관계하는 공학·기술로 철도공학의 소프트웨어라고 말한다.

전통적인 철도공학은 ①~③을 중심으로 하여 발달하여 왔지만, 고속철도를 비롯한 새로운 철도 시스템에서는 ④의 비중이 높게 되어 있다. 더욱이, 앞으로 철도 시스템의 건설에서는 ⑤의 비중이 한층 높게 될 것이다.

철도토목 기술자는 본래 ①을 그 전문 영역으로 하지만, ④, ⑤에 관한 실무에 직접 종사하는 경우도 많다. 더욱이, 철도 시스템의 건설과 운용에서는 흔히 ①~⑤ 모두에 걸쳐 기술적 과제의 해결·처리를 위한 조정역으로 되는 일이 많다. 따라서, 철도토목 기술자는 ① 이외의 영역에 대하여도 그 기본 사항을 파악하여 철도기술 전체를 통찰하는 관점을 가지는 것이 요청된다.

이하에서는 항목별로 이들의 공학·기술적 측면이 철도공학에서 수행하는 역할과 최근의 전개를 개관한다.

(1) 구조공학적인 측면

이것은 철도 차량의 통로를 확보하기 위한 선로 구조물 및 정거장·역사 등의 터미널을 구성하는 구조물{즉, 철도 시스템의 링크(link)와 노드(node)}의 설계·시공을 위한 공학·기술 영역이다. 그 내용은 설계기술과 시공기술로 대별되지만 어느 것도 구조역학·토질역학·콘크리트공학·재료학 등을 기초 영역으로 하고, 여기에 하중론·설계론에 입각하여 많은 판단·평가가 더하여져 필요에 따라 실험적 검증이 행하여지고 설계법이나 시공법으로서 체계화되고 정착되어 왔다. 이 점은 철도 이외의 구조물과 하등 색다른 점이 없지만, 개개의 문제에서는 철도특질에 유래하는 다음과 같은 기술적 특색도 있다.

(가) 선로 구조물

고가교·성토·터널·교량 등의 선로 구조물은 차량의 통로(link)를 확보하기 위한 기본 시설이다. 고속철도에서는 설계 단계에서 소음·진동 대책을 강구하는 점, 강제 교량에서는 도로교에 비하여 피로파괴에 대한 설계 조건이 엄한 점 등이 선로 구조물 설계의 특색으로 열거된다. 간선 철도에서는 산악 지대를 지나는 터널, 도시계 철도에서는 지하철이 많은 점에서 터널 및 지하 구조물에 관하여 우수한 시공 기술이 많다. 록 볼트와 뿜어 붙이기 콘크리트를 이용하는 NATM 공법, 실드 공법, 대규모인 언더 피닝 등은 철도를 중심으로 발달한 시공 기이다.

(나) 궤도(track)

철도의 전통적인 궤도 구조는 도상 + 침목 + 레일로 구성되어 있으며, 현재도 대부분이 이 방식이다. 이

틀 내에서 궤도의 기술적 향상은 궤도구조의 고급화(도상두께 증가, 침목의 PC화, 레일의 중량화·장대화)와 보수 기술의 고도화(멀티플 타이 탬퍼의 성능 향상, 궤도교환의 급속 시공 등)를 2 기둥으로 하여 왔다. 그러나, 터널 등에서 콘크리트 궤도 등이 실용화되어 구조적 안정성과 보수 생력화의 2 점에서 궤도구조 기술에 큰 변혁을 가져와 그 영향은 앞으로 더욱 넓어질 것이다. 한편, 모노레일이나 신 교통 시스템 및 자기 구동식 철도와 같이 전혀 새로운 궤도 구조를 가진 시스템도 등장하고 있다. 모노레일이나 신 교통 시스템에서는 선로 구조물(교형·고가교 등)의 콘크리트 노면을 이용하는 일이 많아 궤도 구조는 극히 단순하다. 반면에, 철륜 리니어 모터 방식 철도에서는 리액션 플레이트(reaction plate)를 레일 사이에 설치하는 등, 복잡한 궤도 구조로 되어 있다.

(다) 정거장·역부 고가교·역 빌딩

구조공학적 문제로서는 선로 구조물과 색다른 점이 없지만, 정거장은 승객과 철도의 접점, 다른 교통 수단과의 접속점이며, 또한 경우에 따라서는 종합 터미널로서 활발한 도시 활동의 장을 제공하여야 하는 경우도 있다. 따라서, 이들의 정거장 구조물에 대하여는 터미널 계획과의 관련으로 구조물의 형태나 구조 부재의 배치에 충분히 주의하는 일이 설계 단계에서 요청된다. 이 의미로 정거장·역부 고가교·역 빌딩의 설계에서는 터미널 계획 책정 작업과의 사이에 충분한 정보의 피드백과 협력이 중요하다.

(2) 기계공학적인 측면

이것은 차량공학을 중심으로 하는 영역이다. 차량공학은 철도 시스템에서 캐리어(carrier)로서의 차량을 설계·제작하기 위한 공학·기술 체계이다. 그것은 기계공학 분야에서 재료역학·동역학·금속 재료학 등을 기초로 하여 경량이고 고속 성능에 우수하며, 용도에 따라 충분한 수송력을 가진 차량을 목표로 하여 기술의 향상이 도모되어 왔다. 알미늄 합금 차량, 동력 분산 방식에서 스프링하 중량(unsprung mass)의 감소, 진자식 차량의 개발 등은 최근의 성과이다.

한편, 차량 외관이나 차내 설비의 양부는 철도를 매력이 있는 탈것으로 하기 위하여 중요한 요소이다. 거주성이 좋은 쾌적한 차량 설비의 실현을 위하여 인간공학이나 인더스트리얼 디자인(industrial design)의 방법을 이용한 설계법도 널리 도입되고 있다.

차량공학 외에 여러 가지의 기계 설비를 이용하여 철도 시스템의 원활한 운용을 도모하기 위하여 장치공학의 성과가 여러 가지의 형으로 도입되고 있다. 차량기지에서의 차량 정비나 차량 세척기, 차량이나 역에 이용되는 공조 설비 등 그 예가 많다.

(3) 전기공학적인 측면

철도 시스템을 떠받치는 전기공학적인 측면은 이하의 3 요소로 대별된다.

(가) 전력공급 기술

철도 시스템에 요하는 전력량에서는 그 태반이 차량의 동력원으로서 소비된다. 따라서, 차량에의 전력공급(급전) 기술이 가장 중요하다. 급전 방식은 직류 방식과 교류 방식이 있다. 교류 방식은 간선 철도의 건설이나 전철화에서 주류로 되어 있다. 이것은 차량 탑재용 소형 정류기의 개발이나 절연물의 개량, 고속 운전 시의 마찰대책 기술, 교류 급전을 원인으로 하는 통신 장해의 방지 기술{BT(booster transformer 흡상 변압기), AT(auto transformer, 단권 변압기)}의 개발 등에 따라 가능하게 된 것이다.

(나) 차량제어 기술

전기식 철도에서 차량제어 기술은 가속시의 전류 제어와 제동시의 발전 제어가 중요한 과제이다. 최근의 기술 개발에서는 전자에 대하여 초퍼(chopper) 제어를 이용한 기기의 간소화와 승차감의 향상, 후자에 대하여는 회생 브레이크를 이용한 생에너지화 등이 실용화되고 있다.

(다) 신호 · 보안 설비

충돌이나 추돌 등에서 열차 상호의 안전을 지키기 위하여 여러 가지의 설비가 설치되고 있다. 기본적인 것으로는 열차의 폐색구간 점유상황을 후속 열차에 알리는 신호장치, 정지신호에 대하여 승무원의 정지 제어가 충분하게 행하여지지 않는 경우에 자동적으로 열차를 정지시키는 ATS, 정거장에서 분기기의 조작이 안전상의 모순 없이 행하여지는 것을 보증하는 연동장치 등이 있다. 이들의 설비에서는 어느 것도 전기회로나 발진기(發振器) 등을 이용한 전기식의 기기가 가장 안정된 성능을 나타낸다.

(4) 정보 · 제어 공학적인 측면

열차의 운행이나 여객에의 정보 서비스가 고도의 정보처리 시스템을 기초로 자동 관리하도록 된 것은 최근의 새로운 철도 시스템의 큰 특징이다. 이것은 컴퓨터를 이용한 정보처리 기술 및 그것과 직결된 통신 기술 및 시스템 제어 기술의 발달에 힘입는 경우가 많다.

이와 같은 시스템 제어의 실현으로 먼저 무엇보다도 열차 운행에서 안전성과 정시성의 보증도가 비약적으로 향상되었으며, 고속 · 고밀도 운전, 도시계 철도에서 2분 헤드(head)의 고빈도 운행, 무인 운전 등은 이와 같은 정보 · 제어공학적 측면의 발달을 철도 시스템에 흡수함에 따라 비로소 가능하게 되었다.

철도 시스템의 규모나 성격에 따라 순차적으로 개발되어온 운행관리 시스템(CTC · ATC · ATO 등, 상세는 제5장 참조)은 이러한 분야의 성과이며, 새로운 철도 시스템에서 불가결의 기술 영역을 형성하고 있다.

또한, 승객에의 정보 서비스가 비약적으로 향상되었다. 승차권의 예약 발매 시스템, 터미널에서의 열차 안내 시스템, 자동 발매기나 자동 집 · 개찰기 등의 발달은 철도 이용의 편이성을 증대시킴과 동시에 생력화의 면에서도 큰 성과를 가져오고 있다.

(5) 시스템 공학적인 측면

시스템 공학은 어떤 공학 시스템(철도 시스템, 철도의 건설 프로세스 등)을 구성하는 개개 요소간의 관계를 명확하게 하여 각 요소간의 계층 구조, 정보 전달과 피드백 기능을 분석함으로서 시스템 전체로서의 종합화 · 체계화하기 위한 논리적인 도구를 제공하는 것이다. 시스템즈 애널리시스(system's analysis)가 주요한 분석 수단으로서 이용되고 있다.

시스템 공학적인 고려방법 자체는 지금까지의 철도 기술자간에서도 다소간 실천되어오고 있으며, 그 의미에서는 공학 · 기술의 현장에서 각 분야에 공통의 저류를 이루는 고려 방법이다. 그렇지만, 공학 시스템이 복잡하게 되면, 그것의 분석을 위한 독자의 방법과 그것의 체계적인 응용이 시스템의 건설이나 개량에 대한 최적의 방책을 추구하기 위하여 대단히 유용하게 된다. 시스템 공학은 이와 같은 배경을 기초로 발달하여온 것이지만, 철도 시스템이 복잡한 기능 요소와 고도의 운행 시스템을 갖게 되는 중이며, 전술한 (1)~(4) 각 분야의 계획 · 설계 · 시공의 각 단계에서 일반적으로 이용하기에 이르렀다. 특히, (4)항의 정보 · 제어 공학적 분야는 시스템 공학의 도움이 없이는 성립할 수 없는 것이다. 더욱이, 철도의 사회화(제1.5.3항 참조)가 진행되면, 그 건설 프로세스도 복잡하고 다층적인 구조를 갖게 되므로 철도건설 전체를 통찰한 적확한 판단이나 그 원활한 실시를 도모하기 위하여 시스템 공학적 방법의 유용성이 중요하게 된다.

1.6 환경 · 안전 · 에너지 절약의 문제와 철도의 정비 방향

1.6.1 개요

근래에 관심이 높아지고 있는 에너지에 관한 화제로서 "석유 공급 사정과 그 대체 에너지 기술의 개발", "2산화 탄소에 기인한 지구 온난화 현상" 등의 문제가 산적하여 있으며, 국내뿐만이 아니고 지구 환경 문제로서도 크게 클로즈업되고 있다. 또한, 아시아 지역을 비롯한 세계의 신흥 대도시에서는 급격한 경제 성장에 따른 도시로의 인구 집중이나 자동차의 증가에 따라 대기 오염이나 교통 체증 · 교통 사고 등의 교통 환경 문제가 나타나고 있으며, 인간의 생활 환경까지 파괴되어 가고 있다.

에너지 절약, 안전과 환경 문제는 교통 기관의 중요한 과제이다. 철도는 생(省)에너지, 생(省)토지, 생력(省力)에 우수한 수송 기관이며, 자동차에 비하여 모두 6배 이상의 차이가 있다. 그러나, 고객이 철도를 더욱 이용하도록 하기 위해서는 코스트 앤드 베너핏(cost and benefit)에서 더욱 더 좋은 서비스를 제공할 필요가 있다.

따라서, 이 절에서는 자동차의 교통 환경 · 안전 · 에너지 절약 면에서의 문제점을 중심으로 에너지의 사정이나 환경에의 문제 등을 재인식함과 동시에 에너지 · 환경 면에서의 뛰어난 철도의 특성을 발휘한 교통 체계의 구축과 외국 등의 대책 사례 등을 논의하여 앞으로의 교통에 대한 본연의 모습을 고려하기 위한 자료를 제공한다.

1.6.2 대기환경 문제에서 본 철도의 우위성

(1) 지구환경 문제

20세기는 거품(bubble)의 세기이었다. 긴 인류의 역사에서 20세기는 극히 특이한 세기이었다. 환경 문제에서 본 20세기의 특징은 인구나 생산량 등의 기하 급수적인 증대라고 할 수 있다. 지구는 엷은 껍질이다. 지구는 생명이 가득 찬 직경 13,000k m 정도의 구체로서 예전에는 "무한"으로 생각되었다. 그러나, 특히 20세기에 들어서면서부터 인간 활동량의 폭발적인 증대에 따라 오늘날에는 그 한계성이 노정되고 있다. 인간의 활동 범위는 지구의 엷은 껍질에 지나지 않는다. 지구의 역사는 45억 년이라고 한다. 그 중에서 인류의 역사는 겨우 500만 년이라고 한다. 그것도 현대의 인류에 직접 연결되는 것은 10만 년 정도라고 한다. 지구의 지금까지의 역사를 "1년간"으로 단축하였다고 하면, 인류의 출현은 "12월 31일 밤"이라고 할 수 있다(북경 원인 22시 30분 경, 네안데르탈인 23시 49분 경, 그리스도 23시 59분 47초, 산업혁명 23시 59

분 58초).

1980년대 후반부터 현저하게 된 지구환경의 악화는 마침내 인류가 지구 환경의 한계를 돌파해버린 것을 명시한다. 지구환경의 악화는 지구의 온난화에 따른 기후의 변동, 산성 비 피해의 확대, 삼림의 손모나 생물종의 감소 등이 70년대 후반부터 거의 일제히 현저하게 되었다. 식료 생산도 80년대 후반부터 한계점에 도달하는 경향이 보이고 있다.

지구환경 문제는 폐기물 처리장의 부족, CO_2의 배출 문제, 이상 기온의 빈발 등에 따라 현실의, 그것도 아주 가까운 문제로 대두되었다. 지구 환경에 대한 부하는 ① 자원의 고갈, ② 인간의 건강, ③ 생태계의 건전성 등에 대한 영향을 회피하는 것이 기본적인 관점으로 된다.

1992년 6월에 브라질의 리우데자네이루에서 100여 나라 이상의 정부 수뇌가 모인 "지구 환경 서미트 (summit)"가 개최되어 Agenda 21이라 불려지는 국제적인 행동 계획이나 삼림 원칙 성명 등이 채택되었다.

그 때 환경 문제로서 토의된 사항은 ① 지구 온난화, ② 오존층의 파괴, ③ 산성 비, ④ 해양 오염, ⑤ 유해 폐기물의 월경 이동, ⑥ 삼림, 특히 열대림의 파괴, ⑦ 야성 생물 보호·생물 다양성, ⑧ 사막화의 문제, ⑨ 발전 도상국의 공해 문제 등의 9 항목이었다. 이 서미트가 준 영향이 크며, 그 후 "지구환경", 혹은 "이콜러지(ecology)"(생물과 환경에 관한 연구)라고 하는 말이 빈번하게 사용되게 된 것은 그 때까지 그 만큼 지구 환경 문제의 심각성을 보지 않았기 때문일 것이다. 또한, 이 회의로 대표되는 국제적 규모의 회의에서의 각종 지구환경 문제에 관련된 국제 회의가 개최되어 조약의 체결, 선언의 발표 및 환경 관리·감사에 관한 ISO 14000 등 국제 규격의 구축이 진행되고 있다(제2.6.1(5)항 참조).

점점 관심이 높아져가고 있는 환경 문제는 **그림 1.6.1**에 나타낸 것과 같이 분류된다.

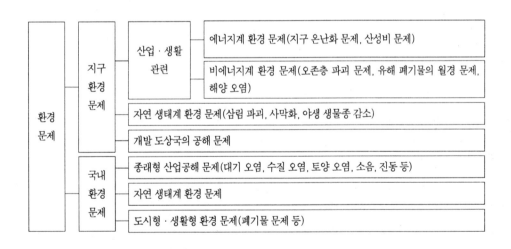

그림 1.6.1 환경 문제의 분류

·1997. 12 교토의 기후변화협약 제3차 당사국 총회에서 결정되고 2005. 2. 16에 공식 발효된 교토 의정서에 따라 유럽연합(EU)의 각 국, 일본 등 34개 선진국은 온실가스 배출량을 의무적으로 일정 수준이하로 감축하여야 한다. 즉, 의무이행 당사국은 2008년~2012년에 온실가스 총 배출량을 1990년 수준보다 평균 5.2 % 감

축하여야 한다. 선발 개발 도상국인 우리나라는 2013년에 적용되는 2차 온실가스 감축 대상국가에 포함될 전망이다.

(2) 에너지계 환경문제

에너지계 환경 문제는 지구 온난화 문제와 산성 비 문제이다.

지구 온도는 1901년부터 상승하기 시작하여 40년에서 70년까지 안정되기는 하였으나, 그 이후 다시 급격한 상승을 나타내고 있다. 지구 온난화 원인의 약 5할은 이산화탄소로 되어 있으며, 그 중의 약 8할이 화석(化石) 연료의 소비에 기인한다고 한다. 즉, 화석 연료를 연소시킬 때에 배출되는 2산화탄소에 기인하여 지구 온난화 현상이 생긴다. 앞으로 가스 배출 억제가 완전히 되어 있지 않을 경우에 기온이 2025년에는 약 1도, 21세기말에는 약 3도 상승한다고 예측되고 있다. 이 기온상승에 수반하여 해면이 2030년에는 약 20 cm, 21세기말에는 약 65 cm 상승한다고 예측되고 있다.

다른 한편으로, 전문가가 작성한 기후 변동에 관한 정부간 공개 토론회(panel discussion)의 보고에 따르면 "대기중의 2산화 탄소의 농도는 산업혁명 이전의 280 ppm에서 현재는 360 ppm으로 증가하고 있다. 앞으로 더욱 2산화 탄소의 배출량이 계속 증가되어 대기중의 2산화 탄소 농도가 상승된다. 상당한 배출량을 예상하여 21세기말의 농도가 600 ppm을 넘는다고 한 시나리오에서는 기온이 2100년까지 2도 상승하고 해면은 50 cm 상승한다"고 예상하고 있다. 현재 전세계의 2산화 탄소 배출량은 50억 톤을 넘지만, 대부분의 개발 도상국의 1인당 2산화 탄소 배출량이 일본과 같은 배출량으로 되면 약 150억 톤으로 되고 21세기말에는 2산화 탄소의 농도가 750 ppm에 달할 것으로 예측되고 있다.

산성 비 문제는 화석 연료의 연소에 수반하여 유황산화물 SO_x, 질소산화물 NO_x 등이 대기 중에 방출되고 눈이나 비구름에 용해되어 비가 산성화됨에 따라 삼림이 파괴되고, 어패류가 사멸되며 문화재·건조물에대한 피해가 생기는 등의 문제이다.

(3) 교통기관에 기인하는 대기 오염(표 1.6.1~1.6.7)

상기의 1992년 리우데자네이루에서 개최된 "UN 지구 정상 회의"에서 범지구적 차원의 지구 온난화라는 문제가 CO_2 등을 비롯한 온실 가스의 배출에서 비롯된다고 인식되면서 교통 분야는 주요한 온실가스 배출원으로서 공격의 대상이 되었다.

최근의 자동차 격증이 배기 가스로 인한 대기오염 등의 공해(environmental pollution)를 초래하고 있는 데 반하여 철도의 전기 운전은 환경 대책을 위하여도 좋다.

표 1.6.1은 독일의 과학기술성이 제출한 자료로 각 교통기관이 배출하는 좌석·km당 가스의 비교이다. 이들을 보아도 자가용차나 항공기가 얼마나 대량의 일산화탄소(CO)나 질소산화물(NO_x)·이산화탄소(CO_2)를 배출하고 있는가를 잘 알 수 있다.

지금까지 자동차의 배기 가스에 기인하여 발생하는 광화학(光化學) 스모그(smog)가 지적되어 왔지만 최근의 조사에서는 대형 트럭 등 디젤차에서 배출되어 대기 중을 떠돌고 있는 배기 미립자가 천식(喘息)을 유발하기도 하고 발암성이 있을 의심이 강하다고 하는 보고도 있다. **표 1.6.2**에는 수송 수단별 공기 오염도를 나타내며, 이것은 국제기술센터의 공해 연구 자료(1990~1994.6)이다.

한편, 동일 수송량을 기준으로 고속 철도를 1로 할 때에 여객 자동차는 8.3배, 화물 자동차는 30배, 해운은 3.3배에 가까운 대기 오염을 초래한다는 예도 있다.

각 수송수단의 환경 친화성을 살펴보기 위하여 여객의 주요 운송수단인 철도, 항공, 해운, 도로에 대한 배출량(g/인·km)을 살펴보면 수송인원·운송거리당 CO(일산화탄소)의 배출량은 해운이 27.42 g/인·km로서 가장 높게 나타났으며, 다음이 도로, 항공, 철도의 순으로 철도는 0.27 g/인·km로 다른 수송 수단과 비교할 때 가장 적은 양의 CO를 배출하고 있는 것으로 나타내고 있다(**표 1.6.3**).

표 1.6.1 교통 기관별 배출 가스의 예(좌석·km당)

	CO (mg)	NO$_x$ (mg)	SO (mg)	CH (mg)	CO$_2$ (g)
고속 철도	3.2	13	11.2	0.3	18
자가용 차	510	131	11.5	41.8	71
항공기	225	449	44	17	139

※ 독일 과학기술성 자료(交通環境問題를考慮한다, 1997)

표 1.6.2 수송 수단별 공기 오염도의 예

주요 공해		SO$_2$	NOx	Vom	CO	CO$_2$
총 배출량 (100만 톤)		1.3	1.6	2.4	10.7	373.0
수송부분 비율 (%)		11.9	68.7	49.4	63.8	27.1
도로	계 (%) / 수송부분 (%)	11.2 / 93.7	65.5 / 95.3	48.7 / 98.5	63.5 / 99.4	26.1 / 96.2
공기	계 (%) / 수송부분 (%)	0.1 / 0.6	0.5 / 0.8	0.6 / 1.1	0.3 / 0.4	0.3 / 1.0
강, 바다	계 (%) / 수송부분 (%)	0.5 / 4.4	2.0 / 2.9	0.1 / 0.1	0.1 / 0.1	0.5 / 1.8
철도	계 (%) / 수송부분 (%)	0.1 / 1.2	0.7 / 1.0	0.1 / 0.2	0.1 / 0.1	0.3 / 1.0

※ 국제기술센터의 공해 연구 자료(1990~1994.6)
  SO$_2$: 유독성 유황, NOx : 산화 질소, Vom : 휘발성 유기 화합물,
  CO : 일산화탄소, CO$_2$: 유독성 탄산가스

표 1.6.3 수송 수단별 여객 운송에 따른 오염 물질 배출량

오염 물질	배출량 (g/인·km)			
	철도	항공	해운	도로
일산화탄소(CO)	0.2661	1.2066	27.4223	14.5188
질소산화물(NO$_x$)	0.6731	5.3089	65.8135	6.4772
탄화수소(HC)	0.1051	0.4826	14.6252	1.7840
아황산가스(SO$_x$)	0.0926	–	7.3126	3.1151

※ 자료 : 주간 서울건설(2000. 9. 18)

NO$_x$(질소 화합물), HC(탄화수소), SO$_x$(아황산 가스) 역시 철도가 수송 수단 중에서 가장 낮은 배출량을 나타내고 있다.

화물의 경우도 화물 운송량 · 거리당 CO의 배출량은 항공이 74.63 g/톤 · km로서 가장 높게 나타났으며, 다음이 도로, 철도, 해운의 순으로 철도와 해운이 항공과 도로보다 현저히 적은 량의 CO를 배출하고 있다(표 1.6.4).

표 1.6.4 수송 수단별 화물 수송에 따른 오염 물질 배출량

오염 물질	배출량 (g/톤 · km)			
	철도	항공	해운	도로
일산화탄소(CO)	0.6079	74.6269	0.3229	55.3521
질소산화물(NO_X)	1.5378	328.3582	0.7750	24.6939
탄화수소(HC)	0.2402	29.8507	0.1722	6.8013
아황산가스(SO_X)	0.2116	–	0.0861	11.8761

※ 자료 : 주간 서울건설(2000. 9. 18)

표 1.6.5 교통 수단의 대기 오염 강도(질소산화물)의 예

구분	여객 (g/인 · km)			화물 (g/톤 · km)		
	철도	영업 자동차	자가용	철도	영업 자동차	자가용
질소산화물 발생량	0.0008×10^{-1}	2.74×10^{-1}	1.56×10^{-1}	0.0014×10^{-1}	2.80×10^{-1}	25.1×10^{-1}
철도 대비	100	342,500	195,000	100	200,000	1,792,900

※ 일본 자료(鐵道は地球を救う, 일본경제평론사, 1990. 11)

표 1.6.5는 교통수단의 대기오염 강도(질소산화물)의 예를 나타낸다.

일반적으로 환경 친화적이냐의 여부는 일산화탄소의 배출원에 따라 판단하는데, 철도의 에너지 효율을 비교하기 위한 "환경과 운수"의 조사보고서(일본 운수경제연구센터, 1997)에 따르면, 교통 부문에서 이산화탄소의 배출원 단위로 비교하여 철도가 우위에 있음을 강조하고 있다.

여객수송의 경우에 1 인을 1 km를 이동시킬 때 이산화탄소의 배출은 자가용 승용차 45 g/인 · km, 버스 19 g/인 · km, 해운 24 g/인 · km, 항공 30 g/인 · km, 철도 5 g/인 · km, 지하철 3 g/인 · km로 나타났으며, 화물 수송의 경우도 마찬가지로 화물 1톤을 1km 운반할 때의 이산화탄소 발생량을 보면 자가용 소형 트럭 48 g/톤 · km, 항공 402 g/톤 · km, 해운 13 g/톤 · km, 철도 6 g/톤 · km으로 철도 수송이 환경 친화적임을 알 수 있다.

운수 부문으로부터의 이산화탄소 배출량은 상기의 일본 전체의 19 %를 점하고 있다는 통계도 있으며, 앞으로 교통 수요가 높아짐과 함께 증대할 것으로 예상된다. 이것을 억제하기 위하여 에너지 절약 대책, 대체 에너지 대책을 강구하여 될 수 있는 한 삭감하여 가는 노력이 요구되고 있다.

표 1.6.6에는 수송 기관별 단위 수송량당의 이산화탄소 배출량의 비교를 나타낸다. 여객 부문에서는 철도 1에 대하여 자가용차는 약 8, 화물 수송 부문에서는 철도 1에 대하여 영업용 화물차 8, 자가용 화물차 36으로 철도가 압도적으로 우위를 나타내고 있다.

표 1.6.7은 발생원별 대기오염물질 배출량의 비교를 참고적으로 나타낸 것이다.

표 1.6.6 수송 기관별 단위 수송량당 CO_2의 배출량의 예

여객		화물	
수송기관	**지수**	**수송기관**	**지수**
철도	100	철도	100
영업용 버스	268	내항 해운	165
자가용 승용차	834	영업용 화물차	827
		자가용 화물차	3,551

※ 일본 자료(省エネと環境問題から見た鐵道, 1994)

표 1.6.7 발생원별 대기오염물질 배출량 비율

(단위 : 천 톤/년)

수송부문	**발전부문**	**산업부문**	**난방부문**
2,707(55.8%)	439(11.8%)	977(26.2%)	229(6.2%)

※ 전체 대기오염배출량에서 교통부문의 배출량은 50% 이상 차지하며, 철도의 이산화탄소 배출량은 승용차의 1/9 수준

1.6.3 생(省)자원 절약에서 본 철도의 우위성

에너지, 토지, 노동력을 포함한 자원에서 보면 철도는 해운과 함께 가장 유리한 수송 기관이다.

(1) 국제의 에너지 정세

인류가 오랜 세월에 걸쳐 이용하여 온 주된 에너지원은 목재이지만 19세기말에서 20세기에 걸쳐 석탄으로 되었다. 1890년까지 여러 세기에 걸친 소비는 겨우 4 %에 불과하였지만, 그 후 1세기에 96 %를 소비하고 있다. 게다가, 후반의 반세기에 80 % 이상을 소비하고 있다.

그 사이에 에너지원은 석탄에서 석유로 변하고 있다. 그 결과, 채굴 가능 연수(= 확인 채굴 가능 매장량/연 생산량)은 1992년에 있어서 석유 45.5 년, 천연 가스 64 년, 석탄 219 년, 우라늄 74 년이라고 한다.

석유의 주된 생산지는 중동이지만 잇달은 분쟁에서 제1차(1972 년), 제2차(1979 년)의 석유 위기를 초래하여 세계의 경제를 혼란에 빠뜨렸으며, 현재의 중동분쟁도 석유가격의 안정을 해쳐 우리 나라 등의 경제에 좋지 않은 영향을 미치고 있다.

게다가, 상기와 같이 NOx, COx에 기인한 환경 문제가 있어 생(省)에너지는 긴급하고 영원한 과제이다.

(2) 에너지 소비 원단위 및 시간의 손실(표 1.6.8~1.6.20)

"이 자동차는 연비(燃比)가 좋다"고 말을 하지만 단지 자동차끼리 만의 비교이며, 교통 전체에서 본 에너지 소비의 면에서는 생각할 문제이다. 그것도 중량이 1 톤까지나 되는 1 대의 자동차에 타고 있는 것은 1 인이나 2 인뿐이다. 아주 비효율·낭비이며, 더욱이 보행자를 갓길로 밀어내기도 하고 좁은 도로 공간을 소수의 인간이 전유하고 있다.

에너지 소비 원단위(原單位)는 수송기관의 에너지 효율을 나타내는 단위로서 수송량에 대한 에너지 소비량의 비로 나타내며, 여객에서는 kcal/인 · km, 화물에서는 kcal/톤 · km가 일반적으로 사용되고 있다.

각 수송기관별 에너지 소비 원단위를 비교한 예를 **표 1.6.8**에 나타낸다. 여객의 경우에 1 인을 1 km 수송하는데 필요한 에너지는 자가용 자동차가 철도의 6 배, 버스는 1.8 배의 에너지를 소비하고 있으며, 화물에 있어서도 자가용 트럭과 영업 트럭의 에너지 소비율은 철도의 19.4 배와 5.9 배로 되어 있어 철도가 에너지 효율의 면에서 대단히 우수한 수송기관인 것이 재인식된다.

교통기관마다의 에너지 소비 원단위의 차이는 **그림 1.6.2**에 나타낸 탈것에 따른 에너지 효율의 비교에서도 알 수 있는 것처럼 전기 에너지의 교환을 이용하는 전기 운전의 방식이 자동차의 내연기관 에너지 교환보다 효율이 좋은 점 및 철도의 대량 수송과 철차륜 · 철레일의 조합에 따라 주행 저항이 작은 점 등에 따른 효과라고 생각된다.

또한, 근년의 전기 차의 구동 · 브레이크 제어에 관하여 저항 제어에서 사이리스터 초크나 VVVF 제어로의 전환 및 회생 브레이크 시스템 등의 채용 등에 따라 에너지 효율이 좋은 차량이나 급전 시스템이 개발되어 철도의 에너지 효율이 한층 높아지게 되었다(제6장 참조).

다른 예로서 **표 1.6.9**에서는 교통기관별 에너지 소비 원단위 비교를 나타낸다. 실제로 각각의 수송 교통기관이 소비한 에너지를 수송의 실적으로 나눈 것이므로 여객의 승차 효율이나 화물의 적재율도 포함되어 있어 현실적인 것이다. 여객 부문에서는 자가용차가 철도의 5.7 배가 되는 에너지를 소비하고 있다. 화물 부문에서도 자가용 트럭은 철도, 해운의 18 배, 영업용트럭에서도 5.7 배의 에너지를 소비하고 있는 것으로 된다.

표 1.6.8 수송기관별 에너지 소비 원단위의 예

여객		화물	
수송기관	**에너지 소비량(kcal/인 · km)**	**수송기관**	**에너지 소비량(kcal/톤 · km)**
철도	101	철도	118
영업용 버스	179	해운	120
항공	430	영업용 트럭	694
자가용 승용차	602	자가용 트럭	2,290

※ 1991년 일본의 자료(省エネと環境問題から見た鐵道, 1994)

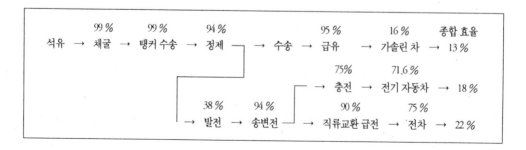

그림 1.6.2 탈것에 따른 에너지 효율 흐름도의 예 (자료 : 鐵道における電力エネルギ—, 1997)

표 1.6.9 수송에서의 에너지 소비 원단위의 예

여객			화물		
수송기관	에너지 소비량(kcal/인·km)	철도를 100으로 한 지수	수송기관	에너지 소비량(kcal/인·km)	철도를 100으로 한 지수
철도	101	100	철도	114	100
영업용 버스	169	169	해운	120	106
자가용 승용차	574	570	영업용 트럭	649	571
			자가용 트럭	2,068	1,821

※ 1991년 일본의 자료(省エネと環境問題から見た鐵道, 1994)

표 1.6.10 교통 기관별 에너지 소비량의 예

여객	구분	에너지 소비량 (kcal/인·km)
철도	JR 그룹	93
	사철(關東·中京·京浜)	78
	지하철(東京)	77
모노레일	東京 모노레일	119
버스	공공 버스등	154
자동차	택시 등	600
항공기	일본 국내선	456

※ 1989년 일본의 자료(交通環境問題を考える, 1997)

표 1.6.10에서는 인·km당 에너지 소비량 비교의 또 다른 예를 나타낸다. 이것을 보아도 철궤도계(鐵軌道系) 교통 기관이 자동차·항공기와 비교하여 에너지 소비가 훨씬 적은 교통 기관인 점이 일목요연하다.

또한, 교통 체증은 에너지 소비뿐만이 아니고 시간도 잃는 것으로 되며 이것을 화폐로 환산하면 막대한 금액으로 될 것이다. 예를 들어, 교통 체증에 따른 사람과 화물의 지연으로 인한 미국 전체의 손실액은 년간 수십억 달러(수조 원)에도 미친다고 한다.

표 1.6.11 각종 교통 기관의 동력 마력 비교의 예

기관별	운전중량 (t)	적재중량 (A) (t)	동력마력 (B) (PS)	운행속도 (km/h)	B/A (PS/t)
철도	1,200	800	1,600	70	2
트럭	20	10	300	70	30
제트기	100	10	100,000	900	10,000
선박	15,000	10,000	10,000	25	1

※ 일본 자료(鐵道工學ハンドブック, 1998)

철도는 강(鋼)레일 위를 강의 차륜을 가진 차량이 주행하기 때문에 주행 저항(running resistance)이 대단히 작게 된다. 철도차량(rolling stock)의 주행저항은 평탄선(flat line)의 속도 20 km/h에 대하여 1~2 kgf/t으로서 고무 타이어 자동차의 10 kgf/t(포장 도로), 80 kgf/t(보통 도로)에 비하여 상당히 적다. 영국의 마차철도에서 말의 수송 능력이 도로에서의 말의 수송에 비하여 약 10 배로 되어 있던 것도 주행 저항의 차이 때문이었다. 이와 같이 주행저항이 적기 때문에 실제 주행 동력의 출력도 **표 1.6.11**의 예에 나타낸 것처럼 비교가 안되게 적다.

최근의 일본 통계실적의 예에서도 수송 인km 또는 톤km당의 에너지 소비가 철도의 1에 대하여 버스가 1.4, 승용차가 7.1, 트럭이 5.3으로 철도의 생에너지성의 우위는 현저하다. 그 때문에 석유 등의 에너지원을 산출하지 않는(또는 적은) 나라에서는 에너지의 유효 이용을 위하여 철도의 정비를 중점적으로 추진하고 있다(예 : 스위스, 뉴질랜드).

또한, 교통 수단별 에너지(석유) 소비량을 비교하여 보면, 여객 1,000 명을 1 km 수송할 때 석유 소비량이 고속 철도 9.2 *l*, 고속 버스 12.5 *l*, 승용차 50.0 *l*, 항공기 64.6 *l*라는 예도 있으며, 고속 버스는 고속 철도보다 1.36 배, 승용차는 5.43 배, 항공기는 7.02 배의 에너지를 소비하므로 고속 철도가 가장 경제적인 수송 수단임을 알 수 있다.

일본의 예에서 여객 수송에 대한 철도의 단위당 에너지 소비량은 영업용 버스의 56.8 %, 자가용 승용차의 17 %에 불과하며, 화물 수송에 대한 단위당 에너지 소비량도 영업용 트럭의 16.6 %, 자가용 트럭의 5.1 % 정도에 지나지 않는다(**표 1.6.12**). **표 1.6.13**은 교통수단별 에너지 소비효율의 비교를 나타낸다.

표 1.6.12 수송 수단별 에너지 소비량 비교의 예

구분	철도	영업용 버스(여객) 영업용 트럭(화물)	자가용 승용차(여객) 자가용 트럭(화물)	해운(화물)
여객	100	176	587	-
화물	100	603	1,943	105

주 : 1) 철도를 100으로 비교한 수치임
　　2) 여객은 1 인을 1 km, 화물은 1톤을 1 km 운반 시에 소요되는 에너지의 비교
※ 일본 자료(일본 운수성, 운수관계 에너지 요람, 1996)

표 1.6.13 교통 수단별 에너지 소비 효율 비교의 예

구분	여객 (kcal/인·km)			화물 (kcal/톤·km)		
	철도	영업 자동차	자가용	철도	영업 자동차	자가용
에너지 소모량	89.45	224.52	488.40	118	624	2,153
에너지 소비 효율 (철도 대비)	100	251	546	100	528	1,824

※ 일본 자료(鐵道は地球を敎う, 일본경제평론사, 1990. 11)

에너지 효율에 대하여 교통 수단별로 구분하여 비교한 예를 보면, 여객의 경우에 해운이 1,925.54 kcal/인·km로서 효율이 가장 낮고, 철도는 89.65 kcal/인·km로서 다른 수송 수단에 비하여 에너지 효율이 가장 높은 것으로 나타났다. 화물의 수송효율은 도로가 863.28 kcal/톤·km로서 수송 효율이 가장 낮고, 철도는 97.69 kcal/톤·km로서 효율이 가장 높은 것으로 조사되었다(**표 1.6.14**).

표 1.6.14 교통 수단별 에너지 소비량

기관별		수송량 (백만 인 · 톤-km)	에너지 소비 (천 TOE)	수송량당 소비 (kcal/인 · 톤-km)
육상 운수업	택시	16,178	1,706.1	1,054.63
	버스 계	56,147	1,943.4	351.47
	시외 버스	26,386	582.3	220.66
	시내 버스	25,057	1,128.8	450.30
	전세 버스	4,694	262.4	558.99
	화물 계	18,213	1,572.3	863.28
	노선 화물	-	54.3	-
	구역 화물	-	1518.0	-
철도 운수업	철도 여객	20,316	182.1	89.65
	철도 화물	13,838	135.2	97.69
	지하철	24,685	122.1	49.45
수상 운수업	외항 여객	136	13.2	970.00
	외항 화물	3,264,717	4,641.0	14.22
	연안 여객	503	96.8	1,925.54
	연안 화물	43,936	671.9	152.94

※ 1996년 자료 : 주간 서울건설(2000. 9. 18)

표 1.6.14는 국내의 예로서 수송수단별 운송량의 분담률과 에너지 소비량의 분담률을 여객과 화물로 구분하여 비교한 것을 나타낸다. 이 표를 이용하여 수송기관별의 에너지 효율을 비교하기 위하여 수송기관별 수송량의 분담률과 에너지 소비량의 분담률을 여객과 화물로 구분하여 **표 1.6.15**에 나타낸다.

여객 부문 전체에서 철도는 운송량의 약 22 %를 차지하지만 에너지는 약 5 % 정도밖에 소비하지 않는 것으로 나타났다. 반면에, 택시는 운송량의 17 %를 차지하지만 에너지 소비는 43 %를 차지하고 있다.

화물 부문에서도 철도는 수송량의 18 %를 차지하지만 에너지는 약 6 %를 소비하고, 도로는 24 %의 수송 분담률에 대하여 66 %의 에너지를 소비하고 있는 것으로 조사되었다.

또한, 해운은 수송 분담률의 58 %를 차지하지만 에너지의 28 %를 소비하고 있는 것으로 밝혀졌다. 이러한 결과에 따르면 철도는 다른 수송 수단에 비하여 에너지 소비 측면에서 우수한 수송 수단인 것을 알 수 있다.

표 1.6.15 우리 나라 수송량과 에너지 소비량의 분담률

(단위 : %)

구분		여객 (인 · km 기준)		화물 (톤 · km 기준)	
		에너지 소비량	수송량	에너지 소비량	수송량
철도		5	22	6	18
공로	버스	50	60	66	24
	택시	43	17		
해운		2	1	28	58

※ 1996년 기준의 자료

한편, 프랑스에서 1992년에 조사한 여객 수송과 화물 수송에 대한 에너지 소비와 에너지 효율성에 대한 예를 **표 1.6.16** 및 **표 1.6.17**에 나타낸다. 또 다른 자료에 의하면, 여객 1인당 수송 수단별 수송 거리는 **표 1.6.18**에 나타낸 것과 같다.

표 1.6.16 여객 수송의 에너지 소비와 에너지 효율성의 예

구분		소비 단위 (goe/PK)	효율성 (PK/goe)
도시 내	승용차	61.8	16.2
	지하철(시영)	19.3	51.7
	버스(시영)	24.0	41.6
	교외선 열차(SNCF)	21.0	47.6
도시간	승용차	29.9	33.5
	항공	51.1	19.6
	TGV 열차(SNCF)	12.1	32.6
	대륙간 열차(SNCF)	17.6	56.8
	구간 열차(SNCF)	24.0	41.7

※ 1992년 프랑스 자료. 1 kwh = 222 goe로 여객 킬로미터당(PK)당 에너지 소모율과 효율임

표 1.6.17 화물 수송의 에너지 소비와 에너지 효율성의 예

구분	소비 단위 (goe/PK)	효율성 (PK/goe)
트럭 (〈 3 ton)	410.4	2.4
트럭 (〉 3 ton)	62.0	16.1
무개 화차(SNCF)	19.2	52.1
화물 열차(SNCF)	7.8	128.2
운하	8.2	121.8

※ 1992년 프랑스 자료로서 실제 수송 톤수 및 열차로 계산

표 1.6.18 여객 1인당 수송 수단별 수송 거리

구분	유류 1리터(또는 동량의 전력) 당 주행거리	비고
TGV 열차	73 km (45 마일)	
자동차	40 km (25 마일)	1.83 배
비행기	19 km (12 마일)	3.84 배

※ 프랑스 자료

다른 한편으로 에너지 효율을 철도로 한정하여 조사한 **표 1.6.19**는 각종 철도노선의 에너지 소비 원단위 (kcal/인·km)를 수송량과 운전용 전력량으로부터 시산(試算)한 것을 나타낸 것이다. 또한, 근년의 자가용 자동차의 평균 승차율은 1.3인으로 적으며, 에너지 소비 원단위는 602 kcal/인·km으로서 자동차에

비하여 철도가 에너지 효율이 좋은 수송기관인 것을 나타내고 있다.

표 1.6.20은 2002년도에 조사한 도로와 철도의 에너지 소비량의 비교를 나타낸다[220].

표 1.6.19 각종 철도의 에너지 소비 원단위

구분	선로·구간		평균 승차율(%)	원단위(kcal/인·km)
JR	山手	品川~丹端	최대 272	36
	東海道	東京~熱海	최대 299	52
	東海道	米原~神戸		89
	予讚	高松~松山	80	96
	鹿兒島	門司港~鹿兒島		143
東武	日光·伊勢崎		48	76
西武	池袋		52	76
東急	東橫		69	56
阪神	神戸		49	62
	札幌 지하철	東西	40	102
	都營 지하철	三田	49	105
	營團 지하철	銀座	68	59
	千葉 도시 모노레일			254
	岡山 전철(노면전차)			337

※ 1996년 일본 자료(鐵道における電力エネルギー, 1997). 1 kWh = 2,250 kcal(열효율 38.1%)

표 1.6.20 교통수단별 에너지 소비량 비교(2002년)

여객(kcal/인·km)			화물(kcal/톤·km)	
승용차	버스	철도	화물자동차	철도
1,100	450	90	2,290	110

※ 철도의 에너지 효율성은 승용차의 12 배, 화물자동차의 20 배 수준

(3) 소요면적 원단위(표 1.6.21~1.6.24)

토지는 극히 한정된 자원이므로 토지 효율이 좋은 수송 기관을 구축할 필요가 있다.

표 1.6.21에는 이와 같은 관점에서 교통 기관의 종류별로 단위 수송량당 필요한 토지 면적을 비교한 예를 나타낸다. 이 표에서 철도는 방설림 등의 간접 설비도 포함하고 있다. 도로 교통에 대하여는 도로의 총면적에다 주차에 필요한 최저 면적(자동차의 투영 면적의 2배를 소유자 측과 목적 측으로 고려한다)을 더한 것이다. 이에 의거하여도 자동차는 철도의 수 배 이상이다.

또한, 도로와 철도에는 수송력에 차이가 있으므로 같은 수송력을 비교하면 전용 공간에 큰 차이(대만 고속 철도의 試算에서 도로는 철도의 약 5배)가 있다.

철도는 레일로 안내되므로, 장대한 열차를 편성할 수 있고 대량 수송(mass transport)이 가능하다. 철도의 최대 장점은 대량 수송 능력이며, 표 1.8.22의 예에 나타낸 것처럼 도로 수송보다 우수하고, 특히 토지의 점유 면적당의 수송력(transportation capacity)은 차이가 크다. 대도시 지하철(subway)·교외선은 수송력·속도 등에서 대신할 수 있는 다른 수송 기관이 없고, 또한 제2차 세계대전 후 오스트레일리아, 남아프리

제1장 철도 전반 (111)

표 1.6.21 교통 기관의 "면적 부하" 원단위 비교의 예

수송 기관	여객(m^2/인 km)	화물(m^2/톤 km)
철도	2.0×10^{-3}	3.5×10^{-3}
영업 자동차	5.9×10^{-3}	4.0×10^{-3}
자가용 자동차	12.2×10^{-3}	70.1×10^{-3}

※ 일본 자료(省エネと環境問題から見た鐵道, 1994)

표 1.6.22 철도와 도로의 수송 능력 비교의 예

비교 \ 교통기관별		철도(복선)		도로(4차선)		
		여객열차	화물열차	버스	승용차	트럭
폭		10 m(2급선)		24.4 m		
조건	정원 또는 적재 톤수	12량 편성 1,000인	50량 편성 750t	40인	4인	10t
	운전 시격	3분	4분	15초	3초	10초
	운행 횟수 (1시간당)	20	15	360	1800	540
1시간당 수송력		20,000인	11,250t	14,400인	7,200인	5,400t
폭 1m당 수송력		2,150인	1,210t	590인	295인	221t

※ 일본 자료(鐵道工學ハンドブック, 1998)

카 등의 내륙 광산에서 항구로 수송하기 위하여 1만 톤을 넘는 대단위 열차용의 철도가 건설되어 있다.

철도와 고속도로의 효율성을 비교하여 보면 예를 들어 건설비 1억 원당 수송 인원은 고속도로가 11.5 인임에 비하여 철도는 125.4 인으로 10.9 배나 더 수송할 수 있으며, 1 km의 노선 건설 시 토지 소요(단위 시간당 10,000명 수송 시)는 고속도로의 12,883 m^2에 비하여 철도는 3,941 m^2로 토지의 효율성 측면에서도 3 배나 더 높다.

오늘날 도시 이외의 지역까지도 지가가 급격히 상승하는 상황에서는 교통 수단의 운행에 필요한 토지의 면적을 점유하는데 많은 어려움이 있다.

따라서, 단위 수송량당 토지 소모량이 적은 교통수단 위주의 분담 체계 구축이 필요하며 철도를 100으로 할 경우에 교통 수단간 토지 이용의 소요비율을 비교하여 보면 여객 · 화물 수송은 각각 영업 자동차 295 · 114, 자가용 자동차 610 · 2,000으로 철도의 토지 이용 효율성이 도로보다 우위에 있음을 알 수 있다(표 1.6.23).

항공수송은 공항에서 공항까지의 공중을 날기 때문에 도중의 용지가 불필요하므로, 소요되는 용지 면적이 적게 드는 것처럼 생각된다. 그러나, 東海道 신칸센의 용지가 전차 기지를 포함하여도 약 10 km^2임에 비하여 新東京 국제 공항(成田)의 면적은 약 11 km^2인 일본의 예를 보더라도 항공 수송의 소요 토지 면적도 의외로 큰 것을 알 수 있다.

한편, 표 1.6.24에 나타낸 것은 프랑스에서 도시간 여객 수송의 경우에 대하여 수송수단별 소비 공간을 비교한 것으로 철도의 우위성이 입증되고 있다. 이 경우에 TGV 노선을 직선으로 건설하여 토지 이용을 효율화함으로서 철도가 다른 교통 수단에 비하여 환경 개선 등 사회적으로 큰 공헌을 하고 있음을 알 수 있다. TGV 선로의 토지 소요 면적은 왕복 6차선 고속도로 면적의 1/2이며, 선로의 연장이 500 km일 경우에 공항의 면적보다도 적다고 한다.

표 1.6.23 교통수단간 토지 이용의 효율성 비교의 예

구분	여객 (m²/인 · km)			화물 (m²/톤 · km)		
	철도	영업 자동차	자동차	철도	영업 자동차	자동차
소요 면적	2.0×10^{-3}	5.9×10^{-3}	12.2×10^{-3}	3.5×10^{-3}	4.0×10^{-3}	70.1×10^{-3}
토지 소요비율(철도 대비)	100	295	610	100	114	2,000

※ 일본 자료(鐵道は地球を教う, 일본경제평론사, 1990. 11)

표 1.6.24 도시간 여객 수송 수단별 소비 공간의 예

구분	2×2차선 도로	2×3차선 도로	TGV 복선
평균 폭 (m)	28	35	15
최대 여객통과 용량 (명/시간)	3,600	5,400	10,850~15,700
점유 지역 (ha)	Roissy 공항 : 3,000	TGV Paris~Lyon간 : 2,400	

※ 프랑스 도시간 여객 수송의 자료(1993년 기준)

(4) 노동력 원단위(표 1.6.25)

화물 수송에 필요한 백만 톤 km당의 노동자수는 **표 1.6.25**에 나타낸 것과 같다.

이와 같이 트럭의 노동 효율은 철도, 해운의 약 1/10이며, 만성적인 운전사 부족 때문에 외국에서는 통운업계의 해운, 철도로의 모들 시프트(modal shift) 지향이 높아지고 있다.

표 1.6.25 화물 수송의 필요 노동자 원단위 비교의 예

수송 기관	필요 노동자(인/백만 톤 km)	철도를 100으로 한 지수
트럭	3.79	842
철도	0.45	100
내항 해운	0.27	60

※ 일본 자료(省エネと環境問題から見た鐵道, 1994)

1.6.4. 교통기관의 안전성 (표 1.6.26~1.6.35)

자동차 사회의 발전에 따라 자동차를 이용한 교통이 증가하고 있지만, 일본의 예를 보면 사망률에서는 철도에 비하여 10 배, 부상률에서는 300 배 이상 높아 위험한 탈것이라는 점은 명백하다. 항공기와 비교하여도 안전성이 높다고 고려된다(**표 1.6.26**). 이것은 드라이버라면 체험적으로 어렴풋이 알고 있는 것이라고 생각된다. 잘 알고 있는 것처럼 자동차를 이용하는 것은 문전에서 문전까지 이동할 수 있는 편리한 탈것이며 교통 약자에게는 이용하기 용이한 교통 기관이기 때문일 것이다. 본래, 버스는 아주 가까운 탈것으로서 친밀하지만 채산이 악화되고 운행이 감소되는 악순환의 결과로서 이용자가 줄어 자가용차로 이행되고 있다고 생각된다.

표 1.6.26 수송기관별 안전성 비교의 예

수송 기관	도로	철도	항공
사망자/이용 인원 [천만 명당]	1.8 (10배)	0.18 (1)	0.7 (3.9배)
사망자/수송인 · km [1억 인 · km당]	1.2 (12배)	0.1 (1)	0.009 (0.09배)
부상자/이용 인원 [천만 명당]	148 (308배)	0.48 (1)	28 (58배)
부상자/수송인 · km [1억 인 · km당]	98.7 (380배)	0.26 (1)	0.35 (1.3배)

※ 93년도의 일본 자료(交通機關の利便性 · 安全性で思うこと, 1995). ( )내는 철도와의 비교한 배율

표 1.6.27 교통 시스템으로서 철도와 자동차 안전성의 비교

항목	철도	자동차
기본 시설	전용 궤도와 차량	일반 도로와 차량
진로 제어(자유도)	1 방향(선로에 고정된 전용 궤도)	2차원
운전 · 조작	직업 기관사뿐(규칙에 충실)	아마추어가 태반(규칙 위반)
루트에 대한 지식	충분한 훈련	훈련 없음
차량 간격의 제어	신호나 자동 열차정지 장치 등	운전자에게 위임
차량 무리의 관리	폐색 방식	교통 신호뿐(운전자에게 위임)
속도	엄격한 규제	운전자에게 위임
제3자에의 대한 안전	출입 방지 울타리가 있어 원칙적으로 선로에 들어가지 않음	파괴되기 쉬운 가드 레일만이며 도로에 자유로 들어감
교통 시스템	종합 시스템을 구성 (폐색 · 신호 · 자동 열차 정지 장치 등)	교통 신호뿐 (운전자에 위임)

↓

자동차는 교통 시스템으로 본 경우에 안전면에서 불완전한 교통 기관이기 때문에 사고 사망률이 철도보다 상당히 높게 된다.

자동차 사고가 빈번하게 발생하고 있는 것은 분명히 현행의 자동차나 도로구조라고 하는 교통 시스템으로서 안전성이 낮기(또는 결함이 있기) 때문일 것이다.

교통 시스템으로서 철도와 자동차의 안전성 비교를 **표 1.6.27**에 나타낸다. 여기에 나타낸 안전성(도)의 차이에서 사고한 사망률이 이 예의 경우에서는 자동차의 쪽이 250 배 높다(**표 1.6.28**). 극단적으로 말하여 "철도가 fail = safe(실패하여도 안전)인 것에 대하여 자동차는 fail = out(실패하면 사고)인 교통 시스템"이다.

본래부터 자동차의 이용자가 지불하여야 하는 사회적 비용을 "교통 약자"인 보행자나 자전거 이용자가 "죽음"이라고 하는 형으로 지불하고 있는 것이다. 요컨대, "현재의 자동차 사회는 많은 희생 위에 성립되어

있는 것"이다.

표 1.6.28 교통 기관별 사상률의 예

교통 기관		구분	사망률 (억 인 km당)	부상률 (억 인 km당)
철도(신칸센 제외)			0.005	0.011
자동차	버스		0.082	5.972
	승용차	영업용	1.866	136.387
		자가용	1.170	85.668

※ 일본 전국 6년간의 통계이며, 철도는 1982~1987년, 자동차는 1983~1988년의 자료임(交通環境問題を考える, 1997).

표 1.6.29 교통 기관별 안전도의 비교 예

구분	교통 기관 철도	자동차	항공
100만 인당 사망자 수	0.02	0.26	0.40
10억 인km당 사망자 수	1.16	17.17	0.50

※ 1987~1992년의 일본 자료로 철도의 사망자는 건널목 사고가 대부분임(鐵道工學ハンドブック, 1998).

표 1.6.30 여객수송 수단별 안전성의 예

구분	도로	항공	열차
연간 승객 사망자수	9,321	11	11 (TGV=0)
여객 10억 인km당 사망자율	17	0.27	0.18 (TGV=0)

※ 프랑스에서의 1978~1992년간의 1년 평균치

표 1.6.31 교통 수단별 사고 발생 량(한국)

구분	수송량〔백만 인·톤·km〕	사상자수 (사망자수) 〔인〕	수송량당 사상자수 (사망자수) 〔인/백만 인·톤·km〕
자동차	90,956	343,159 (11,603)	3,373 (0.128)
철도	42,783	664 (337)	0.016 (0.008)

※ 자료 : 건설교통부, 교통안전 연차보고서, 1998.

표 1.6.32 교통 수단별 사고 건수(한국, 독일)

단위 : 건/백만 인·km

구분	도로	철도	항공
한국 (1989~1998 평균)	3.2	0.05	0.0004
독일 (1985)	0.8	0.033	0.0002

※ 자료 : 한국철도기술연구원, 1999

한편, 표 1.6.29의 통계 예에서 철도의 사망자는 건널목 사고(level crossing accident)가 대부분이며 철도 이용자의 안전성은 자동차나 비행기에 비하여 월등하게 우수하다. 자동차의 격증에 따라 매년 많은 사람이 교통 사고(traffic accident)로 사망하고 있으나, 최근의 철도사고(railway accident)로 인한 승객의 사망은 매우 적다.

표 1.6.30에 나타낸 것은 프랑스에서의 여객수송 수단별 안전성이다.

1997년을 기준으로 볼 때에 우리 나라 철도의 여객과 화물 수송 실적은 철도가 도로의 1/2 수준인데 비해 사망자수는 3/100, 부상자수는 2/10,000 수준에 불과하다. 또한, 수송량당 사상자수의 비교에 있어서는 자동차가 철도에 비해 170 배 높게 나타났다(표 1.6.31).

도로교통 사고로 인한 사망자수는 1996년에 12,653명으로 이로 인한 사회·경제적 비용은 10조 7천억 원의 비용이 발생된 것으로 추정되고 있으며, 이와 같은 손실 규모는 1997년 우리 나라 전체 예산 72조 원의 14%에 해당되는 막대한 비용이다.

국내의 지난 10년간 운행 거리에 따른 사고 건수를 보면 자동차(영업용 차량으로서 화물 차량 제외)는 약 3.2건/백만 인km이었으나 철도 사고는 0.05건/백만 인km로 자동차에 비하여 약 1.6 %에 지나지 않고 있다(표 1.6.32). 국내의 열차 사고가 1980년대부터 급격하게 감소되었음에도 불구하고 95년 기준으로 0.15건/백만-km로 아직도 독일의 0.05건/백만km(1988년), 일본의 0.002건/백만km(1990년)에 비하면 매우 높은 편이다.

일본의 예로서, 교통수단별 단위 수송량당 사고 건수를 철도를 100으로 하여 비교할 경우에 영업 자동차는 여객·화물 수송에서 각각 7,500건·15,750건이며, 자동차는 3,000건·51,285건으로서 철도 수송수단의 안전성이 상당히 높음을 알 수 있다(표 1.6.33).

표 1.6.33 교통 수단별 사고 건수의 예

구분	여객 (건/인·km)			화물 (건/톤·km)		
	철도	영업 자동차	자동차	철도	영업 자동차	자동차
사고 건수	0.004×10^{-6}	0.30×10^{-6}	0.63×10^{-6}	0.007×10^{-6}	0.21×10^{-6}	3.59×10^{-6}
철도 대비	100	7,500	15,750	100	3,000	51,285

※ 일본 자료(鐵道は地球を救う, 일본경제평론사, 1990. 11)

한편, 표 1.6.34에는 1978년부터 1996년까지 각국의 주요한 철도에서 승객의 사망 위험률(천억 인·km당의 승객 사망 수)의 비교를 나타낸다. 승객의 사망이라고 하는 차원에서는 JR 동일본은 천억 인·km당 0.7 인으로 표에서 가장 높은 수준이다. 이것은 우리 나라 구미의 철도에 비하여 2 자리 이상 높은 안정성이며, 또한 1994년의 일본의 도로 교통에 비하여도 약 2,000 배의 안정성으로서, 앞으로는 경험 측에서 탈피한 새로운 안전 책략이 요구되는 단계에 들어갔다고 할 수 있다.

표 1.6.35는 2002년도 교통수단별 사고 건수와 사상자의 비교를 나타낸다[220].

표 1.6.34 각국 주요 철도의 승객 사망 위험률 비교

1987~1996년	천억 인·km당 승객 사망자수	승객 사망자수 비율 (JR 동일본 = 1)
JR 동일본	0.7	1
서구	125	160
영국	100	130
미국	450	590
한국	258	340
일본 자동차 교통(1994년)	1,500	2,000

※ 일본 자료(鐵道におけるリスクアセスメントの研究, 1997)

표 1.6.35 교통수단별 사고건수 및 사상자수 비교(2002년)

구분	도로	철도
연간 통행키로(백만)	671	73
연간 사망자수(인)	7,222	265
연간 부상자수(인)	348,149	360
백만 통행키로당 사망자수	10.7	3.6
백만 통행키로당 부상자수	518.8	4.9

※ 철도의 교통사고 발생빈도는 승용차의 1/215에 불과하며, 사망빈도는 1/3, 부상빈도는 1/100 수준

1.6.5 자동차 교통의 문제점과 교통기관의 평가방법

(1) 자동차의 기타 문제점

상기에 언급한 점 이외에도 자동차 교통은 하기와 같은 교통 환경 문제가 있다.

① 아주 예전부터 말하여지고 있는 도로 연변에서의 소음·진동의 문제. 특히, 비가 내릴 때의 연선 소음이 심하다.

예를 들어, 최근의 외국사례를 보면 로스앤젤레스 Basin~샌프란시스코 Bay간 677 km의 철도 건설 시에 대한 교통 수단간 경제성을 비교한 것을 보면 소음 등 외부 비용은 철도가 $1.4/통행임에 비하여 도로는 21.8/통행으로 1/16의 수준이며, 운영비 등 내부비용의 경우에도 철도는 $40.7/통행으로 도로 $58.2/통행보다 경제적인 것으로 나타났다.

② 상정되는 자동차 교통량이 많지 않아도 이미 정하여져 있는 계획이라고 하여 건설되는 도로로 인한 자연 파괴.

③ 자동차의 "발달" 때문에 공공 교통기관의 채산이 취하여지지 않으므로 노면 전차나 버스 등 대부분의 공공 교통 기관이 없어지게 되어 부득이 자동차를 사용할 수밖에 없는 교통체계로 되고 있어 고령자가 고립되고 있다. 이른바, 공공 교통기관의 쇠퇴 문제이다.

(2) 교통기관의 새로운 평가방법

상기와 같은 교통의 환경 문제는 지금까지 정성적으로만 논의되어 왔지만, 어느 가정을 기초로 이들을 정

량적으로 평가하는 것을 유무(with-without)법이라 한다.

예를 들어, 어느 대도시권에 철도망이 존재하지 않는다고 하는 가정 하에 시산(試算)하여 보면 사회적 손실액(역으로 말하면, 현실에는 철도가 존재하기 때문에 그만큼의 효과가 있다)을 알 수 있다.

1.6.6 쾌적한 환경의 창조와 에너지 절약을 위한 철도기술의 철학

(1) 쾌적한 환경의 창조

상기와 같은 지구환경(環境)의 문제를 피하여 지나갈 수 없기 때문에 이것을 네거티브(negative)한 문제로서 포착하는 경향이 있다. 그러나, 역으로 액티브(active)로 생각하여 기업이 "쾌적한 환경을 만든다"고 하는 적극적인 철학을 가지는 것도 가능하다. 이 철학을 "쾌적한 환경의 창조"라고 이름을 붙여 보자.

쾌적한 환경에는 조용한 것, 온도나 습도가 적당한 것, 색채나 디자인이 좋은 것, 진동이 없는 것, 싫거나 혐오가 없는 것, 마음이 드는 것이 있으며, 창조에는 지혜와 궁리를 활동시켜 완성시켜 가는 것으로 정의된다.

(2) 철도에 있어서의 "쾌적한 환경의 창조"

긴 역사를 가진 철도기술의 철학의 하나가 "고속화"이었다. 고속화를 위하여 궤도나 차량이나 신호의 고유 기술이 심도화되고, 더욱이 종합 기술로서 시대와 함께 축적되어 왔다. 동시에 동력의 근대화나 진동·소음의 대책에 따라 또 하나의 철학인 "쾌적한 환경의 창조"가 진행되어 왔다고 말할 수 있다. 따라서, 육상 교통에서 환경 문제의 해결이 요구되고 있을 때 철도의 이점을 살린 적용의 몇 가지를 다음의 절에 기술한다.

한편, 철도 서비스는 보다 빠르고 편리하면서 저렴한 교통 수단을 구축하기 위하여 에너지와 자원을 이용하여 높은 이익을 실현하는 유기적인 순환 과정을 반복한다. 이 과정을 동맥과 정맥의 순환 과정으로 분류할 수 있으며, 동맥 과정 중에는 부수적으로 상기와 같은 CO_2, NO_x, SO_x, 쓰레기 등과 같은 다양한 오염 물질이 발생한다. 환경 친화적인 철도 시스템을 구축하기 위해서는 이러한 오염 물질의 발생량을 감소시키는 한편, 오염된 환경을 복원시키기 위한 정맥 과정을 복원시켜야 한다. 정맥 과정은 ① 오염 물질의 분석, ② 오염 물질의 환경 영향 평가, ③ 오염 물질의 제거, ④ 환경 보전과 조화, ⑤ 환경 개선의 다섯 단계로 구성되며, 이것은 ① 화학 오염 물질의 분석과 제거, ② 수명주기 평가, ③ 재활용, ④ 환경 친화적인 재료, ⑤ 에너지 절약, ⑥ 소음과 진동 대책, ⑦ 환경관리 시스템 등 7가지 구체적인 기술 분야와 밀접한 관계가 있다.

대증요법(對症療法)적으로 자동차의 사용 제한이라든가 배기가스의 총량 규제가 말하여지고 있기는 하나, 발본적인 대책이 취하여지고 있지 않은 현재에는 "채산성"이라고 하는 단순한 표면적인 경제효과만이 아니고, 널리 인간의 생활 환경에 주는 악영향("외부 불경제/사회적 비용")도 포함하는 형태로 교통기관을 평가·선택하는 시대로 되고 있다.

미국의 워싱턴 D. C.에 있는 세계적으로 유명한 World-watch 연구소(소장 Broun)의 보고서 "철도로 돌아옴 - 세계적인 철도의 복권 -"에서는 **표 1.6.36**에 나타낸 것과 같은 철도의 이점을 열거하고 있다.

표 1.6.36 철도의 10대 이점

1. 대단히 높은 에너지 효율	6. 사상자수의 감소
2. 석유 의존의 감소	7. 적은 건설 용지
3. 대기 오염의 감소	8. 지역의 경제 개발
4. 온실 효과의 원인인 배출물의 억제	9. 토지의 효율적 이용
5. 도로·항공 수송의 혼잡 완화	10. 사회적 공평의 확대

※ World-watch Institute, "Back on Track : The Global Rail Revival", April, 1994.

(3) 철도에 의한 "쾌적한 환경의 창조"의 예

(가) 도시내의 여객수송과 환경

상기와 같이 자동차로 인한 생활 환경의 악화를 막아내기 위하여 유럽을 중심으로 자동차 대국인 미국에서도 노면 전차나 경쾌 전차(LRT=Right Rail Transit)의 개량/정비라든가 도시 철도나 지하철이 건설되고 있다("철도의 복권").

노면 전차의 궤도는 예전과 같이 도로의 중앙이 아니고 한 쪽으로 모으든지 전용의 궤도로 하여 기존의 철도와 상호 진입되도록 하고 있다. 승객이 이용하기 쉽도록 역 안에 정류장을 두기도 하고 전차의 바닥을 낮게 하기도 하며 운행 빈도를 높이고 있다. 또한, 차량은 거리의 경관에 어울리는 디자인이나 색채로 하고 소음이 거의 없는 대차 구조로 하고 있다. 이와 같은 "쾌적한 환경의 창조"에 의한 전차는 거리를 청결(clean)하게 하고 조용하게 하며 이용자의 도달 시간을 단축시킨다.

또한, 도시 주변까지 자동차로 와서 도심으로는 철도로 들어가는 "파크 앤드 라이드(park and ride, 자동차 주차와 철도 승차)" 시설도 정비되고 있다. 즉, 도시 근교에서 가장 가까운 역, 터미널까지 자동차를 이용하고, 여기에 주차하여 철도 또는 간선 버스를 이용하여 통근하는 방법이다. 교외의 역전에서도 용지비가 비싸 용지의 취득이 곤란한 극동 아시아의 경우에는 가족이 자가용차로 역까지 태워다 주는 이른바 "키스 앤드 라이드(kiss and ride)"가 늘어나고 있다.

더욱이, 독일이나 스위스 등에서는 공공 교통 기관의 정비에 더하여 공공 교통기관을 이용하기 쉬운 교통 정책이 도입되고 있다.

환경 보호나 자원에 대한 관심이 높은 독일에서는 그 교통 정책에도 반영되어 있으며, 자가용차 대신에 노면 전차나 버스 등의 공공 교통 기관의 이용을 도모하기 위하여 "환경 티켓"이 도입되기도 하고(1984년 프라이불르그 시), 시의 중심인 구 시가지는 일찍부터 보행자 전용 존(zone)으로 되고, 주변 자전거 길의 정비도 진행되고 있다. 또한, 자동차의 배기 가스 등에 기인하는 산성비로 인한 삼림 황폐도 심하여 종래의 대기오염 방지시책이 불충분하였다는 점을 알아차려 앞으로 자가용차의 규제를 포함하여 보다 강력한 방지책이 검토되고 있다.

일본의 경우에 '대도시 지역에서의 택지개발 및 철도정비의 일체적 추진에 관한 특별조치법'이 제정되어 있는데, 이는 대도시 지역에서의 향후 예상되는 주택지 수요를 고려하여 새로운 도시철도의 정비 확충을 통한 대량의 주택지를 공급하기 위하여 제정된 것으로, 택지 개발과 도시철도 확충을 일체적으로 추진하기 위하여 필요한 특별조치를 취하고 있다.

(나) 싱가포르 교통 정책의 예

철도의 시대를 거치지 않고 건너 뛰어 자동차 사회로 돌입하고 있는 대개의 아시아 대도시는 절망적인 도시 교통 상황을 보이고 있지만, 싱가포르에서는 이 교통환경 문제에 30년 이상 전부터 대처하고 있으며 그 우등생적(혹은, 강권적) 교통 정책에 의하여 효과를 올리고 있다.

싱가포르에서는 1975년에 지역 승차진입 허가증 제도(ALS=Area Licensing Scheme, 자동차 승차진입 요금제도)를 세계에서 처음으로 도입하였다. 이 제도는 자동차가 어떤 시간대에 도심부에 들어가기 위해서는 일정액의 요금을 지불할 필요가 있으며, 이에 따라 도심부의 자동차 교통량을 제한하도록 하는 것이다. 동시에 이 자동차 승차 진입 요금 수입을 재원의 일부로 하여 정부 전액부담의 도시철도(MRT=Mass Rapid Transit)를 건설하여 시민의 편리한 발로서 친하게 되고 있다. 이 때문에, 시내의 도로 교통은 원활하고 대기 오염도 적다.

더욱이, 이 도시 철도망을 확장하기도 하고 도시 철도망에 접속하는 배양(培養) 수송을 위하여 LRT의 도입도 계획되고 있다. 자동차 교통량의 제한과 함께 이들이 완성되면 이상적인 도시 교통 환경이 정비되는 것으로 된다. 도시규모가 다르기도 하고 정부의 강력한 지도 아래에 실시되고 있는 싱가포르의 도시 교통 정책이지만, 도시교통 문제를 해결하기 위한 우량 처방전의 하나일 것이다.

(다) 교통과 환경정책의 예

한편, 영국은 지금 "교통수단 오염물질과의 전쟁" 중이라고 한다. 영국 최대 환경 현안이자 "Clean UK"를 만드는 완결단계로 삼고 있는 문제이기도 하다. 우선, 영국 정부는 2003~2005년을 목표로 질소산화물 등 8가지 오염 물질에 대해 강력한 기준을 마련했다. 이들 기준 중 일산화탄소를 뺀 나머지는 우리 나라에 비해 훨씬 강하다. 또, 벤젠과 부타디엔은 우리 나라에 없는 기준일 뿐 아니라, 질소산화물(연간 16ppb)과 이산화황(8ppb)은 동식물에 미치는 영향을 고려한 기준까지 마련해 놓고 있다. 유럽 연합(EU)은 1990년부터 2005년까지 각 5년 단위로 강력한 배출 가스 4단계의 저감 기준을 마련한 상태이다. 영국은 국제무역 판도와 자국의 환경 상태를 연계해 그 해법을 찾아가고 있는 것이다. 그리하여 대기 오염을 해결한다는 목적으로 환경부와 교통부를 통합하였다.

선진국에서는 철도와 같은 녹색교통수단의 이용을 증대시키기 위한 정책적 방향으로 '보다 나은 대중교통 시스템', 'traffic calming', 'urban village' 등의 세부 운영 방안을 제시하기도 하였다. 또한 도로교통 혼잡 문제를 해결하기 위하여 교통과 토지 이용을 위한 통합계획의 일환으로 도시정비 및 공간개발에 있어서 도시철도 중심의 대중 교통망을 필수적으로 확충토록 하는 TOD(Transit Oriented Development)가 이루어지고 있기도 하다.

(라) 산악철도와 화물열차

산지에서의 스키장, 산악, 호반, 온천 등의 관광지와 도시를 연결하는 교통은 도로교통에 의존하고 있는 경우가 많지만 자동차가 내뿜는 배기 가스나 소음의 환경 파괴, 더욱이 체증으로 인한 교통 마비는 관광지의 매력을 저하시키고 있으며, 소재지에서는 큰 딜레마에 빠져 있다. 이와 같은 지역에서는 철도에 의한 "쾌적한 환경의 창조"로서 산악 철도가 고려되고 있다. 산악 철도는 강풍, 강우, 강설 등 엄한 기상 조건 중에서 급구배나 급곡선을 주행할 수 있어야 한다. 이를 위해서는 최근의 철도 기술로서 점착성능의 향상, 다양한 브레이크 기술의 향상, 비점착 기술의 실용화 등을 채용하면 새로운 산악 철도의 실현에 유용할 것이다.

물류에서 큰 비중을 차지하는 트럭의 화물 수송은 상술한 것처럼 도로상에서 CO_2 배출에 수반하는 환경 문제가 크며, 철도나 해운에의 모들 시프트(modal shift)가 중요한 과제이다. 그러한 중에서 컨테이너선의 대형화에 따라 항만의 외항 터미널에서의 컨테이너 취급이 혼잡하여 항만과 그 주변 도로의 트럭으로 인한 환경 문제가 발생하고 있다. 철도를 항만에 연결하여 여기에서 해운과 철도 사이에 스므스하게 컨테이너를 주고받을 수 있다면 트럭이 불필요하게 되어 환경 문제의 해결에 유용할 것이다.

(4) 보다 좋은 교통환경의 정비 방향
앞으로 교통 환경의 문제를 경감/해결하기 위해서는 어떠한 점을 유의하면 좋은가를 정리하여 보았다.

(가) 안전하고 편리한 교통망의 구성
에너지 절약, 환경 문제는 교통 기관의 중대한 과제이며, 그 중에서 철도의 우위성은 높다. 더욱이 사고 율이 적은 것(제1.6.2~1.6.6항 참조)을 더하면 "철도가 지구를 구한다!"고 총론적 백업(backup)의 소리가 높다.

그러나, 이것을 현실의 것으로 하기에는 코스트 앤드 베너핏(cost and benefit)에서 보다 양질의 서비스를 제공할 필요가 있다.

한편, 철도나 항공의 교통 간선망이 정비된 것에 비하여 말단의 교통 기관이 퇴화하면 갈아타는 교통기관을 이용하는 일이 불편하게 된다. 각 교통기관의 경쟁이 고속화·쾌적성의 향상에는 크게 공헌한다고 생각되지만 갈아타고 목적지로 가는 여객은 크게 불편하게 되어 자동차의 이용에 박차를 가하게 된다고 생각된다. 그 결과, 교통 체증·배기가스 공해·소음 공해·교통 사고의 다발이라고 하는 사태를 야기하며, 새로운 외부 불경제의 문제를 일으킨다고 생각된다.

이와 같은 상태에서 탈피하기 위해서는 말단의 교통 기관을 정비하는 것이 제일 중요하다. 경쟁과 도태의 사이클에서 협조와 공생의 사이클로 전환하여 갈아타고 목적지로 가기가 편리한 교통망의 재구축이 요망된다. 제2는 다른 교통기관과의 네트워크의 형성은 철도가 리더십을 발휘하는 것이 바람직하다고 생각된다. 제3은 편리하고 안전한 교통 네트워크를 지원하는 기술로서 정보 네트워크에 맡겨지는 경우가 크다고 생각된다. 교통 네트워크가 좋게 기능을 발휘하기 위해서는 교통 네트워크 정보가 이용자에게 효과적으로 전하여지는 것이 중요하다. 고도의 정보사회를 맞이한 때에는 편리하고 우수한 교통 네트워크가 실현될 것이라고 기대된다.

(나) 교통 환경 문제에 대한 개인 의식(민도, 民度)의 향상
일반적으로 개인의 편리와 "자유"의 추구, 생활환경 파괴를 고려하지 않은 교통 프로젝트의 추진이 계속되어(결국, 반자연 행위), "편리한" 자동차 사회의 확대를 묵인하고 있는 것이야말로 이와 같은 심각한 교통환경 문제를 야기하여온 것이다.

지방도시라면 모르나 대도시에서는 정도의 차이는 있을지언정 공공 교통 기관이 정비되어 있으므로 생활환경 파괴가 적은 공공 교통 기관(철도이든지 버스 등)을 적극 이용하도록 유의하면 어떠할 것인가? 결국, 개인 행동이 교통 환경 문제를 고려하도록 요구되고, 개인의 의식(민도)에 따라 자동차(교통 환경) 문제는 크게 달라져갈 것이다.

(다) 철도 정비의 합의 형성

미국의 로스앤젤레스에서 도시철도를 정비하기 위하여 매상세(賣上稅)나 가솔린세를 증징(增徵)하는 등의 제안에 대하여 주민 투표가 실시되어 가결된 것은 1990년대 전반의 일이다.

이와 같은 철도정비의 합의에는 그에 상응하는 의식(민도)이 필요할 것이며, 그를 위해서는 사용하기 쉬운 철도를 계획 · 건설할 필요가 있을 것이다.

(라) 철도의 정비 제도와 재원

이들의 민도가 향상되어 합의가 형성되어도 정비제도가 구비되어 있지 않고 재원이 없으면 어떻게 할 것인가의 대책도 없다.

이 점에서 독일 정부는 1992년의 독일연방 교통로(交通路) 정비계획을 실시하여 오고 있으며, 종래에 일관하여 도로에 대한 투자를 최우선하여 왔지만, 철도 우선으로 방침을 전환하였다. 그 때까지도 자동차로부터의 광유(鑛油)세를 일반 재원에 도입하여 왔던 독일 정부이었지만 더욱 공공교통 중시의 정책을 펴오고 있다. 그 때문에 현재는 계획 투자액에서 철도가 도로를 상회하고 있다.

지구 온난화 · 대기 오염 방지를 위하여 OECD(경제 협력 개발 기구)에서는 연료중의 탄소 함유량에 따라 과세하는 "탄소세(환경세)"를 도입할 것을 각국에 권고하고 있다. 이것을 재원으로 하여 공공 교통 기관의 정비나 저공해 자동차의 개발, 도로 교통의 개선, 교통 정책의 연구 등을 하면 좋은 교통 환경으로 될 것이다.

(마) 그러나, 철도가 만능은 아니다.

여기에서 오해하지 않기를 바라지만, 결코 "자동차를 사용하면 아니 된다"고 말하고 있는 것은 아니다. 필요한 경우는 당연히 사용하여야 할 것이고, 자동차가 없이는 현대 사회가 성립할 수 없다고도 말하지만, "편리"를 추구하는 나머지, 종래와 같이 "무감각적으로 사용하는 방법은 반성되어야 할 것이며, 개인 개인이 인간의 생활 환경을 고려한 뒤에 교통 기관을 선택하여야 할 시대로 되어 있다"고 한다. 결국, 자동차가 나쁘다는 것이 아니고 그 사용방법이 나쁘다는 것이며, "종합 교통 정책/체계"를 기초로 자동차나 철도와 인간이 공존할 수 있는 사회를 구축할 필요에 다가가고 있는 것이다.

(5) 종합 교통체계와 모들 시프트의 기대

상기에 설명한 것처럼 여객 · 화물 모두 자가용 자동차나 트럭의 수송을 철도로 대체할 경우에는 막대한 에너지가 절약될 것으로 예상된다. 그 때문에 여객수송의 분야에서는 대도시를 중심으로 철도, 버스 등으로의 공공 교통기관 이용을 촉진함과 동시에 화물수송의 분야에서도 트럭으로부터 철도로의 모들 시프트(modal shift)를 도모하여 갈 필요가 있으며, 더욱이 이른바 종합 교통체계의 구축이 기대되고 있다.

그러나, 종합 교통체계의 정비에는 막대한 비용과 시간이 걸리며, 구호만으로 끝나지는 않을 것인가? 또한, 오늘날의 경쟁원리 사회 아래에서는 에너지 소비와 환경에 대응하는 조건만으로는 철도로의 시프트도 곤란한 일이라고 생각된다.

앞으로의 에너지 문제에 대한 해결의 일조로서 철도의 이용을 촉진하는 방법으로 교통 시스템 전체로서 에너지 소비를 최대한으로 억제하는 것이 현상으로서 가장 간편하고 효과가 있는 방법이라고 생각된다. 철도의 이용을 촉진하는 방법으로서는 **그림 1.6.3**에 나타낸 것과 같은 시책이 고려될 수 있다. 이들 시책의 대부분은 일반적으로 에너지를 증가시키는 방법으로 되지만, 에너지 효율이 나쁜 다른 교통기관으로부터 여객이 철도로 전이(shift)되면 교통 시스템 전체로서 큰 생(省)에너지를 수행할 수 있다고 생각된다.

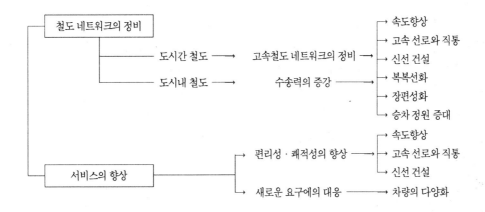

그림 1.6.3 에너지 절약을 위한 철도의 이용 촉진 방법의 예

(6) 철도의 생(省)에너지 기술과 그 효과

(가) 고속화

예를 들어 일본 신칸센의 경우에 220 km/h에서 270 km/h의 고속화가 실현되어 900 km에서 약 40 분의 소요 시간 단축이 가능하였다고 한다. 이 때문에 철도와 항공기의 시장 점유율이 변화하고 에너지 수지도 **표 1.6.37**에 나타낸 것과 같이 변화하여 종합적으로 약 5 %의 에너지를 절약하고 있다고 한다.

표 1.6.37 고속화에 따른 에너지 수지의 예

년도	종별	거리(km)	수송 인원(천 인)	원단위(kcal/인km)	소비 에너지(kcal)	비고
1992년도	철도	900	1,818	100	1.64×10^{11}	속도 220km/h
	항공		1,690	430	6.54×10^{11}	
1993년도	철도		1,925	128*	2.27×10^{11}	속도 270 km/h
	항공		1,433	430	5.55×10^{11}	

*) 고속화에 따른 운전전력 증분비율을 적용,　　　※ 일본 자료(鐵道における電力エネルギー-, 1997).

(나) 경량화

차량 중량을 현재의 중량에서 1톤 가볍게 할 때에 에너지가 어느 정도 경감되는지에 대하여 일본에서 시산한 결과를 보면, 신칸센·山手線의 통근 전차 모두 1량당의 전력 절약량은 약 9,000 kW이었다. 통근 전차에서 보통 강제의 차량 1 편성(363 톤)과 스텐레스 차체 등을 채용한 차량 1 편성(299 톤, 전자에 비하여 64 톤의 경량화)의 역행(力行)에 요하는 전력 소비량을 주행 단위 km당으로 비교한 결과를 보면, 1 편성당 23 kWh/km와 20 kWh/km로 경량화의 효과가 보여진다.

차량 기기 중에서도 중량 비율이 큰 모터와 치차 장치 및 차축을 일체화한 차륜 일체형 주전동기를 통근

차량에 적용할 경우에는 1 축당 800 kg의 경량화가 예상된다는 예도 있다.

(다) 전력 회생

파워 일렉트로닉스(power electronics) 기술의 진전에 따라 초퍼(chopper) 제어나 VVVF 제어에 의한 전력 회생의 차량이 등장하여 에너지의 유효 이용을 도모하고 있다. 근년에는 교류 전기 차에도 전력 회생이 도입되어 있으며, 전력 회생 차에 대응한 급전 시스템의 개발되고 있다.

차량에서 보아 회생률은 20~40 %로 되어 있지만, 회생으로 발생한 전력이 유효하게 사용되지 않는 점도 있어 변전소로부터 송출한 전력으로서는 5~10 % 정도의 절감으로밖에 되지 않으므로 변전소로부터 송출 전압이 기준치 이상으로 되지 않도록 조정을 하는 등의 기법을 도입하여 회생 전력의 유효 이용을 도모하고 있다.

한편, 회생 전력의 저장 방법으로서 배터리 박스나 플라이휠(flywheel) 또는 급탕(給湯) 축열(蓄熱) 등의 각종 기술이 연구·개발되고 있다. 또한, 차상 탑재형의 재생형 연료 전지로 회생 전력을 수소로 변환하여 전력을 저장하는 방식 등에 대하여도 연구되고 있다.

(라) 고전압화

국내의 지하철은 1,500 V가 채용되고 있지만, 해외에서는 3,000 V를 채용하고 있는 나라의 쪽이 많아 직류 전철화 방식의 약 75 %에 달한다고 한다. 일본(대부분 1,500 V)에서는 대도시 근교의 수송 수요가 증가됨에 따라 전력 공급 설비의 개량이나 증강이 도모되어 왔지만 부하 전류의 증가에 따른 급전 손실의 증대와 보안도의 저하에 관한 문제를 구제하여 회생 효율을 향상시키기 위한 시책의 하나로서 급전 전압을 3,000 V로 상승하는 것을 검토하고 있다. 현용의 1,500 V를 기본으로 3,000 V화한 때의 운전전력을 시뮬레이션 한 결과, 급전 전압의 3,000 V화는 회생률에서 약간의 향상이 도모되는 점, 급전 손실이 대략 반감하는 점의 효과에 따라 변전소로부터의 공급 전력을 약 10 % 절감할 수 있는 점을 나타내고 있다고 한다.

(마) 전력 저장과 피크 전력의 평준화

전기 철도의 운전용 전력으로서 에너지가 저장되는 예로서는 플라이휠(flywheel)과 배터리 박스가 있다.

최근의 각종 축전지나 연료 전지의 개량·개발에 따른 저렴화 및 전력 변환 장치의 고성능화에 따라 전지를 이용하는 전철용 전력 저장 시스템을 개발하여 회생 전력의 저장, 수요 초과(demand over) 시의 피크 대책 전원용, 또한 변전소 간격이 긴 구간의 전압강하 대책용으로 이용되는 것이 고려되고 있다.

이들을 실용화하기 위한 전력 저장·공급 시스템의 개발이 진행되고 있다.

(바) 기타

전력기기나 급전회로에서 변압기 손실(loss), 변환기 손실, 급전 손실의 하드 면에서의 대책은 물론이고, 열차와 변전소간의 연락에 의한 소프트 면에서의 생(省)운전전력 시스템의 구축에 대하여도 검토되고 있다.

또한, 차량 탑재용 전력 기기의 경량화가 생(省)에너지 대책으로서 효과가 큰 점에서 이 분야에 대하여도 검토와 개발이 필요하다고 생각된다.

1.6.7 환경·안전·에너지 절약 문제의 결론

에너지 문제와 환경 문제는 석유 공급사정이나 고갈, 지구 온난화 등 국제적인 문제로서 거론되고 있지만, 우리들의 생활에 직접 관련되는 중요한 문제로서 클로즈업되고 있다. 또한, 지금까지의 경제 성장적인 톤(tone)에서 변하여 쾌적한 생활 공간, 국토 자원, 환경 문제에 대한 관심이 높아지고 있다. 이렇게 보면, 철도 기술의 "쾌적한 환경의 창조"는 앞으로 기대되는 테마로 될 것이다.

지난 수십 년 이래의 "경제 발전"이나 반자연 행위의 결과, 교통을 비롯한 분야에서 사회의 "비뚤어짐"이 분출되어 오고 있으며, 이것은 아시아 지역을 비롯한 세계 각지에서 같은 현상이 보여진다. "세대간의 공평"을 고려하면, 우리 세대의 "짐"을 장래로 보내는 것도, 또한 우리들만의 상응하지 않는 "자유"를 향수(享受)할 수도 없다. 그 때문에도 세계적인 주요 과제의 하나이며, 해마다 심각하여지는 교통 환경 문제에 진지하고 조급하게, 또한 아시아 각 국, 나아가 세계 각 국과 함께 협력하여 대처할 필요가 있을 것이다.

철도의 장래를 고려함에 있어 "교통의 생(省)자원, 환경 · 안전 문제"가 하나의 힌트를 주게 될 것이다.

제2장 철도의 계획과 건설 및 정비

2.1 수송 계획

2.1.1 수송계획 전반

철도를 운영하는 계획의 제1보는 수송 계획(traffic plan)이다. 철도 수송의 사명은 상정되는 수송 수요를 효율적으로 고속, 대량, 안전하고 확실하게 수행하는 것이다. 수송 계획은 이를 위하여 열차 종별, 운전 계통 등 기본적인 조건을 정하고, 이들의 열차를 각각의 선로 조건, 역 배치, 차량 성능 등에 따라 운전 계획을 세워 철도가 가장 신뢰성이 높은 수송 기관으로서 그 능력을 발휘될 수 있도록 한다. 새로운 철도를 건설하는 경우, 또는 기존의 철도를 개량(improvement)하는 경우에도 ① 무엇을 운반하는가, 무엇을 늘리는가? (여객 · 화물이나 그 질 · 내용), ② 어느 정도의 양(여객 인km, 화물 톤km)인가? ③ 열차(train)의 속도 (km/h) · 서비스는? ④ 열차의 빈도{열차 단위(train unit)와 열차 횟수(train frequency)}는? ⑤ 채산 (운임, 경영 수지, 투자 효율)은? 등을 상정하는 것에서 시작된다. ⑤는 결과이지만, 수송계획 시에도 적어도 대강의 예측은 하여야 한다.

철도의 운영은 채산이 취해지는 것이 원칙이지만 선행 투자의 경우는 장기적인 수지 전망을 책정하고, 또한 건설비가 거액으로서 채산이 취해지지 않는 경우는 공공적 사명 등에 따라 무엇인가의 공적 조성을 시켜야 한다. 즉, 대도시 근교 노선은 자동차의 격증과 도로의 체증 등으로 철도는 지하철을 포함하여 대도시의 기능 유지에 불가결한 교통기관으로 되어 있다. 그러나, 이러한 철도의 건설이나 증강에는 거액의 투자를 필요로 하기 때문에 외국에서 지하철의 건설은 약 50 %를 공적 조성으로 하는 시책의 예가 많으며 최근의 모노레일이나 신 교통 시스템도 인프라스트럭처(infrastructure) 부분 등의 건설비에 공적 보조가 주어지도록 되어 있다.

이들 일련의 계획에 기초하여 소용의 시설 · 차량 등의 구체적 계획에 들어가게 된다. 철도는 사회의 변혁이나 기술 혁신 등으로 변하여 가기 때문에 실제의 계획 작업으로서는 새로운 철도를 건설하는 경우보다도 기존철도를 개량하는 경우가 많다.

2.1.2 수송 수요(수송량)의 예측

(1) 수송량 상정 방법의 전반

수송 계획의 기본으로 되는 것은 상기와 같이 노선(route)에 대한 장래의 수송 수요를 예측하는 것이다. 다시 말하여, 설비 투자 계획에서는 장래의 수송 수요를 적확하게 예측하는 것이 중요하다. 즉, 열차가 주행하는 선로(permanent way)와 각 역의 필요 용량을 정하여 필요 차량을 확보하고 열차 다이어그램에 기초하여 열차 운행계획을 작성하며, 거기에 필요한 요원 조치, 차량 수용설비, 변전소 용량의 확보 등을 계획한다. 이들의 기본 시설은 한 번 건설되면 내용 연수가 길기 때문에 특히 신선 건설이나 선로 증설(track addition)과 같은 거액의 설비 투자를 필요로 하는 계획에 대하여는 다른 교통기관과의 관계를 고려한 뒤에 장래의 수송 수요를 적확하게 예측하는 것이 필요하다.

대상은 도시간 교통(inter-city traffic, 여객·화물), 도시 교통(city traffic, 여객), 지방 교통(local traffic, 여객)으로 대분류되며, 수송 계획의 기본으로 되는 것은 그 선로의 장래 수송수요(traffic demand, 소요의 수송량)를 예측하는 것이다.

재래 선구 개량의 경우는 과거의 수송량(volume of transportation) 통계수치의 추이나 연선 인구·산업의 예측 등으로 비교적 높은 정밀도의 예측이 가능하다. 또한, 유사한 과거의 예 등을 참고로 하는 경우가 많다. 즉, 과거 각 연도마다의 수송량 실적으로 최소 제곱법으로 관련 수식을 구하여 산정한다. 이 식은 단년도의 계획에는 사용할 수 있지만, 사회의 변동이 큰 장기에 대하여는 사용할 수 없다.

수요 예측에 대한 어려움은 특별한 신선을 건설하든지, 전철화, 직행 화물수송 등의 대폭적인 수송 개선을 하는 경우나 병행의 고속도로 개통 등의 경쟁 기관에 변화가 일어난 경우이다.

교통 수요의 예측 방법은 필요로 하는 정밀도에 따라 일정하지 않지만 하나의 방법으로서 다음의 프로세스로 행하여진다.

① 예측하는 지역의 설정과 지역의 분할.
② 기준 년도에 대한 교통 유동의 실태, 사회경제 활동 및 교통 시설에 관한 조사.
③ 교통기관의 교통 수요를 표현하기 위한 모델의 구축과 파라미터의 설정.
④ 목표 년도에 대한 사회경제 활동, 교통 시설 등 조건의 설정.
⑤ 목표 년도에 대한 교통수요의 예측.

이상의 논리적 방법에서는 신뢰성이 높은 원시 데이터의 수집이 용이하지 않고, 또한 영향이 큰 사회경제 변화의 예상이 곤란하게 되는 등 때문에 실제로 채용되는 수요의 예측은 유사한 실적 등을 참고로 하는 경우가 많다. 장래의 수송 증가에 대하여는 일반적으로 증강 등의 대응이 가능한 어느 정도 시설의 여유가 바람직하다.

대도시 근교 통근선(commuter line) 수송 계획의 열쇠는 통근이 가장 집중하는 아침의 러시아워 수송량의 상정이며, 시설·차량의 규모는 이에 따라 결정된다. 상당한 시설의 투자를 필요로 하는 철도로서는 적어도 유럽의 평균 수송 밀도(輸送 密度, transportation density)라고 하는 10,000 인/km·일 이상이 바람직하다고 한다.

수송량을 상정하는 방법은 다음의 각 케이스에 따라 적절한 것을 선택할 필요가 있다.

(2) 수송 수요의 요인과 기본 가정
(가) 자연요인 : 인구의 증가, 사회 경제의 발전 등으로 생기며, 어떤 교통수단에서나 일정한 흐름에서 크게 벗어나지 않는다[245]. 즉 인구, 생산, 소득, 소비 등의 사회적, 경제적 요인이다.
  1) 인구 : 전국인구, 지역 또는 세력권 인구, 취업 및 취락인구 등
  2) 생산 : 국민총생산(GNP), 국민1인당 GNP, 주민총생산(GDP), 주민 1인당 GDP

(나) **유발유인** : 열차속도, 열차횟수, 차량수, 운임 등과 같은 철도자체의 서비스로 유발된다.

(다) **전가요인** : 자동차, 항공기, 선박 등과 같은 타교통기관의 서비스로 전가된다.

(라) **기타요인** : 시간적 요인(출퇴근, 등교 등)과 계절적 요인(하계휴가, 방학, 단풍철, 연휴 등)이 있으며, 이러한 수송수요는 다음과 같이 구분된다.

　1) 여객 : 정기여객, 비정기여객(업무, 여행, 군용, 관광 등)

　2) 화물 : 품목별로 구분하며 시간상으로는 연간, 월간, 일간, 때로는 도시교통에서는 시간대에 따른 일
　　　일변동 수송수요

(마) **예측의 기본적 가정**

　① 과거의 경향과 장래의 예측에 관한 기본적 사실의 규명

　② 과거 수요변동요인의 분석

　③ 이전에 행한 예측과 현재의 수요가 다른 원인의 규명

　④ 장래의 수송에 영향을 줄 것으로 생각되는 인자의 탐색

　⑤ 장래수요의 예측

　⑥ 필요에 따라 가까운 장래예측의 수정

(3) 수송수요 예측기법

(가) **시계열분석법** : 통계량의 시간적 경과에 따른 과거의 변동을 통계적으로 여러 구성 요소로 분석하고 이들 정보로부터 장래의 수송수요를 예측하는 방법이다[245].

　1) 가법 모형법

$$O = T + P + C + I$$

여기서, O : 원계열, T : 경향분석, P : 주기변동, C : 순환변동, I : 불규칙 변동

　2) 비례모형법

$$O = T \times P \times C \times I$$

(나) **요인분석법** : 어떤 현상(수송량)과 몇 개의 요인변수(설명변수) 관계를 분석하고 그 관계로부터 장래의 수송수요를 예측하는 방법으로 회귀분석과 탄력성 분석법이 있다.

(다) **원단위법** : 대상 지역을 여러 곳의 교통존(zone)으로 분할하여 원단위를 결정해서 장래 수송수요를 예측하는 방법이다

$$G_i = \sum_{j=1}^{n} S_j \cdot GK_{ij}, \qquad A_i = \sum_{j=1}^{n} S_j \cdot AK_{ij}$$

여기서, 　G_i 　: i 존의 교통발생량

　　　　　j 　: 용도

　　　　　n 　: 토지이용 용도의 수

　　　　　S_j 　: 용도 j에 대한 토지면적

　　　　　GK_{ij} 　: 용도 j에 대하여 i 존의 교통발생력

　　　　　A_i 　: i 존의 교통집중량

AK_{ij} : 용도 j에 대하여 i 존의 교통집중력

(라) 중력모델법 : 뉴턴(Newton)의 중력법칙을 수송에서 교통의 유동에 유사 응용한 것으로 그 지역 상호간의 교통량이 양지역의 수송수요 인원 크기에 상승적에 비례하고 양지역간 거리에 반비례한다는 원리에서 장래의 수송수요를 예측하는 방법이다.

$$T_{ij} = K \cdot \frac{E_i \cdot E_j}{D_{ij}^{\,n}}$$

여기서, T_{ij} : 지역 i, j 간의 교통량

E_i, E_j : 지역 i 및 지역 j의 지역경제량

D_{ij} : 지역 i와 지역 j간의 시간적 또는 공간적 거리

K, n : 모델마다 결정되는 계수

(마) OD표 작성법(origin destination tabulation method) : 대상으로 하는 지역을 몇 개의 존(zone)으로 분할하고, 각 존 상호간의 교통 흐름을, 즉 어디에서 출발하여 어느 곳을 경유하고 어느 곳에 도착하는지를 파악하여 OD표를 만들고 이 OD표를 작성하여 장래의 수송수요를 예측하는 방법이다.

(바) 기타 : 구조분석 예측법과 직접예측법이 있다.

(4) 기존선 개량의 경우

이 경우에는 당해 선구(railway division)의 실적을 알 수 있으므로 이것을 이용하여 계획 년도의 수송량, 역간 교통량 혹은 역의 승차 인원 등을 직접 산출할 수 있다.

(가) 경향선(회귀 분석)

과거의 각 년도마다의 수송량 추이에 따라 하기의 직선이나 곡선을 최소 제곱법으로 적용하여

$$T = aX + b$$
$$T = aX^2 + bX + c$$
$$T = a \cdot b^x$$

여기서, T : 수송량(실적 값)

X : 연차

상기의 각 계수(a, b, c)를 결정한다. 이것에 목표 연차 X_0를 삽입하면 예상 수송량이 구하여진다. 단기적인 예측에 잘 이용되지만, 수송량에 대한 인과 관계가 불명하며, 장기적으로는 무한에 가까운 값을 취한다고 하는 모순이 있다.

(나) 요인 분석(다중 회귀분석)

상기의 모순에 대하여 목표 년도의 인구, 소득, 생산 등의 사회적 · 경제적 요인으로 인하여 수송량이 저절로 제약을 받는다. 또한, 상위 장기 계획의 지표 값이라도 현저한 모순이 있어서는 안되므로 상위 계획보다 목표 년도에서의 상기 각 인자의 공급을 받아들인다. 하기의 T로 예를 들면, 지역간 상호의 수송량을 취한다. 이것은 OD표(origin(출발지) destination(도착지) table)로 정리, 표시되는 성질의 것이다.

$$T = aX + bY + cZ + d \quad \text{(3인자 1차 회귀분석)}$$
$$T = K \cdot X^a\, Y^b\, Z^c \qquad \text{(탄력성 분석)}$$

여기서, X, Y, Z : 인구, 소득, 생산액 등 수송량의 T에 관계가 깊은 인자

a, b, c, d의 각 계수는 과거의 각 인자와 수송량에 관한 실적을 기초로 하여 다원 연립 방정식으로 하며, 여기에 최소 제곱법을 적용하여 구한다.

또한, 이 T에 대하여는 목적별로 용무 여객(예를 들어, 발착 지역의 생산 소득과의 상관), 관광객(발차 도시의 인구 및 1인당 소비 지출액과의 상관), 가사 · 사적 용무 여객(발착 양 지역간의 인구 유동 실적과의 상관)으로 나누어 정밀도를 올리고 있다.

이상은 자연 증가이지만, 이 외에 적극적인 영업 활동, 큰 공업단지 조성 등의 특수 증가는 별도로 고려한다.

(5) 신선이지만 유사 선구를 선정하여 유추할 수 있는 경우(역세권법)

기왕의 실적이 풍부한 지방 개발 선로나 동일 도시내의 지하철에 적용할 수 있다.

① 유사 선로의 실적 표를 작성한다.

② 당해 예정 선구 각 역의 역세 인구를 구한다.

③ 보통 여객은 유사 선로의 보통여객 승차횟수 실적에 역세 인구를 곱하여 산출한다. 정기 여객은 상기의 승차 인원에 유사 선로의 보통 대 정기 비율을 곱하여 구한다.

④ 상기의 ③으로 산출된 각 역 승차인원에 대하여 예를 들어 중력 모델을 이용하여 각 역에 대한 승차 인원을 배분한다.

중력 모델 $\quad T_{ij} = P_i \dfrac{(A_j / d_{ij}^n)}{\sum (A_j / d_{ij}^n)}$

여기서, $\quad T_{ij}$: i역에서 j역에 이르는 여객 수

$\qquad P_i$: i역의 승차 인원

$\qquad A_j$: j역의 승차 인원

$\qquad d_{ij}$: i역에서 j역에 이르는 시간 거리

$\qquad n$: 과거의 실적 값에 의한 정수

⑤ 상기의 ④를 이용하여 역간 교통량을 구한다.

(6) 신선이지만 유사 선구가 없어 유추할 수 없는 경우(총수요법)

이 항목은 어떤 도시에 대하여 종합 교통체계를 세울 경우, 혹은 새로운 지하철을 건설하는 경우에 해당될 것이다.

대도시권은 다종 다양한 교통기관이 있으므로 적정한 교통기관별 분담을 전제로 하여야 한다. 이 때문에 먼저 퍼슨 트립(person trip)을 조사하여 현재의 각 트립의 목적, 방향, 이용 교통수단 등을 명확히 한다. 이에 따라 현재 상태의 존(zone)간 OD표가 구하여진다.

교통 수요량의 예측에는 지금까지의 전체 교통량의 추이와 경제지표 추이의 상관을 구하고, 먼저 총교통수요량(생성 교통량이라고 하며, 전트립수를 말한다)을 대상 지역의 계획 년도의 총인구(야간 인구, 산업별 인구 등) 및 소득 수준 등에 연립시켜 구한다. 이 생성 교통량을 기초로 각 구간의 OD표를 작성하지만, 그 표준적 방법으로서 4단계 추계법이 있다.

즉, 최초에 존(zone)을 설정하여 그 중에서 발생하는 퍼슨 트립(person trip, 한 사람이 출발점에서 목적지까지 이동하는 일련의 움직임)을 집계하여 교통량으로서 이용한다. 다음에 각 존의 교통수요를 발생·집중, 분포, 분담, 배분이라고 하는 4개의 구성요소로 분할하여 예측하는 방법이다. **그림 2.1.1**에는 장래의 도로·철도의 네트워크에서 도로배분과 철도배분을 예측하는 방법을 나타낸다.

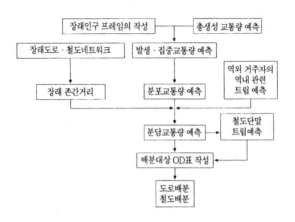

그림 2.1.1 4단계 추정법에 따른 예측 순서

총 수요법의 그 개요는 하기와 같다(**표 2.1.1**).

표 2.1.1 장래(예측 연도)의 OD표

D\O	1 ······ j ······ n			계
1	X_{11} ······	X_{1j} ······	X_{1n}	G_1
⋮	⋮	⋮	⋮	⋮
i	X_{i1} ······	X_{ij} ······	X_{in}	G_i
⋮	⋮	⋮	⋮	⋮
n	X_{n1} ······	X_{nj} ······	X_{nn}	G_n
계	A_1 ······	A_j ······	A_n	T

i, j : 존 번호, n : 존 수, X_{ij} : 존 i에서 발생, 존 j에서 집중하는 OD 교통량
G_i : 존 i의 발생 교통량 $G_i = \sum_{j=1}^{n} X_{ij}$, A_j : 존 j의 집중 교통량 $A_j = \sum_{i=1}^{n} X_{ij}$
T : 총 트립수

〔**제1 단계**〕 발생·집중 교통량
현상 OD표로부터 작성한 현재의 발생·집중 교통량과 경제 지표를 이용하여 일정한 상관 관계를 구하여 장래 각 존의 발생·집중 교통량을 예측한다.
발생 교통량 : 트립을 출발지 측에서 포착한 교통량
집중 교통량 : 트립을 도착지 측에서 포착한 교통량

〔**제2 단계**〕 분포 교통량 예측

제1 단계에서 구한 발생 · 집중 교통량과 현재 상태의 OD표로부터 장래의 OD표를 작성한다.

〔**제3 단계**〕 교통기관별 교통량 예측

전교통 수단 중에서 도보, 2륜차 및 자가용차 분을 차인하여 공공 기관 이용분의 교통량을 추출한다.

교통기관별 교통량은 구하는 방법이 여러 가지이지만, 예를 들어 수송 저항비 배분의 고려 방법을 이용하여 예측한다. 수송 저항의 구성 요소는 소요 시간과 비용으로 하며, 소요 시간은 예를 들어 접근 시간, 대기 시간, 승차 시간 및 갈아타는 시간의 합계, 비용으로서는 요금(정기권 여객에 대하여는 자기 부담 분)을 취한다.

수송 저항비 배분에 대한 일반형의 하나로서 다음의 식을 사용한다.

$$Q_p = m_p \cdot X_{ij}$$

$$m_p = \frac{(R_p)^{-n}}{\sum_{p=1}^{r}(R_p)^{-n}}$$

$$R_p = T_p + C_p / W_1 + W_2 \cdot L_p$$

여기서, Q_p : 제P 경로에 배분되는 교통량 C_p : 제P 경로의 운임

　　　　m_p : 제P 경로에 대한 배분율 L_p : 제P 경로의 노력 저항

　　　　X_{ij} : 존 i와 존 j간의 교통량 W_1 : 시간 가치

　　　　R_p : 제P 경로의 수송 저항 W_2 : 노력저항 계수

　　　　T_p : 제P 경로의 소요 시간 r : 선로의 총수

상기 방식에 따르면, 수송 저항의 n제곱(멱) 및 수송 저항의 1차 결합을 구성하는 각 설명 변수의 계수 W_1, W_2의 결정이 포인트로 된다.

$W_2 \cdot L_p$는 단지 갈아타는 시간에 머물지 않고 갈아타는 노력 등을 의미하며, 의외로 크다고 한다. 이 r을 각각 교통 수단간의 배분 문제(예를 들어, 버스와 철도에 대하여 $r = 2$)로 고려하는 것으로 한다.

또한, 수송 저항의 멱 n에 대하여는 일반적으로 실태를 잘 설명한다고 하는 $n = 6$이 이용된다.

〔**제4 단계**〕 역간 교통량 예측(도로에서는 루트별 배분 예측)

철도 이용자의 존간 OD표에서 각 OD 페어(pair)마다 철도 이용 역(출발지에 가장 가까운 역과 목적지에 가장 가까운 역)을 설정하여 역간 OD표를 작성한다.

2.1.3 수송 계획(traffic plan)

본 계획은 전 항에서 예측한 수송량(volume of transportation)을 이용자의 희망에 따르도록 효율적으로 수송하는 구체적인 계획이다. 수송력(transportation capacity)을 어느 정도로 설정하는가, 열차 방식을 어떻게 하는가, 열차의 단위 편성을 어느 정도로 하는가, 열차의 횟수 빈도를 어느 정도로 하는가, 급행이나 각 역 정거 열차 등의 열차 종별을 어떻게 하는가, 열차의 속도는 어느 정도로 하는가 등이며 당연하지만 채산성도 종합하여 책정한다.

수송 계획은 그 노선이 가진 특성에 맞추어 세우는 것이 필요하다. 즉, 도시간 간선 노선, 관광 노선, 통근

노선 등 각각의 철도수송 목적에 따라 계획도 다르다.

(1) 수송력의 설정

수송에는 계절 파동(seasonal variation) · 주일 파동(weekly variation) · 시간 파동(daily variation) 등의 파동을 피할 수 없다. 즉, 여객 수송(passenger transport)에서는 시간 파동(통근 · 통학 수송), 주간 파동과 계절 파동(행락 · 귀성 수송)이, 화물 수송(goods(or freight) transport)에는 주간 파동과 계절 파동이 있다. 어느 것으로 하여도 파동 피크시의 1 시간 또는 1 일당의 수송 인수 · 톤수를 산정하고, 평균 승차 효율(예를 들어, 고속 열차에서는 70 %, 통근 열차에서는 150 %)과 차량 정원 또는 적재 톤수로부터 수송 차량 수를, 그 다음에 열차 편성(train consist)과 열차 횟수(train frequency)를 산출한다.

여객 수송에 대하여도 앉게 되는 평균 승차효율은 60 % 정도로 되지만 비용도 감안하여 70 %로 하고, 통근 러시아워 수송의 효율은 더 내리는 것이 바람직하지만 단시간만으로 대폭적인 수송력(transportation capacity)을 설정하는 것은 비용만 증가하고 채산적으로도 현실은 용이하지 않다. 돌발적인 파동은 별개로 하고 주말이나 번망기 등의 정상적인 파동에 대하여는 충분히 대응할 수 있는 수송력의 설정이 좋다.

(2) 열차 방식의 선정

철도 창업 시부터 장년에 걸친 증기동력 방식의 열차에서는 동력집중의 기관차 견인 열차로 하여 왔지만 전철화 · 디젤화(dieselization)에 따라 동력분산 방식의 전차 · 디젤동차가 탄생되었다. 대도시 근교의 열차는 고밀도 다이어그램(diagram)의 운전이 가능한 높은 가감속의 전차(electric car)가 세계적으로 채용되고 있다. 우리나라 · 프랑스 · 독일에서는 고속 선로에 동력집중의 기관차 견인 여객열차를 채용하고 있으며, 일본에서는 대부분의 본선 열차에도 전차 · 디젤동차의 분산 열차가 보급되어 있다.

양 방식에는 각각 1장 1단이 있지만, 유럽의 본선 열차는 거주성(livability)이 중시되고 차량비가 경감될 수 있다고 하여 동력집중 열차(concentrative power train)가 많은데 비하여 일본의 경우는 동력분산 열차(decentralize power train)의 우수한 고속성능 · 기동성을 살리고 있다(제6.1.1(2)항 참조).

화물열차는 동력분산 열차의 이점이 적기 때문에 앞으로도 기관차 견인 열차가 답습될 것이다.

(3) 열차 단위와 횟수의 결정

1 열차의 수송 능력을 열차 단위(train unit)라 하며, 여객 열차에서는 편성 량수로, 화물 열차에서는 견인 톤수로 나타낸다. 전(全)열차의 열차 단위의 합이 그 선구의 수송 능력이기 때문에 수송 능력을 높이기 위해서는 열차 단위를 크게 하든지 열차 횟수를 늘려야 하며, 열차 단위의 결정은 동력차의 견인 정수(nominal tractive capacity)나 정거장의 유효장에 따라 좌우된다.

여객 열차는 선로와 차량에 따라 정하여진 어떤 허용 범위 내로 고속화와 프리켄트 서비스(frequent service)를 우선시키고 수송량의 증가에 따라 열차 단위를 증가시켜 가는 것이 보통이다. 그러나, 화물 열차에서는 컨테이너 등의 급송품을 제외하고 일반적으로는 도달 시간(schedule time)의 단축보다도 수송비를 저감시키기 위하여 견인 정수가 가득한 크기의 열차 단위를 취하는 일이 많지만, 근년에는 트럭 편과의 경합에 따라 속달화에 역점을 둔 열차 단위도 유동적으로 고려되고 있다.

열차의 빈도는 이용 선택 등에서는 많은 것이 바람직하지만 열차횟수의 증가는 승무원의 증가를 초래하고, 선로용량(track capacity)의 점 등에서는 열차 단위의 증가가 바람직하기 때문에 다른 교통기관과의 경쟁도 감안하여 적정한 빈도가 선정된다. 열차시격의 최대는 지방 보통 열차(ordinary train)의 경우에도 서비스의 면에서 30분 정도가 바람직하다.

대도시의 통근 선구에서는 수송력의 증강을 위하여도 열차 시격을 가능한 한 축소하고 러시아워의 최소는 2분 정도로 되어 있다(제8.1.4항 참조). 해외에서는 1분 40초 전후도 있지만 아무래도 6량 편성 정도에 대하여 러시아워에도 역 정거시간의 20초가 지켜지고 우리의 러시아워의 혼잡과는 조건이 상당히 다르다. 그러나, 대도시의 통근수송 대책으로서 최근에는 전차의 가감속 성능이나 출입문 수의 증가, 신호 방식의 개선 등과 더불어 가일층 열차 시격의 단축에 따른 수송력 증강대책이 연구되고 있다.

우리 나라 고속선로의 여객 열차(passenger train)에서는 최대 편성이 20량이고 수도권 전철과 지하철은 일반적으로 역의 플랫폼(platform) 설비와도 어울려 최대 10량 편성 정도이다. 그 이상의 열차 단위의 증강은 역의 플랫폼이나 차량기지(depot) 유치선(storage track)의 유효장(effective length of track) 연신에 거액의 비용을 요하는 경우가 많다.

화물 열차(freight train)의 단위는 증기기관차(steam locomotive) 견인 시대의 기관차 성능 등에서 결정된 예가 많으며, 장래는 근대화 기관차의 성능 강화와 역 유효장의 연신에 따라 증강될 것이다. 미국, 중국 등에서는 수천 t의 열차 단위(train unit)가 채용되고 있으며, 열차 단위의 증강은 1차 생산품 등 철도화물의 내용이나 용지 취득 용이도 등의 사정에 영향을 받는다.

(4) 열차 종별의 책정

운전 기간에 따라 정기 · 계절 · 임시 등의 열차와, 수송 사명에 따라 고속열차(KTX) · 새마을호 · 무궁화호 · 특수(단체) · 회송 등의 열차가 있으며, 화물 열차(freight train)에는 급행 · 컨테이너 · 전용 · 일반 등의 열차가 있다. 운전 기간에 의거한 열차는 수송의 파동에 대응하고 수송 사명에 의거한 열차는 이용의 종별에 따른다.

(5) 열차속도의 책정

교통기관에서는 속도가 생명이라고도 하며, 속도가 뒤떨어지는 교통기관은 도태의 운명에 있다는 것은 교통의 역사가 말하여주고 있다. 속도는 차량 성능 · 선로 규격 · 전차선 설비 · 보안 설비 등에 관련되며, 또한 비용에도 관계되므로 대항 교통기관의 동향과도 아울러 종합적으로 사정할 필요가 있다. 또한, 실질의 도달 시간 단축은 열차 빈도나 직행할 수 없는 경우의 갈아타는 접속 시간 등과도 관련되므로 다이어그램의 구성도 고려하여야 한다.

2.1.4 선로 용량(track capacity)

수송력(transportation capacity)의 열차 설정에서 1일에 열차를 몇 회 주행시킬 수 있는가 라는 선구(railway division)의 열차설정 능력을 나타내는 수치 척도가 선로용량(track capacity)이다. 이 경우에 대도시의 전차 선구 등에서는 러시 아워의 열차설정 능력이 문제로 되기 때문에 이 선로용량은 피크 1시간당의 몇 회로 표시된다.

선로 용량은 운전 계획에서 중요한 요소의 하나이며, 수송량에 대하여 선로 용량이 부족한 경우에는 선로의 증설, 대피 역의 증설 등 필요한 조치를 강구하여야 한다.

(1) 단선 구간의 선로용량

단선(single line) 구간에 대한 선로용량의 간이 산정식은 다음과 같다(**그림 2.1.2** 참조).

$$N = [1440/(t+s)] \times f$$

여기서,　t : 역간 평균 운전 시간(running time)

　　　　s : 열차 취급 시간. 대향 열차가 통과하고부터 분기기·신호기를 전환하여 발차할 수 있기까지의 소요시간(자동신호 구간에서는 1분, 비자동 구간에서는 2.5 분으로 하고 있다)

　　　　f : 선로 이용률(track utilization efficiency). 1일 24시간 중 열차를 운행시키는 시간대의 비율로 설정 열차의 사명이나 선로보수 등에서 55~ 75 %를 취하며 표준 60 %로 한다. 기다리는 시간의 증가가 바람직하지 않은 열차의 설정이 많은 경우는 이용률이 내려간다.

이 식에서 알 수 있는 것처럼 역간 거리가 길면, t의 시간이 증가하여 선로용량 N이 감소되며, 신호자동화·CTC(central traffic control device) 등으로 s의 열차취급 시간을 줄이면 N의 선로용량이 증가한다. 또한, 전철화나 차량성능의 향상 등으로 열차속도를 올려 구간의 시간 t를 짧게 하면 N이 늘어난다. 선로 이용률 f는 전술의 조건이나 열차 설정의 유효 시간대(effective time, available time) 등에 영향을 받는다.

이상과 같이 단선 선로용량의 대소는 ① 열차 속도, ② 역간 거리, ③ 구내 배선과 신호폐색 방식, ④ 선로 이용률의 요소가 영향을 준다.

1) 열차 속도 : 상기 식의 t는 가중 평균치를 이용한다, 또한, t는 교행(cross)할 수 있는 대피선(relief track)이 있는 역 상호간을 취하는 것은 물론이며, 도중의 대피선이 없는 역의 정거 시간(stopping time)은 t의 안에 포함된다.

2) 역간 거리 : 대피선이 있는 역 상호간의 거리가 크다면 역간 운전 시간 t가 크며, 따라서 선로 용량이 작다. 이 경우에 비교적 용이하게 선로 용량을 늘리는 방법이 신호장(제7.1.1항)의 신설이다.

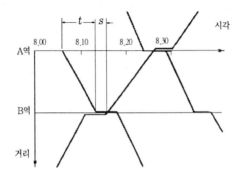

그림 2.1.2 단선 구간의 다이어그램

3) 구내 배선(track layout)과 신호폐색 방식 : 열차 취급 시간 s를 될 수 있는 한 작게 함으로서 선로 용량이 크게 되는 것을 알 수 있으며, 그를 위하여 구내배선의 개량과 신호의 자동화를 행한다.

4) 선로 이용률 : 이른 아침, 심야를 제외하고 승하차 여객이 있는 유효 시간대와 선로보수를 위하여 필요한 열차 간격의 크기 등이 선로 이용률 f에 영향을 준다.

역간 거리에 따라 다소의 차이는 있지만, 일반적으로 단선의 선로용량은 60~80으로 되며, 고속열차와 저속열차가 혼재하거나 설정 횟수가 많게 되면 교행, 대피의 손실 시간이 많게 되어 서비스상 바람직하지 않은 열차가 늘어난다. 또한, 실제의 열차운전에서는 다소의 지연 등은 피할 수 없기 때문에 어느 정도의 열차 다이어그램(train diagram)의 흐트러짐을 흡수할 수 있는 것이 실용적인 선로용량이며, 이론적으로 상정한 용량보다 약간 하회한다. 역간 시간이 가지런하도록 교행 역을 배치한다면 선로용량이 늘어난다.

상기의 단선구간 간이식은 많은 요소를 간이화한 것에 따라 문제점도 있지만, 그 계산 결과에 따라 애로 구간의 발견과 비교가 용이하기 때문에 실용적으로 잘 이용된다.

(2) 복선구간의 선로용량

통근 선구 등 동일 속도 열차 설정의 평행 다이어그램(parallel train diagram)인 경우에는 열차 최소 시격(minimum train headway)의 t 분과 선로 이용률 f에서

$$N = 2 \times (1,440 / t) \times f$$

로 산정되어 가장 많게 된다.

최소 시격은 본선(main line) 주행에서는 폐색 신호기(block signal)의 간격을 좁혀 1 분 이하로 단축 가능하지만, 승하차가 특히 많은 역(착발선 1개의 경우)에서의 정거 시간, 반복 역에서의 분기기(turnout) 지장 시간 등에 좌우되며, 10 량 편성의 통근 전차 선구에서는 여유를 포함하여 2분 정도로 하고 있다.

고속열차와 저속열차가 설정되어 있는 일반 선구의 경우에는 속행하는 고속열차 상호간의 시격 h와 추월·대피의 소요 시간 r, u에서 결정되는 1열차의 역간 선로 점유 시간에 주목된다. 그 점유 시간이 1일 24시간의 중에 몇 회 들어가는가를 근사적으로 다음과 같이 선로용량의 간이 산정식으로 계산한다(**그림 2.1.3** 참조).

$$N = 2 \times [1,440 / \{hv + (r + u + 1) v'\}] \times f$$

여기서,   h : 속행하는 고속열차 상호의 시격(통상적으로 6분을 원칙으로 함)

        r : 정거장에 선착하는 저속열차와 후착하는 고속열차와의 필요한 최소 시격(통례에서 4분)

        u : 고속열차 통과 후 저속열차 발차 시까지에 필요한 최소 시격(통례에서 2.5분)

        v : 전(全)열차에 대한 고속열차의 비율(고속열차비), 따라서 hv는 고속열차가 점유하는 시분

       v' : 전열차에 대한 저속열차의 비율, (r+u+1)v'는 저속열차가 점유하는 시분

상식에 h = 6 분, r = 4 분, u = 2.5 분을 대입하면, v = 0일 때 N(편도) = 115 회, v = 1일 때 N(편도) = 144 회로 되며, 일반적으로 속도 종별이 다른 열차가 운전되고 있는 복선(double line) 구간의 선로용량은 왕복 230~290으로 된다.

재래선에서는 h = 6 분, r = 4 분, u = 2.5 분 정도이지만, 폐색 신호기의 증설 개량으로 h = 3 분, r, u = 2 분 정도로 압축할 수 있다. 고속철도의 선로에서는 h를 약 3 분, r, u를 각각 2 분으로 하면 1 시간 편도

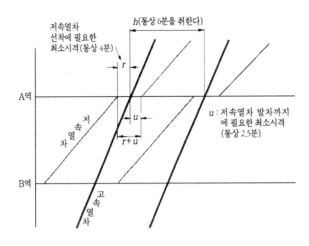

그림 2.1.3 복선 구간의 다이어그램

최대 15회가 가능하다. 더욱이, 고속철도의 선로는 야간의 시설보수 시간을 약 6 시간으로 취하면, 선로 이용률 f는 약 75 %로 된다.

재래선의 경우에는 복선의 선로용량이 단선의 약 배 정도이지만, 차량성능의 개선, 신호방식의 개량 등에 따라서 약 3 배가 가능하다. 그 외에 터미널 역·중간 역에서의 열차 착발선(departure and arrival track)의 다소나 역 출입 분기기의 배치·제한 속도(restricted speed) 등에 따라서도 선로용량이 변한다.

(3) 복복선의 선로용량

대도시 전철에서는 수송력(transportation capacity)을 증강시키기 위하여 복복선화가 진행되고 있다 (후술의 제2.3.4(3)(마)항 참조). 방향별(direction working system) 복복선(quadruple line)에서 고속 선로와 저속 선로로 나눈 경우에 선로용량은 복선의 2배 이상으로 되며, 이용자의 편에서도 좋다. 선로별 (line working system)의 복복선화는 선로용량이 복선의 2배로 되지만, 같은 방향에 대한 이용자의 편에서 는 바람직하지 않다. 전자의 경우는 동일 방향의 선이 2개 병행하여 있으므로 운전상 탄력적인 운용이 가능 하며, 후자는 서로 타선과의 관계가 적어 독립한 운전을 할 수 있다.

2.2 노선의 계획과 건설

2.2.1 철도계획 개론

(1) 철도계획의 중요성

한 시대의 철도계획은 지역적인 특성에 따라 다소 다른 점이 있겠으나 당장보다는 먼 장래를 보고 철도를 계획·건설하여야 한다[221]. 또한, 철도는 그 효과와 영향이 사회경제적으로 광범위하게 미치고, 많은 사람들과 직간접적으로 이해관계를 맺고 있으며, 대규모의 투자비용이 소요되므로 장기간의 대규모 사업인 동시에 라이프 사이클이 긴 특징이 있다. 그러므로, 계획 수립도 국가전체의 교통시스템을 충분히 반영하여 공공의 편리와 국토의 균형적 개발 및 산업발전을 도모하여야 하며, 특히 각종 교통기관과 비교하여 대량성, 안정성, 저렴성, 친환경성 등의 장점을 최대한 발휘할 수 있도록 계획하여야 할 것이다.

(2) 철도계획의 분류

철도계획은 철도투자계획과 철도영업계획으로 대별된다[221].

(가) 철도투자계획

1) 수송력 증강 투자계획 : 수송력증강의 일환으로 시행하는 복선화·복복선화·전철화 등의 계획과 도시개발 및 지역개발 등에 따른 수요의 창출로 인한 신선건설 등의 계획
2) 기존설비의 근대화 투자계획 : 노후된 설비의 현대화로 열차운행의 안전을 확보하기 위하여 필요한 투자계획
3) 수송서비스 개량 투자계획 : 복지차원의 쾌적성 향상을 위한 에스켈러이터 설치, 지체장애인용 시설확충, 여객편의시설 확충 등의 투자계획

(나) 철도영업계획

1) 열차운영계획 : 이용객들의 편익을 최대한 반영하는 열차 운영
2) 화물영업계획 : 화물 수송 등 물류비용 절감을 위한 열차 운영
3) 영업합리화계획 : 적정 운임 산정, 경영구조 개선, 부대사업

(3) 철도계획의 내용

(가) 철도건설계획의 단계

철도건설계획은 자연조건, 경제조건, 행정구역, 사회조건, 교통조건, 인위조건 등에 따라 철도계획의 단계 이전에 장래 철도건설의 필요가 있다고 인정되는 철도예정선의 단계와 타당성 분석 등을 완료하여 기본계획을 완료한 철도조사선의 단계가 있다[221].

※철도예정선 : "21세기 철도망구축 기본계획", "국가기간교통망계획" 등 장기계획(제1.3.8항 참조)에 의거하여 시종점 축으로 제시된 노선

(나) 철도계획의 내용

철도계획은 철도건설법과 건설기술관리법(시행령 제38조의 7)에 제시된 기본계획내용을 반영하여 계획한다.

철도건설법(2004.12.08. 법률 제7304호) 제4조 등에서는 다음과 같이 규정하고 있다.

건설교통부장관은 국가의 효율적인 철도망구축을 위해 10년 단위로 국가철도망구축계획(이하 "철도망계획"이라 한다)을 수립·시행하여야 한다(제1.3.8항 참조).

철도망계획은 교통체계효율화법 제3조의 규정에 의거한 국가기간교통망계획, 동법 제5조의 규정에 의거한 교통시설투자계획 및 대도시권광역교통관리에관한특별법 제3조의 규정에 의거한 대도시권광역교통계획과 조화를 이루도록 하여야 한다. 건설교통부장관은 철도망계획을 수립하고자 할 때에 관계 중앙행정기

관의 장 및 관계 시·도지사와 협의한 후 철도건설심의위원회의 심의를 거쳐야 한다. 수립된 철도망계획을 변경하고자 하는 때에도 또한 같다. 다만, 대통령령이 정하는 경미한 사항을 변경하는 경우에는 그러하지 아니하다. 건설교통부장관은 철도망계획이 수립된 날부터 5년마다 그 타당성여부를 검토하여 필요한 경우에는 변경하여야 한다. 건설교통부장관은 철도망계획을 수립 또는 변경한 때에는 건설교통부령이 정하는 바에 따라 이를 고시하여야 한다. 국가철도망구축계획에는 ① 철도의 중장기 건설계획, ② 다른 교통수단과의 연계교통체계 구축, ③ 소요재원의 조달방안, ④ 환경친화적인 철도의 건설방안, ⑤ 그 밖에 건설교통부장관이 체계적인 철도건설사업을 위하여 필요하다고 인정하는 사항 등의 사항이 포함되어야 한다.

대도시권광역교통관리에관한특별법 제3조의 규정에 의거하여 수립된 대도시권광역교통계획에 포함되어 있는 광역전철계획(도시철도법에 의한 도시철도를 제외한다)은 상기의 규정에 의거한 철도망계획에 이를 반영하여야 한다.

건설교통부장관은 철도건설사업의 체계적인 수행을 위하여 사업별 철도건설기본계획을 수립하여야 하며 이 기본계획에는 ① 장래의 철도교통수요 예측, ② 철도건설의 경제성·타당성 그 밖의 관련사항의 평가, ③ 개략적인 노선 및 차량기지 등의 배치계획, ④ 공사내용·공사기간 및 사업시행자, ⑤ 개략적인 공사비 및 재원조달 계획, ⑥ 연차별 공사시행계획, ⑦ 환경보전·관리에 관한 사항, ⑧ 지진대책, ⑨ 그 밖에 대통령령이 정하는 사항 등의 사항이 포함되어야 한다.

상기의 기본계획을 수립하고자 하는 때에는 미리 관계 중앙행정기관의 장 및 특별시장, 광역시장 또는 도지사와 협의하여야 한다. 다만, 고속철도건설기본계획은 협의 후에 대통령령이 정하는 고속철도건설에 관한 추진위원회의 심의를 거쳐야 한다.

(4) 철도건설 계획의 흐름

철도의 건설은 투자액도 크고 지역의 발전에 직접 관계된다. 건설계획은 여러 해를 요하는 것이 일반적이지만 숙성하여가는 단계에서는 계획방법이나 정밀도가 다르다(상세는 제2.2.6항 참조).

(가) 구상 계획

전국종합개발계획이나 도시기본구상 등에서 지역계획이 책정되어 그 일부로서 철도계획이 검토된다. 대상은 장기에 걸쳐 책정되어야 하는 목표나 필요로 하는 기능 등의 설정이 중심으로 된다.

(나) 기본계획

수송량 조사 등에 따라 노선의 선정 안이나 역, 차량기지 등의 위치나 규모가 대상으로 된다. 계획은 목표 연차까지 정비되어야 하는 시설에 대하여 나타내며, 필요에 따라서 개별의 시설에 대한 정비의 우선순위를 결정한다. 또한, 타 교통수단과의 네트워크상의 정합성에 대하여 검토한다.

(다) 실시계획

실시계획이란 기본계획에 따라서 각 시설을 순차 사업화하여가기 위한 계획이다. 기술, 환경, 재원 등의 면에서 실현 가능성을 검토한다. 실시 연차, 구조물의 구조, 형상, 위치 등을 결정한다.

(5) 철도계획과 노선선정

철도 사업은 본래 공공성이 강하며, 그 건설은 법령상의 규제를 받는다. 철도 계획은 다음과 같은 각 항목의 조합으로 성립되고 있다. 즉, (가)의 기술 내용을 가지고 (나)의 수송 특성을 이용하여 (다)의 건설 방식으로 설비 투자를 하며, 그리고 이것은 (라)의 수송 대상의 능력 향상에 유용하다.

(가) 기술 내용

① 건설 기준 : 곡선, 구배(기울기)　　② 설계 협의 : 도시 계획, 환경 대책

③ 수송량, 능력 : 선로 용량, 속도 향상　　④ 경제성 계산

(나) 수송 특성

① 재래선 : 대도시, 도시간　　② 고속 선로

(다) 건설 방식

① 신선 건설　　② 기존선 개량

(라) 수송 대상

① 대도시 통근 수송　　② 도시간 여객 수송

③ 화물 수송

철도 건설의 패턴은 2 가지이다. 건설의 목적이 기존선(existing line)의 증설에 있는 경우를 "개량(im-provement)"이라 하고, 철도 선로가 없는 지역의 개발, 지역 격차의 시정 등을 위하여 새로운 선로를 건설하는 경우를 "신선 건설"이라 하고 있지만(제2.3.2(7)항 참조), 개량 중에서 별도 선로 증설(track addition)과 신선 건설의 구분은 명확하지 않다. 양자의 차이는 다분히 기술적인 것으로 되어오고 있다.

철도 건설계획의 제1보는 노선(route)을 어디로 통과하여 어떠한 선형(alignment), 규격(곡선·구배)으로 하는가 이다. 우리 나라의 국토는 산이 많아 지형의 변화가 현저한 것이 특징으로 철도의 건설에서는 유형 무형의 고심이 요구되어 왔다. 지형의 변화에 따라 건설비를 감축하는 것에 중점을 두어 왔기 때문에 곡선·구배가 많게 되어 후년의 속도 향상(speed up)을 저해한 예가 많다. 노선계획은 장래도 고려한 종합성이 요구된다.

(6) 지능형 철도건설지원시스템

(가) 목적

한국철도시설공단에서 개발한 지능형 철도건설지원시스템은 신선 건설 및 기존선 개량 시에, 시스템을 이용한 운전계획 검토를 통하여 합리적으로 의사결정을 하도록 다양하고 신속한 정보를 제공하고, 경제적이고 효율적인 철도 건설을 지원함으로써 철도산업의 대외경쟁력을 제공하는 것이 목적이다. 또한 철도건설을 위한 타당성 조사, 기본 및 실시 설계시에 관련 부서와 온라인(on-line)으로 연결하여 사업 분야별 열차운행관련 철도시설의 적정성 검토 등 효율적인 프로젝트를 추진하기 위하여 철도건설 업무에 필요한 자료 등을 그래픽 화면으로 제공하는 시스템이다.

(나) 내용

이 시스템은 데이터의 관리, 열차운전특성곡선의 작성, 철도건설업무의 지원 등으로 구분된다. 데이터의 관리는 기존선을 비롯하여 신설 및 개량선의 데이터를 구분하여 관리함으로써 건설업무 지원에 효율적으로 활용할 수 있도록 한다. 열차운전 특성곡선의 작성은 기존선의 개량이나 새로운 선을 신설할 때, 관련 데이터를 이용하여 미리 열차의 운전특성을 분석할 수 있는 자료를 제공하며, 철도건설업무의 지원은 열차운전

특성곡선을 기초로 정거장 구내배선의 검토, 신호설비의 검토, 전철설비의 검토, 견인능력의 검토, 선로형태의 검토 및 조정, 개량관련 건설노선의 제시, 최적 정거장 위치의 선정, 동력차별 에너지 소비량의 산출 등과 같은 건설업무를 지원하기 위한 각종 자료를 제공하는 것이다.

2.2.2 노선의 선정

(1) 노선 선정(location of route)의 변천

초기의 철도 건설에서 가장 성가시었던 것은 터널(tunnel)과 교량(bridge)이었다. 터널 굴착(tunneling)의 초기는 떡갈나무와 끌을 이용하여 손으로 팠으며, 나중에 공기식 착암기(rock-drill)를 채용하였다. 또한, 굴착된 흙을 갱 바깥으로 운반하는데 당초는 인력·우마차를 이용하였고 나중에 전기 동력차를 채용하였다. 철도 성장기의 터널 건설은 기술적으로 최대의 난관이었고, 또한 건설비에서도 가장 크게 부담되었다. 그 때문에 노선의 선정시에는 터널의 루트를 피하든지 터널의 연장을 가능한 한 짧게 하는 방침을 채용할 수밖에 없었다.

또한, 교량의 가설은 인력 윈치 등을 이용할 수밖에 없으므로 교량의 건설은 터널과 마찬가지로 용이하지 않았다. 따라서, 초기의 노선 선정에서는 작은 산과 언덕을 피하고 산맥을 넘는 경우에는 될 수 있는 한 산의 중턱을 구배로 올라가고 높은 정상의 구간에는 비교적 짧은 터널을 통과하는 것이 일반적인 노선 선정이었다. 또한 지형의 사면 등에 따라 구배를 선정하여 토공량을 줄이고 건설비를 경감하였다.

그 결과, 급구배가 많기 때문에 증기기관차 견인의 열차 단위(train unit)가 작게 되고, 열차속도의 저하로 인하여 선로용량을 감소시키며, 또한 급곡선이 많아 속도의 향상이 저해되었다. 결국, 수송비·서비스의 점이나 수송량(volume of transportation)의 증가에 따른 수송력(transportation capacity) 등에서 많은 문제점을 남기었다.

세계 최초의 철도를 만든 영국의 경우에 창업기의 노선 선정은 성능이 약한 증기기관차(견인력으로 후년의 표준 기관차와 비교하여 1/10 이하)로 열차 단위를 크게 하여 될 수 있는 한 수송력을 늘리기 위하여 구배율을 3 ‰ 이하(런던·버밍검 철도의 경우)로 하고, 곡선도 가능한 한 완만하게 하고 있다. 이것은 지형의 혜택을 받고 있었으며, 그 때문에 굴착이나 성토(banking) 등의 토공량은 대단히 컸지만, 산업혁명으로 보급되어 있던 운하 건설의 기술과 많은 식민지를 보유하고 있던 경제력으로 이러한 노선의 건설을 완성하였다. 이 높은 규격의 노선은 최근에 재래선을 그대로 이용하고 약간의 궤도 강화(track strengthening) 등으로 200 km/h 이상의 고속운전을 가능하게 하고 있다.

(2) 노선선정의 내용

노선의 선정에서는 기점, 종점 외에 그 노선의 사명에 따라 통과하는 주된 지점을 미리 결정한다. 이들의 지점을 지나가는 노선은 여러 가지로 고려된다. 이들 노선의 수요예측으로서는 수송조건, 경제성을 고려하여 일반적으로 이용되는 방법으로서 제2.1.2(5)항에서 설명한 4단계 추정법 등의 모델을 이용한다.

다음에 실제의 시공을 고려하여 다음의 점을 검토한다.

① 지형도 위에 대상으로 된 노선 안에 대하여 선로 종단도를 작성한다.

② 각 노선 안에 대하여 1/2,500의 도면 위에 선로 횡단도를 작성하여 흙 쌓기, 교량, 터널, 기타 구조물의 수량, 용지, 지장물 등을 검토한다. 또한, 필요에 따라서 현지를 조사한다.

이상과 같은 안의 평가로서는 일반적으로 교통 서비스 수준, 경제적 평가, 환경평가의 면에서 검토한다.

(가) 서비스 수준

안전성, 목적지의 역에 신속하게 도착하는 것이나 역까지의 접근(access), 대기시간도 포함한 고속성, 요금, 좌석의 예약, 갈아타기, 운행시간대 등의 편리성, 공조, 혼잡, 차량소음 등의 쾌적성 등이 있다.

(나) 경제적 평가

총공사비용이나 시간비용의 감소를 비용 · 편익 분석법으로 개별로 검토하는 계측방법과 교통시설 투자액에 따른 생산량의 증가나 인구의 변화를 통한 잠재 생산력의 증가와 개인소득의 증가로서 평가하는 종합적 계측방법이 있다. 또한, 환경평가의 항목으로서 소음, 진동, 일조장해, 경관파괴, 자연파괴 등이 있다.

(3) 노선 선정의 방침

노선 선정의 기본 방침은 노선의 사명에 따라 주요 경과지와 선로 규격의 고려 방법이 다르므로 큰 차이가 있다. 따라서, 고속철도와 도시철도에 대하여는 제9.3.2항과 제10.1.3항에서 설명하기로 하고, 여기서는 기본으로 되는 지방 철도(local railway)를 중심으로 기술한다.

노선을 선정할 때는 선로의 위치, 즉 기점 · 종점 · 주요 경과지가 주어져야 한다. 그 다음에 하기의 방침에 기초하여 선정한다.

(가) 선로(permanent way)의 규격을 선로의 사명, 여객 · 화물의 수송량 및 열차의 속도에 따라 결정한다.

선로의 규격은 제2.2.3항에서 설명하지만 국철에서는 수송량(년간 통과 톤수)과 중요도에 따라 1~4급선의 4등급으로 구분하여 선로의 신설, 개량 및 보수에 임하고 있다.

(나) 루트 선정은 기점, 주요 경과지, 종점을 직선(straight), 평탄의 원칙으로 연결하는 것에 있다.

물론, 이것의 실현은 곤란하고, 구배 · 곡선이 들어가지만(제2.2.3항 참조), 속도 향상의 요청에 응하는 루트이어야 한다. 더욱이, 선정에서는 하기의 사항에 주의한다.

① 연약 지반(soft bed)을 피한다. 지질 조사를 충분히 하여야 한다. 대수층 혹은 팽창성 원지반을 통과하는 터널 공사에서는 예측하지 못한 큰 비용을 초래하는 예가 많다.

② 문화재, 천연 기념물 등은 피한다. 공정상의 애로가 되기 때문이다.

③ 인가 밀집지는 피한다.

④ 절, 묘지 등은 피한다. 아무래도 용지 취득이 난이하다.

⑤ 주택지, 학교, 병원 등 특히 정온을 유지할 필요가 있는 구역은 적극 피한다. 환경 대책상 비용이 크다.

이상은 평면형에 대한 것이지만, 종단형에 대하여도 도로와의 입체 교차(제2.4.3(3), (4)항 참조)로 인하여 높이가 높은 고가교(viaduct)가 증가하고 있으나, 공사비 절약의 면에서 지장이 없는 구배를 이용하여 시공 기면의 저하에 노력하여야 한다.

(다) 역의 위치는 이용자에게 편리하여야 한다.

주요 경과지란 말하자면 역의 위치를 의미하며, 선정의 조건으로서 여객 · 화물의 집산지에 가깝고 다른 교통 기관과의 연락이 용이한 장소이어야 한다. 역간 거리가 너무 크면 단선 구간에서는 선로 용량을 대폭으로 저하시키고, 교행의 대기 시간 때문에 표정 속도(schedule speed)도 저하한다.

(라) 역, 루트 모두 도시계획 사업과 정합시킨다(제2.4.3(1), (2)항 참조).

(4) 노선 선정의 순서

노선의 선정(location of route)에서는 발착 지점 외에 주된 통과 지점 등을 미리 결정하여 되도록 완만한 곡선과 구배로 직선적으로 연결하는 것이 원칙이다. 그러나, 실제로는 지형 등에 따라 평면적으로도 입체적으로도 지장을 주는 것이 있어 그 사이의 노선에 대하여는 다수의 후보 노선을 고려하여 이들 중에서 수송 조건, 자연 조건, 건설비, 공기, 운영비, 환경과의 조화 등을 종합하여 결정한다. 노선의 선정은 궁극적으로 그 노선의 사명에 합치하고 철도의 특징인 안전, 고속, 고효율, 저비용 등을 만족시키는 것이 조건으로 된다.

그 개략의 순서는 다음과 같다.

① 노선의 사명에 따라 항공 사진 등을 참고로 하여 주된 통과 지점을 먼저 결정한다.

② 노선의 사명 등에 따라 차량의 종류·형식, 최고 속도(maximum speed), 통과 톤수(tonnage)를 상정하여 선로 규격을 결정한다.

③ 도상 선정(paper location)의 지형도(1/25,000)로 후보 노선을 선정하고 선로 규격을 전제로 하여 선로 종단도(profile of railway line, 횡 1/25,000, 종 1/2,000)를 작성하여 개략의 건설비·공기·운영비 등을 비교 검토한다.

④ 후보 노선에 대하여 현지를 답사한다. 현지 답사(field survey)는 전선에 걸쳐 왕복하여 걷는 것이 바람직하다. 답사하여 얻은 기록에 기초하여 두 번째로 선정한 경로, 기타를 검토한다.

⑤ 선정된 노선에 대하여 1/2,500의 지도를 만들어 선로 중심선상의 횡단도(cross section of railway line), 토공량, 교량, 터널의 연장, 기타 구조물의 수량, 용지 면적, 지장 물건, 건설비, 운영비 등을 산출한다.

⑥ 1/2,500 지도로 선정한 노선을 현지로 옮겨 선로 종단도, 20 m마다의 횡단도, 1/500의 평면도를 작성하고 세부를 검토하면서 시공 기면(formation level, 노반의 높이를 나타내는 기준면) 높이를 결정한다.

⑦ 선로의 위치, 시공 기면고, 정거장 위치 등의 결정 후는 구조물의 설계, 정거장의 배선, 신호·통신·건물 등의 설계, 공사의 시공 계획의 작성으로 진행한다.

설계 관련 자료로서는 ① 통과 지역의 지질도·지질 자료(산사태, 연약 지반), ② 통과 근접 하천의 고수위(홍수 통계, 하천 개수계획), ③ 교차 도로의 종별과 교통량, ④ 지장 물건(고적·문화재·학교·절·묘지 등), ⑤ 건설자재 운반 도로의 상황 등의 것을 수집한다.

노선 선정의 순서에 대하여 다시 정리하여 설명하면 다음과 같다.

(가) 도상 선정(paper location)

도상 선정이란 먼저 도면상에 계획 노선을 몇 개 삽입하여 도상에서 예상한대로 건설할 수 있는가, 어느 노선(route)이 경제적인가를 개략 조사함과 동시에 당해 노선의 경과지가 그 노선이 가진 사명을 만족하고 있는지의 여부 등을 검토하는 것이 목적이다.

먼저, 1/25,000의 지형도상에 주요 경과지를 삽입하여 결정된 노선 규격(최급 구배, 최소 곡선반경)으로 루트를 선정한다. 이 경우에 될 수 있는 한 선로 규격보다 완구배(slight gradient)를, 곡선반경(curve radius)에 대하여는 큰 반경을 사용하는 것이 바람직하다.

다음에 하는 일은 삽입된 노선의 종단면도를 그리고, 이 경우에 수많은 비교 노선을 검토하여 경제적이라고 생각되는 비교 노선을 채택한다. 더욱이, 선로 종단도는 횡 1/25,000, 종 1/2,000 이상을 마찬가지로 구한다.

(나) 답사(reconnaissance)

도상 선정에서 선택한 비교 노선 등의 현지를 조사하여 경과 지점의 양부, 도하 점의 위치, 터널의 위치 등에 관한 현지의 지형 상황, 지질의 조사 등을 하는 것이 답사의 목적이다.

답사에서 얻은 기록을 기초로 하여 두 번째로 도상 선정한 노선의 경과지, 기타를 검토한다.

(다) 예측(豫測)

선택된 비교 노선에 대하여 대략의 노선 중심을 따라 1/5,000 또는 1/2,500의 지형도를 만든다. 얻어진 지형도상에서 세부에 걸친 비교 노선을 구하여 노선 종단도, 필요에 따라 선로 횡단도면을 만들어 공사 수량, 지장 물건, 건설비 및 개업 후의 열차 운전비 등을 산출하여 도상 노선을 결정한다.

(라) 실측(實測)

도상에서 결정된 노선을 현지로 옮기고 선로 중심선의 종단도, 20 m마다의 횡단도 및 1/500 평면도를 만들어 세부에 이르기까지 다시 비교 검토한 후에 최종적으로 노선의 위치, 시공 기면고, 정거장의 위치를 결정한다.

(5) 노선 선정의 요점

노선 선정에서는 다음과 같은 점을 특히 고려하며(고속철도의 노선계획은 제9.3.2(2)항 참조), 해당 선로 등급에 따른 각종 조건을 만족시킨다.

① 직선 또는 반경이 큰 곡선이 바람직하고, 작은 반경의 S곡선이나 이전하기 어려운 지장물은 피한다.
② 지형에 따라 공사비가 특히 비싸지 않는 한 완만한 구배를 채용한다. 여객 수송만의 경우에 전차 운전을 전제로 하면 구배가 35 ‰까지 허용되는 예가 있다.
③ 재해(disaster)가 발생하기 쉽고 선로 보수상 문제로 되는 산사태 등의 지대는 피한다.
④ 하천을 횡단하는 교량은 되도록 직선으로 직각이 바람직하지만, 전후의 선형과 종합하여 결정한다.
⑤ 터널은 짧은 것이 바람직하지만, 운영비 등도 감안하여 종합적으로 결정한다. 터널의 노선은 특히 지질을 조사하여 굴착에 곤란을 수반하는 파쇄대는 피한다.
⑥ 도로와의 교차는 입체 교차(fly over)를 원칙으로 한다.
⑦ 정거장은 도로와의 연결을 고려한다(제7.1.3항 참조).
⑧ 단선의 교행 역·신호장의 간격은 기다리는 시간을 최소한으로 하기 위하여도 소요 운전 시간(running time)이 가지런한 것이 바람직하다.

(6) 열차성능 모의시험(TPS)

열차성능 모의시험(Train Perfermance Simulation)은 카네기멜론(Carnegie melon) 대학의 멜론연구

소 철도시스템센터에서 IBM PC를 이용하여 여러가지 조건에 따라 열차성능을 해석해 볼 수 있도록 개발한 프로그램이다[245].

이러한 프로그램을 개발함으로써 철도노선의 계획시에 곡선, 기울기, 정거장, 열차(기관차)의 성능 및 제동능력, 동력공급체계 특성 등의 데이터를 입력하여 가상으로 열차를 운전함으로서 각 구간의 열차속도 등을 출력데이터(Output Data)로 얻을 수 있으므로 가장 적합한 선로를 설계할 수 있다.

TPS는 ENS(Electric Network Simulation)와 함께 EMM(Energy Management Model)에 포함된 프로그램이다. 즉 EMM에 포함된 TPS와 ENS는 차량의 정상, 비정상 운전 또는 에너지 보존전략 수행상의 운전상태에서 소요 예정시간 및 에너지 소모량 등의 모의실험을 위해 함께 실행하여야 하며, 출력(Output) 그래프는 Lotus 1, 2, 3을 이용하여 그린다.

(7) 참고사항 : 파정

선로의 일부가 중간에서 변경되어 선로거리(chainage)의 변경요소가 생길 경우에 전체노선의 선로거리(chainage)를 변경하게 되면, 선로의 일부가 변경될 때마다 각 지점의 기준 선로거리(chainage)를 조정하여야 하는데 이것은 공사관리와 선로거리(chaninage) 관리가 어렵기 때문에 변경지점에 파정(broken chainage)을 두어 변경구간 전후의 선로거리(chainage)가 변경되지 않도록 하므로서 공사와 유지관리가 용이토록 하기 위한 것으로 곡선구간에 파정을 두지 않아야 하며 선로기울기의 산정시에 고려하여야 한다.

2.2.3 노선 규격(route standard)의 선정

선로의 평면선형은 지형이나 철도용지에 따라 직선과 곡선의 조합으로 성립하고 있다. 일반적으로 이용되는 평면곡선은 원(圓)곡선이지만 선형에 따라 복심곡선, 반향 곡선 등이 사용된다(**그림 2.2.1**).

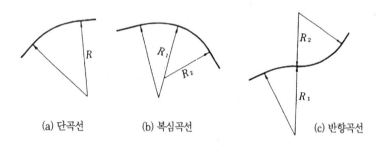

(a) 단곡선   (b) 복심곡선   (c) 반향곡선

그림 2.2.1 평면곡선의 종류

상기의 수송 계획(traffic plan)에 기초하여 차량의 종류·형식, 열차의 최고 속도(maximum speed), 기관차 견인 열차의 단위 등에서 선로 규격을 선정한다. 선로 규격은 철도건설규칙(2005. 7월에 기존의 고속철도건설규칙, 국유철도건설규칙을 통합하여 건설교통부령 제453호로 새로 제정), 도시철도건설규칙(상세는 특별시장·광역시장 또는 도지사가 정하는 당해 도시철도건설규정에 위임)에 정하여져 있다. 철도선로

는 각각의 구간에서 열차의 수송 상태에 적합한 구조·강도에 맞추어 설계하고 있다. 즉, 당해 구간의 선로를 통과하는 열차 중량·열차 속도, 수송량, 중요도 등에 따라 선로에 등급을 두어 경제성·안전성에서 본 레일·침목·도상 등의 구조 기준을 마련하고 있다(일부는 제3장 참조). **표 2.2.1**은 2005. 7월에 제정한 철도건설규칙의 기준을 요약한 것이다.

표 2.2.1 철도건설 기준

구분 \ 선로등급	고속선	1급선	2급선	3급선	4급선
◉ 선로의 설계속도(km/h)	350	200	150	120	70
◉ 본선의 곡선반경(m) : 우측 난의 값 크기 이상	5,000	2,000	1,200	800	400
- 부득이한 경우 곡선반경(m) 축소 ·정거장 전후구간, (전동차 전용선 : 선로등급에 관계없이 250 m)	속도고려조정	600	400	300	250
- 측선 및 선로 전환기에 연속되는 곡선반경(m) ※ 〔 〕내는 부득이 한 경우	·주본선, 부본선 : 1,000[500] 이상 ·회송선, 착발선 : 500[200] 이상	200 이상			
- 본선에서 곡선 · 길이(m) : 우측난의 값 크기 이상	180	100	80	60	40
◉ 완화곡선삽입 : 다음 크기 이하의 곡선반경(m)과 직선이 접속하는 곳	-	5,000	3,000	2,000	800
- 완화곡선의 길이 : 캔트의 배수 이상	2,500	1,700	1,300	1,000	600
◉ 인접한 두 곡선 사이의 직선길이(m) : 우측난의 값 크기 이상	180	100	80	60	40
- 상기 직선을 둘 수 없는 경우	4급선에 한하여 복심곡선 설치 : ∣(R₁×R₂)/(R₁-R₂)∣≥1200				
◉ 선로의 기울기(‰) : 우측난의 값 크기 이하	25	10	12.5	15	25
- 부득이한 경우 기울기(‰) 확대(전동차 전용선 : 선로등급에 관계없이 35) ·정거장 전후구간	30	15		20	
- 곡선반경 700 m 이하인 본선의 기울기	상기의 기울기에서 환산기울기(Gc=700/R)의 값을 뺀 기울기				
- 정거장 안에서의 선로기울기(‰)	2 이하(차량해결 않는 전동차 전용선 본선 10까지, 그 외 8까지, 차량을 유치 않는 측선 35까지)				
- 같은 기울기의 선로길이	1개 열차 길이 이상				
◉ 종곡선 삽입 : 기울기(‰) 차이가 다음 크기 이상일 때 직선구간에 설치 (부득이한 경우 곡선 구간)	1	4		5	
- 종곡선 반경(m) : 다음 크기 이상	25,000(종곡선 연장이 146m 미만일 때 4,000까지)	16,000	9,000	6,000	4,000
◉ 궤도의 중심간격(m) : 선로사이 전차 선로지지주, 건축한계 확대량 고려 - 정거장외 구간에서 2선 병렬시 다음 크기 이상 (3선 이상 병렬시 : 궤도중심간격의 하나는 4.5 이상)	5.0	4.3	4.0		
- 정거장(기지 포함) 안	4.3 m 이상, 6개 이상의 선로 병설시 5개 선로마다 중심간격 6 m 이상인 하나의 선로 확보, 고속선의 경우 통과선과 부본선간 궤도중심간격 6.5 m				
◉ 직선구간 시공기면 폭(m) : 우측 난 크기 이상(전철화 선로 : 4 이상) ※ 곡선구간은 캔트에 따른 확폭 고려, 구조물 구간은 부대시설 감안	4.5	4.0	3.5	3.0	
◉ 선로 부담력의 표준 활하중(전동차 전용선 : EL-18)	HL-25	L-22(교량은 LS-22)			

(1) 곡선(curve)

곡선은 열차의 속도 향상에 가장 관련이 깊으며, 원곡선(circular curve)과 완화 곡선(transition curve)으로 구성된다(완화곡선과 캔트는 제3.2.1항 참조).

선로는 고속 운전, 곡선 저항(curve resistance), 전망, 선로보수(maintenance of track) 등에서 보면 직선이 바람직하다. 그러나, 지형의 변화 등으로 곡선을 피할 수 없으며, 또한 운전 속도(operating speed)의 향상이나 선로보수의 난이에서 보면 곡선반경도 큰 것이 바람직하지만 건설비나 개량비에도 크게 영향을 주기 때문에 열차속도나 선로 사명에 따라서 **표 2.2.1**에 나타낸 것처럼 규정하고 있다. 철도를 잘 활용하기 위하여는 열차의 속도 향상(speed up)이 필수 조건이며, 여기에는 곡선 대책이 첫 번째 과제이다(제9.1.3(2)항 참조). 간선의 경우는 적어도 곡선반경(R) 600 m (동력분산 열차로 약 100 km/h) 이상이 바람직하지만 현실의 선정 또는 개량은 용이하지 않다.

열차가 직선구간의 속도 그대로 곡선구간을 통과하면 원심력이 작용하여 탈선의 위험이 많아진다. 따라서 곡선구간에서는 통과속도를 제한할 수밖에 없다(제9.1.3항 참조). 이것은 고속운전에서는 빈번한 가속이나 감속으로 되어 좋지 않으며 열차운전 상 큰 장해로 된다. 그래서 곡선통과 시의 원심력을 고려하여 최고 속도에 걸맞은 곡선반경을 설정할 필요가 있다. 다만, 정거장 구내의 분기기에 접속하는 곡선(분기기 부대 곡선)에서는 한정된 용지 내에 짧은 연장의 곡선을 부설하는 일이 있고, 또한 여객 플랫폼에서는 곡선통과 시에 차량의 기울기가 너무 크게 되어서 여객 플랫폼에 접촉하는 일이 있으므로 따로 최소 곡선반경을 정하고 있다.

여기서, 원곡선의 길이가 짧은 경우에는 원활하게 통과할 수 있도록 하기 위하여 원곡선 내에 1 차량이 들어가도록, 또한 곡선 사이에 직선이 들어가 있는 경우에도 같은 모양으로 직선구간에 적어도 1 차량이 들어가도록 계획하고 있다.

곡선에 의한 속도 제한(speed restriction)은 다음을 고려한 것이다.

1) 전복(overturning)의 위험 : 차량에 가해지는 원심력과 중력의 합력이 외궤의 외측으로 지난다.

2) 탈선(derailment)의 위험 : 차량에 가해지는 원심력에 기인하는 레일에 대한 횡압이 수직 윤하중에 비하여 증대하여 탈선에 이른다.

3) 승차감(riding quality)의 악화 : 원심력과 기타로 속도의 상승과 함께 승차감이 점점 나빠진다. 원심 가속도의 허용치는 $a_{Ha} = 0.08$ g로 되어 있다.

4) 궤도 틀림의 진행(track deterioration) : 수직 윤하중에 대한 횡압의 비가 속도와 함께 크게 되어 궤도 틀림의 진행이 촉진된다.

또한, 차륜 플랜지로 인하여 레일의 두부, 측부에 편 마찰을 촉진한다. 한편, 차량의 경량화와 함께 중심 높이(hight of gravity center)를 낮춤으로서 레일에 대한 횡압을 작게 할 수가 있으며, 따라서 통과하는 열차의 제한 속도(restricted speed)를 완화할 수 있다.

이 관계는 초과 원심력과 중력과의 합력이 궤도의 중심선에서 궤간의 1/8(안전율 4일 경우) 이상으로 편의하지 않는다는 조건에서 아래 식으로 나타낸다.

$$(V^2 - V_0^2) / 127R \leq G / 8H \tag{2.2.1}$$

($G^2 / 8H \rangle C_d$ 로 되는 것을 요한다)

여기서, V : 최고 통과 속도, V_o : 캔트 C에 대한 균형 속도

        G : 궤간(레일 중심간 거리), C_d : 캔트 부족량

        R : 곡선 반경, H : 차량중심 높이

        C : 실제 캔트량

완화 곡선 부분은 궤도의 평면성이 나쁘고 차량의 3점 지지(three-point support)로 인한 탈선의 위험성이 있다. 한편, 구배 변경점(changing point of gradients)에서 종곡선이 볼록형인 경우는 원심력으로 인하여 차량을 부상시키는 힘이 작용하여 윤하중(wheel load)이 감소하며, 여기에 큰 횡압이 걸리면 탈선의 위험성이 크게 된다. 오목형의 경우도 전부 차량에 구배 저항이 걸리므로 중간의 차량에는 부상 현상이 생긴다.

이와 같은 불리한 조건을 가지는 양자의 경합으로 인한 주행 불안정성은 궤도의 정비 상태가 악화할수록 현저하므로 적어도 완화 곡선에 종곡선이 들어가는 것은 피할 필요가 있다.

(2) 구배(기울기, gradient)

철도선로는 평탄한 것이 바람직하지만 평탄한 선형을 확보하기 위하여 장대한 터널이나 교량 등의 구조물을 만드는 것은 비현실적이며 지형 등으로 제약되어 기울기(구배) 구간을 두는 것이 보통이다. 따라서 철도 선로에는 곡선과 마찬가지 모양으로 구배(기울기)가 들어가는 것은 막을 수가 없지만, 구배가 크게 되면 기관차의 견인 중량으로 인한 열차의 제약, 열차의 주행 성능(running quality) 등 수송 효율에 대하여 큰 영향을 미치고, 그로 인한 여객·화물 수송의 양적, 질적 서비스에 큰 영향을 미치기 때문에 노선의 선정에서는 될 수 있는 한 구배가 완만하도록 고려하여야 한다. 구배는 고저 차이와 수평 거리와의 비율로 나타내며, 예를 들어 구배 1 : 50은 20/1000, 즉 20 ‰(퍼밀리, permillage)로 나타낸다. 선로의 구배는 열차의 견인력(tractive force)으로부터 최급 구배(steep gradient)가 결정된다. 국철에서는 2000. 8. 22에 "구배"의 명칭을 "기울기"로 바꾸었다.

건설 규칙에는 단지 최급 구배만을 제한하고 있어 그 연장은 언급되지 않고 있다. 어느 선구에서 열차의 견인 정수가 최소로 되어 있는 구배를 사정 구배(제한 구배)라고 하지만 이 사정 구배는 다음에 기술한 조건 중에서 최악의 것으로 결정한다.

① 통상의 발차 시에 출발할 수 있다.

② 무엇인가의 사고에 기인하여 구배의 도중에 비상 정거하여도 기동할 수 있다.

③ 급구배 구간 중에서도 속도가 현저히 저하하거나, 혹은 온도 상승에 기인하는 기기 용량의 한도를 넘지 않는다.

고가구간과 같이 기존의 선로개량에 따라서 새로운 구조물이 생기는 경우에 설치 기울기 등이 너무 급하면, 열차가 그 곳을 올라가지 못하여 그 선구전체의 열차운행에 지장이 생기므로 주의를 요한다.

기관차 견인에서는 ②의 조건이 가장 엄하고 따라서 1 열차 이상에 걸쳐 최급 구배가 계속되는 구간에서는 최급 구배 = 사정 구배이므로 열차 길이의 장단에 따라 각 열차의 사정 구배가 다르게 된다. 전차는 ②에는 강하지만 긴 구배 구간에서는 ③에 따라 속도의 제한을 받는 점은 같다.

증기운전 시대에는 급구배가 열차 단위(train unit)를 작게 하고 또한 속도를 저하하기 때문에 급구배

를 적극 피하여 왔다. 동력의 근대화에 따라 차량 성능이 비약적으로 향상하여 구배는 문제가 없게 되고 있다. 경부 고속 철도는 25 ‰로 하고 있으며, 일반철도에서 동력분산 열차의 경우(전차 전용 선로)에는 구배를 35 ‰로 하고, 기관차열차 선로는 선로 등급(class of track)별로 구배에 차이를 두고 있다(**표 2.2.1** 참조).

즉, 기울기는 견인력이나 속도 등의 열차운전에 직접 영향을 주므로 주로 운전상의 취급에서 어느 구간에서의 가장 급한 기울기인 최급 기울기와 정거장 구간마다로 실제의 기울기에서 사정된 표준 기울기 등이 이용된다. 이 기울기는 실제의 기울기에 환산 기울기를 가산한 것이다. 여기에서 주된 환산 기울기는 곡선 기울기와 터널 기울기이다. 곡선 저항은 차량이 곡선을 통과할 때 전향에 따라 차륜에 미끄럼이 생길 때의 마찰저항이다. 터널 저항은 열차가 터널을 통과할 때에 발생하는 풍압변동으로 인한 저항이다.

이 구배(1 ‰ = 1 kg/t)에는 터널 저항, 곡선 저항을 포함하고 있으며 어디까지나 환산 구배(virtual gradient)이므로 실제의 선로 구배는 더 작게 된다.

터널에서의 환산 기울기는 다음 식으로 구한다.

$$N = \frac{IV^2}{127W} \ (‰) \tag{2.2.2}$$

여기서, N : 환산 기울기(‰), I : 터널연장(km), V : 열차속도(km/h), W : 차량중량(kN)

곡선에서는 주행 저항(running resistance)이 증가하기 때문에 구배 구간에 곡선이 들어 있는 경우에는 상구배(uphill gradient)에 곡선 저항을 가산한 환산 구배를 채용한다. 곡선반경을 R(m), 환산 구배율을 N(‰)으로 하면, 일반적으로

$$N = 700 / R \tag{2.2.3}$$

로 산정되어 급곡선(sharp curve)의 영향은 적지 않다(제6.1.4(4)항 참조).

철도건설규칙에서는 곡선반경이 700 m 이하인 곡선에 대하여 **표 2.2.1**의 본선 기울기에서 상기의 공식으로 산출한 환산기울기의 값을 뺀 기울기 이하로 규정하고 있다.

에너지 소비면에서는 하구배(downhill gradient) 구간에 대하여 제동을 걸 필요가 없는 경우에는 에너지 소비의 손실이 없으므로 타력 구배(momentum gradient)라고 하고 있다. 하구배 = 터널 저항 + 곡선 저항 + 주행 저항이라면, 등속도 운전으로 되므로 이것을 균형 구배라고 한다. 즉, 다음 식의 i_g이다.

$$r_d + r_c + r_t = i_g \tag{2.2.4}$$

여기서, r_d : 주행 저항 3~8 kg / t

r_c : 곡선 저항 0~2 kg / t

r_t : 터널 저항 0~4 kg / t

i_g : 하구배 3~14 kg / t (= ‰)

이상과 같이 최급 구배도 사정 구배도 전반적 척도라고 하기 어려우므로 임의의 수평 거리 1 km에 대한 고저차의 최대치를 천분율로 나타낸 것을 표준 구배(maximum gradient continuing 1 km or more)라고 하며 선로의 완급을 목표로 하고 있다.

정거장 구내의 최급 구배는 기관사가 차량을 제어하고 있는지의 여부에 따라 다르다.

(3) 종곡선(vertical curve)

기울기가 하향으로 급변하면 선행의 차량은 후방의 차량으로 눌려져 부상 탈선의 위험성이 많아진다. 또한, 기울기가 상향으로 급변하면 충격적인 상하동요가 발생하여 승차감을 악화시키고 선로에 악영향을 미친다. 즉, 선로의 구배가 변화하는 곳에는 차량의 상하 동요 가속도가 크게 되어 차량에게 충격을 주고, 또한 승차감이 나쁘게 되지만, 특히 선형(alignment)이 볼록형인 경우에는 원심력으로 인한 차량의 부상이 생긴다. 이 결점을 보충하여 열차의 주행을 원활하게 하기 위하여 구배가 변화하는 곳에 2차 포물선의 종곡선을 삽입한다. 경부고속철도에서는 종곡선 반경을 25,000 m 이상(인접구배의 변화가 1 ‰ 이상일 때 종곡선을 삽입하며, 종곡선 연장이 146 m 미만일 경우 40,000 m까지 적용)으로 하고 있다. 일반철도의 경우에는 인접 구배의 변화가 1급선(1st class track)과 2급선에 있어서 1,000분의 4, 3급선과 4급선에 있어서 1,000분의 5를 초과할 때에 종곡선을 삽입하고 있다. 종곡선의 반경(2000. 8. 22에 추가)은 1급선 16,000 m, 2급선 9,000 m, 3급선 6,000 m, 4급선 4,000 m 이상으로 한다. 상기의 종곡선은 직선구간에 두어야 한다.

종곡선은 통상적으로 원곡선 또는 포물선이 이용되지만 큰 반경을 이용하므로 그다지 차이가 없다. **그림 2.2.2**는 2개의 기울기, m ‰와 n ‰의 변화점에 대한 종곡선을 나타내며 종곡선은 다음 식으로 설정된다.

$$l = \frac{R(m \pm n)}{2,000} \qquad y = \frac{x^2}{2R} \qquad (R은\ 종곡선\ 반경) \qquad (2.2.5)$$

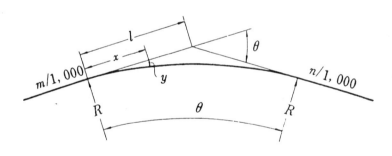

그림 2.2.2 종곡선

(4) 시공기면

시공기면(formation level)은 제3.2.3(노반)항을 참조하기 바란다.

(5) 표준 활화중

궤도 전체로서의 설계 열차하중은 당해 선구 입선차량의 축 배치를 포함한 최대 실제 하중(實荷重)을 적용하는 것이 기본이다. 즉, 궤도의 부담력은 실제 운행하는 차량 중의 최대 축중을 감당할 수 있어야 한다. **그림 2.2.3**은 경부고속철도 차량(열차당 20 량 편성)의 축중과 차축 배치를 나타낸 것이다.

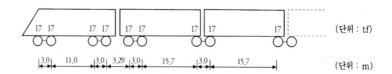

그림 2.2.3 경부고속철도 차량의 축중과 차축 배치

　교량의 부담력은 교량 위를 통과하는 여러 가지 차량에 대한 각각의 하중을 재하하여 그 중에서 가장 영향이 큰 값을 구하여야 하므로, 표준화를 위하여 모든 조건을 만족하는 표준 활하중(標準 活荷重, standard live load)을 정하여 사용하고 있다. 고속철도의 표준 열차 하중(HL, High speed railway Live load)은 **그림 2.2.4**와 같으며, UIC-702 하중을 이용한 것이다.

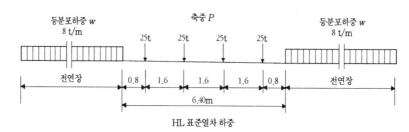

그림 2.2.4 고속철도의 표준열차 하중(HL-25)

　일반철도의 표준 활하중은 LS이다(전동차 전용선은 EL). 이것은 1894년 Thodor Cooper(미국인)가 제창한 Cooper E형 표준(標準) 열차하중(Cooper series engine load)으로서, 소리형 증기(蒸氣) 기관차(Consolidation locomotive) 2량 중련(重聯)의 후미에 화차 또는 객차를 연결한 것으로 동륜(動輪)의 축중이 40,000 lb(18,144 kg)이며, 18 ton의 정수만을 취하여 표시한 것이다(**그림 2.2.5**). L은 Live load의 약자로서 기관차 동륜의 축중과 축거 관계를 나타내며, S는 Special load의 약자로서 객화차 중에서 특수 차량의 축중과 축거 관계를 나타낸다.

　궤도의 강도는 윤하중(輪重) 하나에 의한 영향이 대부분을 차지하나, 교량의 강도는 여러 윤하중의 영향을 받는다. 교량의 각 부재 응력은 LS 하중으로 구하고 지간이 3.0 m 이상의 교량에서는 L 하중을, 지간이 3.0 m 미만의 교량(floor system)에서는 S 하중으로 그 응력을 계산하며, 실제 하중(實荷重)과 표준하중과의 차이는 후술하는 'L 상당치'로 비교하여 산출한다.

　당초 교량의 부담력은 1·2급선에서는 LS 22, 3·4급선에서는 LS 18로 구분되어 있었으나, 선로의 등급에 따라 운행할 차량을 별도로 제작할 수 없을 뿐만 아니라 각 선구간 연계운행을 하여야 하므로 2000년 8월에 선로의 등급에 관계없이 LS 22로 통일하였다.

　전동차 전용선의 경우에는 그 동안 기준이 없어 LS 18 하중을 적용하였으나 직류형 전기동차 (전동차)의 축중이 경량이므로 경제성 등을 감안하여 2000년 8월에 전동차전용 하중(EL : Electric Live Load)을 **그림 2.2.5(b)**와 같이 별도로 제정하였다. EL하중은 국철구간의 전동차뿐만 아니라 각 지자체의 지하철 및 도시철도 등과의 연계 운행에 대비하여 현재 운행중인 전동차 중에서 가장 무거운 차량을 기준으로 EL 18 하중을 표준 활하중으로 정하였다. 다만, 비상시를 대비하여 주요한 간선과 연계 운행하여야 할 선로구간은

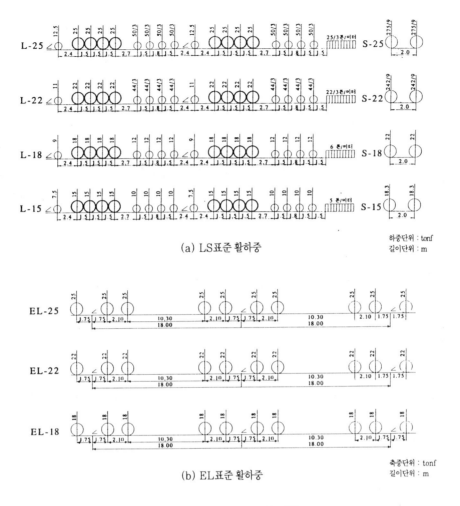

(a) LS표준 활하중

하중단위 : tonf
길이단위 : m

(b) EL표준 활하중

축중단위 : tonf
길이단위 : m

그림 2.2.5 국철의 표준 활하중

종전과 같이 LS 22하중을 사용하여 설계하여야 한다.

　교량의 부담력이 상술과 같이 표준 활하중으로 표현되었다고 하여도 여러 가지 현유(現有)의 차량은 표준 활하중과는 상당히 다르며, 이 대로 부담력과의 대소를 판단할 수가 없다. 그래서 현유의 차량이 하중적으로 어떠한 값의 표준 활하중에 상당하는가를 나타낼 필요가 있으며, 이것이 상당치(相當値)이다. 이와 같이 교량의 강도가 부담력으로서 표준 활하중으로 표현되고, 차량의 하중효과가 상당치로서 마찬가지로 표준 활하중으로 표현된다면, 동일한 기준을 사용하여 하중과 강도의 대소관계를 비교하여 입선(入線)의 가부를 결정한다. 또한, 국철의 기설 교량 구조물은 L상당치(L相當値)를 구하여 나타내고 있다. 다시 말하여, L상당치란 차량 하중계열의 재하에 따라 생기는 교량의 응력과 동등한 값의 응력이 생기게 하는 L하중계열의 값을 말한다. 또한, 실제하중과 표준하중과의 차이도 L상당치로서 비교한다.

(6) 건설공사기준
　한국철도시설공단에서는 철도건설 및 개량에 필요한 기본적인 기준을 정한 철도설계기준(철도교편, 노반편), 철도설계편람, 철도공사전문시방서(토목편) 등을 2004년에 제정하여 운용 중이다.

1) 표준시방서 : 국가기준으로서 시설물의 안전 및 공사시행의 적정성과 품질확보 등을 위하여 시설물별로 정한 표준적인 시공기준이다.

2) 전문시방서 : 공사시방서 작성을 위한 가이드 시방서로서 모든 공종을 대상으로 하여 발주처가 작성한 종합적인 시공기준이다.

3) 공사시방서 : 표준시방서와 전문시방서를 기본으로 공사의 특수성·지역여건·공사방법 등을 고려하여 기본설계 및 실시설계 도면에 구체적으로 표시할수 없는 내용과 공사수행을 위한 시공방법, 자재의 성능·규격 및 공법, 품질시험과 검사, 안전관리계획 등에 관한 사항을 기술한 시공기준으로 당해 공사의 계약문서이다.

4) 설계기준 : 국가기준으로서 각 시설물별로 시설물이나 작업에 대해 품질, 강도, 안전, 성능 등 설계조건의 한계(최저한계)를 규정한 기준이다.

5) 설계지침 : 기준과 편람의 중간적 성격을 띠고 있으며, 분야별 설계방법에 관한 상세한 기술적 기준을 각 요소별로 정의하여 방침을 정한 것(대부분 설계지침은 발주처가 제시)이다.

6) 설계편람 : 특별한 작업에 관련되지 않아 기준으로 기술하기에 곤란한 사항 등을 실무에 쉽게 활용하도록 만든 도서이다.

7) 표준도 : 비교적 설계빈도가 많고 동일한 공법 및 설계기준을 적용하는 교각, 암거, 옹벽 등 구조물에 대하여 설계 및 시공단계에서 적용하거나 참고할 수 있는 표준화된 도면형식으로 만든 도서이다.

2.2.4 시설 계획과 타당성 조사

(1) 철도의 시설계획과 타당성 조사

신선 건설에서는 작업 순서, 공사 공정에 대해 노반 이하의 부분과 그 이상의 부분(개업 설비라고 한다)으로 나눈다. 전자의 비율은 공사비의 과반수를 점하며, 게다가 후자는 그 내용이 비교 노선에 따라 크게 변동하지 않으므로 상기 제2.2.2항의 검토는 주로 전자에 대하여 행하여진다. 개업 설비의 내용은 건축물, 전기(신호·통신, 전력·전차선) 계통과 기존선과의 연락 설비, 궤도가 대종을 점하며, 노선의 최종안에 대하여 검토한다. 개업 설비는 그 소요 설비용량에 따라 규모를 다르게 하므로 운영 계획(운전, 영업, 보수의 각 계획)을 미리 분명하게 하여야 한다.

상기에 기술한 조사 순서의 일례를 **그림 2.2.6**에 나타낸다.

각종 공공 프로젝트에서는 그 계획의 실행에 필요한 투자액에 대응하는 편익이 생기고 게다가 재무적, 기술적, 사회적으로도 실행 가능한 것이 실증되어야 한다. 이것을 타당성 조사(feasibility study)라 한다. **그림 2.2.6**의 평가 항목 중에 경제 분석이 있다. 철도 계획은 기업적으로 보아 채산성에 문제가 있는 것이 많다. 그러나, 사회적으로 보면 다른 추수(追隨)를 허용하지 않는 이점도 있다. 예를 들어, 대도시에서 도로교통의 체증에 대하여는 도시 철도를 이용한 통근 수송이 있다. 이 때문에 국가로서도 거액의 보조금을 지출하며, 이들의 분석 방법으로서 경제 분석이 있다. 그 고려 방법은 만일 그 철도가 만들어지지 않으면 사회적으로 어느 정도의 손실을 입는가(with/without 분석)에 있다. 그 척도로서 투자 효율을 나타내는 경제

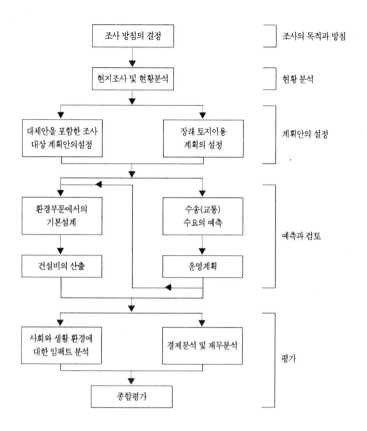

조사 방침의 결정	조사의 목적과 방침
현지조사 및 현황분석	현황 분석
대체안을 포함한 조사 대상 계획안의설정 / 장래 토지이용 계획의 설정	계획안의 설정
환경부문에서의 기본설계 / 수송(교통) 수요의 예측	예측과 검토
건설비의 산출 / 운영계획	
사회와 생활 환경에 대한 임팩트 분석 / 경제분석 및 재무분석	평가
종합평가	

그림 2.2.6 타당성 조사의 순서

내부 수익률(EIRR = Economic Internal Rate of Return)이 있다.

이것에 대하여는 사기업의 입장에서의 검토하는 재무 분석이 있다.

(2) 일반적인 타당성 조사 분석(F/S : Feasibility/Study)

(가) 건설산업의 F/S의 개요

① 발주자의 목표와 요구충족을 위한 대안의 적합성 또는 실현 가능성을 검토하여 최적의 대안을 선정한다[237].

② 미래의 사업의 타당성이 있는지를 분석하며, 프로젝트의 진행을 위한 의사결정 도구의 핵심 요소이다.

③ 프로젝트에 대한 초기단계의 미래를 예측하고, 프로젝트의 성공적 수행을 위해 F/S의 인식 변화와 활용방안의 연구가 필요하다.

(나) F/S의 업무절차(Flow Chart)

특정 프로젝트의 기획/계획 단계에서 사회적·법적·기술적·경제적 등의 상황을 정확히 조사하여 조사 결과에 따라 분석·평가하여 그 프로젝트의 타당성 검토와 가능성, 채산성 등의 사업규모의 성공여부에 관한 의사결정과 진행상황을 관리하는 것이다.

F/S 업무의 주요 절차는 다음과 같다.

1) 분석대상 선정 및 목표 확인 : 여러 대안 중에서 선택

2) 기초사업계획서 작성 : 사업개요, 시장성 및 입지분석, 경제내·외적 분석, 내부능력, 재무분석, 공정계획, 조직 및 운영계획 등의 검토

3) 시장성 및 입지 정밀 분석 : 수요 예측

4) 개발 기본계획 활용 : 대안의 정리 및 확정

5) 경제 외적 타당성 검토 : 법규, 기술적, 재무적, 정치적, 사회적, 환경적, 내부능력 등 검토

(다) 기술적 타당성 평가

1) 프로젝트의 건설과 운영에 따른 설계·공정 체계 전체의 능률 검토

2) 프로젝트의 기술적·경제성 및 프로젝트 운영자의 기술적인 자질과 관리 능력

(라) 경제적 타당성 평가

경제성분석이란 프로젝트의 수행과 운영의 전 기간에 걸쳐 매년의 현금유입과 현금유출을 예측하고, 금리를 현재가치로 환산하여 양의 순현재가치를 보이는가를 분석하는 것으로 이를 위해서 현금흐름 모델을 설정해야 하고 물가 상승률을 고려해야 하며, 현금흐름을 현재가치화하기 위한 적정할인율(Discount Rate)을 산출해야 한다. 현금흐름 분석을 위한 경제성 분석기법으로는 순현재가치법, 내부수익률법, 부채상환가능비율법 등을 사용한다.

경제성 평가절차는 다음과 같다. : ① 타당성 분석을 위한 사전조사, ② 위험 분석, ③ 현금흐름 분석, ④ 경제성 분석, ⑤ 민감도 분석

경제성 평가 방법에는 다음과 같은 것이 있다.

1) 현재가치법(Net Present Value : NPV)

사업수행과 운영의 전 기간에 걸쳐 각 년도에서의 현금유입과 현금유출을 현재가치로 환산하여 현재가치(NPB)에서 현금유출의 현재가치(NPC)를 뺀 순 현재가치를 합계한 것으로서, 특정 프로젝트의 경제성 여부와 복수의 프로젝트가 대안으로 존재할 경우의 투자 우선 순위를 결정하는 자본 예산기법(Capital Budgeting)이다.

기업의 할인율로 현금흐름을 할인하고, 가치가산 원칙에 부합되어 유일한 해법이 존재한다는 순현재가치법(NPV)의 산출 방법은 다음 공식을 적용한다.

$$NPV = \sum_{t=0}^{n} \cdot \frac{B_t - C_t}{(1+K)^t} \qquad (2.2.6)$$

여기서, n : 분석기간

B_t : 연도의 현금유입

C_t : 연도의 현금유출

K : 할인율

t : 년도

$NPV_t = NPB_t - NPC_t$에서 NPV가 0보다 크면 선택하고, 0보다 작으면 버린다.

2) 내부수익률법(Internal Rate of Return : IRR)

투자수익률이라고도 하며 현금흐름의 순 현재가치를 0으로 만드는 할인율이다.

$$NPV = \sum_{t=0}^{n} \cdot \frac{B_t - C_t}{(1+IRR)^t} = 0 \text{ 이 되는 } IRR \qquad (2.2.7)$$

여기서, 모든 수익의 현재가치를 (+)로 하고 모든 지출의 현재가치를 (-)로 계산하는데는 정확한 현금흐름(Cash Flow)의 추정이 중요하다.

내부수익율(IRR)이 요구수익율(자본비용)보다 크면 채택한다. 특히 사업주체의 신용도에 따라 요구수익율이 다를 수 있으나 규모가 다른 사업의 비교에서 IRR 비교는 금지되어야 한다.

수정된 내용수익률법(Modified IRR : MIRR)은 수정이 안된 IRR보다 좋다.

3) 회수기간법(Payback Period : PP)

사업비용 회수에 소요되는 예상 기간으로 평가한다. 용이하고 직관적이나 현금의 시간가치가 무시되고 회수기간이 지난 후의 현금흐름을 무시하는 것이 단점이다.

4) 편익/비용분석(Benefit-Cost Ratio : B/C Ratio)

주로 공공사업의 경제성, 타당성을 결정하기 위하여 사용한다.

$$B/C = \frac{\text{공공에 대한 혜택}}{\text{정부에 대한 비용}} \geq 1.0 \qquad (2.2.8)$$

5) 부채상환 가능비율법(Debt Sercive Coverage Ratio : DSCR)

현금유입에서 세금, 로열티 등 우선 지불되는 금액을 공제한 "부채변제 충당가능 현금흐름"을 상환해야 할 원리금 총액으로 나눈 값을 말한다.

$$DSCR = \frac{\text{부채변제에 충당 가능한 현금흐름}}{\text{부채원금 + 이자}} \qquad (2.2.9)$$

DSCR은 각 연도별 및 원리금 변제 전 기간에 걸친 누적 DSCR을 구분 계산하여 두 가지 지표가 동시에 1.0을 충분하게 넘을 때에만 당해 프로젝트가 상환능력이 있다고 평가한다.

6) 투자자본 수익률법(Return on Original Investment Capital : ROIC)

생산과 영업활동에 투자한 자본으로 어느 정도의 이익을 확보했는가를 나타내는 지표이다. 이를 가중평균 자본비용(WACC)과 비교하여 재무구조와 건전성 판단기준으로 활용하여야 한다. 사업구조 조성시에는 투자자본 수익율 구성요소인 영업이익율과 투자자본 회전율을 사용하여 철거사업, 유지사업, 성장사업임을 판단하여야 한다.

- 총자본 순 이익률 = 순이익 / 총자본
- 경제성 분석 : 경제성지표, 기본조건 가정, 구성항목별 비용 및 수요 예측, 총(total) 수지분석, 경제성 평가
- 분석을 위한 기본가정 : 할인율 확정, 규모, 기간 등
- 위험 분석 : 위험(risk) 확인 및 분석/대책
- 마케팅 전략 및 자금 조달계획 : 판매전략/재무분석(Financing) 방법

- 타당성 분석 보고서 작성 : 종합적 분석 및 평가

- 의사결정 : 사업 추진여부 결정

- 프로젝트 관리 : 사업본부/사업팀 + CM/PM

(마) F/S의 개선 방향

○ 상당부분 정량적인 사업 위험평가 · 분석이 매우 객관적이어야 한다.

○ 새로운 형태의 사업분석이 모색되어야 한다.

○ 사업계획 지역에 적합하고, 광범위한 사업목표 및 규모가 결정되어야 한다.

○ 위험 인지 및 정량적인 평가 · 분석 역량을 강화하여야 한다.

○ 체계적인 위험 관리 프로세스로 위험성을 인지하여 평가 · 분석한다.

○ 사업의 외부환경에 민감한 자율적인 민간 투자개발 사업을 선호한다.

(3) 경제성 분석과정

철도사업과 같은 대규모 공공투자는 국가경제정책 전반에 걸쳐 매우 중요하다. 제한된 예산을 효율적으로 집행하기 위해서는 경제성이 검증된 사업에 대한 투자우선순위를 결정하는 것도 매우 중요한 문제이다〔245〕. 사업의 우선순위를 선정하기 위해서는 객관적인 평가가 수행되어야 하는데 그 기법으로 경제성 분석을 사용한다. 철도의 경제성 분석은 철도건설사업에 대한 총편익과 총비용을 비교 · 분석하여 사업의 경제적 효율성 및 투자의 타당성을 가늠해보기 위한 과정이다.

경제성 분석의 목적은 ① 사업의 경제적 타당성 분석, ② 사업의 투자우선순위 결정, ③ 사업의 최적투자시기 결정 등이다.

경제성 분석과정은 **그림 2.2.7**과 같다.

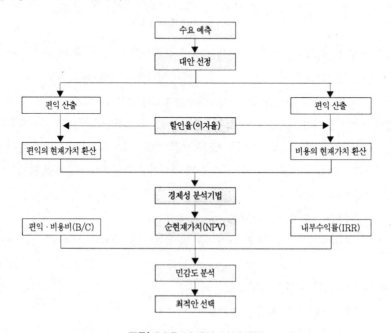

그림 2.2.7 경제성 분석과정

(4) 민감도 분석

투자사업의 경제성 분석은 미래에 대한 예측을 근거로 하기 때문에 비용과 편익의 추정은 불가피하게 어느 정도의 오차를 내포하고 있다. 즉, 공사비가 당초 예상했던 것보다 높아질 수도 있고, 사업의 기간이 연장될 수도 있으며, 예측했던 교통량이 발생하지 않을 수도 있다. 이 때, 현재 또는 미래의 상황을 적절한 확률 분포로 표현할 수 있을 경우를 위험도(Risk)라 하며, 확률로 나타낼 수 없는 경우를 불확실성이라고 한다[245].

경제성 분석에서는 이와 같은 주요변수의 불확실한 여건변동이 분석결과에 어떠한 영향을 미치는가를 검토하는 것을 민감도 분석(Sensitivity Analysis)이라 하고 여건변동을 확률적 분포로 표현하여 기대치 분석을 하는 것을 위험도 분석(Risk Analysis)이라 한다.

민감도 및 위험도 분석의 주요대상은 ① 공사비, ② 유지관리비, ③ 차량운행비(VOC), ④ 교통량, ⑤ 공사시기 등이다.

2.2.5 경제 효과(재무 분석)

이것은 건설비의 상환 계획, 혹은 채산성 분석이라고도 한다. 이 분석에서의 평가는 다음의 3가지 점이 고려된다. 어떤 투자 조건이 있고 이것의 1 프로젝트 기간 내에서 ① 투자 효율상 가장 유리한 조건인가? (내부 수익율), ② 개업 후 감가상각 부족을 조기에 해소할 수 있는가? (상각 후 손익), ③ 개업 후 끊임없이 차입금의 반제(返濟) 여력을 유지할 수 있는가? (자금 과부족)를 평가한다.

(1) 재무 내부 수익률(FIRR = Financial Internal Rate of Return)

상기 ①은 각종의 비교 프로젝트가 있어 그 어느 것을 채택하는 것이 투자 효율상 유리한 것인가를 판정하는 지표이다. 발생 시점의 다른 수입 및 지출에 대하여 그 발생하는 시점을 고려하여 할인율로 현재의 가치로 환산하여 각 프로젝트의 우열을 비교한다.

산출 식은 다음과 같다.

$$\sum_{t=0}^{n} \frac{N_t}{(1+i)^t} = 0 \tag{2.2.10}$$

여기서, N_t : t년도의 cash flow(수입과 경비의 차이이며, 차이 중에 이자, 감가 상각비를 포함한다) 투자 채산의 비교는 ROI(Return on Investment)에 의거하는 것이 보통이다.

$\quad t$: 철도건설 개시 년도부터의 경과 연수

$\quad n$: 프로젝트 라이프(년)

$\quad i$: 재무 내부 수익률(FIRR)

프로젝트 라이프로서는 평균 내구 연수로 되지만 철도 계획에서는 감가상각 자산종별을 고려하여 가중 평균으로서 개업 후 30년으로 하는 예가 많다.

FIRR은 상기의 할인율로 금리와 비교되며, 이것을 상회할 필요가 있다.

(2) 경영 수지 시산

상기 ②, ③에 의거하여 적자가 발생하지 않게 되는 것은 개업 후 몇 년째인가, 누적 적자의 해소는 몇 년째인가? 일반적으로는 이 계산이 잘 사용된다. ②는 손익 계산서에서 각 연도의 손익이, ③은 자금 조종(操縱)표에서 각 연도 운전 자금의 과부족이 각각 독립하여 계산되며, 그 값의 엄한 쪽으로 결정된다. 즉, 균형 상태에서는

운수 수입 + 수취이자 = 인건비 + 경비 + 이자 + 상환금(혹은 감가 상각비)

의 관계가 있으며, 하기의 지표에 따라 계산한다.

· 자금 과부족 = 감가 상각 전 손익 − 반제(返濟) 기간 상환금
· 상각 후 손익 = 감가 상각 전 손익 − 감가 상각비

단(單)년도 흑자화는 개업 후 10년, 누적 적자 해소 연도는 개업 후 20년 이내라고 하는 것이 목표로서 사용되고 있다. 제3 섹터 등에서는 건설비의 차입금 비율이 크고 개업 후에 큰 운전 자금 부족을 가져오는 경우가 많다. 따라서, ③이 문제로 된다.

2.2.6 철도건설의 절차

(1) 철도건설공사 단계별 시행절차

일반적인 철도 건설의 흐름은 **그림 2.2.8**과 같다[221].

(2) 건설사업구상

사업주관부서에서 국가기간교통망계획, 중기교통시설투자계획, 21세기철도망구축기본계획, 민원해소 등을 위한 정책대안에 따라 현황과 문제점을 파악하고 건설사업의 필요성을 인식하여 철도건설 예정선을 계획하며, 투자계획을 수립하여 예비타당성조사 예산을 요구·확보하는 단계이다.

이 때에는 사업의 필요성, 타 법령에 의거한 계획과의 연계성, 공사규모 등 개괄적인 사항인 기본적인 개요를 마련한다. ① 사업의 필요성, ② 도시관리계획 등 다른 법령에 의거한 계획과의 연계성, ③ 사업의 시행에 따른 위험요소의 예측, ④ 사업 예정지의 입지조건, ⑤ 사업의 규모 및 공사비, ⑥ 사업의 시행이 환경에 미치는 영향, ⑦ 기대효과 및 기타 발주청이 필요하다고 인정하는 사항

(3) 예비타당성조사

예비타당성조사는 예산회계법시행령에 근거하여 총사업비가 500억 원 이상, 사업기간이 2년 이상인 공공건설사업에 대한 시행방침을 정하기 위하여 기획예산처에서 시행하는 제도로서 1999. 4부터 시행하고 있으며 2000년도부터 한국개발연구원이 주관이 되어 시행하고 조사결과를 기획예산처로 보고하는 체제로 운영되고 있다. 이것은 부처별 신규투자사업에 대한 사업우선순위를 공정하게 결정하고자 하는 개략적인 조사 단계이며 매년 상하반기에 시행한다.

(4) 타당성조사

예비타당성조사결과에 의거하여 타당성이 있는 철도건설사업이나 지자체 등에서 철도이설 요구민원 등

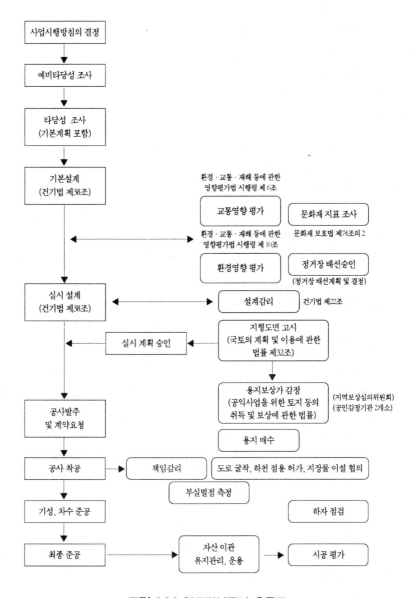

그림 2.2.8 철도건설공사 흐름도

이 발생하였을 때 건설교통부 주관으로 경제적·기술적 타당성 및 대안분석 등을 시행하는 학술조사이다. 건설공사로 건축되는 건축물 및 시설물 등의 설치단계에서 철거단계까지 모든 과정을 대상으로 검토하여야 한다. 건설공사의 공사비 추정액과 공사의 타당성이 유지될 수 있는 공사비의 증가 한도를 제시하여야 한다. 업무의 효율적 수행을 위하여 기본계획과 함께 시행하고 있다.

(5) 공사수행방식의 결정
(가) 개요
정부(건설교통부)는 기본계획을 수립·고시한 후 당해 건설공사의 규모와 성격을 고려하여 "대형공사입찰방식심의기준"에 따라 공사수행방식을 결정하여야 한다.

※ 총공사비 추정가격이 100억 원 이상인 신규복합공종공사

총공사비 추정가격이 100억 원 미만인 신규복합공종공사 중 발주기관에서 대안입찰 또는 일괄입찰로 집행함이 유리하다고 인정하는 공사

(나) 공사수행방식

- 일괄입찰(Turn key Base, 설계 · 시공일괄계약방식) : 발주기관이 제시하는 기본계획과 입찰공고사항(입찰안내서)에 따라 건설업체(설계업체와 공동입찰 가능)가 기본설계도면과 공사가격 등의 서류를 작성하여 입찰서와 함께 제출하는 방법으로서 일반적인 설계 · 시공일괄 계약방식을 말한다.
- 대안입찰(기본설계대안, 실시설계대안) : 발주기관이 제시하는 원안의 공사입찰 기본설계 또는 실시설계에 대하여 기본방침의 변경이 없이 원안과 동등 이상의 기능과 효과를 가진 신공법 · 신기술 · 공기단축 등이 반영된 설계로서 원안의 가격보다 낮은 공사로 입찰하는 것을 말하며, 민간의 기술력을 활용한다는 측면에서 턴키와 유사하다.
- 기타공사 : 일괄입찰 및 대안입찰 이외의 공사

(6) 환경 · 교통 · 재해 등의 영향 평가

환경 · 교통 · 재해 등의 영향 평가는 환경 · 교통 · 재해 또는 인구에 미치는 영향이 큰 사업에 대한 계획을 수립, 시행함에 있어서 당해 사업이 환경 · 교통 · 재해 및 인구에 미칠 영향을 미리 평가 · 검토하여 건전하고 지속가능한 개발이 되도록 함으로써 쾌적하고 안전한 국민생활을 도모함을 목적으로 한다(환경 · 교통 · 재해 등에 관한 영향 평가법, 제정 1999. 12. 31, 법률 제6095호).

'영향평가' 라 함은 철도(도시철도를 포함한다)의 건설 등 영향평가 대상사업의 사업계획을 수립함에 있어서 실시하는 다음의 각 항목의 하나에 해당하는 평가를 말한다.

1) 환경영향평가(환경부) : 사업의 시행으로 인하여 자연환경, 생활환경 및 사회 · 경제환경에 미치는 해로운 영향을 예측, 분석하고 이에 대한 대책 강구(제2.4.2(8)항 및 후술의 **표 2.5.5** 참조)
2) 교통영향평가(건설교통부) : 사업의 시행으로 인하여 발생할 교통장해 등 교통상의 각종 문제점 또는 그 효과를 예측, 분석하고 이에 대한 대책 강구
3) 재해영향평가(행정자치부) : 사업이 홍수 등 재해의 가능성과 재해의 정도 및 규모 등에 미치는 영향을 예측, 분석하고 이에 대한 대책 강구
4) 인구영향평가(건설교통부) : 사업이 인구에 미치는 영향을 예측, 분석하고 이에 대한 대책 강구. 다만, 수도권정비계획법의 규정에 의하여 수도권에서 시행하는 사업에 한한다.

영향평가를 실시하는 사업의 '영향평가서' 에는 ① 평가서 초안의 내용에 관한 구체적인 분석 및 평가, ② 주민, 관계행정기관의 장 등의 평가서 초안에 대한 의견과 공청회 개최 결과에 대한 분석 및 평가, ③ 영향평가 결과를 반영하여 수립한 사업계획안의 내용, ④ 사후환경영향조사에 관한 계획(환경영향평가분야에 한한다) 등의 사항이 포함되어야 한다.

(7) VE 및 LCC(제2.6.2(5)항 참조)

(8) 철도건설 공사 후 개통 전 종합시험

철도노선을 새로 건설하거나 기존 노선을 개량하여 선로를 개통하기 전에 시행하는 종합시험은 다음의 시험 등을 실시한다(**그림 2.2.9** 참조). 다만, 종합시험 내용은 사업별로 사업특성상의 여건이 상이하므로 세부 시행계획 수립 시에 사업특성에 맞도록 조정하여 시행한다.

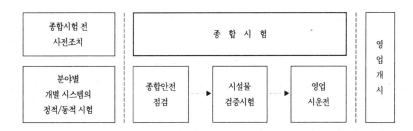

그림 2.2.9 종합시험 체계

(가) 종합안전점검

각 개별 시스템의 정적/동적 시험이 완료된 공종별 시설물에 대하여 분야별 기능상태와 안전성 여부를 점검 · 확인한다.

- 현장시설물 합동점검(분야별)
- 건축한계 측정 : 열차운행 시에 각종 시설물이 접촉되는지 여부를 측정
- 검측차를 이용한 시설물 검측 : 궤도, 신호, 전차선 분야의 검측

(나) 시설물 검증시험

종합안전점검을 완료한 후에 시설물이 허용하는 최고속도까지 아래와 같이 단계적으로 철도차량의 속도를 증가시키면서 철도시설의 안전상태, 철도차량 운행의 적합성과 연계성(interface)을 확인한다.

- 일반철도(3 단계) : 40 또는 60 km/h, 100 km/h, 운행 최고속도
- 고속철도(5 단계) : 60 또는 120 km/h, 170 km/h, 230 km/h, 270 km/h, 300 km/h

(다) 영업 시운전

시설물 검증시험을 완료한 후에는 영업개시에 대비하기 위하여 열차운행계획에 의거한 실제 영업상태를 가정하여 열차운행체계를 점검하고 종사자의 업무숙달 등을 점검한다. 이는 철도운영자(한국철도공사)에서 수행하며, 필요시에는 건설주체(시설공단)에서 입회한다.

2.3 철도의 정비와 근대화의 일반론

2.3.1 개요

철도 수송은 대량, 고속, 안전, 정확의 여러 점에서 도로 수송보다 우수하지만, 기동성이 부족한 점과 과거의 경영에 기인하여 화물수송이 낮게 맴돌고 있고 도시간 수송도 고속 도로망과 지방 공항의 정비, 발전과

함께 반드시 유리하다고 할 수 없게 되고 있다. 철도 내부에 있어서는 시설의 노후화도 진행되고 있으며, 심한 사회 변동도 경영의 합리화를 요구하고 있다. 이 경우, 철도의 부침에 유의하여 근대화를 진행하여 갈 필요가 있다.

근대화의 방책으로서 시행하여야 하는 것은 다음과 같다.

① 수송 방식의 근대화 : 예를 들어 고속 철도

② 동력의 근대화(modernization of motive power) : 예를 들어 자기 부상식 철도, 전철화(electrification)

③ 시설의 정비, 개량(improvement) : 예를 들어 선로 증설(track addition) 등

그 성과로서 구해지는 것은 객화의 이용 증가이며, 또한 요망이 다양한 여객, 화주가 편리하게 이용하게 하는 일이 가장 중요하며, 그를 위하여 다음이 필요하다.

① 여객에게는 쾌적, 빈도, 속도에 대하여 만족시키도록 한다.

② 화주에게는 도착 일시의 명확화, 속달화, 문전에서 문전까지의 일관 수송 등의 서비스를 한다.

정거장의 개량에 관하여는 제7.2.5항에서 상술한다.

2.3.2 철도의 정비

(1) 철도 정비의 방향

앞으로의 철도 정비에서는 경제 사회의 변화, 생활 수준의 향상 등에 입각한다(제1.3.8항 참조).

(가) 교류 네트워크의 추진으로 다극 분산형 국토의 형성

지역 경제의 균형 있는 발전을 도모하기 위하여 여러 기능의 지방 분산을 도모함과 함께 지역에서의 취업 기회를 높이고 생활, 산업 등을 활성화하여 매력 있는 지역으로 발전시키는 기반으로서 고속 교통체계를 정비하여 지역의 경쟁력을 높이면서 지역 상호의 분담과 제휴 관계의 심화를 도모할 필요가 있다.

철도는 중거리 · 대량 수송기관으로서의 특성을 살리면서 대도시권 및 지방 중추 도시 및 지방 중핵 도시를 서로 연결하는 간선 철도를 정비한다. 이를 위하여 고속선로의 건설, 고속선로와 재래선의 직통 운전화 · 갈아타기의 개선, 재래선의 고속화 등으로 고속 선로와 재래선이 일체로 된 간선 철도망의 정비를 도모한다.

(나) 대도시권으로의 인구, 여러 기능의 집적에 따른 생활 환경의 악화나 도시 기능의 저하에 대처하여 개선을 도모한다.

대도시권 선구의 격심한 혼잡을 개선하기 위하여 신선 건설, 복복선화 등 발본적인 수송력 증강을 추진함과 함께 열차의 장편성화, 플랫폼의 연신 · 확장, 운전 시격(headway)의 단축화 등으로 수송력의 향상을 도모한다(제2.3.4항 참조). 또한, 주택문제 해결의 일환으로서 택지 개발과 일체화한 철도의 정비를 촉진한다.

(다) 21세기의 사회자본 정비의 충실을 위해서는 "국민 생활의 풍족을 실감할 수 있는 경제 사회의 실현"을 중시한다.

생활 수준의 향상에 따라 사람들의 행동권도 광역화하여 질이 높은 교통 서비스가 요구되고 있으며, 마치 전국이 자기가 살고 있는 거리처럼 느껴지는 이동성(mobility)이 높은 사회의 형성이 요청되고 있다. 이러

한 면에서도 간선 철도나 공항 등 고속 교통체계의 전국 전개를 도모할 필요가 있다.

철도에 대하여는 간선(trunk line)의 고속화는 물론이고 쾌적성, 편이성의 향상을 도모하기 위하여 지하철 등의 신선 건설 및 복복선화 등 수송력을 증강하는 외에 상호 진입(trackage right operation), 차량의 냉방화, 역 및 역 설비의 정비 · 미화, 열차 표정속도의 향상 등을 추진한다. 또한, 고령자, 신체 장애자 등 이용자 편리의 향상을 도모하기 위하여 역 등의 에스컬레이터의 설치, 단차의 해소(슬로프화) 등을 추진하는 등 앞으로 급속히 진행되는 노령화에도 대응하여 교통 시설이 쾌적하고 안전하게 이용될 수 있도록 배려한다.

(2) 간선 철도의 정비

풍족을 실감할 수 있는 다극 분산형 국토의 형성을 도모하고 균형 있는 발전을 도모하기 위하여 전국적인 교통 체계의 정비를 추진할 필요가 있다. 이를 위하여 (1) (가)항과 같이 간선(trunk line) 철도망의 정비를 도모할 필요가 있다.

① 고속 철도의 건설

② 간선 철도의 활성화(재래선과 고속선로의 직통 운전, 재래선의 고규격화, 간선 철도의 수송력 증강)

③ 재래선의 고속화

(3) 도시 철도의 정비

철도의 특성은 대량의 수송력과 높은 정시성을 가진 것이다. 따라서, 인구 밀도가 높고 공간이나 환경 보전(environmental preservation)의 제약이 엄한 대도시에서 그 특성을 가장 잘 발휘할 수 있으므로 고능률의 네트워크를 형성할 필요가 있다.

대도시권의 주민이 교통면에서 풍족을 실감할 수 있는 생활을 실현하기 위해서는 먼저 쾌적하게 통근 · 통학하도록 하는 것이 필요하다. 따라서, 도시철도(urban railway)에서는 신선 건설, 복복선화 등 수송력을 증강하기 위해 정비하는 것이 과제이다.

그러나, 도시 철도의 정비는 지가 앙등 등으로 인하여 건설비가 증대하고, 또한 용지 확보가 곤란함에 따라 긴 시간과 거액의 투자를 필요로 하고 있다.

① 지하철도 정비 사업비(project cost)에 대한 국가와 지방자치단체의 보조 및 무이자 대부

② 신도시 철도의 정비 촉진

③ 특정 도시철도 정비 촉진사업에 기초한 수송력 증강 공사의 촉진

④ 택지 개발과 일체로 한 철도의 정비

⑤ 모노레일 · 신교통 시스템의 촉진

(4) 지방 철도의 정비

지방 철도(local railway)는 자가용 자동차의 증가와 인구의 감소에 따라 이용자가 감소하고 있지만 지역의 발전과 공공 교통기관을 이용할 수밖에 없는 주민의 발을 확보하기 위하여 지방 철도의 유지 정비가 중요한 과제로 되어 있다. 인원 삭감 등의 경영 합리화, 이벤트 열차의 운행 또는 지역 요구에 따른 서비스의 제공 등을 통한 경영의 노력을 하고 있지만 대부분의 노선은 적자 경영이므로 국가와 지방 자치단체 등의 보조가 필요하다.

결손이 생기고 있기는 하나, 수송 수요, 병행 도로의 상황 등으로 보아 다른 교통기관으로의 전환이 곤란하고 지역 주민의 발로서 불가결한 노선에 대하여는 그 결손을 보조하는 것이 필요다. 또한, 시설의 근대화를 촉진함으로서 경영의 개선, 보안도의 향상 또는 서비스의 개선이 현저하게 기대되는 노선에 대하여는 철도의 투자 여력이 부족하여 철도의 근대화가 진행되지 않는 경우에 한하여 근대화 설비에 요하는 비용의 일부를 보조하는 근대화 보조도 필요하다.

또한, 앞으로 경비의 삭감 등 철도의 경영 노력이나 여객 유치에 대한 소재지 관계자의 적극적인 협조가 불가결하다.

(5) 철도 화물설비의 정비
(가) 철도 화물수송(goods transport)의 개선

화물수송 전체에서 점하는 트럭 수송의 시장 점유율은 일관되게 상승되고 있지만 도로 혼잡으로 인하여 정시성의 확보가 어렵게 되어 왔으며 수송 시간의 연장 등의 문제도 나타나고 있다. 또한, 교통 안전이나 교통 공해, 생에너지 문제 등은 사회의 큰 문제, 경제의 큰 문제로 되어 있으며 이들에의 대응도 큰 과제로 되어 있다.

이들의 과제에 대처하기 위해서는 트럭 수송의 간선수송 부분을 될 수 있는 한 대량 수송기관인 철도나 선박으로 전환하여 트럭과의 협동 일관수송을 추진할 필요가 있다. 그를 위한 유도 대책으로서 철도 컨테이너, 피기 백(piggy back) 전용 트럭의 보급 추진, 제약의 완화에 따른 이용 운송업의 활성화, 화주 등 산업계에 대한 협조 제의 등을 추진할 필요가 있다.

(나) 수송력(transport capacity)의 증강과 화주의 요구에 대한 대응

운전사 부족, 배기 가스 등의 환경 문제, 교통 체증으로 인한 지연, 생에너지 대책의 관점에서 트럭 수송으로부터의 전이에 대응하기 위하여 앞으로의 철도 화물로서는 적극적으로 열차 횟수의 증가, 1 열차당의 견인 톤수의 증가에 노력할 필요가 있다. 그를 위하여

① 열차 편성(train consist)설비의 증대 : 기관차, 화차, 컨테이너의 증량

② 터미널의 착발선 · 유치선 · 하역선의 증강

③ 요원의 증원

④ 강력한 기관차의 개발 : 견인력(tractive force)이 크고 고속 운전이 가능

⑤ 고속 주행이 가능한 화차의 개발 : 낮은 최고 속도의 향상

⑥ 도중 역 대피 설비 등의 개량 : 유효장의 연신, 대피 설비의 증강

⑦ 곡선 · 분기기 통과 속도의 향상

등의 적극적인 기술 개발과 투자 부족으로 인한 노후 설비의 교체를 포함하여 대대적인 설비 투자에 노력하여야 한다.

화물 열차는 저녁때의 적재, 야간의 운행, 이른 아침의 도착이 가장 바람직한 패턴이기 때문에 화물 열차의 증발은 대도시와 지방 중핵 도시에서는 조석의 러시 아워대에 경합하는 경우가 예상되므로 신중한 대응이 요망된다.

한편, 고객의 요구에 대응하기 위하여

① 속도 향상(speedup)과 정시성의 확보 : 트럭과의 연계 강화, 문형 크레인의 설치, 착발선 하역의 추진

② 비용 절감 : 차량, 컨테이너, 하역 기계, 트럭 회전율의 향상

③ 신규 서비스의 개발

등의 시책에 노력하고 컴퓨터의 활용, 신기술의 채용 등으로 '노동 집약형 산업'에서 '장치 산업'으로 탈피하여야 한다.

(6) 철도 정비의 재원

대도시 집중이 과도하게 진행되고 있어 사회간접 자본을 위한 공간의 확보는 해마다 곤란하여지고 있다. 특히, 대도시권 등에서 지가가 대단히 높다. 이에 따라 사회간접 자본의 정비에서 용지비의 비율이 사업비 상승의 큰 요인으로 되어 있다. 또한, 이와 같은 지가 상승은 원활한 용지 취득을 어렵게 하고 시설 정비의 장기화와 이에 따른 비용의 증가를 초래하며 효율적인 투자를 어렵게 하고 있다. 이 때문에 사회간접 자본을 계획적·효율적으로 정비하기 위해서는 지가의 안정, 용지 취득의 원활화가 불가결하며, 아울러 국토의 다극 분산화를 추진하는 것이 필요하다.

① 택지 개발과 철도 정비의 일체화 　② 가로 사업, 항만 정비사업 등 다른 사업과 일체화한 철도 정비

③ 미니 지하철의 도입 　　　　　② 대심도 지하의 이용

(7) 철도 개량

국토의 간선(trunk line)은 물론, 모든 지역에 철도망을 확대하기 위하여 신선을 만드는 것이 철도의 "건설"(construction)이다. 이에 대하여 이미 건설된 철도를 강화하여 양적·질적으로 개선하는 시책을 총칭하여 "개량"(improvement)이라고 한다. **표 2.3.1**에서는 철도 개량사업의 종류를 나타낸다.

노선 개량(reconstruction of railway)에는 구배·곡선 개량 등의 노선 변경이나, 복선화·복복선화, 방향별 개량, 전철화, 궤도 강화(track strengthening), 신호의 자동화, CTC화, 역 유효장의 연신, 신호장의 설치 등, 각종의 증강·근대화의 넓은 범위가 있다. 정거장의 개량에 관하여는 제7.2.5항을 참조하기 바란다.

표 2.3.1 철도 개량사업의 종류

철도 개량의 종류		내용
선로 개량	구배·곡선의 개량	선로의 개량
	선로 증설	복선화·복복선화 등
	건널목의 개량	건널목의 통폐합, 도로의 입체화, 철도의 고가화 등
	궤도 강화	레일의 장대화, 침목의 PC화 등
	신호 방식의 개량	신호의 자동화, CTC화 등
정거장 개량	정거장의 신설	조차장·차량기지·신호장 등의 신설
	각종 구내배선의 증강	플랫폼 신설, 대피선·유치선 등의 신설
	각종 구내배선의 개량	평면 교차의 제거, 곡선·전망의 개량 등
	유효장 연신	플랫폼 유효장, 선로 유효장 등의 연신
차량·동력 방식의 개량	차량 성능의 향상	기관차 견인력의 강화, 속도 향상
	동력 근대화	디젤화, 전철화 등

(8) 대도시 철도 시설의 상공 이용

철도 시설의 상공 이용이 요구되는 까닭은 토지 가격의 앙등과 용지 취득난, 역 부근에 입지한 경우의 편이성에 있다. 이용면에서 고려되는 것은

① 역 플랫폼 위의 역사, 역 빌딩(최근의 민자역사 등)

② 중간의 선로 부지는 직상 고가로 하여 선로 용지 또는 도로 용지로 이용

③ 차량기지(depot) 용지 상공의 빌딩(예 : 신청차량기지, 제10.1.6(8)(가)1)다)항 참조)

이 고려되지만, 어느 것도 깎기, 성토 등의 특수한 지형, 혹은 과선 도로교 등 지물의 요건에 구속된다.

이것을 용도별로 나누면 다음과 같이 된다.

(가) 건축물

교상 역사로 대표되지만, 그 특징은 다음과 같다.

① 건설비가 통상의 경우에 비하여 높게 된다.

 ⓐ 기둥이 선로 배선으로 인하여 제약을 받아 큰 지간으로 된다.

 ⓑ 선로상 소요 유효고가 일반의 건축물에 비하여 높다.

 ⓒ 지진(earthquake) 대비상의 벽이나 브레이스가 들어가기 어렵다.

 ⓓ 공사상은 활선(活線) 작업으로 되므로 구조상 이를 고려할 필요가 있다. 예를 들면, 지중 보를 설치하기 어렵다.

② 공사장까지의 접근을 위하여 사로 또는 연결 도로를 선로 부지의 바깥에 확보할 필요가 있다.

③ 사용상 열차 진동, 열차 소음의 영향을 받는다.

④ 방재(disaster protection)상 규제의 영향이 크다.

 ⓐ 선로 상공부분에 대한 피난 경로의 확보

 ⓑ 상업용 빌딩에 대한 부지의 2방향 접도 의무

⑤ 역간의 용지폭은 복선 구간이라면 10수 m이기 때문에 맨션, 사무실 이외의 상용빌딩에 적합하지 않다.

이상에서 선로 부분 외의 용지를 소유하는 역 구간 이외에서는 양측 깎기 구간과 같은 특수한 지형이든지 차량 기지의 상공에 한할 것이다.

(나) 선로증설 용지 혹은 도로용 부지

병설 선로 증설 용지로서 기존선의 상공을 사용하는 것은 추상적으로는 고려되어도 교통량이 많은 시가지 중에서 기존선은 지평인 채로 좋은 것인가, 역 구간은 어떻게 되는가 라는 문제가 있다.

게다가, 성토 구간이라든지, 선로 상공을 횡단하는 과선 도로교, 과선 철도교 등이 있어, 더욱 그 위를 통과하기 때문에 기복이 많이 발생하여 고층화도 면하기 어려우며, 선로 근접 공사로 되어 공사비도 높다. 선로 아래뿐만 아니라 별도의 선로로서 실드식 지하 철도로 통과하는 경우와 비교될 것이다. 도로로서도 같은 모양이다.

이상에서 알 수 있는 것처럼 선로 상공의 활용에서 공사비가 싸고 이용하기 쉬운 것은 기존의 역 구간 혹은 차량기지(depot) 신설시의 경우이다. 그 외로서는 지형, 지물에 따라 케이스 바이 케이스라고 하는 것으로 이용이 한정될 것이다.

(9) 철도시설의 현대화 방향

철도시설의 현대화는 고객서비스 측면과 경영 측면을 모두 고려하여야 한다. 고객서비스를 위한 현대화 방향에는 고속화와 쾌적화, 안전성의 증대 등이 있고, 경영적 측면에서는 운영효율화가 있다. 철도시설의 현대화 방향으로 다음과 같이 5개 항목의 선정을 고려할 수 있다[220].

- 고속화 : 차량의 고속화 및 선로·구조물·전철·신호·통신·차량 시설의 개선
- 용량개선 : 복선화, 고속화, 신호설비의 개선 등
- 운영효율화 : 복합운송차량의 개발, 열차 및 시설 운영의 효율화, 유지보수의 효율화 등
- 안전성 및 환경친화성 향상 : 과학적인 안전관리 체계구축, 자원 재활용, 환경 소음·진동 저감 등
- 차량쾌적성 향상 : 차내 소음·진동 저감 등

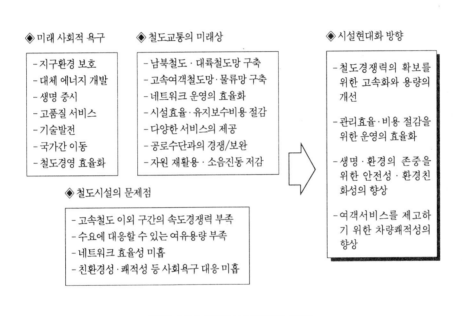

그림 2.3.1 철도시설 현대화 방향

2.3.3 기존선 시설의 정비·개량

기존선 시설의 정비에는 상기의 제2.3.2항에서도 언급하였지만, 아래와 같은 각종의 개량 공사가 있다.

(1) 노후 시설 교체 공사

여기에는 설비 노후화의 자율적 요인도 있지만, 타율적 요인으로서 다른 기관과의 설계 협의에 기초하는

① 도로 확폭, 하천 개수 공사 등에 따른 교형의 개량(improvement)

② 댐의 신설 등에 따른 선로 이설(relocation)

등이 있다.

(2) 경영의 합리화, 근대화 공사

인건비의 앙등은 생력화의 요청에 관련된다.

① 전철화(electrification) ② 자동 신호화, 계전 연동화, CTC화

③ 사무의 컴퓨터화 ④ 궤도 강화(track strengthening)

⑤ 좌석 예약 장치, 역의 에스컬레이터 등 ⑥ 관련 사업용 역 빌딩 등

(3) 보안대책 공사

안전은 수송 업무의 최대 사명이다.

① 건널목 개량(improvement) : 건널목의 격상(제8.2.3항 참조), 건널목의 철거 및 입체 교차화(제2.4.1항 참조)

② ATS화 및 ATC화

③ 선로 개량 : 탈선방지(derailment prevention) 가드의 설치, 레일의 중량화(use of heavier rails) 등

(4) 수송력 증강 공사

이것에 대하여는 다음의 제2.3.4항에서 상술한다.

이들은 개별적으로 실시된다고는 한정하지 않고, 상기 (1)~(3)의 각 공사 세목에도 상기 부류의 몇 가지를 포함한다. 이들의 공사 종류 중 대종을 이루는 것은 수송력 증강 공사이며, 수송력 증강은 수송 능력(수송 단위 × 수송 횟수)의 증대와 속도 향상에 귀착한다.

2.3.4 수송력 증강 대책

(1) 개요

(가) 수송력

1개 열차의 수송력은 연결되는 차량의 수량에 좌우된다. 최대 연결가능 차량 수는 동력차의 견인력에 관계되며 최대 견인력, 운전속도, 선구의 기울기에 따라 제한을 받는다. 또한, 선구의 수송력은 선로용량에 따라 제한을 받는다. 이 선로용량을 정하는 요인에는 선로의 수나 열차속도, 역 간격이나 대피 루트의 위치와 수, 신호 폐색방식, 열차속도 차이 등이 있다. 여객 수송력을 나타내는 예로서 〔러시아워 1 시간당의 최대 가능 열차횟수〕×〔1 열차당의 정원〕으로 나타내는 일이 있다.

(나) 열차 설정방법

수요 예측을 기초로 차량형식, 열차종별, 열차횟수 및 열차 다이어그램을 설정한다. 어느 선구의 소요 열차횟수는 1일당의 통과 수송량을 1개 열차의 평균 수송량에서 구한다. 여객열차에 대하여는 다음 식으로 나타낸다.

$$n = \frac{M}{\alpha ab} \tag{2.3.1}$$

여기서, n : 여객열차횟수, M : 역간 통과인수, α : 승차효율, a : 1 차량 평균 승차정원, b : 편성차량수량

화물열차는 다음 식으로 나타낸다.

$$m = \frac{G}{f}$$

(2.3.2)

여기서, m : 화물열차횟수, G : 통과 톤수, f : 1개 열차 수송 톤수

(2) 수송력 증강의 필요성

수송력(transport capacity) 증강의 필요성은 수송 수요를 만족시킬 만큼의 수송력을 제공하는 것에 있으며, 이것은 차량의 설비 증설과 지상 설비의 증강으로 시행된다. 통근 수송에서는 승차 효율 등 서비스의 향상을 위해서도 시행된다.

수송력 증강의 기본 시책은 선로 증설(track addition)이며, 이 설비 투자는 장기이고 거액에 달하므로 장래의 수송을 적확하게 파악하여 그 수송 구조에 적합하게 수송 계획, 즉 열차 편성(train consist)과 열차 다이어그램을 짤 필요가 있다.

역사적으로 본 경우에 과거의 일반철도수송 설비의 건설은 먼저 단선 방식으로 최소한의 설비 계획에 따라 신설하고 수송 요청의 추수에 대비하여 교행(cross) 설비, 대피선(relief track)의 신설(new construction), 선로 유효장(effective length of track)의 연신, 차량 기지의 신설 등 정거장의 개량을 거듭함으로서 차례로 수송력의 증가를 도모하며, 더욱이 복선화(doubling of track), 더 나아가서는 복복선화에 이르는 발본적인 증강의 경과를 거쳐왔다(제2.4.1항의 **그림 2.4.1** 참조). 열차 횟수가 증가하여가면, 열차 다이어그램의 편성도 서서히 곤란하여져 간다. 더욱이, 우등 열차와의 혼재는 보통 열차의 대피를 필요로 하고 그 대기 시간의 증가도 현저하게 되며, 어떤 열차의 지연은 다른 열차에 영향을 주게 된다. 이들 필요성의 척도로서 '선로 용량(track capacity)'이 있다. 선로 용량(제2.1.4항 참조)은 열차 다이어그램의 종류와 밀접한 관계가 있으므로 먼저 그 관계를 살펴본다.

열차 다이어그램에 대하여는 제8.1.5항에서 상술하지만, 그 작성 방법에 따라 구분하면, ① 평행 다이어그램, ② 자유형 다이어그램, ③ 규격 다이어그램 등으로 구분된다.

①의 평행 다이어그램은 단일의 속도 종별에 따른 열차 다이어그램이며, 통근전차 구간에서 등간격으로 이용된다. 또한 열차 횟수가 적은 한산 선구(light traffic line)에도 적용된다. 통근 선구에서는 러시 아워가 문제이므로 선로 용량은 1일당 몇 회로 표시하지 않고 피크 1시간당 몇 회로 표시하든지 피크 몇 분의 피치까지 운전이 가능하다고 말한다.

②의 자유형 다이어그램은 백지 위에 서비스 순위에 따라 여객의 우등 열차에서 화물의 지방 열차까지 속도의 요구에 맞추어 순차로 열차의 선을 그려 가는 것이며, 러시 아워가 현저하지 않은 열차의 선구에 적용된다. 이 경우에 선구의 선로 용량은 1일당 몇 회로 표시된다.

③의 규격 다이어그램은 상기의 ①, ②를 조합한 다이어그램이며, 특정의 애로 구간에 이용하는 것이 유효하다. 이 경우에 열차 종별을 정리하고, 먼저 우등 열차를 균등 간격으로 배치하여 그 사이에 보통 열차를 할당하는 방법이 있다. 또한, 역으로 평행 다이어그램에서 선을 적당하게 빼내어 그 틈에 우등 열차를 삽입하는 경우도 있지만 우등 열차의 속도는 당연히 억제된다. 이 방법에서는 대피 역이 일정하게 되어간다. 어느 것도 해당 열차 횟수를 증가시키지만 열차 설정의 자유도는 없게 된다.

(3) 수송력 부족의 영향

수송 수요에 비하여 '선로 용량'이 부족하면 열차의 운행 다이어그램에 뒤틀림이 생기는 것은 피할 수 없게 된다. 그 때문에 다음과 같은 수송상 여러 가지의 결점이 생기게 된다.

① 열차의 표정 속도(schedule speed)가 늦게 된다. 단선 구간에서는 교행이나 추월이 많아지고, 또한 복선 구간에서도 추월하기 위한 대피의 시간이 길게 된다. 이 때문에 보통 열차의 표정 속도가 늦게 되고 승객의 서비스가 저하한다.

② 열차 지연(train delay)의 회복이 곤란하게 된다. 무엇인가의 이유로 운행 다이어그램이 흐트러진 때에는 직접적인 원인을 흡수하여 회복할 수 없을 뿐만 아니라 특히 단선 구간에서는 역으로 그것이 파급적으로 확대되어 후속의 열차에 간접 지연이 발생한다. 복선화가 진행되면 다이어그램상의 여유 시간이 유효하게 사용되기 때문에 간접 지연이 적게 되고 회복율도 크게 된다.

③ 기타로서 다이어그램에 여유가 없기 때문에 승객이 희망하는 시간대에 열차를 설정하는 것이 곤란하게 되고, 또한 수요가 집중하는 시간에 증발할 수 없게 되는 등 수송 서비스가 저하한다. 또한, 열차 운행의 자유도가 적게 되며, 선로보수 작업이 곤란하게 된다.

(4) 수송력 증강의 방법

선로를 증설하고 열차 속도를 향상(speed up)하면 수송력이 비약적으로 증가한다. 또한, 열차편성 길이의 증대나 대피선의 신설 등도 수송력의 증강에 유용하다. **표 2.3.2**는 수송력 증강의 방법을 나타내며, **표 2.3.3**는 속도향상에 이용되는 방법(제9.1절 참조)을 나타낸다.

표 2.3.2 수송력 증강의 방법	표 2.3.3 속도향상에 이용하는 방법
① 열차의 증발	① 곡선 통과속도의 향상
② 열차편성길이의 증대	② 분기기 통과속도의 향상
③ 대피선 신설, 증설	③ 진자차량 등 고성능 차량의 도입
④ 신호소 신설	④ 제동력의 향상
⑤ 선로 증설(완전, 부분)	⑤ 궤도구조의 강화
⑥ 자동 신호화	⑥ 가선의 강화
⑦ 동력방식의 개선	⑦ 팬터그래프의 강화

수송력의 강화에는 대별하여 다음의 두 가지가 있다. 그 하나는 차량의 편성 길이를 길게 하여 1 열차당의 수송량을 크게 하는 방법(증결)이며, 또 하나는 단위 시간당의 열차 횟수(train frequency)를 늘리는 방법(증발)이다.

(가) 증결의 경우

예를 들어 8량 편성의 열차를 10량으로 증결하면, **그림 2.3.2**와 같이 선로 유효장과 플랫폼 유효장의 연신이라고 하는 시설 개량공사가 필요하게 되지만, 이것이 상당한 곤란을 수반하는 경우가 많다. 도시 근교 역에서는 과거의 플랫폼 연장으로 인하여 **그림 2.3.2**와 같이 이미 횡단 도로의 한계까지 분기기가 이동된 예도 있지만 이와 같은 경우에는 역의 고가화 등으로 하지 않는 한 이미 이 이상 증결할 수 없다.

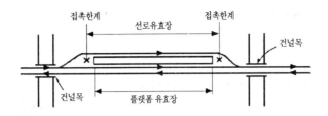

접촉한계   선로유효장   접촉한계

건널목

건널목   플랫폼 유효장

그림 2.3.2 플랫폼 연신과 그 과제

또한, 증결하기 위해서는 기관차의 견인력(tractive force)에서 보아 구배 개량이 필요하게 되는 선구도 고려되며, 또한 변전소 용량의 강화도 필요하게 되는 예가 많다.

더욱이, 증결에 의한 수송력 강화라고 하는 양적 개선은 실현할 수 있어도 열차 횟수가 적은 한산한 선구에서는 프리켄트 서비스(frequent service)의 개선을 기대할 수 없다.

(나) 증발의 경우

대도시권에서는 이미 선로 용량의 한계까지 열차가 설정되어 있기 때문에 열차 횟수를 많게 하여 수송력을 강화하기 위해서는 대부분의 구간에서 선로 용량을 늘릴 필요가 있다. 단선 구간과 복선 구간으로 나누어 그를 위한 방책을 정리하면 다음과 같이 된다. 이 중에서 몇 가지 사항에 대하여는 (다)항 이후에 상세히 설명한다.

1) 단선(single line)의 경우

    가) 폐색 구간 길이의 단축

        ① 대피선(relief track)의 신설 : 종래 대피선이 없었던 중간 역을 개량한다.

        ② 신호장의 신설   ③ 역간 부분 선로증설의 실시

    나) 폐색구간 통과 소요 시간의 단축

        ④ 열차 속도의 향상(디젤화 · 전철화, 선형개량 · 궤도개량, 신호 자동화 등)

    다) 신호 취급시간의 단축 : ⑤ 자동화 등의 신호 개량

    라) 발본적 대책 : ⑥ 복선화(doubling of track)

2) 복선(double line)의 경우

    가) 정거에 따른 시간 손실의 단축

        ① 도어 개폐시간의 단축 : 편개식을 양개식으로 하는 등

        ② 차량 가감속 성능의 향상   ③ 문의 수를 늘린다.

        ④ 플랫폼의 교호 정차 : 큰 승환 역 등에서는 동일 방향의 열차를 플랫폼의 양측에 교호로 착발시켜 승하차 소요 시간이 다른 역에 비하여 길다고 하는 악조건을 흡수한다.

    나) 후속 열차(following train) 간격의 단축

        ⑤ 폐색 신호기의 증설   ⑥ 신호현시 시스템의 고도화

    다) 신호 취급 시간의 단축

        ⑦ 분기기 · 신호의 개량 : 특히 반복 종단 역의 포인트 고성능화

라) 추월 대기 시간의 단축 : ⑧ 대피선이 있는 역의 증가

마) 발본적인 대책 : ⑨ 복복선(quadruple line)화

(다) 정거장 개량

1) 선로 유효장(effective length of track)의 연신, 승강장의 연신

화물 수송에서 강력한 기관차로 견인하는 경우는 당연히 견인 정수(nominal tractive capacity)의 증가가 가능하게 된다. 상기의 (가)에서도 설명하였지만, 이것은 운전 경제상 당해 선구에서 각 역에 대한 대피선 유효장의 연신이 필요하기에 이르게 된다. 또한, 여객 수송에 대하여도 전차화로 동력의 분산화가 도모되어 편성장의 증대가 가능하게 되며, 이것이 각 역 플랫폼의 연신을 필요하기에 이르게 된다.

2) 교행 설비, 대피선 신설(new construction)

선로 용량의 계산 공식(제2.1.4항)에서 보면, 단선 구간에서 어느 역간의 중간에 교행(cross) 설비를 신설하면 선로 용량이 증가한다. 상기의 (나) 1)에서 언급한 추월용의 대피선을 복선 및 단선 구간의 주요 역에 설치하면 우등 열차의 추월이 가능하게 되어 선로 용량도 증가한다. 이 개량은 선로 용량의 증가에는 효과가 있어도 도착 시간의 단축(불필요 대기 시간의 해소)에는 효과가 적다.

(라) 선로 증설(복선화의 경우)

수송상의 애로로 되어 있는 구간의 선로를 증설하면 수송력이 단선 시에 비하여 3배 이상 대폭으로 증가한다. 특히, 단선 구간에 생기는 교행으로 인한 불필요 대기 시간이 해소되므로 속도 향상이 가능하게 된다. 단선 시에 비하여 선로 용량의 증가가 현저하므로 탄력성이 풍부한 수송 서비스가 생기고 열차 지연의 회복도 용이하게 되며 선로의 보수도 용이하게 된다. 불필요 대기 시간의 단축은 복선화(doubling of track)한 역간의 수에 비례한다.

그 외에, 공기, 공사비가 많이 드는 장대 터널, 교량을 피하여 상기의 (나) 1) ③과 같은 역간 부분 선로증설이 있다. 교행 설비를 크게 확대한다고 생각하면 좋고, 선로 용량의 증가, 불필요 대기 시간의 축소에도 유용하다.

선로 증설(track addition)에 맞추어 속도 제한(speed restriction)을 피하도록 곡선의 개량, 분기기의 개량을 시행하고, 선로 용량의 증가를 도모하도록 본선 상호에 기인하는 평면 교차의 입체교차 개량화를 시행하는 일이 많다. 전자는 속도 향상(speed up)에 큰 효과가 있다. 이상과 같은 선로 증설공사 외에 각종의 공사를 동시에 시행하는 예가 많다.

(마) 선로 증설(복복선화의 경우)

복복선화에는 방향별 운전(direction operation)과 선로별 운전(line operation)의 2 방식이 있다. 방향별 운전이란 **그림 2.3.3**(1)에 나타낸 것처럼 안 쪽 2선으로 1조의 상하선을, 외측 2선으로 또 하나의 상하 본선을 형성하는 방식이다. 선로별 운전이란 **그림 2.3.3**(2)와 같이 한쪽 2선으로 1조의 상하선을, 다른 쪽의 2선으로 또 하나의 상하 본선을 형성하는 방식이다.

방향별 운전의 사용법은 외측 선로를 화물 및 통과 여객용으로 하고, 안쪽을 각 역 정거 여객용으로 사용하는 것이 일반적이다. 화물 열차를 외측으로 하지 않으면 중간 각 역에서 화차(goods waggon)의 연결 해방을 하는 경우에 항상 본선을 횡단하여 선로를 바꾸는 것으로 된다. 각 역 정거 전차(electric car)

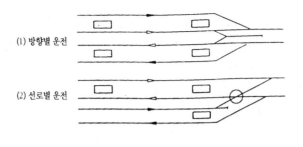

(1) 방향별 운전

(2) 선로별 운전

그림 2.3.3 복복선의 운전 방식

의 반복을 고려하면, 이것도 안쪽 선로를 사용하는 쪽이 바람직하다. 그러나, 경부복복선과 같이 외측선로를 전차선로하고 예를 들어 대방역과 천안역 등과 같이 선로를 입체교차로 하여 운행을 처리하는 경우도 있다.

선로별 운전은 여객·화물을 분리하는 경우, 혹은 여객에서도 급행, 보통의 속도별 운전의 경우에 사용된다.

일반적으로 방향별 운전은 여객의 갈아타기, 사고 혹은 선로 보수작업 시에 선로의 대체도 가능하다. 그것도 **그림 2.3.3**(2)와 같이 복복선을 복선으로 합침에 따른 평면 교차가 생기지 않는 등 유리하다.

이에 비하여 선로별 운전은 공사 시행의 면에서 말하면 기존선에 영향을 주지 않고 증설 공사를 할 수 있고, 화물 설비의 레이아웃도 용이하게 된다. 그러나, 복복선을 복선으로 합침에 따른 평면 교차가 생기고, 또한 화물선(goods line)의 별선 루트에서는 소재지에 아무런 이점이 없으므로 주민의 반대를 받아 문제가 있는 방식이라고 한다. 한편, 앞으로는 용지 취득이 점점 곤란하게 되고, 화물 수송용의 필요성이 없게 되므로 지하 별도 선의 선로 증설 루트가 주류로 될 것이다.

(바) 구배 개량(gradient improvement)

선로 구배를 완만하게 하여 수송력을 증강한다. 수송력을 지배하는 것은 구배의 크기와 연장이다. 장시간의 급구배(steep gradient) 운전에서는 모터가 가열할 가능성이 있고 가열을 억제하면 저속으로 된다. 구배 개량은 거액의 공사비를 요하므로 선로 증설과 동시에 시공하면 싸게 된다. 이 경우에 재래선을 하구배(downhill gradient) 전용으로 사용하고, 증설 선로는 구배 개량을 위하여 우회하고 있으므로 상구배(uphill gradient) 전용에 사용하여 선구의 견인 정수를 향상하는 방식이다.

현재는 여객 수송에서 동력의 분산화가 진행되고, 열차 단위로서는 큰 마력을 얻을 수가 있으며 화물 수송도 줄어들고 있으므로 개량의 기회도 줄어들 것이다.

(사) 자동 신호화

현재의 일부 단선 구간에서는 통표 폐색식이 여전히 남아 있다. 이것을 단선자동 폐색식으로 하면, 역 사이를 수 개의 블록으로 분할하므로 선로 용량도 향상된다. 복선 구간도 같은 모양이다.

(5) 단선 구간의 증강책 효과

(가) 단선 구간에서의 각종 증강 시책의 효과 비교

애로 구간의 신호장 증설은 선로 용량이 늘어 그 역간의 복선화와 같은 정도의 구제 효과가 있지만, 동시에 불필요한 대기 시간이 현저하게 증가한다. 신호장 증설에 따른 증강책은 선로 증설과 비교하여 공비가 싸고 공기도 짧으므로 응급책으로서 채용되고 있지만, 간선 선구에서는 다이어그램 개정 시기에 교행(cross) 의 개소가 달라져서 조작이 어렵게 된다. 따라서, 다이어그램의 변동이 적은 선구에 적용되고 있다.

(나) 선로 증설의 역간 착수 순서의 효과 비교

선로 용량이 충분하지 않은 구간마다 순차 복선화하면 수송력도 그에 따라 증가하지만, 어느 구간부터 복선화하는가에 따라서 효과가 다르다.

1) 애로구간 우선 선로증설 방식 : 선로 용량이 부족한 애로 구간부터 착공하는방식

2) 순차적 선로증설 방식 : 선로 용량에 관계없이 한 끝의 역 측부터 시행하여가 는 방식

각종 증강 방식은 다음의 점을 배려하여 선택하여야 한다.

① 복선화는 효과가 확실하지만 공사비가 크고 공기도 걸리므로 수송량의 증가를 기대할 수 있는 선구에 대하여 공기를 감안하여 행한다. 또한, 그 효과를 조기에 발휘하기 위한 착공 순위에 대하여도 배려한다.

② 신호장 방식은 선로 용량의 구제에는 가장 적합한 즉효 수단이며 공사비도 통상적으로는 적다. 수송량의 증가가 그다지 기대될 수 없는 선구에서는 효과적인 대책이다.

③ 역간 부분 선로증설은 신호장 방식과 그다지 다르지 않는 투자액으로 용량 구제와 불필요한 대기 시간의 감소라고 하는 효과가 있다. 공사비가 높게 되는 장대 터널·장대 교량을 피하여 역간 부분 선로 증설을 한다. 조기 효과를 발휘한다고 하는 과도기 대책으로서 유리하다.

2.3.5 서비스 수준의 향상

종래의 투자 설비는 기업으로서 자위(自衛) 상의 입장에서 수송의 효율화, 고속화, 안전성의 향상에 있었다고 하여도 과언이 아니다. 그러나, 경제적으로 풍족하게 되고 고령화 시대를 맞게 되어 편이성, 쾌적성의 향상이라고 하는 여객 서비스 수준의 향상도 시대의 요청이다.

(가) 편이성에는 수송을 중심으로 한 다음의 사항이 있다.

① 프리켄트 서비스(frequent service) : 다이어그램을 유의하지 않아도 된다. 혹은, 기다리지 않고 바로 탄다.

② 속도 향상(speed up)

③ 여객의 요구에 맞춘 행선지별 네트워크의 구성

(나) 쾌적성을 대표하는 것은 역·차량 등의 설비 수준의 향상에 있다.

① 역에서는 출찰에서 승차까지의 원활한 여객 유도 시스템(자동 차표 발매, 행선지 안내 표시, 안내 방송, 역 안내소, 에스컬레이터)이 그 중심이며, 자동화 기기가 그 새로운 정보 서비스 기기의 중심으로 된다.

② 차량에서는 냉방화, 좌석의 확보, 승차감의 향상 외에 차량에 대한 거주성의 향상으로 대표된다. 특히, 도시 철도에서는 혼잡의 완화(승차 효율의 저하)가 필요하다.

2.4 철도건설의 일반론

2.4.1 건설비와 설비 능력

설비 능력이라고 하는 경우에 주된 것은 수송설비의 능력이며, 이것에 부수하여 차량 기지의 검사수리 능력 등의 여러 능력이 고려된다. 수송 설비의 향상책은 제2.3절에 기술한 것과 같으며, 설비 능력의 특징은 다음과 같이 고려된다.

(1) 양적 관점

철도는 전형적인 시스템 산업이며, 1 개소라도 고장 등의 능력 저하가 생기면, 그 최저 개소로 수송 능력이 결정되고 만다. 시스템적으로는 설비가 직렬형 배치이며, 대체될 수 없는 점에 특징이 있다.

따라서, 설비 투자는 애로 타개형의 개량 투자로 된다. 이것은 수송 요청에 따라 끊임없이 추가 투자가 행하여지는 것을 의미한다. 이 관계는 **그림 2.4.1**에 나타낸 것과 같다.

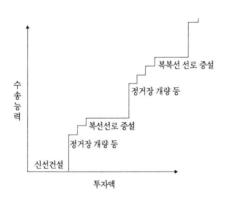

그림 2.4.1 수송 능력과 투자

(2) 질적 관점

최근에는 양적인 설비 능력과 관계가 없는 공사가 많게 되었다. 이미, 자동차, 게다가 항공기와의 경쟁이 있으므로 도달 시간(schedule time)의 단축이 문제로 되고 있다. 균등한 시격, 높은 빈도 모두 시대의 요청이다. 게다가, 간과할 수 없는 것은 공해(environmental pollution) 대책, 입체 교차(fly over) 등의 사회적인 요청이다. 어느 것도 코스트 퍼포먼스(cost performance)를 악화시키고 있다.

(3) 건설비

철도의 건설(construction)에서 수송 능력을 떨어뜨리지 않고 건설비를 저감시키는 방책을 찾아낼 필요가 있다. 즉,

1) 착공 전에 계획의 마무리가 충분하였는가 ?

   ① 건설 기준이 차량 성능의 실태와 괴리되어 있지 않은가 ?

   ② 과잉의 설비 요구로 되어 있지 않은가 ?

   ③ 적정한 루트를 선정하였는가 ?

2) 착공 후에는 공기를 서두르고, 너무 안이한 대응으로 흐르지 않았는가 ?

   ① 설계협의가 기계적으로 진행되어 소재지의 편승적 요구에 이용되지 않았는가 ?

   ② 설계와 공법의 검토는 충분한가 ?

등 어느 것도 기본적인 것뿐이지만, 앞으로의 검토에 따라 건설비의 상당한 저감이 목표로 되고 있다.

(4) 사회기반시설 민간 투자제도

(가) 개요

사회기반시설 민간투자사업(민자사업)이란 민간사업자가 자기자금과 경영기법을 투입해 시설을 건설 또는 운영한 후에 정부와 약정한 기간 동안 시설사용료 징수 등을 통해 투자비를 회수하는 사업을 말한다.

철도, 도로, 항만, 댐, 공업단지 등 사회간접자본시설은 국가경쟁력의 척도라 할 수 있을 만큼 중요하고 그 외부효과가 커서 공공재라 불리우며 국가나 지방자치단체가 건설과 운용을 담당해 왔다. 그러나, 국가재원으로 투자를 모두 충당하기에는 너무나 막대한 비용이 소요되므로 선진외국과 마찬가지로 우리나라도 이러한 인프라시설 투자에 민간자본을 유치하기 위해 노력하고 있다. 민자가 유치되면 이와 함께 조달, 건설 및 운영과정에서 민간의 창의와 효율을 도입할 수 있는 장점도 있다고 보여진다. 주요 선진국에서는 재정지출을 줄이고 국가채무를 최소화하기 위해 일찍부터 이러한 제도를 활용해 왔고, 개발도상국도 부족한 재원을 외국의 민간투자를 유치하여 해결하려고 애쓰고 있다.

(나) 민자유치방법의 종류

민자사업에 참여하는 투자자는 먼저 자금을 대는 대신 일정기간 동안 그 운영(고속도로의 경우 통행료 등)을 통해 투자를 회수하고 이윤을 남길 수 있도록 하는데, 시설 귀속여부에 따라 여러 종류로 분류되며 [244], BTL방식은 2005년에 새로 도입되었다.

1) BTO(Build Transfer Operate) 방식 : 시설이 준공되면 그 소유권이 국가(또는 지자체)에 귀속되고 사업시행자(민간 투자자)에게는 일정기간의 시설관리운영권만을 인정하며 가장 소극적이다.

2) BOT(Build Own Transfer) 방식 : 시설 준공 후 일정 기간 동안 사업시행자에게 소유권이 인정되며 그 후 시설소유권이 국가 · 지자체에 귀속된다.

3) BOO(Build Own Operate) 방식 : 사업시행자에게 소유권이 인정되며 가장 적극적인 형태의 민자유치이다.

4) BTL(Build-Transfer-Lease) 방식 : 민간이 공공시설을 건설하고 이를 정부에 임대하여 투자금을 회수하는 새로운 민자유치제도로서 2005. 1. 1. 개정된 '민간투자사업법'에서 신규로 규정하였다. 이 방식은 민간이 시설 소유권을 갖는 BOO와 달리 민간이 건설한 시설은 정부 소유로 이전(기부채납)되며, 시민들에게 시설이용료를 징수하여 투자자금을 회수하는 BTO와는 달리, 정부가 직접 시설이용료를 지급해 민간의 투자자금을 회수시켜주며, 시민 이용료 수입이 부족할 경우 정부 재정에서 보

조금을 지급해 사후적으로 적정 수익률을 보장하는 BTO와 달리 정부가 적정수익률을 반영하여 임대료를 산정·지급함으로써 사전에 목표수익률 실현을 보장하게 된다.

5) 주무관청이 불가피하다고 인정하여 채택한 방식
6) 주무관청이 민간투자사업기본계획에서 제시한 방식

(다) 컨소시엄 구성

1) 민간위탁운영 : 모든 건설은 공공이 수행하고, 민간은 운영만을 담당하는 방식이다.
2) 민간 자본유치 방식
　① 부분적 민자유치 : 건설과 운영에 민간이 일부 참여하는 방식으로 범위에 따라 다양한 대안으로 구분된다.
　② 완전민자유치 : 모든 건설과 운영을 민간이 수행하는 방식이다.

2.4.2 환경 대책과 지진 대책

(1) 철도와 환경 문제

공공 프로젝트에 환경영향 평가(environmental assessment) 실시의 의무를 두는 등 환경 문제를 빼고서 철도의 건설(construction)이나 운영을 논하는 것이 불가능하게 되고 있다(제2.6.2(5)항 참조).

소음·진동규제법시행규칙에서는 철도에 대한 교통 소음·진동의 한도를 **표 2.4.1**에 나타낸 것처럼 정하고 있다. 고속철도에서의 소음 한도 기준은 **표 2.4.2**에 나타낸 것과 같다.

표 2.4.1 철도의 교통 소음·진동의 한도

대상 지역	구분	한도			
		2000. 1~2009. 12		2010. 1. 1 부터	
		주간	야간	주간	야간
주거지역, 녹지지역, 준도시지역중 취락지구 및 운동·휴양지구, 자연환경 보전지역, 학교·병원·공공 도서관의 부지경계선에서 50 m 이내 지역	소음 (Leq dB(A))	70	65	70	60
	진동 (dB(V))	65	60	65	60
상업지역, 공업지역, 농림지역, 준농림지역 및 준도시지역 중 취락지구 및 운동·휴양지구 외 지역, 미고시 지역	소음 (Leq dB(A))	75	70	75	65
	진동 (dB(V))	70	65	70	65

※ 주간 06 : 00 ~ 22 : 00, 야간 22 : 00 ~ 06 : 00

표 2.4.2 고속철도의 소음 한도(단위 : Leq dB(A))

구분	시험선 구간	시험선 이외 구간	개통 15년 후
주거 지역	65	63	60
상공업 지역	70	68	65

(2) 철도 공해의 종별과 처리

철도 공해의 내용으로서는 고속 선로의 소음·진동이 가장 심각하며, 여기에 고가교(viaduct) 또는 성토 등으로 인한 일조(sunshine)·통풍의 저해나 텔레비전 수신 등의 전파 장해, 야간의 공사로 인한 수면 방해 등이 있다.

소음·진동에 대한 기준의 원활한 달성을 위하여 음원(sound source) 대책 및 장해(interruption) 방지 대책 등과 유기적으로 연계하여 실시하여야 한다.

① 음원 대책을 강력하게 실시한다.

② 기존, 공사 중, 신설의 각 철도에 대하여 이전 보상, 민가 방음(sound proof)공사 조성 등의 장해 방지 대책을 실시한다.

③ 연선(wayside) 지역의 유효 적절한 토지 이용으로 배려한다.

음원 대책으로는 분명하지 않고 장해 방지대책이 필요하게 되는 구역에서는 호별로 소음을 측정하여 저촉 되는 가옥의 방지 공사를 중심으로 실시하고 있는 예도 있다.

진동에 대하여는 진동원 대책 및 가옥 방지공에 대한 기술 개발의 성과를 적용하며, 선로에 근접하여 진동 이 현저한 곳에 한하여 이전 보상으로 대처한다.

텔레비전의 수신 장해, 일조의 저해는 비용 부담으로 해결한다. 화장실의 오물 처리는 차량의 차상 저장 방식으로의 개조와 차량 기지 내에서의 취급 처리 방식을 이용한다.

기타로서 자연환경 파괴로서 경관 파괴, 수원의 파괴도 큰 문제로 된다.

(3) 철도 소음의 실태와 특징
(가) 소음

소음이란 다른 수준으로 발생되는 수많은 진동수들로 구성되는 복잡한 소리이다. 스펙트럼 분석으로 결 정되는 소리의 특징은 강약으로 구분된다.

소음 레벨은 에너지 표시의 dB이다. 열차 속도와 소음 레벨에 대한 측정의 결과에서는 속도 100~250 km/h의 영역에서는 속도의 2승 법칙에 근사하고 있다.

$$\Delta L = 20 \log_{10}(V_2 / V_1) \tag{2.4.1}$$

ΔL : 열차 속도가 V_2와 V_1인 때의 소음 레벨의 차

등가소음레벨이란 소음레벨이 기간과 함께 변화하는 경우에 측정시간 내에서 이것과 같은 평균제곱 음압 을 주는 연속 정상 음의 소음레벨을 말한다. 등가소음레벨 L_{eq}는 관측시간을 T, 소음레벨의 시간변화를 $L(t)$라고 하면, 다음의 식으로 정의된다.

$$L_{eq} = 10\log \frac{1}{T} \int_0^T 10^{\frac{L(t)}{10}} dt \tag{2.4.2}$$

소리의 음조가 높을수록 그 진동수도 높아지며, 사람의 청각 민감도는 그 진동수에 따라 다양하다. 500~ 2,000 Hz 중간 정도에서 가장 민감하게 반응하며, 20~50 Hz로 진동수가 낮아지거나 2,000~20,000 Hz로 높아질수록 소리에 대한 민감도가 낮아진다.

열차 운행시의 소음은 3단계로 감소시킬 수 있는 특성이 있다.

① 속도에 따라 증가하는 소음 현상은 궤도에서 멀어진 거리만큼 줄어든다.

② 음원에서 거리가 멀어질수록 소음이 희미해진다.

③ 열차가 지나간 후의 소음 현상은 소멸된다.

(나) 고속 선로

열차 주행에 수반하여 발생하는 소음은 대별하여 다음과 같이 분류된다.

① 집전음(current collecting noise) : 팬터그래프, 가선(overhead line)으로부터 발생하는 음(집전계 소음)

② 공력음(aerodynamic noise) : 차체가 공기를 가르는 음(차량공력소음)

③ 전동음(wheel/rail noise, rolling noise) : 차륜과 레일의 접촉 음(차량하부소음)

④ 구조물 음(structure-borne sound) : 구조물이 진동하면서 내는 음(구조물 소음)

고속선로의 경우에 음원별의 기여도를 **그림 2.4.2**에 나타낸다. 측정은 궤도중심에서 25 m 떨어진 지점에서 행하였다. 이에 따르면, 팬터그래프의 통과 시에 소음이 피크로 되는 점에서 전체소음 중에서 집전계 소음의 기여가 큰 점을 알 수가 있다. 이 때문에 팬터그래프 1개당의 집전능력을 높여 팬터그래프의 수를 줄인다. 또한 팬터그래프를 줄이어도 팬터그래프와 가선 간의 소음은 감소하지 않으므로 팬터그래프 주위에 커버를 씌워 공기의 흐름을 교란시키지 않도록 하거나 팬터그래프 자체 치수의 축소화, 간소화, 더욱이 팬터그래프 지주에 와동(渦動) 발생기(vortex generator)라 부르는 난류억제용의 돌기를 붙이는 등의 방법을 이용한다.

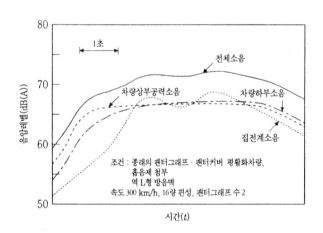

그림 2.4.2 고속선로에서 차량의 음원별 기여의 예

고가교 부근에서의 소음레벨 분포에 대한 외국 고속선로의 예를 **그림 2.4.3**에 나타낸다.

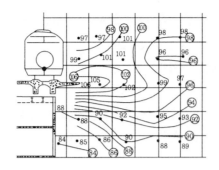

그림 2.4.3 고가교 부근에서의 소음레벨 분포

고가 구간에 대한 소음 레벨의 측정 지점은 일반적으로 상하 중심선으로부터의 거리 25 m의 지점에서 거의 피크로 되므로 이것과 옥외에서의 높이 1.2 m로 대표되고 있다.

소음이 레일의 파상 마모에 기인하는 경우에 파장이 수 cm인 파상 마모이고 파고 0.05~0.1 mm 정도인 경우의 소음 레벨은 평균 레벨보다 2~3 dB(A) 크게 된다. 파고 0.15 mm 정도인 경우에는 5~7 dB(A) 크게 된다.

(다) 재래선

재래형 철도의 열차 속도는 고속 선로에 비하여 약 반분이지만, 소음 레벨은 고속 선로에 필적하는 크기로 된다. 이것은 장대레일을 사용하지 않는 궤도의 구간이 많고, 차량의 보수도 고속 선로만큼 엄격하지 않는 점에 기인하지만, 고속 선로와는 음질의 느낌에 있어 큰 차이가 있다고 생각된다.

일반철도의 경우는 공력적인 소음보다도 레일과 차륜 간의 전동음이나 모터로부터의 구동 음 등이 현저한 소음 원으로 된다. 이 경우는 레일과 차륜간의 충격을 억제하고 차체의 동력인 모터 부근에 커버를 덮는 것 등이 필요하게 된다.

최대로 되는 구조물 음은 무도상형 강형 구간이며, 방음벽(soundproof wall)과 방진 고무매트를 깔아 감소시킬 수 있다.

(4) 철도 진동의 실태와 특징

(가) 개요

열차의 주행으로 인하여 지반이 진동하여 주변의 환경에 영향을 미치는 일이 많다. 진동의 크기나 강도를 나타내기 위하여 변위(mm), 속도(cm/s), 가속도{cm/s², 또는 g(1 g = 9.8 m/s²)} 등을 이용한다. 진동 레벨을 나타내는 dB(데시벨)은 진동 가속도를 대수로 표시한 것이다.

$$\text{가속도 레벨 } L = 20 \log_{10} \frac{A}{A_o} \; [\text{dB}] \tag{2.4.3}$$

여기서, A : 측정치의 가속도 실효값 [m/s²], A_o : 기준치 [10^{-5} m/s²]

진동의 대책으로서는 구조물 기초의 강화나 지반 강화, 진동차단 지붕 벽이나 차단구 등이 있다. 또한, 진동은 소음과 밀접한 관계가 있기 때문에 소음 대책과 아울러 시행하는 것이 필요하다. 이하는 외국의 예이다.

(나) 고속 선로

일반적으로 깎기 구간이나 터널 구간의 쪽의 진동레벨이 성토 구간이나 교량 구간보다도 높은 경향이 있고, 교량 구간에서는 라멘 고가교의 쪽이 거더 교량보다 높다. 또한, 열차 속도에 따른 차이를 보면, 160 km/h를 넘는 속도 영역에서는 그 차이가 적다. 일반적으로 연약 지반 이외에서는 선로 중심에서 10 m 떨어지면 70 dB 이하로 낮아진다. 옆길을 설치하여 해결하는 예도 있다(**그림 2.4.4, 그림 2.4.5** 참조).

(다) 재래선

대부분이 50~65 dB의 범위에 있으며, 고속 선로와 거의 동등하게 가까운 레벨에 있다. 선구에 의한 레벨의 차이, 구조에 따른 레벨 차이 모두 이 범위에서는 그만큼 명료하게 보여지지 않는다.

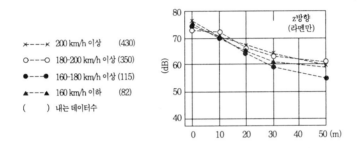

그림 2.4.4 진동 레벨의 열차 속도에 따른 차이

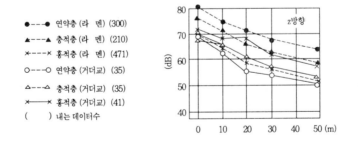

그림 2.4.5 진동 레벨의 지반 종별에 따른 차이

(5) 기타의 환경 문제
(가) 기타의 환경 문제와 대책

철도에 기인하는 기타의 환경 문제와 그 대책에는 다음과 같은 것이 열거된다.

① 전파 장해 : 텔레비전의 안테나를 높게 하거나 집중 안테나를 설치.

② 일조 · 통풍의 저해 : 옆길의 설치 등 도시계획상의 배려.

③ 전식(電蝕, electrolytic corrosion) : 배류기의 설치, 마이너스 귀선의 설치 등(다음의 (나)항 참조).

④ 황해(黃害) : 차량에 오물 탱크 설치.

또한, 자연 환경으로서 지형 · 지질, 생태계, 생활 환경으로서 대기질, 토양, 폐기물, 위락 · 경관, 사회 · 경제 환경으로서 주거 · 교통, 문화재 등의 항목이 있다.

그 외에 철도선로의 야간 보수작업으로 인한 안면 방해의 대책으로서 ① 보선작업 기계의 저소음화, ② 궤도 강화에 의한 보수 주기의 연신, ③ 궤도 구조의 개량(예 : 슬래브 궤도)에 의한 보수 작업량의 대폭 삭감, ④ 주간 보수작업 시간의 확보(예 : 복복선의 복선 사용, 복선의 단선 사용, 버스 대행 수송 등)가 열거된다.

(나) 전식(電蝕)

전식은 주로 직류 급전방식에서 발생된다.

전기철도에서 판타그래프(Pantagraph)를 통하여 차량에 공급되는 전류는 레일을 통하여 변전소로 되돌아 간다. 그러나 레일은 대지와 완전히 절연되는 것이 곤란하기 때문에 그 전류의 일부가 대지로 누설된다. 이 누설전류로 인하여 출구쪽(변전소로 귀환하는 곳)의 금속이 부식을 일으키게 되는데 이를 전식이라고 한다[245].

1) 주된 발생개소 : ① 레일로부터 전류가 유출되는 개소, ② 레일전압이 높고 레일의 접지저항이 낮은 개소, ③ 다습한 장대레일구간

2) 전식의 특징 : ① 부식량은 흐르는 전기량에 비례한다, ② 전식은 국부적으로 침목 또는 타이플레이트와 닿은 부분 등과 같이 국부적으로 발생한다, ③ 전식 생성물이 발생한다.

3) 전식방지 대책 : ① 레일의 대지전압을 저하하는 방법, ② 누설저항을 크게 하는 방법, ③ 절연제를 사용하는 방법, ④ 강재 배류기를 설치하는 방법, ⑤ 누설전류 차단방법, ⑥ 지하금속체 보호방법

선로의 누설저항은 궤도의 체결상태, 열차운행상태, 주위환경 상태, 지질조건, 배수상태 등에 따라 변화하므로 누설전류를 정확하게 파악하는 것은 어렵다. 따라서 누설 전류에 따른 전식으로 인한 사고발생을 방지하기 위해서는 철도(도시철도) 건설 시에 충분한 전식방지시설을 하는 것이 중요하다.

(6) 철도 계획으로서의 대책

이상의 각종 공해(environmental pollution)에 대하여 철도계획 책정상의 대책으로서 다음 (7)항의 음원 대책과 함께 다음의 사항을 고려한다.

(가) 설계 협의상

① 계획 책정 단계에서 소재지(지방자치 단체)와 협의를 거듭하여 환경영향 조사의 내용에 따라 양해를 얻는다.

② 도시 계획으로서의 철도 선로에 따른 도로, 공원 등의 계획을 협의한다. 용도 지역으로서의 주택 지역에 들어가지 않도록 한다.

(나) 루트 선정상

① 소음 대책상 인가를 피하여 지나간다.

② 공사에 따라 지형, 지물의 변경은 부득이하지만, 조경 · 녹화에 대하여 항상 유의한다.

③ 터널의 계획에서는 갈수 문제에 대하여 주의한다. 인가에 가까운 터널에서는 진동 대책상 직결 도상

(solid track-bed)을 이용하지 않는다.

(다) 설비 계획상

① 옆길을 설치한다. 폭에 대하여는 협의하여 정하지만, 도로와 동시 시공이 바람직하다.

② 차량 기지에 대하여는 정화 설비, 혹은 하수도 설비를 고려한다.

(7) 음원 대책

음원(sound source) 대책은 또한 진동 대책으로도 된다. 소음의 발생 요인과 주된 대책의 예를 **표 2.4.3**에 나타내지만, 이들은 단독 요인으로 인한 것이 거의 없고 복수의 요인으로 인한 복잡한 소음 구성으로 되어 있다. 따라서, 표 중의 각종 대책의 종합적인 적용이 필요하다. 이하에서는 각종 시설별 대책에 대하여 설명한다.

표 2.4.3 철도소음의 발생 요인과 대책의 예

발생요인		주된 대책의 예
차량계	주행장치(차륜)	· 차륜의 개량(방음 차륜, 탄성 차륜)
		· 차륜답면의 정비(타이어 플랫의 검지, 차륜답면의 삭정)
	구동장치(모터, 톱니바퀴)	· 동력전달 장치의 개량
	보조장치(컴프레서, 팬)	· 차체하부 스커트,　　· 기기의 저소음화
	집전장치	· 팬터그래프의 개량
	공기역학적 발생(풍절음)	· 팬터그래프, 차체, 지붕 위 기기 등의 공기저항 감소
		· 애자 주름의 개량
궤도계	레일(이음매, 파상마모)	· 레일의 장대화,　　· 레일의 중량화　　· 레일답면의 삭정
	체결장치 및 침목	· 2중탄성 체결　　· 레일패드,　　· 방진 침목
	도상, 노반	· 도상 매트,　　· 슬래브 매트
구조계	구조물의 진동	· 강 거더에 제진제 설치,　　· 거더 받침의 고무 슈화,
		· 구조물의 매시브화
		· 차음 대책 - 방음벽···직립 방음벽, 역L형 방음벽
		‐ 차음판···강형, 고가교 하부의 복공
	소음의 전파·확산	· 가옥의 방음 대책

(가) 구조물(structure) 대책

① 방음벽(soundproof wall) : 레일면에서 높이 2 m까지 직립 방음벽을 설치하여 고음 영역의 소음 대책으로 한다(약 7 dB(A) 감소). 가옥 밀집구간 등에서는 소음 저감 효과를 보다 높이기 위한 역L형 방음벽을 설치한다(직립 방음벽에 비하여 2~3 dB(A) 감소).

② 콘크리트 빔의 채용 : 강형의 채용을 피한다.

③ 구조물의 중량화 : 그러나, 건설비 증가의 한 요인이며 문제가 있다.

(나) 궤도(track) 대책

① 레일의 중량화(use of heavier rails)·장대화를 채용한다.

② 슬래브 궤도의 슬래브 하면에 슬래브 매트, 자갈 궤도의 자갈 아래에 고무 매트를 부설한다(고가교 직하에 대하여 7 dB(A) 감소).

③ 레일을 연마하여 파상 마모를 삭정한다.

④ 탄성 침목을 이용한다(고가교 직하에 대하여 7 dB(A) 감소).

(다) 가선(overhead line) 대책

가선 행거의 간격을 축소시킨다(예를 들어, 5 → 3.5 m). 이에 따라 스파크 음을 감소시킨다.

(라) 차량(rolling stock) 대책

① 차량 바닥 아래의 기기류를 완전히 덮는 바디 마운트(body mount) 구조로 한다.

② 팬터그래프의 밀어 올리는 힘을 향상시킨다.

③ 타이어 플랫(flat)을 방지하는 설비를 한다.

(마) 터널 공기음압 대책(제4.2.4항 참조)

터널의 내공 단면적이 작을 경우는 입구 측에 터널 단면적의 1.5 배 정도의 단면을 가진 완충공(후드)을 설치한다.

(8) 단계별 환경 관리

(가) 환경영향 검토

철도 계획의 타당성 조사와 관련하여 시행하며, 계획 노선의 환경적 평가, 즉 총괄적인 평가, 대안(alternative plan) 노선의 환경적 검토, 기타 환경적 측면에서의 고려 사항을 철도계획 입안자에게 제공하여 환경적 측면이 고려된 철도 계획이 이루어지도록 한다. 주된 내용은 환경현황 조사, 주요 환경에 대한 영향, 악영향의 저감 대책, 대안 노선별 평가 등이 포함된다.

(나) 환경영향 평가(environmental assessment)

철도 계획의 기본, 또는 실시 계획 시에 시행하며, 계획 노선, 시공 방법 등 일련의 철도계획 수립 시에 병행하여 시행하고, 환경적 대책 등이 계획에 반영되도록 한다.

평가의 주된 내용은 현황 조사에서 종합 평가까지의 환경영향 평가작성에 필요한 모든 내용이 포함되며, 관련된 환경부서 등의 대정부 협의도 함께 이루어진다.

환경영향 평가의 협의 내용 및 결론 내용 등은 철도 운영 시에 환경보존 대책의 기본 방침으로 활용한다.

(다) 환경보존(environmental preservation) 대책

철도 건설 시에 수립·시행하여야 할 내용으로 환경오염 방지시설의 시공 등 실질적인 이행의 과정이다. 시공 여건의 변화에 대하여 환경적 검토가 계속적으로 이루어진다. 환경보전 이행계획으로 명명할 수 있으며, 환경영향 평가에서의 협의 내용 등을 이행하여야 한다.

(라) 환경 감시

환경 모니터링(monitoring)이라 하며, 환경영향 평가 시에 예측된 내용의 검증 및 정상적인 내용의 측정 업무 등으로서, 다양한 환경 변화에 대처하기 위한 기초적인 작업으로 환경보존 대책의 효과분석, 계획의 변경 등에 대한 주요한 자료로서 활용될 수 있다. 또한, 추후의 철도 계획에 대한 가시적인 평가 자료로서도 중요한 업무이다.

(9) 터널 미기압파(제4.2.2(7)항 및 제4.2.4항 참조)

터널 미기압파(微氣壓波)는 **그림 2.4.6**에 나타낸 것처럼 고속주행의 열차가 터널 내에 돌입할 때에 생기는 압력파가 터널 내를 음속으로 전파하여 터널 출구에서 충격파로 되어 충격음을 발생시키는 현상을 말한다. 이 현상은 압축파의 압력구배를 작게 하면 방지할 수 있는 점에서 기본적으로 터널 단면적을 열차 단면적보다도 크게 하여, 즉 터널단면을 크게 하는 것이 가장 효과적이지만 건설비가 높게 된다.

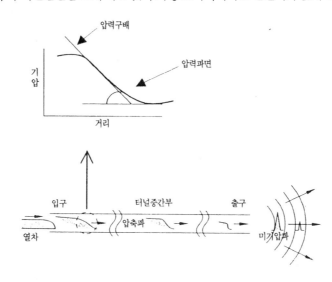

그림 2.4.6 터널 미기압파 현상

(10) 지진대책(제4.2.3(4)항, 제8.2.4(4), 제9.3.4(5)(아)항 참조)

지진대책은 주행 중인 열차에 대해서도 안전을 확보하여야 하는 것이 기본이다. 이를 위하여 열차의 가이드 웨이인 선로구조물, 즉 궤도구조물이나 토목구조물은 지진 시에 견디어내어야 한다. 또한, 예를 들어 선로구조물이 파괴를 면하였다고 하여도 열차가 탈선 전복하는 중대사고로 이르면 안 된다. 이와 같이 지진대책에서 선로구조물의 내진강화는 당연하면서도 주행안정성을 확보하는 것이 요구된다. 주행안정성에 대해서는 지진의 흔들림에 대한 구조물과 열차의 상호작용에 관한 연구가 진행되고 있다.

2.4.3 건설 계획과 도시 계획과의 조정 및 입체 교차

(1) 도시 계획과의 관련

도시내의 신선 계획은 도시의 발전 및 도시 구조에 큰 영향을 주기 때문에 도시 계획과의 정합을 도모할 필요가 있다. 도시 계획에 포함되는 것은 도시 철도이지만, 아래와 같은 점에 밀접한 관계를 갖는다.

①도시철도 계획과 토지이용 계획과의 정합을 도모한다.

②철도 계획과 동시에 역전 광장 및 주변 도로계획을 책정한다.

③신선의 공사 계획과 공공 시설의 준비 과정간의 조정을 도모한다.

도시철도(urban railway)의 도시계획 책정은 지하철, 중량(中量)궤도 시스템의 정비, 연속 입체 교차화 사업에 대하여 행하여지고 있다.

광역 교통의 결절점이라고도 하는 역, 역전 광장(station front)은 도시 현관으로서 도시의 상징적 공간으로 되어 있지만, 역전 광장은 도시계획 사업으로서 정비되므로 도시계획의 결정을 받는다. 여기에 연결되는 도로 등 공공 시설의 동시 정비도 필요하며, 동시에 일체로서 도시 계획을 결정하고 있다.

상기의 면적(面的)인 정비는 구획정리 사업 등으로 행하고 있지만, 건설비는 국가와 지방자치 단체의 보조 대상으로 하는 예가 있다. 한편, 대도시권에서는 도로 체계와 함께 철도망의 정비를 충실히 하는 것이 불가결하다.

현대의 도시 계획에서는 가로, 공원, 도로 등과 함께 철도 연선의 옆길, 선로의 입체화, 역전의 정비 등이 채택되고 있다. 즉, 도시 계획의 관점에서 철도로 인한 지역 분단의 해결, 건널목의 제거 및 도시의 얼굴로서 역전의 정비 등과 같은 문제는 소재지 도시는 물론 광역 자치단체 행정의 일환으로서 요구되고 있다. 즉, 철도 시설의 개량에는 철도 사업자만이 아니고 국가와 소재지 자치단체도 함께 협력하여 도시 시설의 향상을 도모하여야 한다. 이 항에서는 철도와 도로의 입체 교차(fly over) 등에 대하여 설명한다. 역전 광장의 정비에 대하여는 제7.2.2항을 참조하기 바란다.

(2) 도시 계획과의 조정

신선 건설을 단독으로 시행하려고 할 때에는 다음과 같은 문제가 발생한다.

① 건설계획 발표에 따라 지가가 상승한다.

② 역은 어느 가로에서도 그 핵으로 되어 있지만, 새 역은 그 주변 공공 시설의 정비 없이는 사용할 수 없다. 도시 측의 협력을 얻지 않으면, 철도 단독으로 시공하게 되어 빈약한 도로, 광장으로밖에 될 수 없고 이용자에게도 좋지 않은 상황으로 된다.

③ 새 역에 의지한 소규모 개발로 인하여 도시 시설이 정비되지 않은 채로 시가지화가 진행된다.

이상의 여러 문제를 해결하기 위하여 착수 이전에 도시계획을 책정하여 토지의 사용에 제한을 가하고 개업 시점까지는 도시 시설이 정비되도록 소재지의 협력을 얻어 협의를 진행할 필요가 있다.

(3) 연속 입체교차와 철도 계획

지방 도시내의 교통 체증은 역 주변부에서 건널목의 차단에 기인하는 경우가 많다. 즉, 도로 교통량이 적었던 시대에는 도로보다 철도가 우선됨에 따라 건널목에서 자동차를 멈추는 것도 큰 지장이 없었지만, 교통량이 증대한 오늘날의 건널목은 도로 체증의 큰 원인이며, 또한 자동차도 고속이면서 대형으로 되었기 때문에 큰 사고로 될 가능성이 높게 되었다. 시가지에서는 과선 도로교, 혹은 지하도를 건설하여 건널목을 제거하여 왔음에도 건널목의 수가 많고, 게다가 지형상 연결 부분이 번화가에 있는 경우도 있다. 이와 같은 경우에는 공사비도 높고 용지 매수도 사실상 불가능하게 되므로 철도의 고가화가 상대적으로 경제적으로 되고 도시의 미관상도 바람직하다.

연속 입체 교차화 계획은 도시 교통의 안전과 원활화를 도모하며, 철도로 인하여 분단되어 있는 시가지를 일체적으로 정비하는 데에 목적이 있다. 착공에 이르기까지에는 도시계획 사업자로서의 지방 자치단체와 공동으로 사업을 시행하기 위하여 아래와 같은 설계 협의가 성립되어 있어야 한다.

(가) 기본 계획 사항

① 입체 교차화 대상 구간

② 입체교차 형식과 시공법 : 고가교, 성토 고가, 굴착식, 지하 철도 등

③ 비용 부담 방식 : 철도로서는 수익자 상당분과 철도 개량분의 부담

④ 토지의 처리

(나) 환경영향 평가의 실시와 도시 경관에의 배려

(다) 도시 철도로서의 도시 계획의 결정

도시계획법에 의거한 도시 시설을 감안한다. 또한, 고속선로에 가까운 재래선 역으로의 진입(trackage right operation)을 고려하면, 재래선과 고속선로의 동시 시공, 특히 재래선과 고속선로의 2중 고가화에 따라 건설비의 절약을 도모한다.

이상과 같이 앞으로 연속 입체 교차화 사업은 도시 계획상의 관점에서 복합화의 방향으로 진행될 것이라고 생각된다.

(4) 철도와 도로의 단독 입체교차

전항에서는 연속 입체교차에 대하여 설명하였지만, 이 항에서는 단독 입체교차를 중심으로 설명한다. 전항에 설명한 이유 때문에 철도와 도로의 교차에 대하여는 1973년에 "건널목개량촉진법"이 제정되어 그 개선을 노력하여 왔다. 즉, 철도 또는 도로를 신설하거나 개량하는 경우에 철도와 도로의 교차는 입체 교차로 하며, 기존 건널목의 입체 교차화도 촉진하고 있다.

이하에서는 철도와 도로를 입체 교차화함에 있어 그 기준, 경제성, 입체화의 실시 등에 대하여 기술한다.

(가) 입체 교차의 기준

입체 교차에는 법률상 또는 선로 구조상으로 필요로 하는 것이 있으며, 이를 **표 2.4.4**에 나타낸다.

(나) 경제상으로 본 입체 교차의 효과

철도와 도로의 입체 교차화에 따른 경제 효과에 대하여는 **표 2.4.5**에 나타낸 것과 같은 사항을 검토하는 것이 필요하다. 이들의 수익 금액보다 투자 자본에 대한 년간 이익과 증가 비용을 비교하여 그 사업의 경제성을 판단한다.

(다) 입체 교차의 실시

노선의 신설 개량시의 입체 교차화 비용은 기존 도로를 횡단하여 철도를 신설·개량하는 경우는 철도 시설관리자가, 기존 철도를 횡단하여 도로를 신설·개량하는 경우는 당해 도로 관리청이 부담한다. 기존 건널목의 입체교차화는 "건널목개량촉진법"에 의거하여 국도·특별시도 및 광역시도 등은 당해 도로 관리청에서 비용을 전액 부담하여 시행하며, 그 외의 도로인 경우는 철도 시설관리자와 당해 도로 관리청이 협의하여 시행하되, "건널목입체교차화비용부담에관한규칙"에 의거하여 지방도는 공사비 및 보상비 등 일체의 비용을 각각 5할씩 부담하고 시도·군도 및 구도인 경우는 도로관리청이 25 %를, 철도시설관리자가 75 %를 부담한다. 기존 건널목의 구조를 개량하는 경우에 접속철도의 구조 개량시는 철도시설관리자가, 접속도로의 구조를 개량할 때는 당해 도로관리청이 각각 이를 부담한다(개정 2004. 7. 16. 행정자치부령 제176호, 건설교통부령 제321호).

표 2.4.4 입체 교차로 하여야 하는 조건

종별	적용 법령 등 또는 주된 이유	내용
[1] 법령 등으로 입체 교차를 강제하는 경우	고속국도법 (1970. 8. 10. 법률 제2231호)	○고속도로와 철도·궤도를 교차시킬 때는 특별한 사유가 없는 한 입체 교차 시설로 하여야 한다.
	고속철도건설규칙 (1991. 11. 고속전철사업기획단)	○고속철도 본선은 도로와 평면 교차할 수 없다.
[2] 법령상 입체교차가 바람직한 것	철도건설규칙(2005. 7. 6. 건설교통부령 제453호)	○도로와 철도가 교차하는 곳은 입체시설로 하여야 한다. 다만, 공사중 일시적으로 필요한 곳은 임시 건널목을 설치할 수 있다. - 건널목 또는 정거장 구내를 횡단하는 전선로는 지중에 설치하여야 한다. 다만, 지형여건 등으로 부득이한 때는 건설교통부장관과 협의하여 이를 지상에 설치할 수 있다.
	도로의 구조·시설에 관한 규정 (1990. 5. 4.대통령령 제13001호)	○도로와 철도의 교차는 입체 교차로 한다. 다만, 부득이한 경우는 그러하지 않다.
	건널목개량촉진법 (1973. 10. 11. 법률 제2462호) (개정 2003. 7. 29 법률 206955호)	○노선의 신설·개량 시 입체 교차화(다만, 지형 조건으로 입체 교차가 곤란하거나 관계 부처간 합의로 불필요하다고 인정되는 곳 제외) - 철도의 신설·개량 시 입체 교차화의 기준 · 선로가 단선일 때 도로 폭 6 m 이상 · 선로가 복선일 때 도로 폭 4 m 이상 - 도로의 신설·개량 시 입체 교차화의 기준 · 철도 교통량 30 미만일 때 도로 폭 10 m 이상 · 철도 교통량 30 이상 60 미만일 때 도로 폭 6 m 이상 · 철도 교통량 60 이상일 때 도로 폭 4 m 이상
	건널목개량촉진법시행령 (1973. 2. 5. 대통령형 제2462호) (개정 2003. 11. 4 대통령령 18118호)	○기존 건널목의 개량(입체 교체화 또는 구조 개량) - 개량이 필요한 건널목(개량 건널목)의 지정 기준 · 철도 교통량 50 미만일 때 도로 교통량 30,000 이상 · 철도교통량 50 이상 100 미만일 때 도로 교통량 20,000 이상 · 철도 교통량 100 이상일 때 도로 교통량 10,000 이상 · 원활한 교통소통을 위하여 필요하거나 사고 위험이 많은 건널목 - 개량 건널목으로 지정(2년마다 지정하되 우선 순위 정함)되면 2년 이내에 개량계획을 수립하고, 이 계획에 따라 연차적으로 시공
[3] 구조상 입체교차로 하여야 하는 곳	제3 레일에 의한 집전 방식 또는 낮은 위치의 가선구조의 철도	○제3 레일에 의한 집전 형식에서는 집전 차량이 대차에 집전 슈를 갖고 있으므로 지상 수 cm에 제3 레일이 있기 때문에 대단히 위험성이 높지만 소폭의 도로라면 평면 교차가 불가능하지 않다. ○도로구조령에 의한 공간 높이보다 낮은 위치에 집전 설비를 가진 철도는 평면교차가 불가능하다.
[4] 기능상 입체 교차가 바람직한 곳	차량기지, 조차장, 큰 정거장을 횡단하는 도로	○이들의 철도 시설과 교차하는 도로는 평면 교차로 할 경우에 하루의 태반을 차단하여야 하므로 도로로서의 기능을 수행할 수 없다. 또한, 철도측에서도 위험이 수반하기 때문에 입체 교차하여야 한다.
	주요 간선도로와의 교차점 부근에서 철도와 교차하는 경우	○주요 간선도로와의 교차점, 즉 도로끼리의 교차에 의한 교통신호와 철도에 의한 차단이라든가 좋게 연동한 신호도 고안되어 있지만, 난점도 많고 위험성도 높기 때문에 이와 같은 개소에서는 입체 교차로 하는 것이 필요하다.

표 2.4.5 입체 교차에 따른 수익

수익자	수익 내용
도로 측	·건널목 차단으로 인한 교통의 체증과 사고 돌발로 인한 사회적 손해와 장애의 해소 ·건널목에서의 일단 정지로 인한 연료비의 증대가 없게 된다. 또한, 재발진으로 인한 엔진 소음이 없게 되어 연도 주민에 미치는 영향이 적게 된다.
철도 측	·건널목 보안장치와 보수가 불필요하게 되고, 경비, 인건비가 감소된다 ·건널목 사고의 소멸에 따라 직접, 간접의 손해를 받지 않게 된다. ·철도를 고가로 한 경우에 고가 아래의 이용에 따른 수익이 증가한다.

(5) 입체 교차의 분류

철도와 도로의 입체교차(fly over) 방법은 크게 나누어 상기에 설명한 것처럼 단독 입체교차와 연속 입체 교차가 있다. 전자는 도로와 철도의 교차 지점이 하나인 개소를 대상으로 하여 입체 교차하는 것이고, 후자는 수 개소의 연속하는 도로 군을 대상으로 하여 철도 선로의 어느 구간을 일괄하여 입체 교차시키는 것이며, 일반적으로는 고가화로 하지만 드물게는 굴착식 또는 지하화로 하는 경우도 있다. 더욱이 단독 입체, 연속 입체의 각각을 세분하면 **표 2.4.6**에 나타낸 것과 같다.

표 2.4.6 입체교차의 종류

구분	종별	공사 방법	개요	특징
단독 입체 교차	A 과선 도로 교	① 도로 올림	철도는 그대로 두고 도로를 고가 교로한 것으로, 가장 많다.	○시공이 용이하다. ○연도 민가의 출입이 불편하다. ○옆길의 설치가 필요하므로 도로용지가 늘어난다.
		② 철도 내림	철도를 지하로 내려 도로 지평의 교량으로 한 것이며, 지형적으로 이용된다.	○시공이 약간 곤란하다. ○철도의 공사 연장이 길게 되고 횡단 개소가 제한되므로 지형적으로 유리한 경우에 채용된다.
		③ 도로 올림 철도 내림	철도를 지하로 반쯤 내리고 도로를 반쯤 올려 고가교로 한 것이며, 이용되는 예가 적다.	○시공이 약간 곤란하다. ○도로를 반분 올리고 철도를 반분 내리는 형식이기 때문에 ①, ②의 결점이 전부 나타날 우려가 있고 공비도 높다.
	B 가도 교	① 도로 내림	도로를 지하로 내려 철도를 지평의 교량으로 한 것이며, 두 번째로 많다.	○시공이 약간 곤란하다. ○도로개축의 경우에 철도 레일레벨에도 미치므로 개축이 곤란하다.
		② 철도 올림	도로를 그대로 두고 철도를 고가교로한 것이며, 도로가 중요 간선일 경우에 채용된다.	○시공이 곤란하다. ○철도의 종단 구배 제한상 공사 범위가 길다. ○도로가 평면이므로 연도주민에게 좋고 도시 활동에도 효과적이다.
		③ 도로 내림 철도 올림	도로를 지하로 반쯤 내리고 철도를 반쯤 올려 고가교로 한 것이며, 드물다.	○시공이 곤란하다. ○A-③과 같은 모양의 것이 열거된다.
연속 입체 교차	C 고가 철도	철도 올림	여러 도로를 그대로 두고 철도의 소요 구간을 고가화한 것이다.	○시공이 곤란하고 공사비도 크다. ○연선 지역은 편리하게 된다. ○고가에 근접한 지역은 일조, 전파 장해 등의 문제가 있지만, 옆길 설치 등으로 해결 도모.

구분	종별	공사 방법	개요	특징
연속 입체 교차	D 굴착식 철도	철도 내림	철도의 소요 구간을 지하로 내리고 도로를 지평의 교량으로 한 것이다.	○지형상 주변의 상황에 따라 굴착식으로 하지만 시공도 곤란하다. ○우수, 용수의 처리에 고려를 요한다. ○진동, 소음이 적다.
	E 지하식 철도	철도 내림 (도로종단 교차를 포함)	철도와 도로가 같은 방향인 경우 등에 철도를 지하로 하는 것으로 박스형 터널, 복선식 쉴드 터널, 단선식쉴드 터널이 있다.	○공사비는 최대이다. ○시공이 곤란하다. ○상부의 이용은 주로 도로, 공원 등이며, 큰 하중을 주도록 이용할 수 없다. ○도시 미관상 양호하다. ○소음, 진동, 전파 장해 등이 없다.
	F 고가 도로	도로 올림	철도와 도로가 같은 방향일 때 철도는 그대로 두고 도로를 고가화하거나 도로와 철도 모두 고가화한 것이다.	○공사비가 크다. ○철도 용지의 상공 이용 또는 고속도로와 철도 고가화의 동시 시공에 채용되는 일이 있다.
	G 지하 도로	도로 내림	철도와 도로가 같은 방향일 때 철도는 그대로 두고 도로를 지하화한 것이다.	○공사비가 크다 ○철도의 아래를 도로가 종단 방향으로 교차하는 경우에 많다. ○자동차의 배기에 고려를 요한다.

도시에서는 철도, 도로와 함께 노선망의 밀도가 높기 때문에 서로 교차하는 지점도 많고 또한 이들의 도로에는 사람과 차량의 교통량이 많으며, 시민 생활과 밀접한 관계에 있다. 철도를 연속 입체로 하여 고가화, 또는 지하화하는 쪽이 도로를 수 개소의 단독 입체 교차로 과선교(over bridge) 또는 지하도(underpass)로 하는 것보다도 공비가 적고, 게다가 도시를 분단하는 일도 없어 도시의 유효한 발전에 크게 기여한다.

한편 여기서, 과선교(跨線橋)는 도로가 철도의 위로 지나는 과선 도로교를 말한다. 가도교(架道橋)는 도로가 철도 밑을 지나는 철도교, 즉 일반적으로 축제상의 철도 높이를 그대로 두고 도로를 지평으로 하거나 낮추어서 철도교를 설치하는 경우로서 교량의 길이가 도로의 폭에 가깝다. 고가교(高架橋)는 철도가 도로 위를 지나는 철도교이며, 도로를 그대로 두고 철도를 올리는 경우로서 교량이 길게 되어 대규모 공사로 된다.

(6) 입체 교차의 공법

철도와 도로의 입체교차 공사는 통상적으로 우회로나 차단이 용이하지 않고, 또한 열차 운행의 짬을 이용하는 공사가 많다. 이 때문에 사고의 발생 요인이 없도록 세심한 주의를 하여 무엇보다도 안전을 우선한 시공이 중요하다. 이하에서는 각 입체교차 구조물의 시공법에 대하여 기술한다. 상세 및 일반적인 철도교와 터널의 시공에 대하여는 제4장을 참조하기 바란다.

(가) 과선교(over bridge)의 시공

1) 하부 구조물

철도의 건축 한계 바깥으로 충분한 여유를 취하여 구축하고, 열차로부터 신호 등의 전망, 기타 운전상 및 구조물의 보전에 지장이 없도록 유의함과 동시에 시공 중에도 궤도의 안전과 차량의 운행에 지장이 없도록 설계한다. 또한, 시공에 있어서는 방호공 등에 만전을 기하는 것이 필요하다.

2) 상부 구조물

상부 구조물로서 가장 많은 것은 강판형, 합성형, PC빔이며, 강 트러스와 철근 콘크리트 빔은 비교적 적다. 상부 구조의 가설 공법은 일반 교형의 빔 가설 공법과 같은 모양이지만 그 아래에 철도가 지나고 있는 점 때문에 가설공이나 가설 시간의 제약이 많고, 특히 전차선이 있는 경우에는 휴전 등의 조치를 취하지만 절연 방호를 충분히 처리하여 감전사고 방지에 유의할 필요가 있다. 가설 공법으로는 ① 벤드 (bend)식 가설, ② 인출식 가설, ③ 가설용 빔식 가설, ④ 크레인식 가설 등이 있다.

(나) 가도교의 시공

가도교의 시공은 과선교와 달리 철도 선로를 지지한 상태로 새로운 구조물을 축조한다고 하는 곤란이 있고, 철도 영업에 지장을 주는 일이 없이 시공하여야 하기 때문에 만전의 방호공을 필요로 하며, 또한 시공법에 대하여도 여러 가지 고안을 하여 새로운 공법의 도입으로 안전하고 확실한 공사를 실시하여야 한다.

가도교의 시공법을 분류하면 일반적으로 ① 선로를 가받침 혹은 가선을 부설하여 선로의 방호를 충분히 행하면서 개착하고 구조물을 축조하는 방법, ② 선로의 방호를 간단히 행하고 구조물을 인접 지역에서 제작하여 이것을 압입 또는 인입하여 소정의 위치에 설치하는 방법이 기본적인 것이다. 즉, 전자는 일반적인 가받침 개착공법이라 불려지는 것으로 교대(abutment), 교각(pier)의 부분을 선행 구축하고 임시 빔 또는 본 빔을 가설한 후에 도로 부분을 시공하는 것이다. 후자는 열차의 횟수가 많든지, 서행운전 속도의 조건, 또는 시공 기간 등 여러 조건의 제약으로 인하여 특수 공법을 요할 때에 행하여지는 특수 공법으로 ① 파이프 루프(pipe loop) 공법, ② 압입 공법, ③ 견인 공법 등이 있다(제4.7.2항 참조).

(다) 고가교(viaduct)의 시공

철도의 고가화 공사에서 일반적으로 시공되고 있는 것은 가선 방식으로, 본선에 인접하여 가선을 부설하고 일단 본선을 철거하여 여기에 고가교를 축조하는 것이며, 1선씩 시행하는 방법과 복선을 동시에 시행하는 두 가지가 있다. 또 한편, 이들의 가선 용지를 확보하기 곤란한 개소에서는 현재 선로의 양측에 고가교의 교각을 축조하고 선로의 바로 위에 횡형 슬래브를 설치하여 고가교를 만드는 직상 고가공법이 있다.

(라) 지하 터널의 시공

지하 터널의 시공은 제10.1.6항을 참조하기 바란다.

2.5 새로운 철도 시스템 실현의 순서와 체계

2.5.1 새로운 철도 시스템의 실현을 위한 모색 · 선정과 실현화의 과정

(1) 구상의 형성 · 구체화의 각 단계에 있어 모색과 선정

제1.5절에서 언급한 새로운 철도 시스템을 실현하는 과정은 당초의 이미지 또는 구상을 서서히 구체화하여 형식을 조정하여가는 과정이다. 이 과정은 몇 개의 단계로 나누어 각 단계에서 문제의 발견 · 분석 · 결정이 반복된다. 모색과 선정은 이들의 각 단계에서의 분석과 결정에 상당한다.

새로운 철도 시스템을 형성 과정을 크게 2개로 나누어 생각하면, 그 하나는 '구상을 형성하는 단계'이며, 또 하나는 '그 구상을 구체화하여가는 단계'이다. 구상을 형성하는 단계에서의 모색과 선정을 여기에서 간단히 설명하고, 구상을 구체화하여가는 단계에 대하여는 다음의 항에 설명한다. 다만, 이 절의 일부는 관련된 다른 절의 내용과 다소 중복되는 내용이 있으므로 서로간에 보충하여 이해하기 바란다.

철도 시스템을 가장 단적으로 특징짓는 요소는 철도의 형태와 노선 및 역 위치이다. 이 중에서 철도의 형태는 기능적인 측면이나 기초 기술의 면에서 의논되지만 노선 및 역 위치의 선정에는 현지의 상황이나 공비 등 보다 구체적인 논의가 이루어진다(제2.2절 참조).

또한, 철도의 형태는 어느 정도 수가 한정되는 것에 대하여 노선 및 역 위치의 선정에는 다수의 대체 안이 있다. 그 때문에 실용화의 과정 중에서는 각 단계에 있어 철도의 형태와 노선 및 역 위치가 일체적으로 논의되기는 하나 전단계에서는 철도의 형태가 중심으로 논의되며, 후단계에서는 노선 및 역 위치의 비중이 크게 되는 것은 자연적인 추세라고 한다.

(2) 철도 시스템의 신설과 개량

새로운 철도 시스템의 실현은 새로운 시설의 건설로서도 행하여지지만, 기존 철도 시스템의 개량으로도 행하여진다. 철도 시스템의 신설은 거액의 초기 투자를 필요로 한다. 또한, 긴 역사를 가지고 있기 때문에 기존의 시설이 많이 존재하고 있다. 따라서, 기존 시스템의 개량은 종종 새로운 시설의 건설에 비하여 싸고 빠르게 새로운 철도 시스템을 얻는 수단으로 될 수 있다. 따라서, 기존의 철도 시스템이 있는 경우에는 먼저 그 개량의 가능성을 검토하여 새로운 철도 시스템에 따른 대응을 고려하여야 한다. 개량의 경우에 그 구체적인 방법은 기존 철도 시스템의 주어진 상황에 따라 다르며, 일반적인 논의의 전개는 곤란하다.

표 2.5.1에서는 여행 거리와 연선의 여객 밀도로 국토간선 교통을 분류하여 각각의 경우에 대응한 교통 기관의 예를 나타낸다.

표 2.5.1 여행 거리 및 여객 밀도와 주요 교통기관과의 관계의 예

여행 거리 / 여객 밀도	단거리 (100~300km)	중거리 (300~750km)	장거리 (750km)
고 밀도 지역	자동차 중량 철도 대량 고속철도	대량 고속철도	대량 고속철도 항공
중 밀도 지역	자동차 중량 철도 중량 고속철도	중량 고속철도 중량 철도 항공	항공
저 밀도 지역	자동차 중량 철도	항공	항공

25.2 새로운 철도 시스템의 구체화를 위한 기술적 대응

이 항에서는 신선 건설의 새로운 철도 시스템을 실현할 때의 기술적 방법으로서 새로운 철도 시스템의 구체화를 위한 순서와 체계에 주안을 두고 설명한다. 구체적으로는 철도 시스템의 선정 결과를 받아 사업화의 의사 결정과 건설 개시에 이르기까지의 많은 기술적 검토의 내용과 순서를 5단계로 나누어 각 단계마다의 전제 조건(input)과 성과(output), 필요 조건과 충분 조건 및 검토의 흐름 등을 상호 연관시켜 기술한다.

(1) 전체 프로세스

어떤 지역에 철도 시스템의 도입이 계획되면 도입의 가능성에 대하여 구체적인 검토를 하고 철도 사업으로서의 실현 가능성을 확인한 후에 건설에 이르게 된다. 건설에 이르기까지 검토하여야 할 항목이나 그 순서는 도입 철도 시스템의 성격·사명·긴급 정도 등에 따라 다르게 되지만 표준적인 검토 프로세스는 이하에 나타낸 Ⅰ~Ⅴ의 단계로 대별된다.

○ 단계 Ⅰ : 조건 정리 …… 철도 시스템의 선정 결과에서 받은 조건의 정리와 그 후의 검토에 필요한 정보를 수집하고 정리한다.

○ 단계 Ⅱ : 기능 대응의 계획 …… 루트·역 위치·차고 위치를 상정하여 그 결과를 기초로 수송 수요를 추정하고 운행 계획·요원 계획을 세운다.

○ 단계 Ⅲ : 시설 대응의 계획 …… 상정된 루트·역 위치·차고 위치를 기초로 비교 검토하여 가장 좋다고 생각되는 안을 선정하여 개략 건설비를 산출한다.

○ 단계 Ⅳ : 사업화의 의사 결정 …… 선정 안에 대하여 채산성을 검토하고, 관련 계획과의 조정을 포함하여 도입 철도 시스템에 관한 사업화의 의사 결정을 한다.

○ 단계 Ⅴ : 사업 내용의 구체화 …… 사업화의 의사 결정을 받아 철도 시스템을 구성하는 각 시설을 설계하고 건설을 추진한다.

(2) 조건 정리(단계 Ⅰ)

제2.5.1항에서는 수요량·노선의 역할·지형·도입 공간 및 보조금과 재원 조달 방법 등에 따라 도입 철도 시스템의 형태와 개략 루트가 선정된다. 그 선정 결과를 받아 여기서는 단계 Ⅱ 이후의 검토에서 전제 조건으로 되는 사항을 "루트 선정을 위한 지역 정보" 및 "루트 선정을 위한 선형 조건"으로서 취하여 정리한다. 이 단계에서는 망라적인 자료의 수집에 유의하는 것이 중요하다.

1) 루트 선정을 위한 지역 정보의 정리
2) 루트 선정을 위한 선형 조건의 정리 : ① 기술 기준류, ② 선형 조건의 정리

(3) 기능 대응의 계획(단계 Ⅱ)

여기서는 전 항의 조건 정리를 받아 수송 수요의 추정과 운행 계획·요원 계획을 세우는 단계이다. 철도의 건설에는 거액의 자금이 필요하며, 더욱이 그 시설은 장기간 유효하게 사용되어야 하므로 장래 수송수요의 추정은 사업화의 가부·건설하는 시기·시설의 규모 등을 판단하기 위하여 중요한 요소이다.

따라서, 수송 수요의 추정에는 제2.5.1항에서 선정된 개략 루트를 보다 구체화한 루트·역 위치·차고 위치가 전제 조건으로서 필요하다. 루트·역 위치·차고 위치의 상정은 단계 Ⅲ의 전제 조건으로도 되지만, 여기서는 단계 Ⅱ에 포함하여 기술한다.

또한, 운행·요원 계획의 결과는 이 단계에 평행하여 행하는 단계 Ⅳ(사업화의 의사 결정)에서 채산성의 검토를 위한 전제 조건으로 된다.

  1) 루트·역 위치·차고 위치의 상정   2) 수송 수요의 추정
  3) 운행 계획·요원 계획

(4) 시설 대응의 계획(단계 Ⅲ)

여기서는 단계 Ⅰ의 조건 정리와 단계 Ⅱ(가)에서 상정된 수 안의 루트·역 위치·차고 위치를 받아 루트·역 위치·차고 위치를 모색하고 주변 환경의 보전이나 노선의 기능(단계 Ⅱ)에 배려하면서 가장 바람직한 루트를 추출함으로서 최종적으로는 단계 Ⅳ에서 채산성 검토의 전제 조건으로 되는 개략 건설비를 산출하는 단계이다.

(가) 루트·역 위치·차고 위치의 모색

  1) 배려하여야 하는 제약 조건(control point)

제약 조건으로서 검토하여야 하는 항목과 파악하여야 할 사항을 **표 2.5.2**에 나타낸다.

표 2.5.2 제약 조건으로 되는 항목과 파악하여야 할 사항

분류	항목	파악하여야 할 사항
자연 조건	하천	위치·폭(개수 계획 포함), 계획 고수위(여유 포함)
	산악	등고선, (지하 수위)
	연약 지반	분포
	기타	활발한 단층이나 사태 지대 등 자연 재해의 위험도가 높은 지역의 분포
사회·환경 조건	도시 계획	토지 이용 계획, 도시 시설 계획, 시가지 개발 계획
	시가지 등	인구 집중 지역의 분포
	건조물	건물 분포, (중요 시설의 분포)
	공공 시설	지하 매설물, 공원 등의 분포
	학교·병원	분포
	문화재	분포
	자연 공원	분포
교차하는 도로·철도		위치, 건축 한계
연락하여야 할 철도		위치, 건축 한계, 상호 진입 방식의 경우는 궤간·동력 방식

  2) 도입 공간의 모색 ······ 구배의 선정, 곡선의 선정, 위치의 선정
  3) 각 안에 대한 검토 자료의 작성

(나) 루트·역 위치·차고 위치의 선정

루트·역 위치·차고 위치의 선정에 있어 비교 검토 시의 평가 항목을 **표 2.5.3**에 나타낸다.

(다) 환경에의 배려

(라) 개략 건설비의 산정

표 2.5.3 비교 검토 시의 평가 항목

구분	평가 항목의 예	
1) 국토·도시 계획상의 배려	·도시 계획 도로의 유무	·공공 시설의 입지 상황
2) 관련 사업	·가로 사업, 구획 정리 사업, 재개발 사업 등	
3) 역·차고 위치	·역의 수 ·역전 광장의 확보	·다른 교통 기관과의 접속, 연락 ·차고 후보지의 유무, 넓이
4) 용지 취득	·용지 취득 및 건물 보상의 난이	·사유지 통과 연장, 면적
5) 공법·기술면	·개산 건설비의 대소 ·지하 매설물의 이설	·대규모 구조물과의 교차 개소 ·터널·교량의 수, 규모
6) 선형의 양부	·노선의 연장 ·급곡선의 개소 수	·급구배 구간의 연장 ·궤도면의 평균 높이, 평균 깊이
7) 환경 면	·소음, 진동, 일조 등의 영향	·문화재의 유무

(5) 사업화의 의사 결정(단계 Ⅳ)

여기서는 단계 Ⅱ(기능 대응의 계획) 및 단계 Ⅲ(시설 대응의 계획)을 받아 철도 건설의 가부와 기본 노선에 대하여 의사 결정을 하는 단계이다. 즉, 단계 Ⅱ에서는 기능적인 면에서 검토가 이루어져 루트별 이용자, 운행·요원 계획을 상정한다. 단계 Ⅲ에서는 시설적인 측면에서 루트의 기술적 가능성을 명백하게 하고 개략 건설비를 산출한다. 이 단계 Ⅳ에서는 사업 채산성을 검토함과 동시에 터미널 계획, 관련 가로와의 조정, 주변 시가지 계획 등과의 정합성을 검토하고 그 결과에 기초하여 도입 철도 시스템 사업화의 여부에 대하여 의사 결정을 한다.

철도 사업에서 전선 동시 개업의 경우와 부분 개업의 경우가 있지만, 이 건설의 진행 방법은 채산성에 크게 영향을 주므로 충분히 검토할 필요가 있다.

  1) 채산성의 검토   2) 터미널 계획

  3) 가로 계획과의 정합   4) 도입 철도 시스템에 관한 사업화의 결정

(6) 사업 내용의 구체화(단계 Ⅴ)

여기서는 전 단계까지 기술한 순서의 내용에 따라 철도 건설의 의사 결정을 하여 기본 노선이 결정된 후의 상세한 설계에서 시공·개업으로 진행하는 단계이다. 따라서, 설계·시공의 기본으로 되는 기술 기준(건설 기준, 구조 기준, 구조물 설계 지침 등)을 정리하는 일, 그에 따른 설계 작업이 이 단계의 중심으로 된다.

다만, 기술 기준이 정비되어 있지 않은 경우는 새로운 책정을 요하는 것으로 된다. 더욱이, 각종의 수속, 관련 기관과의 조정도 중요한 사항이다.

  (가) 설계 조건의 검토

정리하여야 할 설계 조건은 내적 조건(도입하는 철도 시스템의 기능, 형태에서 규정되는 설계 조건 : 차량 치수 · 중량 · 속도 등)과 외적 조건(철도 시스템을 둘러싼 자연, 사회, 생활 환경에서 규정되는 설계 조건 : 선형 · 강도 · 디자인 등)으로 대별된다.

철도 시스템의 바람직한 구조 형태를 결정하기 위해서는 기능의 양호도, 디자인의 양호도, 주변 환경과의 조화, 안전성, 경제성이 추구되어야 하며, 이들을 정리하면 **표 2.5.4**에 나타낸 것처럼 된다.

표 2.5.4 설계조건 일람

구분	설계 조건
기능 대응 조건	차량 치수 · 중량, 최고 속도, 등판력, 가감속, 곡선반경 등
안전 설계 조건	선형, 구조물의 하중, 강도, 시공의 조건 등
경관 설계 조건 주변 환경 조건	주변 환경에 적응한 경관의 창조, 디자인 등
경제 설계 조건	건설비, 운영비, 보수비, 이전 · 이설비 등

표 2.5.5 철도 사업에 따른 환경 영향 평가 행위

구분	행위 등의 종류
시설의 시공	수림의 벌채, 하천 · 수로 등의 개수, 절토공, 성토공, 굴착공, 기초공, 철근공, 콘크리트공, 건조물의 해체공, 폐자재 · 폐토의 처분, 건설자재의 운반, 기타
시설의 존재	노선 구조물, 역 시설 · 차량 기지 · 변전 시설 등의 설치
시설의 사용	차량의 운행, 역 시설의 사용, 차량 기지 · 변전 시설의 가동

(나) 기술 기준의 적용(책정)

(다) 선형 설계

(라) 구조 종별 · 형식의 선정

(마) 구조물의 예비 설계……하중 설정, 허용치의 설정, 구조물 주요 치수의 검토, 시공 방법의 검토, 개산 수량의 산출

(바) 역 시설, 차고(차량 기지)의 예비 설계

(사) 환경 영향 평가

추출한 환경 영향 행위와 환경 항목의 관련을 **표 2.5.5**에 나타낸 것처럼 생각할 수 있다.

(아) 상세 설계

(자) 건설에 이르기까지 여러 수속의 시행

2.6 사업관리, 품질관리 및 갈등관리

2.6.1 경영시스템 및 사업 · 건설 · 환경 · 안전관리

(1) 경영시스템

경영시스템의 종류는 **표 2.6.1**과 같다.

표 2.6.1 경영시스템의 종류

구분	품질 경영시스템	환경 경영시스템	안전 보건 경영시스템
규격	ISO 9001	ISO 14001	KOSHA / OHSAS 18001
목표	고객만족	이해관계자 만족 (주로 외부)	이해관계자 만족 (주로 내부 / 종업원)
규격구조	PDCA(plan, 계획 → Do, 실행 → check, 확인 → Action, 수정) 사이클		
관리대상	제품 또는 서비스	제품 또는 서비스 부산물	제품 / 서비스 / 설비 작업자 상태 작업자 행동

(2) 사업관리

(가) 사업관리의 개요

지금까지 국제적인 대규모 사업에서 채택된 사업관리의 요체는 관리 기법의 정의, 실현 목표 및 관리 기법을 도입한 사업주가 얻을 수 있는 효과로부터 시작된다. 사업관리는 건설 분야에서 매우 비약적으로 성장해 왔으며, 세월이 흐름에 따라 수정 보완되어 현재와 같은 효과적인 체계를 갖추게 되었다.

오랜 기간 동안 대부분의 사업들은 탁월한 능력을 가진 한 사람에 의해서 관리될 수 있는 그러한 규모였다. 사업이 수행되는 방법은 사회마다 차이가 있었다. 프랑스에서는 건축가나 설계사가 건설 공사를 관리하는 것이 통례였다. 영국에서는 사업주가 공사를 관리할 별도의 인원을 채용함으로서 설계자가 건설공사 관리에서 배제되었다. 미국에서는 사업관리가 시공자들에 의해서 통상적으로 수행되었다. 사업규모가 대형화함으로서 전통적인 설계, 시공 및 자재공급 분야 외에 제4의 분야가 필요하게 되었다. 즉 그것은 사업관리 분야인데, 특별히 사업주의 필요에 의하여 요구되는 분야이다.

사업관리 조직의 분야는 외부 회사에 의해 수행되든지, 사업주에 의해 수행되든지 간에, 다음과 같은 계획 및 사후관리 업무를 포함한다.

1) 사업계획 : ① 작업 요구사항에 대한 정의, ② 작업범위에 대한 정의, ③ 자재 요구사항에 대한 정의

2) 사업 사후관리 : ① 진도율 추적, ② 계획과 실적에 대한 비교, ③ 영향 분석, ④ 조정

최종적으로 이러한 기능들에는 사업관리의 전통적인 정의에 포함되어 있는 ① 계획, ② 통제, ③ 조직, ④ 지도, ⑤ 인원배치 등과 같은 기본 사항들이 포함된다.

광범위하고 복합적인 사업을 수행하기 위해서는, 전체 작업을 실질적인 단위작업으로 세분화할 필요가

있다. 많은 회사가 참여함으로서 사업은 복잡해지며, 따라서 강력한 사업관리가 필요하게 된다. 사업을 단위 작업별로 세분화해야 될 필요성과 내부적인 관리의 어려움이 사업관리 접근방식이 왜 필요한지를 말해주는 두 가지 중요한 이유이다.

    1) 사업관리의 기본 요소 : ① 사업 운영, ② 설계 계획과 관리, ③ 구매와 계획, ④ 시공 계획과 관리, ⑤ 품질관리

    2) 사업관리의 성공 요건 : ① 사업관리 교육, ② 명확한 규정과 절차, ③ 효과적인 의사 소통, ④ 품질계획 수립, ⑤ 일정, 공사비, 품질의 제약 요건하의 사업 완료

(나) PM(Project Management)

여기서, PM의 9개 지식영역(Knowledge Area)의 내용은 다음과 같다.

    1) 통합관리(Integration Management) : 각 관리 분야의 계획과 활동이 유기적으로 결합되도록 조정하고 계획의 집행을 총괄 관리하는 기능

    2) 역무관리(Scope Management) : 사업, 기획, 역무 범위의 설정, 역무의 승인 등을 통하여 프로젝트의 목표와 범위를 관리하는 기능

    3) 일정관리(Time Management) : 프로젝트를 단위 작업으로 분할하고 각 작업별로 일정을 계획하고 관리하는 기능

    4) 비용관리(Cost Management) : 프로젝트 수행에 필요한 비용을 각 작업 및 비용 요소별로 계획하고 관리하는 기능

    5) 품질관리(Quality Management) : 프로젝트의 생산과정과 산출물의 요구 사항을 충족시키는 기준의 설정과 적합성을 관리하는 기능

    6) 계약 / 조달관리(Contract / Procurement Management) : 프로젝트 수행에 필요한 계약 및 각종 자원(이력, 장비, 자재 등)을 확보하고 관리하는 기능

    7) 위험관리(Risk Management) : 프로젝트의 수행에 따르는 위험 요소를 예측, 분석하고 대책을 수립하며 관리하는 기능

    8) 인사관리(Human Resource Management) : 행동과학과 행정이론에 근거하여 프로젝트를 수행하는 구성원의 활동을 조직하고 조정하는 기능

    9) 통신 / 정보관리(Information / Communications Management) : 프로젝트의 이해 당사자간에 효과적이고 효율적인 정보 전달체계를 계획, 조직하고 관리하는 기능

그림 2.6.1은 PMBOK(project management body of tenowledge) 통합프로세스를 나타낸다.

(다) PM운영 관련용어

PM 제제를 도입하고 있는 한국철도시설공단의 PM운영규정은 건설 프로젝트를 체계적이고 합리적으로 수행하기 위하여 프로젝트 관리에 관한 필요한 사항을 규정하고 있으며, 다음과 같이 용어를 정의하고 있다.

    ① "프로젝트"라 함은 공단이 수행하는 건설 및 유지보수 업무로서 일정한 기간을 가지고 점진적으로 새로운 구조물이나 성과물을 완성해 나가는 과정을 말한다.

    ② "프로젝트 관리"(Project Management)라 함은 프로젝트를 계획된 공기 내에 정해진 사업비로 적정

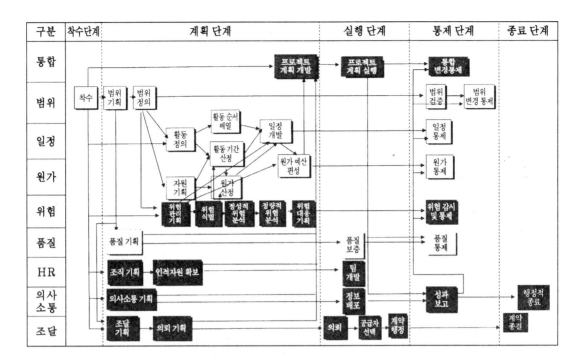

그림 2.6.1 PMBOK 통합 프로세스 연관도

품질을 확보하기 위한 관리기법을 말한다.

③ "프로젝트관리자"(Project Manager, "PM")라 함은 프로젝트 관리에 대한 전문적인 기술지식과 일반적인 관리지식을 갖추고 해당 프로젝트를 전반적으로 관리(계획, 분석, 조정, 통제, 보고 등)하는 책임자로서 PM(Project Manager), SPM(Senior Project Manager), MPM(Master Project Manager)으로 구분되며 총칭하여 PM으로 지칭한다.

④ "프로젝트기술담당자"(Project Engineering Manager, "PEM")라 함은 PM부서에 소속된 자로서 PM의 업무지시를 받는 자를 말한다.

⑤ "부문별부서장"(Functional work Manager, "FM")이라 함은 프로젝트 수행 단계별 기능업무(Functional Work)를 담당(실행 및 집행)하는 기술본부, 지역본부 등의 부서장을 말한다.

⑥ "부문별담당자"(Workpackage Leader, "WPL")라 함은 프로젝트 단계별 기능업무(Functional Work)를 수행하는 부서에 소속되어 FM의 업무 지시를 받는 자를 말한다.

한편, 한국철도시설공단에서 사용하고 있는 사업분류번호체계에서 용어의 정의는 다음과 같다.(제2.6.2)(3)항 참조)

    1) 사업번호체계(PNS : Project Numbering System) : 업무분류번호체계, 사업비분류번호체계, 공정분류번호체계, 도면 및 자료분류번호체계, 물품분류번호체계, 조직분류체계, 사업비관리코드 등 체계적으로 사업관리를 하기 위해 사용되는 모든 번호체계를 말한다.

    2) 수행항목(WP : Work Package) : 업무분류체계(WBS)의 최하위단위이며, 사업항목별로 범위·사업비·공정을 가진다. 사업항목은 공단의 사업관리의 기본단위로서 사업관리 활동을 통합하는 기

준이다.

3) 사업식별번호(PIN : Project Identification Number) : 시행준인 사업을 식별하기 위하여 사업별로 부여한 고유한 식별번호를 말한다.

4) 업무분류체계(WBS : Work Breakdown Structure) : 사업목적을 달성하기 위해 수행되어야 할 모든 업무(설비구분 포함)를 분야, 특성 및 공정 등에 따라 관리 가능한 요소별로 정의한 구조적 체계(Logical Structure)를 말하며 계층별로 식별번호를 부여하여 업무분류체계를 만든다.

5) 업무분류기준서(WBS Dictionary) : 업무분류체계를 작성하기 위한 기준서를 말하며, 사업관리단위(WP)에 대한 적용범위와 대상 등을 정의한다.

6) 조직분류체계(OBS : Organization Breakdown Structure) : 사업에 참여하는 공단의 모든 부서(참여자)의 역할분담과 권한위임(Responsibility & Authority)을 정의한 구조적 체계를 말한다.

7) 공정분류번호체계(ANS : Activity Numbering System) : 노반, 건축, 전기 등 사업분야와 설계, 시공, 구매, 시험 등 생애주기를 조합하여 단위작업(Activity)으로 세분화하여 계층구조로 코드화한 것을 말하며, 공정관리(Schedule Control)에서 최하위의 기본단위이다.

8) 사업비관리코드(CA Code : Cost Account Code) : 사업비집행을 효율적으로 관리하기 위한 목적으로 부여한 식별코드로서 연도별과 차수계약이 구분되고, 본·이월예산이 구분되도록 한다.

(3) 시공 계획 및 관리

건설 계획/관리의 요체는 효율적인 계획수립, 계획의 통합 및 수행이라 할 수 있다. 단기적으로 정해진 자원을 활용해야 하는 대부분의 프로젝트에서는 상세 계획을 필요로 한다. 계획업무가 통합되어야만 하는 이유는 각각의 수행 부서가 다른 부서를 개의치 않고 별도의 계획을 수립할 가능성이 있기 때문이다.

일반적으로 계획업무란 목표를 설정하고 방침을 결정하며 절차와 수행계획을 수립하는 기능을 말한다. 즉, 정해진 프로젝트 환경 하에서 결정된 업무수행 과정을 정하여 가는 과정이라 할 수 있다. 프로젝트의 요건이 중요한 사업목표일을 결정하게 되는데, 상위 결정권자는 계획수립 단계에서 여러 가지 대안의 선택에 있어 직접 개입되어야 할 것이다. 계획수립은 여러 대안 중에서 최적의 안을 선택한다는 점에서 결정 과정이라고 볼 수 있으며, 계획수립 과정을 통해 여러 가지 요소가 복합적으로 연계되어 있는 상황을 정확하게 이해할 수 있다.

계획수립의 가장 중요한 목적중의 하나는 필요한 작업들을 완전하게 규정함으로서 각각의 사업 참여자가 자기가 할 일을 정확하게 파악할 수 있도록 하는 일이며 이것은 프로젝트라는 환경 하에서 절대적으로 필요한 일이다. 확실한 계획수립이 없으면 사업은 착수부터 문제를 안고 있다 할 수 있다. 사업요건을 규정하는 것이 그 첫 단계이며, 프로젝트의 계획 수립에는 ① 불확실성의 제거/경감, ② 사업 목표의 정확한 이해 증진, ③ 작업 효율성의 제고, ④ 작업 감독/통제의 기반 제공 등 네 가지의 기본적인 당위성이 있다.

계획 수립은 필요한 것을 누가 언제 해야 하는가를 결정하는 일이며, 계획 수립에는 여덟 가지의 중요한 요소가 있다. 즉

1) 사업 목표 : 정해진 시간 내에 달성해야 할 목표
2) 수행 전략 : 사업 목표를 이루기 위한 전략 및 주요 조치

3) 일정 : 각각의 작업 개시 및 완료일

4) 예산 : 계획된 비용 지출

5) 추정 : 일정한 기간 내에 발생할 수 있는 일들을 예측하는 행위

6) 조직 : 사업 목표를 달성하기 위해 필요한 인력의 직급 및 인원수

7) 방침 : 결정 사항 및 개인 행동에 대한 지침

8) 기준 : 개인 또는 집단의 실적을 가름하는 수준

최고 관리자의 도움으로 전략적인 계획 수립의 변수를 파악하여 단계별로 효과적인 결정을 이룰 수 있도록 하여야 하며, 최고 관리자야말로 수립된 계획의 성공적인 달성에 대한 궁극적인 책임을 지는 직위인 것이다.

(4) 품질관리

품질관리란 계약 내용을 준수하여 수립된 계획에 따라 기대되는 품질을 달성할 수 있도록 확인하기 위한 계획을 수립하고 조직을 운영하는 것을 말한다.

품질관리 계획의 목적은 품질을 확보하기 위해서 계획을 수립하고 작업을 통제하는 것을 의미한다. 품질관리 계획은 공정, 공사비와 연계하여 체계적인 접근방식으로 품질을 확보하는데 있다. 품질관리 방침은 모든 작업에 적용되며, 기본적인 원리를 제시하고 조직상의 책임사항을 명시해야 한다. 품질관리 계획의 실행 주체는 사업에 참여하는 모든 참여자들일 것이다. 프로젝트 품질관리 방침의 목적은 다음과 같다.

① 계약 요건에 따른 사업주의 요구 사항과 기대를 충족시켜야 한다.

② 모든 작업은 도면, 시방서, 절차서에 따라 수행되어야 한다.

③ 품질관리 계획을 효율적으로 이행하도록 한다.

품질관리에서 이용하는 용어의 정의는 다음과 같다.

○ 품질경영(Quality Management) : 품질방침, 품질목표 및 책임사항을 결정하고 품질체계 내의 품질관리, 품질보증 및 품질향상의 방법을 이용하여 이를 실행하는 전반적인 경영기능. 품질경영의 책임은 모든 경영층에게 있으나 최고 경영자가 주도하고, 조직 전원이 참여하여 이행.

○ 품질체계(Quality System) : 품질경영을 이행하기 위해 필요한 조직구조, 절차, 공정 및 자원

○ 품질보증(Quality Assurance) : 대상품목이 이용과정에서 제 기능을 충분히 발휘할 것이라는 확신을 제공하기 위한 계획적이고 체계적인 제반 활동(관리측면)

○ 품질관리(Quality Control) : 품질요건을 충족하기 위한 작업기법 및 활동(기술측면)

○ 품질보증계획서(Quality Assruance Program Manual) : 품질에 관련된 제반 업무가 조직적이고 체계적으로 수행될 수 있도록 수립된 품질보증계획을 기술한 문서

○ 품질방침(Quality Policy) : 품질에 관련된 제반 업무를 조직적이고 체계적으로 수행하기 위하여 조직의 최고 경영책임자가 공식적으로 표명한 품질목표에 대한 전반적인 의지와 방향

○ 절차서(Procedure) : 어떤 업무를 수행하기 위하여 규정한 방법

○ 지침서(Instruction) : 어떠한 업무를 수행하기 위해 세부지침이 되는 방법 및 요령 등을 기술한 문서

○ 품질관련문서(Quality Related Document) : 절차서, 지시서, 도면 등 품질관련 업무를 지시하거나

품질요건을 규정한 문서

○ 품질보증기록(Quality Assurance Record) : 품질관련 업무의 객관적 증거를 제시하는 완성된 서류

○ 부적합사항(Nonconformance) : 업무나 품목의 품질의 불만족하거나 불확실함을 의미하는 것으로서 특성, 성능, 문서 혹은 절차상의 결함

○ 시정조치(Corrective Action) : 품질위배사항을 시정하거나 개선하고 또한 필요한 경우에 재발방지를 위해 취하는 조치

○ 작업중지요청서(Stop Work Request) : 심각한 품질위배사항이 발생되었거나 혹은 발생이 우려되어 해당 문제점이 해결될 때까지 작업을 중지하도록 품질부서가 실무부서에게 특정범위의 업무 혹은 작업을 중지하도록 요구하는 제도

○ 특수공정(Special Process) : 작업의 결과가 작업자의 기량이나 작업관리에 크게 좌우되며, 후속되는 제품의 검사나 시험으로도 그 결과를 충분히 확인할 수 없고, 작업 중의 결함은 제품의 사용 후에만 분명히 나타날 수 있는 공정

○ 품질보증감사(Quality Assurance Audit) : 품질에 영향을 주는 모든 활동이 품질보증계획서 요건들로 체계적으로 문서화, 서식화되고 실효성 있게 수행되고 있는지의 여부를 확인하는 품질확인활동의 한 수단

○ 인터페이스 관리(Interface Control) : 설계 혹은 제반 업무의 복합성으로 인하여 2개 이상의 조직이 공동 참여할 경우 책임사항의 공유 또는 책임경계면의 관리를 위하여 조직간의 상호관계를 명시하는 것.

ISO-9000 시리즈 기본 규격의 내용은 **표 2.6.2**에 나타낸 것과 같으며 ISO-9000 시리즈 규격의 구성은 **그림 2.6.2**에 나타낸 것과 같다.

표 2.6.2 ISO-9000 시리즈 기본 규격의 내용

기본 규격	내용	비고
ISO-9000	· 품질경영 개념 · 규격의 선택 및 사용 지침	· ISO-9001~4 규격의 사용 안내
ISO-9001	· 설계/개발, 제조, 설치 및 서비스의 품질보증 모델로서 계약상 설계 행위를 특별히 요구하고 제품의 요건이 성능 위주거나 또는 제품요건이 정해질 필요가 있는 경우로서 설계로부터 서비스까지 적용	· 계약형 품질시스템 요구사항 규정
ISO-9002	· 제조와 설치의 품질보증 모델로서 제품의 요건이 이미 설계되어 시방서 등에 규정되어 있으므로 제조와 설치에 적용	
ISO-9003	· 최종검사 및 시험의 품질보증 모델	
ISO-9004	· 품질경영 및 품질시스템의 요소, 지침	· 공급자 자체 내부지침

품질보증요소의 적용은 **표 2.6.3**, 품질보증 문서체제는 **그림 2.6.3**에 나타낸다.

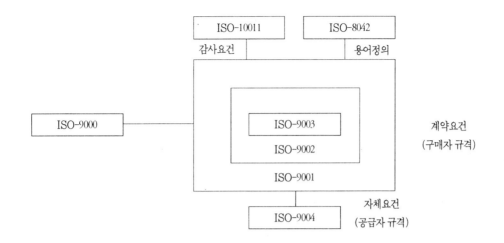

그림 2.6.2 ISO-9000 시리즈 규격의 구성

표 2.6.3 품질보증 요소의 적용

대상조직 품질요소	발주자	설계	제작	시공	시운전
1. 경영책임	○	○	○	○	○
2. 품질보증 시스템	○	○	○	○	○
3. 계약 검토		○	○	○	○
4. 설계관리	○	○	○	△	
5. 문서 및 데이터 관리	○	○	○	○	○
6. 구매	○	○	○	△	
7. 고객지급품의 관리			△	△	△
8. 제품식별 및 추적성	○	○	○		
9. 공정관리	○	○	○	○	○
10. 검사 및 시험	○		○	○	○
11. 검사계측 및 시험장비의 관리	○		○	○	○
12. 검사 및 시험상태	○		○	○	○
13. 부적합품의 관리	○	△	○	○	○
14. 시정 및 예방조치	○	○	○	○	○
15. 취급, 저장, 포장, 보존 및 인도	○	○	○	○	○
16. 품질기록의 관리	○	○	○	○	○
17. 내부 품질감사	○	○	○	○	○
18. 교육 훈련	○	○	○	○	○
19. 서비스			○	○	△
20. 통계적 기법	○	○	○	○	○

' ○ 적용   △ 필요시 적용

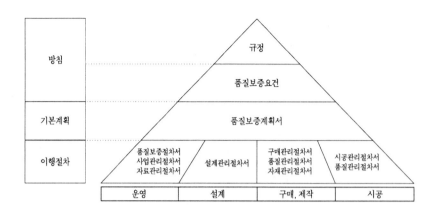

그림 2.6.3 품질보증 문서 체계

(5) 환경경영시스템

ISO 14001 환경경영시스템 규격은 국제표준화기구인 ISO의 환경경영 위원회(TC 207)에서 개발한 ISO 14000 시리즈 규격 중 하나로서 조직의 환경경영시스템을 실행, 유지, 개선, 보증하고자 할 때 적용가능한 규격이며 조직에서 발생하는 환경영향을 저감시키기 위해 조직이 갖추어야 할 시스템의 기본조건을 요구하며 환경방침, 목표를 정하여 이를 달성하기 위한 활동을 실시하고 실시상황에 대한 감시, 검토하는 일련의 과정으로 구성되어 있다.

1992년 리우 지구정상회의를 계기로 환경적으로 건전하고 지속가능한 개발(ESSD)을 달성하기 위하여 실천적 방법론의 하나로 환경경영이라는 새로운 기업 경영패러다임이 등장하게 되었다. 이는 기존의 환경관리 방법이나 사후처리 위주의 기술개발 및 투자활동이 더이상 충분한 수준이 될 수 없다는 공감대의 반영이며, 경제적 수익성과 환경적 지속가능성을 전제로 하는 기업경영전략의 도입을 강하게 요구하는 것이다. 즉 일부 환경담당자들에 의해 사후처리방식 중심으로 운영되어 오던 기존의 환경관리 방식에서 탈피하여 전 직원의 참여를 통하여 사전적으로 환경문제를 해결할 수 있는 체계적인 방안을 모색할 것을 촉구하고 있다. 환경경영체제는 이와 같이 환경의 경영시스템과 통합을 고려함은 물론 기업의 성장과 환경성과 개선을 도모하는 것이라고 그 목적을 밝히고 있다.

아울러 ISO 14001을 통하여 기업경영에 다음과 같은 내용을 실현하고 있다.

① 기업경영과 관련된 환경문제를 효율적으로 해결하기 위한 일련의 원칙을 정립한다.

② 기업경영과 관련된 제반 환경오염의 원인과 심각한 환경영향을 식별하고, 환경경영체제를 효율적으로 운영함으로써 환경영향의 지속적인 감축을 도모하고 궁극적으로는 천연자원의 보존에 노력한다.

③ 엄격해지고 있는국내의 환경법규의 준수 뿐 아니라 기업 스스로 설정한 환경방침, 환경경영프로그램을 체계적으로 실천한다.

④ 종업원들의 책임, 권한 및 절차 그리고 특수업무를 규명함은 물론, 이를 문서화 함으로써 일상업무에서 환경에 대한 부정적인 영향을 최소화하거나 혹은 제거한다.

⑤ 환경경영에 필요한 조직체제와 책임을 규명하며, 필요한 자원을 적절히 공급한다.

⑥ 종업원의 환경책임과 환경인식의 향상을 도모하며, 그 방법으로 체계적인 교육을 실시한다.

⑦ 환경성과를 대내외에 공표함으로써 은행, 보험사 등 금융기관, 주주, 이해관계자 나아가서는 일반대중으로부터 환경경영의 투명성과 신뢰성을 확보한다.

이러한 제반환경경영 활동을 통하여 경쟁기업에 대한 경쟁력을 강화한다.

ISO 14000의 규격체제는 **표 2.6.4**와 같다.

표 2.6.4 ISO 14000의 규격체계

구분	내용	규격번호
환경경영시스템	환경경영시스템 요구사항을 규정	ISO 14001/4
환경심사(EA)	환경경영시스템 심사원칙, 심사절차와 방법, 심사원자격을 규정	ISO 14010/11/12
전과정평가(EPE)	주직활동의 환경 성과에 대한 평가기준 설정	ISO 14031, ISO/TR14032
전과정평가(LCA)	어떤 제품, 공정, 활동의 전과정의 환경영향을 평가하고 개선하는 방안을 모색하는 영향평가 방법	ISO 14040/41/42/43 ISO/TR 14049
환경라벨링(EL)	제3자 인증을 위한 환경마크 부착 지침 및 절차, 자사 제품의 환경성, 자기 주장의 일반지침 및 원칙 등을 규정	ISO 14020/21/24 ISO/TR 14025
용어 정의	환경용어 정의	ISO 14050

(6) 안전보건경영시스템

(가) 안전보건경영시스템(OHSAS 18001) 도입의 필요성

산업재해의 예방을 위하여 제도와 규제에 의한 방식과 함께 기술적인 (Technical) 방식으로 산업재해를 꾸준히 감소시켜 왔으나, 여전히 사업장에는 잠재된 위험요인(Hazard)과 위험성(Risk)이 존재하고 있다 [238]. 잠재 위험성은 산업재해로 발전할 가능성이 높기 때문에 위험성 평가를 통해 비즈니스 프로세스 안에서 안전보건을 다른 경영기능들과 통합하여 관리하는 안전보건 경영시스템이 영국을 시작으로 점차 확대되고 있다.

(나) 안전경영시스템의 의미

안전경영 체계 규격은 기업이 안전방침을 수립하고 그 방침의 시행을 가능케 하는 조직체계를 갖추는 한편, 방침구현의 안전프로그램에 따라 유효성을 점검하고 개선프로그램에 따라 지속적인 개선을 보장한다.

(다) 안전보건경영시스템의 내용

○ 사업주, 기업 경영방침에 안전 정책을 반영

○ 안전정책 세부실행 지침, 기준을 규정화

○ 전 종업원이 세부실행 지침을 실천

○ 정기적으로 실천결과를 자체 평가하여 개선

○ 기업활동과 안전은 하나, 자율안전관리 체계 구축

(라) 산업안전보건법상 안전보건 책임

○ 사업주의 의무

– 산업안전 보건법과 이 법에 의한 명령에서 정한 산업 재해예방을 위한 기준의 준수

– 근로조건의 개선을 통한 적절한 작업환경의 조성

- 근로자의 생명보전과 안전 및 보건의 유지 증진
- 국가에서 시행하는 산업재해 예방 시책의 협조
○ 근로자의 의무
- 산업안전 보건법과 이 법에 의한 명령에서 정한 산업 재해예방을 위한 기준의 준수
- 사업주 기타 관련 단체에서 실시하는 산업 재해예방에 관한 각종 조치에 협력

2.6.2 건설사업관리

(1) CM의 정의

건설사업관리(CM : Construction Management)란 발주자를 대신하여 건설사업의 관리를 대행하여 주는 것으로 건설산업기본법 제2조 제6호에 의거하면 "'건설사업관리' 라 함은 건설공사에 관한 기획 · 타당성 조사 · 분석 · 설계 · 조달 · 계약 · 시공관리 · 평가 · 사후관리 등에 관한 관리업무의 전부 또는 일부를 수행하는 것을 말한다"라고 규정하고 있다[237].

즉, 건설사업관리(CM)는 공기단축 · 원가절감 및 품질확보를 위하여 건설공사의 기획 단계에서부터 설계 · 시공 및 시공 후 사후관리 단계까지의 전 과정의 건설물 수명주기(LC : Life Cycle) 동안에 발주자가 필요로 하는 모든 프로젝트(Project) 관리업무에 대하여 전문적인 기술과 경영으로 조건 · 통제 · 조종하여 CM업무를 일관성이 있게 관리하는 서비스 제공이다.

(2) CM의 개념 및 구성 체계

건설사업관리(CM) 업무진행의 가장 큰 요소는 조정과 의사결정체계를 바탕으로 한다[237]. 즉, 발주자가 프로젝트를 통하여 얻고자 하는 목적을 성공적으로 달성하기 위하여 건설사업관리자(CMr, Construction Manager)가 프로젝트를 완벽히 이해하고, 계약에 의해 설정된 건설사업관리 서비스를 진행하는 것이다. 그리고 이를 위하여 CMr가 모든 사업진행에 관한 프로세스를 개발 · 조정하고 의사소통 및 의

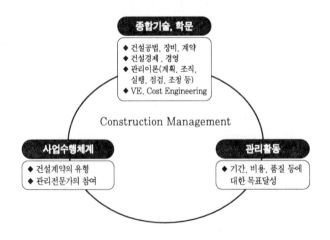

그림 2.6.4 CM의 개념 및 구성 체계

사결정체계를 확립하여 프로젝트상의 모든 관리체계를 통합하여 관리하는 행위이다. 그러므로, CM개념의 구성체계는 **그림 2.6.4**와 같이 이루어진다.

(3) CM의 업무내용

(가) 개요

CM의 주요 업무분야는 기술분야와 경영분야로 구분할 수 있다. CM은 두 분야가 상호 연결된 밀접한 관계에서 업무에 대한 의사결정을 하여야 하고, 발주자의 요구와 사업의 특성에 따라 매우 광범위한 CM분야의 계약방식 중에서 선정된 계약서에 의거하여 업무범위가 결정되어 업무를 수행하게 되는데 CMr의 축적된 경험, 합리적인 사고, 종합적인 기술 및 경영관리능력으로 CM 업무를 효율적으로 수행해 나가는 것이다[237].

(나) CM의 업무 5단계 및 7기능 분류

1) CM의 업무 5단계

① 설계전 단계 (Pre-design Phase)

② 설계 단계 (design Phase)

③ 조달(계약/구매) 단계 (Procurement Phase)

④ 시공 단계 (Construction Phase)

⑤ 시공 후 단계(사후관리) (Post Construction Phase)

2) CM의 업무 7기능

① 사업관리 (Project Management)

② 사업비관리 (Cost Management)

③ 공정관리 (Time Management)

④ 품질관리 (Quality Management)

⑤ 계약/행정관리 (Contract/Adminstration Management)

⑥ 안전관리(안전/환경) (Safety/Environment Management)

⑦ 프로그램관리(정보/문서) (Program/Information Management)

(4) CM과 PM의 비교

CM과 PM(Project Management, Program Management)은 유사한 용어로 사용되고 있으나 여기에서는 CM과 PM의 정의를 포괄적인 범위에서 큰 차이의 의미를 두지 않고 동등한 의미에서 혼용되고 있다 [237]. 그러나, 미국의 CM협회와 PM협회 등 관련 협회가 제시하고 있는 CM과 PM의 세부적인 업무내용은 다소간 차이가 있지만 공통적으로 사업비용(Cost), 사업기간(Time), 품질(Quality)의 체계적인 관리에 관한 사항이 포함되어 있고 CM 서비스에는 엔지니어링 및 시공기술에 바탕을 둔 설계검토 및 시공관리 뿐만 아니라 전문적인 관리기술을 제공하는데에도 PM의 프로젝트 관리기법을 적용하는것이 포함되어 있다. 그러므로 CM과 PM은 건설사업의 성공적인 목표 달성을 위해 유기적인 밀접한 관계를 가지고 CM에 참여한 다양한 주체들이 학문과 기술 등을 적용하여 관리기능을 체계적으로 접목시켜 활용되어야한다고 정의할 수 있다(**표 2.6.5**).

표 2.6.5 CM과 PM의 업무관리 구성

CM(CMAA)	PM(PMI)
정의(Definition)	통합관리(Integrated Management)
사업관리(Project Management)	역무관리(Scope Management)
일정관리(Time Management)	일정관리(Time Management)
비용관리(Cost Management)	비용관리(Cost Management)
품질관리(Quality Management)	품질관리(Quality Management)
계약 / 행정관리(Contract / Adminstation Management)	계약 / 조달관리(Contract / Procurement Management)
안전관리(Safety Management)	인사관리(Human Resource Management)
프로그램관리(Program Management)	통신 / 정보관리(Information / Communication Management)

(5) CM관련 기법의 활용

(가) 타당성 조사분석(F/S) : 제2.2.4(2)항 참조

(나) 설계 VE(Value Engineering)

VE는 창조를 통한 최저의 생애비용(LCC)으로 사용자의 요구(User Oriented) 기능(Funciton)을 확실히 달성하기 위한 제품이나 서비스에 대한 기능분석(Function Analysis)과 설계에 쏟는 작업계획(Job Plan)에 의거한 조직적인 개선 노력과 연구 활동이다(COE).

가치의 형태는 사용가치(use value), 귀중가치(esteem value), 비용가치(cost value), 교환가치(exchange value), 희소가치(scarcity value)가 있으나 VE에서 사용하는 가치는 사용가치와 비용가치이다. 사용가치는 수행능력에 기여하는 제품이나 서비스에 필요한 기능적 특성의 화폐가치의 척도이고 비용가치는 어떤 제품들을 생산, 또는 서비스를 제공하는 필요로 하는 모든 비용의 합계를 의미한다. 즉 '가치 V = 기능(F) / 비용(C) = 사용자 요구기능을 위한 최저비용 / 총생애주기비용(LCC) = 기능비용 / 현장비용' 으로 나타낸다. VE의 목적은 가치(value)를 향상시키는 데 있다[237].

가치(V)를 향상시키는 방법은 4가지로 분류할 수 있다.

① 모든 기능을 일정하게 유지하면서 비용을 줄인다(고유의 VE, 비용절감형)

② 기능수준을 향상시키면서 비용을 줄인다(기능혁신형).

③ 기능수준을 향상시키고 비용을 그대로 유지한다(기능향상형).

④ 가능수준도 향상시키고 비용도 증가시킨다(기능강조형).

⑤ 기능수준도 낮추고 비용도 줄인다(spec down).

여기서, 원가절감을 위한 ①의 VE 고유의 목적을 고려하면 ②~④를 가치향상법으로 볼 수 있다. ⑤는 VE의 수준에 못미치는 가치를 나타내고 있다.

VE는 1980년대 국내건설사업에 도입되어 일부 건설업체가 시행하는 시공단계에서 이루어지고 있으나 설계단계에서는 법제도적 근거미약과 인센티브 부재 등으로 실시하지 못하고 있는 실정이었다. 그러나, "공공

건설사업효율화 종합대책"에서 설계 VE제도 도입을 명시하였으며 2000. 3. 건설기술관리법 시행령을 개정하여 설계 VE(설계의 경제성 검토)제도를 도입함으로서 법적근거를 마련하였다. VE를 VA(Value Analysis : 가치분석)라고도 한다[245].

VE제도는 계획, 기본설계 및 실시설계 단계에서 발주자가 당초 설계시 당해 프로젝트에 참여하지 않는 사람들로 하여금 새로이 VE검토팀을 구성하여 프로젝트의 생애주기비용(Life Cycle Cost)을 절감하도록 당초 설계를 재검토하여 대체안을 작성하는 것이 원칙이며, 이론과 경험을 토대로 확립된 기법을 체계적으로 사용하여 설계자가 작성한 프로젝트의 설계를 설계자 이외의 사람들이 그 프로젝트 또는 그 프로젝트의 구성요소가 요구하는 기능과 비용의 관점에서 분석하여 가치향상이 될 수 있는 방안에 대해 구체적으로 검토하고 그것을 정리한 후 VE제안(Value Engineering Proposal)하여 실제 설계에 반영하는데 목적이 있다.

설계 VE의 절차와 방법은 **그림 2.6.5**와 같다.

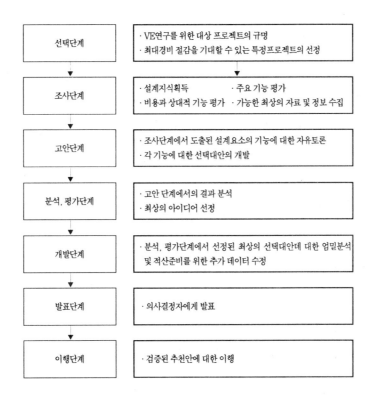

그림 2.6.5 설계 VE의 절차

(다) 생애주기비용(LCC : Life Cycle Cost)

생애주기비용(LCC)이란 건설물의 탄생에서 종말에 이르는 전 과정에 소요되는 전체비용의 종합을 의미한다. 즉, 설계전 단계(기획 및 타당성 조사 단계), 설계단계, 조달(구매)단계, 시공단계, 시공 후 단계(사용 및 유지관리 단계), 폐기처분단계까지 건설물의 수명주기 동안에 발생되는 전체 비용의 총합이다. LCC분석(LCC Analysis)이란 건축물 또는 시설 구조물의 건설에서 하나의 대안 또는 복수의 대안에 대하여 경제적 주기에 걸쳐서 발생하는 비용을 체계적으로 결정하기 위해서 구조물의 경제수명 범위 내에서 각 대안의 경제성에 대하여 일정한 기준을 적용하여 등가환산한 값으로 평가하는 방법이다.

1) LCC 구성항목의 조사[237]

- 기획비(Planning Costs) : 계획비, 타당성조사비
- 설계비(Desing Costs) : 설계자 비용(Architect Fee), 엔지니어링 비용(Engineering Fee)
- 공사비(Construction Costs) : 직접공사비, 간접공사비(현장관리비, 산재보험료, 안전관리비 등), 일반관리비 등
- 운영비 및 유지비(Running Costs)
  · 운영 및 일상 수선비 : 일반관리비, 청소비(오물수거비 포함), 일상(소)수선비, 전기료 / 수도료 / 난방비, 엘리베이터 전기료 등
  · 장기(주요) 수선비 : 건축, 토목, 조경, 전기설비, 기계설비 및 통신공사
- 폐기처분비(Remaining Value & Removal Costs)

2) 설계 VE와 LCC 분석과의 관계[245]

LCC 분석은 최소한의 기능과 기술적인 요구조건을 충족시키는 실현 가능한 대안 중에 가장 비용이 적게 드는 대안을 선택하는 것이며, 설계 VE는 기능자체에 초점을 맞추어 필수 불가결한 기능과 그렇지 않은 기능을 가려냄으로서 불필요한 기능을 제거하여 비용을 절감하기 위한 것이다(**표 2.6.6**).

표 2.6.6 설계 VE와 LCC 분석의 비교

구분	공통점	차이점	비고
설계 VE	비용절감	기능자체에 초점을 맞추어 불필요한 기능을 제거하여 비용을 절감하기 위한 분석방법	불필요한 기능제거
LCC 분석		실현가능한 대안 중에서 가장 비용이 적게 드는 대안을 선택하는 것이 목적	대안선택

(라) 프로젝트 금융(Project Financing)

프로젝트 금융(Project Financing)이란 대주가 원리금상환을 해당 프로젝트에서 발생되는 현금흐름(Cash Flow)에 거의 의존하는 금융방식이다[237].

최근 국내 · 외 프로젝트에 소요되는 자금조달을 프로젝트 금융으로 조달하는 경우가 빈번해졌다. 이 경우에 다양한 유형의 직 · 간접금융기법을 효율적으로 결합시켜 필요자금을 최소비용으로 조달하는 것이 중요하므로 프로젝트 금융의 국내 · 외 재원유형과 각각의 특성을 정확하게 파악하는 것이 중요하다. 일반적인 기업의 자금조달은 전통적인 기업금융과 특정자산에 근거한 자산담보부 금융이 있다.

(마) 클레임 관리

일반적으로 클레임(Claim)과 분쟁(Disputes)은 각기 다른 개념으로 구분된다. 분쟁의 이전단계를 클레임이라 하며, 클레임 그 자체가 분쟁을 의미하는 것은 아니다. 즉 계약을 한 당사자가 클레임을 제기하였다

고 하더라도 계약당사자간 협의(Negotiation)에 의해 합의 또는 타결되었을 때는 그것을 분쟁이라고 하지 않는다.

클레임은 계약의 당사자가 이의신청 또는 이의제기를 문서(Documentation)로 상정하여 협의를 제시하는 것이지 처음부터 분쟁을 상정하는 것은 아니지만 협의 단계에서 계약 당사자가 합의 또는 타결이 되지 못하고 그 이후의 단계로 조정(Mediation), 중재(Arbitration) 또는 소송(Litigation)으로 발전하였을 경우를 분쟁이라고 한다. 그래서 조정, 중재 또는 소송과 같은 절차를 클레임 후속수단 또는 후속절차라고 한다.

(바) 위험 관리

건설산업에서 위험(Risk)의 정의는 위험발생에 따른 손실(Loss), 피해(Damage), 결여(Lack) 등의 측면과 수익(Profit) 및 획득(Gain)과 같은 긍정적인 관점을 등한시하는 모두를 대상으로 하는 투기성 위험을 최적조건 또는 수용 가능한 정도로 조정하기 위해 건설과정에서 직면하는 제반 위험 인자를 식별하고 분석·대응하는 체계적 접근방법이다.

(사) EVMS(Earned Value Management System) 활용

EV(Earned Value)는 실적(Physical Progress)과 유사한 개념으로서 단위작업에 대한 기성을 의미하는 동시에 공사진척을 의미한다. EVM(Earned Value Management)은 기성을 중심으로 공사실적 또는 성과를 측정하고 관리하는 방법론을 말한다. EVMS기법은 공정관리를 기반으로 프로젝트별 세부작업의 비용과 일정을 통합관리함으로써 계획대비 실적을 비교하며 성과를 분석 관리하는 기법이다. 이 현황에 대한 평가는 객관적 평가가 가능하고, 추후 공정에 대한 예측을 가능하게 하고, 프로젝트 관리의 효율성을 높일 수 있다. 이에 따라, 정부에서는 공공건설사업의 효율성을 제고하기 위한 방안으로 건설공사를 대상으로 비용과 일정의 계획대비 실적을 비교, 관리하는 EVM기법을 적용하여 투명성이 있는 공사관리가 수행될 수 있도록 제도화되어 가고 있는 상황이다.

EVMS의 기본개념도는 **그림 2.6.6**과 같으며, WBS의 적용은 **그림 2.6.7**과 같다.

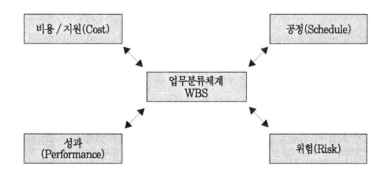

그림 2.6.6 업무분류체계(WBS)에 의한 성과 분석

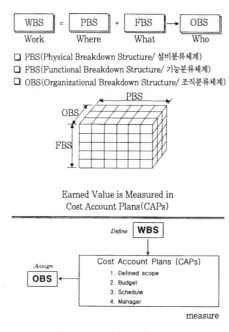

그림 2.6.7 WBS의 적용

(아) PMIS 구축

PMIS(Project management Information System)란 건설사업의 생애주기 동안 (기획, 설계, 계약, 구매, 조달, 시공, 시운전 및 유지보수)의 전 과정을 업무를 프로젝트별로 관리하고, 종합적인 정보를 최종 모니터링하기 위하여 고객(client) / 서버(Server)의 컴퓨터 환경으로 필요한 데이터를 수집하고, 조직, 저장 및 처리를 통하여 프로젝트 관리에 필요한 정보들을 출력하고, 공유 분산시키는 정보시스템으로써 건설사업의 종합 현황파악 및 관리자의 의사결정을 효율적으로 지원하는 통합정보관리체계이다.

(자) 아웃소싱(outsourcing)

외부의 전문 회사를 활용하여 기업활동의 일부를 수행케 하고 이를 통해 기업의 핵심 역량을 강화하여 내부적으로 전략적 이득을 추구하는 활동이며, 다음과 같은 특징이 있다.

① 외부의 기능이나 자원을 전략적으로 활용, 재화와 서비스의 외부 구매

② 특정 업무를 자회사 이외의 외부 업체에게 장기적으로 위탁

③ 공급자를 통한 리엔지니어링/조직기능의 슬림화, 단순화, 전문화/공급업체와 네트워크를 통한 시너지/스피드, 유연성 제고

④ 고비용/저효율/리스크 극소화/핵심역량 강화/경쟁력강화

(차) 파트너링(Partnering)

파트너링은 발주자 · 설계자 · 시공자 · 프로젝트 참여자들이 관계의 본질을 바꿔서 하나의 팀으로 만들고자 하는 시도이다. 하나의 파트너링으로서 각 참여주체들이 보유한 자원들의 효과를 극대화하여 해당 프로젝트의 목표를 달성하기 위해서 장기간의 합의이다. 파트너링을 통하여 조직적인 경계나 대립적인 관계없이 공유하는 공동목표를 달성하기 위한 팀워크로 신뢰와 헌신, 상대주체의 기대와 가치에 대한 이해를 바탕

으로 하고 있다. 파트너링 프로세스는 프로젝트의 성공을 위한 공동합의를 도출하고, 상의 협조를 다짐하는 환경을 조성하여 기대효과에 관련된 능률향상과 비용절감, 공기단축, 클레임(Claim) 및 위험(Risk) 최소화, VE적용 활성화, 지속적인 품질향상을 기하는데 있다.

2.6.3 갈등관리

공공기관의 갈등 예방과 해결을 위한 "공공기관의 갈등관리에 관한 법률"이 국회에 상정(05. 5) 중이며 "갈등관리 체계 구축"은 사회책임 경영(SRM)의 06년 핵심과제이다. 급속한 사회환경변화에 따라 지역 주민, 시민단체 등 이해관계자의 참여 욕구 증대로 갈등 발생요인이 증가되고 있다(**그림 2.6.8**). 갈등이 발생하면 막대한 경제적 손실은 물론 철도건설사업에 대한 불신을 초래하므로 이러한 갈등 예방과 해결을 위한 갈등관리체계가 필요하다(**그림 2.6.9**).

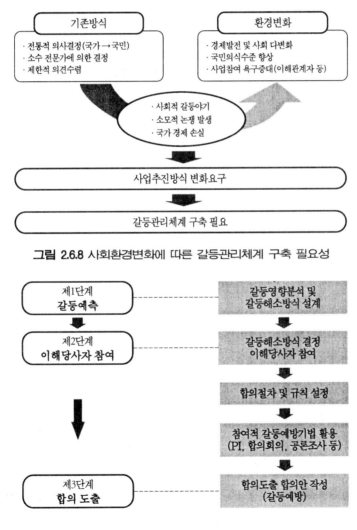

그림 2.6.8 사회환경변화에 따른 갈등관리체계 구축 필요성

그림 2.6.9 갈등예방 프로세스

제3장 철도 선로

철도의 특색은 고정된 선로를 갖고 있는 점이다. 철도 차량의 운행 자유는 선로에 의하여 극단적으로 제한된다. 그 반면에, 다른 수송 기관에 비하여 주행의 안전성이 보증된다. 평활한 선로상의 주행에 의하여 열차 속도, 수송량 등은 다른 수송 기관에 비하여 우위에 있다.

선로(permanent way)란 열차 또는 차량의 주행로이며, 철도선로의 기본 구조는 차량을 주행시키는 궤도(track)와 궤도를 지지하는 노반(road bed) 및 각종의 선로 구조물, 전차선로로 성립되어 있다. 궤도는 도상·침목·레일과 그 부속품(체결 장치 등)으로 구성되어 있는 것이 대부분이다. 도상은 지금까지 자갈이 주종을 이루고 있었으나 근래에는 콘크리트를 점차적으로 채용하여 가는 추세이다. 침목과 도상이 일체로 된 슬래브 궤도 등도 있다. 노반은 도상의 하부에 있는 기초이다. 노반은 자연 그대로이든지, 흙 쌓기(banking)·땅 깎기(cutting) 등의 흙 구조물, 교량·고가교 등의 고가 구조물, 터널 등의 지하 구조물이 있다. **그림 3.1.0**은 철도 선로의 구조를 나타낸다.

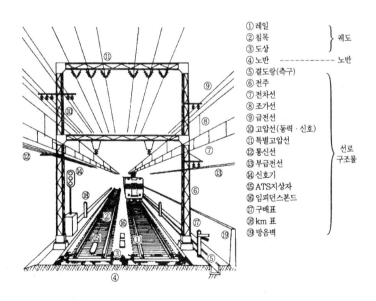

그림 3.1.0 철도 선로의 구조

이 장에서는 주로 선형, 궤도의 구조, 재료 및 보수와 선로 부대설비에 대하여 기술한다. 노반에 대하여는 보선의 입장에서 이 장에서 기술하며, 흙 구조물의 일반적인 사항과 선로구조물은 제4장에서 설명한다.

3.1 궤도의 구조

궤도(track)의 구조는 깬 자갈(crushed stone) · 친 자갈(gravel) 등(이 부분을 도상이라 한다)을 깔아 침목을 부설하고 그 위에 2 줄의 레일을 일정한 간격으로 평행하게 체결한 것이 일반적이다. 차량의 안전한 주행과 우수한 승차감(riding quality)의 기능을 확보하면서 경제성이 높고 보수가 용이한 것이 조건으로 된다. 근년에는 궤도보수의 저감을 목적으로 콘크리트 궤도의 채용이 늘어나고 있다.

3.1.1 궤도 도상구조의 종류

도상(track bed)은 선로의 조건에 따라 자갈 도상, 콘크리트 도상, 슬래브 궤도가 선정된다.

(1) 자갈 궤도(ballast bed track)
(가) 도상 자갈의 기능

그림 3.1.1에 나타낸 궤도의 구조처럼 도상에는 친 자갈(과거에 사용) · 깬 자갈(현재 주로 사용) 등의 자갈이 장년에 걸쳐 채용되어 왔다. 도상자갈은 열차로부터 레일 · 침목을 거쳐 전달된 하중을 널리 분산(**그림 3.1.2**)시켜 노반(궤도를 지지하는 지표면)으로 전하며 차량의 좌우동, 온도로 인한 레일의 신축에 따른 침목의 이동을 방지하는 외에, 차량 주행에 수반하는 진동 에너지를 흡수하고 우수의 배수(drainage)를 용이하게 하며 잡초의 발육을 방지한다.

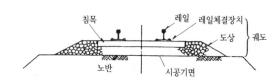

그림 3.1.1 표준적인 궤도의 구조

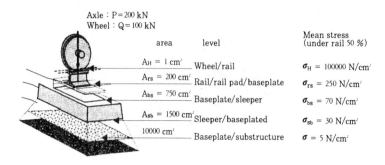

그림 3.1.2 하중전달의 원리(예)

그림 3.2.2는 궤도에서 하부 층으로 내려가면서 부재의 표면적이 증가하고 응력이 감소하는 원리를 나타낸다. 응력은 윤하중 작용 지점과 노반 사이에서 1,000~1,500배 만큼이나 감소한다.

(나) 도상의 두께(depth(or thickness) of ballast)

침목의 하면에서 노반 표면까지의 도상 두께는 선로의 규격(통과 톤수, 열차속도에 따라 선정된다)에 따라 국철에서는 1, 2급선과 장대레일, 장척레일의 부설 개소에서는 30 cm, 3급선에서는 22 cm, 4급선에서는 17 cm로 하고 있으며, 경부 고속철도에서는 35 cm(도상매트 부설시는 매트 두께 포함)로 하고 있다(후술하는 **표 3.1.5** 참조).

도상 어깨폭은 1~2급선은 35 cm, 3급선은 30 cm, 4급선은 25 cm이며, 도상단면 측면의 기울기는 각각 1:1.8, 1:1.5, 1:1.3이다. 고속철도 자갈도상의 어깨 폭은 침목 상면 끝에서 어깨 끝까지 50 cm로 하고 어깨의 기울기는 1:1.8로 한다. 고속철도 본선에서 "① 장대레일 신축 이음매 전후 100 m 이상의 구간, ② 교량전후 50 m 이상의 구간, ③ 분기기 전후 50 m 이상의 구간, ④ 터널입구로부터 바깥쪽으로 50 m 이상의 구간" 등에는 도상어깨 상면에서 10 cm 이상의 더 돋기를 시행한다. 일반철도에서 장대·장척 레일 부설구간은 도상 어깨 폭을 45 cm로 하여 10 cm 더 돋기를 하며, 도상단면 측면의 기울기는 1:1.577로 하고 있다. 또한 도상 두께를 30 cm로 하고 있다.

(다) 자갈도상(ballast bed)의 특징

자갈도상은 건설비가 비교적 싼 점, 궤도틀림(irregularity of track)의 정정이 비교적 용이한 점 등에서 무거운 차량을 지지하기에 비교적 합리적이고 경제적으로도 뛰어나므로 예전부터 동서양을 불문하고 채용되어 왔다. 예를 들어, 공장에서 단조 해머 등의 진동을 수반하는 약 100 tf의 기계를 설치하기 위하여 수백 tf의 기초 콘크리트 공사를 필요로 한다. 여기에 비하여 진동을 수반하는 무거운 열차의 주행을 지지하는 철도의 자갈도상은 보수를 요한다고는 하나 건설비가 싸다. 즉, 이것이 자갈도상을 계속 채용하여 온 이유이다.

열차의 주행에 따른 궤도틀림(레일의 수평이나 좌우 등의 변화)은 중량 레일·장대레일(continuous welded rail)·PC침목(prestressed concrete sleeper)·깬 자갈 등의 채용에 따라 감소하고 있다. 그러나, 경년과 함께 자갈의 입자가 마멸 미립자화하고 토사도 혼입되어 배수가 불량하게 되며, 고결되어 탄성(elasticity)을 잃기 때문에 자갈 치기(일반철도는 도상 내의 토사혼입률이 25 % 이상이거나 배수가 불량한 분니개소를 자갈치기한다)나 갱신(renewal)의 작업을 필요로 한다. 궤도틀림의 보수와 자갈 치기에는 일손을 요하고 또한 열차횟수의 증가로 작업시간을 취하기 어렵게 되어 있다. 그 때문에 작업성이 좋지 않은 터널(tunnel) 등에는 콘크리트 궤도 또는 슬래브 궤도를 채용하고 있다. 그러나, 일반적으로는 국내외적으로 전과 다름없이 자갈 궤도가 높은 비율을 점하고 있다.

(라) 도상 자갈(궤도자갈)의 입도(grading)

도상에 이용하는 깬 자갈(crushed stone)은 화강암, 규암, 안산암 등의 단단하고 인성(tenacity)이 풍부한 암석을 쇄석기(크러셔)로 70~15 mm 정도로 파쇄한 것이 지지력(bearing capacity)·저항력이 크고 배수도 양호하여 궤도 재료로서 최고의 것으로 되어 있다. 대입경(60 mm 이상) 비율이 많은 것은 공극이 증대하여 침하에 대한 저항이 작게 되므로 좋지 않고, 또한 작업성의 면에서 적은 쪽이 좋으며, 소입경(20 mm) 비율이 많은 것은 세립화 방지에 좋지 않으므로 세립화 방지를 위하여 적은 쪽이 좋다. 따라서, 각종의 적정한 입경을 가진 깬 자갈을 적당히 혼합하는 것이 필요하다.

즉, 입경이 너무 크면 레일면의 정정에 필요한 다짐 작업에서 충분한 정밀도가 유지되지 않는다. 또한, 입경이 너무 작으면 배수성에 지장을 초래한다. 입도분포의 범위가 크면 세립분이 열차의 진동으로 분리되어 하방으로 이동한다. 이상의 조건을 고려하여 입경과 입도분포의 범위가 정해져 있다.

그림 3.1.3은 궤도자갈의 입도분포를 나타낸다.

친 자갈(gravel)은 산이나 냇가의 천연산의 것을 체가름하여 소정의 입도 범위 내(깬 자갈의 경우와 같은 정도)로 한 것이다. 입수하기 쉽지만 둥근 자갈이 많아 지지력이 떨어져서 열차횟수가 적은 선구나 측선(side track) 등에 사용되었으나, 현재는 입수도 용이하지 않고 품질도 열등하므로 거의 이용하지 않는다.

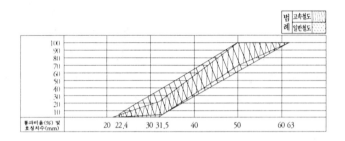

그림 3.1.3 궤도자갈의 입도분포

(마) 도상 자갈의 조건

① 재질이 견고하고 찰기가 있어 마손이나 풍화에 대하여 강할 것.

② 적당한 입형과 입도(grading)를 가지며, 다지기, 기타의 작업이 용이할 것.

③ 다량으로 얻어지고 가격이 저렴할 것.

④ 점토 · 오니 · 유기물 등을 포함하지 않을 것

표 3.1.1은 궤도자갈의 규격, **표 3.1.2**는 일반철도 궤도자갈의 물리적 성질을 나타낸다.

고속철도용 궤도자갈은 로스앤젤레스 시험과 습식데발 시험결과로 상관관계 도표에서 구한 마모 · 경도계수가 20이어야 한다.

표 3.1.1 궤도자갈의 규격 비교

구분		일반철도	고속철도	비고
입도		22.4~65.0 mm (주 입도분포 22.4~60 mm)	22.4~63.0 mm (주 입도분포 31.5~50 mm)	
물리적 성질	LA시험	25 % 이하 (시료중량 10,000±75 g, 철구중량 5,000~5,025 g)	19.5 % 이하 (시료중량 5,000±5 g, 철구중량 5,240~5,340 g)	시험방법 강화 (시료중량 : 小, 철구중량 : 大)
	DEVAL시험	–	13 이상	마모기준 강화
세장석		–	7 % 이하	
편평석		–	12 % 이하	
불순물 함유량		3.5 % 이내 (석분 제외)	세척 : 0.063 mm →0.5 % 이하 0.5 mm →1.0 % 이하 미세척 : 2 % 이하	

표 3.1.2 일반철도용 궤도자갈의 물리적 성질

품명	규격	단위중량	마모율	압축강도(흡수)
도상자갈	22.4~63 mm	1.4 t/m³ 이상	25 % 이하	800 kg/cm² 이상
채움자갈	10~22.4 mm			

(바) 도상 자갈의 소요량과 보충

자갈은 궤도 연장(track length) 1 km에 1,200(4급선)~3,100(고속철도) m³(약 1,800 ~4,650 t)이 필요하며 열차 주행의 반복 하중으로 마멸 감소하기도 하고 노반으로 박히기도 하기 때문에 때때로 보충하여야 한다.

(사) 도상의 단면형상

상기의 (가)항에서 도상의 두께란 레일 직하의 침목 하면에서 노반 표면까지의 최소 깊이이며 열차하중의 충격 분포, 열차속도 및 침목간격 등에 따라서 정하여져 있다. 도상의 단면형상은 **그림 3.1.2**에 나타낸 것과 같이 사다리꼴(台形)이다. 그 치수는 열차의 통과 톤수나 속도 등에 따라 도상파괴의 정도가 다르므로 선로의 중요도(등급)에 따라 정하여져 있다(**표 3.1.3**).

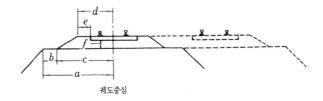

궤도중심

그림 3.1.4 도상의 단면형상

표 3.1.3 도상형상의 치수 (mm)

선로 등급별	궤도중심에서 시공기면 어깨 까지의 폭 (a)	시공기면 어깨의 폭 (b)	궤도중심에서 도상 비탈 아래 끝까지의 폭 (c)	궤도중심에서 도상 어깨까지의 폭 (d)	도상 어깨의 폭 (e)	도상 두께 (f)
고속선로	4,500	1,478	3,022	1,800	500	350
일반선로의 장대레일 구간	4,000	2,011	2,439	1,650	450	300
1, 2급선	4,000	1,900	2,450	1,550	350	300
3급선	3,500	1,670	2,130	1,500	300	270
4급선	3,000	1,319	1,931	1,450	250	250

(아) 침하억제의 기본적인 고려방법

도상자갈의 침하를 적게 하는 기본적인 방법으로서 주된 것은 레일의 대형화와 장대화, 레일패드의 저(低)스프링화, 침목의 대형화와 탄성 부가, 도상자갈의 결합력과 강도의 증가 및 압력과 진동의 저감, 노반의 강화와 우수침투 방지 등이며, **표 3.1.4**에 그 내용을 정리한다.

표 3.1.4 침하억제 방법의 예

궤도의 부위	방법과 목적
레일	대형화 : 레일의 강성을 크게 하여 침목으로의 하중분산 효과를 높인다. 장대화 : 레일이음매를 배제하여 충격하중의 발생을 방지한다.
레일패드	저(底)스프링화 : 침목으로의 하중분산 효과를 높인다.
침목	대형화 : 도상자갈로의 압력을 감소시킨다. 탄성부가 : 도상자갈로의 충격압력을 완화시킨다.
도상자갈	결합력과 강도의 증가 : 입자끼리의 결합력을 높이어 입자자체가 마모, 파괴되지 않도록 강도를 증가시킨다. 압력과 진동의 저감 : 압력과 진동을 저감시켜서 도상자갈로의 부담을 감소시킨다.
도상자갈	강화 : 도상자갈의 노반으로의 박힘을 방지함과 동시에 노반의 압축침하를 적게 한다. 우수침투 방지 : 노반 아래에 있는 노상의 연약화를 방지한다.

(2) 콘크리트 궤도(concrete bed track)

(가) 생력화 궤도의 필요성과 배경

거품(bubble) 성장기 이전의 고도 성장기까지는 우수하고 풍부한 현장 노동자를 확보하여 왔기 때문에 궤도보수의 노동력 부족으로 고민하는 일이 없었지만, 최근에는 고령화 사회의 도래, 젊은 세대의 감소, 노동 기호의 변화와 함께 현장 노동력이 부족하게 되어가고 있다. 또한, 열차의 고속화와 고밀도화는 보수시간을 감소시켜 선로보수를 충분히 수행할 수 없게 되고, 더욱이 환경문제 때문에 야간의 보수작업은 소음·진동의 문제로 곤란하게 되어가고 있다.

일반적인 궤도구조인 자갈궤도에서는 열차 통과의 누적에 수반하여 여러 가지의 보수가 필요하게 된다. 궤도보수의 40 % 가까이가 도상작업이다. 도상작업 중에는 궤도의 침하에 수반하는 것으로서 다짐과 압밀이 있지만 고속도, 고밀도 선구에서는 이들의 작업을 빈번하게 시행하는 일이 있다. 따라서 궤도의 침하가 생기지 않도록 함과 동시에 도상작업 전체를 줄이는 것은 궤도보수의 생력화로서 효과가 크다고 생각된다.

이와 같이 근년에 궤도보수가 필요 없거나 대폭으로 감소시킨 궤도구조가 필요하게 되고 있다.

(나) 궤도보수 개선의 3요소

궤도보수를 개선하기 위한 요소에는 **그림 3.1.5**에 나타낸 것처럼 ① 기존 작업의 효율화·최적화, ② 구조·재료의 강화, ③ 작업의 자동화·기계화 등의 3 가지가 고려된다. 종래부터 ②와 같이 구조·재료의 강화로 구조를 강화하여 궤도보수 량을 경감한 것을 생력화 궤도라고 부르는 경우가 많다.

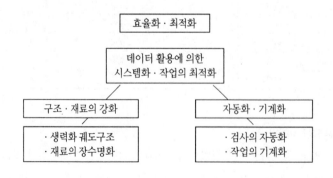

그림 3.1.5 궤도보수 개선의 3요소

(다) 콘크리트 궤도의 개요

일반적으로 지하철(subway)이나 장대 터널 등의 유지 보수와 배수가 곤란한 선로에서는 콘크리트의 도상에 직접 콘크리트 또는 목재의 단침목 등을 설치하는 구조가 사용된다. 콘크리트 도상은 탄성이 부족하고 레일 이음매의 손상이 적지 않았지만, 그 후에 탄성 체결장치(elastic fastening)의 개발, 레일의 장대화에 따라 이 원인의 문제가 해소되어 궤도틀림이 적고 보수가 거의 불필요한 것이 최대의 이점이며, 최근의 지하철에서는 기본 구조로 되어 있다.

콘크리트 궤도와 접속하는 자갈궤도는 양 궤도간의 강성 차이를 접속구간에서 완화시켜야 한다(상세는 《선로공학》, 《고속선로의 관리》 등을 참조).

콘크리트 도상은 일반적으로 고가교·터널 등의 콘크리트 구조물에 이용된다. 건설비가 자갈도상의 약 5배의 고가이고 또한 기존선(existing line)의 개축은 수십 일간의 운전 휴지를 필요로 하기 때문에 일반 선로에서의 채용은 어렵다. 그러나 근래에는 콘크리트 궤도가 점차적으로 증가되고 있다.

자갈궤도는 열차운행에 따른 궤도틀림이 생기므로 보수 작업이 필요하지만, 근래에는 노동력 부족, 환경 문제 등으로 보선작업 수행에 많은 제약을 초래하고 있다. 따라서, 자갈 다지기 등의 작업을 감소시킬 목적으로 콘크리트 궤도 등을 개발하여 부설하는 경향이 많아졌다.

현재 이용되고 있는 각종 무-도상 궤도(생력화 궤도)의 종류를 개략적으로 **표 3.1.5**에 나타낸다.

표 3.1.5 무-도상 궤도의 건설 방법에 관한 가능성의 개관

콘크리트 궤도 시스템					
단속 레일 지지				연속 레일 지지	
침목 또는 블록 사용		침목을 사용하지 않음			
콘크리트에 매립된침목 또는 블록	아스팔트-콘크리트 기층 위의 침목	사전 제작 콘크리트 슬래브	단일체 현장 슬래브 (토목 구조물 위)	매립 레일	고정되고 연속적으로 지지된 레일
Rheda Rheda 2000 Züblin LVT	ATD	신칸센 Bögl	포장-내 궤도 토목 구조물 위	포장-내 궤도 경철도 건널목 Deck Track	Cocon Track ERL Vanguard KES

(라) 국내 적용의 콘크리트 궤도

Stedef 궤도(**그림 3.1.6**)는 서울 2기, 대구 1호선, 부산 2호선 등에서 채용하고 있으며 콘크리트 침목+방진재+콘크리트 도상으로 구성되어 있다. **표 3.1.6**는 서울 2기 지하철에서 적용한 Stedef 시스템의 조정 내용이다. 서울 2기 지하철 2단계 구간(6호선, 7호선의 강남구간, 8호선 암사구간)은 방진체결장치 직결궤도(Alternative) 구조로 하였다.

LVT궤도 (**그림 3.1.7**)는 Sfedef궤도와 유사하나 2블록간의 타이바가 없고, 콘크리트 도상 중앙에 배수로가 설치되어있으며, 국내에서는 인천 1호선, 국철 분당선, 전라선 터널 등에서 채용하고 있다.

ALT 궤도(**그림 3.1.8**)는 Alternative 체결장치를 이용하며, 사용개소를 구분하기 위하여 콘크리트 직결궤도의 경우는 편의상 ALT-Ⅰ, RC블록 침목의 콘크리트 궤도인 경우는 ALT-Ⅱ로 구분한다. ALT-Ⅰ은 서울지하철 정거장 구간, 대전·대구·부산·광주 지하철의 정거장, 급곡선부, 고가구간에 부설되어있다.

ALT-Ⅱ는 전라선에 부설되어 있다.

국철 콘크리트 궤도(**그림 3.1.9**)는 모노블럭침목을 이용하며 사당선, 일산선 등에 채용되어 있다.

그림 3.1.6 Stedef 궤도

표 3.1.6 Stedef의 시스템의 조정 적용 내용(서울2기 지하철)

구분	당초	조정	사유
체결장치	Nabla	Pandrol	부품 국산화, 경제성 고려 유지관리 유리
침목간격	55 cm	62.5 cm	경제성 고려 궤도구조검토결과 가능
도상콘크리트 강도	350 kg/cm²	300 kg/cm²	경제성 고려 궤도구조검토결과 가능
도상두께(침목하면)	Min 70 mm	약 150 mm	토목 시공정밀도 감안 배수로 통수단면 확대
침목연결재(타이바)	60×60×8 mm 부식방지조치 무	65×65×8 mm 부식방지조치 유	국내 시중규격품 사용 기후 및 습도조건 고려

그림 3.1.7 LVT 궤도

그림 3.1.8 ALT 궤도

그림 3.1.9 국철궤도

Rheda 궤도(**그림 3.1.10**)는 경부고속철도 1단계구간(광명~대구)의 광명역-장상터널간, 화신5터널, 황학터널 등 장대터널에 부설되어 있으며, 보슬로 레일체결장치(제3.4.4(5)항 참조)를 이용한다.

Rheda-2000 궤도(**그림 3.1.11**)는 경부고속철도 2단계 구간(대구-경주-부산)의 토공구간, 교량구간, 터널구간 등 모든 구간에서 전면적으로 채용하였다(후술의 제(3)항 참조).

그 외에 광주 지하철은 **그림 3.1.9**와 유사한 일본의 영단형 궤도로 부설되어 있다.

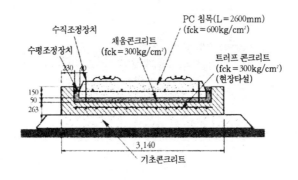

그림 3.1.10 Rheda 궤도

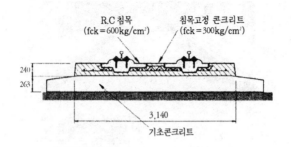

그림 3.1.11 Rheda-2000 궤도

(마) 외국의 콘크리트 궤도

Züblin 궤도(**그림 3.2.12**)는 Rheda 궤도, Rheda-2000와 마찬가지로 독일에서 개발된 궤도구조이다. 그 외에 외국에서 채용중인 콘크리트 궤도를 **그림 3.1.13~3.1.20**에 나타낸다.

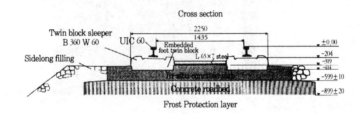

그림 3.1.12 Züblin 궤도 구조

이 중에서 플로팅 궤도(**그림 3.2.14**)는 슬래브 아래에 스프링을 설치하였으며, 국내에서도 경인선 부천역사 구간에 스프링식 플로팅 슬래브궤도가 채용되어 있다. 플로팅 궤도에는 스프링식 외에도 패드 삽입 플로팅 슬래브궤도(전면 지지시스템, 선형 지지시스템, 단속 지지시스템)가 있다.

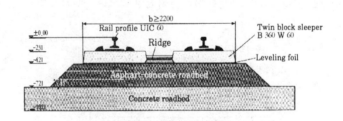

그림 3.1.13 아스팔트-콘크리트 기층을 가진 상부구조의 횡단면

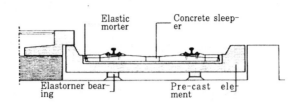

그림 3.1.14 London Underground에 설치된 플로팅 슬래브 또는, Eisenmann 궤도

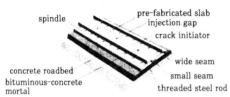

그림 3.1.15 Bögl 슬래브 궤도 시스템

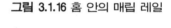

그림 3.1.16 홈 안의 매립 레일

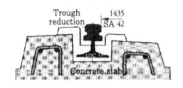

그림 3.1.17 저-소음 레일 SA 42

그림 3.1.18 Deck Track 시스템의 예술적 표현

그림 3.1.19 Cocon Track 시스템

그림 3.1.20 Vanguard 시스템

(3) Rheda 2000궤도

Rheda 2000 시스템은 독일의 Leipzig와 Halle간 고속 구간의 일부로서 2000년 5월에 처음으로 부설되었다. Rheda 2000 상부구조의 철근은 경질의 슬래브를 마련하는 목적이 아니고 균열-폭을 규제하고 횡력을

전달하는 주된 기능을 위하여 콘크리트 슬래브의 중앙에 적용하기 때문에 이 상부 구조는 무-침하 기초를 필요로 한다.

Rheda 2000 시스템은 이미 알려진 설계의 취약점을 제거한 반면에 (탄성 레일 체결장치를 포함하여) 레일과 침목의 구조로 구성되는 현장 타설 콘크리트 궤도 층의 원리는 계속 유지하였다. 높은 궤도선형 정밀도를 달성하도록 레일의 상면과 안쪽 가장자리를 참조 면으로 사용하여 톱-다운 방식으로 궤도를 부설한다. 이 기술은 궤도 부재의 피하기 어려운 공차의 영향을 중화시킨다. 더욱이, 레일 체결 시스템은 하부구조의 장기 부등 침하를 보상하도록 조정할 수 있다.

Rheda 2000 시스템은 콘크리트 슬래브의 단일체 품질을 높이도록 모노블록 설계에서 치수가 정밀한 콘크리트 투윈-블록 설계로 변화되었다. 기하 구조적으로 정확한 지지 점은 레일을 요구된 위치에 정확하게 고정한다. 게다가, 그들은 콘크리트 지지 점에서 내민 상당한 양의 철근으로 현장 타설 콘크리트의 최적 접착을 확보한다.

더욱이, 지지 점에 대한 콘크리트의 높은 품질은 레일 체결 시스템과 콘크리트 궤도 층 사이의 스트레인-저항 결합을 확보한다. 따라서, 이 해법은 고속 교통에서 받는 높은 정적, 동적 서비스 하중의 안전하고 장기의 전달을 보장한다.

단일체의 품질은 초기의 Rheda에 사용된 콘크리트 트로프를 제거하여 강화하였다. 이상적으로는 트로프와 채움 콘크리트 사이의 종 방향 인터페이스가 충분히 폐쇄되고 표면수에 대하여 불투수성이어야 한다. 그러나, 몇 개의 사례에서는 실제 문제로서 물이 침투할 수 있는 틈이 실제로 형성되었다. 이미 적용되고 있는 Rheda 시스템은 서비스 수명의 감소를 방지하기 위하여 필연적인 보수 수단을 필요로 할 것이다.

재래의 콘크리트 트로프를 제거하여 전체 시스템의 윤곽을 상당히 단순화하였다. 그 결과로서, 초기의 트로프 내 채움 콘크리트는 구조적인 역할을 하지 않으므로 슬래브의 전체 횡단면을 하나의 단일체 구성으로 하였다. 트로프를 제거하고 투윈-블록 침목을 사용하여 구조의 높이를 상당히 감소시켰다. 즉, 레일상면에서 기초 콘크리트 상면까지의 높이를 631 mm에서 472 mm로 하여 159 mm를 감소시켰다.

Rheda 2000 시스템의 설계는 계획 수립, 엔지니어링 및 치수 설정에서 비용-효과의 이유 때문에 실제 문제로서 부닥치는 다양한 궤도 상황에 적합하여야 한다. 이 목적을 위하여 토공 구간, 긴 교량과 짧은 교량, 굴착 터널 및 개착식 터널의 궤도에 대한 해법을 개발하여 왔다.

콘크리트 분기 침목은 분기기 시스템의 높이를 표준의 궤도 단면과 같게 유지하도록 투윈-블록을 개조하여 개발하였다. 분기기에 작용하는 높은 횡력 때문에 침목과 슬래브에 추가의 보강이 필요하였다. 슬래브 궤도의 분기기 시스템에서 그 외의 모든 부재는 변경되지 않고 그대로 이다. 이들의 부재는 특히 유효성이 확인되었다.

자갈 궤도와 Rheda 2000 사이에는 천이(遷移) 접속의 구조를 사용한다.

(4) 일본 슬래브 궤도(slab track)
레일·침목·도상·노반으로 구성되는 궤도 구조(track structure)는 저비용으로 부설이나 보수가 용이하지만, 고속 선로와 같이 고속 운전으로 인하여 레일·침목·도상 등이 크게 변형, 진동, 처짐을 받는 궤도에서는 파괴가 빠르고 궤도 틀림도 크다.

일본에서 1964년에 개업한 東海道 신칸센은 장대레일 및 강화된 자갈도상을 채용하였지만 고속운전에 따른 궤도틀림이나 도상의 저하를 개선하기 위하여 심야의 보수작업을 필요로 하였다. 그 때문에 발본적인 보수 삭감을 목적으로 하여 山陽 신칸센 이후의 도상으로서 개발된 것이 침목과 도상을 일체로 한 슬래브 궤도이다.

슬래브 궤도의 구조는 **그림 3.1.21**에 나타낸다. 공장 생산의 단척(5 m) 평면 모양의 슬래브(콘크리트제의 두꺼운 판 ; 두께 16, 19 cm, 폭 2.34 m)를 콘크리트 노반 위에 설치하고, 그 사이에 시멘트와 아스팔트와의 혼합 모르터층(두께 약 50 mm)을 충전한다. 노반에 고정된 돌기 콘크리트로 수평방향의 힘을 고정하며, 레일은 레일패드(rail pad)를 넣어 좌우방향으로 조정할 수 있는 체결장치로 슬래브 위에 부설된다. 따라서, 종래의 도상 궤도와 거의 같은 탄성을 가지며, 궤도틀림의 정정도 용이하게 되어 있다.

그림 3.1.21 슬래브 궤도의 구조

슬래브 궤도는 콘크리트 도상보다 구조가 복잡하며, 건설비가 약간 고가로 되지만, 일본 신칸센의 경우에 총비용(건설비의 자본 경비(capital cost)와 보수비의 합계)으로서는 자갈도상보다는 유리하다고 한다. 최근에는 환경 개선의 방진 · 방음 대책으로서 슬래브 하면과 시멘트 아스팔트 모르터의 사이에 고무판을 삽입한 슬래브 궤도가 시가지 등의 일부 구간에 채용되고 있다.

3.1.2 궤도 구조의 표준(track standard)

궤도의 구조(track structure)는 열차의 축중(axle weight, axle load) · 주행 성능(running quality) · 속도 · 통과 톤수(tonnage)에 따르고 건설비 · 보수비 등도 고려하여 결정한다. **표 3.1.7**은 선로의 사명에 따라 선정되는 자갈 궤도구조의 예이다. 궤도구조의 표준은 레일과 도상의 두께의 경우는 철도건설규칙에 정하고 있으며 침목배치간격은 고속철도의 경우에 고속철도선로정비지침(레일과 도상두께 포함), 고속철도궤도구조기준 · 슬래브궤도설계표준시방서 등에, 일반철도의 경우에 선로정비지침에 의거하고 있다.

철도건설규칙에서는 자갈도상이 아닌 경우에 도상의 두께는 철도건설법 제8조의 규정에 의한 사업시행자가 별도의 시행기준을 마련하여 시행하도록 하고 있다. 또한 고속철도선로정비지침에서는 콘크리트 도상 또는 콘크리트 슬래브인 경우에 25 cm 이하로 하도록 규정하고 있다

한편, **표 3.1.8**은 서울 이외의 지방도시 지하철 궤도의 구조를 요약 정리한 것이다.

표 3.1.7 자갈궤도 구조

구분 \ 선로등급		고속선	1급선	2급선	3급선	4급선
레일(kg/m)	본선	60			50	
	측선	50				
도상두께(cm)	본, 측선	35*	30		27	25
침목 배치 (1-4급선의 단위 : 개/10m)	PC침목	60 cm**	17	16 (측선 15)		
	목침목	17			16 (측선 15)	
	교량침목	25 (측선 15)				

*) 도상매트 부설시는 매트 두께 포함.
**) 자갈궤도의 경우이며 콘크리트 궤도는 65cm임.

표 3.1.8 지방도시 지하철 궤도의 구조

구분		도시명						
	적용구간	부산1호선	부산2호선	대구1호선	인천1호선	광주1호선	대전1호선 (1단계)	대전1호선 (2단계)
레일	본선	50kg N	60kg	60kg	60kg	60kg	60kg	60kg
	차량기지	50kg N	50kg N	50kg N	50kg N	50kg N	50kg N	50kg N
침목	콘크리트도상(본선)	-	RC-Twin	RC-Twin	LVT	영단형	RC-Twin	RC-Twin
	콘크리트도상(정거장)	목단침목	RC-Twin	RC-Twin	LVT	영단형	RC-Twin	Altemtive 1
	자갈도상(R<300, 분기부)	보통침목	보통침목	보통침목	보통침목	보통침목	보통침목	보통침목
	자갈도상(R≥300)	보통침목	PC침목	PC침목	PC침목	PC침목	PC침목	PC침목
레일체결 장치	본선	팬드롤	팬드롤	팬드롤	팬드롤	팬드롤	팬드롤	팬드롤
	차량기지	팬드롤 또는 스파이크	팬드롤 또는 스파이크	팬드롤	팬드롤	팬드롤	팬드롤	팬드롤
깬자갈	자갈도상구간	4호(10~50)	4호(10~50)	3호(20~65)	3호(10~50)	3호(20~65)	철도용 (20~65)	철도용 (22.4~63)
콘크리트	콘크리트도상구간	25-250-12	25-300-12	25-300-12	25-300-12	25-300-15	25-300-15	25-300-15
분기기	본선	50kgNS형 크로싱(조립) 텅레일(직선)	60kg탄성분기 크로싱(망간) 텅레일(곡선)	60kg탄성분기 크로싱(망간) 텅레일(곡선)	60kg탄성분기 크로싱(망간) 텅레일(곡선)	60kg탄성분기 크로싱(망간) 텅레일(곡선)	60kg탄성분기 크로싱(망간) 텅레일(곡선)	60kg탄성분기 크로싱(망간) 텅레일(곡선)
	차량기지	50kgNS형 크로싱(조립) 텅레일(직선)	50kgNS형 크로싱(조립) 텅레일(직선)	50kgNS형 크로싱(조립) 텅레일(직선)	50kgNS형 크로싱(조립) 텅레일(직선)	50kgNS형 크로싱(조립) 텅레일(직선)	50kgNS형 크로싱(조립) 텅레일(직선)	50kgNS형 크로싱(조립) 텅레일(직선)
방진시설	레일장대화(지상)	R≥400m	R≥400m	R≥400m	R≥400m	R≥400m	R≥400m	R≥400m
	레일장대화(지하)	R≥250m	R≥250m	R≥400m	R≥250m	전구간	R≥200m	R≥200m
	콘크리트도상	-	탄성패드	탄성패드	탄성패드	탄성패드	탄성패드	탄성패드
	자갈도상	방진매트	방진매트	방진매트	방진매트	방진매트	방진매트	방진매트
장대레일	지하구간		R≥250m	전구간	R≥250m	전구간	R≥200m	R≥200m
	지상 및 고가	R≥400m	R≥400m	-	R≥400m	R≥400m	R≥400m	R≥400m

3.1.3 궤도 역학(track dynamics)

(1) 궤도에 작용하는 힘 및 정적과 동적 분석

(가) 차량운동으로 발생하는 힘

철도 차량의 주행 동안 궤도에 가해진 힘은 그들의 방향에 따라 다음과 같이 분류할 수 있다.

- "수직력." 이 힘은 궤도에서 발생하는 기계적 응력의 원인이다. 궤도가 수직력을 받을 때, 어떤 궤도 부재(레일, 침목)의 거동은 탄성인 반면에 도상과 노반의 거동은 탄·소성이다. 수직력은 궤도 시스템의 각종 부재에 대한 크기 설정에서 중요하다.
- "횡력." 이 힘은 열차의 주행 안전에 영향을 미치며, 어떤 조건 하에서 열차의 탈선을 일으킬 수도 있다.
- "축력." 이 힘은 열차의 운전 동안 가속과 감속에 기인하여 발생한다(장대레일 궤도에서는 온도의 증가에 따라서 압축력이나 인장력이 발생한다). 축력은 철도 선로의 교량 설계에서 고려된다.

여러 가지 현상의 정밀한 해석이 비-선형 거동을 나타낼지라도, 비-선형성의 생략에 의하여 도입된 부정확은 흔히 각종 계산 파라미터들, 예를 들어 기계적 특성의 값에 의하여 도입된 부정확보다 더 작다. 철도 공학에서 유력한 방법은 열차 운전 동안 발생하는 수직, 횡 및 종 방향 현상을 따로따로 해석함을 포함하며, 그것은 영향이 선형이라고 가정하는 것을 의미한다. 그것은 엔지니어가 각종 영향의 해석에서 알고 있어야 하는 근사 계산이다.

이상을 다시 정리하면, 차량으로부터 차륜을 통하여 궤도에 작용하는 힘에는 다음과 같은 것이 있다.

1) 윤하중(wheel load)

레일면(rail level)에 수직으로 가해지는 힘을 윤하중이라고 한다. 고속 주행 시나 발차 시, 곡선 통과 시에는 충격이나 원심력의 불평형 등으로 인하여 정지 윤하중의 약 400 %까지 증가하는 일도 있지만 현재는 적절한 대책을 취하여 80 % 이하로 하고 있다.

2) 횡압(횡력, lateral force)

곡선의 통과나 차량의 사행동(hunting movement) 등으로 인하여 생기는 레일 방향으로 직각인 수평력을 횡압이라고 하며, 통상적으로 윤하중의 반분 이하이지만 최대 80 % 정도로 되는 일도 있다.

3) 축압(축력, axial force)

레일 방향으로 가해지는 힘을 축압(축력)이라 하며, 레일의 온도 변화에 기인한 것이나 동력차의 가속·제동으로 인한 것이 있다.

(나) 정적 분석과 동적 분석

철도 공학에서 자주 이용하는 가정은 차량과 레일에 결함이 없다는 것이다. 응력 양의 측정은 시간의 영향을 무시해도 좋은 것으로 고려할 수 있음을 나타내었다. 그러한 조건에서는 각종 영향에 관하여 정적 해석이 적당하다.

그러나 차륜과 레일에는 결함이 발생하며, 이 결함은 차륜-레일 시스템에 추가의 동적 하중을 일으킨다. 이들의 추가 동적 하중은 열차 속도의 증가에 따라 더 중요하여져 간다. 힘을 측정한 결과에 의하면, 10 t의 윤하중과 200 km/h의 속도에서 추가의 동적 하중은 6 t만큼 정적 윤하중을 증가시키는 것과 동등하다는 것을 나타내었다. 그러므로 비록 저속에서 추가의 동적 하중을 무시할 수 있더라도, 이것은 중간 속도에서 그러하지 않으며 더군다나 고속에서는 더욱 그러하지 않다.

추가 동적 하중의 정밀한 분석은 그것의 램덤한 성질 때문에 스펙트럼 분석으로 가능하다. 이 방법을 이용하여 추가의 동적 하중을 다음의 두 그룹으로 분류할 수 있다는 것을 알게 되었다.

- "스프링 상 질량(차량)"에 기인하고 차량의 유형과 특성이 영향을 주는 추가의 동적 하중. 스프링 상 질량의 동요는 더 낮은 속도의 경우를 제외하고 열차의 속도와 함께 증가한다. 스프링 상 질량 동요의 증가는 그들의 수직 동요 공진 주파수의 함수이다. 이 공진 주파수의 영향은 상당하다.
- "스프링 하 질량(차량, 레일)"에 기인하는 추가의 동적 하중. 이것은 속도, 궤도 틀림의 크기, 스프링 하 질량의 제곱근 및 궤도의 수직 강성의 제곱근에 비례한다. 스프링 하 질량에 기인하는 추가의 동적 하중 ΔQ의 표준 편차 sd는 다음 식의 관계로 나타낼 수 있다.

$$sd_{\Delta Q} = V \sqrt{\frac{A\,m\,h}{2\,\alpha}}$$

여기서, V : 차량의 속도

m : 차륜 당 스프링 하 질량

h : 궤도의 수직 강성. 이것은 윤하중 Q와 레일 레벨에서의 수직 침하 z를 이용하여 $h = Q/z$ 라고 정의한다.

α : 감쇠 계수

A : 궤도 보수의 조건에 좌우되는 실험상의 계수

(2) 윤하중(wheel load)으로 인한 궤도의 변형(track deformation)

(가) 해석 모델

차량의 수직 하중(윤하중)으로 인한 궤도의 응력 상태는 **그림 3.1.21**에 나타낸 모델로 해석한다. 즉,

1) 연속 탄성지지 모델(continuously supported elastic model) : 레일이 연속적으로 스프링으로 지지되어 있다고 하는 모델.

2) 단속(유한간격) 탄성지지 모델(finitely supported elastic model) : 레일이 침목마다 스프링으로 지지되어 있다고 하는 모델.

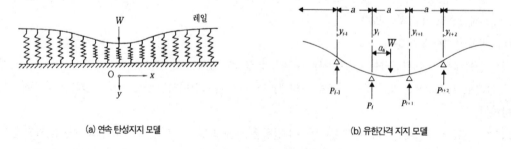

(a) 연속 탄성지지 모델   (b) 유한간격 지지 모델

그림 3.1.21 궤도역학의 이론모델

1)의 모델은 이론 해석에 편리하며, 2)의 모델은 실제적이다. 종래는 2)의 방법이 궤도의 설계에 잘 이용

되어 왔으나 현재는 1)의 방법을 이용하고 있다.

(나) 궤도 각 부의 응력과 변형의 개요

레일에 윤하중이 걸리면 궤도가 침하한다. 이 때문에 레일이 휘게 됨에 따라 레일에 휨 응력이 발생한다. 또한, 레일에 재하된 윤하중은 각 침목에 분산되어 전달되지만, 이 때의 압력을 "레일 압력"(bearing pressure on the rail)이라 한다.

침목이 레일 압력을 받은 때에 침목의 레일 좌면(rail seat)이 받는 압력을 "침목 지압력"이라 한다. 또한, 탄성 침목의 경우에는 침목이 침하로 인하여 휘기 때문에 휨 응력이 생기며, 이것을 "침목 휨응력"이라고 한다.

도상에는 침목에서 압축력이 전달되지만, 이 때에 침목 아래의 도상이 받는 압력을 "도상 압력"(bearing pressure on the ballast)이라 한다. 이 압력은 도상 내에서 분산되어 노반(roadbed)으로 전하여진다(**그림 3.1.2** 참조). 이것을 "노반 압력"(bearing pressure on the roadbed)이라 한다.

윤하중에 의한 궤도의 변형을 구해보자.

그림 3.1.22(a)의 연속 탄성지지 모델에서의 좌표계에 대하여 윤하중으로 인한 레일의 변형 방정식은 다음으로 나타낸다.

$$EI_x \frac{d^4 y}{dx^4} + ky = 0 \tag{3.1.1}$$

여기서, EI_x : 레일의 수직 휨 강성, k : 단위길이 당의 레일지지 스프링 계수

이 식을 (3.1.1)식의 경계 조건(3.1.2)에 대하여 풀면, 레일의 침하량 y 및 경사각 θ, 휨모멘트 M, 전단력 Q가 (3.1.2) 식의 경계조건으로 얻어진다.

$$\begin{cases} x = 0에서 \quad \dfrac{dy}{dx} = 0, \quad 2E\ I_x \dfrac{d^3 y}{dx^3} = W \\ x = \infty에서 \quad y = 0 \end{cases} \tag{3.1.2}$$

$$\left.\begin{aligned} y &= \frac{W}{8E\ I_x\ \beta^3}\ \phi_1(\beta x) \\ \theta &= \frac{dy}{dx} = -\frac{W}{4E\ I_x\ \beta^2}\ \phi_2(\beta x) \\ M &= -E\ I_x \frac{d^2 y}{d x^2} = \frac{W}{4\beta}\ \phi_3(\beta x) \\ Q &= E\ I_x \frac{d^3 y}{d x^3} = \frac{W}{2}\ \phi_4(\beta x) \end{aligned}\right\} \tag{3.1.3}$$

여기서,

$$\left.\begin{aligned} \beta &= \sqrt[4]{k/4E\ I_x} \\ \phi_1(\beta x) &= e^{-\beta x}(\cos\ \beta x + \sin\ \beta x) \\ \phi_2(\beta x) &= e^{-\beta x}\ \sin\ \beta x \\ \phi_3(\beta x) &= e^{-\beta x}(\cos\ \beta x - \sin\ \beta x) \\ \phi_4(\beta x) &= e^{-\beta x}\ \cos\ \beta x \end{aligned}\right\} \tag{3.1.4}$$

레일 침하 y는 βx의 값이 2.3일 때에 0으로 되고 3.1인 때에 (+) 측에서 최대로 되며, 이 값은 재하점 직하

값의 4.3 %이다.여기서, 이 (+)측의 값은 들림(uplift)이라고 부르며(**그림 3.1.22**), 레일과 침목으로 만들어지는 궤광의 중량으로 이것을 억제할 수 없으면 도상으로부터 침목의 부상(浮上)이 생겨 도상 횡 저항력이 감소하게 된다. 열차의 진행 중에 열차 아래에서 좌굴이 발생하는 것은 대차 사이에서 이 들림이 생기기 때문이라고 한다.

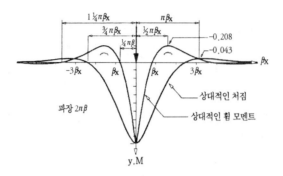

그림 3.1.22 집중 수직 하중에 기인한 장대레일 궤도의 상대 처짐과 휨 모멘트

보기대차의 경우처럼 여러 개의 윤하중이 있다면 이것으로 생긴 처짐과 휨모멘트는 겹침의 방법으로 구한다. **그림 3.1.23**는 휨 모멘트에 대한 하중시스템의 원활화 효과를 나타낸 것이다.

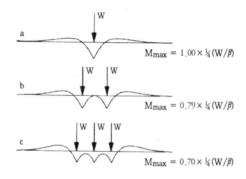

그림 3.1.23 최대 휨 모멘트에 대한 하중 시스템의 원활화 효과

다음에, 레일과 침목 간에 작용하는 힘을 "레일 압력(bearing pressure on the rail)"이라 부르며, 윤하중이 침목 바로 위에 작용하는 경우에 그 바로 아래를 P_1, 여기에 계속되는 것을 P_2, P_3로 하고, 침목 간격을 a로 하여 식 (3.1.5)로 나타낸다. 또한, 윤하중이 인접하는 침목과의 중앙에 작용하는 경우의 레일 압력은 식 (3.1.6)로 나타낸다.

$$
\left.
\begin{aligned}
P_1 &= 2 \int_0^{a/2} ky \, dx = W\left[1 - \phi_4\left(\frac{a}{2}\beta\right)\right] \\
P_2 &= \int_{a/2}^{3a/2} ky \, dx = W\left[\phi_4\left(\frac{a}{2}\beta\right) - \phi_4\left(\frac{3a}{2}\beta\right)\right] \\
P_3 &= \int_{3a/2}^{5a/2} ky \, dx = W\left[\phi_4\left(\frac{3a}{2}\beta\right) - \phi_4\left(\frac{5a}{2}\beta\right)\right]
\end{aligned}
\right\}
\tag{3.1.5}
$$

$$P'_1 = \int_0^a ky \, dx = \frac{W}{2} \left[1 - \phi_4(\beta a) \right]$$
$$P'_2 = \int_a^{2a} ky \, dx = \frac{W}{2} \left[\phi_4(\beta a) - \phi_4(2\beta a) \right] \tag{3.1.6}$$

연속하는 침목에서 윤하중의 분포에 관하여 경험적인 고려에서 우세한 견해는 하중 직하의 침목이 50 %를 지지하고 이웃하는 침목이 또 다른 25 %를 지지한다는 것이다. **그림 3.1.24**는 유한요소해석의 예이다

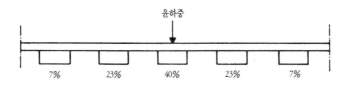

그림 3.1.24 유한요소 해석의 예

(다) 레일이음매부의 해석(연속탄성지지모델의 경우)

레일 이음매부에서는 레일이 이음매판으로 접속되어 있지만, 여기에 절단이 생긴 극단적인 경우로서 **그림 3.2.25**(a)에 나타낸 것처럼 선단에 하중을 받는 1단 자유인 반무한 길이 보인 경우에 대하여 고려하여 보면, 그 해는 무한 길이인 경우의 기호에 대시를 붙임으로서 다음과 같이 주어진다.

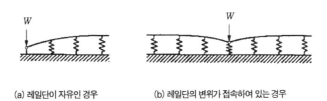

(a) 레일단이 자유인 경우   (b) 레일단의 변위가 접속하여 있는 경우

그림 3.1.25 레일 이음매부의 변형

$$y' = \frac{W}{2EI_x \beta^3} \phi_1(\beta x)$$
$$\theta' = -\frac{W}{2EI_x \beta^2} \phi_2(\beta x)$$
$$M = \frac{W}{\beta} \phi_3(\beta x)$$
$$Q' = W\phi_4(\beta x) \tag{3.1.7}$$

이에 따르면, 레일 단부의 레일 침하는 일반 구간의 재하점 바로 아래에서의 값의 4배로 된다. 여기서, 이음매판이 휨 모멘트는 접속하지 않지만, **그림 3.1.25**(b)에 나타낸 것처럼 상대하는 양레일 단부의 변위는 접속하여 동시에 침하시킨다고 하면, 상기 각 식의 우변의 값은 그것의 1/2로 된다.

실제 레일 이음매에서는 이음매 침목으로 지지하고 침목 배치를 좁게 하며, 이음매판도 레일 본체의 1/3

정도의 휨 강성을 갖고 있어 일반 구간과 거의 같은 침하량으로 될 것으로 생각된다.

그림 3.1.26은 처짐과 휨모멘트에 대한 레일이음매의 영향을 나타낸 것으로 $\beta x = 0$에서 힌지에 작용하는 윤하중 W에 대한 결과를 나타낸다.

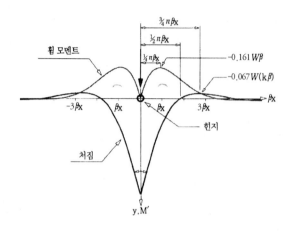

그림 3.1.26 탄성적으로 지지된 힌지가 있는 보의 처짐과 휨 모멘트

(3) 횡압으로 인한 궤도의 변형

차량이 곡선을 통과할 때에 고정 축을 가진 대차 또는 차량이 전향하기 위하여 차륜이 미끄러짐으로 인하여 생기는 레일과의 마찰력의 수평 분력이나 원심력, 차량 동요로 인하여 생기는 사행동의 관성력 등에 기인하여 횡압이 가해진다. 횡압은 좌우 레일에 대하여 크기나 방향이 다른 일이 많다. 궤도에 큰 횡압이 가해지면, 침목의 횡이동이 생기고 궤도의 줄틀림이나 나사 스파이크의 뽑힘이 발생한다.

자갈도상 궤도는 그 구조상 횡압에 대한 저항이 약하고, 또한 작은 하중이어도 변형이 잔류하여 궤도틀림으로 이어지기 쉽다.

궤도에서 레일 두부에 횡압(橫壓, lateral force)이 작용하면, 레일은 횡 변형(橫變形, lateral deformation)과 변칙경사(變則傾斜, tilting of rail)라고 칭하는 레일 저부 중앙을 중심으로 하는 경사(傾斜)가 발생한다. 이들은 상호 관련되어 있으므로 연립 방정식으로 하여 그 해를 구하여야 하지만, 이것을 엄밀하게 해석한 결과에 따르면 이 연성(連成)은 약하며, 이 양자를 분리하여 해석하여도 특히 문제가 없는 것으로 밝혀졌다.

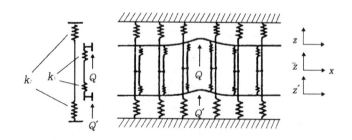

그림 3.1.27 횡압에 의한 좌우방향 휨의 해석 모델(연속지지 모델)

그림 **3.1.27**의 좌우방향 연속 탄성지지 모델의 좌표계에 대하여 횡압에 기인한 좌우 레일의 변형 방정식은 다음과 같은 4계의 상미분 2원 연립방정식으로 된다.

$$EI_y \frac{d^4z}{dx^4} + k_1(z - z_0) = 0$$
$$EI_y \frac{d^4z'}{dx^4} + k_1(z' - z_0) = 0$$
$$k_1(z - z_0) + k_1(z' - z_0) = 2k_2 z_0$$

$$(3.1.8)$$

여기서 EI_y : 레일의 횡 휨 강성

         z, z', z_0 : 좌우 레일, 침목 중심의 좌우 변위

         k_1 : 단위 길이당의 침목 횡 스프링계수

         k_2 : 단위 길이당의 도상 횡 스프링계수

이것을 식 (3.1.9)의 경계조건으로 풀면, 레일의 횡 변위량 z, z' 와 휨모멘트 M, M' 가 식 (3.1.10)으로 주어진다. 또한, 레일과 침목간의 횡압력, 즉 레일 횡압력 R, R' 는 윤하중의 경우와 같은 모양으로 식(3.1.11)로 주어진다.

$x = 0$에 대하여 $dz / dx = dx' / dx = 0$

$$2 EI_y \, d^3z / dx^3 = Q$$
$$2 EI_y \, d^3z' / dv^3 = Q'$$

$$(3.1.9)$$

$x \rightarrow \infty$에 대하여 $z = z' = 0$

$$z = \frac{1}{16 E I_y} \left[\frac{Q + Q'}{\beta_2^3} \phi_1(\beta_2 x) + \frac{Q - Q'}{\beta_1^3} \phi_1(\beta_1 x) \right]$$

$$z' = \frac{1}{16 E I_y} \left[\frac{Q + Q'}{\beta_2^3} \phi_1(\beta_2 x) - \frac{Q - Q'}{\beta_1^3} \phi_1(\beta_1 x) \right]$$

$$z_0 = \frac{k_1(z + z')}{2(k_1 + k_2)}, \qquad \beta_1 = \sqrt[4]{k_1 / 4 E I_y}$$

$$\beta_2 = \sqrt[4]{k_1 k_2 / 4 E I_y (k_1 + k_2)}$$

$$M = \frac{1}{8} \left[\frac{Q + Q'}{\beta_2} \phi_3(\beta_2 x) + \frac{Q - Q'}{\beta_1} \phi_3(\beta_1 x) \right]$$

$$M' = \frac{1}{8} \left[\frac{Q + Q'}{\beta_2} \phi_3(\beta_2 x) - \frac{Q - Q'}{\beta_1} \phi_3(\beta_1 x) \right]$$

$$(3.1.10)$$

$$R_1 = 2 \int_0^{a/2} k_1(z - z_0) = \frac{1}{2} [(Q + Q')\{1 - \phi_4(\frac{a}{2}\beta_2)\}$$
$$+ (Q - Q')\{1 - \phi_4(\frac{a}{2}\beta_1)\}]$$

$$R_1' = 2 \int_0^{a/2} k_1(z' - z_0) = \frac{1}{2} [(Q + Q')\{1 - \phi_4(\frac{a}{22}\beta_2)\}$$
$$+ (Q - Q')\{1 - \phi_4(\frac{a}{22}\beta_1)\}]$$

$$(3.1.11)$$

이들 식 중의 ϕ_1, ϕ_2, ϕ_3, ϕ_4는 (3.1.4)식과 같이 계산한다.

(4) 침목의 변형

레일압력(rail pressure)이 침목에 작용한 경우에 탄성 침목은 **그림 3.1.28**에 나타낸 것처럼 침하하여 휨모멘트가 생기지만, 그 변형은 탄성 바닥 위의 유한 길이의 보 모델로서 풀 수가 있다. 좌우의 레일압력이 같은 P_r인 때에 침목의 침하 y_t, 침목하면 압력(壓力) P_t 및 휨 모멘트 M_t는 다음 식으로 나타내어진다.

$$
\begin{aligned}
&\text{침하 : } y_t = \eta\,\frac{2P_r}{blC}\ (\text{레일 아래}), && y_t' = \eta'\,\frac{2P_r}{blC}\ (\text{침목 단부}) \\[4pt]
&\text{압력 : } P_t = \eta\,\frac{2P_r}{bl}\ (\text{레일 아래}), && P_t = \eta'\,\frac{2P_r}{bl}\ (\text{침목 단부}), \\[4pt]
&\text{휨모멘트 : } M_t = \mu\,\frac{P_t(l-G)^2}{4l}\ (\text{레일 아래}), && M_t' = \mu'\,\frac{P_t(l-G)^2}{4l}\ (\text{침목 중앙})
\end{aligned}
\qquad (3.1.12)
$$

여기서, C : 도상계수(道床係數, 침목을 지지하는 도상스프링의 단위 면적당 스프링계수)
    b : 침목 폭, l : 침목 길이, G : 레일중심간격

더욱이, 계수 η, η', μ, μ' 는 침목을 탄성 바닥 위의 보로서 구한 값과 침목의 강성이 충분히 크고, 침목에 휨이 생기지 않게 도상 반력(ballast reaction)을 침목 전장으로 균일하게 받는 경우에 구하여진 값과의 비를 취한 것이며, **그림 3.1.29**처럼 나타낸다. 더욱이, 그림의 횡축 m은 다음 식으로 나타내어진다.

$$
m = G \cdot (Cb / 4\,E_t\,I_t)^{1/4} \tag{3.1.13}
$$

여기서,

$E_t\,I_t$: 침목의 휨 강성

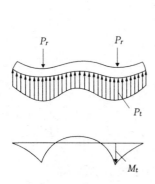

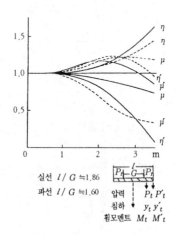

실선 $l/G \fallingdotseq 1.86$
파선 $l/G \fallingdotseq 1.60$

그림 3.1.28 레일압력에 의한 탄성 침목의 변형   **그림 3.1.29** 계수 η, η', μ, μ' 의 값

콘크리트 침목과 같이 침목이 강체라고 고려되는 경우에 침목의 침하와 압력은 식 (3.1.12)에서 침목단부도 레일 아래와 같은 식을 적용하며, 휨모멘트는 레일 아래, 침목 중앙 모두를 적용한다. 또한, 도상계수라고 하는 말은 도상 자체의 스프링계수를 나타내며, 침목분포지지 스프링계수라고 부르는 경우도 있다.

(5) 침목 하면 압력과 노반 압력

(가) 도상압력(道床壓力, bearing pressure on the ballast, ballast pressure)

침목 하면의 도상으로부터 노반으로 작용하는 도상압력과 침목 지지 스프링계수에 관하여는 많은 실험이 있었지만 노반의 조건도 포함하여 분산이 크기 때문에 확정적인 값이 아직 나오지 않고 있다.

그 분포에 관하여는 1920년에 제시된 **그림 3.1.30**의 Talbot의 그림이 이것을 잘 설명하고 있다. 이 그림에서도 알 수 있는 것처럼 도상두께와 도상압력의 관계에 관해서는 침목 간격도 관계하지만, 도상두께가 충분하지 않으면 도상압력이 크고 침목 아래에 저대치가 발생하며, 분니(墳泥)나 도상의 노반으로의 박힘이 발생하기 쉽다.

(나) 도상계수(道床係數, distributed tie support)

흙 노반상의 궤도에서는 궤도변형(propagation of rail deformation)의 대부분이 노반에 기인한 것이라고 생각하면, 도상은 분산(分散) 효과만을 나타내는 것으로 되므로 변형은 노반의 침하에 기인하는 것이라고 고려한 쪽이 실태와 합치하게 된다. 그러므로, 이하에 나타낸 방법으로 도상계수를 산출한다.

1) 노반의 지반 반력 계수(coefficient of subgrade reaction) 〔K값〕의 산출

보통 노반에 대한 허용 노반 지지력의 값은 통상의 경우에 비교적 작은 값을 고려하여 실험이나 도로의 예 등에서 2.4 kgf/cm²를 취하는 것으로 하고, 이 허용 노반 지지력의 값을 갖는 K값을 산출하여 대표적인 노반의 지반 반력 계수로 한다.

일반적으로 재하시험에서 침하와 지지력의 관계는 다음의 관계가 있는 것으로 알려지고 있다.

노반의 허용 침하량을 1 cm, 허용 지지력을 2.4 kgf/cm², 안전율(극한 지지력/재하압)을 1.5로 하면, 초기 지반 반력 계수는 7.2 kgf/cm³로 된다〔초기 지반 반력 계수 = 허용 지지력/{(1-1/안전율) · 침하량} = 2.4/{(1-1/1.5)×1} = 7.2 kgf/cm³〕. 따라서, 보통 노반에 대응하는 지반 반력 계수는 7.2 kgf/cm³로 한다. 다만, 이 값은 초기 지반 반력 계수로 미소의 침하량에서의 지반 반력 계수이다.

2) 침목 분포지지 스프링계수(tie supporting spring coefficient)의 산출

도상을 강체(剛體)로 가정하고, **그림 3.1.31**에 나타낸 것처럼 도상압력 분포를 고려하여 노반표면에 작용하는 도상압력을 노반압력으로서 도상계수를 구한다. 도상압력 분포의 면적에 의한 하중분산 효과를 고려하는 것으로 한다.

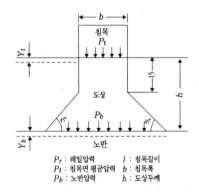

P_r : 레일압력 l : 침목길이
P_t : 침목면 평균압력 b : 침목폭
P_b : 노반압력 h : 도상두께

그림 3.1.30 도상에 의한 하중분산과 노반의 침하

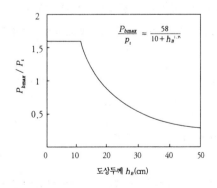

$$\frac{P_{bmax}}{P_t} = \frac{58}{10 + h_B^{1.35}}$$

그림 3.1.31 침목 하면 압력과 노반압력의 관계

침목 길이방향의 분산에 대하여도 고려하는 것으로 하면, 도상압력 분포면적 A는 $h \geq 15$ cm인 때 $A = \{l + 2(h - 15)\} \cdot \{b + 2(h - 15)\}$로 된다. 그런데, 레일압력 $P_R = P_t \cdot l \cdot b / 2$로 하면

$$P_t = 2 P_R / (l \cdot b) \qquad (3.1.14)$$

$$P_b = \frac{2 P_R}{\{l + 2(h - 15)\} \cdot \{b + 2(h - 15)\}} \qquad (3.1.15)$$

여기서, P_t : 침목 압력(tie pressure)

P_R : 레일압력(rail pressure)

l : 침목 길이

b : 침목 폭

으로 된다.

다음에, 노반의 지반 반력 계수를 K로 하여 노반의 침하량 Y_b를 구하면

$$Y_b = \frac{P_b}{K} = \frac{2 P_R}{K \cdot \{l + 2(h - 15)\} \cdot \{b + 2(h - 15)\}} \qquad (3.1.16)$$

따라서, 도상계수(C)는 다음과 같이 된다.

$$C = \frac{P_t}{Y_b} = \frac{K \cdot \{l + 2(h - 15)\} \cdot \{b + 2(h - 15)\}}{b \cdot l} \qquad (3.1.17)$$

(다) 노반압력(路盤壓力, bearing pressure on the roadbed) 및

노반계수(路盤係數, coefficient for maximum ballast presure)

침목 하면에서 노반표면으로 전해지는 압력은 도상두께가 크게 될수록 작게 된다. 침목 하면(저면)의 평균 압력 P_t와 도상압력(통칭으로 노반압력)의 최대치 P_{bmax}의 관계에 대하여는 목침목을 이용하였던 과거의 실험 결과에서 얻어진 다음 식이 이용된다(**그림 3.1.32**).

$$\frac{P_{b\,max}}{P_t} = \frac{58}{10 + h_B^{1.35}} \qquad (3.1.18)$$

여기서, h_B : 도상두께

더욱이, 이 식은 두께 10 cm 이상에 대하여 적용한다. $P_{b\,max} / P_t$의 최대치는 1.6이다.

외국의 고속선로(PC침목)에 대하여 도상압력을 계산한 것이 **표 3.1.9**이다.

표 3.1.9 침목 압력과 도상압력의 예

압력	압력 단위	침목압력	평균 도상압력	최대 도상압력
	kgf/cm²	4.15	1.59	2.22
	kN/m²	407	156	218

여기서, (3.1.14)와 (3.1.18) 식에서

$$P_{b\,max} = \frac{2\ P_R}{b \cdot l} \cdot \frac{58}{10 + h_B^{1.35}} \tag{3.1.19}$$

따라서, 노반계수 P_o는

$$P_o = \frac{P_{b\,max}}{P_R} = \frac{2}{b \cdot l} \cdot \frac{58}{10 + h_B^{1.35}} \tag{3.1.20}$$

P_o의 단위는 kgf/(cm² · tf)이므로 단위를 정리하면 다음과 같이 된다.

$$P_o = 1,000 \cdot \frac{2}{b \cdot l} \cdot \frac{58}{10 + h_B^{1.35}} \tag{3.1.21}$$

앞으로는 노반 압력 $P_{b\,max}$를 본래대로 도상압력이라고 부르기로 한다.

(6) 축방향의 궤도 변형

궤도에 작용하는 축방향의 힘에는 레일의 온도 응력으로 인한 것이나 동력차의 제동, 가속, 시동으로 인한 것, 구배 중에서 중력의 축방향 성분 등이 있다. 이들의 가운데서 온도 응력으로 인한 것이 가장 크며, 기온이 현저하게 높은 하기에 레일의 열팽창으로 인하여 큰 축력(axial force)이 발생하고 때로는 궤도의 장출(좌굴, 궤도가 수평방향으로 휘어지는 것)이 생긴다. 또한, 한냉 시에는 역으로 레일의 축소로 인하여 큰 축방향 인장력이 발생하여 레일의 파단(star crack)이 생기는 일이 있다.

급구배 등에서 레일이 항상 편방향의 축방향 힘을 받는 일이 있으며, 레일이 축방향으로 이동하는 것을 "복진(rail creeping)"이라 한다.

온도에 따른 장대레일의 신축과 축력은 제 3.3.5(2)항을 참조하라.

(7) 궤도의 변형과 진동

열차의 주행에 따라 궤도에 생기는 동적 변형은 정지 상태에서의 변형보다 상당히 큰 것이며, 변형의 활증 정도는 열차의 주행 속도와 밀접한 관계가 있다. 이 활증률을 "충격계수" 또는 "속도 충격률"이라 부른다.

충격률은 정상인 차량이 정상인 궤도를 주행할 경우는 속도가 높게 되어도 그다지 크게 되지 않지만, 차륜에 플랫(wheel flat)[*]이 생긴 경우나 레일의 파상마모, 레일 이음매의 이완이나 처짐이 있으면 큰 것으로

---

[*] 차륜이 회전하지 않고 레일면상을 활주(skid)할 때에 차륜 답면에 생기는 평평한 마모.

된다. 또한, 차량의 주행에 따라 궤도의 각부에 주파수가 높은 진동이 생기지만, 그 크기는 속도에 거의 비례하여 증대한다. 이 진동은 진폭이 대단히 작기 때문에 직접적인 영향은 대단히 작지만, 진동 가속도가 크기 때문에 궤도의 열화에 큰 영향을 주는 것이다. 특히, 레일 이음매부에서는 중간부의 2.5~5배 정도의 진동 가속도가 생기기 때문에 궤도에서 최대의 약점으로 된다. 일본에서는 장대레일궤도의 경우에 속도충격률을 $i = 1 + 0.3V/100$, 이음매궤도의 경우에 $i = 1 + 0.5V/100$으로 하고 있으며, 여기서 V는 열차속도 (km/h)이며, i는 1.8을 넘지 않는 것으로 하고 있다.

(8) 입선관리에 따른 응력과 궤도 구조

레일휨 응력, 침목 압력과 휨 응력, 도상과 노반압력 및 속도에 따른 궤도구조는 제9.1.6항을 참조하라.

(9) 동적 궤도 설계

궤도 역학을 다루는 경우에 대부분의 문제는 다소간 동역학에 관련된다. 수직 방향의 차량과 궤도간 동적 상호 작용은 수학 모델을 사용하여 충분히 묘사할 수 있다. **그림 3.1.32**은 차량의 질량·스프링 시스템, 궤도를 묘사하는 단속(斷續) 지지 보 및 차륜/레일 접촉 영역에 작용하는 Hertz 스프링으로 구성된 모델의 예를 나타낸다.

동적 거동은 차체의 횡(좌우)과 수직(상하) 가속도에 대한 0.5~1 Hz 정도의 대단히 낮은 주파수에서 레일과 차륜 답면의 요철에 기인하는 2,000 Hz까지의 범위를 갖는 아주 넓은 대역에서 일어난다. 윤축과 보기 사이의 현가 장치 시스템은 차륜/레일간의 상호작용으로 생기는 진동을 줄이는 첫 번째의 스프링/댐퍼 조합이며, 그러므로 이것은 1차 현가 장치라고 부른다. 더 낮은 주파수의 진동 감소는 보기와 차체 사이의 2단계에서 다루어지며, 이것은 2차 현가 장치라고 부른다. 이 용어는 모델의 궤도 부분에 같은 방식으로 적용할 수 있다. 레일패드와 레일클립은 궤도의 1차 현가 장치를 나타내며, 도상 또는 유사한 중간층은 궤도의 2차 현가 장치를 나타낸다.

그러나, 실제의 동적 계산은 극히 복잡하며 일반적으로 접근하기가 결코 쉽지가 않다. 대부분의 해석은 준-정적인 검토로 제한된다. 현실의 동적 문제는 대부분의 성분에 대하여 측정에 따라 실용적인 방식으로 접근한다.

궤도의 동적 양상을 고려할 때, 동역학이 사실상 하중과 구조간의 상호작용이라는 점을 이해하여야 한다. 하중은 시간에 따라 변하며, 이 변화하는 방법은 하중의 특성을 결정한다. 일반적으로 말하자면, 주기적 하중, 충격 하중 및 확률론적인 하중으로 구별할 수 있다.

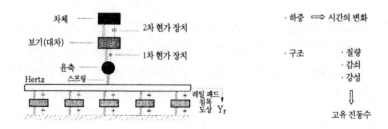

그림 3.1.32 차량-궤도 상호작용의 모델   **그림 3.1.33** 동적 양상

구조는 질량, 감쇠 및 강성으로 지배되는 그들의 주파수 응답 함수로서 특성화된다. 이들의 파라미터는 구조의 고유 진동수, 다른 말로 구조가 진동하기에 좋은 진동수를 결정한다(**그림 3.1.33**). 하중이 구조의 고유 진동수에 상응하는 진동수 성분을 포함하는 경우에는 큰 동적 확대가 일어날 수 있다. 이것에 사용된 일반적 용어는 공진(共振)이다. 상세는《최신철도선로》를 참조하라.

3.1.4 차륜-레일간의 인터페이스

(1) 윤축의 표준치수와 차륜 답면구배
윤축(차륜＋차축)의 표준 치수(**그림 3.1.34**)는 마모 시에도 제한 내에 들도록 규정하고 있으며, 차륜이 탈선하는 것을 방지하기 위하여 궤간 안쪽에 플랜지를 붙이고 있다.

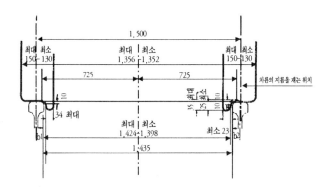

그림 3.1.34 국철의 윤축 표준 치수

차륜은 1/20~1/40 경사의 원뿔형 답면(**그림 3.1.35**)을 이용하고 있으므로(제6.1.3항 참조), 이에 따라 차륜과 레일의 접촉 위치에 따라 차륜지름의 차이가 생기며, 따라서 곡선에서 양쪽 레일의 경로 차이를 완화하여 원활하게 주행할 수 있다

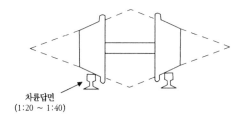

그림 3.1.35 두 원뿔로 된 차륜 답면

(2) 차륜-레일 접촉
철도 차량의 기본적인 특성은 두 레일로 안내하는 차륜 이동이다. 차륜-레일 접촉(**그림 3.1.36**)은 타원형(**그림 3.1.37**)을 가진다. 수직에 대한 레일 축의 경사는 원뿔(圓錐)형 답면이라 부른다. 고속선로의 원뿔형

답면은 일반적으로 1/20의 값을 가지며, 일반 선로에서는 1/40의 원뿔형 답면을 이용한다. 차량의 차륜답면은 제6.1.3항을 참조하라.

레일에서 차륜의 이동은 크리이프 효과를 발생시킨다. 실제로, 차륜-레일 접촉 표면은 두 영역 S_1(슬립영역)과 S_2(점착영역)로 나눌 수 있으며 그 크기는 차량 속도에 좌우되고 각 영역에서 다른 효과가 일어난다. 따라서 차량의 회전 저항은 영역 S_1과 S_2에 각각 대응하는 반대 방향의 두 분력 F_1과 F_2로 구성한다. F_1은 차량 이동으로 발생되는, 즉 운동학적인 원인의 것인 반면에 F_2는 S_2 표면의 탄성 변형으로 발생되는, 즉 탄성 원인의 것이다.

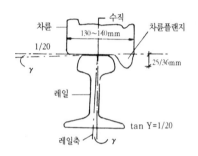

그림 3.1.36 차륜-레일 접촉

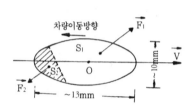

그림 3.1.37 차륜-레일 접촉 표면의 상세

속도가 증가함에 따라 S_1은 더 커져가며 S_2는 더 작아져간다. "고속"에서는 S_2가 거의 0으로 감소하며, 그러므로 차량의 회전 저항은 동적 마찰에 일치한다. 그 다음에 Coulomb의 법칙에 따라 다음의 관계를 적용할 것이다.

$$F = \Phi = \mu Q \tag{3.1.22}$$

여기서, F : 차량의 추진력, Φ : 차량 마찰, μ : 마찰 계수, Q : 수직 윤하중

이에 반하여, "저속"에서는 크리이프 효과를 가지며 Coulomb의 법칙이 더 이상 지속하지 않는다. 이 경우에는 추진력이 전진 속도에 대한 슬라이딩 속도의 비율에 비례한다고 하는 단순화한 가정을 할 수 있다.

$$u = \frac{\text{슬라이딩 속도}}{\text{전진 속도}} \tag{3.1.23}$$

f를 비례 계수라고 하면, 저속에서

$$F = fu \tag{3.1.24}$$

다음의 식은 상기보다 더 좋은 근사 계산을 제공한다.

$$\frac{1}{F^n} = \frac{1}{fu^n} + \frac{1}{\phi^n}, \quad n \neq 2 \tag{3.1.25}$$

"중간 속도"에서는 추진력 F의 경험적 데이터로부터 다음의 관계를 산출하였다.

$$F = \frac{fu \; \phi}{fu + \phi} \tag{3.1.26}$$

$F = fu$와 $F = \phi$ 선은 식 (3.1.26)의 곡선에 접선이다(**그림 3.1.38**).

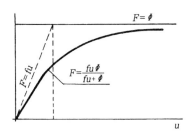

그림 3.1.38 중간 속도에서의 추진력

차륜-레일 접촉 표면에서 크리이프 힘의 더 정밀한 근사 계산은 Kalker가 제시하였다.

Kalker가 개발한 이론에 따르면, 타원형 접촉 표면은 다음과 같이 두 영역으로 나눌 수 있다.

① 접촉 표면의 첫 번째 영역은 크리이핑을 경험하며 첫 번째 영역의 각 점은 Coulomb의 관계로 주어진 횡력을 접촉 표면의 두 번째 영역으로 전달한다.

② 접촉 표면의 두 번째 영역은 (0의 크리이프 값에서) 점착력으로 이끌며 첫 번째 영역에서 두 번째 영역으로 전달된 힘은 Coulomb 식으로 주어진 것보다 더 낮은 값을 가진다.

전통적인 철도는 금속 차륜을 사용한다. 고무 차륜은 주변으로 전달되는 진동을 줄이고 가속과 감속을 증가시키기 위하여 1970년 이후 외국의 지하철에서 사용하기 시작하였다. 고무 차륜은 고속을 허용하지 않으며, 열악한 기후 조건에서 퇴화를 하게 된다. 이 이유 때문에 고무 차륜은 지하철에서만 사용한다.

(3) 레일에 따른 차륜의 횡 방향 동요

철도 차량은 그 기부(基部)에 연결된 두 개의 원뿔로 구성된 고체로 시뮬레이트할 수 있다(**그림 3.1.39**). 이 고체는 두 레일로 지지되며 원뿔의 각도 γ는 차륜 원뿔형 답면, $\tan \gamma = 1/20$ 또는 1/40과 같다.

차륜은 원뿔형 답면에 기인하여 레일을 따라 사행동 진로를 따라간다(**그림 3.1.40**).

레일 두부와 차륜간의 틈은 차륜이 횡으로 움직이도록 허용하며, 이것은 철도 차량의 사행동을 일으킨다. 차륜의 횡 운동은 크리이프 힘으로 저지한다.

횡 운동은 Klingel이 해석하였으며 이 현상은 흔히 그의 이름으로 불려진다. Klingel은 감쇠가 없는 사인

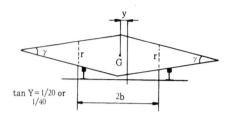

그림 3.1.39 두 원뿔로 구성된 고체에 의한 철도 차량의 시뮬레이션

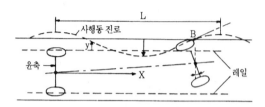

그림 3.1.40 궤도를 따른 차륜의 사행동 진로

형의 횡 운동을 가정하여 이 현상의 운동학적 해석을 나타내었다. **그림 3.1.39**에서 기호를 다음과 같이 두자.

y : 평형 위치로부터 횡 이동

v : 주행 속도

s : 궤간

γ : 차륜 원뿔형 답면구배

R : 사행동 진로의 곡률 반경

r : 평형 위치에서 차륜 반경

x : 횡 좌표

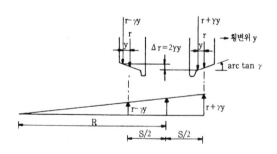

그림 3.1.41 Klingel에 따른 사행동 차륜 운동의 해석

그림 3.1.41 및 유사한 삼각 관계에서 다음 식을 도출한다.

$$\frac{r + \gamma y}{r - \gamma y} = \frac{R + s/2}{R - s/2} \tag{3.1.27}$$

운동학에서 다음 식을 구한다.

$$\frac{1}{R} = -\frac{d^2 y}{d x^2} \tag{3.1.28}$$

(3.1.27)식과 (3.1.28)식에서 사행동에 대한 미분 식을 도출한다.

$$\frac{d^2 y}{d x^2} + \frac{2\gamma}{rs} y = 0 \tag{3.1.29}$$

경계 조건

$$y(0) = 0 \tag{3.1.30}$$

이 주어지면, 미분 방정식의 해는 다음과 같이 된다.

$$y = y_0 \sin 2\pi \frac{x}{L} \tag{3.1.31}$$

여기서, y_0 는 진폭이며 L 은 사행동의 파장이다.

$$L = 2\pi \sqrt{\frac{rs}{2\gamma}} \tag{3.1.32}$$

횡 가속도의 최대치는 다음과 같다.

$$\gamma_{max} = \frac{d^2 y_{max}}{d x^2} = 4 \pi^2 y_0 \frac{v^2}{L^2} \tag{3.1.33}$$

예로서, $r = 0.45$ m, $s = 1.435$ m, $\gamma = 1/20$로 두면, 이 경우에 $L = 16$ m이다. 그러나 $\gamma = 1/40$인 경우에는 $L = 22$ m이다.

사행동의 진동수는 다음 식의 관계에서 구할 수 있다.

$$f = \frac{v}{L} \tag{3.1.34}$$

진동수 f가 차량이 공진하는 진동수와 같은 경우에는 차륜의 운동이 불안정하게 되어간다. 가해진 힘의 척도인 횡 가속도는 속도를 증가시키고 횡 운동의 파장을 감소시킴에 따라 발생된 반대의 영향을 나타낸다.

그러므로 1/20 대신에 1/40의 원뿔형 답면구배는 동일 속도에서 더 좋다. 거꾸로, 차륜이 점진적으로 마모됨에 따라 원뿔형 답면구배가 증가하며, 결과로서 파장이 감소한다.

그러나 최신 철도 차량에서는 차축으로 차체를 직접 지지하지 않고 보기로 지지하며 보기는 차축으로 지지한다. 그러므로 보기 위 차체의 운동은 상기에 설명한 것보다 분명히 더 복잡하다(제9.1.5(3)항 참조).

(4) 침목 상의 레일 설치 각도

레일은 원뿔형 답면구배 때문에 경사를 주어 침목에 부설한다. 상기의 제(2)항에서 설명한 것처럼 원뿔형 답면구배는 고속선로에서 1/20의 값을 이용한다. 그러나, 일부 선로에서는 원뿔형 답면구배 값의 감소가 제안되고 있다. 일반 철도에서는 침목 위에 1/40의 경사로 레일을 부설하고 있다(**그림 3.1.42**).

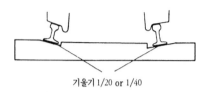

기울기 1/20 or 1/40

그림 3.1.42 침목 위의 레일 부설경사

3.1.5 미래의 궤도구조

철도의 기원이래 180년 동안 궤도구조는 2 줄의 레일을 등(等)간격으로 침목에 체결한 궤광(軌框)을 자갈도상으로 고정한다고 하는 기본 개념이 변하지 않고 있다. 그러므로, "궤도기술자는 무엇을 하고 있었는가?"라고 하는 질문을 받기도 하지만, 일단 그것에 대한 답으로 다음과 같이 말할 수 있다. 즉, 궤도구조는 차량하중을 지지하고 안내한다고 하는 기능을 2 줄의 레일이라고 하는 최저한의 부재구성으로 실현하고 있는 훌륭한 구조이다. 또한, 건설비용, 배선변경, 구조물의 변상에 대한 추종성 등, 종합적으로 고려하면 이보다 좋은 구조가 없었다고 하는 점이다.

근년에는 열차속도의 향상, 보수시간의 감소, 보수작업 시의 소음·진동 방지, 궤도보수비의 증가 등, 철도를 둘러싼 환경의 변화가 있으므로 이에 대응하기 위하여 자갈도상을 이용하지 않는 각종의 직결(直結) 궤도가 나타나고 있다. 또한, 장래지향 과제로서 혁신적인 궤도구조로의 도전이 진행되고 있다. 궤도구조는 이미 충분히 궂은살을 도려낸 심플한 것이므로 몰두하여야 할 방향은 그다지 남아있지 않다. 즉, 고려되는 것은 체결리스(締結less), 도상자갈리스, 검사리스 등의 방법이다. 이 절에서는 이들을 '3리스(less) 궤도'라고 부르기로 한다.

(1) 체결리스

유럽의 각 국에서는 10수 년 전부터 노면전차를 다시 보기 시작하여 재래 노선의 궤도 갱신이나 신선의 건설이 왕성하게 진행되고 있다. 그 때에 레일을 고정하는 방법으로 레일 체결장치를 이용하지 않는 '매립 궤'를 채용하는 예가 나타나고 있다. 노면전차는 하중이 작고, 속도가 느리며, 또한 만에 하나 탈선하더라도 피해가 적다고 하는 특성 때문에 지금까지 없던 획기적인 궤도구조를 채용하기 쉬운 환경에 있다고 추정된다. 통상의 철도와 달리, 곡선통과는 안쪽 차륜의 안쪽에서 안내되므로 바깥쪽 레일의 마모가 적은 점도 매립레일의 채용을 용이하게 하고 있다.

이 매립레일은 노면전차뿐만이 아니고 중·고속열차용 궤도에도 적용하려는 시도가 진행되고 있다. 이 종류의 구조라면 "레일마모나 레일손상 시에 레일을 어떻게 교환하는 것일까?"라고 하는 생각이 들 것이다. 그러나, 직선 또는 완만한 곡선으로 한정하면 레일마모는 그만큼 크지 않고 연간 통과 톤수를 고려하면 교환 주기가 극히 길게 되는 사용 장면도 많으며 채용의 가능성이 충분히 있다.

(2) 도상자갈리스

직결궤도, 콘크리트궤도, 슬래브궤도, 채용이 오래된 교량 위의 궤도구조와 같이 도상자갈이 없는 궤도구조는 희귀한 것이 아니다. 도상자갈로부터 결별하면, 동시에 지지구조의 변위에 추종하기 위한 레일위치 조정량이 구해지게 되어 체결장치의 복잡화가 시작된다. 상기의 '체결리스'를 실현하기 위해서는 이 조정량이 필요하다고 하는 전제에서 떠나는 것이 필요하게 된다. 직결궤도에서의 궤도 틀림진행은 특수한 경우를 제외하고 매우 적다. 근년에는 궤도부설 시부터 장파장 궤도정비를 시행하여 극히 좋은 궤도상태를 실현하고 있다. 이러한 상황에서 보면 만일을 위한 조절량 확보를 포기하고 완전 직결궤도를 채용한다고 하는 선택이 있는 것은 아닐까? 그 결단이 체결리스 궤도구조를 실현함에 있어 가장 높은 장애물일지도 모른다.

(3) 검사리스

여기서 말하는 검사리스는 전혀 검사하지 않는 것을 의미하는 것이 아니다. 검사가 필요하지 않도록 하기 위해서는 구조상 충분한 여유를 갖는 것이 필요하지만, 궤도구조는 자신의 강도에 비하여 상대적으로 극히 큰 열차하중을 지지하고 있으므로 구조강화를 이용하여 검사리스로 하는 것은 곤란할 것이다.

여기서 말하는 검사리스는 "시간이 걸리는 검사를 요하지 않게 한다"고 하는 것이다. 당면은 검사의 자유화를 진행하는 것으로 되지만, 궁극적으로는 부재가 자체적으로 나쁜 곳을 신고하게 되는 궤도구조를 목표로 하는 것이다. 급속하게 진행되고 있는 센서기술이나 IT기술이 이것을 실현하는 후원자로 되고 있다.

현재에도 기능을 수행하고 있는 자기진단 기능으로는 예를 들어 레일파단 검지가 있다. 레일이 파단되면 신호가 적색으로 되어 열차가 멈춘다고 하는 시스템은 상당히 좋게 이루어져 있다. 레일본드 보수 등의 시간은 늘어나지만 이 시스템이 가져오는 안심감(安心感)은 절대적이다.

3.1.6 경험기술로부터 탈피하는 궤도기술

(1) 궤도기술과 경험기술

궤도는 열차하중으로 인하여 상시 변형되고 있으므로 이것을 정기적으로 정정하는 것을 전제로 하고 있다. 또한, 궤도는 흙 구조물 위에 직접 부설되는 경우가 많기 때문에 같은 구조라도 궤도열화의 속도가 위치에 따라 크게 다른 점 등 지금까지의 많은 연구개발에도 불구하고 궤도열화 메커니즘이 완전히 해명되었다고는 말하기 어렵다.

그러나, 궤도는 열화에 수반되는 일상적인 보수가 필요하며, 현장에서는 담당 기술자의 경험에 의거한 판단에 따라 보수를 수행하고 있는 것이 실태이다. 이와 같은 궤도보수의 흐름을 **그림 3.1.43**에 나타낸다. 궤도열화 메커니즘이 블랙박스에 가깝다는 것을 용인하고 있는 사정이 "궤도기술은 경험기술이다"라고 불려지는 까닭이다. 일반적으로 고려되는 경험기술의 득실을 **표 3.1.10**에 나타낸다.

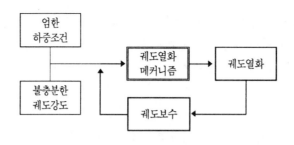

그림 3.1.43 경험기술을 구성하는 루프

표 3.1.10 경험기술의 득실

장점	· 실적이 있어 신뢰할 수 있다. · 단기예측의 정밀도가 높다. · 시책으로서 받아들이기 쉽다.
단점	· 실적을 얻기 위하여 시간이 걸린다. · 상황의 변화에 대응할 수 없다 · 우수한 기술자만 경험화할 수 있다.

(2) 경험기술로부터 탈피의 의미

궤도기술에 한정되지 않는 성숙한 기술분야에서는 경험이 극히 중요한 기술요소이다. 그러나, 일단 안정된 기술이라도 철도를 둘러싼 환경의 변화에 따라서 그 성능이 상대적으로 점점 저하하는 것은 피할 수가 없다.

이상과 같은 관점에서 보면, 연구개발의 목적은 경험기술의 상대적 성능열화를 인식하여 새로운 이론, 방법, 재료 등의 도입으로 새로운 성능을 부가하는 것을 고려할 수가 있다. 예를 들어, 근년의 IT기술의 발달은 궤도관계의 기술개발에서 큰 변화를 가져오고 있다. 구체적인 툴로서는 ① 모니터링기술, ② 해석기술, ③ 예측기술, ④ 최적화기술이 열거된다.

이하에서는 이들의 항목에 대한 구체적인 툴로서 최근의 연구개발의 예를 소개한다.

(3) 모니터링기술

현상해명의 기본은 현상의 정확한 파악이다. 특히, 궤도는 '옥외에 부설된 장대한 구조물'이라고 하는 점도 있어 궤도에서 가장 기본적인 궤도 침하량에 대하여도 지금까지 정확하고 장기적인 측정이 곤란하였다. 예를 들어, 한냉지의 경우에 동계에는 궤도가 동상함에 따라 들어올려지고 해빙기에는 저하하는 점, 전체로서 보면 열차 통과 톤수와 함께 침하하고 있는 점이 포착된다. 이와 같은 각종 궤도열화의 현상에 대하여는 앞으로 센서류의 진보, 데이터 수록, 혹은 데이터 전송기술의 진보에 따라 대단히 분산이 많은 항목이어도 데이터 수를 늘림으로서 현상의 메커니즘을 포착하는 것이 기대된다.

(4) 해석기술

궤도관계 기술에서 궤도전체로서의 모델화는 어느 정도 행하여져 왔지만 레일 이음매, 분기기 등의 부재에 대하여는 부설조건에 따른 차이가 극히 크다고 하는 사정도 있어 해석적인 검토가 늦어져 왔다. 개개의 부재에 관한 해석적인 연구의 예는 다음과 같다.

분기기는 하중조건이 극히 엄하다고 하는 점에서 과거의 경험에 의거하여 손상부분을 강화하는 방법으로 구조가 개량되어 왔다. 그러나, 구조를 근원적으로 개량하기 위해서는 기본으로 되돌아가 각부에 대한 응력 해석으로부터 연구를 진행하는 것이 필요하다. 그 때의 툴은 역시 FEM이다. 망간 크로싱을 해석한 결과를 살펴보면 노스 앞쪽 윙의 아래 부분이 응력 최대 개소로서 허용 응력 이하이지만 통상은 검사할 수 없는 개소인 점에서 현상의 설계는 타당하다는 점이 확인되고 있다. 마찬가지로, 포인트부에 대하여도 해석하고 있다.

궤도관리의 분야에서는 궤도부재의 응력 해석과는 다르게 연속적으로 측정되는 각종의 데이터를 어떻게 궤도상태의 평가에 이용하는가가 과제이다. 일례로서, 축상 가속도의 웨이브릿(wavelet) 해석결과는 단파장 궤도틀림의 평가지표로서 활용되고 있다. 시간(위치에 대응), 스케일(주파수에 대응), 계수(진폭에 대응)의 3 요소를 종합적으로 분석함으로서 레일표면의 상태나 침목지지의 상태 등을 보다 적확하게 파악할 수 있는 예상이 얻어지고 있다.

(6) 예측기술

레일은 가장 중요한 궤도부재이며 레일 절손은 중대사고로 이어질 우려가 있는 점에서 장대레일 궤도에서는 손상이 보여지지 않아도 피로를 고려하여 소정의 통과 톤수에서 교환하고 있다. 이에 대하여는 피로시험으로 수명을 추정하여 교환주기 연장의 가능성을 제시하고 있다. 더욱이, 각종 레일 용접부분에 대하여 영업선로에 부설되어 있던, 누적 통과 톤수가 1.4~8억 톤에 달하고 있는 경년 레일을 수집하여 경년 플래시버트 용접부분에 대해 피로시험을 실시하여 취득한 S-N 곡선과 과거에 실시한 신품레일 용접부분의 시험 결과를 비교하면, 경년 레일의 피로한도가 저하하여 있는 것을 알 수 있다. 이들의 시험결과에서 잔존수명을 추정하여 레일의 교환주기를 현행의 기준보다 1~2억 톤 연장할 수 있음이 제시되고 있다. 한편, 구조가 불연속이고 마찰요소가 있는 점에서 해석이 곤란하였던 레일 이음매부분에 대하여도 응력 해석과 잔존 수명의 평가가 실시되고 있다.

(6) 최적화기술

궤도보수의 최적화에는 각종 레벨이 있다. 최종 목표는 궤도보수비의 최소화이지만, 지금까지는 해결하여야 할 과제가 많으며, 현 시점에서는 전체모델을 구성하는 부분모델을 구성하고 있는 단계이다.

(가) 궤도구조 요소의 최적화

자갈궤도는 구조적으로 소성변형을 허용하고 있는 점에서 열차통과에 수반하여 서서히 변형되는 것을 피할 수 없다. 변형된 궤도가 열차의 운행에 악영향을 미치지 않도록 보수하는 작업이 궤도보수비의 상당한 부분을 점하는 점에서 지금까지도 이에 대한 이론적, 또는 실험적인 연구를 진행하여 왔다. 최근에는 침목의 형상이나 치수, 자갈도상 두께 등과 같은 궤도구조 요소의 최적화에 관한 연구가 진행되고 있다.

(나) 궤도보수 시스템의 최적화

멀티플 타이 탬퍼 작업계획을 작성하기 위해서는 선구의 궤도구조, 운전상황, 궤도상태 열화의 속도, 보수기지의 배치 등과 같은 많은 조건을 감안할 필요가 있는 점에서 지금까지는 기술자의 경험에 의거하여 작성하여 왔다. 궤도보수체제의 변화에서 이와 같은 경험이 있는 기술자를 확보하는 것이 곤란하게 되어 가고 있지만, 이와 같은 멀티플 타이 탬퍼 작업계획의 자동화와 최적화에 관한 요구가 높아지고 있다. 궤도보수 실적과 이 시스템을 적용한 경우의 보수량을 비교하면, 선구가 복잡한 경우는 제약조건이 많으므로 효과가 적게 되지만 선구가 단순한 경우는 개선효과가 크다.

(7) 종합

경험기술을 소중하게 생각하는 것은 높은 신뢰성이 요구되는 철도사업의 성격에서 당연한 것이다. 근래에 철도사업을 둘러싼 환경은 더욱 엄하게 되어가고 있으며, 더욱 더 보수비의 삭감이 요구되고 있다. 이에 수반하여 궤도보수요원의 감소나 아웃소싱의 보급 등에 따라서 지금까지 배양되어 온 경험을 차세대의 기술자에게 전하는 것이 곤란하게 되어가고 있다. 이와 같은 상황에서 경험이라고 하는 과거의 자산에 의지하지 않는 새로운 기술개발의 방향을 찾아내는 것이 필요하다. 궤도열화 메커니즘에 기초한 궤도보수 기술의 체계화는 장래 기술개발의 단계적 증대뿐만이 아니라 현재의 궤도 보수수준을 유지하기 위하여도 불가결하다고 생각된다.

3.2 철도 선로와 기준

3.2.1 철도 구조 규칙

선로(permanent way)의 형성은 일정한 기준에 따라 이루어지만 그 기준으로서 제2.2.2절에 설명한 각종의 규칙에 의거하고 있다. 곡선·구배에 대하여는 앞 장(**표 2.2.2**)에 기술하였으며, 여기서는 선로에 관계하는 건축한계(structure gauge), 차량한계(rolling stock gauge), 곡선 캔트(cant)에 대하여 설명한다.

(1) 건축한계와 차량한계
(가) 한계의 내용

차량이 빠른 속도로 주행하면 상하·좌우를 비롯하여 복잡한 사행동을 일으키며, 또한 승무원·승객이 차창에서 몸의 일부를 내미는 일도 있으므로 차체(car body)나 승객이 신호기나 표지 등 여러 가지 선로 구조물에 부딪치는 것을 방지하기 위하여 차량의 외측으로 상당한 공간적인 여유가 필요하다.

열차가 주행하기 위하여 궤도상에서 확보하여야 할 공간을 건축한계(structure gauge)라고 한다. 신호기(signal)나 건축물 등 어떠한 것도 이 한계 내로 들어가는 것이 허용되지 않는다. 이 건축한계처럼 차량에 대하여도 주행시의 한쪽으로 치우침 등 약간의 여유를 목표로 하여 차량한계(rolling stock gauge)가 결정되어 있으며, 차량이 이 한계를 내밀 수가 없다. 철도는 이 2개의 공간적인 제한으로 운전의 안전을 도모하고 있다.

그림 3.2.1과 **그림 3.2.2**는 일반철도의 건축한계와 차량한계이다. **그림 3.2.3**에서 일반철도의 건축한계와 차량한계의 관계는 폭의 한쪽에 대하여 최대 400 mm, 높이 450 mm,의 간극 여유가 있음을 알 수 있다. 또

한, 고속철도의 건축한계는 일반철도의 경우 및 전기운전을 하는 구간의 상부의 건축한계에 대한 것과 같으며, 차량한계의 경우도 일반철도의 차량한계를 적용하고 있다.

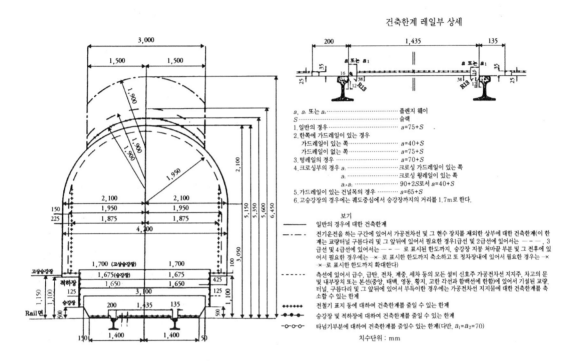

그림 3.2.1 국철의 건축한계

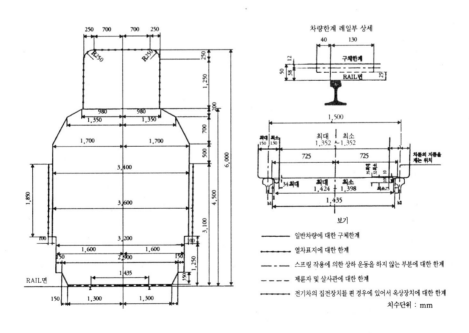

그림 3.2.2 국철의 차량한계

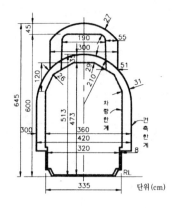

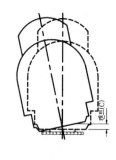

그림 3.2.3 차량한계와 건축한계의 관계   **그림 3.2.4** 곡선부에서의 건축한계

1) 상부 건축한계 : 상부 건축한계란 일반적으로는 팬터그래프 한계라고도 부르며 전철화 구간에서의 집전장치에 대한 한계를 나타내고 있다. 교류구간과 직류구간에서 표준 높이는 바뀌지 않지만 교량, 플랫폼 등에서 건축한계를 축소하는 경우에 교류구간에서는 유도 전류가 발생하기 때문에 그 축소 량이 직류구간보다 작다.

2) 기본 건축한계 : 기본 건축한계는 차량한계를 정한 뒤에 접촉하지 않게 여유 공간을 붙여 결정된 것이다. 그 여유 공간은 보안한도 내의 궤도틀림이나 차량의 상하좌우 진동, 승객이나 승무원의 안전을 고려하여 정해져 있다. 또한, 여객 플랫폼에는 이용자가 승하차시에 플랫폼으로 전락하지 않도록 건축한계를 축소하고 있다.

3) 하부 건축한계 : 하부 건축한계는 차륜의 플랜지에 대한 여유를 확보하여 차륜이 레일 위를 안전하게 통과할 수 있도록 정해져 있다. 한편, 건널목 등의 궤간 내에 통로를 설치하는 경우에 플랜지가 확실하게 통과할 수 있는 범위까지 건축한계를 축소하고 있다.

또한, 곡선부에서는 원심력으로 인하여 차량이 외측으로 전도하는 것을 방지하기 위하여 외측 레일을 높이고 있으므로(캔트, 제(2)항 참조), **그림 3.2.4**에 나타낸 것처럼 건축한계도 이것에 따라 경사를 둔다.

(나) 편의(偏倚)

곡선부에서는 차량의 중심이 안쪽으로 내밀어지고 양단부가 궤도중심으로부터 외측으로 내밀어지기 때문에 곡선부의 건축한계는 곡선반경(curve radius)에 따라 그 내미는 량만큼 확대하는 것으로 하고 있다. 이것을 편의라고 한다. 국철에서는 한쪽(**그림 3.2.5**의 a~b)에 대한 건축한계 확대량을 $50,000/R$ (mm) {R : 곡선반경(m)}로 하고 있다. 전동차 전용선의 경우에는 $24,000/R$(mm)만큼 확대한다. 곡선구간의 건축한계는 직선구간의 건축한계에다 상기의 공식으로 산출된 양과 캔트로 인한 차량경사량 및 슬랙량을 더하여 확대한다. 또한, 곡선구간의 건축한계는 캔트의 크기에 따라 경사시켜야 한다.

건축한계 확대량은 다음의 길이에 따라 증감(체가, 체감)한다.
- 완화곡선의 길이가 26 m 이상인 경우 : 완화곡선
- 완화곡선의 길이가 26 m 미만인 경우 : 완화곡선 구간 및 직선구간을 포함하여 26 m 이상의 길이

- 완화곡선이 없는 경우 : 곡선의 시 · 종점으로부터 직선구간으로 26 m 이상의 길이
- 복심곡선 안의 경우 : 26 m 이상의 길이(이 경우 곡선 반경이 큰 곡선에서 체감한다)

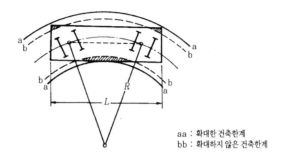

aa : 확대한 건축한계
bb : 확대하지 않은 건축한계

그림 3.2.5 곡선부에서 건축한계의 확대

한편, 곡선에서 차량의 편의량은 다음과 같이 계산하였다.

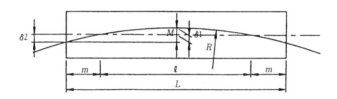

그림 3.2.6 곡선에서 차량의 편의

그림 3.2.6에서

$$\delta_1 = \frac{\ell^2}{8R} \ , \quad M = \frac{(2m+\ell)^2}{8R}$$

여기서, ℓ : 대차중심간격, m : 대차중심에서 차량 끝단까지 거리, R : 곡선반경
$\delta_2 = M - \delta_1$에 위의 식들을 대입하면 다음과 같이 된다.

$$\delta_2 = \frac{m(m+\ell)}{2R}$$

여기에 차량의 ℓ 과 m값을 대입하면,

$$\delta_1 = \frac{\ell^2}{8R} = \frac{18^2}{8R} = \frac{44,000}{R} \ (\text{mm})$$

$$\delta_2 = \frac{m(m+\ell)}{2R} = \frac{4(4+18)}{2R} = \frac{40,500}{R} (\text{mm})$$

차량이 곡선구간을 안전하게 주행할 수 있도록 하기 위하여 다소 여유를 주어 $50,000/R$로 하였다.

(다) 구축한계

참고적으로, 지하철에서는 구조물과 건축한계의 사이에 전기, 신호, 통신, 통로 기타 시설의 설치에 필요한 여유공간으로서 구축한계를 두고 있으며, 이것은 장래 발생될지도 모르는 터널의 개축 및 고속운전을 위한 공간의 확보로서도 필요한 한계이다. 서울시 도시철도건설규칙에서는 다음과 같이 규정하고 있다.

① 건축한계와의 여유공간을 300 mm 이상으로 한다.

② 통로설치시 건축한계와의 여유공간을 800 mm 이상으로 한다. 다만, 복선터널구간과 같이 양측에 통로를 설치하는 경우 500 mm 이상으로 한다.

③ 터널의 건축한계에서 복선궤도의 선로 외측부에 300 mm, 선로 내측부에 200 mm, 천정부에 100 mm의 여유공간을 확보한다.

예를 들어, 서울 지하철 9호선의 높이는 차량한계 4,560 mm, 건축한계 4,960 mm, 구축한계 5,610 mm이다[245].

(2) 캔트(cant)

곡선(curve)에서는 통과열차의 원심력으로 인하여 외측 레일에 과대한 하중이 걸려 속도가 크게 되면 차량이 외측으로 전도하게 된다. 이것을 방지하기 위하여 외측 레일을 안쪽 레일보다 높게 부설하여 (그 고저차이를 캔트라고 한다), 원심력과 중력의 균형을 도모하고 있다. 즉, 원심력과 중력의 합이 궤간의 중앙에 가도록 한다. 캔트는 평균속도로 설정하므로 그보다 고속인 열차에 대하여는 캔트가 부족하게 된다.

캔트는 이와 같이 열차가 어떤 속도로 곡선을 통과하는 경우에 ① 곡선 바깥쪽으로 작용하는 초과 원심력으로 인한 승차감의 악화 방지와 ② 윤하중(wheel load), 횡압으로 인한 궤도 파괴(track deterioration)의 경감을 위하여 설정하고 있다.

캔트는 다음의 식으로 설정하며, 이 값을 균형 캔트(equilibrium cant) 또는 평형 캔트(이론 캔트)라고 한다. 통과하는 열차의 평균에 대응하는 실제의 설정 캔트는 이 값에서 조정치를 뺀 값으로 하고 있다.

$$C = 11.8 \frac{V^2}{R} - C' \tag{3.2.1}$$

여기서, C : 설정캔트(mm)

$\quad\quad\quad V$: 열차의 최고 속도(km/h)

$\quad\quad\quad R$: 곡선반경(m)

$\quad\quad\quad C'$: 부족 캔트(0~100, 다만 고속선의 경우 0~110 mm)

또한, 캔트는 열차가 곡선에서 정지한 경우에도 차량이 강풍으로 인하여 곡선의 안쪽으로 전도할 우려가 없어야 한다. 그래서, 캔트의 최대량을 여러 가지의 여유를 보아 제한(고속철도에서 180 mm, 1~4급선에서 160 mm)하고 있지만, 열차가 정지하고 있을 때에도 차량이 곡선 안쪽으로 전복(overturning)하지 않도록 **그림 3.2.7**에 나타낸 것처럼 중력 W가 궤간의 중심 1/3의 범위에 들어가는 것을 고려하여 캔트

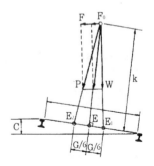

그림 3.2.7 최대 캔트

의 최대량을 결정하고 있다.

차량이 곡선을 통과하는 경우에 초과 원심력으로 인한 승차감의 악화, 횡풍으로 인한 차량의 바깥쪽으로의 전도 등을 방지하기 위하여 고려하는 캔트 부족량(cant deficiency)의 한도는 상기 조정치의 상한을 의미한다.

캔트는 본선로에 대하여 완화 곡선의 전장에 걸쳐 완화 곡선의 곡률(curvature)에 맞추어 체감(gradual decrease)한다. 캔트는 완화곡선이 있는 경우에 완화곡선 전체길이, 완화곡선이 없는 경우에 곡선과 직선에서 캔트의 600배 이상 길이, 복심곡선 안의 경우에 두 곡선 사이 캔트 차이의 600배 이상 길이에서 체감하여야 하며, 복심곡선의 경우에 곡선반경이 큰 곡선에서 체감한다. 여기서 언급하지 않은 캔트에 대한 그 밖의 상세는 제9.1.3 (2)항을 참조하기 바란다.

한편, 캔트량 공식은 다음과 같이 유도되었다.

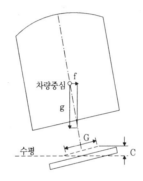

그림 3.2.8 곡선에서의 캔트

그림 3.2.8에서

$$\frac{C}{G} = \frac{f}{g}$$

$$\therefore C = \frac{Gf}{g} \qquad ①$$

여기서, C : 캔트, G : 레일중심간 거리, f : 원심가속도, g : 중력가속도($9.8\ m/s^2$)

$$f = \frac{v^2}{R} \qquad ②$$

여기서, R : 곡선반경(m)

②식을 ①식에 대입하면

$$C = \frac{Gv^2}{Rg} = \frac{GV^2}{127R}$$

여기서, $v = \dfrac{V}{3.6}$ (m/s)

레일 중심간 거리 $G = 1,500$ mm 를 대입하면 $C = 11.8\,\dfrac{V^2}{R}$ 으로 된다.

(3) 완화곡선(transition curve)

열차가 직선(straight)에서 원곡선(circular curve)으로 들어갈 때는 곡률반경이 무한대(직선)에서 일정의 곡선으로 불연속적으로 변화한다. 이 때문에 각 차량은 큰 동요나 충격을 받으므로 이것을 완화시키기 위하여 직선과 원곡선간에 특별한 곡선을 삽입하여 충격을 완화시킨다. 이 곡선을 완화곡선이라고 한다. 즉, 곡선에 붙인 캔트는 곡선 외에서 점차 감소시키지만 이 경우는 캔트의 감소에 수반하여 원활하게 곡선반경을 증대시킬 필요가 있다. 이 저감 구간에서는 차량에 작용하는 원심력을 캔트에 균형이 되게 하며, 이것을 완화곡선이라고 한다(**그림 3.2.9**). 완화 곡선은 상기와 같이 곡선에 있는 캔트와 슬랙을 원활하게 증감(체가 · 체감)함으로서 차량의 3점 지지(three-point support)나 급격한 선회 운동을 없게 하기 위하여 필요하다.

완화 곡선의 종류에는 3차 포물선(cubic parabola), 사인 반파장 체감곡선, 클로소이드 곡선 등이 있다(제(가)(나)항 참조). 이들 완화 곡선의 특색을 **표 3.2.1**에 나타낸다. 우리 나라에서는 3차 포물선을 이용하고 있다.

완화 곡선의 길이는 승차감 등을 위하여 통과 속도에 따라 캔트의 배율로 하고 있으며 캔트가 크게 되면 완화 곡선은 길게 된다. 경부 고속철도에서는 완화 곡선의 길이를 캔트량의 3,500배로 하며, 국철에서는 이 값을 1급선 1,300배, 2급선 1,000배, 3급선 700배, 4급선 600배로 하고 있다(2000. 8. 22에 각각 1,700배, 1,300배, 1,000배, 600배로 상향 조정).

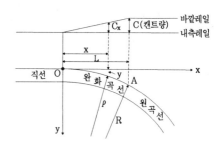

그림 3.2.9 완화 곡선과 캔트

표 3.2.1 각종 완화곡선의 특색

완화 곡선 종류	장점	단점
클로소이드 곡선	· 곡선반경이 작은 지하철에서 유리하다.	· 계산이 복잡하기 때문에 궤도의 부설과 보수가 곤란하다.
3차 포물선	· 완화 곡선의 설정이 용이하므로 일반적으로 잘 이용된다.	· 승차감은 사인반파장 체감곡선보다 떨어진다.
사인반파장 체감곡선	· 이론치에 가까우므로 승차감이 좋다.	· 클로소이드 곡선과 같이 부설과 보수가 곤란하다.

(가) 직선증감(직선 체가 · 체감)

곡률과 캔트의 직선체감 방법은 완화곡선 시 · 종점에서 캔트의 변화점에 불연속이 생긴다.

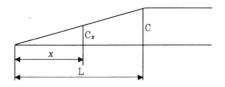

그림 3.2.10 캔트의 직선 증감

캔트 직선증감의 종류에는 다음과 같은 것이 있다.

1) 3차 포물선 : 우리 나라의 일반철도 및 고속철도에서 적용하며 곡률은 완화곡선의 접선(횡거)에 비례하여 증가시키는 방법이다.

   가) 캔트변화

   그림 3.2.10에서

$$C_x = C \times \frac{x}{L} \qquad (3.2.2)$$

여기서, L : 완화곡선길이, C : 원곡선의 캔트, C_x : 완화곡선시점부터 x위치에서의 캔트

   나) 곡률변화

   그림 3.2.9에서

$$\frac{1}{\rho} = \frac{1}{R} \times \frac{x}{L} \qquad (3.2.3)$$

여기서, ρ : 완화곡선 시점부터 x 위치에서의 곡률, R : 원곡선반경

- 3차 포물선의 종거

$$y = \frac{x^3}{6RL} \qquad (3.2.4)$$

- 3차 포물선에서 원곡선의 이정(shift)량

$$F = \frac{L^2}{24R} \qquad (3.2.5)$$

여기서, R : 원곡선 반경, x, y : 가로와 세로 좌표, L : 완화곡선 길이

2) 클로소이드(Clothoide) 곡선 : 지하철에서 적용하고 있으며 곡률을 완화곡선상의 길이에 비례하여 증가시키는 방법이다.

$$R \cdot L = A^2 \qquad (3.2.6)$$

여기서, L : 완화곡선 길이, A : 상수

$$y = \frac{x^3}{6RL} \left(1 + 0.0057 \frac{x^4}{R^2 L^2} + 0.0074 \frac{x^8}{R^4 L^4}\right) \qquad (3.2.7)$$

3) 렘니스케이트(Lemniscate) 곡선 : 곡률을 현장에 비례하여 증가시키는 방법으로 급곡선이 많은 도로나 도시철도에 유리하므로 도로에는 많이 사용되나, 철도에는 사용하지 않는다.

(나) 원할증감(원활 체가 · 체감)

캔트와 곡률을 곡선적으로 체감하는 것으로 고속운전에 적합하다. 그러나 보수가 복잡하며 완화곡선 중앙부에 평면성 틀림이 발생한다. 사인 반파장 완화곡선은 일본에서 사용하며, 다음의 각 식은 사인 반파장 완화곡선의 관련된다.

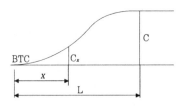

그림 3.2.11 캔트의 원활 증감

• 캔트변화

$$C_x = \frac{C}{2} \left(1 - \cos \frac{\pi}{L} \cdot x \right) \qquad (3.2.8)$$

• 곡률의 종거

$$y = \frac{C}{2R} \left\{ \frac{x^2}{2} - \frac{L}{\pi^2} \cdot (1 - \cos \frac{\pi}{L} \cdot x) \right\} \qquad (3.2.9)$$

• 완화곡선 시점부터 거리 x에서의 곡률

$$\frac{1}{\rho} = \frac{1}{2R} \left(1 - \cos\pi \frac{\pi}{L} \right) \qquad (3.2.10)$$

4차 포물선은 독일에서 사용한다.

(4) 반대방향의 곡선

본선에서 반대방향의 곡선이 있는 경우는 그 완화곡선 사이에 가장 긴 차량길이의 1 차량분 이상의 직선을 삽입하여야 한다(**표 2.2.1** 참조). 이것은 차량의 운전을 원활하게 하는 것으로 처음의 곡선에서 받은 동요가 다음의 곡선에 이르기까지에 감쇠하여 동요가 집적되지 않도록 위해서 이다.

3.2.2 궤간과 궤도중심 간격

(1) 궤간의 공차(tolerance for rail-gauge)

차량은 2줄의 레일로 유도되어 주행한다. 레일에 접하는 차륜의 주행면과 플랜지면에는 좌우 한 쌍의 차륜이 항상 궤도의 중심을 따라 주행하도록 구배가 붙여져 있다. 이와 같은 상태로 차량이 주행하면, 차륜과 레일의 접촉부는 상호로 마모가 생겨 변형하고 더욱이 양자의 공차 영향도 있어 접촉 위치는 항상 변화한다. 그러나, 차량의 안전과 쾌적한 주행을 확보하기 위하여 이 접촉 위치는 항상 어떤 범위 내로 한정되어 있어야 한다. 이 접촉 위치의 양측 레일간에서의 최단 거리를 궤간이라 한다.

궤간(railway gauge)은 두 가지의 정의가 있다. 즉, "① 양측 레일 두부상면(top table of rail)으로부터 소정의 높이의 아래에서 두부 안쪽 면(內側面)간의 거리", 또는 "② 두부상면으로부터 소정의 높이 아래 이내에서의 두부 안쪽 면간의 최단(最短) 거리"를 말한다. 우리 나라에서는 후자의 정의를 취하여 좌우의 레일두부 내면간의 최단 거리를 궤간이라 한다.

상기에서, "소정의 높이 아래 이내에서의 최단 거리"는 레일 후로(flow)를 고려한 것이다. 그 하방의 높이는 14 mm(2004. 12 이전의 국철은 16 mm)로 정하고 있으며, 유럽과 일본에서도 14 mm로 정하고 있다. 레일 두부형상과 차륜 플랜지 형상의 상관관계를 보면, 양자가 상시 접촉하는 범위는 쌍방의 마모 상황을 감안하여도 레일면(rail level)부터 13 mm 전후이며, 1 mm의 여유를 보아 "레일 면으로부터 14 mm"에서 측정하도록 하고 있다.

다시 말하자면, 궤간이란 좌우 양 레일간의 최단 거리를 말하며, 레일두부 상면부터 측면으로 14 mm 이내의 거리를 측정한다. 궤간은 차륜이 레일에서 차츰 밀려 올라가는 동안에 탈선하는 일이 없도록 차륜 플랜지가 레일두부와 상시 접촉하는 범위의 하한 값인 13 mm에서 더욱 여유를 1 mm 주어 정하고 있다.

곡선부에서 실제로는 궤간의 확대량(슬랙)과 보수 한도를 고려하여 다음의 식과 같이 된다.

궤간 = 1435 mm + (슬랙) + (공차)

일반철도에서는 궤간의 정비기준치(absolute tolerance)를 크로싱 이외의 경우에 대하여 +10, -2 mm(궤도정비기준), +2, -2 mm(궤도공사 마감 기준)로 하고 있다. 고속철도에서는 궤간의 허용한도를 1,433 mm 이상, 1,440 mm 이하로 하고, 100 m 구간의 평균에 대하여 1,434 mm 이상, 1,438 mm 이하(준공 기준)로 하고 있다(목표, 주의, 보수, 속도 제한 등의 기준은 《고속선로의 관리》 참조). 분기기의 궤간에 대한 정비한도는 고속철도의 분기기부가 +3 mm, -1 mm(준공 기준), 국철의 크로싱부와 CTC구간의 텅레일 부분이 +3 mm, -2 mm이다.

(2) 슬랙{slack, gauge widening (or slacking)}

철도차량에는 일반적으로 2개의 차축(axle)이 평행하게 고정된 차축 간격이 있으므로 모든 차축이 곡선의 중심을 향할 수는 없다. 그 때문에 곡선부에는 궤간을 약간 넓혀 차륜을 원활하게 주행시키고 있다. 이 궤간의 확폭(increment of width)을 슬랙(slack)이라 하며 곡선반경이 작을수록 크게 된다. 슬랙은 곡선의 안쪽 레일을 외측으로 약간 넓히는 것이 보통이며, 완화 곡선(transition curve)이 있는 경우는 그 전장에 걸쳐 체감(gradual decrease)한다.

다시 좀 더 상세히 말하자면, 차량이 곡선구간을 주행할 때는 차륜이 곡선을 따라 방향을 조금씩 바꾸면서 이동(전향)하므로 차축은 곡선중심으로 향할 수가 있다. 그러나 2축 또는 3축의 대차에서는 차축이 평행하게 강결되어 있으므로 곡선구간의 주행에서는 궤간을 약간 넓히지 않으면 차륜이 용이하게 통과할 수가 없다. 이 때문에 곡선구간에서는 안쪽의 레일을 내방으로 이동하여 궤간을 확대하며(**그림 3.2.2**), 이것을 슬랙이라 한다.

일반철도에서는 곡선반경 800 m 이하의 원곡선에는 다음의 산식 또는 **표 3.2.2**의 슬랙표에 의하여 슬랙을 붙이도록 하고, 곡선반경 800 m 이상의 곡선이라 할지라도 필요에 따라 5 mm까지 슬랙을 붙일 수 있게 하고 있다(2000. 8. 22에 반경 600 m 이하인 곡선에 두도록 조정).

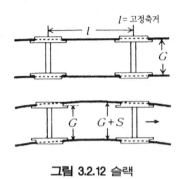

그림 3.2.12 슬랙

표 3.2.2 국철의 슬랙표

곡선반경(m)	S(mm)		곡선반경(m)	S(mm)	
	최소 (S′=15)	최대 (S′=0)		최소 (S′=15)	최대 (S′=0)
90~119	12	27	300~349	0	8
120~169	0	20	350~399	0	7
170~189	0	14	400~499	0	6
190~209	0	13	500~599	0	5
210~249	0	11	600 이상	0	4
250~299	0	9			

$$S = \frac{3,600}{R} - S' \ (2000.\ 8.\ 22에,\quad S = \frac{2,400}{R} - S'\text{로 변경}) \qquad S' = 0 \sim 15 \qquad (3.2.11)$$

여기서, S : 슬랙(mm)

R : 곡선반경(m)

S' : 조정치(mm)

슬랙의 증감(체가, 체감) 길이는 다음에 의한다.

- 완화곡선이 있는 경우 : 완화곡선 전체의 길이
- 완화곡선이 없는 경우 : 캔트 체가(체감) 길이와 같은 길이
- 복심곡선 안의 경우 : 두 곡선 사이의 캔트차이의 600배 이상의 길이. 이 경우에 두 곡선 사이의 슬랙 차이를 체감하되 곡선 반경이 큰 곡선에서 체가(체감)한다.

고속철도에서는 곡선반경 149~125 m에 대하여 5 mm, 124~100 m에 대하여 10 mm의 슬랙을 붙이고, 다만 곡선반경 150 m 이상의 곡선이라 할지라도 필요에 따라 슬랙을 붙일 수 있도록 하고 있다.

슬랙량이 어떤 한도보다 크면 탈선(derailment)의 위험이 있으므로 국철에서는 슬랙이 30 mm를 넘지 않

도록 하고, 궤간의 정비 기준치에 슬랙을 가한 치수는 35 mm를 넘지 않도록 하고 있다.

한편, 슬랙량은 다음과 같이 산정하였다.

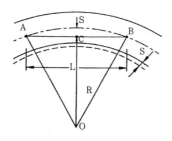

그림 3.2.13 궤간 확대

그림 3.2.13에서

$$\overline{AC}^2 = \overline{AO}^2 - \overline{CO}^2$$

$$\overline{AC} = \frac{L}{2}, \quad \overline{AO} = R, \quad \overline{CO} = (R - S)$$

$$(\frac{L}{2})^2 = R^2 - (R - S)^2$$

$$\frac{L^2}{4} = 2RS - S^2, \quad S^2\text{는 } 2RS\text{에 비해 극소}$$

즉, $\frac{L^2}{4} = 2RS$ 따라서 $S = \frac{L^2}{8R}$

이 식에 최대고정축거 3.75 m(2000까지의 최대고정축거기준 4.75 m)를 대입하면, 다음과 같이 된다.

$$S = \frac{L^2}{8R} = \frac{(3.75+0.6)^2}{8R} = \frac{4.35^2}{8R} \text{(m)} = \frac{2,400}{R} \text{ (mm)}$$

(3) 궤간의 종류(classification of gauge)

세계의 주요 국가에서 이용되고 있는 궤간은 1.676 m(5′6″)에서 0.762 m(2′6″)까지 여러 가지가 있지만, 가장 많이 이용되고 있는 궤간은 영국의 철도 창업 시(1825년)에 채용된 1.435 m(4′8 1/2″)이며, 이것을 표준 궤간(standard gauge)이라 부르고, 그보다 넓은 것을 광궤(broad gauge), 좁은 것을 협궤(narrow gauge)라 칭하고 있다. 표준 궤간은 1844년 영국에서 법률로 정하였고(제1.2.6(1)항 참조), 국제적으로는 1886년 스위스 베른의 국제회의에서 제정하였다. 우리 나라에서는 표준 궤간을 사용하고 있다(제1.1.2항 참조).

표 3.2.3에 나타낸 것처럼 세계적으로는 구미를 중심으로 표준 궤간이 채용되어 세계 전영업 킬로미터 115만 km의 약 59 %로 가장 많다. 구소련 · 핀란드 · 모나코 등의 1,524 mm가 15 %, 일본 · 남아프리카 · 인도

표 3.2.3 세계 철도의 궤간별 연장 km (1992년)

궤간(mm)	아시아	아프리카	유럽	북·중 아메리카	남 아메리카	오세아니아	합계	구성비 (%)
950미만	3,566	1,483	5,383	1,385	3,280		15,097	1.3
950			397				397	
1,000	38,298	13,976	2,113		35,107		89,494	7.7
1,050	728						728	
1,055		157					157	
1,067	28,148	49,418		1,650	995	19,631	99,812	8.6
1,435	88,683	12,289	200,391	7,203	7,203	15,259	697,145	58.8
1,524	13,087		159,880				173,043	15.0
1,600			2,301	1,739	1,739	6,486	10,526	0.9
1,665~1,676	45,179		15,310	25,852	25,852		86,341	7.5
합계	217,689	77,323	385,775	74,146	74,146	41,366	1,154,740	100
구성비(%)	18.8	6.7	33.4	6.4	6.4	3.6	100	-

네시아·뉴질랜드 등의 1,067 mm가 9 %, 타일랜드·말레이시아·인도·케냐·브라질 등의 1,000 mm가 8 %로 되어 있다. 구소련의 1,524 mm보다 넓은 궤간으로서는 오스트레일리아·브라질의 1,600 mm, 스페인·포르트갈의 1,668 mm, 인도·파키스탄·아르헨티나 등의 1,676 mm가 있다.

오스트레일리아(1,600, 1,435, 1,067 mm), 인도(1,676, 1,000, 762 mm), 브라질(1,600, 1,000 mm) 등의 예와 같이 궤간이 통일되지 않은 예도 있으며, 직통할 수 없기 때문에 불이익이 크다.

궤간의 대소는 ① 운전속도, ② 수송량(volume of transportation), ③ 차량의 주행 안전성 및 ④ 건설비 등에 크게 영향을 준다. 광궤는 건설비를 제외한 상기의 모든 항목에 유리하며, 차륜의 직경을 크게 할 수 있으므로 충격이 적고, 승차감이 좋으며, 차량·궤도의 파괴를 감소시킬 수 있다. 그에 비하여 협궤는 모든 구조물을 작게 할 수 있으므로 용지비를 포함한 건설비가 싸게 되며, 곡선 통과가 용이하므로 곡선반경의 제한이 작게 된다(제1.1.2(2)항 참조). 이와 같이 광궤, 협궤 모두 각각 장단점을 갖고 있으며, 도중에 궤간을 변경하는 것은 곤란하므로 건설 시에는 궤간에 대한 충분한 검토가 필요하다.

다시 말하자면, 신선의 건설에서는 각 철도간의 상호 진입을 고려하여 궤간을 결정한다. 또한 일반적으로 말하자면, 궤간이 넓은 궤도의 이점으로서는 다음의 점이 열거된다.

① 차량중심의 위치를 내리고 동력장치를 효율이 좋게 배치할 수 있으므로 고속운전에 유리하다.

② 차량단면을 크게 하고 대형 차량을 이용하여 대량으로 효율이 좋게 여객과 화물을 수송할 수가 있다.

또한, 궤간이 좁은 궤도의 이점은 다음과 같다.

① 구조물이 작아 용지비나 건설비를 싸게 할 수 있다.

② 선로단면을 작게 할 수가 있으므로 노선설정이 보다 용이하다.

(4) 궤간가변 대차를 이용한 직통

궤간이 다른 2 선로 사이를 직통하기 위하여 차량 측에서 대응하는 방법에는 2 종류가 있으며, 유럽과 러시아간에서 행하고 있는 것처럼 다른 궤간의 대차를 교환(제(5)(다)항 참조)함으로써 직통하는 방법과 스페인과 프랑스의 국경에서 행하고 있는 것처럼 차축의 폭을 궤간에 응하여 자동적으로 변화시키는 방법(제(5)(마)항 참조)이 있다. 전자의 방법은 정지 상태로 교환 작업을 하여야 하기 때문에 시간손실이 크게 되고, 교환설비도 대규모로 되는 결점이 있다. 이에 대하여 차축의 폭을 변화시켜 대응하는 방법을 채용한 열차로서 스페인 국철의 Talgo가 있다. Talgo는 자주하기 위한 동력을 갖지 않은 객차만을 직통시키고 기관차는 국경에서 각각의 궤간(스페인 측은 1,676 mm, 프랑스 측은 1,435 mm)의 것으로 교체하지만, 궤간의 변경은 궤간변환 궤도상을 저속으로 통과함으로서 주행상태에서 행하는 기구로 되어 있다.

그러나 일본에서 다용되고 있는 전차나 기동차에서는 차축에 직결한 동력전달 기구를 갖고 있기 때문에 객차열차인 Talgo와 같이 궤간의 변경을 용이하게 할 수 없다고 하는 문제점이 있다. 그 해결책으로서 동력전달 기구를 개입시키지 않고 차축과 모터를 일체화시킨 다이렉트 드라이브 모터로 직접 차축을 회전시켜 궤간변환 장치로 차축의 길이를 변화시키는 프리 게이지 트레인이 개발되었다.

(5) 궤간이 다른 선로간 연락운전의 방책
(가) 여객의 갈아타기나 화물의 갈아 싣기를 이용하는 방법

궤간이 다른 접속 역에서 여객의 갈아타기나 화물의 갈아 싣기를 하는 것이 가장 일반적인 방법이지만, 여객에게는 불편을 초래하며, 화물의 경우는 시간과 경비가 소비되고, 고가의 화물을 손상시키거나 물건을 부패시킬 우려가 있다.

(나) 궤도의 궤간을 바꾸는 방법

궤간이 다른 한쪽의 궤간을 다른 쪽 선구의 궤간에 맞도록 바꾸거나, 양 궤간의 레일을 병설하도록 3선 레일이나 4선 레일로 궤간을 바꾸는 방법이다. 이 방법은 기술적인 문제가 그다지 없는 확실한 방법이지만 궤간 개량 공사 기간중의 대체 교통 수단을 준비할 필요가 있다. 궤간 개량 공사비가 높은 점 등의 과제가 있다.

(다) 윤축 교환 또는 대차 교환에 의한 방법

궤간이 다른 접속 역에서는 객차의 경우에 대차 교환, 화차의 경우에 윤축 교환 또는 대차 교환을 채용하고 있는 예가 있다. 대차 교환의 경우에 5량 정도를 동시에 잭으로 올려 분리한 대차를 밖으로 내보내면서 바꿔 들어가는 궤간에 대응하는 대차를 보내어 차체를 설치한다. 따라서, 차체의 올림, 내림을 하는 리프팅 잭 등의 설비, 양 궤간 교환용의 윤축이나 대차, 교환 작업을 하는 요원 등을 다수 준비하여 둘 필요가 있다.

(라) 화차 반송용의 화차 또는 대차에 의한 방법

화차를 적재한 채로 반송할 수 있는 화차, 화차의 각 윤축의 하부에 취부하여 화차를 반송하는 대차로 직통 운전하는 방법이며, 화차를 적재한 상태로 차량 한계 내에 들어가도록 하는 것이 조건이다.

(마) 궤간 가변 차량에 의한 방법

차량 측에서 차축의 폭을 궤도의 레일 폭에 맞추어 가변할 수 있는 기구를 장치하여 궤간이 다른 접속 역에 설치된 궤간 변환 장치 위를 통과하는 것만으로 직통 운전이 가능하기 때문에 가장 바람직한 방법이다. 유럽에서는 스페인과 프랑스간, 동유럽 여러 나라와 舊소련간에서 직통 운전을 행하도록 일찍부터 궤간 가변 대차의 개발을 진행하여 왔지만, 궤간 가변 대차의 개발은 대단히 어렵기 때문에, 현재 실용화되고 있는 것은 스페인의 Talgo 차뿐이다. 최근에 Talgo 차를 견인하는 디젤 기관차용 동력 장치를 설비한 궤간 가변 대차, 화차용 궤간 가변 대차의 개발 등이 진행되고 있다. 일본에서도 신칸센(표준궤간)과 재래선(1,067 mm 궤간)의 연락운전을 위해 궤간 가변대차의 개발을 진행하고 있다.

(6) 궤도중심 간격(track center distance, track spacing)

궤도가 2선 이상 평행하여 있는 경우에 인접 궤도를 주행하는 차량과 접촉되지 않도록 하며, 승무원이나 승객에게 안전하고 보선원이 용이하게 대피할 수 있도록 궤도가 어느 거리 이상 떨어져야 한다. 이와 같이 평행하여 있는 인접 궤도 중심선간의 거리를 궤도중심 간격이라 부르며, 선로의 궤도틀림과 열차동요, 여객이 차량의 창 밖으로 얼굴이나 손을 내민 경우의 안전을 고려하여 정한다.

직선구간에서 궤도중심 간격은 차량한계 중의 기초 한계에 적어도 60 cm를 더한 것 이상으로 하고, 다만 여객이 창에서 신체를 내밀 수 없는 구조에서는 40 cm 이상으로 한다.

국철에서는 궤도중심 간격을 ① 정거장 밖에서 2선을 병설하는 경우 고속선로는 5.0 m 이상, 1급선은 4.3 m 이상, 2 · 3 · 4급선은 4 m 이상(2005. 6에 개정), 3선 이상의 경우에는 각 인접하는 2 간격의 하나는 4.5 m 이상(2000.8 이전에는 4.3 m 이상이었음), ② 정거장내는 4.3 m 이상으로 규정하고, 6개 이상의 선로를 나란히 설치하는 경우에는 5개 선로마다 인접선로와의 궤도 중심간격이 6.0 m 이상인 하나의 선로를 확보한다. 다만 고속선로의 경우는 통과선과 부본선간의 궤도 중심간격은 6.5 m로 한다(**표 2.2.1** 참조). ③ 양궤도간에 가공 전차선의 지지주, 신호기, 급수주 등을 설치하는 경우에 상기 ①, ②는 필요에 따라 적당히 확대토록 규정하고 있다. 곡선의 경우는 건축한계 확대의 경우처럼 상기의 치수에 차량의 편의(偏倚)에 따른 치수, 즉 W(각 측의 확대 치수, 단위 : mm) = $50,000/R$ (곡선 반경, 단위 : m)의 2배를 확대한다.

고속철도건설규칙에서는 "표준 5.0 m 이상, 정거장내 4.3 m 이상, 기지 내 4.0 m 이상"으로 규정하고 있었다.

3.2.3 노반(road bed)

(1) 개론

(가) 노반의 역할과 시공 기면

노반은 궤도를 지지하는 기반이며 중량의 차량에서 레일 → 침목 → 도상을 거친 하중을 마지막으로 부담하는 부분이기 때문에 그 강약은 궤도에 중대한 영향을 준다. 통상은 흙 노반이며, 고가교나 터널 등에는 콘크리트 노반으로 하는 경우가 많다.

노반구조는 흙 노반과 강화노반(다음의 (3)항 참조)으로 대별된다(**그림 3.2.14**). 노반 중에서 주로 자연의 흙을 이용하는 것을 흙 노반이라 부른다. 노반의 구조는 균질한 자연토 또는 크러셔 럼프(crusher rump) 등의 단일 층으로 구성되며 땅깎기 또는 본바탕 흙에 적용하는 경우에는 필요에 따라 노상(路床) 부분에 배수 층을 설치하여야 한다. 노반재료는 자연토, 크러셔 럼프(도로용 부순 골재, 슬래그 쇄석)를 비롯하여 흙과 모래가 적당히 섞인 자갈 등을 이용하며, 각각 입도를 비롯하여 소정의 물리적 성질을 만족하는 것을 사용한다.

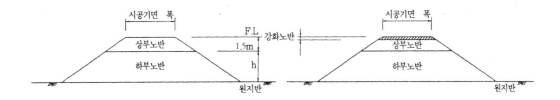

그림 3.2.14 흙 노반과 강화노반

선로 중심선에서 노반의 높이를 나타내는 기준면을 시공기면(formation level)이라 하며 선로를 건설할 때에는 이 시공 기면을 노선 선정(location of route)의 기준으로 한다. 따라서, 노선 선정 시에 시공 기면이 자연 지반과 일치하지 않는 경우에는 깎기, 축제, 교량, 터널 등을 만들어 평활한 시공 기면을 만들 필요가 있다.

(나) 노반의 폭

노반의 단면 형상은 토공정규(roadway diagraph)로 나타낸다. 궤도중심에서 시공기면의 외측까지의 폭은 깎기(cutting), 평지 및 6 m 미만의 둑 돋기의 경우에 선로 규격에 따라 1급선 및 2급선은 3 m, 3급선은 2.7 m, 4급선은 2.4 m로 하고 있으며(2000. 8. 22에 1 · 2급선 4.0 m, 3급선 3.5 m, 4급선 3.0 m로 상향 조정), 고속철도는 4.5 m로 하고 있다. 노반의 폭은 부설된 도상의 폭을 충분히 지지하고 노반의 비탈면(face of slope)을 확보하며 보선작업(maintenance working of track)이 용이하도록 넓게 하고 있다. 곡선구간에서는 상기의 시공기면 폭에 도상의 경사면이 캔트로 인하여 늘어난 폭만큼 더하여 확대하고, 교량 · 터널 등 구조물 구간의 시공기면 폭은 유지보수용 보도 등 부대시설을 감안하여야 한다.

시공기면도 곡선의 경우는 설계 캔트 · 축제의 높이 등에 따라 확대할 필요가 있다.

(다) 노반의 조건

노반에는 궤도를 지지하기 위한 강도가 필요하다. 즉, 노반은 궤도에서 전달된 하중을 지지하고 적당한 탄성으로 열차의 주행안전을 확보할 필요가 있으며, 균질하고 양호한 배수성을 확보할 필요가 있다.

① 분니(mud-pumping)나 도상 자갈의 박힘 등 노반 표층의 파괴가 적을 것.

② 노반 자체의 변형이 적을 것.

③ 노상으로 전하는 하중이 그 지지력(bearing capacity) 이하로 되도록 하중을 분산 전달할 것.

④ 노반 침하계수가 일정치 이상일 것.

(라) 노반의 토질(nature of soil)과 배수(drainage)

노반의 토질은 물이 고이지 않고 붕괴하기 어려운 것이 좋다. 따라서, 점토 결합 분을 포함한 사질토가 가장 좋다. 노반의 토질이 점성토인 경우에는 우수가 고이며(water pocket이라 한다), 흙이 연약하게 되어 도상의 자갈이 흙에 박히고 물이 침투하여 노반을 더욱더 연약하게 하며 도상이 가일층 침하되어 간다. 또한, 열차의 반복 하중으로 인하여 연약하게 된 흙은 도상 자갈 사이를 상승하여 도상을 고결시키기도 하고, 레일이음매에서는 분니 현상을 일으킨다. 한냉지(cold and freezing area)에서는 노반내의 물이 얼고 팽창하여 궤도를 들어 올려서 궤도면에 고저 틀림(longitudinal irregularity)이 생기게 한다.

이와 같은 좋지 않은 결과로 되지 않도록 노반을 지키기 위하여 지표수와 지하수에 대하여 적당한 배수 설비를 설치하여야 한다. 지표수에 대하여는 노반면에 진입한 우수를 신속하게 흐르도록 노반면의 요철이 없게 하고 양측을 향하여 1 : 25~50 정도의 구배를 두는 것이 효과적이다. 지하수의 설비는 노반 내에 체류하는 물을 제거하는 것으로 노반 내에 맹하수나 배수 토관 등을 설치하든지 측구(side ditch)를 깊게 하여 여과하는 구조도 채용된다.

(2) 분니(mud pumping)

선로에 생기는 분니에는 도상 분니와 노반 분니가 있다. 분니가 발생하면 도상의 탄성(elasticity) 기능을 저해함과 동시에 도상 입자간 마찰이 감소하기 때문에 침하가 현저하게 되고 궤도의 보수 작업량이 현저하게 증대된다.

(가) 도상 분니

도상 재료의 마멸에 기인하여 미립자화가 현저하게 되어 도상의 간극에 충만하게 됨에 따라 배수(drainage)를 저해하고, 도상을 고결시켜 탄성력을 잃게 된다. 이것이 도상 분니이다.

(나) 노반 분니

우수나 지하수로 인하여 연약화된 노반 흙이 간극 중을 상승하여 열차 통과 시의 하중으로 인하여 도상 표면으로 분출하는 것이 노반 분니이다. 분니 발생의 원인은 그 발생 과정에서 보아 다음과 같은 것이 고려된다.

① 노반 흙의 강도 부족 때문에 자갈의 노반으로의 박힘
② 반복 응력(repeated stress)으로 인한 노반 흙의 반죽
③ 침목의 상하 운동으로 인한 펌핑 작용

분니의 발생 요인으로 되는 인자를 요약하면 흙, 하중, 물의 3 요소의 상호 관계로 된다. 따라서, 분니의 발생을 방지하기 위해서는 이 3 요인의 어느 것인가를 제거하면 좋다. 분니 대책공법에는 **표 3.2.4**에 나타낸 방법이 있다. 현장에서 분니 대책공법을 선정하기 위하여는 다음에 따른다.

표 3.2.4 분니 요인별 대책공법 일람표

분니 요인			대책 공법	
			도상두께를 35cm로 증가시키는 것이 가능한 경우	도상두께를 35cm로 증가시키는 것이 불가능한 경우
도상두께의 부족			도상두께 증가(35cm)	도상두께를 될 수 있는 한 두껍게 하고, 다른 공법을 행한다.
배수 불량 및 노반 흙 불량	노반면 배수 불량	도상배수 불량	도상 교환	도상 교환 또는 도상의 체질과 도상 보충
		워터포켓의 존재	도상두께 증가(35cm)	횡단 배수공 또는 노반 치환공법 또는 노반면 피복공법
		곁도랑(側溝) 불량		곁도랑(측구)의 신설, 개량
		노반면상의 저장물의 존재		노반 치환공법 또는 노반 피복공법
		노반의 구배 불량		노반 치환공법 또는 노반 피복공법
	높은 지하수의 존재			노반 치환공법 또는 지하수위 저하공법 또는 깊은 배수공으로 지하수위를 낮추는 횡단 배수공이든지 노반면 피복공법
	높은 함수비의 점성토 노반			노반 치환공법 또는 노반면 피복공법

(주) 도상두께의 증가에는 도상 갱환 또는 도상 체질과 도상 보충이 수반된다.

① 분니의 발생 요인의 평가나 시공법에 따라 요인별 대책공법의 순서는 다음에 의한다.

　·하중 조건의 완화　　　　　·배수(drainage) 대책　　　　　·노반 개량

② 분니의 발생 요인은 복수의 조합으로 되어 있는 점에서 대책공법에 대하여도 적의 조합시킨다.

노반면 피복공법은 보호층, 차수 시트층, 배수층의 3 층으로 노반면을 피복하여 우수의 노반 내로의 침입을 방지함으로서 노반 분니의 발생을 방지하는 공법으로 시트 공법이라고도 한다. 이 공법은 다음의 점에 유의할 필요가 있다.

① 각 시트 재료는 내구성에 대하여 충분히 확인된 것을 사용한다.

② 피압 지하수가 없고 지하수위가 노반 표면보다 50 cm 이상 깊은 경우에 부설한다.

③ 노반의 횡단 구배를 3 % 이상 확보한다.

이 공법은 노반 치환공법에 비하여 시공성이 좋지만 다음과 같은 문제점이 생기는 경우도 있다.

① 시트에 작은 구멍이 뚫린다.

② 시공 시는 횡단 구배를 3 % 이상 취하여도 특히 레일 직하의 노반면이 열차 하중(train load)을 받아 침하하고 그곳에 우수가 고인다.

③ 노반 내의 배수가 그다지 좋지 않고 습윤 상태로 되기 쉽다.

(3) 강화 노반

최근에는 강화노반으로서 도로포장과 같은 모양으로 입도 조정 깬 자갈 또는 동등 이상의 기능을 가진 재료를 사용하여 충분히 다져 부설하는 공법도 채용되고 있다. 강화 노반의 설계상 고려할 사항은 다음과 같다.

① 도상 자갈이 박히지 않도록 충분한 강도의 노반으로 한다.

② 우수 등으로 노반 표면으로 유입된 물을 신속하게 유출시켜 강도를 저하시키지 않는다.

③ 열차 하중으로 인한 일시 침하량이나 잔류 침하량을 일정 한도 내로 억제하고 궤도 보수를 경감시킴과 함께 열차의 주행 안정성이나 승차감을 향상시킨다.

강화노반(**그림 3.2.15**)에는 쇄석강화노반과 슬래그강화노반이 있다. 강화노반의 두께는 사용재료, 궤도 구조(장대레일, 이음매레일), 열차속도, 노상조건 등에 따라 결정하며, 흙 노반과 마찬가지로 땅깎기 또는 본바탕 흙에 적용하는 경우에는 필요에 따라 노상(路床) 부분에 배수 층을 설치한다.

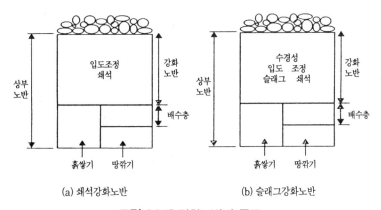

(a) 쇄석강화노반　　　　　(b) 슬래그강화노반

그림 3.2.15 강화노반의 구조

쇄석강화노반에 사용하는 입도조정쇄석은 KS F2525(도로용 부순 골재)의 M-40, M-30, M-25의 규정에 적합한 재료로 하며, 슬래그강화노반에 사용하는 고로슬래그 쇄석은 입도조정 고로슬래그 쇄석과 수경성 입도조정 고로슬래그 쇄석의 2 종류로서 KS F2535(도로용 철강 슬래그)에 적합한 재료를 이용한다. 터널 발파로 발생하는 암 버럭의 경우도 입도조정쇄석의 재료기준을 만족할 경우에 사용할 수 있다. 입도조정재료의 다짐도는 KS F2312(흙의 다짐시험방법)의 최대 건조단위중량의 95 % 이상으로 한다.

흙 노반과 강화노반을 비교하면, 흙 노반은 강화노반에 비하여 값이 싸고 시공도 용이하지만 노반표층의 차수성이나 노상 내구성의 향상, 분니 방지 및 이에 수반하는 보수 량의 경감이라고 하는 점에서는 강화노반이 우수하며 선구의 중요성이나 보수비를 고려하여 선택한다.

3.2.4 선로의 토공 구조물

(1) 땅 깎기 · 흙 쌓기(cutting · embankment)
철도 선로를 구축하는 경우에 천연의 지반(ground)을 땅 깎기 또는 흙 쌓기하여 노반을 만드는 일이 많으며 그 사면을 비탈면(face of slope)이라 한다. 땅 깎기의 비탈면 구배율은 지질이나 비탈면의 높이에 따라 다르지만, 1 : 0.8~1.5로 하고 있으며, 흙 쌓기의 비탈면 구배율은 지질이나 성토의 높이에 따라 다르지만, 1 : 1.5~2.3으로 하고 배수(drainage)에 대하여는 지하도 하수, 배수 그라우트 등을 설치한다. 연약 지반에 관한 상세는 제4장에서 설명한다.

(2) 곁도랑(側溝, side ditch)
곁도랑의 배수는 중요하기 때문에 절토에서는 시공기면의 양측에, 축제(bank, 성토)에서는 양측의 비탈면 저부에 곁도랑을 둔다.

(3) 토류 · 호안(retaining wall · revetment)
절토나 성토의 높이가 높은 것에 대하여는 필요에 따라서 토류(土留)를 설치하고, 하천이나 해안에 따르고 있는 경우에는 호안(護岸)을 설치한다. 토류 · 호안에는 콘크리트제가 많다.

3.2.5 선로의 부대 설비

(1) 선로표지{roadway (or wayside) post (or marker, sign, board, stone)}
열차 승무원에게 운전상의 필요한 조건을 나타내고 선로보수 종사원 등에게 필요한 편의를 주기 위하여 선로상에 여러 가지의 선로표지를 설치한다.

(가) 거리표(distance post, kilometer post)
노선의 기점부터의 선로 연장을 나타내는 것으로 1 km마다 설치하는 것, 200(500) m마다 설치하는 것이 있다.

(나) 구배표(grade post)

구배가 변화하는 지점에 건식되며, 전후 방향의 구배율을 나타내고 있다.

(다) 곡선표(curve post)

곡선부의 시종점에 건식되며 곡선반경과 캔트·슬랙이 기입되어 있다. 캔트 체감의 시종점, 즉 완화 곡선에는 체감표가 설치된다.

(라) **차량접촉 한계표(clearance post)**

분기기(turnout) 등에서 2 선의 차량이 접촉하는 한계를 나타내는 한계표를 설치한다(**그림 5.4.17** 참조).

(마) **기타의 표지**

정거장표(station post), 정거장 구역표(station zone post), 기적취명 표지(whistle post), 속도 제한표 (speed (restriction, limit) board, speed control sign), 용지 경계표(right-of-way (or property) post, landmark) 등이 있다.

(2) 건널목 설비와 입체교차

철도와 도로가 동일 평면에서 교차하는 경우는 건널목(level crossing, (highway) grade crossing, railroad crossing)을 설치한다. 일반적으로 철도가 우선 통행되며, 보안 설비는 도로 교통을 차단하는 방식으로 되어 있다. 건널목 사고(level crossing accident)는 적지 않으며 최근 철도에 관계하는 사망 사고의 대부분이 건널목 사고이다. 이를 방지하기 위하여도 건널목 대책이 중요하며 여러 가지의 대책이 강구되고 있지만, 궁극적으로는 입체교차(fly-over, two level crossing, overpass)로 하는 것이 이상적이다.

건널목의 보안 설비는 철도·도로의 교통량 다소 등에 따라 차단기(crossing bar (or gate, barrier), 경보기(crossing signal (or warnings) bell and flasher signal), 지장물 검지장치(crossing obstacle research device), 건널목 교통안전표지(notice and warning board, crossing warning sign)등이 설치된다(제5.5.2항 건널목보안 장치 참조).

건널목은 열차가 통과할 때에 차단기로 도로의 교통을 차단하는 것(제1종, first class railway crossing, 경보기도 설치), 열차의 통과를 통행자에게 경보기로 경보하는 것(제2종, second class railway crossing), 건널목 교통안전표지만이 설치된 것(제3종, third class railway crossing)으로 분류한다. 자동차의 교통량이 증대하는 최근의 간선 등에는 제1종이 원칙으로 되어 있다. 최근에는 전동식 자동 차단기를 제1종 건널목에 설치하고 있다. 열차가 접근할 때 경보를 울리는 시간은 약 40초 전으로 되어 있다. 최근에는 열차속도의 고저에 따라 경보가 울리는 시간이 변하지 않도록 제어하는 방식도 개발되어 있다.

자동차의 증가에 맞추어 입체 교차화가 추진되고 있다(상세는 제2.4.3(3)~(6)항 참조). 입체교차에는 도로를 내리든지, 선로를 올리든지, 또는 도로를 올리는 방법이 있지만, 공사의 난이, 공사비의 다소 등에 따라 결정된다. 복선에서 선로를 올리는 경우에는 공사비가 거액으로 되기 때문에 시행이 용이하지 않다.

건널목의 개량에서 포장의 종류를 결정하는 요소는 일반의 도로 포장을 행하는 경우와 같은 모양으로 건널목의 교통량 및 그 질, 철도의 열차횟수, 노반의 지지력 및 기상 등이지만, 이들의 설계에서는 도로 포장의 특수성에도 맞추어 고려하여야 한다. 포장 종류에는 ① 철판 또는 헌 침목, ② 콘크리트 블록, ③ 아스팔트, ④ 콘크리트, ⑤ 연접(連接) 궤도, ⑥ 기타 등이 있다.

또한, 유럽에서는 유니버셜 플레이트(汎用板)와 Harmelen식 건널목 등을 이용한다.

(3) 차량의 일주방지 설비

(가) 차막이(buffer stop)

선로의 종점에는 차량이 선로 구간을 벗어나지 아니하도록 차막이를 설치하여 제동을 잘못한 차량을 정지시키기 위하여 선로의 종단에 차막이를 설치한다. 차막이는 차량을 정지시키는 강도가 필요하지만, 너무 강(剛)하여 차량을 파손시키지 않는 구조가 바람직하며, 자갈 무더기를 쌓은 것이나 레일로 구성한 것, 콘크리트조 등이 있다. 외국에서는 유압 댐퍼 등을 이용한 기계식의 차막이를 이용하는 경우가 있다.

(나) 차륜 막이(scotch block) : 구름 방지 설비

측선(side track)에 있는 차량이 자연으로 움직여 다른 차량이나 선로에 지장을 줄 우려가 있을 때에 레일 상에 설치하여 차륜을 막는 구조로 되어 있다. 차량이 정하여진 위치를 벗어나서 구르거나 열차가 정지 위치를 지나쳐 피해를 끼칠 위험이 있는 장소에는 안전설비를 하여야 한다.

3.3 레일

철도의 상징인 강제의 레일은 차량의 중량을 직접 지지하고, 차륜으로부터의 1점 하중을 침목 · 도상으로 분포시키며, 차량에 원활한 주행면(running surface)을 제공하고, 차륜이 탈선(derailment)하지 않도록 안내하며, 또한 신호전류의 궤도회로(track circuit), 동력전류의 통로도 형성하고 있다.

3.3.1 레일의 단면형상과 길이

(1) 레일의 단면형상과 중량

레일은 윤하중(wheel load)이나 진동 등의 수직력 외에 좌우 방향의 사행동(hunting movement)이나 횡압력 등의 수평력에 대하여 강도상으로 충분히 견딜 수 있어야 한다.

레일단면의 형상은 다음과 같은 것이 필수 또는 바람직한 조건으로 열거된다.

① 두부의 형상은 차륜이 탈선(derailment)하기 어려울 것.

② 마모 후의 형상과 차이가 적을 것.

③ 수직 하중에 대하여는 높이가 높은 쪽이 바람직하다.

④ 위와 아래 목(필렛)의 반경이 작은 것은 홈이 생기기 쉬우므로 피한다.

⑤ 저부의 형상은 설치가 안정되기 쉽도록 폭을 넓게 한다.

⑥ 상하 중간은 녹 부식도 고려한다.

레일의 단면 형상은 긴 역사의 변천을 거쳐 오늘날에는 세계 각국에서 대부분 평저레일(flat-bottom rail)을 사용하고 있으나, **그림 3.3.1**에 나타낸 것처럼 예전에 영국에서 사용하였던 우두레일(bull-head rail), 쌍두레일(double-head rail)이나, 노면 철도에서 사용되는 홈붙이 레일(grooved rail)도 일부에 남아 있다.

쌍두레일은 상하의 양쪽 두부가 같은 형으로 상하를 전도하여 다시 사용한다는 생각으로 개발되었으나 저부의 부식, 마도 등으로 그다지 효과가 없었으며 우두레일은 쌍두레일을 개량한 것이며, 교형레일은 최근에

교형레일　　쌍두레일　우두레일　평저레일　홈불이레일

그림 3.3.1 레일 형상의 종류

사용하지 않는다.

　최근에는 국내외적으로 평저형이 레일의 기본 형상으로 되어 있다. 평저형은 열차 주행의 하중에 대한 휨 강도도 높고, 마모에도 강하며, 횡압에 대하여도 안정성이 우수하기 때문이다.

　레일의 명칭을 **그림 3.3.2**에 나타낸다.

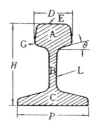

A : 레일두부
B : 레일복부
C : 레일저부
D : 두부폭
E : 두부상면 또는 답면
G : 두부측면
H : 레일 높이
L : 복부 측면
P : 레일저부폭
θ : 이음매 접촉 각도

그림 3.3.2 레일 각 부위의 명칭

　N 레일은 1960년대에 개발된 것으로 종래의 레일을 개량하여 높이를 높게 하고 단면 2차 모멘트를 크게 하였으며, 상부 필렛, 하부 필렛의 곡률을 크게 하여 타이어의 접촉면을 마모 형상에 맞춘 것이다.

　레일의 크기는 길이 1 m당 중량 kg(또는 1 야드당 파운드)을 취하여 나타낸다. 우리 나라에서는 지금까지 선로의 규격에 따라 30 kg/m, 37 kg/m, 50 kg/m의 레일을 사용하여 왔다. 그 후 기존의 선로에 50N(**그림 3.3.3**, 종래보다 높이를 높여 단면2차 모멘트가 크다), 수도권 전철 등에 60 kg/m(**그림 3.3.4**, N형에 비

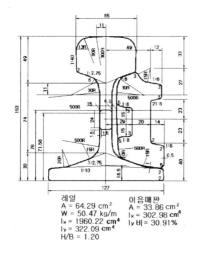

레일
A = 64.29 cm²
W = 50.47 kg/m
Ix = 1960.22 cm⁴
Iy = 322.09 cm⁴
H/B = 1.20

이음매판
A = 33.86 cm²
Ix = 302.98 cm⁴
Iy 비 = 30.91%

그림 3.3.3 50N 레일

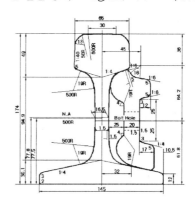

그림 3.3.4 KS60 레일

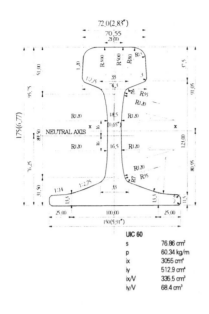

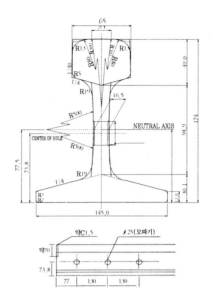

그림 3.3.5 UIC60 레일 　　　　　　　　 그림 3.3.6 60K 레일 및 KR60 레일

하여 상부필렛·하부필렛의 곡률을 크게 하고 있다)을 사용하고, 경부 고속철도에서는 UIC60 레일(**그림 3.3.5**, 휨 강성은 KS60과 거의 같지만, 두부의 모양이 N과 비슷하고, 저부 상면이 50N과 같이 2단의 경사가 있다)을 표준으로 하고 있다. 최근에는 열차의 고속화, 선로보수의 경감 대책 등에 따라 일반철도와 도시철도에서도 60 kg/m이 채용되는 등 레일 중량화(use of heavier rails)의 경향이 현저하다. 또한, 기존선에서 고속열차(KTX)를 운행하기 위하여 개발한 60K레일(두부형상은 UIC60과 유사한 50N 레일단면, 복부와 저부는 기존의 KS60레일 단면, 재질은 UIC60과 유사)은 일반철도의 주요 간선(경부선, 호남선, 중앙선)의 본선에 사용하고, 기타의 본선은 KR60레일(단면형상은 60K와 동일하고 재질은 KS60과 동일)을 사용한다 (**그림 3.3.6**).

　해외의 표준 궤간 또는 광궤의 간선도 50~60 kg/m의 레일이 많고 축중이 특히 큰 미국에서는 70 kg/m의 레일을 사용하고 있다.

표 3.3.1 레일의 단면 제원

종별	두부폭 (mm)	저부폭 (mm)	높이 (mm)	단면적 (cm²)	중립축 위치(mm)	단면2차 모멘트 I_x(cm⁴)	단면2차 모멘트 I_y(cm⁴)	중량 (kg/m)	비고
UIC60	72	150	172	76.87	80.90	3,055	512.9	60.34	
KS60	65	145	174.5	77.70	77.80	3,090	512	60.80	
60K 및 KR60	65	145	174	77.30	77.60	3,063	511	60.70	
50N	65	127	153	64.20	71.56	1,960	322	50.4	
50PS	67.86	127	144.46	64.30	66.90	1,740	377	50.4	
50ARA	69.85	139.7	152.4	63.58	-	2,059	-	49.91	
37ASCE	62.71	122.24	122.24	47.28	58.42	952	227	37.2	
30ASCE	60.32	107.95	107.95	38.26	52.07	604	152	30.1	

(2) 레일의 길이

레일의 이음매는 레일 길이방향에서 보면 불연속 개소이며, 차량주행 상에서도, 궤도구조 상에서도 궤도의 약점으로 되어 있다. 이음매를 통과하는 차량의 속도나 횟수가 증가하면 차량동요, 승차감의 악화와 함께 이음매의 궤도틀림으로 되므로 정성들인 보수가 필요하게 된다.

궤도의 약점인 이음매를 적게 하기 위하여 레일의 길이는 긴 쪽이 좋다. 즉, 이음매가 감소되면 승차감이 좋게 되고 선로보수 작업이 쉽게 되므로 레일의 길이는 되도록 이면 긴 쪽이 좋다. 그러나, 제조 공장의 설비, 운반·취급의 곤란, 혹한 시와 혹서 시의 온도 차이로 인한 신축의 처리 등에서 레일의 길이는 자연히 제약이 있다. 우리 나라에서 레일의 길이는 25 m(지하철은 20 m, 향후 고속철도에서는 50 m로 계획)를 표준으로 하고 있다.

실제의 궤도에는 용접(welding)된 레일을 포함하여 여러 가지 길이의 레일이 부설되어 있지만, 그 길이별로 다음과 같이 분류되고 있다.

① 200 m(고속철도 300 m) 이상의 레일 : 장대 레일(continuous welded rail, CWR)('학술적으로는 온도의 변화가 어떠하든지간에 부동구간이 항상 있을 정도의 길이를 가진 레일' 을 말한다)

② 25 m를 넘고 200 m 미만의 레일 : 장척 레일(longer rail),

③ 25 m의 레일 : 정척 레일{standard (length) rail},

④ 25 m 미만이고 5 m 이상의 레일 : 단척 레일(shorter rail).

3.3.2 레일의 재질

(1) 레일의 재질(quality of rail)

철과 탄소의 합금인 강은 레일강이라 부르며 탄소의 함유량이 1 %까지는 탄소가 증가하면 경도나 인장력이 증가하지만 연성이 저하한다.

레일의 재질은 강도·내마모성·내식성 등에서 일반적으로 고탄소강(high carbon steel)을 채용하고 있다. 고탄소강 중에서도 특히 탄소량(중량 %)이 많은 경강(硬鋼, 0.50~0.80 % C)인 탄소강이며 단지 탄소강이라고도 부른다. 철(Fe)에 소량의 탄소(C)를 합금한 것이며, 탈산제의 남은 분량으로서 규소(Si), 망간(Mn) 등도 포함되어 있다. 강*)의 성질에 가장 큰 영향을 미치는 것은 탄소이다. 레일강의 재질은 칼날만큼 단단하지 않지만 상당한 인성(toughness)과 내접촉 피로성이 있으며 용접이 가능하다고 하는 조건에서 성분이 결정되고 있다.

레일강에 필요한 재질의 성질은 ① 내마모성(wear resistivity), ② 내접촉 피로성(fatigue resistivity), ③ 내식성(corrosion resistivity), ④ 용접성(weldability)이다.

레일의 화학 성분(chemical composition)의 특성은 다음과 같다.

(가) 탄소(C) : 강 중의 철과 화합하여 "시멘타이트(cementite)"라 불려지는 탄화철의 극히 단단한 결

---

*) 강(鋼, steel) : 순철과 탄소의 합금이며, 규소, 망간, 인, 황 및 기타의 불순물을 함유하고 있다.
탄소함유량이 2.11 % 이하에서 0.0218 % 까지를 강이라 한다.

정으로 되며, 철만의 결정인 "페라이트(ferrite)"라고 불려지는 조직의 안에 층상으로 되어 분포한다. 이 때문에 탄소가 적을수록 연하고, 또한 탄소가 많을수록 단단한 강으로 된다.

따라서, 탄소량이 많게 될수록 강도, 경도(hardness), 내마모성이 증가하지만, 반대로 신율, 단면 수축률, 용접성이 줄어든다.

(나) 규소(Si) : 제강 시에 용강 중의 탄소가 기포(blow)로 되어 잔류하는 것을 제거하는 탈산제이며, 많이 포함되어 있으면 연성(ductility)이 내려간다. 규소의 함유량이 적으면 조직을 치밀하게 하고, 많으면 항장력(抗張力)은 늘어나지만 무르게 된다.

(다) 망간(Mn) : 규소와 같이 탈산제임과 동시에 강의 유해 원소인 유황의 제거하는 탈류제이며, 강도, 경도를 증가시키며, 단련시키기 쉽게 되는 성질을 가진다.

(라) 인(P), 유황(S) : 제강의 원료인 코크스에서 잔류하여 인성 등 강질의 열화를 일으키는 유해 원소이므로 될 수 있는 한 적게 하는 쪽이 양질의 강으로 된다. 인(P)은 충격력에 대한 저항력을 약하게 하므로 될 수 있는 한 작게 할 필요가 있다. 유황(S)의 함유량이 많으면 훼손, 마모가 늘어나고 열 취성이 있으므로 압연공정에서 균열이 생긴다.

각 레일의 화학 성분과 기계적 성질은 **표 3.3.2**와 같다.

표 3.3.2 레일의 화학성분 및 기계적 성질

레 일 강		화 학 성 분 (%)							기계적 성질		
		탄소(C)	규소(Si)	망간(Mn)	인(P)	황(S)	크롬(Cr)	바나듐(V)	인장강도 $Rm(N/mm^2)$	연신률 $As\%$	경도 HB
KS 60 및 KR 60		0.63~0.75	0.15~0.30	0.70~1.10	0.035이하	0.025이하	-	-	≥ 800	≥ 10	
UIC 60	용강 분석치	0.68~0.80	0.15~0.58	0.70~1.20	0.025이하	0.008~0.025	≤ 0.15	≥ 0.03	≥ 880	≥10	260~300
	제품 분석치	0.65~0.82	0.13~0.60	0.65~1.25	0.030이하	0.008~0.030			≥ 880	≥10	
60K	60K	0.68~0.80	0.15~0.58	0.70~1.20	0.025이하	0.025이하	-	-	≥ 880	≥10	260~330
	HH340	0.72~0.82	0.10~0.55	0.70~1.10	0.030이하	0.020이하	≤0.20	≥0.03	≥ 1080	≥ 8	HH340
	HH370		0.10~0.65	0.80~1.20			≤0.20		≥ 1130		HH370

60K레일에서 HH370 레일은 반경 500 m 이하의 외측레일, 분기기용 레일에 사용하고 HH340 레일은 반경 501~800 m의 외측레일에 사용한다.

레일은 중요한 궤도 재료이기 때문에 일반적으로 제조 시에 다음의 각종 시험을 하여 품질을 확보하고 있다.

① 인장 시험,　　　　　　　② 하중 시험,
③ 파단면 시험,　　　　　　④ 굴곡 시험,
⑤ 경도 시험,　　　　　　　⑥ 마모 시험,
⑦ 부식 시험,　　　　　　　⑧ 현미경 시험.

한편, 경부고속철도용 레일의 주요 시험 항목은 다음과 같다.

① 화학성분 분석시험,　　　② 인장 시험,

③경도 시험,   ④형상 및 치수 시험,

⑤초음파 탐상 시험,   ⑥현미경 조직시험,

⑦레일 저부의 잔류응력 시험,   ⑧설퍼 프린트 시험.

(2) 레일의 제조

결함이 없고 신뢰성이 특히 높은 우수한 품질의 레일을 제조하는 것은 제강에서도 고도의 기술을 필요로 한다. 국산의 레일이 국내의 궤도에 부설된 것은 1978년부터이다. 현재에도 세계에서 철도용의 레일을 생산할 수 있는 나라는 한정되어 있다.

종래의 레일 제조는 강괴(steel ingot)로부터의 가공 절단·롤의 공정이었지만, 최근에는 품질의 분산을 경감하고 공정을 생략하기 위하여 연속 주조(continuous casting, CC)로 직접 롤 가공을 하고 있다.

1949년에 오스트리아 Linz 및 Donawitz에서 평로보다 생산 효율이 대폭적으로 좋고, 품질도 향상된 순산소 상취전로 제강법(LD강)을 발명하여 1960년대 후반부터 각국에서 평로 대신에 급격하게 채용되었다. 이에 따라 평로에 의한 6 시간의 제강 시간이 40분으로 단축 가능하게 되었으며, 강 중의 함유 가스(N, O, H)가 감소되었다. 연속 주조법에 따른 표면 성상의 향상, 파이프나 편석(偏析)의 제거에 따른 재질(component quality)의 균일화 및 1960년대의 진공 탈가스법의 채용에 따라 셔터 균열의 원인으로 되는 강(鋼) 중의 수소 용해도의 감소가 진행되어 현재 극히 청정한 강이 제조되고 있다.

레일의 복부에는 단면형·중량·제조법·제조 회사명·제조 연월을 각인(stamping)한다. 전압의 횟수는 25~40 회이며, 횟수가 많을수록 좋은 레일이 생긴다. 레일의 롤 마크의 예를 **그림 3.3.7**에 나타낸다.

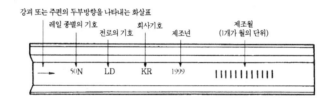

그림 3.3.7 레일 롤 마크의 예

(3) 열처리 레일의 일반론

열차횟수가 많은 곡선 외측 레일이나 통과 톤수가 많은 선구(heavy traffic line)에 이용하는 레일 등은 마모의 진행을 억제하여 내구 연한을 늘리기 위하여 마모가 심한 레일두부 표면에 대하여 담금질(quenching)을 하여 경도(hardness)와 내마모성을 높이고 있으며, 이것을 열처리 레일(heat hardeneel rail)이라 한다. 즉, 열처리 레일은 레일의 두부를 열처리함으로서 레일강의 조직을 바꾸어 내마모성을 향상시킨 레일이다. 열처리 레일(HH340, HH370)의 사용개소는 상기의 (1)항을 참조하기 바란다.

(가) 두부 전단면 열처리 레일

열처리 레일은 급곡선의 내마모용으로 사용되어 왔다. 종래의 열처리 레일은 고주파 유도가열 또는 가스화염 가열 후에 물담금질-템퍼링(tempering) 처리한 것(구HH레일)과 강제공냉에 의한 완속 담금질

(slack quenching) 처리를 한 것(NHH 레일)이었지만, 최근에는 압연직후 레일의 보유열을 이용한 인라인(inline)에서의 강제공냉에 의한 완속 담금질 처리한 레일(HH레일)이 사용된다. 보통레일에 비하여 탄소함유량이 증가하고 합금 성분으로 크롬(Cr), 또한 필요에 따라 바나듐(V)이 포함된다.

열처리 후의 품질을 나타내는 방법으로서 일반적으로는 표면 경도는 브린넬 경도(HB)[1] 또는 쇼어 경도(HS)[2]로 나타내며, 내부 경도는 비커스 경도(HV)[3]로 나타내고 있다. 상기의 (1)항에서 HH340, HH370의 숫자는 레일두부 상부표면의 브린넬 경도를 나타낸다.

레일에 열처리를 하는 부위나 방법에 따라 두부전단면 열처리레일과 두부끝 열처리 레일이 있다.

(나) 두부 끝 열처리 레일(EH 레일 : End Hardened Rail)

보통 레일 끝의 두부(양단 100 mm의 범위)를 **그림 3.3.8**에 나타낸 것처럼 고주파 유도가열 혹은 가스화염 가열 후 강재공냉에 의한 완속 담금질(슬랙 켄칭) 방식으로 열처리한 레일이며, 정척 구간의 이음매 대책(국부처짐, 박리 등의 방지 대책)으로서 사용된다.

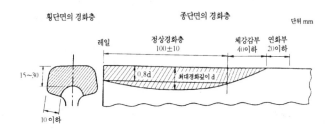

그림 3.3.8 경화층의 형성

(4) 합금강 레일

고탄소강 레일의 강도나 내부식성을 높이기 위하여 합금강(steel alloy) 레일이 연구되어 시험 사용되었지만 용접성이나 제조비 등에 문제가 남아 있다. 레일강의 강도를 더욱 올리기 위하여 합금 원소를 첨가하여 제조한 레일을 합금강 레일(alloy rail, premium rail)이라 한다.

합금 원소는 탄소와 마찬가지로 철에 비하여 미량의 첨가에 따라 강의 성질을 상당히 바꿀 수가 있다. 합금 원소는 주로 망간(Mn), 크롬(Cr), 바나듐(V), 몰리브덴(Mo), 규소(Si) 등이 열거된다. 이들 성분의 첨가는 강도의 향상을 목적으로 하고 있지만, 합금 원소의 첨가량이 부적합한 양이면 ① 레일 조직의 조대(粗大)화, ② 용접성의 악화, ③ 제조비의 상승과 제조 공정의 문제 등이 생긴다.

합금강 레일은 외국 고속선로의 내쉐링용 레일로서 시험 사용되거나 터널 등에서 내부식 합금강 레일로서 시험 사용되었지만 반드시 양호한 결과를 나타내지 않았다.

---

[1] 브린넬 경도(Brinell hardness) : 지름이 D mm인 강구를 재료에 일정한 압력으로 눌러 이때 생기는 우묵한 자국의 크기로 경도를 나타냄. $H_b = P/\pi Dh$, P : 압력, D : 지름, h : 깊이

[2] 쇼어경도(Shore hardness) : 선단에 다이아몬드를 끼운 추를 떨어뜨려 충돌로 인하여 튀어오른 높이로 굳기를 나타냄. $H_S = (10,000/65)(h/h_o)$, h_o에서 떨어뜨려 튀어오른 높이 : h

[3] 비커스 경도(Vickers hardness) : 대면각이 136°인 다이아몬드의 사각뿔을 눌러서 생긴 자국의 표면적을 경도로 나타냄. $H_v = 1.854\ P/d^2$, P : 하중(kg), d : 대각선 깊이(mm)

3.3.3 레일의 손상·마모와 수명

(1) 레일의 손상과 마모

레일의 손상(rail failure)은 제조시의 재질 결함 등으로 인한 선천적 손상과 부설 후에 과대 차량하중 등으로 인한 후천적 손상으로 나누어진다. **그림 3.3.9**에 레일 손상의 원인별 비율의 예를 나타낸다(고속철도의 레일결함 관리를 위한 레일결함 분류등급과 레일 손상의 UIC 분류는 후술의 제3.6.5(6)항과 표 3.6.9 참조).

레일의 훼손은 레일에 균열이 생겨 파단에 이르는 것이며 파단하면 탈선의 위험성이 증대하여 운전상 가장 문제로 되는 것이다. 그 원인으로서는 레일 제조상의 결함, 레일재질의 불량, 레일 부설 시나 집적 시의 부주의 등이 있다.

또한, 쉐링(shelling)은 레일두부 상면의 차륜과의 접촉 부근에서 조개껍질 모양의 피로단면이 생긴 것이다. 쉐링은 당초에 고속선로에서 나타났지만 근년에는 일반선로에서도 발생하고 있다. 발생원인은 아직 충분히 해명되지 않고 있지만 처음에는 수평으로 균열이 생기고 어느 부분에서 레일저부로 향하여 균열이 진행하여 레일파단까지 이르는 것이다. 레일두부 상면에 이르는 층에서는 접촉피로 층(약 0.05~0.2 mm)이 형성되어 있다. 이 층을 제거하기 위하여 0.15~0.3 mm 정도의 레일표면을 삭정한다. 또한, 파상마모가 발생한 레일두부 상면의 요철은 철도소음의 원인으로 되므로 이것을 제거하기 위하여 레일을 삭정하는 일이 있다.

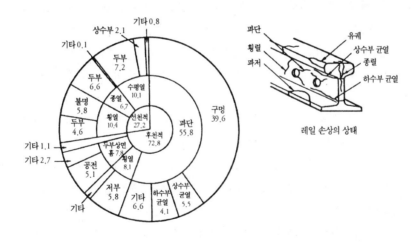

그림 3.3.9 레일의 손상 원인별 비율의 예

레일은 열차의 통과에 따라 반복 하중을 받으며, 또한 차륜의 주행에 따라 마모·변형·피로 손상되고, 경년에 따라 부식(corrosion)·전식(electrolytic corrosion)된다. 미약 전류로 인한 전식{직류 전철화(DC electrification) 구간의 터널 등}의 원인으로서는 ① 전위차가 크고, ② 배수의 불량 등이 고려된다(제2.4.2(5)(나)항 참조). 레일의 이음매부에서는 큰 충격력과 그 반복으로 인하여 이음매 처짐[*]이 발생한다.

---

[*] 레일의 이음매 부분이 침하하는 현상

직선부에서의 마모는 작지만, 곡선부에서는 외궤(outer rail)에 횡압이 걸리기 때문에 곡선 반경이 작은 경우에 레일두부의 마모가 많다. 레일의 두부 표면에 규칙적인 요철이 생기며, 이 때문에 진동이 발생하고 소음 공해(noise pollution)나 보선상의 문제가 생기는 일이 있다. 이것을 파상 마모(corrugation)라 한다.

콘크리트 도상 등에서는 레일의 두부 표면에 반상(斑狀) 마모가 발생하여 이상 진동이 일어나는 일도 있다. 또한, 습도가 높은 터널(tunnel) 내나 해안에 가까운 선로 등에서는 레일의 부식이 진행되는 것도 적지 않다.

레일의 마모는 직선구간의 경우에 마모가 상면전체로 진행되므로 그다지 문제로 되지 않는다. 그러나 곡선구간에서는 차륜이 전향하면서 주행하므로 특히 두부의 모서리를 주체로 바깥쪽 레일의 마모가 진행한다. 또한, 파상마모는 차량에서 대차의 고유진동이나 윤축의 휨 진폭 등으로 레일면상에 요철이 주기적으로 발생하여 파장이 2~3 cm에서 50~60 cm까지 여러 가지의 파장으로 마모가 생기는 것으로 특히 고속구간에서 많이 나타난다.

레일 버릇은 레일의 휨이나 변형된 상태가 원상으로 회복되지 않고 변형된 상태를 유지하는 것이며, 보수 불량이나 취급불량으로 발생한다. 부설된 레일은 짐그로 등으로 정정한다.

(2) 레일의 수명과 교환

신품의 레일을 부설한 후에 그 레일 위를 통과한 차량 중량의 총계(통과 톤수)에 따라 레일 교환의 목표가 정하여지기도 하지만, 현실의 철도 사업에서는 궤도 보수의 방침이나 궤도 재료(track material)의 운용면 등에서 수명이 결정되는 일도 많다. 즉, 급곡선에서 열차횟수가 많은 구간에서는 1년이 채 안되어 교환하는 일도 있지만, 통과 톤수(tonnage)로 1.5~6억 톤 정도가 레일 교환의 목표로 되어 있다. 보통은 10~25년을 표준으로 하고 있지만, 실제는 열차 속도 등의 조건, 궤도보수의 정도, 경영 상황 등에 따라 레일의 수명(life of rail)이 결정된다.

즉, 레일의 경년 사용에 따라 열차 운행의 안전, 승차감의 확보, 보수의 경제성 등의 관점에서 문제가 생기는 경우가 있으므로 적정한 시기에 레일을 교환하여야 한다.

금속 재료는 일반적으로 반복 하중을 받으면 피로(fatigue) 현상이 생긴다. 레일은 특히 열차 하중(train load)이라고 하는 반복 하중을 받는 구조재이기 때문에 레일의 교환에서는 마모로 인한 단면 강도의 감소만이 아니고 피로 면에서의 점검도 필요하게 된다. 또한, 곡선부에서는 일반적으로 외궤 레일에서 큰 외력을 받기 때문에 마모나 피로가 심하며, 이것이 그 선구의 레일 수명을 결정하는 경우가 많기 때문에 이 부분을 열처리(sorbite나 pearlite 조직)*)하는 일도 있다.

레일 교환의 원인은 상기에서도 일부 언급하였지만 다음과 같다.

(가) 마모(wear)

레일의 경년 사용에 따라 레일 두부의 상면 및 궤간 안쪽 면이 차차로 마모된다. 특히, 곡선부 외측 레일에서는 궤간 안쪽 면의 편마모(partial side wear)가 심하게 된다. 장소에 따라서는 파상마모(corrugation)가 발생한다.

---

*) 레일의 급냉각(quenching) 시에 생기는 금속 조직의 것이다(제3.3.2(3)항 참조).

(나) 변형(deformation)

이음매부의 레일 단부에서는 차륜의 충격으로 인하여 이음매가 패여 이른바 이음매 처짐이 발생한다. 이 때문에 승차감이 악화되기도 하고 궤도보수 주기가 짧게 된다.

(다) 피로(fatigue)

레일은 차륜의 반복하중으로 인하여 피로가 생기고, 균열 등의 손상이 발생한다. 특히, 용접부에서는 횡렬 (transverse cracking), 이음매부에서는 파단(bolt-hole cracking), 또한 이음매부 이외에서는 쉐링 (shelling) 등이 발생하기 쉽다.

후술하는 것처럼 레일 종별마다의 피로 교환 기준으로서 이음매부의 피로를 기초로 한 누적 통과 톤수 (accumulated tonnage)를 목표로 하고 있다.

(라) 부식(corrosion), 전식(electrolytic corrosion)

레일의 경년 사용에 따라 표면이 부식한다. 특히 터널 내 등에서는 단면의 감소뿐만 아니라 부식 피로로 인하여 레일의 피로 강도가 저하하고, 피로하기 쉽게 된다. 또한, 직류 전철화 구간의 터널 내 등에서는 전식(제 2.4.2(5)항 참조)이 생겨 파손되는 경우가 있다.

경부 고속철도에서는 다음과 같이 레일 교환 기준을 정하고 있다(상세는 《고속선로의 관리》 참조).

① 최대 마모 높이가 ⓐ 60 kg/m 레일은 본선에서 13, 측선에서 16 mm에 달하였을 때, ⓑ 50 kg/m 레일은 측선에서 15 mm에 달하였을 때

② 파상마모의 높이가 0.2 mm(고속운전 구간)에 달하였을 때

③ 기타 균열 등으로 열차운전상 위험하다고 인정될 때

또한, 일반 직선구간에서의 레일 교환주기를 누적 통과 톤수(accumulated tonnage)에 따라 ① 60 kg/m 레일은 6억 톤, ② 50 kg/m 레일은 5억 톤으로 하고 있다.

일반철도에서는 레일교환의 기준을 **표 3.3.3**에 나타낸 것처럼 정하고 있으며, 기타 균열, 심한 파상마모 등으로 열차운전상 위험하다고 인정되는 레일은 교환하여야 한다고 규정하고 있다.

표 3.3.3 일반철도의 레일교환 기준과 주기

레일종별	교환기준(다음 상태에 이르기 전에 교환)				일반 직선구간에서 누적 통과 톤수에 따른 교환주기(억톤)
	레일두부 최대 마모높이(mm)		마모부식으로 인한 단면적 감소(mm)*		
	일반의 경우	편마모의 경우	본선	측선	
60레일	13	15	24	-	6
50N, 50PS	12	13	18	22	5
50ARA-A	9	13	16	20	5
37ASCE	7	12	16	20	2*)
30ASCE	7	6	14	18	1.5*)

*) 철도청 당시의 선로정비규칙에서 정하였던 것으로 건설교통부에서 2004. 12. 30 제정한 선로정비지침에서는 제외함

3.3.4 레일의 이음매(rail joint)

(1) 이음매의 요건

레일과 레일의 접속부를 이음매라고 하며, 궤도의 최대 약점이므로 그 배치나 구조에 여러 가지의 대책을 강구하고 있다.

이음매에는 다음과 같은 기능적 역할을 필요로 한다.

① 수직력은 물론 횡압에 대하여도 이음매 이외의 부분과 비교하여 같은 정도의 강도와 휨 강성을 가지고 있을 것.

② 온도의 변화로 생기는 축력(axial force)에 대하여 충분한 강도 혹은 신축성을 가질 것.

③ 레일 단부에 대하여 서로간에 상하·좌우의 어긋남, 단차나 요철이 생기지 않을 것.

④ 구조가 복잡하지 않고, 값이 싸며, 제작·보수가 용이할 것.

⑤ 전철화(electrification) 등의 구간에서는 전기절연이 양호할 것.

(2) 이음매의 종류

이음매의 종류는 그 기능, 구조, 형상, 배치, 지지 방법 등에 따라 다음과 같이 분류할 수 있다.

(가) **기능상의 분류** : ① 보통 이음매, ② 절연 이음매(insulated joint), ③ 신축 이음매(expansion joint)

(나) **구조상의 분류** : ① 맞대기 이음매(butt joint), ② 사(斜) 이음매(oblique joint)

(다) **배치상의 분류** : ① 상대식(相對式) 이음매 (opposite joint, even joint),
　　　　　　　　　　　② 상호식(相互式) 이음매(alternate joint, broken joint)

(라) **지지 방법에 따른 분류** : ① 현접법(懸接法) 이음매(suspended joint),
　　　　　　　　　　　　　　② 지접법(支接法)이음매(supported joint)

구조상의 분류에서는 맞대기 이음매를 일반적으로 채용하며, 사이음매는 장대레일 단부의 신축 이음매에 이용한다.

(3) 이음매의 배치 및 지지 방법

이음매(**그림 3.3.10**)의 배치에서 우리 나라와 일본, 유럽에서 일반적으로 채용하고 있는 상대식은 직선부에서는 양측 레일의 이음매 위치를 궤도 중심선에 직각으로 하고, 곡선에서는 곡선 반경에 따라 짧은 레일을 사용하여 양측 레일의 이음매를 법선 방향으로 일치시키는 것이다. 이 방식은 좌우 이음매의 위치가 같아서 침목의 보강을 하기 쉽지만 이음매의 침하를 피할 수 없다. 미국 등에서 채용하고 있는 상호식은 이음매의 침하량이 줄어들지만, 열차의 롤링을 일으키기 쉽다.

이음매부에 대한 침목의 지지 배치에서 현접법은 **그림 3.3.11**의 (a)와 같이 이음매를 침목의 중앙에 배치하는 방법이며, 지접법은 (b), (c), (d)와 같이 이음매를 침목의 바로 위에 설치한다. 종래는 현접법이 일반적으로 이용되어 침목의 간격을 짧게 하였지만, 국철에서는 1978년부터 폭이 넓은 (30 cm) 이음매 침목을 채용하고 있다.

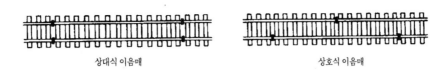

상대식 이음매   상호식 이음매

그림 3.3.10 레일 이음매의 배치

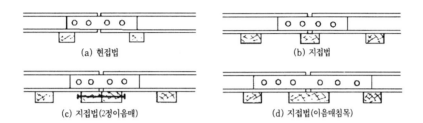

(a) 현접법   (b) 지접법

(c) 지접법(2정이음매)   (d) 지접법(이음매침목)

그림 3.3.11 이음매부의 침목 지지

(4) 특수 이음매(중계 레일)

레일 단면이 다른 지점에는 **그림 3.3.12**에 나타낸 중계 레일(junction rail), 이음매 레일이라고도 한다)을 사용하여 레일 두부를 맞춘다.

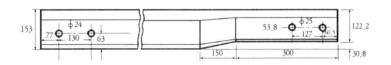

그림 3.3.12 중계 레일(50N - 37 kg/m) (단위 mm)

(5) 이음매판(fish plate)

이음매판은 종래는 단책형과 L형 이음매를 이용하여 왔지만, N레일에서는 두부와 귀 부분이 크고 저부가 짧은 I형을 채용하고 있다(**그림 3.3.13** 참조). 어느 것도 레일 복부(rail web)의 중간에서는 레일과 접속되어 있지 않다. 전기운전(electric traction)이나 신호회로의 레일은 전류회로로서 이용되며, 이음매판과의 접촉면은 녹 등으로 전기 저항이 크게 되는 일이 있기 때문에 레일본드나 신호본드로 연결한다. 레일본드는 동선을 묶은 것(신호본드는 가늘다)을 땜납 합금으로 레일에 용착시킨다.

이음매 볼트, 너트(50 kg/m 레일에 대하여 25.4 mm)는 이음매판과 레일을 체결하는 것으로 체결력이 유지되고 레일의 온도에 따른 신축에 지장이 없는 등의 조건이 요구된다. 너트의 이완을 방지하기 위하여 이음매판과 너트 사이에 록너트 와셔를 삽입한다.

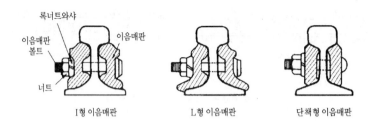

I형 이음매판   L형 이음매판   단책형 이음매판

(6) 이음매 유간(joint gap)

부설된 레일은 기온에 따라 신축하기 때문에 이음매는 적당한 간격을 둘 필요가 있다(레일 3.6.5(5)항 참조). 레일 자신의 온도는 기온 외에 직사 일광으로 인하여 상당히 높게 되며 레일의 온도차는 60~80 ℃도 보여진다. 따라서, 25 m 레일에 대하여 이음매 간격은 40 ℃에 대하여 1 mm, 0 ℃에 대하여 12 mm 정도로 하고 있다. 더욱이, 터널 내 등에는 온도 변화가 적은 곳도 있어 대개 2 mm 정도로 하고 있다.

(7) 절연 이음매

(가) 절연 이음매의 종류

신호기를 제어하는 궤도 회로나 건널목 경보기의 제어 구간을 두기 위하여 절연 이음매(insulated joint)를 설치한다. 즉, 궤도회로의 이음부 등 레일의 절연이 필요한 경우는 **그림 3.3.14**의 예와 같은 절연 구조로 한다. 절연 이음매에는 레일 절연 이음매와 접착 절연 이음매가 있다. 경부고속철도는 무절연궤도회로(제 5.5.1(2)항 참조)를 이용한다.

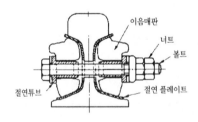

그림 3.1.14 절연 이음매

(나) 접착 절연 이음매(glued insulated joint)

레일 절연 이음매의 강화 책으로서 레일과 이음매판을 강력한 접착제로 접착하여 레일 축력, 충격에 견디고, 충분한 절연성이 있게 한 접착 절연 이음매를 개발하여 실용화하였다.

접착 절연 이음매의 제작 방법에는 습식과 건식이 있다. 습식은 경화제와 경화액을 혼합하여 글라스 크로스(glass cross)로 도포하고 나서 압착하여 가열 경화시키는 공법이다. 건식은 화학 공장에서 글라스 크로스 등으로 접착제를 도포한 수지 침투 가공재(prepreg)를 제조하여 두고 이것을 압착하여 가열 경화시키는 공법이다.

건식은 습식에 비하여 접착이 용이하고 위생상도 좋으며 접착제의 취급에 따른 실패가 없으므로 건식 접착 절연 이음매의 쪽이 주목되고 있다.

3.3.5 장대레일(continuous welded rail)

(1) 개요 및 필요성

레일 이음매(rail joint)는 궤도의 제1의 약점이므로 이를 용접(welding)하여 장대레일(CWR)로 만들어 이음매를 없게 하면 보수의 생력화(man-power saving)나 승차감의 향상 및 소음·진동 대책의 면에서 효과가 크다. 종래는 장대레일이 온도의 변화에 따른 신축의 처리가 곤란하며, 큰 축력(axial force)으로 과연 레일이 파단하지 않는가, 비록 파단하여도 벌어지는 부분(開口部)이 운전상 지장이 없는가, 또한 레일이 팽창한 때의 궤도 좌굴(buckling)에 대하여 도상의 횡 지지력이 저항할 수 있는가, 라고 하는 점이 문제로 되어 왔다. 그러나, 오늘날에는 레일 용접기술의 향상, 신축 이음매의 개발, 도상저항력이 큰 PC침목과 깬 자갈 도상의 보급 등에 따라 장대레일이 세계적으로 널리 채용되고 있다.

장대레일 궤도는 정척레일 궤도에 비하여 다음과 같은 장점이 있다.

① 궤도의 보수 주기가 길다.   ② 궤도 재료의 손상이 적다.

③ 열차의 동요가 작아 승차감(riding quality)이 좋다.

④ 소음·진동의 발생이 적다.   ⑤ 멀티플 타이 탬퍼의 작업성이 좋다.

(2) 온도(temperature)와 축력(axial force)

(가) 온도에 따른 신축과 축력

레일이 자유로 신축할 수 있는 상태로 두면, 온도의 변화에 따라 다음의 양만큼 신축한다.

레일의 신축량 ΔL(cm) = 선팽창계수 $\beta(11.4 \times 10^{-6}) \times$ 온도 변화 Δt(℃) $\times$ 레일의 길이 L(cm)   (3.3.1)

온도 변화를 10 ℃, 레일의 길이를 25 m로 하면 신축량은 다음과 같이 된다.

$$\text{레일의 신축량} = 11.4 \times 10^{-6} \times 10 \times 2500 \text{ cm} = 0.285 \text{ cm}$$

또한, 온도 변화를 10℃, 장대레일의 길이를 1,000 m로 하면, 레일의 신축량은 11.4 cm이며, 온도 변화를 30℃, 장대레일의 길이를 2,500 m로 하면, 레일의 신축량은 85.5 cm의 큰 것으로 된다.

장대레일의 경우는 온도 변화에 따라 레일이 신축하려고 하지만, 체결 장치와 침목을 통하여 견고한 도상(track bed)이 온도 변화의 축력에 대항하여 전후 방향의 이동(레일의 신축)을 저지하기 때문에 레일의 신축이 방해된다. 그 분만큼 레일의 내부에 응력이 생긴다. 이 때 레일 단면에 작용하는 압축력 또는 인장력을 레일 축력(axial force)이라고 한다. 장대레일은 양단의 100 m 정도의 구간만 신축하고 그 중간은 신축이 없는 부동 구간(unmovable section)이라고 고려되기 때문에 양단 100 m 구간의 처리를 충분히 하여 두면 얼마라도 길게 하는 것이 가능하다(고속철도의 경우는 150 m). 여기서, 온도 변화에 따른 부동 구간의 축력(kgf)은 다음과 같이 나타내어진다.

레일의 축력 P(kgf) = 탄성계수 E(2.1×10⁶ kgf/cm²)×레일의 단면적 A(50N 레일 : 64.2 cm², UIC60 레일 :

   77.87 cm²)×선팽창계수 β(11.4×10⁻⁶)×부설 시와의 온도 차이 Δt(℃)   (3.3.2)

부설시의 온도와의 차이 1 ℃에 대하여 50N 레일은 약 1.54 tf, UIC60 레일은 1.84 tf이다. 50N 레일은 20℃에 대하여 약 30 tf이며, 레일의 내부 응력은 약 5 kgf/mm²로 된다.

이 종방향 축력으로 인하여 횡방향 저항과의 평형 상태가 깨어지면 순간적인 좌굴 현상을 일으켜 극히 위험한 상태가 예상된다. **그림 3.3.15**에 장대레일의 축력과 신축을 나타낸다.

신축구간길이 $\ l = \dfrac{EA\beta\Delta t}{r}$

단부신축량 $\ y_0 = \dfrac{EA(\beta\Delta t)}{2r}$

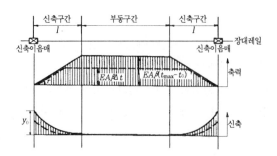

그림 3.3.15 장대레일의 축력과 신축

한편, 저자가 오래전(1980년대)에 궤도 현장에서 날씨에 관계없이 측정한 기온과 레일온도의 자료(n=512)를 이용하여 기온과 레일온도의 상관관계를 구한 결과 기온이 영상일 때 대기온도 x(℃)와 레일온도 y(℃)의 관계의 회귀식이 다음과 같이 구하여졌다(상관계수 r=0.98).

$$y = x^{1.11}$$ (3.3.5)

기온이 영하일 때의 레일온도는 기온과 같다.

(나) 궤도의 좌굴(挫屈, buckling)

레일의 온도는 주야 및 연간에 대하여 크게 변화하며, 연간을 통한 최대 온도차는 80 ℃ 이상에 달하는 경우도 있다. 레일은 이와 같은 온도변화에 따라 신축(伸縮, expansion)하려고 하지만, 침목과 도상(직결 궤도인 경우에는 레일 체결장치와 궤도 슬래브 등)으로 전후의 신축이 구속되기 때문에 일반적으로 레일이 자유로 신축할 수가 없다. 그 결과, 레일에는 구속된 신축 량에 대응하여 축 방향의 스트레인(strain)이 축적되어 축력[*](軸力, axial force)이 발생한다.

일반적으로 레일과 같이 세장(細長)의 부재에 축 방향의 압축력이 작용하는 경우에 압축력의 증대에 따라 축 방향의 스트레인이 어느 한도를 넘어 크게 되면 부재는 똑바른 상태를 유지할 수가 없게 되어 급격히 횡 방향으로 변형하여 길이 방향 스트레인의 전부 또는 일부를 단숨에 해방한다. 이 현상을 일반적으로 좌굴(挫屈)이라 한다. 이것은 높은 축력(軸力, axial force) 하에서는 축 방향으로 압축된 상태보다 횡 방향으로 휜 상태의 쪽이 보다 안정된 것으로 된다. 이와 같은 궤도 좌굴은 보선의 현장에서는 장출(張出, track defor-mation (or warping, snaking))이라고 통칭되고, 변형량은 때로 수10 cm에도 달하며, 열차의 주행

---

[*] 압축 축력을 특히 축압력(軸壓力, axial compression force)이라 한다.

에 중대한 영향을 미치는 사실에서 그 방지에 특히 유의하여야 한다.

(다) 도상저항력(道床抵抗力)

궤도의 좌굴 안정성에는 도상 횡 저항력(道床 橫 抵抗力, lateral ballast resistance force)이 크게 영향을 준다. 도상 횡 저항력의 크기는 침목의 치수, 크기, 중량, 단위 길이당 침목의 부설 수량 외에 도상 단면형상, 도상 입자형상 및 중량, 다짐 정도 등에 의존한다(제3.6.8항 참조). 도상 횡 저항력의 크기는 통상적으로 1개 또는 복수의 침목을 선로 직각방향으로 잡아당길 때의 저항을 측정하여, 이 때의 저항력을 한쪽 레일의 단위 길이당의 수치로 환산하여 나타낸다. 침목 1개를 잡아당김에 의한 도상 횡 저항력의 측정치는 좌굴에서 궤광(軌框)이 일제히 수평방향으로 이동할 때의 진실의 저항력에 비하여 일반적으로 15~20 % 크게 된다. 또한, **그림 3.3.16**에 나타낸 것처럼 도상 횡 저항력의 값은 도상 교환 혹은 다짐 직후에는 충분히 다져진 상태의 1/2 정도로 저하하며, 열차의 반복 통과에 따라 서서히 증가한다.

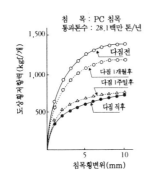

그림 3.3.16 도상 횡 저항력의 특성

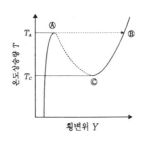

그림 3.3.17 온도 상승과 궤도 변위

(라) 최저 좌굴 강도

궤도의 좌굴 강도(挫屈强度, buckling strength)는 일반적으로는 좌굴 발생시의 레일 축력(軸力, longitudinal force in rail) 또는 이것에 대응하는 온도 상승량(溫度 上昇量)으로 나타낸다. 궤도 좌굴시에 레일온도(또는 이것에 대응하는 레일 축압력)와 궤도의 횡 변위의 관계는 일반적으로 **그림 3.3.17**과 같이 나타내어진다. 레일 축력의 증대와 함께 궤도틀림 등, 미소한 초기 변위가 서서히 증대하여 한계점 A에 도달하면 삽시간에 대변위가 발생하여 B점으로 뛰어 넘는다.

그림 중에서 A점의 왼쪽과 C점의 오른쪽(실선으로 나타낸 부분)은 안정적 균형상태이며 각각 좌굴 전과 좌굴 후의 궤도상태에 대응한다. A~C는 불안정한 균형상태이며, 실제로는 이 상태에서 궤도가 균형을 유지하는 일은 없다.

A점은 주어진 조건에서 "이론상의 좌굴 발생 축력"이지만, 실제의 궤도에서는 각종의 부정합(초기 변위나 레일버릇, 레일 잔류 응력(residual stress), 레일체결이나 도상 횡 저항력의 불균일 등) 및 열차주행시의 진동 등으로 인하여 실제의 좌굴 하중은 일반적으로 이것을 하회한다. 한편, T_C는 좌굴 상태가 생기는 이론상의 하한(下限)온도이지만, 상기와 같은 부정합의 존재에도 불구하고 T_C에서 곧바로 좌굴이 발생하는 일은 드물다. 이상과 같이 일반적으로 진실의 좌굴 발생 온도가 T_C와 T_A의 중간에 있는 사실에서 T_C가 안전

측의 목표치로서 좌굴 강도의 검토에 이용되어 왔다. T_c에 대응하는 레일 축력은 "최저 좌굴 강도(最低挫屈強度)"라 불려진다.

　최저 좌굴 강도는 레일을 포함한 궤광의 휨 강성(剛性), 도상에서 침목의 이동 저항(도상 저항력) 및 곡선반경 등에 의존한다. 궤도 관리에 이용하는 최저 좌굴 강도의 산정에는 沼田에 의한 이론 식이 이용되고 있다[25]. 이것은 좌굴을 저지하는 도상저항력을 소성 변위, 즉 변위에도 불구하고 일정하다고 가정하여 좌굴 파형을 **그림 3.3.18**과 같이 4 종의 파형(波形)으로 분류하고 레일 축 압력으로 인한 그 파형 이상의 변형을 저지하도록 작용하는 저지(沮止) 저항력에 의한 내부 에너지의 균형을 구하고 있다. 좌굴의 발생으로 인하여 좌굴 부분의 축 압력은 **그림 3.3.19**와 같이 저하하는 것으로 가정한다.

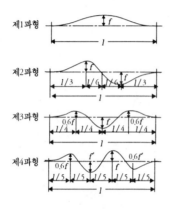

그림 3.3.18 좌굴 파형의 분류

그림 3.3.19 좌굴 후의 축력 분포

　즉, 가상(假想) 일의 원리(原理)에 기초하여 좌굴 발생 전후 레일 축력의 상호 관계에서 이론적으로 유도한 것으로 이하의 식을 만족하는 P_t의 최소치로서 주어진다.

$$P_t = P + \sqrt{\frac{\gamma^2 r^2}{P} + \frac{a r}{P^3 \sqrt{P}}\left[\left(g - \xi \frac{P}{R}\right)^2 + k\left(g - \xi \frac{P}{R}\right)\frac{P}{R}\right]} - \frac{\gamma r}{\sqrt{P}} \qquad (3.3.6)$$

여기서, P_t : 궤도의 좌굴 강도(좌굴하기 직전의 레일 축력) (kgf)

　　　　P : 좌굴 후의 평형(平衡)축력 (kgf)

$$\gamma = \frac{(n+1)\sqrt{2\pi}}{2}\sqrt{EJ}$$

$$a = 8\mu E^2 JA\sqrt{EJ}$$

$$k = \frac{\phi}{2\mu}$$

　　　　n : 좌굴 파형의 파수

　　　　E : 레일강의 영률 (kgf/cm^2)

J : 레일의 수직축 주위의 단면2차 모멘트 (cm⁴)

r : 도상 종 저항력 (한쪽 레일 단위 길이당, kgf/cm)

g : 도상 횡 저항력 (한쪽 레일 단위 길이당, kgf/cm)

R : 곡선반경 (m)

μ, φ, ξ : 좌굴 파형에 따라 결정되는 정수

$n = 1$일 때 $\mu = 8.8857$, $\varphi = 7.7714$, $\xi = 1$

$n = 2$일 때 $\mu = 7.9367$, $\varphi = 0$, $\xi = 0$

상기의 식으로 여러 가지 P의 값에 대한 P_t가 **그림 3.3.20**과 같이 구하여진다. 그림에서 알 수 있는 것처럼, P_t는 P에 대하여 극소치를 가지고, 이보다 작은 값에서는 좌굴이 발생하지 않으며, 이것이 최저 좌굴 강도로 된다.

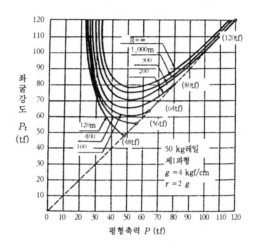

그림 3.3.20 좌굴 강도의 계산 결과

(마) 좌굴강도의 약산 식

최저 좌굴 강도에 관한 상기의 계산은 일반적으로 복잡하므로 이것을 수치적으로 구한 결과에 기초하여 이하의 약산 식이 제안되고 있다. 즉,

$R \geq R_0$에서는

$$P_{t2} = 3.63 \, J^{0.383} \, g^{0.535} \, N_j^{0.267} \qquad (3.3.7)$$

$R < R_0$에서는

$$P_{t1} = 3.81 \, J^{0.383} \, g^{0.535} \, N_j^{0.267} - 20.2 \, J^{0.783} \, N_j^{0.600} \, \frac{1}{R} \tag{3.3.8}$$

여기서,

$$R_0 = \frac{112.2 \, J^{0.406} \, N_j^{0.333}}{g^{0.535}}$$

P_{tn} : 파수 n의 좌굴 파형에 있어서 좌굴 강도 (tf)

N_j : 궤광의 휨 강성을 레일 횡 휨 강성의 배수로 나타낸 값

상기의 약산 식을 이용함에 따른 오차는 대체로 1 tf 이하로 된다.

이 레일신축이 억제됨에 따라 발생되는 축 응력으로 인하여 레일의 좌굴이 생기지 않도록 PC 침목을 이용하여 도상저항력을 확보(제3.6.8항 참조)하는 등 궤도를 강화한다(제(3)항 참조).

(3) 장대레일 부설에 대한 제한

(가) 장대레일의 가능 조건

① 장대레일 양단에서의 레일 신축량을 신축 이음매로 흡수할 수 있을 것.

② 열차 등의 영향을 받아 장대레일이 활동하거나, 복진(rail creeping)하는 일이 없이 레일에 생긴 큰 축력(axial force)을 침목으로 유지할 수 있을 만큼의 충분한 레일 체결력과 도상 종저항력이 확보될 수 있을 것.

③ 레일이 파단하지 않을 것. 또한, 파단한 경우에도 파단 점의 벌어짐 량이 운전 보안상의 한도 내일 것.

④ 충분한 도상 횡저항력이나 궤광(track panel) 강성(rigidity)이 있어 궤도가 좌굴을 일으키지 않을 것.

(나) 장대레일의 부설 조건

경부 고속철도에서는 분기기를 포함하여 전구간을 장대레일로 부설한다. 고속선로에서 도상어깨의 더돋기(10 cm)는 제3.1.1(1)(나)항을 참조하라. 일반철도에서는 장대레일을 부설할 수 있는 선로 조건으로서 ① 곡선반경은 600 m 이상, ② 구배 변경점의 종곡선 반경은 3,000 m 이상, ③ 반경 1,500 m 미만의 반향 곡선은 연속하여 1개의 장대레일로 하지 않을 것, ④ 양호한 지반일 것, ⑤ 전장 25 m 이상의 교량은 피할 것, ⑥ 복진이 심한 구간은 피할 것, ⑦ 흑렬 흠, 공전 흠 등 레일의 부분적 손상이 발생하는 구간은 피할 것 등이며, 궤도의 구조로서 ① 레일은 50 kg/m 또는 60 kg/m의 신품 레일, ② PC침목 사용 ③ 도상은 깬 자갈(crushed stone), ④ 종과 횡의 도상저항력 500 kgf/m 이상, ⑤ 도상어깨 폭은 45 cm 이상이고 10 cm 더돋기를 함, ⑥ 온도가 내려가는 동계에도 견딜 수 있는 용접강도를 가질 것 등으로 하고 있다.

(4) 장대레일의 용접

장대레일의 확대에 수반하여 레일 용접은 선로보수 기술에 있어 중요한 기술로 되어 있다. 레일에 주로 사용되는 용접법은 4 가지이며, 용접(welding)의 특징에서 2 가지 방법으로 크게 나누어진다.

하나는 압접이다. 용융 또는 여기에 가까운 고온 고상(固相)의 레일에 대하여 모재에 압력을 가하여 접합하는 것이며, 플래시 버트 용접, 가스 압접이 있다. 또 하나는 레일 모재간을 용융 상태의 용접 금속으로 접합하는 것이며, 압력을 가할 필요가 없다. 엔크로즈드 아크 용접, 테르밋 용접이 있다.

상기 용접의 원리와 특징을 **표 3.3.3**에 나타낸다.

표 3.3.3 레일용접의 종류

종류	원리	특징
플래시 버트 용접	전극을 각각 세트하여 레일을 접촉시키면 고압의 전류에 의해 저항발열이 생겨 단부를 밀착시켜 용접한다.	접합부의 신뢰성이 높고, 용접시간이 짧아서 공장이나 현장에서 널리 이용되고 있다.
가스 압접	접합부를 산소 아세칠렌 등의 가스 염으로 고온으로 가열하여 압접한다.	기동성이 뛰어나며 잘 이용되고 있다.
엔크로즈 아크 용접	용접봉과 레일에 전극을 세트하고 아크를 발생시켜 용접봉에서 용적(溶滴)된 금속을 이용하여 용접한다.	가압·압축할 필요가 없다. 수작업이 주체이다.
테르밋 용접	산화철과 알루미늄 분말 등의 혼합물의 열로서 하학 반응으로 개량된 골드 사미트 용접이 이용된다.	순서를 알기 쉽고 열처리가 불필요하다.

장대레일의 부설은 고속철도의 경우에 레일센터(궤도기지)에서 플래시 버트 용접법으로 용접(1차 용접)한 300 m의 레일을 장대레일 전용 평화차로 현장으로 수송하여 현장에서 이들을 연결여 용접한다. 기지용접은 일반철도의 경우에 가스압접을 이용한다. 플래시 버트 용접법은 주로 공장에서 행하는 방법이고, 가스 압접법은 주로 현장의 기지에서 행하는 방법이다. 제2, 3차의 현장 용접은 우리 나라의 경우에 테르밋 용접법을 주로 이용하며, 일본에서는 엔크로즈드 아크 용접법도 이용한다.

한편, 이들 용접법의 성능 비교를 나타낸 것이 **표 3.3.5**이다.

표 3.3.5 각 용접법의 성능 비교의 예

항목 대상	피로강도 (kgf/mm²)	인장강도 (kgf/mm²)	정적 휨강도 (HD의 강도) (tf)	좌란의 하중시 처짐 (mm)
모재	33~38	89~92	124	86
가스압접	34	83~88	113~132	23~90
플래시버트용접	30~34	79~83	99~118	12~64
엔크로즈아크용접	28	66~84	99~106	15~22
테르밋용접(종래)	18~22	71~81	88~89	11~18

(가) 플래시 버트 용접(flash butt welding)

플래시 버트 용접법은 전기저항 용접의 일종이며, 접합하려고 하는 레일을 맞대어서 통전하여 불꽃(플래시)을 발생시켜 고열로 하고 고압으로 레일을 압접하는 것이다. 이 방법은 비교적 자동화되어 있으며, 용접 품질의 신뢰가 높다. 또한, 용접의 시간이 3~5 분으로 다른 용접에 비하여 빠르다. 유럽 등에서는 공장 용접으로서 가장 일반적인 용접법이며 가동 플래시버트 용접기(제3.6.4(16)항)로 현장에서도 용접할 수 있다.

(나) 가스 압접(gas pressure welding)

가스 압접법은 산소 아세칠렌 가스염으로 접합하려고 하는 레일의 단면을 약 1,200 ℃로 가열하여 압접하는 방법이다. 이 방법은 압접면이 용융되지 않는 점이 특징이며, 플래시 버트 용접과 같은 정도의 신뢰성을 갖는다. 용접 시간은 5~8분이다.

당초 이 방법은 정치식이었지만, 그 후에 소형 경량화가 진행되어 현장 궤도상(on rail)의 가스 압접기(중량 180 kg)가 개발 · 사용되고 있다.

(다) 엔크로즈드 아크 용접(enclosed arc welding)

현장 용접을 목적으로 하는 인력 아크 용접이다. 피복 용접봉과 레일을 전극으로 하여 그 사이에 전기 아크를 발생시켜 그 아크 열로 용접봉을 녹여 모재의 일부와 함께 용접 금속을 형성하여 용접하는 것이다. 그루브(groove)는 약 17 mm로 설정하고 하향 자세로 거의 연속적으로 아크 용접한다. 용접 시간은 약 60분이며, 후열 및 그라인더 마무리를 포함하면 150분 내지 180분을 요한다.

이 방법의 평가는 다음과 같다.

장점은 용접 강도가 비교적 크고, 부설된 레일의 용접에도 사용될 수 있다. 결점은 ① 작업의 대부분이 용접공의 기량에 의존하므로 품질관리의 엄정이 요구되는 점, ② 시공 시간이 긴 점, ③ 전원 설비 등이 비교적 대형인 점 등이다.

(라) 테르밋 용접(TERMIT welding, aluminothermic welding)

알루미늄 분말과 산화철의 혼합에 따른 테르밋 반응으로 2,000 ℃ 정도의 발열에 따라 용융한 용강을 접합하려는 레일의 사이에 약 12 mm의 그루브(groove)를 두고 설치한 주형으로 유입시켜 접합하는 것이다.

이 방법의 평가는 다음과 같다.

장점은 장치가 간단하며 시공 시간도 짧고, 현장의 용접에 적합하다. 결점은 용접부가 주물이며 기공(blow hole) · 기포(blow)가 생기기 쉽고 레일 저부 바닥면의 덧살(余盛)이 응력 집중원으로 되는 등의 이유로 강도적으로는 다른 용접법보다 떨어진다.

현재는 테르밋 용접을 개량한 골드사미트(Goldschmidt) 용접을 사용하고 있다. 이 방법은 원리적으로는 테르밋 용접과 같지만, 눌러 빼기 전단기를 사용하고 자동 출강 방식을 이용함으로서 용접 시간을 약 20분까지 단축함과 동시에 휨 피로 강도를 엔크로즈드 아크 용접 정도까지 높이는 것이다. 외국에서는 같은 원리에 의거하여 카로라이트 용접도 사용하고 있다.

테르밋 용접부는 외관상태를 검사하고 침투 탐상과 초음파 탐상시험을 한다.

(5) 신축 이음매(expansion joint)

장대레일 양단의 각각 약 100 m의 구간이 온도 변화로 신축하지만, 그 신축량은 여름 · 겨울에 대하여 30~50 mm로 되기 때문에 신축 이음매를 설치한다. **그림 3.3.21**은 텅레일(tongue rail) 고정식 신축 이음매의 예이다. 더욱이, 텅레일 이동식의 경우, 복선 구간에서는 열차의 진행 방향에 대하여 **그림 3.3.22**에 나타낸 것처럼 배향(trailing)으로 부설하는 것을 원칙으로 하고 있다. **표 3.3.6**은 국내에서 현재 이용되고 있는 신축이음매의 제원을 나타낸다. 고속선로용 신축이음매의 설치는 《고속선로의 관리》를 참조하라.

그림 3.3.21 텅레일 고정식 신축 이음매

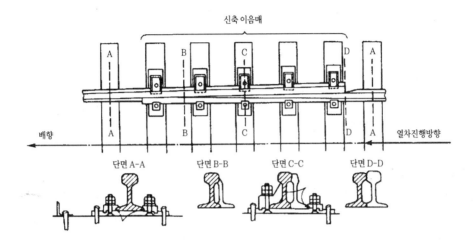

그림 3.3.22 신축이음매의 예

표 3.3.6 현재 이용되고 있는 신축이음매

종류	도면 번호	전장(mm)	편측 허용 스트로크(mm)	이용 침목	비고
50N용	544-0001	7,260	±62.5	목침목	재래형
	02EJ100	17,490	±62.5	목침목	개량형
UIC60용	K-9-9900-R999 -167-010	50,400 (12,700×2+25,000)	±300	PC침목	교량용
		12,000	±90	PC침목	일반용

(6) 설정 온도

설정 온도(installation (or laying, setting, tightening up) temperature)는 장대레일 부설 이후의 레일 온도의 변화에 따른 거동을 관리하는 경우에 중요한 수치이다. 경부 고속철도의 장대레일 설정온도는 중위 온도(neutral temperature, 최고, 최저 레일온도의 중간 값)에 5 ℃를 더한 값으로 하고, 허용 범위는 ±3 ℃를 표준으로 하고 있다. 즉, 25±3 ℃(22~28 ℃). 선로정비지침에서는 다음과 같이 정하고 있다.

① 장대레일을 중위 온도(neutral temperature)에서 설정(fastening-down)하지 않을 경우에는 신축 이음매(expansion joint)의 스트로크(stroke, maximum expansion)를 조정하여야 한다.

② 장대레일을 중위 온도에서 설정하지 아니 하였거나 설정한 후에 축력의 분포가 고르지 못하다고 판단될 때에는 적절한 시기에 재설정하여야 한다.

③ 재설정(resetting, refastening-down)할 때의 설정온도는 중위온도에서 ± 5 ℃를 기본으로 하고 중위온도 이하이거나 또는 30 ℃ 이상에서 재설정하는 것을 피하여야 한다.

설정온도는 하기의 고온이 되어도 장출(track warping, snaking)되지 않을 것, 동기의 저온이 되어도 레일이 파단(breakage)되지 않는 것을 조건으로 하여, "예상되는 최고 레일온도보다 어떤 정해진 온도차만큼 낮은 온도를 하한(설정온도의 하한)"으로 하고, 더욱이 "예상되는 최저 레일온도보다 어떤 정해진 온도차만큼 높은 온도를 상한(설정온도의 상한)"으로 하는 온도 범위에 들도록 제한할 필요가 있다.

(7) 교량상 장대레일

(가) 교량상 장대레일의 정의

장대레일을 교량상에 부설하면 온도 변화에 따라 교형이 신축하기 때문에 레일에 부가 축력(axial force)이 가하여진다. 또한, 이 반력으로서 장대레일 종하중이라 불려지는 힘이 교형과 교각(pier)에 작용한다.

따라서, 교량상에 부설하는 장대레일을 교량상 장대레일이라 부르며, 일반 구간의 장대레일과 구분한다.

(나) 교량상 장대레일의 설계

교량상에 장대레일을 부설할 때는 교량 길이, 보의 길이, 교각의 강도, 보 받침의 배치, 레일 체결장치의 복진 저항력, 신축 이음매의 배치에 대하여 구조물과 궤도의 양면에서 충분히 검토하여 설계할 필요가 있다.

교량상 장대레일의 설계에서 검토하여야 하는 점은 다음과 같다.

① 레일의 축력을 압축에 대하여는 좌굴 한도 내로, 인장에 대하여는 용접부의 파단 한도 내로 들게 한다.

② 레일의 파단 시 벌어짐 량을 운전 보안상의 한도 내로 들게 한다.

③ 장대레일 끝의 신축량은 보와 레일의 상대 이동으로 인하여 일반의 장대레일과는 달리 통상보다 크므로 이 신축량을 신축 이음매의 허용 스트로크 내로 들게 한다.

교량상 장대레일의 설계에서는 다음과 같이 가정한다.

① 장대레일 설정시 보의 온도는 설정 온도와 같다.

② 보와 레일의 온도는 항상 같다.

③ 보는 레일에 구속되지 아니 하고 온도 변화에 따라 자유 신축한다.

④ 보와 레일간에 작용하는 복진 저항력 및 교량 전후 구간의 도상저항력은 레일의 이동량에 따르지 아니하고 항상 일정하다.

⑤ 보와 레일의 상대 변위는 레일 체결장치로 레일에 균등하게 축력을 부가한다.

장대레일 축력해석 프로그램 CWERRI는 장대레일 궤도의 축력 뿐만 아니라 안정과 안전의 해석용으로 개발된 프로그램이다. CWERRI에서 실행하는 수학모델은 유한요소법(FEM)을 사용하며, 이들의 요소를 사용하여 ① 직선궤도, ② 곡선궤도, ③ 매립레일궤도, ④ 여러궤도가 평행하게 부설된 다경간 등의 각종 궤도구조를 모델링할 수 있다.

(8) 분기기 구간의 장대레일

분기기 구간을 장대레일로 부설하면, 레일 축력이 30 % 증가하므로, 궤광의 강성을 높이기 위하여 콘크리트 침목을 채용하고 있다.

3.3.6 가드 레일(guard rail)

가드레일은 차량이 탈선(derailment)하여 중대사고(major accident)로 되는 것을 방지할 목적으로 차륜의 탈선 자체를 방지하든지 혹은 탈선한 차륜을 본선 레일에 따라 유도함으로서 탈선으로 인한 피해를 최소한으로 막아내기 위하여, 또는 마모 방지를 목적으로 설치하고 있다.

선로정비지침에서 정한 가드레일에는 부설 장소에 따라 다음의 종류가 있다.

1) 탈선방지 가드레일 (guard rail for anti-derailment) : 반경 300 m 미만의 곡선, 구배변화와 곡선 중복 개소, 연속하구배와 곡선이 중복되는 개소

2) 교량상(橋梁上) 가드레일 (bridge guard rail) (고속철도는 방호벽 이용) : 18 m 이상 교량, 트러스교, 플레이트교, 곡선 교량

3) 건널목 가드레일 (guard rail for level crossing) : 플렌지웨이폭 65 mm+슬랙

4) 안전 가드레일 (safety guard rail) : 탈선방지가드레일의 설치가 곤란한 개소, 낙석·강설이 많은 개소

5) 포인트 가드레일 (switch guard rail) : 곡선 분기기 등의 포인트부

마모방지 가드레일은 곡선 외측 레일의 마모를 방지하기 위하여 안쪽 레일에 병행하여 설치한다. 또한, 선로가 깊은 하천을 따른다면 만일 탈선 차량이 전락(fall)하여 피해가 심하게 될 우려가 있는 구간 등에 대하여는 탈선방지 가드레일을 설치한다.

건널목 가드는 좌우 레일간의 포장 부분과 레일의 간격을 유지하기 위하여 설치하는 레일 또는 앵글이다. 레일과의 간격 치수는 도로 교통에서는 되도록 좁은 것이 바람직하지만 차륜 치수의 이유로 65 mm를 표준으로 하고 있다.

3.4 침목

3.4.1 침목의 역할

침목(sleeper, tie)은 ① 레일을 체결하여 레일의 위치를 정하고, 궤간을 정확하게 유지하며, ② 레일로부터 전해지는 활하중(열차하중)을 도상 아래로 널리 분산시키며, ③ 근래에 장대레일이 사용되고부터는 궤도 좌굴(레일 장출)에 대한 저항력의 대부분을 부담하는 중간 구조이다.

따라서, 침목에는 다음과 같은 조건이 요구된다.

① 레일의 위치, 특히 궤간을 일정하게 유지하기 위하여 레일의 설치가 용이하고 상당한 유지력을 가질 것 (궤간의 틀림이 적을 것).

② 열차하중을 지지하고, 널리 분산시켜 도상으로 전달하기 위하여 충분한 강도를 가질 것.

③ 휨 모멘트에 저항하는 충분한 강도를 가지고, 내용 연수가 길 것.

④ 궤도에 충분한 좌굴 저항력을 줄 수 있을 것. 즉, 궤도 방향 및 궤도에 직각인 방향에 대한 이동 저항이 클 것.

⑤ 탄성을 가지고 열차로부터의 충격, 진동을 완충할 수 있을 것.

⑥ 취급이 용이하고 궤도의 보수가 간단할 것.

⑦ 양 레일간에 대하여 필요한 전기 절연을 실현할 것.

⑧ 어디에서도 얻을 수 있고 양산이 가능하며(공급의 용이성), 가격이 저렴할 것.

3.4.2 침목의 종류

(1) 부설방법에 따른 분류

1) 횡(橫)침목(cross sleeper) ; 레일에 직각으로 부설하는 가장 일반적인 부설방법이다.

2) 종(縱)침목(longitudinal sleeper) ; 레일과 동일 방향으로 부설하는 특수한 부설 방식으로 레일 위치가 정해지지 않으므로 궤간 유지는 계재(gauge tie) 등의 별도 방법에 의한다.

3) 단(短)침목(block sleeper) ; 블록(block) 모양의 침목으로 좌우 레일별로 레일을 지지하는 것으로 이것의 표면이 나오도록 콘크리트에 매설하는 직결 궤도로서 잘 이용되고 있다.

(2) 사용 목적에 따른 분류

1) 보통 침목(track(or regular) sleeper, normal tie) ; 일반 구간에 이용하고 있다.

2) 교량 침목(bridge sleeper, tie for bridge) ; 무도상 교량에 이용하며, 일반 구간에 비하여 부담력이 크기 때문에 단면도 크게 되어 있다.

3) 분기 침목(switch(crossing, turnout) sleeper, switch bearer, tie for turnout) ; 분기기(turnout)에 이용하며, 단면과 길이가 보통 침목보다 크다.

4) 이음매 침목 ; 이음매부에 사용하는 목침목으로 목재의 보통 침목보다 폭이 넓다(30 cm).

(3) 재료에 따른 분류

1) 목침목(timber(or wooden) sleeper) ; 소재(素材) 침목(untreated sleeper)과 방부 처리(preservation process)를 한 주약(注藥) 침목(treated sleeper)이 있다.

2) 콘크리트 침목(concrete sleeper) ; 철근 콘크리트 침목(reinforced concrete sleeper), PC 침목(prestressed concrete sleeper) 및 합성 침목(composite sleeper)이 있다.

3) 특수 침목 ; 철침목(steel sleeper), 조합 침목(composite sleeper), 래더(Ladder)형 침목이 여기에 해당된다.

(4) 목침목

목침목은 콘크리트 침목에 비하여 딱딱하지 않으므로 진동, 충격을 완화하여 도상으로 전하며, 또한, 레일체결이 간단하고 취급이나 가공이 용이하며, 전기절연성(electric insulation)도 높다. 그러나, 기계적 손상을 받기 쉽고, 균열, 손상, 부식 등을 일으키기 쉽기 때문에 내용 연수(소재 5~12년, 주약 7~15년)가 짧다고 하는 결점을 갖고 있다. 이 때문에 방부 처리(preservation process) 등을 하여 수명 연신을 꾀하는 것이 통례이다.

근년에 국내에서의 목재 사정이 핍박함에 따라 목침목의 조달도 곤란한 상황이며 외재도 역시 환경문제 등으로 차츰 좋은 침목 용재가 적게 되고 있으며, 최근에는 PC침목이 급속히 증가하고 있다. 현재 규격화되어 있는 수종(species of wood) 중에서 현재 실제로 많이 구입되고 있는 것은 말레이지아산 세랑강 바투이며, 캠파스와 카풀은 고급 소재로서 원가가 비싸다. 80년대 초반에는 아피통을 사용하였다. 현재 사용되고 있는 목침목의 치수를 **표 3.4.1**에 나타낸다.

목침목 목재의 스파이크(dog spike) 인발 저항은 비중에 비례하여 증가하며, 1.5~3.0 tf의 범위이다. 한편, 부후균(腐朽菌)에 의한 중량 감소율에 있어 소재 그대로 사용할 수 있게 되는 3~5 % 이하의 것은 카풀 등이다.

표 3.4.1 목침목의 치수

종류	치수(cm)			부피(m³)
	두께	폭	길이	
보통 침목	15	24	250	0.090
분기 침목	15	24	280, 310, 340, 370, 400, 430, 460	0.101, 0.112, 0.122, 0.133, 0.144, 0.155, 0.156
교량 침목	23	23	250, 275, 300	0.132, 0.145, 0.159
이음매 침목	15	30	250	0.113

(5) PC 침목

(가) PC 침목의 평가

PC는 prestressed concrete의 약자이다. 내장의 강선(지름 2.9 mm의 피아노선)으로 미리 콘크리트에 스트레스(stress)를 가하여두고 스트레스가 있는 상태에서 사용하여 휘는 힘에 대하여 저항력을 강하게 하고 있다. 내장하는 강선을 인장하여 콘크리트를 타설하고 경화시켜 제조(pretension 방식)한다. 따라서, 침목의 콘크리트는 강선 때문에 항상 압축되어 휨 하중에 대하여 강하다.

PC 침목은 목침목에 비하여 비용이 약간 비싸지만, ① 부식이 없고 내용년수는 약 5배로 길다. ② 탄성체 결을 하여 궤도 틀림의 진행이 적고 보수를 경감할 수 있다. ③ 무겁고 안정성이 있어 좌굴에 대한 도상저항력이 커서 장대레일의 부설에 이용할 수 있는 등의 이점이 있다. 그러나, ① 표준 크기에 대하여 220 kg(국철용) 또는 300 kg(고속철도용)으로 무겁기 때문에 취급이 용이하지 않으며, ② 도상 작업 시에 파손하기 쉽고, ③ 전기 절연성이 목침목에 비하여 떨어지는 등의 점이 불리하다.

PC 침목은 목침목에 비하여 초기 투자는 크지만 내용년수(service time)의 연신으로 교환 비용이 적은 점이나 레일의 장대화가 가능한 점 등에서 부설 수가 늘어나고 있다.

경부고속철도 1단계구간의 자갈궤도는 분기기, 레일신축 이음매 구간을 포함하여 본선의 전구간을 PC침목으로 부설하였다. 2단계구간의 콘크리트 도상의 분기기에도 PC침목을 이용할 예정이다. 또한, 일반철도의 분기기도 PC침목을 이용하고 있는 추세이다.

(나) PC 침목의 종류

일반철도와 고속철도용 PC 침목의 제원을 **표 3.4.2**에 나타낸다.

(다) PC 침목의 형상

1) 침목의 길이

침목의 길이는 침목의 휨 모멘트에 큰 영향을 준다. 일반적으로 침목의 길이가 길게 됨에 따라 침목 중앙부의 부 휨 모멘트의 절대치가 감소하고, 정 휨 모멘트가 차차 크게 된다. 따라서, PC 침목을 경제적으로 하는 것은 침목 중앙부와 레일 아래 부분이 응력상 가장 균형이 되는 길이로 하는 것이 필요하다.

표 3.4.2 PC 침목의 제원

형식	레일직하부 단면(mm)			중앙부의 단면(mm)			단부의 단면(mm)			길이 (mm)	PC강선 (PC강봉)	프리스트레스 긴장력(kg)		콘크리트압축강도 (kg/cm²)		콘크리트 용적 (m²) [중량] (kg)
	상면폭	저면폭	높이	상면폭	저면폭	높이	상면폭	저면폭	높이			초기	유효	P.S. 도입시	재령 28일	
국철 연속식 84년형	181	266	256	256	256	256	256	256	256	2,400	∅2.9mm× 2연선×20줄	40,000 ±600	32,000	350	500	0.092
국철 연속식 88년형											∅2.9mm× 3연선×14줄	43,680 ±600	26,200			
국철 연속식 89년형	180	265	180	180	180	180	180	180	180		∅2.9mm× 3연선×16줄	49,200	29,520	400		0.102
국철 연속식 콘크리트도상용	180	240	180	180	180	180	180	180	180		∅2.9mm× 3연선×12줄	37,440 ±600	26,200	360	450	0.105
고속철도용 (프리텐션)	200	276	200	200	200	200	200	200	200	2,600	∅2.9mm× 3연선×16줄	42,000	33,600	350	600	0.123 [296]
고속철도용 (포스트텐션)	220	270	220	220	220	220	220	220	220	2,600	∅11mm×4개	37,785	32,117	450	600	0.134 [326]

2) 침목의 저면 폭

침목 간격이 일정할 때, 레일로부터의 하중을 도상으로 넓게 분포시키기 위하여 저면 폭은 되도록 넓게 하는 쪽이 좋다. 또한, 도상 다지기 작업을 용이하게 하고 레일 방향의 수평 하중에 대한 1 침목당의 도상 저항력을 크게 하기 위해서는 침목 간격을 될 수 있는 한 넓게 하는 쪽이 좋다. 따라서, 침목 간격이 일정하다면, 침목 저면 폭은 좁게 하는 쪽이 좋은 것으로 된다. 이와 같이 모순된 2 가지 요소를 만족시킬 수 있도록 저면 폭을 결정하여야 한다.

3) 침목의 높이

침목의 중량을 늘리기 위해서는 높이를 높게 하는 쪽이 좋다. 또한, 궤도 방향 및 여기에 직각 방향의 수평 하중에 대한 저항력을 늘리기 위해서는 높이를 높게 하는 쪽이 좋다. 그러나, 높이를 높게 하면 콘크리트량이 많게 되어 가격이 높고 필요한 도상량도 많게 되어 불경제적으로 되는 외에 비틀림 파괴를 일으키기 쉽게 된다.

4) 침목의 상면 폭

침목의 상면 폭은 열차 하중(train load)으로 인한 침목의 비틀림 파괴에서 보면 작은 쪽이 바람직하다. 저면 폭과 관련하여 결정하는 측면 구배는 즉시 탈형 방식의 침목 제작인 경우에 특히 배려가 필요하다. 또한, 체결 장치의 크기, 특히 레일 패드의 소요 폭과 그 연단 응력도 상면 폭을 결정하는 요인이다.

(라) PC 침목의 제작

PC 침목의 제작 방법에는 프리텐션 방식과 포스트텐션 방식이 있다. 국내에서는 현재 프리텐션의 연속식 제조방법을 이용하고 있다. 경부고속철도 1단계구간의 콘크리트 궤도용 PC침목은 포스트텐션방식을 이용하여 제작하였다.

1) 프리텐션(pretension) 방식

콘크리트를 거푸집에 타설하기 전에 거푸집 내의 PC 강선(tendon)에 소정의 긴장력을 주고, 콘크리트가 경화하여 소정의 강도에 달하고 나서 강선의 양단을 절단하여 긴장력을 해방하는 것에 따라 PC 강선과 콘크리트와의 부착력으로 압축력을 도입하는 방법이다.

2) 포스트텐션(post tension) 방식

PC 강선 대신에 PC 강봉(steel bar)을 사용하여 PC 강봉과 콘크리트와의 부착이 작용하지 않도록 하여 두고 콘크리트가 경화하여 소정의 강도에 달하고 나서 PC 강봉에 인장력을 주어 콘크리트에 압축력(prestress)을 도입하는 방법이다.

(6) 기타의 침목

(가) 합성 침목(composite sleeper)

외국에서는 최근에 목침목과 PC 침목의 장점을 살려 가볍고 강도가 있으며, 내구성이 우수한 합성 침목을 개발하여 시용(試用)하고 있다. 이것은 글라스 장섬유와 경질 발포 우레탄으로 구성되는 시트를 몇 매 적층하여 형성한 것으로 목침목에 비하여 우수한 특질을 갖는다. 그러나, 생산비가 상당히 높아 고가이므로 실용화까지는 더욱의 개선을 요하고 있다.

(나) 철침목(steel sleeper)

강 또는 주철로 만들어진 침목을 철침목이라 한다. 철침목은 유럽 및 남미 여러 나라에서 사용되고 있고 일본에서도 소량 사용하고 있다.

철침목은 강도가 크고 내용 연수가 길며 체결 장치의 내횡압성이 크고 충격에 강하다는 등의 이점이 있지만, 고가이며, 또한 절연성이 나빠 전철화 구간에 사용될 수 없으며, 우리 나라에서는 사용하지 않는다.

(다) 합성형 침목(투윈블록 침목)

합성형 침목은 모노블록을 사용하지 않고 2개의 콘크리트 블록을 강재로 연결하는 구조이다. 즉, 주로 레일의 직하 부분을 철근 콘크리트 단침목으로 하여 강재로 연결하는 투윈 블록 방식으로 프랑스 국철에서는 TGV의 선로 등에 표준형으로 사용하고 있다. 자갈궤도에서 이 침목이 노리는 점은 다음과 같다.

① 침목 자체를 휘기 쉽게 하여 콘크리트의 강도에 여유를 갖게 한다.

② 2 개의 측면이 있으므로 도상 저항력이 크다.

③ 궤도 중심 부근의 도상 반력을 그다지 받지 않는 부분을 강재로 하여 경제성을 높인다. 경부고속철도 2단계구간의 콘크리트 궤도용 침목은 bi 블록(투윈 블록) 침목을 이용할 예정이다.

우리 나라의 자갈궤도에서는 1980년대 후반에 경부선 병점역 남부, 심천~황간간 등에 시험 부설한 예가 있으나, 다음의 이유로 채용하지 않았다.

① 레일 체결장치의 전기 절연이 나쁘다.

② 모노블록 방식에 비하여 도상 지지면적, 강성(rigidity)이 적기 때문에 보수 주기가 짧다.

③ 강재가 부식할 우려가 있다.

3.4.3 침목의 배치 간격

침목의 배치 간격(sleeper spacing)은 열차의 축중(axle weight, axle load), 통과 톤수(tonnage), 속도, 곡선반경, 구배율, 노반(road bed)의 상태에 따라 결정하며, 간격의 조밀을 나타내는 침목의 배열(arrange-ment of sleeper)은 국철의 경우에 10 m당의 침목의 수(number of sleepers per 10 m)를 나타내고 있다. 레일 중간부와 이음매부에 대하여 간격을 변화시키고 있지만, 레일 좌우에 대하여는 대칭이다. 중간부의 침목 간격은 윤하중(wheel load)으로 인하여 생기는 레일의 휨응력, 도상 및 노반 압력, 필요로 하는 도상 횡저항력 등에 따라 정하고 있다. 이음매부는 열차 통과로 인한 충격이 크므로 중간부보다도 간격을 좁게 할 필요가 있다. 이들을 고려하여 기준을 정한다. 선로 등급(class of track)에 따라 침목 배치 및 간격을 상기의 **표 3.1.7**에 나타낸 것처럼 정하고 있으며, 반경 600 m 미만의 곡선, 20 ‰ 이상의 구배, 중요한 측선, 기타 노반 연약 등 열차 안전운행에 필요하다고 인정되는 곳에서는 **표 3.1.7**의 배치 수를 증가시킨다.

더욱이 PC 침목의 배치 기준에 대하여는 멀티플 타이 탬퍼(multiple tie tamper)의 작업성, 기관차의 입선 제한, 급곡선($R \leqq 600$ m), 급구배($i \geqq 20$ ‰) 구간의 횡압, 복진(蔔進, rail creeping) 등으로 인한 보수량에 대하여 검토하여야 한다. 교량침목의 경우는 교형(橋桁)의 중심간격에 따라 침목에 발생하는 휨응력이 다르므로 이를 감안하여야 한다. 또한 분기침목의 배치방법에 대하여는 분기기 도면집에서 분기기의 번수, 레일종별, 형식에 응하여 침목배치 수를 정하고 있다.

고속철도의 본선에서는 침목 간격을 자갈궤도의 경우에 60 cm, 콘크리트궤도의 경우에 65 cm로 하고 있다.

3.4.4 레일의 체결장치(rail fastening)

(1) 레일 체결장치의 기능

레일 체결장치(fastening, fastener, fastening system), 또는 체결구란 ① 좌우 2개의 레일을 침목이나 슬래브 등의 지지물에 고정·정착시켜 궤간을 유지함과 동시에 ② 차량 주행 시에 차량이 궤도에 주는 여러 방향의 하중이나 진동(vibration), 주로 상하방향의 힘, 횡방향의 힘 및 레일 길이방향의 힘 등에 저항하고, ③ 이들을 하부구조인 침목, 도상, 노반으로 분산 혹은 완충하여 전달하는 기능을 가진 것이다.

(2) 레일 체결장치의 종류

레일 체결장치는 레일을 체결하는 지지물에 따라 다음의 4 종류로 분류한다.

① 목침목용 레일 체결장치   ② PC침목(콘크리트 침목)용 레일 체결장치

③ 철침목용 레일 체결장치   ④ 슬래브궤도 등 직결궤도용 레일 체결장치

레일압력을 침목으로 전달하는 방식으로서 베이스 플레이트, 레일패드(rail pad), 베이스 플레이트와 레일패드의 조합이 있으며, 레일의 횡이동, 부상, 변칙경사를 억누르는 방식으로서 스파이크, 나사 스파이크, 레일 누름쇠, 탄성 스파이크, 체결 스프링, 레일 누름용 심, 쐐기형 클립, 베이스 플레이트 숄더 등이 있어 이들의 조합에 따라 다수의 레일 체결장치가 고안, 사용되고 있다.

(3) 2중 탄성 체결장치(double elastic fastening)

레일을 침목에 탄성적으로 체결하는 경우에 상향의 하중이나 횡압력에 대처하도록 레일 저부 상면을 스프링만으로 세게 조르는 방식을 단순(單純)탄성 체결, 열차의 진동 하중을 흡수하기 위하여 레일 저부의 하면에 탄성 패드를 깔고 상면에서 스프링으로 세게 조르는 방식을 2중 탄성 체결방식이라 부르고 있다. 또한, 2중 탄성 체결방식에서 체결 스프링 등으로 횡탄성(橫彈性)을 부여하고 있는 것을 완전탄성(完全彈性), 여기에 더하여 중간에 탄성이 있는 2중 베이스 플레이트 등은 복합(複合)탄성 체결방식이라 부르는 일도 있다. 가장 단순한 체결법은 스파이크이든지 나사 스파이크를 이용하는 방식이다.

2중 탄성 체결방식의 이점은 다음과 같다.

① 레일이 침목을 상시 억누르고 있으므로 그 사이에서 충격력이 생기기 어렵다.

② 레일패드의 완충효과, 진동감쇠 효과를 충분히 활용할 수가 있어서 도상진동(vibration of ballast)을 감쇠하고 도상 침하(settlement of ballast, ballast sinking)를 감소시키기 때문에 보수주기의 연신이 도모된다.

③ 레일과 침목은 스프링 작용으로 레일의 복진(rail creeping)에 충분히 저항할 수 있어 레일 앵커(rail anchor, anticreeper)를 필요로 하지 않는다. 또한, 슬래브 궤도나 교량 등의 직결 궤도구조에 장대레일을 이용하는 경우는 레일의 복진 저항력을 어떤 범위의 값으로 억누를 필요가 있지만, 스프링의 죄임힘을 조정함으로서 이것을 용이하게 행할 수 있다.

④ 횡방향의 탄성으로 횡압의 분산이 유리하게 되며, 횡압에 대한 레일의 체결장치나 침목의 부담을 경감시킴과 함께 줄(방향)틀림의 발생을 방지할 수가 있으므로 보수주기의 연신이 도모된다.

(4) 목침목용 레일 체결장치

(가) 스파이크{cut (or track, rail, dog) spike}

스파이크는 레일체결에서 가장 단순하며 널리 사용되고 있다. 그 사용목적에 따라 길이와 단면치수가 다르다. 스파이크는 미국에서, 나사 스파이크(screw spike)는 유럽에서 좋게 이용되며, 우리 나라에서는 목침목의 일반 구간에 스파이크를, 확실한 체결을 요하는 2중 탄성 체결에는 나사 스파이크를 이용하고 있다.

스파이크의 레일 체결에 관하여는 레일을 좌우방향으로도 유지할 경우에 궤간을 확보하기 위하여 이것을 밀착하는 것은 당연한 것이지만, 상하방향에 관하여는 레일로부터의 진동의 전파와 들림(uplift)으로 인하여 침목이 레일과 함께 도상으로부터 부상하는 것을 피하기 위하여 의도적으로 레일저부상면에 대하여 약간의 공극을 두는 일이 있다. 선로정비지침에서는 스파이크와 레일 플랜지 상면간이 2 mm 정도 뜨게 박도록 규정하고 있다.

(나) 나사 스파이크{screw spike, coach(or sleeper) spike}

스파이크의 인발 저항을 크게 하기 위하여 나사를 두었다. 이것이 장점이지만, 한편으로 취급에 시간이 걸리는 단점이 있다. 사용 목적은 스파이크와 같으며, 레일의 고정과 타이 플레이트 고정의 2 가지가 있지만, 둘 다 죄일 때 필요 이상으로 나사를 너무 박아 침목에 만들어진 나사산을 파괴하지 않도록 주의할 필요가 있다.

(다) 타이 플레이트{base (or sleeper, sole) plate, tie plate}류

타이 플레이트는 레일과 침목 사이에 삽입하는 철판이며, 목침목의 수명 연장책으로 이용된다. 타이 플레이트는 당초에 곡선의 목침목상에서 레일 저부 밑에 깔아 횡압에 대한 강도를 증가시키기 위한 철판(턱이 있다)으로서 이용되어 왔지만, 나중에 직선의 목침목과 터널 바깥의 슬래브 궤도(slab track)상에서 범용하게 되었다(후자의 경우 등에서 2중탄성 체결장치에 이용되는 것은 베이스 플레이트라고 부른다). 이전에는 단조하였지만, 현재는 길게 압연(rolling)한 후에 이것을 소정의 길이로 절단하여 제조하고 있다.

베이스 플레이트와 타이 플레이트의 기능은 다음과 같다.

① 침목의 레일하면에서 압축응력도를 작게 함으로서, 즉 레일로부터의 하중(레일 하면의 압축 응력)을 광범위하게 침목에 전달함으로서 침목의 파먹음을 적게 하고, 침목의 내구 연수를 연신시킨다.

② 레일의 변칙경사를 작게 하고, 또한 하나의 스파이크에 걸리는 횡압을 작게 함으로서, 즉 스파이크에 작용하는 횡압을 베이스 플레이트 저면의 마찰력으로서 그리고 베이스 플레이트를 억누르는 다른 스파이크로 분산시킴으로서 궤간의 유지를 용이하게 하고 틀림을 적게 하며 침목의 구멍 손상도 방지한다.

③ 레일의 경사(inclination) 부설을 용이하게 하여 레일의 마모나 피로를 경감한다. 국철의 타이 플레이트에는 쌍턱으로 된 60레일용, 50레일용, 37레일용, 60레일용(이음매 침목용), 50레일용(이음매 침목용) 및 외턱 50 · 37 레일용, 외턱 30 · 37 레일용, 개조 외턱 50N레일용이 있으며 이들의 타이 플레이트는 1 : 40의 구배가 붙어 있다. 그 외에 가드레일을 설치할 수 있는 건널목용 타이 플레이트도 있으며, 이것은 수평으로 되어 있다.

(라) 코일 스프링 클립형 목침목 체결장치

목침목용 코일 스프링(coil spring) 클립(clip)형 레일체결에 사용하고 있는 베이스 플레이트의 재질은 일반구조용 압연강재 또는 구상 흑연 주철품으로 하고 있다. 현재 국내에서 이용되고 있는 목침목용 코일 스프링형 레일 체결장치에는 보통 침목용, 이음매 침목용, 분기 침목용 등이 있다.

(5) PC침목 등의 레일 체결장치

(가) 판 스프링과 선 스프링

체결 스프링이란 탄성을 가진 레일패드와 함께 2중 탄성 등을 구성하는 중요 부품의 하나이며, 레일패드를 항상 압축상태로 유지하고, 더욱이 체결력으로 생기는 마찰을 이용하여 레일의 복진을 방지하는 작용을 하고 있다. 체결 스프링 중에서 소재가 주로 평판강인 경우를 판 스프링(plate spring), 봉강인 경우를 선 스프링 또는 코일 스프링(coil spring)이라 한다. 나블라형 체결장치(Nabla fastening)는 프랑스 국철에서 사용하는 판 스프링 – 나사식의 체결장치이다(**그림 3.4.4** 참조).

체결 스프링에 필요한 성능은 다음과 같다.

① 레일을 누르는 지점의 스프링 특성이 양호하고, 스프링정수(선단 스프링정수)가 작을 것.

② 열차 하중(train load)으로 인하여 스프링 각부에 발생하는 변동 응력의 값이 스프링강의 피로 한도 내일 것.

③ 체결력의 규제가 용이할 것.

④ 레일의 고주파 진동에 추수할 것.

⑤ 레일 접촉부분이 마모하기 어려울 것.

누름 스프링(clip), 즉 체결 스프링은 2중 탄성 체결에서 레일패드의 성능을 충분히 활용하기 위하여 중요한 부재이다.

선 스프링은 판 스프링에 비교하여 다음과 같은 특징을 가지고 있다.

① 판 스프링이 휨 탄성만을 이용하는 것에 비하여 비틀림 탄성을 이용할 수 있으므로 소형인 스프링으로 소용의 선단 스프링계수를 실현할 수 있다.

② 주변이 개방되어 있으므로 세정을 포함하여 먼지의 부착을 피하고 전기 절연의 유지가 용이하다.

그러나, 선 스프링은 통상적으로 형상이 복잡하게 되며, 제작시에 정밀도를 유지하는 일이 판 스프링보다 어렵다.

(나) 팬드롤형 레일 체결장치(Pandrol (clip) fa-stening)

이 레일 체결장치는 선(線)스프링의 독특한 형상의 누름 스프링(이것을 일반적으로 "팬드롤 클립"이라 칭하며, 우리나라에서는 코일 스프링 클립이라 부르고 있다)을 침목 등에 직접 또는 타이 플레이트에 설치한 받침대(클립 걸이, 숄더)와 레일 저부 끝에 압입하여 누름 스프링(clip) 선단으로 레일을 레일패드(rail pad) 위에 체결하는 것이다. 이 레일 체결장치는 세계의 약 70개 국가에서 사용하고 있다.

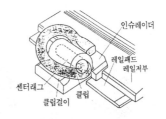

그림 3.4.1 팬드롤(e형) 레일 체결장치

콘크리트 침목용 팬드롤형 레일 체결장치의 기본형은 **그림 3.4.1**에서 보는 것처럼, 주철제의 앵커에 선 스프링을 고정하는 심플한 구조이고, 패드와 인슈레이터를 포함한 1 레일 체결장치당 부품수는 7개이며, 콘크리트 침목용 레일 체결장치로서는 부품수가 세계에서 가장 적다. 당초의 것은 앵커의 빠짐이 있어 몇 번의 개량을 거쳐 현행의 앵커형으로 되었다. 또한, 체결 스프링도 당초의 PR유형에서 e 클립을 채용하고 있다. 경부고속철도 1단계 구간(광명-대구) 중 시험선 구간(천안-청원)은 e 클립을 사용하고 그 이외의 자갈궤도 구간은 패스트(fast) 클립(**그림 3.4.2**)을 사용하였다.

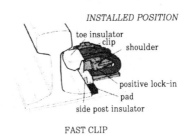

그림 3.4.2 팬드롤 체결장치(패스트 클립)

팬드롤 클립은 체결 시에 항복점을 약간 넘도록 설계되어 있으며, 이에 따라 항상 일정한 체결력이 얻어지고, 게다가 이후의 이완으로 인한 후속의 죄임이 필요하지 않는, 나사 없는 체결방식으로 현저한 생력화(man-power saving)가 꾀하여진 점이 그 특징이다. 반면에, 레일 체결장치에서 궤도 틀림, 부재의 마모 · 열화에 대한 보정, 레일 종별의 변경 등에 대한 조절, 호환성에 곤란이 따른다고 하는 문제가 있지만, 최근에 이에 대한 보정의 방법이 제안되어 약간 수고는 들지만 콘크리트 궤도에 이 레일 체결장치가 일부 채용되고 있다.

팬드롤의 새로운 체결 시스템인 패스트 클립(Fast-clip)은 기존의 팬드롤 체결장치의 다수의 특징이 남아 있고 궤도 현장으로 인도되기 전에 사전 조립되므로 현장에서 적은 노동력으로 빨리 설치할 수 있다.

(다) 기타 레일 체결장치

그림 3.4.3은 독일에서 사용하고 있는 보슬로 체결장치, 그림 3.4.4는 프랑스에서 사용하고 있는 나블라 체결장치를 나타낸다. 또한 그림 3.4.5는 경부고속철도 1단계구간의 콘크리트 궤도에서 사용하고 있는 보슬로 300 체결장치의 상세를 나타낸다. Alternative(ALT) 방진체결장치는 제3.1.1(2)항의 그림 3.1.6을 참조하라.

그림 3.4.3 보슬로 체결장치

그림 3.4.4 나블라 체결장치

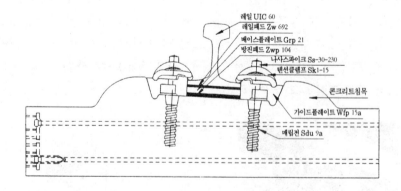

그림 3.4.5 보슬로 300 체결장치의 상세

3.5 분기기

하나의 선로를 두 방향으로 나누는 설비를 분기기(turnout), 두 선로가 동일 평면에서 교차하는 것을 크로싱(다이아몬드 크로싱)이라 한다. 두 줄의 강 레일로 구성된 철도는 분기기 · 크로싱의 구조가 비교적 간단하며, 모노레일이나 신교통 시스템 등에 비하여 이 점에서 우위에 선다.

3.5.1 분기기의 분류

(1) 선형(alignment)에 의한 분류

분기기는 분기하는 선의 수나 방향 또는 구조 등에 따라 여러 가지의 명칭이 붙어 있다. 분기기는 대별하여 보통 분기기와 특수 분기기로 분류되고 있다. 보통 분기기에는 직선에서 분기하는 편개 분기기, 양개 분기기(symmetrical turnout), 진분 분기기(unsymmetrical split turnout) 및 곡선에서 분기하는 내방 분기기(turnout on inside of a curve)와 외방 분기기(turnout on outside of a curve)가 있지만, 우리나라에서는 주로 편개 분기기(simple turnout)를 이용하고 있다. 특수 분기기에는 승월 분기기(run-over type turnout), 복 분기기, 3지 분기기(three throw turnout), 3선식 분기기(mixed gauge turnout), 다이아몬드 크로싱(DC, 交叉를 말함), 싱글 슬립 스위치(SSS), 더블 슬립 스위치(DSS), 건넘선(crossover), 시서스 크로스오버(SC)가 있지만 우리 나라에서는 전자의 4 가지는 이용하지 않고 있다. 이들을 **그림 3.5.1**에 나타낸다. 탈선포인트는 공간확보 등의 이유로 안전측선(제7.1.5(1)(다)항 참조)을 설치하지 못할 경우 텅레일만 설치하고 리드부 및 크로싱부를 설치하지 않은 분기기를 말한다. 유사시 탈선은 되더라도 대형의 열차충돌을 방지하는데 목적이 있으며 완전한 분기기 구성은 되지 못하고 첨단의 전환 기능만 갖고 있다.

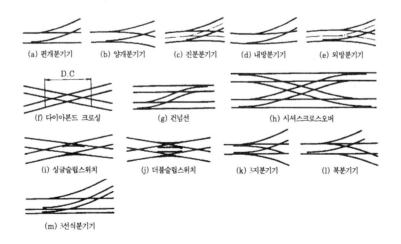

(a) 편개분기기   (b) 양개분기기   (c) 진분분기기   (d) 내방분기기   (e) 외방분기기

(f) 다이아몬드 크로싱   (g) 건넘선   (h) 시서스크로스오버

(i) 싱글슬립스위치   (j) 더블슬립스위치   (k) 3지분기기   (l) 복분기기

(m) 3선식분기기

그림 3.5.1 분기기의 종류

국철의 경우에 2005. 1 기준으로 분기기 총 수량 10,095틀 중에서 편개분기기가 9,997틀로서 대부분(99%)이 편개분기기이다. 한편, 1995년도의 분기기수는 총 9,421틀이고, 이중에서 단분기기가 9,285틀로 98.5%(50NS 55.6 %, 50PS 8.2 %, 37kg 34.2 %, 기타 0.6 %)이며, 특수 분기기인 싱글슬립 스위치 0.13 %(12틀), 더블슬립 스위치 0.25 %(24틀), 시셔스 크로스오버 1 %(96틀), 다이아몬드 크로싱 4틀이었다. 분기기류는 이와 같이 다종 다양하지만, 예비품, 발생품의 유용, 보수 작업 등을 고려하여 특히 필요한 경우 이외에는 표준 구조의 것을 선정한다.

(가) 단(單)분기(그림 3.5.1(a)~(e)) : 1 궤도에서 2 궤도로 분기할 때에 직선궤도에서 직선궤도(기준선)와 곡선궤도(분기선)로 분기하는 것을 편개(片開) 분기기라고 부르며, 직선궤도에서 양쪽의 곡선궤도로 분기하는 것을 양개(兩開) 분기기라고 한다. 즉, 편개 분기기는 직선 궤도에서 좌측 또는 우측으로 궤도가 벌어진 형상으로 분기되는 것이며, 분기기의 기본 형식으로 되어 있다. 양개 분기기는 직선 궤도에서 좌우 양측으로 같은 각도로 벌어진 형상으로 분기되는 것이며, 주로 기준선과 분기선의 사용조건이 같은 경우에 적합하다. 또한, 진분(振分) 분기기는 직선 궤도에서 좌우가 다른 각도로 나뉘어 벌어진 형상의 분기기이며, 내방 분기기와 외방 분기기는 곡선궤도에서 원의 내방이나 외방으로 분기하는 분기기로서 우리 나라에서는 사용하지 않는다.

(나) 다이아몬드 크로싱(diamond crossing)(그림 3.5.1(f)) ; 다이아몬드 크로싱은 두 궤도가 동일 평면에서 교차하는 경우에 이용되는 장치로서 2조의 보통 크로싱과 1조의 K자 크로싱으로 구성되며, K자 크로싱은 고정식과 가동식이 있다. 교차의 번수가 8번 이상에서는 구조상 무유도(無誘導) 상태로 방호할 수 없게 되기 때문에 가동식을 이용한다.

(다) 건넘선(crossover)(그림 3.5.1(g)) ; 건넘선은 상선에서 하선으로, 또는 하선에서 상선으로 차량을 이동시키는 등 평행한 두 궤도 상호간을 접속하기 위하여 2조의 분기기와 이것을 접속하는 일반 궤도로 구성되는 부분을 가리킨다.

(라) 시셔스 크로스오버(scissors crossover)(그림 3.5.1(h)) ; 시셔스 크로스오버는 2조의 건넘선을 교차시켜 중합시킨 것으로 4조의 분기기와 1조의 다이아몬드 크로싱 및 이것을 연결하는 일반 궤도로 구성되어 있다.

(마) 싱글 슬립 스위치(single slip switch)(그림 3.5.1(i)) ; 싱글 슬립 스위치는 다이아몬드 크로싱 내에서 좌측 또는 우측의 한 쪽에 건넘선을 붙여 다른 궤도로 이행할 수 있는 구조의 특수 분기기이다.

(바) 더블 슬립 스위치(double slip switch)(그림 3.5.1(j)) ; 더블 슬립 스위치는 다이아몬드 크로싱 내에서 좌, 우측의 양방향에 건넘선을 붙여 다른 궤도로 이행할 수 있는 구조의 특수 분기기이다.

(2) 분기기 각부의 명칭

분기기(turnout) 각부의 명칭은 그림 3.5.2에서 보는 것처럼 포인트부 · 리드부 · 크로싱부로 구성되어 있으며, A 방향의 궤도를 분기기의 기준선(main line of turnout), B 방향의 궤도를 분기선(branch line of turnout)이라고 한다. 표 3.5.1 및 3.5.2에서는 일반철도에서 사용하고 있는 분기기의 제원을 나타낸다 (50NS18#, 20#은 설계만 되어 있다).

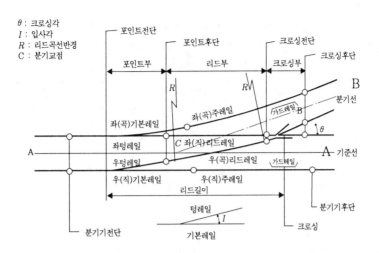

θ : 크로싱각
I : 입사각
R : 리드곡선반경
C : 분기교점

그림 3.5.2 분기기각부의 명칭

표 3.5.1 일반철도용 편개분기기의 주요 제원(mm)

종별	번수	l	g	h	i	R	j	k	p	C M	C N	G B	G T	비고
37	8	26,235	12,195	14,040	1,762	147,200	2,744	9,451	5,000	1,644	2,560			
	10	29,935	12,918	17,017	1,706	246,700	2,853	10,065	5,000	1,575	2,667	3,050	3,050	
	12	35,290	14,905	20,385	1,702	360,700	2,300	12,605	6,200	1,596	3,164			
	15	40,390	15,155	25,235	1,684	581,700	2,414	12,741	6,200	2,190	3,710			
50PS	8	26,180	12,140	14,040	1,762	146,000	1,800	10,340	5,600	1,644	2,560			
	10	30,073	12,928	17,145	1,719	243,000	1,800	11,128	5,600	1,575	2,795	3,800	3,800	
	12	36,288	15,785	20,503	1,712	354,000	1,200	14,585	7,400	1,682	3,282			
	15	41,997	16,200	25,797	1,722	562,000	1,200	15,000	7,400	2,190	4,262			
50NS	8	26,190	12,150	14,040	1,762	152,900	1,400	10,750	5,700	1,200	2,560	4,100	4,500	
	10	31,678	14,661	17,017	1,706	239,939	1,350	13,311	7,000	1,450	2,667	4,100	4,500	
	12	37,751	17,366	20,385	1,702	346,108	1,350	10,016	8,400	1,700	3,164	4,100	4,500	
	15	47,029	21,249	25,780	1,721	538,652	1,400	19,849	10,400	2,190	4,255	4,100	4,500	
	18	52,793	21,734	31,059	1,727	833,484	1,350	20,384	12,500	2,682	5,222	4,100	4,500	
	18	54,181	21,148	33,033	1,837	762,059	2,008	19,140	13,900	4,682	7,203		16,000	가동노스
	20	60,210	24,308	35,902	1,796	972,848	2,719	21,589	16,000	4,401	7,202		16,000	가동노스
60S	8	24,119	9,785	14,344	1,799	157,325	1,149	8,636	5,600	1,700	2,850			
	10	29,690	12,270	17,420	1,746	246,477	1,471	10,799	7,000	2,100	3,050	4,500	5,000	
	12	36,278	15,289	20,989	1,752	368,053	1,826	13,463	8,500	1,950	3,750			
	15	45,568	19,184	26,384	1,761	576,492	2,318	16,866	10,600	2,350	4,850			

(주) l, g, h, i : 아래 그림 참조
  R : 리드 곡선반경(radius of lead curve),
  j : 분기기 전단에서 텅레일 첨단까지의 거리,
  k : 텅레일 첨단에서 분기교점까지의 거리,
  P : 포인트 길이,　　　　　　C : 크로싱,
  M : 크로싱 전단길이,　　　　N : 크로싱 후단길이,
  G : 가드레일　　　　　　　B : 기준선 가드레일 길이,
  T : 분기선 가드레일 길이

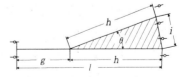

표 3.5.2 일반철도의 탄성분기기 제원 (mm)

번수	R	P	P_1	a_1	a_3	b	i	M	N	L_0
#8	165,100	9,300	2,978	1,870	9,166	14,040	1,752	1,200	2,560	26,184
#10	258,600	9,500	3,223	1,761	11,432	17,017	1,700	1,450	2,667	31,672
#12	373,000	11,800	3,667	1,851	13,694	20,384	1,697	1,700	3,164	37,745
#15	580,580	13,300	4,260	1,920	16,989	25,780	1,718	2,190	4,255	47,029

(주) R : 리드 곡선반경, P : 텅레일 길이, P_1 : 분기기 첨단에서 텅레일까지의 길이, a_1 : 분기기 첨단에서 곡선점까지의 길이, a_3 : 텅레일의 수평길이, b : 이론교점에서 분기후단까지의 길이, i : 분기기 후단의 궤도간격, M : 크로싱 전단부 길이, N : 크로싱 후단부 길이, L_0 : 분기기 전체길이

(가) 포인트부(switch, points)

포인트부는 한 쌍의 텅레일과 기본 레일로 구성되며 레일의 선단을 삭정하여 한 쌍으로서 활동하는 레일을 텅(tongue)레일, 이 텅레일이 접하는 양측의 레일을 기본 레일, 기본 레일과 텅레일이 만드는 각도를 입사각(switch angle, **그림 5.3.2**의 I)이라 한다. NS 분기기, 고속용 분기기에는 입사각이 붙어있지 않다. 텅레일의 선단을 포인트 전단(point of switch)이라 하고, 텅레일의 후단을 포인트 후단(heel of switch)이라 한다. 포인트부에서 기본 레일과 침목을 제외한 텅레일과 그 부속품을 포인트라고 하는 경우도 있다.

텅레일이 이동함에 따라 차량의 진행방향을 나눈다. 이 방법은 텅레일 선단의 전철봉이 좌우 양 레일의 간격을 유지한 채로 전환 장치로 전환하는 것이다.

(나) 크로싱부(crossing)

크로싱부는 크로싱(frog)과 그 부속품으로 구성된다. 크로싱의 좌우 양측에 가드 레일(guard rail)이 있으며, 가드 레일과 간격재 등의 부품을 포함하여 가드라고 한다. 가드 레일에 접하는 외측의 두 레일을 주레일이라 한다. 기본 레일의 전단을 분기기 전단(front of turnout)이라 하고, 크로싱 후단(heel of crossing)과 주레일 후단을 분기기 후단(rear of turnout)이라 한다.

(다) 리드부(lead)

포인트와 크로싱을 연결하는 리드 레일(lead rail)의 부분이며, 편개 분기기에서는 직선부분과 곡선부분으로 구성된다. 이 부분의 곡선을 리드 곡선(lead curve)이라 하고 그 반경을 리드 반경(radius of lead curve)이라 부른다. 리드부의 곡선 반경은 외궤 레일의 곡선 반경(**그림 5.3.2**의 R)을 말하며, 게다가 포인트 후단에서 크로싱의 이론 교점(theoretical point)까지 기준선 방향으로 잰 거리를 리드 길이라고 한다. 분기기 번호가 크게 되면 곡선반경이 크게 되고 리드 길이가 길게 된다.

포인트 측에서 크로싱 측으로 보아 좌로 분기하는 분기기를 좌분기기(left turnout), 우로 분기하는 분기기를 우분기기(right turnout)라고 한다.

(3) 기능에 따른 분류(대향과 배향)

차량이 분기기를 통과하는 경우에 **그림 3.5.3**에 나타낸 것처럼 분기기의 전단에서 후단의 방향으로 진입할 때의 차량은 분기기에 대하여 대향(facing)이라고 한다. 이것과는 역으로 크로싱을 통하여 포인트를 통과하는 경우를 배향(trailing)이라고 한다.

운전상의 안전도에서 보면, 대향의 위치에 있을 때의 위험도가 크기 때문에 정거장의 배선(track layout) 등에서는 대향 분기기를 될 수 있는 한 적게 하도록 하여야 한다.

대향의 경우   배향의 경우

그림 3.5.3 분기기의 대향과 배향

(4) 국내의 분기기 구조에 의한 분류

국내에서 현재 사용하고 있는 일반철도용 편개분기기기의 종류는 **표 3.5.3**과 같다.

표 3.5.3 일반철도용 편개분기기의 종류

종류 / 구분	NS 분기기	I형 분기기	탄성분기기	노스가동 탄성분기기
특징	① 관절식 포인트(힌지 타입)와 조립 크로싱 또는 망간 크로싱 사용 ② 분기기 내의 레일구배 : 1/∞로 일정 ③ 직선 텅레일이므로 차량 진입시 충격과 요동 발생 ④ 부품 수가 많고 볼트로 체결하므로 유지보수에 어려움 ⑤ 기 부설되어 있는 제품의 유지보수 또는 지선, 측선의 선로에 사용	① 탄성포인트(힐이음매 부를 제거)와 조립크로싱 또는 망간 크로싱 사용 ② NS 분기기와 같음 ③ 힐 이음매가 없어 다소 안정성을 확보 ④ 목침목을 가공 후, 분기기 상판을 직접 체결하여 공급 조립크로싱 내 쌍둥이 상판 체결시에 회전형 클립걸이 이용 ⑤ 신설·개량하는 측선에 사용 ⑥ 기타 : 분기기 전체를 공장에서 가공, 조립하여 공급	① 탄성 포인트와 망간 크로싱 사용 ② 분기구간 내 레일구배 (1/40) : 차륜의 접촉면이 넓고 궤간선 측 후로우(flow) 발생이 적음 ③ 차량진입이 원활하여 비교적 안정적임(곡선 텅레일) ④ 부품 수의 단순화(탄성체결)와 체결력 강화 ⑤ 중요 간선과 신설선의 본선에 사용 ⑥ 기타 : I형 분기기와 동일	① 탄성 포인트와 노스가동 크로싱 사용 (통과속도 향상 및 안전성 확보) ② 탄성분기기와 같음 ③ 차량 진입이 원활하여 가장 안정적임 ④ 부품 수의 단순화(탄성체결)와 체결력 강화 ⑤ 호남선 전철화(KTX운행) 구간 ⑥ 기타 - 포인트 잠금장치(V.C.C) 사용 - 크로싱 잠금장치(V.P.M) 사용 - 포인트와 크로싱 밀착감지장치 사용 - 크로싱의 내구연한 증가 (망간 크로싱 : 2.5억 톤 →노스가동 크로싱 : 6억 톤)
텅레일	70 S	70 S(후단을 50 N 레일 단면으로 단조)	70 S(후단을 50 N, 또는 60 kg 레일단면으로 단조)	70 S(후단을 50 N, 또는 60 kg 레일단면으로 단조)
기본레일	50 N	50 N	60 kg/mm (50N용은 전후단을 단조)	60 kg/mm
침목	목침목	목침목	목침목, PC침목	PC침목
크로싱	레일조립 또는 망간크로싱(고정식)	레일조립 또는 망간크로싱(고정식)	망간크로싱(고정식)	레일조립형 노스가동 크로싱
입사각	1° 23′ 20″	1° 23′ 20″	0°	0°
전철기	*신호설비 - NS AM 또는 NS형 전철기 1대(포인트용) - 전환력 : Max.400 kgf(NS-AM), Max.300 kgf(NS) - 선로전환기의 쇄정간으로 간접쇄정 - 마찰(NS형) 또는 전자클러치(NS-AM형) 사용 - 이동량(Stroke) : 최대 185 mm(NS), 최대 220 mm(NS-AM형)			*신호설비 - MCEM91 전철기 2대 - 동정 : 110~260 mm - 쇄정 : 없음 - 최대 전환력 : 400 kgf *전철기 쇄정장치 - 전철기 자체작동(회전각) 감지 - 분기장치에 별도의 작동 확인 및 쇄정 장치 필요(VCC, VPM, 디택터 등) *클러치 : 마찰 클러치 사용

3.5.2 분기기의 각도 및 분기기의 속도 제한

(1) 분기기의 번수(각도)

분기기의 각도(**표 3.5.1**의 θ)는 분기기의 성질을 나타내는 중요한 요소로서 크로싱 각도(crossing angle, **그림 5.3.2**의 θ)라고 불려진다. 즉, 크로싱에서 기준선 측과 분기선 측의 안쪽 레일이 서로 교차하는 각도이다. 이 크로싱 각도의 대소를 나타내기 위하여 일반적으로는 크로싱 번수(crossing number)를 사용한다. **그림 3.5.4**에서 크로싱 각도 θ와 크로싱 번수 N과의 관계는 다음의 식과 같다.

$$N = \frac{h}{b} = \frac{1}{2} \cot \frac{\theta}{2}$$

즉, 번수가 크게 됨에 따라서 분기 각도가 작게 되며, 열차가 받는 횡방향의 동요가 적게 된다. 일반철도에서 사용하는 번수는 **표 3.5.4**와 같으며(주로 8~15번 사용), 번수가 크게 됨에 따라 분기기 각도가 작게 되어 통과속도를 높일 수 있다. 따라서, 본선로(main track)에 부설된 분기기는 열차의 속도 향상(speed up)에 대응하여 번수가 높은 분기기로 개량하는 것이 좋다.

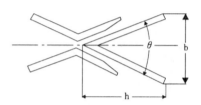

그림 3.5.4 크로싱의 각도

표 3.5.4 국철의 분기기 번수(turnout number)

N	θ	$\frac{1}{2}\cot\frac{\theta}{2}$	N	θ	$\frac{1}{2}\cot\frac{\theta}{2}$
8	7° 09′ 10″	7.9999	15	3° 49′ 06″	14.9999
10	5° 43′ 29″	10.0002	18	3° 10′ 56″	18.0003
12	4° 46′ 19″	11.9999	20	2° 51′ 51″	20.0002

(2) 분기기와 일반 궤도의 비교

우리 나라에서 일반적으로 사용하고 있는 N레일용 분기기는 일반 궤도(plain track)와 비교하여 다음과 같은 구조적 약점이 있다(**표 3.5.3** 참조).

① 텅레일의 단면적이 작다.

② 텅레일 전체를 견고하게 체결할 수 없다.

③ 텅레일 후단부가 관절 구조(후단을 용접한 탄성 포인트 제외)이며, 이것을 견고하게 연결할 수 없다.

④ 번수에 따라서는 분기기에 슬랙을 붙이기 때문에 기준선의 궤간을 넓히며, 이 때문에 구조적으로 궤간 틀림, 줄틀림이 있다.

⑤ 분기기의 슬랙이 적다.

⑥ 포인트부와 리드 곡선에 완화 곡선이 없다.

⑦ 리드 곡선반경이 작다.

⑧ 리드 곡선 통과에 대하여 캔트 부족이 크다.

⑨ 크로싱에 궤간선 결선이 있다(노스가동 크로싱은 제외).

⑩ ⑨ 때문에 가드 레일 및 윙레일에 의한 차륜의 배면 유도가 필요하다.

⑪ 포인트 선단(point of switch)에 전환 기구가 있어 다짐이 곤란하다.

⑫ 분기기 내의 짧은 구간에 많은 이음매가 있다.

(3) 분기기의 속도 제한(speed restriction)

분기기에는 (2)항과 같이 결선부(gap)가 있는 등의 이유로 구조적으로 약점을 가지기 때문에 분기기의 종별로 통과 속도를 분기기의 직선 측(기준선 측)과 분기기의 분기 측(분기선 측)으로 나누어 제한하고 있다. 상세 내역은 제9.1.3(3)항을 참조하기 바란다.

현재 사용하고 있는 분기기는 전항과 같은 약점이 있으므로 속도의 상승과 함께 일반 궤도와 비교하여 승차감을 악화시키고 주행 안전성을 저하시킬 우려가 있는 점 때문에 직선 측(straight side)에서도 속도를 제한하고 있다. 다만, 고속분기기는 직선측(기준선)은 속도제한이 없으며 분기측(분기선)만 **표 3.5.5**와 같이 제한하고 있다.

또한, 특수 분기기는 편개 분기기와 비교하면 짧은 구간에 이음매가 많이 들어 있는 점, 전환 장치가 복잡하여 도상을 다지기가 어려운 점 등 조건이 나쁘게 되므로 더욱 엄밀히 속도를 제한하고 있다.

분기기의 분기 측(turnout side)에는 캔트와 완화 곡선이 없으므로 일반 곡선과 비교하면 통과 시의 승차감이 악화될 우려가 있기 때문에 속도 제한을 직선측보다 더욱 엄하게 하고 있다.

3.5.3 포인트부

(1) 포인트의 분류

포인트의 종류에는 보통 선단포인트(tongue point), 탄성 선단포인트, 스프링 포인트, 승월 포인트가 있지만, 주로 앞의 2가지 포인트를 이용한다.

포인트부의 구조에 따라 선단 포인트(split switch)와 둔단 포인트(stub switch)가 있다(**그림 3.5.5** 참조). 선단 포인트는 끝이 뾰족한 텅레일(tongue rail)을 사용하고, 둔단 포인트는 단부를 깎아내지 않은 보통 레일을 사용하며 레일의 접속이 원활하지 않아 우리 나라에서는 사용하지 않고 선단 포인트를 사용한다.

(1) 선단포인트　　　　　　　　　　　　(2) 둔단포인트

그림 3.5.5 선단 · 둔단 포인트

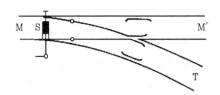

그림 3.3.6 스프링 포인트

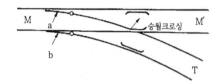

그림 3.3.7 승월 포인트

탄성 포인트(flexible point)는 텅레일의 이음매부에 힐 이음매판을 이용하지 않고 용접을 하는 구조로서, 레일의 탄성을 이용하여 전환시키며, 중요 간선과 신설선로의 본선 등에 사용한다. 스프링 포인트(spring point)는 외국에서 속도가 낮은 단선 지방 선로의 중간 역이나 노면 궤도 등에 사용하며 전환의 수고를 줄이기 위하여 **그림 3.5.6**에 나타낸 것처럼 강한 스프링 S로 포인트를 항상 일정한 방향으로 확보하는 것이다. 열차가 배향으로 진입할 시는 차륜의 플랜지로 텅레일을 밀어 넓혀 통과한다. 승월 포인트(run over type point)는 외국에서 안전 측선*)(safety track)이나 작업기지로의 분기에 이용된다. **그림 3.5.7**에 나타낸 것처럼 곡선 안쪽의 텅레일 b는 기본 레일의 외측에 설치된 특수한 형상으로 본선 레일을 타서 넘도록 하며, 크로싱도 본선 본위로 되어 있다.

(2) 포인트의 구조

가장 많이 이용되는 보통 선단 포인트에 대하여 **그림 3.5.8**로 설명한다.

텅레일은 끝을 뾰족하게 한 가동의 레일이며, 가볍게 움직이도록 후단이 고정되는 구조의 이음매로 되어 있다. 특수 레일(70S 레일 등) 또는 보통 레일을 깎아 만들며, 텅레일의 선단은 두께 수 mm로 잘라내고 단말을 차륜 플랜지가 올라타지 않도록 사면으로 깎아내고 있다. 텅레일의 선형은 기준선 진로용은 직선(straight), 분기선 진로용은 원곡선이 보통이지만, 재래의 경우는 모두 직선이 사용된다. 후자의 경우에는 분기 측의 통과 속도가 대단히 낮게 억제된다.

전철봉은 포인트를 전환할 때 전기 전철기(electric switch machine)의 모터 힘 또는 인력으로 이 봉을 움직여서 텅레일을 이동시킨다(제3.5.6항 참조).

프런트 로드는 열차가 통과하기까지 진로의 전환을 할 수 없도록 텅레일과 기본레일과의 밀착이 유지되도록 하기 위한 쇄정(lock)을 하도록 **그림 3.5.8**에 나타낸 것처럼 텅레일의 최선단에 설치하고 있다.

---

*) 출발 신호기와 연동하여 실수로 적색 신호에서 발차한 경우에 본선으로의 진입을 막기 위하여 설치하는 측선이다. 이 안전 측선에 설치된 승월 포인트를 탈선 포인트라고도 한다(제7.1.5(1)(다)항 참조).

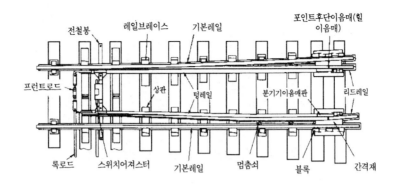

그림 3.5.8 포인트(관절형)의 구조

상판은 텅레일을 좌우로 이동시키도록 평활하게 마무리한 강판이다. 레일 브레이스는 기본 레일이 횡압력에 저항되도록 하기 위한 레일 체결부품이다. 멈춤쇠는 텅레일의 중간에 대하여 기본 레일에 너무 접근하지 않도록 하는 스톱퍼의 역할을 하는 것으로 텅레일의 복부에 볼트 너트로 설치한다.

탄성 포인트의 경우는 힐 이음매부가 없이 텅레일과 리드레일이 일체로 되어 텅레일이 휘도록 되어 있다.

이상의 분기기 구조는 제3.5.2(2)항에서도 언급하였지만, 일반의 궤도에 비하여 텅레일의 단면적이 작고, 견고하게 체결될 수 없으며, 분기선에서 리드부만 곡선으로 하여 완화 곡선(transition curve)이 없고(고속용 46번 분기기는 완화 곡선이 있다), 캔트가 부족하며, 크로싱에 결선부가 있고, 보수작업이 어렵기 때문에 일반의 궤도보다 통과속도가 낮게 제한된다.

분기기의 입구에는 궤간확대의 경향이 많으므로 좌우레일을 연결하여 궤간을 확보하기 위하여 게이지타이(gauge tie)를 사용하며, 자동 신호구간에서는 좌우레일을 전기적으로 절연하는 구조이어야 한다.

3.5.4 크로싱부

(1) 크로싱의 종류

크로싱부는 기준선(main line of turnout) 측과 분기선(branch line of turnout) 측의 분기기 안쪽 레일이 서로 교차하는 개소이다. 크로싱(轍叉, crossing, X′ing, frog)의 종류에는 ① 고정 크로싱(rigid(or fixed) crossing), ② 가동 크로싱(movable crossing), ③ 승월 크로싱(run-over type crossing)이 있다.

고정 크로싱(**그림 3.5.9**)은 가동 부분이 없으며, 차륜의 플랜지가 통과하는 플랜지 웨이(flange way, 輪緣路) 폭을 확보하기 위하여 궤간선 결선부(gap)를 두고 있다. 또한, 차륜이 궤간선 결선부에서 이선 진입하지 않도록 하기 위하여 가드(guard)를 필요로 한다. 크로싱의 후단 레일이 교차하는 부분을 노스(nose, 鼻端)라고 부른다. 크로싱부에서 리드레일(lead rail)부터 노스까지 상기의 결선부에서 차륜이 빠지는 일이 없이 원활하게 통과할 수 있도록 차륜답면(wheel tread) 형상에 따라 결선부의 레일(윙레일)을 외측으로 높게 하고 있지만, 차륜이든 레일이든 모두 일정한 형상으로 유지될 수 없으므로 다소라도 충격이 발생하게 된다.

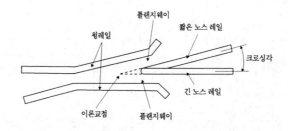

그림 3.3.9 고정크로싱의 구조 및 각부의 명칭

다시 설명하여, 고정 크로싱은 V자형의 노스 레일과 X자형의 윙 레일이 있으며 차륜이 통과할 때에 노스 레일의 선단에 차륜이 닿으므로 이론교점보다 약간 뒤로 옮기고 높이도 윙 레일 면보다 약간 낮게 하고 있다.

이 충격을 기본적으로 없도록 한 것이 노스가동 크로싱(movable nose crossing)이며, 충분한 길이의 노스를 움직여서 선로를 구성한 측의 플랜지 웨이를 닫으므로 결선부가 존재하지 않게 된다. 즉, 가동 크로싱은 궤간선 결선부를 없애기 위하여 가동레일을 전환시키는 것이며, 외국에서는 이선 진입 방지를 위한 가드레일이 불필요하다고 하여 가드레일이 없는 분기기도 있다.

가드레일은 대향분기기를 통과할 때 크로싱의 결선부에서 차륜의 플랜지가 다른 방향으로 진입하거나 노스의 단부를 저해시키는 것을 방지하며, 차륜을 안전하게 유도시키기 위해 반대측 주레일의 내측에 부설하는 레일이다.

승월 크로싱은 승월 분기기에 사용되는 분기기로 차륜이 본선 레일을 올라타고 가는 것이다.

(2) 고정 크로싱

고정 크로싱의 종류에는 제조방법에 따라 ① 조립 크로싱(built-up crossing, bolted rigid crossing), ② 망간 크로싱(solid manganese steel crossing), ③ 용접(鎔接) 크로싱, ④ 압접(壓接) 크로싱이 있다. 조립 크로싱은 레일을 깎아 만든 부품을 조합한 구조로 하고 있다. 이 크로싱은 결선부를 통과하는 차륜 때문에 노스부가 마모되기 쉽다. 그 때문에 크로싱 전체를 일체식으로 한 고망간강(성분 Mn 11~14 %) 크로싱을 채용하고 열차의 고속화에 대응하여 내구성의 향상(보통 크로싱의 약 10배)에 효과를 올리고 있다. 우리 나라에서는 일반적으로 조립 크로싱, 교통량이 많은 곳은 망간 크로싱을 이용하고 있다.

게이지 스트러트(gauge strut)는 분기기 크로싱부에서 궤간의 축소를 방지하기 위하여 사용한다. 크로싱에서 노스레일과 주레일 내측에 부설되어있는 가드레일 외측과의 거리를 백게이지(back gage)라고 하며 일반철도의 경우에 1,390~1,396 mm를 유지하여야 한다. 이것은 크로싱 결선부 통과시 한 쪽 플랜지가 다른 방향으로 진입하거나 노스의 끝을 손상히키는 것을 방지하고 차륜을 안전하게 유도하기 위하여 필요하다.

(3) 가동 크로싱

가동(可動) 크로싱은 가동하는 부분이 있는 크로싱을 총칭하는 것으로, 종류에는 그 구조에 따라 ① 둔단(鈍端)가동 크로싱, ② 노스(nose)가동 크로싱 , ③ 윙(wing)가동 크로싱 등이 있다. 노스 가동 크로싱은 궤간선 결선이 없게 되도록 노스부가 이동하는 구조로 우리 나라에서는 고속철도에 본격적으로 노스가동 크로싱을 도입하였다.

(4) 승월 크로싱

승월 크로싱은 레일조립식이며, 기준선 측은 본선 레일을 그대로 사용하고 분기선 측은 윙레일(wing rail)과 노스레일(nose rail)을 간격재와 볼트로 본선 레일에 체결하는 구조이다. 기준선 측은 본선 레일을 사용하므로 궤간선 결선이 생기지 않는다. 분기선 측의 윙레일은 본선 레일의 상면보다도 높게 설치되어 차륜이 본선 레일을 올라 탈 수가 있도록 한다.

(5) 망간 크로싱

망간 크로싱은 고정 크로싱의 일종이다. 크로싱은 플랜지 웨이에서 결선부를 통과하는 차륜 때문에 노스(nose, 鼻端) 레일의 끝이 마모하기 쉽기 때문에 크로싱 전체를 일체적으로 주조(casting)한 망간강의 크로싱을 사용한다. 망간 함유량은 11~14 %, 내마모성(wear resistivity)은 보통 크로싱(common(or vee) crossing)의 10 배로 보수 노력도 적은 이점이 있다.

3.5.5 고속 분기기

고속 분기기(high-speed turnout) 설계의 기본 요점은 고속 주행이 가능하면서 승차감(riding quality)을 저해하지 않도록 하는 것이다. 이러한 관점에서 경부 고속철도용 분기기는 분기기 전후가 장대레일에 연결되어 있으며 분기기내의 모든 레일 이음부를 용접(welding)으로 연결하여 장대레일(continuous welded rail)로 하고, 텅레일(tongue rail)부의 선형을 입사각이 없도록 하여 분기 측에서의 진동을 완화시킬 뿐만 아니라 리드부 곡선반경을 크게 하고, 노스가동 크로싱(movable nose crossing)을 채택하여 크로싱부의 결선부를 없애는 구조로 설계하여 기준선의 속도제한이 없도록 하였다. 또한, 쾌적한 승차감을 확보하기 위하여 캔트 부족량(cant deficiency)을 70~100 mm의 범위(횡가속도 0.46~0.65 m/s²)로 하였다. 한편, 레일 경사(inclination)는 1/20로 하고, 분기기의 침목은 PC침목(prestressed concrete sleeper)으로 하였다. 또한, 고속분기기는 탄성체결장치를 이용하며, 고속분기기의 백게이지는 1,392~1,397 mm이다. 경부고속철도 2단계 구간(대구~부산)의 분기기는 콘크리트 도상의 구조로 할 예정이다.

고속 분기기의 선형(alignment)은 ① 통과 속도가 작은 18.5 # 분기기와 26 # 분기기는 크로싱을 포함하여 분기기 전체를 원곡선으로 하였으며, ② 통과 속도가 큰 46 # 분기기는 원곡선과 더블 클로소이드의 완화곡선을 삽입하였다.

분기기의 작동에 대한 안전을 확보하기 위해 텅레일과 노스레일의 접촉감지장치를 부착하고 있으며 도중 전환을 방지하기 위하여 텅레일과 노스레일에 잠금장치를 이용하고 있다. 또한, 텅레일과 노스레일 등 전환 부분에는 강설시나 동결시를 대비하여 히팅장치를 설치하고 있다.

고속철도용 분기기의 기술규격은 **표 3.5.5**, 주요 제원은 **표 3.5.6**에 나타낸다. 고속분기기의 설치는 「고속 선로의 관리」를 참조하라.

표 3.5.5 고속철도용 분기기의 기술 규격

번수 #	길이 (m)	분기선의통과속도(km/h)	선형	곡선반경 (m)	포인트	크로싱	사용침목
18.5	67.97	90	원곡선 (크로싱 포함)	1,200	탄성포인트 (용접)	재질:망간강 구조:노스가동 이음부:용접	PC침목
26	91.95	130		2,500			
46	154.20	170	원곡선+완화 곡선	3,550~∞			

표 3.5.6 고속철도용 분기기의 주요 제원(mm)

종별	번수	θ	R	g	h	j	k	i	L	P	C		G	
											M	N	B	T
UIC 60	8	7-09-10	165,100.0	12,144	14,240	1,870	10,274	1,777	26,384	9,500	1,650	2,760	4,300	4,360
	10	5-43-29	258,600.0	14,655	17,740	3,223	11,432	1,772	32,395	10,500	1,955	3,390	4,200	4,700
	18.5	3-05-38.61	1,200,717.5	32,774	35,199	1,168	31,606	1,901	67,973	23,970	6,510	8,920	11,500	11,500
	26	2-12-09.35	2,500,717.5	45,410	46,537	1,168	44,242	1,732.5	91,947	33,570	7,435	11,730	13,900	13,900
	46	1-14-43.31	3,550,000.0	45,150	109,119	1,168	43,982		154,224	41,370	9,000	19,795	19,700	19,700

(주) θ : 분기각도, R: 리드 곡선반경, g: 분기기 전단-분기교점간 거리, h: 분기교점-분기기 후단간 거리, j: 분기기 전단-포인트 전단간 거리, k: 포인트 전단-분기교점 거리, i: 분기기 후단의 궤도 간격, L: 분기기 길이, P: 포인트 길이, C: 크로싱, M: 크로싱 전단(toe of crossing)길이, N: 크로싱 후단길이, G: 가드레일, B: 기준선 가드레일 길이, T: 분기선 가드레일 길이

3.5.6 분기기 전환장치{switch throwing device, switch stand, switch(or lever) box}

분기기의 텅레일을 좌우로 움직이어 기본 레일에 밀착·분리시키는 것이 전환장치(전환기, 전철기, shunt, 제5.4.2(1)항 참조)이며 수동식(manual switch)과 동력식(mechanical switch)으로 대별된다. 또한, 노스 가동 크로싱의 가동레일 전환은 동력식을 이용한다. 수동식은 기계 장치를 이용하여 인력으로 움직이는 것으로 추(錘)전환기(weighted point lever, switch stand with weight), 표지 전환기, 래치가 달린 전환기(switch stand with ratch) 등이 있다. 동력식은 중요한 선로에 사용되며 전기식과 전공(電空)식이 있다. 전기 전환기(electric switch machine)는 전동기의 회전을 톱니바퀴 또는 크랭크 등의 왕복 운동으로 변환시켜 포인트를 전환하는 장치이다. 전공 전환기(electropneumatic switch machine)는 전자밸브로 조정되는 압축공기를 전환기 등을 통하여 전철기를 전환시키는 장치로서, 국철에서는 1977년에 그 동안에 사용하여 왔던 전공 전환기를 전기 전환기로 대체하였다. 즉, 동력식은 전기 동력이 원칙이며, 전동기는 보수가 불필요한 밀폐형의 유도 전동기가 채용되며 마찰 클러치, 감속 톱니바퀴를 넣어 작동시킨다. 최근에는 전기 동력을 이용하는 전동식 분기기를 원격 또는 집중 제어하는 방식이 보급되어 쇄정 장치와 함께 보안도가 높게 되었다.

분기기는 사고의 원인으로 될 수 있는 위험한 시설이기 때문에 상시 개통하여 두는 방향을 평소에 결정해 둘 필요가 있다. 분기기가 이 방향으로 개통되어 있는 상태를 정위(定位, normal position)라고 하며, 가끔 개통하는 방향으로 분기기가 개통되어 있는 상태를 반위(反位, reverse position)라 부른다. 그러나,

안전 측선(safety track)으로 열차를 유도하는 분기기와 같은 것은 그 본래의 목적에 따른 방향으로 개통하는 상태를 정위로 한다. 따라서, 항상 정위의 상태로 하여 두고 반위의 방향으로 개통하기에는 그 때마다 반위로 하고 열차통과 후는 곧바로 정위로 되돌려야 한다. 정위 혹은 반위의 상태는 표지 등으로 열차의 운전자에게 표시한다.

실제 문제에서 분기기가 어떤 방향으로 정위인지는 대략 열차횟수가 많은 중요한 방향이 정위가 된다.

3.5.7 다이아몬드 크로싱

다이아몬드 크로싱(diamond crossing)은 2 개의 궤도가 서로 교차하는 것으로 2조의 보통 크로싱(common crossing)과 1조의 K자 크로싱(obtuse (or K) crossing)으로 구성되며, K자 크로싱은 고정식과 가동식이 있다. 교차의 번수가 8번 이상에서는 구조상 무유도(無誘導) 상태로 방호할 수 없게 되기 때문에 가동식을 이용한다. 가동식은 짧은 레일을 좌우로 움직여 궤간선 결선을 없게 한다.

3.6 선로의 보수 · 관리

열차가 안전하고 승차감(riding quality)이 좋게 운행되기 위해서는 궤도(track)가 충분한 강도를 갖고 있으며, 더욱이 양호한 상태로 정비되어 있어야 한다. 구조물(structure)은 일반적으로 하중을 받으면, 변위 · 변형하고 하중이 없게 되면 원래대로 되돌아가는, 즉 각 부재는 탄성 한계 내로 응력이 들어가도록 설계된다. 그러나, 궤도는 열차의 하중과 진동을 궤도 자체의 변위의 축적으로 흡수하고 있다. 결국, 처음부터 틀림이 진행되어 가는 것을 전제로 한 유일한 구조물이다. 일반적으로는 스프링 하 중량(unsprung load)과 축중(axle load)이 큰 차량이 빠르고 대량으로 주행하게 되면 궤도 틀림이 진행(track deterioration)되어 간다. 이 궤도 틀림이 크게 될수록 열차의 승차감이 나쁘게 되고, 이것이 더욱 크게 되면 열차 탈선(derailment)의 우려가 생긴다.

즉, 선로는 열차의 주행이나 풍우 등 자연력으로 인하여 끊임없이 파괴 작용을 받아 열화(劣化, deterioration)하기 때문에 꾸준한 보수작업을 필요로 한다. 재래의 선로는 일정 구간마다 보수 요원을 배치하여 끊임없이 순회(track patrol) 검사하고 인력 주체의 수시 보수 · 재료교환 작업을 하여 왔다. 그러나, 최근의 선로는 궤도 강화(track strengthening, 레일의 중량화(use of heavier rails) · 장대화, PC침목, 두꺼운 깬 자갈 도상 등)를 추진하여 보수량을 감축하면서 보수를 기계화하여 정기적인 보수 · 재료교환 작업으로 이행하는 추세에 있다(제9.2절 경영개선 참조).

3.6.1 궤도의 검사

궤도의 관리는 상시 파괴되어 변상되고 있는 궤도에 대한 틀림의 상태를 적확하게 파악(검사)하여 불량한 개소를 적절한 시기에 보수(정비)하여 "궤도정비 기준(standard of track maintenance)"의 범위 내로 들게 하는 것이다. 이를 위한 작업 조직을 두어 항상 궤도를 관리하고 있다.

철도에서 선로의 역할은 선형(line form, alignment)에 정해진 차륜 주행로를 확실하게 실현하는 것이지만, 현실에는 다소라도 이것과는 달리 오차가 생긴다. 즉, 궤도는 열차를 지지하고 원활하게 유도하는 역할을 수행하고 있지만, 열차의 반복하중을 받아 차차 변형하여 차량 주행 면의 부정합이 생긴다. 이것을 "궤도틀림"(track defect or irregularity)이라 부른다. 궤도틀림은 차량 주행의 안전성이나 승차감에 직결되는 중요한 관리 항목이다.

궤도는 2열의 레일이 있으며, 궤도틀림은 이 2열의 레일에 대한 상하나 좌우 방향의 변형으로 인하여 생긴다. 궤도틀림은 이 2열의 레일에 대한 변형 방법에 따라 여러 가지의 명칭이 붙여져 있으며, 그 대표적인 것은 줄(方向)틀림(alignment irregularity, 레일의 길이 방향에 대한 좌우 방향의 틀림), 면(高低)틀림(longitudinal irregularity, 레일의 길이 방향에 대한 레일 답면의 요철), 궤간(좌우 레일의 간격)틀림(track gauge irregularity), 수평(水準)틀림(cross level irregularity, 좌우 레일 답면의 고저 차이) 및 평면성틀림(twist irregularity, 궤도의 일정 길이의 수평 변화량) 등 5 종류이다(**그림 3.6.1** 참조). 이들 5 가지의 궤도 형상을 일정한 목표치 이내로 들어가게 하는 것이 궤도의 정비이다. 특히, 앞의 4 가지는 "궤도의 4원칙"이라고도 하며, 주행 안정성(running stability)과의 관계가 깊고, 평면성 틀림은 승차감과의 관계가 깊다.

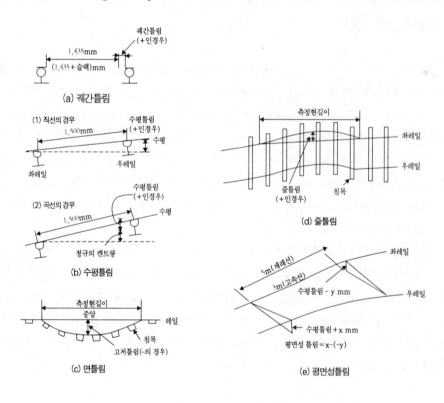

그림 3.6.1 궤도 틀림

이들의 궤도틀림에 대한 검측(measurement)은 예전에 줄, 스케일, 궤간 게이지, 수준기 등을 이용하여 인력으로 시행하여 왔다. 인력의 궤도검측(track inspection)은 다대한 인력과 시간을 요하며, 이것을 자동화한다고 하는 생각은 세계 각국에서 상당히 오래 전부터 있어 이미 19 세기말에는 간단한 검측차가 실용화되기 시작하였다. 우리 나라에서는 1976년부터 검측차를 운용하고 있다. 궤도의 틀림은 열차의 운행에 따라서 일정 기간마다 윤중 하에서 동적으로 궤도 검측차(track inspection car)로 측정하지만, 필요에 따라 인력 또는 간이 검측장치를 이용하여 정적으로 측정한다.

여기에서, 일반적으로 선형이 충분히 원활하게 설정되고, 이 위를 주행하는 차량은 그 선형을 고려하여 운전되므로, 차량의 주행에서 보아 유해한 틀림을 적절히 지적할 수 있도록 하기 위하여 여기에 적합한 파장 특성을 가진 필터로 이 틀림을 측정하면 좋다는 것이 명확하다. 이와 같은 필터로서 범용되어 온 것이 10 m 현 중앙 종거이다. 이것은 당초에 경험적으로 정해진 것이지만, 나중에 이론적인 근거를 가지고 정해지게 되었다. 또한, 최근에는 30~40 m 현 중앙 종거가 부가되었지만, 이것은 고속 운전에서 차체(car body)의 진동에 관한 배려에 따른 것이다.

3.6.2 궤도틀림의 정비 기준

일반철도의 궤도정비 기준(tolerance for track maintenance, arrange standard of track)은 **표 3.6.1**에 나타낸 것처럼 정하고 있다(궤간의 상세는 제3.2.2항 참조).

고속철도에서는 본선(main line)의 궤도틀림이 **표 3.6.2**의 값을 초과할 때는 보수 계획을 수립하여 정비하도록 하고, 궤도 정비의 준공검사 기준은 **표 3.6.3**에 나타낸 것처럼 정하고 있다. 또한, 궤도정비 후에 곡선부와 완화 곡선부 및 그 전후 30 m의 평면선형은 **표 3.6.3** 외에 매 10 m 마다 측정한 20 m 현의 종거가 다음의 조건을 만족시켜야 한다.

① 10 m마다 측정한 20 m 현 중앙 종거의 변화 : 0.5 mm 이내
② 20 m 현 중앙 종거의 틀림 : 1.5 mm 이내
③ 완화 곡선에서 연속한 같은 방향의 종거 틀림 : 3개 미만

고속철도 개통 후에 적용하고 있는 목표기준, 주의기준, 보수기준, 속도제한 기준 등의 보수기준은《고속선로의 관리》를 참조하라(용어와 작업조건 등은 제3.6.6(2)항 참조).

표 3.6.1 일반철도의 궤도정비 기준 및 궤도공사 마감기준(단위 : mm)

구분		본선	측선
궤도정비 기준	궤간	+10, -2	+10, -2
	수평	7	9
	면맞춤	직선(레일길이 10 m에 대하여) 7, 곡선(레일길이 2 m에 대하여) 3	직선(레일길이 10 m에 대하여) 9, 곡선(레일길이 2 m에 대하여) 4
	줄맞춤	레일길이 10 m에 대하여 7	레일길이 10 m에 대하여 9
궤도공사 마감기준	궤간	+2, -2	+4, -2
	수평	2	4
	면맞춤	직선(레일길이 10 m에 대하여) 4,	직선(레일길이 10 m에 대하여) 5,
	줄맞춤	곡선(레일길이 10 m에 대하여) 4	곡선(레일길이 10 m에 대하여) 5

표 3.6.2 고속철도의 궤도 보수계획 기준

파역	신호		허용값(mm)	측정기선(m)	비고
0~25m	수평		9	10	
	고저		7		
	방향		7		
	궤간	직선	-5, +6		
		곡선	-5, +10		
	평면성		6	3	
26~60m	고저		8	30	km당 이 크기의 틀림은 1개 이하이어야 한다.
	방향		7		

표 3.6.3 고속철도 궤도정비의 준공검사 기준

종별	파장 또는 측정 기선	허용 한도(mm)
고저	10m 31m 200m 구간 표준편차	≤ 2 ≤ 5 ≤ 0.77
수평 변동	10m	≤ 3
평면성	3m	≤ 3
방향	10m 33m 200m 구간 표준편차	≤ 3 ≤ 6 ≤ 1.14
궤간	최소 최대 100m 구간의 평균	$\geq 1,433$ $\leq 1,440$ $1,434 \sim 1,438$

3.6.3 보선 작업

(1) 선로보수의 개념

선로 보수는 선로의 틀림이 발생하고 재료가 훼손되면 보수한다는 것이 아니라 사전에 선로를 검사 · 측정 및 조사를 하여 조정과 보수 · 갱신함으로서 선로 상태를 지속적으로 양호하게 유지하여 안전성과 쾌적한 승차감(riding quality)을 확보하는 예방 보수(preventive maintenance)가 이상적이다.

(2) 보선작업의 구성

열차의 주행으로 인한 윤하중 · 진동이나 풍우로 인하여 진행되는 궤도의 변위 · 변형이나 파괴를 일정의 보수 기준 내로 유지하여 가는 것이 보선(track maintenance)이다.

보선작업(maintenance working of track)은 철도의 운영에서 정상으로 기능을 하기 위한 업무이다. 그 비용은 철도 영업비의 약 10 %를 점하며, 이것이 합리적으로 운용되는 것이 특히 중요하다.

보선작업의 분류는 선로정비지침에 따른 선로의 상태에 직접 관계하고 그 절반을 점하는 궤도 보수작업 외에 여러 작업과 선로순회 등이 있다. 이 궤도 보수작업의 중에 약 70 %가 면(고저)틀림에 관계하는 면맞춤과 총다지기(overall tamping)이다.

1970년도 국철의 선로보수 요원은 4,203명(궤도연장 : 5,500 km, 누적 통과 톤수 : 2.23억 톤, 1 인당 궤도연장 km : 1.32 km/인)이고, 1997년도는 3,435 명(궤도연장 : 6,580 km, 누적 통과 톤수 : 8.15억 톤, 1 인당 궤도연장 km : 1.92 km/인)으로서 1 인당의 궤도연장 km가 45 %로 증가하는 추세에 있다. 또한 2005. 6 현재 선로보수요원은 2,530명(계약직 400명 포함)이고 궤도연장은 7,746 km이다(1인당 궤도연장 3.06 km/인). 궤도작업(코드번호 01)이 작업 전체에서 점하는 비율도 감소하고 있다. 이것은 보선 작업에 대한 사상(思想)의 변화에 기인하여 선로반(section gang)에서 집단 선로반으로 이행되고, 순회검사 업무가 독립하여 실시하게 된 점, 기계화의 진행에 따라 기계 작업이 증대하여 온 점 등, 궤도 작업 질의 변화에 기인한다.

보선작업은 최근에 대부분이 대형 기계를 이용하여 작업을 하게 되었다. 이들 중에서 가장 많이 이용되고 있는 기계가 궤도 틀림의 정정에 이용되고 있는 멀티플 타이 탬퍼(multiple tie tamper)이다.

보선작업은 일반적으로 다음과 같은 것이 있다.

(가) 궤도보수작업 : 궤도보수작업에는 국부 다짐작업, 총 다짐(주로 고저(면) 틀림, 수평 틀림과 평면성 틀림의 보수), 줄(방향)맞춤이나 궤간 정정(주로 줄 틀림의 보수) 등이 있다.

(나) 궤도재료 교환 작업 : 레일 교환 작업, 침목 교환 작업, 도상 교환 작업 등에서는 궤도재료의 열화에 따라 동종 재료로 교환하는 일이나 궤도강화를 위한 고품질 재료의 교환으로서 무거운 레일로 교환하는(궤도강화) 일, 목침목을 PC침목 등으로 교환하는 일과 도상두께 증가 등의 재료교환 작업이 있다.

(다) 기타 작업 : 다짐에 필요한 도상자갈을 현장까지 운반하여 살포하는 작업, 제초, 겉 도랑 준설, 동상 작업 등이 있다.

(3) 보선작업의 계획

궤도 틀림의 정정, 이음매 정정 등의 궤도보수 작업, 침목 교환, 레일 교환, 도상 교환 등의 궤도재료 교환 작업, 레일의 중량화 · 장대화, PC 침목화, 쇄석화 등의 궤도 강화(track strengthening) 작업의 기계화가 적극적으로 추진되고 있다.

수선과 갱신에 관하여는 개별치의 한도와 전체 서비스 레벨의 관리가 문제로 된다. 재료 갱신에 관하여는 그 피로와 마모가 기준으로 되며, 피로에 대하여는 그 통계 관리를 착실히 행할 수가 있다면 그 고장의 과정이 피로에 의한 고장이 어디에 있고, 그 레벨이 타당한지의 여부에 따라 이것을 결정할 수가 있다.

궤도 틀림에 관하여는 궤도틀림 저대 값의 관리에 더하여 서비스 레벨의 관리가 행하여지고 있지만, 수렴치의 이론이 분명하게 됨에 따라 앞으로는 궤도틀림 진행을 관리함으로서 저대 수렴치를 배제하고 분포 형상을 정규 분포(normal distribution)에 가깝게 하는, 서비스 레벨이 주체인 관리가 가능하게 된다고 생각된다.

또한, 이 때에 관리를 착실히 하기 위하여 그 지표를 분명하게 하도록 여하히 데이터를 압축하는가가 중요하며, 자기상관을 취함으로서 10 m 현 중앙종거에 관하여 말하면, ± 2.5 m, 계 5 m의 롯트가 최소 단위가 되며, 고속선로에서 40 m 현 중앙 종거를 대상으로 하는 경우에는 20 m가 최소 롯트가 되므로 20 m 롯트의 최대치를 대표치로 하여 일람표로 만들면 틀림값의 범위와 틀림진행의 상태를 파악할 수가 있다.

여기서, 이 궤도틀림은 각 롯트 중에서 양측 레일에 대하여 각 검측마다 고저 틀림(longitudinal irregularity)의 최대 값을 구하여 그 회귀 직선의 큰 구배에 대한 1 년간의 평균치로서 자동적으로 구할 수 있다.

이 틀림 진행 등, 어떤 범위를 저대치로 하는가의 목표에 관하여는 롯트 틀림 진행치 평균값의 2배를 넘는 범위를 그 대상으로 하는 것이 고려되고 있다.

(4) 전산화된 궤도유지관리 시스템

(가) 개요

궤도유지관리 시스템(**표 3.6.4**)의 연구개발 동향을 분석해보면, IT기술의 발달을 궤도유지보수 업무에 도입하고 있으며, 발전의 과정은 다음과 같다[220].

- 1세대 : 현장 데이터와 작업현황을 DB화하여 누적관리
- 2세대 : 누적된 데이터를 통한 유지보수 계획수립 가능 : 예방보수의 개념 도입
- 3세대 : 총 소요비용의 관점에서 유지보수 작업의 최적화
  - · LCC 관점에서의 경제성 평가를 통한 최적의 계획 수립지원
  - · 지능적인 전문가 시스템

(나) EcoTrack

EcoTrack은 UIC의 연구기관인 ERRI가 1991년 개발을 착수한 후 5년의 연구개발 끝에 1995년 시제품(Prototype)을 발표하고, 2년간의 실무투입과 보완을 거쳐 1998년부터 상용화되어 사용하기 시작하였다.

이 시스템은 보선계획자가 보선 작업의 실시를 계획할 때, 사용이 가능한 자원과 함께 필요로 하는 정보를 접할 수 있게 하는 것을 목적으로 ERRI가 개발한 궤도관리 시스템으로서 궤도상태관리, 보수작업계획, 갱신작업계획을 세울 수 있는 경제적 궤도관리 시스템이다.

이 시스템은 5단계(① 최초의 진단, ② 상세한 진단, ③ 예비작업계획의 일관성, ④ 자원배치의 최적화, ⑤ 철도망의 종합계획)의 진단 소프트웨어를 이용하여 보선 작업의 우선순위를 정할 수 있다.

표 3.6.4 궤도유지관리 시스템

구분	프로그램명	개발국가	주요기능			
			데이터베이스	작업계획	최적화	스케줄링
1세대	VIGIE	프랑스	○	×	×	×
1.5세대	통합시설관리 시스템	한국	○	△	×	×
2세대	TIMON	프랑스	○	○	×	×
	SIGMA	이탈리아	○	○	×	×
	TRAM21	일본	○	○	×	×
	TrackMaster	영국	○	○	×	×
	MicroLABOCS	일본	○	○	×	×
	REIHPLANplus	독일	○	○	×	○
	도시철도 정보화시스템	한국	○	△	×	×
3세대	EcoTrack	UIC	○	○	○	×
	RTRI 궤도관리시스템	일본	○	○	○	×
	IRISsys	독일	○	○	○	×

3.6.4 기계화 보선 작업

(1) 개론

종래는 보선작업의 태반을 인력에 의지하여 왔지만, 멀티플 타이 탬퍼나 밸러스트 클리너 등의 대형 보선 기계의 개발, 도입에 따라 보선작업의 대폭적인 기계화화가 진행되어 생력화 · 고능률화에 크게 기여하고 있다. 특히 작업량이 가장 많은 도상 작업에 대하여 중점적인 기계화가 진행되어 큰 효과를 얻고 있다.

궤도보수와 궤도부설의 생산성을 개량하는 일은 전체 철도 시스템(railway system)의 비용 효과성에서 중요한 역할을 한다. 궤도 선형의 품질과 내구성 및 궤도보수 작업이 비용 효과적이기 위하여 본질적인 요구 조건은 체계적인 접근법이다. 그러므로, 국지적 수선뿐만 아니라 계획된 활동을 커버하고, 궤도 부설(track construction)과 복구에 걸친 궤도 평가로부터 궤도 보수까지 활동의 모든 범위를 커버하는 보선장비가 개발되어 왔다. 초기에서부터 이것을 목표로 한 궤도작업의 기계화(mechanized (or mechanical) track maintenance)가 주목할 만한 결과가 달성되고 있다. 보선작업의 기계화를 추진하기 위하여 배려하여야 하는 사항은 제3.6.9(3)(다)항을 참조하라.

여기서는 보선 기계(track maintenance equipment)의 최근 동향을 포함하여 설명하며, 제9.2.2(2항)절에서도 용도 등을 간단히 언급한다.

(2) 궤도틀림의 보수와 다짐

(가) 궤도틀림의 보수와 다짐기계

궤도를 면맞춤(track level adjustment)하는 기계는 두 가지 부류로 나눌 수 있다.

① 침목을 지지하는 도상을 다지는 다짐기계(tamper)에는 대형 보선기계(trackmachinery)인 멀티플 타이 탬퍼(multiple tie tamper, MTT)와 인력 작업용인 소형의 타이 탬퍼(tie tamper ,TT)가 있다.

② 현존의 도상면에 콩자갈(chipping stone)을 추가하는 자갈 송풍기(stone blower)는 영국에서 개발되어 사용되고 있다.

(나) MTT의 작업방식

전형적인 다짐기계(tamping machine, 즉 멀티플 타이 탬퍼)는 자체 추진되며, 레일의 두부를 파지하는 리프팅, 줄맞춤 롤러를 이용하여 미리 측정된 높이까지 궤도를 들어올린 다음 미리 설정된 줄맞춤 위치까지 측면으로 이동시킬 수 있다. 탬핑 타인(tine)은 레일/침목 접면에서의 도상을 꿰뚫은 다음에 도상을 압착하여 침목이 올려진 위치에 남아 있도록 할 수 있다.

다짐기계는 평탄화(smoothing) 방식, 또는 설계(design)방식으로 작업한다. 다짐기계의 평탄화 방식의 작업은 자동(automatic)과 컨트롤(control) 평탄화 다짐으로 세분화할 수 있다.

자갈 궤도(ballasted track)에서 궤도틀림(irregularity of track)을 정정하는 작업으로서 가장 많이 시행되는 작업은 멀티플 타이 탬퍼를 이용한 도상 다지기 작업으로서, 이 작업을 효과적으로 행하기 위해서는 "멀티플 타이 탬퍼의 기구 및 작업 방법에 대하여 충분한 지식을 가짐"과 함께 현장 조건에 맞추어 적격의 방법을 선택하여 "멀티플 타이 탬퍼의 작업 효과를 정확히 파악"하는 것이 필요하다.

그림 3.6.2와 **그림 3.6.3**은 멀티플 타이 탬퍼의 면맞춤 측정기구와 줄맞춤 시스템을 각각 나타낸다. MTT

의 면맞춤은 3점 측정시스템을 이용하며, 줄맞춤 장치에는 3점식과 4점식이 있지만 원리적으로는 같으며 3
점식은 4점식의 변형이라고 생각할 수 있다. 4점식은 **그림 3.6.3**의 D, C, B, A의 측점에서 B와 C점의 중앙
종거량을 측정하여 종거의 비가 일정하게 되도록 작업한다. 3점식은 4점식의 A측점을 사용하지 않는(B점
에서의 종거＝0) 방법이다.

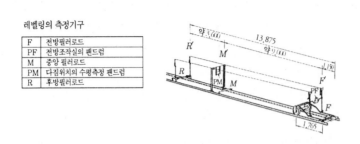

레벨링의 측정기구

F	전방필러로드
PF	전방조작실의 펜드럼
M	중앙 필러로드
PM	다짐위치의 수평측정 펜드럼
R	후방필러로드

그림 3.6.2 MTT 면 맞춤의 측정기구

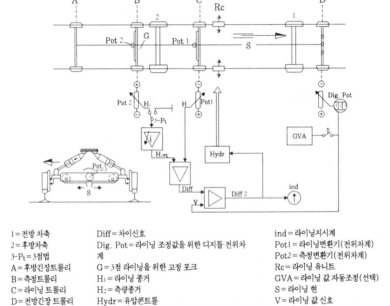

1＝전방 차축	Diff＝차이신호	ind＝라이닝지시계
2＝후방차축	Dig. Pot＝라이닝 조정값을 위한 디지틀 전위차	Pot1＝라이닝변환기(전위차계)
3-P$_t$＝3점법	계	Pot2＝측정변환기(전위차계)
A＝후방긴장트롤리	G＝3점 라이닝을 위한 고정 포크	Rc＝라이닝 유니트
B＝측정트롤리	H$_1$＝라이닝 종거	GVA＝라이닝 값 자동조정(선택)
C＝라이닝 트롤리	H$_2$＝측량종거	S＝라이닝 현
D＝전방긴장 트롤리	Hydr＝유압콘트롤	V＝라이닝 값 신호
	i＝종거비	

그림 3.6.3 줄맞춤 시스템의 기계 기능

(다) 상대기준방식과 절대기준방식

멀티플 타이 탬퍼의 작업에는 상대기준 방식, 절대기준 방식 및 자동 정정 방식이 있지만, 먼저 멀티플 타
이 탬퍼의 측정기구와 틀림을 정정하는 기구에 대하여 그 기본을 파악할 필요가 있다.

절대기준 방식은 미리 설정된 궤도의 선형으로 되돌리기 위하여 틀림의 상태를 측정하여 보수하려는 작업
량을 결정하여 행하는 방식이며, 상대기준 방식은 사전에 측량을 하지 않고 멀티플 타이 탬퍼의 기능만으로

작업하므로 긴 파장의 궤도틀림은 제거할 수 없고 잔류 틀림이 발생한다. 즉, 궤도틀림을 상대적으로 적게 하는 작업방식이 상대기준 방식이다. 이하에서는 이에 대하여 좀 더 상세히 설명한다.

상대기준(compensating method) 작업은 사전에 측량(survey)을 하지 않고, 멀티플 타이 탬퍼의 정정 원리에 기초하여 멀티플 타이 탬퍼가 가진 기능만으로 정정하는 방법이다. 상대 기준은 측정 현 범위내의 작은 틀림을 다루는 작업이며, 긴 파장의 틀림은 정정할 수 없고, 또한 잔류 틀림이 남는 작업으로 된다. 즉, 상대 기준으로 작업을 한 경우에는 작업전의 궤도틀림 파형이 작업 후에도 잔존하는 것으로 된다. 게다가, 멀티플 타이 탬퍼에 대한 이론 잔류 틀림의 크기는 프라샤의 면맞춤이 1/3.5~1/14, 줄맞춤이 1/5.2(더블)~1/5.5(싱글)이다.

절대기준(precise method, absolute method 혹은 design mode)은 사전에 레이저 측량 등으로 보정량을 구하여 면맞춤의 경우에 전방 필러의 리프트 어져스터로, 줄맞춤의 경우에는 전방 트롤리의 지점을 이동시킴으로서 미리 설정한 선형(alignment)으로 정비하는 방법이다. 이론상의 잔류틀림은 없다.

절대기준 정비에서는 정정량을 절대 선형과의 차이로 설정하는 것이 이상적이지만, 이동량이 커서 현실적이지 않기도 하고, 사전 측량에 다대한 노력이 들기 때문에 그 정도도 반드시 충분하다고는 말하지 않는 경우가 있다. 그 때문에 승차감 관리상 특히 문제로 되는 좌우방향의 장파장(long wave length) 궤도틀림 정비에서는 소위 "반절대 선형정비", "40 m현 정비"가 행하여지는 외에 최근에는 궤도틀림의 복원 원파형을 이용하는 방법이 개발되고 있다.

이들의 방법은 실제의 측량에서 얻어진 절대 형상과는 달리 근사치이기 때문에 엄밀한 의미의 "절대 기준"이라고는 말하지 않지만, 절대기준 정비와 동일한 절차이고 상대기준 모양의 잔류 틀림이 없으며, 절대 형상에 가까운 선형이 얻어지는 점에서 절대 기준에 포함하고 있다.

절대 기준을 이용한 정비는 사전 측량에 시간과 노력을 필요로 하고, 더욱이 인력 검측에서의 정도 및 현장의 위치 맞추기 등의 문제가 남는다. 이 때문에 절대기준 정비의 정정량을 멀티플 타이 탬퍼에 탑재한 마이크로 컴퓨터에 기억, 제어시켜 궤도정정을 자동적으로 행하는 정비 시스템이 개발되어 있으며, 이것을 자동 선형정비 장치라 부른다. 정정량은 궤도 검측차(track inspection car)의 데이터에서 구하는 방법과 함께 멀티플 타이 탬퍼가 가진 측정장치를 활용하는 방법도 개발되어 있다.

(라) MTT의 자동화 및 작업효과의 파악방법

멀티플 타이 탬퍼 작업의 고도화(량·질)에 대하여 이것을 용이(자동화)하게 하고, 작업의 효율화(요원·소요 시간·사고 방지)를 도모하기 위하여 제작자뿐만 아니라 사용자도 여러 가지의 개량이 필요하다. 제작자가 행한 주된 개량은 06에서 07로 이행시의 캔트 자동추종 장치, 07에서 08로 이행시의 RVA, ÜVA, 전부 운전실의 주행운전 장치, GVA, 콘버터, 08에서 09로 이행시의 새틸라이트(satellite) 등이 있다.

멀티플 타이 탬퍼는 상기와 같이 최근에 고능률화, 고정도화됨과 함께 마이크로 컴퓨터 등을 이용한 지능화 및 자동화가 진행되고 있다. 멀티플 타이 탬퍼를 이용한 정정 작업의 기본을 파악하여 현장 조건에 맞추어 멀티플 타이 탬퍼 작업의 최적화를 도모할 필요성은 앞으로 더욱 더 증가할 것이다.

멀티플 타이 탬퍼 작업효과의 파악방법으로서는 ① 궤도틀림의 파형을 비교하는 방법, ② 궤도틀림의 통계량을 비교하는 방법, ③ 궤도틀림 파형의 성장을 분석하는 방법이 있다. 어느 쪽의 방법도 궤도검측 데이터로서는 궤도 검측차에 의한 궤도검측 데이터가 사용되는 일이 많지만, 이 경우에 검측까지의 기간, 특히 작업 후의 초기 틀림 진행을 고려할 필요가 있다.

(3) 자갈 송풍기

자갈 송풍기는 현존의 도상면에 자갈을 추가 삽입하는 기술의 전형적인 종류이다. 흙손식 작업(trowelling)과 계량된 삽 채움(shovel packing)을 포함하는 그러한 기술은 내구성 있는 결과로서 알려지고 있다. 그러한 기술은 기계화하기가 어렵지만, 영국철도에서 개발된 자갈 송풍 시스템은 그러한 기계화가 가능함을 보여졌다.

영국철도는 자갈 송풍기로 콩자갈을 삽입함으로서 더 내구성이 있는 선형을 만들고 있다. 또한, 보수주기 간의 인력 패킹의 요구가 감소되고, 도상보충이 줄어들며, 잠재적인 도상수명이 증가되었다.

자갈송풍 프로세스는 다음의 3단계로 작업한다.

① 현존의 궤도선형을 측정한다.

② 허용할 수 있는 선형으로 복원하기 위하여 각 침목에 요구된 정확한 궤도양로가 계산된다.

③ 그러한 양로를 달성하기 위하여 침목 아래로 송풍되는 것이 필요한 자갈의 양은 자갈의 추가량과 잔류 양로간 기지의 상호 관계로부터 추론된다.

④ 궤도에 자갈이 송풍된다.

(4) 새로운 보선 기계

(가) 생산성의 증가

다짐 기계의 생산성에서 새로운 차원은 새로운 고속 다짐기계(Tamping Express) 09-3X(**그림 3.6.4**)로 달성되었다. 이것은 새로운 작업 방식으로 가장 높은 작업량을 달성하고 동시에 보편적인 적용도 달성하게 될 연속 작동의 고용량 다짐기계이다. 그것은 낮은 침투 저항을 위하여 탬핑 툴이 특별하게 삽입되는 3 침목 탬핑 유니트를 가진다. 탬핑 유니트는 분리된 설계이며, 희망하는 곳에서는 단일 침목 다짐으로 작동될 수 있다. 현재는 4침목을 다지는 09-4X 시스템도 있다.

그림 3.6.4 3침목 다짐기계 "Tamping Express 09-3X"

(나) 통합기계

연속작동 다짐기계와 동적 궤도안정기(dynamic track stabilizer)의 개발은 새로운 기계 결합의 길을 열었다. 선두는 기계 그룹(MDZ)의 기능을 하나의 기계로 통합한 다짐 안정기 09-Dynamic이다. 조작자의 감축은 별문제로 하고, 이 개념은 궤도보수 작업이 기술적으로 정확하고 연속적으로 시행되도록 하는 장점을 가진다. 더욱이, 그것은 작업의 마지막에 마무리된 궤도가 항상 전속도(full speed) 교통을 위하여 준비됨을 보장한다.

다른 가능성은 09 기계를 도상정리(09-Supercat) 또는 밸러스트 레귤레이터(ballast regulator)와 동적 궤도안정기의 조합과 결합시키는 것이다. 양쪽의 경우에 조작자가 적어도 1명 감축될 수 있으며, 이미 사용 중인 기계에 장비를 개량하여 장치시킬 수 있다.

(다) 분기기와 궤도의 작업

1993년에 등장한 Unimat 09-32/4S는 연속 작동 09-32의 고생산성 다짐기능을 가장 현대적인 분기기 다짐기계와 결합시킨 최초의 2 침목 다짐기계이다. 시리즈는 1995년에 개별적으로 조정 가능한 탬핑 툴을 가진, 보통의 궤도와 분기기의 연속작동 다짐기계인 단일 침목 다짐기계 09-16 4S로 완성되었다.

(라) 도상관리

호퍼를 가진 밸러스트 레귤레이터는 1967년에 개발되었다. 최근의 개발은 30 tf의 용량을 가진, 그리고 궤도로부터의 잔여 도상을 호퍼/컨베이어 차량 MFS에 적재하여 필요한 곳 어디에나 기계를 통하여 다시 살포하는 추가 용량을 가진 대규모의 호퍼가 설치된 기계이다.

그러한 기계 시스템의 하나인 "BDS"는 1990년에 새로운 도상 공급의 실질적 감소를 가져오는 하나의 MDZ와 2 개의 분기기 다짐기계와 함께 작업하였다. BDS의 성공에 따라 MDZ 기계 그룹은 결합된 궤도/분기기 다짐기계 09-4S, 3 대의 MFS를 가진 BDS 및 동적 궤도안정기로 이루어지며, 예를 들어 1996년 봄 이후 Amtrack 에서 작업하고 있다.

(마) 국지적 보수

철도보선이 발달된 국가에서는 계획된 궤도보수가 기계화되고 그에 따라 높은 정도까지 합리화됨에 반하여, 계획되지 않은 보수활동에서는 비싼 인력노동이 여전히 많이 남아 있다. 이러한 비싼 활동의 하나는 국지적 반점과 이음매의 면맞춤, 줄맞춤, 다짐 및 국지적 측정, 자갈 보충 등과 같이 여기에 포함된 기타 작업이다.

프랑스 철도는 지구마다 복합 목적의 궤도보수 기계 EVM93 1대를 배치함으로써 이 작업을 대규모로 기계화하고 있다. 이 기계는 면맞춤, 줄맞춤, 다짐 유니트, 도상 삽날(plough)과 브룸(broom), 궤도검측 장치, 조작자 수송을 위한 큰 거주실 및 적재 플랫폼을 갖추고 있으며, 궤도 검사자가 기본적으로 같은 방식으로 그 임무를 수행하지만 최소의 노동력으로 수행하는 방식으로 계획된다.

또 다른 다목적 중간 범위 기계(Unimat junior)도 있다. 이 기계는 추가적으로 분기기 양로와 다짐 유니트, AGGS 지시 컴퓨터 및 적재 크레인을 장치하고 있다.

국철의 경부고속선로에서는 국부적인 궤도틀림의 정정작업에 싱글형 국부틀림 정정시스템 Win-ALC를 설치한 STT를 이용하고 있다.

(5) 동적 궤도안정기

멀티플 타이 탬퍼(MTT)로 다짐작업을 하면 도상상태가 불안정하게 되어 열차통과에 수반하여 도상침하에 따른 궤도틀림이나 침목의 횡 저항력이 부족하여 좌굴이 발생하기 쉽게 되는 경우가 있다. 이 때문에 과거에는 도상이 안정될 때까지 일정 기간 동안 열차가 서행하였지만, 최근에는 MTT 작업 후에 동적 궤도안정기(DTS)를 이용함으로써 서행을 하지 않게 되었다.

DTS(그림 3.6.5)는 2개의 기진기를 이용한 진동 유니트를 탑재하고 있으며, 레일 직각방향으로 진동을 발생시켜 그 진동을 레일로 전하여 레일과 침목의 진동에 따라 도상자갈을 압밀시키는 장비이다. 2개의 진동 유니트는 각각 반대 방향으로 진동하도록 위상차이가 180°로 되어 있다. DTS가 개발되기 이전에 도상압밀 작업용으로 사용되었고 현재도 일부에서 이용되고 있는 밸러스트 콤팩터가 침목 직하의 도상자갈을 압밀 대상으로 함에 비하여 DTS는 **그림 3.6.6**에 나타낸 것처럼 도상자갈 전체를 압밀 대상으로 하고 있다. 따라서 DTS는 밸러스트 콤팩터가 압밀할 수 없는 개소의 압밀이나 밸러스트 콤팩터보다 압밀의 균일성을 향상시키는 효과를 발휘한다.

동적 궤도안정기(**그림 3.6.5**, Dynamischen Gleis Stabilisatoers - DGS, Dynamic Track Stabilizer -DTS)는 MTT 작업으로 이완된 도상을 압밀(consolidation)시키되도록 궤도에 수평 진동과 정적 수직하중이 결합된 것을 제공하며, 최고 80~90 km/h로 주행 가능한 2축 보기(two-axle bogie)의 차량이다.

메인 프레임 아래 2개의 안정화(진동 발생) 유니트는 주행 시에 상방으로 유지되고, 작업 시에는 이것을 내려 궤도 위를 주행하면서 8개의 플랜지 붙은 롤러 디스크(클램프)를 통하여 레일두부에 접촉한다. 기계 프레임에 반작용하는 4개의 유압 실린더 궤도에 수직하중을 가한다. 2개의 동시 작용 유니트는 궤도를 가로질러 수평(좌우방향)으로 궤도를 진동시킨다. 이 유니트에는 각 레일에 고저용의 현과 수평용의 펜드럼 3개가 준비되어 있으며, 이들은 유압 하중의 제어에 이용된다. 유압은 파형의 볼록부에서는 자동적으로 증가하고, 오목부에서는 감소한다.

다짐작업 다음에 전하중으로 연속적으로 작업할 때 DTS의 1회 통과의 횡방향 안정성 회복에 대한 효과는 보통으로 10만 톤의 교통 통과와 동등하게 되는 것으로 간주된다. 따라서, DTS는 다짐 다음의 횡저항력을 회복하기 위한 대안으로서 사용된다. 다짐에 기인한 횡저항력 손실의 약 절반이 DTS의 적용으로 회복된다. 이것은 낮은 횡저항력에 관련된 속도 제한의 절차를 덜도록 허용하므로 도상 크리닝, 도상 갱신 및 다짐작업 다음의 유효한 값의 것이다.

수직 안전성이 관련되는 한, DTS의 1회 통과는 10만 톤과 70만 톤간의 교통 통과의 효과와 같다. 효과는 도상 클리닝, 도상 갱신 및 다짐작업 다음의 특정한 값의 것이다.

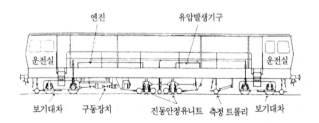

그림 3.6.5 D.T.S의 개요

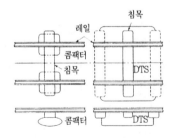

그림 3.6.6 밸러스트 콤팩터와 DTS의 작업 범위 차이

(6) 밸러스트 콤팩터(ballast compacter)

DTS가 도입되지 않은 경우에 MTT의 후속작업을 하는 도상면 압밀기계인 콤팩터는 수직 정적 힘으로 도상면으로 내리 누르는 패드에 대한 수직 진동력의 적용에 따라 도상을 압밀(consolidation)시킨다. 진동은 주어진 주파수에 대한 일정한 동적 힘 진폭을 산출하는 회전 편심기의 질량으로, 또는 일정한 동적 변위 진폭을 산출하는 편심 이동 구동으로 발생된다. 침목 사이의 도상은 탬핑 툴이 관통된 지역의 레일 근처를 압밀시킨다. 도상어깨도 침목단부 옆의 상부와 비탈면 상부부분에 대하여 압밀시킬 수 있다. 압력판은 진동 동안 도상의 횡방향 흐름을 방지하기 위하여 측면 비탈에 종종 사용된다.

(7) 분기기의 선형보수기계
(가) 콘크리트 침목 분기기의 보수

현재의 몇 년 동안 고용량과 고속 선로상의 분기기는 콘크리트 침목에 부설하는 것이 증가하는 추세이다. 재래 분기기 다짐기계로 콘크리트 침목을 양로할 때 길이가 4 m나 되는 침목이 편심적으로 들려지기 때문에 긴 침목 지역의 레일체결장치에 너무 큰 응력이 발생한다. 콘크리트 침목과 무거운 레일단면의 사용에 기인한 분기기의 더 무거운 설계는 그 취급에 대하여 추가의 처리를 요구한다. 2-레일 양로 장치로 긴 침목의 구간에서 그러한 분기기를 양로할 때, 체결장치에 대한 반력은 그 항복 강도를 이미 초과하고 있다. 그러므로, 분기선 궤도의 레일이 기준선 궤도의 레일과 동시에 양로되도록 추가의 양로 암(arm)을 기계에 설치한다. Unimat 08-275S의 이 추가 특징은 체결장치와 침목에 대한 과도한 응력을 피하도록 돕는다.

부가적인 양로를 가진 분기기 다짐기계 Unimat 08-275/3S는 1988년에 처음으로 작업에 들어갔으며, 양로 장치를 가진 텔레스코픽 암(telescopic arm)을 통하여 분기기 바깥 구간으로 분기선의 동시 양로를 허용하며, 따라서 양로 힘이 체결장치에 더 고르게 분포함을 허용한다. 분기 구간은 달성된 종방향 레벨을 확실히 유지하도록 약간의 위치에서 동력 다짐기계(power tamper)의 수단을 이용하여 인력으로 다져야만 한다.

(나) 3-레일 양로와 4-레일 다짐

3-레일 양로에 추가하여 4-레일 다짐은 분기기 보수의 품질에서 더욱 큰 개량을 가져 왔다. 만능 면맞춤, 줄맞춤 및 다짐 기계 Unimat 08-475/4S의 탬핑 유니트는 4 부분으로 분리된다. 이 기계의 두드러진 특징은 4 개의 경사 다짐 타인을 각각 갖춘 4 개의 다짐 유니트이며, 그 중 2 개의 장치는 기준선(main line of turnout) 궤도로부터 최대 3,300 mm까지 분기선(branch line of turnout)측 궤도를 동시에 다질 수 있는 텔레스코픽 암(telescopic arm)에 장치된다. 즉, 외측 부분은 탬핑 툴이 궤도 중심으로부터 3,200 mm의 거리에 도달할 수 있도록 끼워 넣을 수 있는 암(telescopic arm)에 설치된다. 이것은 기준선 궤도와 분기선 궤도가 1회 진행으로 다져질 수 있게 하며, 기준선 궤도에 대하여 처음의 다짐 통과를 수행할 때 전체 포인트 장치가 충분히 지지된다. 긴 침목이 처음의 다짐 통과 범위 내에서 전체 길이에 걸쳐 다져지기 때문에 포인트가 기울어질 위험이 없다. 이 작업 방법은 3 개의 레일 양로로 분기기 전체의 궤도 안정을 확실하게 한다.

(8) 일반 궤도와 분기기의 보수를 위한 단식 기계

Unimat 08 시리즈의 기계가 일반 궤도(plain track)와 분기기(turnout)에 대한 보편적인 적용에 관한 모든 요구 조건을 그들의 주기적인 방법을 충족시킬지라도 09 시리즈의 기계에 비하여 작업 속도의 감소를 일으키며, 그것은 고용량 선로에 대하여 결점으로 된다.

일반 궤도와 분기기에 대한 최초의 연속작동 다짐기계 09-Supercat은 1989년에 개발되어 Canadian Pacific 철도에 공급되었다. 그리고, 1993년에 일반 궤도와 분기기의 연속작동 다짐으로 특징짓는, 따라서 고성능 분기기의 요구, 즉 동시의 3-레일 양로와 4-레일 다짐을 만족하는 2 침목 다짐기계 Unimat 09-32/4S를 도입하게 되었다. 경사 타인을 가진 2 침목 다짐 유니트를 갖춘 기계는 청소 유니트를 설치할 수 있다.

이 분야의 또 다른 개발은 Unimat 09-16/4S이다. 이 기계도 연속작동 다짐원리에 따라 만들어지며, 3-레일 양로와 4-레일 다짐설비를 갖추고 있다. 다짐은 둘이 한 쌍으로 배치되어 독립적으로 경사질 수 있는 타인을 가진 단일 침목 다짐 유니트로 수행된다. 이 설계의 이익은 만능 다짐 유니트와 연속작동 방법의 결합이다. 이 기계도 청소 유니트를 장치할 수 있다.

(9) 분기기 교체

현대적 분기기(turnout)는 신중한 조립, 취급 및 설치를 필요로 하는 대단히 정밀한 장치이다. 가장 낮은 비용의 가장 좋은 조립 품질은 작업장 또는 선로변 조립장에서 달성된다. 분기기 수송차량 WTW는 전(全) 주행속도로 작업장에서 부설 현장까지 전체 분기기 또는 분기기 궤광을 수송할 수 있다.

전체 분기기 장치의 부설을 위하여 WM 시스템을 이용할 수 있다. 이 기계 장치는 보기(bogie) 위의 레일 위를 주행할 수 있고, 무한 궤도차(crawler) 위의 궤도에 내릴 수 있다. 이것은 분기기를 빠르게 갱신할 수 있게 할뿐만 아니라 분기기의 어떠한 부분의 과응력이라도 피하도록 분기기 전체 길이에 걸쳐 다수의 양로 지점에서 지탱함에 따라 설치 과정 동안 조심성 있는 취급을 보장한다.

(10) 밸러스트 클리너(ballast cleaner)

(가) 작업개요

궤광을 지지하는 도상은 더럽게 오염될 것이며, 오염된 도상은 지갈치기하거나 가능하다면 교환하여야 할 것이다. 밸러스트 클리너는 이 목적으로 사용되는 기계이다. 이 기계는 궤광 아래를 통과하는 무한 굴착 체인이 있어 밸러스트 클리너가 이동하면서 굴착체인이 궤광 아래의 도상을 굴착하여 토사를 분리하는 진동 스크린으로 운반한다. 재생자갈은 궤도로 되돌려지며, 토사는 선로측면에 버려지거나 후속의 처리를 위하여 스모일 화차로 운반된다.

(나) 기계 개념

도상 클리닝 기계(밸러스트 클리너)는 처음부터 유압을 적용하였다. 다른 추진 기술과 비교하여 유압은 작동에 큰 신뢰성이 있다. 유압 모터는 중량/출력비도 우수하다. 굴착 장치와 컨베이어 벨트는 파손 없이 더 높은 연속 출력으로 작업할 수 있다.

밸러스트 클리너의 구동 엔진은 기계가 작업 모드와 이동 모드 양쪽에서 자체 중량의 몇 배를 견인할 수 있다. 그러므로, 굴착 폐기물 취급 유니트와 부수 차량을 결합하여 작업 운전하거나 이동 주행 시에도 자체 운전에 의한다.

기계 설계는 실제 작용의 요구 조건에 이상적으로 적용된다. 기하구조적으로 정확한 방식으로 궤광(track panel) 아래에서 도상 굴착 체인이 시공 기면(formation level)에 도달한다. 다층(多層) 스크린 유니트는 스크린 각도, 체 크기, 진동에 관하여 최적화되며, 초과 크기의 자갈 분리장치를 갖추고 있다. 미세 입자의 분리에 관하여는 클리닝된 자갈의 품질이 새 자갈의 품질보다 때때로 더 높다. 도상자갈의 복귀는 굴착 체인 바로 뒤에서, 또는 더 멀리에서 복귀한다. 클리닝된 궤도에서 굴착 폐기물의 흘림이 없도록 굴착 폐기물은 전방으로 운반된다.

분기기에서도 굴착 바(cutter bar)를 넓히므로서 밸러스트 클리너(RM76U 및 RM80U)를 사용하여 1회의 작업으로 클리닝할 수 있다. 더욱이, 모래 피복층, 지오신세틱(geosynthetic)의 부설, 격리 슬래브 및 시멘트 안정화와 같이 잘 알려진 복구 방법은 적합한 액세서리를 가지고 수행할 수 있다. 작업을 콘트롤하고, 작업 결과를 기록할 수 있는 장치가 개발되었다.

(다) 후방기준을 이용한 컨트롤

밸러스트 클리너는 다짐기계의 것과 유사한 설계 또는 자동 평탄화 방식으로 사용함을 허용하는 후방 기준이 마련된다. 시스템은 작동을 위하여 굴착 바 직후의 새로이 굴착된 보조 도상(sub-ballast) 면의 표면에서 미끄러지는 기준판에 의지한다. 굴착 바는 굴착 바 바로 앞의 교란되지 않은 궤도를 주행하는 전방 기준에 이 후방 기준을 연결하는 선에 관련이 있다.

설계 방식에서 굴착 바는 기술자가 미리 결정한 선형을 가지도록 표면을 굴착한다. 이 경우에 도상을 클리닝하려는 궤도의 선형은 미리 측정되며, 굴착면에 대한 목표선형이 결정된다. 도상 클리닝 작업 동안 전방 기준점의 높이는 굴착 바의 진로가 요구 선형대로 되도록 궤도에 관하여 또는 기준 레이저 평면에 관하여 조정된다.

(라) 유압 니 튜브 깊이의 조정

유압 U튜브 깊이 조정 시스템은 도상 클리닝 전후의 궤도 높이와 굴착 바의 높이가 참조될 수 있는 수평면을 확립하기 위하여 다수의 내부 연결 물 채움 U튜브를 사용한다. 전위차계에 연결된 부구(float)는 U튜브내 물의 레벨을 측정하며, 레벨 데이터를 중앙 프로세싱 유니트로 보낸다. 조작자 근처의 4 개의 계기는 굴착 바와 밸러스트 그레이딩(grading) 유니트의 깊이와 크로스 레벨을 나타낸다.

이 시스템은 설계 또는 자동 방식에 사용할 수 있다. 자동 방식에서의 시스템은 굴착면에서 "사전 도상 클리닝" 궤도 선형의 위상 이동 복사물을 산출한다.

궤도레벨의 변화가 뒤따르는 설정 시간과 관련된, 그리고 밸러스트 클리너의 수평 가속도로부터 생기는 물의 동요와 관련된 초기 문제는 현재 변환기의 사용으로 극복되고 있다.

(마) 레이저 기준에 기초한 깊이 컨트롤

측량(survey) 목적에 사용된 것처럼 회전 레이저는 기계 컨트롤에도 사용할 수 있다. 일반적으로 소위 "구배" 레이저는 보통의 수평면 대신에 단식 또는 복식 구배를 가지고 레이저가 설정됨을 허용하므로 이 목적으로 사용한다. 기계 컨트롤에 사용된 레이저는 일반적으로 측량 목적에 사용된 것들의 세련되지 못한 버전이다.

그림 3.6.7에서는 레이저 수평면이 목표 종단선형에 어떻게 설정되는가를 보여준다. 그림은 또한 레이저 광선의 빛을 탐지할 수 있는 레이저 수평면 탐지기를 갖춘 밸러스트 클리너를 보여 주며, 이 기계는 기계 조

무선표지 레이져
레이져 평면
현존의 레일두부

레이져 평면 탐지기   목표 종단 선형

그림 3.6.7 밸러스트 클리너의 레이져에 기초한 깊이 컨트롤

작자가 응답하도록 단식 계기를 작동시키거나 또는 기계의 굴착 바 높이 컨트롤 시스템을 직접 작동한다.

밸러스트 클리너(ballast cleaner)와 다짐 기계(tamper)는 일반적으로 2 개의 시스템, 즉 하나는 수직 레벨의 컨트롤을 위한 시스템, 또 다른 하나는 크로스 레벨의 컨트롤을 위한 시스템을 장치하고 있다.

자동 기계 컨트롤 시스템의 그 이상의 개발은 기계 자체가 작업 궤도를 측량하고 계속하여 표면에 대한 최적 설계가 형성되도록 컴퓨터로 계산함을 허용한다.

지금까지 레이져에 기초한 시스템의 제한은 수직 곡률에 대처하는 능력이 없었던 점이다. 최근의 개발은 거리측정 차륜과 레이저 탐지기가 설치되는 전자 망원경 기둥에 연결될 때 레이저 기준이 주행 거리에 따라 지거를 측정할 수 있도록 곡률 상세를 가지고 소형 컴퓨터가 미리 프로그램되는 것을 허용한다.

(11) 새로운 도상 클리닝 시스템

단일차량 밸러스트 클리너는 스크린 장치의 최대 가능 크기, 특히 폭에 따라 제한되는 약 600 m³/h의 용량제한을 가진다. 때때로 요구되어 온 더 높은 작업량은 곧 비현실적으로 되었다.

더 높은 요구에 대하여 RM 800 기계 시스템이 개발되었다. 둘 이상의 차량으로 구성되는 이들 기계는 800 내지 1,000 m³/h의 작업량을 달성할 수 있는 두 개의 스크린 유니트와 큰 치수의 도상 굴착 체인을 가진다. 이 유형의 처음의 기계는 프랑스에 공급되었으며, 2 대 이상이 독일에서 2년간의 계약으로 운영되고 있다.

RM 802는 미국의 Burlington Northern에서의 운영을 위하여 1995년에 인도되었다. 이 기계는 1,000 m³/h의 용량을 가졌으며, 오스트리아에서의 처음의 시험에서 시간당 700 m를 이미 수행하였다. 기계의 특징은 굴착 체인 직후에 새 도상을 공급하는 능력이다. 도상은 MFS 컨베이어와 호퍼카로 공급된다.

노반(road bed)은 도상이 클리닝될 때 횡과 종방향에서 완전한 선형으로 구성되어야 한다. 도상 클리닝 기계는 완전하고 똑바른 도상을 산출하기 위하여 굴착 체인에 횡 굴착 바를 갖추었다. 굴착 바는 수평과 수직으로 위치한 유압 실린더로 선회되며, 요구된 굴착 깊이를 정확하게 적용할 수 있고, 작업 동안 조작자 좌석에서 조정하거나 컨트롤할 수 있다. 굴착 유니트는 한 번의 작업으로 완전한 노반이 산출되도록 설계된다.

(12) 궤도 밖에서의 도상 자갈치기 및 폐기물 적재 시스템

(가) 궤도 밖에서 도상자갈 치기

궤광 아래의 도상을 전체적으로 제거할 필요가 때때로 생기며, 예를 들어 도상이 과도하게 오염되었을 때 또는 피복층 설치작업의 일부로서 생긴다. 새 도상자갈의 경제적 공급이 세계적으로 부족한 결과로서 일반적으로 버려지고 새 자갈로 교체하게 되는 도상자갈의 재생 이용에 대한 관심이 높아지고 있다. 그러한 작업에서 밸러스트 클리너는 도상을 굴착하여 특수화차의 열차, 즉 들어올리는 컨베이어에 내부 연결되는 컨베이어 벨트의 형으로 바닥이 있는 유형의 화차에 실려진다. 따라서, 그러한 화차의 열차를 이용하여 재료를 멀리 수송하는 것이 가능하다.

일단, 도상의 굴착이 완료되면, 컨베이어/호퍼 화차는 굴착된 재료가 밸러스트 클리닝 유니트로 하화되는 측선으로 이동된다. 도상자갈과 토사는 각각 재사용과 폐기를 위하여 유사한 형의 화차로 편성된 열차에 적재된다.

(나) 폐기물 적재 시스템

도상 클리닝은 오염의 정도와 굴착의 깊이에 좌우되어 궤도 m당 0.4~1.4 m³의 굴착 폐기물을 산출한다. 궤도 바로 옆에 굴착 폐기물을 둘 가능성은 점차 드물게 되어 가며, 절토 구간에서 작업할 때는 굴착 폐기물을 저장하는 용량을 가지는 것이 종종 요구된다. 그러므로, 도상 클리닝 시스템은 효과적인 저장, 적재와 내리기 시스템을 포함하는 것이 필요하다.

효과적인 저장 취급은 재료 컨베이어 호퍼 유니트 MFS40을 가지고 독일에서 처음으로 실행되었다. 이 시스템은 현재 실질적인 절약을 가져오며, 세계적으로 많은 철도에 보급되었다.

(13) 보링기계 및 노반 복구와 피복층 설치

(가) 궤도상 보링기계

궤도상 보링기계는 최근에 고안된 기계이다. 기계화된 보링(boring)이 도상을 통하여 노반에서 수행되는 것을 허용하는 기계로서 3 개의 보링기계가 설치된다. 중앙의 보링 유니트는 궤도의 중앙에 고정되어 구멍을 뚫는다. 2 개의 유니트는 궤도의 중심선에서 3.3 m의 거리에 이르기까지 차량의 측면으로부터 유니트를 회전시킬 수 있는 측면 패널에 설치한다. 최대 탐사깊이는 일반적으로 레일두부 레벨에서 1.9 m이다. 만일, 필요하다면 외측 유니트의 보링 깊이는 튜브확장 유니트에 붙여서 레일두부 아래 5.0 m까지 확장할 수 있다.

보링 다음에는 채취한 재료의 코어와 함께 보링 튜브를 뽑아낼 수 있다. 코어 샘플은 보링 동안 덮여져 있는 튜브의 측면 구멍을 통하여 검사할 수 있다. 코어 샘플을 검사하여 피복층의 상태와 노반(road bed) 재료에 기인한 도상의 오염을 조사할 수 있으며, 또한 도상 클리닝의 필요 여부를 조사할 수 있다.

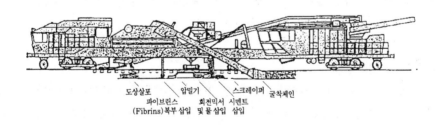

도상살포　압밀기　　　스크레이퍼　굴착체인
파이브린스　　회전믹서　시멘트
(Fibrins)복부 삽입　및 물 삽입　삽입

그림 3.6.8 시공기면 복구기계

(나) 노반복구 시스템

정기 궤도보수와 도상 클리닝에도 불구하고 만족할만한 궤도 선형이 달성될 수 없는 이유는 하부구조에서 종종 발견되므로 현대적 궤도의 경제적 성공은 기존 궤도의 노반 흙 개량에도 좌우된다. 유효한 수단의 기초로서 문제의 신중한 분석을 위하여 레일 아래 1.5 m 아래까지 코어 샘플을 빠르고 싸게 뚫을 수 있는 궤도주행(on-rail) 토질탐사 기계(UUM)가 개발되었다.

노반복구를 위하여 유효한 방법의 하나는 압밀된 자갈-모래 보조 도상층의 도입이다. 기존 궤도의 철거 없이 6~10 시간의 교통 차단으로 기존 선로에 그러한 층을 부설하기 위하여 고성능 시공기면 복구기계(**그림 3.6.7**)을 개발하였다. 이 유형의 최근의 기계는 노반 흙 층에의 사용을 위하여 굴착된 재료의 일부를 재생 이용하는 AMM 80이다.

적합하게 개작을 한 도상 클리닝 기계도 노반 흙 복구에 사용할 수 있다. 그들은 지오텍스타일, 격리 플레이트, 모래 피복 및 더욱 많은 것에 도입할 수 있다. 이탈리아 국철의 RM 80은 합성 부재로 덮은 시멘트로 노반을 안정화하기 위하여 사용할 수 있다.

(다) 기존 궤도의 하부 구조에 피복층의 설치

밸러스트 클리너는 기존 궤도의 하부 구조 위에 150 mm에 이르기까지 피복 층(blanket layer, 모래)을 설치하는 작업에 이용할 수 있다. 먼저, 보통의 방법으로 도상을 클리닝한다. 그 다음에 필요한 두께의 피복 층을 산출하기에 충분한 양의 피복 재료를 궤도를 따라 아래에 부설한다. 두 번째 통과를 하기 전에 밸러스트 클리너의 스크린을 조절한다. 미세한 메쉬 스크린을 상부 클리닝 유니트에 붙이며, 중앙 스크린은 고무판으로 덮는다. 그 다음에, 밸러스트 클리너가 두 번째 통과한다.

(14) 밸러스트 레귤레이터(ballast regulator)

수평면에 대한 궤도의 안정성(stability)은 침목 레벨의 상부까지 도상으로 채워지고 있는 침목과 정확하게 형성되어 있는 도상어깨 사이의 공간에 크게 좌우될 것이다.

정확한 도상단면의 형성과 후속의 보수는 도상분배 및 정리기계(밸러스트 레귤레이터)로 가장 좋게 수행된다. 이 기계는 ① 궤도단면의 어떠한 부분까지도 현존의 도상을 이동시키고, ② 침목 레벨의 상부에 이르기까지 침목간의 공간을 도상으로 채우며, ③ 침목의 상면에 있는 잔여 자갈을 브러시로 털어내고, ④ 도상어깨를 어떤 바람직한 횡단면 형상으로 형성할 수 있다. 밸러스트 레귤레이터의 일부 모델은 잉여의 도상을 수집하여 호퍼에 저장하고, 궤도에 따른 지점에 살포하여 재분배할 수 있다. 도상자갈의 공급이 점점 부족하여지고 있으므로 그러한 기계의 사용이 증가할 것이다.

(15) 진공 굴착기(흡입식 클리너)

진공 굴착기(vacuum scraper-excavator)(VM150 JUMBO)는 궤도 지역내의 여러 가지 유형의 재료를 굴착하기 위하여 설계하였으며, 1984년에 외국에서 사용되기 시작하였다. 적용 범위는 장애물이 재래 기술의 사용을 막거나, 또는 재래 기술을 이용할 수 없는 곳이다. 이 기계는 효과적인 진공 흡입 설비(최대 공기수송 15,000 m'/h) 및 특별히 형상지어진 픽업 노즐로 이루어진다.

이것은 굵은 도상자갈에서 가는 모래, 흙 등까지 대부분의 여러 유형의 재료가 안전하게, 그리고 형편이 나쁜 조건에서 들어 올려질 수 있음을 의미한다. 궤도나 분기기를 철거할 필요는 없다. 게다가, 이 기계는 실용적으로 어떠한 기후 조건에서도 작업할 수 있다.

진공 굴착기의 적용은 극히 다양하다. 기계는 다음의 용도로 사용될 수 있다.

① 정거장 플랫폼(platform) 근처에서와 일반적으로 복잡한 특징(예를 들어, 터널)을 가진 궤도 구간에서 접근하기 어려운 분기기에 대하여

② 표면을 진공 청소하기 위하여(즉, 브레이크 라이닝 입자)

③ 궤도 지역의 잡초를 제거하기 위하여

④ 배수구(drain)와 케이블 찬넬을 파기 위하여

⑤ 전주 기초를 굴착하기 위하여

⑥ 오염된 재료를 들어올리고, 그 다음에 정확하게 처분하기 위하여(특히, 분기기 포인트 주위의 기름으로 오염된 재료)

(16) 궤도내 용접

가동 레일 용접기계 시리즈 APT 500(플래시 버트 용접기계)은 여러 가지 설계로 구성된다(4 차축 철도, 2 통로 철도/도로 트럭, 표준 크기의 언더 프레임을 가진 컨테이너). Super Stretch APT 500S를 가진 궤도 내 용접기의 개발은 장대레일 용접을 위한 요구 조건을 만족시킨다. "Super Stretch"는 용접기계에 통합된 유압 레일 긴장기이다. 120 tf에 이르기까지 큰 장력을 레일에 전달할 수 있다. 저온에서 용접할 때 장대레일 은 요구대로 당겨져야 하며, 그 다음에 종방향 인장 하에서 플래시 버트 용접 헤드로서 용접된다. 긴장기와 용접헤드의 종방향 이동은 기계의 마이크로 프로세서도 동시에 이루어진다. 특히, 용접 품질을 위하여 상당 히 중요한 충격 압력은 이 컨트롤로 완전하게 수행한다.

3.6.5 궤도 관리

(1) 궤도 틀림의 관리

궤도 틀림의 관리에 대하여는 이 절에서 지금까지 설명한 내용을 참조하기 바란다.

한편, 고속차량은 진동수 1~1.5 Hz(고유진동수)에서 가장 진동(좌우)하기 쉬우므로 고속선로에서는 줄 틀림파장과 열차속도의 관계에서 장파장 틀림을 관리하여야 한다.

(2) 열차 동요의 관리

(가) 열차 동요의 검사

열차의 선두 차에 승차하여 체감으로 또는 동요 측정물로 동요를 검사한다. 또한, 열차 순회 검사뿐만이 아니고 궤도 검측차로 열차 동요를 측정한다. 또는, 우등 열차에 동요 가속도계(accelerometer)를 설치 하여 측정한다.

(나) 열차 동요에 의한 궤도의 관리

"열차 동요(vibration)"는 "승차감(riding quality)"과 동의어로 다루는 일이 많다. 그러나, 엄밀한 의미에서는 승차감을 구성하는 요소가 대단히 다기(多岐)에 걸치고, 또한 복잡한 점에서 일상의 궤도보수 관리를 위한 지표로서는 사용하기 어렵다. 그래서, 통상은 열차동요, 즉 비교적 진동수가 낮고, 진동가속도 가 큰 것을 관리 대상으로 하고 있다.

일반철도의 진동가속도 관리 기준은 **표 3.6.5**에 나타낸 것과 같다.

표 3.6.5 국철의 진동가속도 관리 기준 (단위 : g)

보수 단계별	상하동(편진폭)	좌우동(편진폭)	비고
1단계	0.45	0.35	시급 보수
2단계	0.35	0.30	시급 보수와 정상 보수 사이
3단계	0.25	0.20	정상 보수
정비 목표치	0.13	0.13	

표 3.6.6은 경부고속철도의 진동가속도 관리기준이다(제3.6.6(1)(라)항 참조).

표 3.6.6 고속철도 횡가속도의 관리기준 (단위 : m/s^2)

관리단계		차체횡가속도(A_{Tc})	대차횡가속도(A_{Tb})
준공 기준	새로운 궤도의 부설 시에 요구되는 값	$A_{Tc} \leq 0.8$	$A_{Tb} \leq 2.5$
목표 기준	유지보수 작업 후에 요구되는 값	$A_{Tc} \leq 1.0$	$A_{Tb} \leq 3.5$
주의 기준	틀림 원인과 특성 확인. 줄맞춤 결과 감시	$1.0 < A_{Tc} \leq 2.5$	$3.5 < A_{Tb} \leq 6.0$
보수 기준	15일(불안정 구간), 1개월(기타 구간) 내에 보수	$A_{Tc} > 2.5$	$A_{Tb} > 6.0$
속도제한기준	속도제한 = 230 km/h	$2.8 \leq A_{Tc} < 3.0$	$8.0 \leq A_{Tb} < 10.0$
	속도제한 = 170 km/h	$A_{Tc} \geq 3.0$	$A_{Tb} \geq 10.0$

※ A_{Tc}와 A_{Tb}는 가속도의 지속 부분에 관계없이 기록값의 기준선과 두 피크 사이에서 측정된 순간 값이다.

(다) 승차감 레벨

승차감은 대부분 가해진 힘의 영향을 받으며 이 힘은 인체가 받는 가속도 값을 사정한다. 그러나 승차감의 의미는 진동주파수의 영향도 받는다. 승차감은 5Hz정도에서 최소라는 점과 인체는 5 Hz 이상 20 Hz에 이르기까지의 주파수에 대응하는 진동을 더 좋게 받아들인다.

열차 동요 관리에서 진일보한 승차감 레벨을 이용한 관리가 검토되고 있다. 승차감 레벨은 1982년에 제안된 ISO-2631을 기본으로 한 등감각 곡선(**그림 3.6.8**)에 따른 것이다. ISO-2631이란 국제 표준화 기구의 "전신 진동 폭로에 대한 평가 지침"을 말한다. 주된 점은 다음과 같다.

① 승차감 레벨의 등감각 곡선은 ISO-2631의 것을 저주파역 0.5 Hz까지 확대한 것이다.

② 승차감 레벨은 다음의 식으로 구한다.

$$L = 20 \log_{10} a / a_{ref}$$

여기서, $a = \sqrt{\dfrac{1}{T} \displaystyle\int_0^T a^2(t)dt}$ 로 구하여지는 가속도 실효값(m/s^2)

a_{ref} : 기준 가속도 = 10^{-5} m/s^2

③ 승차감 레벨을 5 단계로 나누어 **표 3.6.7**에 나타낸 승차감 구분을 정한다.

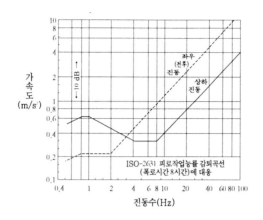

그림 3.6.9 등감각 곡선

표 3.6.7 승차감 레벨

진동 구분	승차감 레벨
1	83 dB미만
2	83~88 dB
3	88~93 dB
4	93~98 dB
5	98 dB이상

④ 궤도 상태의 파악에는 선로의 관리 단위(예를 들어, 500 m)마다 승차감 레벨을 이용하며, 특히 동요가 큰 개소의 평가에는 단시간 승차감 레벨(2초간의 승차감 레벨)을 이용한다.

(3) 곡선의 관리

(가) 곡선 관리의 필요성

곡선의 관리가 적정하게 행하여지지 않으면 열차의 승차감 악화를 비롯하여 횡압으로 인한 줄틀림, 레일의 마모 등 궤도가 악화되며, 경우에 따라서는 열차 탈선에 연결된다.

(나) 곡선 관리의 방법

곡선의 관리에서는 현행의 곡선이 그곳을 통과하는 열차에 대하여 적정한지의 여부를 판단하는 것이 필요하다. 곡선의 제원은 열차에 대하여 타당하지만 열차의 승차감이 나쁘고 동요 가속도 값, 궤도의 줄틀림, 레일 마모 등의 데이터가 나쁜 경우에는 곡선을 정비한다.

(4) 장대레일의 관리

(가) 장대레일의 보수

장대레일의 부설 구간에서는 이하의 점에 유의하여 보수를 한다.

① 좌굴(buckling)의 방지

② 과대 신축 및 복진(rail creeping)의 방지

③ 레일의 부분적 손상

(나) 장대레일의 재설정(resetting)

장대레일은 다음과 같은 경우에 되도록 조기에 재설정하여야 한다(상세는 「고속선로의 관리」, 「선로공학」 등을 참조).

① 장대레일의 설정을 소정의 범위 밖에서 시행한 경우

② 장대레일이 복진 또는 과대 신축하여 신축 이음매로 처리할 수 없는 우려가 있는 경우

③ 좌굴 또는 손상된 장대레일을 본 복구한 경우

④ 장대레일에 불규칙한 축압이 생겨 있다고 인지되는 경우

(다) 도상 자갈의 정비

장대레일 구간에 있어서 도상자갈의 정비는 다음과 같이 하여야 한다.

① 침목 측면을 노출시키지 않을 것.

② 도상어깨 폭은 45 cm 이상(고속 철도는 50 cm 이상) 확보할 것.

③ 상층 자갈(top ballast)은 충분히 다질 것.

④ 도상 어깨에 10 cm 이상 더 돋기를 할 것(고속 철도는 제3.1.1(1)(나)항과 같이 신축 이음매 전후 100 m 이상의 구간, 교량 및 교량 전후 50 m 이상의 구간, 분기기 전후 50 m 이상의 구간에 대하여 더 돋기를 함).

⑤ 일반철도에서는 종과 횡의 도상저항력을 500 kgf/m 이상으로 유지하도록 규정.

(5) 유간의 관리

(가) 유간(joint gap) 관리의 필요성

레일은 온도의 변화에 따라 신축한다. 이 신축을 처리하기 위하여 이음매부에 둔 간극이 유간이다. 이 이음매부의 유간은 다음과 같은 점에 유의하여 적정하게 관리할 필요가 있다.

① 레일이 최고 온도에 달한 때에 궤도가 좌굴하지 않을 것.

② 레일이 최저 온도에 달한 때에 이음매 볼트에 과대한 힘이 걸리지 않을 것.

③ 유간이 과대하게 되어 차량에 의한 충격이 큰 기간을 될 수 있는 한 짧게 할 것.

(나) 적정한 유간의 설정

선로정비지침에서는 레일의 유간에 대한 표준을 **표 3.6.8**에 나타낸 것과 같이 규정하고 있다.

① 유간의 적정 여부는 레일 온도가 올라가 유간이 축소되기 시작할 때와 레일 온도가 내려가 유간이 확대하기 시작할 때의 양측 측정치의 평균값으로 판정한다.

② 이음매 유간은 하기 또는 동기에 접어들기 전에 정정하는 것을 원칙으로 한다.

표 3.6.8 국철의 레일 이음매 유간 표 (단위 : mm)

레일길이(m) \ 레일온도(℃)	-20 이하	-15	-10	-5	0	5	10	15	20	25	30	35	40	40 이상
20	15	14	13	11	10	9	8	7	6	5	3	2	1	0
25	16	16	15	14	12	11	9	9	7	5	4	2	1	0
40(50kg/m기준)	16	16	16	16	14	11	9	7	5	2	0	0	0	0
50(50kg/m기준)	16	16	16	16	15	13	10	7	4	1	0	0	0	0

(6) 레일의 관리

(가) 레일의 일반 검사

레일의 손상, 마모, 부식 등의 상태에 대하여 년 1회 이상 검사하여 그 결과를 레일교환 계획에 반영시킨다.

(나) 레일의 세밀 검사

국철에서 행하는 해체 검사 및 초음파 레일 훼손 검사를 말한다. 주로 레일 이음매부나 용접부 손상의 유무 및 그 정도에 대하여 검사하는 것으로 초음파 탐상기(ultrasonic rail flaw detector), 염색 침투 탐상법(color check) 등으로 검사한다.

(다) 고속철도의 레일검사기준

고속철도선로정비지침에서는 "레일의 결함은 초음파 탐상, 레일표면결함 검측 등으로 검측 가능한 레일의 손상정도 및 결함의 크기 등을 고려하여 다음과 같이 등급별로 분류하여 관리"하도록 규정하고 있다.

1) 분류등급 E : 이 등급은 레일이 파손으로 발달되지 않는 결함으로써 안전에 영향을 주지 않는 결함이며, 이러한 결함이 발견되는 경우에는 지속적으로 선로점검기록부를 통합시설관리시스템에 등록 관리하여야 한다.

2) 분류등급 O : 이 등급은 레일에 균열이 발생되었으나 별도의 보강(응급이음매판 체결 등)작업 없이 열차주행이 가능한 균열이다. 이 결함은 레일결함점검기록부를 통합시설관리 시스템에 등록관리하여야 하며 주기적인 점검 뿐만 아니라 특별점검을 시행하여야 한다.

3) 분류등급 X : 이 등급은 레일파손으로 발전되는 균열에 해당되며 X₁은 중·장기에 걸쳐 파손으로 발전하는 결함, X₂는 단기간에 판손으로 발전하는 결함으로 나눈다. 이 결함이 발견되는 경우, 응급 이음매체결 등으로 긴급 보수작업을 실시하고 유지관리 매뉴얼에 따라 보수작업을 시행하여야 한다.

4) 분류등급 S : 이 등급은 레일이 파손되었거나 짧은 시간 내에 복잡한 파손으로 발전될 소지가 있는 균열로서 이 결함이 발견되면 레일을 교환하여야 한다. 레일교환 작업이 완료되기 전까지는 열차속도를 40 km/h 이하로 제한하고 신속히 이음매 보강작업을 실시하여야 한다. 다만, 이음매보강작업이 불가능할 경우에는 열차속도를 10 km/h 이하로 제한하고 레일상태를 지속적으로 감시하고 당일 야간에 즉시 교환하여야 한다.

(라) 레일손상의 UIC 분류

레일의 파손은 일반적으로 피로균열 성장기간의 최종결과이다. 균열은 작은 손상 또는 응력 집중으로 생긴다. 이 이유 때문에 파손이 일어나기 전에 균열을 발견할 수 있는 찬스가 상당히 있다. 초음파 검사도 일반적으로 행하고 있다. 레일은 사용시에 각종 원인으로 손상이 생긴다. 이들의 파손은 UIC 규정 712에 분류되어 있다. UIC 코드는 **표 3.6.9**의 간단한 방법으로 구성되어 있다.

표 3.6.9 레일 손상의 UIC 분류에 사용하는 코드

1번째 자리 수	2번째 자리 수	3번째 자리 수
1 레일 단부	0 전(全) 단면 1 레일 두부 안쪽 3 복부 5 저부	1 횡단 2 수평 3 종방향 균열 5 이음매 구멍의 별 모양 균열
2 중간부	2 레일 두부 표면	0 부식 2 쉐링 5 차륜 공전 상(空轉 傷)
4 용접부	1 플래시 버트 2 테르밋 7 표면 다시 다듬기(육성 용접) 8 기타	1 횡단(수직) 2 수평

※ 1자리수에서 3은 '외부에서 얻은 손상에서 생긴 결함'을 나타냄

3.6.6 고속 선로의 궤도 관리

고속철도의 구체적인 선로 관리에 대하여는《고속선로의 관리》를 참조하라.

(1) 궤도 검측

(가) 고속 궤도 검측차

고속 철도의 궤도란 200 km/h 이상을 상용하는 구간이므로 그 고속성에서 궤도 틀림의 진행(growth of track irregularity)이 재래선과 비교하여 현저하게 크다. 또한, 궤도 틀림의 변화가 열차 동요 등의 변화에 크게 영향을 미친다. 따라서, 일정한 주기로 궤도 고속 시험차를 주행시켜 궤도 틀림, 동요치, 소음치, 축상 가속도(axle box acceleration) 값 등의 데이터를 고속 주행에서 수집한다. 궤도 검측에는 광학식 검출 방식 등을 이용한다. 궤도 검측차는 3 대차 방식, 또는 고속화를 위하여 영업 차와 같이 2 대차 방식을 이용한다.

경부고속철도에서 사용하는 자주식 종합검측차는 궤도, 전차선, 신호 등의 검측에 이용하며, 궤도선형의 검측은 160 km/h의 속도로 측정할 수 있다. 또한, 레일 단면의 측정, 레일 표면의 검사, 레일두부 파상마모의 모니터링도 수행한다.

(나) 레일 탐상차(detector car)

레일 탐상차로 레일 결함의 위치나 부위를 검출하고 그 결과에 기초하여 레일 탐상기로 상세하게 다시 검사한다. 특히, 외국의 경우에 레일 두부상면에 쉐링상이 누적 통과 톤수(accumulated tonnage) 1억 톤을 넘는 단계에서 발생하고 있기 때문에 용접부의 손상 탐상과 같은 모양으로 탐상에 주의를 하고 있다.

(다) 레일 연삭차를 이용한 레일 두부상면(top table of rail) 측정

레일 연삭차에 설치되어 있는 레일 두부상면 측정 장치는 레일 연삭의 전후에 측정하여 연삭 효과를 시험하기 위하여 사용한다. 접촉식의 측정 방식이며, 측정 속도는 5 km/h 정도이고 레일 두부상면의 단파장(30 ~300 mm), 장파장(100~200 cm)의 틀림을 검출한다.

(라) 동요 측정

고속 궤도 검측차에 동요계를 설치하여 측정을 하는 외에 영업 차의 한정된 차에 자동 동요계를 설치하여 동요를 측정한다. 또한, 사원이 영업 차의 후부 운전실에 첨승하여 가반식 동요계로 측정하는 경우도 있다.

경부고속철도에서는 KTX 12호 열차에 설치된 진동가속도계로 2주마다 측정하여 궤도관리의 기본적인 자료를 얻고 있다(**표 3.6.6** 참조).

(마) 선로검사 주기

표 3.6.10에서는 세계 주요 철도의 검사 및 검측 주기를 나타내며, **표 3.6.11**에서는 프랑스 고속철도의 검사 주기를 나타낸다. 또한, 프랑스에서의 궤도 재료 검사는 상세 검사와 특별 검사를 주기적으로 시행하며 검사 결과에 따라 보수와 추가 검사가 이루어진다. 상세 검사는 체결구 상태 등을 육안으로 검사하는 것으로 일반 구간은 6년, 분기기는 3년 주기로 시행되며, 특별 검사는 안전에 직접적으로 관계되거나 재료의 보존과 관련된 검사로서 **표 3.6.12**에 나타낸 주기로 시행된다.

표 3.6.10 세계 주요 철도의 선로검사 및 검측 주기

철도명	미국 AMTRAK	독일 DB	프랑스 SNCF	영국 BR
궤도틀림	4~6/년	~6/년	2~4/년	IC노선 4/년
동요		2/년	2/년~2/월	
레일 검사	초음파, 자력선 1,2/년, 직후교환	초음파 3/년 표면 1/년	1,2,4/년	초음파 4/년
축상 진동가속도			파장 2.5 m의 요철	
도보 순회 등	도보 순회 2/주	열차 순회 12/년 비디오 도입	3주마다, 15일마다 TGV 10주마다	
기계화, 기타	효율화 지향	요원삭감 지향 E.J검사 2/년	효율화 지향 유간검사 있음	유간검사 있음

표 3.6.11 프랑스 고속철도의 선로검사 주기

검사 주관	검사 방법	기존선		신선		
보선 사무소	도보 순회	1개월		1개월		
	열차 탑재 측정	160 km/h 이하는 1개월	160 km/h 이상은 15일	18일		
보선 분소	도보 순회	160 km/h 이하는 3주	160 km/h 이상은 15일	궤도 10주	분기기 5주	구조물 5주
기타	열차 탑재 측정			매일 최초 열차 (160 km/h의 특별 TGV)		

표 3.6.12 프랑스의 궤도재료 특별검사 주기

검사 종별		주기	기사
레일	육안 검사	년1회	
	초음파 검사,	년1회	차량
신축 이음매	스트로크, 궤간, 레일 마모 등	년2회	
	체결 상태, 침목 위치	년1회	하절기 전
도상	단면 상태	필요시	
분기기	체결, 마모	년1회	필요시 계절별, 반기별

(바) 선로점검지침의 규정

선로의 점검은 선로의 상태를 정확히 조사 파악하여 선로관리와 보수의 합리화를 기함으로써 열차안전운행을 확보하는데 목적이 있으며, 선로점검지침(건설교통부)에서 규정하고 있는 선로점검의 종류와 용어의 뜻은 다음과 같다.

1) 궤도보수점검 : 궤도전반에 대한 보수상태를 점검한다.

2) 궤도재료점검 : 궤도구성 재료의 노후, 마모, 손상 및 보수상태를 점검한다.

3) 선로구조물 점검(선로구조물의 구분은 제4.1.4(1)항 참조) : 선로구조물[교량, 구교, 터널, 토공, 방토설비, 하수, 정거장설비(기기는 제외)]의 변상 및 안전성을 점검한다. 여기서, 구조물 변상이라 함은 구조물의 파손, 부식, 풍화, 마모, 누수, 침하, 경사, 이동 및 기초지반의 세굴 등으로 열차운전에 지장을 주거나 여객과 공중의 안전에 지장을 줄 우려가 있는 상태를 말한다.

4) 선로순회점검 : 일상의 선로순회를 통하여 선로 전반에 대한 안전성을 확인 감시하는 점검이다.

5) 신설 또는 개량선로의 점검 : 신설 또는 개량선로에 대한 열차운행의 안전성을 점검한다.

선로점검의 주기를 요약하면 **표 3.6.13**과 같다.

(2) 궤도 관리 방식

(가) 궤도 관리 시스템

고속 궤도 검측차의 데이터는 모두 차상 및 지령 본부의 컴퓨터에서 전산 처리된다. 이 전산 처리된 각종 데이터를 이용하여 보수작업 계획을 세워 궤도보수 작업을 시행하며, 이 시공 실적도 전산 처리된다(제3.6.3(4)항 참조). 또한, 궤도정비 검사(시공 전, 시공 후의 궤도 틀림 비교)도 행하여진다.

(나) 궤도관리 목표

고속 선로에서는 궤도 틀림량을 작게 유지하고 효율적으로 작업을 하기 위하여 관리의 목적에 따른 목표치 등을 설정하고 있다(구체적인 값은「고속선로의 관리」참조).

고속선로의 선형관리는 경제성과 내구연한 연장도모 및 열차운전의 안전을 위한 최적의 관리를 위하여 다음과 같이 궤도틀림의 관리단계를 구분하여 관리하고 있다. 다만, 측선, 차량기지, 보수기지 등과 같이 궤도검측차로 측정하지 않는 구간은 인력으로 측정하고 일반철도의 규정을 준용한다.

1) 준공기준(Construction Value, CV, 준공 값) : 이 기준은 신선을 건설할 때에 적용하는 준공 기준이다.

표 3.6.13 국철의 선로점검 주기

점검의 종류			일반철도	고속철도
궤도보수	궤도틀림 점검	궤도검측차 — 궤도 선형상태	년 4회	월 1회 이상
		궤도검측차 — 레일 표면상태	-	
		차량가속도 측정점검	-	2주에 1회 이상
		인력점검 (고속철도는 인력 확인점검)	수시(보수상태 파악), 검측차 불량개소	검측차, 가속도 불량개소 확인, 필요시(보수상태 파악)
	하절기 점검	운행적합성 점검	-	매년 5월 1일 이전 도보순회
		특정지점 및 취약개소 점검	-	레일온도가 45℃에 이를 것으로 예상되는 날 : 도보순회
		궤도전장의 열차순회 점검	-	레일온도가 45℃ 이상으로 예측되는 경우(주말, 휴일 포함)
	노반점검		매일(선로순회자, 공사감독자)	-
궤도재료 점검	레일점검	외관 점검	년 1회 이상	-
		해체점검		
		초음파탐상 — 레일탐상차	전 본선 1회 이상(중요본선 추가시행), 부본선, 분기기, EJ 등은 탐상기로 정밀점검	전 본선 분기별 1회 이상
		초음파탐상 — 레일탐상기	주요 열차의 본선 년 1회 이상, 터널, 교량 등 취약개소 추가 시행	탐상차 불량 개소, 분기기, 접착절연레일, 용접지역
		레일표면점검(마모측정, 표면 상태, 연마상태, 선형상태)	-	월 1회 이상
	분기기 점검	일반점검	년 1회 이상	본선과 부대 분기기 월 1회 이상, 측선 년 1회 이상
		정밀점검	본선, 중요 측선 년 1회 이상, 측선부대분기 2년 1회 이상	본선과 부대 분기기 년 1회 이상
		기능점검	수시	-
	신축 이음매	일반점검	-	월 1회 이상
		정밀점검	-	년 1회 이상
	침목		PC침목, 목침목, 년 1회 이상	침목 및 콘크리트 도상 년 1회 이상
	도상		년 1회 이상	
	레일체결장치			년 1회 이상
	기타 궤도재료 점검		년 1회 이상	-
선로 구조물 점검	정기점검(정밀점검과 중복시 생략)		년 2회 이상	반기별 1회 이상
	정밀점검		2년에 1회 이상	
	긴급점검		필요시	필요시(손상점검, 특별점검)
	특별점검			-
순회점검	도보 순회, 열차 순회		○	
	일상순회점검(도보 순회, 열차 순회)		-	○
	악천후시 점검			
	열차기관사나 승무원의 요구시 점검			
신설 또는 개량 선로의 점검(점검 및 시운전)			○	

2) 목표기준(Target Value, TV, 목표 값) : 이 기준은 궤도유지보수작업 후의 허용 기준이며, 유지보수 작업을 시행하는 경우에는 이 허용치 내로 작업을 완료한다. 즉, 이 품질레벨은 모든 작업 후의 바

람직한 품질에 해당한다. 목표 값 품질레벨의 하한은 승차감 분계점이라고 부른다. 그것은 또한 최소의 승차감 값이다. 이 레벨과 그 이상에서는 궤도의 품질이 좋으며, 어떠한 특별한 모니터링이나 유지보수도 불필요하다.

3) 주의기준(Warning Value, WV, 경고 값) : 이 기준의 단계에서는 선로의 보수가 필요하지 않으나 관찰이 필요하며, 보수작업의 계획에 따라 예방보수를 시행할 수 있다. 즉, 이 품질레벨은 여전히 허용할 수 있지만, 그럼에도 불구하고 궤도의 관찰이 필요한 품질에 해당한다. 작업개시 분계점이라고 알려진 경고 값 품질레벨의 하한은 그 아래에서 보수작업이 필요한 한계에 상당한다.

4) 보수기준(Action Value, AV, 작업개시 값) : 궤도틀림이 이 기준에 도달하면 선로의 유지보수작업이 필요하게 되므로 정해진 기간 이내에 작업을 시행한다. 즉, 이 품질레벨은 열등한 품질에 해당하며, 짧은 기간내의 정정 작업이 필요하다. 안전 분계점이라고 알려진 이 품질레벨의 하한은 그 아래에서 열차의 안전에 영향을 주는 한계를 결정한다.

5) 속도제한 기준(Speed reduction Value, SV, 속도제한 값) : 이 궤도틀림의 단계에서는 열차의 주행속도를 제한하며, 틀림이 정정되기 전까지 상시 감시한다. 즉, 이 품질레벨은 정상의 열차교통을 더 이상 허용할 수 없는 품질에 해당한다.

목표 값(TV), 경고 값(WV) 및 작업개시 값(AV)은 적용된 경제적 방침에 밀접하게 좌우된다. 이와는 대조적으로 속도제한 값(SV)은 열차안전에 직접 관련된다.

고속 선로에서는 승차감(riding quality)을 좋게 하기 위하여 장파장(long wave length) 관리가 중요시되므로 장파장의 궤도 정비를 수행한다.

(다) 레일 두부상면(top table of rail)의 관리

고속 선로는 영업 속도가 높아지게 됨에 따라 레일 두부상면의 관리가 점점 중요시되어 예를 들어 상하(床下) 소음치, 축상(axle box) 진동가속도를 이용한 관리가 행하여지며, 그 데이터에 기초하여 레일 연삭차 등을 이용한 레일 두부상면의 삭정이 정상적으로 행하여진다. 또한, 다음과 같은 것이 최근에 해명되고 있다.

· 수 cm에서 20 cm 전후의 레일 두부상면의 단파장 요철은 소음치와 상관이 있다.
· 1 m에서 2 m의 레일 두부상면의 장파장 요철은 윤하중 변동과 상관이 있다.

(3) 선로보수 작업의 조건과 안정화

(가) 작업의 부류

고속철도의 선로보수 작업은 다음과 같이 장대레일의 안정성에 영향을 미치는지의 여부에 따라 두 부류로 구분된다.

1) 작업부류 1

이 부류는 장대레일의 안정성에 영향을 주지 않는 작업으로 이루어진다. 궤도선형에 관련되는 대부분의 작업은 부류 2에 속한다.

- 다음과 같은 작업은 작업부류 1로 분류한다 : ① 체결장치의 체결상태 점검, ② 체결장치의 체결(조이기), ③ 레일의 연마와 후로우 삭정, ④ 아크 용접을 이용한 레일표면 손상의 보수와 오목한

용접부의 육성 용접, ⑤레일 앵커가 있는 경우에 앵커의 재설치, ⑥안전 치수의 검사

- 작업부류 1은 다음과 같은 작업을 포함하지 않는다 : ①침목 아래 자갈의 제거, ②궤도, 또는 레일의 양로, ③체결장치의 풀기, ④레일의 절단

2) 작업부류 2

이 부류는 장대레일의 안정성에 일시적으로 영향을 주는(감소시키는) 모든 작업, 즉 작업부류 1에 포함되지 않는 모든 작업으로 이루어진다

(나) 작업 조건

선로보수 작업은 다음의 1)~3)항에 의한 ①작업금지 기간, ②온도 조건, ③안정화 조건 등의 세 가지 조건을 고려하여야 한다. 부류 2의 작업은 1)항의 관련 조건(부류 2 작업의 제1 조건)과 2)항의 관련 조건 (부류 2 작업의 제2 조건)을 충족시키는 경우에만 시행하며, 선로작업 후에 첫 열차의 열차속도를 170 km/h로 제한하여야 한다.

1) 작업금지 기간(부류 2 작업의 제1 조건)

터널의 입구에서 100 m 이상 떨어진 터널 내부를 제외한 일반 구간에서 작업부류 2의 작업은 5월 1일에서 9월 30일까지 금지하여야 한다('부류 2 작업의 제1 조건'). 다만, "①동적으로 안정시킬 수 있는 콘크리트 침목 구간에서 안정화 작업을 병행하는 경우, ②안정화 작업을 할 수 없는 구간의 경우에는 시설관리자의 승인을 받아 작업조건을 별도로 정하여 제한하고, 작업 후에 24시간 동안 열차속도를 100 km/h로 제한한 다음에 열차 하중에 의하여 궤도가 안정될 때까지 170 km/h로 제한하는 경우" 등에서는 허용할 수 있다. 부류 1의 작업은 다음의 2)항의 관련 온도 범위 내에서 일년 내내 작업할 수 있다.

2) 작업온도 제한(부류 2 작업의 제2 조건)

장대레일의 안정에 영향을 주는 부류 2 작업은 레일온도가 0~40 ℃를 벗어나거나 **표 3.6.14**의 범위를 벗어나는 온도에서는 작업할 수 없으며('부류 2 작업의 제2 조건'), 다음에 따라야 한다. 다만, 콘크리트 침목 구간에서 동적으로 안정화 작업을 병행하는 경우에는 허용할 수 있다.

- 1)항의 작업금지 기간(부류 2 작업의 제1 조건)을 벗어나서 작업하는 도중에 작업가능 온도범위를

표 3.6.14 작업온도 제한 기준

※ t_r : 장대레일 설정온도

작업 조건		선로 조건	작업가능 온도범위(℃)	비고
공통 조건		- 모든 구간	0~40	
일반 구간	대형 장비 다짐 작업	- 직선구간과 곡선 구간 (반경 ≥ 1,200 m)	$(t_r - 25) \sim (t_r + 15)$	
		곡선 구간(반경 < 1,200 m)	$(t_r - 25) \sim (t_r + 10)$	
	수동 및 소형 장비 다짐 작업 및 기타	- 직선구간과 곡선 구간 (반경 ≥ 1,200 m)	$(t_r - 25) \sim (t_r + 5)$	
		- 곡선 구간(반경 < 1,200 m)	$(t_r - 25) \sim (t_r + 0)$	
분기기*	대형장비 다짐 작업		$(t_r - 15) \sim (t_r + 15)$	
	수동 및 소형 장비 다짐 작업		$(t_r - 10) \sim (t_r + 5)$	

* 분기기에서 길이 5 m 미만의 면 맞춤 작업과 2 cm 이상의 양로를 필요로 하지 않는 기타 작업은 0 ℃ 미만으로 떨어짐이 없이 (t_r - 10 ℃) 이하에서 행할 수 있다.

벗어나는 경우에는 즉시 작업을 중단하고 필요한 조치를 취한 후에 열차속도를 당해 선로는 40 km/h, 인접 선로는 100 km/h로 제한하여야 하며, 그 후에 궤도가 안정될 때까지 170 km/h로 제한하여야 한다. 다만, 이 규정은 온도한계 이하로 떨어질 때까지 적용한다.

- 안정화 기간 중에 레일온도가 45 ℃를 초과하는 경우에는 낮 동안의 열차속도를 100 km/h로 제한하고, 그 후에 궤도가 안정될 때까지 170 km/h로 제한한다.

장대레일의 안정화에 영향을 주지 않는 부류 1의 작업이라도 -5～+50 ℃를 벗어난 레일온도에서는 비상 시 등, 부득이한 경우를 제외하고는 작업을 하지 않아야 한다. 다만, 분기기의 작업에 대하여는 《고속선로의 관리》를 참조하다.

3) 작업 후의 궤도 안정화

궤도의 안정에 영향을 주는 부류 2의 작업 후에는 동적 안정화 작업을 하거나, 또는 동적 안정화 작업을 하지 않는 경우에는 열차의 통과에 따라 궤도가 안정될 때까지 열차속도를 제한하여야 하며, 안정화 기준은 **표 3.6.15**에 의한다.

표 3.6.15 선로작업 후의 궤도안정화 기준

다짐 장비	양로량	동적 안정화 작업유무	최소 통과 톤수 (ton)	최소 안정화 기간(시간)
대형 장비 (MTT, 또는 STT)	높은 지점에서 20 mm 이하, 높은 지점 사이에서 50 mm 이하	미시행	5,000	24
		시행	0	없음
	상기보다 큰 값	미시행	20,000	48
		시행	5,000	없음
다목적 보수 장비	높은 지점에서 20 mm 이하, 높은 지점 사이에서 50 mm 이하	미시행	5,000	24
		시행	0	없음
	상기보다 큰 값	미시행	20,000	48
		시행	5,000	없음
핸드 타이 탬퍼 및 삽 채움	높은 지점에서 15 mm 이하, 높은 지점 사이에서 20 mm 이하		5,000	24
	높은 지점에서 15 mm 초과, 20 mm 이하, 높은 지점 사이에서 20 mm 초과, 40 mm이하		20,000	48
기타의 부류 2 작업(굴착, 침목 교체, 침목 간격변경 등)				

(4) 안전의 관리

선로의 "위험지역"으로 정의하는 "외방레일에서 2.0 m 이내의 지역"은 열차가 170 km/h 이상으로 주행하는 경우에 접근을 금지하며, 위험지역 내로 진입하기 위해서는 열하속도를 170 km/h 이하로 감속조치하여야 한다. 기타 사항은 《고속선로의 관리》를 참조하기 바란다.

3.6.7 궤도유지관리 표준의 검토방법

(1) 궤도에 요구되는 성능

잘 알려진 것처럼 궤도에 요구되는 성능으로서 가장 중요한 것은 '안전성'이며, 다음으로 중요한 성능은 대량고속 수송기관으로서 필요한 '정시성의 확보' 이다. '승차감' 은 기본적으로는 철도운영자가 제공하는 서비스의 문제이지만 적어도 승객이 불안하게 되거나 차량이 과도하게 진동하는 것은 피하여야 한다. 이러한 의미에서 '과도한 차량진동의 방지' 는 궤도에 요구되는 성능의 하나이다.

이들의 성능, 예를 들어 올라탐 탈선에 대한 안전성을 직접 평가하기 위해서는 차상에서 윤하중과 횡압을 측정할 필요가 있다. 최신의 궤도 검측차 중에는 윤하중과 횡압의 측정이 가능한 것도 있지만, 윤하중·횡압의 측정은 일반적으로 새로운 형식의 차량을 투입할 때나 속도를 향상시킬 때라고 하는 특수한 기회밖에 시행하지 않는다. 이 때문에 궤도를 유지 관리할 때는 궤도 변위나 열차동요와 같이 측정이 비교적 용이한 항목을 이용하여 탈선에 대한 안전성을 간접적으로 담보하고 있다.

이와 같은 관점에서 궤도의 유지관리에 관한 표준을 검토하기 위해서는

① 어떤 성능의 실현을 목표로 하는가 ? (성능항목)

② 그를 위하여 궤도 측에서 구체적으로 무엇을 검토하는가 ? (평가지표)

③ 검사결과를 어떻게 판정하는가 ? (기준치)

④ 판정한 결과, 성능이 충족되지 않을 경우에는 어떻게 하는가 ? (조치)

의 4 점을 고려할 필요가 있다. 상기의 탈선에 대한 안전성의 경우에 성능항목은 '탈선에 대한 안전성', 평가지표는 '궤도 변위', 기준치는 예를 들어 '고저 변위 ○mm', 조치는 '신속한 보수의 투입' 으로 된다.

궤도에 요구되는 성능과 이것에 대응하는 평가지표의 조합 예를 **표 3.6.16**에 나타낸다. 유지관리의 표준에서는 궤도에 요구되는 일반적인 성능에 응하여 **표 3.6.16**의 우측 난에 나타낸 평가지표와 그 기준치의 표준적인 산출방법이 필요하다. 실시기준을 정할 때는 이 유지관리 표준을 참고로 하여 당해 철도의 실상에 맞추어 평가지표와 기준치를 정하면 좋다. 또한, 예를 들어 궤도 변위의 기준치는 차량의 성능에 따라 변하므로 차량의 제원을 고려하여 기준치를 정할 필요가 있다.

표 3.6.16 궤도의 성능항목과 평가지표의 예

성능항목의 예	평가지표의 예
차량이 다른 차량이나 구조물 등에 충돌하지 않고 주행할 수 있다	건축한계, 궤도중심간격 등
차량이 탈선하지 않고 주행할 수 있다	궤도 변위, 열차동요 등
레일이 부러지지 않는다	레일 마모량, 쉐링 손상 등
분기기를 스므스하게 주행할 수 있다	백 게이지, 텅레일 밀착 등
레일의 온도신축에 대응할 수 있다	이음매 유간, 이음매판 볼트 체결토크, 레일온도, 장대레일 신축량 등
신호제어에 나쁜 영향을 미치지 않는다	텅레일의 접착, 신축이음매의 절연저항 등
차량의 진동이 과도하게 발생하지 않는다	궤도 변위, 열차동요 등

궤도는 일반의 토목구조물과 비교하여 수치적인 평가지표를 이용하는 검사·평가가 비교적 진보되어 있다. 예를 들면, 궤도 변위, 레일 마모, 이음매 유간 등은 1 mm 단위로 검사·평가하고 있다. 이들의 검사항목이나 그 기준치의 대부분은 공학적인 근거가 명확하게 되어 있지만 긴 역사 중에서 철도사업자가 독자적이고 경험적으로 정한 것도 있다. 이 때문에 유지보수 표준을 검토할 때는 궤도보수의 실태와 괴리되는 일이 없도록 하여야 한다. 이 점에서는 궤도보수 실태, 기술기준의 동향이나 궤도에 요구되는 성능 등에 기초하

여 궤도 유지관리의 표준을 검토할 때에 고려하여야 하는 사항에 대하여 논의한다.

(2) 유지관리의 구체적인 흐름

철도궤도가 일반의 토목구조물과 다른 점으로서 상기에서도 언급하였지만 궤도는 열차의 통과에 수반하여 서서히 틀림이 진행되는 것을 전제로 하는 구조물이라고 하는 점이다. 틀림이 진행된다고 하여도 지진의 피해를 받은 토목구조물과 같이 사용불능으로까지 파괴되어버린다는 의미가 아니고 궤도 변위가 서서히 크게 변형되어가기도 하고 레일의 마모가 조금씩 크게 된다고 하는 의미이다. 궤도의 유지관리를 고려할 때는 이와 같은 궤도의 특성을 충분히 인식하여 둘 필요가 있다.

궤도 유지관리의 표준적인 흐름을 **그림 3.6.10**에 나타낸다. 이 그림에서 중앙에 나타낸 후로는 유지관리를 위한 검사 · 판정 · 조치라고 하는 구체적인 순서로 된다. 또한, 좌측의 2중선 틀 안에 있는 성능항목과 평가지표는 **표 3.6.16**에 소개한대로 이다. 이들은 매 회의 검사에서 그 때마다 정하는 성질의 것이 아니고 유지관리의 표준에 기초하여 철도사업자가 실상에 따라서 미리 정해둔 것이다. 또한, 우측에 '순시' 를 구별하여 나타내고 있지만, 궤도 변위나 궤도재료 상태의 '검사' 와 선로전반의 상황을 확인하는 '순시' 는 구별하여 다루고 있다. 더욱이, **그림 3.6.10**은 일상업무에서 다루는 정기적인 검사 · 보수의 표준적인 흐름을 나타낸 것이다. 태풍이나 장마 등과 같은 자연재해의 직후에 시행하는 검사나 보수 방법에 대하여는 별도로 정하고 있다.

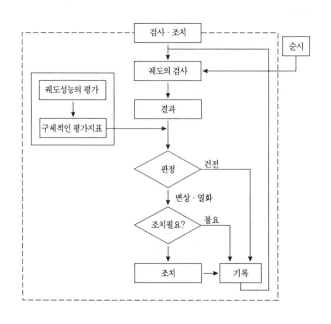

그림 3.6.10 궤도 유지관리의 표준적인 흐름

(3) 순시

'순시' 란 지금까지 많은 철도사업자가 '순회검사' 와 거의 같은 의미로 다루어 왔었다. 그러나, 새로운 체계에서는 육안확인인 '순시' 와 '순회검사' 를 구별하여 다루는 것이 좋다. 양자를 엄밀하게 구별하기는 곤란

하지만 예를 들어 도보순회 시에 체결장치나 이음매볼트의 체결상태를 스패너나 토크렌치로 확인하는 것은 '순회검사'의 일부이다. 한편, '순시'는 선로전체를 확인하는 것이며, 순시한 결과 이상이 발견된 경우에는 다시 '검사'를 한다. 그림 1에서 '순시'에서 시작한 후로가 검사에 연결되어 있는 것은 이 때문이다.

순시의 필요빈도는 선구가 놓여진 상황에 따라 여러 가지이다. 예를 들어, 고온다습하고 선로의 주위에서 수목의 생육이 빠른 지역에서는 꼼꼼하게 순시하여 건축한계를 침범하는 나뭇가지 등이 발견된 경우는 신속하게 벌채할 필요가 있다. 역으로, 도심에서 고가교 위의 생력화 궤도 구간 등에서는 지진 등의 큰 자연재해를 받지 않는 한 시간 경과에 따른 궤도상태의 변화가 극히 작다고 생각되므로 순시의 빈도를 줄일 수가 있다. 한편, 순회의 빈도는 열차밀도와 어느 정도의 상관이 있지만 구체적인 횟수나 방법을 공학적으로 정하기는 어려우므로 지금까지의 경험에 기초하여 정하는 것이 합리적이다. 다른 한편, 대부분의 철도에서는 도보순회와 열차순회를 병용하고 있다.

(4) 궤도 변위와 열차동요의 관리
(가) 검측 대상

궤도 변위는 일반적으로 고저(면), 방향(줄), 수준(수평), 평면성, 궤간의 5 항목을 측정한다. 그러나, '주행 안전성의 확보'라고 하는 성능의 관점에서는 반드시 이 5 항목을 모두 측정할 필요는 없다. 예를 들어, 임해철도와 같이 궤도의 대부분이 화물야드인 철도에서는 운전속도가 제한되기 때문에 저속 시의 탈선에 직결되는 평면성과 궤간을 측정하여두면 안전성이 확보된다. 열차의 동요와 상관이 높은 고저 변위나 방향의 변위는 열차동요의 측정으로 궤도 변위의 측정을 대체하는 것도 가능하다.

고저 변위, 방향 변위는 일반적으로 10 m 현 중앙 종거법으로 측정한다. 소수이지만 관성 측정법이라고 하는 가속도의 2회 적분으로 궤도 변위를 산출하고 있는 예도 있다. 측정의 원리가 다르면, 얻어진 데이터에 대한 평가도 변경되므로 유지관리 표준에서는 궤도 변위의 측정항목과 측정원리를 명확하게 하는 것이 좋다.

(나) 검측 방법

궤도 변위는 궤도 검측차로 측정하는 것이 가장 효율적이고 정확하다. 궤도 검측차와 수(手)검측에는 다음과 같은 차이가 있다. 더욱이, 궤도 검측기는 양자의 중간에 있다.

① 궤도 검측차는 차량의 중량을 재하한 상태에서 측정하는 것이 가능하다.
② 일반적으로, 궤도 검측차의 쪽이 측정간격(샘플링 간격)을 짧게 할 수 있다.
③ 일반적으로, 궤도 검측차의 쪽이 측정 정밀도가 높다.
④ 1회당의 측정에 필요한 노력은 궤도 검측차의 쪽이 적다.
⑤ 궤도 검측차는 도입 시의 초기 비용이나 유지비용이 필요하다.

비용을 고려하지 않는다면 궤도 검측차를 이용하는 검측이 바람직하다. 궤도 검측차를 이용하지 않아도 궤도에 요구되는 성능을 유지할 수 있도록 유지관리 체제를 구성할 필요가 있는 경우도 있으며, 예를 들어 수검측의 경우는 궤도의 약점인 이음매 등을 중점적으로 검측한다.

(다) 검측 주기

궤도 변위의 검측 주기를 검토할 때는 다음의 사항을 고려할 필요가 있다.
① 다음 검측까지의 궤도 변위가 안전상의 한도치를 넘을 확률이 0에 가까울 것.

②다음 검측까지의 궤도 변위가 정비 기준치를 넘을 확률이 일정치 이하일 것.

③선구의 상황을 근거로 하여 궤도의 전반적인 상태를 항상 파악할 수 있을 것.

이 중에서 세 번째는 통과 톤수가 아무리 작다고 하여도 검측 주기를 너무 길게 하는 것은 좋지 않다고 하는 의미이다. 예를 들어, 단순하게 고려하면 통과 톤수 200만 톤의 지방선로와 2,000만 톤의 간선에서는 검측 주기가 10배 다르더라도 좋은 것이지만 궤도의 상태가 항상 가뭄이나 강설이라고 하는 기후·기상의 영향을 받는 점을 고려하면 여전히 1년에 1회는 궤도 변위를 검측하여 궤도상태를 파악하는 것이 필요하다.

첫 번째와 두 번째를 고려하여 검측 주기를 정할 때는 궤도구조와 통과 톤수에 응한 일정 기간의 궤도 변위 진행을 토대(base)로 하는 것이 합리적이다.

(라) 검측 결과의 평가

궤도 변위의 검측 결과는 통상적으로 그 진폭으로 평가한다. 일반선로에서는 10 m 현 중앙 종거, 고속철도에서는 이 외에 30 m 현 장파장 중앙 종거를 병용한다. 또한, 화물열차 주행선구에서는 방향(줄) 변위와 수준(수평) 변위에서 산출되는 복합 변위를 평가지표로 하는 일도 있다. 어떠한 평가지표를 이용하는가는 궤도에 요구되는 성능에 기초하여 철도사업자가 정한다.

평가지표를 결정하였다면, 다음에는 정비 기준치를 정한다. 정비 기준치란 보수를 시행하는 '시작' 으로 되는 값이다. 통상적으로는 궤도 변위가 정비 기준치를 초과하지 않도록 관리하지만 기준치를 초과한 궤도 변위가 발견된 경우의 조치도 미리 결정하여둔다.

정비 기준치는 궤도 검측주기와 궤도 변위진행의 속도를 기초로 하여 궤도 변위가 안전상의 한도치에 도달할 확률이 0에 가깝게 되도록 정한다. 예를 들어, 안전상의 한도치와 정비 기준치의 관계를 개념적으로 나타내면 **그림 3.6.11**와 같이 된다. 대부분의 철도에서는 정비 기준치와는 별도로 정비 목표치를 설정하여 궤도 변위가 정비 기준치에 도달할 확률을 작게 하고 있다.

그림 3.6.11의 우측에 있는 궤도 변위에 대한 안전상의 한도치는 현재의 기술을 이용하여도 정확하게 정하기는 곤란하다. 주행 안전성에는 궤도 변위만이 아니고 차량의 보수상태도 크게 관계하기도 하고 직선인가 곡선인가에 따라서도 한도치가 변화한다. 이 때문에 안전상의 한도치로서는 여러 가지 외적 요인을 고려하면서 약간 엄한 값을 이용할 필요가 있다.

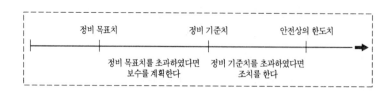

그림 3.6.11 정비 목표치, 정비 기준치 및 안전상 한도치의관계

(마) 검측 후의 조치

검측 결과, 궤도 변위가 기준치 내에 있으면 문제가 없다. 기준치를 넘는 궤도 변위가 발견된 경우에는 아래의 어느 쪽이든지 조치를 고려한다.

① 열차의 속도를 제한한다 (서행).

② 일정 기간 내에 보수한다 (긴급 정비).

어느 쪽의 조치를 시행하는가는 철도사업자가 선구의 실상에 따라서 판단하게 되지만, 어느 쪽의 경우도 소정의 궤도 성능을 유지할 수 있는 것이 전제조건으로 된다.

(5) 궤도재료의 유지관리

궤도재료의 유지관리에 대하여도 그 기본적인 고려방법이나 유지관리의 흐름은 궤도 변위의 경우와 마찬가지이다. 다만, 궤도재료는 대단히 다기에 걸쳐있고 철도에 따라서 유지관리의 방법도 여러 가지이다.

궤도재료의 유지관리에서는 궤도재료를 크게 두 가지 그룹으로 나눌 수가 있다. 하나는 레일, 분기기 등이며, 이들의 재료가 크게 손상을 입으면 열차의 운행 자체를 할 수 없게 된다. 이들을 1중(重) 계열의 부재라고 부르기도 한다. 또 하나는 레일 체결장치나 침목과 같이 다소의 손상이 있어도 열차의 운행에는 거의 지장이 없는 재료이다. 이들을 다중(多重) 계열의 부재라고 부른다. 궤도에 요구되는 성능을 만족하고 경제성을 높이기 위해서는 1중 계열의 부재와 다중 계열의 부재에 대하여 유지관리 방법을 달리하는 쪽이 합리적이다.

1중 계열의 부재는 열차의 안전·안정 운행을 위하여 높은 신뢰성이 요구된다. 그를 위하여 이들의 부재는 적극적으로 객관적인 검사·판정을 하여 필요에 따라 무엇인가의 조치를 하여야 한다.

예로서 레일의 검사에 대하여 고려하여 보자. 레일의 마모는 궤도 변위와 마찬가지로 열차의 주행에 따라서 서서히 진행한다. 그리고, 마모가 어느 일정량을 넘으면 레일의 강도가 저하하기도 하고 건축한계 하부한계를 지장하기도 한다. 또한, 분기기를 구성하는 레일의 마모는 탈선의 원인으로 된다. 레일이 충족시켜야 하는 성능은 여러 가지이므로 이들의 성능을 만족시킬 수 있도록 레일의 마모량과 그 기준치를 정할 필요가 있다. 검사결과의 판정이나 검사주기의 결정 시에는 레일마모의 진행 정도를 고려할 필요가 있다. 레일의 손상이나 균열과 같이 정량적인 측정, 평가가 어려운 항목에 대하여도 정도에 따른 판정기준을 정해 두어 적극적으로 정량적인 검사가 가능하게 한다.

다른 부재에 대한 측정항목, 측정주기, 판정기준 등의 고려방법도 마찬가지이다. 상기의 **표 3.6.16**에 나타낸 요구 성능이 만족되도록 대응하는 평가지표와 기준치를 정한다.

3.6.8 궤도 횡 저항력에 대한 도상 특성의 영향

(1) 도상 단면의 기하 구조적 특성의 영향

도상 횡 저항력은 장대레일 궤도의 안정성에서 매우 중요한 요소이다. 다음은 주로 ORE의 연구결과이다. 궤도의 횡 저항력은 다음과 같은 세 성분의 합력이다.

① 침목의 중량에 비례하여 침목 하부 표면의 마찰에서 생기는 성분

② 침목 측면과 연속한 침목 사이를 채운 도상간의 마찰에서 생기는 성분. 이 성분은 침목 사이를 채운 정도(**그림 3.6.12**)뿐만 아니라 도상의 압밀 정도에 좌우된다. 이 횡 성분의 양은 목침목의 경우에 총 저항력의 약 40~50 %, 투윈 블록 철근 콘크리트 침목의 경우에 15~25 %, 및 모노블록 프리스트레스트

콘크리트 침목의 경우에 30 %이다.

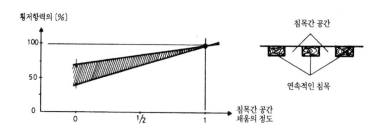

그림 3.6.12 궤도 횡 저항력에 대한 침목간 도상 채움 정도의 영향

③ 침목의 두 끝에서 전개되며 도상의 어깨 폭과 도상의 더 돋기(餘盛) (그림 3.6.13)에 좌우되는 성분

그림 3.6.14는 침목 끝에서 도상 어깨 폭의 증가뿐만 아니라 도상 단면의 더 돋기에 따른 횡 저항력의 증가를 도해한다. 이 그림에서, 더 돋기와 함께 동시의 도상 단면의 증가는 어깨 폭의 단순한 증가보다 더 좋음을 알 수 있다.

도상 측면 기울기의 영향에 관한 중요성은 2차적인 것이며 폭 c가 감소함에 따라 감지할 수 있을 정도로 감소한다.

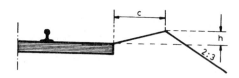

그림 3.6.13 침목 끝의 도상 어깨 폭 및 도상의 더 돋기(餘盛)

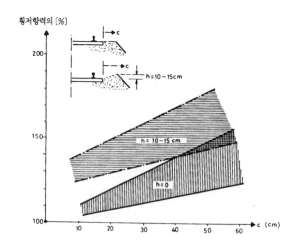

그림 3.6.14 침목 끝에서의 궤도 횡 저항력과 도상 단면의 기하 구조적 특성과의 관계

(2) 도상 입도 분포의 영향

도상 자갈의 형상과 크기, 자갈의 입도 분포 및 재료의 경도는 궤도의 횡 저항력에 상당한 영향을 준다(**그림 3.6.15**).

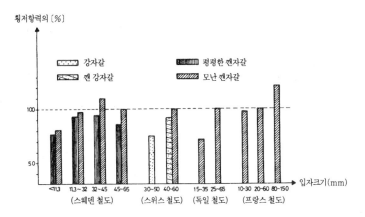

그림 3.6.15 도상 횡 저항력에 대한 도상 입도 분포의 영향

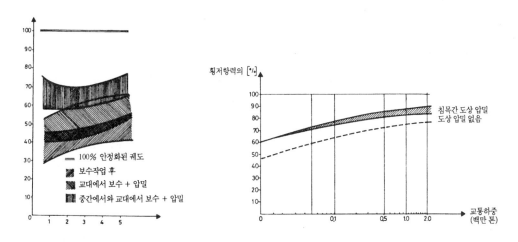

그림 3.6.16 각종 유형의 압밀에 대한 궤도 안정화   **그림 3.6.17** 교통의 함수로서 궤도 횡 저항력의 회복

(3) 도상 압밀도의 영향

궤도는 도상의 보수 작업[*] 후에 횡 저항력이 상당한 정도로 손실된다(**그림 3.6.16**). 이 횡 저항력을 회복하기 위해서는 도상을 압밀하는 것이 필요하다.

궤도의 횡 저항력은 열차의 통과 후에, 특히 2백만 톤의 열차 하중 통과 후에 충분히 회복된다(**그림 3.6.17**).

---

[*] 궤도의 보수 작업은 반복하여 궤도를 들어 올리거나 또는 수평 방향으로 이동시킴을 포함한다.

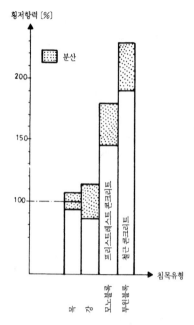

그림 3.6.18 궤도 횡 저항력에 대한
침목 유형의 영향

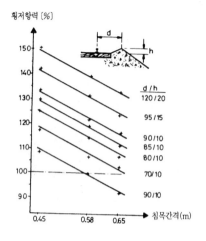

그림 3.6.19 침목 간격의 함수로서
궤도 횡 저항력

(4) 궤도 횡 저항력에 대한 침목 유형과 특성의 영향

충분히 안정된 궤도에 대한 일련의 실험적 시험 결과에 의하면 콘크리트 침목, 특히 투윈 블록 침목이 의심할 나위 없는 우수성을 가지는 것으로 나타났다. **그림 3.6.18**은 각종 유형의 침목에 대한 횡 저항력을 도해한다. 상대적으로 큰 분산은 제작 공차(치수, 중량, 침목 모양 등)뿐만 아니라 도상의 품질과 성질에 기인한다.

투윈 블록 침목의 저항력이 목침목보다 두 배 이상으로 더 높은 것은 주로 다음의 두 가지 이유 때문이다.

① 투윈 블록 침목의 중량이 더 무겁기 때문에, 침목의 하부 표면과 도상간의 마찰에 해당하는 저항력 성분이 더 크다.

② 침목 끝에서 발생하는 저항력 성분이 훨씬 더 크다.

모노블록 침목에서 전개되는 횡 저항력은 투윈 블록 침목에 비하여 더 작지만, 목침목보다 분명히 더 높다. 이것은 모노블록 침목의 더 무거운 중량, 더 높은 높이 및 더 큰 접촉면에 기인한다.

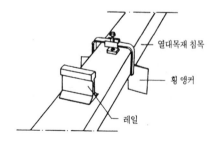

그림 3.6.20 횡 저항력용 앵커

독일 철도에서는 침목 길이를 2.40 m에서 2.60 m로 증가시켜서 궤도 횡 저항력을 15~20 %만큼 증가시켰다.

철침목의 저항력은 침목의 형상(끝에서의 곡률, 침목 안에 들어간 도상 등)에 상당히 좌우된다. 철침목의 횡 저항력은 침목 유형에 따라 목침목의 횡 저항력과 유사한 값을 가진다.

목침목과 관련하여 여러 목재 품질간의 비교는 다음의 결론으로 이끌었다. 단단한 목재(예를 들어, 오크)로 만든 침목과 연한 목재(예를 들어, 소나무)로 만든 침목간의 차이는 작은 편이다. 오래 전에 부설되고 도상으로 거칠어진 표면을 가진 침목은 특히 도상이 압밀된 경우에 (사용하지 않은) 새 침목보다 약간 더 높은 횡 저항력을 나타내었다. 이에 반하여, 열대 지방의 목재로 만든 침목은 대단히 단단하고 원활한 표면에 기인하여 다른 재질로 만든 침목의 85 %뿐인 횡 저항력을 가진다.

침목 간격의 감소는 침목 당 저항력 값의 약간의 감소로 이끌지만, 킬로미터 당 침목의 더 큰 수 때문에 차감 계산 이상이다. 침목 간격이 감소할 때 전체적으로는 궤도 횡 저항력이 증가한다(**그림 3.6.19**).

(5) 횡 저항력의 증가에 사용하는 추가의 수단과 특수 설비

어떤 경우(예를 들어, 작은 곡률 반경, 분기기, 교량 등)에는 특수한 침목 형상, 거친 침목 저면, 횡 앵커 등과 같이 큰 비용을 수반하지 않는 특수 수단을 이용하여 횡 저항력을 국지적으로 증가시킬 필요가 있다.

어떤 산악 지역에서는 선로가 아주 작은 반경을 갖고 있고 부가적인 원심력과 레일의 내부 응력 때문에 궤도의 높은 횡 저항력이 필요하므로 이것은 실제적으로 크게 중요한 문제이다. 목침목의 측면과 저면을 거칠게 하면 횡 저항력을 약간만 증가시킨다. 이에 반하여, 열대 지방 목재의 침목 저면에 홈을 파면, 횡 저항력을 20~25 %만큼 증가시킨다. 그러나 침목이 도상을 잘 잡고 있도록 홈이 충분한 폭과 깊이를 가져야 한다.

소위 횡 앵커(**그림 3.6.20**)를 이용하여 횡 저항력의 상당한 증가(20~80 %)를 달성할 수 있다. 마지막으로, 침목 끝에 콘크리트 기둥을 설치하여 더욱 더 큰 증가(170 % 정도의)를 달성할 수 있지만, 이것은 체계적인 궤도 보수를 방해하는 값비싼 해법이다.

3.6.9 보선의 향후 방향

(1) 향후 보선의 과제

철도(railway)는 향후에도 도시간에서 고속 선로를 중심으로 한 고속 수송 혹은 대도시 교통의 통근 수송 등의 분야에서 우위성이 있다고 생각된다. 따라서, 철도는 이들 분야에서 점점 고속성, 안전성, 안정성, 편이성, 쾌적성 등의 특성을 발휘하여야 한다. 그를 위하여 여러 가지 방책이 고려되지만, 철도의 기반을 이루는 인프라스트럭처(infrastructure) 메인테난스의 유지 강화가 중요한 과제이다. 그 중에서 특히 보선이 중요하다. 향후의 보선에서 선로의 장치화, 기계화, IT화에의 노력이 필요하다. 그 이유는 열차의 고속화·열차 횟수의 증가 등에 대하여 현재의 궤도 구조로는 궤도 파괴량에 대응할 수 없다고 추정되기 때문이다.

·이제까지 선로를 보수하기 위하여 대단히 많은 인력과 장년의 경험에 의지하여 왔다. 그러나, 근년에 열차의 고속, 고밀도화에 따라 보수 작업량이 급증하고 있음에도 불구하고 질·량 모두 노동력의 확보가 곤란하게 되었다. 이 때문에 궤도 구조의 근본적인 개선이나 컴퓨터를 이용한 궤도관리 시스템의 개발 및 보선

작업의 대폭적인 기계화가 적극적으로 진행되고 있으며, 종래의 보선업무 형태가 크게 변하고 있다.

(2) 보선 업무의 근대화
(가) 보수 작업량의 삭감
자갈 궤도는 레일의 중량화(60 kg/m)·장대화, 침목의 PC화와 2중 탄성 체결 장치화, 도상의 쇄석화 등으로 구조를 강화하고 있다. 보수 작업으로서 투입 인원이 많은 도상 다짐·도상 교환·레일 교환 작업을 삭감하기 위하여 신축 이음매 철거에 따른 장대레일의 장대화나 레일 삭정에 따른 레일 수명의 연장이 필요하다. 궤도구조와 보수량의 최적화라고 하는 예전부터의 과제는 현재에도 계속되고 있다.

(나) 보수 작업의 기계화
근년에 현저하게 되고 있는 작업원의 고령화나 젊은 노동자의 3D 작업의 기피경향에서 중노동 작업 요소가 많은 작업을 중심으로 적극적인 기계화가 필요하다. 신형 기계의 정착을 도모하면서 작업기계 그룹 전체의 생력화·자동화를 더욱 추진한다. 작업에 따른 사고 방지를 위해서는 현상의 인간의 주의력에 의지하는 방식에서 기계로 커버하는 방식으로의 변경이 필요하다.

(다) 선로·구조물 검사의 자동화
선로 검사에 대하여는 고속 궤도 검측차나 레일 탐상차에서 보는 것처럼 기계화·자동화가 진행되어 컴퓨터 시스템과 연계되어 있는 검사와 분기기의 세밀 검사나 레일 체결 장치의 이완 조사와 같이 전과 다름없는 검사가 상존하고 있다.

적외선이나 전자파를 이용한 측정이나 화상 처리의 응용에 관련되는 기술이 발전하고 있지만 도보 순회나 인간의 육안에 의지한 검사에서 탈피하여 하이테크 기술을 응용한 새로운 검측 장치에 의한 검사를 추진하여야 한다. 이것에 의하여 데이터를 실내에서 확인할 수 있는 검사 시스템으로 전환하여 선로 검사의 정밀도 향상과 중점화를 목표로 하여야 한다.

외국에서는 강교량의 건전도를 정확하게 검사하고 판정하기 위한 시스템을 개발하였다.

(라) VTR을 이용한 열차 순회 검사 시스템
보선업무에서 열차 순회 검사는 개안의 시청각과 체감에 의지하고 있기 때문에 검사결과에 개인차가 있는 것은 피할 수 없다. 카메라·마이크·가속도 센서를 탑재하여 측정 정보를 VTR 테이프로 기록함으로서 효율적인 열차 순회 시스템을 구축할 수가 있다.

화면에는 날자와 시각·km정·열차 동요치·정비치 초과 개소 등을 자막(superimpose) 처리한다. 가반형(可搬形)의 기록 장치를 열차에 세트하면 후에는 무인으로 기록한다. 이 VTR 테이프를 사무소에서 재생하여 검토할 수 있도록 고안되고 있다.

(3) 향후 보선의 방책
(가) 선로의 장치화와 궤도 구조의 개량
자갈궤도(ballasted track)는 철도의 개업이래 널리 사용되어 왔지만, 근년의 고속화에의 대응이나 보수 작업의 경감을 위한 궤도 구조(track structure)의 강화나 장대 터널, 고가교 등에 콘크리트 도상 궤도 (concrete bed track)의 채용이 늘고 있다.

지금까지도 선로 구조의 강화로서 레일의 중량화(use of heavier rails)·장대화, 침목의 PC화 등이 진행되어 왔지만, 신선 건설 시에 콘크리트 도상 궤도 등 생력화 궤도를 적극적으로 도입하고, 영업 선로에서도 보수 시간에 시공하기 위한 기술의 개발이 추진되어야 한다.

(나) 궤도관리 시스템의 전산화

궤도관리 시스템에 대하여는 고속 시험차와 컴퓨터를 이용한 데이터 처리에 따른 종합적인 궤도관리와 효율적인 선로 보수의 진행이 추진되고 있다(예를 들어, 제3.6.3(4)항 참조).

선로의 구조 데이터를 비롯하여 고속 궤도 검측차의 검측 데이터, 각종 검측 데이터 등을 컴퓨터에 입력함과 동시에 항공 사진이나 열차의 선두에서 촬영한 비디오 등을 화상 처리함으로서 현장에 가지 않아도 선로의 상황을 즉시 알 수 있는 시스템을 구축할 필요가 있다.

(다) 보선 작업의 기계화

보선작업에 대하여는 종래의 인력을 이용한 방식이 보선기계를 이용한 방식으로 급속하게 이행되고 있으며, 보선기계의 개발·개량에 따라 단시간에 고능률의 작업을 정밀하게 시행할 수 있도록 되고 있다. 앞으로도 보선작업의 생력화, 고능률화를 위하여 기계화 보선이 추진될 것이다.

보선 작업은 지금까지도 상당히 기계화 작업으로 이행되어왔지만, 그러나 한편으로 기구 사용의 작업도 남아 있기 때문에 가일층 기계화 작업의 검토·개발이 요망된다.

기계화를 추진하기 위하여 배려하여야 할 점은 이하의 사항이다.

① 보수 시간의 확보   ② 보수작업 조건에 적합한 기계의 개량·개발
③ 보수 기지(maintenance base), 보수 통로의 정비
④ 조작자 등의 수준 향상, 작업 환경의 정비   ⑤ 기계 검사수리 체제의 정비

(라) 수시 방식에서 정기 방식으로

종래의 선로보수 방법은 궤도틀림이 생긴 개소를 그 때마다 보수하여 가는 "수시 보수 방식"이었지만, 근년에는 검사와 보수작업을 분리하여 일정 기간마다 재료 갱신이나 대수선을 하는 "정기수선 방식"으로 이행되고 있다. 이 경우에 일정 보수주기의 사이는 원칙적으로 보수를 하지 않기 때문에 미리 레일의 장대화, 침목의 PC화 등 궤도 강화를 실시하여 두어야 한다. 또한, 1회의 작업량이 많기 때문에 작업의 대폭적인 기계화가 필요하며, 궤도의 상태를 상시 검측할 수 있는 관리 시스템이 필요하다. 그러나, 정기 방식을 이용한 보선작업의 계획화, 합리화는 그 효과가 크므로 앞으로도 더욱 더 추진될 것이다.

궤도관리의 중점은 종래 정적인 궤도틀림 보수를 주로 한 "4원칙 관리"(상기의 제3.6.1항 참조)이었지만, 근래에 궤도 검측차를 이용한 동적 검사로 평면성을 주로 한 "승차감 관리"에 중점이 이행되고 있다.

이와 같은 보선업무는 장래를 향하여 더욱 승차감이 좋은 선로를 경제적으로 보수 관리하기 위하여 생력화·고능률화·시스템화·기계화가 대폭으로 추진되어 "노동 집약형"에서 "고도 설비형"으로 이행되고 있다.

(4) 보선인의 기술정신

· 철도가 목표로 하는 방향은 21세기를 맞이하여 "사람에게 편리하고 이용하기 편리한 철도"이다. 여기에는 지구 온난화 등의 "환경 문제", "고령화 대응", "교통 약자의 원조"가 중요하며, 선로 기술자가 직접 관계하는 것은 "환경 문제"이다. 승객 및 연변의 사람들에게 소음·진동 문제가 조금이라도 감소되도록 각 부문

의 사람들과 협력하고 노력하여야 한다고 생각된다.

사회 경제의 상황은 사물의 가치가 양에서 질로 바뀌는 등 가치관의 다양화로 지향이 변화되어 3D 직장의 대표적이었던 보선현업에 젊은 사원의 기피가 증대하여 왔으며, 앞으로의 고령화 등에 대응하기 위하여 꽤 오래 전부터 선로관리의 근대화로서 "기계화", "외주화", "보수량 경감화" 등의 말이 자주 사용되었고 또한 실제로도 많이 추진되어 왔다. 전에 3D라고 말하여진 보선에 종사하는 사람들을 조금이라도 즐겁게 작업할 수 있도록 앞으로도 계속 노력하여야 한다. 이미 궤도장비에 상당한 수준으로 컴퓨터가 도입되어 있으며, 앞으로도 선로관리 시스템 등에서 컴퓨터의 이용이 가속적으로 촉진되어야 한다.

이와 같은 보선 업무 근대화의 진행과 함께 새로운 문제가 발생한다고 한다. 즉, 현업요원의 삭감도 있지만 생활습관 병(일명 성인병)이 증대한다고 한다. 또한 관리자도 이러한 증상이 늘어나고 그 연령층도 낮아지는 경향이 있다고 한다. 그 원인으로 상정되는 것으로 식사의 고칼로리화, 야근과 야식의 관계, 섭취 칼로리와 소비 칼로리의 불균형 등으로 건강상황에서는 보선 업무의 근대화보다 수 단계 앞서 근대화가 진행되는 실정으로 그 진행을 방지하는 것이 최대의 과제라고도 한다.

인간이 살아가기 위해서는 보수(報酬)를 얻기 위한 "일", 그리고 "머리"와 "몸"을 사용하는 것 이외에도 취미 등, 일을 잊을 수 있는 "즐거움(樂)"이 필요하다. 여러 가지 스트레스가 덮쳐오지만 이들을 해소할 수 있는 방법을 모색하여야만 심신과 함께 건강하게 쾌적한 인생을 보낼 수 있을 것이라고 생각된다.

인재육성은 언제의 시대라도 필요하다. 사내 교육은 물론 외부 교육도 필요하지만 근본적으로는 본인이 하려고 하는 마음일 것이다. 각자가 스스로 배우려고 하여야 한다. 젊은 사람에서부터 나이를 먹은 사람까지 공부가 중요하며 각각의 입장에서 각각 내용이 다른 공부를 평생 계속할 필요가 있다고 생각된다. 또한, 머리가 유연하면 여러 사물에 대응할 수 있으므로 여러 가지 서적을 읽어 유연한 고려 방법을 가지도록 하는 것이 좋다. 머리를 사용하는 것만이 아니고 몸을 사용하는 일, 즉 운동도 중요하므로 각자가 자기 스페이스로 운동하여야 한다고 생각된다.

우리 나라는 4계절이 분명한 아름다운 나라라고 하지만, 대부분의 토목 기술자가 그러하듯이 선로 기술자들도 4계절 그때그때 노고가 따른다. 봄철의 "장출(좌굴)", 여름철의 "장마", 가을철의 "태풍", 겨울철의 "눈과 동상" 등, 이들의 자연 현상에 상대하여 싸워야만 한다. 그러나, 인간이 이들의 자연 현상의 앞에 서면 무력하기는 하지만, 인간에는 영민(英敏)한 지혜가 있다. 과거의 여러 가지 재해 사례를 연구하여 조금이라도 피해를 줄이는 방법을 생각하여야 한다.

선배들이 쌓아올린 전통을 소중하게 생각하고 차세대로 승계하여야 한다. 그러나, 기술의 승계, 혹은 후계자의 육성은 대단히 어려운 문제라고 생각되지만 컴퓨터를 비롯한 정보화 시대이므로 현장의 경험자에게 의지하던 시대에서 일보 전진하여 본사와 현장의 울타리를 걷어치우고 서로의 정보를 온라인을 통하여 교환하여야 한다. 또한, 선로 기술자가 안고 있는 문제는 여러 가지가 있어 이것에 대한 해결에도 노력하여야 한다.

선로 기술자는 "안전하고 승차감이 좋은 선로"의 제공이 장래에도 확실하게 보장되도록 노력하여야 한다고 생각된다.

제4장 선로 구조물

4.1 선로 구조물의 구조 계획 및 유지관리

선로 구조물(structure)이란 선로 구조 중에서 교량, 터널, 흙 쌓기, 땅 깎기 등을 말한다.

철도는 기울기나 곡선반경에 대한 제약조건이 도로에 비하여 엄하기 때문에 하천이나 산 등을 횡단하여 철도를 부설하는 경우에 필연적으로 교량이나 터널 등의 구조물을 다용하여 이것을 극복할 수밖에 없다. 그 때문에 철도에서는 장대교량이나 장대터널을 건설하는 기술이 발달하여 오늘날에 이르고 있다. 또한, 지형·지질이 복잡하고 호우·태풍 등의 재해가 많은 지방에서는 이러한 구조물의 설계·시공에서 여러 가지의 배려가 필요하게 된다.

선로구조물의 종류를 크게 나누면 하천이나 도로 등을 횡단하기 위한 교량(일반의 교량과 교량을 연속시킨 고가교), 산이나 지면 아래 등을 지나가기 위한 터널, 흙을 주된 재료로 하는 흙 구조물(흙 쌓기와 땅깎기)의 3 종류로 대별된다.

건설 년대가 오래된 노선에서는 급곡선이나 급구배 등을 다용하여 산기슭이나 산골짜기 지형 등의 등고선을 따라가도록 노선선정이 행하여지고 교량이나 터널은 되도록 피하였다. 그러나 그 후의 교량, 터널 기술의 발달과 함께 목적지 사이를 되도록 직선을 이용하여 최단거리로 연결하도록 노선을 선정하게 되었으며, 이 경향은 고속성을 중시하는 노선에서 특히 현저하게 되었다. 외국에서 초기에 건설된 고속선로에서는 흙 쌓기가 점하는 비율이 높았지만, 근래의 고속선로는 흙 쌓기 대신에 고가교를 이용하는 경향이 현저하게 되었다. 또한, 터널이 점하는 비중도 크게 되었다.

선로 구조물의 구조 계획은 목적으로 하는 철도의 루트 선정, 역 및 차량 기지의 위치 선정이 끝난 단계에서 행하는 것이며, 구조물의 종별과 구조 형식을 선정하는 일이다. 구조 계획에 있어서는 설계 협의상의 제약 조건을 염두에 두고, 측량·지질 조사·적용하는 기술기준(technical standard)을 선정함과 동시에 유사한 구조물에 관한 기 설계의 자료를 수집하는 것이 중요하다. 구조 계획의 검토에 의하여 얻어진 복수의 계획안에 기초하여 개략 설계를 하여 공사 수량을 계산하고 개략의 건설비를 산출한다. 따라서, 구조 계획은 사업 계획의 상세 검토에 앞서 계획 단계에서 중요한 단계라고 한다.

선로정비지침에서는 다음과 같이 규정하고 있다. 교량 또는 터널의 시·종점, 산악 지역 등 외부에서 선로로의 접근이 곤란하다고 인정되는 주요 지점에는 비상상황이 발생하는 경우의 선로 유지보수관리를 위하여 선로 접근도로를 설치하여야 하며, 다만 선로 접근도로의 설치가 곤란하다고 인정되는 지점에는 '항공법'에 의거한 회전의 항공기가 이·착륙할 수 있는 장소를 확보한다.

4.1.1 구조 계획 시의 유의점

선로 구조물은 중량이 크고, 게다가 고속으로 주행하는 열차 하중(train load)을 안전하게 지지함과 동시에 많은 횟수의 반복에 대하여도 충분한 강도가 요구된다. 또한, 열차의 주행으로 인한 소음·진동 등의 환경 대책이나 도시 내에서의 구조물에 대한 경관상의 배려도 요구된다.

선로 구조물의 구조 계획에서는 다음과 같은 점에 유의할 필요가 있다.

(가) 목적으로 하는 철도에 적합한 선형(alignment)의 기준

구조물은 열차가 소정의 속도로 안전하게 주행할 수 있도록 계획되어야 한다. 구조 계획상 철도의 기능에 큰 영향을 주는 요소는 선로의 평면 곡선반경과 종단 구배이다. 구조 계획에서는 이들의 기준치에 드는 범위 내에서 큰 곡선반경과 작은 종단 구배로 되도록 배려한다.

(나) 안전성의 확보

계획의 대상으로 되는 구조물에 대하여 설계 조건(설계 하중, 사용 재료, 환경 등), 구조 해석의 방법, 부재 강도의 산정 방법, 변위·변형량 등의 제한치를 적절하게 정하여 안전성을 확보하여야 한다.

(다) 방재(disaster protection)를 위한 배려

우리 나라는 산악 지대가 많아서 토사 붕괴 등의 재해(disaster)를 받기 쉬운 점, 태풍, 폭우, 폭설이라고 하는 가혹한 자연 환경에 놓여 있는 점에서 방재를 위한 배려를 잊어서는 아니 된다. 눈사태, 사태, 붕괴 등의 방재상의 문제가 있는 지역을 피하여 계획하는 것이 바람직하지만, 사면 형상의 변경, 배수공, 말뚝(pile)이나 옹벽(retailing)의 설치라고 하는 사태 방지 공법을 채용하는 것도 가능하므로 종합적인 검토가 필요하다.

(라) 주변 환경과의 조화

철도 선로에서는 소음·진동의 문제가 중요시되고 있다. 또한, 도시 내 공사에서는 소음·진동, 일조 저해, 전파 장해 등의 문제가 제기된다. 사회에 유용하여야 할 교통기관인 철도가 사회 생활에 지장을 주는 일이 없도록 환경 보전(environmental preservation)상의 문제가 적은 구조물로 계획하여야 한다.

한편, 도시 공간, 전원 공간에서 선로 구조물은 주변의 환경과 조화된 미관이 요구되고 있다. 지금까지의 구조 계획에서는 안전성, 기능성, 경제성이 중요시되어 왔지만, 앞으로는 경관상의 평가도 구조 계획에서 보다 중요한 지표로 되고 있는 중이다.

(마) 건설에서 유지 관리까지의 비용 절감

(가)에서 (라)까지의 각 조건을 만족시킨 후에는 경제성의 조건이 불가결하다. 구조물의 건설비를 싸게 하기 위하여는 설계·시공에 관한 새로운 기술이나 공법을 받아들여 경제성을 추구하여야 한다. 경제성을 검토하는 경우에는 건설비뿐만이 아니고 구조물 사용 시의 유지 관리비 등을 포함한 전체 비용이 최소가 되도록 검토할 필요가 있다. 유지 관리비는 그 업무량과 노동 단가가 장래적으로 증대되는 것이 예상되고 있으므로 검토 항목으로서 경제성을 빠뜨릴 수가 없다.

4.1.2 구조 계획의 진행 방법

(1) 구조 종별의 선정

루트 · 지역의 지형 · 지질 · 환경 · 풍토 등으로부터 판단하여 토공으로 하는가 고가로 하는가, 고가인가 교량인가, 게다가 산간 지역이라면 터널로 관통하는가 절토로 시공하는가 등의 대국적인 방침을 세우는 것이며, 경제성 · 기술적 난이도 · 경관 · 환경에의 배려에 착안하여 비교 검토한다. 이 때의 판단이 사업의 대국을 결정하게 되므로 대단히 중요한 요점이며, 기왕의 여러 자료, 유사한 공사의 예 · 경험의 예를 참고로 충분하고 신중하게 행할 필요가 있다.

경제적인 구조 계획안을 얻는 요점은 곡선 반경(curve radius)을 크게 하고 구배를 완만하게 하며 공사 수량을 적게 하는 것이다. 공사 수량을 적게 하기 위해서는 땅 깎기 · 흙 쌓기의 토공을 적게 하고 양자의 균형을 취하여 터널이나 교량 등의 구조물도 적게 하는 것이다. 복수의 루트 안에 대하여 현지 답사의 후에 토공 (earth work), 고가교(viaduct), 교량(bridge), 터널(tunnel)의 수량, 연장을 각 안에 대하여 산출한다.

구조 종별의 선정에서는 다음의 사항이 참고로 된다.

① 계획 지역의 지형 · 지질, 하천의 계획 수위, 교차 도로의 등급 및 교통량, 주거 환경(가옥 밀집도, 학교 · 병원의 유무), 지장물(문화재, 절 등), 경관 등의 데이터를 기초로 한다.

② 산맥을 횡단하는 경우에 하천을 따라 높은 지점까지 올라 터널로 들어가는 경우는 구배를 완만하게 하면 토공량이 적고, 교각(pier) 높이를 낮게 할 수 있으므로 건설비가 싸게 된다. 그러나, 선로 연장 (route length)이 길고, 선형은 나쁘게 된다.

③ 하천을 따르지 않고 진행하여 터널 연장을 길게 하는 경우에는 산골짜기의 횡단이 생겨 토공량이 증가하고 교각 높이가 높게 되어 건설비가 증가되지만 선로 연장이 짧게 되어 선형이 좋게 된다.

④ 흙 쌓기나 고가교 등 구조물의 건설비를 작게 하기 위해서는 구조물의 시공 기면 높이(F.L)를 적극 낮게 계획하는 것이 중요하다. 그를 위해서는 노선 전체의 높이를 결정하고 있는 도로나 하천과의 교차부에 대한 구조를 충분히 검토하여야 한다.

⑤ 도로나 하천과의 교차 구조물에서는 각각의 관리자와의 협의에 따라 큰 지간의 구조물이 요구되는 일이 많지만 공사비는 지간에 비례하여 증대하기 때문에 경제성의 관점에서는 기능상 허용되는 범위에서 작은 지간으로 하는 것이 좋다.

(2) 구조 형식의 선정

구조물의 종별이 선정되면, 구조 종별마다 구체적인 구조 형식을 선정한다. 이 때 다음과 같은 점을 배려하면서 비교 · 검토하여 최적의 형식을 선정한다.

(가) 토공 : 땅 깎기 · 흙 쌓기의 비탈면 높이, 구배, 비탈면의 보호, 사면의 안정, 노반 종별, 토류 방법, 배수 처리, 토취장, 사토장 등

(나) 고가 : 지간 분할, 기초 지반과 기초공의 형식, 빔식 고가와 라멘식 고가의 구분, 경관 · 방음 · 방진에의 배려, 형하 공간, 지장 물건의 처리 등

(다) 교량 : 재료 면에서 강 · 콘크리트 · 합성 구조의 선택, 지간 분할, 기초 지반과 기초공의 형식, 장대

교량에서는 단순 거더, 연속 거더, 트러스, 아치 등의 시공법 · 공사비의 검토, 경관 · 방음 · 방진에의 배려

(라) 터널 : 원지반의 지질 상황, 개착 터널 · 산악 터널 · NATM 공법 · 실드 터널 · 침하 매설 터널 등 시공법, 공사비 등의 검토

이하에서는 고가교, 교량의 구조 형식 선정에 대하여 기술한다.

고가교, 교량의 구조 형식은 거더 높이 제한 등의 구조상의 제약 조건, 공기, 시공 조건 등을 고려한 후에 최적의 구조 형식을 선정할 필요가 있다. 콘크리트 빔, 강형, 강과 콘크리트와의 합성형 등 각 형식의 특징을 **표 4.1.1**에서 비교한다. 근래에는 소음에 대한 환경 대책에 따라 콘크리트 구조물이 많이 사용되는 경향이 있다. 그러나, **표 4.1.1**에 나타낸 강철도교(steel bridge)의 이점이 크므로 특히 도시 내의 교량에서는 환경 대책을 배려하는 것에 의하여 적용되고 있다.

표 4.1.1 콘크리트교, 강철도교 등의 비교

구조 형식	장점	단점
콘크리트교	· 최적의 형식을 선택하는 것에 의하여 경제적인 설계 · 시공이 가능하게 된다. · 내구성이 크다. · 열차 주행으로 인한 소음이 비교적 작다.	· 중량이 크므로 하부 구조에의 부담이 크다. · 현장 시공의 경우에 공기가 길다. · 콘크리트의 시공 관리가 중요하다.
강철도교	· 구조상의 신뢰성이 높고 짧은 지간에서 긴 지간까지 경제적인 설계 · 시공이 가능하다. · 중량이 작으므로 하부구조에의 부담이 적다. · 가설 · 교체를 짧은 시간에 용이하게 행한다.	· 도장에 의한 유지 관리를 필요로 하는 경우가 많다. · 도시 내 등에서는 열차 주행에 의한 소음 대책을 요한다.
강과 콘크리트의 합성교	· 큰지간이라도 상부공의 자중을 작게 할 수 있다. · 가도교 등에서는 교차 도로의 교통을 저해하는 일이 없이 짧은 공기로 가설된다. · 열차 주행으로 인한 소음이 비교적 작다.	· 강과 콘크리트 양쪽의 시공 관리를 요한다. · 도장에 의한 유지 관리를 필요로 하는 경우가 많다.
H형강 매립형	· 거더 높이를 작게 할 수 있다. · 가도교 등에서는 교차 도로의 교통을 저해하는 일이 없이 짧은 공기로 가설된다. · 열차 주행으로 인한 소음이 비교적 작다. · 도장 면적이 적다.	· 공사비가 다른 구조에 비교하여 약간 높다. · 강과 콘크리트 양쪽의 시공 관리를 요한다.

4.1.3 유지관리용 시설물의 설치 기준

(1) 공통사항

여기서는 경부고속철도의 건설 시에 적용한 고속선로 유지관리용 시설물의 설치기준을 나타낸다.

(가) 접근도로

선로 유지보수용 도로차량이 토공, 교량, 터널 등의 구조물에 원활하게 출입할 수 있도록 접근도로를 설치하되 기존 도로가 있으면 이를 최대한 활용하고 접근도로를 신설하는 구간은 용지와 공사비를 최대한 절감할 수 있도록 노선을 선정한다.

　1) 교량 구간 : ① 기존 도로와 교차하는 구간은 기존 도로를 최대한으로 활용한다. ② 이 경우에 약 2.0 km마다 진입도로를 설치하는 것을 원칙으로 한다.

　2) 터널 구간 : ① 시 · 종점 부분에서 가장 근접한 기존 도로로부터 진입도로를 설치한다. ② 교량 구조

물과 인접한 경우에는 2개의 구조물에 대해 접근이 가능하도록 설치한다.

3) 토공 구간 : ① 교량의 교대 구간이나 터널 시·종점 부분에 설치한 접근도로를 최대한 활용한다. ② 기 설치된 지하도(box)를 적절히 활용한다.

4) 기타 사항 : ① 교량과 터널이 접속하여 접근도로를 공용하는 경우로서 진입도로의 연장이 100 m 이내인 경우에는 교량 하부에서 터널 입·출구로 접근하는 접근도로를 설치한다. ② 교량과 터널이 접속하여 있지만 현지 여건상 교량 하부로부터의 진입도로를 설치하기가 곤란한 경우나 진입도로의 연장이 100 m 이상인 경우에는 각각의 접근도로를 설치한다. 이 경우에 기존 도로에서 터널 입·출구로 접근하는 접근도로와 회차 시설을 설치하며, 경제성과 사용성을 감안한다. 설계 하중은 DB 18, 도로 폭은 5.0 m(포장 폭 3.0 m), 통과 높이는 4.5 m, 종단 구배는 17 %(부득이 한 경우에 25 % 이하)로 하며, 평탄지의 노면은 깬 자갈을 부설하여 포장하고 급경사지(10 % 이상)의 노면은 콘크리트로 간이 포장을 한다(t = 15 cm, f_{ck} = 240 kg/cm²).

(나) 주차장

접근도로 종점 부분에는 점검 차량과 유지보수용 자재를 적치할 수 있는 주차장을 설치하며, 대상 구조물에서 이용이 편리하도록 위치를 선정한다. ① 교량 구간은 교량 하부에 주차 및 회차 시설을 설치하는 것을 원칙으로 한다. ② 터널 구간은 시·종점 부분에 주차 및 회차 시설을 설치한다. 교량 구조물과 인접한 경우에는 2개 구조물에 대하여 공용할 수 있도록 설치한다. ③ 주차장을 공용하는 경우는 공용 주차장으로부터 본선 궤도로 접근하는 진입도로의 연장이 50 m 이상인 경우로 한정하여 본선 궤도와 접속하는 진입도로의 종점 부분에 100 m² 정도의 주차 및 회차 시설을 설치한다. ④ 주차장 면적은 400 m² 정도로 현장의 여건을 감안하고, t = 20 cm로 깬 자갈(ø = 60 mm 이하)을 부설하며, 측구를 설치한다.

(2) 토공구간의 유지관리 시설

1) 접근도로와 주차장 : ① 땅 깎기·흙 쌓기 연장이 2,000 m 이상인 구간으로서 노반으로의 접근이 불가능한 개소는 지하도(box)의 위치를 감안하여 접근도로 위치를 선정한다. ② 접근도로의 설치가 불가능한 경우에는 지하도(box)에 근접한 양쪽 선로에 도보 접근도로를 설치한다.

2) 점검용 사다리 : 땅 깎기 높이가 15 m 이상인 경우에는 비탈면을 도보로 점검할 수 있는 철제 사다리를 설치한다. ① 땅 깎기의 연장이 250 m 이내인 구간은 1개소, 250~500 m인 구간은 2개소, 500 m 이상인 구간은 250 m마다 1개소씩 추가한다. ② 비탈면 전면 설치 : 토사 등에서는 경사가 1 : 1 이상으로 완만한 구간에 설치. 발파 암 구간은 비탈면 굴곡이 없거나 높이가 낮은 구간에 설치한다. ③ 비탈면 측면 설치 : 발파 암 등 급경사 비탈면이나 또는 굴곡이 심하여 철제계단 설치가 불가능한 구간에 설치한다. 현장 여건에 따라 땅 깎기의 산마루 측구 옆으로 콘크리트 계단도 설치 가능(예 : 터널 시·종점 부분의 토공 구간)

3) 낙석 방지시설 : 낙석 위험의 우려가 있는 지점에 설치한다.

(3) 교량의 유지관리 시설

1) 교량 유지보수용 통로(폭 1.0 m)와 난간을 설치한다.

2) 접근도로와 주차장 : ① 교량의 전 연장에 걸쳐 접근이 가능하도록 접근도로를 설치하고, 주차장은 시 · 종점 쪽의 교량 하부에 설치하는 것을 원칙으로 한다. ② 접근도로의 설치가 불가능한 개소는 교량상판을 통하여 접근할 수 있는 별도의 시설(도보 접근)을 설치한다. ③ 교량 하부의 FSM 기초를 적절히 활용하여 주차 및 회차 시설을 설치한다.

3) 교량외부 점검시설 : ① 육상구간 : 매수된 용지(폭 20.0 m)를 활용하여 점검용 도로를 설치한다(점검용 차량으로 교좌 장치를 포함한 상판과 교각 등 교량외부를 점검). ② 하천구간 : PC 박스 내부를 통하여 교각으로 통하는 사다리를 설치하며, 또한 교각주변의 점검용 난간(높이 100 cm, 점검용 통로의 폭 100 cm)을 설치한다.

4) PC박스 내부점검 시설 : PC박스의 내부점검과 박스 내부로 출입하기 위하여 다음과 같은 시설을 한다.

가) 교대, 교각 출입문과 내부 사다리 : ① 교대 : 전체 개소에 출입문 설치(교대 출입구(최 상단) : 폭 1.6 × 높이 2.0 m, 교대에서 상부 출입구 폭 1.7 × 높이 1.5 m), ② 교각 : 교량 연장 1,000 m 이상에만 설치하며, 1,000 m마다 1 개소씩 설치(일부 구간에서 교량의 교각에 출입문이 없으므로 2,000 m 이상의 장대 교량에는 1,000 m마다 교량 코핑부에서 PC박스 내부로 올라가는 사다리를 설치). 하천 구간은 하천 부근의 육상 교각에 설치한다.

나) PSM 상부공 내부의 유지관리 시설 : PSM 상부공 내부 다이아프레임 단차 부분에만 램프 설치(램프의 설치 간격은 500 m에 2 조(4 개) 설치를 기준). PSM 상부공과 MSS(FSM) 상부공의 형고 차가 1.15 m 정도이므로 통행이 가능하도록 사다리 설치)

다) PC박스 내부의 개폐시설 : ① 교각과 통하는 개구부에 점검원 안전용 개폐시설(스틸 그레이팅, 앵글 포함) 설치, ② 교대 출입구를 통한 PC박스 내부와 교량 상판에 진입할 수 있는 계단 설치(교대 출입구 상단의 계단은 좌, 우측에 설치)

라) 기타 시설 : ① PC박스 내부의 조명시설, ② 교각번호 표시, PC박스 내부 위치 표시, 슬래브 번호 표시

(4) 터널의 유지관리 시설 및 화재대비 안전설비

1) 접근도로와 주차장 : 연장 1,000 m 이상의 장대 터널에는 터널 내부의 비상상황 발생시를 대비하여 장비나 차량의 접근도로, 회차와 주차장 설치

2) 터널 내부의 조명시설(형광등, 나트륨등)(설치 간격 20 m), 유도등(설치 간격 200 m) 및 위치 표시판 설치

3) 안테나용 케이블(핸드폰으로 외부와 연락가능)과 유선전화기(터널 내에서 긴급 통화 가능, 500 m마다 설치)

4) 터널 좌, 우측에 작업자 보호용 핸드레일(손잡이)과 통행보도 설치

※ 배수로(400×800 mm), 공동 관로(700×280 mm) 및 공동 관로 뚜껑(510×810×80 mm)을 설치하여 보수용 통로로서 활용

5) 장대터널(5 km 이상)에는 대피용 터널 설치

(5) 궤도보수기지

경부고속철도 1단계(개통 직후부터 사용) 궤도보수 주기지는 영동, 약목, 고모(경부고속철도의 대구~부산간 완전 개통구간에 포함) 등 3개소이며, 궤도보수 보조기지는 화성, 대전 조차장 보조기지(대전 도심통과 구간에 포함), 언양(대구~부산간에 포함) 등 3개소이다. 2단계(개통 10년 후에 설치) 궤도보수기지 중에서 주기지는 광명(현재의 차량 주박 기지를 변경하여 사용 예정)의 1개소이며, 보조기지는 고양(차량기지의 선로 일부 사용), 천안, 김천, 가야(고양과 동일) 등 4개소이다.

오송 궤도기지를 포함하여 1단계 주기지는 밸러스트 크리닝 작업 시의 자갈 열차 등 모든 유지보수 장비를 유치할 수 있으며 궤도재료의 수송을 감안하여 궤도부설 전진기지로도 이용할 수 있도록 기존의 일반철도 선로와 연결할 수 있는 위치를 선정하였으며, 효율적으로 이용하도록 규모와 배선, 시설 배치 등을 결정하였다. 청원군 강외면에 위치하는(서울 기점 122 km) 오송 궤도기지는 종합 궤도기지로서 장대레일 용접공장, 궤도장비 대보수를 위한 검수 시설 등을 설비한 장비공장, 사무관리동, 연구 시험동(현재 철도시설공단의 품질시험소에서 사용), 재료 적치장과 각종 크레인 설비, 자갈 세척설비, 전차대, 오폐수 처리장 및 직원 숙소 등의 부대시설 등이 있으며, 부지면적이 17만 7천 평, 선로연장이 25.5 km로서 충북선 오송역과 연결되어 있다. 영동군 심천면에 위치하는(서울 기점 189 km) 영동 보수기지는 작업원 대기동, 중보수 검수고, 재료 적치장, 전차대 등이 있으며, 부지면적이 8만 3천 평, 선로연장이 19.4 km로서 경부선 심천역에 연결되어 있다. 칠곡군 약목면에 위치하는(서울 기점 252 km) 약목 보수기지도 영동 보수기지와 유사한 설비를 갖추었으며, 부지면적이 4만 8천 평, 선로연장이 11.6 km로서 경부선 약목역에 연결되어 있다. 궤도보수 보조기지는 선로가 2~3선이고 선로보수용 궤도장비만을 수용할 수 있는 소규모 기지이다.

4.1.4 선로 구조물의 유지관리

(1) 시설물의 안전관리에 관한 특별 법령의 주요 규정
(가) 대상 시설물의 범위

시설물의 안전관리에 관한 특별법은 시설물의 안전 점검과 적정한 유지 관리를 통하여 재해를 예방하고 시설물의 효용을 증진시킴으로서 공중의 안전을 확보하고 나아가 국민의 복리 증진에 기여함을 목적으로 제정되었다. 철도에 관련되는 대상 시설물은 다음과 같다.

　　1) 1종 시설물 : 고속 철도의 교량, 터널 및 역사, 도시 철도의 고가교 및 하저 터널, 그리고 일반 철도의 트러스 교량과 연장 500 m 이상의 교량 및 연장 1,000 m 이상의 터널.

　　2) 2종 시설물 : 도시 철도에서 1종 시설물 이외의 터널 및 역사, 일반 철도에서 연장 100 m 이상의 교량으로서 1종 시설물에 해당하지 아니하는 교량과 특별시 또는 광역시 안에 있는 터널로 1종 시설물에 해당하지 아니하는 터널.

선로점검지침(건설교통부)에서는 일반철도의 선로구조물 중 2종 시설물에 대하여 상기 외에 지면으로부터 노출된 높이가 5 m 이상으로서 연장 100 m 이상인 옹벽, 연직높이 50 m 이상을 포함한 땅 깎기부로서 단일 수평연장 200 m 이상인 땅 깎기 사면을 포함하고 있으며, '기타 시설물'은 1, 2종 시설물을 제외한 선로구조물로 정의하고 있다. 또한 상기의 지침에서는 고속철도 구조물 중 1종 시설물을 제외한 선로구조물을

'기타시설물'로 구분하고 있다.

(나) 안전 점검 및 정밀 안전진단

관리 주체는 안전 점검 및 정밀 안전진단 지침에 따라 소관 시설물의 안전 점검을 실시하여야 한다. 안전 점검은 일상 점검·정기 점검 및 긴급 점검으로 구분하여 실시한다. 관리 주체는 안전 점검을 직접 실시하는 경우 이외는 안전진단 전문기관 또는 유지관리 업자로 하여금 점검하게 하여야 한다.

① 일상 점검 : 분기별 1회 이상.

② 정기 점검 : 2년에 1회 이상 다만, 교량은 매년 1회 이상, 건축물은 3년에 1회 이상.

③ 긴급 점검 : 관리 주체가 필요하다고 판단할 때 또는 관계 행정 기관의 장이 필요하다고 판단하여 관리 주체에게 긴급 점검을 요청한 때.

관리 주체는 안전 점검을 실시한 결과 시설물의 재해 예방 및 안전성 확보를 위하여 필요하다고 인정하는 경우에는 정밀 안전진단을 실시하여야 한다. 다만, 완공 후 10년이 경과된 1종 시설물의 정밀 안전진단은 5년에 1회 이상 정기적으로 실시하여야 한다. 정밀 안전진단은 안전진단 전문기관 또는 시설안전기술공단이 실시한다.

(다) 시설물의 안전 조치 등

관리 주체는 안전 점검 및 정밀 안전진단 결과, 시설물에 다음과 같은 중대한 결함이 있을 때는 이를 즉시 관계 행정기관의 장에게 통보하여야 한다.

① 시설물 기초의 세굴　　　② 교량 교각의 부등 침하

③ 교량 교좌 장치의 파손　　④ 터널 지반의 부등 침하

⑤ 기타 시설물의 구조 안전에 영향을 주는 결함(교량 : 주요 구조 부위의 철근량 부족, 주형의 균열 심화, 철근 콘크리트 부재의 심한 재료 분리, 철강재 용접부의 불량 용접, 교대·교각의 균열 발생, 터널 : 벽체 균열 심화 및 탈락, 복공 부위의 심한 누수 및 변형)

관리 주체는 시설물의 구조상 공중의 안전한 이용에 미치는 영향이 중대하여 긴급한 조치가 필요하다고 인정될 때에는 시설물의 사용 제한·사용 금지·철거 등의 조치를 하여야 한다.

(2) 시설물 상태의 평가

시설물의 상태평가는 시설물 주요 구조부재의 재료와 육안검사로 조사된 상태에 대한 평가를 포함한다. 점검자는 안전점검의 결과, 각 부재에서 발견된 결함을 근거로 하여 안전점검 및 정밀 안전진단 지침(건설 교통부 고시)에 의거하여 결함의 범위와 정도(심각도)에 따라 A, B, C, D, E의 5 가지 단계로 상태의 등급을 매긴다.

① A : 문제점이 없는 최상의 상태

② B : 경미한 손상의 양호한 상태

③ C : 보조 부재에 손상이 있는 보통의 상태

④ D : 주요 부재에 진전된 노후화(콘크리트의 전단 균열, 침하 등)로 긴급한 보수·보강이 필요한 상태로서 사용 제한 여부를 판단

⑤ E : 주요 부재에 심각한 노후화 또는 단면 손실이 발생하였거나 건전성에 위험이 있어 시설물을 즉각

사용 금지하고 개축이 필요한 상태

일상 점검에서는 점검 양식에 따라 주요 부재종류별로 평가하는 것을 원칙으로 하고, 정기 점검에서는 각 부재별로 작성하되 문제 부위에 대하여 망을 작성하여 상세히 상태 등급을 매기며, 정밀 안전 진단에서는 전체 시설물에 대하여 망을 작성하여 상태 등급을 매긴다.

점검이 확실히 이루어졌는지 확인하는 대조표인 동시에 기록용 문서로서 이용하기 위하여 점검자는 육안 검사 결과에 대하여 각각 요소의 결함 또는 노후화의 형태, 크기, 량 및 심각 정도 등을 안전점검 양식에 기록하여야 한다.

"안전점검 및 정밀 안전진단 지침과 세부 지침(터널편)"에는 터널의 안전점검 및 정밀 안전진단 평가기준을 **표 4.1.2**에 나타낸 것처럼 정하고 있다.

표 4.1.2 터널의 안전점검 및 정밀 안전진단 평가기준

기준 구분	A	B	C	D	E
균열	0.1mm 미만	0.1mm 이상 0.2mm 미만	0.2mm 이상 0.3mm 미만	0.3mm 이상 0.7mm 미만	0.7mm 이상
누수	누수 부위가 없는 상태	누수 흔적이 있는 상태	균열 사이로 약간의 누수가 있는 상태	균열 사이로 누수가 많은 상태	균열 사이로 물이 계속 떨어 지는 상태
골재 노출	없음	골재 노출이 약간 발견됨	골재 노출이 여러 곳 발견됨	골재 노출 상태가 매 우 불량함	골재 노출 상태가 매우 불량 하고 범위가 매우 넓은 상태
백태	없음	국부적인 백태	백태 현상이 여러 곳 에서 발견됨	백태 현상이 심한 상 태	백태 현상이 매우 심하고 범 위가 매우 넓은 상태
박리	없음	0.5mm 미만	0.5~1mm	1~25mm	25mm 이상이거나 조골재 손실
층 분리 박락	없음	경미한 상태	깊이 25mm 미만 또 는 직경 150mm 미만	깊이 25mm이상 또 는 직경 150mm 이상	박락이 극심하여 즉시 보수 를 요하는 상태
손상	없음	아주 경미한 상태	경미한 손상(10cm ×10cm 미만)	중간 손상(10cm×10cm 이상~30cm×30cm 미만)	극심한 손상(30cm×30cm 이상)

교량의 경우에는 "안전점검 및 정밀 안전진단 지침과 세부 지침(교량편)"에서 상태 평가 기준을 다음과 같이 7개의 부분으로 나누어 정하고 있다. 여기서는 등급별 상세를 생략하니 상기의 지침을 참조하기 바란다.

(가) 배수 시설 : 파손 · 배수관 길이, 누수 · 체수, 오염

(나) 난간 : 균열, 박리, 파손, 철근 노출

(다) 프리스트레스 콘크리트 주형(중앙부) : 콘크리트(균열, 박리 · 파손), 철근 · PC 강재 · 쉬스관(노출 · 부식 · 파단)

(라) 프리스트레스 콘크리트 주형(지점부) : 콘크리트(균열, 박리 · 파손), 철근 · PC 강재 · 쉬스관(노출 · 부식 · 파단)

(마) 신축이음 장치 : 누수 · 오염, 유간, 노화, 탈락

(바) 받침 장치

　1) 강재 : 받침 장치(부식 · 변형, 균열 · 파손), 받침부(균열 · 파손)

　2) 고무재 : 받침 장치(노화 · 균열, 탈락 · 파손), 받침부(균열 · 파손)

(사) 하부 구조

　1) 교대 : 균열 · 박리 · 백태 · 파손(교량 본체, 교대와 날개 벽 사이, 주형 받침부)

　2) 교각 : 콘크리트(균열, 박리 · 파손), 철근(노출 · 파단)

4.2 터널의 사명과 계획

4.2.1 터널의 사명

터널은 지중(地中)으로 열차를 통과시키기 위하여 필요한 공간을 확보하는 것을 주목적으로 하여 건설하는 선 모양의 토목구조물이다.

철도의 터널(tunnel)에는 그 사명에 따라 산맥 · 구릉을 지나는 산악 터널(mountain tunnel), 지하철 등의 도시 터널, 해협의 해저 터널(submarine tunnel)로 대별된다.

험한 산맥은 옛날부터 사람들의 교통을 저해하여 왔다. 고개를 넘기 위하여 길고 급한 산길을 오르내려야 하였으며, 사람들은 많은 노력과 시간을 허비하고 물자의 수송도 용이하지 않았다.

표 4.2.1 세계의 장대 철도터널

순위	터널명	소재지	연장(m)	완성 연도
1	고다드 알프	스위스	57,070	-
2	세이칸(青函)	津輕해협선	53,850	1988
3	Euro(Dover해협)	영국 · 프랑스	50,500	1994
4	로츠버그	스위스	34,570	-
5	이와테	일본	25,810	-
6	다이시미츠(大淸水)	上越신칸센	22,221	1980
7	심프론 제1	스위스 · 이탈리아	20,036	1906
8	심프론 제2	스위스 · 이탈리아	19,823	-
9	베리나	스위스	19,060	-
10	新關門	山陽 신칸센	18,713	1973

교통을 획기적으로 개혁한 철도는 산맥을 통과하기 위하여 터널을 건설하였다. 터널의 굴착이 용이하지 않았기 때문에 초기의 철도는 급구배와 급곡선으로 올라 산에 접근하고 되도록 짧은 터널을 통하는 노선이 건설되었지만, 급구배와 증기 운전의 매연 때문에 수송의 난코스인 곳이 많았다. 그 후에 굴착 기술의 진보와 전기 운전(electric traction)의 채용에 따라 장대 터널이 개통되어 구배도 완화되고 거리도 단축되어 수

송이 대폭으로 개선되고 있다.

도시로의 인구 집중, 자동차의 격증에 따른 도로 교통의 폭주 등으로 인하여 대도시의 교통에서 빠트릴 수 없는 것이 지하 터널에 의한 전기 운전의 지하철이다. 최근에는 열대 지역도 포함한 세계의 각 도시에서 적극적으로 건설·신장되고 있다.

해협으로 떨어져 있는 지역간의 발본적인 교통 개선책으로서 건설되고 있는 것이 해저 터널이다. 세계의 여러 곳에서 해협 터널(strait tunnel)의 건설이 구체화되고 있다. **표 4.2.1**에서는 세계의 장대 철도터널의 예를 나타낸다. 국내의 최장 터널은 동백산~도계터널(영동선 이설구간)로서 연장이 17,000 m이며, 경부고속철도에는 황학터널(9,975 m)과 화신 5터널(16,500 m) 등의 장대터널이 있다.

4.2.2 터널의 계획

터널(tunnel)을 뚫기까지에는 사전에 충분히 조사·검토하여 건설이 지장 없이 민속하고 경제적으로 수행될 수 있도록 계획한다. 그러나, 터널공사는 일반적으로 태고 이후의 처녀 지중을 굴착하는 것이므로 사전의 조사를 하여도 지중의 모두를 정확하게 끝까지 탐지하는 것은 어렵다. 그 때문에 예기할 수 없는 단층(fault)·용수(seepage)·붕괴 등이 있어 공사에 위험이 뒤따르는 것은 피할 수 없다. 따라서, 구체적인 굴착 계획에서는 상응의 배려가 요구된다. 또한, 일반적으로 터널의 완성에 따른 효과가 크기 때문에 특히 공기의 단축에 중점이 주어지는 경우가 많다.

(1) 터널노선의 선정

터널을 경제적으로 건설하기 위해서는 적절한 노선(route)의 선정이 중요하다. 노선의 선정은 터널 구간만이 아니고 전후 접속 구간의 선형 등도 고려하여 종합적으로 검토하며, 터널 노선의 선정에서는 다음과 같은 사항을 감안한다.

① 직선(straight)이 바람직하고 곡선도 될 수 있는 한 반경이 큰 것이 좋다.
② 불량한 지질(연약한 파쇄대·단층 등)은 피하여, 용수가 적은 곳을 택한다.
③ 장대 터널은 입갱(shaft)·사갱(inclined shaft)을 설치하기 쉬운 조건도 고려한다.
④ 시가지에서는 되도록이면 사유지 아래를 피하여 도로 아래 등의 공유지를 통과하도록 한다.

굴착을 위해서는 양호한 지질이 바람직하고, 특히 굴착하기 쉬운 지질을 따라 결정한 Dover 해협의 해저 터널(단선 터널 2개, 50,500 m, 1994년 개업)의 예도 있다. 시가지의 예는 낮은 지하 터널의 경우이며, 깊은 터널의 경우는 사유지의 문제가 어느 정도 해소될 수 있다. 터널내의 구배는 일반적으로 자연 유하에 의한 배수를 위하여 3 % 이상으로 하고, 산악 터널은 밖으로 배출한다.

(2) 지질 조사(geological survey)

터널의 굴착에서는 지질이 공사의 난이도를 좌우하고 공비에 크게 영향을 준다. 그 때문에 가능한 한의 사전조사가 불가결하다.

(가) 지표 답사

이것은 지질 조사의 제1보이다. 노선 후보의 주변을 도보로 답사하고 지형이나 노두(蘆頭, 지반내의 지층·암석·광맥이 지표로 드러난 곳)를 관찰하면서 지질 구조를 추정한다.

(나) 탄성파 조사

일직선상으로 감진기를 설치하여 한 끝에서 인공 지진을 일으킨다. 지반을 전파하는 탄성파를 수신·헤석하며, 전파 속도가 지질에 따라 다른 점(딱딱한 지질에서는 빠르고, 연약한 지질에서는 느리다)을 이용한다.

(다) 보링(boring) 조사

지표에서 보링 기계를 사용하여 터널 통과의 깊이까지 지름 50 mm 정도의 구멍을 뚫어 흙이나 암석을 채취하여 지질을 조사한다. 이를 이용하여 지하수의 상태 등도 아울러 확인할 수가 있다. 보링 조사는 다른 조사에 비하여 정확도는 뛰어나지만, 작업이 대규모적으로 되며 비용이 고가로 되기 때문에 특히 문제로 되는 점을 선택하여 행하는 것이 보통이다.

(라) BIP 시스템

BIP 시스템(Borehole Image Processing System)은 지질조사시 보링하여 깊이 굴착 후 코아를 뽑아 지상으로 올려 밀어내면서 카메라로 정확히 지질을 촬영, 암질을 파악하는 방법이다[244].

특징은 다음과 같으며, 모든 지질조사 분석에 활용할 수 있다.

① 현장에서 관찰기록이 신속하게 이루어진다.

② 모든 보링, 심도, 구경 방향으로 적용한다.

③ 공벽의 생생한 화상과 360° 전개 화상을 동시에 관찰할 수 있다.

④ 광자기 디스크(Disc)를 표준 탑재로 하여 대용량의 데이터를 고속 처리할 수 있다.

(3) 환경 조사

터널은 산 위 촌락의 하천·우물용 지하수에 영향을 주어 사회 문제를 초래하는 경우 등의 예가 있다. 그 때문에 터널의 계획에서는 터널의 건설에 따라 주위의 환경에 미치는 영향을 사전에 조사하여 영향이 있는 경우에는 상응의 처치가 민속·적절하게 취하여지도록 준비하여 둘 필요가 있다. 따라서, 주변의 우물·지하수위·온천 등의 실정도 상세하게 조사하여 두는 것은 당연하다.

(4) 터널 단면의 선정

터널(tunnel)의 단면은 선로에 따른 전차선(trolley wire) 등의 설비 때문에 건축한계보다도 여유(200~300 mm)를 둔 터널한계를 기초로 하고 있다(**그림 4.2.1**참조).

단면의 형상은 소요의 터널한계, 지질·용수의 유무 및 환경 조건으로부터의 시공법 등에서 선정되며 표준 단면형상은 원형·말굽(馬蹄)형·직사각형(矩形)이 있다. 철도터널의 단면은 단선만을 통과시키는 단선단면과 복선을 하나의 터널단면으로 두 선로를 나란히 통과시키는 복선단면으로 분류된다. 복선의 경우에 단선 터널 2개로 하든가 복선단면 터널로 하는가에 대하여는 공비·보수 등에서는 복선단면이 좋지만, 주로 지질에 따라 선정한다. 즉, 복선구간에서는 복선단면 터널로 통과시키는 경우와 2개의 단선단면 터널을 병렬시켜 통과시키는 경우가 있으며, 후자는 특히 단선병렬 터널이라고 부르는 경우가 있다. 일반적으로 공사비의 관점에서는 복선단면을 한 번에 뚫는 쪽이 경제적이지만 지질이 나쁜 터널에서는 굴착 단면적

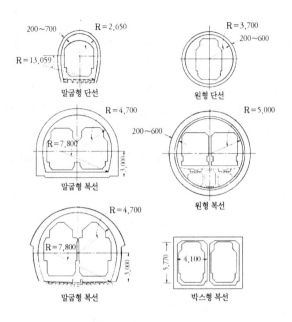

그림 4.2.1 철도용 터널의 단면 형상의 예

이 적은 쪽이 유리하게 되기 때문에 드물게 단선병렬 터널로 뚫는 경우도 있다. 또한, 단선구간을 나중에 복선화하는 경우에도 단선병렬 터널로 된다.

한편, 오래전에 건설된 선로를 전철화하는 경우에는 터널의 보강이 필요한 경우와 전차선 설치높이의 부족으로 터널내의 궤도 내리기 작업이 필요한 경우도 있다.

그리고, 지질조건이 나쁘기 때문에 역학적으로 유리한 원형단면(또는, 이것에 가까운 단면)을 이용하는 터널 내부에 역이나 신호소를 설치하기 위하여 대(大)단면을 이용하는 경우 등이 있다. 또한, 시공법에 따라서도 다르며, 산악공법을 이용하는 경우는 말굽 형(馬蹄形) 단면, 실드공법을 이용하는 경우는 원형단면, 개착공법을 이용하는 경우는 박스형(box形, 또는 函形, 직사각형) 단면이 주로 이용된다.

(가) 원형 단면

지압(ground pressure)의 외력을 받기에 이상적인 형상이다. 그러나, 터널한계에 대하여 하부에 쓸데없이 많은 스페이스가 생기고, 굴착량이 많아 불경제적으로 된다. 특히 지압이 높은 경우나 터널 보링 머신(tunnel boring machine) 공법, 실드공법 굴착 등에 채용된다.

(나) 말굽(馬蹄)형 단면

저부의 폭을 넓게 취하기 때문에 생기는 쓸데없는 스페이스가 적다. 경제적인 단면으로 하여 산악 터널의 표준 형상으로서 채용된다.

(다) 직사각형(矩形) 단면

' 도로 아래의 지하철 등에 대하여 지표로부터 비교적 낮은 개착 터널이나 하천 아래 등의 침매(沈埋) 터널(tubing tunnel)에 채용된다.

(5) 터널 각부의 명칭

터널의 부위를 나타내는 명칭은 특히 엄밀한 정의는 아니지만 일반적으로 상반(上半)의 반원(半圓) 부분을 아치(arch), 하반(下半)의 양측 부분을 측벽이라 부르고 있다. 또한, 아치의 가장 높은 부분을 크라운(crown)이라 부르며, 아치의 밑 부분을 스프링라인(spring line, 또는 단순히 SL)으로 부르고 있다. 터널 주위를 둘러싼 콘크리트를 복공(覆工, 또는 lining)이라 부르며, 지질이 나쁜 터널에서는 노반부에 인버트(invert)라 부르는 아치형의 슬래브를 설치하는 경우가 있다. 이 외에 갱구의 벽체를 갱문(또는 portal)이라 부르며 각 노선의 기점 쪽을 입구, 종점 쪽을 출구라고 부르고 있다.

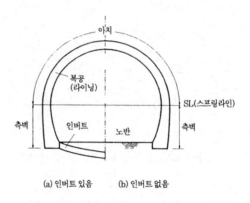

(a) 인버트 있음   (b) 인버트 없음

그림 4.2.2 터널단면의 명칭

(6) 터널의 안전설비

터널에는 열차 대피·유지보수 및 안전전검 등을 위한 보도를 설치하고 전기설비를 위한 공간을 확보하여야 한다. 터널에는 필요에 따라 환기, 조명(제5.2.3(7)항 참조), 재난 등에 대한 설비를 하여야 한다고 철도건설규칙에서 규정하고 있다(제4.2.3항 참조).

(7) 열차풍과 미기압파

(가) 열차풍

열차풍은 열차가 고속주행시에 주로 문제가 되며 주된 문제점(③항은 터널에 관련)은 다음과 같다[245].

　① 열차 내·외 소음의 발생

　② 비산먼지의 발생과 인접건물에 대한 영향

　③ 터널 내 고속 주행시 미기압파 발생(가장 큰 문제)

(나) 미기압파

미기압파(제2.4.2(9)항 및 제4.2.4항 참조)는 열차가 고속으로 터널로 진입하면 터널 내 공기가 압축되고 이 압축파가 상대편 터널 입구에 도달하면 압력이 갑자기 해소되면서 펄스(Pulse) 형태의 압력파(미기압파)를 발산함과 동시에 굉음을 내는 현상이다.

미기압파의 대책은 다음과 같다.

① 터널 입구의 형상을 조정하여 열차속도 저감효과를 올린다.

② 터널 내에 횡갱을 뚫어 압력파를 바이패스(by-pass)시킨다.

③ 흡음재 등 표면거칠기가 거치른 재료를 사용한다.

④ 도상을 자갈로 한다.

⑤ 차량을 유선형으로 제작하고 단면적을 축소하여 공기압축력을 감소시킨다.

⑥ 터널 단면을 미기압파가 발생치 않는 규모로 확대한다(제 9.3.5(3)항 참조).

4.2.3 터널 내 방재시설 및 지하구조물의 지진대책

철도 터널의 방재시설 설계는 사고예방시설 설계와 사고시 피해의 확산을 제어하고 인명피해를 최소화시킬 수 있는 각종 대피 및 구난시설 설계로 구분한다. 방재시설 설계의 기본 원칙은 다음과 같다[249].

(1) 일반철도 터널 방재시설 설계 기본원칙의 예

① 터널 내부에서 운행 중인 차량에 화재가 발생하였을 경우에는 승객을 운행차량으로 신속하게 터널 외부로 탈출시키는 것을 승객구난의 원칙으로 한다.

② 화재의 차량이 터널 내부에 정차하게 되는 경우에 대비하여 다른 차량이 외부로부터 사고터널 내부로 들어가지 못하도록 하는 제반조치를 계획한다.

③ 터널 내부에서 차량에 화재가 발생하여 정거하는 경우에 대비하여 승객이 안전하게 대피할 수 있는 시설을 계획한다.

④ 연장이 15 km 이상인 터널에서 구난 역이 필요하다고 판단될 경우에는 구난 역을 계획하여야 한다.

(2) 일반철도 터널 내부 기본시설 및 설비의 예

(가) 조명 및 피난유도등 시설 : 피난유도등 간격 100 m 이내(터널 조명은 제5.2.4(8)항 참조)

(나) 전원 및 통신 설비

(다) 대피시설

① 보행자 통로 : 폭 70 cm 이상, 핸드레일 높이 1.2 m

② 연락갱 대피통로 : 단선병렬터널에 연락갱 대피통로 설치, 안내표지판, 방화문, 조명시설, 응급기재함 설치

③ 사갱 대피통로 : 화차 공간과 거리표지판 설치

④ 수직터널 : 난간부착 계단, 차단막, 위치 표지판, 내부 조명시설

(라) 소화시설

(마) 환기 및 제연시설

(바) 방재구난지역시설

(사) 기타 : 각종 안내 표지판 등

(3) 고속철도 터널 방재시설

(가) 사고예방

① 연소방지시설 : 터널구조물(불에 타지 않는 재료), 터널 내 전기 등 각종 시설물(난연성능)

② 열차안전통제설비 : 안전스위치(궤도회로 경계지점)

③ 비상연락장구 : 비상연락 유선전화(기지갱, 구난 대피소), 휴대폰 및 열차무선(터널 내 무선중계기)

(나) 대피

① 대피통로(터널) : 경사터널(2.5 km 간격), 수직터널(2.5 km 간격), 구난대피소(200 m² 이상, 1.25 km 이상 이격)

② 기타 대피용시설 : 대피로(폭 70 m 이상, 핸드레일 1.2 m 높이), 본선과 대피통로 접속부(방연문, 방연셔터, 제연커튼), 비상조명등(200 m 이상 터널에서 20 m 간격, 10 Lux 이상 조도), 유도등 유도 표지판(입출구 300 m부터 양측 100 m, 설치높이 1 m 이하), 대피통로 출구문 개폐장치, 피난계단(폭 1.2 m 이상, 난간 설치)

(다) 구조

① 구조용 기반시설 : 본선 터널 입출구부 진입로(유지보수용 접근로), 방재구호지역(2.5 km 이상 터널 입출구 및 경사터널 / 수직터널 진입부에 설치, 주차장 400 m² 활용), 구조지휘공간(30 m² 이상), 헬리콥터 착륙장

② 구조용설비 : 콘센트(300 m 이상 터널 양측 250 m 이내 간격), 비상연락 유선전화(기재갱, 구난대피소), 휴대전화(안테나 설치), 이정표지판(도로변)

③ 구조용장비 : 궤도 트롤리(2.5 km 이상 터널 입출구, 대피통로 접속부)

(라) 소방

① 소화기(기재갱, 구난 대피소에 대형소화기)

② 연결수송관설비 : 배관(연장 2.5 km 이상 터널, 관경 150 mm 이상), 소화수조(100 m³), 방수구(150 m 간격, 직경 65 mm, 토출압력 0.343 Mpa 이상), 가압펌프장치(0.343 Mpa 이상)

③ 구난승강장(15 km 이상 터널, 비상조명시설, 물분무설비, 비상발전설비, CCTV, 피난유도설비, 자동화 화재설비 등 설치)

(마) 사고경감 방안 등 기타

① 제연시설 및 환기 : 제연시설(대피통로 접속부), 배연설비(대피통로 접속부, 안전지대입구부), 환기설비(배연설비와 겸용)

② 신선공기 공급시설(구난대피소)

(4)지하 구조물의 지진 대책

(가) 개요

우리나라는 환태평양 지진대와 떨어져 있어 대규모의 지진이나 지진발생 빈도가 작아 현재까지는 지진에 대한 지하구조물의 설계 개념이 정립되어 있지 않으므로 구조물 보강이 이루어지지 않고 있으나, 과거의 기록이나 발생 추세를 감안할 때 사고의 미연방지를 위해서는 지진의 영향을 고려한 지하구조물의 보강이 필

요하다[245].

지진(Earthquake)이란 지구 내부 어딘가에서 급격한 지각변동이 나타나 그 충격으로 생긴 파동(단층운동), 즉 지진파가 지표면까지 전해져 지반을 진동시키는 현상을 말한다.

지진의 원인(판구조물)은 다음과 같다. 즉, 1960년 후반에 등장된 판구조물 학설로서 수십 km 혹은 그 이상의 두께를 가진 암석권(태평양판, 북미판, 유라시아판 등 10개의 판)이 매년 수 cm 이상의 속도로 제각기 움직이고, 이러한 상대운동으로 판 경계부에 주로 지진이 발생하며 경계부근의 판 내부에서도 발생한다.

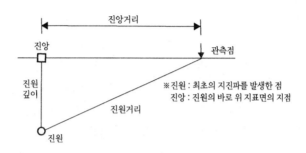

그림 4.2.3 지진요소

(나) 지하 구조물의 취약부

1) 지반조건에 따른 취약부

① 구조물설치 위치에서 지질조건이 변화하는 부분

② 단층대   ③ 파쇄가 심한 구간

④ 지하수위가 높은 사질지반 → 액상화

⑤ 토피가 얇은 구간 → 지상구조물과 비슷한 조건이 됨

⑥ 편토압이 큰 구간

2) 구조물 조건에 따른 취약부

① 답면변화가 심한 곳 : 강성 차이가 큰 곳

② 구조물 접속부 : 터널과 개착부 접속구간, 본선과 횡갱, 수직갱 접속부, 출입구 및 환기기구 구간 등

③ 구조물 일부가 지상에 노출된 구간

(다) 내진설계 방법 및 착안 사항

1) 내진설계 방법

가) 내진설계 방법 : 지중구조물의 지진에 따른 지진하중에 대하여 정역학적인 횡 토압으로 환산하여 구조해석을 수행하고 지진하중을 산정

나) 응답스펙트럼법 : 지반변위로 인한 지진토압과 지하구조물의 주변 지반 관계에서의 경계조건을 적절히 모델링하여 정적으로 계산하는 방법으로 지반거동에 대한 구조물의 최대 가속도, 속도 및 변위응답 해석으로 지진하중을 산정

2) 착안사항

① 지진시 콘크리트가 연성파괴토록 하여 대피시간을 확보하는 것이 중요하다.

② 지진시의 대피통로 설치, 화재방지 등 방재개념을 고려한다.

③ 구조물 취약부(신축 이음, 코너부, 단면변화부 등)를 보강하고 정밀시공한다.

④ 구조물 설계시 내력벽을 많게 하고 철근은 직경이 적은 것을 많이 사용하며 배력근을 현 설계기준 이상으로 충분히 사용한다.

4.2.4 터널에서의 저항력과 단면요건

(1) 터널의 크기

(가) 서론

철도 터널의 설계에서 횡단면의 크기는 터널 총 비용의 중요한 인자이다. 터널에서의 저항은 야외보다 크다. 입구와 출구에서는 갑작스런 공기 압력의 변동이 있으며, 이것은 귀 아픔과 두통을 일으킬 수 있기 때문에 승객에게 불쾌감을 준다. 이들 공기 압력의 변동은 길이 방향으로 공기 압력의 파동을 일으키기 때문에 전체 터널에서 영향을 미친다. 고속 철도는 300 km/h 이상의 속도와 간혹 장대 터널이 많은 경우가 있으며, 이와 같은 고속 열차의 도입은 이 항목에 대한 새로운 접근법을 필요하게 만들었다.

(나) 터널의 기본 설계 기준

터널의 설계에는 네 가지 주요 기준이 있다.

① 선로 속도에서 열차 내 승객의 안락함

② 열차의 외부가 어떤 이유에서든지 열려지는 경우에 대한 승객의 안전

③ 터널에서 보수 인력의 안전   ④ 열차 외부의 강도

(2) 터널의 압력 문제

열차가 터널에 진입할 때, 열차의 전방 부분(선두)은 과도한 압력 파형을 발생시키는 입구에서 공기를 압축시키며(**그림 4.2.4**), 열차가 진행함에 따라 증가하는 크기는 열차의 후방 부분(후부)이 터널에 들어갈 때 최대에 도달한다. 질주하는 차량 뒤의 진공에 의하여 이 순간에 저압(underpressure) 파형이 발생한다. 터널을 따라 음속으로 전파되는 열차 전방의 과도한 압력 파형은 터널 벽에 의하여 반향하며 저압 파형의 형으로 되돌아간다. 그것은 터널 내부에서 열차 후부에 의하여 발생된 저압 파형에 대응하는 변화를 경험하며 마침내 과도한 압력 파형의 형으로 되돌아간다. 이들의 모든 파형이 결합되었을 때, 그들은 시간의 함수로서 크기가 점진적으로 감소하는 압력 동요를 발생시킨다.

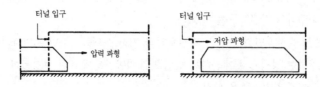

그림 4.2.4 열차가 터널에 진입할 때의 압력과 저압 파형

그러나 여객의 불쾌감은 그러한 압력 변동만큼 그렇게 많이 일으키지 않지만 압력 변동의 속도만큼 일으 킨다는 점에 유의하여야 한다. 날씨의 돌연한 변화 동안 승객의 상당한 불쾌감이 없이 1,300 mm H₂O에 이를 만큼 변화시킬 수 있으며 1,000 m의 표고 증가는 1,100 mm H₂O의 압력 저하를 일으킨다. 대조적으로, 열차가 터널에서 이동하는 동안, 압력 변화는 훨씬 더 작지만 불쾌함은 훨씬 더 많다. 그 이유는 압력 변화의 속도에 있다. 인체는 압력이 급변하지 않는 것을 조건으로 상당한 압력의 변화에 적응할 수 있다.

그러므로 승차감에 영향을 주는 인자는 압력 변화 Δp와 압력 변화 속도 $\Delta p / \Delta t$를 포함한다. 여러 연구는 다음 식과 같은 경우에 승차감이 상당히 영향을 받지 않음을 나타내었다.

$$\Delta p \cdot \frac{\Delta p}{\Delta t} < c \tag{4.2.1}$$

여기서 c는 상수이며, 정확한 값은 철도망마다 다르다.

그림 4.2.5는 철도 터널에서 행한 실험적 시험의 결과를 도해한다. 이들 시험의 과정 동안 전개된 압력 값에 대하여 차량이 중요한 영향을 갖는 것을 확인하였다.

승차감은 200 km/h의 속도에 도달할 때까지 의미심장하게 영향을 미치지 않는 것을 알게 되었다. 그러나 이 값을 넘으면 압력 변화와 그 압력 변화의 속도가 중요하게 되며, 일반적으로 터널에서의 대단히 높은 속도를 방해하게 된다.

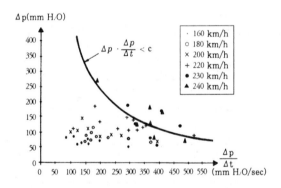

그림 4.2.5 열차 속도 증가의 함수로서 압력 변화와 압력 변화 속도(실험적 시험 결과)

(3) 열차에 대한 외부 공기 압력의 계산

외부의 공기 압력을 계산하기 위해서는 다음의 열차 파라미터를 고려하여야 한다.

① 열차의 속도   ② 열차의 횡단면

③ 열차의 윤곽   ④ 열차의 길이

⑤ 열차의 형상   ⑥ 열차의 외부 마찰

공기 압력의 변동을 계산하기 위해서는 다음의 파라미터를 고려하여야 한다.

① 터널의 단면   ② 터널의 윤곽

③ 터널 라이닝의 마찰   ④ 수직 갱

⑤ 터널 벽의 구멍

(4) 증가된 공기역학적 저항

공기역학적 저항은 터널에서 더 높다. 유형 "TEE(유럽 급행 수송)"에 대한 스위스와 프랑스 철도의 연구는 공기역학적 저항을 줄이기 위하여 터널에 만든 횡 환기공의 함수로서 주행 저항을 산출하였다.

○환기공이 없는 터널

$$R\,(\mathrm{kg}) = 1,107 + 8.25 \cdot V + 0.490\ V^2 \tag{4.2.2}$$

○250 m마다 환기공이 있는 터널

$$R\,(\mathrm{kg}) = 1,107 + 8.25 \cdot V + 0.224\ V^2 \tag{4.2.3}$$

○500 m마다 환기공이 있는 터널

$$R\,(\mathrm{kg}) = 1,107 + 8.25 \cdot V + 0.246\ V^2 \tag{4.2.4}$$

○노천에서의 주행 저항

$$R\,(\mathrm{kg}) = 1,107 + 8.25 \cdot V + 0.158\ V^2 \tag{4.2.5}$$

상기에 언급한 연구는 TEE 열차 중량 705 t에 대한 총 주행 저항과 필요한 동력을 나타내었다(**표 4.2.2**).

표 4.2.2 705 t의 TEE 열차 중량에 대한 주행 저항과 필요한 동력 (183)

	노천에서	터널에서		
		250 m마다 환기공	500 m마다 환기공	환기공이 없음 터널 내 1개 열차
열차 주행 저항 (kg)	6,480	8,170	8,830	14,930
필요한 동력 (kW)	2,820	3,550	3,840	6,500

공기역학적 저항을 줄이기 위해서는 S/Σ_l 비율을 줄이도록 노력하여야 하며, 여기서 S는 열차 전방 표면의 횡단면적이고 Σ_l은 터널의 유효 횡단면이다(**그림 4.2.6**). 따라서,

· 단선 터널 $\dfrac{S}{\Sigma_l}$ = 0.30~0.50   (4.2.6)

· 복선 터널 $\dfrac{S}{\Sigma_l}$ = 0.15   (4.2.7)

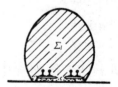

그림 4.2.6 터널의 유효 횡단면 Σ_l

S/Σ_l비율의 지나친 감소는 과도하고 값비싼 터널 횡단면의 증가로 이끌 것임이 분명하다.

터널에서 공기역학적 저항의 감소는 열차의 전방과 후방간의 압력 차이를 줄임으로서 달성된다. 이것은 Channel 터널에서 달성되었으며, 이 터널은 375 m마다 연락 통로를 가진 두 개의 단선 터널로 구성되어 있다. 계산 결과에 의거하면, 두 터널간의 공기통과는 140 km/h의 속도에서 공기역학적 저항을 극복하기 위하여 필요한 동력을 13.5 MW에서 5.8 MW로 줄일 것임을 나타내었다.

(5) 터널에서 열차의 교행

터널에서 열차가 또 다른 열차와 교행할 때, 처음 열차에 의하여 발생된 압력 파형은 또 다른 열차에 충돌하며 그 반대도 역시 같다. 열차가 더 빠를 수록 더 강한 영향을 발생시키며 늦은 열차는 명백하게 더 큰 응력을 받는다.

이탈리아 철도가 행한 실험적 시험의 결과에 의하면 두 열차가 터널 안에서 교행할 때 주로 짧은 지속 시간(수십 분의 수 초) 때문에 공기역학적 영향이 승차감에 상당히 영향을 주지 않음을 나타내었다. 인간의 청각은 외부 영향이 1/2 초 이상 지속하는 경우에만 외부 영향에 의하여 방해를 받는다. 상기의 시험은 차량의 손상(주로, 창문 유리 깨짐)에 관하여 220 km/h에 이르기까지의 속도에서 의미심장한 위험을 가지지 않음을 나타내었다.

(6) 고속에서 터널단면의 요건

상기의 모든 이유는 속도가 증가함에 따라 터널 횡단면이 증가함을 수반한다. **표 4.2.3**는 복선 터널에서 각종 속도에 대한 유효 횡단면적 Σ_l을 나타낸다. 그러나 고속($V > 250$ km/h)터널의 설계에서는 궤도간의 간격(4.50~5.8 m)과 횡단면적 Σ_l(80~100 m²)뿐만 아니라 차량(특히 유리 부분)의 성능과 기계적 저항에 중점이 주어져야 한다. **그림 4.2.7**은 300 km/h의 주행 속도에 대한 경부고속철도 터널의 치수를 도해한다.

표 4.2.3 여러 속도에서 복선 터널에 필요한 횡단면적

V_{max} (km/h)	160	200	240	300
Σ_l (m²)	40	55	71	~100

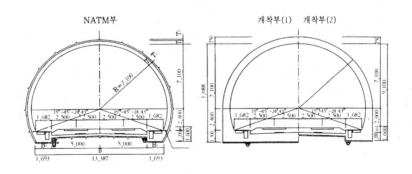

그림 4.2.7 경부고속터널의 횡단면

(7) 기준

안락함의 정도는 나라마다 다르게 경험된다. 압력 변동의 성가심에 대한 인간 지각의 여러 기준을 **그림 4.2.8**에 나타낸다. 네덜란드에서는 안락함에 대하여 **표 4.2.4**를 제안하고 있다. 이들의 값은 **그림 4.2.8**의 ABC에 대응한다.

안전의 이유 때문에(예를 들어, 만일 창문이 파괴된다면) 최대 외부 압력 변동은 $\Delta p = 10$ kPa에 이른다.

열차의 모델은 열차에 대한 공기 압력의 수량과 이들 공기 압력의 허용 세기간의 관계를 나타내는 Wö hler 곡선으로 존재한다.

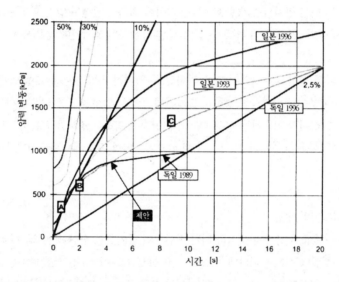

그림 4.2.8 터널 내 단독 열차의 Δp에 대하여 제안된 네덜란드 기준

표 4.2.4 네덜란드에서 제안된 안락함의 값

Δp이 발생된 후 시간 ($p_e - p_i$는 $t = 0$에서 최대)	내부 압력 변동	외부 압력 변동
시간 [초]	열차의 $\Delta p(p_t - p_t=0)$ [kPa]	열차의 $\Delta p(p_t - p_t=0)$ [kPa]
1	0.50	0.85
4	0.85	1.35
10	1.40	2.10
20	2.00	3.00
30	2.40	3.60
40	2.80	4.20
50	3.20	4.80

Δp(외부압력변동) = 내부공기압력 - 외부공기압력

4.3 터널의 종류와 공법

터널은 굴착하는 공법에 따라 산악 터널 · 개착 터널 · 실드 터널 · 침매(沈埋) 터널 등으로 분류된다.

또한, 철도터널은 입지조건에 따라 산악부를 관통하는 산악터널과 도시부 등에서 평야의 아래를 관통하는 도시터널로 대별된다. 산악터널에서는 주로 산악공법이 이용되며, 도시터널에서는 주로 실드공법 또는 개착공법이 이용된다. 그 외에 수저(水底)터널의 극히 일부에 이용되고 있는 특수공법인 침매(沈埋)공법 등이 있다. 이들은 주로 지질조건에 따라 선택되지만 경우에 따라서는 도시터널에 산악공법이 이용되는 경우도 있다. 터널의 굴착작업을 진행함에 있어 중요한 것은 높은 정밀도의 측량(survey)이다. 이것은 양쪽 갱구(tunnel mouth), 또는 중간 갱구로부터의 굴착 방향을 정확하게 합치시키는 것이다. 측량에는 양쪽 갱구의 상대적 위치를 측정하는 갱외 측량과 굴착의 진행에 따라 매 회 행하여지는 갱내 측량이 있어 신중하게 행하여진다. 지하철의 시공에 대하여는 제10.1.6항에서 상술하고, 여기서는 보다 일반적인 터널에 대한 사항을 설명한다(제9.3.5(3)(다)항 참조).

굴착방법에는 인력굴착, 기계굴착, 발파굴착, 파쇄굴착 등이 있으며, 굴착방법의 선정에서는 다음 사항을 고려하여야 한다.

① 원지반이 본래 가지고 있는 지지능력을 최대한 보존할 수 있고, 안정성, 경제성 및 시공성이 우수한 굴착방법을 책택하여야 한다.

② 지반조건, 지하수 유입정도, 굴착단면의 크기와 형태, 터널연장, 근접 구조물의 유무와 주변환경의 영향(진동, 소음 및 지표침하 등), 보조공법의 적용성을 고려하여야 한다.

화약을 사용한 발파굴착은 다양한 지질과 형상에 적용 가능하여 굴착방법의 주종을 이루는 공법이다. 기계굴착방법은 굴착장비, 굴착방법에 따라 분류할 수 있으며, 브레이커를 이용한 굴착, 로드헤더를 이용한 굴착, 쉴드를 이용한 굴착 등이 있다.

실드(Shield)나 TBM 방법은 터널통과구간의 계획심도에 풍화암~경암이 다양하게 분포하면 시공성 및 경제성이 떨어지게 된다. 이러한 지층과 단면변화에 유연하게 대처할 수 있는 공법은 NATM 공법이며, 최근에 널리 적용되고 있다. 터널 상부 지층이 불량하여 터널 안정성이 우려되는 구간은 브레이커 등을 이용한 기계굴착을 적용한다.

그리고, 터널 통과구간 상부 지표에 도심지가 형성되고 터널상부 지층이 불량한 구간은 침하 등 터널굴착에 따른 영향을 최소화하기 위하여 보조공법을 계획한다.

4.3.1 산악 터널(mountain tunnel)의 공법

이 공법은 산악이나 구릉 등과 같은 산악부에서 터널을 굴착하는 공법으로서 가장 일반적으로 이용되고 있는 방법이며, 발파나 기계를 이용하여 선로방향으로 터널을 굴착하면서 즉시 지보공이라 부르는 강제(오래된 시대의 터널에서는 목제)의 틀을 빽빽이 세워 흙무더기를 떠받치고 그 후방에 콘크리트(오래된 시대의 터널에서는 석재, 벽돌, 콘크리트 블록 등을 사용)를 둘러싸서 터널을 완성시킨다.

이 공법은 산악이나 구릉에 건설되는 터널에 채용되며, 주된 작업은 굴착 작업 · 버력 반출작업 · 지보 작업·라이닝 작업으로 이루어진다. 터널의 건설은 일반적으로 다음의 순서로 작업을 진행한다.

① 굴착, 다이너마이트 발파　　　　② 굴착·발파한 토석(버력)의 갱외로의 반출
③ 흙의 붕괴를 방지하기 위한 지보　　④ 내벽을 항구 축조하는 라이닝

①~③의 반복 1 사이클의 연장은 지질에 따라 터널 지름의 10~60 % 범위로 진행되며, 이 사이클의 속도가 굴착진행 속도를 결정한다. 더욱이, 발생된 대량의 버력을 버리는 장소의 선정도 환경 문제와 관계가 깊고, 터널 공사에서 경시할 수 없다.

(1) 굴착작업

굴착은 다이너마이트로 원지반(natural ground, 터널 내벽 지중의 것)을 발파하여 진행하는 발파공법 (blasting method)이든지, 절삭기라 불려지는 기계를 사용하는 기계굴착공법, 두 가지를 병용하는 공법 등이 채용된다. 이들 선택의 요인으로 되는 것은 암석 강도와 단면 공법·굴착 길이이다.

발파공법은 공기식 착암기(5~7 kgf/cm^{2}의 압축공기를 사용)로 암석을 1~3 m 천공(drill)하고 다이너마이트를 묻어 파쇄하는 공법이다. 최근에는 다수의 착암기를 이동 대차(주행 레일식, 타이어식, 무궤도식이 있다)에 탑재·장치하여 유압으로 조작하는 방식(터널 점보)이 주력으로 되어 있다. 착암기에 공기식이 사용되어 왔던 것은 사용이 끝난 공기를 이용하여 신선한 공기가 갱내로 공급될 수 있는 이유이며, 동력 공기는 갱외에 설치하는 공기 압축기로부터 보내어진다. 최근에는 유압식 착암기(유압은 200 kgf/cm^2 정도)가 개발되어 천공 성능이 한층 높게 되어 있다.

기계굴착 공법은 커터의 회전으로 암반을 절삭하며 생력화를 꾀하여 시공속도를 빠르게 하고 있다.

발파공법의 단점은 폭파로 인하여 원지반을 손상시키고, 또한 여분의 굴착이 많게 되기 쉬운 점이다. 기계굴착 공법은 기계비용의 부담이 무거워 짧은 터널에서는 불리하며, 또한 기계의 신뢰성, 정비와 부품의 보급이 수반되지 않으면 능력이 발휘될 수 없다.

고성능의 자동 기계로 터널을 뚫는 것은 터널 기술자의 장년의 꿈으로, 각종의 방식이 개발되어 일부의 터널에 채용되고 있다. Dover 해협의 해저 터널은 전단면 굴진기(터널 보링 머신, tunnel boring machine, TBM)를 이용하여 관통에 성공하였다. 그러나, 복잡한 모든 지질에 대응할 수 있는 만능의 성능은 용이하지 않고, 또한 기계가 대규모로 고가로 되어 채산성도 과제로 된다.

(2) 버력 반출작업

버력 운반에는 운반차의 레일식, 또는 덤프트럭의 타이어식이 채용된다. 터널 단면적, 경제성, 민속성 등을 검토하여 선정하며, 덤프트럭이 직접 갱으로 들어갈 수 있는 대단면 터널은 타이어식이 유리하다.

(3) 지보 작업

지보 작업은 굴착으로 흐트러진 원지반(natural ground) 내벽에 뿜어 붙이기 콘크리트를 타설하기도 하고, 또는 강재로 떠받치어 원지반 내벽의 붕괴를 방지하는 작업이다. 지보 작업의 일반 공법에는 강제 아치 지보공(tunnel supports, 떠받치는 골조)과 흙막이판(원지반에 면하는 판)으로 안쪽에서 지지하는 방식이 장년에 걸쳐 사용되었다. 그러나, 1977년경부터 신오스트레일리아공법(New-Austrian tunneling method, NATM공법이라고 한다)을 많이 이용하게 되었다(제10.1.6(5)항 참조). 이것은 뿜어 붙이기 콘크리트와 원지반에 긴 록 볼트(약 6 m)를 전용 기계로 죄어 원지반 아치 자체의 강도를 이용하는 합리적인 공법으로 귀찮은 가설용 지보 강재가 불필요하다(**그림 4.3.1**).

즉, 뿜어 붙이기 콘크리트(1차 복공)와 록 볼트를 주된 지보 부재로 하고 최후에 복공 콘크리트(2차 복공)를 둘러싸서 터널을 완성시키는 공법으로서 현재 산악공법의 주류로 되어 있다. 이 공법의 특징은 흙무더기의 변형거동을 내공 변위계 등으로 계측 감시하여 필요에 따라 지보 부재의 두께나 간격을 증감시키기 때문에 지질조건의 변화에 유연하게 대응하여 시공할 수 있게 되는 점이며, 지질이 복잡한 터널에 적합한 시공법으로서 급속하게 보급되었다. 근년에는 토사 흙무더기로 되어 있는 도시터널의 일부에도 적용되고 있으며 암의 종류(토사, 연암, 중(中)경암, 경암), 탄성파 속도(흙무더기의 P파, S파가 전달되는 속도), 흙무더기 강도(强度)비(比)(토피 하중과 흙무더기의 일축 압축강도의 비) 등에 따라서 표준 지보 패턴이 결정되고 있다.

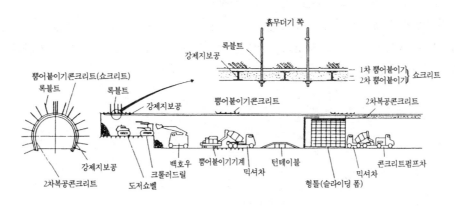

그림 4.3.1 NATM 공법의 도식도

(4) 복공 작업(tunnel lining)

뒤이어 행하는 것이 지압에 견디도록 터널 내벽을 콘크리트로 둘러싸서 항구 구조물로 하는 라이닝이다. 거푸집의 설정, 콘크리트의 타설, 콘크리트의 양생, 거푸집 해체의 순서로 행하며, 지보용 가설재가 있는 경우는 그대로 매립한다. 콘크리트 라이닝의 두께는 내벽 지름 5 m에 대하여 30~50 cm로 하고 있다. 라이닝 종료 후에 라이닝과 원지반(natural ground) 사이에 남아있는 공극에는 시멘트 밀크를 충전하여 원지반의 이완을 방지한다. 더욱이 지질이 견경한 암반인 경우는 스톡홀름 지하철의 예와 같이 굴착 상태인 채로 라이닝을 생략하는 일도 있다.

(5) 스므스 블라스팅 공법

스므스 블라스팅(Smooth Blasting) 공법 즉, 조절발파 공법은 터널 뚫기 또는 암석발파에서 천공한 구멍 내에 장진된 폭약이 폭발할 때 발생하는 충격파를 감소시키고 모암의 균열을 적게 하며 모암에 손상을 줄이고 발파 면을 평활하게 하며 암석을 원하는 단면으로 발파시키는 공법이다.

(6) 결언

이들의 작업은 대부분 기계화되어 있다. 굴착은 드릴 점보, 보링 머신, 버럭 적재기(트랙터 쇼벨 및 전동식 쇼벨카)로 행한다. 버럭 운반은 기관차와 운반차(레일식), 덤프차를 사용한다. 지보 작업에는 록 볼트 유압 점보, 유압 타설기를 이용하고, 라이닝 작업에는 강제이동 거푸집, 공기 압송에 의한 콘크리트 타설기를 사용한다. 기관차는 바테리 전기식 또는 디젤 엔진식을 사용하며, 환기(ventilation)를 전제로 한 디젤식이 많다.

이들 각종 전용 중기계의 사용에 따라 생력화·공기의 단축이 도모되고 있다. 최근에는 이들 전용 기계의 고성능화의 진보가 눈부시며, 터널의 건설이 왕년에 비하여 용이하게 되어 있다.

4.3.2 산악터널 단면공법(section method of mountain tunnel)의 선정

산악 터널의 굴착에서 주요한 것은 단면공법의 선정이다.

흙무더기의 경연(硬軟)이나 용수의 양 등과 같은 지질 조건에 따라서 굴착순서가 고안되었다. 즉, 일반적으로 지질에 따라서 ① 전단면 공법, ② 상부 반단면 선진공법, ③ 저설도갱 선진 상부 반단면 공법, ④ 측벽도갱 선진공법 등이 선정된다(**그림 4.3.2**).

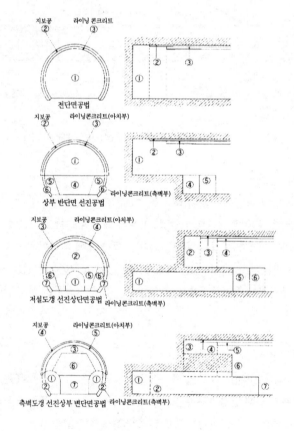

그림 4.3.2 굴착 단면공법의 종류

(1) 전단면 공법(full face method)

미국에서 처음 발달한 공법으로 상반·하반의 전단면을 동시에 굴착하며, 라이닝 작업에 대하여도 측벽 콘크리트·아치 콘크리트를 동시에 시공할 수 있다. 이 공법은 지질이 양호한 경우에 채용하며, 온 둘레의 드릴 점보, 터널 보링기(tunnel boring machine), 고성능 버력 적재기 등의 대형 기계를 채용할 수 있고 효율적인 시공에 따라 공기의 대폭적인 단축이 가능하다. 공법으로서 대단히 효율이 좋지만, 나쁜 지질을 조우하여 굴착 절삭날개(切羽)가 자립하지 않는 경우는 붕괴의 위험이 수반되기 때문에 특히 지질의 안정성이 조건으로 된다.

(2) 상부 반단면 선진 공법(벤치 컷 공법, bench cut method)

터널 단면을 상하로 분할하여 계단 모양으로 굴착하는 공법으로 한 번에 굴착하는 단면을 작게 할 수 있는 점에서 지질이 불안정·불량할 경우에 채용한다.

(3) 저설도갱 선진 상부 반단면 공법

지질의 조사 확인·용수(seepage) 처리도 포함하여 하부 중앙의 저설도갱(bottom heading)의 굴착을 선진시켜 상부에 뒤이어 하부를 시공한다. 지질이 특히 불량한 경우에 채용한다.

(4) 측벽도갱 선진 공법(side pilot method)

좌우 2개의 측벽도갱{파일럿(pilot)이라 부른다}을 선진시키는 것으로 지질이 특히 나쁜 경우에 (3)의 경우보다 한층 신중을 취한 공법이다. 그 주된 공정은 측벽도갱(side heading) 굴착, 측벽 콘크리트 타설, 상반 굴착, 아치 콘크리트 타설, 중앙부 굴착, 인버트부 굴착, 인버트 콘크리트 타설의 순으로 하고 있다.

4.3.3 개착 터널(open cut excavation)

지표면부터 굴착하는 오픈 컷(open cut) 공법(제10.1.6(2)항 참조)이다(**그림 4.3.3**). 즉, 지표면부터 지반을 파내려가 터널을 구축한 후에 토사를 다시 메워서 터널을 완성시키는 시공법(**그림 4.3.4**)이며, 컷 앤드 커버(cut and cover) 공법 등으로도 부른다. 도시부의 지하철 등에서 비교적 얕은 지반에 적용되는 외에 실드 기계(제4.3.4항 참조)의 반입·반출구로서 시공된다. 또한, 산악터널에서도 갱구 부근 등과 같이 비교적 얕은 부분에 대하여 적용되는 일이 있다. 일반적으로 박스형 단면을 이용하므로 터널단면으로서는 쓸모없는 공간이 적지만 공사기간 동안에는 상부를 노천 상태로 하기 때문에 도시부에서는 지중 매설물(가스, 수도, 각종 케이블 등)의 이설이나 가설, 복공 판을 이용한 노면교통의 확보 등의 조치가 필요하게 된다. 또한, 주변 지반에 영향을 주지 않도록 흙막이 등으로 지반변위를 억제하는 외에 웰 포인트 공법이나 지중 연속 벽 공법 등을 병용하여 지하수의 배수나 차수를 한다.

이 공법은 산악터널공법에 비하여 건설비 단가는 2~3배로 비싸게 된다. 도시 지구에서 일반적으로 채용되며 주된 공정은 다음과 같다(**그림 4.3.4**).

① 먼저, 건설하는 구축에 들어가는 폭과 깊이의 양측에 강말뚝(steel pile)을 박아 토류(土留)를 한다.

② 강말뚝 사이에 강형을 설치하고 그 위에 임시의 복공판을 깔아 노면 교통을 확보한다.

③ 갱내의 매설물을 방호하면서 굴착·지보공(tunnel supports)을 행한다.

④ 콘크리트를 구축한다.

⑤ 되메꾸어 복구한다.

대부분의 경우에 철근 콘크리트의 직사각형(矩形) 단면이 채용된다.

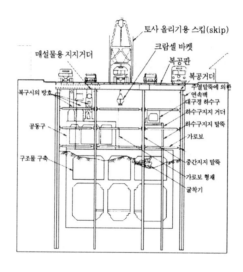

그림 4.3.3 개착 공법

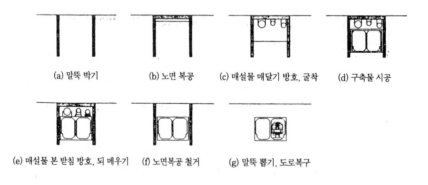

(a) 말뚝 박기   (b) 노면 복공   (c) 매설물 매달기 방호, 굴착   (d) 구축물 시공

(e) 매설물 본 받침 방호, 되 메우기   (f) 노면복공 철거   (g) 말뚝 뽑기, 도로복구

그림 4.3.4 개착공법의 시공순서

4.3.4 실드 터널(shield tunnel)

지반 내에 실드(shield)라고 칭하는 강제 원통형의 외곽을 가진 굴진기를 추진시켜 터널을 구축하는 공법을 실드공법(shield method)이라 한다(제10.1.6(3)항 참조). 실드공법은 19세기초에 영국의 하저 터널 건

설에서 개발되어 왕년에는 하저·해저에서의 특수 공법으로서 채용되었다. 최근에는 시공 시에 대한 노면 교통의 확보의 필요, 소음·진동 방지대책 등의 이유로 전용기의 고성능화에 맞추어 지하 터널에도 채용되어 최근의 지하철 터널에서는 실드공법이 증가하고 있다. 산악 터널에 비하여 건설비는 비싸지만, 각종의 개선에 따라 비용 저감이 도모되고 있다.

시공법은 실드(강제의 통)를 유압 잭의 추진력(굴착 단면적당 50~150 kgf/cm²)으로 지중으로 추진시키며, 실드의 전단에 있는 인구(刃口)의 회전으로 굴착하여 버럭을 후방으로 보낸다. 즉, 보통의 공법에서는 굴착 절삭날개의 토류(土留)가 곤란함에 비하여 실드공법은 일반적으로 절삭날개의 토류 기구를 설치하여 용이하게 행한다. 더욱이, 잭 추진력의 반력은 후부의 복공 세그먼트(segments)로 부담시킨다. 실드 후부에는 실드 안쪽에서 강제 또는 철근 콘크리트의 세그먼트(복공재의 구성 부분)를 조립하여 복공을 한다.

잇따라 실드를 추진시키면 실드판의 두께와 같은 공극이 복공과 원지반(natural ground)의 사이에 생기지만, 되도록 신속하게 이 공극에 시멘트 밀크를 충전한다(1차 복공). 더욱의 2차 복공으로서 1차 복공의 안쪽에 콘크리트를 마무리 시공하는 경우가 많다.

이 실드공법은 일반적으로 지반이 연약한 도시부의 터널을 굴착하는 공법으로서 발달하였으며, 실드 굴착기의 종류는 전면의 흙무더기가 노출되어 있는 개방형 실드(open shield)와 전면이 회전식의 커터 헤드로 폐색되어 있는 밀폐형(blind shield)으로 대별된다. 개방형 실드는 내부에 회전식 커터나 백호우 등을 갖추어 굴착하는 기계굴착 방식과 인력으로 굴착하는 인력굴착 방식이 있지만 양쪽 모두 절삭 날개(切羽)가 자립하는 양호한 지반에 이용된다. 이에 비하여 밀폐형 실드는 보다 연약한 지반에 적용되며 흙탕물(泥水)이나 굴착토로 절삭 날개를 떠받치면서 이것을 순환시켜 토사를 배출하는 방식으로서 후술하는 니수 가압식과 토압식 등의 방식이 개발되어 있다.

실드 굴진기에는 각종의 것이 개발되어 최근 많이 사용되고 있는 것이 토압계 실드기(shield method by soil pressure)와 니수(泥水) 가압(加壓) 실드기(shield method by press-mud water)이다. 복선 터널인 경우에 실드기의 총중량 200 t를 넘어 생력화할 수 있는 반면에 기계비용의 부담이 크고, 또한 효율적인 운전 조작에는 고도의 기술을 필요로 한다.

실드터널은 원통형의 굴착기를 이용하기 때문에 그 단면도 원형으로 마무리되지만 특히 복선 단면에서는 건축한계에 대하여 쓸모없는 공간이 크게 되기 때문에 안경형의 터널단면을 1 대의 굴착기로 굴착하는 다(多)원형 실드공법도 적용되고 있다. 그 외에 세그먼트를 사용하지 않고 생(生) 콘크리트를 직접 타설하는 직타 라이닝 공법 등도 개발되고 있다.

(1) 토압 방식(shield method by soil pressure)

커터로 굴착한 토사를 커터 챔버(cutter chamber)내에 넣어 굴착 토사를 절삭날개에 대항하도록 이용함과 함께 커터 챔버 내에 장비된 스크류 컨베이어로 실드의 추진량에 균형이 되는 량을 연속 배토하여 실드를 추진시킨다(**그림 4.3.4** 참조).

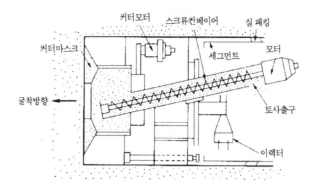

그림 4.3.4 토압실드 공법

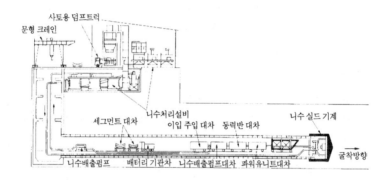

그림 4.3.5 니수실드 공법

(2) 니수가압 방식(shield method by press-mud water)

실드의 커터 헤드(cutter head) 후방에 가압 니수로 충만된 니수실을 두고 니수의 고압 분사로 굴착을 하여 굴착 토사를 니수와 함께 갱외로 유체 수송한다. 갱외로 반출된 배토니는 토사와 니수로 분리되며 니수는 다시 순환 사용된다. 이들의 일련의 작업은 집중 관리된다(**그림 4.3.5**참조).

용수(seepage)가 많은 경우에는 터널 내에 압축 공기를 충전하여 공기의 압력으로 용수를 억제하는 압기(壓氣) 공법(pneumatic method)을 채용하며, 실드 터널에는 압기 공법을 병용되는 경우가 많다. 사용할 수 있는 기압은 3 kgf/cm² 정도가 한도로 되며, 공기가 높게 되면 잠함(潛函)병에 대한 예방 조치가 필요하고, 노동 시간도 상당히 짧게 되어 공사비가 높아진다.

4.3.5 침매(沈埋) 터널(tubing tunnel)

하천 등을 횡단하여 물 밑에 터널을 건설하기 위한 특수 공법이다(제10.1.6(6)(가)항 참조). 수면 아래의 터널 위치를 높일 수가 있는 터널의 예가 있다. 실드공법과 비교하여 전후의 설치 구간의 장단 등도 아울러 우열을 검토하여 선정한다.

건설하는 구조체를 미리 적당한 크기로 분할하여 공장에서 제작한다. 이 터널 엘레멘트는 현장까지 배로 수송하여 소정의 장소에 침하 설치하며, 순차 접속하여 건설을 진행한다. 엘레멘트에는 직사각형(長方形) 단면의 철근 콘크리트 구조·원형의 강제 통 등이 있지만, 최근에는 PC 구조도 채용하고 있다.

4.3.6 해저 터널(submarine tunnel)의 시공 예

(1) 세이칸 터널의 예

여기서는 참고적으로 표 4.1.1의 장대 철도터널의 예에서 세이칸(靑雨)터널(tunnel)을 예로 들어 설명한다. 이 터널은 연장이 53.9 km(육상부 13.6 km + 해협부 23.3 km + 육상부 17 km)이며, 해면 아래 240 m에 달하고 있다.

(가) 주된 개발기술

이 터널의 굴착(tunneling)에서 개발된 주된 기술은 지반 주입, 뿜어 붙이기 콘크리트법, 선진 보링(drift boring) 등이다.

1) 지반 주입법

터널의 가장 깊은 구간에서는 해면 아래 240 m의 깊이이며, 수압도 24 kgf/cm²로 강대한 것으로 되기 때문에 암반의 갈라진 틈으로 주입을 하여 내벽으로부터의 용수를 방지한 것이 지반 주입법이다.

특수 시멘트를 물에 탄 시멘트 밀크와 물 글라스(glass) (규산 소다)를 1 : 1로 한 고로(高爐) 코로라이드 시멘트를 생성한다. 이것을 높은 압력(최고 80 kgf/cm²)으로 굴착 반경의 3~5배인 20 m 전방까지 주입하면 2~5 분에 고결하여 용수가 방지된다. 주입량은 847,000 m³에 달하였다.

2) 뿜어 붙이기 콘크리트 공법

믹서로 시멘트·골재와 급결재를 혼합하여 압축 공기를 이용하여 노즐로 분사시켜 터널의 벽에 뿜어 붙이는 것이다. 그 량은 229,000 m³에 달하였다.

3) 선진 보링(drift boring)

지질 조사(geological survey)를 위하여 사전에 터널의 굴착 예정 노선에 평행하게 긴 구멍의 보링을 한 것이며, 고성능 기계의 개발에 따라 터널 연장의 2배 이상인 121 km에 달하였다.

그 외에 대량의 버력(약 1만 m³) 처리는 갱내의 배터리 전기기관차의 견인과 사갱(inclined shaft)의 벨트 컨베이어로 반출하고 양측의 해안에 매립하여 처리하였다. 이에 따라 소재지 지역에 공적 용지가 제공되었다.

(나) 보안 대책

긴 철도터널에 대하여 승객의 안전을 확보하기 위하여 특히 중시되는 것이 열차 화재(train fire)의 대책이며, 예로서 1972년에 일본의 北陸터널의 열차화재 사고(사망 30명, 사상자 714명)의 예가 있다. 즉, 이 사고의 교훈에 따라 차량 측의 난연(難燃)·불연 대책, 소화기의 탑재 등이 추진되었다. 터널 측도 연장 5 km 이상의 장대 터널에는 목침목을 사용하지 않고 PC침목 또는 슬래브 궤도(slab track)로 하고 또한 긴급 연락이 가능하도록 터널 내의 연선에 열차 무선용의 안테나 케이블을 깔아 터널 내에서도 무선기로 통화할 수 있도록 하고 있다. 그 외에 만일의 승객 탈출·피난의 경우에 피난을 용이하게 하도록 보행로·조명장치

(lightening equipment) · 유도 표시장치 등도 정비되어 있다. 게다가, 5 km보다 짧은 터널에서는 열차화재가 발생하여도 3분 이내에 터널에서 열차가 탈출 가능하기 때문에 문제가 없다고 한다.

1) 열차화재 검지장치

터널 내외의 지상부 8 개소에 적외선 온도식 화재검지 장치를 배치하여 터널 바깥의 구간에서 열차화재가 발생한 경우는 경보하여 터널로의 진입을 방지하고 터널 안에서는 근처의 정점(定點)까지 주행하여 승객을 안전하게 피난시키는 등의 처치를 열차화재 대책의 기본으로 하고 있다. 더욱이, 이들의 검지장치의 이상 정보는 자동적으로 열차지령 센터에도 전달된다.

2) 정점(定點) 소화설비

정점에 정거한 화재 열차에 대하여 곧바로 소화가 행하여지도록 **그림 4.3.6**의 물 분무설비{차량 상하(床下) 화재의 소화용, 연소 방지용}, 소화전(승무원의 초기 소화방수용) 및 급수전(소방대의 소화방수용)을 설치하고 있다.

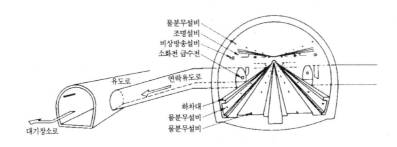

그림 4.3.6 터널 보안 대책의 예

3) 정점(定點) 환기 · 배연 설비

정점에 정거한 화재 열차에서 발생하는 연기에 휩싸이는 일이 없이 승객이 안전하게 피난하도록 환기(ventilation) · 배연 설비가 설치되어 있다. 사갱구에 설치된 송풍 팬으로 보내진 환기류는 선진 도갱을 거쳐 해저 중앙부에 마주치어 본갱으로 나와 갱구(tunnel mouth)로 향한다.

4) 정점(定點) 피난유도 설비

정점에는 연장 500 m의 플랫폼(platform), 본갱에 평행하게 설치된 유도로, 40 m 간격으로 본갱과 이어진 연락 유도로, 피난한 승객이 일시 대기할 수 있는 1,000명 규모의 대기장소가 있다. 대기 장소에는 의자 · 변소 · 세면장 · 구호실 등이 설비되어 있다.

5) 배수(drainage) 설비

이 터널의 건설은 지수 주입을 하면서 시공하였지만, 완전히 누수(water leak)를 멈추게 하는 것은 극히 어렵고 게다가 경제적으로도 무리이며 얕은 용수(seepage)가 약 30 t이기 때문에 소요의 배수설비를 설치하고 있다. 배수설비의 고장은 치명적이므로 각 펌프 · 배수관에 예비를 두고 송전 계통도 다중계로 하며 게다가 만일의 정전에 대비하여 비상용 디젤발전기를 설치하는 등 만전의 대책을 채용하고 있다.

(2) channel 터널 프로젝트의 예

(가) 프로젝트 설명

영국과 프랑스 정부는 한 세기 이상의 노력 후 1986년에 두 국가 간의 철도 연결을 결정하였으며, 이 연결은 전적으로 민간 자본으로 실현시키도록 계획하였다. 유럽 컨소시엄은 이 목적으로 터널을 건설하여 55년 동안 운영하는 책임을 부여받았다.

총 연장 50 km의 프로젝트는 7.6 m의 내부 직경을 가진 두 개의 철도 터널(방향 당 하나씩)과 보수 목적, 비상 사고 등을 위한 (내부 직경 4.8 m의) 제3 터널로 구성되어 있다. 주된 터널은 375 m의 간격마다 보조 터널에 연결되어 있다. 레일 레벨은 해저 레벨에서 25~40 m 아래에 위치하고 있다.

최초에 과소 평가되어 여러 번 변경된 총 건설비(최종적으로 7.4조 Euro)는 다음과 같이 할당되었다.

- 터널 건설　　　　　　　50%
- 차량　　　　　　　　　10%
- 궤도, 신호, 전기설비 등　40%

(나) 주행 시간

터널을 통과하는 완전한 운영은 1994년의 가을에 시작하였으며, 4 유형의 서비스를 제공한다.

- 런던에서 파리까지 3시간, 런던에서 브뤼셀까지 2시간 40분에 연결하고 160 km/h의 터널 내 주행 속도를 가진 고속 열차(이름하여 Eurostar). Eurostar 열차는 794 승객(2등 실에 584, 1등 실에 210)의 용량을 가지고 있다.
- 100~120 km/h의 통상 속도를 가진 재래 열차, 야간 열차, (컨테이너, 신차 등을 수송하는) 화물 열차.
- (2 층에) 자동차 및 (1 층에) 트럭과 버스를 수송하는 셔틀 여객 열차(이름하여 "Le Shuttle"). 여객은 그 자리에 남아있으며 최고 속도는 140 km/h이다.
- 최대 중량 44 톤의 트럭을 수송하는 셔틀 화물 열차.

그림 4.3.7은 런던과 파리간의 각종 수송 모드에 대한 상대적인 주행 시간을 나타낸다.

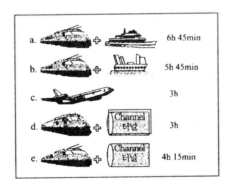

그림 4.3.7 런던과 파리간에서 각종 수송 모드의 주행 시간

(a) 철도 + 연락선(ferry)

(b) 철도 + 호버크라프트(hovercraft, 분출하는 압축 공기를 타고 수면 위를 나르는 배)

(c) 비행기

(d) 고속 열차 + Channel 터널

(e) 보통의 철도 + Channel 터널

(다) 재정 처리의 방법과 결과

Channel 터널 프로젝트는 전적으로 민간 부문에서 자금을 조달하였다. 수요의 과대 평가와 비용의 과소 평가는 많은 재정적 문제로 이끌었으며, 그것은 증권 시장에서 Eurotunnel 활동에 영향을 미치었다 (Eurotunnel의 주식은 1995년 1월의 3.70 Euro에서 1998년 말에 1.05 Euro로 떨어졌다).

4.3.7 계측

(1) 개요

계측의 목적은 현장에서 발생할 수 있는 설계와 시공 사이의 기술적인 격차를 최소화하여 안정성, 경제성, 합리성을 극대화하는데 있다[245].

현장계측의 역할은 다음과 같다.

① 긴급한 위험의 징후 발견,　　　　② 시공 중에 중요한 정보 획득,

③ 시공법 개선 및 법적 소송에 대비,　　④ 공사지역의 특수한 경향 파악과 이론 검증

(2) 개착계측의 종류

1) 지표침하 측정

　가) 목적 : 주변지반의 침하, 인접구조물과 굴착 면 영향의 예측을 위해 지표면에서 관측되는 수직침하량과 수평이동량을 측정

　나) 위치선정 : 토류벽 배면 및 인접구조물 주변에 위치를 선정

2) 강재변형 측정(Strain gage)

　가) 목적 : 버팀보, 띠장, H-말뚝과 강재구조물의 변형정도를 측정하여 굴착작업에 따른 강재구조물의 안전도를 검토

　나) 설치시기 : 도출된 플랜지 면에 부착하며 강재거치 이전에 설치

3) 어스앵커 축력 측정(Load cell)

　가) 목적 : 굴착진행에 따른 어스앵커(Earth Anchor)에 작용하는 하중과 인장력의 증감량, 변화속도 등을 측정하여 지반상황을 예측

　나) 설치시기 : 설치위치에서 현 굴착고가 0.5~1.0 m 이내인 상태에서 실시

4) 지하 수위계(Piezometer)

　가) 목적 : 굴착에 따라 배면지반의 지하수위 변동 등의 자료를 수집하여 지하수위 증감으로 인한 토압 변동에 따른 가설 구조물에 대한 안정성을 파악

　나) 설치시기 : 굴착 개시와 동시에 설치함이 원칙이나 설계시 확인된 지하수위까지 굴착이 진행되기 전에 설치

5) 지중수평 변위 측정(Inclinometer)
　　가) 목적 : 흙(Soil)과 록(Rock)에 있어서 지반의 수평변위, 위치 및 방향에 대한 자료를 수집하여 굴
　　　　착에 따른 주변 지반의 거동과 토류벽의 안정성 여부 등을 검토
　　나) 설치시기 : 굴착 개시 전에 설치하여 굴착공사 진행에 따른 변위 발생을 검토할 수 있도록 함
6) 구조물 기울기 측정(Tiltmeter)
　　가) 목적 : 터널굴착 또는 굴토공사로 인한 인접건물 및 주요 구조물의 경사를 측정하여 해당구조물의
　　　　안전도 여부 검토
　　나) 설치시기 : 계측계획에 의거 굴토공사 이전에 설치

(3) 터널 계측

터널 내에서의 계측은 크게 시공 중 계측과 유지관리계측으로 구분되며, 시공 중 계측은 주로 설계의 불확
정성 요소 등을 보완하고 설계의 타당성을 규명함으로써 시공의 안정성과 경제성을 제공한다. 유지관리계
측은 터널구조를 완공한 후의 사용기간 중에 굴착 면 주변지반변화 등의 영향으로 인하여 발생되는 배면지
반, 토압 및 수압의 변화로 콘크리트 구조물의 변화양상, 환경조건 등을 측정하여 터널구조물의 안정성을 확
인하도록 연속적이고 기초적인 자료를 제공한다.
① 갱 내 관찰조사, 천단침하 측정, 내공변위 측정
② 지중침하 측정, 지중변위 측정, 숏크리트 응력 측정
③ 록볼트(Rock bolt) 축력, 인발시험

4.4 철도교의 역사 및 계획 · 설계

4.4.1 철도교의 역사

선로의 하부에 어떤 공간을 확보하고 열차하중을 지지하는 구조물을 일반적으로 교량이라고 칭하고 있다.
하천 · 계곡 · 저지대나 도로 등을 넘어가기 위한 하천 교량(bridge) · 고가교(viaduct) 등의 교량은 철도
의 건설에서 빠뜨릴 수 없는 고가 구조물이다.
영국에서 최초의 철도 건설 시는 교량의 구조가 돌이나 벽돌쌓기가 많았다. 뒤이어 철도의 창업(com-
mencement of railway) 시대에는 오로지 연철이 사용되고(최대 지간 9.5 m), 그 후 1856년의 베세마강의
발명에 따라 강철교가 채용되어 철도교의 기술은 비약적으로 진행되었다.
콘크리트의 약점을 강봉으로 보강한 철근 콘크리트(RC)가 채용된 것은 1900년경이다. 고장력 강봉의 압
축력으로 콘크리트에 미리 압축력을 주어 인장력의 발생을 억제하는 구조의 프리스트레스트 콘크리트(PC)
가 프랑스에서 발명되어 철도교에 처음으로 실용화된 것은 영국에서의 1945년이다.
재래 철도의 궤도를 지지하는 노반은 흙 구조물이 대부분이었지만, 건설비를 경감할 수 있어도(콘크리트
고가에 비하여 약 1/5), 우수에 약하고 자연 침하 등으로 궤도 정비 · 보수에 수고가 많은 등의 결점이 있었

다. 그 때문에 교통량이 많은 도로와의 입체 교차 등의 이유도 있어 최근의 신선 건설에서는 콘크리트 고가교가 많게 되어 있다.

4.4.2 철도교의 계획·설계

(1) 철도교의 계획

철도교에는 구조 형식, 구성 재료, 주행로별, 궤도구조 등에 따라 여러 가지의 종류가 있다. 내구성도 고려하여 합리적으로 안전과 경제성이 양립되도록 하고 주위와의 경관을 고려하여 선정·설계하는 것이 원칙이며, 그 결정에는 상당한 학식과 경험이 요구된다.

철도교의 조건은 상정되는 열차의 중량과 통과 톤수(tonnage)나 기상 조건에도 충분한 강도와 내구성을 가지며, 가설방법도 아울러 유지 관리비를 포함하여 경제적으로 만드는 것이 요망된다. 그 때문에 구조공학의 정수를 결집하여 사용 재료·구조형식 등을 비교 검토하여 가장 합리적인 것을 선정·설계한다. 또한, 환경(외기, 연선의 주택, 하상의 변동 등)이 고려되며, 게다가 경관은 주위와의 조화가 중시된다.

교량의 계획·설계·제작·가교를 다루는 전문 분야를 교량공학이라고 하며, 관련하는 학문 영역은 응용역학·구조공학·재료학·지반공학·하천공학·내진공학·환경공학·공업디자인·생산공학 등의 다른 방면에 걸친다. 최근의 교량 기술은 고장력강·고강도 PC 등의 우수한 특성의 재료로 떠받치며, 용접공법·고장력 볼트 접합법 등이나 프리스트레스 기술의 진보, 각종 가설법의 개발에 따라 건설비의 저감, 공기의 단축을 도모하여 가일층의 경감이나 환경과의 조화도 아울러 눈부시게 발전을 이루고 있다.

교량의 계획은 철도 업자, 조사 설계는 전문 컨설턴트, 제작·가교는 전문 업자가 행하는 것이 일반적이다. 발주자는 이들을 통하여 작업의 감독·판정·조정·완성의 결정 등을 행한다. 최근에는 계획·조사·설계의 단계에서 초능력의 전자 계산기를 전면적으로 활용하며, 제도의 자동 설계도 채용하고 있다.

(2) 철도교의 기본 구조

교량의 기본 구조는 **그림 4.4.1**에 나타낸 것처럼 상부 구조, 하부 구조, 기초로 구성되어 있다.

상부 구조(superstructure)는 열차나 궤도 등의 하중을 지지하는 상판, 주구(主構) 또는 주형(主桁) 등으로 통로를 형성하며, 상부 구조를 직접 지지하는 것을 받침이라 한다. 받침에는 고정 받침(rigid support)과 보(girder)의 신축기능을 가진 가동 받침(movable support)이 있고, 상부 구조의 온도 변화나 탄성 변화에 대하여 지장이 없도록 구배 구간에서는 상측에 가동 받침을 둔다. 가동 받침에는 강제 롤러식, 혹은 마찰계수가 적은 합성 수지 재료의 미끄럼판식 등이 채용된다.

하부 구조(infrastructure)는 상부 구조를 지지하는 교각(bridge pier, 교량의 중간부에 있다), 교대(bridge stand, 교량의 양단부에 있다) 등을 말한다. 교대는 연결 부분 성토의 토압(earth pressure) 등을 받는 것이 중간의 교각과 다르다(제4.5.1(6)항 참조). 교각·교대는 철근 콘크리트제가 원칙이며 위로부터의 하중 외에 지진(earthquake) 등으로 인한 수평 방향의 하중을 상정하여 설계한다.

기초(foundation)는 하부 구조로부터의 힘을 대지로 전달함과 동시에 교량을 고정하는 것이다. 가교 지점이 단단한 암반이든지 얕은 암반인 경우는 기초 공사가 간단하게 끝나지만(직접 기초), 암반이 깊은 경우나 연약 지반(soft bed)에서는 나무 · 콘크리트 · 강의 말뚝을 박든지(말뚝 기초), 철근 콘크리트제의 상자를 지반 내에 침하시키는(케이슨 기초, Caison base) 등 대규모의 기초 공사를 필요로 한다(**그림 4.4.1** 및 제4.6절 참조).

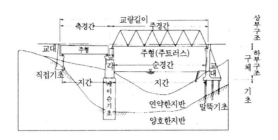

그림 4.4.1 교량의 기본 구조

(3) 철도교의 설계

교량의 설계에서 지간(span)을 어느 정도로 하는가는 교량의 구조 형식을 결정하는 조건의 하나이다. 교각 건설의 난이 · 비용 등도 아울러 몇 개의 후보를 선정한다.

지간의 길이가 늘어나면 일반적으로 교량의 자중에 의한 응력의 비율이 급격하게 증대하여 어떤 길이 이상에서는 교량을 통과하는 하중에 견딜 수 있는 여유가 없게 된다. 외국의 예에 의거하면, 여유가 남아있는 실용 최대 한계의 지간 길이는 고장력강(약 80 kgf/mm²)을 이용한 거더 교량(girder bridge)에 대하여 약 200 m, 트러스교(truss bridge) · 아치교(arch bridge)에 대하여 약 500 m, 적교(吊橋, suspension bridge)에 대하여 약 2,000 m, 사장교(oblique suspension bridge)에 대하여 약 700 m로 된다.

교량의 설계에서는 모든 조건을 상정하여도 고려할 수 없는 여러 가지의 요인이 포함된다. 그 때문에, 상정 이상으로 작용하는 하중으로 인한 파괴에 대한 안전율(safety factor)을 3~4 정도로 취하고 있다. 특히, 응력이 집중하는 개소에 대하여는 신중한 취급이 요구된다.

교량의 만일의 파괴 사고는 극히 중대하며, 1878년에 준공한 스코틀랜드의 거더 교량(3,552 m)이 1년 후에 강풍으로 붕괴되어 통과중의 열차가 전락(fall)한 사고나 1940년에 당시 세계 제3위의 853 m 지간장의 미국 워싱턴주의 타코마 적교가 완성 4개월 후에 19 m/s의 바람으로 심하게 진동을 일으켜 교량이 떨어진 사고의 예 등이 있었던 것도 귀중한 교훈으로 되어 있다.

교량의 물리적 수명(physical life)은 "구성 재료의 경년 피로 등으로 사용할 수 없게 되기까지의 기간"으로 정의된다. 태풍 등 자연 재해의 발생, 통과 톤수의 다소, 보수의 정도 등에 따라 교량의 수명에는 상당한 폭이 있다. 외국에서 교량의 내용 년수는 계획 설계에서 중소 교량 약 50년, 장대 교량 약 100년을 목표로 하는 예가 있다.

교량에는 열차대피 · 유지보수 및 안전 점검 등을 설치하고 전기설비를 위한 공간을 확보하여야 하며 보도에는 통행인의 안전을 위한 난간을 설치한다. 교량에도 필요한 경우에 안전점검을 위한 난간을 설치하여야 한다고 철도건설규칙에서 규정하고 있다.

교량의 설계에 이용하는 가상의 열차하중을 활하중이라 칭하며 HL하중(고속철도), LS하중 체계(일반

철도), EL하중 체계(전동차 전용선)를 이용하고 있다(제2.2.3항의 표준 활하중 참조).

교량의 설계하중에는 이 외에 고정하중(사하중)(레일, 침목, 도상 등), 열차주행에 따른 충격하중, 곡선 통과 시의 원심하중, 차량의 요잉(yawing)으로 인한 횡(橫)하중, 열차의 제동·시동 하중, 풍하중, 장대 레일의 신축에 따른 장대레일 종하중 등이 고려된다.

4.5 철도교의 종류·시공 및 유지 관리

4.5.1 철도교의 종류와 구조

(1) 구조 형식에 의한 분류

교량(bridge) 구조의 기본 유형은 거더 교량·아치교·적교의 3 가지이지만, 사용 재료 등에 따라 변화가 보여지며, 상부 구조의 구조 형식에 따라 ① 거더 교량, ② 트러스교, ③ 아치교, ④ 라멘교, ⑤ 적교(吊橋, 현수교), ⑥ 사장교 등으로 구분된다.

강제의 철도교는 라멘교를 제외하고 널리 채용되어 왔지만, 최근에는 소음 방지와 경제성 때문에 ①~④ 의 콘크리트 교량이 보급되고 있다.

(가) 거더 교량(girder bridge, 桁橋)

보 구조로 하중을 받는 것이며, 강형·콘크리트 빔 등을 수평으로 설치하여 건너므로 가장 경량인 구조의 교량으로 고장력강(high tensile steel)의 교량에서는 최대 200 m 정도의 지간이 실현되어 있다. 거더의 양 단을 지지하는 단순 거더 교량과 지점이 중간부에도 있는 다점 지지의 연속 거더 교량이 있다.

그 외의 대표적인 구조로서 강판과 L형강 등을 조합하여 I형 단면으로 한 플레이트 거더 교량(plate girder bridge, 鋼鈑桁橋), 강판 또는 콘크리트로 박스형 단면으로 한 박스형 거더 교량(box girder bridge) 등 이 있다. RC 슬래브 빔 교량은 높이가 낮아 건설비가 저렴하기 때문에 지간 10 m 정도에만 채용되고 있다.

(나) 트러스교(truss bridge, 構橋)

3개의 부재를 3각형으로 연결한 골조 구조를 트러스(truss)라 부르며, 이것을 연속시킨 주형으로 만든 교 량을 트러스교라고 한다. 각 부재에는 압축력 또는 인장력만을 받아 전체로서 하중에 의한 휨 하중에 저항시 키며, 짧고 가벼운 부재의 구성에 따라 장경간 교량이 가능하다.

부재의 조합 방법에 따라 **그림 4.5.1**과 같이 고안자의 이름을 취한 와렌(Warren), 플랫(Pratt), 하우 (Howe) 등의 대표적 형식이 있지만, 철도교는 와렌과 플랫형이 많다. 또한, 트러스교에도 단체(單體)의 단

| 와렌 트러스교 | 플랫 트러스교 | 하우 트러스교 |

그림 4.5.1 트러스교의 종류

순교와 단체를 접속한 연속교가 있고, 연속교의 적당한 위치(휨 모멘트가 0에 가깝다)에 힌지를 삽입한 것이 겔버교(캔틸레버교)이며, 최근의 채용은 적다.

트러스교는 형하(桁下) 공간이 고저의 관계로 상로와 하로의 두 형식이 있다(제(3)항 참조).

트러스교는 예전에 목구조에서 출발한 것이다. 강재를 사용하게 되어 지간이 긴 캐나다 퀘벡교의 549 m의 예도 나타났지만, 최근의 긴 지간은 사장교가 주류로 되어 있다. 강트러스는 40~120 m의 지간이 경제적인 범위로 되며, 지간의 길이가 넓은 범위에 있는 것은 교각 건설의 난이도·공비의 다소에 따른다. PC 트러스는 콘크리트 교량에 대한 지간의 장대화를 목표로 하여 채용되어 최근에는 45 m의 것이 실용화되어 있다.

(다) 아치교(arch bridge)

아치교는 가장 오래된 교량 형식의 하나로 주된 구조 중에 아치 작용을 가진 부분이 있는 교량이다. 원래, 석재에 적당한 구조의 교량으로서 예전부터 만들어졌지만, 강재를 채용하고부터 장대 지간의 교량이 가능하게 되었다.

즉, 긴 지간이 필요한 경우에 채용하며, 구성재를 압축재로서 사용한 모양의 형태로서 휨 하중이나 전단 하중에도 저항 가능하도록 설계한다. 철도교의 아치교로서는 일본의 예로 96 m 지간의 강제 아치교(1932년)가 건설되고, 최근에는 126 m 지간의 RC 아치교(1979년, **그림 4.5.2** 참조)가 건설되는 등, RC 아치교의 채용도 많아지고 있다. 해외의 최대 지간은 강교(steel bridge)에 대하여 518 m, RC교(reinforced concrete bridge)에 대하여 390 m가 있다.

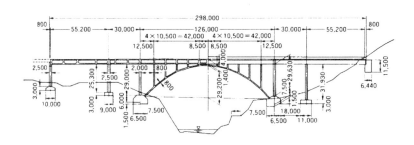

그림 4.5.2 아치교의 예

(라) 라멘교(rigid-frame bridge)

거더 교량의 변형이라고도 볼 수 있으며, 거더와 교각을 일체로서 강결한 것으로 상부 구조와 하부 구조의 구분이 없는 것이 특색이다. 그 때문에 주형(主桁)의 휨 모멘트가 경감되어 교각의 안정성을 증가시키고 받침을 생략할 수 있으며 내진 구조로서도 우수하다.

최근의 고가교(viaduct)에는 건설비·보수비·소음 등의 이유로 RC 라멘(rahmen) 구조가 보급되어 있다. 보와 슬래브 궤도를 조합한 빔 슬래브 라멘교(beam slab rahmen bridge)가 많이 채용되며, 그 경우의 접속 방법에는 부등 침하(uneven subsidence) 대책을 위한 여러 가지의 형식이 있다.

(마) 적교(suspension bridge)

강제 케이블을 주체로 하여 교상(橋床)을 매다는 구조의 교량으로서 현수교라고도 하며, 아치교·사장교 등에서는 불가능한 특히 긴 지간이 필요한 경우에 채용한다.

경(硬)강선재(일반적으로 5.12 mm 지름의 경강선을 뭉치로 한다)의 높은 강도의 인장력(구조용 강재의 약 4배)을 가장 효율적으로 이용하는 형식이며, 공중으로 펼치어 맨 케이블이 하중을 받는 주체로 되어 있다. 케이블을 지지하는 지탑(支塔), 케이블을 대지에 고정하는 앵커가 하부 구조에 상당하며, 매어 달은 케이블은 유연한 구조이기 때문에 교상은 보강 구조가 필요하게 된다. 또한, 강풍으로 인한 진동에 대한 안전 등은 축척 모형을 사용하는 풍동(風洞) 실험으로 검증한다.

1988년에 개통한 철도·도로 겸용의 일본 瀨戸大橋교량(최대 지간 1,200 m, **그림 4.5.3**의 예 참조)는 대표적인 예로 열차주행 하중으로 인한 변형은 고속선로에 대하여 160 km/h, 재래선에 대하여 120 km/h 정도까지는 유해한 진동을 일으키지 않는 점이 이론 해석이나 모형 실험 등에서 확인되고 있다. 지간이 긴 적교에는 영국의 햄버교(1,410 m, 1981년)와 일본 明石해협 대교(1,990 m)가 있다.

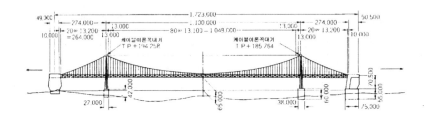

그림 4.5.3 적교의 예

(바) 사장교(oblique suspension bridge)

지간이 크게 되어 주형만으로는 하중을 지지할 수 없는 거더 교량을 높은 탑에서 방사형이나 하브형의 직선 모양으로 당긴 케이블에 의하여 상방으로 지지하는 구조로 되어 있다(**그림 4.5.4** 참조). 즉, 거더 구조와 매다는 구조와의 복합구조 교량으로도 볼 수 있다. 왕년에는 구조해석 계산이 지난하였기 때문에 채용이 적었지만, 최근에는 전산기의 도입으로 설계 해석의 진보에 따라 외관의 근대 미에 맞추어 만(灣)의 교량 등에의 채용이 증가하고 있다. 철도 교량에는 지금까지 예가 적었지만 최근에는 채용이 늘어나고 있다. 해외에서는 최대 지간이 강교에서는 465 m, PC교에서는 440 m라고 하는 예가 있다.

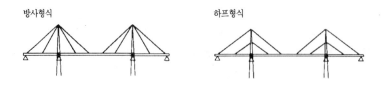

그림 4.5.4 사장교

(사) 영종대교의 예

인천국제공항 고속도로의 연육교와 공동으로 사용하는 인천국제공항 철도의 영종대교는 고속도로 부문을 먼저 시공하고, 철도 부문을 나중에 시공하였다. 즉, 도로부문에서 전체적인 교량구조를 시공하여 고속도로를 개통시키고, 철도부문은 이 교량구조에서 종형과 함께 궤도를 시공하였다. 영종대교의 철도는 복선 선로이며, 연장은 3.52 km이다. 교량구조물은, 강합성 라멘교가 (3@60.0) 2+(2@60.0)×3 = 720.0 m, 트러스(truss)교가 (3@125.0)×6 = 2250.0 m, 현수교가 125 + 300 + 125 = 550.0 m이다(**그림 4.5.5**).

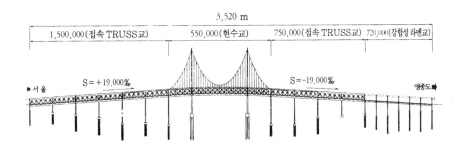

그림 4.5.5 인천국제공항 철도의 영종대교(고속도로와 공용)

(2) 구성 재료에 의한 분류

구조 형식에 따라 재료가 갖고 있는 특성이 가장 잘 살려지도록 채용하는 것이 원칙이다.

(가) 강철도교(steel bridge)

강(鋼)은 중량·강도의 점에서 대단히 우수하고, 가공성도 좋고 접합도 용이하며, 얇은 두께의 부재를 구성하기에 가장 적합하다. 접합은 예전에는 리벳으로 하였지만, 최근에는 용접 기술의 진보에 따라 공장 생산의 기본 구성은 대부분이 용접으로 되어 있다. 현장에서의 접합·조립은 용접이 시공 조건에 따라 접합 강도가 크게 변하기 때문에 안정성이 뛰어난 고장력 볼트를 이용한 마찰 접합이 보급되어 있다. 현장 용접의 경우는 우수한 용접공의 선정, 충분한 예열 관리, 잔류 응력이 최소로 되는 용접 순서 등, 특별한 배려와 신중함이 요구된다.

강철도교의 일반적인 장점으로는 다음과 같은 것이 열거된다.

① 구조상의 신뢰성이 높다.

② 가설이나 교체가 용이하고 짧은 시간에 행하기 때문에 교통량이 많은 도로의 가도교나 영업 선로에서의 시공에 적합하다.

③ 중량이 작고 하부 구조가 소규모로 되기 때문에 연약 지반 등에서 지진의 영향을 고려하는 경우에 유리하다.

④ 형하 공간이 엄하게 제한을 받는 경우에 레일 상면에서 거더의 하면까지의 치수를 작게 하는 구조가 가능하게 된다.

강철도교 제일의 결점은 부식하기 쉬운 점이다. 그 대책으로서 페인트로 도장하지만, 그 경비는 적지 않다. 따라서, 특히 내구성이 요구되는 교량에는 적합하지 않다. 재래의 철도교에는 오로지 강철도교가 채용되어 왔지만, 최근에는 콘크리트 교량의 진보와 소음의 방지를 위하여 RC·PC교가 주류로 되어 있다. 강철도교는 근래에 소음 문제가 적은 산야에서 사용하든지 도시 내에서는 가설의 조건이나 구조상의 제약이 엄한 경우에 소음 대책을 시행하여 이용한다.

1) 강철도교의 종류와 구조 형식의 선정

강철도교 구조형식의 선정에서는 플레이트 거더(plate girder, 鈑桁), 트러스 등의 구조 역학적인 분류 이외에 레일의 위치 및 궤도의 구조에 따른 분류가 중요하다. 레일의 위치에 따른 분류는 후술의 (3) 항에서 설명하며, 레일 면과 거더 최하단과의 치수, 하부공(교각)의 높이 등을 고려하여 선정한다.

궤도 구조(track structure)에 따른 분류에는 먼저 개상(open floor)식과 폐상(solid floor)식으로 대별된다. 종래의 강철도교는 대부분이 교량 침목을 이용한 개상식이었지만, 근년에는 소음 문제, 궤도의 메인테난스프리(maintenancefree)를 목표로 하여 다양한 구조가 개발되고 있다. 폐상식에는 자갈 도상식, 콘크리트 직결식, 슬래브 궤도 등이 있다(제(4)항 참조). 이하에 나타낸 특징을 고려하여 구조 형식을 선정하여야 한다.

가) 침목 직결식 : 상로 플레이트 거더 등의 상부 플랜지, 트러스의 종형 상부 플랜지 등의 위에 직접 교량 침목을 부설한 것으로 사하중이 가볍고, 레일 면과 교량의 최하단과의 치수가 작게 되어 경제적이므로 왕성하게 이용되었지만, 소음 문제나 궤도 보수 등의 점에서 채용을 보류하는 일이 많게 되어 최근의 신설 교량에는 원칙적으로 이용하지 않고 있다.

나) 강형(鋼桁) 직결식 : 가)에 대신하는 구조로서 강형 상부 플랜지에 레일을 직접 체결하는 것이다. 절연이나 위치 조정을 위하여 복잡한 체결 장치를 필요로 하고 교량의 제작 가설 정밀도도 요구된다.

다) 자갈 도상식 : 강상판(鋼床版), 콘크리트 상판 등으로 통상의 자갈도상 궤도를 지지하는 구조이며, 이 구조 자체가 소음 대책으로서 유효한 구조이지만, 근년에는 소음을 더욱 경감시키기 위하여 자갈 아래에 두께 25 mm 정도의 고무 매트(밸러스트 매트)를 부설한다.

라) 슬래브 궤도식 : RC 고가교 등에 사용되는 슬래브 궤도를 강교에 채용한 구조이며 궤도 슬래브를 지지하기 위하여 바닥 구조도 콘크리트 상판으로 할 필요가 있다.

마) 콘크리트 직결식 : 플레이트 거더의 콘크리트 상판에 레일을 직접 체결한 구조이다.

2) 소음 대책

열차 주행으로 인한 소음은 차량, 구조물(structure) 등 각각의 발생원에 대하여 균형을 취한 대책이 중요하지만, 여기서는 강철도교 쪽에 대하여 강구할 수 있는 방책에 관하여 기술한다.

소음 방지의 원리는 ① 차음(noise insulation), ② 제진(vibration control), ③ 방진(vibration reduction), ④ 흡음(sound absorption)으로 집약되며, 소음 대책은 이들을 조합하여 될 수 있는 한 효과를 올리는 방책을 시행하여야 한다.

이들의 소음 방지 원리에 의거하여 현재까지 개발되고 있는 강철도교의 대표적인 방음공에는 다음과 같은 것이 있다.

① 상부 음(집전계 음, 아크 음, 차체 공력음, 전동음을 포함한 총칭), 또는 구조물 음(강형 부재의 진동으로 인한 음)에 대처할 목적으로 교량의 옆쪽, 또는 하면에 차음판을 설치하는 "차음공"

② 구조물 음에 대처할 목적으로 강판 면에 제진제를 붙이거나 콘크리트로 강 부재를 싸는 "제진공"

③ 거더 부재에 전하여지는 진동 에너지를 억제할 목적으로 밸러스트 매트를 깔거나 궤도용 슬래브의

하면에 고무를 붙인 방진 슬래브 및 강형과 침목 사이에 삽입하는 침목하 방진 패드 등의 "방진공"

④ 궤도면, 방음벽(soundproof wall)에 흡음재를 부설하는 "흡음공"

강철도교의 상부 음과 구조물 음의 비율은 궤도 구조의 영향을 가장 크게 받으며 일반적인 경향으로서 개상식과 슬래브 궤도의 거더는 구조물 음이, 도상식의 거더는 상부 음이 탁월하다. 이 점에서 방음공의 형식은 궤도 구조에 따라 다음의 조합을 표준으로 한다.

① 도상식……옆쪽 차음공

② 개상식……옆쪽 차음공 + 하면 차음공

③ 슬래브 궤도식……옆쪽 차음공 + 하면 차음공 또는 옆쪽 차음공 + 제진공

차음공의 시공에서는 교량 본체로부터의 진동이 차음판으로 전해지지 않도록 하기 위하여 연결부에 고무를 사용하고 있지만, 이것은 "방진공"을 보조적으로 사용하고 있는 것이다.

더욱이, 도상식에서도 교량에 근접하여 가옥이 있는 경우는 옆쪽 차음공에다 하면 차음공 또는 제진공을 조합한 쪽이 좋다. 또한, 밸러스트 매트는 소음 대책의 필요 여부에 관계없이 자갈의 미세화를 경감하기 위한 궤도 구조의 일부로서 부설하는 것을 원칙으로 하는 예가 있다.

또한, 상기 이외에 근년에는 음의 간섭을 이용한 차음공이 실용화되고 있다.

(나) 콘크리트 교량(concrete bridge)

최근에는 RC · PC 구조가 보급되어 지간 25 m 이상에서는 대부분 PC 구조로 하고 있다. 콘크리트 교량은 내구성의 점에서는 강철도교보다 우수하지만 얇은 두께에는 한도가 있어 중량이 강철도교에 비하여 훨씬 무겁다고 하는 불리한 점도 있다.

콘크리트 교량의 구조 형식에는 다음과 같은 특징이 있다.

1) 라멘식 고가교 : 라멘 구조의 철도 구조물로서는 RC 라멘 고가교가 많이 이용된다. 라멘 구조의 철도교량의 실시 예는 적지만, 장대 지간의 교량도 있다.

2) 빔 교량 : 빔 교량에는 단순 빔과 연속 빔이 있으며, 일반적으로 지간이 길게 되면 연속 빔을 적용한다. 단면 형상의 분류로서는 슬래브 빔, T(I)형 빔, 박스 빔, U형 빔으로 대별된다.

3) 아치교, 사장교, 트러스교 : 아치교는 상재 하중을 아치 리브에 축력으로 작용시키기 때문에 콘크리트 부재를 합리적으로 활용할 수 있는 이점이 있다. 사장교는 여러 형식이 있어 설계 자유도가 큰 구조 형식이다. 트러스교는 강철도교에서 일반적인 구조 형식이지만 콘크리트 교량에서는 수가 적으나 현재(弦材)를 PC 부재로서 적용하고 있다.

(다) 합성교(compound bridge)

강형과 철근 콘크리트 슬래브가 일체로 되어 하중을 받도록 양자를 합성한 구조로서 강형은 주로 인장력을, 철근 콘크리트 슬래브는 압축 응력을 받는다. 강과 콘크리트의 특성을 살린 경제적인 형식이다. 적용 지간은 20~40 m로 되어 있다.

강과 콘크리트의 합성교에는 2 종류로 대별된다.

1) 합성형…강형의 상부 플랜지 상면에 듀벨을 이용하여 콘크리트 상판을 연결하여 보로서 일체로 작용하도록 한 구조

2) H형강 매립형…H형강을 콘크리트로 둘러싼 보로서 일체로 작용하도록 한 구조

이 중에서 1)은 도시 내 중(中)지간의 교량에 대하여 소음 대책을 필요로 하는 경우에 사용되는 일이 많으며, 2)는 비교적 작은 지간에 대하여 특히 형 높이를 작게 한 경우, 가설 조건의 제약이 엄한 경우에 유리하다.

(3) 주행로의 위치에 의한 분류

교량에 대한 궤도의 위치에 따라 3 종류가 있다. 즉, 주형(主桁)의 상부에 레일 면이 위치하는 것을 상로(上路, 또는 deck), 주형의 하부에 레일 면이 있는 것을 하로(下路, 또는 through), 그 중간적인 것을 중로(中路, 또는 half-through)로 구분한다. 플레이트 거더에서는 설계 · 구조가 보다 간단한 상로 플레이트 거더가 다용되며, 중로나 하로는 교량 아래(桁下)에 공간을 확보하려는 경우에 이용되지만, 형고(桁高)가 높은 트러스교에서는 하부에 충분한 공간을 확보하는 것이 곤란하기 때문에 하로를 이용하는 경우가 많다(**그림 4.5.6**).

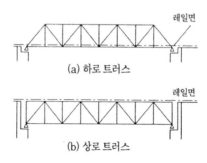

그림 4.5.6 하로 트러스와 상로 트러스

(가) 상로교(upper route bridge)

궤도를 지지하는 상판을 교형(橋桁)의 상부에 배치한 구조이며, 일반적으로는 철도교의 기본 구조로 되어 있다.

(나) 하로교(lower route bridge)

궤도를 지지하는 상판을 교형의 하부에 배치한 구조이며, 형하 공간에 여유가 없는 경우에 채용한다.

(다) 중로교(middle route bridge)

상로교와 하로교의 중간에 속하는 것으로 형하 공간의 여유 및 전후의 연결 관계 등에서 채용한다. 형교(桁橋)에 이용하는 경우가 대부분이다.

(4) 궤도 구조별에 의한 분류

궤도 구조(track structure)의 종류에 따라 나뉘어진다.

(가) 교량침목 궤도

강철도교에 지금까지 채용되어 왔던 구조이다. 훅 볼트로 교형에 직접 고정한 교량 침목상에 타이 플레이트, 나사 스파이크 등으로 레일을 체결하고 병행하여 가드 레일(guard rail)을 배치하고 있다. 교량상의 작업 환경, 목침목의 짧은 내용 년수(service time) 등 때문에 최근에는 그다지 채용되지 않고 있다.

(나) 강철도교 직결 궤도

목침목 궤도의 문제를 해소하기 위하여 개발된 것으로 교형의 종형에 체결 장치를 배치하여 그 체결장치로 상하, 좌우의 미세 조정을 하면서 레일을 소정의 위치에 부설한다. 외국에서 개량을 거쳐 현재 채용되고 있는 것으로 체결장치의 구조를 간이화하여 보수의 생력화를 도모하고 있다. 우리 나라에서는 예전에 I빔 거더와 드와프 거더(dwarf girder, 槽狀桁) 등에 이와 유사한 직결 궤도를 사용하였으나 드와프 거더를 철거함에 따라 현재는 강철도교 직결 궤도를 거의 사용하지 않고 있다.

(다) 자갈도상 궤도(ballast bed track)

일반적인 구조로 강철도교·RC교(reinforced concrete bridge)·PC교 등 어떠한 교량 형식에도 채용되며, 깬 자갈(crushed stone) 도상을 유지하기 위하여 바닥면은 우수의 배수구와 방수 시설을 갖춘 폐상식으로 되어 있다.

(라) 슬래브 궤도(slab track) 또는 콘크리트 궤도

교량상의 시공기면(formation level) 위에 PC 슬래브궤도 또는 콘크리트 궤도를 부설한 콘크리트 직결 궤도이다. 슬래브 궤도의 경우에 RC 또는 PC교 본체에 원형 돌기 콘크리트를 5 m 간격으로 구축하고 이 사이에 궤도 슬래브를 부설한다. 최근에는 일본 고속선로의 기본 구조로 되어 있다.

(5) 고가교

도시지역 등에서 노면교통 등과의 입체화를 도모하기 위하여 철도의 어떤 구간을 모두 교량 구조로 한 것을 고가교(viaduct)라 칭하고 있다(제2.4.3(3)항 참조). 고가교는 도시철도나 고속선로 등에서 다용되며, 지상에 있던 철도를 어떤 일정 구간에 대하여 고가화하여 건널목의 해소를 도모하는 사업을 입체교차화 사업이라고 부른다(지하화하는 경우도 있다). 초기의 고가교에서는 교각에 거더를 설치하는 연속 거더나 연속

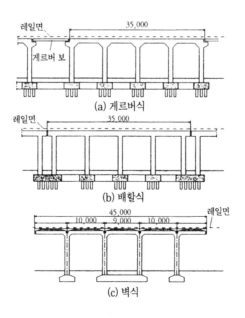

그림 4.5.7 라멘 고가교의 종류

아치를 이용한 것도 건설되었지만 현재는 소음이나 진동이라고 하는 환경면, 또는 내진성이라고 하는 관점에서 철근 또는 철골 콘크리트 구조를 주체로 한 라멘 고가교가 이용되고 있다.

라멘 고가교는 **그림 4.5.7**에 나타낸 것처럼 배할식(背割式), 벽식(壁式), 게르버 식 등의 유형이 있지만 현재는 부등침하 등의 변형에 대하여도 추종성이 있는 게르버 식 고가교가 일반적으로 이용되고 있다.

(6) 교량 하부구조

교량 하부구조 중에서 교대(abutment)와 교각(pier)은 설계의 고려방법이 다르다. 교대는 일반적으로 상부구조의 하중 외에 교대 배면의 토압을 받기 때문에 말뚝토압 구조물로서의 위치를 갖고 있으며 배면에 작용하는 주동토압을 상정하여 설계한다. 이에 비하여 교각은 기본적으로 상부구조로부터의 연직하중을 지탱하고 지지지반의 성상(性狀)을 고려하여 설계하는 기초구조물로서의 위치를 갖고 있다.

교대의 형태는 **표 4.5.1**에 나타낸 것처럼 중력식 교대, 역T형 교대, 공벽(控壁)식 교대, 라멘 식 교대(박스형, 문형), U형 교대 등의 종류가 있으며, 교량형식이나 지반조건 등을 고려하여 결정한다. 또한, 교대와 교대 배면토의 접속부분은 부등침하가 생기기 쉬우므로 지진 시 등의 약점으로 되기 때문에 필요에 따라서 입도조정 쇄석이나 빈배합 콘크리트 등을 이용한 어프로치 블록을 두기도 하고 지오텍스타일 등의 인장 보강재를 부설한다.

표 4.5.1 교대의 형식과 특징

구조형식	형상	개요	적용범위 및 특징
중력식 교대		주로 자중으로 안정을 유지하고 무근 또는 구체의 일부에 발생하는 인장응력에 대해서는 철근으로 보강한 교대	○교대높이가 낮은 경우로서 지지지반이 좋은 경우에 이용되는 것이 있다.
역T형 교대		주로 상부공, 교대자중과 후(後)푸팅의 흙으로 안정을 유지하고 토압에 대하여는 앞 벽을 캔틸레버 보로 하여 저항하는 교대	○일반적으로 널리 이용된다.
공벽식 교대		중력식과 역T형의 높이가 높게 된 경우에 구체의 강도를 증가시키기 위하여 공벽을 설치하여 보강한 교대	○역T형보다도 뒤가 높은 교대에 이용되며 경제적으로 유리하게 된다. ○시공이 비교적 복잡하다. ○교대 뒤의 전압이 비교적 어렵다.
라멘식 교대		라멘구조의 교대	○교대 전면 쪽의 용지에 제한이 있는 경우나 라멘의 경간을 교통, 기타에 이용하는 경우 등에 이용된다.
U형 교대		구체와 측벽이 일체로 되어 평면적으로는 U형 형식의 교대	○연약지반의 경우, 지진 시에 발생하는 교대배면 흙 쌓기의 침하에 수반하는 단차가 약간 작다. ○공비가 약간 높다.
소(小)교대		작용하는 토압을 경감함과 동시에 흙 쌓기와 거의 함께 침하하는 것을 목적으로 한 흙 쌓기 위에 설치되는 높이가 낮은 교대	○측방이동 대책으로서 이용되는 것도 있지만, 설계와 시공에 주의가 필요하다.

한편, 교각 중에 구체부분이 하천에 걸리는 경우는 유수압(流水壓)에 대한 저항에 관하여 검토할 필요가 있으며, **표 4.5.2**에 기초하여 다음 식으로 단면형상을 검토한다.

표 4.5.2 교각의 단면형상과 계수

교각의 단면형상	계수
◯ 원형	0.03
⬭ 타원형 또는 ⬡ 첨두형	0.025
▭ 직사각형	0.05
▢ 정사각형	0.055

$$P = KAV^2 \tag{4.5.1}$$

여기서, P : 유수압(tf),

      K : 교각의 단면형상에 따른 계수,

      A : 교각의 연직투사 면적(m^2),

      V : 표면유속(m/s)

또한, 기초부분은 제4.6.1항과 같이 여러 종류가 있지만, 지반조건이나 상부 구조물의 특성, 시공환경, 공기, 내진성 등을 고려하여 선정하여야 한다. 특히, 유수압이 작용하는 경우는 세굴이나 하상 변동 등에 대하여 충분히 검토할 필요가 있다.

4.5.2 철도교의 시공

철도교의 시공법에는 여러 가지가 있지만, 여기서는 강철도교 · RC교 · PC교의 가설(bridge election) 방법에 대하여 개략적으로 설명한다.

(1) 강철도교(steel bridge)의 가설
(가) 가설 공법의 선정

강철도교의 가설은 가설 조건의 면에서 신선 건설, 선로 증설(track addition) 공사 등과 같이 영업선의 열차 운전(train operation)에 직접 관계없이 가설을 하는 것이 가능한 경우(別線 가설)와 거더 교환, 개량 공사, 입체 교차(fly over) 등과 같이 활선(活線, live line) 중에 철거 및 거더 가설을 하는 경우(활선 가설)로 대별된다.

가설 공법의 선정에는 가설 현지 조건, 교형(橋桁)의 형식, 공기, 안전성, 경제성 등을 종합적으로 판단할 필요가 있다. 특히, 활선 교체 가설 공사, 도로와의 입체 교차 공사 등에서는 작업 시간대에 제약이 있어 안전성, 확실성이 우선된다.

가설 공법을 선정할 때 일반적으로 고려하여야 할 사항은 이하에 나타낸 것이 있다.

① 현지 조건…가설 지점의 지형(형하 공간 이용의 가부), 가설 거더의 지지 방식(기초 지반), 자재의 운반로

② 교형의 조건…거더 지간·거더 높이·거더 폭, 연결 위치, 한 부재의 크기 및 중량 등

③ 환경 조건…작업 시간대의 제약, 하천 사용 기간의 제약, 근린 주민에의 배려

④ 가설 기재의 운용…가설 기재의 능력과 대수

부재는 공장에서 제작하여 트럭이나 트레일러에 실어서 일반의 도로를 통하여 가교 현장으로 운반하기 때문에 부재의 크기 등에 제한을 받는다. 일반적으로 거더 교량은 지간(span)이 짧고 그 주형(主桁)은 길이·중량에서도 크레인으로 달아 올려 트레일러로 운반할 수가 있기 때문에 1개로 제작하는 일이 많다.

(나) 활선 가설

영업선에서 교형의 교체 가설 공법에는 여러 가지의 방법이 이용되어 왔다. 현재 이용되고 있는 주된 것은 다음의 예와 같다.

1) 조중차(操重車, gantry waggon)를 이용한 가설

조중차 가설의 공법에는 여러 방식이 있어 가설 조건에 따라 사용한다. 조중차를 이용한 가설의 특징을 이하에 나타낸다.

① 건축 한계 내에서 가설할 수 있으므로 전철화 구간(electrified section)에서도 전차선을 철거하지 않아도 된다.

② 붐(boom)이 수평으로 돌출하여 교형의 중앙에 대하여 1점 매달기가 가능하므로 교형의 강하 설치가 짧은 시간에 이루어지고 안전하다.

③ 현장 곡선반경 $R = 300$ m까지 시공이 가능하다.

④ 조중차의 매달기 능력은 예를 들어 1 조중차당 중량 35 t 이하, 거더 높이 2 m 이하, 거더 길이 22.3 m 이하로 한다.

⑤ 조중차와 다른 공법의 조합도 가능하다.

2) 횡 이동 가설 공법

재래선의 거더 교체 가설, 공사 거더의 가설 등에서 가장 많이 이용하고 있다. 구 거더와 병행하여 새 거더를 배치하고 교축의 직각 방향으로 횡 이동함으로서 새 거더와 구 거더를 교환하는 공법이다. 거더 이동량은 거더 폭에 여유 폭을 가한 정도이기 때문에 가설 시간도 짧게 된다. 야간에 열차 사이의 짬을 이용하여 안전하고 확실하게 공사를 할 수 있는 공법이다.

횡 이동 가설 공법의 특징은 다음과 같다.

① 이동량이 최소로 되기 때문에 가설 작업이 짧은 시간으로 되고 야간의 짬을 이용하여 안전하고 확실하게 공사를 할 수 있다.

② 하천의 심도가 커서 밴드를 유수부에 설치할 수 없는 경우 등에서도 가설 거더 또는 케이블 크레인으로 새 거더를 조립하면 가설이 가능하다.

③ 비교적 소형의 가설 기재로 가설할 수 있다.

3) 문형 크레인 주행식 공법

이 공법은 교체 가설하려는 거더의 양측에 주행 레일을 부설하고 2 대의 문형 크레인을 사용하여 구 거더를 들어올려 철거하고, 새 거더를 이동 및 강하하여 설치하는 공법이다. 이 공법은 일반적으로 작은 지간(12~13 m 정도)의 거더 교환을 짧은 시간에 시공할 수 있는 유효한 방법이다.

문형 크레인 주행식 공법의 특징은 다음과 같다.

① 지간이 큰 거더, 중량이 큰 거더에는 적용할 수 없지만, 작은 지간의 경우는 짧은 시간에 시공할 수 있다.

② 문형 크레인은 현장의 지형, 구조물, 가설하는 거더의 구조 등에 맞추어 제작할 수 있고, 자중도 비교적 가볍게 할 수 있다.

③ 동일 형식의 거더 또는 종형 등을 다수 교환하는 경우는 효율이 좋게 시공할 수 있다.

(다) 별선 가설

현재 이용하고 있는 주된 공법은 아래와 같지만, 이들 공법의 선정에 대한 최대의 요인은 현지 조건이며 이 외에도 여러 공법이 있다.

1) 벤드 공법

지간이 길어 부재가 분할되어 있는 거더 교량이나 트러스교 가설의 경우에 가설 지점의 형하 공간을 이용할 수 있는 조건에 채용된다. 교형의 부재를 하부에서 지주로 지지하면서 교형을 조립하는 공법이다 (**그림 4.5.8** 참조).

그림 4.5.8 벤드 공법

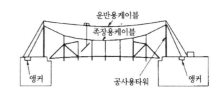

그림 4.5.9 케이블 에렉션 공법

2) 케이블 에렉션(cable erection) 공법

가설 지점이 큰 하천이나 깊은 계곡 등에서 채용하며 철탑·케이블 등으로 구성된 지지 설비로 가설 부재를 매달아 지지하면서 가설을 진행한다(**그림 4.5.9**참조).

3) 송출 공법

가설 현장의 인접 장소에서 교형을 조립하여 교축 방향으로 소정의 위치까지 잭 등으로 송출하여 가설하는 공법이다. 이 공법은 형하에 도로가 있든지 형하의 사용이 제한되는 경우에 채용된다.

4) 편측 지지식(cantilever erection) 공법

이미 가설된 장소를 앵커로 하여 편측 지지식으로 부재를 조립하여 가는 방법과 교각을 중심으로 양측의 가설 하중을 균형이 되게 하면서 내어 붙이는 방법 등의 공법이다. 가설 기계로는 트래블러 크레인 (traveler crane, 전용 교량 조중차) 등을 사용하며, 연속 거더나 연속 트러스 등 비교적 긴 지간의 교형 가설에 채용한다.

(2) RC교(reinforced concrete bridge)의 가설

거더 교량(桁橋)이 대부분이며, 교각 또는 교대에 지보공(supports)을 세우고 지보공으로 지지된 거푸집 안에 철근을 조립하여 콘크리트를 타설하고 콘크리트가 굳은 후에 거푸집과 지보공을 떼어 완성한다.

(3) PC교(prestressed concrete bridge)의 가설

콘크리트교의 가설 공법은 현장 타설 공법과 프리캐스트 공법으로 대별할 수 있다. 일반적으로 RC 거더(桁)는 현장 타설 공법으로 시공하는 경우가 많지만, PC 거더는 거더의 구조, 현장 조건 및 경제성을 고려하여 시공한다. 지간 20 m 정도의 주형(主桁)은 전문의 콘크리트 공장에서 제작하여 트레일러로 가설 지점으로 운반하며, 그 이상의 길이는 가설 현장 부근에 작업장을 설치하여 제작하는 것이 보통이다.

현장 타설 공법은 지반 조건이나 교각의 높이 등을 고려하여 공법을 고려한다. 프리캐스트 공법에는 프리캐스트 거더(桁) 공법과 프리캐스트 블록 공법이 있다. 전자에는 에렉션 가더식 가설, 크레인 가설, 문형 크레인 가설, 횡 이동 가설, 종 이동 가설 등이 있다. 그 외의 주요한 가설 공법으로 장출 가설공법, 압출 가설공법, 이동 지보식 가설공법 등이 있으며, 가설 지점의 조건, 시공성 등을 비교 검토하여 채용된다. 현재 많이 채용하고 있는 PC 박스 거더(box girder)의 특수 공법은 다음과 같다(제9.3.5(3)(나)항 참조).

(가) 연속 압출 공법(incremental launching method, I.L.M.)

이 공법은 지형(강, 바다, 깊은 계곡)과 장애물(철도 등)에 구애받지 않는 공법으로 예전에는 강철도교에 적용 예가 많았으나 최근에는 대용량의 잭과 마찰력을 줄일 수 있는 양질의 패드가 개발되어 추진력의 문제를 해결하고 또한 프리스트레스 기법의 개발로 압출 공법의 시공이 용이하게 되어 PC 상형교의 가설에 널리 이용된다. 이 공법은 주형 단면 설계에 직접적인 영향을 미치므로 가설 공법을 전제로 한 설계가 이루어져야 한다. 이 공법의 종류에는 압출력의 작용 방식에 따라 집중 압출 방식(pulling system, lifting and pushing system)과 분산 압출 방식이 있으며, 단면력 감소 방식에 따라 추진 코(launching nose)를 이용하는 방법, 경간 중앙에 가교각을 설치하는 방법, 추진 코와 가교각을 병용하는 방법, 케이블 또는 케이블과 추진 코의 병용 방법이 있으며, 양방향 압출공법이 있다.

(나) 연속 캔틸레버 공법(free cantilever method, F.C.M.)

이 공법은 시공 시 일반적으로 교량 하부에서 지지하도록 되어 있는 동바리를 사용하지 않고 그 대신에 이동식 작업차(form traveler) 혹은 이동 가설용 트러스(moving traveler)를 이용하여 기시공되어 있는 교각으로부터 좌우로 평형을 맞추면서 3~5 m 길이의 분할된 세그먼트(segments)를 순차적으로 시공하는 공법이다.

이 공법은 지면으로부터의 동바리 설치가 어려운 깊은 계곡이나 해상 등의 장경간에 적합한 공법으로 거더 교량, 사장교, 아치교 등 각종 구조 형식의 교량 가설에 이용할 수 있다. 한편, 긴장재의 재료면에서 볼 때 초기에는 강봉을 주긴장재로 사용하였으나 최근에는 가격이 저렴하고 연결재가 필요 없는 강연선을 사용하는 추세이다.

(다) 프리캐스트 세그먼트 공법(precast segment method, P.S.M.)

이 공법은 캔틸레버 공법의 일종으로서 일정한 길이로 분할된 세그먼트를 공장에서 제작하여 가설 현장에서는 크레인 등의 가설 장비를 이용하여 상부 구조를 완성하는 공법이다. 이 공법은 당초에 세그먼트 접합시에 모르터를 사용하였으나 에폭시 수지접착제가 세그먼트 접합제로 사용되면서 최근에는 대부분 에폭시를 사용하는 추세이다. 이 공법은 현장 타설 캔틸레버 공법과 비교하여 공비를 절감할 수 있고 급속 시공이 가능하다는 장점이 있어 미국 등지에서는 현장 타설 방식보다도 오히려 프리캐스트 방식에 의한 시공이 많이 이루어지고 있다. 이 공법은 분업화, 기계화, 자동화에 의하여 대량 생산하는 방식으로서, 초기 투자비가 많이 드나 대량 생산이 이루어질 경우 큰 효과를 기대할 수 있다.

(라) 이동식 거푸집 공법(movable scaffolding system, M.S.S.)

이 공법은 교량의 상부구조 시공 시 거푸집이 부착된 특수 이동식 비계를 이용하여 한 경간씩 시공하여 가는 공법이다. 이 공법의 특징과 경제성을 발휘시키기 위해서는 높은 교각, 다경간의 교량 시공에 적용하는 것이 바람직하다.

이동식 비계 공법의 종류에는 여러 가지가 있지만, 사용 장비에 따라 시공 방법이 약간씩 다르나 기본적인 원리는 동일하며, 장비의 위치에 따라 하부 이동식(support type)과 상부 이동식(hanger type)이 있다. 전자는 교량 상부구조의 아래쪽에 이동식 비계가 위치한 방식으로 2개 또는 3개의 교각 상에 가설 장비가 지지되도록 하는 방식이며, 후자는 이동식 비계가 교량 상부 구조의 위쪽에 위치하는 방식이다.

(마) 최근의 시공 기술의 동향

콘크리트 분야에서 재료와 시공에 관한 기술의 동향으로서는 다음의 항목이 열거된다.

① 고성능 · 고기능 콘크리트의 개발, 보급 : 고강도 콘크리트, 자기 충전 콘크리트, 높은 내구성의 콘크리트 등 고성능 감수제의 진보, 또는 각종의 시멘트나 혼화재의 배합으로 다종 다양한 고성능 · 고기능 콘크리트가 시공되고 있다.

② 강재의 부식 대책을 위한 신 재료의 개발 : 에폭시 수지 도장 철근, 연속 섬유 보강재(FRP), 내부식성이 뛰어난 PC 강재 등이 개발되고 있다.

③ 기계화 · 생력화 시공법의 개발(매설 거푸집 등)

④ 복합 구조 · 혼합 구조 부재의 개발(강 콘크리트 샌드위치 구조 등)

⑤ 대반력 고무 슈의 채용, 분산 · 면진 · 제진 슈의 개발

또한, 프리캐스트화에 대하여도 생력화, 품질관리의 향상, 공기 단축 등 많은 이점을 갖고 있어 앞으로의 적용도 증가할 것이라고 생각된다.

4.5.3 철도교의 유지 관리

(1) 콘크리트 교량의 유지 관리

(가) 변상의 요인

보수 요인으로서 가장 많은 것은 콘크리트의 균열, 박락(剝落)에 기인한 것이다. 또한, 풍화 등 경년으로 인한 열화를 합하면, 전체의 거의 반수가 콘크리트의 열화, 철근 부식에 대한 보수라고 추정할 수 있다. 콘크리트의 균열, 강재의 부식과 원인의 상관도를 **그림 4.5.10**에 나타낸다.

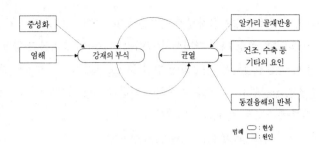

그림 4.5.10 변상의 현상 · 원인 상관도

다음으로 보수가 많은 것은 받침이며 여기에는 강제 받침에 있어서 가동 받침의 부식 등으로 인한 거더 이동의 구속이나 여기에 따른 받침 부근의 콘크리트 균열에 대한 보수가 많다. 최근에 철도교의 받침 구조는 고무 슈 및 스톱퍼를 이용하는 일이 많으며, 보수가 앞으로 적어지게 될 것이라고 생각된다.

콘크리트 교량의 침하와 처짐에 대한 보수 예도 있으며, 이는 교각의 침하와 PC 빔 등의 크리프 변형이 주된 원인이다. PC빔의 크리프 변형에 대하여는 PPC빔의 설계가 표준으로 되어가고 있으며, 장래적으로 크리프 변형으로 인한 변상도 적게 되는 것이 기대된다.

(나) 검사 및 건전도 판정

철도교의 검사는 일반적으로 전반 검사(general inspection)와 개별 검사로 나누어 시행한다. 전반 검사는 조기에 변상 또는 결함을 발견하고 기지 변상의 진행성을 파악하는 것을 목적으로 하는 목측(eye-esti-mating)을 주체로 한 검사이다. 개별 검사는 전반 검사에서 구조물의 기능에 관련된 변상 또는 결함이 발견된 경우에 시행하는 검사이며, 변상의 원인이나 기능의 정도를 파악하여 정밀도가 높게 건전도를 판정하고, 처치의 방법, 시기 등을 판단하는 것을 목적으로 하고 있다.

건전도의 판정은 ① 운전 보안, 여객과 공중 등의 안전과 정상 운행의 확보에 미치는 영향, ② 변상의 정도, ③ 처치의 필요성과 긴급성의 3 점을 주체로 한다. 일본의 예에서는 건전한 것의 "S"와 불건전한 것의 "A", "B", "C"로 대별하고 있으며, 불건전한 것에 대한 A, B, C의 구분은 변상의 정도를 나타내고 있다. 즉, A는 구조물의 기능에 관계하는 변상 또는 결함으로 무엇인가의 조치가 필요한 것, B는 변상 또는 결함이 있어 장래에 A로 될 우려가 있으므로 필요에 따라서 조치하는 것, C는 경미한 변상 또는 결함이 있어 일상의 검사 시에 중점적으로 검사하면 좋은 것으로 하고 있다. 이들의 판정에 있어서는 교량의 현 보유강도(내력), 주행 안전성, 일반 공중에 대한 안전성, 내구성 등의 항목을 검토한 후에 구조물 전체에 대하여 종합적으로 시행한다.

(다) 보수 · 보강

변상 · 열화가 생긴 구조물은 그 정도에 따라서 최적의 대책을 시행하는 것이 필요하다. 보수 · 보강에서 중요한 것은 열화 원인, 정도의 파악이지만, 대책의 효과에 대한 확인도 중요하다. 보수 · 보강은 그 방법에 따라서는 장래의 재보수 · 보강이 필요하게 되는 경우도 있다. 신재료 · 신공법은 일진 월보하며, 새로운 기술의 동향에 충분히 유의할 필요가 있다.

보수 공법에는 ① 표면 처리 공법, ② 충전 공법, ③ 주입 공법, ④ 뿜어 붙이기 공법 등이 있으며, 보강 공법에는 ① 콘크리트 덧붙이기 공법, ② 프리스트레스 도입 공법, ③ FRP 공법, ④ 강판 부착 공법, ⑤ 철근 모르터 뿜어 붙이기 공법 등이 있으며 일반적으로 이용되는 공법의 개요를 이하에 나타낸다.

1) 충전 공법 및 표면 처리 공법(라이닝 공법)

라이닝 공법은 **그림 4.5.11**에 나타낸 것처럼 콘크리트의 열화 개소를 제거하여 퍼티(putty) 에폭시 수지, 수지 모르터, 시멘트 풀 등을 충전하고 콘크리트 표면에 광범위하게 발생한 균열을 수지 등으로 코팅, 실링하는 것을 표준으로 한다. 콘크리트 교량의 중성화, 염해, 동해, 알칼리 골재 반응 대책 등 널리 이용되고 있다.

라이닝 공법에 사용하는 재료를 기능별로 분류하면, ① 방청 재료, ② 밑바탕 처리 재료, ③ 단면 수리 복구 재료, ④ 도장 재료로 나누어진다. 더욱이, 알칼리 골재 반응에 대하여 아초산염 등의 함침제를 이용함에 따라 반응 억제 효과를 기대하는 것도 시도되고 있다.

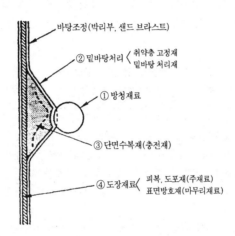

그림 4.5.11 라이닝 공법의 개략도

2) 주입 공법

이 공법에 이용되는 주입 재료로서는 일반적으로 유기 계 또는 무기 계의 재료를 이용하고 있다. 유기 계의 재료로서는 콘크리트와의 접착성이나 시멘트에 대한 내알칼리성의 점에서 뛰어난 에폭시 수지, 폴리에스터 수지를 이용하고 있다. 이 경우에 미세 균열에까지 주입할 수 있도록 점도가 낮은 것을 선정한다.

또한, 무기 계 주입 재료로서는 고로 슬래그 미분말 페스트 등을 이용하여 미세 균열에 주입하는 것이 가능하게 되며, 콘크리트와의 일체성, 비용의 면에서 이점도 있다.

3) 기타의 보수 공법

이외의 보수 공법으로서 뿜어 붙이기 공법, 전기 방식(防蝕) 공법 등을 이용하고 있다. 전기 방식 공법은 외국에서 바다에 근접한 교량에서 근년에 시험적으로 실시되고 있는 정도이다. 그러나, 전기 방식 공법은 유효성이 인정되고 있으며, 철도에서도 앞으로 부식성 환경에서의 적용이 증가할 것으로 생각된다.

4) 궤도의 정정 보수

철도교의 경우에 거더의 휨이나 처짐에 기인한 레일 면의 틀림은 열차의 승차감을 손상시키기 때문에 궤도의 정정을 위한 보수가 필요하게 된다.

(2) 강철도교의 유지 관리

(가) 검사의 순서와 건전도의 판정

구조물(structure)의 검사는 상기의 (1)항에서도 언급하였지만, 전반 검사와 개별 검사로 대별된다. 전반 검사(general inspection)는 전 구조물에 대하여 일정한 주기로 시행하는 정기 검사(regular inspection)와 재해(disaster) 시 등에 시행하는 부정기 검사가 있다. 전반 검사는 변상 또는 결함을 조기에 발견하는 것, 혹은 기 변상의 진행을 파악하는 것이 목적이며, 주로 도보 순회(foot patrol)의 목측 검사이다.

개별 검사는 전반 검사로 변상이 발견된 구조물에 대하여 일본의 예를 들어 **표 4.5.3**에 나타낸 건전도 판정 구분에서 "A" 랭크로 판정된 구조물에 대하여 시행하는 검사이기 때문에 각 구조물에 따라 정밀한 검사를 하는 것이 중요하다. 전반 검사와 개별 검사의 검사 항목에 대한 일본의 예를 **표 4.5.4**에 나타낸다. 더욱이 개별 검사에서 내력·내구성 및 주행 안전에 관한 항목의 예를 **표 4.5.5**에 나타낸다.

표 4.5.3 건전도 판정 구분의 예

판정	구분	구조물의 상태
A	AA	운전 보안, 여객 및 공중 등의 안전을 위협하는 주 기능에 관련하는 변상 또는 결함이 있어 운전 보안상, 여객 및 공중 등의 안전상 즉시 교체, 사용 정지 등 무엇인가의 조치를 필요로 하는 것.
	A1	① 변상 또는 결함이 있고 그들이 진행하여 구조물의 기능을 저하시키는 중인 것. ② 호우, 출수, 지진 등으로 인하여 구조물의 기능을 잃을 우려가 있는 것. ③ 전 2항의 변상 또는 결함으로 운전 보안, 여객과 공중 등의 안전 및 정상 운행 확보를 위협할 우려가 있기 때문에 조급히 조치를 요하는 것.
	A2	현 시점에서는 A1보다도 가벼운 변상이지만, 장래에 그것이 구조물의 기능을 저하시켜 운전 보안, 여객과 공중 등의 안전과 정상 운행 확보를 위협할 우려가 있기 때문에 시기를 보아 조치를 요하는 것.
B		변상 또는 결함이 있어 장래에 A 랭크로 될 우려가 있으므로 필요에 따라 조치하는 것.
C		경미한 변상 또는 결함으로 진행의 정지 또는 재발의 우려가 없는 점을 확인할 수 없는 것, 혹은 환경 조건의 영향을 받기 쉬운 것.
S		건전한 것.

표 4.5.4 전반 검사와 개별 검사의 검사 항목의 예

전반 검사	개별 검사
· 도막의 열화와 부식의 상태 · 건축 한계 지장의 유무 · 열차 통과 시 거더의 진동 상태 · 받침부의 이상과 파손 · 리벳·볼트의 변상 · 용접부와 모재의 변상 · 배수 설비의 상태 · 보도와 방음공 등 부대물의 변상 · 보수·보강 개소의 재변상 · 화재·충돌·지진 등으로 인한 손상	· 변상에 대한 전반 검사 결과의 재확인 · 변상에 대한 원인의 규명과 적절한 대책의 검토 · 건전도가 A 랭크인 구조물에 대한 조치 시기의 결정 · 구조물의 내력·내구성 및 열차의 주행 안전성에 관한 건전도 평가

표 4.5.5 내력·내구성 및 주행 안전성에 관한 검사 항목의 예

현 보유 응력 비율의 계산	내구성의 평가	열차의 주행성
·잔존 단면의 측정	·균열의 유무와 크기	·처짐과 변위
·LS 상당치	·실 하중	
·특별한 경우만 재료 시험	·실 응력과 빈도	
	·특별한 경우만 재료 시험	

"현 보유 응력 비율"은 부식 등으로 단면이 감소한 당해 시점에서의 "발생 응력도"와 "보수한도 응력도"를 비교함으로서 노후 거더에 대한 내력 평가의 척도로 하는 것이며, 이하와 같이 정의하고 있다.

현 보유 응력 비율 $(SR) = \sigma_m / \sigma$ (4.5.2)

더욱이, 보수한도 응력도는 또한 대(大)화물 등의 일시 입선의 경우와 설계 하중을 넘는 열차가 정상적으로 입선하는 경우를 고려하여 정적 내력과 피로의 양면에서 정하여지고 있다.

(나) 조치 방법

건전도 판정의 결과, 불건전(S 랭크 이외)으로 판정된 구조물에는 이하에 나타낸 조치를 하여야 한다.

① 구조물의 사용 제한   ② 검사의 강화

③ 보수·보강 및 개조   ④ 교체

이 중에서 어느 방법을 채용하는가는 기술적인 판단뿐만 아니라 선구의 중요도나 재해가 발생한 경우의 영향과 투자 효과 등을 종합적으로 고려하여 결정하는 것이 필요하다.

4.6 기초 구조물

4.6.1 기초(foundation, bed)의 종류와 형식의 선정

(1) 직접 기초

① 직접 기초란 지반(ground)을 비교적 얕게 굴착하고 후팅(footing), 또는 기초 판을 설치하여 하중을 양호한 지반으로 직접 전하는 형식의 얕은 기초를 말한다.

② 직접 기초가 교량 기초로서 이용되는 것은 홍적세 이전의 지층이 표층에 가깝게 나타나는 경우가 많다. 직접 기초의 경우에 땅속에 묻히는 깊이는 일반적으로 5 m 내이다.

③ 직접 기초를 지지하는 양질의 지지층은 일반적으로 N값 30 이상의 사질토 또는 N값 20 이상의 점성토로 구성된 흙 층의 두께가 충분히 두껍고(일반적으로 기초 폭의 1.5배 이상), 아래쪽에 연약한 층이 없는 경우이다.

④ 직접 기초는 작용하는 하중의 경감에 대한 적응성이 좋고 대소의 어느 경우에도 적용할 수 있다.

⑤ 일반적으로 구조물의 규모가 큰 경우나 육상의 구조물에 대하여 지하수가 낮은 경우에는 지지층이 다소 깊어도 직접 기초가 다른 기초 형식에 비하여 유리하다.

(2) 다짐 말뚝

① 다짐 말뚝은 기성의 말뚝인 점에서 재료의 품질도 좋고, 지지력(bearing capacity)의 확인도 하기 쉬운 점 등의 특징을 가지지만, 시공 시의 소음·진동으로 시가지 등에서는 환경상 문제가 있다.

　　최근에는 유압 해머를 이용한 박기 등으로 시공 시의 소음 경감을 도모하는 방법도 개발되고 있다.

② 일반적으로 이용되는 지지 층의 깊이는 RC 말뚝에 대하여 20 m, PC 말뚝에 대하여 30 m, 강관 말뚝에 대하여 50 m 정도 이하이다.

③ RC 말뚝, PC 말뚝 등은 지지층의 경사 30° 정도까지 시공이 가능하다.

　　강 말뚝은 N값 40 정도까지라면 경사가 50° 정도까지 시공이 가능하다.

④ RC 말뚝, PC 말뚝 등은 일반적으로 N값 10 이상의 점성토 및 N값 30 이상의 사질토에 박기가 곤란하다. 또한, 조약돌에 대하여는 최대 지름 5~10 cm까지의 느슨한 층 외에는 박기가 곤란하다.

강 말뚝(steel pile)은 RC 말뚝, PC 말뚝 등보다 중간층이 단단한 경우에도 박아 넣기가 가능하며 입경이 상당히 큰 조약돌에 대하여도 대응이 가능하다.

(3) 중심부 굴착 말뚝

중간부 굴착 말뚝과 다짐 말뚝 및 현장 타설 말뚝 특징의 비교를 표 4.6.1에 나타내며, 다짐 말뚝에 비하여 저소음, 저진동이라고 하는 이점이 있지만, 선단은 지반 응력을 해방하고 주위의 면은 시공 시에 프릭션 커트(friction cut)하는 것에서 선단, 주위의 면 모두 지지력을 크게 기대할 수 없는 점, 시공 관리 상황에 따라 지지력이 크게 좌우되는 점 등의 문제가 있다.

　　또한, 현장 타설 말뚝과의 비교에서는 기성 말뚝인 점에서 말뚝 품질의 신뢰성이 높고 중소 구경(60 cm 이하)인 말뚝의 시공도 가능하며, 하중 규모가 그렇게 크지 않은 경우는 경제적으로 되는 등의 특징을 가지지만, 전술과 같이 지지력을 크게 기대할 수 없다고 하는 문제가 있다.

표 4.6.1 각 말뚝 공법의 특징

공법	장점	단점
다짐말뚝 공법	① 시공이 용이하다 ② 지지력을 확인할 수 있다. ③ 동일 지름에서는 지지력이 가장 크다.	① 진동·소음이 크다. ② 대구경 말뚝의 시공이 어렵다.
중심부 굴착말뚝	① 진동·소음이 비교적 작다 ② 소구경에서 비교적 대구경까지 시공이 가능하다(1.0 m 전후).	① 시공업자, 시공 방법에 따른 분산이 크다. ② 니토, 니수의 처리가 현장에 따라서는 곤란하다. ③ 지지력이 작다. ④ 지반조건에 따라 시공 방법이 변하는 일이 있다.
현장타설 말뚝	① 진동·소음이 비교적 작다. ② 대구경(0.8 m이상)말뚝의 시공이 가능하다. ③ 말뚝선단 지지층의 고저차에 대응할 수 있다. ④ 굴착 토사를 직접 보므로 지지층을 확인할 수 있다.	① 기성 콘크리트말뚝에 비하여 콘크리트품질이 나쁘다. ② 철근의 피복이나 말뚝 지름을 확인할 수 없다. ③ 구멍 벽 붕괴의 우려가 있다. ④ 슬라임(slime)이 잔류하여 지지력이 충분히 발휘될 수 없는 경우가 있다.

(4) 현장 타설 말뚝(cast-in-place pile)

통상 이용되고 있는 현장 타설 말뚝의 종류에는 리버스(reverse circulation) 말뚝, 올 케이싱(all casing, Benoto) 말뚝이 있다{어스 드릴(earth drilling) 말뚝은 철도에서는 일반적으로 사용되지 않는다. 또한 BH 말뚝은 말뚝 머리 제한이 있는 경우에 이용되지만 가설 구조물(temporary structure)에 적용되며 본 구조물에는 이용되지 않는다}.

일반적인 특징을 **표 4.6.2**에 나타낸다.

표 4.6.2 현장 타설 말뚝의 특징

공법	장점	단점
리버스 말뚝	① 0.2 kgf/cm² 이상의 정수압과 자연 니수에 의한 홁탕 피막으로 구멍 벽의 붕괴를 방지하기 위하여 대부분의 지반에 대하여 케이싱 튜브나 인공 니수를 사용하는 일이 없이 굴착이 가능하다. ② 고결한 자갈 등 특별히 단단한 지반이 아니라면 상당한 깊이까지 굴착이 가능하다. 또한, 굴착과 배토가 동시에 행하여지므로 연속 굴착으로 되며, 깊은 굴착의 경우에 다른 공법보다 효율이 좋다. ③ 비트를 회전시키는 로터리 테이블은 유압 구동식으로 플렉시블 호스를 늘리면 본체와 분리하여 취부할 수 있다. 따라서, 수상 시공이나 좁은 개소에서도 시공이 가능하다.	① 말뚝 시공 지반은 일반적으로 지하 수위가 높으며, 따라서 스탠드 파이프를 설치하여 정수압을 고려하든지 대량의 물을 필요로 하고 수위를 상시 관리할 필요가 있다. ② 드릴 파이프의 내경(150~200 mm 정도) 이상의 옥석이나 매목 등이 막히며 굴착이 불가능하게 된다. 이 경우에 이들의 이물을 해머 그래브로 잡아 뺄 필요가 있지만, 순서가 바뀌기 때문에 시공 능률이 급격히 떨어진다. ③ 니수 환류 장치로서 저수조를 설치할 필요가 있고 대량의 물과 토사를 다루므로 현장이 더러워지는 일이 많다.
올 케이싱 말뚝	① 케이싱 튜브를 이용하므로 구멍 벽 붕괴의 위험성이 다른 공법에 비하여 적다. ② 케이싱 튜브는 콘크리트를 타설한 후에 잡아 빼므로 콘크리트 타설상의 붕괴 사고가 적다. 또한, 철근 피복의 유지도 비교적 확실하다. ③ 토질에의 적용성이 다른 공법보다도 넓다. 굴착중의 큰 옥석이나 매목 등이 있어도 해머 그래브의 앞날로 파쇄하여 굴착할 수 있는 경우가 많다.	① 튜브의 진동, 잡아 빼기 능력에 한계가 있기 때문에 모래 층이 두꺼운 경우에 케이싱이 빠지지 않는 경우가 있어 케이싱 매몰의 손실은 크다. ② 콘크리트 타설 시에 케이싱 튜브를 잡아 빼면 철근이 같이 올라가는 일이 있다. ③ 기계 자중이 크고 진동 반력이나 케이싱 튜브를 잡아 뺄 때, 큰 반력을 취할 필요가 있으므로 잔교, 복공상의 시공에는 적합하지 않다.

(5) 깊은 기초 말뚝

인력 또는 전용 기기로 굴착을 하며, 파형 강판과 링 틀의 조합이나 라이너 플레이트 등으로 굴착구멍 벽을 보호한다. 특징은 다음과 같다.

① 좁은 장소나 경사지에서의 시공이 가능하다.

② 굴착 가능 지름이 크고, 큰 하중에의 대응이 가능하다.

③ 경질 층의 굴착이나 전석의 제거가 가능하다.

④ 지반을 직접 관찰할 수 있다.

⑤ 지하수 이하의 굴착이 곤란하다.

⑥ 유해 가스가 발생하는 경우는 위험하다.

(6) 케이슨

케이슨에는 오픈 케이슨(open caisson), 뉴매틱 케이슨(pneumatic caisson) 공법이 있으며 케이슨의 일반적 특징을 **표 4.6.3**에 나타내고, 각 공법의 특징을 **표 4.6.4**에 나타낸다.

① 공비는 공사 설비가 간단한 오픈 케이슨이 일반적으로 싸게 된다.

② 뉴매틱 케이슨은 공기건조 상태에서 인간력의 굴착이기 때문에 장해물의 제거도 용이하며, 기계를 이용한 오픈 케이슨에 비하여 침하의 확실성이 높고 공사의 공정도 세우기 쉽다. 또한, 일반적으로 공기가 짧게 된다.

③ 오픈 케이슨은 초기 침하의 단계에서 기울어지거나 이동이 생기기 쉽다. 또한, 침하 속도의 조절이나 경사의 수정이 어렵다. 이 때문에 시공 정밀도를 요하는 경우는 뉴매틱 케이슨을 이용하는 것이 좋다.

④ 연약한 지반 지대나 근접 시공 등으로 인접 구조물에의 영향이 염려되는 경우는 앞서 굴착하는 일이 적은 뉴매틱 케이슨을 이용하는 것이 좋다.

⑤ 케이슨 치수가 크게 되어 격벽을 설치한 경우에 오픈 케이슨에서는 격벽 주변의 굴착이 대단히 곤란하게 된다. 이 때문에 오픈 케이슨에서는 격벽을 이용하지 않는 경우가 많고 케이슨의 치수는 10 m 이하가 일반적이다.

⑥ 뉴매틱 케이슨에서는 굴착 저면의 흐트러짐이 적어 오픈 케이슨에 비하여 큰 지지력을 기대할 수 있다. 또한, 저판의 콘크리트도 공기 중에서 시공할 수 있어 오픈 케이슨에서의 수중의 무근 콘크리트에 비하여 큰 강도를 기대할 수가 있다.

⑦ 지지 층이 암일 경우, 지지 층이 상당히 경사를 이루고 있어 날을 지지 층에 박을 필요가 있는 경우, 지지 층이 명확하지 않아 재하 시험에 의하여 확인할 필요가 있는 경우, 중간층에 피압 지하수 층이 있어 보일링(boiling)이나 히빙(heaving)의 우려가 있을 경우 등 특수한 조건이 있을 때는 뉴매틱 케이슨을 이용하는 것이 좋다.

⑧ 뉴매틱 케이슨에서는 고압의 작업실 내에서의 인간력 작업이 필요하기 때문에 노무 재해에 대한 충분한 배려가 필요하다.

⑨ 뉴매틱 케이슨에서는 콤프레서나 발전기에서 발생하는 소음 · 진동도 무시할 수 없다.

표 4.6.3 케이슨의 특징

설계상의 특징	시공상의 특징
① 케이슨은 단면이 큰 점에서 일반적으로 큰 설계 하중의 구조물에 적당하다.	④ 케이슨의 지지력은 시공 방법에 영향을 받기 쉽다.
② 연직, 수평 방향 모두 큰 지지력을 가지며, 신뢰성이 비교적 높다.	⑤ 지지 층이 낮은 경우는 경제적으로 불리하게 되며, 40 m 이상 깊은 경우는 시공상 불리하게 된다.
③ 지지력은 옆쪽으로 부담하는 쪽이 크고, 마찰력으로 하는 지지를 기대할 수 없지만, 역으로 부의 마찰을 받은 일도 적다.	⑥ 말뚝 등의 타설이 곤란한 옥석 층과 전석 층에서도 시공할 수 있다.
	⑦ 지지층을 확인할 수가 있다.
	⑧ 시공 시의 소음 · 진동이 적다.
	⑨ 인접 구조물에 주는 영향은 시공의 양부에 크게 의존한다.
	⑩ 공기가 비교적 길다.
	⑪ 노무 재해의 위험성이 높아 안전 관리를 충분히 행할 필요가 있다.

표 4.6.4 뉴매틱 케이슨과 오픈 케이슨의 특징

① 공비는 공사 설비가 간단한 오픈 케이슨이 일반적으로 싸게 된다.

② 뉴매틱 케이슨은 공기건조 상태에서의 인간력 굴착이기 때문에 장해물의 제거도 용이하며, 기계를 이용한 오픈 케이슨에 비하여 침하의 확실성이 높고 공사의 공정도 세우기 쉽다. 또한, 일반적으로 공기가 짧게 된다.

③ 오픈 케이슨은 초기 침하의 단계에서 기울어지거나 이동이 생기기 쉽다. 또한, 침하 속도의 조절이나 경사의 수정이 어렵다. 이 때문에 시공 정밀도를 요하는 경우는 뉴매틱 케이슨을 이용하는 것이 좋다.

④ 연약한 지반 지대나 근접 시공 등으로 인접 구조물에의 영향이 염려되는 경우는 앞서 굴착하는 일이 적은 뉴매택 케이슨을 이용하는 것이 좋다.

⑤ 케이슨 치수가 크게 되어 격벽을 설치한 경우에 오픈 케이슨은 격벽 주변의 굴착이 대단히 곤란하게 된다. 이 때문에 오픈 케이슨에서는 격벽을 이용하지 않는 경우가 많고 케이슨의 치수는 10 m 이하가 일반적이다.

⑥ 뉴매틱 케이슨에서는 굴착 저면의 흐트러짐이 적어 오픈 케이슨에 비하여 큰 지력력을 기대할 수 있다. 또한, 저판의 콘크리트도 공기 중에서 시공할 수 있어 오픈 케이슨에서의 수중의 무근 콘크리트에 비하여 큰 강도를 기대할 수가 있다.

⑦ 지지 층이 암일 경우, 지지 층이 상당히 경사를 이루고 있어 날을 지지 층에 박을 필요가 있는 경우, 지지 층이 명확하지 않아 재하 시험으로 확인할 필요가 있는 경우, 중간층에 피압 지하수 층이 있어 보일링(boiling)이나 히빙(heaving)의 우려가 있을 경우 등 특수한 조건이 있을 때는 뉴매틱 케이슨을 이용하는 것이 좋다.

⑧ 뉴매틱 케이슨에서는 고압의 작업실 내에서의 인간에 의한 작업이 필요하기 때문에 노무 재해에 대한 충분한 배려가 필요하다.

⑨ 뉴매틱 케이슨에서는 콤프레서나 발전기에서 발생하는 소음 · 진동도 무시할 수 없다.

(7) 강관 널말뚝 우물통 기초

특징으로서는 가 물막이를 겸용할 때

① 큰 수심의 연약한 지반에서도 시공이 가능하다.　② 공사의 점유 면적이 적게 된다.

③ 근접 구조물에 주는 영향이 적다.

등의 특징을 가지며, 하천을 지나는 교량 기초로 수심이 깊은 경우나 근접 구조물이 있을 때 유리하게 되는 경우가 있다.

(8) 연속 벽 강체 기초

케이슨 공법에 비교한 특징으로서

① 시공 심도를 크게 취한다.　② 근접 시공에 적합하다.

③ 좁은 공간에서도 시공이 가능하다.　④ 주면의 지지력을 크게 기대할 수 있다.

등이 열거되며, 시가지 등에서 유리하게 된다.

(9) SDM 공법

SDM(Seperated Dough-nut Method) 공법이란 경부고속철도에서 이용한 기초 말뚝 공법 중 매입 말뚝 공법의 일종이다[245].

상호 역회전하는 내부 오거 스크류(auger screw)와 말뚝 직경보다 50 mm 정도 큰 외부 케이싱 스크류(casing screw)에 의한 2중 굴진식으로 굴착한 후에 굴착된 토사를 오거(auger)와 압축공기로 배토하고, 말뚝 선단 주변에 시멘트 밀크(cement milk) 또는 시멘트 모르터(cement mortar)를 주입 충전함으로써 완료된다.

이 공법의 장점은 다음과 같다.

① 연약층, 호박돌 퇴적층 모두 굴착 가능   ② 지하수의 영향을 받지 않음

③ 공벽유지도 양호 및 선단지반 육안확인 가능

④ 소음, 진동이 적어 환경성 양호   ⑤ 시공속도 양호 등

(10) 기초 형식의 선정

이상과 같은 각 기초 형식의 특징을 고려하여 하중 조건, 지반 조건, 환경 조건 등에 따라 최적의 기초 형식을 선정한다.

4.6.2 연약 지반과 지진시의 문제점과 대책

(1) 연약 지반(soft bed)

연약 지반이란 지반(ground)이 연약하기 때문에 설계 · 시공에 있어 여러 가지의 문제가 생기는 지반이다. 그러나, 설계 · 시공상의 문제는 지반에만 기인하는 것이 아니고 구조물의 하중, 허용 변위량의 대소, 시공법, 시공 규모 등도 관계한다(땅 깎기 · 흙 쌓기 등 흙 구조물의 연약 지반에 관하여는 제4.7.1항에 후술).

따라서, 지반 상태만으로 연약 지반인가의 여부를 정하는 것은 문제가 있지만, 일반적인 경우에 N값이 2 이하인 점성토 층이나, N값이 4 정도인 점성토 층이라도 층의 두께가 두꺼운 경우(10 m 정도 이상) 등은 연약 층으로서고려할 필요가 있다.

또한, 사질토에 있어서도 N값이 10 미만인 경우에는 액상화의 우려가 있어 이 경우도 연약 층으로 다룬다.

이와 같은 연약 지반에서 구조물을 계획 · 설계하는 경우의 유의점으로서 ① 옆쪽 이동, ② 네거티브 프릭션(negative friction), ③ 액상화(液狀化, liquefaction), ④ 지진(earthquake) 시의 지반 변위, 등의 문제가 열거된다.

이상의 연약 지반에 기인하는 문제점의 대책으로서는

① 가능한 한 연약 지반을 피한다.

② 연약 지반에 기인하는 문제점을 제거한다.

③ 연약 지반에 대응할 수 있는 구조물로 설계한다.

라는 것이 기본이지만, 이하의 각항에 각각의 문제점과 대책에 대하여 개략 설명한다.

(2) 옆쪽 이동
(가) 옆쪽 이동에 의한 변상

연약한 점성토 지반에 재하한 경우에 그 지반은 침하와 옆쪽 변위가 생긴다. 이 지반 변위로 인하여 **그림 4.6.1**에 나타낸 것처럼 연약 지반상의 옹벽(retailing)이나 교대의 기초에 큰 응력, 변형이 생겨 구조물이 경사, 변형하는 변상이 생기는 일이 있다. 이 현상을 옆쪽(側方) 이동이라 하며, 연약 지반상에 구조물을 계획 · 설계하는 경우에 대단히 중요한 사항이다.

또한, 기존 구조물에 근접하여 성토를 하는 경우에도 기존 구조물을 변위시키는 일이 있지만, 이것도 옆쪽

이동에 의한 변상의 일례이다.

옆쪽 이동으로 인한 변상의 크기는 재하 하중의 크기(성토 높이), 연약 층의 강도, 두께 등에 관계하며, 개략의 판정으로서는 원호 활동 안전율이 1.5보다 작은 경우에 문제가 생길 가능성이 있다고 생각된다.

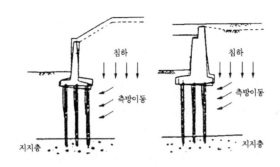

그림 4.6.1 옆쪽 이동에 의한 변상의 예

(나) 옆쪽 이동의 대책

옆쪽 이동의 대책으로서는 지반 변위의 원인을 제거하는 공법이다. 이하에 나타낸 1), 2)가 있다.

　1) 재하 하중을 경감시키는 공법…박스 컬버트(box culvert) 등

　2) 지반 개량(soil stabilization) 공법…프런트 공법, 사이드 콤팩션, 심층 혼합 처리 공법 등

　또한, 구조물 쪽에서 대처하는 공법으로서 이하에 나타낸 3)이 있다.

　3) 기초 본체 강화법, 기타…말뚝 본체 강화, 말뚝 증설, 스트러트(strut), 압성토(counter-weight fill) 등

일반적으로 3)의 대책은 지반이 연약하고 층 두께가 두꺼운 경우에 불경제적으로 되는 일이 많다. 가장 경제적인 방법은 프리로딩(preloading) 공법이며, 공기가 허락되면 가장 먼저 검토하여야 하는 공법이다. 이외에 루트 변경, 대체 구조물 등의 광범위한 검토가 필요하다.

(3) 네거티브 프릭션(negative friction)

(가) 네거티브 프릭션으로 인한 변상

연약한 지반에서는 근접 성토, 또는 지하수 저하 등으로 인하여 말뚝 기초 주변의 지반이 침하가 생겨 기초에 부(음)의 마찰력(negative friction)이 발생하는 일이 있다. 이 때문에 말뚝 기초에 큰 힘이 작용하여 지지력(bearing capacity) 부족에 의한 침하나 말뚝 본체의 파손 등이 생기는 등의 변상이 생긴다.

지하수의 저하로 인한 압밀(consolidation) 침하는 충적 점성토 층에 발생하여 구조물에 큰 영향을 준 예가 있다. 깊은 점성토 층이 있는 곳에서는 지하수의 동향에 대하여 충분히 검토할 필요가 있다. 또한, 전술한 것처럼 근접 성토로 인하여 기존의 구조물 기초에 네거티브 프릭션이 발생하는 경우가 있으므로 주의가 필요하다.

(나) 네거티브 프릭션의 대책

허용 침하량(allowable settlement)을 크게 설정할 수 있도록 상부공의 구조가 배려될 수 있으면, 지반 침하(ground subsidence)가 생기고 있는 흙 층도 말뚝 기초의 지지층으로 고려할 수가 있다. 또한, 네거티브 프릭션을 저감하는 방법으로서 말뚝 주면에 역청재 등을 도포한 말뚝을 이용하는 방법이 있다. 네거티브 프릭션이 작용한다고 생각되는 경우는 지지력, 침하 및 말뚝 자체의 강도에 대한 검토가 필요하게 된다.

(4) 액상화

(가) 액상화로 인한 변상

지하 수위 이하의 느슨한 모래 지반(N값 10 정도 이하)의 경우, 지진 시에 지반 중의 간극 수압이 상승하여 유효 응력이 없게 됨에 따라 지반이 마치 액체와 같이 되어 지지력이 없게 되는 현상이 생긴다. 이것을 액상화(液狀化, liquefaction)라 부르며, 지진 시 큰 피해가 생긴다.

직접 기초의 경우에는 침하나 부상(浮上)이 생기며, 또한 말뚝 기초의 경우에도 말뚝의 주면(周面) 지지력을 전혀 기대할 수 없게 되고 수평 저항력도 잃어버린다.

(나) 액상화의 대책

액상화의 대책으로서는

① 모래의 밀도를 증대시킨다……바이블로 후로테이션 공법, 샌드 콤팩션 파일공법 등

② 간극 수압의 상승을 저감시킨다……그라벨 드레인 공법 등

③ 모래를 고결시킨다……소일 시멘트 등

등 액상화가 생기기 어렵게 하는 방법이 있다.

또한, 액상화의 정도가 적다고 생각되는 경우에는 토질 정수를 저감하여 기초의 설계를 고려하는 방법도 있다.

(5) 지진 시의 지반 변위

(가) 지진 시의 지반 변위로 인한 변상

지진(earthquake)의 진동으로 인한 연약층의 변위에 따라 구조물이 변상된 예를 **그림 4.6.2**에 나타낸다.

지표상에 도로나 제방 등의 볼록부나 하천, 도랑 등의 오목부가 있는 부근에서는 특히 지진 시의 지반 변위가 크게 되므로 주의할 필요가 있다.

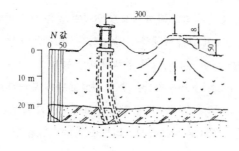

그림 4.6.2 지진 시 지반 변위에 의한 변상

(나) 지진 시의 지반 변위의 대책(제(6)항 참조)

지진 시 지반 변위의 대책으로는 그 원인을 제거하는 지반 개량(soil stabilization)이 고려된다. 또한, 기초를 설계할 경우에 지반의 변위를 고려하여 응력, 변형을 검토하는 설계법(응답 변위법)을 이용하여 기초 본체를 강화시키는 방법이 있다.

말뚝 기초에서는 지반 변위가 생기는 경우에 강관 말뚝이 현장 타설 말뚝 등에 비하여 유리하다.

4.6.3 근접 시공 시의 문제점과 대책

(1) 구조물에 대한 영향의 구분 범위

근접 공사에서 기존 구조물(structure)에 주는 영향 중에서 특히 문제로 되어 대책이 필요한 것은 기초의 시공에 따른 지반 변위로 인한 것이다.

기존 구조물에 근접하여 기초를 시공하는 경우에 영향을 주는 정도를 기존 구조물과 기초의 관계 위치, 기타에 따라 다음의 3종으로 구분한다.

1) 무조건 범위……이 범위에서 신설 구조물을 시공하는 경우는 설계 · 시공에서 특별한 배려가 필요 없다.

2) 요주의 범위……설계에서 특별한 배려는 필요하지 않지만, 시공 시에는 기존 구조물의 변상 관측 등의 주의를 요하고, 변상이 인지되는 경우에는 대책을 고려한다.

3) 제한 범위(대책 필요 범위)……설계 · 시공 모두 특별한 고려를 요하며, 무엇인가의 대책을 당초부터 계획한다.

예로서 직접 기초(또는 굴착)의 영향 구분 범위를 **그림 4.6.3**에 나타낸다.

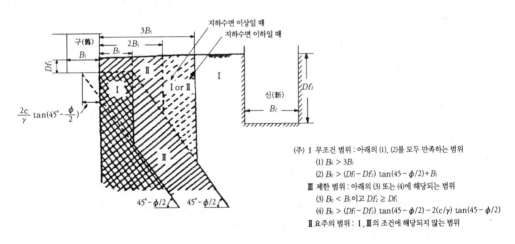

(주) I 무조건 범위 : 아래의 (1), (2)를 모두 만족하는 범위
　　(1) $B_0 > 3B_1$
　　(2) $B_0 > (Df_1 - Df_2) \tan(45 - \phi/2) + B_1$
　Ⅲ 제한 범위 : 아래의 (3) 또는 (4)에 해당되는 범위
　　(3) $B_0 < B_1$이고 $Df_2 \geq Df_1$
　　(4) $B_0 > (Df_1 - Df_2) \tan(45 - \phi/2) - 2(c/\gamma) \tan(45 - \phi/2)$
　Ⅱ 요주의 범위 : I, Ⅲ의 조건에 해당되지 않는 범위

그림 4.6.3 직접 기초(또는 굴착)의 영향 구분 범위

(2) 근접 시공으로 인한 변상 예

(가) 박는 말뚝의 시공으로 인한 경우

박는 말뚝은 타설 시에 관입된 말뚝의 체적만큼 지반을 옆쪽으로 변위시키는 것으로 되며 특히 지반이 연

약한 점성토의 경우에는 근접한 기존 구조물을 변상시키는 경우가 있다.

또한, 느슨한 모래 지반인 경우에는 타설 시의 진동으로 인하여 액상화 현상이 생기며, 그 때문에 기존 구조물 기초의 지지력이 부족하여 변상이 생기는 일이 있다.

(나) 오픈 케이슨 기초 시공으로 인한 경우

오픈 케이슨 기초는 시공 시에 주변의 지반을 이완시키는 점 때문에 근접하여 구조물이 있는 경우에는 주의가 필요하다.

(다) 굴착으로 인한 경우

직접 기초의 시공을 위한 굴착 공사에서 지반이 연약한 경우에는 주변 지반을 침하시키는 것으로 되며, 근접 구조물이 변상되는 일이 있다.

(3) 근접 공사 시의 대책

제(1)항에 나타낸 제한 범위 내에서 신설 구조물을 계획·시공하는 경우에는 다음에 나타낸 어느 것인가의 대책을 실시할 필요가 있다.

① 기존 구조물의 보강   ② 지반(ground)의 강화·개량

③ 시공에 대한 방호공의 설치 또는 시공의 제한   ④ 제한 범위 외의 기초 형식으로의 변경

구체적으로 나타내면 일반적으로는 다음의 대책이 고려된다.

(가) 각 공법을 통하여

① 기존 구조물의 변상·이동을 감시·측정하여 필요한 경우에는 시공의 일시 중지, 공법의 변경을 고려한다.

② 기존 구조물의 보강……가받침의 설치, 언더피닝(underpinning), 주입 등에 의한 기초 지반의 개량 등

③ 보다 안전도가 높은 공법으로의 설계 변경

④ 차단 방호공을 설치한다.

(나) 굴착 공사에 대하여

토류(sheeting)공의 보강, 스트러트의 조기 설치, 주입으로 인한 지하수의 젖어 나옴의 방지, 웰 포인트(well point)에 의한 지하수 저하

(다) 박는 말뚝공에 대하여

① 말뚝을 박는 순서를 규제한다.   ② 타설 속도를 제한한다.

③ 미리 구멍을 뚫어 말뚝을 삽입한다.   ④ 토압이 회피되는, 아니 쓰는 구멍을 설치한다.

⑤ 단면이 작은 H형강 말뚝, 강관 말뚝을 이용한다.

(라) 현장 타설 말뚝공에 대하여

① 리버스(reverse circulation) 말뚝에서는 스탠드 파이프를 길게 한다.

② 올 케이싱 말뚝에서는 가능한 한 케이싱 선단 시공으로 한다.

③ 주변 지반을 주입 등으로 고결하여 둔다.

(마) 오픈 케이슨에 대하여

① 앞선 굴착을 제한한다.　　　　　　　　② 케이슨 내의 지하 수위를 내리지 않는다.

③ 주면 마찰력을 저감시키는 공법을 고려한다.

(바) 뉴매틱 케이슨에 대하여 : 급격한 감압 침하를 엄금한다.

4.7 흙 구조물, 하부구조 모니터링 및 선로 하 횡단 구조물

4.7.1 흙 구조물(땅 깎기, 흙 쌓기)

흙 구조물은 흙이나 암석을 주재료로 하여 건설되는 구조물의 총칭이며, 기본적으로는 흙을 깎아서 철도를 통과시키는 땅 깎기와 흙을 쌓아서 그 위로 철도가 통과하는 흙 쌓기, 흙 쌓기나 땅 깎기를 하지 않고 원지반이 직접 노상(路床)으로 되는 경우로 대별된다. 흙 구조물은 천연재료를 그대로 이용하기 때문에 흙 쌓기의 침하나 비탈면 붕괴 등의 재해를 받기 쉬운 결점이 있지만 재해복구나 개축이 용이하며, 공사비도 저렴하다. 흙 구조물 중에서 노반과 노상에 대하여는 제3.2.3항에서 설명한다. 흙 쌓기와 땅깎기에서 각부의 명칭은 **그림 4.7.1**과 같다.

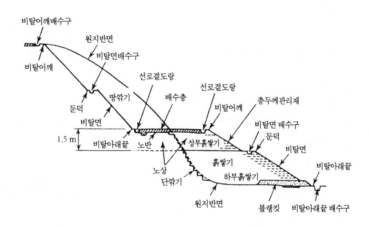

그림 4.7.1 흙 쌓기와 땅깎기의 단면도

(1) 흙 쌓기

(가) 흙 쌓기의 개요

흙 쌓기 중에서 시공기면에서 깊이 1.5 m까지의 부분을 상부 흙 쌓기라고 하며 그 아래의 부분을 하부 흙 쌓기라고 한다. 상부 흙 쌓기는 노상(路床)이라고도 부르며 열차하중이 흙의 자중으로 인한 응력의 10 % 이상으로 되기 때문에 특히 흙 쌓기 재료의 선택이나 다짐 정도에 대하여 자세히 규정하고 있다. 이에 비하여 열차하중의 영향이 적은 하부 흙 쌓기는 일부의 취약한 재료를 제외하고 발생 흙 등을 최대한 활용한다. 더욱이, 시공기면에서 원(原)지반까지의 높이가 3 m 이하인 흙 쌓기를 낮은(低) 흙 쌓기라고 한다.

흙 쌓기의 비탈면 기울기(연직 높이를 1로 한 경우의 수평거리의 비로 나타낸다)는 강우 등의 재해에 대하여 흙 쌓기 본체가 안정성을 유지하도록 시공기면으로부터의 비탈면 높이에 따라 **표 4.7.1**과 같이 규정하고 있다. 또한, 흙 쌓기 비탈면의 붕괴를 방지하기 위하여 필요에 따라서 비탈면 배수공, 배수 블랭킷(blanket), 비탈면 하단 배수공 등의 배수설비를 설치하는 외에 표면의 침식방지와 강도증가를 위하여 식생공, 돌붙여깔기공, 블록 붙임공, 돌붙임공, 격자틀공 등을 시공할 필요가 있다.

표 4.7.1 흙 쌓기 비탈면의 표준 기울기

시공기면까지의 높이	비탈면 기울기
5.0 m 미만	1 : 1.5
5.0 m 이상 10.0 m 미만	1 : 1.8
10.0 m 이상 15.0 m 미만	1 : 2.0
15.0 m 이상	1 : 2.3

(나) 흙 쌓기의 안정 · 침하 대책

연약 지반 위에 흙 쌓기를 건설하는 경우에 설계 · 시공상의 문제점과 대책을 이하에 기술한다.

1) 설계 상의 문제로 되는 사항

① 상시의 흙 쌓기 안정   ② 지진(earthquake) 시 흙 쌓기의 안정

③ 흙 쌓기의 침하(전침하, 부등 침하)   ④ 지반의 옆쪽 유동

⑤ 흙 쌓기의 이상 진동

2) 시공 상의 문제로 되는 사항

① 현재 선로의 옆에 흙을 쌓는 경우의 흙 쌓기 시공 속도   ② 시공 기계의 선정

③ 다짐 시 흙 쌓기의 재료 관리   ④ 강우 등에 대한 흙 쌓기의 방호

(다) 지진상 유의하는 흙 쌓기

지진에 대하여 일반적으로 유의할 흙 쌓기는 다음과 같으며, 건설 시에 이들의 항목을 적극 배제하고 흙 쌓기를 고가교(viaduct)로 변경하는 등의 검토가 필요하다.

① 연약 지반 상에 위치하는 흙 쌓기   ② 단층(fault) 상에 위치하는 흙 쌓기

③ 기반이 경사지어 있는 지반 상의 흙 쌓기   ④ 경사 지반 상의 흙 쌓기

⑤ 흙 쌓기의 높이가 높은 흙 쌓기   ⑥ 흙 쌓기의 강도가 약한 흙 쌓기

⑦ 교대 뒤(abutment approach)의 흙 쌓기

(라) 흙 구조물 이외의 구조물과 접합하는 경우의 흙 쌓기 대책

교대나 구교와 같은 횡단 구조물에 흙 쌓기를 접속하는 경우는 흙 쌓기의 침하와 교대 등의 침하가 다르기 때문에 시공 기면에 단차가 생겨 궤도의 틀림이나 주행 안정성을 저해하는 것으로 된다. 또한, 연약 지반에서는 교대 뒤(abutment approach) 흙 쌓기의 토압(earth pressure)으로 인하여 교대가 변화하게 된다. 이 경우도 열차의 주행 안정성을 저해하는 결과로 된다.

1) 침하 대책

흙 쌓기의 침하와 교대 등에 대한 침하의 차이를 경감하고 열차의 주행 안정성(running stability)을 확보하기 위한 대책의 예는 다음과 같다.

① 선행 하중(preloading)에 의한 흙 쌓기 지지 지반 압밀(consolidation)의 촉진

② 지반 개량(soil stabilization)에 의한 흙 쌓기 지지 지반의 강화

③ 어프로치 블록에 의한 단차의 경감

2) 편토압 대책

교대의 편토압 대책은 기본적으로 교대 측에서 처리하는 것이 유효하다고 생각된다.

(2) 땅깎기

땅깎기에서 표준적인 비탈면 기울기를 **표 4.7.2**에 나타내지만, 재료를 선택할 수가 있는 흙 쌓기와 달리 자연지반의 상태로 시공하게 되므로 지형·지질조건이나 기상조건, 지하수나 지표수의 상황, 부근에서의 땅깎기 사면의 재해 상황 등을 감안하여 경험적으로 결정된다. 특히 사태 지역 등의 땅깎기에서는 방지공을 포함한 검토가 필요하다.

표 4.7.2 땅깎기 비탈면의 표준 기울기

토질		땅깎기 높이	비탈면 기울기	비고
암괴, 호박돌을 함유한 점성토		5 m 이하	1:1.0~1.2	GM, GC
		5~10 m	1:1.2~1.5	
점성토		0~5 m	1:1.0~1.5	ML, MH, CL, OL, CH
자갈	조밀하고 입도가 양호한 경우	10 m 이하	1:1.0	GW, GM, GC, GP
		10~15 m	1:1.0~1.2	
	조밀하지 못하고 입도가 불량한 경우	10 m 이하	1:1.0~1.2	
		10~15 m	1:1.2~1.5	
세립분이 함유된 모래	조밀한 경우	5 m 이하	1:1.0	SM, SC
		5~10 m	1:1.0~1.2	
	조밀하지 않은 경우	5 m 이하	1:1.0~1.2	
		5~10 m	1:1.2~1.5	
모래			1:1.5 이상	SW, SP
연암			1:0.7~1.2	
경암			1:0.5~0.8	

땅깎기 비탈면에는 표면의 침식방지나 표면의 강화를 도모하기 위하여 필요에 따라서 식생공, 블록 붙임공, 격자틀공, 콘크리트 붙임공, 모르터 뿜어붙이기공, 낙석방지공 등을 시공한다. 땅깎기 비탈면은 본래 안정되어 있던 본래 지반을 인위적으로 개착하였기 때문에 불안정하게 되는 경향이 있으며 또한 풍화작용을 받기 쉬우므로 경암이나 일부의 연암을 제외하고 무엇인가의 대책공이 필요하다. 또한 사면의 침식방지를 도모하기 위하여 배수공을 두지만 특히 땅깎기 사면의 경우는 배수가 노반으로 유입되기 쉬우므로 현지의 상황에 따라 배수공을 설치할 필요가 있다. 배수공에는 소단부분에 두는 비탈면 배수공, 비탈면 상단 어깨

에 설치하는 비탈면 상단 어깨 배수공, 종 방향으로 배치하여 배수를 노반부의 선로 곁 도랑까지 유하시키는 종(縱)하수 등이 있다.

(3) 보강토 공법

보강토 공법은 흙 쌓기나 본바탕 흙의 안정을 향상시키기 위하여 강판, 포목, 플라스틱 등 세장비가 크고 휨 강성이 작은, 흙 이외의 재료를 이용하는 공법이며, 주로 지형이나 용지 등의 제약조건으로 흙 쌓기의 비탈면을 수직 또는 이에 가까운 각도로 마무리하는 경우에 적용된다. 이러한 구조로서는 지금까지 옹벽이 이용되어 왔지만 보강토 공법을 이용함에 따라서 협소한 장소에서도 대형기계를 이용하지 않고 시공할 수 있으며 또한 변형에 대한 추종성에도 우수한 점 때문에 침하가 염려되는 연약지반에서도 효과를 발휘한다.

보강토 공법에는 강판보강재 토류벽과 보강성토가 있으며, 각각 설계의 고려방법이 다르다. 강판보강재 토류벽은 **그림** 4.7.2에 나타낸 것처럼 벽면재료에 콘크리트 재료를 이용하는 콘크리트 전면벽(concrete skin)과 강재를 이용하는 금속 전면벽(metal skin)이 있으며 보강띠(strip)라 부르는 보강재를 흙 쌓기 안에 삽입한다. 이 중에서 금속 전면벽은 일반적으로 가설구조물에 이용되지만, 본설 구조물로서 연약지반이나 협소한 장소에 이용되는 경우가 있다.

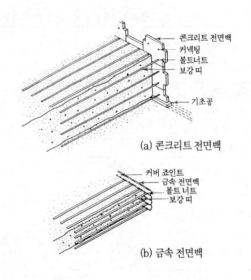

(a) 콘크리트 전면백

(b) 금속 전면백

그림 4.7.2 강판보강재 토류벽의 구성

이에 비하여 보강성토는 **그림** 4.7.3에 나타낸 것처럼 강(剛)한 벽면을 갖고 보강용 네트 등의 면 모양 보강재를 빈틈이 없이 끼움으로서 흙 쌓기 전체의 강성을 높인 것으로 강판보강재 토류벽에 비하여 보강재의 길이를 짧게 할 수가 있으므로 폭이 좁은 흙 쌓기의 시공이 가능하게 된다. 더욱이, 보강성토의 높이는 10 m 이하 정도가 현실적이다.

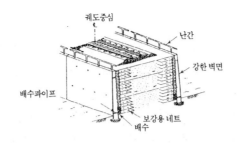

그림 4.7.3 보강성토

표 4.7.3 토압저항 구조물의 형식과 특징

구조형식	형상	개요	적용범위 및 특징
토류 벽		땅깎기 또는 흙 쌓기 등으로 지지되면서 자중으로 토압에 저항하는 벽체	○토류 벽 높이 4 m 정도 이하(흙 쌓기의 경우) ○지지지반이 양호한 경우 ○뒤채움 자갈의 인력시공이 필요
중력식 옹벽		주로 옹벽의 자중으로 흙을 지탱하고 토압에 저항하는 구조이며, 무근, 그렇지 않으면 구체의 일부에 발생하는 인장 응력에 대하여는 철근으로 보강하는 옹벽	○옹벽 높이 3 m 이하 정도 ○지지지반이 양호한 경우 ○시공이 비교적 용이
L형 옹벽		주로 옹벽의 자중과 뒤 푸팅 위의 흙의 중량으로 안정을 유지하고 토압에 대하여는 앞 벽을 캔틸레버로서 저항하는 옹벽	○옹벽 높이 3~8 m (일반적으로는 6 m 정도 이하)
공벽(控壁)식 옹벽	(지지 벽) (공벽)	L형 옹벽의 높이가 높게 된 경우에 앞 벽의 강도를 높이기 위하여 적당한 간격으로 옹벽 배면 측에 공벽 또는 전면 측에 지지 벽을 설치하여 보강한 옹벽	○옹벽 높이 8 m 정도 이상 ○구체의 시공이 비교적 복잡 ○공벽의 경우는 배면성토의 전압이 비교적 어렵다 ○지지 벽의 경우에는 공벽에 비하여 땅깎기 시에 굴착이 적지만 수평력에 대한 저항이 작게 되는 점에 주의
U형 옹벽	(중간매설 U형 옹벽) (U형 옹벽)	양면이 U형의 옹벽	[중간매설 U형 옹벽] ○고가교와의 연결부에 이용되는 일이 있다 ○고가교와의 경제성 비교가 필요(일반적으로 높이 3 m 정도 이하에 이용된다) [U형 옹벽] ○지하수위 이하인 경우에, 물 처리 상 유리하지만 부상 등의 검토가 필요
타이 바 식 옹벽		옹벽에 작용하는 토압에 인장재로 저항하는 옹벽	○특수 형식 ○성토의 침하 등에 따라 타이 바 및 벽체에 상정 이상의 응력이 발생하므로 주의가 필요 ○타이 바의 부식에 대한 검토가 필요
시트파일 식 옹벽		시트 파일 또는 말뚝 근입부의 저항에 따라 토압에 저항하는 옹벽	○특수 형식 ○강제의 경우에는 부식의 검토가 필요 ○강성이 작으므로 변형하기 쉽고 지표 부근 지반의 수평 지지력을 기대하기 때문에 수평변위가 크게 되기 쉽다 ○땅깎기의 경우에는 배수공의 시공이 어렵다
틀식 옹벽		목제, 철근콘크리트제, 또는 강제의 틀을 조립하여 그 내부에 돌덩이리나 자갈 등을 전충하여 이들의 중량으로 토압에 저항하는 옹벽	○특수 형식 ○산지(山地)의 경사지 등에 이용되는 일이 있다 ○배수가 용이, 배수가 좋고 지반의 변위에 대하여 추종성이 있다

(4) 토압저항 구조물의 종류

토압에 저항하여 구조 시스템을 유지하고 있는 구조물을 토압저항 구조물이라고 총칭하며, **표 4.7.3**에 나타낸 것처럼 토류 벽, 토류옹벽 외에 교대(**표 4.5.1** 참조), 박스 컬버트(culvert) 등의 종류가 있다.

토류 벽은 땅깎기나 흙 쌓기를 지지하면서 자중으로 안정을 유지하며, 기본적으로 땅깎기, 흙 쌓기 면이 자립하는 것을 전제로 하여 설계된다. 이에 비하여 토류옹벽은 땅깎기 또는 흙 쌓기로부터의 측방 토압에 대하여 자중, 강도, 강성으로 지지하여 안정을 유지하기 때문에 일반적으로 높이가 낮은 순으로 중력식 옹벽, L형 옹벽, 공벽(控壁)식 옹벽이 이용된다. 또한, 특수한 형식으로서 U형 옹벽, 타이 바(tie bar)식 옹벽, 시트파일 식 옹벽, 틀식 옹벽 등이 이용된다. 토류 옹벽의 설계에서는 될 수 있는 한 토압이 적은 위치를 선정함과 동시에 배면수압을 경감시키기 위한 배수기능의 확보나 기초지반의 지지력 등에 대하여도 충분히 배려하여야 한다.

박스 컬버트(culvert)는 지중에 구축되는 박스형의 라멘 구조물로서 암거나 지하도 등에 이용된다. 컬버트의 설계는 상재하중이나 토압, 지지지반 조건 등에 따라서 지배되기 때문에 현지의 조건이나 시공법 등에 대하여 검토할 필요가 있다. 박스 컬버트의 시공은 개착공법이 일반적이지만 선로 아래의 성토를 관통하는 경우는 열차의 주행에 영향이 적은 URT공법(under railway tunneling method) 등이 이용된다(제4.7.2항 참조).

(5) 연약 지반 대책

(가) 연약 지반의 의미

땅 깎기 · 흙 쌓기에 대한 연약 지반 대책을 해설함에 있어 먼저 연약 지반이란 무엇인가에 대하여 설명한다.

연약 지반(soft bed)의 정의로서 엄밀한 의미에서는 정의가 없지만, 철도에서는 예를 들어 N값이 4 이하이고 그 두께가 4 m 이상인 것을 연약 지반으로 다루어 왔으며, 일반적으로는 이 정의에 따르면 좋다.

연약 지반이라고 하면 충적층의 점토 또는 부식토{peat(이탄)이라고도 한다}를 생각할지도 모르지만, 최근에는 지진 시에 액상화(液狀化, liquefaction)되는 느슨한 모래 층도 연약 지반의 범주에 넣는 일이 많으므로 주의를 요한다. 여기서는 느슨한 모래 층도 연약 지반의 범주에 넣는 것으로 한다.

(나) 연약 지반 대책의 목적

연약 지반 대책의 목적을 이하에 나타낸다(구조물 기초에 대한 연약 지반에 대하여는 제4.6.2항 참조).

1) 침하 방지
   ① 흙 쌓기 및 그 연결부에 생기는 전침하 또는 부등 침하(uneven subsidence)의 방지
   ② 흙 쌓기의 하중에 의한 옆쪽 지반 압밀 침하(consolidation subsidence)의 방지
   ③ 땅 깎기(굴착공사)에 따른 옆쪽 또는 상방 지반 침하의 방지
2) 지지력 · 안정의 확보
   ① 지지 지반의 전단 파괴로 인한 흙 쌓기 파괴의 방지
   ② 흙 쌓기 하중에 의한 옆쪽 지반 융기의 방지
   ③ 땅 깎기(굴착) 사면 붕괴의 방지
   ④ 땅 깎기(굴착공사)로 인한 응력해방, 편압, 이완 및 팽창 등에 따른 토압 증가의 방지

3) 열차 하중(train load)으로 인한 지반의 진동 방지

4) 지진 시 지반의 액상화 방지

(다) 연약 지반 대책

여기서, 주의할 것은 연약 지반 대책이란 지반을 무엇인가의 방법으로 대책을 세우는 것만이 아니고 지반에 가하여지는 하중을 감소시키는 것도 대책의 하나인 점을 잊어서는 아니 된다.

따라서, 연약 지반 대책은 다음의 3 가지로 대별된다.

① 하중 제어(구조물의 접지압 경감)

② 지반 개량(soil stabilization)(흙의 강화, 물의 차단)

③ 지중 구조물의 조성(상재 하중을 직접 지지하는 골격의 형식)

(라) 연약 지반 강화 공법

연약지반의 강화공법에는 실로 많은 종류가 있으며, 철도의 분야에서도 과거에 여러 가지 공법을 채용하여 왔다. 그러나, 공법 중에서 기대대로 효과가 얻어지지 않는 경우가 발생하는 것은 흙의 공학적 성질이 장소와 취급 방법에 따라 다르므로, 일방적인 설계 시공법으로는 다루기 어려운 것으로 된다. 특히, 압밀 계수에 관계하는 공법에서는 문제가 생기기 쉽다.

고속철도공사 전문시방서(노반편)에서는 지반 개량 공법에 관하여 치환공으로서 굴착치환공, 강제치환공을 규정하고, 압밀촉진공으로서는 샌드 드레인(sand drain)공, 페이퍼드레인(paper drain)공, 팩 드레인(pack drain)공, 모래다짐 말뚝공(샌드 컴팩션 파일공), 샌드 매트(sand mat) 포설공, 선행재하공(프리로딩 공)을 규정하고 있으며, 다짐공으로서는 동 다짐(dynamic compaction)공, 바이브로 플로테이션(vibro-flotation)공을 규정하고, 고결공으로서는 약액주입공, 표층안정 처리공을, 그리고 지하 수위 저하공으로서는 심정공, 웰포인트공, 진공심정공 등을 규정하고 있다.

바이브로 콤포저(vibro composer) 공법은 모래다짐 말뚝공법의 대표적인 것으로 지반에 다짐모래말뚝을 형성하여 지반의 지지력을 향상시킬 수가 있다. 이 공법은 연약한 지반에 다져진 모래기둥을 축조하여 그 효과로 지반을 조밀하게 하여 지반을 개량하는 공법이다.

(6) 사면 대책

사면의 종류에는 땅 깎기 사면, 흙 쌓기 사면, 자연 사면이 있고 사면의 변상에는 사태, 강우·지진 등으로 인한 붕괴가 있다. 이 때문에 건설에서는 흙 쌓기·땅 깎기의 사면에 대하여 미리 악영향을 미치는 인자를 배제할 수가 있지만, 이미 건설된 사면 또는 자연 사면에 대하여는 그 사면의 위치, 구배, 구성 토질(nature of soil) 등 여러 가지 인자를 고려하여야 하며 대책의 결정적인 수가 없는 것이 현상이다.

대책을 필요로 하는 또는 유의할 사면의 특징을 이하에 나타낸다.

① 과거에 사태나 붕괴 이력이 있고, 안정성이 염려되는 사면

② 사면 토사의 응결도가 낮은 사면

③ 흡수 팽창, 풍화에 대한 내구성이 문제로 되는 사면

④ 침식을 받기 쉬운 사면

⑤ 투수성의 흙 층과 암반과의 경계면이 급경사로 되어 있고 그 경사와 같은 방향의 사면

⑥ 층리, 절리의 방향과 같은 방향의 사면

⑦ 균열, 단층(fault) 파쇄대 등이 있는 사면

⑧ 지하수위가 높고 용수가 많은 사면

일반적인 사면의 대책으로서는 사태 대책, 강우 등에 대한 비탈면의 방호 대책, 낙석 대책, 비탈면공, 식생공, 낙석 방호공 등이 있다.

4.7.2 하부구조의 모니터링

(1) 개요

궤도 상부구조의 레벨에서 흔히 발생되는 문제들, 예를 들어 궤도 선형의 문제와 특히 엄격하고 반복되는 문제들은 하부구조 층(도상, 보조 도상 및 노반)에서 비롯된다. 그러나, 하부구조의 거동에 관한 일관된 지식이 부족하고 연속적인 모니터링 목적으로 하부구조에 접근하기 어렵기 때문에 통상적으로는 실제의 원인보다는 징후를 취급한다.

통상적으로 행하여지는 것은 필요한 보수 활동 대신에, 계속적인 리프팅, 라이닝 및 다짐으로 표준 선형 보수를 수행한다. 불행하게도 문제가 대단히 빨리 재발되고, 결국 선형의 보수가 너무 빈번하여져 가며 그리고/또는 틀림 진행의 속도가 더 이상 허용할 수 없을 정도로 빨라져 간다. 이러한 경우에는 큰 정정 보수 활동이 필요하지만, 그 동안에 많은 시간을 낭비하며, 시간에 맞게 적당한 보수를 수행하는 경우보다 훨씬 더 높은 레벨로 궤도의 틀림이 진행한다.

이것은 하부구조가 직접, 간접으로 궤도 보수비에 상당히 영향을 주는 점에 대한 명백한 이유이다. 그것은 또한 상부구조와 하부구조의 관리를 포함하는 통합 접근법이 요구되는 이유를 설명한다. 일이 나쁘게 되면, 이들의 정정 보수 활동은 통상적으로 궤도 차단을 필요로 하는 상당한 양의 시간을 필요로 한다. 이것은 게다가 철도에서 항상 요구되는 교통의 증가를 위하여 궤도의 높은 이용 가능성이 요구되는 것과 뚜렷하게 대조를 이룬다. 노반의 강성이 레일, 침목 및 도상과 같은 궤도 부재의 수명에 영향을 줄 수 있다는 지적도 있다.

그러한 통합 접근법의 두 가지 주요 목적은 다음을 포함한다.

① 하부구조의 조건과 궤도 보수 요건간의 신뢰할 수 있는 관계를 정립하기 위하여

② 보수비를 줄이기 위하여 전체 궤도 구조에 대한 하부구조의 부정적인 영향을 바꾸도록 실행할 수 있는 수단을 결정하기 위하여

통합 접근법은 다음의 단계에 기초한다.

① 모니터하려는 하부구조 조건 파라미터의 한정. 이것은 해석을 위한 기초로서 사용한다.

② 연속적인 하부구조의 모니터링을 위한 비-파괴 방법과 수단의 정립(될 수 있는 한 교통의 방해가 없이 정기적이고 연속적인 방식으로 수행하기가 쉽고 비용 효과적이어야 한다).

③ 관련된 모든 양상의 동시 합동 분석 기능의 부여(목록 데이터, 상부구조와 하부구조 조건 데이터, M&R(보수와 갱신) 이력 데이터, 교통 특성, 하중과 경년 데이터, 현장 검사 및 현장과 실험실 시험 데이터 등).

④ 상기에 언급한 합동 분석과 대안의 경제성 분석에 기초하여 어떤 상황 하에서 수행하려는 최적 M&R

작업으로 다루는 의사 결정 프로세스를 지배하는 "룰"의 한정.

⑤ "룰"의 그 이상의 조정을 위한 피드백으로서 산출된 M&R 작업 수행의 모니터링

(2) 하부구조 조건의 파라미터

하부구조의 조건을 나타내는 파라미터에는 여러 가지가 있다. 그러나, 하부구조의 접근 곤란은 이들 파라미터의 사용을 훨씬 더 어렵게 만든다. 증거를 직접 마련하는 굴착으로 가장 좋은 조건의 데이터가 수집되는 것은 물론이다. 그러나, 이 선택은 필연적으로 교통 방해를 일으킬 것이므로 절대적으로 불가능하든지 또는 적어도 채택되지 않는다. 지금까지 사용된 파라미터와 예기된 것의 일부는 다음을 포함한다.

① 궤도 선형 데이터   ② 함수비 데이터
③ 지반 침투 레이더(GPR) 데이터   ④ 적외선 열 감응 그래프 검사 데이터
⑤ 궤도 강성 데이터   ⑥ 전체 배수 정보
⑦ 노반 강도 데이터   ⑧ 암석 시험 데이터

상부구조의 경우에서처럼 하부구조 모니터링의 이상적인 기술은 하루의 시간과 날씨 조건에 개의치 않고 교통 방해가 없이 합리적으로 높은 속도에서 연속적인 방법으로 수행할 수 있으며, 하부구조 거동을 포착할 수 있도록 정기적인 간격으로 반복하여 수행할 수 있는 기술일 것이다.

그러나, 상기에 나타낸 것처럼, 표면 아래에 깊숙이 위치하는 층을 모니터하는 것은 극히 어렵다. 그러나, 그럼에도 불구하고 지금까지 하부구조의 보수 관리를 도울 수 있는 다수의 기술이 확인되어 왔다.

(3) 지반 침투 레이더

"지반 침투 레이더(GPR)" 측정의 원리는 유전체(誘電體) 성질이 있는 재료의 경계 면에서 반사되고 기록되는 대단히 짧은 전자기 임펄스의 방사에 기초한다. 검출된 신호는 표면 아래뿐만 아니라 여러 하부구조 층 사이의 경계에 숨겨진 오염 도상 조건과 배수 문제, 공기 공극, 함수 및 그 외의 불균질을 평가하는 능력을 제공한다.

4.7.3 선로 하 횡단 구조물

(1) 구조 형식

선로 하 횡단 구조물은 각종의 구조 형식이 이용된다. 그 선정에 있어서는 횡단 구조물의 선형(align-ment), 지반 조건, 사용 목적, 궤도 구조 등을 고려할 필요가 있다.

(가) 거더식 구조

1) 비개착 공법에 의한 하로형

시공 기면 외의 선로 방향으로 설치되는 주형과 선로 직각 방향으로 주입되는 횡형(엘레멘트)으로 이루어진 하로형과 U형의 교대, 옹벽(retailing) 등으로 구성되는 구조물이다. 비개착 공법이어도 교차 구조물의 시공 기면을 높게 하는 것이 가능하므로 전후 연결부의 조건이 유리하게 된다.

2) 기타의 거더식 구조

일반적으로 개착 공법으로 시공한다. 거더 종류의 선정은 자유도가 크며, 지간이 긴 경우에 특히 유리한 구조 형식이다. 지하 수위가 굴착 바닥 면보다 높은 경우에는 하부 구조(infrastructure)의 형식이 한정된다. 또한, 열차 사이의 짬이 적은 경우에는 적용하기 어려운 경우가 있다.

(나) 문형 라멘

지반이 양호하여 직접 기초로 할 수 있는 경우는 박스형 라멘보다 유리하게 되는 일이 있다. 다만, 지하 수위가 굴착 저면보다 위로 되는 경우는 문제가 있다.

(다) 박스형 라멘

토피가 그다지 크지 않은 경우에 유리한 구조 형식이다. 일반적으로 기초 말뚝을 필요로 하지 않는다.

(라) 아치

일반적으로 토피가 깊은 경우에 적합하지만 URT 공법의 터널 형식에서는 1 m 정도의 토피에서 시공한 예도 있다. 지지 지반이 연약한 경우에는 인버트 콘크리트의 시공이 필요하다. 기초 말뚝을 필요로 하지 않는다.

(마) 링(원형 단면)

토피가 큰 경우에는 역학적으로 가장 유리한 구조 형식이다. 수로 등과 같이 내압이 작용하는 경우에도 적합하다. 기초 말뚝을 필요로 하지 않는다.

(2) 시공법

선로 하 횡단 구조물의 시공에 통상 이용되고 있는 공법은 여러 가지가 있으며, 이하에서는 비교적 큰 단면의 것에 적용되는 시공법에 대하여 기술한다(제2.4.3(6)(나)항 참조).

(가) 공사 빔 공법

가교대, 가교각과 공사 빔으로 궤도를 가받침한 활선(活線, live line)의 선로 아래를 개착하여 구조물을 구축하는 방법이다. 일반적으로는 경제적이며, 또한 토피를 작게 할 수 있지만 선로 폐쇄를 필요로 하고 서행도 장기간에 걸친다. 더욱이, 곡선 구간이나 분기기 아래 등에는 적용하기 어렵다.

(나) 가선(仮線) 공법

가선을 부설하여 선로를 교체한 후에 사선(死線) 구간을 개착하여 구조물을 구축하는 공법이다. 구조물의 콘크리트 시공이 용이하고 양호한 관리 아래에서 시행하지만, 가선을 위한 용지가 필요하게 되며, 긴 연장에 걸쳐 가노반, 가궤도, 전기 관계의 가설비 등이 필요하게 된다.

(다) 파선(破線) 공법

열차 사이의 짬을 이용하여 선로를 파선하고 토류벽(sheeting wall) 등을 시공하지 않고서 개착한 후에 프리캐스트의 관로 등을 매설하여 복구하는 방법이다.

(라) 견인 공법

프런트 잭킹(front jacting) 공법이라고 불려지는 것이다(제(3)항 참조). 미리 제작한 함체(函體)를 PC 케이블을 이용하여 함체 전면의 원지반이나 다른 함체로 반력을 취하여 프런트 잭으로 견인하여 소정의 위치에 설치하는 것이다. 함체를 분할하여 견인하는 경우는 분할 견인 방식이라 하며, 한쪽에서만 순차 견인하는 경우를 (한쪽만 충분한 공간이 있는 경우에 적용하는) 편측 견인 방식, 선로 양쪽에 충분한 공간이 있는 경우에 선로 양측에서 교호로 견인하는 경우를 상호 견인 방식이라 한다. PC 케이블 배치용의 도갱이나 보링(boring) 구멍을 필요로 한다. 함체 콘크리트는 양호한 관리 아래에서 시공할 수 있지만 인구(刃口) 도킹 부의 시공, 함체 상호 연결부의 지수 등에 문제가 생기는 일이 있다. 또한, 일반적으로 궤도 방호를 위한 파이프 루프(pipe roof)가 시공되므로 시공 가능한 최소 토피는 파이프 지름만큼 크게 된다. 상세는 제(3)항에서 설명한다.

(마) BR(box roof) 공법

함체 설치 예정 위치 내의 상부에 미리 압입된 궤도 방호용 각형 강관을 함체 전부(前部)로 지지하여 전방으로 압출하면서 프런트 잭으로 함체를 견인하는 공법이다. 방호용의 강관을 함체 단면 내에 들게 하고 있기 때문에 최소 토피를 작게 할 수 있다. 더욱이, 함체 상부에 있는 토사의 이동을 방지하기 위하여 각형 강관의 상면에 절연용의 강판을 배치하고 있다. 이 공법에서는 궤도 방호용의 각형 강관을 회수하여 전용하는 것이 가능하다.

(바) ESA(endless self advancing) 공법

3개 이상의 함체 중 1개를 기타 함체로 반력을 취하여 차례로 추진 또는 견인하여, 1방향에서 자주적으로 다수의 함체를 전진시켜 설치하는 공법이다. 추진, 견인은 추진 잭, 프런트 잭으로 행한다. 프런트 잭킹 공법이나 다른 추진 공법에 비하여 반력 벽을 쉽게 다룰 수 있다. 장거리 추진에 적합하지만 큰 입갱(shaft)이 필요하게 된다. 궤도 방호에 대하여는 프런트 잭킹 공법과 같은 모양이다.

(사) SC(sliding culvert) 공법

BR 공법과 같은 모양으로 함체 설치예정 위치 내의 상부에 미리 압입된 궤도 방호용 각형 강관을 함체 전부로 지지하면서 전방으로 압출하여 함체를 추진하여 가는 공법이며, BR 공법과 같은 모양의 특징을 갖는다. BR 공법에 비하여 횡단 연장이 짧고 함체 단면이 작은 경우에 적용되는 일이 많다.

(아) 파이프 루프(pipe roof) 공법

구조물 설치 예정 위치를 둘러싸도록 강관을 수평으로 압입하여 이것을 지지하는 지보공을 빽빽이 세우면서 굴착하고 현장 타설 콘크리트로 목적으로 하는 구조물을 구축하는 것이다. 횡단 연장이 비교적 긴 것도 시공할 수 있지만, 위의 상판을 시공하기 위하여 강관과의 사이에 작업 여유가 필요함과 동시에 가설 강관의 설치 여유도 필요하게 되므로 구조물의 설치 위치가 깊게 된다. 또한, 지보공의 설치 간격도 비교적 작으므로 콘크리트의 시공이 어렵고 지수에 문제가 생기는 일이 있다.

(자) 파이프 빔(pipe beam) 공법

파이프 루프 공법과 같은 모양으로 강관을 수평으로 압입하지만, 가이드를 겸한 인접하는 강관 상호간의 이음부를 그라우트하여 그 강성을 높이고, 이들의 하중 분산 효과를 계산상으로 평가하여 지보공의 피치, 강관의 단면을 작게 하는 공법이다. 횡단 연장이 복선 정도라면 양단의 가받침 보를 지지하는 것 뿐으로 중간의 지보공을 필요로 하지 않으므로 굴착 작업이 단순화된다. 파이프 루프 공법과 같은 모양으로 위 상판 콘크리트를 타설하기 위한 작업 스페이스를 확보할 필요가 있으므로 구조물의 위치가 깊게 된다.

(차) URT(under railway tunneling) 공법

1) 하로형 형식

박스형 속 빈 강제의 엘레멘트를 수평으로 선로 직각방향으로 압입하여 횡형으로 하고 선로 양측 RC

구조 등의 주형에 결합하여 하로형을 구성하고 선로 양측의 U형 교대 등으로 지지하는 것이다. 측벽부의 토류공도 일반적으로 URT 엘레멘트와 U형 교대로 구성되는 것이 많다. 거더 높이가 작은 위 바닥 엘레멘트를 그대로 본체로 이용하여 하로형으로 하므로 교차 구조물의 위치를 낮게 할 수 있다. 또한, 대체로 엘레멘트의 단면 형식대로 굴착할 수 있는 굴착기를 이용하여 추진하고, 궤도 아래의 굴착 작업은 본 구조물이 구성되고 나서 시행하므로 궤도의 변상이 다른 것에 비하여 적다. 더욱이, 엘레멘트를 본체로 이용하므로 공기도 짧다. 그러나, 최대의 횡단 연장은 복선 정도까지이다.

2) 터널 형식

하로형 형식과 같은 모양의 엘레멘트를 아치 또는 링 모양으로 압입하여 터널 구조로 하는 것이다. 횡단 연장은 길게 할 수 있지만, 도로 등에서는 내공에 과잉의 공간이 생긴다. 또한, 대단면에서 토피가 작은 경우에는 엘레멘트 상호의 결합 방법에 특별한 검토가 필요하게 된다.

(카) PCR(prestressed concrete roof) 공법

URT 공법의 하로형 형식과 같은 모양의 공법이다. 강제 엘레멘트 대신에 직사각형의 PC 엘레멘트를 이용하는 것이며, 주형도 PC 구조로 하는 일이 많다. 이 PC 엘레멘트는 선로 아래의 굴착 압입을 고려하여 속 빈 단면으로 하고 또한 운반과 압입 시에 필요한 프리스트레스를 프리텐션으로 주어 주형과의 강결을 도모함과 함께 하로형을 구성한 시점부터 작용하는 설계 하중에 대하여 필요로 하는 프리스트레스를 포스트텐션으로 준다. 그 특징은 URT 공법의 하로형 형식과 같은 모양이지만, 횡형을 PC로 하고 있으므로 부식의 염려가 없고 주형과 횡형의 결합도 프리스트레스를 이용하므로 구조가 간단하고 시공성도 좋다. 다만, 압입 시의 엘레멘트의 중량이 크고 작업성이 약간 떨어진다.

(3) 프런트 잭킹 공법

(가) 개요

철도나 도로를 지하로 횡단하여 지하도, 수로 등 지하 구조물을 축조할 경우, 기존의 개착공법으로 지상 교통에 영향을 주면서 지하구조물을 시공하던 공법에서 벗어나, 특별한 반력벽이 없이 전단면 프리캐스트 콘크리트(Precast Concrete) 구조물을 지중의 소정 위치에 PC 트랜드로, 견인하여 인출시키는 공법이다[245].

(나) 프런트 잭킹(Front Jacking) 공법의 특징

1) 개착공법과 비교

① 열차운전과 도로교통에 영향을 주지 않으므로 안정성이 확보됨

② 공기가 단축됨

③ 열차서행기간이 단축됨

④ 선로의 차단공사를 하지 않음

⑤ 지하 횡단구조물은 자유형으로 제작, 견인하여 일체화시킴

⑥ 콘크리트 품질관리가 용이함

⑦ 공사를 야간에 연속하여 시행할 수 있음

⑧ 절대 토취량이 감소함

⑨ 구조물 연결부위의 누수로 공사 후 많은 하자 보수

2) 지보공 등에 대한 현장 콘크리트 공법과 비교

① 안정성이 높음　　　　　　② 콘크리트 품질관리가 용이함

③ 경제성이 높음　　　　　　④ 구조물의 기울기 조절능력이 좋음

3) 쉴드(Shield), 파이프 루프(Pipe, Roof), 메셔(Messer) 공법과 비교

① 반력벽을 설치하지 않음

② 대규모의 설비를 설치하지 않아도 됨

③ 프리캐스트 콘크리트가 가지고 있는 특성을 충분히 활용

4) 프런트 잭킹 공법의 단점

① 전단면이 프리캐스트이므로 견인 도중에 크게 방향 전환 및 기울기 변경이 불가능

② 시공방법상 P.C 케이블을 관통시킬 보링공 또는 소도갱의 굴착이 필요하고, 견인할 구조물의 축
　조를 위한 공간 필요

③ 구체의 지내력이 부족할 경우, 기초 항타 및 지내력 강화의 시공이 곤란

④ 대 단면 박스구조일 경우, 길이가 짧으면 견인충 비틀림이 발생할 우려가 있음

⑤ 시스(Sheath)관의 매입이 불가피하므로 구조물의 두께는 400 mm 정도 유지되어야 함

⑥ 지장물이 있을 경우 통과가 어려움

⑦ 가받침 공법에 비하여 고가임

(다) 프런트 공법의 종류

상호 견인법과 편측 견인법이 있다(제(2) (라)항 참조).

(라) 프런트 잭킹 공법의 적용가능 개소

① 강의 지하 도강　　　　② 철도 입체 교차로

③ 교차 설비를 요하는 개소　　④ 도회지의 도로 횡단 개소

경부선과 같이 열차운행 횟수가 많은 선구에서는 열차서행 구간을 최소화하고 공기를 단축할 필요가 있으
므로 적극 도입하는 것이 바람직하나, 영동선 등 열차운행 횟수가 그리 많지 않은 선구에서는 경제성 등을
고려하여 가받침 공법을 사용하는 것을 고려할 수 있다.

제5장 전기 및 신호보안 설비

5.1 전기운전의 전반

5.1.1 전기운전의 역사와 현황

철도운전의 동력에 전기를 채용하려는 시도는 약 170년 전의 기록이 남아있다. 그러나, 철도 운전에 알맞은 전기 방식이나 구동 전동기의 개발 연구에 시일을 요하여 실용화에 성공한 것은 그로부터 약 40년 후이었다. 즉, 1879년 독일의 수도인 베를린 시에서 개최된 만국 산업 박람회에서 W. V. Siemens가 시작한 소형 전기기관차(2축, 중량 1 t, 출력 2.2 kW)가 사람을 태운 차량 3량을 전장 300 m의 선로(직류 125V, 제3레일식)를 주행한 것이 최초이었다.

계속하여, 본격적인 영업 운전으로서 1881년에 베를린 시에서 철도 마차에 대신하는 노면 전차(tram car)가 채용되었다. 최초 증기 운전의 철도로부터 약 50년 후이었다. 수송력(transportation capacity) 부족과 마차로 인한 말똥 공해에 시달려 왔던 선진 여러 나라의 도시에 급속하게 노면 전차가 보급되었다. 계속하여 매연을 피하기 위하여 터널(tunnel) 구간의 본선 등에도 전기 운전(electric traction)이 채용되기 시작하였다.

1880년 전후로 최초로 실용화된 전기 철도는 당초에 전지 전원이었기 때문에 그리고 직류 모터의 특성상에서 직류 방식이 철도에 널리 채용되어 왔지만, 일반의 전력 공급은 교류 방식이었기 때문에 철도 측에서 직류로 변류하여 사용되어 왔다. 그러나, 제2차 세계대전 후에 프랑스에서 교류를 이용한 전철화(electrification)에 성공하였다.

철도의 전기운전(electric traction)에서 차륜을 구동하는 주(主)전동기의 성능은 기동 시에 회전력이 강하고 회전 속도를 제어하기 쉬운 것이 필수 조건이다. 최초의 전철화에서는 직류직권 전동기·교류(저주파수) 정류자 전동기·3상(three phase) 교류 유도 전동기(induction motor) 등이 후보로 되어 전기 방식은 그것에 대응한 것이 선택되었다.

일반의 전기 이용이 증가하여 전력망이 정비되고 병행하여 철도의 전철화가 채용되기 시작하여 1920년경에 보급되기 시작한 전기 방식은 영국, 프랑스, 네덜란드, 일본 등의 직류 0.6 kV · 1.5 kV, 벨기에, 이탈리아, 러시아 등의 직류 3 kV와 독일 스위스, 오스트리아, 스웨덴, 노르웨이 등의 단상(single phase)교류 15 kV 16 2/3 Hz(기원은 1903년에 독일에서 실용화), 이탈리아의 3상 교류 방식 등이었다.

· 직류 방식과 단상교류 방식은 그대로 전기운전 구간이 연장되었지만, 3상 교류 방식은 가선(overhead line) 구조가 복잡한 결점 때문에 곧 폐지되었다. 이들의 전기 방식은 어느 것도 상용 교류전기와는 다르기 때문에 급전용의 전차선(trolley wire) 외에 선로 옆에 전기방식 변성설비를 설치하여야 하는 점이 전철화

(electrification)의 투자를 비싸게 하는 요인의 하나이었다. 그 때문에 제2차 세계대전 전의 전철화의 보급은 열차 횟수가 많은 대도시 근교선, 터널이 많은 선구, 지하철(subway) 등으로 한정되어 왔다. 또한, 초기의 전기차량(electric rolling stock)은 성능·신뢰성이 우수하지 않고 전력비용도 비교적 높아 전철화의 경제성도 증기운전에 비하여 그다지 좋지 않았던 점도 보급이 진행되지 않은 이유이었다.

1931년에 헝가리에서 전기 방식을 단상교류 15 kV 50 Hz로 하여 3상 교류 유도 전동기(AC induction motor)를 채용한 새로운 방식이 채용되었지만, 기관차에 상(相)변환기를 탑재하여 3상으로 변성하는 복잡한 구조로 기관차의 성능이나 경제성에 특히 우위가 보여지지 않았다.

잇달아 1936년에 독일의 헤렝탈선에서 그 후의 교류 고압 상업용 주파수 방식의 원형이라고도 하는 전기 운전이 연구 시용(試用)되었다. 이 연구는 제2차 세계대전 말기에 그 곳을 점령한 프랑스에 인계되고 전후 얼마 안되어 프랑스에서 실용화에 성공하였다. 이 방식은 변전소(transforming station)가 간소화되어 간격이 대폭으로 넓어져 지상 설비비가 경감될 수 있는(직류 1.5 kV 방식의 30~40 % 감소) 점과 정류기식 교류 기관차의 고성능{재래의 직류 기관차에 비하여 점착(adhesion) 견인력으로 35 % 증가} 등이 확인되어져 우수한 전기 방식으로서 세계 대부분의 나라에서 채용되고 있다.

세계 철도 전철화의 전기 방식별을 살펴보면, 교류 고압 방식이 착실하게 신장하여 제1위(39 %), 뒤이어 직류 3 kV(35 %), 교류 15 kV(14 %), 직류 1.5 kV(9 %)의 각 방식이 이어지고 있다. 제2위 이하는 어느 것도 제2차 세계대전 전부터 보급되어 있던 방식이다.

직류 3 kV는 구소련, 폴란드, 벨기에, 이탈리아, 스페인, 모로코, 남아프리카, 브라질 등에서, 교류 15 kV는 스웨덴, 노르웨이, 독일, 스위스, 오스트리아 등에서, 직류 1.5 kV는 네덜란드, 오스트레일리아, 뉴질랜드, 일본 등에서 채용되고 있다. 제2차 세계대전 전부터의 방식에 더하여 새로운 고압 교류를 채용하여 2종류 이상의 전철화 방식으로 하고 있는 나라는 영국, 프랑스, 구소련, 인도, 남아프리카, 오스트레일리아, 뉴질랜드 일본 등이다. 우리 나라에서는 고속철도와 일반철도는 25 kV 60 Hz 단상교류, 도시철도에서는 1.5 kV 직류를 이용하고 있다.

전철화는 열차 횟수가 많은 선구(busy line)에 채용하는 것이 경제적인 원칙이기 때문에 전세계에서의 철도 영업 연장의 전철화 비율은 약 20 %이다. 전기운전의 수송이 전체의 60 %를 넘는 나라는 스위스(100 %), 스웨덴(95 %), 오스트리아(90 %), 일본(85 %), 노르웨이, 네덜란드, 벨기에, 프랑스, 이탈리아(각 80 %), 스웨덴(77 %), 대만, 인도, 북한(각 70 %), 구소련, 남아프리카(각 60 %) 등이다. 스위스와 노르웨이는 지형·기후에서 수력발전의 혜택을 받아, 기타의 에너지원이 전혀 없기 때문에 일찍부터 전철화의 보급에 노력한 성과이다. 철도 창시국인 영국이 50 %로 의외로 낮은 것은 국내 산출의 석탄 활용으로 증기 운전의 폐지가 늦어지고, 또한 자금 부족으로 디젤화를 선행하였기 때문이다.

우리나라는 1898년 12월에 미국인 H.Collblen과 H.D Hostwick의 주도로 청량리~서대문간에 직류 600 V 방식으로 노면전차가 처음 등장(노면전차는 1968년 초에 모두 철거)하였고 1931년 경원선(철원~내금강) 116.6 km구간을 직류 1,500 V 방식으로 개통한 것이 전기철도의 시작이라고 할 수 있다[239].

또한 1970년대 고도 경제성장에 따른 교통수요에 대처하기 위하여 중앙선, 태백선, 영동선등 산업선 전철화가 1973년~1975년 사이에 교류 25 kV 방식으로 건설 개통 되었으며(제5.2.3(7)항 참조), 수도권 인구집중에 따른 교통안전 대책으로 1974년 서울~수원, 인천 등 수도권 전철을 같은 방식으로 개통시켰다. 이후

수도권 전철망 확장(과천선, 분당선, 안산선, 일산선)과 2004년 4월 1일 고속철도 개통까지 전기철도는 철도의 발전에 지대한 공헌을 하면서 발전되어왔다.

1975년에 영업 킬로미터(operating kilometer) 3,144 km중 전철 킬로미터가 414 km로 13.2 %, 1995년에는 영업 킬로미터 3,101 km중 전철 킬로미터가 557 km로 17.9 %이고, 1999년의 전철 영업거리는 61.3 km로서 전철화 비율이 21 %로 외국의 30 % 정도이다. 2004년의 영업선로 연장은 3,374 km, 복선 1,284 km(38 %), 전철 1,383 km(41 %)이다.

한국철도의 총거리는 ′05년 5월 현재 3,374.1 km이며 전철거리는 1,582.7 km로서, 수도권이 221.5 km, 일반철도가 919.8 km, 고속철도 신선구간이 238.6.3 km이며, 전철화율은 46.9 %이다.

전차선로 가선거리(연장)는 총 3,767.1 km로서 전동열차가 운행하는 수도권이 923.3 km, 전기기관차가 운행하는 산업선이 923.7 km, 고속철도 운행구간이 1,920.1 km이다.

5.1.2 전철화의 계획과 경제성

전철화(electrification)가 바람직한 대상 선구에 대하여는 지금까지 경영적으로 여러 가지의 검토가 행하여져 왔다. 경제성이 제1의 조건이라 하여도 전기 운전의 우위성, 즉 차량의 성능 향상에 따른 수송의 개선, 속도 향상(speed up), 에너지 대책 등도 고려하여 채용하고 있다.

(1) 전기운전의 특질과 기대효과

(가) 에너지 이용효율

전기운전(electric traction)은 동력 효율이 높은 발전소를 전원으로 하여 운전하기 때문에 디젤운전 등에 비하여 종합 효율이 뛰어나고 있다.

그 효율은 발전소로부터의 모든 효율을 적산하여도 다음과 같이 산정된다[31].

$$\text{전기운전 효율} = \text{화력발전소 효율} \times \text{송전효율} \times \text{변전효율} \times \text{급전효율} \times \text{전기차 효율} \qquad (5.1.1)$$

$$= 0.42 \times 0.96 \times 0.96 \times 0.96 \times 0.82$$

$$= 0.30$$

이에 비하여 디젤운전은 기관 등을 개선하여도 주행의 동력 효율은 20 %대이며, 전기운전의 에너지 효율이 우수하다(제6.1.1(2)항, **표 1.6.2** 참조).

또한, 전기차량(electric rolling stock)은 동력의 전환장치만을 탑재함에 비하여 디젤차량(diesel rolling stock)은 동력의 발생장치나 에너지원인 기름도 탑재하여야 하기 때문에 중량이 증가하여 전기차량의 성능적인 우위가 현저하다. 그 때문에 양자의 출력당 차량 중량의 차이는 대단히 커서 대출력을 필요로 하는 고속열차 등은 전기운전이 원칙으로 되어 있다.

다시 말하여, 석유에너지에 거의 의존하는 수송부분의 디젤 운전을 전철화시키면 수력, 화력, 원자력 등 비교적 원가가 싼 전기에너지로 대체 활용할 수 있기 때문에 국가에너지를 효율적으로 이용할 수 있고, 특히 철도에서 디젤과 전철간의 에너지 소비율 차이는 약25% 정도 전철이 유리하여 에너지 절약 효과를 얻을 수 있다[239].

(나) 수송능력 증대

철도의 수송능력은 열차당의 편성량수와 운전속도 등으로 정해지며, 일반적으로 견인력이 크고 가감속 특성이 좋으며 점착성능이 좋은 전철은 고빈도, 고속운전이 요구되는 구간과 경사구간에서 높은 평균속도를 얻을 수 있고 운행시간을 단축할 수 있으므로 수송능력을 디젤보다 10~40 % 이상 증가시킬 수 있다[239].

(다) 수송원가 및 유지보수비 절감

전기기관차는 디젤기관차에 비해 내연기관 등의 설비가 적어 유지보수 비용이 40 % 정도 감소되고 차량의 내구년한도 2배만큼 길며 차량중량도 줄게 되어 궤도 보수비용 절감과 운용효율 증대로 수송원가를 낮출 수 있어 철도경영의 개선과 경쟁력의 확보에 기여할 수 있다.

(라) 친환경적인 설비 구축으로 선로변 공해감소

전철은 무엇보다도 매연이 없고 소음이 적어서 공해문제가 심각한 현 시점에서 볼 때 가장 큰 장점이며 짧은 시간 간격의 고빈도 운전으로 대량 고속수송이 가능한 높은 품질의 교통 서비스를 제공해 준다. 이와 같은 많은 장점을 가진 전기철도는 세계적으로도 21세기에 걸맞는 고속화 경쟁에 열을 올리고 있다.

(2) 전철화의 경제성

전술과 같이 전기운전은 동력효율이 우수하기 때문에 효율이 특히 낮았던 증기운전(약 6 %)에 비하여 동력 비용의 절감이 크고, 또한 구조가 복잡한 디젤차량의 보수비 등으로 전기차량의 보수비를 대폭으로 경감시킬 수 있다. 그러나, 전기운전 설비에 상당한 투자를 필요로 하기 때문에 열차 횟수가 적은 선구에서는 종합 비용에 대하여 불리하게 된다. 세계 최대의 영업 연장을 보유한 미국 철도의 대부분이 전철화를 채용하고 있지 않은 것은 열차 횟수가 적어 경제적으로 불리하기 때문이다.

전철화의 경제성을 검토하는 경우에 지상 설비비(기설 선로에서는 터널단면 개수비 등도 포함된다), 차량 비용, 전력(electric power) · 기름의 동력 비용, 인건비 등으로 좌우되기 때문에 대상 선구에 대하여 어느 정도의 정밀도로 산정하는 것으로 된다. 지상 설비비에는 기설 선로의 전철화인 경우에 터널 개수비(터널 보강, 궤도 내리기)가 의외로 많다. 실적의 내역에서는 직류 방식인 경우의 변전소 비용이 약 30 %, 전차선로 비용이 약 40 %임에 비하여 교류 방식에서는 각각 15 %와 40 %로 되어 있다. 더욱이, 전철화에 수반한 신호 개량비나 통신선 대책비 등도 부가된다. 전기운전과 디젤운전의 에너지 효율은 전술과 같은 차이가 있지만, 전력 비용은 발전 · 변전 · 송전 등의 설비비가 가산되기 때문에 전기운전의 전력비용은 디젤운전에 대한 기름의 동력 비용보다 증가하는 경우가 적지 않다.

전기운전의 경우에는 일반적으로 디젤운전에 비하여 전기차량의 출력이 배가되는 예가 많으며, 전기차량의 출력을 내린 동일한 운전 조건에서 가정한 비교는 실제와 다르다. 따라서, 실제의 전기운전의 조건에 맞추어 디젤운전과 비교하면, 열차 횟수로 70~80 회/일의 선구(거의 단선의 선로용량)가 경제적으로 바람직한 전철화의 경계로 된다.

이들의 채산 외에 차량 운용(car operation)에 관련이 큰 인접 선구의 동력 방식, 전철화에 따른 수송 개선의 정도나 수익의 기대 등을 종합하여 전철화의 채용 여부를 결정한다.

(3) 직류방식과 교류방식의 비교

표 5.1.1은 직류방식과 교류 방식의 비교를 나타낸다(**표 5.2.1** 참조)[244].

표 5.1.1 직류방식과 교류방식의 비교

구분			교류(25 kV)	직류(1,500 V)
지상설비	전력설비	변전소	- 지상설비비가 적음 - 변전소 간격이 30~50 km로 수가 적음 - 변압기만으로 변성되기 때문에 소 내 설비가 적음	- 지상설비비가 많음 - 변전소 간격은 5~20 km로 수가 많음
		전차선로	- 고전압 사용으로 전류가 적어 소요 동량을 줄일 수 있으며 - 구조도 경량화할 수 있음	- 전압이 낮아 전류가 크므로 소요 동량이 많고 - 구조도 중하중임
		전압강하	직렬콘덴서로 간단히 보상	변전소 또는 급전소의 증설 필요
	부대설비	보호설비	운전전류가 적고 사고전류의 판별이 쉬워 보호설비도 단순	운전전류가 크고 사고전류의 선택, 차단용 보호설비가 복잡
		통신유도장치	유도장애가 커서 BT 또는 AT로 전철 측에서 유도대책을 하고 통신선의 케이블화를 요함	특별한 대책 불필요
		터널, 구름다리 등의 높이	특별고압으로 절연이격거리가 커야 하므로 터널 단면을 크게 하고 구름다리 등은 높아야 한다.	저전압으로 교류에 비하여 높이를 줄일 수가 있음
	공해		유도작용으로 인한 잡음으로 TV, 라디오 등 무선통신 설비에 장애가 큼	지중관로, 지중선로에 대한 전식 발생
차량	차량비		직류방식에 비해 고가	교류방식에 비해 저가
	급전전압		전기차에 변압기가 있어 고전압 이용이 가능	절연설계상 고전압 사용 불가
	집전장치		집전장치가 소형경량으로 전차선과의 접촉 양호	집전전류가 많아서 집전장치도 대형으로 전차선과의 접촉이 나쁨
	기기보호		교류 소전류 차단과 사고전류의 선택차단이 용이	직류 대전류 차단과 사고전류의 선택차단이 곤란
	속도제어		변압기 탭 절환으로 속도제어 용이	복잡
	점착특성		점착성능이 우수하여 소형으로 큰 하중을 견인할 수 있음	교류차에 비하여 점착성능이 나빠 대출력을 요함
	부속기기		변압기로 간단히 여러 가지 전원 확보	전원 설비 복잡

5.2 급전 · 변전 설비 및 전차선로

5.2.1 급전계통(feeding system) 설비

전기 차(전기기관차, 전차 등)에 공급하는 운전용 전력은 변전소에서 수전하여 전차선로에 급전된다. 즉, 열차를 전기로 운전하기 위해서는 일반 전력계통의 전력을 전기운전에 적합한 형으로 변성하는 변전소(transforming station)와 전력을 변전소로부터 전기차량으로 공급하는 전차선로(trolly lines)가 필요하다. 이들의 지상 설비를 전기운전 설비(electric traction equipment)라고 부르며, 변전소에서 전차선로를 거쳐 전기차량에 급전하는 회로를 급전(궤전, 饋電)계통이라 부른다.

급전된 전기는 급전선으로 흘러 전차선(트롤리선)으로 전기를 공급한다. 차량의 팬터그래프로 전차선에서 집전하여 차량 내로 전기를 흐르게 한다. 이에 따라 전기 차가 파워를 발휘할 수 있다. 급전회로로서 회로를 구성하기 위하여 전기차로부터의 전기는 레일을 흘러 변전소로 귀(歸)전류로서 되돌린다. 직류급전 방식에서는 각 급전회로마다 고속도 차단기 등의 보호 장치를 설치하고 있다. 교류급전 방식에서는 변압기를 이용하며, 1차 측은 전차선에 접속하고, 2차 측은 부(負)급전선에 접속한다.

전기방식은 대별하여 직류방식과 교류방식이 있으며, **표 5.2.1**에 이들 방식의 비교를 요약하여 나타낸다 (제5.1.2(3)항 참조).

표 5.2.1 직류식과 교류식의 비교

구분	장점	단점
직류식	전기의 설비가 간이하다(직류전기를 그대로 이용한다).	팬터그래프가 크고, 고속운전에 적합하지 않다.
	전압이 낮으므로 전차선로 등의 절연이 용이하다.	변전소 간격이 짧아 건설비가 높다.
교류식	전압이 높고 전류가 적으므로 가벼운 팬터그래프로 고속 운전의 추종성이 좋다.	전압이 높으므로 절연간격이 크게 되어 터널 등의 단면이 크게 된다.
	변전소 간격을 길게 할 수 있어 건설비가 싸다.	통신 유도장해가 크다.

전철화 방식의 선택은 이상의 장점과 단점을 고려하여 다음에 의거한다.
① 수송조건(수송량, 동력차의 종류)
② 인접하여 이미 전철화된 구간의 전기방식
③ 경제비교(터널 등의 개수, 투자 효과 등)
④ 사고전류와 보호
⑤ 통신 유도장해의 정도

전기운전 설비는 이동하면서도 전기차량의 변동이 많은 부하에 대응하여 원활한 급전을 할 수 있고 높은 신뢰성과 신설 및 보전 비용의 경감 등의 조건이 요구된다. 또한, 일반적으로 레일을 귀선로(return feeder)로 하기 때문에 다른 지중 매설물에의 전식(電蝕, electrolytic corrosion) 방지와 통신선에 대한 유도장해 방지도 고려된다.

(1) 직류 급전 계통의 구성

직류 회로에서 변전소는 전식 대책의 이유로 전차선(trolley wire) 측을 정(正), 레일 측을 부(負)로 하여 급전하고 있다. 전류가 크기 때문에 전차선과 병행하여 급전선(feeder line)을 설치하며, 급전선은 변전소의 상호간을 병렬로 연결하여 부하로 인한 전압 강하의 경감을 도모하는 것이 통례이다(**그림 5.2.1** 참조). 변전소의 중간에 차단기 등의 개폐장치를 설치한 급전 구분소를 두어 사고나 보전 작업시의 급전 구분(區分)을 한다.

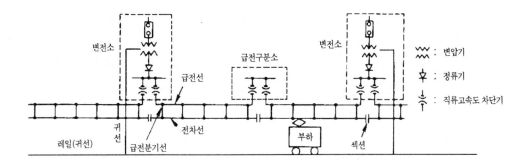

그림 5.2.1 직류 급전 계통의 구성(단선)

(2) 교류 급전 계통의 구성

우리 나라 교류 방식의 전압은 상기에도 언급하였지만 고속철도와 일반철도에서 25 kV로 하고 있으며 UIC(국제철도연합) 등의 표준 전압도 25 kV이다.

교류 방식은 전압이 높기 때문에 변전소의 간격은 30~50 km로서 직류 방식의 5~10 km의 수 배로 되며, 또한 부하 전류가 직류 방식에 비하여 1/10 이하로 작다. 그러나, 인접 변전소의 급전 전압과 같은 경우에도 교류의 전압 위상이 다른 때는 병렬 운전을 할 수 없기 때문에 중간 지점에 급전 구분소를 두어 변전소에서 급전 구분소까지 구간의 단독 급전으로 하고 있다.

일반의 3상(three phase) 전원에서 운전용의 단상(single phase) 부하를 취함에 따라 발생하는 상(相) 간의 불균형을 경감하기 위하여 변전소의 급전용 변압기(transformer)를 스콧트(scott) 결선으로 하여, 위 상이 90도 다른 M상 및 T상을 **그림 5.2.2**와 같이 방향별 또는 상하별로 급전한다.

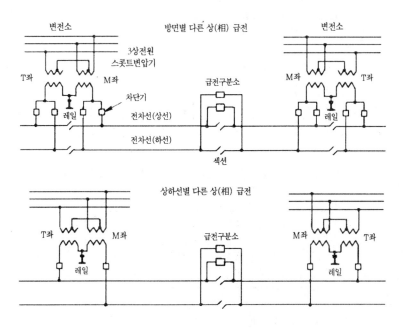

그림 5.2.2 교류 급전 계통의 구성(복선)

단상교류 급전에서는 교류 전류로 인하여 통신선에 전자 유도를 발생시키기 때문에 이것을 경감하기 위하여 BT급전 또는 AT급전 방식을 채용하고 있다.

즉, 급전한 전류가 레일로 흐를 때에 문제로 되는 유도전류가 대지로 흐르는 것을 억제하기 위하여 수 km마다 특수변압기를 설치하여 레일에 흐르는 전류를 강제적으로 흡상하여 흐르는 회로를 형성하고 있다. 또한, 변전소간에서도 본선과 측선처럼 구분하고 차단기를 설치하여 보수공사 등으로 급전을 정지하는 경우에도 다른 곳에 영향을 미치지 않도록 하고 있다.

(가) BT급전 방식(BT feeding system)

그림 5.2.3에 나타낸 것처럼 부(負)급전선과 레일간의 접속선(흡상선)의 각 중간마다 부급전선과 전차선의 사이에 권수비(卷數比) 1:1의 흡상(吸上) 변압기(BT, booster transformer)를 삽입하여(약 4 km마다), 부하 전류를 부급전선에 흡상시켜 부하 전류가 레일을 흐르는 구간을 한정함에 따라 전자 유도로 통신선에 유기(誘起)되는 유기 전압을 1/10 이하로 경감하고 있다. 그러나, 전차선에 부스터 섹션을 설치하여야 한다. 이 경우에 부하 전류가 크게 되면 부스터 섹션에 아크가 발생하여 팬터그래프나 전차선을 손상시킬 우려가 있기 때문에 보수상의 불리한 점이 따른다. 우리 나라의 산업선 전철에서 채용하고 있는 방식이다.

(나) AT급전 방식(AT feeding system)

그림 5.2.3에 나타낸 것처럼 전차선과 급전선 사이에 권수분비(卷數分比) 1/m의 단권(單券) 변압기(auto transformer, AT, 1차 및 2차의 회로가 공통인 변압기)를 삽입하여, 권선의 중간 점에 레일을 접속시킨 급전 방식이다, 일반적으로 AT 변압기의 권수분비는 1/2이며, 분로 권선과 직렬 권선의 권수분비는 1:1로 하고 있으므로 전차선과 레일간의 전압은 레일과 급전선 사이의 전압에 같게 된다. 이 방식을 이용하면 변전소의 급전 전압은 전기차량에 급전하는 전압의 2배로 되지만 변전소 간격이 넓게 되어 전압 강하로 경감시킬 수 있다. 이 방식의 부하 전류는 AT 변압기의 전원 측에서는 전차선과 급전선으로 흘러 전자 유

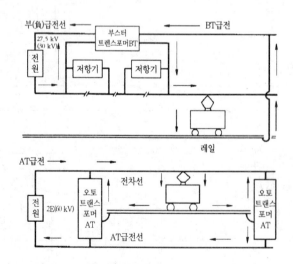

그림 5.2.3 BT급전 방식과 AT급전 방식의 비교

도의 장해가 경감된다.

이 방식은 우리 나라의 수도권 전철과 고속철도에서 채용하고 있다.

(3) 급전 계통의 부하

급전 계통 변전소의 출력 용량은 전기차량의 부하에 충분히 대응시킨다. 전기차량에 의한 부하는 정격 출력(rated output) · 제어 노치 수 및 속도 · 선로 조건 등에 따라 크게 변화하며, 열차 밀도(traffic density)에 따라서도 변한다.

변전소의 1시간 출력 용량은 피크 시간대의 열차수, 실적의 열차 전력 소비율에서 개산할 수 있다. 그 수치를 Y kW로 하고, 1열차의 최대 전류 · 선로 조건(구배 등) 등에 의한 정수를 C로 하면, 순간 최대 전력 Z는

$$Z = Y + C\sqrt{Y}$$

로 산정된다.

1 열차의 최대 전류를 I로 하면

$$C = 1.7\sqrt{I}$$

로 산정되며, 일반적으로 60(열차 최대 전류가 약 1,500 A)~100(약 3,500 A)의 수치를 취한다.

열차 종별의 전력 소비율 실적에 의거하면 기관차 견인 열차의 t · km당의 소비율은 전차의 반분 이하로 작지만, 열차 단위(train unit)가 크기 때문에 열차로서는 전차와 그다지 변하지 않는다.

(4) 전압 강하의 한도

전기차량에 공급되는 전력은 전압 강하가 적은 양질의 것이 바람직하다. 전압이 너무 강하되면 전기차량의 제어 전원이나 보기(補機)에 지장이 생기고, 또한 주전동기(main motor)의 속도특성에 따라 운전속도(operating speed)가 저하되어 운행 다이어그램(diagram)에 대응할 수 없게 된다. 따라서, 전기차량의 성능과 관련하여 전압 강하의 허용 한도는 직류 1,500 V에 대하여 900 V, 교류 25 kV에 대하여 22.5 kV로 하고 있다(제5.2.4(1)(나)항 참조).

최대의 전압 강하는 변전소에서 가장 먼 위치에 있는 열차(복수를 포함하여)가 큰 전류를 취하고 있을 때에 발생하기 때문에 허용 한도와 아울러 상응의 대책이 강구된다.

(5) 사고 전류의 차단

급전 계통내의 전차선의 단선 · 접지 등의 사고가 발생한 경우에는 보안상 차단기로 신속하게 사고 전류를 소멸시킬 필요가 있다. 또한, 이 차단기는 통상의 열차운전에 대하여는 작동하지 않는 것이어야 한다.

직류 급전계통의 보호장치로서는 각 변전소의 각 급전회선마다 고속도 차단기가 설치되어 있다.

교류 급전계통의 보호는 변전소의 급전 인출구 및 급전 분소에 설치된 거리 계전기로 사고 전류가 검출되며, 직류 방식에 비하여 선택 차단을 용이하게 하고 있다.

(6) 수전과 급전계통에 관한 철도건설규칙의 규정

수전(受電)선로의 전압은 수전전력 · 수전거리 및 이와 연계된 전력계통을 고려하여 접지방식에 따라 비

유효접지계는 66 kV(공칭전압), 유효접지계는 22.9 kV, 154 kV, 345 kV(이상, 공칭전압)로 결정한다.

수전계통(系統)의 구성은 부하의 크기 및 특성 · 지리적 조건 · 전력조류 · 전압강하 · 수전안정도 · 회로의 공진 · 운용의 합리성 등을 고려하여 결정하여야 한다. 수전선로는 지형적 여건 등 시설조건에 따라 가공(架空) 또는 지중으로 시설하며, 비상시를 대비하여 예비선로를 확보하여야 한다.

급전(給電)계통은 부하의 크기와 성질 및 전압강하를 고려하여 구성하고 변전소간에는 급전구분소를 설치하여 방면별로 급전한다.

급전용 변압기의 2차회로는 인접하는 변전소와 동상이 되도록 구성하는 것을 원칙으로 한다. 다만, 이미 시설된 선로에 접속할 경우 등 부득이한 경우에는 그러하지 아니하다.

5.2.2 변전 설비

변전소(transforming station)는 일반 전원의 3상 교류 고압 계통에서 전력을 받는 설비, 이것을 전기차량에 사용할 수 있는 전력의 형태로 변성하는 설비, 전차선로에 급전하는 설비, 이들의 급전 계통을 감시하고 고장 시에 계통을 보호하는 설비 등으로 구성되어 있다. 변성 기기의 고장은 열차의 운전에 직접 지장을 주기 때문에 높은 신뢰성이 요구된다.

변전소의 간격은 예를 들어 직류구간은 통근선구에서 3~5 km, 기타의 선구에서 10~15 km이고, 교류구간에서는 20~100 km이다.

(1) 직류 변성 설비

일반 전력망에서 송전선로(transmission)를 이용하여 교류 특별 고압(22~77 kV가 많다)으로 수전하고 이것을 변압기로 적당한 전압으로 내려 실리콘 정류기 등으로 직류로 변환하여 전차선로(trolly lines)에 급전하는 것이다. 즉, 직류변전소에서의 수전설비는 일반전력계통에서 전력을 받기 위한 특별고압의 개폐설비와 보호 장치로 성립되어 있으며, 변전설비는 수전한 특별고압을 대략 전차선에 가까운 전압으로 내리는 변압기와 이것을 교류에서 직류로 변환하는 정류기로 구성된다. 또한, 직류전력을 전차선으로 공급하는 급전설비에는 사고 등으로 대(大)전류가 발생하는 것을 막기 위하여 고속도 차단기를 설치한다.

(가) 정류기

예전에는 회전 변환기 · 수은 정류기 등이 이용되어 왔지만, 현재의 신설 변전소는 실리콘 정류기가 대부분으로 되어 있다. 내구성 · 변성 효율(약 98 %) · 비용 · 보수성(소모품이 없다) 등이 우수하기 때문이다.

초기의 실리콘 정류기는 공기로 냉각되는 풍냉식이었지만 최근에는 용량의 증대와 함께 액체로 냉각되는 액냉식이 채용되고 있다. 전기 운전의 부하는 변동이 심하고, 또한 전차선로나 전기차량의 고장 시에는 보호 장치가 있어도 순간적으로 큰 과전류가 흐를 우려가 있기 때문에 정류기는 이들의 과전류에 대하여도 충분히 견딜 수 있는 용량이어야 한다.

정류기의 성능으로서는 정격 출력에서 연속 사용할 수 있고, 정격 출력의 150 %에 대하여 2시간, 더욱이 정격 출력의 300 %에 대하여 1분간의 부하에도 지장이 없이 사용할 수 있는 사양으로 되어 있다.

(나) 보호장치

정류장치의 과전압 보호에는 직류 피뢰기(arrester)가, 과전류 보호에는 교류 측에 과전류 계전기, 직류 측에는 각 급전회로마다 고속도 차단기가 설치되어 있다. 직류 급전회로는 전기저항이 작기 때문에 단락(short circuit) 고장 등의 이상이 발생하면 그 사고 전류가 대단히 크게 된다. 따라서, 이상 시에는 회로의 인덕턴스(inductance, 코일에 흐르는 전류의 변화에 따라 기전력을 일으키는 성질의 것)에 의한 과도 현상 중의 전류가 크게 되지 않는 사이에 신속하게 차단하는 것이 사고의 피해를 가볍게 하기 위하여 바람직하다. 즉, 직류 차단기에 전류 증가율에 따라 자기 차단하는 기능을 갖게 한 것이 고속도 차단기이다.

(2) 교류 변전소의 주요 기기

교류변전소에서는 대략 전차선에 가까운 전압으로 내라는 변압기만이며 정류기는 없다. 또한, 급전설비에는 직류변전소와 마찬가지로 사고 등으로 대(大)전류가 발생하는 것을 막기 위하여 고속도 차단기를 설치하고 있다. 또한, 원격제어장치는 각 변전소 등을 일괄하여 제어하기 위하여 설치하고 있다.

(가) 변성 설비

교류 변전소는 직류 변전소에 비하여 정류기가 불필요하게 되지만, 전원의 3상 교류 전력에서 전기운전용의 단상교류 전력으로 변성하기 때문에 3상측 3선의 전류가 불균형으로 되기 쉽다. 고출력 운전의 단상 대전력을 공급하는 경우에는 전원의 발전설비나 일반 수요가의 부하 등에 나쁜 영향을 끼치기 때문에 3상 3선의 전류를 가능한 한 균형이 되게 하는 것이 바람직하다. 그 때문에 급전회로를 방향별 또는 상하선별로 하여 3상측 부하의 균형을 도모하고 있다(**그림 5.2.2** 참조).

(나) 섹션 교체설비

교류 급전회로에서 송전계통이 다른 인접 변전소와의 중간 구분소에는 교류의 전압 위상이 다르기 때문에 전차선(trolley wire)에 이상(異相) 섹션을 설치할 필요가 있다. 예로서, 재래선의 섹션은 절연물을 이용한 무가압 구간으로 하여 타행 운전(coasting)으로 하며, 고속선로에서는 전원 개폐용의 차단기를 설치하여 역행인 채로 통과시킬 수 있도록 하고 있다.

(3) 원격 감시제어

최근의 변전소는 기기의 신뢰성 개선과 아울러 다수 변전소의 운전을 1 개소의 제어소에서 원격 감시 · 제어하는 방식으로 하는 것이 일반적이다.

(4) 변전소에 관한 철도건설규칙의 규정

변전소 등의 위치는 급전구간의 부하중심으로 하되 다음을 감안하여 결정한다.
① 전원에 가까운 곳
② 변압기 등 변전기기와 시설자재의 운반이 편리한 곳
③ 공해 · 염해 등 각종 재해의 영향이 최소화되는 곳

④ 보호지구 또는 보호시설물에 가급적 지장을 주지 아니하는 곳

⑤ 변전소 앞 절연구간에서 열차의 타행운전(동력을 주지 아니하고 관성으로 운전하는 것을 말한다)이 가능한 곳

변전소의 간격은 전차선 전압의 최저한도를 유지할 수 있고 급전계통에서 발생하는 사고전류를 확실하게 검출할 수 있는 간격으로 정하되, 열차운행계획, 선로구간의 중요도, 장래의 수송수요 등을 고려하여야 한다.

변전소의 용량은 장래의 수송수요를 감안하여 다음과 같이 결정한다.

① 변전소의 급전용 주변압기는 장래 수송수요 등을 감안하여 뱅크를 구성하고 예비용 변압기를 설치하여야 한다.

② 급전구간별 정상적인 열차부하 조건에서 1시간 최대출력 또는 순간 최대출력을 기준으로 한다.

변전소 등은 옥내형을 표준으로 한다. 다만, 다음 사항의 어느 하나에 해당하는 경우에는 옥외형으로 할 수 있다.

① 주택 등과 멀리 떨어져 민원발생 등의 우려가 적은 지역의 경우

② 장래 공해 · 염해 등의 우려가 적은 지역의 경우

③ 인구밀집지역이 아닌 지역의 경우

④ 그 밖에 옥내형으로 건설이 곤란한 경우

변전소 등의 제어는 중앙집중 원방감시 제어식으로 하고 변전소 등의 제어 및 감시가 전기사령실에서 이루어지도록 하여야 한다. 전기사령실과 변전소 또는 그 밖에 사령업무에 필요한 장소에는 상호 연락할 수 있는 통신설비를 시설하고, 전기사령실에는 전철전력설비 운영과 관련된 정보처리장치 등을 설치한다. 비상상황이 발생하는 경우 등의 기기취급 및 제어 방법에 대하여는 건설교통부장관이 정하는 바에 의한다.

5.2.3 전차선로의 종류와 구조

전기차량의 집전 장치(power collector)에 전력을 공급하기 위하여 선로를 따라 설치한 전선로와 전선로를 지지하는 공작물을 포함하여 전차선로(trolly lines)라고 칭한다. 전차선로에는 가공 단선식(overhead single line system), 가공 복선식, 제3 레일식(third rail system), 강체 복선식, 강체 3선식 등이 있다. 보통 철도는 가공 단선식이 일반적이고, 가공 복선식(전원의 양단을 2개의 가공전차선에 접촉하는 방식)은 무궤도 전차 등에 이용하며, 지하철 등에 제3 레일식, 모노레일에 강체 복선식, 신교통 시스템에 강체 복선식 · 강체 3선식을 사용한다(경부고속철도 전차선로 설비는 제5.2.5항 참조).

가공 단선식의 경우에는 전기차량의 집전 장치와 접촉하기 위한 전선로(전차선)를 중심으로 하여, 매달기 위한 조가선(吊架線) · 행거(hanger) · 이어(ear, 매다는 블록) · 절연 애자(insulator) · 구분 장치 등과 이들을 지지하기 위한 전주 · 트러스 빔 · 브라켓 등의 각종 공작물로 구성된다(**그림 5.2.4** 참조).

제3 레일식은 지지 애자로 레일을 지지하며, 위험 방지용의 방호판을 설치한다.

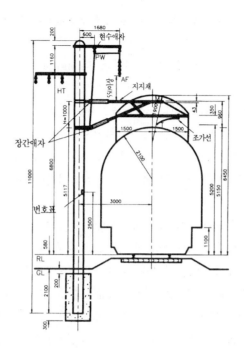

그림 5.2.4 전차선로의 구성(직류 구간) 예

(1) 가공 단선식(overhead single line system)

(가) 가공식의 특징

가공식(架空式, 가공선 방식)은 선로 상공에 전차선(트롤리선)을 설치하여 전기차 상부의 팬터그래프로 급전하는 방식이다. 급전회로는 전차선, 급전선, 귀선(레일) 등으로 구성된다. 전차선은 팬터그래프에 접촉하여 전류를 전기차로 전하는 역할과 전류가 흐르는 회로의 일부를 형성한다고 하는 2 가지 기능을 갖고 있다. 직류방식에서 전차선만의 급전에서는 전차선의 저항이 커서 대전류를 필요로 하고 단선 등의 사고에서는 큰 피해가 생긴다. 그래서 250 m 간격으로 급전선에서 전차선으로 전류를 공급하고 전차선으로 전류가 흐르는 구간을 짧게 하여 변전소부터 대전류가 흐르는 것을 억제하는 회로로 하여 전기차를 지나 레일로 흐르는 회로를 형성하고 있다.

(나) 가공식의 조건

가공선(aerial line) 방식에서는 전차선(trolley wire)을 매달지만 전차선의 중량 때문에 처짐이 생긴다. 이 처짐은 전차선의 지지간격이 길수록, 전차선이 무거울수록, 전차선의 장력이 낮을수록 크게 된다. 전차선의 처짐이 약간 크게 되어도 전기차량의 속도가 느릴 때는 집전 장치의 전차선에 대한 추수성이 문제없지만 속도가 높게 되면 집전 장치의 상하동이 심하게 되어 전차선에서 이선(離線)하여 장해를 일으키기 쉽게 된다. 가공선의 바람직한 조건으로 다음과 같은 것이 열거된다.

① 자중에 가해지는 강풍으로 인한 횡하중이나 적설·결빙 등으로 인한 수직 하중에 견딜 수 있을 것.

② 한결같은 모양의 같은 정도의 처짐성이 바람직하며 경점(硬點, hard spot)*은 피한다.

③ 팬터그래프(pantograph)의 밀어 올림 량이 한결같고 전기차에의 급전이 원활할 것.

④ 지지물의 구조는 간소하고 신뢰성·내구성이 높을 것.

⑤ 건설비를 경감할 수 있고 보수도 용이할 것(이상적인 것은 maintenance free).

(다) 전차선의 높이, 편위 및 재료

일반철도의 전차선의 높이는 레일면(rail level)에서 5.2 m를 표준(부득이한 경우에는 최고 5.4 m, 최저 5.1 m까지 할 수 있다)으로 하고 있으며, 중앙선·태백선·영동선 등 기존의 터널 등에서는 4.85 m까지 낮출 수 있도록 하고 있다. 집전 상으로 보아 전차선은 고저 차가 적은 것이 바람직하며, 고저 차를 지지점 간격으로 나눈 수치가 본선 3/1,000(터널 등에서는 4/1,000) 이하, 측선 15/1,000 이하로 되도록 하고 있다.

전차선의 편위는 곡선에서의 전차선로 편위나 차량의 동요로 인한 팬터그래프의 편의(偏倚)와도 관련하며, 궤도중심에서 최대 250 mm로 하고 있다. 더욱이, 팬터그래프 접판(slider)이 일정 위치만으로 전차선과 접촉하면 접판의 그 위치만 마모하기 때문에 전차선이 지그재그가 되도록 설치한다.

전차선에는 일반적으로 경동(硬銅)을 이용하며, 단면 형상에 홈이 있는(grooved, 溝形) 원형, 홈이 있는 사다리꼴, 이형(異形) 등이 있지만(**그림 5.2.5** 참조), 홈이 있는 원형을 일반적으로 표준화하고 있다. 단면적은 예를 들어 본선용이 110 mm^2, 측선용이 85 mm^2, 고속선로용은 150(경부), 170(신칸센) mm^{2}를 사용하고 있다. 전차선의 인장강도에 대한 안전계수는 경험적으로 2.2로 하여 마모 시의 사용한도(110 mm^2 선, 직경 12.3 mm의 잔존 직경 7.5 mm)를 결정한다.

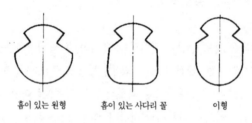

홈이 있는 원형   홈이 있는 사다리꼴   이형

그림 5.2.5 전차선의 단면

(라) 전차선의 지지방법

이 전차선을 지지하는 방법에 따라 직접 가선방식(direct hang system), 카테너리(懸垂) 가선방식, 강체 가선방식 등이 있다. 다른 말로, 장력을 걸어 선로 상공에 전차선(트롤리선)을 팽팽하게 하는 방법에는 크게 나누어 직접방식(**그림 5.2.6**)과 조가방식(**그림 5.2.7**)이 있다.

가선의 길이는 통상 1.5 km를 단위로 하며, 연결부는 팬터그래프가 원활하게 통과할 수 있도록 다음의 가선과 2중으로 되어 있다.

---

* 트롤리 선의 접촉개소나 변형된 부분 등 국부적으로 유연성이 결여된 지점으로 트롤리선과 집전장치 미끄럼판의 마모와 손상의 원인으로 된다.

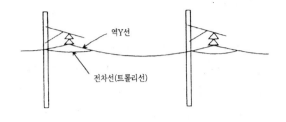

그림 5.2.6(a) 직접 방식

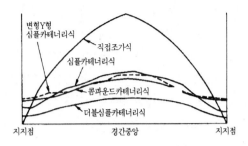

그림 5.2.6(b) 각종 가선의 정적 밀어 올림량
특성 곡선의 예

직접 가선 방식은 조가선을 설치하지 않고 직접 전차선을 매단 것으로 건설비가 저렴하지만 조가 지점 아래가 경점(硬點, hard spot)으로 되는 것이 결점이며 저속 주행시키는 역구내 측선(side track)이나 노면 전차선 등에서 채용한다.

강체 가선방식은 터널 구간이나 교외 철도에 직통하는 가선방식의 지하철 등에서 채용한다.

일반적으로 사용되는 카테너리 가선방식(조가방식)은 여러 가지의 구조 종류가 있으며, 열차의 속도 · 집전 전류의 대소 · 특성 · 보수성 · 건설비 등을 종합하여 선정한다(그림 5.2.6(b) 참조).

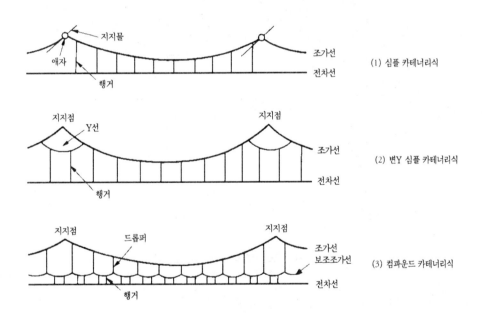

그림 5.2.7 카테너리 가선방식

심플 카테너리(simple catenary)는 TGV(train a grande vitesse)-A에서 채용되어 운행중이다. 변Y형 카테너리(stitched catenary)는 TGV-PSE와 독일의 ICE(intercity express)에서 사용하고 있다. 컴파운

드 카테너리(compound catenary)는 신칸센에서 사용되고 있다[6].

1) 심플 카테너리(simple catenary)

그림 5.2.7(1)에 나타낸 것처럼 전차선의 위쪽으로 평행하게 조가선을 당기고 여기에서 행거(hanger, 간격은 5 m가 표준)로 전차선을 매달고 있다. 따라서, 처짐은 조가선이 담당하며, 전차선은 레일면과 고저 차가 없도록 행거의 길이를 결정한다. 일례로서 조가선은 아연도금 강연선(90 mm²)을 장력 1 tf로 가설하고 여기에서 행거로 전차선(홈이 있는 경동선 110 mm²에 대하여 장력 1 tf)을 조가하고 있다.

또한, 기온의 변화 등에 대응하여 신축이 가능하도록 하고 전차선에 일정한 장력을 주는 방법으로서 일정 간격마다(800 m 미만에서는 한쪽, 800~1,600 m에서는 양측) 전차선의 끝에 활차를 두어 무거운 추를 매달은 자동 장력 조정장치(tension balancer, automatic tensioning device)를 일반적으로 채용하고 있다(그림 5.2.8 참조).

길이 800 m의 가선(overhead line)에 대한 온도 변화 30 ℃의 신축량은 다음과 같이 산정한다.

전차선의 선팽창계수(17×10^{-6})$\times 800 \times 103 \times 30 = 400$ mm　　　　　　　　(5.2.3)

최근에는 조가선의 장력을 가일층 강화(2 tf 정도)한 헤비 심플 카테너리식(heavy simple catenary system)도 채용하여 고속운전에 대처하고 있다.

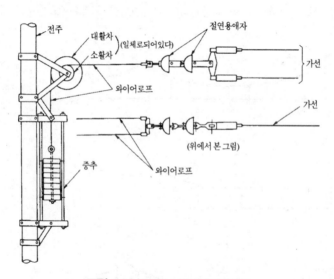

그림 5.2.8 중추식 장력 조정장치

2) 더블 심플 카테너리(double simple catenary)

대도시 고밀도의 전차 구간에서는 부하 전류가 대단히 크기 때문에 심플 카테너리식을 약 100 mm 간격으로 병렬하여 가설한 2선식의 더블(double) 심플 카테너리식(2중 전차선)이 밀어 올림 특성도 우수하므로 보급되고 있다.

3) 변Y형 심플 카테너리(strange Y simple catenary)

그림 5.2.7(2)와 같이 심플 카테너리식의 지지점 아래 부근에 소(小) 카테너리를 삽입한 것으로 이에

따라 지지점 아래의 밀어 올림 특성이 개량되기 때문에 고속 구간 등에서 채용하고 있다(**그림 5.2.6(b)** 참조). 그러나, 동적 밀어 올림 량이 증가하여 가선 진동이 크게 되는 결점도 있는 등으로 최근의 고속 선로에서는 헤비(heavy) 심플 카테너리식을 많이 채용하고 있다.

4) 컴파운드 카테너리(compound catenary)

그림 5.2.7(3)에 나타낸 것처럼 조가선에서 드롭퍼(dropper, 간격은 10 m가 표준)로 보조 조가선을 매달고, 더욱이 보조 조가선에서 행거로 전차선을 매다는 구조로 하고 있다. 보조 조가선도 급전선 (feeding system)의 역할을 겸하게 하여 전류 용량을 크게 할 수 있고, 밀어 올림 특성도 우수하므로 고속열차가 많은 외국의 간선에 채용된다.

조가선(吊架線) · 보조 조가 · 전차선의 장력을 한층 강화한 것이 일본의 헤비 컴파운드식(heavy compound catenary system)이며, 집전(current collection)의 추수성이 보다 뛰어나고 있다. 일례는 조가선을 아연도금 강선(180 mm², 장력 2.5 tf), 드롭퍼(간격 10 m), 보조 조가선(150 mm², 장력 1.5 tf), 행거(간격 5 m), 전차선(홈이 있는 硬銅線 170 mm², 장력 1.5 tf)으로 하고 있다.

5) 강체 가선방식(rigid catenary system)

카테너리 가선방식으로는 터널 단면적이 크게 되기 때문에 가선방식의 지하철 등에서는 강체 가선방식을 채용하고 있다. 알루미늄 합금제의 T형재를 애자로서 터널의 천장에 지지하고, 이 하면에 알루미늄 합금 이어(ear, 매다는 블록)를 이용하여 전차선을 연결 고정하고 있다. 형재(形材)와 일체로 되어 있기 때문에 강성(rigidity)이 크고 주행 중 동요의 이착선(離着線) 시에 집전 장치가 도약하기 쉬우므로, 고속운전에는 팬터그래프의 밀어 올리는 힘을 강하게 하는 등의 대책을 채용하고 있다. 형재는 급전선을 겸하며 단선의 위험도 없고 터널 위의 높이를 낮게 할 수 있는 것이 최대의 이점이다(**그림 5.2.9** 참조).

더욱이, 강체 가선과 일반의 카테너리 가선과의 접속 개소는 가선의 스프링 정수를 서서히 체감시키는 구조로 하고, 일반적으로 더블 심플 카테너리식 가선 등을 채용하고 있다.

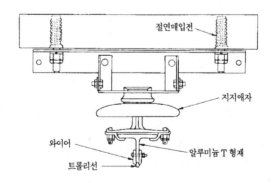

그림 5.2.9 강체 조가식

(2) 제3 레일식(third rail system)

선로의 옆에 도전(導電)용의 제3 레일(third rail)을 부설하여 전기차량의 측면에 내민 집전주(舟)로 집전한다(**그림 5.2.10** 참조). 선로의 옆에 전도체가 설치되어 감전의 위험이 있기 때문에 저전압의 산악철도와 지하철 등으로 한정되며, 제3 레일을 채용한 외국의 지하철에서는 예를 들어 직류 600~750 V로 하고 있다. 제3 레일은 주행 레일(running rail)보다 전기 저항이 적은 저탄소강(예 : 성분 C 0.04 %, Mn 0.15 %, Cu 0.067 %, 인장강도 50~75 kgf/mm²)을 채용하고 있다. **표 5.2.2**는 가공단선식과 제3 레일식의 비교이다.

이 방식은 전류용량이 크고 지지구조가 간단하지만, 궤도 측면에 급전용 레일이 부설되어 있으므로 보선작업 등에서 감전의 위험이 있다.

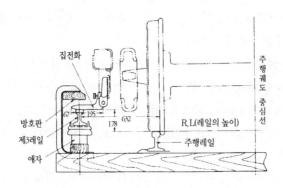

그림 5.2.10 제3 레일식

표 5.2.2 가공단선식과 제3레일[245]

구분		가공단선식	제3 레일식
전기방식		직류 1,500 V	직류 600 V, 750 V
집전방식		공중에 가설된 전차선으로부터 차량상부의 팬터그래프로 집전	차량이 주행하는 노선측방에 제3의 레일을 부설하여 차량하부의 집전슈(Collector shoe)로 집전
최고운전속도		80 km/h 이상	70 km/h 이상
변전소간격(평균)		3~4 km	1.5~2 km
전압강하		적다	크다
지상부의 미관		노선상부가 비교적 복잡	노선상부 미관 양호
구조면적		크다	적다
설비관리	전차선	마모시 교환	교환 필요 없음
	궤도, 신호, 통신	열차운행시간에도 순회점검 가능	열차운행 종료 후나 단전 후에만 순회점검 가능
	차량	전기기기의 소형, 경량대차구조 간단, 차량기지 내에서 차량검사 용이	전기기기의 대형화와 중량증가, 승차감저하 대차구조상 제한, 검사고 내 입출장시 기관차의 견인이나 이동급전선 연결 필요→검수능률 저하
안전성	인체감전	감전위험 없음	감전위험 있음(점검, 보수직원에게 위험, 승객이 노선에 추락시 감전위험)
	비상시 승객대피	선로연변에 대피 가능	변전소에서 전원차단 후에만 대피 가능
	차량화재 위험	전기화재 위험 없음	전기화재 위험 있으므로 특별한 대비책 필요

(3) 급전선(feeder line)

부하가 많은 직류 전차선로에서는 대전류로 되어 전차선만으로는 용량이 부족하기 때문에 별도로 급전선을 가설하여 200~300 m마다 급전 분기선으로 전차선과 접속한다. 급전선에는 경동(硬銅)선 200~300 mm² 등을 채용한다.

(4) 귀선로(return feeder)

전기차량에 공급된 전력(electric power)을 변전소로 되돌리기 위한 회로를 귀선로라 부르며(제5.2.6항 참조), 일반적으로 귀선 레일(귀선로로 이용되는 주행 레일)·레일 본드(bond)·보조 귀선(auxiliary return feeder) 등으로 이루어져 있다.

귀선로의 전기저항이 높은 경우는 전압 강하나 전력 손실이 크게 되어 대지에 대한 누전류가 증대하여 전식이나 통신유도 장해 등을 일으키기 쉽다. 그 때문에 귀선로의 전기저항을 적극 경감할 필요가 있으므로 레일 이음매에 동선 본드를 설치하여 전기의 흐름을 좋게 하며, 부하 전류가 많은 구배 구간 등에서는 평행하게 보조 귀선을 설치한다.

강 레일의 전기저항은 동의 11~13배이며, 50 kg/m 레일 귀선로의 도체 저항은 0.017 Ω/km 정도이다. 교류 방식에서는 외부로의 유도 장해를 경감하기 위하여 가선 방식의 부(負)급전선 등을 설치한다.

(5) 절연(insulation)

전차선로의 절연은 절연물로서 ① 애자(insulator)를 이용하든지 ② 충전(充電) 부분과 구조물·터널 벽 등의 사이에 절연 이격 거리를 두든지의 두 가지를 기본으로 하며 전압·보수작업의 난이·경제성에 따라 결정한다.

애자는 장간(長幹) 애자·현수 애자를 이용하며, 장간 애자는 주로 가동 브라케트에 이용하며, 압축용·인장용·터널용이 있다. 현수 애자는 전차선로에 많이 이용된다.

전차선을 터널이나 교량 아래 등에 가설하는 경우, 집전 장치로 인한 전차선로의 밀어 올림이나 동요에 대하여 충분한 대지절연 이격거리의 확보가 요구된다. 예를 들어, 직류 1,500 V의 경우는 표준으로 250 mm, 부득이한 경우 150 mm, 동요 시 등의 단시간에 한하여 30 mm로 하고 교류의 경우는 차례대로 300 mm, 250 mm, 150 mm로 하고 있다. 더욱이, 피뢰기(arrester)와 보안기 등의 절연 보호 장치를 유효하게 이용하여 전차선로·전기차량·변전소 등의 전기회로 체계의 절연 설계를 종합적·경제적으로 행하는 것을 절연 협조라고 하며, 일반적으로 채용되고 있다.

(6) 팬터그래프의 이선(contact keep of pantograph)

전기차량의 주행 중에 집전 장치의 팬터그래프(pantograph)가 전차선에서 떨어지는 것을 이선(離線)이라 부른다(제5.2.4(2)항 참조). 이선의 원인으로는 가선 구조로 인한 것, 팬터그래프의 추수 성능으로 인한 것 외에 전차선에 대한 빙설이나 이물질의 부착 등이 있다. 속도가 향상하면 동요·진동 등 때문에 이선하기 쉽고, 이선은 아크나 충격으로 인하여 전차선이나 팬터그래프를 마모 또는 손상시키며, 이선이 크면 전기차량의 운전에 지장을 줄 수 있기 때문에 가선 측에 대하여도 대책이 요구된다.

이선의 허용 한도를 이선율(ratio of contact keep, 이선한 시간의 총계 / 전(全)주행 시간. 전기적으로 계측된다(제5.2.4(2)(가)항 참조))로 나타내며, 직류 구간(D.C. electrified section)에 대하여 0.5~1.0 %, 교류 구간(A.C. electrified section)에 대하여 약 3 %로 하고 있다. 가선·팬터그래프 계의 안정된 집전이 곤란할 경우는 가선과 팬터그래프를 하나의 계로 하여 개선하여야 한다.

가선측 이선 대책의 기본은 ① 전차선을 한결같은 모양의 높이로 하여 구배 변화를 될 수 있는 한 적게 하고, ② 전차선의 경점을 적게 하기 위하여 가선 부품을 경량화하고 접속 개소를 적게 하며, ③ 가선 장력을 항상 적정하게 유지하는 등이다.

(7) 한국의 전차선로(고속철도전차선로는 제5.2.5항 참조)

화물수요가 많은 산업선(중앙선, 태백선, 영동선)을 유럽차관의 협조로 1969. 9. 12에 고한선(태백선) 고한~황지(태백)간 15 km를 착공하여 1972. 6. 9에 증산~고한간 10.7 km의 전철시험선구를 교류 25 kV BT(흡상변압기)급전방식의 심플 커티너리 가선방식으로 완공한 것을 효시로 1973부터 1975년까지 중앙선 청량리~제천간 154.9 km를 비롯하여 망우선 망우~성북간 4.9 km, 태백선 제천~고한간 83.1 km의 산업선 전철화 1단계를 완공하여 북평(현 동해)에서 인천까지 화물수송이 가능해졌다. 현재 우리나라에서 운용 중인 교류 25 kV 전차선로는 산업선의 경우 BT급전방식으로 드롭퍼의 배치간격은 10 m이고, 수도권 전철은 AT(단권변압기) 급전방식으로 행거의 배치간격을 5 m를 표준으로 사용하고 있으며, 지하구간의 강체 가선방식을 제외하고 거의 심플 커티너리 방식을 주로 사용하고 있다[239]. **표 5.2.3**은 고속철도와 일반철도 전차선의 비교이다.

표 5.2.3 고속철도 전차선과 일반철도의 전차선 비교

구분		일반철도	고속철도	비고
가선방식		심플카티너리	고장력 심플카티너리	
전차선	선종	Cu 110 또는 170 mm²	Cu 150 mm²	
	장력	1 톤	2 톤	고장력 시스템
	형태	원형	Pre-Worn형	집전성능 향상
조가선	선종	CdCu 70 또는 80 mm²	BZ 65 mm² 연선	
	장력	1 톤	1.4 톤	고장력 시스템
	구성	19/2.1 mm	37/1.5 mm	
드롭퍼		CdCu 10 mm² 동연선 행거 5φ스텐레스 강봉	BZ 12 mm² 연선	
장력조정장치		일괄장력조정 (활차식)(1:3, 1:4)	개별 장력 조정 (도르래식)(1:5)	
전차선 결빙대책		-	해빙시스템	
이선율		-	1 % 미만	
교차장치		교차금구사용 2전차선방식	무교차방식 3 전차선 가선	무교차방식으로 속도 향상
사구분장치		FRP제 8 m 속도 : 120 KPH	이중오버랩 속도 : 300 KPH	고속 확보 가능
오버랩 구성		3경간 구성 속도 : 120 KPH	4경간 구성 속도 : 300 KPH	고속 확보 가능
표준가고(최소가고)		960 mm(180 m)	1,400 mm(600 mm)	
최대 경간		50 m	63 m	
전차선 높이		5,200 mm	5,080 mm	

(8) 철도건설규칙의 규정

1) 가공전차선의 가선방식 및 전압 : 가공전차선의 가선방식은 가공단선식으로 하며, 표준전압은 직류 1천5백 V 또는 단상교류 2만 5천 V로 하여야 한다. 전차선의 전압은 전기차량의 기능을 확보할 수 있는 충분한 값이어야 한다.

2) 전차선의 평면교차 : 표준전압이 다른 전차선은 평면교차시켜서는 아니 된다.

3) 전차선의 높이 및 기울기 : ① 전차선의 높이는 레일 윗면으로부터 5,200 mm로 하여야 한다. 다만, 지형조건 등 부득이한 경우 5,000 내지 5,400 mm로 할 수 있다.

　　② 전차선의 기울기는 레일 윗면에 대하여 다음의 구분에 따른 기울기(‰) 이내로 하여야 한다.

　　　　ⓐ 고속철도의 경우에는 1, ⓑ 일반철도 본선의 경우에는 3, ⓒ 측선의 경우에는 15, ⓓ 터널, 구름다리 및 건널목 등에 인접한 장소의 경우에는 4

　　③ 기존선(수도권 전철과 지하구간 제외)의 경우에 이미 설치된 터널의 눈 덮개 · 구름다리 · 교량 그밖의 이와 유사한 구조물이 설치되어 있는 장소 또는 이에 인접한 장소에 있어서는 상기의 규정에 불구하고 전차선의 높이를 레일 윗면으로부터 최저 4,850 mm까지로 할 수 있다.

4) 전차선의 편위 : 전차선의 편위는 레일 윗면에 수직한 궤도중심으로부터 좌우로 고속철도는 200 mm, 일반철도는 250 mm 이내로 하여야 한다.

5) 교류전차선로의 지지물 등의 접지 : 교류전차선로의 지지물 또는 애자의 철물부분은 접지를 하여야 한다. 다만, 애자의 철물부분을 지지물로부터 절연하여 부급전선(통신유도장해 경감을 위하여 귀선레일에 병렬로 시설하여 운전용 전기를 변전소로 통하게 하는 전선)과 보호선에 접속하는 경우 또는 방전간극을 통하여 부급전선에 접속하는 경우에는 그러하지 아니 하다.

6) 가공급전선의 높이 : 가공급전선의 높이는 다음과 같다.

　　① 선로를 횡단하는 경우에는 레일 윗면으로부터 6,500 mm 이상

　　② 도로(건널목을 제외한다)를 횡단하는 경우에는 도로 윗면으로부터 6,000 mm 이상

　　③ 건널목을 횡단하는 경우에는 건널목 윗면으로부터 전차선의 높이 이상

　　④ 상기 ①~③ 외의 경우에는 지표면으로부터 5,000 mm 이상. 다만, 터널 · 구름다리 및 그 밖의 이와 유사한 구조물이 있는 장소에 설치하는 경우로서 부득이한 사유가 있는 때에는 3,500 mm까지로 할 수 있다.

7) 절연 이격거리 : 전차선로의 절연 이격거리는 전차선로의 종별과 접지여부 등을 고려하여 70 mm에서 1,200 mm의 범위로 하여야 한다.

8) 합성전차선 및 급전선의 절연 구분 : 합성전차선과 급전선(부급전선을 제외한다)은 안전 및 운전상 필요한 장소에서 구분하되, 전기적으로 개폐되도록 설치하여야 한다.

9) 가공송배전선과의 교차 : 교류의 합성전차선 또는 가공급전선은 고압 또는 저압의 가공송배전선(전용부지 외에 시설하는 것을 제외한다)과 교차하여 설치하여서는 아니 된다. 다만, 다음의 어느 하나에 해당하는 경우로서 지형여건 등으로 인하여 교차설치가 부득이 하다고 인정되는 때에는 그러하지 아니 하다.

　　① 고압의 가공송배전선에 케이블을 사용하는 경우

② 고압의 가공송배전선에 단면적 38 mm²의 경동연선 또는 이와 동등 이상의 강도를 가진 전선을 사용하는 경우

③ 저압의 송배전선에 케이블을 사용하는 경우

④ 가공송배전선의 지지물 상호간의 거리를 120 m 이하로 줄이는 경우

⑤ 합성전차선의 가압부분 또는 가공급전선과 가공송배전선과의 이격거리를 2 m 이상으로 하는 경우

10) 가공약전류전선과의 교차 : 교류의 합성전차선 또는 가공급전선은 가공약전류전선과 교차하여 설치하여서는 아니 된다. 다만, 다음의 어느 하나에 해당하는 경우로서 지형여건 등으로 인하여 교차설치가 부득이하다고 인정되는 때에는 그러하지 아니하다.

① 가공약전류전선에 폴리에틸렌 절연 비닐 외장의 통신케이블을 사용하는 경우

② 가공약전류전선의 지지물 상호간의 거리를 120 m 이하로 줄이는 경우

③ 합성전차선의 가압부분 또는 가공급전선과 가공약전류전선과의 이격거리를 2 m 이상으로 하는 경우

11) 삭도와의 교차 : 교류의 합성전차선 또는 가공급전선은 삭도와 교차하여 설치하여서는 아니 된다. 다만, 다음의 어느 하나에 해당하는 경우로서 지형여건 등으로 인하여 교차설치가 부득이 하다고 인정되는 때에는 그러하지 아니하다.

① 합성전차선의 가압부분 또는 가공급전선과 삭도와의 이격거리를 2 m 이상으로 하는 경우

② 합성전차선의 가압부분 또는 가공급전선상에 견고한 방호설비를 설치하고 그 금속부분을 접지하는 경우

12) 구름다리 등에 있어서의 안전설비 : 합성전차선 또는 가공급전선을 구름다리 등의 아래, 승강장의 지붕 또는 교량 등에 설치하는 경우로서 사람 등에 피해가 발생할 위험이 있는 때에는 다음의 구분에 따라 안전설비를 하여야 한다.

① 구름다리 등의 경우에는 보호망을 설치할 것

② 교량의 난간 · 거더 등의 금속부분은 접지할 것

③ 안전상 필요한 장소에는 위험표지를 설치할 것

합성전차선의 가압부분 또는 가공급전선과 구름다리 등과의 이격거리는 300 mm 이상으로 하며, 조가선 · 가공급전선 및 보호선은 방호관으로 보호하여야 한다.

13) 건널목에서의 위험방지시설 : ① 자동차 등이 통행하는 건널목에 전차선로를 가설하는 경우에는 선로의 양측 또는 도로의 위쪽에 빔 또는 스팬선을 설치하고 이에 위험표지를 부착하여야 한다. 이 경우 합성전차선과 충분한 거리를 확보하여야 하며, 구조물이 철제류인 경우에는 접지를 하고 사람 등이 감전되지 아니하도록 위험방지시설을 하여야 한다.

② 제①항의 규정에 의한 빔 또는 스팬선의 도로 윗면으로부터의 높이는 전차선의 높이에서 500 mm를 내린 값 이하로 하여야 한다.

14) 전기부식방지 : 직류전차선로 구간에서 누설전류로 인하여 케이블, 금속재지중관로 및 선로 구조물 등에 전기부식으로 인한 장해 발생 우려가 있는 경우에는 이를 방지하기 위한 설비를 하여야 한다.

15) 배전선로 구성 : ① 철도의 안전운행을 위하여 역 및 역간 각종 부하설비에 안정된 전력을 공급하기

위한 배전선로를 비전철 구간은 1회선, 복선 전철구간은 2회선, 지하구간 및 2복선 이상 개소는 3회선으로 시설하여야 한다.

② 배전선로에 공급하는 전압 및 전기방식은 고압배전선의 경우 교류 3상 3,300 V 내지 22,900 V, 선로 안 조명 및 동력시설의 경우 교류 110 V 내지 440 V, 신호용 배전선의 경우 교류 110 V 내지 650 V로 한다.

③ 신호용 전원의 구성은 다음에 의한다.

ⓐ 철도 고압배전선로에서 신호용 변압기를 통하여 공급하고 계통은 상용 및 예비의 2중화 이상으로 구성한다.

ⓑ 전용 배전선로를 상용으로 수전할 수 없는 경우에는 계통을 달리하는 2개 이상의 상시전원을 구성하여야 한다.

16) 선로시설 등 : 케이블을 시설할 때에는 전선관 · 공동관로 · 공동구를 사용하여 케이블을 보호하고, 신설되는 배전선로는 공동관로를 사용하여 시설하는 것을 원칙으로 한다.

케이블의 접속, 분기점, 선로횡단개소에는 맨홀 또는 핸드홀을 설치하고 철도 또는 도로를 횡단하는 개소에는 예비관로를 시설하여야 한다.

17) 터널조명 : ① 철도의 안전운행 및 비상시 승객의 안전을 위하여 그 길이가 다음의 어느 하나에 해당하는 터널 내에는 조명설비를 시설하여야 한다. 다만, 건축 또는 소방관련 법령 등에서 방재기준을 따로 정한 경우에는 그러하지 아니하다.

ⓐ 직선구간 : 단선철도 120 m 이상, 복선철도 150 m 이상, 고속철도 200 m 이상

ⓑ 곡선반경 600 m 이상 구간 : 단선철도 100 m 이상, 복선철도 130 m 이상

ⓒ 곡선반경 600 m 미만 구간 : 단선철도 80 m 이상, 복선철도 110 m 이상

② 300 m 이상의 터널 구간에는 평상시 항상 커져 있고 정전된 경우 60분 이상 계속하여 커질 수 있는 유도등을 설치하여야 한다.

(9) 전력유도방지

교류전차선로 구간이 통신과 신호설비는 전력유도전압 또는 전자파 등으로부터 장해가 없도록 설치하여야 한다.

교류전차선로의 전력유도전압 또는 전자파 등으로 인하여 타인의 통신설비 등에 장해를 일으키거나 지장을 초래할 우려가 있는 경우에는 이를 감소 또는 제거하기 위한 조치를 하여야 한다.

(10) 구분장치

(가) 개요

전차선로가 전선에 걸쳐 전기적으로 접속되어 있다면 전차선로의 일부에 단선과 장애 등의 사고가 발생한 경우, 또는 정전작업의 필요가 생길 경우에 전체 전차선로를 정전시켜야만 한다[245]. 따라서, 사고 혹은 작업상의 이유로 정전시켜야 할 경우에 그 영향을 사고구간 또는 작업구간으로 한정시키고, 기타 구간은 급전상태를 유지하기 위하여 전차선에 절연체를 삽입하되 팬터그래프가 전차선과 접촉하면서 미끄러져 나가는

데는 지장이 없도록 한 장치를 섹션(section) 혹은 구분장치라 한다.

이들 섹션구간별 급전 또는 정전은 변전소의 차단기나 현장에 설치되어 있는 개폐기를 이용한다.

전기적 구분에는 에어섹션, 애자형섹션, 데드섹션이 있으며, 기계적 구분에는 에어조인트가 있다.

(나) 섹션인슐레이터(Section Insulator)

사고발생시 사고구간과 장해시간의 단축을 위해 일정구간을 한정적으로 구분하기 위해 설치한다. FRP 섹션(Section)은 본선과 차량기지에서 전기적 구분(400 mm)에 이용한다.

(다) 에어섹션(Air Section)

A, B 전원이 같은 종류, 같은 상으로 팬터크래프가 양쪽 전차선을 같이 접촉하여도 무방한 경우에 설치하며(그림 5.2.11) 열차가 이 구간을 통과할 때 열차 내에 정전현상은 없다. 따라서 열차는 항상 역행운전이 가능하며, 특별한 추가부담이 없이 설치가 간단하고 경제적이다. 평행부분의 전차선 이격거리는 300 mm를 원칙으로 한다.

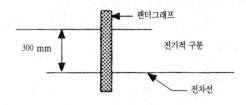

그림 5.2.11 에어섹션

(라) 에어조인트(Air Joint)

전기적으로는 접촉하고 있으면서 전차선을 기계적으로 구분하여 주는 장치이다(그림 5.2.12).

전차선을 한없이 길게 가설한다면 처짐을 조정할 수 없으며 취급하기도 곤란할 뿐 아니라 자동장력 조정장치의 중추의 동작범위가 기지점의 지상 높이에 따라 한정되어 있으므로 전선의 선팽창계수와 온도변화의 범위에 따라 인류(引留) 간격이 한정될 수밖에 없다.

따라서, 중간중간에 전차선을 약 1,600 m 이하로 구분 절단하여 자동으로 장력을 조정하는 것으로 평행개소를 균압선을 이용하여 전기적으로 접촉시킨 것이 에어조인트의 설치 이유이다.

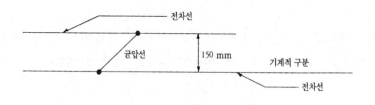

그림 5.2.12 에어조인트

(마) 사구간(Dead Section)

전차선로에서 전기방식이 다른 교류와 직류가 서로 만나는 부분이며, 교류방식에서 공급되는 전기가 서로 상이 다를 경우(M상, T상)로서 일정한 길이만큼 전기가 통하지 않도록 한다.

교류와 직류 구분개소의 예는 1호선 서울역~청량리간 양쪽과 과천선 남태령~선바위 간을 들 수 있다.

교류에서 서로 상이 다른 전기의 구분 개소는 수도권, 산업선 각 변전소의 앞에 설치한다.

사구간 장치는 열차가 동력공급이 없이 타력으로 운행 가능토록 평탄지, 하구배, 직선구간에 설치하는 것이 이상적이다. 어쩔 수 없는 경우에 곡선이 $R=800$ m보다 커야 하고 상구배 5 ‰보다는 기울기가 완만해야 한다(연장 약 400~600 m).

사구간의 길이는 다음과 같다.

① 교류/교류구간(수도권)　 : 22 m
② 교류/교류구간(산업선)　 : 40 m(최근에 50 m로 확장)
③ 교류/직류구간(1, 4호선) : 66 m

5.2.4 전차선로의 특성

전차선로가 전력을 송전하는 전선로인 점은 일반의 송배전선로와 동일하다. 그러나 그 구조와 기능에서 다음과 같은 특성을 가지고 있다[239].

① 전기차가 노치(notch)를 단계적으로 투입하여 주행하므로 부하점과 부하의 크기가 격심하게 변동함과 동시에 부하의 분포도 복잡하고 일정하지 않다.
② 가공단선식에서는 레일을 귀선으로 하는 1선 접지의 전기회로로 된다.
③ 전기차에의 급전은 집전장치와 트롤리(trolley)선, 제3레일 등의 접촉, 접동(摺動)을 이용한 것으로 고정적이지 않다. 따라서, 트롤리선이나 제3레일의 높이, 편위, 구배 등은 레일을 기준으로 하여 항상 일정치 이내로 유지하여 집전을 확실하게 수행하여야 한다.
④ 설치개소가 궤도상 또는 그 측면이므로 배연이나 브레이크 철분 등으로 인해 오손을 받는다.
⑤ 터널, 교량, 과선교, 분기점 등의 선로구조물으로 인해서 가설의 제한을 받는다.
⑥ 부하의 용도가 대부분 객화의 수송용 동력으로 되므로 공공성과 안전성이 강하게 요구된다.

(1) 전기적 특성
(가) 부하의 특성

전철 설비의 부하인 전기차는 그 특성상 시동, 정지가 빈번하게 반복되고 큰 견인력으로 주행해야 하므로 대용량의 부하 전력이 요구되고 그 크기는 시공간적으로 급변한다. 또한, 전차 선로는 주로 3상 전력 계통으로부터 단상의 전력으로 변환하여 급전하고 있으므로, 3상 전원 계통의 각 상 전류는 평형을 유지하지 않고 전압의 불평형을 초래할 수 있다. 이러한 전압 불평형은 결과적으로 계통의 전력 품질을 저해하여 관련된 다른 설비의 운전에 나쁜 영향을 끼치게 된다.

최근의 전철 구동 시스템에는 컨버터와 인버터가 포함되어 있으며 이러한 것은 위상 제어와 펄스폭 변조 방식으로 제어되기 때문에 고조파를 발생시킨다. 최근에 적용되는 전기차는 대부분 회생 제동을 채택하는 추세이며 제동으로 발생된 회생 전력을 전원측에 공급하고 있다. 따라서 제동 성능은 좋으나 전기 회로에 고조파를 발생시키는 단점이 있다.

(나) 전압의 변동 범위

전기차의 구동용 전동기는 주로 직류 직권 전동기와 3상 유도 전동기를 사용하고 있다. 이전동기의 특성은 같은 인장력에 대한 속도는 전압에 비례하기 때문에 전차선 전압이 저하하면 속도가 떨어지고 표정 속도를 유지하기 위한 역행 시간이 길어지게 되므로 규정의 운전 시간을 유지할 수 없게 된다.

또한, 전동기의 특성은 전차선 전압이 어느 정도 저하하여도 출력에는 크게 지장을 주지 않으나 전기차의 주제어기나 주회로 개폐기 등을 조작하는 제어 전압은 어느 한도를 넘으면 급격히 출력이 저하하여 운전 불능이 된다.

이 때문에 전기차에 공급하는 전력은 전압의 변동이 작은 양질의 전력이 필요하다. 따라서 우리 나라 전차선 전압의 변동 범위는 **표 5.2.4**와 같이 정하고 있으며 최저 전압은 전기차 부하의 변동이 극심한 특성을 감안하여 단시간(30~40 sec 정도) 전압으로 하고 있다.

표 5.2.4 전차선 전압의 변동 범위

표준전압	전차선 전압				기사
	최고	표준	최저		
직류 1500 [V]	1650 [V]	1500 [V]	900 [V]	-40 [%]	
교류 25 [kV]	27.5 [kV]	25 [kV]	20 [kV]	-20 [%]	
교류 25 [kV]	30 [kV]	25 [kV]	22.5 [kV]	-10 [%]	고속 철도

신설 또는 기존 전철 구간의 열차 다이어 개정 등에 대한 설비 증강 계획을 수립할 때에는 부하를 상정하고 전압의 강하를 검토하며 변전소 위치의 선정이나 전선의 선종·굵기·가닥수 등을 경제적이고 합리적으로 결정하여 원활한 열차 운전이 되도록 계획할 필요가 있다.

최대의 선로 전압 강하가 발생하는 조건은 변전소 부하가 최대일 때뿐만 아니라 병렬 급전 방식의 직류 구간에서 변전소 중간 부분과 단독 급전 방식의 교류 구간에서 변전소로부터 가장 멀리 떨어진 급전 최말단 부분에서 전기차가 기동 최대 전류를 발생시킨 때에도 발생된다. 이 때 부하 상정은 각 전기차의 선로 조건을 감안한 전류-시간 특성과 열차 다이어그램에 따른 위치·상태를 파악하고 전압 강하가 제일 크게 되는 것으로 예상되는 패턴을 선택할 필요가 있다.

교류 급전 방식은 일반적으로 한 방향 급전 방식이므로 전기차 부하를 일정하게 하면 변전소에서 멀어질수록 전압 강하가 크게 된다.

(2) 기계적 특성

전차선과 팬터그래프 사이의 동력 전달은 동역학적 운동 등의 기계적 특성에 대단히 민감하며 이러한 접촉력 패턴에 대한 집전 특성은 열차 운전에서 가장 중요한 요소가 된다. 집전 특성을 판단하는 방법으로는 다음과 같은 것이 있다.

(가) 이선(離線) 현상

팬터그래프와 전차선은 계속 접촉된 상태로 있어야 하나 팬터그래프의 이동에 따라 순간적으로 이탈이 발생하며 이러한 현상을 '이선현상'이라고 한다. 이선은 전기적으로 불완전한 접촉을 발생시켜 아크를 일으키며, 이로 인해 전차선과 팬터그래프의 이상 마모와 손상을 가져온다. 그러므로, 차량의 이동 중에 생기는 이선현상은 열차의 속도를 결정하는 중요한 요소가 되며, 이선의 정도를 '이선율'이라한다.

$$이선율 = \frac{일정\ 구간\ 주행시의\ 이선\ 시간의\ 합}{일정\ 구간\ 주행\ 시간} \times 100\ [\%]$$

$$= \frac{일정\ 구간\ 주행시의\ 이선하여\ 주행한\ 거리의\ 합}{일정\ 구간\ 주행\ 거리} \times 100\ [\%] \tag{5.2.4}$$

전철의 속도 향상은 일반적으로 이선율을 얼마나 작게 하느냐로 말할 수 있으며, 일반 전철에서는 3 % 이하로 제한하고 있고 고속 전철에서는 1 % 이하로 제한하고 있다.

(나) 탄성률(彈性率)

전차 선로는 어느 정도의 탄성을 가지고 있기 때문에 고속 운전을 위해서는 탄성을 가능한 낮추어야 한다.

(다) 비균일률(均一率)

전차 선로는 경간 중앙 및 지지점에서 각기 다른 탄성을 갖고 있으므로 이들 두 개소에서의 탄성을 가능한 일정하게 유지하여야 한다.

(라) 반사 계수(γ)

반사 계수는 전차 선로의 기술적 데이터에 따라 정해진다.

(마) 도플러 계수(α)

운전 속도에 따라 달라지는 전차 선로의 동적 작용은 도플러 계수로 접근할 수 있다.

(바) 증폭 계수(γ)

반사 계수(γ)와 도플러 계수(α)의 비를 증폭 계수라 하며 도플러 계수가 0에 가까워지면 증폭 계수는 무한 대로 되게 되는데 이는 운전속도가 전차선의 파동전파 속도에 접근하는 경우가 된다.

(사) 전차선의 인장

전차선로의 장력 증가는 전차선의 인장을 가져온다. 이 경우 도플러와 곡선 당김 금구를 정상 위치에서 이동하게 되며 곡선 당김 금구에 작용하는 원심력도 증가하게 된다.

(3) 집전 특성의 해석

팬터그래프와 전차선 사이의 접촉력 패턴은 동역학적 운동에서 가장 중요한 요소로 된다. 접촉력은 사용하는 팬터그래프로서 측정할 수 있으며 통계학적인 평균값과 표준편차, 최대, 최소값을 가지고 평가할 수도 있다.

팬터그래프와 더불어 전차 선로가 하나의 진동 가능한 시스템을 형성하게 되며 이들 요소들은 각각 독립적으로 접근이 불가능하다.

(가) 파동전파 속도

팬터그래프는 움직이면서 전차선을 파동, 변형시켜 동요하게 하고 이로 인한 파동은 전차 선로를 따라 전파되며 이를 "파동전파 속도"라고 한다. 만약, 팬터그래프의 속도가 이 파동전파 속도 이상으로 되면 전차선은 강체와 같은 성질을 갖게 되어 접촉력이 비정상적으로 커지게 되므로 팬터그래프와 전차선에 큰 충격을 주어 둘 중 한쪽이 손상되거나 둘 다 손상될 수도 있다. 따라서 전차선의 파동전파 속도는 정상적인 집전이 일어날 수 있는 최대 속도를 알 수 있게 한다.

파동전파 속도 C[km/h]를 나타내는 식은 다음과 같다.

$$C = \sqrt{\frac{T}{L}} = \sqrt{\frac{\delta F}{\delta f}} \quad [\text{km/h}] \tag{5.2.5}$$

여기서, T : 전차선의 장력 [N]

　　　　L : 전차선의 단위 질량 [kg/m]

　　　　δF : 전차선의 응력 [N/m²]

　　　　δf : 전차선의 단위 길이당 단면 질량 [kg/m · m²]

위 식에서 알 수 있는 것처럼 가선의 형태(전차선의 종류)가 정해지면 파동 전파 속도는 주로 장력의 영향을 받는다. 실제에 있어서는 파동전파 속도의 80 % 정도가 전철의 최대 허용 속도로 추정된다.

한편 전차 선로의 동요와 이에 따른 영향은 팬터그래프의 수량에 따라 상황이 바뀌게 된다. 팬터그래프의 숫자를 많이 설치하게 되면 고속으로 운행할 때에는 연속적으로 팬터그래프가 지나감에 따라 뒤이어 오는 팬터그래프의 집전율을 저하시키게 되는데 이는 앞서 지나간 팬터그래프로 인한 가선의 진동 상태가 뒤이어 오는 팬터그래프의 초기 상태가 되어 진동을 더욱 크게 하기 때문이다.

(나) 전차선의 압상량

일반적으로 팬터그래프가 전차선에 원활히 접촉하기 위해서는 가선의 균일화(등고, 등장력, 등요)가 필요하며 전차선로 질량의 경량화와 팬터그래프의 등가 질량의 경량화 등이 요구되나 팬터그래프와 전차선로의 질량이 줄어들면 압상량이 증가한다. 따라서, 팬터그래프의 질량을 최대한 작게 하면서 집전 성능을 향상시켜야 하므로 전기철도에서는 전차선로와 차량의 부합성이 대단히 중요하다.

전차선로의 속도 향상은 파동전파 속도의 향상에 있으며 이는 전차선의 장력에 비례하고 단위 중량에 반비례하므로 장력을 높이든지 전차선의 중량을 가볍게 할 필요가 있으나 장력을 높이면 전선의 안전율에 한계가 있으며, 전차선의 중량 감소는 전기차 운전에 필요한 전류 용량에 문제점이 있다. 그러므로 이들 두 가지를 같이 고려하여야 하며 여기에 팬터그래프와의 관계를 고려하여야 한다.

5.2.5 고속철도 전차선로 설비

(1) 전차선로의 개요 및 기준

일반적인 전기설비는 정적인 상태에서 전력을 공급받기 때문에 안정적인 전력공급이 용이하나, 고속열차에 전력을 공급하기 위해서는 고속으로 주행하는 차량의 집전장치인 팬터그래프와 선로를 따라 가선된 전차선이 서로 접촉하면서 전력이 공급되므로 일반 전기설비에서 볼 수 없는 특수성을 필요로 한다.

한국형 고속열차에 사용되는 전차선 시스템은 다음과 같은 기후조건과 시설기준에 따라 설계되었다[239].

(가) 기후조건

- 온도범위 : −35 ℃ ~ 60 ℃
- 순간최대풍속 : 50 m/s

(나) 시설기준
- 설계속도 : 350 km/h
- 전력방식 : AC 25 kV 60 Hz 〔AT(단권변압기) 방식〕
- 전차선의 높이 : 레일면상 5.08 m(±10 mm)
- 가선장력 : 전차선 (2,000 daN), 조가선 (1,400 daN)
- 전차선의 편위* : ±200 mm(±10 mm)
- 가고** : 1,400 mm
- 건식게이지 : 3,235 mm (레일중심~전주중심)

고속 전차선로 시스템은 기본적으로 중저속의 기존 전철 설비와 비교하여 차량 속도를 고려한 고장력 가선과 극심한 기후조건 하에서도 고속에서의 안정성과 견고성을 위한 설비의 개량, 차량의 팬터그래프와 동특성 향상을 위한 정밀한 설계 및 시공을 특징으로 한다.

(2) 전차선로의 구성품

(가) 전차선로 구성품

전차선 시스템의 구성품들은 전력을 전송하기 위한 전선류와 각 전선류를 소정에 위치에 고정하기 위한 지지물류 및 기타 전기설비 등으로 구성된다.

1) 전선류
   가) 전차선 : 홈이 있는 Cu 150 mm² 나전선으로 고속열차 팬터그래프 접판(摺板)과 직접 접촉하여 전력을 공급하는 용도로 사용하며, 집전특성을 좋게 하기 위해서 원형형태인 기존선용과는 달리 사전마모형(Pre-Worn 타입)이 특징이다.
   나) 조가선 : Bz 65.4 mm² 나전선으로 전차선을 일정한 높이로 유지하기 위해 전차선 상부에 가선되어 전차선을 지지하는데 사용되는 전선로이다.
   다) 급전선 : ACSR 288 mm² 나전선으로 단권변압기(AT)급전방식의 전차선로 시스템에서 전차선과 반대 위상의 전류가 흐르는 전선로이다.
   라) 보호선 : ACSR 93.3 mm² 나전선으로 전차선로 변의 모든 금속체를 균압으로 접속하여 낙뢰와 유도전압으로부터 인축을 보호하기 위한 전선이며, 견인전류의 귀전류 회로로도 사용된다.

2) 지지물 : (나)항 참조
   가) H형 강주 : 전차선 시스템을 지지하기 위해 토공과 교량구간에서 사용하는 단면이 H 형태인 강재 빔이다.
   나) 고정 빔 : 건넘선 개소나 역구내와 같이 좁은 공간에 여러 궤도가 설치되는 개소에 사용되는 지지

---

*) 전차선과 접촉되는 차량 팬터그래프 접판(摺板)의 편마모를 방지하기 위해 궤도중심을 기준으로 지그재그로 가선하는 것
**) 지지점에서 전차선과 조가선의 높이 차

물로 양측의 H형 강주 사이를 가로 빔으로 연결하여, 이에 여러 전차선로 설비를 매달수 있도록 고안된 지지물이다.

다) 하수강 : 터널내와 같이 전주를 설치할 수 없는 개소에서 터널벽면에 매입된 C찬넬에 고정하여 전차선로 설비를 지지할 수 있도록 설계된 된 지지물이다.

라) 가동 브래키트 : H형 강주 또는 하수강에 취부되어 전차선과 조가선을 고정하는데 사용하며 아연도 강관으로 제작한다.

마) 곡선당김 금구 : 열차 팬터그래프의 편마모를 방지하기 위해 전차선을 궤도중심을 기준으로 좌우로 편위를 주는데 사용하는 설비이다.

바) 애자 : 가압되어 있는 전선류와 지지물간을 절연하는데 사용하며, 브래키트용과 급전선용으로 사용되는 유리애자, 파손의 위험이 있는 개소에 사용되는 합성수지 애자, 터널내 급전선용 및 단로기 등에 사용하는 지지애자로 대별된다.

3) 기타 전기설비

가) 단로기 : 전차선로의 전기적 구간별로 전력을 공급하거나 차단하기 위한 개폐기이며 동력식과 수동식이 있다.

나) 전압센서 : 전차선로의 각 전기적 구간의 가압여부에 대한 정보를 전력사령실에 알리기 위해 설치하는 전압감지기이다.

(나) 대표적인 강주형태

전차선로는 설치개소에 따라 가선을 위한 지지물의 형태가 달라진다. 일반적인 가선의 경우에 다음과 같이 토공구간, 교량구간, 터널구간 별로 각기 다른 설치 형태를 갖는다.

1) 토공구간의 설비(그림 5.2.13)

토공개소 전차선로 설비는 노반을 굴착하여 콘크리트 기초에 매입 설치되는 H형 강주에 다음과 같은 형태로 시설물이 설치되며, H형 강주의 기초가 노반속에 콘크리트로 설치되는 점과, 급전선의 가선위치가 선로외측 방향으로 가선되는 점에서 교량용 설비와 구분된다.

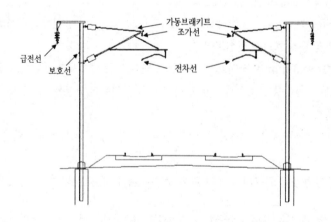

그림 5.2.13 토공구간의 H형 강주

2) 교량개소 설비(그림 5.2.14)

교량상 전차선로 설비는 교량상판 콘크리트 타설시에 매립하여 설치하는 전철주용 앵커볼트에 H형 강주를 고정하는 형태로 설치되므로, 토공구간과 달리 플레이트가 붙은 H형 강주를 사용하며, 급전선의 가선위치가 선로측으로 가선되는 점이 토공구간용 설비와 다르다.

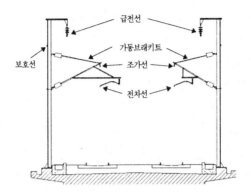

그림 5.2.14 교량구간의 H형 강주

3) 터널구간의 설비(그림 5.2.15)

터널내 전차선로 설비는 터널 콘크리트 라이닝 타설시에 매립하여 설치하는 C찬넬에 하수강을 지지하고 이 하수강에 브래키트를 취부하는 방식으로 설치하며, 급전선로 또한 별도로 매입된 C찬넬로 지지한다.

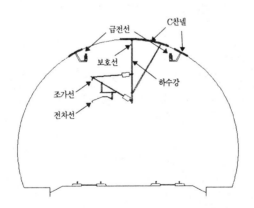

그림 5.2.15 터널 내 전차선로 설비

(다) 전차선로의 주요 설비

전차선로에는 다음과 같은 주요 설비들이 있다.

1) 자동 장력조정장치 (Tensionning device)

전차선과 조가선은 온도변화에 따라 신축하게 되며, 이 신축으로 인한 지지점에서 변위를 제한하기 위해 전차선과 조가선을 일정한 길이로 나누어 설치하는데 이 한 구간을 "인류구간"이라고 부른다. 이 인류구간 말단에는 온도변화에 따른 전차선과 조가선의 신축을 흡수하여 항상 일정한 장력을 유지하기 위해 활차비 1:5의 장력활차와 장력추로 구성된 자동 장력조정장치를 설치한다(**그림 5.2.16**).

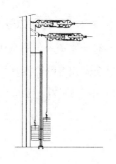

그림 5.2.16 자동 장력조정장치

가) 장력 : 전차선 2,000 daN, 조가선 1,400 daN

나) 장력추 : 1 대 5 (전차선 400 kg, 조가선 280 kg)

2) 평행개소

고속으로 주행하는 고속열차에 연속적인 전력공급을 위해 한 인류구간과 다음 인류구간은 일정 구간을 중첩 가선하여 차량 통과시 판타그래프와 원활한 접촉 연속성을 유지한다.

이렇게 한 인류구간과 다음 인류구간이 중첩되어 가선되어 있는 개소를 평행개소라 한다(**그림 5.2.17**). (4 경간 기준)

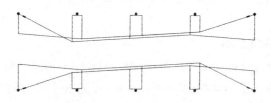

그림 5.2.17 인류구간의 평행개소

3) 사구간 설비 (Phase Break)

사구간 설비(**그림 5.2.18**)는 절연평행개소 2조가 중첩하여 설치되어 있는 이중 오버랩 형태로 구성되며, 변전소 및 급전구분소 앞에 설치되어 전차선로를 전기적으로 구분하기 위한 설비이다.

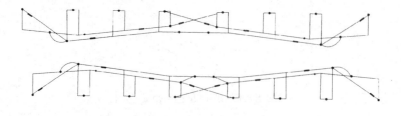

그림 5.2.18 사구간 설비

사구간 개소에는 비상용 동력단로기(1 폴(Pole)용)를 설치한다.

4) 흐름방지장치(Mid Point Anchor)

전차선로는 일반적으로 인류구간 양 끝단에 자동 장력장치로 인류하여 설치한다. 흐름방지장치(**그림 5.2.19**)는 양 인류점 중간지점을 고정하여 사고 시나 장력의 불균형에 따라 전차선이 한쪽으로 쏠리는 것을 방지하는 설비이다.

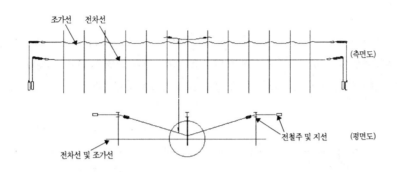

그림 5.2.19 흐름방지장치

5) 건넘선 설비 (Cross over)

선로 사고 시나 유지보수 등 특수한 경우에 고속열차의 주행궤도를 바꾸는 개소가 건넘선이며, 이 건넘선 개소의 전차선로는 직선으로 주행하는 궤도와 상하선을 연결하는 궤도를 위한 전차선로가 중첩되어 있는 개소이다.

이러한 곳에서는 열차가 고속(최고 170 km/h)으로 통과할 때도 다른 전차선에 장애를 주지 않고 어떤 방향으로든 순조로운 통행을 위해 교차장치를 사용하는 일반철도와 달리 직선궤도용과 분기궤도용 이외에도 추가로 유도 전차선을 가선하는 무교차방식을 사용한다(**그림 5.2.20**).

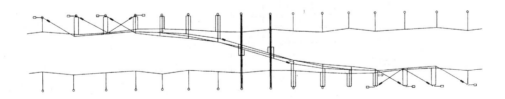

그림 5.2.20 건넘선 설비

위에서 살펴본 바와 같이 전차선 시스템은 고속열차와 직접 인터페이스되는 지상설비로서 차량의 주행성능에 큰 영향을 미치는 중요한 설비이다.

고속철도용 전차선로는 설비의 기본적인 구조가 일반철도용과 크게 다르지는 않지만 고속에서의 설비의 견고성과 집전능력 향상을 위해 일반철도의 경우에 10~20 cm 정도인 시공공차를 고속철도용 전차선로는 10 mm 이하의 정밀도로 시공하며, 노선 변의 모든 금속체 설비를 단일한 보호회로로 접속하사고시 대지전압 상승을 최대한 억제할 수 있도록 설계되어 있다.

5.2.6 전차선 귀선회로

(1) 개요

(가) 목적

전차선로에서 팬터그래프로 픽업한 전차선 전류는 견인 전동기에 동력을 공급하고 나서, 견인 장치 자체, 차축, 차륜-레일접점에서 레일과 대지를 통해 변전소로 회귀한다(**그림 5.2.21**). 레일과 대지는 전차선 전류를 영구적으로 변전소로 회귀시키는 회로를 구성한다(제5.2.1항 참조)[239].

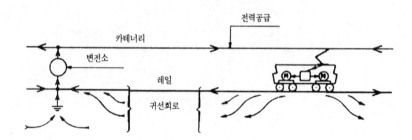

그림 5.2.21 전차선 전류 순환

(나) 25,000 V에서 운용 원리

단상 25,000 V/50 Hz 전류로 전철화된 선로는 3상 네트워크에 연결된 단상 분기로 전력을 공급받는다. 변전소에서 낮춘 전압은 **그림 5.2.22**의 단순화한 블록도에 따라 전차선로에 전력을 공급한다.

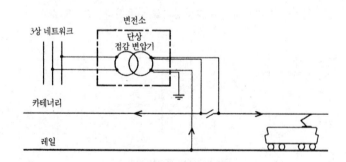

그림 5.2.22 전원공급 개략도

이런 유형의 전차선에서 궤도의 세로 임피던스, 즉 50 Hz에서 레일 인덕터가 높아진다. 전차선 전류는 변전소로 회귀하기 위해 저 임피던스인 대지를 통해서 흐른다. 궤도/대지 절연이 감소됨에 따라 레일/대지 전압이 감소한다.

전차선 귀선전류 지점인 변성기 2차 권선의 중성선은 항상 접지부에 연결되어 있어야 한다.

일반적으로 상이 다른 변전소의 양쪽에서 전차선로에 전원을 공급한다. 따라서, 두 개의 변전소 간에는 일반적으로 연결되지 않는 갭 섹션(gap section)이 필요하다.

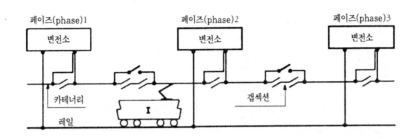

그림 5.2.23 단상 전원공급 계통도

그림 5.2.23에 나타난 바와 같이 페이즈(phase) 2 변전소에서만 팬터그래프에 동력을 공급하므로, 이론적으로 회귀는 이 변전소를 향해서만 일어날 수 있다. 그러나, 만일 이 변전소를 삭제하면, 페이즈(phase) 1 변전소나 페이즈(phase) 3 변전소에서만(사구간 연결) 팬터그래프가 동력을 공급받을 수 있으며 두 변전소 중 한 개를 향해서 회귀를 확보해야 한다.

견인 장치는 전체 회선을 따라서 움직이므로 단속되지 않은 전차선 귀선전류 회로를 확보해야 하며, 특히 고 유도 전류가 이 전철화 시스템의 레일 내에서 영구적으로 순환하는지도 확실히 해야 한다.

이 전철화 시스템에서는 레일 내에서 순환하는 전도되고 유도된 전류로 충분히 보상되지 않은 전차선로 내로 순환하는 전류는 인접한 회로 내에서 고 유도 전류를 발생시킬 수 있다(그림 5.2.24).

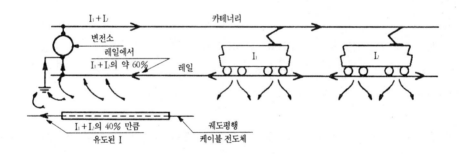

그림 5.2.24 전류 순환

이런 장애는 ① 부스터 변성기로 회귀, ② 동축 케이블을 통한 전류 분배와 회귀, ③ 2 × 25,000 V 시스템으로 전차선로 전력공급 등의 변수(variant)를 수행함으로써 감쇠할 수 있다.

(다) 전차선 귀선전류 회로구성

간섭이 일어난 경우라도 정전되지 않고 회귀 회로의 연속성을 완벽하게 보증해야 한다. 귀선전류가 사용하는 경로는 우선적으로 레일로 구성되므로, 레일의 전도성과 연속성이 최적이어야 한다. 귀선전류로 이용하는 궤도는 두 개의 범주로 분류된다(그림 5.2.25).

① "A형 궤도"라고 부르는 궤도는 전체 회선에서 변전소 등과의 직접적인 링크를 확보한다. A형 궤도는 언제나 변전소에 연결된다.

② 기타의 모든 궤도는 "B형 궤도"로 부르며 A형 궤도를 향한 지류(tributary)의 유형이다. B형 궤도는 최소한 한 지점에서 A형 궤도와 연결된다.

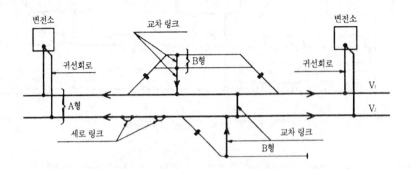

그림 5.2.25 전차선 귀선전류 회로구성

귀선회로는 ① 운행 레일과 레일의 세로 링크(해당하는 경우에 전기 이음매판과 유도 결합), ② 교차 링크(동일한 궤도의 좌우 레일간 또는 인접한 궤도의 레일간의 등전위 링크), ③ 귀선 회선(운행 레일을 변전소로 연결) 등과 같은 몇 개의 요소로 구성된다.

귀선회로는 위험한 전압을 방지하기 위해 모두 접지한다.

(2) 일반적 조정

(가) 세로 링크

레일이 기계적으로 이음매판으로 연결됐을 때, 그 조합은 전류 통로에 일정량의 저항을 제공한다. CdV(궤도회로)를 장착한 궤도에서는 적절한 유동성을 위해 조정도 필요하므로, 접속은 각 이음매(joint)를 교락(橋絡, bridging)함으로써 궤도 전기 이음매판을 연결한다.

1) 레일-레일 접속

이 접속은 레일두부가 알루미늄 테르밋 용접이 됐으므로 25,000 V 회선을 위한 RR 50 모델을 이용한다(**그림 5.2.26**).

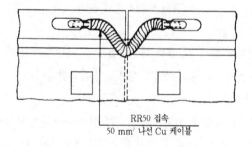

RR50 접속
50 mm² 나선 Cu 케이블

그림 5.2.26 RR50 접속

2) 임시 접속

이런 유형의 접속(**그림 5.2.27**)은 궤도에서 작업을 할 때 또는 용접한 접속(세로 또는 가로)이 파손된 경우에 사용하며 신속하게 정상 상태로 복구해야 한다.

25,000 V에서는 25 mm² 경(light) 절연 케이블을 사용한다

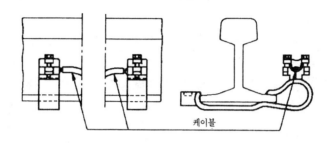

그림 5.2.27 임시 접속

(나) 교차 링크

1) 목적

이들 링크의 목적은 다음과 같다.

① 서로 다른 궤도 사이에 전류를 분배한다(**그림 5.2.28**)

(a) 궤도회로가 없는 궤도에서의 전류분배

(b) 복레일 궤도회로로 구성된 궤도의 전류분배

그림 5.2.28 서로 다른 궤도 사이의 전류분배

가능할 때는 언제나 동일한 궤도 등전위를 가진 레일 두 개를 만든다(궤도회로가 없는 궤도)(**그림 5.2.29**).

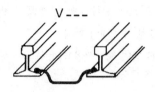

그림 5.2.29 레일간 등전위 상태

② B형 궤도를 A형 궤도에 전기적으로 연결한다. **그림 5.2.30**은 "복레일" CdV를 장비한 A형 궤도에 연결된 전형적인 B형 궤도를 나타낸다.

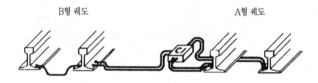

그림 5.2.30 궤도 A와 B의 전기적 접속

③ 회귀 경로가 개선되도록 선로변 구간의 몇 개를 서로 연결한다.

2) 구성

이들 링크는 레일에 알루미노테르밋 용접된 25,000 V 70 mm 경(light) 절연 케이블로 구성된다. 동일한 궤도의 레일이나 인접한 궤도들 사이에서는 한 개의 케이블만 설치한다. 그러나, 만약 이들 궤도 중에 최소한 하나가 유도 접속을 포함한다면, 두 개의 케이블이 필요하다.

B형 궤도로부터 A형 궤도로 가는 전차선 귀선전류를 확보하기 위한 링크는 적어도 두 개의 케이블로 구성된다. 예외적인 몇 가지의 경우에 2개의 케이블 대신에 RR 50 레일-레일접속은 전기적으로 이음매판을 이은 레일 (U/S 레일) 한 개를 사용할 수 있다(**그림 5.2.31**).

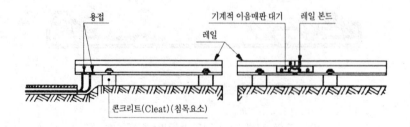

그림 5.2.31 U/S 레일 사용

(다) 귀선

전차선 귀선전류 회선은 이론적으로 변전소(또는, 단권변압기)와 최단 설계에 따라서 수립된다.

이 회선은 서로 다른 단면적의 케이블로 구성된 두 개의 구간으로 구성된다. 한 개는 궤도로 연결되며 검사구멍(inspection hole) 내에 위치한 연결스트립(connecting strip)으로 이끌고, 다른 하나는 이 스트립(strip)에 연결되고 변전소로 이어진다. 궤도의 구성과 부속품 (fitting out)에 따라 성능이 다르다.

(라) 궤도회로 연속성

전차선 귀선전류 회로 연속성은 궤도(역간, 선로변 장치 등)와 관련 설비(CdV의 존재 유무)의 구성(construction)에 달려 있다.

(3) 접지 및 인명과 시설과 보호

(가) 접지

전차선 귀선전류를 개선하고 레일/대지 전압을 감소시키려면, 궤도를 접지할 필요가 있다.

(나) 인명과 시설물 보호

1) 일반사항

전기 현상(영향, 유도)과 동력화한 도체 및 비전도 부품과 부주의하게 접촉하는 것으로부터 인명과 시설물을 보호하려면 전차선로를 지원하거나 전차선 전류 분배 시설물 가까이 위치한 모든 금속 구조물을 접지해야 한다.

레일은 사실상 훌륭한 대지의 역할을 한다. 더욱이 레일은 발진기에 연결되어있다(변전소나 단권변압기). 따라서 레일 접속(또는, 경우에 따라 대지 접속, 또는 둘 다)은 보호를 위한 기초로 사용된다.

레일 접속은 직접적이다. 그러나 대중이 구조물에 접근할 수 있다면, 방전 갭을 통해 수행하고, 이 경우에는 항상 접지로 마무리한다.

구조물/레일 링크는 시설물의 형태에 따라 개별적이거나 집합적이다. 개별 링크는 70 mm^2 케이블로 구성되며, 해당하는 경우에 집합적 링크는 93 mm^2 alu-steel 오버헤드 케이블이나 70 mm^2 케이블로 구성된다.

모든 경우에 ① "구조물/레일" 링크 길이는 500 m를 초과하지 않아야 하고, ② 방전 갭은 CLS 1 RBY형이다.

2) 금속 구조물의 보호

보호가 필요한 금속 구조물은 ① 서스펜션 부품과 전주(**그림 5.2.32**), ② 전차선로에 연결된 전기 장비 항목의 지원(**그림 5.2.33**), ③ 역의 천개와 승강장 대피소, ④ 가도교(road bridges)(Pro)의 보호 천개와 터널의 상단(**그림 5.2.34**), ⑤ 궤도를 가로지르는 금속 콘딧(conduits, 전선) (conduits은 절연되거나 이를 지원하는 Pro의 보호 회로에 연결됐다), ⑥ 신호기 받침대와 브라켓 포스트, ⑦ 금속 교량, ⑧ 낙석 감지기 그물 등이다.

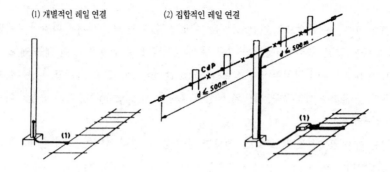

(1) 개별적인 레일 연결   (2) 집합적인 레일 연결

(i) 레일, CI(임피던스본드), Sva(무절연 궤도회로용 공심유도자) 또는 SVPMM(등전위 접속용 코어인덕터)

그림 5.2.32 전차선로 마스트 보호

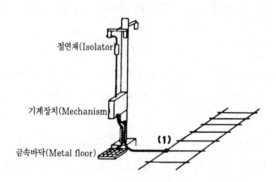

절연재(Isolator)

기계장치(Mechanism)

금속바닥(Metal floor)

(i) 레일, CI, Sva 또는 SVPMM

그림 5.3.33 전기 매커니즘 지원의 보호

전형적인 Pro 레일-집합적 링크로 연결

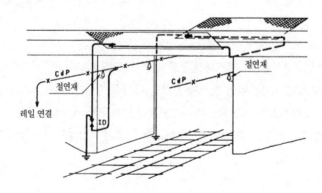

그림 5.2.34 PRO(가도교) 보호

3) 레일 접속스위치가 있는 절연체

레일 접속스위치는 금속 바닥뿐만 아니라 70 mm 절연 케이블을 기초로 하는 지지물에 연결돼 있다. 조립품은 레일에 직접 연결되어있다. 만일, 지지물이 가공지선(CdP)을 구성하는 구역 내에 포함된다면, 후자는 지지물로부터 격리된다(**그림 5.2.35**).

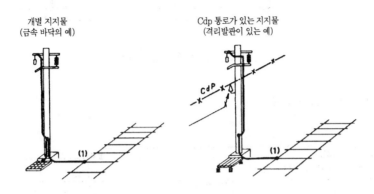

개별 지지물
(금속 바닥의 예)

Cdp 통로가 있는 지지물
(격리발판이 있는 예)

(1) 레일, CI, Sva 또는 SVPMM

그림 5.2.35 대지연결 스위치가 있는 절연체 지지물 보호

4) 전기 견인 역(Electric Traction Stations)

이런 역에서는, 전압 변성기(Tt)를 통해 공급하는 전압 제어 계전기(Kt)로 각 전차선로의 동력화 여부를 감지한다.

(4) 귀선회로 부근 작업전 예방조처

(가) 간섭의 법칙

전차선 귀선전류 회로 또는 이와 동등한 회로에서 불연속성이 일어나면 이런 회로들의 다양한 구성 요소 간에 고 전압을 초래하기 쉽다. 이들 회로의 무결성에 영향을 주는 링크나 궤도에서 어떤 작업을 시작하기 전에, 임시 연결(connection) (CP)로 관련된 궤도의 링크나 구성 요소를 단락하는 것이 중요하다.

(나) 레일 교체

모든 경우에, 단락 회로는 교체 구역을 에워싸는 말단에서 두 개의 레일 사이에 임시 접속을 수립해야 한다.

1) 한쪽 레일의 교체

CdV가 없거나 "복레일" CdV가 있는 궤도의 경우(**그림 5.2.36**).

교체하려는 레일

V___ CP CP

그림 5.2.36 한쪽 레일 교체

2) 양쪽 레일의 교체

가) 무궤도 또는 복레일회로가 있는 궤도의 경우(**그림 5.2.37**)

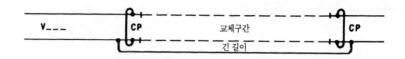

그림 5.2.37 양쪽 레일 교체

나) 분기기의 사례(**그림 5.2.38**)

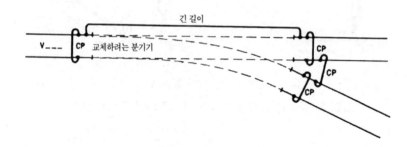

그림 5.2.38 분기기 교체

다) 장거리에 걸친 교체의 경우

　　장거리 접속의 설치를 피하려면 귀선 전류 회로를 위해 정상적으로 장비한 인접한 궤도를 사용할 수 있다. 만일, 인접한 궤도에 CdV를 장비했다면 "복레일" CdV를 CI(임피던스본드), Sva(무절연 궤도회로용 공심유도자), SVPMM(등전위 접속용 코어 인덕터) 또는 전차선로 가동 인덕터(SV-PC)의 중심 탭(center taps)에 연결한다(**그림 5.2.39**)

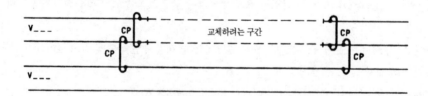

그림 5.2.39 장거리에 걸친 교체

　　그림 5.2.40은 "복레일" CdV를 장치한 인접 궤도의 예를 나타내며, 25,000 V에서만 적용한다.

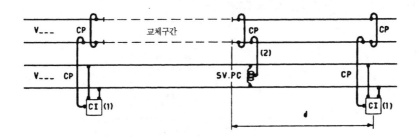

(1) 또는 Sva, SVPMM,

(2) d 〉 500 m, 전차선로 레일 접속 가동 인덕터(SV.PC)에 의한 추가 링크.

그림 5.2.40 장대레일 교체

3) 귀선이 있는 레일 교체

이론적으로, 귀선 회선에서의 간섭은 변전소를 단전한 후에만 수행한다. 그러나, 이것이 가능하지 않은 경우에는 다음 절차를 적용할 수 있다.

가) 무궤도회로(**그림 5.2.41**)

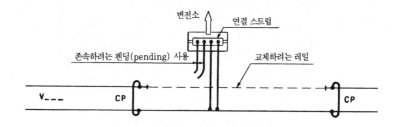

그림 5.2.41 레일교체-귀선회선(무궤도 회로)

나) 절연본드가 없는 복레일회로(**그림 5.2.42**)

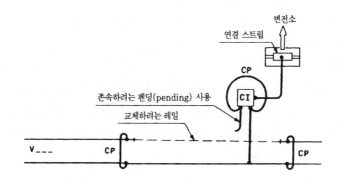

그림 5.2.42 레일교체-귀선회선(절연본드 없음)

다) 절연본드가 있는 복레일회로(**그림 5.2.43**)

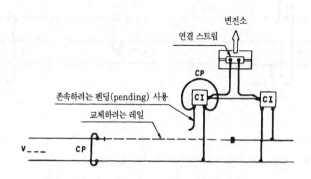

그림 5.2.43 레일교체-귀선회선(절연본드 있음)

(다) 임피던스본드 교체

그림 5.2.44의 조정을 적용한다.

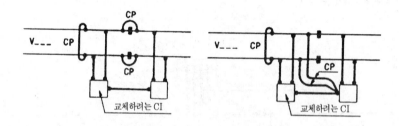

그림 5.2.44 임피던스본드 교체

교체해야 하는 CI가 귀선 회선으로 사용되면, 두 개의 CI를 연결스트립(connecting strip)에 연결하는 케이블을 동시에 단절하는 것이 금지된다.

(라) 전차선로 공급 장비의 궤도 링크 교체

이론적으로, 관련된 장비의 동력을 꺼야 한다. 만약 이것이 불가능하다면, CP로 궤도에 연결한 케이블은 두 배가 되어야 한다(예외적인 경우).

(마) 추가 안전설비

귀선 회선의 특히 위험한 링크를 방해하는 작업자의 주의를 끌기 위해, 궤도로 이어지는 케이블의 말단과 납땜 용접의 양면에서 0.10 m를 넘는 레일 코어뿐 아니라 CI 단말기도 적색으로 칠한다. 전차선로 공급 변성기의 케이블이 포함되는 경우 동일한 설비를 한다. 또한, "변성기에 전원이 들어왔을 때 케이블을 단절하지 마시오"라는 적색 게시판을 궤도를 향해 고정한다.

5.2.7 전차선로의 관리

(1) 트롤리선 마모

(가) 국부마모와 그 대책

속도향상으로 인하여 트롤리선(전차선)의 국부적인 마모(국부 마모)의 진행속도(마모율)가 빨라지는 경우가 있다[239]. 국부마모가 발생하는 장소는 오버랩 구간으로 팬터그래프가 진입하는 부분과 무거운 금구가 설치되어 있는 곳 등이 있다. 이들 장소에서는 속도향상에 따라 팬터그래프와 트롤리선의 접촉력이 커져서 트롤리선에 이른바 기계적 마모가 증가한다. 극단적인 경우에는 트롤리선이 마모되어 가루가 선로 상에 떨어지는 일도 있다.

국부마모의 대책은 발생 장소에 따라서 다르다. 오버랩 구간의 경우에는 트롤리선의 레일면상에서의 높이 구성에 문제가 있는 경우가 있다. 행거 점마다 트롤리선의 높이를 측정하고, 트롤리선 높이가 급변하지 않도록 관리하는 것이 중요하다. 또한, 금구 설치장소의 경우에는 금구의 경량화와 금구 지지방법 개선을 통해 국부마모의 발생을 줄이는 것이 필요하다. 또한, 트롤리선으로 내마모성이 높은 재료를 선정하는 것이 필요하다.

(나) 트롤리선의 접속

트롤리선을 금구로 기계적으로 접속하면 중량이 증가하여 팬터그래프가 원활하게 통과할 수 없게 된다. 이 때문에 신칸센의 고속 구간에서는 트롤리선의 접속장소를 설치하지 않고 있다. 기존선에서도 200 km/h 으로 주행하면, 마찬가지의 조치가 필요할 가능성이 있으나, 현재는 기존선의 트롤리선을 접속하고 있다.

현재 사용되고 있는 접속에서는 더블이어(**그림 5.2.45**(a))라는 금구를 3개 사용하여 트롤리선의 장력에 견디도록 하고 있다. 그러나, 이 접속부에서는 트롤리선이 중복되고, 금구의 무게가 더해져, 중량의 증가가 크다. 트롤리선 1개 분 외에 약 2.5 kg의 중량 증가가 있다. 또한, 접속부의 구조는 트롤리선이 주형(舟形)으로 되어 있으며 이곳을 팬터그래프가 통과할 때에 충격을 받는 경우가 있다.

트롤리선을 맞대어 접속하는 스플라이서(**그림 5.2.45**(b))라는 이 종류의 금구는 오래 전부터 사용하고 있으며, 특히 중량이 가볍고 잔존 직경이 다른 트롤리선을 접속할 수 있다. 이 금구의 무게는 약 1.3 kg이고, 더블이어 접속에 비하여 늘어나는 중량은 약 절반 정도로 감소한다.

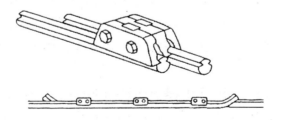

(a) 더블이어를 이용한 트롤리선 접속

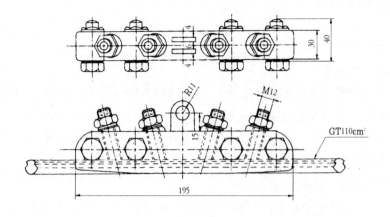

(b) 스플라이서

그림 5.2.45 트롤리선의 접속

(다) 지지물 진동

속도향상에 수반하여 노반이 진동하고, 전차선로의 전주가 크게 진동하는 경우가 있다. 이 현상은 특히 고가교의 구간에 많다. 전주가 진동하면, 전차선과 다른 전선류가 크게 진동한다. 이들을 지지하고 있는 완금과 전주 밴드에 큰 응력이 발생하여 피로파단에 이르는 예도 있다. 전주 진동의 대책은 진동하는 방향에 따라 다르다. 선로 방향으로 진동하는 경우에는 인접 전주에 지선을 두는 것이 좋다. 선로 직각 방향으로 진동하는 경우에는 상·하선 간에 빔을 설치하여 진동을 줄일 수 있다. 진동하는 전주에 설치된 완금은 전주 밴드와의 접속부를 보강하거나, 상하 2개의 밴드로 지지하여 개선하는 경우가 있다.

전주 진동이 심한 경우에는 지지물에 발생하는 응력을 실측하여 확인해 두는 것이 바람직하다. 지지물의 측정점은 비 가압부인 경우가 많다.

(2) 전차선의 높이와 장력

(가) 전차선 높이

열차의 주행속도가 증가함에 따라서 트롤리선의 높이를 가능한 한 균일하게 유지하도록 관리하는 것이 중요하다. 특히 터널과 과선교(Over-bridge)의 출입구 등에서는 구배를 작게 할 필요가 있다. 이들의 상태를 확인한 후에 팬터그래프와 전차선의 접촉 상황을 비디오카메라로 감시하는 것이 필요하다.

(나) 장력

열차의 고속 주행을 위하여 전차선의 장력을 적당하게 유지하는 것은 팬터그래프의 이선을 저감할 뿐만이 아니라, 건넘선 교차 장소에서의 사고 방지를 위해 중요하다. 하절기·동절기에 장력조정장치의 동작 상태를 점검하는 것이 필요하다. 또한, 트롤리선은 설치하고 나서 수년이 경과하면 크리프로 인하여 늘어나기 때문에 장력을 실측하여 금구의 조정과 트롤리 선을 줄이는 것이 필요한 경우도 있다.

장력은 장력계를 사용하면 정확히 측정할 수 있으나, 전차선의 높이를 측정하여 대략적으로 측정할 수 있다. 심플 카티너리 가선의 경우에는, 조가선과 트롤리선에 대해서 레일 면에서의 높이를 지지점과 경간 중앙에서 측정한다. 몇 개의 경간에 대하여 조가선과 트롤리선의 이도(dip)를 측정해 보면, 조가선의 장력이 설계값과 크게 변화했는지를 알 수 있다. 행거를 1~2개 떼어 놓고 이도를 측정하면 트롤리선의 장력을 추정할 수 있다.

장력을 적정하게 관리하기 위해서는 요크의 형상을 잘 선정해야 한다. 기온의 상승과 크리프 등으로 트롤리선이 늘어난 경우에는 요크의 형상에 따라 트롤리선의 장력이 현저하게 저하하는 경우가 있다. **그림 5.2.46**(a)와 조가선과 트롤리선이 연결되는 구멍과 장력추가 연결되는 구멍이 직선 상에 있는 경우에는 요크가 기울어져도 조가선과 트롤리선의 장력 비는 일정하다.

그러나, 그림 **그림 5.2.46**(b)와 이들 구멍이 직선 상에 있지 않고 삼각형을 구성하는 경우에는 트롤리선이 늘어나 요크가 기울어지게 되면 조가선과 트롤리선의 장력 비가 변화한다. 이 경우에는 장력 추가 정상적으로 동작하고 있어도 트롤리선의 장력이 크게 저하하는 경우가 있다. 따라서, 요크 구멍의 배치는 직선 상에서 크게 벗어나지 않도록 하는 것이 바람직하다.

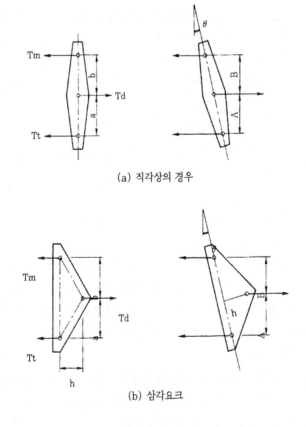

(a) 직각상의 경우

(b) 삼각요크

그림 5.2.46 요크의 형상과 기울기

5.3 신호보안 및 폐색 방식

5.3.1 신호보안 설비의 기본과 발달 과정

철도신호는 열차의 운전간격을 유지하면서 운전하고 정거장 구내에서는 분기하고 있는 선로의 진로를 안전하게 진행시키는데 중요한 역할을 수행하고 있다. 신호의 트러블은 운전 사고에 직접 관련되므로 이상 시에도 열차를 정지시키는 방향으로 작동하는 고려방법(후술의 패일 세이프)이 신호시스템에 이용되고 있다.

신호보안은 열차의 안전 확보와 효율적인 운행을 도모하기 위하여 불가결하며, 근년에 열차 밀도(traffic density)의 증가와 고속화가 점차로 진행되어 운전 보안도의 향상과 고효율의 운전이 요망되기 때문에 그 보안 장치에 근대 기술이 집결되고 있다.

철도의 열차 또는 차량의 운전에 대하여 가장 주의하여야 할 것은 제동 거리가 비교적 긴(자동차에 비하여 수 배) 점이다. 그 때문에 전방에 차량 또는 지장을 발견하고부터 브레이크 조작을 하여도 안전하게 정지할 수 없는 일이 많다.

영국에서의 철도 창업기에는 차량에 관통 브레이크 장치가 없어 제동 거리가 대단히 길기 때문에 열차 운전(train operation)의 안전을 유지하기 위하여 말에 타서 붉은 기를 높이 쳐든 신호원이 열차 진행의 전방에서 유도한 에피소드가 있었다고 한다(제1.2.5(4)항 참조). 즉, 제동 거리가 비교적 긴 것을 전제로 한 열차의 운전에는 충돌 등의 사고를 방지하고 진로를 알려주기 위하여도 상응한 신호보안 설비(signal protection device)가 필요하게 된다.

철도신호시스템의 발전과정은 다음과 같다[240].

1825년	: 영국 철도 개통 당시 기마수가 신호기를 들고 열차(20~26 km/h)보다 앞서 달리면서 선로의 이상 유·무를 기관사에게 알림(신호의 효시)
1842년	: 완목식 신호기 사용(영국)
1872년	: 궤도회로 사용(미국)
1899년 9월 18일	: 경인선 노량진~제물포간(33.2 km) 개통시 기계식 신호기, 수동선로전환기, 통표폐색기 사용(기계 신호시대)
1942년	: 경부선 서울, 영등포, 천안, 조치원역에 전기기(電氣機) 연동장치 사용(기계와 전기 병행시대), 경부선 영등포~대전간 자동폐색장치(A.B.S) 사용
1954년 1월	: 경부선 대구역 전기연동장치 사용(전기 신호시대)
1961년	: 연동폐색 사용
1968년 10월 22일	: 중앙선 망우~봉양간 열차집중제어장치(C.T.C) 사용(신호설비에 전자기술 응용)
1969년 5월	: 경부선 서울~부산간 열차자동정지장치(A.T.S) 사용
1977년 4월	: 수도권 열차집중제어장치(C.T.C) 사용
1982년 1월	: 건널목에 전동차단기 사용
1991년 5월	: 중앙선 덕소역 전자연동장치 사용(컴퓨터 신호시대)
1994년	: 과천선 열차자동제어장치(A.T.C) 사용(차상 또는 차내 신호시대)

현재 채용되고 있는 신호보안 설비는 폐색 장치·신호 장치·연동 장치·궤도 회로·자동 열차정지 장치(ATS), 자동 열차제어 장치(ATC), 열차 집중제어 장치(CTC) 등을 총칭한다. 즉, 열차 또는 차량 운전의 안전을 확보하고, 운전의 진로나 속도의 운전 제어 조건 등을 알려줌과 함께 수송 효율(traffic efficiency)의 향상을 목표로 설치되고 있다. 당초의 신호보안 설비는 보안 대책을 중점으로 하여 채용되었지만, 철도의 발달과 함께 열차의 증발 등 수송 효율의 향상에도 중점이 주어져 철도 경영에서 중요한 설비로서 취급되고 있다.

신호보안 설비는 확실하게 확인할 수 있고 실수의 우려가 없으며 취급하기 쉽고 신뢰성이 높은 것이 필요 조건이며 게다가 설비의 사용으로 수송 효율을 높이는 것이 바람직하다. 또한, 설비 자신이 고장난 경우에도 위험한 결과로 되지 않도록 패일 세이프(fail-safe) 또는 여기에 준하는 기능을 갖고 있는 것이 특징이다. 또한, 잘못된 조작을 하여도 받아들이지 않는 기능도 보유하고 있다.

이상을 요약하면 철도신호시스템의 역할은 운행중인 열차에 대하여 전방 운행 가·부를 기관사에게 알려주면서 열차 안전운행을 확보하고 운행 횟수를 증가시키는 것이다(**그림 5.3.1**)[240].

○ 열차 안전운행 확보
- fail-safe(안전측 작동 원칙) 개념을 엄격하게 적용하며 신호시스템 고장 발생시 안전측 동작
- 각종 신호장치간 2중 내지 3중 상호연동(interlocking) 시행
○ 열차 운행 횟수 증가
- 역간에 신호기 설치로 폐색구간을 분할하여 ABS 및 CTC 설비로 개량

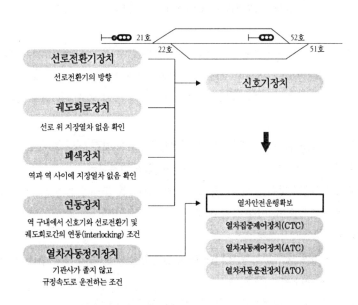

그림 5.3.1 신호시스템의 동작개요 및 열차안전운행 확보

5.3.2 열차운전의 폐색 방식(block system)

(1) 개요

열차는 충돌이나 추돌사고가 없도록 항상 일정한 간격을 유지하면서 운행되어야 하며, 이를 위하여 폐색구간(block Section)을 두고 한 폐색구간에는 한 개의 열차만 운행할 수 있도록 하고 있다(이것을 "폐색"이라 하며, 이와 같은 운전방식을 "폐색운전방식"이라 한다). 이에 따라 열차운행 제어를 위하여 모든 역과 역 사이에는 폐색장치(block System)를 설치하여 운용하고 있다[242]. 폐색구간의 길이는 열차속도 · 운전밀도 · 선로상태 등에 따라 정해진다(**그림 5.3.2** 참조).

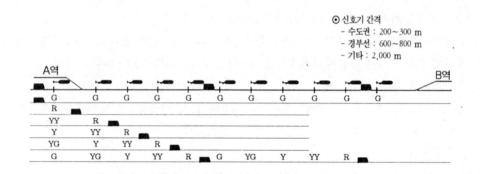

⊙ 신호기 간격
- 수도권 : 200~300 m
- 경부선 : 600~800 m
- 기타 : 2,000 m

그림 5.3.2 자동폐색시스템의 신호현시계통[240]

폐색장치는 운행하는 열차에 운전조건을 지시하여 안전운행 및 수송능률을 최대화하는 장치로서 우리나라는 철도창설과 함께 기계연동장치를 설치하고 정거장간을 1폐색구간으로 하는 통표폐색식을 사용하였다. 그러나 통표를 주고받음에 따라 열차속도 제한 등 불편함이 많아 전기 쇄정법에 의한 연동폐색식으로 개량되었다.

이후 역간을 한 폐색구간으로 하여 1개의 열차만 운행하던 것을 여러 대의 열차가 운행할 수 있도록 자동폐색장치(ABS)를 1942년 경부선 영등포~대전 간에 처음으로 설치하였다.

현재는 첨단기술의 차상신호방식인 열차자동제어장치(ATC)를 수도권 전철구간인 과천, 분당, 일산선과 지하철 구간에서 운용하고 있으며, 이후 점차 확대 설치되는 추세이다.

(가) 열차 운행방식

열차를 안전하고 신속하게 운행하기 위해서는 대향 열차와 선행열차 및 후속 열차가 서로 지장되지 않도록 일정한 간격을 두고 운행하여야 한다.

일정한 간격을 두고 운행하는 방법으로 시간 간격법과 공간 간격법이 있다.

1) 시간 간격법

시간 간격법(time interval block system)은 일정한 시간 간격을 두고 연속적으로 열차를 출발시키는 방법으로서 선행열차가 도중에서 정차한 경우라 하더라도 후속열차는 일정한 시간이 지나면 출발하게 되므로 운행하는 도중에 선행 열차에 유의하여야 한다. 따라서 시간 간격법은 보안도가 낮기 때문에 천재지변 등으로 통신이 두절되는 경우와 같은 특수한 경우에만 사용한다.

2) 공간 간격법

공간 간격법(space interval block system)은 열차와 열차 사이에 항상 일정한 공간적인 거리를 두고 운행하는 방법으로 선행 열차의 운행 위치를 알 수 있어 고밀도와 고속도 운행에 적합하다. 또한 공간 간격법은 공간적 거리를 고정하여 운용하는 고정 공간 간격법과 공간을 유지하되 그 거리를 열차의 운행에 따라 실시간으로 변경이 가능한 가변공간 간격법이 있다.

(나) 폐색방식의 종류

폐색방식은 선로의 상태와 수송량에 따라 결정되며 다음과 같은 종류가 있다. 단선구간의 상용 폐색방식에는 통표 폐색식, 연동 폐색식, 자동 폐색식이 있다.

복선구간에서는 연동 폐색식, 자동 폐색식 및 ATC 장치 등으로 운용되는 차내 신호폐색식이 있다. 대용 폐색방식은 상용 폐색방식이 고장 등으로 인하여 사용할 수 없을 경우에 행하는 폐색방식으로 복선구간에서는 통신식, 단선구간에서는 지도 통신식을 사용하여 일시적으로 열차를 운행하는 방식이다. 또 통신 불통 등으로 대용폐색방식을 이용하기 곤란할 때에는 폐색준용법으로 운전할 수 있다. 대용폐색방식 또는 폐색준용법을 시행할 때에는 관계역장이 미리 운전사령에게 그 요지를 통보하여 지시를 받아야 하며(전화 불통 시 사후 통보) 이를 변경하거나 폐지하는 경우에도 또한 같다.

(2) 상용 폐색방식

(가) 자동 폐색식

자동 폐색식(ABS, automatic block system)은 궤도회로를 이용하여 열차에 의해 자동으로 신호를 제어하는 폐색장치로 자동 폐색 신호기가 이에 해당한다[242].

자동 폐색식은 폐색구간 시점에 설치된 폐색신호기에서 열차가 그 구간에 있을 때에는 정지신호를 현시하고 열차가 없을 때에는 제한 또는 진행신호를 현시하도록 한다. 이와 같이 신호와 폐색을 일원화하여 인위적인 조작이 불가능하며 정거장과 정거장 사이에 신호기를 건식하게 되므로 폐색구간을 여러 개로 분할할 수 있다(**그림 5.3.2**).

자동 폐색식은 폐색구간에 설치한 궤도회로를 이용하여 열차의 진행에 따라 자동으로 폐색 신호기가 동작하는 방식으로 자동 폐색장치가 필요하다.

또, 자동 폐색식은 **그림 5.3.3**과 같이 복선과 단선 구간에 따라 제어방식이 다르다. 복선의 자동 폐색식은 열차 방향이 일정하므로 대향 열차에 대해서는 생각할 필요가 없고 후속 열차에 대해서만 신호를 제어한다.

단선 자동 폐색식은 대향 열차와의 안전을 유지하기 위하여 방향 쇄정회로를 설치하여 방향 쇄정회로를 취급하지 않으면 폐색 신호기는 정지신호를 현시하게 된다. 그러나 방향 쇄정회로를 취급하면 취급방향의 폐색 신호기는 진행신호를 현시하고 반대 방향의 신호기는 정지신호를 현시한다. 즉, 대향 열차에 대해서는 정거장 사이가 1폐색 구간이 되고 후속 열차에 대해서는 자동 폐색 신호기로 폐색구간이 복선구간과 같이 분할하게 되는 것이다.

현재 국철 구간에서 운용하고 있는 자동폐색장치는 폐색 신호기와 역간 궤도회로 및 ATS 등이 연결되어 열차의 진행에 따라 폐색 신호기의 현시를 자동으로 제어하며 역구내 연동장치와 연결되어 폐색의 안전측 동작기능을 수행하고 있다.

신호 현시와 각 신호조건에 따라 ATS장치의 제어기능도 부가되어 있다. 자동 폐색장치는 궤도회로와 신호제어 및 주파수 송·수신 유니트로 구성되며 이를 위한 전원설비는 강압 트랜스를 내장하여 역 구내측으로부터 AC600 V의 전원을 공급받아 필요한 각종 전원을 트랜스 2차측에서 공급한다. 정전이나 송전 선로 장애 시를 대비하여 전원공급을 2중계화하여 자동 절체 회로를 구성하였다. 또 신호제어 및 감시기능을 연동시키기 위하여 주파수 송·수신을 통신 케이블로 각 유니트간 및 역간으로 연결되도록 하고 이러한 모든 기기와 배선을 기구함 내부에 랙을 설치하여 배선을 한 것이다.

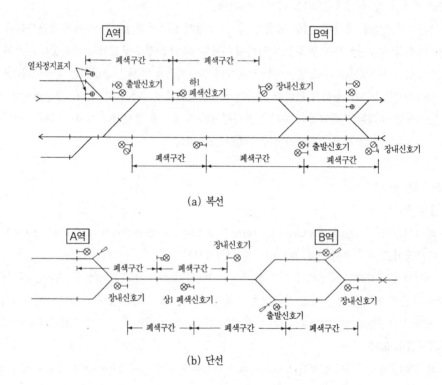

(a) 복선

(b) 단선

그림 5.3.3 자동폐색구간

(나) 연동 폐색식(controlled manual block system)

폐색 구간의 양단에 폐색 버튼을 설치하여 이를 신호기와 연동시켜 신호 현시와 폐색 취급의 2중 취급을 단일화한 방식이다. 이 폐색식은 복선과 단선 구간에 사용하는 것으로 복선 구간의 쌍신 폐색기와 단선 구간의 통표 폐색기의 단점을 보완한 것이며, 관련된 출발 신호기(starting signal)를 폐색기와 상호 연동시킴으로서 한 가지라도 충족되지 않으면 열차를 출발시킬 수 없는 설비이므로 특히 단선 구간에서는 통표의 수수를 위한 열차의 서행 운전(slow operation)이 필요하지 않게 되었다.

폐색장치는 연동장치에 설치하며 폐색 승인 요구 기능의 출발버튼, 폐색 승인 기능의 장내버튼, 개통 및 취소 버튼과 출발 폐색, 장내 폐색, 진행 중의 세 가지 표시 등이 있으며 출발역에서 폐색 승인을 요구하면 도착역의 전원으로 승인이 이루어지도록 하는 방식이다.

(다) 통표 폐색식(tablet instrument block system)

단선 구간에 대한 폐색장치의 결정판으로서 철도의 성장기에 영국에서 개발된 이래 세계적으로 보급되어, 예전에 가장 많이 채용되었고 현재에도 많은 국가에서 사용되고 있다.

폐색구간의 운전은 그 구간 고유의 통표(tablet) 휴대를 절대의 조건으로 하며, 통표는 양 역 어느 쪽인가의 폐색기에서 1 매밖에 뽑아낼 수 없다. 즉, 양 역에 한 쌍의 통표 폐색기가 있어 상호에 전기적으로 쇄정되어 양 역에서 소정의 순서로 취급하면 발차 역 측에 대하여 1매만의 금속제 원반의 통표가 뽑아지는 구조로 되어 있다. 이것을 열차의 기관사가 휴대하고 운전하여 도착역(destination station)에 건네주고 양 역의 공동 조작으로 이것을 도착역의 통표 폐색기에 넣어 원래의 상태로 돌린다. 통표에는 각 역간에 고유의 홈(원형, 삼각형, 마름모형, 사각형, 십자형 등 5 종류)이 있기 때문에 통표 폐색기에는 다른 구간의 통표를 잘못 넣을 수가 없다.

자동·연동 등 각 폐색 장치가 신호기와 전기적으로 연쇄되어 있음에 비하여 통표 폐색 장치는 신호기와의 사이에 연쇄가 없어 이들은 역장의 취급으로 보충되며, 통표 수수 등 취급의 번잡이 결점이다.

통표 수수기는 단선구간의 열차 통과역에서 역무원과 기관차 승무원끼리 통표를 수수하는 설비이며 기관사가 통표를 역에 전달할 때 수도(받음)기를 이용하고 기관사가 통표를 받을 때는 수여기에 있는 통표를 뽑아간다.

(3) 기타의 폐색방식

(가) 차내신호 폐색식

차내신호 폐색식은 ATC 구간에서 선행 열차와의 간격 및 진로의 조건에 따라 차내에 열차 운전의 허용 지시속도를 나타내고 그 지시속도보다 낮은 속도로 열차의 속도를 제한하면서 열차를 운행할 수 있도록 하는 방식이다[242]. 차내 신호의 지시속도를 초과하여 운전하거나 정지신호 또는 ATC장치가 고장이 발생하면 자동으로 제동이 작동하여 열차가 정지하게 된다.

(나) 대용 폐색방식

상용폐색방식을 시행하기 곤란한 경우에는 대용 폐색방식을 사용할 수 있으며 아래와 같은 종류가 있다[242].

1) 통신식

통신식은 복선 구간에서 사용하는 대용 폐색으로 폐색구간 양쪽 정거장에 설치된 폐색전용 직통 전화기를 사용하여 양역 역장이 폐색 수속을 한 후에 열차를 운행시키는 방식이다.

폐색 수속은 열차를 보내는 역장이 열차를 받는 역장에게 '열차 폐색' 이라고 통고하면 열차를 받는 역장은 '열차 폐색 승인' 이라고 응답한다. 열차가 도착한 후 개통 취급은 열차를 받는 역장이 보낸 역의 역장에게 '열차 도착' 이라고 하면 열차를 보낸 역장은 '열차 도착 승인' 이라 하고 폐색 수속을 마친다.

2) 지도 통신식

지도 통신식은 단선구간에서 사용하는 대용 폐색방식이다. 복선구간의 통신식에 대한 수속을 보다 신중하게 하기 위하여 지도표를 발행하여 운행 열차증을 기관사에게 휴대하도록 하는 방식이다.

3) 지도식

지도식은 열차 사고 또는 선로 고장 등으로 현장과 가까운 정거장간을 1폐색 구간으로 열차를 운전하는 경우이다. 후속열차 운전의 필요가 없을 때에 시행하는 단선구간 대용폐색방식으로 이 경우에도 지도 통신식에서와 지도표를 발행한다.

(다) 폐색 준용법[242]

1) 격시법

격시법을 복선구간에서 사용하는 폐색 준용법으로 일정한 시간 간격으로 열차를 운행하는 방식이다. 평상시 폐색구간을 운전하는데 요하는 시간보다 길어야 하며 선행 열차가 도중에 정거할 경우에는 정거시간과 차량고장, 서행, 기후 불량 등으로 지연이 예상될 경우에는 지연 예상시간을 충분히 감안하여야 한다.

2) 지도 격시법

지도 격시법은 폐색구간 한쪽의 역장이 적임자를 현장에 파견하여 상대역의 역장과 협의한 후 열차를 운행시키는 방식이다.

3) 전령법

전령법은 폐색구간을 운전하는 열차에 전령자를 동승시켜 열차를 운행시키는 폐색 준용법의 하나이다.

(4) 무폐색 운전(non-blocking operation)

이상의 각종 폐색식이 이용될 수 없는 이상 시는 기관사의 주의력에만 의존한 무폐색 운전을 이용하는 것으로 된다. 이 경우는 곧바로 정지할 수 있도록 열차의 속도가 15 km/h 이하의 저속 조건으로 된다.

(5) 철도건설규칙의 규정

열차를 안전하게 운전하기 위하여 폐색구간을 결정하는 경우 다음의 구분에 따라 각 선로의 운전조건에 적합한 폐색장치를 설치한다.

1) 복선구간 : 자동폐색장치, 연동폐색장치, 차내 신호폐색장치(ATC장치)
2) 단선구간 : 자동폐색장치, 연동폐색장치

(6) 체크인 아웃 방식

폐색구간의 입구에다 열차의 저부, 후부로 체크인(진입), 체크아웃(진출) 신호를 보내는 송신안테나를 설치하고 지상폐색구간 출입구에서는 이를 수신하여 구간 내 열차의 유무상태를 감지하는 시스템을 말한다 [245]. 주로 경전철에 적용되는 폐색방식이다(제10.4.3(6)항 참조).

5.4 신호장치와 연동장치

5.4.1 신호장치

(1) 신호의 의의와 종류

시각(색·형)이나 청각(음)을 이용하여 운전에 종사하는 사람에게 진행·정지, 속도나 진로 등의 운전 조건을 지시·전달하는 장치를 총칭하여 철도신호(railway signal)라고 부른다. 일반적으로 사용되고 있는 철도신호는 세 가지로 대별하여 신호·전호·표지로 분류되며, 다음과 같이 정의된다. 여기서, 신호가 나타내는 부호를 "현시"라고 하며 전호, 표지에 대하여는 "표시"라고 한다.

(가) 신호(signalling)

신호는 철도신호에서 가장 중요한 위치를 점하고 있다. 즉, 형·색·음 등으로 열차 또는 차량에 대하여 일정의 구간을 운전할 때의 조건을 지시하는 것이며, 신호를 현시하는 기구를 신호기라고 한다. 형으로 나타내는 것의 예는 완목(腕木)식 신호기(semaphore signal)·등열식 신호기(position light signal), 색으로 나타내는 것으로 색등식 신호기(colour light signal), 음으로 나타내는 것으로 폭음 신호(detonating signal) 등이 있다. 다시 말하자면, 신호는 인식방식에 따라서 시각(형, 색)신호와 청각(음)신호로 분류되며, 이 중에서 주로 이용되는 것이 시각신호이다.

(나) 전호(signal)

형·색·음 등으로 관계자 상호간에 의사를 전하는 것이다. 대표적인 것으로서 형이나 색으로 행하는 입환통고 전호·제동시험 전호·정지위치 지시전호, 음으로 전하는 기적 전호·무선기를 이용한 전호 등의 예가 있다.

일예로서 신호현시 전호의 경우에 진행신호에서는 녹색 기를 천천히 상하로 움직이고(야간에는 녹색 등을 천천히 좌우로 움직인다), 정지신호에서는 적색 기를 천천히 좌우로 움직인다(야간에는 적색 등을 천천히 좌우로 움직인다).

(다) 표지(indicator, marker)

형·색 등으로 물체의 위치·방향·조건 등을 표시하는 것을 말한다.

예로서 입환 표지·열차 표지·열차정지 표지·차막이 표지·차량접촉 한계표지·가선종단 표지·전철기 표지·속도제한 표지·기적 취명 표지(whistle post) 등이 있다.

(2) 신호기의 종류

신호기(signal)에는 지상 신호기와 차내 신호기(cab signal)가 있다. 또한, 지상 신호기에는 일정한 장소에 상치하고 있는 상치 신호기가 대부분이지만, 공사중인 때 등에 임시로 설치하는 임시 신호기, 신호기 고장 등의 경우에 사용하는 수신호, 사고·재해(disaster) 시 등에 사용하는 특수 신호기 등이 있다. 신호기의 현시는 열차의 정지, 감속 등 필요한 처치가 취해지는 거리이고, 충분히 내다보이고 확인할 수 있어야 한다. 또한, 신호장치가 고장인 경우에는 반드시 안전 측의 현시(통상은 정지)를 하도록 되어 있다.

여기서는 먼저 지상 신호기에 대하여 기술한다. 구조에 따라 기계식 신호기(완목식 신호기, **그림 5.4.1** 참조)·등렬식 신호기·색등식 신호기 등 전기 신호기(제(4)항 참조)가 있지만, 장년에 걸쳐 사용되어온 완목식 신호기는 최근에 거의 자취를 감추고 있다(2005년 현재 6,178개의 신호기 중 2 %인 96기).

조작 방식에 따라 조작자가 취급하는 수동 신호기(manual signal), 궤도회로와 열차의 유무에 따라 자동적으로 제어되는 자동 신호기(automatic signal), 자동적이고 게다가 조작자가 필요에 따라 취급할 수가 있는 반자동 신호기(예 : 자동 신호구간의 장내 신호기·출발 신호기)가 있다.

신호기의 목적에 따라 방호하는 구간을 가진 주신호기, 주신호기가 현시하는 신호의 확인 거리를 보충하기 위한 종속 신호기, 신호기에 부속되어 그 신호기가 지시하여야 할 조건을 보충하는 신호 부속기로 분류된다. 이하에서는 각각에 대하여 해설한다.

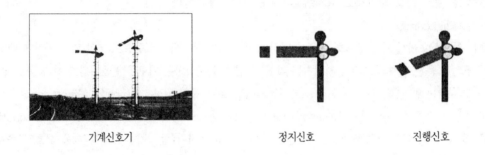

기계신호기   정지신호   진행신호

그림 5.4.1 기계식(완목)신호기

(가) 상치 신호기(fixed signal)

1) 주신호기(main signal)

① 장내 신호기(home(or entry) signal) : 정거장(station)의 입구에서 정거장에 진입하는 열차에 대하여 진입의 가부를 지시하는 주신호기이며, 또한 정거장 내외의 경계를 나타낸다. 역장이 구내 진로에 지장이 없는 것을 확인하여 취급한다. 일반적으로 가장 먼 전철기에서 바깥쪽 100 m 전방에 설치하며, 다만 ATS를 병설하는 경우는 이보다 접근하여도 좋다.

② 출발 신호기(departure(or starting, exit) signal) : 정거장에서 출발하는 열차에 대한 출발의 가부를 지시하는 주신호기이며, 또한 정거장에 진입하여 정거하는 열차에 대하여 정지하는 경계를 나타내고 있다. 역장이 방호구간에 지장이 없는 것을 확인하여 취급한다.

③ 폐색 신호기(block signal) : 각 폐색구간의 시점에 있는 신호기를 폐색신호기라고 한다. 이 구간 내에서 진행하고 있는 선행열차는 폐색구간을 점유할 수 있으며, 원칙적으로 후속열차는 신호에 따라 선행열차와 같은 구간에 진입할 수 없다. 이 폐색구간 내의 진입은 폐색신호기에 따른다. 즉, 자동 폐색 구간에 열차가 진입하면 처음 끝의 주신호기는 자동적으로 정지 신호를 현시하고, 열차가 폐색 구간을 진출하면 그 신호기에 진행을 지시하는 신호를 현시한다. 열차 밀도가 증가함에 따라서 폐색 구간이 짧게 된다.

④ 유도 신호기(calling-on signal) : 장내 신호기의 방호 구역내의 열차가 있는 선로에 열차의 증결 등으로 다른 열차를 진입(15 km/h 이하의 속도)시킬 필요가 있는 경우에 설치하며, 열차 진입의

가부를 지시한다. 장내 신호기와 동격의 주신호기로서 위치하고 있지만, 특수한 것이다. 즉, 정거장 내에 열차가 정거 중인 때에 다음의 열차가 접근하면 이것을 **그림 5.4.2**의 화살표 루트로 열차를 진입시키는데 필요한 신호기이며 장내신호기와 동일 기둥에 설치한다. 이 신호기는 상시에는 무(無)현시이며 필요할 때만 현시한다.

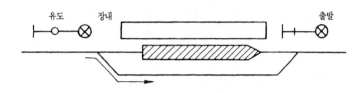

그림 5.4.2 유도신호기의 건식위치

⑤ 입환 신호기(shunting signal) : 구내 운전(operation in yard)을 하는 차량에 대하여 방호구간에서의 운전 조건을 지시하는 주신호기(제한 속도 15 km/h 이하)이며, 시점에 설치한다.

2) 종속 신호기(subsidiary signal)

⑥ 원방 신호기(approaching signal) : 비자동 구간의 장내 신호기에 종속한 신호기로 그 바깥쪽에 대하여 장내 신호기의 신호 현시를 예고하는 것이다.

⑦ 중계 신호기(repeating signal) : 장내 신호기 · 출발 신호기 · 폐색 신호기 등의 신호현시 확인거리가 부족한 경우에 이것을 보충하기 위하여 설치되는 종속 신호기이다.

3) 신호 부속기

⑧ 진로 표시기(route indicator) : 장내 신호기 · 출발 신호기 · 입환 신호기를 2 개 이상의 진로에 공유하는 경우에 진로를 표시하기 위하여 설치하는 신호 부속기이다.

(나) 임시 신호기(temporary signal, extra signal)(제(6)(가)항 참조)

⑨ 서행 신호기(slow(or speed limit) sign) : 공사 등 때문에 임시로 행하는 서행 구간의 시점에 설치하며, 일정 기간에 한한 임시 신호기이다.

⑩ 서행예고 신호기(approach speed sign) : 서행 신호기의 바깥쪽에 설치하여 올바르게 서행 운전(slow operation)될 수 있도록 예고하는 임시 신호기이다.

⑪ 서행해제 신호기(caution release sign, resume speed signal) : 서행구간의 종점에 설치되는 임시 신호기이다.

(다) 기타

⑫ 수신호(hand sign) : 신호기가 없을 때나 고장인 경우에 사용한다.

⑬ 특수 신호(special signal) : 폭음 신호 등의 특별한 경우에 사용하는 것이다.

(라) 철도건설규칙의 규정

1) 장내신호기 및 절대신호 표지 : 정거장으로 열차를 진입시키는 선로에는 장내신호기 또는 절대신호 표지를 설치하여야 한다. 다만, 폐색구간의 중간에 있는 정거장에 있어서는 그러하지 아니하다. 장

내신호기는 1주에 1기로 하고, 진로표시기를 설치한다. 다만, 선로전환기를 설치한 장소 등 부득이한 경우에는 진입선을 구분하여 장내신호기를 2기 이상 설치할 수 있다.

2) 출발신호기 및 절대신호표지 : 정거장에서 열차를 진출시키는 선로에는 출발신호기 또는 절대신호표지를 설치하여야 한다. 다만, 선로전환기가 설치되어 있지 아니한 정거장에는 그러하지 아니하다. 동일 출발선에서 진출하는 선로가 2 이상 있는 경우에 출발신호기는 1기로 하고 진로표시기를 설치한다. 다만, 선로전환기의 설치장소 등 부득이한 경우에는 예외로 할 수 있다. 정거장의 서로 다른 출발선이 2 이상 있는 경우에는 선로의 배열순에 따라 각각 별도로 설치한다. 다만, 주본선에 해당하는 신호기는 부본선에 해당하는 신호기보다 높게 설치한다.

3) 입환신호기 및 유도신호기 : 정거장에는 입환 및 열차가 있는 선로에 다른 열차를 진입시키는 등의 필요에 따라 입환신호기 또는 유도신호기를 설치하여야 한다.

4) 폐색신호기 : 폐색구간의 시점에는 폐색신호기를 설치하여야 한다. 다만, ① 출발신호기 또는 장내신호기를 설치한 경우, ② 절대신호표지를 설치한 경우, ③ 그 밖의 열차운행횟수가 극히 적은 구간 등 폐색신호기를 설치할 필요가 없다고 인정되는 경우 등의 하나에 해당하는 경우에는 그러하지 아니하다.

5) 엄호신호기 : 정거장 또는 폐색구간 도중의 평면교차분기를 하는 지점 그 밖의 특수한 시설로 인하여 열차의 방호를 요하는 지점에는 엄호신호기를 설치하여야 한다.

6) 원방신호기 및 중계신호기 : 주신호기(장내신호기 · 출발신호기 · 폐색신호기 및 엄호신호기를 말한다)의 신호를 중계할 필요가 있는 경우에는 그 바깥쪽 상당한 거리에 원방신호기(주신호기에 대하여 운행조건을 예고 또는 지시할 목적으로 설치하는 신호기를 말한다) 또는 중계신호기를 설치하여야 한다.

(3) 상치 신호기의 신호 현시

(가) 신호기의 현시 방법

열차의 속도가 낮은 시대의 신호는 진행과 정지의 두 가지 현시(route signal)로 족하였다. 그 후 열차 속도의 향상이나 각 진로의 제한 속도(restricted speed) 등에 따라 운전상의 속도 조건에 적응한 많은 현시(speed signal)가 채용되어 있다.

현재 채용되고 있는 신호현시는 2위식(two position signal, G : 진행, R : 정지), 3위식(three position signal, G : 진행, Y : 주의, R : 정지), 대도시의 수송 밀도가 많은 전차 구간에서는 4위식(four position signal, G : 진행, YG : 감속, Y : 주의, R : 정지, 또는 G : 진행, Y : 주의, YY : 경계, R : 정지), 5위식(five position signal, G : 진행, YG : 감속, Y : 주의, YY : 경계, R : 정지) 등이 있다(**표 5.4.1~5.4.2 참조**).

1) 정지 신호(stop(or danger) signal) : 열차는 이것을 넘어 진행할 수 없다. 폐색 신호기의 정지 현시의 경우에 열차는 정지하지만 1분이 지난든지 또는 연락에 따라 정지신호 현시인 채라도 무폐색 운전(non-blocking operation) 취급인 15 km/h 이하의 속도로 진행할 수 있게 하고 있다.

2) 경계 신호(speed restriction signal) : 자동 폐색 구간에서 다음 신호기의 정지신호를 확인할 수 있

표 5.4.1 신호기 현시방법[242]

신호현시	진행신호(G)	감속신호(YG)	주의신호(Y)	경계신호(YY)	정지신호(R)	비고
3현시	○	–	●	–	○	Y
	○	–	○	–	●	R
	●	–	○	–	○	G
4현시	○	●	●		○	Y
	○	○	○	–	●	R
	●	●	○		○	G
	○		●	●	○	Y
	○		○	○	●	R
	●		○	○	○	G
	○		○	●	○	Y_1
5현시	○	●	●	○	○	Y
	○	○	○	○	●	R
	●	●	○	○	○	G
	○	○	○	●	○	Y_1

표 5.4.2 신호현시별 속도

신호현시별		절대정지		정지	경계	주의	감속	진행
		R	R_0	R_1	YY	Y	YG	G
3현시(기관차용)		○		없음		45	없음	없음
4현시(전동차용)		R_0, R_1 적용	○	15	없음	45	free	
5현시	일반열차	○		없음	25	65	105	free
	전동차					45	free	

(주) 4현시(전동차)에서 정지신호(Red) 현시시 정지 후에 ATS 작동에 따라 15 km/h로 서행

는 지점에서 상용 브레이크로는 정지할 수가 없는 때에 이용된다. 이 조건에서는 열차가 25 km/h 이하의 속도로 진행하는 것으로 된다.

3) 주의 신호(caution signal) : 다음의 신호기가 정지 또는 경계 신호인 조건에 대하여 열차가 45(일반 열차의 5현시에 대한 경우 65) km/h 이하(표 5.4.2)의 속도로 진행하는 것으로 된다.

4) 감속 신호(reduced speed (or slow-down) signal) : 다음의 신호기가 주의 또는 경계 신호인 조건 에 대하여 열차가 10 km/h 이하의 속도로 진행하는 것으로 된다.

5) 진행 신호(proceed (or clear) signal) : 열차가 진행할 수 있다.

6) 유도 신호(calling-on signal) : 정거장에 진입하는 경우 등에 대하여 열차 편성(train consist)의 병합 등을 위하여 진로 상에 열차나 차량이 있는 것을 전제로 15 km/h 이하의 속도로 진행한다.

(나) 신호기의 정위

해당 신호기를 취급하기 전의 신호기 현시상태 즉 신호기의 정위는 아래와 같다[242].

1) 장내, 출발, 엄호, 입환 신호기 : 정지신호 현시

2) 유도 신호기 : 소등

3) 원방 신호기 : 주의신호 현시

4) 폐색 신호기 : ① 복선구간 : 진행신호 현시, ② 단선구간 : 정지신호 현시

5) 복선 자동폐색구간의 장내, 출발 신호기 : ① 주본선 : 진행시호 현시. 다만, 특별히 지정하거나 폐색 방식을 변경하여 대용 폐색방식 또는 전령법을 시행하는 경우에는 정지신호 현시, ② 부본선 : 정지 신호 현시

(다) 신호기의 신호현시

장내 신호기, 출발 신호기, 폐색 신호기와 원방 신호기는 **표 5.4.3**의 신호 현시를 할 수있는 신호기로 한다 [242]. 여기서, G : 진행신호, YG : 감속신호, Y : 주의신호, R : 정지신호를 나타낸다.

표 5.4.3 신호기의 신호현시

구분	신호기	신호현시
자동구간	장내 신호기, 출발 신호기, 폐색 신호기	G, YG, Y, YY, R
비자동구간	장내 신호기	G, Y, R(기계식 G, R)
	출발 신호기	G, R
	원방 신호기	G, Y

상치신호기에 고장이 생겼을 경우에는 그 신호기가 현시하는 신호 중에서 열차 또는 차량의 운전에 최대로 제한을 주는 신호를 현시하거나 신호를 현시하지 않는 것으로 한다. 이를 최대 제한의 원칙이라고 한다.

(라) 신호기의 모양과 치수

신호기의 모양과 치수는 **그림 5.4.3**와 같다[242].

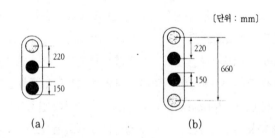

〔단위 : mm〕

(a)　　　(b)

그림 5.4.3 신호기의 모양과 치수

① 장내 신호기, 출발 신호기, 엄호 신호기, 폐색 신호기와 원방 신호기는 색등 식 신호기로 한다. 다만, 원방 신호기의 색등은 황색 및 녹색으로 한다.

② 유도신호기와 중계신호기는 등열식으로 한다(**그림 5.4.4**).

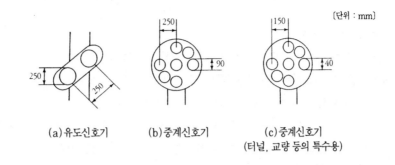

(a) 유도신호기　　(b) 중계신호기　　(c) 중계신호기
　　　　　　　　　　　　　　　　　　　(터널, 교량 등의 특수용)

그림 5.4.4 유도 및 중계 신호기

③ 입환 신호기(입환표지 포함)는 색등식으로 한다(**그림 5.4.5**).

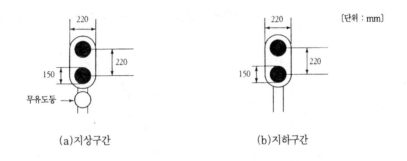

(a) 지상구간　　　　　　　　　　　(b) 지하구간

그림 5.4.5 입환 신호기

④ 입환 신호 중계기는 등열식으로 한다(**그림 5.4.6**).

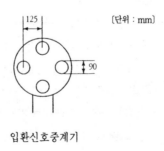

입환신호중계기

그림 5.4.6 입환신호중계기

열차진행방향이 같은 두 선로에서 폐색신호기 소속선의 확인을 용이하도록 하기 위하여 진행신호를 녹색

과 청색으로 구분하여 사용할 수 있다.

(4) 상치 신호기의 설치 위치

상치 신호기는 원칙적으로 선로의 바로 위 또는 좌측에 설치하며, 선로가 둘 이상 인접하여 있는 경우에는 신호기를 선로의 배열 순으로 설치하여 소속하는 선로가 판별될 수 있도록 설치한다.

장내 신호기는 가장 외측의 전철기에서 100 m 이상 앞 쪽{대향(facing) 전철기의 경우}, 또는 150 m 이상 앞 쪽(배향 전철기의 경우는 차량접촉 한계표지에서)의 위치로 한다. 이것은 만일의 과주하는 경우에 대하여 여유를 취한 것이며, 배향(trailing) 전철기의 경우는 과주에 의한 전철기의 파손을 방지하기 위하여 길게 하고 있다. 출발 신호기는 가장 안쪽의 전철기에서 20 m 이상 앞쪽(대향 전철기의 경우), 또는 차량접촉 한계표지의 앞쪽(배향 전철기의 경우)의 위치로 한다.

장내·출발·폐색·엄호 신호기의 신호 현시가 확인 가능한 거리는 600 m 이상을 원칙으로 하고, 다만, 해당 폐색구간이 600 m 이하인 경우에는 그 길이 이상으로 할 수 있다. 수신호 등의 확인 거리는 400 m 이상으로 한다[242]. 원방 신호기·입환 신호기·중계 신호기의 신호 현시가 확인 가능한 거리는 200 m 이상, 유도 신호기는 100 m 이상으로 한다. 진로 표시기의 확인 가능한 거리는 주신호용 200 m 이상, 입환신호용 100 m로 한다.

(5) 상치 신호기의 구조

(가) 수동 신호기(manual signal)

인력으로 정자(梃子)를 움직이고 그 운동을 케이블로 전하여 신호기의 완목을 움직이는 기계식(예 : 완목식 신호기)과 손잡이를 움직여서 제어 전기회로를 개폐하여 신호를 현시하는 전기식이 있다. 완목식 신호기는 철도 창업기에 영국에서 고안되어 세계적으로 채용되었지만, 배경이나 역광 등으로 시야가 곤란한 점이 있는 등의 결점 때문에 색등 신호기의 채용에 따라 최근에는 거의 없게 되었다.

1910년 미국에서 실용화된 색등 신호기는 완목 대신에 등의 색을 이용하여 신호를 현시하는 것으로 전류의 개폐에 따라 신호등을 점멸한다.

(나) 자동 신호기(automatic signal)

궤도를 전기회로로서 사용하며, 궤도상의 차량의 유무에 따라 자동적으로 제어된다.

폐색 구간 전후의 레일은 전기적으로 절연되고, 폐색 구간내의 레일 이음매는 본드로 접속되며, 폐색 구간의 입구에 궤도 계전기(릴레이)를 설치하여 레일에 항상 전류를 흐르게 하고 신호기의 궤도 릴레이(relay)를 작동시켜 진행신호가 현시된다(**그림 5.4.7**참조). 열차가 이 구간에 진입하면 레일에 흐르고 있는 전류가 차륜·차축으로 단락(short circuit)되어 궤도 릴레이로 가지 않기 때문에 접촉자가 떨어져 적색등 회로가 이루어져 정지신호의 현시로 된다. **그림 5.4.8**은 3위식 자동 신호기의 작동 회로도이다.

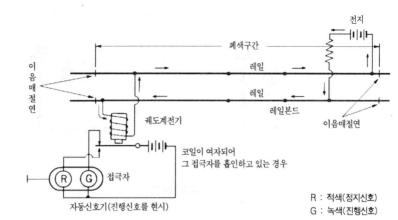

열차점유	무	유
궤도계전기	여자	무여자
신호현시	진행	정지

R : 적색(정지신호)
G : 녹색(진행신호)

그림 5.4.7 2 위식 자동 신호기의 원리

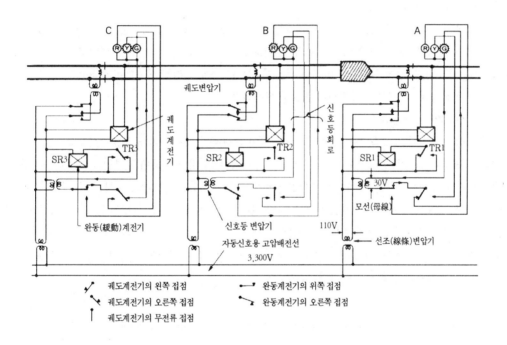

↗ 궤도계전기의 왼쪽 접점	↗ 완동계전기의 위쪽 접점
↗ 궤도계전기의 오른쪽 접점	↘ 완동계전기의 오른쪽 접점
↑ 궤도계전기의 무전류 접점	

그림 5.4.8 3 위식 자동 신호기의 작동 회로

(6) 기타 신호

(가) 임시 신호기(temporary signal)

선로의 개수나 지장 등으로 평상시처럼 열차를 운전할 수 없을 때, 열차의 서행을 요하는 곳에 임시적으로 설치하는 것이다. 서행인 때는 서행예고 신호기 · 서행 신호기 · 서행해제 신호기의 3 종류가 사용된다(**그림 5.4.9** 참조).

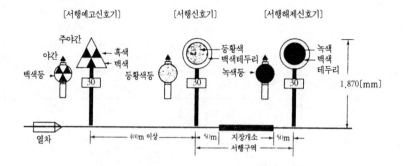

그림 5.4.9 임시신호기[242]

(나) 수신호(hand sign)

신호기가 설치되어 있지 않은 때, 또는 고장이 난 때에 사람이 기 또는 등으로 신호를 현시한다.

(다) 특수 신호(special signal)

건널목 지장·낙석 등으로 긴급하게 열차를 세울 필요가 있을 때, 짙은 안개·눈보라 등으로 신호의 현시를 보아서 인식할 수 없을 때 등에 이용된다. 발염 신호(fusee signal, 신호 염관의 적색 화염)·폭음 신호(detonating signal, 레일에 설치하여 차륜이 밟으면 뇌관이 폭발)·발광 신호(light signal, 특수 신호 발광기에 의한 적색등의 움직임) 등으로 정지 신호를 현시한다.

(라) 차내 신호기(cab signal)

일반의 지상 신호방식은 고속 운전에서 인식과 확인이 곤란하기 때문에 차내 신호방식(cab signal)이 채용되었다(**그림 5.4.10**). 최근에는 대도시의 고밀도 선구나 신설의 지하철 등에도 보급되고 있다. 이 방식은 레일을 개입시켜 주행하는 차량의 운전실에 신호 정보를 직접 전송하고 운전대의 표시는 일반적으로 속도계의 패널에 제한 속도의 수치를 점등하는 구조로 되어 있다. 차내 신호 방식은 일반적으로 자동 열차제어 장치(ATC) 또는 자동 열차운전 장치(ATO)와 조합되어 있다.

우리 나라에서는 1993년 과천선을 시작으로 분당선·일산선의 신호 방식이 차상신호 방식으로 설비된 전철의 개통과 함께 전자식 신호 시대로 발전하였다.

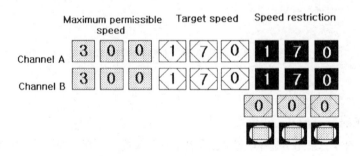

그림 5.4.10 고속열차 운전실의 속도 현시

(마) 신호표지 및 진입허용 표시등

고속철도구간에는 폐색구간의 경계지점에 신호표지를 설치하여야하며, 용도에 따라 진입허용 표시등을 설치하여야 한다.

(7) 전호

전호는 종사원 상호간의 의사 전달을 하기 위한 것으로 전호에는 다음과 같은 것이 있다[242].

(가) 출발전호 : 출발전호(Departure Sign)는 역장과 차장이 지정된 방식에 따라 열차를 출발시킬 때 행하는 전호이다.

(나) 전철 및 입환전호 : 전철전호(Switch Statue Sign)는 선로전환기의 개통상태를 관계자에게 알릴 경우에 사용한다. 입환전호(Shunting Sign)는 정거장에서 차량을 입환할 때 수전호 또는 전호등으로 행하는 방식이다.

(다) 제동시험전호 : 제동시험전호(Break Test Sign)는 열차의 조성 또는 해결 등으로 제동기를 시험할 경우에 사용한다.

(라) 수신호 현시전호 : 대용수신호 현시전호는 상치신호기의 고장 또는 신호기의 사용 중지 등으로 대용수신호를 현시할 경우에 사용한다.

(8) 표지

표지는 장소의 상태를 표시하는 것으로 여러 가지가 있으며 중요한 표지는 다음과 같다[242].

(가) 자동폐색 식별표지 : 자동폐색 식별표지(Block Signal Marker)는 자동폐색 구간의 폐색 신호기 아래쪽에 설치하여 폐색 신호기가 정지신호를 현시하더라도 일단정지 후 15 km/h 이하 속도로 폐색구간을 운행하여도 좋다는 것을 나타낸다. 이 식별표지는 초고휘도 반사재를 사용하여 백색 원판의 중앙에 폐색 신호기의 번호를 표시한 것이다. 폐색 신호기 번호는 도착역 장내 신호기 외방 가장 가까운 신호기를 '1'로 하고 이하 출발역 쪽으로 뒷번호를 순차적으로 부여한다.

| 그림 5.4.11 자동폐색 식별표지 | 그림 5.4.12 서행허용표지 |

(나) 서행허용 표지 : 서행허용표지(Slow Speed Release Signal)는 선로상태가 1,000분의 10 이상의 상구배에 설치된 자동폐색 신호기 하위에 설치하여 폐색 신호기에 정지신호가 현시되었더라도 일단 정지하지 않아도 좋다는 것을 표시하는 것이다. 이는 상구배 구간에서 일단 정거 후 견인력 부족으로 인한 퇴행사고를

예방하기 위함이다.

(다) **출발신호기 반응표지** : 출발신호기 반응표지는 승강장에서 승강장의 곡선 등으로 인하여 역장 또는 차장이 출발신호기의 신호현시를 확인할 수 없는 경우에 설치한다.

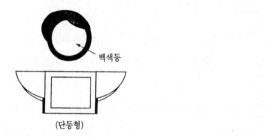 

그림 5.4.13 출발신호기 반응표지　　　　**그림 5.4.14 열차정지표지**

(라) **입환표지** : 입환표지는 차량의 입환작업을 하는 선로의 개통상태를 나타내는 표지로서 입환 신호기와 다른 점은 무유도 표시등이 없는 형태로 차량의 입환작업을 할 때 수송원의 유도를 필요로 한다.

(마) **열차정지표지** : 열차정지표지는 정거장에서 항상 열차가 정거할 한계를 표시할 필요가 있는 지점에 설치한다. 이 표지는 그 선로에 도착하는 열차에 대하여 열차정지표지 설치지점을 지나서 정거할 수 없도록 한 표지로서 등 또는 초고휘도 반사재를 사용한다.

(바) **가선종단표지** : 가선종단표지는 가공 전차선로의 끝 부분에 설치하여 전차선로의 종단을 표시할 필요가 있는 지점에 설치하는 표지이다.

 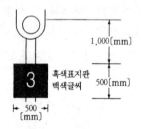

그림 5.4.15 가선종단표지　　　　**그림 5.4.16 출발선 식별표지**

(사) **출발선 식별표지** : 출발선 식별표지는 정거장 내 출발신호기가 동일한 장소에 2기 이상 나란히 설치되어 있어 해당선 출발신호기의 인식이 곤란한 경우 해당 선로번호를 표시하는 표지이다.

(아) **차량정지표지** : 차량정지표지는 정거장에서 입환전호를 생략하고 입환차량을 운전하는 경우에 운전구간이 끝 지점을 표시할 필요가 있는 지점 또는 상시 입환차량의 정지위치를 표시할 필요가 있는 지점에 설치한다. 필요에 따라 정거장외 측선에도 설치할 수 있으며 입환차량은 설치 지점을 지나서 정거할 수 없다.

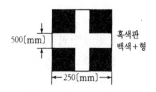

그림 5.4.17 차량정지표지

그림 5.4.18 차막이표지

(자) **차막이와 차량접촉 한계표지** : 차막이표지는 본선 또는 주요한 측선의 차막이 설치 지점에 설치하는 표지이다.

차량접촉 한계표지는 선로가 분기 또는 교차하는 지점에 선로상의 인접선로를 운전하는 차량을 지장하지 않는 한계의 위치를 표시하기 위하여 설치하는 표지이다.

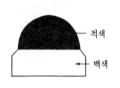

그림 5.4.19 차량접촉 한계표지

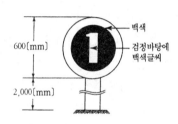

그림 5.4.20 궤도회로 경계표지

(차) **궤도회로 경계표지** : 궤도회로 경계표지는 신호원격제어구간의 자동폐색 궤도회로 경계지점 좌측에 설치하여 역간의 궤도회로 고장시 기관사에게 운행위치를 용이하게 식별하도록 하기 위하여 설치하는 표지이다.

5.4.2 전철 장치와 연동장치(interlocking)

(1) 전철(轉轍) 장치

선로의 분기에는 분기기(turnout)가 설치되며, 그 진로를 전환하는 장치, 즉 분기기의 진로방향을 변환시키는 장치를 선로전환기(전철기)라고 한다(제3.5.6항 참조). 일반적으로 전기 선로전환기(electric switch machine)가 많이 이용된다. 2005년 현재 7.812대의 선로전환기 중 기계식은 23 %이고 전기식은 77 %이다.

철도건설규칙에서는 다음과 같이 하도록 규정하고 있다. 선로가 분기되는 본선과 주요 측선에는 열차의 안전 확보를 위하여 전기선로전환기를 설치하여야 한다. 본선 연동장치에 연동되지 아니한 측선 또는 차량 기지의 수동전환 분기부에서 열차안전과 입환 능률을 향상시키기 위하여 전기선로전환기를 설치할 경우에는 차상전환장치로 할 수 있다. 선로전환기에는 표지를 설치한다. 다만, 전기연동장치를 갖춘 전기선로전환기와 상시 쇄정한 선로전환기에는 설치하지 아니할 수 있다.

(2) 연동장치의 목적

정거장(station) 사이는 폐색 방식으로 1폐색 구간 1열차로 하여 열차운전의 안전을 확보할 수 있지만, 정거장 구내에는 많은 분기기가 있어 열차의 분할 · 조성 등의 작업에서는 동일한 폐색 방식(block system)을 이용할 수가 없다.

따라서, 정거장 구내에서의 열차운전의 안전을 확보하기 위하여 입구의 장내 신호기, 발차선의 출발 신호기, 입환 운전을 하기 위한 입환 신호기 등의 상호간이나, 이들의 신호기와 전철기(분기기)의 상호간에 결정된 조건일 때만 작동되도록 "연쇄"를 시행하고 있다. 이 연쇄 관계를 유지하면서 작동하는 것을 "연동한다"고 하며, 정거장에서는 이들의 연동장치의 채용이 원칙으로 되어 있다.

다시 설명하면, 열차의 진행 방향을 나누기 위하여 전철기를 전환하여 진로를 설정하고, 신호기에 진행 현시를 나타낼 필요가 있다. 즉, 열차가 정거장에 진입하여 정지하기까지 운전하는 경우에 각 신호기가 진입을 인정하는 현시를 하고 각 분기기의 개통방향도 이 진입 루트가 확보되도록 진로를 구성할 필요가 있다. 일단, 열차가 진입하였다면, 열차가 완전히 통과하기까지 분기기가 그대로 위치를 유지하는 것(쇄정이라 부른다)이 필요하다. 즉 진로가 구성되었다면, 열차의 통과가 끝나기까지 분기기가 도중에 전환하지 않도록 하여 이 진로에 지장을 주는 다른 진로가 구성되지 않아야 하며, 진로가 구성되지 않는 동안에 전철기나 신호기가 단독으로 작동하여 진로 표시가 나지 않도록 하여야 한다. 이 때문에 전철기나 신호기 등의 각 기기 상호간에 일정의 조건을 붙여 단독이고 불규칙하게 작동하는 일이 없게 하는 장치를 설치한다. 이것을 연동장치라 한다. 즉, 연동장치란 역구내에서 신호기, 선로 전환기, 궤도회로 등 열차 운행제어설치를 상호연동(interlocking)하여 열차가 안전하게 운행할 수 있도록 하는 장치이다.

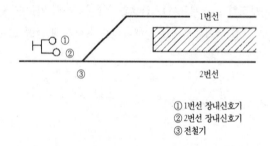

① 1번선 장내신호기
② 2번선 장내신호기
③ 전철기

그림 5.4.21 구내 배선의 예

그림 5.4.21에 예를 나타낸다. 정거장 바깥에서 장내의 1번 선에 열차를 진입시키기 위하여는 장내 신호기 1을 진행으로, 장내 신호기 2를 정지로 하고 전철기 3을 1번선으로의 진로로 개통시켜야 한다. 이 경우에 신호기 2는 진행 현시를 할 수 없도록, 전철기 3은 2번 선으로의 진로로 전환할 수 없도록 하여야 한다. 즉, 신호기 1 및 2와 전철기 3의 상호간에 기계적 또는 전기적인 관련("연쇄"라고 한다)을 주어 연동을 확보하는 것이 연동이다.

신호기와 선로전환기가 있는 역에는 ① 전자연동장치, ② 전기연동장치, ③ 기계연동장치 중에서 당해 역에 적합한 연동장치를 설치하도록 철도건설규칙에서 정하고 있다.

(3) 쇄정과 해정

신호기(signal) · 전철기(shunt)에는 정위와 반위의 위치가 있지만, 일반적으로 신호기는 정지 현시를 정위(normal position), 그 외를 반위(reverse position)로 하고(제5.4.1(4)(나)항 참조), 전철기는 주요 선로로의 개통 방향을 정위, 그 외를 반위로 하고 있다(제3.5.6항 참조).

신호기 · 전철기를 정위 또는 반위로 하기 위하여 신호 정자 · 전철 정자를 이용한다. 이들 정자는 임의로 전환될 수 없도록 쇄정 장치(locking device)를 설치하고 있다. 정자가 전환될 수 있는 상태를 해정(unlock, releasing)이라고 하며, 전환될 수 없는 상태를 쇄정(lock)이라 한다. 즉, 전철기가 전환되면 분기기의 텅레일과 기본레일이 열차의 통과로 인하여 밀착이 이완되거나 도중 전환되지 않도록 텅레일이 쇄정된다. 이것과 신호회로를 조합함으로서 보안도가 확보되고 있다. 쇄정에는 여러 가지가 있지만, 대표적인 3 예를 기술한다. 그 외에도 정자(挺子)를 반위로 하면 무조건 쇄정이 걸리는 방식으로 자동구간과 비자동구간 경계에 설치하는 보류(保留) 쇄정이 있다.

(가) **철차(轍叉 또는 철사 · 轍査) 쇄정(detector locking)** : 전철기를 포함하여 궤도회로(track circuit)에 열차 또는 차량이 있을 때는 전철기가 전환되지 않도록 쇄정하는 것이다.

(나) 진로 쇄정(route locking) : 신호기가 지시하는 진로에 열차 또는 차량이 진입한 때는 관계 전철기를 포함하여 궤도회로를 통과하여 끝나기까지 그 전철기가 전환될 수 없도록 쇄정한다.

(다) 접근 쇄정(approach locking) : 열차 또는 차량이 신호기에 접근하고 나서 급하게 정지신호로 바뀌고 진로를 변경하도록 전철기를 변환하면, 열차 또는 차량이 곧바로 정지할 수 없어 전철기에 올라 탈 위험이 있다. 따라서, 열차가 접근하고 있을 때 신호기를 정지로 현시한 경우에 일정 시간(전차 구간은 1분)이 경과하지 않으면 관계하는 전철기를 전환할 수 없도록 쇄정한다.

(4) 릴레이(계전기)

연동과 쇄정을 전기적으로 제어하는 시스템의 하나가 릴레이(relay)이다. 릴레이의 원리는 코일에 전류가 흐름으로서 코일이 전자석의 작용을 하여 단자(端子)를 흡인하고 접점을 개폐하는 일이다. 이 릴레이에는 직류와 교류가 이용되지만 직류에서는 극성이 +와 -가 있어 무(無)전류를 넣어 3방향으로 회로를 나누며 교류에서는 와전류의 전위차와 무전류를 넣어 직류와 마찬가지로 회로를 나누고 있다.

(5) 연동장치의 종류

방식에 따라 제1종 연동장치와 제2종 연동장치가 있다.

제1종(first class interlocking device)은 신호기 · 전철기 등의 정자를 모두 1 개소에 집중하여 원격 조작하고 이들 상호간의 연쇄는 제1종 연동기로 행한다. 즉, 제1종 연동장치는 정거장 전체의 연동 기구를 집중하여 하나의 장치 내에 짜 넣어 상호간의 연쇄를 하는 것이다.

제2종(second class interlocking device)은 신호기의 정자를 집중 취급하고, 전철기의 변환 조작은 현장에서 취급하며, 상호간의 연쇄는 각 전철기 부근에 설치한 쇄정기로 개개로 행한다. 즉, 제2종 연동장치는 각 현장 단위의 연쇄를 취급하는 것으로 비교적 소규모의 것을 말한다.

구조에 따라 기계식과 전기식이 있지만, 최근에는 전기식(electric interlocking)이 많다. 기계식 연동장치(mechanical interlocking)는 큰 레버를 조작자의 손으로 취급하여 기계적인 쇄정 장치를 개입시켜 전철기를 전환하는 것으로 노력과 시간을 요하기 때문에 근년에 적어지고 있다.

전기식의 계전 연동장치(electric relay interlocking device)는 릴레이 회로로 전기적으로 신호기 · 전철기 등의 순서를 붙여 쇄정을 하며, 전철기의 전환은 전기 동력을 이용하고 있으므로 조작자는 집중 제어반의 스위치나 누름 버튼을 다룬다. 재래의 계전 연동장치는 전자석을 이용하여 릴레이의 접점을 개폐하여 왔지만, 최근에 보급되고 있는 전자 연동장치(electronic interlocking device)에서는 릴레이(계전기) 대신에 마이컴을 이용하여 신뢰성 · 경제성이 보다 향상되고, 취급소나 기기실이 소형화되고 있다. 전자 연동장치는 마이크로 프로세서로 연동장치를 제어, 분석, 기록하여, 컴퓨터 키보드로 취급하는 장치이다. 2005년 현재 연동장치 설치 역은 483개 역이며 그 중에서 기계식 연동장치 설치 역은 3 %, 전기식 82 %, 전자식 15 %이다.

(가) 계전연동

계전연동에서는 릴레이(relay)를 이용하여 연동과 쇄정을 전기적으로 행한다. 진로를 구성하기 위해서는 개별로 각 분기기의 방향을 결정하는 작업을 하지 않고 열차의 진입 시점과 종점의 누름 버튼을 조작하는 것만으로 릴레이가 작용하여 그 사이에서의 진로구성과 관계하는 신호의 현시를 설정할 수 있다.

(나) 전자연동장치

정거장 구내에서 1 일의 열차나 차량의 움직임(운행 패턴)은 작업 다이어그램으로 사전에 정하여져 있다. 전자연동장치는 이 특성을 살려 1 일 단위로 열차번호에 따라 작업 다이어그램마다의 진로 구성에 필요한 연동과 쇄정의 패턴을 미리 입력하여 두고 열차의 번호를 입력하는 것만으로 진로를 구성할 수 있는 시스템으로 구성되어 있다.

(6) 연동도표

(가) 개요

정거장 구내의 열차운전이 안전하게 이루어지도록 여러 가지 방법의 연쇄가 연동장치로 이루어지고 있다. 이러한 연동장치가 어떤 내용과 조건으로 구성되어 있는지를 알기 쉽게 표시한 것이 연동도표(locking sheet)이다[242].

연동도표는 연동장치의 기초적인 자료로서 신호설비를 처음으로 설계할 때와 연동 장치가 설치되었을 때의 연동검사와 평상시 연동장치의 점검을 위하여 반드시 필요하다. 따라서, 연동도표를 작성하는 방법에는 여러 가지 기호 및 기재방식을 일정하게 정하여 누가 작성하더라도 같은 방법으로 작성하여야 한다.

(나) 연동도표 기본조건

열차를 안전하게 운행하기 위한 연동도표상의 기본 조건은 다음과 같다.

    ① 진로가 완전히 구성되어 있어야 한다. 즉, 진로상의 선로전환기를 열차 진행방향으로 전환한 다음에 쇄정하여여야 한다.

    ② 진로상에는 다른 열차 또는 차량이 없어야 한다.

    ③ 구성된 진로를 방해하려는 열차의 운전 가능성이 없어야 한다.

    ④ 열차가 그 진로를 완전히 통과할 때까지 위의 상태를 유지해야 한다.

이상의 조건이 만족되면 열차를 안전하게 운행할 수 있다. 따라서 이러한 상태가 절대적으로 확보되어야 신호기에 진행신호를 현시할 수 있게 되며 이를 기본으로 연동도표를 작성하고 연동장치회로를 구성하는 것이다.

(다) 연동도표의 기재사항

연동도표(**그림 5.4.22**)는 한 개의 역 구내를 단위로 작성하는 것으로 한다. 역간의 도중 분기기 등 연동장치의 조건에 필요한 시설물은 연동도표에 포함하며 아래 내용을 기재한다.

① 소속 선 및 역명 또는 신호소명　　　② 배선약도(기점을 좌측으로 한다)
③ 연동장치 종별　　　　　　　　　　　④ 연동도표
⑤ 기계연동장치의 경우에 리버 배열도
⑥ 작성 년월 및 부서명과 작성 관계자는 연동도표 우측 하단 결재란에 기명 후 서명

배선약도에는 연동범위 내가 아니더라도 신호설비가 설치되는 데까지 배선 약도를 그린다. 각 신호설비의 위치는 선로평면도 위치와 유사하도록 작성하고 주요 본선은 굵은 선, 기타 선은 가는 선으로 표기한다.

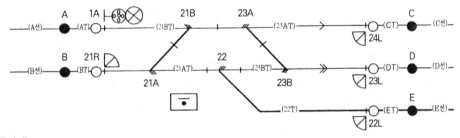

(전기연동장치)

명칭	진로방향	취급버튼		쇄정	신호제어 또는 철사(轍査)쇄정	진로(구분)쇄정	접근 또는 보류쇄정	
		출발점	도착점					
장내 신호기	AT→CT	1 ⊙⊙	C	21 23　[24L]	21BT 23AT CT	(21BT) (23AT)	AT	90초
	AT→DT	A ⊙⊙	D	21 ㉓　[23L]	21BT 23AT 23BT DT	(21BT) (23AT) (23BT)		
입환 표지	BT→CT	21R	C	㉑ 23　[24L]	21AT 21BT 23AT	(21AT) (21BT) (23AT)	AT	90초
	BT→DT		D	21 22 23 [23L]	21AT 22T 23BT	(21AT) (22T) (23BT)		
	BT→ET		E	21 ㉒　[22L]	21AT 22T	(21AT) (22T)		
	ET→BT	22L	B	22 21　[21R]	22T 21AT	(22T) (21AT)	AT	90초
	DT→AT	23L	A	㉓ 21　[1A]	23BT 23AT 21BT	(23BT) (23AT) (21BT)	AT	90초
	DT→BT		B	23 22 21 [21R]	23BT 22T 21AT	(23BT) (22T) (21AT)		
	CT→AT	24L	A	23 21　[1A]	23AT 21BT	(23AT) (21BT)	AT	90초
	CT→BT		B	23 ㉑　[21R]	23AT 21BT 21AT	(23AT) (21BT) (21AT)		

명칭		번호	철사(轍査)쇄정
선로 전환기	쌍동	21	21AT 21BT
	단동	22	22T
	쌍동	23	23AT 23BT

그림 5.4.22 연동도표의 예

5.4.3 신호 제어방식

(1) 신호방식

신호방식의 선정은 신호설비 구축에 가장 기본적인 것이며 열차 운용에 있어 중요한 요인이 된다. 이러한 신호방식은 크게 지상신호와 차상신호로 구분된다[242]. 철도 신호의 방식에는 신호의 현시 내용에 따른 분류와 현시하는 장소에 따른 분류가 있다. 즉, 전자는 "진로 신호와 속도 신호", 후자는 "지상 신호와 차상 신호"가 있다. 신호기는 점등하는 일('신호의 현시'라고 한다)로 정지와 진행 등 운전상의 의미를 나타낸다.

(가) 지상신호

지상신호(way side signal)는 선로변에 상치신호기를 설치하고 선행열차의 개통조건과 전방진로의 구성조건에 따라 형 또는 색으로 신호를 현시하여 기관사가 확인한 후에 열차를 운행하는 방식이다. 이 방법은 설치비가 저렴하고 분기기가 많은 정거장 구내와 저속 운행선구에 적합하다. 그러나, 이와 같은 지상신호방식은 기상의 악조건시 열차운행에 지장을 초래하고 표정속도(Commercial Speed)와 운전속도를 높이기가 곤란하며 시설물이 현장에 산재되어 있어 유지보수가 어렵다.

지상신호에는 진로표시식(Route Signal System)과 속도제어식(Speed Signal System)의 두 가지가 있다.

1) 진로표시식 : 진로마다 신호기를 건식하거나 진로표시기를 설치하여 진행의 가부를 현시하는 방식이다. 신호현시 및 진로의 확인으로 기관사가 진입하는 선로를 사전에 알 수가 있으나, 이 방식은 각 진로의 제한속도를 사전에 인지하고 운행하여야 하는 부담이 따른다.

2) 속도제어식 : 신호현시에 따라 진행하는 속도를 지시하는 방식이다. 운행하는 진로에 상응한 속도를 표시하므로 기관사는 진로의 형태를 알지 않아도 되고, 선로 배선형태가 복잡해도 운전이 용이하고 신호기의 수도 적게 되는 이점이 있다.

(나) 차상신호

차상신호(cab signal)는 고속 철도, 신종 교통, 모노레일, 일부의 지하철 등에서 채용되고 있는 것으로 차량의 운전대에 설치된 장치로 신호를 현시하는 것이며, 열차의 현재 위치에 대한 운전 조건을 나타낸다.

차상신호는 레일을 정보전송 매체로 이용하거나 양 선로 내측에 루프코일을 설치하여 선행열차의 운행에 따라 궤도회로 조건과 선로 데이터, 진로 개통조건 및 신호현시에 필요한 여러 가지 조건 등 후속 열차 운행에 필요한 정보를 코드화하여 차상으로 전송한다.

전송된 정보는 차상신호장치로 수신되어 운전실에 주행속도를 표시하고 열차의 운행 속도와 신호속도를 비교하여 제동 또는 가·감속 장치로 연결하여 운행하는 방식이다.

또 차상신호는 기후 조건에 따른 영향이 적으며 운전시격 단축과 기기 집중식으로 유지보수가 용이하여 열차 운행제어의 자동화를 이룰 수 있다. 그러나, 설비비가 고가이며 열차의 운행 빈도가 낮은 선구에서는 투자비에 비해 설비의 실효성이 적은 단점이 있다.

(2) 제어방식

제어방식은 속도중심 제어방식(Speed Step Signalling System)과 거리중심 제어방식으로 구분되며 거리중심 제어방식은 다시 폐색구간 분할형태에 따라 고정폐색식(Fixed Block System)과 이동폐색식 (MBS : Moving Block System)으로 나눌 수 있다[242].

(가) 속도중심제어

속도중심제어방식은 지상의 신호기에 따라 단계적으로 속도를 감속하여 안전을 확보하는 속도중심의 제어방식(**그림 5.4.23**)으로 ATS장치가 대표적인 예이다. ATS장치는 기관사가 지상신호기를 현시하고 신호기의 정보에 따라 순차적으로 속도를 감속하여 지상신호가 제한하는 속도 이상의 경우 경고음을 발생한 후에 비상 제동하는 고정폐색식 신호체계이다.

이러한 신호체계는 안전운행만을 목적으로 열차간 제동거리를 충분히 확보하기 위해 열차간 간격이 길게 된다. 이 방식은 안전운행을 우선으로 수행하는 신호체계라고 할 수 있다.

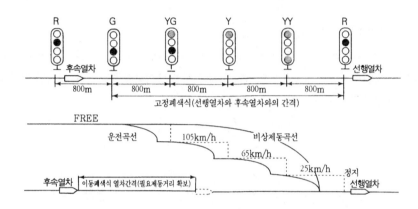

그림 5.4.23 속도중심제어방식의 신호현시체계 및 운전곡선

(나) 거리중심제어

1) 고정폐색방식

열차의 운행방식에서 열차와 열차 사이에 일정한 거리를 두고 운행하는 공간간격법이다. 즉 신호기와 궤도회로 등으로 고정된 폐색구간에 따라 열차간격을 확보하는 방식을 고정폐색방식(Fixed Block System)이라 한다.

이 방식은 열차속도와 열차 위치 및 열차 종별에 관계없이 고정된 폐색 구간 길이에 따라 선행열차와 후속열차의 간격이 확보되며 운전시격은 거의 폐색구간 길이에 따라 결정된다.

국철이나 지하철이 대부분 이 방식을 사용하고 있으며 열차의 운행 빈도가 높은 통근구간에서는 폐색구간을 가능한 짧게 하여 운전시격을 최대한 단축하고 있다.

고정폐색방식은 선행열차가 위치한 폐색구간의 궤도회로에서 열차의 점유상태를 검지하여 ATS지상자 등과 같은 지상설비를 통해 후속열차의 차상설비로 제한속도를 전송한다. 차량의 충돌에 대한 방지는 폐색구간으로 보장이 되며, 선행열차가 해당 폐색구간을 통과할 경우 후속 열차가 구간에 진입할 수 있다.

그림 5.4.24에서와 같이 후속 열차의 속도에 관계없이 선행열차(2)와 후속열차(1) 간의 안전 여유거리를 유지하기 위해 한 개의 폐색구간을 비워두며 이 때 폐색구간의 길이가 짧을수록 운전시격이 단축된다.

즉, 고정폐색방식은 신호기의 위치가 고정되어 있고 차내 신호방식의 경우에도 정해진 폐색구간의 궤도 회로에 선행열차와 후속열차와의 간격이 일정한 거리를 유지하도록 하여 열차를 운행하는 방식이다.

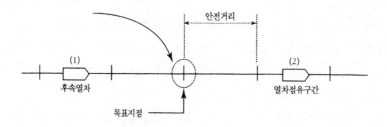

그림 5.4.24 고정폐색방식의 개념

2) 이동폐색방식(MBS : Moving Block System)

공간간격법에서 선행열차와 후속열차의 공간 간격은 후속열차의 제동거리 이상만 확보되면 안전하므로 후속열차가 연속적으로 제동거리 이상의 열차 간격을 유지하며 주행할 수 있다면 이론상으로 가장 짧은 시격의 운행 패턴이 된다.

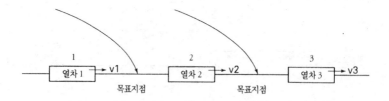

그림 5.4.25 이동폐색의 개념

그림 5.4.25에서 열차간의 안전거리는 선행열차와의 속도차(V_2-V_1)에 따라 좌우되며, 운전시격은 매우 유연하게 V_2-V_1의 값에 따라 항상 변화할 수 있다. 이론적으로 $V_2 = V_1$이면, 열차간의 안전거리는 확보된다. 따라서, 열차간의 거리는 더 이상 폐색구간의 길이에 따라 제한되지 않으므로 정거거리가 최소한으로 감소된다.

구체적으로 선행열차의 위치를 검출하여 후속열차의 열차종별과 제동성능 및 속도 등에 따라 필요 제동거리가 확보되는 최소열차 간격을 갖도록 후속열차를 제어하는 방식이다. 이것은 자동차의 운전기사가 전방 자동차의 차간거리 및 속도를 생각하면서 운전하는 것과 같다. 즉, 폐색이 선행열차의 이동과 함께 이동되며, 폐색거리는 선행열차의 속도에 따라 변화한다. 이와 같은 폐색방식을 이동폐색방식이라 하며 이 시스템에서 폐색구간은 선행 열차의 이동위치나 후속열차의 속도에 따라 이동 또는 단축되도록 제어하여 열차 상호간의 간격에 무리가 적으며 열차 운전시격의 단축을 최대한 확보할 수 있다.

이동폐색방식은 선행열차의 속도와 위치 및 열차번호가 지상설비를 통해 후속 차량에 전송되면 후속열차는 자신의 현재 위치 및 속도를 지상으로부터 수신된 데이터 및 최대 허용 속도와 비교를 한 후 최대 주행속도를 실시간으로 계산해 낸다. 즉, 열차 자신의 속도에 따라 전방의 안전 제동거리를 스스로 판단한다. 제어방식별 열차간격 단축효과는 이동 폐색식[MBS]이 가장 크며, 고정폐색방식[ATC, ATP], 속도중심제어[ABS] 순으로 된다.

5.4.4 신호 안전설비

철도건설규칙에서는 신호안전설비에 대하여 다음과 같이 규정하고 있다. 상호관련을 가진 신호기, 선로전환기 및 궤도회로 등은 연동장치를 하여야 한다. 다만, 거의 사용되지 아니하는 선로전환기와 항상 잠겨져 있는 선로전환기는 그러하지 아니하다.

선로구간의 연동장치를 집중 통제하기 위하여 한 지점에서 광범위한 구간의 다수 신호설비를 집중제어하는 설비[열차집중제어장치(Centralized Traffic Control, CTC)를 말한다]를 설치할 수 있다.

신호현시체계는 선로구간별로 특성에 부합하도록 지상신호방식 또는 차내신호방식으로 하여야 한다.

고속철도구간에는 위치 여건을 반영하여 다음의 안전설비를 설치하여야 한다(제9.3.4(5)항 참조).

① 차축 온도검지장치, ② 터널 경보장치, ③ 보수자 선로횡단장치, ④ 선로전환기 히팅장치, ⑤ 레일온도검지장치, ⑥ 지장물 검지장치, ⑦ 기상검지장치(강우량 검지장치, 풍향·풍속 검지장치, ⑧ 끌림 검지장치, ⑨ 무인기계실 원격감시장치, ⑩ 고속철도 선로변 지진계측설비

5.4.5 궤도회로

(1) 궤도회로(track circuit)

궤도회로는 1869년 미국의 William Robinson이 발명하였으며 레일을 전기회로의 일부로 사용하여 열차의 차축(axle)으로 좌우의 레일을 단락(short circuit)하여 전류의 흐름을 바꿈으로서 레일 위의 열차 존재를 검지하는 회로 및 레일을 전송로로 하여 지상에서 차상으로 정보를 전하는 회로를 말한다.

궤도회로의 기본형은 궤도를 소요의 길이로 구분하고, 그 양단의 레일 이음매를 전기적으로 절연하여 그 한 끝에 전원을, 다른 끝에 궤도 계전기(릴레이)를 접속한 전기회로이다(**그림 5.4.7** 참조). 레일을 이용한 궤도회로에는 전류가 상시 흐르는 폐전로식과 전류가 상시 흐르지 않는 개전로식이 있지만, 일반적으로는 폐전로식을 채용하고 있다. 이 방식은 전류가 흐름에 따라 계전기를 작동시켜 두고 열차로 인한 회로 단락으로 계전기가 무여자 상태로 되어 열차를 검지한다.

즉, 열차가 없을 때는 궤도 릴레이가 작동을 계속하지만 그 구간에 열차나 차량이 진입하면 레일 사이가 차축으로 단락되어 궤도 릴레이가 작동을 잃고 열차나 차량이 그 구간에 들어 있는 것을 검지한다. 또한, 레일에 흐르는 신호 전류에 의하여 생기는 자계(磁界)로 열차의 선두부에 설치된 수전기(受電器)에 신호 전압을 유발하여 ATC 등을 작동시키는 정보가 전하여진다. 이 경우에는 속도 조건, 기타 정보의 전달 회로로서도 이용되고 있다. 레일의 파단이나 단선·정전(current off) 등의 경우에는 열차가 존재하는 상태와 같게 되는 구조의 패일 세이프(fail-safe)로 되어 있다.

경계의 레일 이음매에 절연물(insulator, insulating parts)을 넣고, 구간내의 이음매는 레일 본드(rail bond, track-circuiting bond)를 접속시켜 전기 저항을 낮게 한다(**그림 5.4.26** 참조). 레일 이음매의 절연

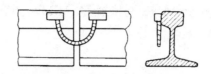

그림 5.4.26 궤도회로용 레일 본드

은 전천후 하에서 열차의 동적 하중에 견딜 수 있는 것이 필요하며, 일반적으로 강도가 큰 유기절연 재료의 판을 레일과 강제 이음매판과의 사이에 삽입하여 볼트로 체결하고 있다.

고무 타이어를 이용하는 철도(일부 지하철, 모노레일, 신종 교통 등)에서는 차륜에 의한 단락을 이용할 수 없으므로 궤도에 병설한 유도선 등으로 열차 검지나 정보 전달을 하지만, 이것도 광의의 궤도 회로이다.

(2) 궤도회로의 작동 원리

궤도회로는 일반적으로 1 폐색 구간마다 설치되며 이 구간의 경계에 있는 레일은 일반적으로 절연(絶緣, insulate)을 시키고 {경부 고속철도에서는 무절연(無絶緣) 궤도회로(jointless track circuit) 이용}, 구간의 중간에 있는 레일의 이음매부에서는 레일 본드(bond)로 접속시키어 전류가 흐르기 쉽게 하고 있다.

궤도회로의 구성법에는 폐전로식(閉電路式)과 개전로식(開電路式)이 있다. 폐전로식은 궤도 릴레이의 동작에 따라 열차가 존재하지 않는 것을 검지하고, 개전로식은 그 반대로 궤도 릴레이의 동작으로 선로에 열차가 있는 것을 검지한다.

(가) 폐전로식(閉電路式)

폐전로식은 **그림 5.4.27**와 같이 절연 이음매로 구분된 궤도의 한 끝을 전원(電源)으로 하여 한류(限流)장치를 직열로 설치한 송전 측과 다른 끝에 궤도 릴레이를 설치한 착전(着電) 측으로 하는 회로 구성으로 상시 동작시키고 있다.

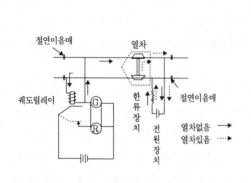

그림 5.4.27 폐전로식 궤도회로

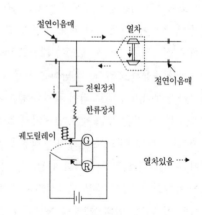

그림 5.4.28 개전로식 궤도회로

구분된 궤도회로 내에 열차가 없을 때는 전원장치로부터 릴레이로 전류가 흘러 릴레이(계전기)가 작동한다. 구분된 궤도회로 내로 열차가 들어오면, 열차 차륜의 차축으로 인하여 2개의 레일이 단락되므로 레일을 흘러 릴레이까지 도달하여 있던 전류가 단락 점의 장소로부터 전원 측으로 환류하며, 릴레이는 전원이 끊어진다. 이와 같이 릴레이에 전류가 흐르고 있을 때는 릴레이의 동작 접점이 접하여(閉) 진행 신호를 현시하지만, 릴레이 전원이 끊어져 있을 때는 릴레이의 낙하 접점이 닿아서 정지신호를 현시한다. 폐전로식은 전원고장, 회로의 단선이나 레일절연 불량 등의 경우에 궤도 릴레이가 낙하하므로 안전 측(fail-safe)으로 된다.

(나) 개전로식(開電路式)

개전로식은 **그림 5.4.28**와 같이 전원장치, 한류(限流)장치 및 궤도 릴레이를 직렬로 접속하고, 그 양단을 레일에 접속하는 방식이다. 궤도회로 내에 열차가 있을 때만 차축이 레일 사이를 단락하여 완전한 폐회로를 구성하므로 전류가 흘러 궤도 릴레이가 동작하고, 정지 신호를 현시한다. 개전로식은 궤도 릴레이가 상시 낙하하여 있으므로 전원 고장이나 회로의 단선(斷線)을 검지(檢知)할 수가 없다.

(3) 궤도회로의 구성 설비

궤도회로를 구성하는 설비는 레일 외에 레일본드, 레일절연, 점프선, 스파이럴 본드 등이 있다. 또한, 전철화 구간과 같이 전차선으로부터의 귀선(歸線) 전류와 궤도회로의 신호(信號)전류가 같은 레일을 공용하는 경우는 양쪽의 전류를 가르기 위하여 **그림 5.4.29**과 같이 임피던스 본드(impedance bond)를 궤도회로 양단의 레일 절연부에 설치한다. 임피던스 본드는 귀선 전류를 변전소로 향하여 이웃한 레일로 흐르게 하고, 신호전류를 레일절연(絶緣)으로 저지하여 이웃의 레일로 흐르지 않도록 하고 있다(후술의 (마)항 참조).

(가) 레일 본드(rail bond)

레일에 전류가 흐르기 쉽게 하기 위해서는 레일 이음매를 단지 이음매판으로만 채우는 것은 녹 등과 같은 것 때문에 전기저항이 크게 되어 완전한 궤도회로가 구성되지 않는다. 그래서, 레일 이음매의 전기저항을 될 수 있는 한 작게 하기 위하여 레일과 레일 사이를 잇는 도체(導體)의 레일본드(**그림 5.4.26**)를 설치한다.

레일본드의 종류에는 레일두부에 설치하는 CV형, 복부에 설치하는 CL형이 있다. 또한, 직류 전철화 구간, 교류 전철화 구간, 비전철화 구간 등의 차이에 따라 레일에 흐르는 전류의 크기가 다르기 때문에 다른 단면적의 레일본드를 사용한다.

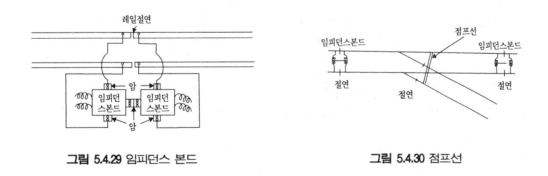

그림 5.4.29 임피던스 본드   그림 5.4.30 점프선

(나) 레일 절연(絶緣)

궤도회로는 레일을 사용하여 전기회로(電氣回路)를 구성하므로 좌우 및 인접 레일 사이를 전기적으로 절

연하여 다른 것으로부터 독립시키기 위하여 궤도회로의 경계로 되는 레일 이음매 등에 레일절연을 설치한다.

1) 궤간 절연

궤도회로로서 이용되는 좌우의 레일에는 전압이 걸려 있으므로 좌우 레일을 전기적으로 절연시킬 필요가 있다. 이와 같은 궤간 절연은 전철(轉轍)장치의 프런트 로드, 게이지 타이, 스위치 어져스터나 드와프 거더, 강교 직결궤도 등에 설치되어 있다. 또한, PC침목, 궤도 슬래브 등에 있어서는 인슈레이터, 레일패드 등으로 절연을 유지하고 있다.

2) 레일 이음매 절연

레일 이음매 절연은 이음매판이나 볼트 등의 철물에 더하여 레일형(形), 플레이트, 튜브 등의 절연재(insulator)로 구성되어 있다. 또한, 절연 이음매(insulated (rail) joint)부의 강화나 레일 장대화의 요구에 맞추어 레일과 이음매판을 강력한 접착제로 접착한 접착절연 레일(glued insulated rail)이 개발되어 실용화되어 있다.

(다) 점프선(jumper線)

크로싱 부분에서는 레일의 교차에 따라 구조적으로 궤도회로를 단락하기 위하여 레일 절연을 삽입하여 궤도회로를 구분하고 있다. 이 경우에 **그림 5.4.30**과 같이 같은 극성(極性)의 신호(信號)전류가 흐르는 레일 상호간을 접속하는 도체를 점프선(회로의 절단을 일시적으로 잇는 짧은 전선)이라고 한다.

(라) 스파이럴 본드(spiral bond)

분기기의 텅레일에 신호전류가 흐르도록 기본레일과 텅레일을 힐(heel)부 부근에서 연결하고 있는 도체를 스파이럴 본드라고 한다.

(마) 임피던스본드(impedance bond)

전철구간에서는 전차선의 귀선전류와 신호전류가 동일한 레일을 흐르게 된다[245]. 신호전류는 한 개의 궤도회로 내에서만 흘러야 하고, 전차선 귀선전류는 연속회로를 통하여 인근 변전소까지 연결되어야 한다. 이를 위해 궤도회로 경계지점에서 전차선전류는 통과시키고 신호전류는 차단시키는 장치를 임피던스본드(**그림 5.4.29**)라 한다.

임피던스본드에서는 전차선 전류는 "-" 극성이 레일의 양쪽에 반반씩 반대방향으로 흐르므로 임피던스본드의 철심은 자화되지 못해 2차 코일로 유기되지 못하고 중성점을 거쳐 인근 궤도회로로 흐른다.

신호전류는 한 방향으로만 흐르므로 철심을 자화시켜 2차 코일에 전압을 유기한 후 계전기를 여자시킨다. 이 때 철심의 전기적 중성점에는 전위차가 발생하지 않으므로 인접궤도회로로 신호전류가 유출되지 않는다.

(4) 무절연 궤도회로(jointless track circuit)

무절연 궤도회로는 인접 회로와 분리시킴에 있어 레일에 물리적인 절연물을 삽입하지 않고 전기적으로 구분하는 방식이다.

회로구분 경계구간에 2개의 동조 유니트(공진회로)를 사용하여 특정 주파수에서 레일의 임피던스와 공진되도록 하여 임피던스가 최소 또는 최대가 되도록 한 것이다. 중심점에 설치된 아주 적은 인덕터(임피던스본드, impedance bond)는 전차선(trolley wire) 귀선 전류가 양 궤도간에 균등하게 흐르게 하기 위하여 설치한다.

무절연 궤도회로는 인접 회로와 중첩 구간이 발생될 수 있다. 방식에 따라 50~200 m까지 생기므로 역구내 분기부 등 짧은 궤도회로 구성이 필요한 구간에서는 물리적인 절연이 불가피하게 된다.

무절연 궤도회로의 이점은 레일 이음매가 없는 장대레일(continuous welded rail)을 가능하게 하므로 승차감이 좋고 차륜·궤도의 파손이 적으며, 궤도회로 특성도 양호하고 유지보수에 편리한 점이다.

(5) 철도건설규칙의 규정

궤도회로는 다음과 같이 설치한다. 다만, 필요하다고 인정될 경우에는 그에 적합한 설비를 할 수 있다.

1) 직류 전철구간 : 가청주파수(AF) 궤도회로, 상용주파수 궤도회로, 고전압 임펄스 궤도회로
2) 교류 전철구간 : 고전압 임펄스 궤도회로, 직류바이어스 궤도회로, 분주·배주 궤도회로, 가청주파수 궤도회로
3) 비전철구간 : 직류 바이어스 궤도회로, 직류 궤도회로, 가청주파수 궤도회로

궤도회로의 구성방식은 폐전로식 궤도회로로 한다. 다만, 필요에 따라 개전로식 궤도회로를 조합하여 설비할 수 있다.

5.5 건널목 보안장치 및 열차방호 장치 등

5.5.1 건널목 보안장치

건널목(railroad crossing)에는 차단기를 설치하여 열차 통과 시에 도로를 차단하는 것(제1종), 경보기를 설치하여 경보하는 것(제2종), 건널목 교통안전표지만이 설치된 것(제3종) 등이 있다(제3.2.4(2)절 참조). 최근에는 건널목 보안장치(level crossing protection device)의 대부분이 자동 제어되고 있다. 그 주된 장치를 기술한다. 건널목 보안장치란 철도와 도로가 평면 교차하는 곳에 설치하여 통행자가 건널목을 통과하기 일정시간(30초 기준) 전에 통행자에게 열차의 접근을 알려주어 사고를 예방하는 안전장치이다.

(1) 건널목 경보기(crossing signal)

경보등·경보음 발생기·경표 등으로 구성되며, 복선 구간에서는 열차의 진행 방향을 나타내는 열차방향지시기가 부가된다. 경보등은 열차의 접근을 경보하는 섬광용의 등이며, 경보음 발생기는 트랜지스터를 이용한 발진기부와 스피커로 구성되어 있다.

(2) 건널목 차단기(crossing gate)

차단 방식에는 완목식과 도로 폭이 넓은 경우의 승강식이 있지만, 구조가 간단한 완목식이 대부분이다. 차단기부의 구동용 전동기는 직류 직권 4극 정류자형이 채용되며, 이물질이 차단기부에 걸리는 등의 부하 변동에 대하여 추종할 수 있는 특성으로 하고 있다. 근래에는 도로의 신호체계를 건널목 신호와 연계시키는 시스템이 개발되어 있다(제8.2.3(5)항 참조).

(3) 건널목 지장 통지 장치(crossing interference inform device)

자동차가 엔진 정지, 정체 등으로 선로에 지장을 주고 있을 때에 긴급하게 열차에 통지하는 장치이다. 건널목 부근에 설치된 비상 버튼을 누름에 따라 적색등을 순환 점등시키고(특수신호 발광기), 궤도회로의 단락으로 관계 신호기를 정지 현시시킨다.

(4) 건널목 장해물 검지장치(crossing obstacle research device)

건널목을 차단하고 있는 조건에서 자동차 등이 건널목내의 차량 한계(rolling stock gauge)를 지장하고 있는 경우에 이것을 검지하여 특수신호 발광기를 점등시키고, 관계 신호기를 정지 현시시킨다. 이 장치는 장해물을 검지하기 위하여 적외선을 발광하는 발광기와 적외선을 받아 빛을 전기로 변환하여 검지 릴레이를 작동시키는 수신기로 구성되어 있다. 복선 구간의 교통량이 많은 건널목 등에 설치한다.

(5) 건널목 제어자(crossing control point)

건널목 경보기 · 건널목 차단기의 제어를 위하여 경보 개시 지점과 경보 종료 지점에 열차 검지용으로서 설치되어 있다. 대출력 트랜지스터를 이용한 전류 환원형의 발진기의 것이 일반적이다. 최근에는 열차 밀도의 증가와 통행량의 격증에 따라 저속 열차나 정거 열차에 대하여는 경보 · 차단 시간이 길게 되어 개선이 요망되고 있다. 그 때문에 열차를 선별 제어하여 경보 · 차단 시간을 최단 · 균일하게 되도록 하고 있다. 또한, 러시 아워대의 저속 운행의 경우에도 경보 시간이 길게 되지 않도록 중앙 제어하는 예도 있다.

(6) 집중 감시장치(crossing central watch device)

많은 건널목을 1 개소(가까운 역 또는 센터)에서 집중적으로 감시하기 위하여 건널목 감시장치가 실치되는 예가 많다.

5.5.2 열차방호 장치와 철도통신 설비

(1) 열차방호 장치

지진 · 낙석 · 눈사태 · 건널목 장해 등 열차의 운전에 위험한 상황이 발생한 경우에 작동하여 경보를 발하기도 하고 정지 신호를 현시하여 열차를 정지시키기 위한 장치를 열차방호(train protection) 장치라 한다(제5.4.4항, 제8.2.4항, 제8.2.5항 및 제9.3.4(5)항 참조). 이들에는 열차방호 스위치 · 장해물 검지 장치 · 지진에 대한 열차의 방호장치 등이 있다. 이들의 열차방호 장치는 외부로부터의 방호이지만, 내부적으로는 열차가 지선(branch line), 또는 본선(main line)으로 입선하는 개소나 열차의 교행(cross) 개소에서 열차의 과주로 인한 충돌 사고를 방지하기 위하여 안전 측선(safety track)을 설치한다.

(2) 철도통신 설비
(가) 개요

철도는 넓은 지역에 걸쳐서 노선망이 구성되어 있으며, 역, 운전 기지나 시설관리 사무소, 차량 검수장이 분산 배치되어 있기 때문에 철도 업무의 합리적인 관리, 운영에는 정보 전달망으로서 통신설비가 있어야 한다. 근년에는 철도 업무의 자동화, 기계화, 집중 관리화를 진행하기 위하여 필요한 정보 처리도 급증하고 있기 때문에 통신 설비의 중요성이 점점 늘어나고 있다.

화상통신 계에는 플랫폼 집중감시 TV, 승객안내 TV 표시 등 화상을 이용한 장치의 통신에 이용되며, 데이터통신 계는 컴퓨터 상호간 또는 컴퓨터와 단말기간의 정보 처리 시스템 전달에 이용된다. 제어통신 계는 각종 기계장치의 원격 제어에 이용된다. 전용 전신회선을 이용하는 직통전신 계는 조작장 상호간 등 특정 개소간의 통신용이다. 직통전화 계에는 열차 운행상 중요한 지시, 전달에 이용하는 사령용(운전 사령, 배차 사령, 전력 사령, 보선 사령 등)과 구내 연락용(구내 전화 등)이 있다.

무선을 이용한 통신 설비의 구성에는 다음과 같은 것이 있다.

①열차 무선 : 운전 사령(traffic controller)과 승무원과의 연락 및 여객 공중 전화의 중계용
②승무원 무선 : 승무원 상호간, 또는 역과의 연락용
③구내 무선 : 역 · 조차장 · 차량기지(depot) 내의 작업 연락용
④열차방호(train protection) 무선 : 건널목 장해의 통보, 선로상 장해물의 검지와 통지용
⑤재해 무선 : 재해 발생 시 현장과 관계 부서와의 연락용
⑥보수 무선 : 보선용, 전차선용, 검차용 등, 시설 · 차량 보수작업 연락용

이상과 같이 철도통신 설비는 열차 운행의 보안도를 높이는 사명과 철도업무의 합리화, 근대화를 위한 사명이 있어 점점 그 필요성과 역할이 크게 되므로 장래에 비약적인 정보전달 수단이 응용될 것이다.

(나) 현황

우리 나라의 철도 통신선로는 1899년부터 가공나선 통신선로에 음성 통신을 사용하여 오다가 1973년 이후 동케이블이 사용되면서 음성통신과 데이터 통신이 가능하게 되었고, 1990년에 광케이블(optical fiver)이 설치되면서 음성통신, 데이터 통신, 화상통신이 가능하게 되었다[216]. 통신 방식은 아날로그 방식에서 PCM(pulse code modulation) 방식에 의한 디지털 신호 방식을 채용하면서 전송 속도를 155 Mbps로 향상시켰다. 전화 교환은 1980년대 후반부터 전전자식 자동인 ISDN(integrated services digital network)형으로 발전하여 운영되고 있다. 무선 통신은 1969년부터 미국 모토로라의 무선통신 설비를 경부, 호남선에 설치하여 150 MHz대 단신 공간파 방식으로 사용하게 되었다. 수도권 전철 개통 초기에는 인력에 의하여 승차권 발매와 개집표 업무가 처리되었으나 1984년 프랑스로부터 역무 자동화 설비(AFC, automatic fare collection, 제7.2.1(5)항 참조)를 도입하여 수송통계 업무와 회계처리 업무를 자동화하면서 경영 개선에 기여하였다.

(3) 통신설비에 관한 철도건설규칙의 규정

1) 통신설비의 기본조건 : 통신설비는 철도운영을 효과적으로 지원하고 철도서비스 이용자의 편익을 고려하여 설치하여야 한다.

2) 통신설비의 종류 : 통신설비의 종류는 다음과 같이 구분한다.

①통신선로설비(연선전화기를 포함한다)　②전송설비
③열차무선설비　④역무용 통신설비

⑤ 역무자동화 설비　　　　　　　　　⑥ 영상감시장치

⑦ 그 밖의 부대설비

3) 통신선로의 시설방식 : 통신선로는 선로에 평행하여 종점을 보아 좌측에 시설하여야 한다. 다만, 공동관로를 이용한 관로 수용 또는 전력선로 등으로 인하여 부득이한 경우에는 예외로 한다. 통신선로를 지하에 포설하는 때에는 전선관 또는 공동관로 등으로 보호하여야 한다.

4) 열차무선시스템 : 열차무선설비의 음성 또는 데이터는 신뢰도 및 정확성을 갖추어야 하며 간섭 없이 송 · 수신이 가능하여야 한다. 시스템자동화, 모듈 및 패키지화로 기능을 최대로 안정화하여야 한다. 열차무선시스템은 모든 지상설비간 및 지상설비와 차상설비 사이에 음성 또는 데이터의 통신을 위한 충분한 용량을 가져야 한다. 정전시에는 3시간 이상 운용될 수 있도록 하여야 한다.

5) 무선통신장비의 설치 : 바닥배선시에는 무선통신회선 · 유선통신회선 · 제어회선 · 전력선 등과 분리설치될 수 있도록 이중마루를 설치하여야 한다. 다만, 여건상 이중마루를 설치할 수 없을 경우에는 전선관 또는 통신관로를 사용하는 등 유도방지대책을 강구하여야 한다. 기지국용 안테나시스템은 초속 60m/s의 풍압하중에 충분히 견딜 수 있어야 한다.

6) 영상감시장치 : 역, 역구내, 역간 주요설비에는 영상감시장치를 설치하여 설비 및 승객의 안전을 확인할 수 있어야 한다. 영상감시장치의 영상신호는 디지털 녹화기에 의하여 자동 또는 수동으로 녹화 및 재생이 가능하여야 하며 녹화된 자료는 1주일 이상 보관하여야 한다.

7) 연선전화기 설치 : 연선전화기의 설치간격은 500 m를 기준으로 하되 지세여건과 이용자의 편의 및 안전성 등을 고려하여 시설하여야 한다. 연선전화기의 설치방향은 사용자가 열차에 대항하여 전화기함 문을 열고 닫을 수 있도록 시설하여야 한다.

8) 발매자동화설비전원장치 : 발매자동화설비는 운영자 및 승객을 감전사고로부터 보호하기 위하여 외함을 접지하고 분전반의 접지반은 주배전실의 접지반에 연결하여야 한다. 각각의 발매자동화설비는 분전반에서 1개의 장비당 1개의 차단기를 장착하는 것을 원칙으로 한다.

5.6 열차 제어

5.6.1 자동 제어와 열차 운전

(1) 자동제어시스템

철도에서 열차는 원칙적으로 신호의 현시에 따라서 운전된다. 신호의 확인은 기관사의 주의력으로 행하여진다. 이 때문에 열차 밀도(traffic density)가 높게 된 현재에는 인간의 사소한 미스가 원인으로 되어 중대사고(severe accident)로 이어질 가능성을 항상 가지고 있다. 따라서, 이것을 방지하고 지상, 차상간을 일관한 제어 루프로 하는 열차의 자동 제어가 필요하게 되어 왔다. 현재 행하여지고 있는 자동 제어 시스템을 이 관점에서 대별하면, 열차간격 제어 시스템, 운전제어 시스템 및 운행관리 시스템으로 된다. 열차 운전(train operation)에 직접 관계가 있는 간격 제어를 하기 위하여 다음과 같은 프로세스가 필요하다.

①선행 열차(previous train)의 위치, 속도 등의 정보를 검지한다.

②후속 열차(following train)에 선행 열차의 정보를 전달한다.

③후속 열차는 전달된 정보와 자기의 정보와를 비교하여 제어한다.

이하의 각 항에서는 자동 제어 시스템을 기술한다.

(2) 열차제어 기술의 분류

열차 제어시스템의 주요한 기능은 열차의 속도 제어로서, 열차의 안전운행과 직결되어 있으며 신호 현시와 열차 운전속도 및 차량의 제동성능 등에 따라 설비에 대한 조건이 달라진다. 또한 지상설비와 차상설비의 정보 전송방식에 따라 지상의 특정 지점에서 차상으로 정보를 전송하는 불연속방식과 궤도회로 등을 이용하여 지상으로부터 차상으로 연속적인 정보를 전송하는 연속 제어방식으로 나누어진다[242].

불연속방식은 연속 제어방식에 비해서 신호 현시변화에 대응하는 추종성이 떨어지는 반면 시스템 구성을 단순화할 수 있는 장점이 있다. 이 때문에 불연속방식은 자동·비자동 구간, 전철·비전철 구간, 직·교류 방식에 관계없이 설비가 가능하고 경제성이나 유지 보수측면에서 유리하다.

반대로 연속 제어방식은 연속적으로 차상에서 정보를 수신할 수 있기 때문에 신호 현시의 변화에 대한 대응이 빠르고 운전 능률은 상대적으로 높일 수 있지만 설치비가 고가인 점이 단점이다.

그림 5.6.1은 열차 제어기술을 정보 전송방식에 따라 분류한 것이다.

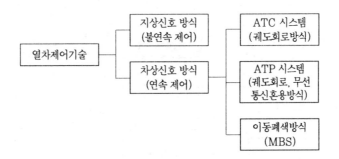

그림 5.6.1 열차제어 기술의 분류

ATC는 기본적으로 연속적인 차상신호와 운전정보를 제공하고 차상신호를 감시하는 기능인 반면, ATP는 불연속정보를 교환하는데 특징이 있다.

5.6.2 열차 집중제어 장치(CTC)

·과거의 열차 운전은 열차 다이어그램(train diagram)에 따라 역장의 전호나 신호 취급, 분기기 취급 등으로 행하여 왔다. 열차의 지연으로 다이어그램이 흐트러진 경우는 그 상태를 중앙의 열차사령에게 전화로 보고하고, 열차사령은 수정 다이어그램을 역장에게 전달하며, 역장은 그 변경 내용을 운전 통고권에 기록하

여 열차 승무원에게 건네주어 열차의 운전이 이루어져 왔다.

신호장치가 근대화된 최근에는 많은 선구는 CTC(central traffic control device, 열차 집중제어 장치)로 열차의 운전이 이루어지고 있다. CTC는 당초에 단선 구간에서 교행이나 추월 시의 사고 방지(prevention of accident) 및 열차 대기 시간의 적정화를 목적으로 하여 발달하여 왔으므로 주로 단선 구간에 많이 설치하여 왔지만, 최근에는 복선 구간의 근대화를 위하여도 설치하고 있다.

열차운전집중제어장치(CTC)는 열차밀도가 비교적 적은 선구나 각 정거장 구내의 본기기가 적어 진로구성이 용이하게 행하여지는 경우 등에 이용되는 것으로 지금까지 운전취급 역에서 행하던 운전제어를 사령실에 계전연동장치를 집중시켜 운전제어를 행하는 시스템이다(그림 5.6.2). 즉, CTC란 중앙사령실에서 다수 역의 신호제어시스템을 컴퓨터로 일관하여 집중 제어, 통제하는 장치로서 열차의 안전운행과 선로용량을 증대시킨다.

우리 나라의 경우에는 1968년 중앙선 청량리~망우간에 처음으로 CTC가 도입되었다. 1974년 8월 15일 지하철과 수도권 전철에 CTC 장치가 설치되는 등, 최근에는 CTC에 의한 보안의 확보와 열차 운전의 효율 향상 등으로 보급이 확대되고 있다.

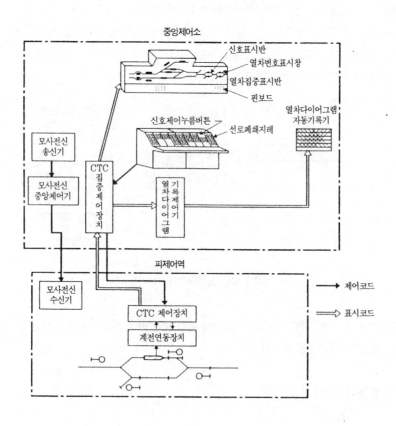

그림 5.6.2 CTC 시스템의 구성

CTC의 구성은 중앙 장치와 역 장치로 구성된다. 중앙 장치는 각 역의 신호기나 전철기를 조작하는 스위치류나 이들의 동작을 감시하는 집중 제어반, 열차 위치 및 진로개통 상태를 표시하는 열차 집중 표시반과 열차사령 업무용의 지령대 등으로 구성되어 있다.

CTC는 일정 선구 전역에 대한 열차의 위치 상황이 중앙의 집중 제어반에 자동적으로 표시되며, 각역의 신호설비나 전철장치를 중앙에서 원격 제어할 수 있다(**그림 5.6.2** 참조). 중앙 제어소에는 열차 위치 표시반이나 열차 다이어그램 자동 기록 장치를 설치하여 열차의 운행 상황을 한 눈으로 판단될 수 있도록 되어 있으며, 열차의 추월, 교행 등도 총괄적으로 운전 관리할 수 있다. 즉, 사령실에는 전구간의 배선을 그린 표시반에 각 역의 신호기와 분기기의 방향을 나타내는 표시등이 나타내어지고 열차의 위치와 열차번호가 표시되므로 담당 직원은 열차의 진행상황을 표시반에서 확인하고 계전연동장치를 취급하여 신호기와 진로구성을 조작하여 운전제어를 행한다. 또한, 열차 지연(train delay)이나 사고 시에도 열차 및 역, 시설 관리소에 적절한 지시를 함과 동시에 운전 정리(operation adjustment)를 총괄적으로 하여 열차의 조기 회복이 가능하게 된다.

이와 같이 CTC로 다이어그램이 흐트러진 때의 운전 정리를 신속하게 할 수 있어 열차운전의 효율이 향상되고 역의 운전 요원이 불필요하게 되는 이점도 크다. 그러나, CTC에는 신호기의 자동화, 전철기의 전동화, 열차 무선(train radio system)의 채용 등을 전제로 하여야 하기 때문에 상당한 투자를 필요로 한다.

더욱이, CTC에는 사령원의 진로 취급 등의 일이 남는다. 그 때문에 가일층 요원의 합리화와 취급 과오의 방지를 위하여 표준 다이어그램에 의한 진로 설정을 자동화하고 약간의 다이어그램 흐트러짐에 대한 우선순위나 진로 변경 등의 자동 판단을 하는 장치를 CTC에 부가한 새로운 열차운행관리 시스템(train operation control system)이 외국의 사철에서 개발·실용화되고 있다.

구로에 설치된 "CTC 통합사령실(2006 개통)"은 기존의 서울, 대전, 부산, 영주사령실의 열차집중제어장치(CTC)및 서울, 영주의 전철전력감시제어장치(SCADA)와 신설되고 있는 호남, 전라선의 CTC장치를 통합하여 1개의 사령실에 수용함으로써 수송 시스템의 일괄통제체제를 구축하기 위한 것이다[240].

이것은 기존 열차집중제어(CTC)를 수송통제시스템(TMS)으로 개념을 확대하는 것이며 또한 열차운행 정보 및 여객흐름을 파악할 수 있는 CCTV시스템을 구축하고 비상시 종합수송대책 수립이 가능한 상황실, 홍보실을 운영하게 된다. 즉, 분산된 5개 지역관제실을 통합하여 철도교통 관제시스템을 일괄통제시스템으로 구축하여 열차운전의 통제와 감시업무의 일관성과 효율성을 높이기 위한 'CTC설비', '운영관제실', '상황실', '홍보실', '교육실', 지역관제실 전차선·전력설비를 통합구축하고 고속철도 모니터링 기능을 구현하기 위한 'SCADA(원격제어)설비'와 전차선 전력 전원 공급에 대한 제어와 감시기능을 일괄통제할 수 있는 'SCADA실', '통신설비', '통신종합상황실' 등을 갖추고 있다.

기대효과로서는 일괄수송 통제체제의 확보로 사령업무의 간소화 및 수송경쟁력을 확보하고 첨단설비의 도입으로 유지보수 최소화와 안전성을 확보하며 운행 및 영상정보 활용으로 영업능력 극대화 및 철도이미지를 제고하게 된다.

5.6.3 ATS·ATC·ATO 등

열차의 안전 운전은 동력차 승무원이 신호기의 현시를 엄정하게 지키는 것이 전제로 된다. 그러나, 열차의 고속화 · 고밀화 · 신호기의 증설 등에 따라 승무원의 주의력에만 의존하여서는 불가능하다는 점이 많은 사고의 교훈에서 알려지고 있다.

즉, 신호 · 연동 · 폐색의 각 보안장치를 이용하여 열차운전의 안전을 유지하고 있지만, 열차 운행 상의 인위적 미스나 자연재해 등으로 열차운행에 위험이 생기는 일이 있으므로 이에 대한 대책으로서 자동열차정지장치(ATS), 자동열차제어장치(ATC), 자동열차운전장치(ATO) 등의 열차제어장치를 이용하여 열차에 대하여 직접 운전제어를 행한다.

터널내의 운전에서 만일의 사고를 절대적으로 피하여야 하는 지하철의 경우에는 예전부터 열차 자동정지 장치가 채용되어 왔다. 많은 비참한 사고의 교훈에서 최근에는 대부분의 철도에 ATS, ATC, ATO가 채용되어 있다.

(1) 자동 열차정지 장치(ATS, automatic train stop device)

(가) 개요

눈보라, 안개, 폭풍우 등의 자연현상으로 인하여 기관사의 신호 현시 확인이 어려울 경우에는 열차속도를 낮추어 운전하여야 하며 기관사의 돌발적인 육체적 결함 등으로 신호 확인의 누락이나 착오로 인한 사고가 발생되는 경우가 있다. 이 때 벨과 경보등으로 기관사에게 주의를 환기시켜 정상적인 운전취급을 하도록 하고 열차를 자동으로 안전하게 정지시키기 위한 것이 열차자동정지장치(ATS : Automatic Train Stop)이며, 1969년 경부선 서울~부산간 444 km 구간에 처음 설치되기 시작하여 현재는 국철의 전 선구에 설치되어 있다[242].

ATS장치는 지상장치(**그림 5.6.3**)와 차상장치(**그림 5.6.4**)로 구성되어 있으며 동력차 하부에 설치된 차상자가 궤도 내에 설치되어 있는 지상자를 통과할 때 제한속도 정보를 차상자에서 감응하여 열차가 안전하게 운행이 되도록 한다(**그림 5.6.5**).

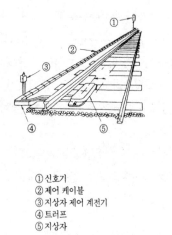

① 신호기
② 제어 케이블
③ 지상자 제어 계전기
④ 트러프
⑤ 지상자

그림 5.6.3 지상장치

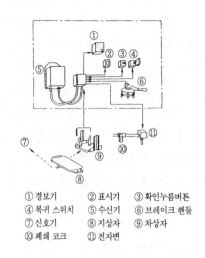

① 경보기　② 표시기　③ 확인누름버튼
④ 복귀 스위치　⑤ 수신기　⑥ 브레이크 핸들
⑦ 신호기　⑧ 지상자　⑨ 차상자
⑩ 폐쇄 코크　⑪ 전자변

그림 5.6.4 차상장치

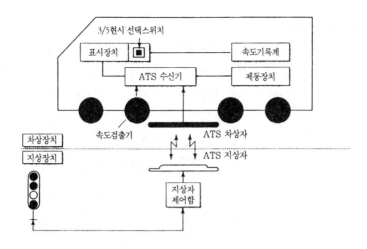

그림 5.6.5 ATS장치의 개념도

ATS장치의 기본조건은 열차를 정지신호가 현시된 신호기 앞에서 정지시켜야 한다. 즉, 정해진 속도 이상으로 운행할 경우에는 속도를 조사하여 제동을 취급하여야 한다 .또 ATS장치로 운행 중인 다른 열차에 지장을 주지 않아야 하며 정지신호가 현시된 경우 기관사가 제동을 취급하지 않을 경우에는 자동으로 비상제동이 체결될 수 있어야 한다.

(나) 기능

열차안전운행을 위해서는 선로와 차량 그리고 신호설비가 정상상태로 유지되어야 하며 기관사의 주위 상황에 대한 정확한 판단과 이에 따른 적합한 행동이 선행되어야 한다.

지상의 신호기는 전방 진로를 확인하여 정당한 신호 현시를 기관사에게 알려 열차사고를 방지하고 있다. 즉, 기관사는 지상의 신호기로부터 얻어진 정보를 인식하여 열차를 안전하고 정확하게 운전하는 것이다.

이와 같이 열차를 안전하게 운전하기 위해서는 **그림 5.6.6**와 같이 여러 조건이 필요하며 어느 한 조건이라도 누락이 되면 안전운행을 달성할 수 없다[242].

따라서 ATS장치는 열차의 안전운행을 확보하는 보완설비(back up system)로서 지상장치와 차상장치의 정상적인 기능 유지가 필수 조건인 것이다. ATS장치 설치 초기에는 열차의 운행이 빈번하지 않았으나 최근에는 열차의 고속화 및 고밀도 운행으로 차상신호장치 등 점차 새로운 첨단기술의 신호방식이 요구되고 있다.

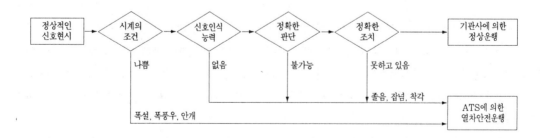

그림 5.6.6 기관사와 ATS장치와의 관계

(다) ATS동작방식 및 제한 속도

ATS장치는 전철이나 비전철구간 모든 개소에 사용되며 3현시용의 경우 지상장치는 정지신호에서만 동작하고 차상장치는 단변주(單變周)방식으로 동작한다. 4, 5현시용은 5가지 신호에 따라 동작하는 다변주(多變周)방식으로 차상장치가 동작한다. 차상장치의 동작방식을 요약하면 **표 5.6.1**과 같다[242].

표 5.6.1 차상장치의 동작방식

종류	차상장치 동작방식
3현시	점제어, 단변주(105〔kHz〕→130〔kHz〕)
4현시	차상속도조사식, 다변주(78〔kHz〕→5종류)
5현시	차상속도조사식, 다변주(78〔kHz〕→5종류)

제한속도는 **표 5.4.2**를 참조하라.

(라) 3현시 점제어방식

3현시 ATS장치의 구성도는 신호 현시에 따라 지상정보를 차상으로 보내주는 지상장치와 지상으로부터 정보를 수신하여 동작하는 차상장치로 구성되어 있다[242].

차상자가 지상자에 접근하면 차상에 설치된 발진회로의 전송특성에 변화를 주어 발진주파수를 변화시키는 주파수 변주방식이 사용되고 있다.

주파수 변주방식은 발진회로에 2차 회로를 결합시킬 경우에 발진주파수가 변화하는 인입현상을 이용한 것으로 차상자를 필터회로와 조합시켜 2차 회로 결합의 유무로 계전기가 여자하거나 낙하하도록 하고 있다.

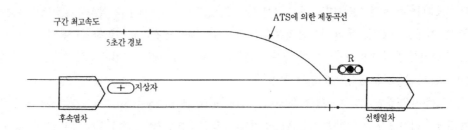

그림 5.6.7 3현시 ATS의 동작구조

ATS장치를 설비한 차량은 평상시 백색등이 점등되어 있으나 여차가 경보지점에 이르면 주계전기가 낙하하고 경보기가 동작하여 기관사에게 알려준다. 이때 경보기가 동작하면 백색등은 소등되고 적색등이 점등되어 제동회로를 동작시켜 5초 동안 시간을 계산한다. 기관사가 5초 이내에 제동핸들을 제동 위치에 놓고 확인 단추를 눌러 원상복귀하는 확인 취급을 하지 않으면 비상제동 체결로 열차를 정지시키게 된다 **(그림 5.6.7)**.

비상제동이 체결되면 복귀스위치를 조작하여 장치를 원상으로 해야 하는데 제동핸들을 비상위치에 놓고 열차가 정지한 후가 아니면 원상복귀가 되지 않는다.

(마) 4현시 속도조사식

4현시 속도조사식 ATS장치는 다변주 점제어방식으로 수도권 정동차운행구간에 사용하고 있으며 국철구간에서는 R, Y, YG, G현시, 지하철구간에서는 R, YY, Y, G현시를 사용하고 있다[242].

4현시 전용 ATS장치를 사용하고 있는 구간은 국철 전동차운행 구간과 서울시 지하철 1, 2호선 등이다.

그림 5.6.8은 4현시 ATS 운전제어 곡선을 나타낸 것이다.

① 제동핸들을 운전상태의 위치에 놓으면 백색표시등이 점등되고 Y신호의 정보를 기억한다.

② 진행 또는 감속신호를 현시한 경우에는 신호기 내 진입시 속도조사를 받지 않는다.

③ 제한속도 이하로 운전하는 경우에는 ATS는 출력되지 않는다.

④ 주의 또는 경계신호를 현시한 경우에 제한속도를 초과하여 운전할 경우에는 3초 이내에 제한속도 이하로 감속하여야 하며 제동핸들을 조작하지 않을 때에는 3초 후에 비상제동이 자동으로 작동된다.

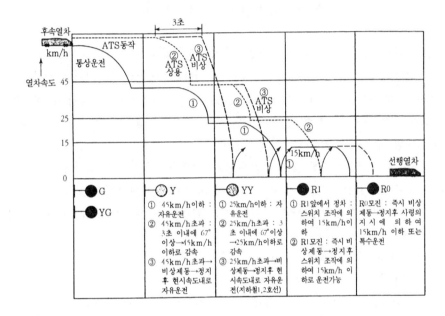

그림 5.6.8 4현시 ATS 운전제어 곡선

⑤ R₁ 또는 R₀ 구간에 진입하였을 때에는 즉시 비상제동이 작동된다.

⑥ 비상제동시 운전을 재개할 때에는 스위치를 조작하여 15 km/h이하로 운전이 가능하고 15 km를 초과하면 즉시 비상제동이 작동된다. 전방 신호 현시가 R₁ 이외의 경우에는 그 지상자에 의하여 자동으로 복귀되고 현시된 신호에 따른다.

⑦ R₀ 구간 내로 의식적으로 진입할 경우에는 일단정지 후에 스위치 조작으로 1회에 한하여 45 km 이하로 운전이 가능하며 45 km 초과시에는 즉시 비상제동이 작동된다.

⑧ ATS 고장 등에 대하여는 운전사령의 승인 하에 개방 운전한다.

⑨ 기지 내 입환운전에 대하여는 입환 위치로 스위치를 전환 운전한다.

(바) 열차 자동정치 장치 지상자 설치거리 및 취부위치(그림 5.6.9)

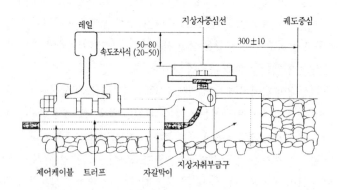

그림 5.6.9 지상자의 취부위치(단면도)[242]

지상자의 설치거리는 철도건설규칙에서 다음과 같이 규정하고 있다.

① 점제어식 지상자는 신호기 외방으로부터 열차제동거리와 여유거리를 합한 거리의 1.2배 범위로 한다.

② 속도조사식 지상자는 신호기 외방 20 m를 기준으로 하고, 출발신호기를 소정의 위치에 설치할 수 없어 그 위치에 열차정지표지를 설비할 때에는 열차정지 표지의 내방 20 m 위치에 설치한다.

지상자의 설치위치는 다음에 의한다.

① 궤간중심으로부터 지상자 중심선과의 간격은 열차진행방향으로 점제어식의 경우 좌측 300 mm±10 mm 이내, 속도조사식의 경우 우측 300 mm±10 mm 이내의 위치에 설치한다.

② 레일상면으로부터 지상자 상면까지의 높이는 점제어식 50 mm 내지 80 mm, 속도조사식은 20 mm 내지 50 mm의 범위로 한다.

③ 지상자 밑면과 자갈과의 간격은 50 mm 이상으로 한다.

④ 가드레일과의 간격은 400 mm 이상으로 한다.

⑤ 지상자만을 설치할 경우에는 리드선이 붙은 상태로 단락되지 아니하도록 처리한다.

⑥ 레일이음매부에서 3개 이내의 침목을 피한다.

(2) 자동 열차제어 장치(ATC, automatic train control device)

ATS가 기관사의 조작을 후원하고 있는 것에 대하여 ATC는 장치가 전면으로 나와 열차 속도를 제한 속도 (restricted speed) 이하로 자동적으로 제어한다. 즉, 속도 발전기에서 취하여 검출된 속도 출력과 수신기의 신호 출력이 비교되어 속도 초과인 경우는 소정의 브레이크가 자동적으로 작동한다. 이 ATC 운전에서는 차내 신호로 하고 있는 것이 대부분으로 차내(운전대)에 열차의 허용 속도(permissible speed)를 나타내는 신호를 연속하여 현시한다. 즉, ATC란 열차안전운행에 필요한 속도정보를 레일을 통하여 연속적으로 차량의 컴퓨터에 전송하여 허용속도를 표시하여 실제운행속도가 허용속도를 초과할 때는 자동적으로 감속제어하는 장치이다.

열차운행을 제어하기 위한 대상은 열차의 간격과 열차속도이다. 그래서 대조하여 조사하는 것은 ① 선행열차와의 간격, ② 진로의 조건에 따른 신호현시의 지시속도와 열차속도이다. 통근선구와 같이 고밀도의 열차가 운행되는 선구에서 이용되고 있는 열차의 간격과 속도의 제어는 ATC를 이용한 차상신호에 의하고 있다.

ATS는 정지신호장치 오인방지가 주목적이며, 지상자 통과 후에 신호가 정지에서 진행으로 변하여도 곧바로 가속할 수가 없다. 여기에 대하여 ATC는 신호 현시에 따라 그 구간의 제한 속도의 지시를 연속적으로 열차에 주어 열차 속도가 제한 속도를 넘으면 자동적으로 제동이 걸리고 제한 속도 이하로 되면 자동적으로 제동이 풀린다. 또한, 운전중에 신호 현시가 변하면 곧바로 여기에 추종할 수가 있다.

ATC의 제어 방법은 신호 전류를 레일의 궤도회로에 흐르게 하여 두고 열차는 이 신호 전류를 받아 차내 신호로서 운전실에 표시된다. 이 신호와 열차의 속도를 비교하여 상기와 같이 제동 · 완해 동작을 자동적으로 한다.

즉, 궤도회로의 신호 전류에서 지상 신호를 취하며, 신호 현시는 예를 들어 210 km/h인 경우 운전대 속도계 표면의 0 · 30 · 70 · 110 · 160 · 210 km/h(300 km/h 경우 0, 170, 230, 270, 300)의 눈금상의 신호 램프가 점멸하도록 되어 있다. 선행 열차의 유무나 정거장으로의 진입, 속도제한 구간 등의 조건에 따라 지상 신호에서 소정의 속도(예를 들어, 210 · 160 · 110 · 70 · 30 km/h의 5 종류) 또는 정지(상용 브레이크 · 무폐색 · 비상 브레이크의 3 종류)의 8 종류가 지시된다(**그림 5.6.10** 참조).

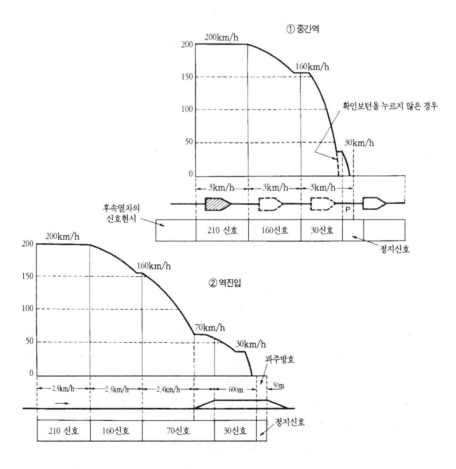

그림 5.6.10 ATC 작용의 예 (최고속도 210 km/h인 경우)

1 개의 궤도회로는 예를 들어 3 km(또는, 예를 들어 1.2 km)로 하고 있다. 역 중간에 선행 열차가 있는 경우는 **그림 5.6.10**에 예를 나타낸 것처럼 160 · 30 km/h와 제1의 정지(상용 브레이크)가, 역에 들어가는 경우는 160 · 70 · 30 km/h와 제3의 정지(규정의 정지 위치를 과주한 경우의 비상 브레이크)의 각 신호가 지시되어 지시 속도 이상일 때는 자동적으로 브레이크가 걸리고, 지정 속도 이하로 되면 브레이크가 완해된다. 제2의 정지 신호는 무폐색 운전(non-blocking operation)인 경우에 지시된다.

(3) 자동 열차운전 장치(ATO, automatic train operation device)

ATC의 제어 범위를 더욱 확대하여 열차의 시동이나 가속(加速)도 자동화한 운전 방식이 ATO이다. 즉, ATO는 열차운행을 제어하기 위한 ATC 장치의 기능과 열차의 자동조종기능을 갖춘 장치이며, 운전 다이어그램에 따라 자동적으로 열차를 운행하여 정지조차도 목표에 접근하면 미리 짜 넣은 제동패턴에 따라 자동적으로 정지할 수 있는 것이다. 이것은 운전의 대부분이 자동화되어 보안도의 향상, 기관사의 숙련도와 부담의 경감, 정확한 운전 시간(running time)의 유지, 수송 효율의 증대, 동력비의 경감 등을 목적으로 하고 있다. ATO는 전자공학의 진보와 자동 제어기술, 마이크로 컴퓨터의 발전에 따라 성립된 시스템이며, 그 기본적인 기능은 ATC의 기능에 열차의 자동 운전기능을 부가한 것으로 ① 지정속도 운전제어, ② 정위치 정지제어, ③ 정시운전 프로그램방식 제어의 세 가지 기능을 기본으로 하고 있다. 다시 말하여 ATO란 승무원이 수동으로 취급하던 열차운전, 속도제어, 열차정지, 출입문제어, 정차 시간 표시, 안내방송 등을 미리 설정된 컴퓨터 프로그램에 따라 자동으로 실행되어 열차를 운행하는 시스템이다.

즉, ATO는 열차에 대한 역간에서의 주행 제어와 역에서의 정지 제어의 자동화를 가능하게 한다. 우리 나라에서는 1998년 지하철에서 채용하여 기관사가 없이 무인으로 속도의 가감이 가능하게 되었으며, 아울러 승객의 출입문도 자동으로 열리고 닫히는 완전 자동화 시스템이 구축된 설비로 발전되었다.

제어 방식으로서는 컴퓨터의 설치 개소에 따라 "지상 프로그램 방식", "차상 프로그램 방식", "중앙제어 방식" 등이 있으며, 일반적으로는 중앙제어 방식이 채용되고 있다.

ATO는 지상 측에서 지점 정보를 발신하는 지상 장치와 차상 측에 있어서 역행 · 타행 · 제동을 제어하는 차상 장치로 구성된다.

(4) 지능형 열차제어 시스템(ITCS, Inteligent Train Control System)

지능형 열차제어시스템(MBS라고도 한다)은 열차운행 다이어그램에서 미리 정한 프로그램에 따라 정거하는 역에서의 열차 속도 감소 및 정지에 관한 열차제어가능을 하는 ATC 하부장치이다. ATO는 종래에 기관사가 수동으로 조작하던 역간 운전, 열차정지, 출입문제어, 열차출발, 여객안내 방송 등을 열차운행제어 컴퓨터에서 감시하여 안전한 열차운행이 자동으로 실행한다[242].

최적의 열차제어와 효율적인 열차 운행은 ATO기능으로 수행하게 되며 ATP(제(5)항 참조) 차상 설비는 운행하는 열차 위치를 검지하고 제동곡선을 사용하여 제어한다. 차상장치의 프로세서는 ATO에 기본을 두고 열차를 제어하며 실시간으로 최적의 ATO 운전선도를 생성하고 열차속도를 자동으로 제어한다.

무선통신을 바탕으로 ATC시스템에 적용하여 운행 중인 열차와 선로변의 각종 시설물의 양방향 데이터 통신으로 열차를 제어한다.

열차 운행과 국부적인 열차보호기능이 실행되는 지상과 차상장치 및 열차감시기능을 수행하는 중앙장치로 구성되어 있다.

(5) 자동 열차방호장치(ATP)

ATP(Automatic Train Protction)는 선행 열차의 위치에 따라 후속 열차의 속도를 제어하는 장치이다. ATP는 ATC의 하위시스템 중의 하나이다.

비정상적인 열차의 움직임으로 인한 열차의 전면, 후면 및 측면의 충돌, 비정상적인 출입구의 개방으로 승객의 위험, 선로상 분기기의 부적절한 작동이나 노선상태에 맞지 않는 과속운행에 기인한 충돌 또는 재해 등을 방지하기 위한 열차감시 기능과 열차의 분리 및 연결기능을 조합하여 작동한다[244].

ATP의 특징은 다음과 같다.
① 항상 전체시스템을 통하여 모든 열차 상태를 감시하는 기능의 유지
② 저지선에 대한 최대한 안전제동거리에 따라 결정되는 각 열차간의 안전거리의 유지
③ 분기기(Switch) 작동부분이 정상적으로 물려 고정되어 있고, 또한 이 상태의 표시가 명확히 나타나지 않는 한 열차가 분기기 설치 위치(선로교환지점)를 통과하는 동안 분기기 작동부분의 틀림이나 이동을 방지하는 기능
④ 노선상의 모든 분기기 및 결합지점에서 안전한 열차운행을 위해 선로를 조정
⑤ 안전운행과 노선의 상태에 따라 열차속도의 제한
⑥ 시스템을 통하여 적절한 열차운행 지시의 유지
⑦ 선로상 파손부위의 감지

5.6.4 철도 제어시스템의 발전과 COMTRACK

컴퓨터가 발달됨에 따라 CTC를 베이스로 하여 보다 넓은 범위의 열차 운행관리 시스템이 가능하게 되어 왔다. 이에 따라 ARC(자동 진로제어 장치, automatic route control), TTC(열차운행 종합제어 장치, total traffic control system), PRC(프로그램 진로제어 장치, programmed route control) 등이 개발되어 실용화되고 있다. 또한 이동 폐색장치(M.B.S)(제5.3.2(5)항 참조)가 개발되고, CTC 통합사령실(제5.6.2항 참조)이 구축되어 있다.

TTC(Total Traffic Control)[244]는 열차운행종합제어장치로서 안전운행을 확보하기 위하여 종합사령실의 메인컴퓨터에서 열차중앙집중제어장치(CTC)에다 컴퓨터 장치를 부가하여 열차운행업무, 운행제어 및 감시를 수행하는 자동제어방식이며, 이에 반해 CTC는 사령원이 수동으로 제어반에서 제어하는 수동제어방식이다.

PRC(Programmed Route Control)[245]는 자동진로제어 장치의 일종으로 미리 정해진 다이어그램에 따라 컴퓨터에 각 열차마다 각 역별로 진출입 진로, 착발시각, 대피유무 등 요구되는 조건의 프로그래밍이

되어 있어 CTC 장치에 연계되어 열차의 진로가 자동적으로 설정되는 장치이다.

ARC(Automatic Route Control : 자동진로제어)[245]는 열차가 일정한 제어구간에 진입하면 신호기, 전철기 등이 자동적으로 제어되며 연동장치에 부설하여 사용한다.

RC(Remote Control)[245]는 인접 정거장의 신호기, 전철기 등을 원격 제어하는 장치이다.

COMTRACK(Computer Aided Traffic Control System)[244]은 ① 수송수요 변동에 응하여 차량, 승무원 운용을 포함하여 합리적으로 운영계획을 작성하고 전달하며 ② 다이어그램이 혼란시 운영계획변경(운전정리)을 작성하고 전달하며 ③ 진로제어의 자동화를 목표로 개발되었으며 고기능화, 고신뢰도화가 도모되고 있다.

이와 같은 종합관리 시스템의 개발에는 여러 철도가 노력하고 있으며 철도 운행관리의 합리화, 근대화로 크게 비약하는 중이다.

5.7 경부고속철도의 열차제어설비

5.7.1 열차제어설비(TCS)

(1) 개요
고속철도의 신호설비는 열차운전의 안전성과 운행효율을 증대시키기 위한 설비이며, 열차제어장치(TCS : Train Control System)는 진로구성에 관한 명령과 제어를 하고 열차간격을 조정하는 기능 및 안전운행의 확보, 각종 보호 등에 관한 기능을 수행한다[239].

신호시스템(Signalling system)은 연동장치(IXL)와 열차자동제어장치(ATC)로서 열차의 충돌과 탈선을 방지하여 열차의 안전운행을 도모하는 것이 기본 목적이며, ATC는 열차검지, 열차간격, 속도명령, 차상속도제어 및 안전설비(주변환경감지, 차축발열검지 등)에 대한 기능을 수행하고, 연동장치는 열차집중제어장치(CTC)나 현장제어페널(LCP)에서 요구된 제어기능을 수행한다.

열차집중제어장치는 사령실에서 열차를 감시하고 출발, 도착일정을 확보하여 정해진 목적지나 중간역 정차시 지연을 최소화하는 역할을 담당하며, 운행일정에 정해진 프로그램에 따라 열차의 진로를 자동 설정한다.

(2) 열차제어설비의 구조
열차제어설비(TCS : Train Control System)는 세 부분으로 구성된다(**그림 5.7.1**).
① 열차자동제어장치(ATC : Automatic Train Control)
② 연동장치(IXL : Interlocking)
③ 열차집중제어장치(CTC : Centralized Traffic Control)
열차제어설비(TCS)를 구현하기 위한 필수조건은 다음과 같다.
① 신뢰성(Dependability) : 중앙 집중화된 운영 페일세이프(Fail-safe)
② 안전성(Safety) : 페일세이프(Fail-safe) 원칙과 이중(Redundancy) 운용

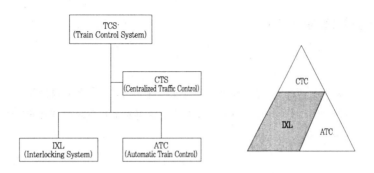

그림 5.7.1 열차제어설비의 구조

③ 유용성(Availability) : 사고에 대비한 백업(Back-up) 기능

④ 신뢰성(Reliability) : 최신, 최고의 기술 사용

⑤ 호환성(Coherence) : 기존 철도와의 연계성

⑥ 유지보수성(Maintainability) : 유지보수의 용이

(3) 열차제어설비의 배치

(가) 중앙제어실(Operations Center) : 광명역

1) 열차운영통제 : CTC(열차집중제어장치)

　　① 열차운영스케줄 처리　　　② 열차추적감시

　　③ 현장신호설비 감시　　　　④ 열차운전정리

　　⑤ 열차운영정보 관리　　　　⑥ 열차제어설비 유지보수

2) 기관사, 역무원, 유지보수인원과 무선교신

3) 열차행선 안내장치(TIDS)

4) 기타 장치와 정보교환(기존 CTC, SCADA* 등)

(나) 현장설비

1) 역(Station, IEC)

　　① 열차자동제어장치(ATC), 연동장치(IXL)로 구성

　　② 중앙제어실 장애시 열차운행을 제어

2) 기계역(InEC)

　　① 열차자동제어장치(ATC)로 구성

　　② IXL 시스템에 의한 원격 제어

(다) 유지보수설비(CMS)

1) 중앙제어실, ATC, IXL 설비로부터 정보 입수

2) 수집한 정보를 분석 처리

---

*) Supervisory control and dada acquisition

5.7.2 열차자동제어장치(ATC)

(1) 개요

선행열차 위치, 운행진로, 곡선 등 선로의 제반조건에 따라 열차안전운행에 적합한 속도정보와 선로구배, 폐색구간 거리를 차상장치에 전송하여 기관석에 허용속도를 표시하며 열차의 운행속도가 허용속도 초과시 자동으로 감속 제어한다[239].

(가) ATC장치 구성

1) 지상장치
    ① 궤도회로장치(연속정보)   ② 불연속 정보전송장치
    ③ 논리장치   ④ 정보전송장치
    ⑤ 계전기 인터페이스

2) 차상장치
    ① 수신안테나(열차선두하부에 설치)   ② 차상논리장치
    ③ 표시장치

(나) ATC장치 기능

1) 지상장치
    ① 궤도회로에 의한 열차유무 검지
    ② 연동장치로부터 전방진로의 조건, 개통방향 등 신호조건 파악
    ③ 궤도회로를 통하여 속도, 신호정보를 차상으로 전송

2) 차상장치
    ① 차상안테나로 지상정보를 수신하여 허용속도를 기관실에 표시
    ② 열차제동곡선 생성·속도 초과시 자동으로 제동장치 작동

(2) 열차자동제어장치의 구성

열차자동제어장치는 **그림 5.7.2**와 같이 구성되어 있다.

(3) 표지

ATC 지상장치인 표지에는 다음과 같은 것이 있다(**그림 5.7.3**).
  가) 기능 : ① F 표지 : 폐색구간 경계표시, ② NF 표지 : 절대정지
    신호
  나) 설치 : ① F 표지 : 폐색구간 경계지점, ② NF 표지 : 진로시작
    점, 사구간

그림 5.7.3 표지

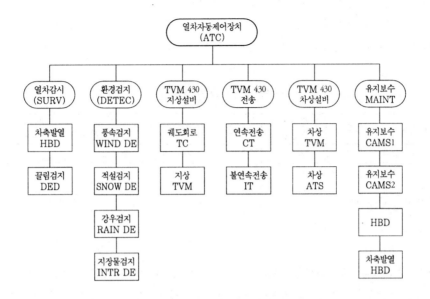

그림 5.7.2 열차자동제어장치의 구성

(4) 속도계열과 선로 용량

(가) 속도계열(**그림 5.7.4**)

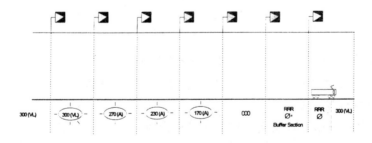

그림 5.7.4 속도계열

(나) 선로용량(Line Turnover)

선로의 최대용량을 결정할 때 고려되는 거리(D)는 열차 A와 선행열차 B가 동일선상에서 운전 중일 때 속도계에 현시된 최대속도로 달릴 수 있는 열차간격이다. 연속적인 열차운행을 생각할 때, 이 거리는 다음과 같다.

$$D = N + L \tag{5.7.1}$$

여기서, N = 정지 시퀀스에서의 폐색의 수 × 폐색길이

L = 열차편성 최대 길이

표 5.7.1은 TVM 430 시스템에서 시간당 선로용량을 보여준다.

표 5.7.1 선로용량(TVM 430)

신호방식	최대속도	블록길이	중련열차 편성길이	선행열차와의 거리(중련)	열차간 운전시격	선택 운전시격	시간당 선로용량
TVM 430	300 kph	1,500 m	400 m	$D = (7 \times 1500) + 400 = 10,900$ m	2분 11초	3분	20회

5.7.3 전자연동장치(IXL)

(1) 개요

역구내 또는 중간건넘선에서 안전한 열차운행을 위하여 신호기와 전철기 및 궤도회로 등을 상호 연쇄동작하게 하여 사고를 방지하며, 취급자의 착오로 인한 오취급을 없애어 열차안전운행을 확보하도록 하는 장치이다[239].

(가) 구성

① 연동처리장치(SSI)　　　　② 전송장치(FEPOL)

③ 운용자 콘솔　　　　④ 보수자 콘솔

⑤ 전원장치　　　　⑥ 분기전환장치

⑦ 신호기

(나) 기능

① 현장신호설비 제어 및 표시　　　　② 진로제어 및 표시

③ ATC 장치와 신호정보 교환　　　　④ CTC 장치와 인터페이스

(다) 계전연동장치에 대한 이점

① 계전기 유접점을 컴퓨터 로직화(무접점)하여 장애요소 제거

② 현장설비와 통신 인터페이스로 다량의 신호 케이블 불필요

③ 전자 소형화로 설치공간의 축소

④ 시스템 상태 자체진단 및 데이터 백업(Back-up) 기능으로 예방점검 및 고장분석이 가능

⑤ 역구내 변경시 확장개량이 용이함

(2) 전자연동장치의 구성

전자연동장치는 **그림 5.7.5**와 같이 구성되어 있다.

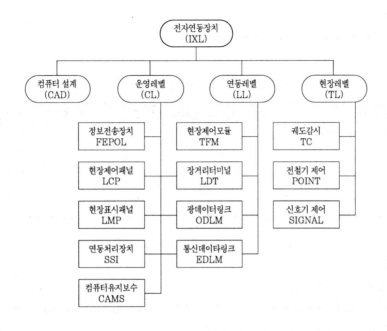

그림 5.7.5 전자연동장치의 구성

(3) 전기전철기

(가) 전기전철기의 특성

1) 사용환경(사용온도) : -30 ℃~+70 ℃

2) 기계적 특성

　① 중량　　: 91 kg

　② 동정　　: 110~260 mm

　③ 최대부하 : 400 daN

　④ 정상부하 : 200 daN

　⑤ 동작시간 : 5 초

　⑥ 몸체크기 : L=700 mm, D=476 mm, H=215 mm

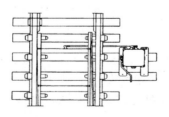

그림 5.7.6 전기전철기

3) 전기적 특성

전기전철기의 전기적 특성은 **표 5.7.2**와 같다.

표 5.7.2 전기선로전환기의 전기적 특성

사용전원	AC 3φ 220 V ±10% 델타 결선	AC 3φ 380 V ±10% 스타 결선
전원공급 케이블의 최대 회선저항	10 Ω	30 Ω
동작시 최대전류	4 A	1.5 A
동작 시간	4.2 초	4.2 초
전동기 속도	2,850 rpm	2,850 rpm
전동기 소비전력	700 W	700 W

(나) 전환방법

1) 전기적 제어 : 모터(Motor)

2) 수동제어　 : 수동(Manual, 비상제어 레버를 사용하고 레버 승인암은 쇄정되어 있다)

3) 선택 스위치 : 모터(Motor) / 수동(Manual)

5.7.4 열차집중제어장치(CTC)

(1) 개요

열차집중제어장치(CTC)란 전구간의 열차 운행상황, 선로상태 및 신호설비의 동작상태 등을 한 곳에서 집중 감시하고 주 컴퓨터에 입력된 스케줄에 따라 운행진로를 자동 / 수동 제어하며, 여객안내정보 등으로 열차운행 정보를 제공하는 설비를 말한다[239].

(가) 구성

1) 사령실 설비

　① 표시패널(CMP)　　　　② 운용자 콘솔(OP)

　③ 유지보수 콘솔　　　　　④ 주변장치

2) 기계실 설비

　① 주 컴퓨터(MTC)　　　　② 통신용 컴퓨터(TTC)

　③ 개발용 컴퓨터(DC)　　　④ 전원 설비

(나) 기능

1) 전구간의 신호설비 및 열차운행상황 일괄 감시 : ① 열차번호 및 열차위치 표시, ② 궤도회로 점유, 전철기 동작상태 및 신호현시 표시, ③ 진로구성상태, 신호설비 고장상태 및 안전설비 상태 표시

2) 현장신호설비 자동 및 수동제어

3) 열차운행상황 자동 기록

4) 여객안내설비 등에 열차운행정보 제공

(2) 열차집중제어장치의 구성

열차집중제어장치는 **그림 5.7.7**과 같다.

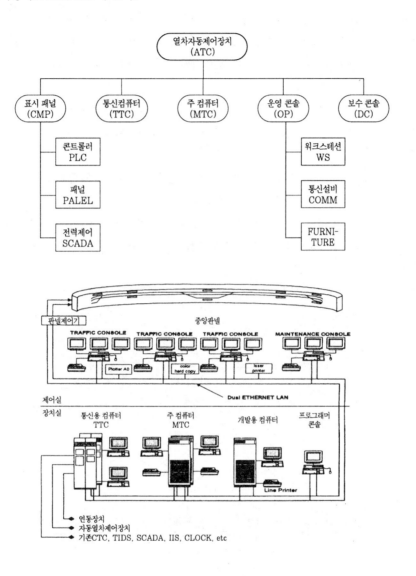

그림 5.7.7 열차집중제어장치의 구성

5.7.5 안전설비

안전설비는 ATC장치, 연동장치 및 CTC장치와 정확히 인터페이스되어야 하고, 어떤 경우에도 CTC센터에서 감시되어야 하며, 센서의 접속상태 또는 계산비율의 변화에 따른 기본적인 경보음 및 표시가 전달되어야 하고 영향을 받는 궤도구간에서는 필요한 속도제한을 부과하고 리세트(Reset)할 수 있어야 한다(제9.3.4(5)항 참조)[239].

(1) 축상발열검지장치

(가) 설치 목적

고속으로 주행하는 열차의 차축 온도를 일정거리마다 측정하여 차축의 과열로 인한 탈선사고를 사전에 예방하기 위한 장치로서 축상발열검지기(hot box detector)와 이들 전체를 감시하는 축상발열검지기 감시장치(HBS : hot box supervision)로 구성되며 모든 열차의 과열된 차축베어링과 차축의 속도 및 수량, 운행방향을 검지할 수 있다.

축상발열검지감시장치는 CTC 사령실에 설치되어 경부고속철도 전 노선상에 설치되는 축상발열검지기를 관리하며, 일반 통신망을 통하여 정비보수 센터와 차량기지에 연결된다.

(나) 운행 제한

1) 주의경보(Simple Alarm) : 80 ℃ 이상시 CTC 사령자가 무선으로 기관사에게 주의경보를 통지하고 기관사는 인접 역에 정차하여 열차상태 확인

2) 위험경보(Danger Alarm) : 90 ℃ 이상시 ATC장치는 열차에 지장을 주지 않도록 감속운행하여 인접한 건넘선 개소 또는 역의 측선에 정거 후 기관사는 열차상태 확인

(다) 설치 장소

상·하선 평균 30 km 간격으로 설치하고, 하구배, 곡선구간 및 상시제동 구간은 지양한다.

(라) 설비 구성(그림 5.7.8)

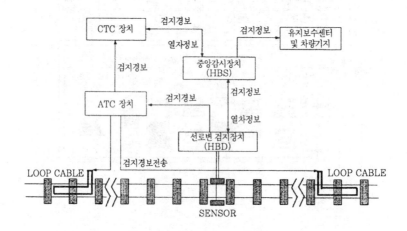

그림 5.7.8 축상발열검지장치

(2) 지장물검지장치

(가) 설치 목적

고속철도를 횡단하는 고가차도(Over Bridge)나 낙석 또는 토사붕괴가 우려되는 지역 등에 자동차나 낙석 등이 선로에 침입하는 것을 검지하여 사고를 예방하기 위하여 설치한다.

(나) 설치 위치

① 고속철도를 횡단하는 고가도로(Over Bridge)

② 낙석 또는 토사붕괴가 우려되는 개소

③ 고속철도와 도로가 인접하여 자동차의 침입이 우려되는 개소

(다) 운행 제한

검지선은 병렬 2개 선으로 설치되며, 지장물 침입시 단선되는 검지선의 수에 따라 2가지 정보를 CTC에 전송한다.

　1) 1선 단선 : 운행열차를 자동으로 정지시키지 않으나 CTC에 경보가 전송되어 무선으로 기관사에게 주의운전 유도

　2) 2선 단선 : ATC장치는 자동적으로 상, 하행선 해당 궤도회로에 정지신호를 전송하여, 진입하는 열차를 정지시키며 기관사는 지장물 확인 후 지장을 주지 않을 경우, 복귀스위치를 조작하여 운행 재개

(라) 설비 구성(그림 5.7.9)

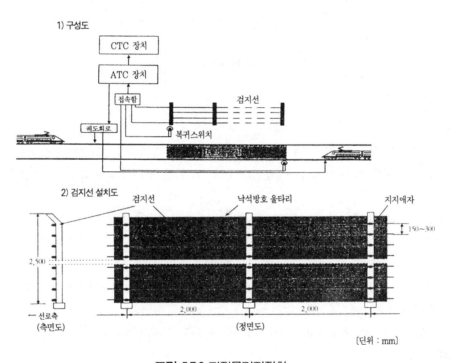

그림 5.7.9 지장물검지장치

(3) 끌림 물체 검지장치

(가) 설치 목적

차체 하부 부속품이 이탈되어 매달린 상태로 주행하는 차량으로 인하여 궤도 사이에 부설된 각종 시설물의 파손을 방지하기 위하여 선로중앙에 끌림검지장치를 설치한다.

(나) 운행 제한

　① 끌림 검지 파손시 ATC장치는 해당열차에 정지신호 전송 및 CTC에 경보 전송

　② 기관사는 열차 정지 후에 열차상태 확인 및 끌림 물체 제거

　③ CTC 사령자에게 보수조치 통보 후 스위치를 조작하여 정지신호 해제

(다) 설치 장소

약 60 km 간격(긴 교량 및 터널 입구 등)

(라) 설비 구성(그림 5.7.10)

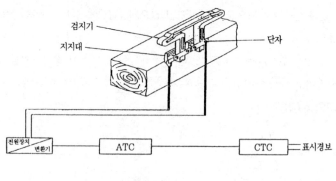

검지기
지지대
단자
전원장치 변환기
ATC
CTC
표시경보

그림 5.7.10

(4) 강우검지장치

(가) 설치 목적

선로변의 강우량을 측정하여 집중호우 발생 또는 연속되는 강우로 지반이 침하하거나 노반의 붕괴사고가 우려되는 경우에 열차를 정지시키거나 서행운전(제9.3.6(1)(가)항 참조)시킬 수 있도록 강우검지장치를 설치한다.

① 6단계로 표시할 수 있는 강우검지기를 설치하고 검지데이타를 CTC 사령실로 전송한다. ② N5 이하의 수위에서는 신호에 영향을 주지 않으나 예방보수를 위해 펌프를 동작시키는 등의 조치를 취할 수 있다.

③ N5 이상의 수위(플랫폼 아래 지하가 침수될 정도)에서는 90 km/h 이하의 속도로 서행할 수 있도록 운전규제를 한다.

④ N6 이상의 수위(레일 하부까지 침수될 정도)에서는 열차를 자동정지시킨다.

(나) 설치 장소

약 20 km 간격으로 설치

(다) 설비 구성(그림 5.7.11)

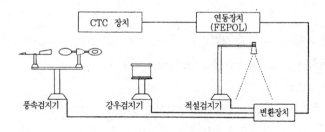

CTC 장치
연동장치 (FEPOL)
풍속검지기
강우검지기
적설검지기
변환장치

그림 5.7.11 기상감시설비

(5) 풍속검지장치

선로변의 풍속을 검지하여 강풍발생시 열차 운전속도를 규제(제9.3.6(1)(가)항 참조)할 수 있도록 풍속검지장치를 설치하고 감시정보는 역과 CTC 사령실로 전송되어 표시반에 검지장치를 표시하여 현장설비를 집중 감시할 수 있도록 한다.

① 풍속검지기는 5 % 편차의 풍속(m/s)과 풍향을 표시한다.

② 동절기 풍속계의 결빙을 방지하기 위하여 자동 온도검지에 의해 작동되는 히터를 설치한다.

(6) 적설검지장치

선로변의 적설량을 측정하여 폭설이 발생할 경우에 열차 운전속도를 규제(제9장의 **표 9.3.5** 참조)할 수 있도록 적설검지장치를 설치하고 검지정보는 연동 역과 CTC사령실로 전송되어 표시반에 검지정보상태에 따른 경보표시를 제공하여 현장설비를 집중 감시할 수 있게 한다.

① 검지방법 : 적설검지장치의 적설량검지는 빛의 반사에 의해 검지

② 검지범위 : 0~150 mm ± 5 %

③ 검지단위 : 매 20 mm 단위로 검지하여 측정값을 누적한다.

④ 측정거리 : 검지 폴(Pole)에서 신호변환기간 최대 100 m

(7) 레일온도 검지장치

(가) 설치 목적

레일온도의 급격한 상승으로 인한 레일 장출 위험을 방지하기 위하여 레일의 온도를 감시하고 한계온도 이상으로 레일의 온도가 상승하면 경보표시와 함께 적절한 운전 규제(제9.3.6(1)(가)항 참조) 등의 조치를 취해 열차탈선 등의 대형사고를 사전에 예방하기 위하여 설치한다.

(나) 설비 구성(**그림 5.7.12**)

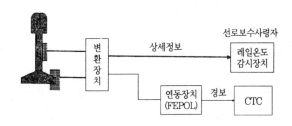

그림 5.7.12 레일온도감시장치

(8) 터널경보장치

(가) 설치 목적

터널 내에서 작업하는 보수자 및 순회자의 안전을 위해 작업 시작 전 경보 장치의 작동스위치를 온(ON)시키면 열차가 터널에 진입하기 일정시간 전에 경보를 울려 작업자가 대피할 수 있도록 모든 터널에는 터널경보장치를 설치한다.

(나) 설치 장소

모든 터널에 설치

(다) 설비 구성(그림 5.7.13)

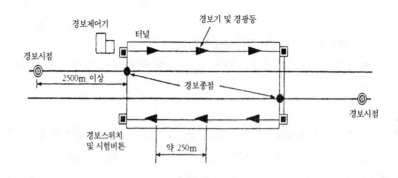

그림 5.7.13 터널경보장치

(9) 안전스위치

(가) 개요

선로를 순회하는 보수자 또는 작업자가 선로의 위험요소를 발견하였을 때 열차의 안전운행을 위하여 고속으로 해당구간을 진입하는 열차를 정지시키기 위하여 선로변 약 250 m~300 m 간격으로 안전스위치를 설치한다.

(나) 구성

1) 궤도단락스위치

취급 압구는 3단 스위치를 사용하여 평상시는 개방(open)되어 있다가 압구를 취급하면 접점이 접속되어 궤도회로를 단락케 하여 열차의 통행을 정지시킨 다음에 위험요소를 제거 후, 압구를 재 취급하면 접점이 개방되어 열차의 운행을 재개할 수 있는 구조로 되어 있다.

2) ATC 신호차단스위치

ATC 신호차단스위치 취급 압구는 2단 스위치를 사용하여 평상시에는 접점이 접속(close)되어 있다가 압구를 취급하면 접점이 개방(open)되는 구조로 하고 압구에서 다시 손을 떼면 접점은 다시 접속되며, 신호계전기실에 설치되어 있는 제어계전기는 현장 압구 취급에 의해 낙하하여 관계되는 진로의 ATC 신호를 차단하여 열차의 운행을 제한하고 위험요소가 제거되어 제어계전기를 여자시킬 수 있는 정보를 주기 전까지는 계속 낙하한 상태로 유지할 수 있는 구조로 구성한다.

제6장 철도 차량

6.1 차량의 전반

6.1.1 차량의 종류와 동력 방식

(1) 차량의 종류(classification of rolling stock)

철도차량(rolling stock)에는 그 용도 · 구조에 따라 여러 가지의 종류가 있다. 크게 나누면 동력 장치만을 가지고 견인 · 추진에 사용하는 기관차(증기 · 전기 · 디젤 기관차)와 기관차에 견인 · 추진되는 객차(coach)와 화차(goods waggon) 및 동력 장치를 갖춘 여객차(전차 · 디젤 동차 · 터빈 동차 등)가 있다. 또한, 기관차 및 동력 장치를 가진 차량을 총칭하여 동력차(powered rolling stock)라고도 한다(**표 6.1.1**).

표 6.1.1 차량분류의 예

대분류	중분류	소분류	세분류
기관차	증기 기관차	탱크 기관차	
		텐더 기관차	
	전기 기관차		
	디젤 기관차		
	가스터빈 기관차		
여객차	객차	영업용 객차	
		사업용 객차	
	전차	전동차	제어 전동차
			중간 전동차
		제어차	
		부수차	
	기동차	동차	
		기동 제어차	
		기동 부수차	
화물차	화차	무개 화차	평 화차
			장물차
			컨테이너차
		유개 화차	
		탱크 화차	
		호퍼 화차	
		사업용 화차	

기관차 견인 열차는 동력 장치를 집약 탑재한 기관차가 견인하는 열차 형태이므로 동력집중 방식(concentrative power system)이라고 하며, 전차 · 디젤 동차는 각 차에 동력 장치를 분산 탑재하고 있으므로 동력

분산 방식(decentralize power system)이라고도 한다. 디젤 열차 등에 대하여 차내 반쪽에 동력장치를 탑재하여 부수차(trailer)와 함께 편성한 것을 세미집중 방식(semi-concentrative power system)이라 한다.

증기 동력의 시대에는 구조상에서 동력집중 방식이 원칙이었지만, 전기·디젤 동력을 주로 하고 있는 최근에는 대도시 근교에는 전차가, 소단위 열차에는 디젤 동력 등의 동력분산 열차가 세계적으로 널리 채용되고 있다.

예전에 증기 동력을 사용하는 증기 동차가 채용되어 내연 동차도 포함하여 기동차(diesel rail car)로 분류되어 왔기 때문에 현재도 디젤 동차(diesel car)가 기동차로 불려지는 일도 있다(제6.3.5(2)항 참조).

표 6.1.2 동력 방식의 효율 비교의 예

구분		전기 운전	디젤 운전	증기 운전
기업의 경영성	설비비	· 전기시설에 거액을 필요로 한다.	· 급유 설비만 필요하며, 싸다.	· 석탄(급유) 및 급수설비만 필요하며, 싸다.
	차량비	· 차량의 수명은 길지만 비싸다.	· 구조가 복잡하고 비싸다.	· 차량 수명이 길고 구조가 간단하며 싸다.
	열효율 사용 선구	· 높다. · 대량, 고밀도 수송.	· 높다. · 중량 또는 소량 저밀도	· 낮다. · 고밀도 선구에 부적당.
운전성능	출력 가감속력 운전성	· 크다. · 좋다. · 용이.	· 크다. · 보통. · 용이.	· 차량중량에 비해 적다. · 나쁘다. · 숙련성이 필요.
승차감	쾌적성	· 양호.	· 디젤 배연이 있다.	· 매연·진동이 크다.
에너지	동력공급 에너지 원	· 연속적으로 공급 가능. · 자원을 고를 수 없다.	· 급유가 필요하다. · 경유 또는 중유	· 석탄(급유), 급수 필요 · 석탄 또는 중유

(2) 운전 동력의 방식

열차의 운전 동력은 상기와 같이 증기 기관차(SL)에서 디젤 기관차(DL)나 기동차(DC)로 또는 전기 기관차(EL)나 전차(EC)로 동력의 근대화에 따라 변하여 왔다. 간선(trunk line)이나 도시 교통으로서 열차 밀도가 높은 선구에서는 주로 전기 운전으로 하고, 그 외의 선구에서는 디젤 운전으로 하는 것이 많다. 이들 각종 동력 방식의 특징과 경제성을 비교하면 **표 6.1.2** 및 **그림 6.1.1**의 예와 같으며, 전기 운전은 화력발전 에너지원인 석유, 석탄 칼로리의 26 %를 유효하게 이용할 수 있어 효율이 가장 우수하다[28].

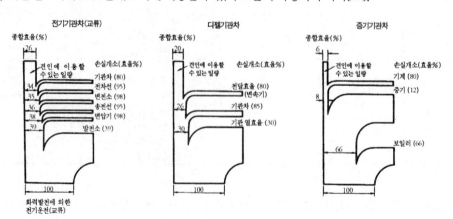

그림 6.1.1 동력 방식의 효율 비교의 예

6.1.2 차량의 구조 일반

이 절에서는 선로 · 전차선로 · 신호보안 장치 등과 관련이 깊은 주요한 사항에 대하여 기술한다.

(1) 차량 한계(car clearance)

차량이 안전하게 주행하기 위하여는 선로 근방 터널 등의 시설과도 관련되며, 넘으면 아니 되는 차량한계(제3.2.1(1)항 참조)가 결정되어 있다. **표 6.1.3**에 우리 나라와 외국 철도의 차량한계의 비교를 나타낸다.

다시 말하여, 차량은 터널이나 교량과 같은 구조물, 또는 구조물에 부수하는 각종 설비에 접촉하지 않고 안전하게 주행할 수 있는 치수로 할 필요가 있으며, 이를 위한 차량의 치수는 차량한계로서 정하고 있다. 따라서 모든 차량은 차량한계를 넘는 치수로는 제작할 수 없도록 되어 있다.

또한, 한편으로 차량의 주행안전을 확보하기 위하여 차량한계를 커버하도록 건축한계(제3.2.2(1)항 참조)를 두어 모든 건물, 구조물 등이 건축한계 내로 침입하는 것을 방지하고 있다. 이와 같이 차량의 주행안전은 차량 측에서 구조물 쪽으로의 최대 치수를 두고 구조물 측에서 차량 쪽으로의 최대 치수를 두는 2중의 규제에 따라 확보되고 있다.

표 6.1.3 각 나라 차량한계의 비교

	한국	일본(신칸센)	일본(재래선)	독일	스위스	이탈리아	남아프리카
궤간	1,435	1,435	1,067	1,435	1,435	1,435	1,065
최대 폭	3,400	3,400	3,000	3,150	3,150	3,200	3,048
최대 높이	4,500	4,500	4,100	4,280	4,300	4,300	3,962

(2) 차량의 중량

과거(철도청 시대)의 국유철도건설규칙에서는 기관차의 축중(axle weight, axle load, 정하중)을 25 t 이하, 동차 · 전차 · 객차 · 화차의 축중(정하중)을 1~3급선은 22 t 이하, 4급선은 15 t 이하로 하고 있으며, 양단 연결기(coupler)의 연결면 사이의 거리 1m당의 평균 중량은 정거 중에 있어 1 · 2급선은 7 t 이하, 3급선은 6 t 이하, 4급선은 5 t 이하로 규정하고 있다.

경부 고속철도차량의 축중(정하중)은 17 t이다.

(3) 차량의 주행 장치(running gear)

상기의 국유철도건설규칙에서는 윤축(wheelset)의 배치 및 이에 관한 차량 각 부분의 구조는 30 mm의 슬랙(slack)을 가진 반경 120 m의 곡선을 통과할 수 있는 것이어야 한다고 규정하고 있으며, 고정 축거(rigid wheel base)는 4.75 m(2000. 8. 22에 3.75 m로 축소) 이하로 규정하고 있다.

· 경부고속철도차량의 고정 축거는 3.0 m이다.

(4) 차량의 브레이크 장치(brake gear)

(가) 차량의 제동

열차속도는 빠를수록 좋다. 속도를 제한하는 조건에는 많은 것이 있지만, 그 중에 또한 제동(braking) 능력이 포함된다. 제동은 목적 역에 도착할 때나 또는 비상의 경우에 확실하게 정거시키고, 혹은 선로 도중에 존재하는 속도제한 개소의 통과속도를 정해진 속도로 저하시킬 때에 사용하는 것이지만, 제동에 의하여 정거하기까지의 제동거리가 길거나, 혹은 제동에 신뢰성이 없다면, 안심하고 속도를 낼 수 없다. 따라서, 제동의 양부는 안전 상에 중요한 영향을 가질 뿐만 아니라 운전속도에 관계하여 수송능력에도 영향을 준다. 하향 급구배에 대하여 제동의 성능에 따른 제한속도를 두는 것은 그것의 좋은 예이다.

브레이크는 차륜의 감속 토크를 주는 방식으로 기계식과 전기식의 2 가지로 대별된다. 즉, 제동은 보통 압축공기로 작동하는 제륜자를 차륜에 강하게 눌러 그 사이의 마찰력을 이용하지만, 그 외에 전기기관차 (electric locomotive)나 전차(electric car)는 가선(overhead line)으로부터의 전류를 차단하여 주전동기 (main motor)의 작동을 발전기의 작용으로 변화시켜 생기는 전기 에너지를 저항기를 이용하여 열의 에너지로서 소비시켜 제동력을 발휘시키는 전기제동을 채용하는 일도 있다.

기계식은 **그림 6.1.2**에 나타낸 것처럼 차륜에 직접, 또는 차륜에 부속하는 디스크의 회전을 억제함으로서 브레이크 힘이 얻어지도록 되어 있다.

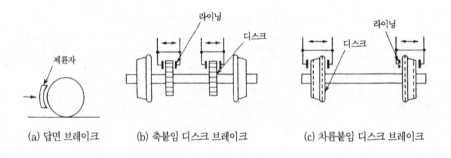

(a) 답면 브레이크 (b) 축붙임 디스크 브레이크 (c) 차륜붙임 디스크 브레이크

그림 6.1.2 기계식 브레이크의 종류

또한, 전기식은 구동용의 주전동기를 발전기로서 이용한다. 전기식의 발전 브레이크는 차륜의 회전 운동력에서 얻어진 전력을 열로 교환한다. 또한, 회생 브레이크는 전력을 가선 측으로 되돌려 보내어 다른 전차의 전력으로서 사용하는 것이다. 열차 밀도가 많지 않은 선구에서는 발전 브레이크를 주체로 이용한다. 한편, 회생 브레이크는 그밖에 전력을 소비하는 전차가 있지 않으면 효과가 없는 회생 실효가 발생하므로 브레이크가 자동적으로 발전 브레이크든지 기계 브레이크로 교체되도록 되어있다. 따라서 기관사는 회생 브레이크의 경우에 실효를 의식하여 항상 브레이크를 조작하는 것으로 되며 이 점에서는 항상 일정한 브레이크 힘이 얻어지는 기계 브레이크가 더 낫다. 기계 브레이크, 발전 브레이크, 회생 브레이크를 조합한 페일 세이프(failsafe)의 브레이크 시스템도 있다[245]. 기존의 TGV 열차가 마찰 및 발전 제동 2 종류를 이용하는데 반하여 경부 고속차량은 제동시의 운동 에너지를 전기 에너지로 변환하여 전차선으로 되돌려 다른 운행 차량에 이용할 수 있는 회생 제동장치를 추가로 설치하여 서울~부산간의 총소비 전력 15,385 kWh의 약 10 %를 절약할 수 있다.

외국에서는 차륜의 감속 토크를 이용하지 않는 레일 브레이크도 사용되고 있다. 레일 브레이크에는 차량 측의 전자석과 레일에 접촉하지 않고서 와전류(渦電流)가 발생하는 와전류 브레이크와 레일에 전자석을 흡착시켜 레일과의 마찰력으로 브레이크 힘을 얻는 것이 있다. 전자는 브레이크 힘이 크며 레일과의 비접착으로 인한 마모가 없기 때문에 보수가 적다는 이점은 있지만 와전류에 기인하는 레일의 온도상승이 문제로 된다. 후자는 브레이크 힘이 크지 않지만 정지까지 브레이크 힘이 확보되고 레일의 온도상승이 적다.

상용제동으로 열차(차량)가 일반적으로 정지할 때 사용하는 제동 감속도는 전동차의 경우에 일반적으로 3~3.5 km/h/sec이다[245]. 비상제동은 긴급시에 사용하는 것으로 제동감속도가 4~4.5 km/h/sec이다.

(나) 관련 규정 및 관통 제동기

상기의 국유철도건설규칙에서는 관통 제동기와 수동 제동기를 설비하도록 하되(단독으로 운전하는 차량 등은 관통 제동기를 설비하지 아니할 수 있다), 관통 제동기는 제동관이 파손된 때에는 자동적으로 제동되어야 하는 것으로 규정하고 있었다. 또한, 관통 제동기의 제륜자에 작용하는 압력은 제동 차륜의 레일에 대한 압력에 대하여 기관차의 동륜(driving wheel)은 100분의 50 이상, 기관차의 선륜 또는 종륜은 100분의 30 이상, 동차 또는 객차의 차륜은 100분의 80 이상, 화차의 차륜은 100분의 60 이상으로 정하고 있으며, 수동 제동기의 경우는 100분의 20 이상으로 하고 있다.

차량의 관통 브레이크 장치는 예를 들어 외국에서는 전(全)차 제동률(braking ratio for total axle, 제륜자에 작용하는 힘과 차량 중량과의 비율)을 70 % 이상으로 하고, 공기 브레이크의 공기 압력이 저하한 때는 발차할 수 없는 구조, 전기차량은 정전되어도 브레이크가 작동하는 구조로 하고 있다. 또한, 재래선의 정지하기까지의 제동 거리는 600 m 이내로 정하고 있다. 속도를 높게 하면 제동 거리가 늘어나기 때문에 브레이크 성능이 개량되어도 현용의 점착(adhesion) 브레이크 방식에서 600 m 이내로 멈출 수 있는 것은 약 130 km/h까지이며, 최고 속도(maximum speed)는 이로 인하여 제한되고 있다. 최고 속도를 130 km/h 이상으로 높이기 위하여 제동력이 보다 높은 비점착 방식의 레일 브레이크 등을 개발하든지, 건널목이 없고 선형이 우수한 선로로 하여야 한다.

(다) 제동방식의 추가 설명

1) 기계식제동(그림 6.1.2)

2) 전기식 제동

대부분 전기차에서 채택하고 있다[245].

가) 발전제동 : 차륜이 갖고 있는 운동에너지로 주 전동기를 발전하게 하여 얻은 전기에너지를 저항체로 하여 열로 소비하는 제동이다. 제동시에 발전한 전력을 차량내부에 장착된 저항기로 보내어 열로서 방출해버리는 제동으로 자동차의 엔진브레이크와 같은 모양의 것이다.

나) 전력회생제동 : 제동시의 운동에너지를 전기에너지로 변환하여 전차선을 통해 지상측 변전소나 혹은 다른 차량으로 보내는 제동(제9.3.3.(4)(다)항 참조)으로, 제동 시에 생산된 전력을 소모하지 않고 사용하기 때문에 에너지절약 측면에서 우수하지만, 제동 시의 발전전압을 전차선의 전압과 거의 같게 제어하기 위해 기구가 복잡하다.

다) 전자석제동(와전류 제동)

전자석을 레일에 흡착하게 하여 그 흡인력을 제동에 이용하는 것이다.

① 전자석과 궤도의 상대운동으로 인해 유기되는 궤도면의 와전류에 따라 발생되는 제동력을 이용한다.

② 전자석과 궤도 사이는 자력으로만 결합되어 있어 마찰이 없고 차체측 전차선의 여자전류를 변화시킴에 따라 제동력을 연속적으로 조절할 수 있어 특히 고속차량과 자기부상식 철도에 적합한 제동이다.

3) 공기제동

압축공기의 힘으로 차륜 단면 또는 차륜에 부착되어 있는 디스크(disk)를 브레이크슈(brake shoe)가 밀어 압박하는 마찰제동으로 자동차페달브레이크와 같은 모양이다[245].

가) 직통공기제동 : 압축공기로 제동통에 압력공기를 공급하거나 배출하여 제동한다.

나) 자동공기제동 : 일정 압력(5~6 kg/cm²)으로 기관사가 조작하는 제동변 위치에 따라 제동 작용을 하는 제동방식이다.

(라) 제동이론

차륜과 제륜자간의 마찰력이 차륜과 레일간의 마찰력(점착력)보다 크면 차륜이 레일과 접촉부에서 활주(Skid)하고 제동효과가 감소되면 또한 차륜단면에 플랫(flat)이 생기게 된다[245]. 따라서, 제동력의 한도는 점착력의 크기가 동등하거나 다소 적어야 한다. 즉, 제동력이 점착력 이상이어야 한다.

(마) 제동거리

기관사가 제동변 핸들을 제동위치에 이동시킨 후 열차가 정지할 때까지 주행한 거리 또는 제동효과가 없게 될 때까지 열차가 주행한 거리를 열차의 제동거리라 하며, 공주거리(S_1)와 실 제동거리(S_2)를 합산한 거리로 표시한다[244].

1) 공주거리

제동변 핸들을 제동위치에 둘 때, 제동 개시부터 제동력이 유효하게 적용할 때까지의 시간을 공주시간이라 한다. 열차가 공주시간 동안 주행한 거리를 공주거리라 한다.

공주거리의 일반식은 다음과 같다.

$$S_1 = \frac{V}{3.6} \times t_1 \text{(m)} \tag{6.1.1}$$

여기서, t_1 : 공주시간
  V : 제동초속도(km/h)

2) 실제동거리(과주거리)

제동이 작동되어 열차의 운동에너지가 제륜자와 차륜자와의 마찰로 인하여 열에너지로 변환되면서 열차가 정차할 때까지 주행한 거리를 과주거리라 하며, 제동가속도의 자승에 비례하고 중량에 비례한다[245]. 즉, 제동거리는 열차에 제동력이 유효하게 작용한 후부터 정지할 때까지의 거리를 말한다. 실 제동거리의 일반식은 다음과 같다[244].

$$S_2 = \frac{4.17V^2}{\dfrac{P}{W}\mu + (\gamma_1 + \gamma_2 + \gamma_3)} \tag{6.1.2}$$

여기서, P : 제동통 피스톤 압력

  μ : 평균마찰계수

  W : 열차중량

  γ_1 : 주행저항계수

  γ_2 : 곡선주행계수

  γ_3 : 기울기저항계수

(5) 차체의 구조(structure of body)

차체는 대차 위에 위치하며, 여객차에서는 여객을 안전하고 쾌적하게 수용하도록 차체를 경량으로 강성(剛性)이 높은 구조로 하고 의자, 조명, 공조 설비 등의 설비를 하여야 한다. 또한, 주행 중에는 압축, 인장, 전단, 휨 등의 각종 하중의 작용을 반복하여 받게 되므로 장기간의 하중 내구성이 요구된다. 차체 구조는 각종의 명칭이 붙여져 있지만, 보, 기둥 등의 각 부재로 차체에 작용하는 하중에 대하여 저항하고 있다.

그러나 최근에는 항공기, 자동차에 채용되고 있는 것처럼 단체(單體)구조 차체(monocoque)가 채용되고 있다. 단체구조 차체는 차체를 옆면, 지붕, 바닥 및 앞뒷면의 육면체 구성으로 하고 각 면의 구조를 일체구조로 하여 제작한 것이다. 단체구조 차체이기 때문에 차체에 작용하는 하중은 보, 기둥 등에 따라 차체 각부로 분산되며, 그 분산하중은 강도부재로서의 차체 외판(外板)으로 전달된다. 단체구조 차체를 채용함에 따라 종래의 차체 구조에 비하여 3할 정도 경량으로 되어 있다. 또한, 부재에 스테인리스합금이나 알루미늄 합금을 사용하여 더욱 경량화를 도모한 차량이 등장하고 있다.

열차 화재(train fire)사고의 교훈에 따라 차체의 구조나 사용 재료에 대하여는 구조나 성능상 부득이한 재료를 제외하고는 모두 불연성의 재료를 사용하며, 불연성 이외의 재료는 적극 소량으로 하고 타기가 극히 어려운 또는 타기 어려운 재료를 사용한다. 따라서, 차량 실내의 천정, 벽 내장재, 바닥, 단열재 등은 불연성 재료로 하고, 바닥에 까는 재료, 의자의 본바탕, 쿠션재, 커텐 등은 타기 어려운 재료를 사용한다. 더욱이, 지하철 등 객차(coach)의 차체는 바닥에 까는 재료에 타기가 극히 어려운 재료를 사용하는 이외는 모두 불연성 재료를 사용한다.

(6) 대차의 구조

(가) 대차 일반

대차(臺車)는 차량에서 주행 장치의 부분이며 기능으로서는 차체하중의 지지, 차체진동의 방지, 조타와 선회, 구동과 제동이 있다. 자동차에서는 대차프레임에 상당하는 부분이 차체와 함께 섞여있지만 부위로 나타내면 타이어, 서스펜션, 스테어링, 엔진, 브레이크가 여기에 상당한다. 최근의 대차는 속도를 향상시키고 궤도에 대한 부담을 경감시키기 위하여 경량화가 진행되고 있으며, 받침 보(bolster) 사이드 베어러(side bearer)를 폐하여 공기 스프링의 횡 강성을 이용한 볼스터리스(bolsterless) 대차가 주류로 되어 있다. 대차의 모델 예를 **그림 6.1.3**에, 볼스터 대차와 볼스터리스 대차의 개요를 **그림 6.1.4**에 나타낸다.

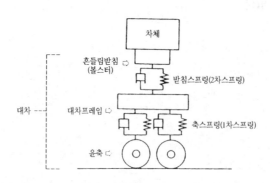

그림 6.1.3 볼스터 대차의 모델

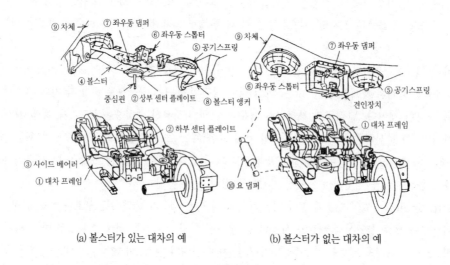

(a) 볼스터가 있는 대차의 예   (b) 볼스터가 없는 대차의 예

그림 6.1.4 대차의 개요

(나) 진자대차

그림 6.1.5에 나타낸 것처럼 곡선통과 시 차량에 원심력이 작용하기 때문에 곡선구간에는 궤도에 캔트를 붙여 차량의 주행을 보조하고 있다. 그러나 원심력은 속도에 따라 변하지만, 궤도의 캔트는 고정되어 있기 때문에 차량속도에 대응하여 변화할 수 없다. 그래서 곡선구간에서는 차량이 스스로 기울어지게 함으로서 곡선주행을 용이하게 하는 진자대차가 고안되었다(제6.7절 참조). 현재 외국에서 사용되고 있는 진자방식에는 다음과 같이 3종이 있으며, 최신의 특급차량에서는 자연 진자에서 제어 진자로 이행되고

있다.

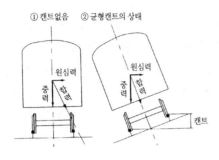

그림 6.1.5 곡선 주행 중에 생기는 힘

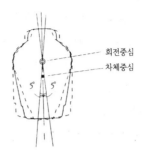

그림 6.1.6 자연 진자의 흔들림 각도

1) 자연 진자 : 자연 진자는 차량 운동 중에 차량에 생기는 원심력과 중력의 합력에 따라 차량이 자연적으로 기울어지는 방식이다. 곡선반경이나 차량속도에 따라 자동적으로 합력의 방향이 바닥 면에 수직으로 되어진다. 다만, 회전중심(回轉中心)이 차체중심(車體重心)보다도 높은 것이 이상적이지만 너무 높으면 차체의 하부에서 흔들림의 폭이 크게 된다. 따라서 차체하부의 부분을 줄일 필요가 있다. 한편, 회전중심과 중심(重心)의 거리가 짧으면 경사를 위한 토크가 작게 되며, 움직임이 둔화되고 승객의 불쾌감이 심해지게 된다. 이와 같은 점에 입각하여 **그림 6.1.6**에 나타낸 것처럼 일반적으로 자연 진자인 경우의 최대 흔들림 각도는 5°로 하고 있다.

2) 강제진자 : 강제진자는 액튜에이터(actuator)를 이용하여 차체의 경사를 제어하기 때문에 회전중심(回轉中心)이나 중심(重心) 위치에 관계가 없는 방식이며, 유럽에서 많이 이용되고 있다.

3) 제어 진자 : 자연 진자의 결점인 흔들림 뒤짐이나 원상복귀 뒤짐을 해소하기 위하여 컴퓨터 제어를 추가한 방식(**그림 6.1.7**)이다. 제어가 고장이 난 경우는 자연 진자로 되돌린다. 제어는 곡선의 형상과 캔트를 차상 측에 기억시켜 주행위치를 검지한 후에 곡선의 가까운 쪽부터 제어를 개시한다.

그림 6.1.7 제어진자(베어링 가이드 식)

(다) 관절 대차

인접한 2개의 차체가 1개의 대차를 공용하는 구조의 대차이다[245]. 경량화, 급곡선 통과성능, 안정성이 개선된 이점이 있으며, 차량분리 곤란, 대차구조의 복잡 등의 단점이 있다. 노면전차, 경량전차와 저중심 차체구조로 고속에 유리하며, 경부고속철도차량(KTX)에도 채용되어 있다.

(라) 기타의 대차

차량은 자동차에서와 같은 스테어링이 없기 때문에 고정 차축으로는 곡선 통과가 용이하지 않다. 그러므로 궤도에 슬랙이나 캔트를 붙이며, 또한 차량은 차륜 답면의 테이퍼를 이용하여 곡선을 통과한다. 최근의 차량에서는 스테어링(steering) 기구를 도입하여 곡선에 대응하여 차륜의 방향을 바꾸는 자기 조타 대차가 등장하고 있다. 또한, 진동을 저감시켜 승차감을 개선하기 위하여 수동적인 스프링이나 댐퍼에 능동적인 요소를 부가한 액티브 서스펜션 대차를 개발하고 있다. 더욱이, 궤간이 다른 궤도에 자유롭게 들어갈 수 있는 궤간가변 대차가 개발되고 있다.

(7) 동력

현재 동력의 주류는 전기모터 또는 디젤기관이다. 전기모터에는 직류모터와 교류모터가 있으며 오랫동안 직류모터가 사용되어 왔지만 최근에는 교류모터가 주류이다. 모터의 종류와 특징을 **표 6.1.4**에 나타낸다. 교류모터는 회전수나 토크를 변화시키기 위해서는 주파수와 전압을 변화시킬 필요가 있지만 최근에는 VVVF (Variable Voltage Variable Frequency)를 이용하고 있다. 여기서, 교류모터에 대한 주파수와 회전수의 제어를 가능하게 한 방식을 VVVF라고 하며, VVVF는 최근에 대부분의 전차에 탑재되고 있다.

표 6.1.4 전기모터의 종류의 특징

종류	특징
직류 모터	차량의 속도가 낮은 경우는 높은 토크를 발생시키고 고속 시에는 낮은 토크로 되도록 간단하게 광범위한 속도제어가 가능하다. 그러나 구조가 복잡하게 되며 정류자와 브러시의 유지관리가 힘이 많이 들며 소형 · 경량화나 대출력화가 어렵다.
교류 모터 (VVVF모터는 제외)	3상 교류에 따른 회전 자계(磁界)를 이용하여 구조가 간단하고 소형화가 용이하다. 또한 정류자와 브러시가 없기 때문에 유지관리가 적게 된다. 그러나 회전수나 토크를 바꾸기 위해서는 주파수와 전압을 변화시킬 필요가 있다.

디젤기관은 기관차나 기동차의 동력으로 이용되고 있으며 철도용의 내연기관으로서는 다른 내연기관에 비하여 안전성이 높고 유지관리비도 적게 든다. 또한, 내구성이 우수하다. 향후 디젤기관의 과제는 환경대책으로서 소음대책과 유해한 배기가스를 제거, 또는 발생하지 않도록 하는 것이 더욱 요구되고 있다.

동력배치에 관하여는 국내 지하철과 전철에서 적용하는 것과 같은 동력분산방식과 국내 고속철도와 일반철도에서 적용하는 것과 같은 동력집중방식이 있다(제6.2.2.항 참조). 동력분산방식과 동력집중방식은 득실이 상반되며(제6.2.2.항 참조), 이하에 동력분산방식의 주된 특징을 나타낸다.

① 과밀 다이어그램에도 대응할 수 있는 우수한 가속성능을 갖는다. 그러나 동력장치가 증가하여 차량 코스트와 메인테난스 개소가 증가한다.

② 분할 · 병합이 용이하고 기동성이 높다. 그러나 기관차를 사용하는 화물열차와 병용하여 운용할 수 없다.

③ 축중을 가볍게 할 수 있지만 여객차량의 바닥 아래에 동력장치를 갖기 때문에 승객에게 불쾌감을 주지

않도록 진동, 소음의 저감을 도모할 필요가 있다.

동력분산방식은 과밀 다이어그램에서 가속성이 좋고, 승객 수에 따른 분할·병합이 용이하므로 일본에서는 차량편성을 바꾸기 쉬운 동력분산방식을 적용하고 있다. 유럽에서는 국제열차도 있는 점에서 거주성이 우수하고 차량 코스트가 적고 메인테난스가 간단한 동력집중방식이 채용되고 있다. 동력집중방식의 대표적인 것으로 프랑스 고속열차인 TGV는 차량의 선두와 후미에 기관차를 배치한 이른바 푸시풀(push-pull) 방식으로서 우수한 고속성을 발휘하고 있다.

(8) 동력전달장치

차량의 회전력은 전차의 경우에 모터인 주전동기에서 톱니바퀴(齒車)를 통하여 전달된다. 자동차에 대하여 말하면 기아변속으로 톱니바퀴를 이용하는 매뉴얼 방식과 유체를 이용하는 오토매틱 방식이 동력전달장치의 기본인 것처럼 철도에서도 톱니바퀴식과 유체식의 2 가지의 전달방식이 이용되고 있다. 톱니바퀴 식은 제6.2.3(2)항의 **그림 6.2.2**와 같이 현재의 경우에 카르단(Cardan)식 동력전달장치를 이용하고 있다. 본 방식은 주전동기의 회전축인 전기자(電機子)축(軸)에 소치차를 직접 취부하는 것을 피하여 휨 판을 끼워 소(小)치차와 전기자 축이 연결되어 있다. 이에 따라 대차 프레임에 연결되어 있는 주전동기와 차륜의 주행에 따른 상대 변위를 허용하고 차량주행 성능의 향상과 승차감의 개선을 도모하고 있다.

한편, 디젤기관의 전달 장치는 유체 이음이며 디젤엔진의 회전력 전달은 엔진 측의 회전 날개가 유체 속에서 회전하면 유체도 그에 따라 회전하고 유체의 회전에 따라 차륜 측의 회전 날개가 회전함으로서 이루어진다. 따라서 톱니바퀴 식에 비하여 유체의 회전 손실(loss)로 인하여 전달효율이 감소하고 게다가 엔진 측의 회전이 차륜 측으로 전달될 때에 타임래그(time lag)가 생기기 쉽지만 디젤엔진의 특징인 높은 토크를 전달하는 경우에 유체 이음은 구조가 간단하고 뛰어난 방식이다. 앞으로는 전달효율을 향상시키기 위하여 자동차와 같은 모양의 톱니바퀴를 병용한 로크 업(lockup) 기구를 가진 철도용 대형 유체 이음의 개발이 요망된다.

(9) 연결기(coupler)

차량은 열차 편성(train consist)의 운전이 원칙이며, 예를 들어 외국에서는 일반적으로 채용되고 있는 보통형 자동 연결기(automatic coupler)의 파단 강도를 100 tf 이상으로 하고 있다. 따라서, 안전율(safety factor)을 고려하여 약 50 tf 정도의 견인력(tractive force)에 견딜 수 있으며, 기관차 3량 정도의 중련 견인의 열차 편성이 가능하다.

상기의 국유철도건설규칙에서는 자동 연결기의 중심 높이를 정거 중에 있어서 레일면(rail level) 위로부터 815~900 mm 내에 들도록 하고 있다.

(10) 차량제어방식
(가) 저항제어

저항제어방식은 구동모터의 급전회로에 저항기를 접속하여 저항치를 변화시켜 모터전압을 제어한다 [245].

그림 6.1.8 저항제어의 개요도

저항의 특징은 다음과 같다.

① 전력의 일부를 저항기에서 열로 발산하여 에너지를 소비

② 발생열이 지하터널 내 축적으로 환기 용량 증대문제로 발생

　　※ TM(Traction Motor) : 전차의 견인력을 발생시키는 모터

　　　MR(Main Resister)　: 주저항기

(나) 초퍼(chopper)제어

초퍼제어방식은 저항기 변환작용을 이용하는 저항제어 대신에 반도체 소자의 온오프(On-Off)로 모터의 전압을 제어한다.

그림 6.1.9 초퍼제어의 개요도

초퍼제어의 특징은 다음과 같다.

① 지하터널 내 축열방지　　　　　　　　　② 보수성 향상

③ 전력회생 가능으로 소비전력의 절감

　　※ CH(CHopper) : 직류 전류를 고속으로 충전, 차단하는 장치

(다) VVVF(Variable Voltage & Variable Frequncy)제어

VVVF제어방식은 유도전력기에 공급하는 교류의 전압과 주파수를 대용량 반도체로 자유로이 조절하여 전동차의 속도를 제어한다. 가변주파수의 전력으로 전차를 역동하므로 저주파에서 고주파에 걸친 전차 잡음이 발생되어 궤도회로에 영향을 미치어 신호가 오동작되는 열차가 발생될 수 있다.

그림 6.1.10 VVVF제어의 개요도

　　※ INV(INVerter) : 직류를 교류로 전환하는 장치

VVVF제어의 특징은 다음과 같다.

① 제어성능이 우수하여 승차감 개선　　　　② 보수성 향상으로 유지보수 인력 감축
③ 점착성능이 좋아 차량편성에 유리(M차 : T차 = 1:1)　④ 전력회생률의 향상으로 에너지 절약
⑤ 제어장치 및 주전동기의 소형, 경량화 가능　⑥ 지하터널 내 축열방지

6.1.3 차륜의 윤곽

차량이 레일 위를 안전·원활하게 레일에 안내되어 주행하기 위하여는 레일과 접촉하는 차륜의 윤곽(tire contour)이 특히 중요하다. 차륜의 윤곽에 필요한 조건으로서는 다음의 것이 열거된다.

① 탈선(derailment)에 대한 안전성이 높을 것(탈선은 절대적으로 피한다).

② 주행의 안전성이 높을 것.

③ 안쪽과 외측의 길이가 다른 곡선(반경이 궤간 차이만큼 다르다)의 통과 성능이 양호할 것. 즉, 원활하게 통과할 것.

④ 분기기 통과 시에 문제를 일으키지 않을 것.

⑤ 레일과의 접촉 응력이 작고, 레일·차륜의 손상이 적을 것.

⑥ 레일과의 주행 마모가 적고, 삭정까지의 기간이 길며, 삭정 시의 낭비가 적을 것.

차륜의 형상은 하기의 그림들 및 **그림 3.1.35**와 같이 차륜에 답면(踏面)이라 부르는 기울기(구배)가 붙여져 있으며 차륜과 레일간의 접촉 면적이 작다. 또한, 답면에서의 레일 접촉위치는 레일의 선형에 응하여 항상 변화된다. 즉, 답면 위를 이동한다. 따라서 플랜지에 의하여 탈선을 방지하고 있다. 또한, 선로의 곡선구간에서는 주행하는 차량에 원심력이 작용하여 레일 위의 차륜이 원심력 작용 방향으로 이동한다. 그러나 플랜지가 있으므로 탈선은 하지 않지만 **그림 6.1.11**에 나타낸 것처럼 곡선 안쪽의 차륜은 바깥쪽의 차륜에 비하여 차륜직경이 작게 되며 회전반경의 차이로 차축이 선로의 곡선에 대응하여 방향을 바꾸게 되며 이와 같이 차륜에는 조타의 기능도 포함되어 있다.

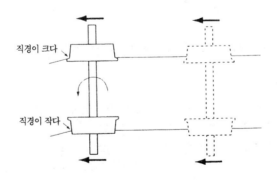

그림 6.1.11 회전의 구조

탈선에 대한 안전성을 높이기 위하여 플랜지각(flange angle)을 증가시키면 마모시의 삭정량이 많게 된다. 또한, 레일과의 접촉압력을 작게 하기 위하여 접촉면적을 크게 하면 마모량이 증가하는 것처럼 이들의

조건에는 서로간에 상호 허용되지 않는 것도 있다. 따라서, 이상적인 답면(tread surface) 형상을 찾아내기는 곤란하다. 이 때문에 목적에 따라 몇 개의 답면 형상(profile of wheel tread)이 이용되고 있다. 고속철도의 차륜 답면 형상은 **그림 6.1.12**, 일반철도의 차륜 답면 형상은 **그림 6.1.13**, N답면 형상(N type tread contour)과 UIC의 차륜 답면 형상은 **그림 6.1.14**에 나타낸다.

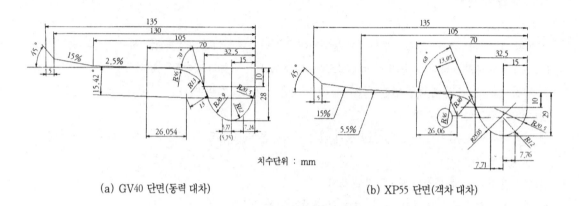

(a) GV40 단면(동력 대차) (b) XP55 단면(객차 대차)

치수단위 : mm

그림 6.1.12 경부 고속철도 차량의 차륜답면 형상

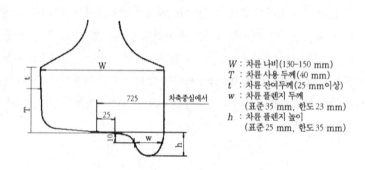

W : 차륜 나비(130~150 mm)
T : 차륜 사용 두께(40 mm)
t : 차륜 잔여두께(25 mm이상)
w : 차륜 플랜지 두께
   (표준 35 mm, 한도 23 mm)
h : 차륜 플랜지 높이
   (표준 25 mm, 한도 35 mm)

그림 6.1.13 일반철도의 차륜답면 형상

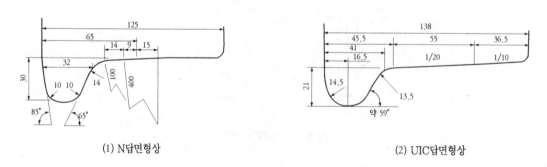

(1) N답면형상 (2) UIC답면형상

그림 6.1.14 N답면 형상과 UIC의 차륜답면 형상

등가답면구배는 차륜답면형상의 마모에 따라 영향을 받으며, 이는 차륜의 치수기준에 의한 플랜지두께 (e), 플랜지높이(h), 플랜지부의 수직마모에 관련된 q_R값(**그림 6.1.15**)의 변화로 나타낸다. 고속철도에서 q_R의 최소값은 6.5 mm이다.

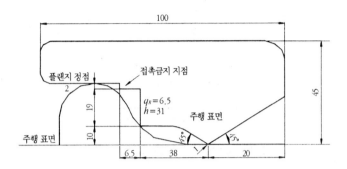

치수 단위 : mm

그림 6.1.15 높이 31 mm의 플랜지에 대한 q_R

차륜의 윤곽 형상의 조건 중에서 특히 중요한 것은 탈선(derailment)에 대한 안전성이며, 이것은 플랜지 각도와의 관계가 깊다. **그림 6.1.16**의 레일과 차륜 플랜지가 접촉하고 있는 조건에 대하여 윤하중(wheel load) P, 횡압 Q, 플랜지 각도 θ, 플랜지의 레일과의 마찰계수 μ 등과 함께 탈선되지 않기 위한 조건을 조사하면 다음의 수식으로 되며, 횡압 Q가 특히 크게 되면 플랜지가 레일을 올라타서 탈선한다(제6.1.7항 참조).

$$
\left.
\begin{array}{ll}
\text{미끄러져 오르는 경우} & Q\cos\theta \langle P\sin\theta + \mu\,(Q\sin\theta + P\cos\theta) \\
\mu = \tan\lambda\text{로 하면} & Q/P \langle \tan(\theta+\lambda) \\
\text{올라타는 경우} & P\sin\theta \rangle Q\cos\theta + \mu\,(P\cos\theta + Q\sin\theta) \\
\mu = \tan\lambda\text{로 하면} & Q/P \langle \tan(\theta-\lambda)
\end{array}
\right\} \quad (6.1.3)
$$

이 경우에 플랜지 각도 θ가 큰 쪽이 횡압이 크게 되어도 탈선하기 어렵게 된다. 또한, 플랜지 각도 θ가 $59°$인 때의 올라탐 탈선(derailment caused by the wheels mounting the rail)을 하는 조건의 Q/P가 약 1.2, N답면 윤곽 형상의 $65°$에 대하여 약 1.4로 산정되며, 현차의 측정에서는 여유를 취하여 Q/P의 안전 수치를 0.8 이하로 하고 있다. 고속선로에서는 플랜지 각도를 특별히 크게 한 차륜 윤곽형상을 이용하고 있다. 즉, 플랜지 각도를 $70°$(Q/P가 약 1.7)를 사용하고 있는 것도 탈선에 대한 안전을 우선하기 때문이다. 그러나, 플랜지 각도가 크면, 마모시의 삭정량이 많게 되어 차륜의 수명이 짧게 되므로 비용 증가의 불리한 점이 생긴다.

화차에 사용되는 N답면 형상은 탈선 방지(derailment prevention)를 우선으로 하면서 사행동(hunting movement) 대책이나 마모 방지 등도 고려하여 결정된 것이다. 탈선 방지를 위하여 플랜지 각도를 $65°$로 크게 하고 플랜지 높이도 30 mm로 가능한 한 높게 하고 있다.

그림 6.1.16은 곡선 등에서 외측 레일과 외측 차륜의 플랜지가 접촉하여 있는 상태의 예이며, 차륜의 마모를 줄이기 위하여 레일과 항상 1점에서 접촉시키는 것이 효과적이기 때문에 플랜지에서 답면에 이르는 형상은 레일과의 마모 형상을 고려한 평균치적인 형상을 선택하고 있다. 또한, 횡압을 줄여 곡선 속도(curve speed)를 향상시키고, 승차감(riding quality)을 보다 개선하기 위하여 플랜지를 N답면 형상으로 하며, R

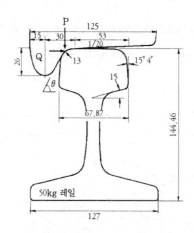

그림 6.1.16 차륜과 레일의 접촉 예

= 14 mm에서 답면에 이르는 개소를 두 가지 반경의 원호로 한 원호 윤곽(circle arc contour)의 예도 있다.

차륜의 주행에 따른 마모는 곡선 레일과 접촉하는 플랜지부가 특히 많고, 마모를 줄이기 위하여 플랜지부를 담금질(tire-flange quenching)하여 경도(hardness)를 높이는 예도 있다. 마모가 많은 차륜(전기기관차의 최전위, 최후위의 차륜 등)에는 주행에 따라 자동적으로 도유되는 플랜지 자동 도유기(automatic flange lubricator)가 장치되어 있다.

차륜은 플랜지와 답면의 안쪽이 주로 마모되고 당초의 기본 형상에서 변형되어 원활한 주행을 해치기 때문에 마모량(wearing depth)에 따라 주행 10~30만 km(속도나 선로의 조건에 좌우된다)에서 삭정하여 기본 형상으로 되돌린다. 따라서, 차륜의 감모(reduction of section)는 주행의 마모로 인한 것보다도 삭정으로 인한 양의 쪽이 많으며, 이 경향은 플랜지 각도가 클수록 많게 된다.

6.1.4 열차의 저항

열차의 주행에 따라 각종의 저항을 받는 것을 열차 저항(train resistance)이라 한다. 차량 설계나 운전계획에 필요한, 열차가 주행할 때의 가속 성능 · 견인력 성능, 최고 속도나 제동 성능은 인장력이나 제동력과 열차 저항으로 결정된다. 열차 저항에는 출발 저항 · 주행 저항 · 구배 저항 및 곡선 저항이 있으며 1 tf당 kgf로 나타낸다.

(1) 출발 저항(starting resistance)

출발 저항은 정지하고 있는 열차가 선로를 주행하기 시작할 때에 차륜의 회전 기동에 있어 차륜 답면, 차축의 베어링부, 구동 장치의 전동부 등에 의하여 발생하는 마찰 저항이 주된 것이며, 약간 저항이 크다. 출발 저항은 차축 베어링의 구조에 따라 다르며, 롤러 베어링 차량의 경우는 30~50 N/t, 평 베어링 차량의 경우는 60~80 N/t 정도이지만, 움직이기 시작하면 급격하게 줄어 속도가 8~10 km/h 정도에서는 무시할 수 있다. 그 이후는 다음에 기술하는 주행 저항으로 이행되어 속도와 함께 저항이 다시 증가한다. 왕년의 차량은 평 베어링이 대부분이었으므로 견인력(tractive force)이 강하지 않았던 증기기관차(steam locomotive)의 시대에는 발차시의 저항을 줄이기 위하여 역 본선에는 낮은 구배율이 요구되어 지금도 답습되고 있다.

하계와 동계에는 기름의 유연도가 달라 저항은 동계에 큰 값을 나타낸다. 또한, 출발 저항의 값은 기관차에서 크고 객화차에서 작지만, 출발에 있어서는 정거시 연결기 스프링의 축소 때문에 반발력이나 또는 선두부의 차량부터 순차 움직이기 시작하여 전 차량이 일제히 움직이기 시작하지 않는 등의 점도 있어 열차 전체로서 고려할 때는 8 kgf/tf 전후의 값을 취하면 좋다(**그림 6.1.17**).

(2) 주행 저항(running resistance)

평탄한 직선 선로를 무풍 시에 등속도로 주행할 때의 열차 저항이며, 이 중에는 다음과 같은 것이 포함되어 있다.

① 속도에 관계없이 일정한 값을 가진 기관차 기계 부분의 저항이나 차축 베어링이나 구동 톱니바퀴 장치의 마찰 저항(아래 식의 A)

② 속도에 정비례하고, 궤도의 처짐에 기인하는 저항 및 차륜과 레일간의 미끄럼 마찰 저항(아래 식의 B)

③ 속도의 제곱에 정비례하는 공기 저항(아래 식의 C)

이들의 값은 열차 속도, 차량 구조(기관차와 객화차), 선로 상태, 기후 등에 따라 다르며, 또한 객화차에서도 영차와 공차가 다른 값으로 되지만, 실험의 결과, 다음과 같은 형으로 나타내어진다.

$$R = A + BV + CV^2 \tag{6.1.4}$$

여기서, R : 주행 저항 (kgf/tf)

V : 운전 속도 (km/h)

A, B, C : 실험으로 결정되는 계수

출발후의 주행 저항을 도시하면 대체로 **그림 6.1.17**에 나타낸 형상으로 된다.

주행 저항은 속도 30~50 km/h에 대하여 약 30 N/t으로 극히 작아(N = kgf / 9.8) 자동차인 경우의 포장도로 주행저항 약 100 N/t, 보통 도로 약 500 N/t과 비교하여 상당한 차이이며, 레일과 차륜의 철도에서 우수한 특질이라고도 말한다.

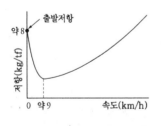

그림 6.1.17 주행 저항

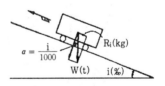

그림 6.1.18 구배 저항

(3) 구배 저항(grade resistance)

구배상의 선로를 주행하는 차량에는 차량중량의 구배 방향으로의 분력이 저항으로서 작용한다. 다만, 상구배(uphill gradient)인 때는 감속력으로서, 하구배인 때는 가속력으로서 작용한다. 지금, 구배를 천분율로서 나타내고 열차가 i ‰의 상구배를 올라가고 있을 때는 **그림 6.1.18**에 나타낸 것과 같이 차량 중량 W

[tf]의 구배 방향의 분력 R_i가 저항력으로 되며, 다음 식으로 주어진다.

$$R_i \, [\text{kgf}] = W \, [\text{tf}] \cdot \sin a \cdot 1{,}000 \, [\text{kgf}] = W \cdot (i \,/\, 1{,}000) \cdot 1{,}000 = W \cdot i \qquad (6.1.5)$$

이 식에서 구배 저항은 주행 저항에 비하여 대단히 큰 것을 알 수 있다. 구배 10 ‰에 대한 구배 저항 약 100 N/t은 재래선의 130 km/h 속도의 주행 저항에 필적한다.

(4) 곡선 저항(curve resistance)

곡선 선로를 주행중인 차량은 다음과 같은 원인으로 인하여 여분의 저항을 받는다.

① 곡선궤도 내외 레일의 길이와 차륜 답면 반경의 불일치에 기인하여 생기는 차륜답면(wheel tread)과 레일두부 표면 사이의 활동.

② 차량의 전환 방향에 따라 레일 표면과 차륜 답면 사이의 미끄러짐. 미끄러짐 방향과 거리는 순간 중심과 차륜을 연결하는 선에 직각 방향으로 생기며, 그 거리에 비례한다.

③ 고정 축거의 존재에 기인한 선두 차축의 외측 차륜 플랜지 및 중간 차축의 안쪽 차륜 플랜지와 레일과의 마찰.

그러나, 이들 곡선 저항의 여러 원인에 대하여는 불충분한 점이 많으며, 곡선 저항의 식은 실험식에 의하고 있다. 실험의 결과에 따르면, 곡선 저항의 값은 곡선 반경에 반비례한다. 곡선 저항의 식으로서 다음의 식이 이용되며(제2.2.3(2)항 참조) 그 경향을 도시하면 **그림 6.1.19**에 나타낸 것처럼 된다.

$$R_c = \frac{K}{R} \qquad (6.1.6)$$

여기서, R_c : 곡선저항(kgf / t)

　　　　R : 곡선반경(m)

　　　　K : 실험에 의하여 구하여지는 정수로 600~800 정도(철도건설규칙에서는 700, 선로측량지침에서는 600으로 규정)

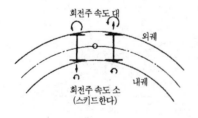

(a) 곡선에서의 차륜과 궤도

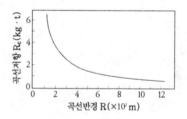

(b) 곡선저항의 경향

그림 6.1.19 곡선 저항

이와 같이 차량이 곡선 선로 상을 주행할 때는 위의 식으로 구해지는 저항이 생기므로 곡선의 존재는 열차 저항에서 보면 같은 값의 저항을 주는 상구배에 상당한다고 고려할 수 있다. 따라서, 곡선이 상구배 중에 존재하는 때는 그만큼 구배가 급하게 되었다고 고려하며, 하구배(downhill gradient) 중에 존재하는 때는 그 분만큼 구배가 완만하게 되었다고 생각할 수가 있다. 구배 중의 곡선은 완만한 구배에서는 문제로 되지 않지만, 제한 구배(ruling gradient)에 가까운 급구배 중에 곡선이 존재할 때는 문제이다.

곡선저항과 같은 값의 저항을 주는 상구배를 환산구배(등가구배, equivalent grade)라 하고, 실제의 구배에 환산구배를 가감한 구배를 보정 구배(상당구배, compensating grade)라 부른다. 또한, 곡선저항을 고려하여 실제로 구배를 보정하는 것을 곡선 보정(curve compensation)이라 부른다. 다만, 완화 곡선(transition curve)에 대하여는 여기에 연결된 원곡선과 같은 반경으로 고려하여 보정한다. 이상의 것에서 보정 구배가 제한구배를 넘으면 아니 된다. 미국에서는 보정량으로서 $i\% = 0.04\,\theta(\theta = $ 곡선도[°])를 이용하여 곡선 보정을 한다.

(5) 터널 저항(tunnel resistance)

열차가 터널 내를 주행할 때에 터널 내에 생기는 풍압 저항이며(제4.2.4항 참조), 그 크기는 열차의 속도에 따라 대폭으로 변화하지만, 통상 단선 터널에서는 2 kgf/t, 복선 터널에서는 1 kgf/t 정도의 값을 이용한다.

(6) 가속 저항(acceleration resistance)

이상의 저항과 달리 가속에 요하는 힘을 저항으로 간주하고 있다. 가속 저항과 가속도와의 관계는 다음 식으로 계산된다.

가속 저항　$F = 277.8\,aM$ (단위 N)　　　　　　　　　　　　　　　　　　　　　　　(6.1.7)

여기서, a : 가속도(km / h / s)

　　　　M : 차량의 질량(t)

즉, 통근 전차 등의 가속도 2 km/h/s의 가속 저항은 약 60 ‰의 급구배에 필적할 정도로 대단히 크다.

6.1.5 차량의 접착계수(adhesion coefficient)

철도에서는 차륜과 레일 사이에 작용하는·마찰력을 접착력이라고 하는 경우가 많다. 그러나 엄밀하게는 마찰력과 접착력은 다른 것이지만 한편으로는 접착력의 정의가 확립되어 있지 않은 것도 사실이다. 따라서 마찰력과 접착력이 서로 다름을 나타내기는 곤란하게 되어 있지만 이 책에서는 접착력을 아래와 같이 정의한다.

접착력이란 회전하는 차륜의 원주 속도 V_p와 회전중심의 진행속도 V_c에 속도차이 V_s가 생기는 경우에 차륜과 레일의 접촉부에서 접선 방향으로 전달되는 힘의 성분을 말한다. **그림 6.1.20**는 속도차이와 접착력의 관계를 나타낸 것이며, 접착력은 속도차이와 함께 크게 된다. 바꾸어 말하면, 어느 접착력 이상으로 되면 속도차이가 증가하며 가속 시에는 차륜이 공전하게 되고, 브레이크 제동 시에는 활주하게 된다. 접착력이 최대로 되는 미끄럼 속도는 극히 작고, 미끄럼 율(속도차이를 회전중심의 진행속도로 나눈 값)이 1 % 이하의 값으로 된다.

이와 같이 접착력은 회전 또는 속도가 없어도 접촉력으로서 광의로 이용되는 마찰력과 다르며, 마찰력의 협의의 경우로서 간주할 수가 있다. 그러나 자동차와 노면과의 접촉력은 타이어의 변형에 따른 속도차이가

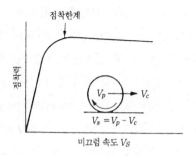

그림 6.1.20 미끄럼 속도와 점착력의 관계

생김에도 불구하고 점착력이라 하지 않고 마찰력이라 하므로 대상 분야의 차이에 따라서도 정의를 구별한다.

차량은 차륜과 레일간의 마찰력(점착력)으로 구동 · 제동하여 기동 · 가속 · 주행 · 감속 · 정지한다. 구동력이나 제동력이 마찰력을 상회하면, 차륜이 슬립(slip, 공전) 또는 활주(skid, 고착)하여 버린다. 따라서, 최근에는 차량의 고성능화에서 이 점착력의 향상이 중요한 테마로 되어 있다.

모든 기관차에 공통이지만, 기관차의 출력이 아무리 커도 동륜(구동륜)과 레일간의 마찰력(점착력)이 부족하면 동륜(driving wheel)이 공전하여 전진할 수 없다. 이 동륜과 레일간의 마찰력을 점착 견인력(tractive effort of adhesion)이라 부르며 동축(구동축)상 중량이 클수록 또는 마찰계수가 클수록 크게 된다. 여기서 동축이란 전동기가 설치되어 있는 차축(axle)을 말한다.

마찰계수의 값은 레일이 건조되어 있을 때보다 강우 등으로 레일표면이 젖어 있을 때는 저하하고, 기름이 부착된 경우는 격감한다. 상구배 등에서 큰 마찰력을 필요로 하는 때는 모래를 뿌려 계수의 증가를 꾀한다. 계수의 값은 이 외에 열차의 속도에 따라 그다지 영향을 받지 않지만, 속도가 빠르게 되면 다소 감소하는 경향이 있다.

점착력을 축중(axle load)으로 나눈 수치를 점착계수(coefficient of adhesion)라 부르며, 차량과 레일의 상태 등에 따라 변동이 크다. 점착계수의 값은 **표 6.1.5**에 나타낸 것처럼 차륜이나 레일의 재질(quality of rail), 접촉면 부착물의 종류, 축중의 크기, 속도 등에 따라 영향을 받는다. 점착계수는 일반적으로 정지의 경우에 최대치를 갖고, 차량 속도가 커짐에 따라서 점차로 감소하는 것으로 알려져 있다. 차량 설계나 운전계획에 이용되는 점착계수는 주행 시험의 데이터를 기초로 차종별의 공식을 이용한다.

표 6.1.5 레일의 표면 상태와 점착계수의 예

레일의 표면상태	점착계수	
	모래를 뿌리지 않을 때	모래를 뿌릴 때
깨끗하고 건조할 때	0.25~0.30	0.25~0.40
습윤할 때	0.18~0.20	0.22~0.25
서리가 있을 때	0.15~0.18	0.22
진눈깨비가 덮혀 있을 때	0.15	0.20
기름이 묻거나 눈이 덮혀 있을 때	0.10	0.15

다시 말하자면, 최대의 점착력을 레일을 내리누르는 접촉력으로 나눈 값을 점착계수라고 하며, **그림 6.1.21**은 레일이 습윤 상태일 때에 실물 차량으로 측정한 예로서 차량속도와 점착계수의 관계를 나타낸다. 이것에 의거하면, 속도와 함께 점착계수가 감소하지만, 주목되는 것은 선두차량과 중간차량에서의 점착계수가 다른 점이다. 고속의 경우는 중간차량의 경우가 선두차량보다도 분명하게 크게 되어 있다. 따라서 차량마다 점착계수가 다른 점을 이용하여 편성열차 전체에 대하여 이용 점착력을 향상시킬 수가 있다. 예를 들어, 급(急)감속 시에는 개개 차량의 브레이크 힘을 제어함에 따라 현행의 차량마다 일률적인 브레이크 힘에 비하여 편성열차 전체에서 보다 큰 브레이크 힘을 기대할 수 있을 것이다.

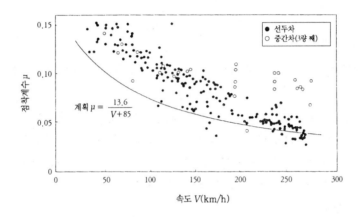

그림 6.1.21 열차속도와 점착계수의 관계에 대한 예

6.1.6 동력차의 출력(output of powered car)

동력 장치를 가진 차량의 성능 제원에서 대표적인 것으로 출력이 있다. 공칭의 출력에는 장시간의 사용에 대응하는 연속 정격출력(continuous rated output)과 단시간의 운전에 대응하는 순간 출력이 있다. 자동차 등은 15분 정격의 단시간 출력을 사용하지만, 철도차량에서는 연속 정격과 1시간 정격을 사용한다. 국제 규격에서는 연속 정격출력이 기본으로 되어 있지만, 연속 역행시간이 비교적 짧은 철도에서는 1시간 정격출력(one-hour rated output)을 주로 채용한다.

디젤기관(diesel engine)의 15분 정격과 연속 정격의 출력에는 1 대 1.5에 가까운 차이가 있기 때문에 같은 공칭 출력이라도 철도의 디젤차량(diesel rolling stock)과 트럭·버스(15분 정격이 많다)와는 실질적으로는 상당히 다르다.

차량의 출력은 전기차량(electric rolling stock)의 경우가 주전동기(main motor), 디젤차량의 경우가 기관 등 원동기의 출력으로 하고 있지만 이에 대하여 실제의 견인에 활용되는 동륜 출력(tractive output)이 있다. 양자의 차이는 변환 효율·동력전달 장치의 톱니바퀴 효율 등의 손실이나 보기(補機) 구동 등의 차인으로 인한 것으로 전기차량에 대한 양자의 차이가 약 15 %인 것에 비하여 변속기나 보기 구동이 필요한 디젤 기관차(diesel locomotive)는 약 30 %로 크다[31].

전기차량의 출력 표시는 일반적으로 주전동기 출력(kW)으로 하고, 디젤차량은 기관 출력의 마력(PS)을 채용하고 있다.

양 차종의 성능 곡선(performance curve, 속도와 출력과의 관계)이 다르기 때문에 양 차량의 단순한 비교는 할 수 없지만, 동륜 최대 출력(PS)을 비교 산정하는 경우에는 예를 들어

전기차량은 주전동기 출력(kW) × 1.14 PS   (6.1.8)

디젤차량은 기관 출력(PS) × 0.7 PS   (6.1.9)

로 개산되며, 전기차량(electric rolling stock)의 동륜 출력은 디젤차량에 비하여 상당히 크게 된다.

6.1.7 탈선한계

차량과 선로를 중개하는 것은 차륜과 레일이다. 여기서는 차륜과 레일간의 관계에서 중요한 탈선계수에 관하여 논의한다.

그림 6.1.22에 나타낸 것처럼 차륜은 반작용으로서의 윤하중 P와 횡압 Q가 작용하지만 횡압 Q가 윤하중 P에 비교하여 어느 정도 이상으로 크게 되면 탈선이 생긴다. 탈선의 위험성에 대한 지표로는 탈선계수 Q/P가 이용된다. 탈선은 차륜과 레일 방향의 각도 차이, 즉 어택(attack)각이 중요한 파라미터로 된다. **그림 6.1.23**에 나타낸 어택 각은 윤축이 반시계 방향으로 선회하는 경우를 플러스(양)로 하고 시계 방향으로 선회하는 경우를 마이너스(음)로 한다.

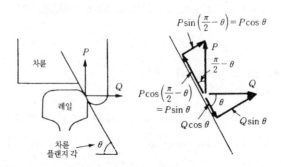

그림 6.1.22 차륜과 레일간의 힘 관계

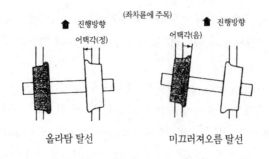

그림 6.1.23 어택(attack)각

(1) 탈선의 종류

(가) 올라탐 탈선

올라탐 탈선은 어택 각이 플러스인 경우에 생기며 차륜이 레일을 향하여 진행해 가서 차륜의 플랜지가 레일의 어깨 부분을 굴러 올라가는 탈선이다.

이 경우에 플랜지와 레일 간에서 생기는 마찰력은 마찰계수를 μ로 하여 이하의 식(Nadal의 식)으로 나타낼 수가 있다.

$$P\sin\theta = Q\cos\theta + \mu(P\cos\theta + Q\sin\theta)$$

$$\frac{Q}{P} = \frac{\sin\theta - \mu\cos\theta}{\cos\theta + \mu\sin\theta} = \frac{\tan\theta - \mu}{1 + \mu\tan\theta} = \tan(\theta - \lambda) \tag{6.1.10}$$

이 식에서 접촉각(차륜 플랜지각) θ가 작고 마찰계수 $\mu(= \tan\lambda, \lambda$: 마찰각)가 큰 상태는 Q/P가 작게 되어 탈선하기 쉽게 된다. 예를 들어, $\theta = 60°$, 마찰계수를 0.3으로 하면 $Q/P = 0.94$로 되어 윤하중 P의 94 % 정도인 횡압이 작용하면 올라탐 탈선이 생기게 된다. 실제로는 안전율을 고려하여 0.8을 탈선 안전한계로 하고 있다.

(나) 미끄러져 오름 탈선

미끄러져 오름 탈선은 어택 각이 마이너스인 경우에 생기며, **그림 6.1.23**에 나타낸 왼쪽 차륜은 레일에서 멀어지는 안전한 방향으로 향하고 있음에도 불구하고 이것을 초월하는 레일방향으로의 큰 좌우 힘이 작용하여 탈선하는 것을 말한다. 올라탐 탈선보다도 발생하기 어려운 탈선이다.

이 경우의 식은 아래와 같이 나타낼 수가 있다.

$$Q\cos\theta = P\sin\theta + \mu(P\cos\theta + Q\sin\theta)$$

$$\frac{Q}{P} = \frac{\sin\theta - \mu\cos\theta}{\cos\theta + \mu\sin\theta} = \frac{\tan\theta - \mu}{1 + \mu\tan\theta} = \tan(\theta - \lambda) \tag{6.1.11}$$

이 식에서 접촉각 θ가 작고 마찰계수 μ가 작은 상태는 Q/P가 작게 되어 탈선하기 쉽게 된다. 예를 들어, $\theta = 60°$, 마찰계수를 0.15(기름을 칠한 상태)로 하면 $Q/P = 2.5$로 되어 윤하중 P의 250 % 정도인 횡압이 작용하면 미끄러져 오름 탈선이 생기게 된다.

(다) 뛰어오름 탈선

뛰어오름 탈선은 급격한 좌우 방향의 힘이 윤축에 모여 레일에 대한 윤축의 좌우방향 속도가 크게 되어 윤축이 레일에 충돌하여 뛰어올라서 탈선하는 것을 말한다.

(2) 탈선한계

탈선에서 비교적 발생하기 쉬운 올라탐 탈선에서도 차륜의 플랜지가 레일을 올라타게 되기에는 일정한 시간이 필요하며 순간적으로 Q/P가 탈선한계를 상회하여도 탈선은 생기지 않는다. 그래서 충격적인 횡압

Q_{max}의 작용시간이 0.005 초 이하인 경우는 **그림 6.1.24**과 같이 Q/P의 탈선한계를 직선적으로 인상하고 있다.

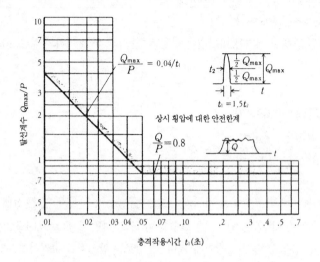

그림 6.1.24 횡압작용 시간을 고려한 탈선계수

6.1.8 차량 전반의 동향

광복 직전인 1945년 7월 국내에서 운행되던 증기기관차는 총 1,167량이었으나 광복 후에 남과 북으로 분단됨에 따라 남쪽은 총 534량의 기관차를 보유하게 되었다[239]. 이 때의 증기기관차 차종으로는 푸러, 사타형의 탱크식 증기기관차와 터우, 소리, 미카, 마터, 파시형의 텐더식 증기기관차 등이 있었다. 또 여객열차용으로 푸러, 타우, 파시형이 사용되었으며, 화물열차용으로 소리, 미카, 마터형이 각각 사용되었다.

전쟁 중에 UN군이 사용하던 디젤전기기관차 4량을 1954년 4월 인수하면서 증기기관차 시대가 디젤차량 시대로 전환되기 시작하였다. 이후 상태가 양호한 증기기관차를 선별하여 연소장치를 기름연소식으로 개조한 후 사용하였다.

1963년 제3공화국의 출범과 함께 수립된 경제개발 5개년 계획에 따라 철도차량 분야에서도 현대화가 진행되었다. 이에 따라 디젤차량이 본격적으로 도입되었고(제6.3.5항 참조), 1967년 8월에는 증기기관차의 공식 운행이 마감되었다. 전기기관차는 1973년부터 도입되기 시작하였다(제6.2.6항 참조).

다음 절 이후에 기술하는 각종 차량에 대한 최근의 개선 진보는 눈부시며, 전반적인 동향으로서 설계법·공작 기술이나 재료의 진보 등에 따라 고성능화, 부품의 내구성 향상, 무보수화가 도모되고 있다.

한편, **표 6.1.6**에는 국철의 차량 보유현황을 나타낸다.

표 6.1.6 국철의 차량 보유 현황(2005.1 현재)

차종	량수	내용 년수	내구연한 경과		연령평균	비고
			내구연한초과	미초과		
고속철도차량	920		-	920	0.9	
디젤기관차	462	25	120	342	15.9	
동차	602	20	12	590	13	
전기기관차	124	30~40	-	124	22.4	신형 30년, 구형 40년
전기동차	1,824	30	-	1,824	9.8	
증기기관차	1		-	1	8.0	
객차	1,510	25	67	1,443	11	
화차	14,286	25~30	1,965	12,321	14	일반 25년, 06. 7 이후 30년 벌크, 유조차 30년
기중기	19	20	6	13	13	
계	19,748		2,170	17,578		

6.2 전기차량

6.2.1 특질과 종류

전기차량(electric rolling stock)은 전차선로(trolly lines)에서 전력(electric power)을 공급받아 전기동력을 기계동력으로 전환시키는 장치를 탑재할 뿐이므로 동력발생 장치나 연료를 가지는 디젤차량 등에 비하여 동력장치가 가벼우며, 따라서 동일 중량에서의 발생 출력이 크다. 그 때문에 고출력을 필요로 하는 최근의 고속열차는 전기차량이 원칙으로 되어 있다(제5.1.2항 참조).

전기차량은 동력 집중 방식의 전기기관차(electric locomotive)와 동력 분산 방식의 전차(electric car)로 나뉘어지며, 또한, 전기 방식에 따라 직류 차량 · 교류 차량 · 양 방식을 직통 운전할 수 있는 직교류 차량 등이 있다.

전기차량은 전차선(trolley wire)으로부터 집전 장치(power collector)로 전기를 공급받으며, 이 전기를 동력원으로 사용하기에 적합한 전원으로 변환시켜주는 변압기로 전압을 낮게 조절한다(예, TGV 교류 25 kV → 교류 1.8 kV). 변압된 전기는 다시 전동기 형식에 알맞은 전원으로 변환시켜주는 전력변환 장치로 전기적 특성을 변환시켜(예, 교류 ↔ 직류) 전동기에 전력을 공급하면, 전동기는 차륜을 회전시킬 수 있는 힘(기계적 에너지)을 발생시켜 차량이 주행하게 된다.

전기기관차는 전기 방식의 차이에 따라 분류된다. 최근의 전기기관차는 주전동기 회전수의 영역 확대와 출력의 강화로 상당한 견인력을 구비하면서 고속운전이 가능하기 때문에 여객 · 화물 겸용이 원칙으로 되어 있다.

전차는 각각의 용도에 따라 성능 · 구조가 다르며, 고속 성능 · 가속 성능 · 차내 설비를 용도에 대응시키고 있다.

또한, 동력 장치의 유무, 운전대의 유무에 따라 제어 전동차(약호 Mc, motor-car with controller) · 중간 전동차(약호 M, intermediate motor-car), 제어차(약호 Tc, control car), 부수차(약호 T, trailer)의 종류가 있다.

6.2.2 동력 집중과 분산 열차의 득실

동력 집중과 분산 열차의 득실을 비교하면 **표 6.2.1**와 같다.

표 6.2.1 동력 집중과 분산 열차의 득실

구분	동력집중 방식(기관차 견인)	동력분산 방식(전차, 기동차)
가속성 운전성	· 그다지 좋지 않다. · 터미널에서 기관차의 바꿔 달기, 입환이 필요하다. 기관차의 고장은 운전 불능으로 된다.	· 좋다. · 터미널에서의 반복 운전이 용이. 편성의 분할, 합병이 용이하다. 동력차의 일부가 고장나도 운전 가능(발전 제동의 효율이 크다).
선로에의 영향	· 기관차가 무겁게 되므로 부담 하중이 크다.	· 기기가 분산되어 있으므로 부담 하중이 평균화되어 경량이다.
쾌적성	· 소음 · 진동이 객차에는 적다.	· 각 객차에 동력기구가 있으므로 소음 · 진동이 있지만 개선되고 있다.
경제성	· 동력차가 적으므로 싸다. 기관차를 여객 · 화물 양용에 사용할 수 있기 때문에 운전 효율이 좋다.	· 동력차가 많으므로 비싸다.

대도시 교외구간에는 일반적으로 동력 분산의 전차가 주로 채용되고 있지만, 본선 여객 열차(passenger train)는 유럽 등지에서는 주로 전기기관차(electric locomotive) 견인 열차이고, 일본에서는 주로 전차(electric car)가 보급되었다.

전차 열차(electric rail-car train)의 주된 이점은

① 동륜(driving wheel) 수가 많기 때문에 가속 성능이 좋고,

② 가벼운 윤하중(wheel load)이므로 선로에 주는 영향이 적으며,

③ 반복하여 분할 병합이 용이하므로 기동성이 높고,

④ 기관차가 없는 분만큼 열차 길이가 짧으며,

⑤ 일부가 고장이 나도 운행이 가능한 점

등이 열거된다.

전차 열차의 주된 불리한 점은

① 상하(床下) 동력장치로 인한 진동 · 소음 때문에 승차감이 약간 떨어지고,

② 동력장치가 늘어나 차량의 비용이 높게 되며,

③ 화물 열차(freight train)와 겸용의 기관차를 운용시에 효율이 저하하는 점

등이 있다.

양 열차의 반복 기동성이 같게 되는 편성을 상정하여 각종 비율의 MT 편성의 전차 열차와 양단 기관차의 집중 열차를 열차 중량 t당 출력을 거의 동일하게 하여 주행 성능(running quality)을 되도록 가깝게 하여 비교한 예가 **표 6.2.2**이다. 이것에 의거하면 6M 6T 편성 전차의 차량 비용은 L + 12T + L 편성의 집중 열차와 차이가 아주 적으며, 동축 수가 많은 전차의 가속 성능은 40 % 뛰어나고, 열차 중량은 약 13 % 가벼우며, 생에너지성도 우위이다.

표 6.2.2 동력분산 열차와 동력집중 열차의 비교의 예

편성 항목	동력분산 열차			동력집중 열차
	12M	6M 6T	4M 8T	L+12T+L
열차 중량(%)	100	96	94	110
차량 신제 비용(%)	100	88	84	88
가속 성능(km/h/s)	3.2	2.0	1.5	1.4

양 방식에는 각각 1장 1단이 있지만, 유럽의 본선 열차는 거주성(livability)이 중시되어 차량 비용이 경감될 수 있는 동력집중 열차(concentrative power train)가 많음에 비하여 일본의 경우는 분산 열차의 우수한 고속 성능과 기동성을 살리고 있다. 후자의 경우는 이상의 비교나 속도가 높아(제9.1절 참조) 운용 효율이 뛰어난 실적 등에서 여객 열차는 분산 방식의 주력이 답습되고 있다.

6.2.3 주요 기기

(1) 주전동기(main motor)
종래에 직류 직권 전동기가 교류 · 교직류 차량도 포함한 전기차량의 구동용으로 채용되어 왔던 것은 기동 시에 강한 회전력을 내고 속도 제어가 용이한 점 등이 이유이다.

직류 전동기(direct current motor)의 특성은 **그림 6.2.1**의 예와 같이 회전수가 전류에 반비례하고 회전력이 전류의 2승에 비례하기 때문에 속도가 내려가면 전류가 증가하고 구동력은 전류의 2승에 비례하여 급격히 증가한다.

최근에는 산업용으로 널리 사용되고 있는, 정류자가 없는 3상(three phase) 교류 유도 전동기(induction motor)의 채용이 늘고 있다. 즉, 전압 · 회전수 · 슬립(slip, 주파수와 회전수의 차이)을 제어할 수 있는 인버터(inverter) 제어장치의 개발에 따른 것이다. 교류유도 전동기는 인버터 장치의 비용이 높지만 직류 전동기의 정류자 · 브러시가 없어 보수의 수고가 들지 않는다. 소형 경량화 · 고출력화가 가능하고, 점착 성능이 우수하며, 전력 회생이 용이한 점 등 많은 이점도 갖고 있다.

TGV(train a grande vitesse)는 3상 교류 동기 전동기(synchronous motor), ICE (intercity express)와 신칸센은 3상 교류 유도 전동기를 사용한다.

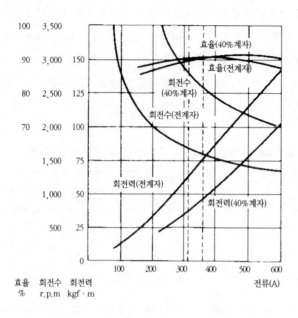

효율   회전수   회전력
%   r.p.m   kgf·m

그림 6.2.1 주전동기의 특성 곡선의 예

(2) 동력전달 장치

주전동기의 회전력을 차륜으로 전하는 것이 톱니바퀴식의 동력 전달장치이다. 주전동기를 스프링상의 대차에 탑재 고정한 경우에 구동되는 차륜은 스프링이 처지는 분만큼 대차에 대하여 상대적으로 상하로 이동하기 때문에 주전동기의 전기자축(電機子軸)에 설치된 구동 소치차(小齒車)의 중심과 차축에 설치된 피구동 대치차(大齒車)의 중심과의 거리는 다소의 변동을 면할 수가 없어 톱니의 맞물림이 지장을 받는 것으로 된다. 따라서, 톱니바퀴 전달장치는 그 변동을 없게 하든지, 변동이 있어도 지장이 없는 구조가 요구된다.

장년 사용되어 온 조괘식(nose suspended drive)에서는 주전동기의 한 끝을 베어링을 끼워 구동 차축에 얹고 다른 끝은 대차 틀로 지지하여 톱니바퀴간의 거리를 일정하게 하고 있다. 그 때문에 주전동기의 반분의 중량은 차축에 직접 부담시켜 스프링하 중량(unsprung load)으로 되며, 선로와의 사이에 생기는 상호의 충격이 크게 되는 것이 결점이다. 그러나, 구조가 간단하기 때문에 고속이 아닌 전기기관차 등에 널리 채용되고 있다.

최근의 전차에 보급되어 있는 카르단(Cardan)식 구동장치는 소치차를 전기자축(電機子軸)에 직접 설치하지 않는 방식이다. 즉, 주전동기를 스프링상의 대차축에 고정 설치하여 전기자축과 소치차와의 사이에 휘어질 수 있는 방식의 이음부를 두어 주전동기와 구동 차륜의 상대 변위를 허용하고 있다. 카르단식은 고속 전동기를 채용하여 근대화 전차의 성능 향상과 승차감의 개선에 크게 공헌하고 있다(**그림 6.2.2** 참조).

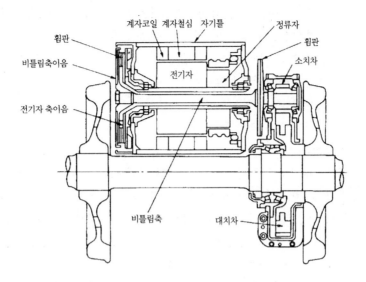

그림 6.2.2 주전동기와 중공 축 평행 카르단식 동력전달 장치 (parallel Cardan driving device)

(3) 집전 장치(power collector)

전차선로에서 전력을 받아들이는 장치이며, 가공선(aerial line)에 대하여는 팬터그래프, 지하철의 제3 레일(third rail)에 대하여는 집전화(靴)(power collector shoe)를 사용한다.

그림 6.3.2에 신칸센 팬터그래프(pantograph)의 예(TGV와 ICE는 **그림 9.3.2** 참조)를 나타내며, 내부식 경합금제 골조의 상부에 접판(摺板, slider)을 설치하고, 링 기구와 스프링 작용으로 접판을 상하로 움직여 가공선과 접촉시킨다. 팬터그래프는 고속으로 주행하면서 가선(overhead line) 높이의 다소의 변화나 차량의 동요에 대하여 가공선에 가벼운 일정 압력으로 추수하는 성능이 요구된다. 이 추수성을 좋게 하기 위하여 승강 가동부의 질량을 되도록 가볍게 하여 각부의 마찰이 적고 접판이 가선을 밀어 올리는 압력은 예를 들어 재래선의 교류 구간에서 4.5 kgf, 직류 구간 및 고속선로에서 5.5 kgf 정도로 하고 있다. 최근의 접판은 마찰이 적고 가선에의 영향이 적은 소결 합금(sintered alloy, 동 또는 철을 주성분으로 하여 윤활 성분을 배합하

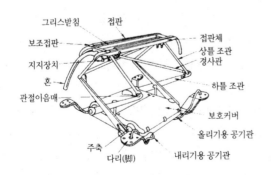

그림 6.2.3 팬터그래프의 예(크로버 암형)

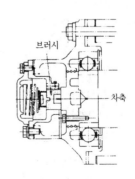

그림 6.2.4 접지 장치의 예

여 소결한다)이 많이 사용되고 있다. 고속 운전에 대한 팬터그래프의 이선 대책의 하나로서 편성이 복수인 팬터그래프로 전편성의 전동차가 수전할 수 있는 인통선(引通線)을 설치한 예가 있다.

지하철의 제3 레일 집전화는 스프링의 힘으로 접촉하며, 접촉 압력은 10 ~20 kgf이고, 접판은 주철 등이 사용된다. 게다가, 귀전류로 인한 롤러 베어링 등의 전식을 방지하기 위하여 **그림 6.2.4**에 나타낸 것과 같은 접지 장치(전기기관차의 예)를 설치한다.

(4) 브레이크 장치(brake gear)

차량을 정지시키는 브레이크 장치는 공기제동 방식, 전기제동 방식으로 분류된다. 공기제동 방식은 공기 압력으로 제륜자를 차륜에 압착시켜 마찰력으로 직접 차륜의 회전을 감소(정지)시키는 방식이다. 전기제동 방식은 차륜의 회전력을 발생시키는 견인 전동기에서 견인용 전원을 차단한 후에 견인 전동기를 일시적으로 발전기로 전환시켜 차륜이 회전되는 힘이 전기 발생으로 인하여 감속됨으로서 제동 효과를 얻는 방식이다. 여기서 발생되는 전력은 전기 저항기로 열로서 소모시키거나(저항 제동), 또는 발생된 전력을 전차선으로 복귀시킨다(회생 제동). 이러한 제동 방식 중에서 저항 제동은 고속전철 차량인 기존의 TGV 및 우리 나라 에서 사용중인 디젤기관차 · 전기기관차 · 서울 지하철 1호선 전동차에, 회생 제동은 고속전철 차량인 ICE(intercity express)와 신칸센 및 서울 지하철 3 · 4호선 전동차에 사용하고 있다.

6.2.4 구조와 작용

(1) 전기기관차(electric locomotive)

그림 6.2.5은 예로서 TGV-R 열차의 동력차(powered rolling stock)에 대한 개요도이다. 이 기관차는 단 상(single phase)교류 25 kV, 직류 3 kV 및 1.5 kV의 재래선에서도 운행할 수 있다. 차체(car body)는 두 대의 동력대차 위에 설치되었으며, 차체내부는 운전실과 동력실로 구성되어 각각 필요한 기기를 설치하고 있다.

이하에서는 일반적인 직류 전기기관차에 대하여 설명한다. 지붕 위에는 가선에서 전기를 받는 팬터그래 프가 설치되어 있다. 차체 외측에는 냉각용의 공기를 받아들이는 창을 설치하고, 먼지 등의 침입 방지를 위한 필터가 설치되어 있다. 기계실에는 주회로 기기의 고속도 차단기 · 주저항기 · 캠축 스위치 · 주전동기에 냉각 풍을 보내는 전동 송풍기 · 공기 브레이크용의 압축 공기를 만드는 전동 공기압축기 · 제어 장치의 전원 으로 되는 전동 발전기(motor generator) 등이 탑재되어 있다. 주행 장치(running gear)의 축 배치는 곡 선에서의 레일에 대한 차륜 횡압을 적게 하는 대차(truck) 방식으로 하며, 대차에 각 차축 구동의 주전동기 (main motor)를 탑재하고 있다.

팬터그래프에서 받아들인 전력은 주전동기로 보내져 회전력으로 전환되며, 주전동기를 흐른 전기는 차륜 에서 레일을 경유하여 변전소로 되돌아간다. 속도의 상승단계 제어에서는 저항기 제어 · 직병렬 제어 · 계자 제어가 행하여진다. 제어 노치 진행 시의 견인력(tractive force)의 단차를 적게 하여 동륜의 공전(slip)을 방지하도록 버니어 저항기를 추가하고 있다. 또한, 재점착 성능을 좋게 하기 위하여 공전을 일으키면 동시 에 자동적으로 제어 노치를 되돌리고 레일에 모래를 뿌려 공전을 방지한다.

(2) 전차(electric car)

전차에 대한 동력 장치의 구조와 작용의 기본은 전기기관차와 다르지 않으며, 동력 장치는 바닥 아래에 설치한다. 근대화 전차에서는 제동 시에 주전동기로 발전시켜 저항기를 부하시키고 있지만, 최근에는 전력 에너지를 회수할 수 있는 회생 브레이크의 채용이 늘고 있다.

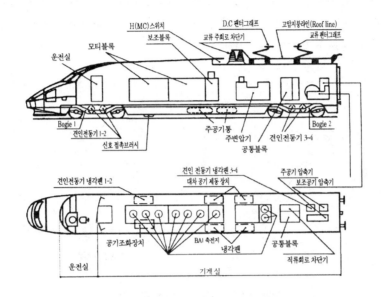

그림 6.2.5 TGV-R 전기기관차의 개요

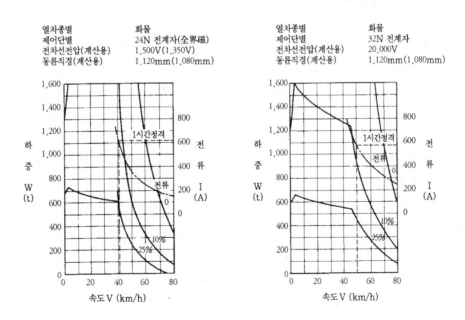

그림 6.2.6 전기기관차의 성능 곡선의 예

6.2.5 전기차량의 성능

그림 6.2.6에는 전기기관차의 직류 형식과 교류 형식의 성능 곡선(종축은 견인 중량)의 예를 나타내며, 저속·중속에서는 정격 전류로 견인력이 확보되고, 고속에서는 견인력이 급격하게 줄어든다.

그림 6.2.7의 예는 교직류 전차(왼쪽 그림)와 고속전차(오른쪽 그림)의 가속력 곡선(accelerative force curve, 종축은 주행 저항을 차인한 인장력을 열차 중량으로 나눈 것이다)이며, 전자가 120 km/h 이상, 후자가 240 km/h와 300 km/h 정도인 것을 나타내고 있다.

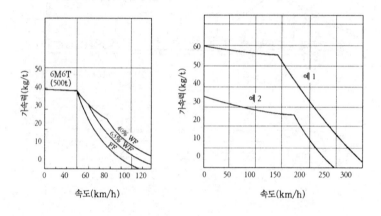

그림 6.2.7 전차의 가속력 곡선의 예

6.2.6 전기차량의 진행 현황

(1) 전기기관차(electric locomotive)

전기기관차는 프랑스·벨기에에서 제작·조립한 66 량을 1973년 6월에 도입하여 중앙선의 전철구간인 청량리~제천간 155.2 km에서 영업 운전을 개시하였다[216]. 국내기술로 최초 제작된 전기기관차는 1986년 대우중공업에서 제작한 8091호이었으나, 차량이 고가이고 부품공급과 유지보수가 어려울 뿐 아니라 많은 고장이 발생한다는 등의 이유로 인해 4대가 제작된 후에 제작이 중단되었다[239].

1998년에는 독일회사와의 기술제휴로 속도가 150 km/h로 향상된 신형 인버터 제어방식의 전기기관차 (8101호대)를 개발하였다. 1998년 8월~1999년 7월에는 국내 최초의 인버터 제어방식 전기기관차를 운행하였다. 구형의 사이리스터 제어방식의 최고 속도가 85 km/h임에 비하여 이 신형 기관차는 VVVF 인버터 제어방식으로 최고 속도 150 km/h로서 성능이 크게 향상되고 교류 전동기를 사용하므로 유지 보수 저감에 따른 예산 절감과 회생 제동을 사용함에 따른 예산 절감 등 많은 장점을 가지고 있다. 한편, 국철의 주요 동력차 제원을 **표 6.2.3**에 나타낸다.

표 6.2.3 국철의 주요 동력차 제원(2005. 9 현재)

구분	호대	견인력 (HP)	대차간 중심거리 (mm)	중량 (t)	축중 (t)	최고속도 (km/h)	길이 (mm)	폭 (mm)	높이 (mm)	차량 수	비고
디젤 기관차	2100	1,000	6,706	87.0	22.0	105	13,160	3,150	4570	19	
	4400	1,500	8,534	88.0	22.0		14,220	3,132	4,462	59	
	7000	3,000	12,540	113.0	19.7	150	20,347	3,150	4,680	15	
	7100			132.0	22.0		19,650	3,270	4,250	86	
	7200									39	
	7300			124.0	20.7		19,508	3,315	4,524	83	
	7400				20.7					84	
	7500			132.0	22.0		19,650	3,270	4,250	74	
	계									459	
전기 기관차	8000	5,300	5,900	132.0	22.0	85	20,730	3,060	4,500	94	
	8100	7,000	9,900	88	22	150	18,760	3,000	3,860	2	
	8200	7,000	9,900	88	22	150	18,760	3,000	3,860	28	
	계									124	
전기 동차	1000	1,300	13,800	40	7.4	110	20,000	3,120	4,500	536	전동차(저항제어)
	2000	2,150	13,800	35	8.6	110	20,000	3,120	4,500	468	전동차(VVVF)
	3000	2,150	13,800	34	8.5	110	20,000	3,120	4,500	160	일산선 전동차(VVVF)
	5000	2,150	13,800	35	8.6	110	20,000	3,120	4,500	660	전동차(VVVF)
	계									1,824	
디젤 동차	9200~9400	315×4 (3량편성시)	14,800	47	11.8	120	20,800	3,200	4,200	29	무궁화(3량 또는 4량 편성)
	9500~9600			50	12.5		21,800		4,260	131	통근형(3량 또는 4량 편성)
	101~108	1,500×2	15,200	64	16.0	150	23,565	3,000	3,700	8	'87 도입 새마을(6량 편성)
	11~262	1,980×2		69	17.3		23,560			106	'87이후 도입 새마을(8량 편성)
	계									274	

(2) 전기동차(electric car)

1973년 5월 대일차관자금으로 전동차 186 량을 구매, 계약하여 1974년 4월 일본에서 차량을 도입하였다 [239]. 즉, 1974년 8월 15일 서울지하철 1호선이 개통됨에 따라 개통 당시에는 6량 편성(Tc, M, M′, M, M′, Tc의 4M2T로 구성)으로 철도청 126량(6량×21편성)과 서울지하철 60량(6량 10편성) 등 총 186량을 수도권 전철과 서울 지하철에 운행하였다. 철도청의 AC 25kV 60Hz와 서울 지하철의 DC 1500V 구간을 직통 운용함으로써 도시철도용 전기차량의 새로운 장을 열었다. 1976년 대우중공업(주)에서 2량의 국산화 제작에 성공하여 전동차를 전량 국내에서 제작하게 되었고, 현대정공(주)는 1981년부터, (주)한진중공업은 1988년(당시 조선공사)부터 전동차를 제작하게 되어 국내 3사 전동차제작 경쟁체제가 도래하였다.

1988년 신도시 건설계획이 발표되었고, 이에 따른 교통 대책의 하나로 과천, 분당 및 일산선 건설이 추진됨에 따라, 이 선로에 운용할 차량으로 새로운 시스템인 인버터 제어방식 전동차를 투입, 운용하였다.

또한, 기존 경부선의 복복선화 추진에 따른 차량 증강과 노후차량 대체를 위해 투입될 전동차의 차량시스템을 구형인 저항제어방식에서 신형인 인버터제어방식으로 변경하도록 결정함에 따라 최초의 인버터 제어방식 차량을 1987년 5월부터 서울지하철 1호선에서 운행하기 시작하였다[239]. 그리고 1985년 7월에는 88서울올림픽에 대비하여 전동차의 방식 및 발전 제동시스템으로 운행 중이던 선풍기방식 377량 전부를 전력전자시스템인 100kVA 정지형 인버터방식으로 개조하여 상기와 같이 1987년 5월부터 영업을 개시하여 서비스를 향상하였다[216].

한국철도공사는 2006년 6월에 법정 수명 25년을 채우게 되는 지하철 1호선 전동차 12편성 120량 중 60량에 대하여 소음과 화재에서 위험성을 획기적으로 감소시킨 최신형의 '웰빙형 전동차'를 서울지하철 1호선에 2005년 12월 말에 교체 투입하였으며, 나머지 60량은 2006년 1월부터 5월까지 단계적으로 교체 투입하였다. 신형 전동차는 객차간 연결부위가 비닐에서 이중막 고무로 대체돼 소음차단이 10dB 이상 향상됐다. 차량마다 화재 탐지장치와 비상 통화장치도 추가 설치됐다. 출입문 개폐장치는 기존 공기 압축식이 아닌 전기식을 적용해 작동시 정확성이 높아지고 고장률이 획기적으로 낮아질 것으로 예측되며, 지하철 1호선 전동차 536량은 구형모델로서 향후 10년 안에 교체될 예정이다.

6.3 디젤차량

6.3.1 특질과 종류

디젤기관차는 디젤엔진, 엔진의 회전력을 전기로 바꾸는 발전기, 발전기의 전기를 받아 바퀴를 돌려주는 전동기를 기관차에 갖추고 거기다 대형 디젤엔진용 대형 연료탱크까지 싣고 다녀야 하는 복잡한 구조로 되어 있다. 가격이 비쌀 뿐만 아니라 정비에도 많은 비용이 드는 차량이지만, 지상설비가 필요 없어 지금까지 국내 철도의 주력기종으로 사용되어 왔다[239].

전력변환설비만 탑재한 전기차량과 비교해 볼 때, 엔진, 동력전달장치에다 연료까지 싣고 다녀야 하므로 차량 중량당 출력이 나쁘고 동력 효율도 낮다.

선진 외국의 최근의 간선에서는 전철화가 보급되어 전기 운전의 비율이 높지만, 전세계 철도 중 약 80 %의 영업 킬로미터에서는 디젤을 이용한 운전이 주로 채용되어 있다. 디젤 운전의 실용화는 전기 운전보다 약 30년 후(철도 창업 후 약 80년)이며, 제2차 세계대전 후에는 세계적으로 석유 자원이 발견되어 석유의 비용이 저감되고 성능이 우수한 디젤차량(diesel rolling stock)이 개발되어 디젤화(dieselization)가 철도 근대화의 중점으로 되었다. 디젤차량은 전기차량에 비하여 중량당 출력 등의 성능이 떨어지고, 또한 종합 동력 효율도 낮지만(제5.1.2항 참조), 전차선, 변전소와 같은 전철화 설비와 같은 지상 설비가 불필요한 것이 유리하며, 열차 횟수가 적은 선구는 디젤 운전이 원칙으로 되어 있다.

디젤차량의 역사를 살펴보면, 1883년 독일에서 30마력 엔진을 실은 2축 내연 동차를 처음으로 제작하여 시험 운행을 하였고, 1913년 스웨덴에서는 차량에 디젤기관을 처음으로 장착하였다. 이 때의 디젤동차는 간선이 아닌 지선에서의 1량 운전이 원칙이었으나, 그 후 성능이 좋은 동력전달장치가 개발되어 차량 여러 대를 한꺼번에 연결하여 운행하는 편성운전이 가능하게 되었다.

기술의 발달에 따라 점차적으로 엔진의 경량화와 출력증강이 가능하게 되었고, 세계적으로 간선열차로도 사용되었다.

제2차 세계대전까지 상당히 보급되었다. 특히, 1932년 베를린~함부르크간을 최고속도 160 km/h, 평균속도 123 km/h로 주행한 2량 편성 디젤동차 'Fliegender Hamburger'의 운행은 디젤차량의 역사에 큰 자취를 남겼다. 그러나 이후 각 국에서의 디젤차량을 이용한 고속화의 경쟁은 2차 대전으로 인해 점차 약화되었다.

디젤차량의 종류는 크게 나누어 동력 집중 열차의 디젤기관차(diesel locomotive)와 동력 분산 열차의 디젤동차(diesel car)가 있다. 동력 장치를 바닥 아래, 또는 차내의 일부에 탑재하는 디젤동차는 지선의 소단위 열차가 대부분이지만, 유선형 푸시 풀(push-pull) 전후 동력차와 같은 장편성의 간선 열차에도 채용되고 있다. 새마을호 열차로 사용되는 푸시풀형 디젤동차는 명칭은 동차이지만 8 량 편성의 양쪽 끝에 기관차가 붙어 있어 동력 집중식으로 볼 수 있다.

디젤차량에서 특히 중요한 것은 동력 즉, 열차를 끄는 힘을 내는 엔진과 이 엔진의 회전력을 바퀴에 전달하여 바퀴를 돌려주는 동력전달 장치이다. 동력 전달장치에는 기어의 치차수를 적당히 조합하여 필요한 회전수를 만들어 내는 치차식도 있으나 주로 전기식과 액체식을 많이 사용한다. 전기식은 2엔진의 회전력으로 발전기를 돌려 전기를 만들어낸 다음 이 전기로 모터를 돌려주고 다시 이 모터가 2바퀴를 회전시켜 주는 방식을 뜻한다. 반면, 액체식은 엔진과 연결된 1차 회전축과 바퀴에 연결된 2차 회전축 사이에 액체를 이용한 트랜스미션을 사용하여 동력을 전달하는 방식을 말한다. 디젤동차에서는 경량화 등의 이유로 세계적으로도 주로 액체식을 사용한다. 디젤기관차의 경우에 입환용의 소형 기관차에서는 액체식이 많고, 본선용에는 독일과 일본 등이 액체식으로 하고 있지만, 특히 량수가 많은 미국이 전기식을 채용하여 추진하며, 세계적으로는 전기식의 비율이 높다. 일반적으로 디젤기관(diesel engine)이 채용되지만, 항공기용 초경량의 가스 터빈 기관을 탑재한 터빈 차량(turbine rolling stock)이 프랑스의 고속열차에 채용되고 일본에서도 시험 제작되었지만, 소음이 크고 고비용의 이유로 일부의 채용으로 그치고 있다.

6.3.2 주요 기기

(1) 디젤기관(diesel engine)

디젤기관은 실린더 내에 경유를 연소(폭발)시켜 이 연소 가스의 팽창력을 피스톤 면에 작용시키고, 피스톤에 연속해 있는 연결봉으로 크램프 축에 회전력을 주어 동력을 발생시키는 기계이다. 가솔린을 사용하는 가솔린기관에 비하여 동력 효율이 높고(약 33 %), 경유는 가솔린에 비하여 단가가 싸며, 인화점이 높아 안전성이 우수하다. 실린더에 경유를 분사하는 고압(약 200 kgf/mm²)의 분사 펌프를 필요로 하고, 연소 압력이 높은 등으로 제작에는 고도의 기술을 요한다. 기관의 출력률을 강화하기 위하여 연소 압력을 한층 높여

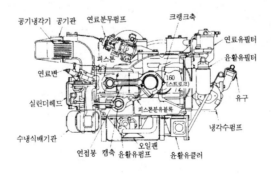

그림 6.3.1 디젤기관의 단면 구조의 예(DMF13HZ).

회전수를 늘리는 방책을 채용한다. 즉, 실린더로 보내는 공기에 미리 압력을 주는 과급식(super charge system)이나 공기의 밀도를 늘리는 중간 냉각식(inter-cooler system)을 채용하며, 최근의 기관은 연소 제어의 개선, 재료의 진보에 맞춘 출력 강화가 눈부시다(**그림 6.3.1** 참조).

(2) 동력전달 장치

액체식 동력전달 장치(hydraulic driving device)는 펌프 날개 바퀴와 터빈 날개 바퀴의 조합에 기름을 넣은 변속기의 기구를 채용하고 있다. 경량의 점에서 우수하지만, 동력전달 효율이 약 75 %로써 전기식의 약 80 %에 비하여 약간 떨어진다.

세계적으로 본선용 기관차의 약 90 %를 점하는 전기식(electric driving device)은 디젤기관으로 발전기를 돌려 그 전원을 이용한 주전동기로 차륜을 구동하는 방식이며, 약간 복잡한 제어 장치를 필요로 한다. 차량 중량이 무겁고 차량 비용도 높게 되기 쉽지만 양산으로 보급되고 있다.

6.3.3 구조와 작용

그림 6.3.2에 디젤기관차의 기기 배치의 예를 나타낸다.

전후 두 대차 위에 기관실과 운전실이 포함된 차체가 결합되어 있다. 기관실에는 디젤기관, 발전기 및 보조 장치 등이 설치되어 있고, 운전실에는 제어대, 제어 분전반, 속도 기록계 등 운전에 필요한 기기가 설치되어 있다.

대차는 기관차의 크기에 따라 2축 대차 또는 3축 대차를 사용하며, 차축(axle)마다 1개의 견인 전동기가 대차와 차축에 지지된다.

디젤동차는 동력 장치를 모두 바닥 아래에 탑재하고, 기본 구조는 기관차와 같으며, 기관의 형태는 높이가 낮은 횡형으로 하고 있다.

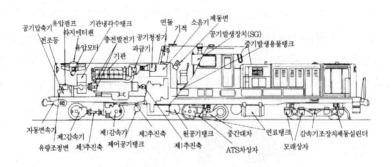

그림 6.3.2 디젤기관차의 기기 배치의 예

6.3.4 성능

그림 6.3.3에 디젤기관차의 성능에 대한 예를 나타내며, 구배별의 속도와 인장중량 곡선(최고 14 노치)이

다. 인장중량 곡선이 나타내는 것처럼 이 예에서는 급구배에서의 중량 열차 견인 시의 속도가 전기기관차에 비하여 낮다.

그림 6.3.4에는 디젤동차의 가속력 곡선에 대한 예를 나타낸다.

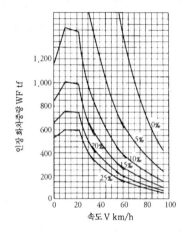

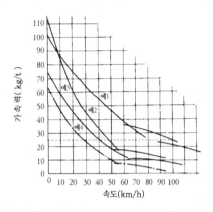

그림 6.3.3 디젤기관차의 성능 곡선의 예   **그림 6.3.4** 디젤기관차의 가속력 곡선의 예

6.3.5 디젤차량의 진행 현황

(1) 디젤기관차(diesel locomotive)

디젤기관차는 1950년 6.25동란 당시 UN군이 50여 량을 군 전용으로 운행하다가 1953년 휴전과 더불어 UN군이 SW8형(2000대형) 소형기관차(800 마력, 최고속도 105 km/h, 정비중량 94.5 t) 4량을 우리 철도에 기증하였다[216]. 그 후 수송 수용의 증가와 더불어 ICA(미국협력체) 자금으로 91량, AID(미국 개발처) 자금으로 137량, EXIM/BANK(수출입은행) 100량, IBRD(세계부흥 개발은행) 자금으로 50량 등의 디젤기관차를 도입하여 1980년에는 425량을 보유하게 되었다. 1980년대 중반 현대정공(주)이 미국 GE와 기술 제휴하여 국산 디젤기관차를 생산하기 시작하였으며, 국산화 비율은 현재 90 % 수준에 이르고 있다.

1970년대 말까지 미국의 EMD/GMC사로부터 완전 조립체 형태로 도입하여 사용하여 왔으나, 경제발전에 따라 1979년 현대정공에서 디젤기관차(7581호의 견인 3000 마력, 정비중량 132 ton, 최고속도 105 km/h)의 조립과 제작이 가능하게 되었다[239]. 이에 따라 당해 연도 9월 18일 서울역에서 국산 디젤전기기관차 운행식을 거행하였다. 이 때부터 외국업체와의 기술협력 또는 자체개발을 통해 대부분 국내에서 조립, 생산하여 사용하기 시작하였으며, 1984년에는 현대정공에서 제작한 국내 개발차량을 최초로 외국에 수출하였다.

(2) 디젤동차(diesel car)

1945년 해방과 더불어 60량을 보유하고 있었으나 노후도가 심하고 6.25동란의 피해로 대부분 폐차되어

1950년 말에는 겨우 6량만 남았다[216]. 그 후 외국에서 수입하여 오던 중 1980년 중장거리용으로 10량을 국내에서 제작한 것을 시작으로 점차 증가하여 1989년말 194량을 확보하였고, 이 후 속도 향상(speed up) 문제가 대두되어 동력차의 축중·주행 성능·승차감·환경소음·열차의 탄력적 운용·기동성 등을 고려한 유선형 푸시 풀 전후 동력차가 새마을 열차의 대부분을 담당하게 되는 등 디젤동차의 시대를 열게 되었다. 또한, 1996년 4월에 도입된 도시통근형 동차는 도시간의 통근 또는 중거리 여행에 적합한 구조로 인기를 끌고 있으며, 추후 고속철도 연계수송용 등으로 기대되고 있다.

6.4 객차(여객차)와 화차

6.4.1 객차(여객차)

(1) 특질과 종류
견인 동력이 없는 차량으로 주행 장치·브레이크 장치·연결 장치·서비스 시설 등으로 구성되어 있다.

일반적으로 객차(coach)·화차(goods waggon)의 분류는 윤축 배열(4륜차, 4륜 보기차, 6륜 보기차), 차체 구조 및 용도별, 소유권별 등으로 분류하며, 여기서 객차의 용도별로 분류하면, 일반 영업용(새마을호 객차, 무궁화호 객차, 통근용 객차, 침대차, 식당차, 객실 부수 화물 및 우편차, 수화물차, 우편차)·업무용(시험차, 비상차)·특수차(특별차, 병원차, 방호차)로 구분할 수 있다.

(2) 구조 전반
(가) 경량화(weight reduction of car)의 채산
차량 중량의 경감은 선로의 부담을 줄이고 주행 성능(running quality)의 향상이나 생에너지를 위하여 바람직하다. 그러나, 차체 구성 재료에 경합금강 등을 사용하는 경우는 경합금이 고가(강의 약 6배)이기 때문에 채산상의 한계가 있다.

차량 중량을 1 t 경감함에 따른 전기운전(electric traction)의 년간절감 전력은 외국의 실적에서 약 8,800 kWh이며, 디젤운전의 경우에도 절감되는 경유비가 앞의 전력 절감비와 거의 같다. 따라서, 앞으로의 에너지 비용의 상승에 맞추어 차량 비용은 경량화 1t당의 절감비 이내의 증가라면 채산 가능하다고 산정된다. 이 채산 결과를 전제로 최근에는 경합금이나 스텐레스강의 채용을 공작법의 개선에 맞추어 추진되고 있다.

(나) 차체 구조(structure of body)
차체가 길게 되면 곡선 통과 시에 편의(偏倚)가 늘어나기 때문에 차량 한계내로 들도록 하기 위하여 차체의 길이와 폭에는 상대적인 관계가 있다.

차체(car body)에 걸리는 하중은 정원을 넘는 만원의 승차가 있을 수 있는 점, 연결 시나 편성 운전에서 전후의 인장력·압축력(예 : 약 100 tf의 정하중)을 받는 점 등이 전제로 된다. 차체의 구조(structure of body)는 건물의 뼈대와 같이 일정한 틀을 이루는 골조가 있으며, 이 골조 부분을 차체의 프레임(frame)이라고 하고, 밑면은 언더 프레임(under frame), 전후의 프레임은 엔드 프레임(end frame), 좌우의 측면은 사이드 프레임(side frame), 상면의 지붕은 루프 프레임(roof frame)이라 하며, 이들을 일체로 하여 이들의 하중을 받는 응력 외피 구조로 하여 경량화의 효과를 올리고 있다.

(다) 실내 구조와 설비

뛰어난 쾌적성을 위하여 구체적으로 여유가 있는 공간의 확보, 승차감이 좋은 좌석, 적당히 조정할 수 있는 공조, 적당한 조명(lightening), 보기 쉬운 전망, 소음 · 진동의 방지, 적당한 음의 방송 설비 등의 개선이 도모되고 있다.

(라) 대차(truck)

최근에는 경량화의 추세에 맞추어 주행 성능이 우수한 2축 대차가 원칙으로 되어 있다. 상하의 충격을 완화하기 위하여 축 스프링과 받침 스프링의 2단식이 원칙이며, 받침 스프링에는 공기 스프링이 보급되고 있다. 대차의 주행 성능으로 바람직한 것은 직선 주행에서의 직진성과 곡선 주행에서의 방향 조종성이며, 양자를 조화시켜 축거 등을 선정한다. 최신의 형식에서는 차체를 지지하는 센터 플레이트(center plate) · 사이드 블록{side block(bearer)} 등을 폐지하고, 공기 스프링으로 차체에 직접 지지하는 볼스터레스 경량 대차(bolsterless truck)가 보급되고 있다(제6.1.2(7)항 참조).

(3) 객차의 진행 현황

1961년 이후 경제개발계획의 일환으로 객차 도입사업이 추진되었다. 이에 따라 IDA (Intenational Development Association), OECF(Overseas Economic Cooperatom Fund), IBRD(International Bank for Reconstruction and Development) 등의 차관을 통해 수송량 증가에 따른 소요 차량을 연차적으로 보충하였다[239].

1963년도에는 1차 IDA 차관으로 경량화된 특급객차(통일호) 115량을 일본으로부터 도입하여 운행하였으며, 1968년과 1969년 사이에는 KFX(Korean Foreign Exchange) 자금으로 최초로 객차에 전기 냉난방이 설비된 관광호(이후에 새마을호로 개명) 객차를 구입하여 운행하였다.

1970년대 초부터 국내에 철도차량제작회사가 생기기 시작하였고, 이에 따라 국내 수요가 늘어난 고급 객차의 국내 개발을 적극적으로 추진하였다.

1974년과 1975년 사이에 제4차 IBRD차관으로 도입한 객차 228량 중에서 발전차 5량과 새마을호 객차 14량은 일본에서 도입하였고 통일호 객차 209량은 당시 한국기계(대우중공업)에서 경량 객차(특급)를 국내 최초로 제작하여 납품하였다. 또한, 1975년도에 국내 자금으로 전기 냉난방이 설비된 관광호 객차 2량을 국내의 한국기계에서 제작하여 납품하는 등 철도용 객차 국산화를 위하여 적극적으로 노력하였다.

1977년에는 특급 객차와 새마을 객차 등의 장점을 보완하여 고유 모델인 우등(무궁화) 객차를 개발하여 첫 운행을 하게 되었고, 발전차도 국내에서 제작하기 시작하였다. 현대차량(현대정공)과 조선공사(한진중공업)는 각각 우등차 2량과 발전차 1량을 제작, 납품하였다. 이 당시부터 국내 철도차량제작회사가 3개사로 늘어났고, 이후 철도 객차는 거의 국내에서 제작되었다.

1983년에 현대정공에서 화차 3량을 세네갈로 수출하면서부터 객화차의 해외 수출을 적극 추진하여 현재는 많은 량을 수출하고 있다. 1982년에 IBRD 차관으로 새마을 특실 객차 10량을 제작하면서 객차 출입문을 자동 개폐식으로 제작하였으며, 발전차 3량을 도입하였다[216].

88서울올림픽을 대비하여 1986년에는 최초로 자동승강 객차출입문의 설치, 객차간 출입문의 자동화, 저장식 오물처리기의 설치 등 승객의 편의성이 도모된 스테인레스강판의 최신형 새마을호 객차를 운행하기 시작하였다[239]. 이후 철도제작회사들은 철도의 고급화와 고속화를 위해 많은 노력을 하였다.

이 당시 새마을호의 특징으로는, 외형구조로 측창을 타원형으로 넓게 하였으며 차체하부를 가릴 수 있도록 스커트를 내렸다는 점을 들 수 있다. 또한, 종래 지붕 위에 있던 에어컨을 양단부 승강대 위 지붕 밑에 매입형으로 설치하여 미관을 좋게 하고 동시에 주행 저항을 감소시켰다는 점, 객실출입문도 자동문으로 한 점 등을 들 수 있다.

실내 구조를 FRP 내장판으로 제작하였으며, 실내 선반도 FRP판으로 덮었다. 또 실내조명을 간접 조명 방식으로 하여 실내 분위기를 은은하게 하였으며, 선반 하부에 개별 독서등을 설치하여 개인마다 소/점등을 자유롭게 할 수 있도록 하였다. 냉방장치도 종전의 집중 그릴 방식에서 중천정 양측 몰딩 부분에서 실내천장에 걸쳐 냉기가 분산되도록 하는 방식으로 바꾸어 실내설비를 고급화하였다. 의자의 경우에 회전식으로 등받이가 자유롭게 움직일 수 있도록 하여 안락감을 한층 향상시켰다. 환경오염을 방지할 수 있는 강제순환 저장식 오물처리기가 설치된 선진국 수준의 환경친화형 차량이 탄생하였다.

철도차량의 고속화와 고급화를 도모함으로써 철도 이미지가 향상되었다.

6.4.2 화차(freight car)

(1) 특질과 종류

다른 교통기관이 적었던 왕년의 철도 화물수송은 시장 점유율이 높고, 많은 종류 · 많은 형식의 화차가 사용되었다. 그 후, 고속도로의 신장과 트럭의 보급 및 탄광의 폐쇄, 임해 공업의 발전, 공장의 분산화 등에 의한 수송 구조의 변혁 때문에 해마다 철도 화물수송이 감소하여 거점간의 직행 수송으로 전환되고 있다. 최근의 화차는 컨테이너와 물자별 전용 화차(material wagon)가 주력으로 되고 있다.

용도에 따라 영업용 화차와 보선용 · 건설용 등의 사업용 화차로 나누며, 구조에 따라 유개 화차 · 무개 화차 · 홉퍼차 · 탱크 화차 및 컨테이너 화차(container wagon) 등이 있다.

유개 화차(box car)에는 범용의 유개차와 냉장차가 있다.

무개 화차(uncovered freight car)에는 범용의 무개차, 컨테이너를 적재하는 컨테이너 화차, 장척의 화물을 운반하는 장물차(flat car) 등이 있다.

홉퍼 화차(hopper wagon)에는 시멘트 · 곡물 등을 운반하는 홉퍼차와 석탄차가 있다. 선로의 도상자갈도 홉퍼차로 운반한다.

탱크 화차는 탱크 용기를 갖추고 액상 화물을 운반하는 탱크차(tank wagon)가 대부분이며, 전용 운용의 사유 화차(private wagon, 표준 사양으로 제작하여 국철에 차적을 편입하여 운용한다)에 속하는 것이 많다.

주행 구조에 의한 분류는 2축차(four-wheeled car), 2축 보기(two-axle bogie) 차, 복식 보기 차 등이 있다.

(2) 구조 전반

(가) 2축 보기(two-axle bogie) 화차

우리 나라는 2축 보기 화차가 주력으로 되어 있다. 2축 화차와 2축 보기 화차를 비교하면 적재 효율(load efficiency, 적재 톤수/자중)에는 거의 차이가 없고, 2축 화차는 주행장치가 간단하므로 차량 비용이 저렴하지만, 최고 속도(maximum speed)가 75 km/h로 억제되며, 열차의 고속화 추세에 불리하다. 따라서, 주행 성능이 우수한 보기 화차를 원칙으로 하고 있다.

(나) 설계의 기본과 경량화 방안

화차 설계의 기본은 차량 한계(car clearance), 축중(axle load)의 한도, 차량 길이당 중량의 한도(이상은 제6.1.2절 참조), 무게 중심의 최고 높이 등을 지키고 있다. 또한, 자중을 가볍게 하여 하중을 늘리는 것이 바람직하고, 프레스 강판이나 고무 완충기 등의 채용에 따라 경량화가 도모되고 있다. 그러나, 차체 구성에 경합금 등을 사용하여 가볍게 하여도 하중 증가의 적은 비율에 차량 비용의 증가가 커서 이러한 재료를 이용한 경량화는 화차에 대하여 채산이 맞지 않는다. 그 때문에 특수한 예를 제외하고 화차는 고장력강을 포함한 강제 구조가 원칙이다.

(다) 주행 장치(running gear)

보기 화차에는 구조가 간단하면서 주행 성능이 우수한 대차를 채용하며, 최근에는 적재 시와 공차 시의 높이 차이를 없게 하여 열차의 속도 향상에 대응할 수 있는 공기 스프링 대차도 채용하고 있다.

(3) 컨테이너(container)

짐의 싣고 부리기를 간이하게하고 역전 하역의 기계화를 위하여 1972년 9월부터 컨테이너 화물수송이 개시되어 급격하게 증가하고 있다. 컨테이너 방식에 대하여 미국 등에 보급되어 있는 트럭이나 트레일러를 그대로 평화차에 싣는 피기 백 방식(piggy back system)은 이용하지 않고 있다.

(4) 화차의 진행 현황

(가) 표준 화차

1960년대에 들어서게 되면서부터, 점차 늘어나는 물동량 수송을 위한 부족 화차의 보충을 위하여 국내 자금 또는 차관 자금으로 인천 공작창에서 차량을 제작하거나 외국제 차량을 도입하는 방안 등이 적극적으로 추진되었다[239]. 이렇게 하여 1963년부터 무연탄 수송을 위한 석탄차, 유개차, 장물차를 제작하였고, 1963년도에는 제1차 IDA 차관으로 일본에서 석탄차 935 량을 도입하였다. 또 1966년부터 추진된 대일청구권자금(OECF)으로 1, 2차에 걸쳐 화차 구입이 이루어져 1,331 량(유개차 578 량, 무개차 753 량)을 도입하였고 1966~1969년에 걸쳐 입고된 화차 건조용 자재 1,100 량 분을 인천공작창에서 조립하여 운행에 충당하였다.

객차용 원자재도 들여와 인천공작창에서 객차의 제작과 보수에 사용하였다.

1970년도부터 추진된 제3차 IBRD/IDA 차관으로 구입되는 화차 2,683 량 중에서 2,330 량을 한국기계, 부곡차량, 조선공사 등의 국내 제작사에서 제작하기 시작하였다. 나머지의 353 량 중에서 200 량은 일본에서 최초로 구입하여 운행한 벌크시멘트차이었고, 153량은 대만에서 구입하여 운행한 석탄차이었다.

이와 같이 외국의 차관으로 구입한 화차는 1987년 벌크차 94량이 마지막이었고, 이후로는 국내 자금으로 국내 차량 제작사에서 전량 제작, 납품하였다.

특히, 1996년에 수립된 철도경영개선 5개년 계획에 따라 1997~2001년까지 5년 동안에 노후 화차 5,455 량을 신조차로 대체하여 철도안전 확보와 수송력 증강에 이바지하였다. 1997년에는 컨테이너형 유개차, 전개형 유개차, 소화물전용 화차, 냉동컨테이너 화차 등을 제작하여 물동량과 물류 종류의 변화에 적극적으로 대처할 수 있게 되었다.

(나) 특수 화차

해방 후까지 도입하였던 화차는 1963년에 원자재를 들여와 인천공작창에서 석탄차 200 량을 새로 제작하였다. 자중 21 ton의 이 화차는 대차가 주강제였으며 C형 평축에 의한 2축 대차 시바타 연결기에 마이너식 완충기를 사용한 40 ton 철제 석탄차였다.

화차의 부품이 국산화되면서부터 철도청은 물론 일반 기업체에서도 철도차량 제작에 착수할 수 있게 되었다. 1965년에 쌍용양회공업(주)은 철도청으로부터 전용화차 운송취급 승인을 받았는데 이에 따라 사기업에서도 전용화차의 보유가 가능하게 되었다. 인천의 한국기계공업(주)와 부산의 조선공사에서 국내 최초로 화차를 제작하여 대한석유공사, 한국전력, 충주비료, 쌍용시멘트, 한일시멘트 등에 납품하여 운용하게 되었다. 1966년도에는 수출이 증대되면서 경부선에 특급 화물열차 '건설호'를, 호남선에 '증산호'를 운행하게 되었다.

1966년부터 1970년 사이에 제작한 차량은 일부 사유차를 제외하고는 인천공작창에서 제작한 40 t 용량의 화차이었는데, 볼스터 스프링을 중판형 스프링에서 코일 스프링으로 개선하였고 120 t 고무완충기를 장착하였다.

1971년부터는 대량수송과 속도향상을 위하여 화차성능을 획기적으로 개선하였다. 용량이 50 t이고 대차 형식은 진동 감쇠장치로 프릭션 블럭이 삽입되고 볼스터 스프링의 변위를 크게 하여 유연성을 부여한 NATIONAL C-1형 대차를 취부하였으며, 완충기도 220 t 고무완충기로 용량을 대폭 강화하여 열차의 장대화나 고속화에 따른 안전성을 부여하였다.

1973년에는 (주)한국기계에서 제작한 무개차 30량을 대만으로 수출하였다.

6.5 차량의 관리

차량의 관리(management of rolling stock)는 신제 계획, 설계, 신제, 운용, 정비 · 보수, 폐차의 일련의 과정이 있지만, 운용, 정비 · 보수에 대하여는 "차량기지 · 차량공장"의 절(제7.3.1항)에서 설명하며, 여기서는 신제(新製) 계획, 설계, 폐차에 대하여 기술한다.

6.5.1 차량의 신제 계획

차량의 신제는 열차의 신설 · 증발 · 증결 등을 위한 차량 설비, 전철화나 수송 개선을 위한 치환, 노후 차량의 폐차 보충 등에 의한다. 설계의 진보, 재료의 혁신에 따라 폐차 보충도 같은 것을 신제하는 것은 아니다.

신제 계획은 어떠한 차량인가의 질과 몇 량인가의 양 등 두 가지 면이 있다. 질적인 것은 철도의 이미지 상승 · 수송 개선 · 합리화 등을 기대할 수 있고, 어느 정도 장기에 걸쳐 계속 양산이 예상되고, 신뢰성이 높으며, 취급하기 쉬운 것이 바람직하다. 양적인 것은 소요 량수나 노후 차량의 도태 계획 등으로부터 결정된다.

철도차량(rolling stock)은 내용 연수가 자동차 등에 비하여 긴 것이 특징이다. 이것은 철도차량이 편성 운전을 하기 때문에 전후의 충격 하중을 피할 수 없고, 여객차량의 경우는 상당한 정원 초과 승차의 하중이 있을 수 있는 점, 철도의 공공적 수송에서 고장 방지의 요청이 특히 높은 점 등의 이유 때문에 강풍에 견디고, 높은 안전성이 요구되는 항공기의 내용 연수가 비교적 긴 것과 같은 설계 기본이기 때문이다.

6.5.2 차량의 설계

이상의 기본 계획에 의거하여 설계에 들어가며, 기관차의 경우에 2,000 매 이상의 도면이 만들어진다. 도면의 작성은 철도 측과 차량 메이커 · 부품 메이커가 충분히 협의하여 진행한다.

신형식 탄생의 소요 기간은 설계 내용에 따라 차이가 있지만, 인버터 전기기관차의 예는 시작 차의 설계 시작(試作)에 약 1년 반, 시험 이용에 약 1년, 수정 설계와 양산화에 약 1년 정도가 필요하며, 구미의 경우는 상당히 긴 년수를 취하고 있다.

6.5.3 차량의 신제

차량은 구조가 복잡하기 때문에 차량 메이커에서 모든 부품까지 제작하는 것이 아니고, 강재나 윤축(wheelset) · 연결기(coupler) · 스프링 등은 철강 메이커, 롤러 베어링 · 전기 부품 · 디젤기관 · 변속기 · 브레이크 부품 · 인테리어 부품 등은 각각의 전문 메이커에서 제작한다. 따라서, 차량 메이커에서의 공장 작업은 조립 · 의장이 주이며, 차량 비용의 50 % 전후는 재료 · 부품 메이커로부터의 구입품으로 되어 있다.

차량의 제작에 요하는 기간은 형식의 내용, 제작 량수의 다소 등에 따라 다르지만, 설계 완료 후, 기관차에 대하여 약 8개월, 전차 · 디젤동차에 대하여 약 6개월, 객화차에 대하여 약 3개월이다.

철도차량은 수주 생산이 원칙인 다종 소량 제작이 많은 점이 특색이다. 필요한 기술은 사용 실적에 기초하는 경험 공학의 요소가 많고, 차량의 개선 · 진보에는 철도 측과 제작 측의 연계 · 협력을 빠뜨릴 수 없다. 따라서, 차량 메이커(특수부품 메이커도 포함)와 철도 측과의 관계는 대단히 깊고 다른 공업과 달리 역사적으로도 표리 일체를 이루어오고 있다. 해외에서도 철도 선진국인 프랑스나 독일에서는 국철과 차량 메이커가 강한 협조 관계를 유지하고 있다.

그 반면에, 최근의 미국에서는 철도회사와 차량 메이커와의 상호 협조가 부족하기 때문에 저명한 차량 메이커가 전차 등의 시장에서 철퇴하여 차량 기술의 정체를 초래하고 있다. 그래서, 나라에 따라서는 차량 기술을 보호 · 유지하기 위한 국가의 시책으로서 차량을 수입할 때에는 최종의 조립 공정을 자국내의 공장에서 하도록 의무를 붙이고 있는 예가 있다.

6.5.4 차량의 내용 명수(service life of rolling stock)

대표적인 것에 물리적 · 경제적 · 진부적인 내용 명수가 있다.

(1) 물리적 명수(physical life)

내용(耐用) 가능의 한계로 하는 명수이다. 많은 부품의 집합체인 차량에서는 비용적으로 주체 부품의 명수에 따르지만, 전기차량이나 디젤차량(diesel rolling stock) 등은 고가인 부품이 많아 결정적인 수로 되는 주체 물품이 없기 때문에 물리적 명수를 취하는 것은 어렵다.

(2) 경제적 명수(economical life)

경년에 따른 보수비의 증가와 상각비의 감소에 대한 합계의 최소를 취하는 연수로 한 것으로 경제적인 갱신 연수(年數)를 결정하는 MAPI 방식(machinery and allied product institute)이 채용된다. 사용 조건이나 보수의 사양에 따라 상당한 폭이 있고, 예를 들어 외국에서는 재래선 차량은 20~30년 정도, 고속선 차량은 15~20년 정도로 하고 있다.

(3) 진부적 명수(commonplace life)

시대의 진전이나 신예 차량의 탄생 등으로 시대에 뒤떨어지고 있는 예에 대한 신형 차량에 의한 치환 효과의 정도 등에 따라 연수의 폭에 상당한 차이가 있다.

따라서, 3 개의 내용 연수는 물리적 · 경제적 · 진부적의 순으로 짧게 된다.

6.6 해외 고속철도차량의 기술동향

6.6.1 기술동향의 개론

신카센의 개발시 초기에는 300 km/h가 열차속도의 한계로 생각되었으나 TGV와 ICE의 시험결과 그 한계는 더 위에 있다고 판명되었고, 최근에는 약 480 km/h 정도가 차량한계로 생각되고 있다. 이와 같은 차량의 고속화에서 일본과 유럽은 사용되는 조건 등이 다르고 환경에 맞게 별도로 기술개발을 추진해온 관계로 철도차량의 구성이 특징을 갖고 개발되어 왔다. 이와 같은 기술동향은 과거에는 차량을 고속화하기 위한 연구가 주류를 이루었으나 1990년대를 정점으로 궤도 및 터널 등과 조화를 이루어 속도향상이 가능하도록 하기 위한 차량의 경량화 연구, 공력해석을 통한 차량형상의 최적화 및 틸팅대차의 개발 등이 주류를 이루고 있다. 또한, 승객의 안락성과 편의성에 대한 요구가 증가함에 따라 차량의 성능뿐만 아니라 인간공학적인 측면과 환경 친화적인 측면의 연구개발이 이루어지고 있다. 고속전철기술의 선진국에서 추진하고 있는 기술개발의 방향은 다음과 같다[239].

① 틸팅시스템 등을 통한 승차감 향상 등으로 승객서비스의 향상

② 공기 역학적 차체 외형설계 등을 통한 환경/실내소음의 감소

③ 핵심 전장/기계부품의 고효율화를 통한 차량의 경량화

④ 고효율의 전력소자 활용 등을 통한 고효율의 추진시스템 개발

⑤ 대차 성능향상 등을 통한 주행안정성과 충돌안전도의 향상

⑥ 소재개발 및 열용량 증대 등을 통한 고성능 제동시스템 개발

6.6.2 차량의 구성

고속열차의 편성은 동력분산식과 동력집중식이 있다(제6.2.2항 참조). 동력분산식은 점착성능이 높아 가속성과 제동성능이 좋아지며, 축중이 가벼워지며, 한 개의 차량이 고장나더라도 그 영향이 전체적으로 적지만 주행저항과 에너지 소모가 크고, 총 중량과 제작비가 증가하며 유비보수의 면에서 불리하고 소음원이 광범위하게 확산되는 단점이 있다. 또한, 열차길이당 좌석수를 증가하고 많은 전동기를 제동시에도 사용할 수가 있어 기계제동으로 인한 소모를 감소시킬 수 있으므로 일본에서 모든 고속선로에 적용하고 있다. 이에 반해, 추진부분이 집중된 동력집중식은 분산식에 비하여 가속도를 크게 얻을 수가 없고 역이 많은 곳에서 기계제동의 마모가 크지만 동력기기의 집중으로 보수작업과 여객차 내의 쾌적성이 유리하므로 지반에 문제가 없는 유럽에서는 근거리열차에서 고속열차까지 광범위하게 채용하고 있다. TGV-PSE, TGV-A, ICE 등에서 채용되고 있다. 그러나, 차량의 고속화가 레일에 미치는 영향 등에 따라 유럽에서도 ICE-T(1998년), ICE3(2000년)와 AGV(프랑스) 등과 같이 동력분산식을 개발하여 운용하고 있다.

6.6.3 차량 메커니즘

(1) 전동기와 제어장치의 동향

고속전철 구동용 전동기는 처음에 동력분산식과 집중식 모두 직류전동기를 사용하였다. 일본의 0 ~ 200계, 400계, 프랑스의 TGV-PSE, 이탈리아의 ETR450이 직류전동기 구동이다. 이 전동기를 제어하기 위해서는 전류회로(轉流回路)를 설치하여야 하며, 정류의 문제점, 전동기의 크기, 특히 전기자의 직경에 대한 고출력의 정류가 어려우며 정류자와 브러시의 빈번한 유지보수, 출력강화 곤란 등의 단점을 가지고 있어 무정류자 전동기에 의해 개발이 진행되었는데, 독일에서는 유도전동기 구동시스템의 개발을 먼저 시작했고 프랑스는 동기전동기를 개발하였다. 이에 따라 유도전동기를 사용하는 시스템을 적용하는 시제차가 유럽에서는 1971년에, 일본에서는 1982년에 등장한 이래, ICE와 이탈리아의 ETR500, 그리고 300계 이후 신칸센에서 유도전동기 구동기술을 사용하기 시작하여 1990년대에는 광범위하게 사용하였으며, 프랑스는 동기전동기 구동기술을 사용하여 전류형 인버터와 결합하여 TGV-A, TGV-R, AVE에 적용하고 있다.

소음, 진동 등의 환경 대책과 고속에서의 안정된 성능 및 소형화와 경량화 그리고 시스템의 대용량화를 위해서는 유도전동기 구동방식이 유리하고 차량의 경량화로 인해 더 작은 크기로 고출력을 낼 수 있는 제품이 계속 연구되고 있으므로 동기전동기를 사용하는 나라에서도 유도전동기를 사용하는 인버터제어가 주류를 이루게 될 것이며 소형 대출력 견인전동기의 개발을 위한 노력이 계속될 것이다. 전동기와 제어장치의

출력이 크다고 무조건 속도가 빨라지는 것은 아니다. 점착한계 내에서 견인력과 제동력을 제어해야 하기 때문이다.

VVVF 제어와 유도전동기 구동기술 및 점착제어기술의 증대에 따라 전동기의 소형화와 대출력화가 진행되어 일본에서는 전동차의 비율을 작게 하는 경향이 나타나고 있다(300계 : 300kW-10M/6T, E1계 : 410kW-6M/6T). 이탈리아에서도 ETR 450에서는 310 kW 직류전동기 2개를 차체에 탑재한 전동차 6량/부수차 1량의 구성이었으나 1996년 등장한 ETR 460에서는 490 kW 유도전동기를 채용하여 6M3T로 변경하여 적용하고 있다. 제어기술이 발달하여 인버터를 구성하는데 있어서도 사용되는 반도체 소자가 받쳐주지 않는다면 어느 정도의 한계에 도달하게 된다. 초기에는 반도체 소자로 싸이리스터를 사용하였으나 점진적으로 스위칭 속도가 빠른 소자를 개발하여 오고 있으며 이는 차량의 점착성제어, 고조파문제 등을 줄이는데 도움을 준다.

독일과 스위스에서는 무정류자 전동기의 개발에 정진하여 1970년대에는 정지형 인버터를 이용한 유도전동기 구동시스템을 시험 제작하여 GTO(Gate Turn Off thyristor) 등 전력용 반도체소자를 개발하고 1980년대에는 대용량 인버터 기관차를 실용화하여 ICE에 GTO를 사용하였고, 최근에는 스위칭 속도가 빨라 소음, 점착력 개선 제어, 고조파 발생량 등에서 유리한 IGBT(Insulated Gate Bipolar Transister)를 대용량으로 개발하여 동력분산식(E4계-일본, ICE3-독일)에서 사용하고 있으며 동력집중식에도 적용이 가능한 대용량 소자도 시험 중에 있다. 국내에서 개발중인 G7 고속전철에서는 동력집중식인 관계로 GTO보다 효율이 좋고 고속스위칭이 가능한 IGCT(Intergrated Gate Commutation Thyristor)를 사용하고 있다. 축당 토크가 크거나 정밀하게 토크제어가 필요한 경우는 1개 인버터 1개 전동기를 사용하나 비용감소를 위하여 (분산식) 1대의 인버터로 2대 이상의 전동기를 제어하고 있으며 X2000에서는 1 인버터 2 전동기를 적용하고 있다.

(2) 집전장치의 동향

차량 고속주행중의 차량진동, 트롤리선의 고저차와 진동을 흡수하여 전차선에 안정적인 집전을 이행하므로 차량의 고속화에서 집전성능이 큰 비중을 차지한다. 따라서, 공기와의 마찰로 인한 소음을 저감하기 위한 개발을 진행하고 있다.

이를 위하여 다양한 집전장치가 개발되어 왔다. 팬터그래프에는 능형(菱形)(ETR450, 460)과 다이아몬드형(능형의 변형으로 0계 사용)이 처음으로 사용되어 고속으로 주행하면서 양력으로 인한 압상력의 변화를 보전하여 일정 압상력을 유지하고, 안정된 집전을 하기 위하여 집전주와 위쪽 프레임 사이에 스프링을 삽입하거나 팬터 헤드의 형상을 고안하는 일을 진행하기도 하였으며, 다이아몬드형의 경우에 소음특성이 좋지 않은 것으로 판명되었다. 가선 높이의 변화와 고속주행시에도 가선에 재빠르게 추종하기 위하여 등가 질량을 작게 한 싱글암형을 프랑스에서 개발하여 ICE, ETR500, X2000에서 채용하고 있다.

또한 추종성을 좋게 하기 위하여 스프링 상 등가 질량을 작게 한 2단식 싱글암형을 개발하여 TGV-PSE(1981년)에 사용하고 있다. 이 외에도 E3계는 저소음형의 싱글암 팬터그래프를 채용하고 있으며, TGV-A는 안정판에 해당하는 기구를 소형화하여 경량화를 이룬 제품을 사용하고 있다. 또한 일본에서는 공기실린더의 내압을 제어하여 압상력을 일정하게 유지하는 T자형 팬터그래프를 개발했는데, 이 장치는 복잡하지만 공력특성이 개선되고 소음이 작아지는 특징을 갖고 있으나 고속에서의 특성이 만족스럽지 않아 500계에서만 채용하고 있으며, 고속에서도 안정적인 집전이 이루어지도록 하는 연구를 진행하고 있다. 이 팬터그래프는 최근까지 수동형 제어방식으로 사용하여 고속으로 주행할 수 있는 가선계가 제한되며, 고속으로 주행할 경우에는 접촉력이 크게 변하여 전차선의 파상마모, 집전판의 마모 등이 있을 수 있다. 이 때문에 능동형 제어장치의 팬터그래프가 필요하다.

이 팬터그래프는 열차주행 중에 팬터그래프와 전차선 사이의 접촉력을 거의 일정하게 유지시켜주므로 마모 발생량이 줄어들고 다양한 가선계에서도 고속주행시 양호한 집전성능을 얻을 수 있다. 외국에서는 이미 90년대에 연구를 시작하여 프랑스는 이미 CX를 개발하여 2층 열차인 PBKA에 활용하고 있으며, 이탈리아는 개발을 하였고, 독일은 250km/h 이상의 고속용 팬터그래프를 적극 개발 추진 중이다. 그런데, 현재 가선과 집전장치의 관련 측정 데이터를 전송하는 전송시스템이 필요한데 가격이 고가인 관계로 개발 단가를 맞추는데 어려움이 있다. 팬터그래프의 수량도 고속주행에 중요하다. 신칸센 0계에서는 2량당 1개의 집전장치를 사용했으나 고속주행시 전방 팬터그래프의 가진으로 트롤리선이 후방 팬터그래프에 영향을 주어 아크의 지속, 트롤리선과 집전주의 접동판 마모, 소음 증가가 발생하였다. 1편성에 2대의 집전장치를 50 m 이상 떨어져서 설치하는 것이 소음저감과 집전성능 확보에 가장 효과적이라는 연구 결과에 따라 TGV는 뒤쪽의 1개만 사용하고 있으며 ICE는 각 기관차가 집전장치를 사용하도록 하고 있다. 일본에서는 팬터그래프의 수를 200계에서는 편성 당 6개 → 3개 → 2개로, 300계에서는 3개 → 2개로 줄였으며, 현재 신칸센에서는 편성에 관계없이 2개만 사용하고 있다. 이 외에도 ETR450은 2대, ETR460은 1대만 사용하며. 프랑스에서는 대전류로 인한 가선의 단선에 대한 우려로 저속에서는 2대를 사용하나 고속에서는 1대만 사용하여 이선을 적게 하는 운용방법을 사용하고 있다.

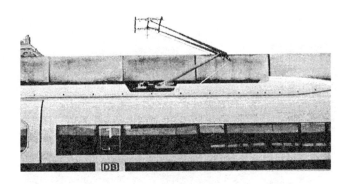

그림 6.6.1 ICE3의 판타그래프(싱글암형)

(3) 대차의 동향

(가) 틸팅의 동향

· 차량이 고속으로 곡선을 주행할 때 차에 탑승하고 있는 승객은 원심력으로 불쾌감을 느끼게 된다. 이를 극복하기 위한 방안으로 고속운전 전용선을 건설하거나 곡선반경을 크게 하도록 선형을 정비하는 데는 막대한 비용이 소요되고 모든 열차에 적용되는 캔트를 만드는 것도 불가능하므로 상당한 수송수요가 예상되지 않는

선구에서는 틸팅 기술을 적용하고 있다.

프랑스의 경우에는 1956년에 강제틸팅 방식의 대차 시험을 성공적으로 하여 1970년 차량에 적용하여 시험하였으나 차량구조가 복잡해지고 보수가 빈번해지는 관계로 개발을 보류했고, 최근에 TGV 틸팅차의 개발을 시작하기로 결정하여 진행중인 프랑스를 제외하고, 스페인, 스웨덴, 일본 등에서는 자연 틸팅을 시도하였다. 그러나, 일본은 자연진자의 속도가 느려 승차감에 문제가 발생하여 유럽에서 1988년 이탈리아의 펜돌리노가 나올 때까지 적용하지 않았고, 스페인은 자연틸팅을 개발하여 사용 중에 있으며, 스웨덴은 1981년에는 자연틸팅이 가능한 TALGO Pendulum을 영업운전했으나 X2000에서는 진동가속도 센서를 사용하고 유압실린더로 경사를 조정하는 방식을 사용하고 있으며 대부분의 틸팅시스템은 강제틸팅 방식을 사용하고 있다.

또한, 초기에는 동력차에도 이 시스템을 적용하고자 하여 이탈리아의 펜돌리노와 ETR450에서는 동력차에 있는 집전장치가 틸팅의 영향을 받으므로 팬터그래프의 위치를 보정하도록 하는 방식을 취하기도 했으나 현재 스페인의 탈고나 스웨덴의 X2000은 객차만 틸팅시스템을 도입하고 있다. 독일(ICT : 전철구간, ICT-VT : 디젤동력차), 이탈리아(ETR450) 및 미국 등지에서도 이 기술을 연구, 개발하고 있다. 또한 유럽에서는 자이로스크프(이탈리아에서 병용)나 가속도센서를 설치하여 가속도의 변화에 따라 곡선진입을 감지하여 유압실린더 등으로 차체를 기울이는 강제진자 방식이 주류를 이루고 있으며 차체의 진동을 혼돈할 수 있으므로 필터를 설치하여 감도조정이 필요한 방법을 적용하고 있다.

유럽에서 신선을 건설하는 경우에 기존선에서 틸팅차를 이용하는 것보다 약 20 배의 비용이 증가한다고 한다. 그래서 틸팅차를 개발하여 기존선에서 고속으로 열차를 운행하고 있다. 한국과 같이 기존선에 곡선이 많고 차량의 고속화가 필요한 나라에서는 틸팅차를 개발하여 운용하는 것이 적은 투자로 큰 효과를 낼 수 있는 좋은 방안이라고 생각된다.

그림 6.6.2 ICT의 대차(틸팅)

(나) 일반대차와 관절대차의 동향

일반대차는 차체와의 결합이 간단하고 하중의 불균형을 제어하기가 용이하고 차량 연결기가 전후의 충동을 흡수하므로 큰 충격을 가할 때 대책을 얻기 쉽고 편성량 수의 증감이 용이하다는 장점으로 사용되고 있지만, 전체 중량 저감에는 불리하고 객실이 대차 위에 있는 관계로 차내 소음면에서는 바닥을 차음구조로 해야 하는 단점이 있다. 관절대차의 경우 2층차를 만들면 면적 증가의 효과가 있다. 객실부분이 대차 위에서 떨어지게 힘으로 차내 환경측면에서는 유리하지만 대차와 차체의 결합이 복잡하고 연결부에 완충기를 설치하는 것이 불가능하므로 충격 흡수구조를 별도로 설치해야 하는 단점이 있으나, 통계상으로 사고시 탈선과 관련하여 인명피해가 적다는 장점이 있으므로 사용자의 필요에 따라 별도 개발, 발전되어 왔다.

고속용 차량에는 일반대차(독일, 일본 등)와 관절대차(프랑스)가 사용되고 있다. 일본에서 STAR 21에서 관절대차와 일반대차를 시험했으나 주행성능과 승차감에서 현저한 차이는 없었다고 한다. 일본에서는 1950년대 3000계에서 우수한 승차감은 물론 가능한 한 고속주행을 목표로 경량화, 저중심화를 주안점으로 설계하여 일본 최초로 관절대차를 적용하기도 했으나 최근의 신칸센에는 일반대차를 주로 적용하고 있다.

(다) 볼스터와 볼스터레스대차의 동향

볼스터가 좌우 움직임과 상하 움직임을 흡수하도록 한 스윙행거식이 독일에서 200 km/h로 주행하는 객차에 활용되었고, 볼스터와 볼스터 스프링의 위치를 변화시키고 볼스터 위에 볼스터 스프링을 배치하여 차체를 직접 지지한 직접 마운트식이 일본의 0계, 100계, 200계 신칸센에서 사용되고 있다. 그러나, 최근에는 차량의 경량화의 일환으로 진행되고 있는 대차의 경량화로 인하여 좌우 사이드 빔을 연결하는 볼스터를 없애고 대차 프레임 위에 볼스터 스프링을 설치하여 대차의 회전방향 변위도 흡수하는 볼스터레스방식을 적용하는 경향이다.

유럽의 경우에 이탈리아에서는 처음부터, 프랑스에서는 1972년 코일 스프링식 볼스터를 개발하여 200 km/h로 운전하는 객차대차에 널리 사용하고 있으며 1978년부터 유럽의 표준 객차용 대차로 채용되어 주류를 이루고 있는데, 처음에는 금속 코일스프링(ICE 기관차, TGV, HST, ETR500)을 이용했으나 승차감 향상을 위하여 공기스프링으로 대체하여 TGV-A 이후로는 전부 공기스프링방식을 사용하고 있다.

일본은 최고속도 300 km/h 정도를 목표로 고속주행 안정성, 곡선주행 성능, 승차감, 진동을 동시에 개선하고 경량화한 대차를 개발하기 위하여 1980년경부터 신칸센 전차용으로 연구개발하기 시작하여 1988년에 공기스프링식을 개발하고, 100계에 적용되는 대차 대비 2,160 kg의 중량을 감소(7,700 kg 달성)하였으며 300계와 400계 이후로 전부 볼스터레스 대차를 적용하고 있다.

(4) 제동의 동향

제동관의 압력을 감소시켜 보조 공기탱크의 공기가 제동실린더로 보내져 제동력을 발휘하는 자동 공기제동방식이 사용되었으나 제동지령의 전달속도가 공기의 압력전파속도에 의존하여 편성이 길어지면 제동효과가 개시되기까지 시간이 길어지는 단점 때문에 전기지령으로 전자밸브를 작동하여 제동관의 급배기를 이행하는 전자자동 공기제동을 개발하여 TGV와 ICE에 사용하고 있다. 초기에는 아날로그 전압을 사용했으나 제동력을 단계적으로 조정하는 것이 가능한 디지털식이 개발되어 일본의 200계와 100계 이후의 신칸센 차량은 모두 전기지령식을 사용하고 있다. 그런데, 전자자동 공기제동은 보조 공기탱크의 공기를 동력원으로 하는 관계로 보조 공기탱크에 공기를 넣는 시간이 필요하고 제동을 반복하여 사용하는 경우에 제약이 있다.

또한, 전기제동과 공기제동을 혼합하는 경우에는 잘 부합하지 않으므로 응답성, 동기성, 제동성이 우수하고 반복제동의 제약이 적은 전자직통 공기제동을 개발하여 사용하고 있다. 기계제동의 기초적인 제동으로 답면제동(TGV 동력차)이 있는데 1950년대부터 각 대차에 제동실린더를 설치하여 이용하여 왔으며, 제동 슈를 차량 답면에 붙여 제동을 하는 방법으로, 큰 제동력이 필요한 경우에는 슈의 온도가 상승하고 답면의 마모도 증가하여 유지보수 측면에서 문제가 발생한다. 이를 해결하기 위하여 차륜과는 별도로 디스크를 설치하여 제동실린더와 레버로 제동라이닝을 눌러 붙여 제동력을 얻는 디스크제동을 개발하여 신칸센 0계에서 사용하고 있다. TGV-PSE, TGV-A에서는 답면제동과 병용하고 있으며, TGV-Duplex에서는 부수대차뿐만 아니라 동력대차도 포함하여 전부 디스크 제동을 사용한다.

현재는 고열에 견딜 수 있는 재료를 개발 중에 있다. 과거 직류전동기의 위상제어시 회생되는 전력의 파형이 정현파가 되지 않고 역률도 나빠져 일반 전력송전망으로 되돌려 보내지 못하였다. 이런 문제 극복과 안정적 제동력을 얻기 위하여 제동에너지를 저항기에서 열로 방산하는 발전제동을 사용하여 신칸센 0계, 100계, 200계, 400계와 TGV-PSE, ETR450, 유로스타에서 사용하였으나 최근에는 잔류 에너지를 전원측으로 돌려주는 회생제동을 개발하여 신칸센의 E1계 이후와 독일의 ICE 그리고 한국의 KTX에서 사용하고 있다. 또한, 속도가 증가함에 따라 350 km/h 이상에서는 기존의 제동만으로는 제동력 확보에 어려움이 발생하므로 대차프레임에 설치된 전자석과 디스크 또는 레일의 전자유도로 제동력이 발생하는 비접촉방식의 와전류 제동을 개발하여 신칸센의 100계, 300계, 500계 부수차에 사용하고 있으며, ICE 1, 2와 일본의 8000계에서는 전자석의 흡착력을 이용하여 대차에 부착된 슈를 레일에 밀어붙이는 전자흡착식 레일제동을 비상제동시에 사용하는 방식도 개발되어 사용하고 있다. 이 외에도 와전류방식의 레일제동을 ICE3에서 사용하며, 전기제동과 기계제동의 브렌딩(blending) 제어를 확대하여 전동차와 부수차의 제동력을 한꺼번에 제어하는 고속영역에서는 전기제동을 풀(full)로 사용하고 저속영역에서 전기제동력이 부족할 때에 부수차의 제동을 동작시키는 공기보충 제동제어를 ICE4와 신칸센 200계에서 사용하고 있다. 전기제동을 우선으로 사용하고 있다.

(5) 차체경량화의 동향

초기에는 스틸차체를 신칸센의 0계, 100계 그리고 TGV-A 등에서 사용하였으나 알루미늄이나 스테인리스를 사용한 차체를 개발하여 사용 중에 있다. 스테인리스는 부식에 강해 판의 두께를 연강에 비해 얇게 하는 것이 가능하나 재료의 특성 때문에 연속용접이 아닌 스폿용접을 하므로 기밀구조가 어려워 1990년에 영업운전을 시작한 X2000의 경우에는 기밀구조를 채용하지 못하고 있다. ICE, ETR 및 신칸센 E2계 이후에는 가볍고 기밀구조가 가능한 알루미늄차체를 사용하고는 있지만, 경량화에는 유리하나 가격이 비싼 단점이 있다.

따라서 TGV-Duplex는 일체로 성형한 대형 알루미늄 압출형제를 사용하여 제작비를 내리고 있다. 일본에서는 1953~1955년에 차량의 경량화를 위한 연구가 중점 연구과제로 선정된 후로 보통강의 쉘구조이던 것을 1965년부터 알루미늄 경합금제 차체의 연구개발을 착수하여 1973년 제작된 381계 전차와 신칸센 시험차에 채용하였고 1985년 10월 출현한 100계는 알루미늄차체로 제작하였다. 그리고 STAR21에는 항공기용 고장력 알루미늄합금제 리벳 결합구조를 사용하였다. 또한, 차체의 프레임에는 내화성, 내부식성, 고강도, 저보수성의 스테인레스강을 사용하고 상부에는 경량성, 기밀성, 저보수성의 알루미늄 합금을 이용한 하이브

리드형 차체를 개발하였으며, 비강도(比強度), 비강성(比剛性)이 우수한 탄소섬유 강화수지를 시험 제작하였지만, 너무 고가인 관계로 실용화는 되지는 않고 있으나 장래의 차체용 소재로 기대되고 있다. 이 외에도 고출력 견인전동기의 개발, GTO(Gate Turn Off thyristor) 인버터의 사용, 볼스터레스 대차의 사용 및 각종 기기의 경량화로 300계의 경우에 최대 축중을 11.3 톤으로 할 수 있었다.

(6) 신호의 동향

200 km/h 이상의 속도로 주행하는 열차의 승무원이 육안으로 확인하고 제동동작을 실행하는 것은 불가능하므로 차내신호시스템과 열차제어시스템을 활용하고 있다.

신칸센이나 TGV 430의 경우는 신호에 따라 신호장치 또는 사람이 제동을 하는 방식을 사용하고 있다. ICE의 LZB의 경우에는 조금 더 복잡하게 지상컴퓨터에 열차의 위치정보가 송신되어 지상으로부터 열차에 전방열차의 위치, 선로구배 및 허용속도가 송신되고 차내에는 목표속도, 정지거리 및 허용속도가 표시되도록 하는 시스템을 사용하고 있다.

일본의 경우에 최근에는 지진이 일어나는 빈도가 잦고 이로 인하여 궤도에 이상을 주는 경우에 고속으로 운행하는 열차가 탈선을 하여 막대한 인명과 재산적인 피해를 보게 되므로 UrEDAS(Urgent Earthquake Detection and Alarm System)라는 시스템을 개발하여 초기의 미진을 감지하여 진원의 위치와 규모를 예측하고 주행중인 열차가 큰 지진이 도달하기 전에 정지하거나 저속운전을 하도록 하는 시스템을 개발하고 있으며, 무선기술과 컴퓨터기술을 구사하여 열차의 본체에 조립된 제어기능으로 앞뒤 차량의 위치, 속도 등을 통신으로 전송받아 자신의 속도를 제어함으로 지상설비를 경감하는 CARAT(Computer And Radio Aided control system)을 개발하였다. 이 시스템은 이동폐색(Moving Block)이 가능하고 열차의 운전간격을 단축시키는 장점이 있다. 1990년대 초반부터 개발된 이 신호체계는 3세대 신호체계라고 할 수 있으며, 일부 국가에서는 도시철도에서 사용 중에 있다.

이 시스템에는 일본의 CARAT, 북미의 ATCS, 유럽의 ETCS(레벨 3)가 있다.

(7) 차량 형상

고속화를 위해서는 차량 전두부 형상이 중요하다. 전두부 형상은 주행 중의 공기저항 감소와 터널통과 시의 미기압파를 줄이기 위하여 유선형을 많이 사용하여 왔으며, 형상을 더 날렵하게 하는 연구를 진행하여 왔다.

그러나, 이 형태로는 개선의 여지가 적으므로 차량의 모양을 돌고래형, 카스프형(오리주둥이), 쐐기형 등으로 하는 연구를 진행하여 왔으며, 후자가 효과가 더 있어 최근의 차량은 이를 근거로 설계를 하고 있다. 또한, 차량 측면의 돌출부를 없애고 차체 단면적을 줄이는 등의 개선 노력이 계속되고 있다. 독일이 가장 앞선 것으로 판단되고 있다.

6.6.4 최근의 개발사례

(1) AGV(Automotrice a Grande Vitesse)

Alstom사와 SNCF가 공동으로 개발하여 2001년 시험을 시작한 차세대 고속전철로써 개발과 조달비용의 절감을 실현하고자 하는 열차이다. 이 열차는 동력분산형시스템과 IGBT(Insulated Gate Bipolar Transister), VVVF 인버터를 사용하여 경량화시켜 축중 17 ton을 유지하고 있으면서도 기존의 분산형 추진시스템을 채용했던 일본의 신칸센, 이탈리아의 펜돌리노, 독일의 ICE3와는 다르게 안전성과 승차감이 우수한 관절대차를 채용하고, 평균속도 350 km/h를 목표로 운전할 계획이다.

차량의 종류는 크게 운전실을 가지고 있는 차량과 중간차량으로 구분되며, 자체 냉각장치(팬)를 전동기에 직접 부착하고, 진동이 차체에 직접 전달되지 못하도록 방진 블록 등을 설치하여 차체에 직접 설치된 전동기가 있는 2대의 동력대차와 1대의 부수대차를 가지는 차량 3량을 기본편성으로 한다. 편성 끝단의 차량들은 변압기와 같은 중량물을 취부하게 되며 차량의 안정성과 고속주행성을 향상시키기 위해 중량물의 무게중심을 낮게 위치시켰다. 이렇게 하여 AGV 1편성은 동력집중식인 TGV-R 1편성과 비교할 때 승객 수송량은 411명 대 377명으로 AGV가 더 많은 반면에 주행소음과 좌석당 소요비용은 AGV가 더 적은 것으로 나타났다.

또한, 제동성능은 350 km/h의 고속영역에서의 효과적인 제동을 위하여 개발되었던 와전류 제동장치를 선두와 후부에 위치하는 2대의 동력대차에 장착할 예정으로 비상제동시에 200 km/h까지 대차당 20 kN의 제동력을 발생시킬 수 있고 상용제동시에는 10 kN으로 동작한다. 3분 시격일 때에 레일의 온도상승과 수직방향으로 작용하는 자력으로 인한 흡인력 모두 수용이 가능한 수준으로 1998년에 개발하였다. 승객의 승차감 향상을 목적으로 전기적으로 작동되는 현가장치를 장착하여 기존의 TGV가 300 km/h로 주행 때와 동일한 승차감을 유지할 수 있도록 승차감 향상을 도모하였다. 차량의 경량화를 위하여 TGV Duplex에 사용하였던 알루미늄 차체구조를 적용하였으며 강재 차량에 비해 2 ton의 경량화를 이루었다. Prototype 2대를 제작 시험 중에 있다.

그림 6.6.3 AGV 열차

(2) HSE(High Speed Train Europe)

DB와 프랑스의 SNCF가 주축이 되어 관절형 대차, 2층객차 등 현재 고속화를 위하여 개발된 많은 기술들을 전반적으로 검토하여 이를 실용화하는 열차의 개발과 관련된 검토가 이루어지고 있다고 한다.

(3) 기타 경향

이 외에도 대량운송이 가능한 다양한 시스템을 개발하고 있다. 시설비의 저렴화와 고효율이면서 환경친화적이고 안정성 등을 만족하는 지면을 낮게 나는 날개에 작용하는 위그 효과를 이용하여 동체를 부상시키고 전기선로에서 공급받는 전기로 작동하는 공기부상 운행체(일본에서는 공기부상열차)가 연구되고 있고, 일본(초전도), 독일(상전도) 및 중국 등에서는 자기부상열차 개발이 추진되고 있다.

(4) 결론

일본과 프랑스는 서로 다른 철도를 건설해왔다. 서로 다른 특징을 갖고 있으며 어느 면에서는 서로 뒤지지 않는 기술을 갖고 있다. 그러나, 최근에는 승객의 안전과 편의성을 증대하는 가운데 많은 인원을 운송할 수 있도록 하기 위하여 특정한 기술에 집착하여 계속 발전시키려는 것보다는 다른 시스템일지라도 검토하고 적용하려는 형태를 보이고 있다.

6.7 틸팅 열차

6.7.1 틸팅 기술의 필요성

현재 철도 선로의 대부분은 1 세기 이전에 건설되었으며, 그 당시의 기술과 수송 요건이 권고한 속도는 오늘날의 표준에 하여 낮은 것으로 간주된다. 결과로서, 많은 철도 선로의 궤도 설계는 특히 산악 지역에서 작은 반경을 가진 곡선으로 특징을 이룬다.

"틸팅 열차"는 기존 선로에서 운행할 수 있으며 곡선을 통과할 때 열차의 차체를 기울어지게 하는, 따라서 차체에 추가의 캔트를 주는 기계 장치를 이용하여 (기존 열차에 비교하여) 더 높은 속도에 도달할 수 있으므로 이 점에 관하여 낮은 비용의 해법을 제공할 수 있다. 틸팅 열차의 기술은 적절한 상황 하에서 고비용의 선형 개량에 적합한 대안을 제공한다.

그럼에도 불구하고, 틸팅 열차의 해법은 각각의 경우에 항상 신중히 검토하여야 하며, 다음의 여부에 대하여 검토하여야 한다.

①여행 시간의 감소가 충분하다(비행기, 자가용차 및 버스와 같은 다른 수송 수단이 제공할 수 있는 것을 고려하여).

②궤도, 신호 및 동력 공급 시스템에 대한 어떠한 개량이 무엇이든 필요로 할 것이다.

③투자에 대한 수익이 충분할 것이다.

④운전의 비용이 다른 수송 방법과 비교하여 경쟁적일 것이다.

6.7.2 틸팅 기술

이탈리아(ETR 열차), 스페인(Talgo) 및 영국(실험적 APT 열차)은 1970년대에 틸팅 열차 기술을 개발하시작하였다. 1980년대 동안에는 일본도 틸팅 기술의 시험을 시작한 반면에, 틸팅 열차의 상업 운전은 이탈리아, 스페인 및 캐나다에서 개시하였다. 1990년대에는 스웨덴 틸팅 열차 X2000이 상업 운전을 시작하였다. 1992년에는 독일에서 VT 610으로 틸팅 열차가 영업 서비스에 들어갔으며, 핀란드(1995)가 뒤따르고, 이어서 독일(1996)과 스위스랜드(1996)의 신선에서 상업 운전에 들어갔다.

1996년에는 (부수적으로 신선의 건설을 필요로 하는) TGV의 선구자인 프랑스 국영 철도(SNCF)가 기존선로에 대한 틸팅 열차의 연구를 시작하였고 기존의 TGV 열차를 실험적 틸팅 TGV로 전환하고 있다. 1997년에는 미국의 Boston~Washington 회랑 선에 대한 틸팅 기술의 적용이 검토되었다. 1999년에는 독일에서 (ICE 열차를 변형한 ICT 열차로) 고속 틸팅열차의 적용을 또한 검토하고 있다.

틸팅 열차는 곡선에서 축거와 관련하여 차체를 기울어지게 하여 캔트 부족을 줄이게 한다(그리고, 흔히 충분히 성과를 거두었다) **(그림 6.7.1)**. 차량의 틸팅 기술에는 두 가지 다른 기술이 있다.

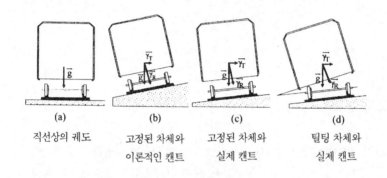

(a) 직선상의 궤도 (b) 고정된 차체와 이론적인 캔트 (c) 고정된 차체와 실제 캔트 (d) 틸팅 차체와 실제 캔트

그림 6.7.1 틸팅 열차가 마련한 추가의 캔트

1) 수동(受動)적인 방법 : 차량의 회전 점이 차량 질량의 중심보다 위에 남아있도록 곡선을 통과할 때 수동적인 방법으로 차량의 현가 상태가 증가한다. 스페인의 Talgo에 적용된 이 방법은 차체와 차축 사이에서 $3°~5°$의 틸팅 각을 허용한다.

2) 주동(主動)적인 방법 : $8°$에 이르기까지 더 큰 틸팅 각을 달성하며, 그것은 비-보정 원심 가속도의 함수로서 설정한다. 열차가 완화곡선에 들어갈 때는 보기에서 발달된 횡 가속도를 가속도계로 탐지한다. 차체축을 도는 차체 회전의 시작에 대한 지시는 열차의 전방에 위치한 전자 장치가 전달한다. 이 기술은 예를 들어 이탈리아 Pendolino와 ETR, 스웨덴 X2000 및 독일 VT610에 적용하고 있다.

주행하여야 하는 곡선을 탐지하는 방법은 두 가지가 개발되어 왔다.

1) 차상의 곡선 탐지 / 데이터 전달 시스템 : 보기에 설치한 가속도계는 보기의 횡 가속도를 탐지한다. 열차의 전방에 위치한 자이로스코프라 부르는 곡선 탐지 시스템은 열차가 완화곡선에 들어가는 때를 탐지한다. 그 후에 전자적으로 신호를 전송하고 이에 따라 (탐지된 가속도와 관련하여) 차체의 틸팅을 시작한다. 이 기술은 유럽의 틸팅 시스템에서 사용하고 있다.

2) 전자석 곡선 탐지 시스템 : 차체의 틸팅이 정확한 시간에 시작되도록 궤도 내의 장치가 궤도 선형의 특성에 관련된 데이터를 열차의 차상 컴퓨터로 전송한다. 일본에서 적용하기 이전에 영국의 APT 열차에도 적

용한 이 기술은 상기의 것보다 더 유효한 것으로 고려할 수 있지만 궤도 내의 탐지 장치를 필요로 하는 단점을 가지고 있다.

6.7.3 틸팅 열차의 기술과 작동 특징

틸팅 열차의 주요한 기술적 특징은 다음과 같다.

(1) 틸팅의 각도
수동(受動) 틸팅 시스템(Talgo)의 특징을 나타내는 열차는 $3° \sim 5°$의 틸팅 각을 달성하는 반면에 주동(主動) 틸팅 시스템의 특징을 나타내는 열차는 $8°$에 이르기까지의 틸팅 각을 달성한다. 따라서, 곡선에서 차체의 추가 캔트는 $150 \sim 200$ mm의 범위를 가진다.

(2) 최대 속도
모든 전기 틸팅 열차는 속도에 관하여 높은 성능을 갖고 있으며 200에서 250 km/h까지의 범위이다. 디젤 틸팅 열차는 160 km/h의 최대 속도가 특징이며 주로 교외 서비스에 사용된다.

(3) 속도 V_{max}와 반경 R의 관계
속도 V_{max}와 반경 R의 관계는 캔트와 캔트 부족의 값에 좌우된다. "재래" 차량에 대한 V_{max}(km/h)와 R(m)의 관계는 일반적으로 다음과 같다.

$$V_{convent.\ train}^{max}\ (km/m)\ \cong 5.0 \cdot \sqrt{R\ (m)}$$

틸팅 차량에 대한 이 관계는 다음과 같다.

$$V_{tilting\ train}^{max}\ (km/m)\ \cong 6.0 \cdot \sqrt{R\ (m)}$$

즉, 틸팅 열차를 이용하면 재래 열차에 비교하여 곡선에서 약 20 %의 속도 증가를 달성한다.

(4) 추가의 캔트
상기에 관찰된 속도의 증가는 틸팅 시스템으로 도입된 추가 캔트의 결과로서 생기며, 추가의 캔트는 $150 \sim 200$ mm에서 범위를 정한다.

(5) 틸팅의 기계 장치
틸팅의 기계 장치는 공기, 유압 및 전기 등 세 가지 다른 종류가 개발되어 왔다. 레일에 가해지는 힘을 줄이기 위해서는 자체-조타 레이디얼 보기의 기술을 적용한다.

(6) 축중

모든 틸팅 열차는 재래의 여객 열차와 비교하여 더 낮은 축중을 가지며 13~15 t 사이의 범위를 갖는다.

(7) 궤간과 차량의 기하 구조적 특성

틸팅 열차는 여러 궤간(1.435 m, 1.168 m, 1.524 m, 1.000 m)에 대해 높은 적용성과 차량의 기하 구조적 요건의 특징을 갖는다.

(8) 신호

틸팅 기술의 사용은 일반적으로 (재래 열차와 비교하여) 속도의 증가를 수반한다. 이것은 제동 거리의 증가로 귀착되며 따라서 신호의 필연적인 변화를 필요로 한다.

(9) 동력의 공급

동력 공급 시스템도 철도 회사와 관련 국가의 특정한 요구 조건에 좌우되는 범위에서 약간의 개조를 필요로 한다.

(10) 차량 한계

틸팅 기술의 차량은 차량 한계가 곡선에서의 추가 캔트를 참작하기에 충분한 방식으로 설계된다. 따라서, 틸팅 열차가 터널에서 주행할 때 문제가 발생하지 않는다.

(11) 궤도의 특성과 틀림

틸팅 열차의 운행을 위해서는 궤도의 높은 품질(UIC 60 레일, 콘크리트 침목, 35 cm의 최소 두께를 가진 도상)을 필요로 한다. 최대 속도가 160 km/h를 넘지 않는 경우에는 목침목 궤도가 적당하다.

궤도 틀림과 궤도 보수의 빈도는 재래 열차가 운행되는 궤도와 (거의) 유사하다.

6.7.4 틸팅 열차에 의한 여행 시간의 감소

표 6.7.1는 틸팅 열차의 여행 시간 성능을 재래 열차와 비교하여 나타낸다. 틸팅 열차는 재래 열차와 비교하여 12 % ~ 33 %간의 여행 시간 감소를 달성한다. 틸팅 열차는 동력 비율이 증가한 결과로서 (직선 궤도에서) 더 높은 속도를 달성한다.

그러나, 틸팅 열차의 적용이 속도의 증가를 수반하지 않을 때는 (곡선에서 더 높은 속도의 결과로서만) 여행 시간의 감소가 15 %의 평균값과 함께 12에서 20 %까지의 범위를 가진다. 이것은 직선 궤도에 대한 속도의 증가가 재래의 고속 열차로도 달성될 수 있으므로 "틸팅의 직접 효과"로 간주할 수 있다.

표 6.7.1 재래 열차와 비교하여 틸팅 열차로 달성한 여행 시간의 감소

틸팅 열차의 유형	도시 A	도시 B	거리 (m)	재래 열차		틸팅 열차		틸팅 열차에 의한 여행시간의 감소%
				V_{max}/V_{min}	여행 시간 (h. min)	V_{max}/V_{min}	여행 시간 (h. min)	
VT 611	Baarbrucken	Frankfurt	211	140 / 74.9	2.57	160 / 88.4	2.30	15.25
X2000	Stockholm	Gothenbrug	253	160 / 95.4	4.45	200 / 143.1	3.10	33.33
X2000	Stockholm	Malmoe	616	160 / 99.9	6.10	200 / 142.2	4.20	29.73
ETR 460	Milan	Rome	605	200 / 121.0	5.00	250 / 144.0	4.12	16.00
ETR 460	Milan	Como	46	150 / 72.6	0.38	150 / 92.0	0.30	21.05
ETR 460	Rome	Bari	503	180 / 93.7	5.22	180 / 117.4	4.17	20.19
S 220	Helsinki	Truku	200	160 / 100.0	2.00	200 / 123.7	1.28	19.17
S 220	Helsinki	Seinajeki	346	160 / 109.3	3.10	220 / 140.3	2.10	22.11
VT 610	Nurnberg	Bayretth	93	130 / 77.5	1.12	160 / 97.9	0.57	20.83
VT 610	Nurnberg	Hof	167	130 / 80.2	2.05	160 / 99.2	1.41	19.20
Talgo	Madrid	Burgos	282	140 / 95.1	2.58	140 / 107.8	2.37	11.80

6.7.5 경제적 데이터와 평가

프랑스 국영 철도(SNCF)가 1998년에 다룬 연구에 따르면, 틸팅 열차로 달성한 1 분의 여행 시간 감소는 비-틸팅 TGV 열차에 대한 35~40백만 유로화의 비용과 비교하여 160 km/h에 이르기까지의 속도에서 1.5 ~4.5백만 유로화, 160 km/h 이상의 속도에서 9~18백만 유로화의 비용이 든다.

제7장 정거장 및 차량기지 · 차량공장

7.1 정거장의 종류와 배선

7.1.1 정거장의 목적

정거장(railway station, depot)은 철도를 운영하기 위하여 중요한 시설로서 여객 · 화물 수송의 거점이다. 정거장의 정의로서 "열차를 정거시켜 여객의 승하차, 화물의 신고 내리기 등 철도의 영업상 필요한 취급과 열차의 교행(cross), 열차의 추월, 열차의 해결(uncoupling and coupling), 차량의 입환(shunting) 등의 운전상 필요한 취급을 하는 곳"으로 하고 있다. 광의에는 차량의 검사(car inspection) · 정비나 정류하는 차량기지(depot)도 포함되지만, 여기서는 앞의 정의만을 대상으로 하며, 차량기지는 이 장의 후반부에서 기술한다.

정거장은 그 업무에 따라 역, 조차장, 신호장의 3 종류로 대별된다. 즉, 열차를 발착시키고 정거하여 여객 · 화물을 취급하는 철도 영업을 위한 역(station), 여객 · 화물은 취급하지 않고 열차를 정거하여 열차의 교행(cross)이나 추월을 하는 신호장(signal station), 열차의 조성 · 분해 또는 차량의 입환을 하는 조차장(shunting yard)으로 대별되며, 목적 · 선로상의 위치에 따라 세분된다. 신호장은 단선 구간에 대하여 역간 거리가 길어 선로 용량이 부족한 구간의 열차 운행상 필요한 위치에 설치된다. 신호장과 혼동하기 쉬운 신호소(signal box)가 있지만 이것은 정거장이 아니고 수동 또는 반자동의 신호기를 다루는 장소로 정의되어 있다.

외국의 사철이나 지하철(subway)에서는 구내에 분기기(turnout)가 있는 역을 정거장, 분기기가 없는 역을 정류장(car stop), 신호만을 취급하는 장소를 신호소라 하는 예도 있다.

정거장의 주된 설비는 여객 · 화물을 취급하는 설비, 열차 · 차량을 운전하기 위한 설비, 종업원을 위한 설비 등으로 이루어져 있다. 정거장 바깥에서의 본선은 열차가 운행되는 선로를 말하지만 정거장 내의 본선은 착발, 도착, 출발, 대피, 통과에 이용되는 선로를 말한다.

철도 건설 규칙 제25조에서는 "정거장 및 신호소에는 그 종별 및 기능에 따라 필요한 설비를 하여야 한다"고 규정하고 있으며, 제26조에서 "건설교통부장관은 대규모 택지 등으로 인하여 철도 수요의 증가 등 철도 운영상 필요한 경우에는 제25조의 규정에 의하지 않는 '간이역'을 설치할 수 있다"고 규정하고 있다. 또한, 제33조에서는 "정거장 또는 신호소 외에서 선로를 분기하거나 평면 교차를 시켜서는 아니되며, 다만 안전설비를 한 경우에는 그러하지 아니하다"고 규정하고 있다.

7.1.2 정거장의 종류

(1) 목적에 따른 분류

(가) 보통 역(ordinary station)

여객이나 화물을 취급하며, 열차의 조성 · 분해 등을 행한다. 왕년에는 이러한 역이 많았지만, 취급의 증가나 화물수송의 거점화 등에 따라 최근에는 여객 역 · 화물 역으로 전문역화되는 예가 늘고 있다.

(나) 여객 역(passenger station)

여객을 전문으로 취급한다. 대도시 근교 노선 등 전차만의 역과 장거리 열차가 발착하는 역에 대하여는 성격이 다르고 설비도 다르다.

(다) 화물 역(good station, freight station)

화물을 전문으로 취급한다.

(라) 화차 조차장(shunting yard)

예전에 시발역(starting station)과 도착역(destination station)이 가지각색의 화차(freight car)를 모아 방향별 · 행선지별로 화차를 조성 · 분해하기 위하여 화물 조차장(yard)이 배치되었다. 그러나, 이 방식의 수송에서는 조차장에서 대기하여 시발역에서 도착역까지의 소요 시간이 길고, 또한 도착 시각이 불명확하여 기동성이 높은 트럭 수송에 대항할 수 없게 되었다. 그 때문에 거점간의 직행수송 방식으로 전환하는 예가 있다.

조차장은 구조상으로 평면조차장과 험프(hump) 조차장으로 나누며, 험프(hump) 조차장은 취급(조성, 입환)할 화차수가 많을 경우에 조차장 구내의 적당한 위치에 둑을 쌓아 선로에 기울기를 두어 입환기관차로 화차를 압상시킨 후에 화차연결기를 풀어 화차의 중력으로 자주시켜 하방에 부설되어 있는 분리선으로 전주(轉走)시키는 조차장을 험프 조차장이라고 한다.

객차 열차의 조성 등을 하는 객차 조차장은 전차 · 디젤동차의 증가에 따라 최근에는 차량기지(depot)로서 다루고 있다.

(2) 선구상의 위치에 따른 분류

(가) 종단 정거장(terminal station) : 선구(railway division)의 종단에 있는 것

(나) 중간 정거장(intermediate station) : 선구의 중간에 있는 것

(다) 연락 정거장(junction station, connecting station) : 한 선구의 중간 정거장에서 다른 선구가 시작되는 것.

(라) 분기 정거장(branch-off station) : 한 선구에서 다른 선구가 갈라지는 곳에 있는 것.

(마) 교차 정거장(interchange (or cross) station) : 두 선구가 교차하는 곳이며, 평면 교차와 입체 교차(vertical crossing)가 있다.

(바) 접촉 정거장(touch station, contact station) : 두 선구가 접촉하는 곳에 있는 것.

(3) 열차의 운행에 의한 분류

(가) 두단식 정거장(stub station railhead) : 선구의 종단에 있는 것.

(나) 관통식 정거장(through-type station) : 선구가 정거장을 관통한 것.

(다) 스위치백 정거장(switch-back station) : 급구배의 도중에 정거장을 설치하는 경우에 열차를 착발하기 쉽도록 하기 위하여 수평의 반환식 선로를 설치한 것.

(라) 반환식(반복식) 정거장(reverse station) : 시가지 등 때문에 반환의 배선으로 된 것.

7.1.3 정거장 계획 및 정거장의 위치 선정

(1) 도시계획 용도지역과의 관계

철도 연선이라 하는 환경 조건(진동, 소음, 일조 등)을 고려하면, 선로용지 내 및 연선(wayside)은 주거 전용 지역 이외의 철도 연선의 개발 목적에 합치한 용도지역의 지정을 받고, 또한 환경 보전(environmental preservation)의 관점에서는 공공 시설(공원, 도로, 주차장 등)을 유기적이고 적정하게 배치, 정비하는 것이 요망된다. 용도 지역이 다를 경우에 철도용지(right of way) 경계선과 용도지역 구분 경계선은 동일하게 한다.

특히, 여객 역은 일반적으로 사람과 자동차의 출입이 활발하여 필연적으로 상점, 식당 등이 집중하는 지역으로 되므로 역 주변 및 그 예정지는 근린 상업지역 또는 상업지역과 같은 상업계의 용도지역으로 지정을 받는다.

화물 역, 조차장, 차량 기지, 차량수선 시설 및 이들의 예정지는 시설의 특수성에서 고려하여 준공업 지역 또는 공업 지역(industrial district)과 같은 공업계 용도지역으로서 지정되는 것이 바람직하다. 이들은 상당한 용지 규모를 가지므로 주변이 다른 용도지역이어도 독립한 공업계 용도지역으로서 지정되어도 지장이 없다.

(2) 정거장 계획

(가) 시설계획

① 정거장 계획은 기본계획, 기본 설계에서 검토한 열차운영계획과 정거장 계획을 기준하여 시설을 계획한다[221].

② 정거장 시설계획은 철도건설규칙 제3장(정거장 및 기지)에서 정하는 기준에 따라 계획한다.

③ 정거장 시설계획은 열차운전 취급시설, 선로배선시설, 여객설비, 화물설비, 차량기지, 역사건물 등의 시설을 계획한다. 다만, 열차운전 취급시설과 역사건물시설, 전기와 신호 및 통신시설 등에 관련된 부대시설은 해당전문분야 기준에 따라 계획한다.

(나) 역세권개발에 따른 정거장 계획

① 신도시 개발계획에 따라 신도시내 정거장을 신설하거나 도시계획 구역내 기존철도의 정거장을 철도 이용객의 편의제공과 서비스의 질 향상, 그리고 철도수입증대를 위해 정거장을 중심으로 역세권 개발을 계획할 수 있다.

② 역세권을 개발하는 정거장은 지하, 지상, 고가 등 입체적인 공간을 활용하여 지하철, 버스, 승용차 등

타교통과 쉽고 편리하게 환승할 수 있는 교통종합터미널 시설을 계획한다.

③역세권을 개발하는 정거장은 정거장 입지조건에 적합한 역세권을 효율적으로 개발하기 위해 관련전문가들이 연구한 역세권 개발 구상 자료를 토대로 계획한다.

④역세권을 개발하는 정거장은 지방자치단체와 관계 행정기관과 협의하여 역세권개발 구상자료를 토대로 가능한 고밀도 상가지역으로 도시계획에 반영해야 한다.

⑤역세권을 개발하는 정거장은 역세권개발 구상자료를 토대로 정거장을 종합 계획한다.

(3) 정거장 위치의 선정

정거장의 위치는 그 철도의 수송 수요와 운전 계획과 밀접한 관계가 있으며, 이용자의 편리, 노선의 루트, 선형(alignment) 등의 선정과 종합하여 결정한다. 또한, 동시에 철도가 통과하는 도시의 발전에도 큰 영향을 주므로 충분한 검토를 요하지만, 정거장 위치의 선정에서 고려되는 점은 대체로 다음과 같으며, 이와 같은 요건을 될 수 있는 한 만족시키는 장소를 선정한다.

①여객·화물의 집산 중심에 가깝고, 도로 및 기타의 교통기관과의 연락이 편리한 위치.

②정거장에 필요한 설비를 건설할 수 있고, 구내가 되도록 수평이고 직선(straight)으로 되는 지점.

③정거장 전후의 본선로에 급구배, 급곡선이 삽입되지 않는 장소. 정거장 전후의 구배는 도착 열차에 대하여는 상구배, 출발 열차에 대하여는 하구배로 되는 지형이 좋으며, 또한 배수(drainage)가 양호한 지점.

④건설 시에 큰 토공의 필요가 적은 지점.

⑤장래 확장의 여지가 있는 지점.

⑥후술하는 차량기지는 종단 역 또는 분기 역에 가깝고 열차의 출입고 시에 본선 지장이 되도록 적은 곳에 설치한다.

⑦화물 조차장은 광역적인 철도망의 주요 결절 점으로 그 기능에 맞추어 위치를 정한다.

⑧여객 열차와 화물 열차는 그 성격이 다르기 때문에 대도시에서는 여객 역과 화물 역을 분리하여 여객의 접근과 화물에 대한 접근을 고려하여 설정한다.

⑨화물 역은 도시와 주변 지역의 유통 거점이므로 트럭 수송과의 연계가 충분하도록 간선 도로에 접하여 설치한다.

⑩인접 정거장과의 간격이 적정한 장소. 간격이 짧으면 운전 시간(running time)의 연장, 선로 용량의 압박, 운전 경비의 증가가 생긴다. 정거장 간격의 일례는 다음과같다.

· 고속 선로 역 간격　　　: 20~30 km(선로의 속도에 따라 차이가 있다)

· 일반 간선 선로 역 간격 : 4~8 km

· 일반 지선 선로 역 간격 : 2~3 km

· 대도시내 전차 역 간격　: 1 km 전후

이상은 이상적인 조건이며, 현실은 용지 매수 취득의 곤란 등으로 절충한 것으로 밖에 할 수 없는 예가 많다.

차량기지(depot)는 장거리 열차의 경우에 터미널 역에 되도록 가까운 곳에 설치하여 열차의 입출고를 위한 회송 거리를 작게 한다. 또한 통근 수송에 대하여는 아침의 러시 아워에 여객이 발생하는 근교 지구에 차량 기지를 설치하는 것이 원칙이지만, 최근에는 용지 취득이 곤란한 경우가 많기 때문에 외국에서 기지의 확장은 차츰 원격지로 이동하는 경향이 있다.

(4) 정거장 입지계획

(가) 지상정거장

① 지축 폭은 최외방 궤도중심에서 4.0 m로 하고 그 외 부대시설이 설치되는 구간은 규모에 따라 별도로 필요한 폭을 확보한다[221].

② 종단기울기는 제7.1.5(2)(나)항에 의한다.

③ 횡단기울기는 양측 배수중심에서 양측 배수로 쪽으로 3 ‰이하로 한다.

④ 용지 경계는 돋기 또는 깎기 비탈 끝에서 5.0 m 이상으로 한다. 다만, 평지일 경우는 소음, 진동 등 환경영향을 고려한 폭을 확보한다.

⑤ 배수시설은 부지 내의 강우강도를 조사한 후에 유출양 등을 산출하여 현장조건에 적합한 표면 수로, 집수통, 횡단배수로, 개천내기 등을 계획한다.

⑥ 울타리는 주위 여건에 따라 정거장부지 지축 끝에 방음벽 또는 블록울타리, 생울타리 등을 설치한다.

⑦ 접근도로, 광장, 지하통로 및 구름다리, 주차장 등을 계획한다.

(나) 고가정거장

① 고가정거장 구조물의 기둥간격과 중간 높이는 역사시설과 이에 따른 부대시설을 고려하여 계획한다.

② 종단기울기와 횡단기울기의 지축 폭(교량 폭)은 지상정거장에 준한다.

③ 용지경계는 교량상부 양끝에서 3 m 내외로 한다.

④ 고가교 방호벽 위에는 필요에 따라 방음벽 또는 난간을 설치한다.

⑤ 구조설계는 한국철도시설공단 철도설계기준(철도교편과 노반편)의 해당 기준에 따른다.

⑥ 표면배수는 슬래브에 배수구를 두어 교각쪽으로 집수하고 교각에 우수 유출관을 설치하여 측구로 유도한다.

⑦ 고가정거장 구조물의 공간 활용을 계획할 경우는 이에 따른 부대시설 계획을 한다.

⑧ 고가정거장 구조물의 공간 활용을 계획할 경우는 소음, 진동 감소를 고려한 환경친화적인 구조로 계획한다.

(다) 지하정거장

① 지하정거장의 지하 깊이와 폭은 환경영향 평가한 자료를 토대로 계획하고 접근성과 이용객의 편의성, 재해대책 등을 고려하여 계획한다.

② 종단기울기와 횡단기울기는 지상정거장에 따른다.

③ 용지폭은 측벽 외측과 같게 한다. 다만, 지상에 지장물이 있을 경우는 민원 등 환경친화를 고려하여 별도로 정할 수 있다.

④ 지하구조물 설계는 한국철도시설공단 철도설계기준(노반편)의 제4편(지하구조물 기준)과 부록을 참조한다.

⑤ 지하정거장에는 오수, 누수를 분리하여 배수처리를 하되 가능한 한 자연배수가 되도록 하고 오수(청

소수, 생활하수 등) 처리관을 매설하거나 배수 뚜껑을 설치하여 별도 집수 처리토록 한다.

(5) 도시와의 접점으로서의 역할

도시 측으로부터의 철도는 지역의 교통을 처리하는 교통기관이며, 역은 도시, 읍면의 현관으로서 다른 도시와의 접점으로 되어 있고, 또한 인접 시읍면 및 시내 교통 기관과의 중계 점으로 되어 있다. 즉, 역은 역전 광장(station front)을 통하여 다른 교통 기관(means of transport)이나 도시와 연결되는 교통의 결절 점의 위치에 있다. 따라서, 역의 기능이나 역할에 대하여는 도시 혹은 지역과의 관계를 무시하고서는 있어야 할 모습을 논할 수 없다.

또한, 철도 측으로서도 역을 단순한 여객·화물을 다루는 장소라고만 보아서는 아니 되고, 여객·화물 취급의 면에서 여유 있는 거점으로 탈피하여 사회 정세나 지역의 변화 혹은 이용자 요구의 다양화에 대응할 수 있는 역으로 변혁하는 것이 중요하다. 그 진행하여야 할 방향은 다음과 같은 것이라고 예상된다.

(가) 여유 있는 수송 거점으로서의 역

도시의 통근·통학 수송에 대하여 러시 아워의 혼잡 완화 대책을 위한 공사(플랫폼 및 과선교·지하도의 증설·확폭, 역사의 교상화, 콩코스의 확폭, 자유 통로 신설 등)는 철도의 성숙에 따른 여객에의 최저한의 서비스이다. 또한, 역 기능의 향상과 다양화(창구의 오픈 카운터화, 여객 통로의 개량, 안내판과 그 표시 방법 등)도 도모하고, 이용하기 쉬운 역으로 변환하여가며, 특히 이용 여객의 고령화에 대응할 수 있도록 계단 승하차, 보행 거리 등을 가능한 한 저감함과 동시에 에스컬레이터, 엘리베이터 등의 설치도 고려할 필요가 있다.

(나) 역 기능의 고도화, 다양화(제7.2절 참조)

1) 지역 서비스 거점으로서의 역(역 빌딩)

지역의 발전과 철도 기업의 성장은 표리일체의 관계에 있으므로 개개의 도시, 지역이 가진 특성을 고려하여 역을 이용하는 사람들의 요구에 응한 서비스를 제공할 필요가 있다. 그를 위하여 경우에 따라서는 역 빌딩을 건설하여 철도의 수송 기능 이외에 상업, 정보, 사회 문화 등의 기능을 제공하고 역을 거리의 서비스 거점으로 하여 지역과 함께 발전하는 것을 고려한다. 그 결과로서 철도 관련 사업의 수익 증대와 함께 철도, 점포, 커뮤니티 시설 각각의 이용객 상호의 상승 효과가 철도 이용객의 증가에도 연결된다.

2) 커뮤니티 시설, 지역 서비스 거점으로서의 역

지역에서 역의 심볼성과 이미지의 향상으로 역의 활성화를 도모하기 위하여 미술관, 향토 자료관, 이벤트 행사장이라고 하는 지역의 요망 시설을 받아들이고, 지역 서비스 거점으로서 행정 기관의 데포(depot), 우체국, 도서관 등을 병설한다. 특히, 무인 역에서는 지역 측에 위임하여도 역의 활성화를 도모할 필요가 있다.

3) 개성화와 쾌적한 환경(amenity)의 부가

역사에도 개성을 찾는 사람들이 모이기 쉽도록 지역에 어울리는 개성적인 디자인을 사용하여 매력 있는 기다림 공간을 구성하는 것이 바람직하다. 더욱 쾌적한 환경을 부가한 공공적 공간으로서의 포켓 파크(pocket park), 몰(mall), 물(水), 녹색이라 하는 콩코스(concourse), 이곳에서의 조각 작품 전시, 역사 창의 스테인드 글라스(stained glass) 채용, 개성적인 벤치를 배치한 기다림 광장 등을 계획하는 것이 바람직하다.

(다) 복합 시설, 정보 거점으로서의 화물 역

화물 역은 도시의 중심부에 있는 경우도 있지만, 반드시 지역의 생활에 밀착하여있지 않고, 미관상의 문제 외에 공해(environmental pollution)의 원흉이라고 생각하여 도시 측에서는 교외로의 이전을 요망하는 분위기가 있는 경우가 많다.

현재의 물류는 소규모 단위의 화물을 철저한 재고 관리로서 효율적으로 수송하는 시대로 되고 있다. 여기에 대응하기 위해서는 지가가 높은 도심부에서 평면으로만 이용하고 있는 화물 역은 입체화를 고려하여야 하는 장소이다. 즉, 화물 역은 도심에서 최후의 유통기능 재개발의 장이므로 유통기능을 살린 복합 시설의 설치를 위한 고층화를 행하여 미관의 유지와 공해의 발생을 감소하며 지역에 밀착한 물류 기지로서 화물 취급의 장, 짐 정리의 장, 보관 시설 등을 정비하는 것이 중요하다(제1.3.3(5)(라)항 참조).

이 경우에 유통기능의 정비에는 정보 시설의 완비가 불가결하며, 이에 대하여 역은 절호의 위치이다. 정보 시설의 완비에 대하여는 여객 역에서도 마찬가지이며, 앞으로의 이용과 발전이 기대된다.

(6) 정거장 구내와 정거장 중심

정거장 구내는 일반적으로 장내 신호기가 경계이며, 장내 신호기의 바깥에 분기기가 있는 경우에는 거기까지를 포함한다.

영업 킬로미터(operating kilometer)의 산정에 사용되는 정거장 위치는 역사의 중심(center of station)으로 하고 킬로미터정은 km(소수점 이하 1자리까지)로 나타낸다.

(7) 여객 역

여객 역은 도시 계획상 중핵상의 역할이 있으므로 도시의 중심부에 있어야 한다. 여객 역은 플랫폼과 통로 등을 가지며, 게다가 역사와 여기에 접하는 역전 광장으로 철도에서 도로로 또는 그 역 방향의 상호 접속을 원활하게 하는 역할을 가지고 있다. 이들 일련의 유동이 유기적으로 연락되어 그 기능이 충분히 발휘되도록 함과 동시에 여객의 편리와 운전 보안상의 문제, 용지 취득의 난이도 등 공사상의 여러 요소를 아울러 고려하여 선정한다. 더욱이, 여객 역에서 여객의 유동은 역사와 역전 광장을 통하여 공공 시설과 상업 시설로의 교류가 많고 시민의 활동에 주는 역의 영향이 크다.

한편, 프랑스의 고속 철도에서는 공항과는 새로운 파트너로 드골 공항 역, 새토라스 공항 역과 같이 공항 역사로 통합되고 있다. 공항에 있는 고속철도 역들은 효과적으로 열차/항공 수송의 임무를 수행한다. 그것은 고속 철도와 항공 운송의 수준에 관련된 서비스를 제공할 수 있기를 바라는 현대 건물로서 요구되는 사항이다. 항공 수송하면 높은 서비스 수준과 합리적인 공항 설비들을 의미하는 것처럼 고속 철도의 경우도 참여하고 있는 고객들과 기타 사회적, 경제적 단체들이 가장 현대적인 터미널 시설과 수준 높은 관련 서비스를 기대하고 있다는 것을 의미한다. 다음의 (8)항에서는 프랑스 고속 철도의 예를 설명한다.

(8) 고속철도의 네트워크
(가) 고속 철도 네트워크 전체와 관련된 이미지

프랑스 동남선 TGV에서 행하여진 마케팅 조사는 역 설계와 시설에서 개선되어야 할 결점을 보여주고 있으며, 이 이미지는 고속 열차에서 나타난 현대적 기준에 알맞아야 한다는 것이다. 역에 대한 많은 마케팅 조사로서 이루어진 현대 설계의 개념과 채택되고 있는 새로운 기술적 해결책은 다음에 관련되어 있다.

① 도심이나 공항으로의 연결 및 역 내부의 조직화와 공간 기능

② 여행이나 그 준비에 관련이 있는 서비스, 역 안에서 보내는 시간이나 역의 도심 환경에 따른 역할

③ 설비와 시설 : 새로운 정보와 매표 시설의 자동화

④ 좌석 배치와 예약 시스템

(나) 합리적인 고속 철도 네트워크와 현대적 상징

TGV는 역과 열차를 위한 문화적, 도심지 역할을 재생시키고 있다.

① 도시의 "등대"와 "시계탑"은 기차역에 상징적인 커다란 시계가 있는 프랑스 공공 건물의 깊은 문화적 뿌리의 상징이다.

② 높은 외부 구조와 높은 실내 천장의 특징을 이루는 역사는 현대적인 건축물이다.

③ 도시간 물류 집산 기능이나 대중 교통, 택시, 자가용 승용차나 도보 교통에 관련된 강력한 다중 모드 기능을 가졌다.

④ 역 내부에서 도시의 다양한 활동을 볼 수 있고, 또한 열차 상태를 관찰할 수도 있다.

공간은 고객의 위하여 완벽하게 조성하였다.

① 노선과 여행하고자 하는 지역에 관련된 사항들을 쉽게 읽을 수 있는 표지를 설치

② 도착 측과 출발 측의 승하차 여객의 흐름을 분리하고 교외선과 주요 선로의 여행을 분리 운영하여 혼잡 제거

③ 역내 소요 시간, 도착, 출발, 여행 준비에 관련되는 기능의 분리

④ 다양한 지역 기능과 활발한 상업활동 전개를 위한 시설의 구체화

⑤ 시각적이고 청각적이며, 고정 정보나 변화된 정보를 안내할 수 있는 정보 패널

⑥ 항상 새로운 정보 제공(신속성, 편이성)

다양화된 서비스는 실제 여행과 단순히 역내 소요 시간 모두에 관련된 필요한 시설물에 대하여 이 모든 유형을 충족시켜야 한다.

① 안내 센터

② 고객에 대한 시간 조절 기능으로서 서비스 형태의 다양성

③ 자동 발매나 자동 판매기, 자동 하역 시스템 등

④ 같은 유형의 서비스를 위한 설비의 설계 기준

(다) 역사 혁신의 예

특정한 이미지 일관성의 요소인 형태, 기후 조건을 감안한 재질과 색깔, 정보 패널, 계단·승강기와 더불어 특별히 고안된 역 설비(카운터, 조명, 전화 단자, 정보 패널대, 좌석 등)의 원칙이 적용된 Paris-Montparnasse 역은 다음과 같은 점에 특색이 있다.

① 오래된 역을 현대적 감각의 설계 디자인과 성실한 시공 등으로 개량·건설된 현재 역은 계속되어온 완벽한 서비스 및 운영과 조화된다.

② 플랫폼 위를 덮어 선로 위에 도시 대공원을 건설하였으며, 이 경험은 환경강화 정책에 참조토록 제공

되었다.

③ TGV 역과 교외선 역으로서의 2중 역할은 많은 본선으로서 여객을 처리한다.

④ 건축 기술은 하중을 극복하여 공간을 잘 활용하였으며, 환경에 관련된 사항에 대하여도 역이 중요한 위치에 있다.

7.1.4 선구와 정거장의 관계

(1) 선로의 유효장 및 선로 용량

(가) 선로의 유효장(effective length of track)

정거장 구내의 선로에서 인접 선로(adjacent track)에 지장을 주지 않고 열차가 정거할 수 있는 길이를 선로의 유효장이라 하며, 일반적으로 인접 선로와의 차량접촉 한계표간의 거리를 말한다. 본선로(main track)의 소요 유효장은 그 구간의 최장 열차에 따라 결정되며, 일반적으로 화물 열차(freight train)가 여객 열차(passenger train)보다 길기 때문에 여객전용 역 이외의 정거장에서는 화물 열차의 길이에 따라 유효장이 결정된다.

정거장 안의 선로에는 철도건설법 제7조의 규정에 의거한 철도건설 기본계획에서 정한 열차운영계획에 따라 유효장(인접선로의 열차 및 차량 출입에 지장을 주지 아니하고 열차를 수용할 수 있는 당해 선로의 최대 길이)을 확보하도록 철도건설규칙에서 규정하고 있다. 또한 열차운전 시행세칙에서는 다음과 같이 정하고 있다. 유효장은 최대의 차장률로서 표시하며, 다만 본선의 유효장은 인접 측선의 영향을 받지 않는다. 표시 예는 **그림 7.1.1**(a)와 같다. 차장률은 차량길이의 단위로서 14 m를 1량으로 표시한다(예를 들어 길이가 14 m인 차량은 차장률이 1.0량이고 길이가 23.5 m인 차량은 차장률이 1.7량으로 된다).

기존선(existing line)의 유효장은 대체로 증기기관차 시절에 주로 기관차의 견인력에 의한 화물 열차 길

(1) 차량을 유치하는 선로의 양끝 차량접촉한계표지 상호간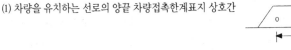

(2) 출발신호기가 설치되어 있는 선로의 경우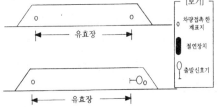

(3) 궤도회로의 절연장치가 차량접촉한계표지 내방 또는 출발신호기의 외방에 설치되었을 경우

(4) 본선과 인접 측선의 경우 본선 유효장(측선을 열차 착발선으로 사용하지 않는 경우)

그림 7.1.1(a) 유효장 표시의 예

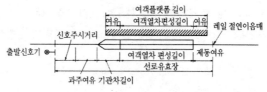

비고 : 1. 전차, 기동차의 경우는 기관차 길이(약 20m)불필요
　　　 2. 객차 1량의 길이(일반적으로 20m)
　　　 3. 열차정지위치의 여유 5m 이상
　　　 4. 과주, 제동의 여유 각 10m 이상
　　　 5. 출발신호기의 주시거리 10m 이상

그림 7.1.1(b) 여객 플랫폼과 선로 유효장

이에서 결정된 것으로 근대화 기관차의 고성능화에 따른 열차 단위(train unit)의 증대를 위하여 유효장의 연신이 과제로 되어 있다.

여객 열차는 시(starting)·종착역(terminal station)간의 중간에서 승객의 증감이 큰 경우에 열차의 편성 차량 수를 증감하는 것으로 된다. 그러나, 그 작업을 하는 역에는 증결·해결용의 직원 및 차량 유치용의 선로 설비가 필요하므로 조건이 완비된 특정의 역에서 행하여진다. 이를 위하여 여객 열차 길이는 선구 (railway division)의 특정 구간에 대하여 일정한 값으로 가지런히 할 필요가 있다.

선로 유효장과 플랫폼 길이의 관계 및 선로 유효장의 개념도를 **그림 7.1.1(b)**에 나타낸다.

또한, 화물 열차도 편성의 변경에 따라 열차 길이가 변하는 것은 특정의 역 또는 거점 역이기 때문에, 견인 정수(nominal tractive capacity)가 일정할 때는 선구(railway division) 내 착발선의 선로 유효장을 가지 런할 필요가 있다. 견인 정수는 선구의 최급 구배로 결정되는 것이 일반적이다.

정거장의 배선은 착발선의 배치에 따라 그 골격이 결정되지만, 선로 수와 길이는 취급하는 열차 수와 정거 하는 열차의 길이에 따라 정해진다[245]. 본선의 유효장은 착발하는 열차의 최대 연결량 수에 따라 결정되며 연결량 수는 기관차의 성능, 선로의 상태 특히 기울기에 따라 결정된다. 화물열차는 견인력의 한도까지 연결 량 수를 많이 하여 대량수송을 하는 것이 유리하므로, 일반적으로 화물열차가 여객열차보다 열차장이 길다. 따라서 여객, 화물 공용의 본선 유효장은 화물열차장을 기준으로 하여 다음 식으로 산정한다.

1) 화물열차의 유효장

$$E = \frac{\ell N}{an + (1-a)n'} + L + C$$

여기서, E : 유효장　　　　　　　ℓ : 화차 1량의 길이

　　　　a : 적차율　　　　　　　C : 열차 전후의 여유

　　　　n' : 공차의 평균환산량 수　N : 기관차의 견인정수

　　　　n : 적차의 평균환산량 수　L : 기관차의 길이

2) 여객열차의 유효장

$$E = \ell'N' + L + C$$

여기서, ℓ' : 객차의 평균 길이, N' : 최장 열차의 객차 연결량 수

(나) 선로 용량(track capacity)

선구의 선로 용량(제2.1.4항 참조)은 네트워크로 되는 정거장간에서 결정된다. 단선(single line) 구간의 선로 용량 증가를 위하여 터널 구간에 교행 설비를 신설(new construction) 또는 증설하는 예도 있다.

한편, 선구의 일부에 선로 용량의 부족이 있으면, 다이어그램의 조정을 위하여 열차 또는 차량이 그 전후의 정거장에 장시간 체류하고, 발착선 수량을 증가시켜 구내 배선(track layout)이 복잡한 것으로 된다.

(2) 정거장의 통과 속도와 진입·진출 속도

(가) 분기기 구조의 통일

일반 선로의 각 선구에는 열차의 최고속도가 정하여 있고 150 km/h의 경우도 있지만, 분기기의 직선 측(straight side)을 130 km/h으로 운전할 수 있는 것은 60 kg/m 레일의 분기기, 50NS 분기기(개량형)이다. 이 때문에 속도 130 km/h의 운전 선구에서 속도가 높은 열차의 통과 루트 상에 있는 분기기는 이것에 대응할 수 있는 분기기로 가지런히 할 필요가 있다(제9.1.3(3)항 참조).

(나) 분기기 번수의 통일

한 선구에서의 분기기 번수(turnout number)를 통일하면 대피 열차가 대피선(relief track)으로 진입할 때 같은 주의 신호 현시에 의하여 착오의 사고를 줄일 수 있다.

7.1.5 정거장의 배선(track layout, arrangement of line)

(1) 정거장 배선의 종류

정거장 구내의 선로는 그 목적에 따라서 선명을 붙이지만, 본선로와 측선으로 대별되며, 측선에는 각종의 것이 있다.

(가) 본선로(main track)

열차의 운전에 상용되는 선로이며, 열차가 도착·출발하는 착발선(departure and arrival track), 상본선·하본선·통과선(through track)·대피선(relief track) 등으로 불려진다. 이 가운데 주요한 것은 주본선, 기타를 부본선(passing(or auxiliary main) track)이라고도 한다.

(나) 측선(siding, sidetrack)

본선로 이외의 선로이며 사용 목적에 따라 다음의 각 종류가 있다.

① 분류선(sorting (or classification) track) : 열차를 조성·분해하기 위하여 사용하는 선로.

② 인상선(drill(or lead) track) : 분류선으로 입환(shunting)하기 위하여 사용하는 선로(**그림 7.1.2**(a). 입환선을 사용하여 차량을 입환할 때 이들 차량을 인상하기 위한 측선으로 인출선이라고도 한다[245]. 입환선의 한 끝을 분기기에 접속시켜 차량군을 임시로 이 선로에 수용한다.

③ 기대선(engine waiting track) : 기관차를 바꾸어 달거나 차량의 증·해결을 위하여 본선로에 가깝게 부설된 선로.

④ 화물선(freight track) : 화차에 화물을 싣고 내리기 위한 선로.

⑤ 안전 측선(safety siding) : 만일, 열차가 과주하는 경우에, 다른 열차와의 충돌 사고를 방지하기 위

하여 부설된 선로(**그림 7.1.2**(b)와 제(다)항 참조). 열차가 같은 선로로 동시에 진입하는 것을 방지하기 위한 선로이다.

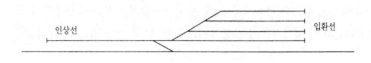

그림 7.1.2(a) 인상선 및 입환선의 배선도

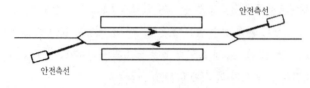

그림 7.1.2(b) 안전 측선

⑥ 세척선(car washing track) : 차량을 세척하기 위한 선로.

⑦ 검사선(inspecting track) : 차량을 검사하는 선로.

⑧ 수선선(repair track. car repairing track) : 차량을 수선하는 선로.

⑨ 입환선(shunting track) : 열차를 조성하거나 해방하기 위해 차량의 입환작업을 하는 측선(**그림 7.1.2**(a))으로 수 개의 선로를 병행하여 부설한다.

⑩ 대피선(refuge track) : 후속열차가 선행열차를 추월할 필요가 있을 때, 또는 영차밀도가 높아서 선행열차가 출발하기 전에 후속열차를 진입시킬 필요가 있을 때, 화물열차의 조성과 정리로 화물열차를 장시간 역에 정거시킬 필요가 있을 때 등에 대피선을 설치한다.

⑪ 유치선(수용선, storage track) : 운용 차, 즉 상시 사용하는 객차를 유치하여 두는 선로이며, 도착선의 작업을 종료하고 다음 작업으로 넘어가는 동안, 또는 전작업을 완료하여 출발선에 도착할 열차가 일시 대기하는데 사용한다. 따라서, 유치선은 도착선과 출발선에 인접한 개소에 설치한다. 차량을 일시 유치하는 선로에는 객차유치선, 화물유치선, 기관차유치선, 전차유치선 등이 있다.

⑫ 기주선(機走線) : 기관차의 입출고에 사용되는 선로를 말한다.

(다) 안전 측선과 탈선포인트

1) 안전 측선

안전 측선(安全側線, safety sliding, trap road)과 피난선(避難線, relief track)은 정거장 구내에서 2 이상의 열차 혹은 차량이 동시에 진입하거나 진출할 때에 과주하여 충돌 등의 사고 발생을 방지하기 위하여 설치하는 측선이다(제(3)②항 참조). 안전 측선의 이 설치 조건으로서 선로정비지침에 다음과 같이 정하고 있다.

① 상·하행 열차를 동시에 진입시키는 정거장에서 상하 양 본선의 선단

② 연락 정거장에서 지선이 본선에 접속하는 경우에 지선의 종단

③ 정거장 가까이 하구배가 있어 열차가 정지 위치를 실기하게 될 우려가 있는 경우에 본선로의 선단 피난선은 긴 하구배의 종단에 정거장이 있는 경우에 정거장 전체를 방호하기 위하여 본선으로부터 분기시키는 경우에 설치한다.

또한, 안전 측선과 피난선을 부설하는 경우에는 다음에 의한다.

① 안전 측선은 수평 또는 상구배로 하고 그 종점에는 제동 설비를 설치하여야 한다.

② 안전 측선과 피난선은 인접 본선로와의 간격을 되도록 크게 하여야 한다.

③ 안전 측선과 피난선이 분기하는 전환기는 신호기와 연동시키고 필요에 따라 쌍동기를 붙여야 한다. 안전 측선의 분기기는 항상 안전 측선의 방향으로 개통되어 있는 것을 정위로 한다.

2) 탈선 포인트

탈선포인트는 필요에 따라 다음에 의거하여 설치한다.

① 단선구간의 정거장에서 상하행 열차를 동시에 진입시킬 때 긴 하구배로부터 진입하는 본선로의 선단에 안전측선의 설비가 없을 때

② 정거장에서 본선로 또는 주요한 측선이 다른 본선로와 평면교차하고 열차 상호간 또는 열차와 차량에 대하여 방호할 필요가 있으나 안전측선의 설비가 없을 때

③ 기타 필요하다고 인정될 때

탈선포인트의 설치방법은 다음에 의한다.

ⓐ 탈선포인트는 해당 본선로에 속하는 출발신호기 바깥쪽에 인접 본선로와의 간격이 4.25 m 이상 되는 지점에 설치하여야 한다.

ⓑ 탈선포인트는 해당 본선로에 속하는 출발신호기와 연동하고 진로가 탈선시키는 방향으로 되었을 때 정지신호가 보이도록 설비하여야 한다.

ⓒ 상기 ①의 경우에 있어 탈선포인트는 ⓐ와 ⓑ 이외 대향열차[*]에 대하여는 장내신호기와 연동하고 이를 탈선시키는 방향으로 되었을 때 정지신호가 보이도록 하여야 한다.

ⓓ 상기 ②의 경우에 있어 탈선포인트는 ⓐ와 ⓑ 이외 교차열차에 대하여는 장내신호기와 출발신호기와 연동하고 이를 탈선시키는 방향으로 되었을 때 정지신호가 보이도록 설비하여야 한다.

3) 정거장 외 본선상에 분기기의 설치와 취급방법

정거장 외 본선상에서 선로가 분기하는 도중 분기기의 선로전환기 설치와 취급은 다음에 의한다.

① 분기기의 전기선로전환기와 통표쇄정기는 전철 표지를 붙이고 텅레일 키볼트로서 쇄정하여야 한다.

② 키볼트의 쇄정은 담당 역장이 담당하고 분기기 표지 등의 점화 소등은 현업시설관리자(신호제어)가 담당한다.

③ 분기기는 되도록 직선부에 설치하도록 하되 부득이 곡선 중에 설치할 경우에는 본선에 적당한 캔트와 슬랙을 붙이도록 하여야 한다.

---

[*] 대향열차라 함은 과주하였을 경우 탈선시킬 열차의 운전방향에 대항하여 운전하는 열차를 말한다.

(라) 델타선과 루프선(Delta and Loop Track)

차량의 방향을 반대로 전환하기 위하여 전차대 대신에 델타선(Y선이라고도 함) 또는 루프선을 이용한다. 이 선로의 특징은 다음과 같다[244, 245].

① 전차대는 차량을 1량씩 전향시키나 델타선과 루프선은 1개 열차의 편성을 그대로 전향시킴으로써 차량의 순번이 바뀌지 않는다.

② 열차의 고정편성에는 없어서는 안될 시설이나 시설장소가 제한되므로 분기역 부근에 분기선으로 사용하는 예가 많다.

③ 델타선은 루프선에 비하여 공사비가 저렴하다.

④ 델타선은 본선에 부대하는 지선에서도 사용하며, 그 예로는 장항선 예전의 남포~웅천 간의 옥마삼각선이 그 유형이다. 루프선은 경의선의 경우 서울역을 기점으로 열차운행시 남쪽, 북쪽방향으로의 열차순번을 고정시키기 위하여 수색 객차기지에 설치하여 사용하였으나, 현재는 거의 사용치 않고 있다.

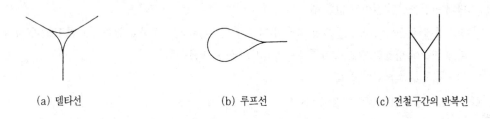

(a) 델타선   (b) 루프선   (c) 전철구간의 반복선

그림 7.1.3 델타선과 루프선

Y선(Y-Track)은 Y형의 배선으로 사용 목적에 따라서 두 가지 형식이 있다. 하나는 상기의 델타선이고, 또 하나는 복선전철구간에서 전차의 되돌림(반복선)으로 사용하는 선로(**그림 7.1.3**(c))이다.

(2) 선로의 간격 및 구배와 곡선

(가) 선로의 간격(station track spacing)

정거장내에서는 전호·차량의 연결·해방 등의 작업이 행하여지고 신호기·표지 등이 설치되어 있기 때문에 일반철도에서는 정거장내에서 병렬하는 선로의 간격을 4.3 m 이상(6개 이상의 선로를 병설하는 경우에는 5개 선로마다 인접 선로와의 궤도중심간격이 6.0 m 이상인 선로 하나를 확보)으로 하고, 양 궤도간에 가공 전차선의 지지주, 신호기, 급수주 등을 설치하는 경우에 상기의 값을 필요에 따라 적당히 확대하고 있다.

고속철도에서는 정거장내는 4.3 m 이상(통과선과 부본선간의 궤도중심간격 6.5 m), 기지 내는 4.0 m 이상으로 하고 있다.

(나) 선로의 구배(gradient)와 곡선(curve)

정거장내의 선로는 수평이 이상적이지만, 지형 등으로 곤란한 경우에 **표 2.2.2**에 나타낸 것처럼 일반철도의 본선로와 측선은 2 ‰ 이하로 하되, 차량의 해방과 연결을 하지 않는 선로 중에서 전차전용 본선로는 10 ‰ 이하, 그 이외의 본선로는 8 ‰ 이하, 차량을 유치하지 않는 측선은 35 ‰까지 할 수 있다. 고속철도는 1.5

‰ 이하로 하고 있다.

정거장내의 선로는 전망이나 구내작업상에서 직선이 바람직하며, 정거장의 전후 구간 등 부득이한 경우에 일반철도 본선에 대한 곡선의 최소 반경은 1급선 600 m 이상, 2급선 500 m 이상, 3급선 300 m 이상, 250 m이상, 전동차 전용선 250 m 이상으로 하고 있으며(2000. 8 개정), 고속철도는 1000 m, 플랫폼(platform) 양단부는 800 m 이상(부득이한 경우 500 m 이상)으로 하고 있다(기타는 제2장의 **표 2.2.2** 참조). 측선 및 선로 전환기에 연속되는 곡선반경은 1~4급선은 200 m 이상, 고속선로에서 주본선과 부본선은 1,000 m(부득이한 경우 500 m), 회송선 및 착발선 500 m(부득이한 경우 200 m) 이상으로 한다.

플랫폼의 곡선은 전망을 저해하기 때문에 1인 운전(one-man operation)에 대하여 플랫폼의 전망을 좋게 하기 위하여 모두 직선으로 하고 있는 지하철의 예도 있다.

(3) 정거장 배선에 요구되는 원칙

정거장 배선의 설계에 대한 중점으로서 요구되는 것은 안전성·고속성·고효율성·경제성 등이다. 본선 (main line)의 상호는 안전상에서 입체 교차(vertical crossing)가 바람직하지만, 좁은 지형 등의 이유로 입체교차의 건설비가 대단히 크게 되는 예와 같이 이들은 상반되는 경우도 있어 종합적으로 결정한다. 특히 고려되는 것은 다음의 점이다.

① 본선 상호의 평면 교차는 되도록 피하는 것이 바람직하다. 특히, 진입 열차(incoming train)와의 교차는 적극 피하여야 한다.

② 안전 측선(safety track)은 피하는 것이 바람직하다. 안전 측선은 열차의 과주로 인한 경우의 지장 방지를 위한 안전 설비(safety installation)이지만, 열차가 안전 측선으로 돌진하여 탈선 전복(overturning)의 중대사고(major accident)를 다시 일으킨 예가 있으므로 최근에는 안전 측선에 대신하는 방책이 채용되는 방향으로 있다. 즉, ATS를 설치하여 과주 여유거리(safety allowance for overrunning)를 150 m로 취하든지, 방호하여야 할 신호기로 경계신호를 채용하든지, ATC를 설치하는 등으로 대처하고 있다.

③ 본선상에 설치하는 분기기는 최소한으로 하고, 열차의 진행에 배향 분기로 속도 제한(speed restriction)이 없을 것, 또는 속도 제한이 필요한 대향 분기기(facing turnout)는 피하는 것이 바람직하다. 분기기의 설치는 급행 열차가 직선 측을 통과하고 분기 측(turnout side)을 통과하지 않는 배선으로 한다. 분기기 번수는 선구 단위로 하여 제한속도(restricted speed)가 일정하도록 통일하는 것이 사고 방지(prevention of accident)의 점에서도 바람직하다. 기재의 표준화에서 곡선 분기기, 슬립 스위치 등의 특수 분기기는 적극 피한다. 특히, 특수 분기기의 분기 측을 급행 열차가 통과하는 배선은 절대로 피한다.

④ 구내에 배치하는 분기기는 되도록 집중적으로 배치하고 비유효장 부분을 적게 하여 정거장 전체의 면적을 작게 한다.

⑤ 분기 역의 배선은 플랫폼 부분을 방향별로 하는 것이 바람직하고, 다른 방면으로 갈아타기 위하여 인접한 플랫폼으로 건너가지 않도록 피하는 것이 바람직하다.

⑥ 각 선군(track group)과 그 연락 루트는 합리적으로 연결하고, 구내의 각 작업은 다른 작업에 서로 제

약하는 일이 없어야 한다.

⑦ 측선은 되도록 본선의 한쪽으로 배치하고 본선의 횡단을 되도록 적게 한다.

⑧ 사고 대응시도 고려하여 각선 상호에 융통성이 있게 한다.

⑨ 장래의 확장에 대비하여 두는 것이 바람직하다.

⑩ 정거장으로 착발하는 열차 루트를 지장하는 경우는 출발시의 쪽이 도착시보다 경합도가 적으므로 적극 출발시의 경합으로 하여 도착시의 경합은 될 수 있는 한 적게 한다.

⑪ 본선과 인상선, 분류선과 대기선을 분리하는 등 선로의 사용법을 단순화한다.

⑫ 정거장은 전망을 좋게 하고 구내 배선은 직선을 이상으로 한다. 통과 열차에 대하여는 직선이든지 큰 반경으로 하고, 속도의 제한을 주는 반향곡선 등은 피한다.

⑬ 선로 간격을 합리적으로 확보한다.

여객 역의 배선은 예를 들어 급행열차 운전의 유무로, 또한 대피 역 또는 교행 역에서 급행 열차의 정거 여부 등에 따라 각각 이해 득실이 변한다.

(4) 배선 설계도의 작성 방법

전 항에서는 일반적인 주의 사항을 기술하였지만, 배선 설계를 할 때에 선형, 구조 등의 특수 사항이 2중으로 경합하는 것을 피하여야 한다. 절대 금지되고 있는 것, 적극 회피하여야 하는 것(일반적으로 경합 금지 사항이라 한다)은 다음과 같다.

(가) 완화 곡선(transition curve)과의 경합
· 절대 금지 : 분기기, 신축 이음 장치
· 적극 회피 : 종곡선, 무도상 교량의 설치

(나) 분기기(turnout)와의 경합
· 절대 금지 : 완화 곡선, 종곡선, 무도상 교량의 설치
· 적극 회피 : 원곡선의 설치, 교대 뒤 등에서 1 차량 길이 이내에의 접근

(다) 기타
· 적극 회피 : 반향 곡선(reverse curve)의 양 완화 곡선의 직접 접속, 분기기끼리의 직접 접속

종곡선은 직선 구간에 두어야 한다. 배선 설계도는 일반적으로 개략 배선도를 작성하고부터 정사하여 마무리한다. 개략 배선도는 될 수 있는 한 간이한 방법으로 작성한다. 예를 들어, 분기기의 분기 측 방향은 포인트 정규를 사용하고, 곡선은 커브 정규를 직접 도상의 2 직선에 맞추어 삽입하며, 직선과 커브가 접하는 점을 추측하여 완화 곡선의 가운뎃점(완화 곡선의 BC · EC)으로 한다. 완화 곡선을 임시로 삽입하여 보아서 경합 금지 사항 등을 체크하여 문제가 없게 될 때까지 시도를 반복한다.

개략 배선도의 완성 후에는 그 배선 순서에 따라 곡선 제원, 분기기의 빌림 등을 정산하면서 개략 배선도를 고쳐 그려 배선 설계도로 한다.

이 경우에 급행 열차를 운전하는 주본선에 비하여 저속으로 운전하는 부본선 · 측선은 곡선 반경이 작고 완화 곡선 길이(transition length)도 짧아 만약 배선상의 경합 금지 사항이 생기는 일이 있어도 문제 해결이 비교적 용이하므로 작도 순서로서는 주본선의 선형을 될 수 있는 한 빨리 결정하도록 작업을 진행하

는 것이 배선 설계를 빨리 하는 요령이다.

(5) 단선 중간 정거장의 배선

중간역의 기본적인 배선은 플랫폼이 1면으로 선로의 수가 2 선인 1면 2선 섬식(island platform)과 2면 2선의 상대식(대향식, separated platform)이 있다(**그림 7.1.4**).

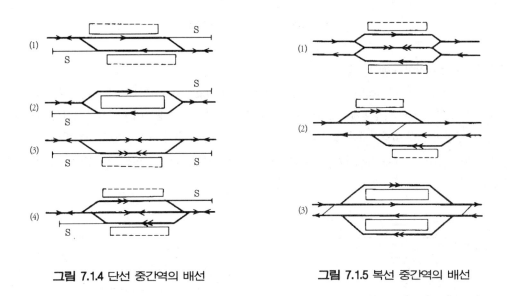

그림 7.1.4 단선 중간역의 배선   **그림 7.1.5** 복선 중간역의 배선

섬식 플랫폼은 사용 효율이 높고 용지·건설비가 적게 되지만, 플랫폼의 전후가 곡선으로 되며, 여객 역에서는 승객용 계단을 필요로 하여 불편하고, 장래의 연신·확폭 등의 확장이 용이하지 않는 등의 불리한 점이 다르다.

재래는 **그림 7.1.4**의 (1) 또는 (2)가 채용되고 있지만, 빠른 속도의 열차 증가에 따라 (3)의 직선 또는 (2)의 한쪽을 완만한 곡선으로 하여 높은 속도대로 통과할 수 있는 1선 직통(through)의 채용이 늘고 있다.

(6) 복선 중간 정거장의 배선

대피선(relief track)이 없는 경우의 여객 플랫폼은 상대식 또는 섬식을 이용한다. 일반적으로 건설비를 경감할 수 있고 열차 취급의 사용성 등의 이유로 섬식이 많으며, 지하철에서는 플랫폼을 널찍하게 하고 계단·엘리베이터 등이 공용할 수 있으므로 섬식이 원칙이다. 고가선의 경우는 건설비의 이유로 거의 상대식을 채용한다.

대피선이 있는 배선은 **그림 7.1.5**와 같은 종류의 것이 채용된다. 대피선을 설치하는 경우는 고속선로의 중간 역의 예와 같이 통과 열차(passing train)가 플랫폼에 면하는 선을 통과하지 않는 **그림 7.1.6**과 같은 배선이 이상적이다. 게다가, 사고시의 운전 정리(operation adjustment) 등을 고려하여 대피선을 2선 설치하는 예가 많다.

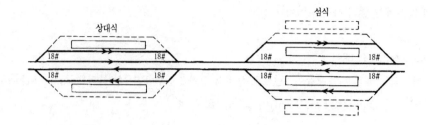

그림 7.1.6 고속선로 배선의 예

(7) 복복선 중간 정거장의 배선

방향별(direction working system)이든지 선로별(line working system)이든지에 따라 **그림 7.1.7**이 있지만, 노선이 각 역 정거와 급행열차(express train)의 설정인 경우는 이용객에게 플랫폼에서의 갈아타기가 용이한 방향별이 특히 바람직하다. 그러나, 복복선(quadruple line)의 건설 경과로 방향별로 하기에는 역으로의 진입을 입체 교차(vertical crossing)로 하여야 하기(**그림 7.1.8** 참조) 때문에 상당한 건설비의 증가를 필요로 한다.

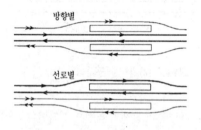

그림 7.1.7 복복선 중간 역의 배

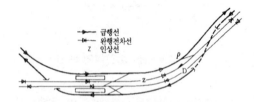

그림 7.1.8 복복선의 방향별 배선의 예

(8) 종단 정거장의 배선

(가) 관통식 정거장(그림 7.1.9)

도중 반환(반복)하여 열차를 취급하는 역으로 소규모 시는 반복선을 설치한다. 유치선만이고 대규모인 때는 차량기지로 한다.

(나) 두단식 정거장

각 플랫폼으로부터의 유동이 좋고 대도시 도심부의 역에 좋다. 결점은 반복 운전(pendulum operation)을 요하므로 열차의 취급수가 관통식보다 적다.

기관차 견인의 경우는 기회선(engine run-round track) 등이 증가하여 배선이 복잡하게 되지만, 전차인 경우는 **그림 7.1.10**의 예와 같이 간단하게 된다. **그림 7.1.11**의 예는 한정된 용지 내에서 배선을 지상과 지하의 입체적으로 하여 발착 용량을 늘리고, 게다가 발착의 경합을 적극 피하고 있다.

두단식 정거장은 도심 깊이 들어가기 쉽고(도시근교 철도의 예), 지하도(underpass)나 과선교(overbridge) 등의 계단이 적은 등의 이점이 있지만, 기관차 견인의 경우는 그대로 반환 운행할 수 없기 때문에 열차 착발가능 횟수가 반감한다. 최근의 유럽에서는 이러한 정거장에 발착하는 기관차 견인의 근거리 열차는 푸시풀 열차(push-pull train, 그대로 전후방향으로 운전할 수 있는 열차)의 채용이 늘고 있다. 또한, 두단식 정거장은 여객의 보행이 길게 되고, 열차가 과주하는 경우에 차막이에 충돌할 우려가 있는 등의 불리한 점이 있다. 동력분산 열차(decentralize power train)를 이용하는 것은 열차의 반환 운전이 용이한 것도 이유의 하나이다.

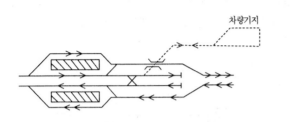

그림 7.1.9 관통식 정거장

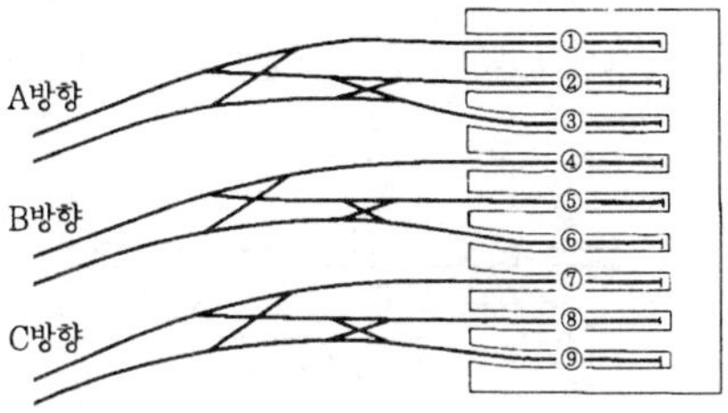

그림 7.1.10 두단식 정거장 배선의 예(1)

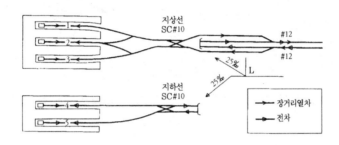

그림 7.1.11 두단식 정거장 배선의 예(2)

(9) 기타의 복선 정거장의 배선

(가) 분기 역

선별식은 플랫폼의 취급이 선로별로 되어 있으므로 갈아타기가 불편하지만 알기가 쉽다{**그림 7.1.12**(1)}. 방향별식은 플랫폼 취급이 상선, 하선 동일 방향이기 때문에 갈아타기가 편리하고, 선로의 융통성이 크다{**그림 7.1.12**(2)}.

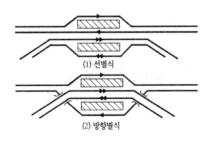

그림 7.1.12 분기 역의 배선

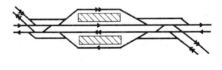

그림 7.1.13 교차 역 평면 교차의 배선

(나) 교차 역

평면 교차는 동종의 선로이어야 한다. 플랫폼을 공용할 수 있지만, 열차의 운행에 서로 간섭이 생긴다. 또한, 사용 선로에 융통성이 있다(**그림** 7.1.13).

입체 교차의 평면 플랫폼의 경우에 선별은 갈아타는 여객에 불편하지만, 잘못 타는 일이 적으며{**그림** 7.1.14(1)}, 방향별은 갈아타기에 편리하다. 입체 교차에서 플랫폼의 레벨이 다른 경우에는 여객의 동선이 길고 연결 통로가 복잡하게 되며{**그림** 7.1.14(2)}, 경영 주체가 다른 경우에 많다{**그림** 7.1.14(3)}.

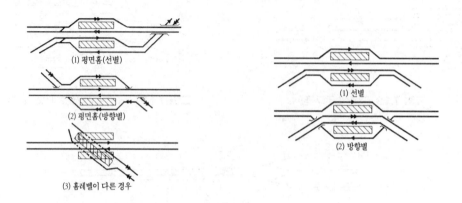

그림 7.1.14 교차 역 입체 교차의 배선　　　　　**그림** 7.1.15 접촉 역의 배선

(다) 접촉 역

선별은 갈아타는 여객에게 불편하지만, 잘못 타는 일이 적으며, 동일 경영이 아니어도 좋다{**그림** 7.1.15 (1)}. 방향별은 갈아타기에 편리하지만, 입체 교차를 요하기 때문에 건설비가 크다{**그림** 7.1.15(2)}.

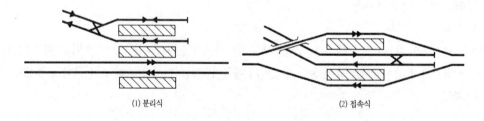

그림 7.1.16 연락 역의 배선

(라) 연락 역

분리식(**그림** 7.1.16(1))은 일반적이지만 여객의 유동이 불편하며, 접속식(**그림** 7.1.16(2))은 여객의 유동이 편리하나, 입체 교차가 필요하다.

7.2 정거장의 설비

정거장의 주된 설비는 다음의 3 가지로 분류할 수 있다.

① 여객, 화물을 취급하는 설비

② 열차, 차량을 운전하기 위한 선로 관계 설비

③ 영업, 운전, 보수 등 종업원의 업무를 위한 설비

역은 여객의 승하차 또는 화물의 싣고 내리기를 하는 철도원 이외의 사람이 손님으로서 철도에 접하는 장소이므로 각각의 사람이 주위를 관찰하면 설비상의 결점, 개량 개소에 대한 의견, 개선 방법 등을 어느 정도 알 수 있도록 된다. 그 때문에 여객·화물 취급 설비를 새삼스럽게 공부할 필요가 없고, 정거장 설계의 주는 배선 설계라고 오해하는 사람이 많다. 그러나, 철도의 목적은 고객으로서의 여객·화물을 안전·신속하게 목적지로 수송하는 것이므로 이들을 취급하는 설비가 가장 중요한 것이다.

여객과 화물 취급 설비는 일반 역으로서 동일 구내에 설치되어 있는 경우도 있지만, 여객·화물의 취급 설비가 상호로 관계하는 것은 적다. 그 때문에 최근에는 여객 역과 화물 역을 분리하는 쪽이 많다.

7.2.1 여객 설비(passenger facilities)

여객 취급에 필요한 주된 설비는 역사(main building of station)·여객 플랫폼·여객통로·역전광장(station front) 등이 있다. 이들은 역전광장·콩코스(concourse)·여객통로·개집찰구 등의 유동시설, 여객 플랫폼·대합실(맞이방)·세면장·매점 등의 여객시설, 출찰구·안내소 등의 접객시설, 역무실 등의 역 업무 시설로 구분된다.

(1) 역사의 조건

역은 철도와 도로 교통의 결절 점이고 동시에 상업 시설·버스 터미널·택시 승강장 등의 도시로서의 기능을 가지며, 주변의 사람들이 이합 집산하는 장으로서 하나의 소도시를 형성하고 있다. 이들의 중심인 역사는 철도 이용객과 함께 주변 사람들의 이용도 많아 이들의 요구에 따른 시설도 필요하다. 그러나 철도 이용객을 위한 역사의 배치와 최소한의 공간은 역전 광장·여객 통로·여객 플랫폼의 요점을 구성한다.

역사는 출찰·개찰·집찰 등의 수송 업무가 행하여지고 그 외에 여객의 대합실·콩코스와 역무실 등을 설치한 건물이다. 역사 배치의 기본은 일반적으로 출찰구, 개·집찰구, 대합실의 3 설비이며, 역의 규모와 여객 통로의 위치에 따라 다수의 예가 있다. 근거리 이용이 많은 전차 역, 원거리 이용이 많은 열차 역 등의 성격과 승하차 여객수의 다소에 따라 역사의 규모가 변한다. 역사의 바람직한 조건은 여객이 쾌적하고 원활하게 유동하고, 게다가 최소의 설비와 최소의 요원으로 역 업무가 능률적으로 기능을 할 수 있어야 하는 것이다.

현재의 여객은 대도시에서 통근·통학이 많게 되고 열차 역도 전차 역으로 바뀌는 중이다. 동시에 일반 여객도 여행 횟수가 증가하고 원거리 여객도 간편한 차림으로 되어 근거리 여객과 큰 차이가 없게 되고 있다. 원거리 열차 종단 역에도 출찰구의 이용객이 적어지고 있으며 대부분이 역 입구에서 직접 개·집찰구로 가고 있다. 즉, 역사는 철도 이용객으로서는 유동(콩코스, 통로), 체류(출찰, 광장, 대합실 등), 위집(蝟集)(개·집찰구)의 장이었지만, 유동과 위집의 장소로 변하는 중이다. 그 때문에 평면 계획은 유동과 위집에 중점이 주어지며, 유동 시설을 중심으로 하여 접객 시설과 여객 시설을 배치하고, 역무 시설은 접객 시설과 접하는 평면이 바람직하다.

예전의 역사 형태는 기능 면의 획일화가 우선하여 채용되어 왔지만, 근래의 열차 역이나 지방 역에서는 소재지의 특색을 살린 개성화의 경향이 강하다.

역사의 평면 계획 시에 배려하여야 할 기본적인 것으로서 다음의 점이 특히 고려되지만, 최근의 동향은 여객의 거동에 맞추어 대합실 대신에 통로 광장이라고도 하는 콩코스가 많이 이용된다.

① 역사 내나 여객 플랫폼까지 여객의 보행 거리가 짧도록 한다. 즉, 가장 지배적인 흐름으로 최단의 직선에 가까운 경로를 주도록 한다. 위집과 혼잡의 장인 과선교·지하도의 승강구에는 적당한 공간을 둔다.

② 승객의 흐름(동선이라 한다)이 서로 교차 또는 지장을 주지 않도록 한다.

③ 승객의 질적 분리(승차·하차 여객, 통근·원거리 여객, 단체 여객, 송영 객 등)를 도모한다.

④ 출·개찰구 등의 배치를 알기 쉽고, 여객이 방향을 잃는 일이 없도록 한다. 즉, 설비 상호간의 관계, 위치를 단순하게 하여 여객이 알기 쉽게 한다.

⑤ 조명·통풍·공조·색채·디자인 등에 유의한다.

⑥ 2차 교통기관과의 연락이 역전광장과 가로 등을 통하여 편리할 것. 즉, 다른 교통 기관과의 접속을 배려한다.

⑦ 업무 동선과 여객 동선이 교차하지 않도록 한다.

⑧ 유동과 체류의 공간을 분리한다.

⑨ 관련 사업 병설의 역사에서는 여객과 일반 통행인의 교착을 피하도록 배려한다.

(2) 역사의 종류

역사(main building of station)가 설치되어 있는 레벨에 따라 지평 역·교상 역·고가 역·지하 역의 4종류로 대별할 수 있다.

(가) 지평 역(ground station) : 일반적인 역의 태반은 지평 역이며, 도시의 현관으로서 여객의 흐름이 많은 도시의 중심 축으로 역사와 주요 기능이 설치된다.

(나) 교상 역(bridge (or over-track) station) : 선로를 넘어 과선 통로 또는 도로에 접하여 입체적으로 설치되며, 역사를 위한 용지가 필요하지 않고, 역의 표리 어느 쪽의 지역에도 대응할 수 있는 등의 이점이 있다. 역 업무가 1 개소에 집약되어 있으므로 최근에 이용이 격증하고 있는 도시 근교의 통근 역 등에 많이 채용되고 있다.

근년에 역이 교상화되는 경우가 많지만 그 동기는 다음과 같다.

① 소재지 자치단체의 이면 역 설치 요망과 역사 개축 시기가 일치한 경우

② 소재지 자치단체의 자유 통로 신설 요망과 철도 측의 표면 역과 이면 역의 통합(요원 합리화)의 타이밍이 합치한 경우

③ 역 주변의 도시 계획, 재개발 등 때문에 역의 표면과 이면을 자유 통로로 연결하는 경우

④ 구역(舊驛) 터의 이용을 포함하여 관련 사업 등을 위하여 토지를 유효하게 이용하는 경우

⑤ 선로 증설(track addition) 등에 따른 지장 역사를 용지 매수하지 않고 선로 상공에 건설하는 경우

(다) 고가 역(elevated station)

도시 및 도시 주변부에서는 철도의 고가화(입체화)가 도시 계획에 의거하여 촉진됨에 따라 철도의 고가화에 맞추어 역도 고가식으로 되고, 따라서 역사도 고가 아래를 이용하여 수용되며, 역 업무의 일원화를 도모하고 있다. 고가 역의 대부분은 다층 고가로 하여 중간층을 역사 및 상점가로 하며, 최하부를 역전 광장의 일부로 하고 주차장 등을 설치하는 일도 있다. 외국의 도시에서는 철도의 고가화에 따라 이러한 역이 많아지고 있다. 큰 역의 경우는 역사의 일부가 지평의 외측에 설치되고 있는 예도 있다. 고가교가 열차를 지지하는 구조물이므로 소음 · 진동 등의 문제가 있다.

(라) 지하 역(under-ground station)

: 지하 역은 지하에 설치된 역이며, 두 가지가 있다. 즉 선로가 지평이며 이것을 일반 지하도(underpass)와 플랫폼을 연결하는 구내 지하 통로를 조합하고 이 사이에 지하 역사를 설치하는 경우와 선로가 지하로 되어 있는 지하철의 역이 있다. 전자의 경우는 교상 역사와 같은 모양으로 도시 근교 통근 역의 소규모인 경우에 예가 많다. 지하철역의 경우에 선로와 지상 중간의 입체 층이 많다. 구조물(structure)을 불연화하고, 방재(disaster protection) 설비가 필요하게 된다(제(1)항 참조).

(마) 역사 · 선로 · 통로 위치의 조합 특성

상기 역의 종류와 여객 통로 · 철도선로의 조합에는 다음과 같은 특징이 있다.

1) 고가 역, 교상 역

① 고가 선로 · 고가 역 · 고가 통로 : 역사 · 플랫폼 · 역전 광장의 3 요소가 입체적으로 겹쳐진 형으로 여객 동선이 수직방향으로 이동하기 때문에 가장 짧아 효율적이다. 역사 시설은 고가 아래 이용 계획에 맞추어 설계할 필요가 있다.

② 지평 선로 · 교상 역 · 고가 통로 : 일반 통로를 사이에 두고 개찰구와 반대쪽으로 출찰구를 두는 대면식과 동일 방향으로 나란히 하는 병렬식이 있다. 대면식은 역 업무 구역이 2 개소로 되지만, 여객에는 편리하다. 병렬식은 역 업무가 1 개소로 모인다.

③ 고가 선로 · 고가 역 · 지평 통로 : 1층의 낮은 고가이며 한쪽 또는 양쪽의 플랫폼 레벨에 역사를 설치하여 역전 광장 등의 보행자 덱(deck) 등으로 연락하는 경우이다.

2) 지평 역

④ 고가 선로 · 지평 역 · 고가 통로 : ①의 경우와 같은 모양이지만 대규모 역에 많다.

⑤ 지평 선로 · 지평 역 · 고가 통로 : 지평 선로의 대형 역에 많다. 건축한계의 관계로 계단 수가 많아 여객에는 다소 불편하다.

⑥ 고가 선로 · 지평 역 · 지평 통로 : 비교적 소규모의 역으로 도시 내 교통의 고가 선로에 많다.

⑦ 지평 선로 · 지평 역 · 지평 통로 : 평면 건널목 통로는 안전면에서 좋지 않으므로 지하도(underpass)화 또는 과선교(over bridge)화되어 가고 있다.

⑧ 지하 선로 · 지평 역 · 지평 통로 : 굴착하여 만든 선로인 경우에 많다.

⑨ 지평 선로 · 지평 역 · 지하 통로 : 일반적인 것이며 ⑤보다 계단 수가 적어 좋다. 배수, 조명 등의 유지비가 높게 든다.

⑩ 지하 선로 · 지평 역 · 지하 통로 : 얕은 지하철 선로인 경우에 많다.

3) 지하 역

⑪ 지평 선로 · 지하 역 · 지하 통로 : ⑨의 형식을 발전시켜 지하도를 병설하여 그 사이에 역무실, 개찰구를 설치한 것으로 평면형은 교상 역사의 소형인 것이 많다.

⑫ 지하 선로 · 지하 역 · 지하 통로 : 역무실이 완전히 지하에 있는 것으로 주거성을 유지하기 위하여 환기(ventilation) · 조명 · 공조에 유의하고 방화 · 방재에도 충분한 배려를 요한다. 상부의 이용은 계획 당초부터 고려할 필요가 있다.

(3) 승강장(여객 플랫폼)

철도건설규칙에서는 승강장을 직선 구간에 설치하여야 하며, 다만 지형 여건 등으로 인하여 부득이한 경우에는 반경 600 m 이상의 곡선 구간에 설치하도록 규정하고 있다. 또한, 승강장의 수 · 폭 및 길이는 수송 수요 · 열차운행 횟수 및 열차 종별 등을 고려하여 설치하여야 한다(이전의 국유철도건설규칙에서는 본선 사이의 승강장폭은 5 m 이상, 기타의 승강장폭은 2 m 이상으로 규정하였었다).

(가) 여객 플랫폼의 종류

단선 선로의 한쪽에 설치되는 단식 플랫폼(side platform), 상하의 선로를 사이에 두어 설치하는 상대식 플랫폼(대향식, separate platform), 상하 선로의 안쪽에 설치하는 섬식 플랫폼(島式, island platform), 두단식 정거장의 빗형 플랫폼(comb shaped platform), 그리고 분기 역의 쐐기형 플랫폼(wedge platform) 등이 있다.

섬식 플랫폼과 상대식 플랫폼과는 득실이 상반된다. 섬 식은 용지 폭이 작아 건설비가 싸며 여객이 플랫폼을 착각하는 일이 없는 등의 이점이 있지만, 역 전후의 선로에 반향곡선이 생긴다. 열차가 동시에 발착하면 혼잡하고 지평 역에서는 여객이 반드시 한 선을 넘어야 하며, 확장이 곤란하다는 등의 불리한 점이 있다.

따라서, 열차 횟수 · 열차 종별 · 이용객 수 · 장래의 전망 등을 종합하여 선정된다.

빗형 플랫폼은 선로를 횡단하는 일이 없지만, 역사와 열차와의 사이에서 여객의 보행 거리가 길게 된다. 쐐기형 플랫폼은 지선(branch line)의 짧은 열차를 다루는 경우에 채용된다.

(나) 여객 플랫폼의 소요 면 수

여객이 열차에 승하차하도록 선로를 따라 설치된다. 플랫폼의 소요 면 수는 동시에 발착하는 열차 수로부터 구하여진다. 열차 수는 현행의 다이어그램을 기준으로 하고 장래의 수송 수요, 열차 횟수, 여객 서비스 등을 고려한다. 플랫폼 용량의 과부족에 관한 판단에는 일반적으로 플랫폼 지장률이 이용되며, 지장률이 50~60 %로 되면 열차 설정이 난처하게 된다.

$$지장률 = \frac{지장시간}{1440} \times 100(\%) \qquad (7.2.1)$$

여기서, 지장 시간 = 설정 정거 시간 + 열차의 취급 시간

열차의 취급 시간이란 장내 신호기를 청으로 하여 진로 구성을 하고 나서 열차가 정거하기까지의 시간과

열차 출발 후에 다음 열차의 진로를 구성하기까지 시간의 합이다.

(정거 열차 : 3분 + 2분 = 약 5분, 통과 열차 : 약 3분)

(다) 여객 플랫폼의 크기

승강장의 길이는 발착하는 열차의 길이보다 10~20 m 길게 한다.

승강장의 높이는 고상식과 저상식이 있으며, 전동차(motor car) 구간에서는 고상식이 채용되고 있다. 특히, 이 구간에서는 짧은 시간에 많은 승객이 승하차하게 되므로 차량의 바닥(상면)과 같은 높이로 한다. 일반철도에서 승강장의 높이는 레일 면에서 30 cm, 또는 50 cm로 하며, 전동차 전용선 구간인 경우는 1.135 m로 하고 있다.

승강장의 폭은 그 역에서 동시에 발착하는 열차의 종별(classification of train), 여객 열차(passenger train)의 수와 1개 열차당 승차 인원수에 따라 승하차 여객의 집합 면적과 하차 여객의 유동 폭을 고려하여 결정한다. 열차 횟수는 현행 다이어그램 또는 상정 다이어그램에서 산정된다. 승강장에 세우는 조명 전주, 전차선 전주 등 각종 기둥은 선로 쪽 승강장 끝에서 1.0 m 이상, 승강장에 있는 역사 · 지하도 · 출입구 등 벽으로 된 구조물은 선로 쪽 승강장 끝에서 1.5 m 이상의 거리를 두도록 철도건설규칙에서 규정하고 있다.

고속철도에서는 승강장의 높이를 55 cm, 폭 11 m, 길이는 450 m로 하고 있다.

(라) 승강장과 궤도의 간격

직선부에서 승강장과 적하장의 연단으로부터 궤도의 중심까지의 거리는 1,675 mm로 한다. 전동차가 운행되는 구간에서 직결도상의 경우는 선로 중심으로부터 승강장 또는 적하장 끝까지의 거리를 1,610 mm로 하되, 차량 끝단으로부터 승강장 연단까지의 거리는 50 mm를 초과할 수 없으며, 직결 도상이 아닌 경우는 1700 mm로 하여야 한다. 곡선 구간에서 승강장과 적하장에 있어서는 상기의 치수에 다음의 확대 치수(W)를 가한 치수로 한다.

$$W = 50,000 / R(전동차 전용선은 24,000/R), \qquad R : 곡선반경(m) \tag{7.2.2}$$

(마) 여객 플랫폼의 구조

성토식 · 잔교식 · 슬래브식 등이 있고 콘크리트 · 콘크리트 블록 · 철골 등으로 건설한다. 또한, 어떤 간격으로 플랫폼 아래에 맨홀을 두어 선로 작업자 등의 열차 대피소로 하고 있다. 최근의 플랫폼은 아래를 공간으로 하고 있는 예가 많다.

플랫폼의 횡단 구배는 편면 구배 1/100, 양면 구배 1/50을 표준으로 하고 경계 백선(백선 타일) · 신체 장애자용 표지는 연단에서 표준 80 cm의 위치에 설치한다.

(바) 여객 플랫폼 지붕(platform shed)

비나 눈으로부터 여객을 보호하기 위하여 플랫폼에 지붕을 설치하며, 대부분이 철골 구조로 하고 있다. 지붕의 형식에는 Y형 · V형 · W형 · 우산형 · 산형 · F형이나 수 면의 플랫폼을 덮는 돔형이 있다(**그림 7.2.1**). 돔형은 터미널 역에서 채용되며, 유럽의 큰 역에 많다. 플랫폼 지붕의 기둥은 승강장 연단에서 1 m 이상, 역사 · 구름다리 · 지하도 · 출입구 · 대합실 · 변소 등은 1. 5 m 이상의 상당한 거리를 두어 안전을 도모한다. 도시 철도 등의 고가 역, 고속철도 통과선에는 차풍벽을 설치하는 예가 많다.

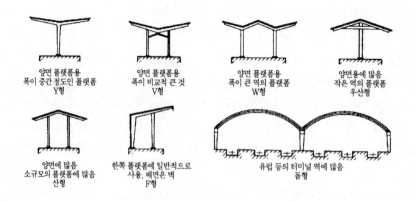

양면 플랫폼용
폭이 중간 정도인 플랫폼
Y형

양면 플랫폼용
폭이 비교적 큰 것
V형

양면 플랫폼용
폭이 큰 역의 플랫폼
W형

양면용에 많음
작은 역의 플랫폼
우산형

양면에 많음
소규모의 플랫폼에 많음
산형

한쪽 플랫폼에 일반적으로
사용, 배면은 벽
F형

유럽 등의 터미널 역에 많음
돔형

그림 7.2.1 승강장 지붕의 형식

(사) 플랫폼의 안전설비

플랫폼에서 사람의 전락(fall) 방지를 위한 안전책을 필요에 따라 설치하며, 또한 플랫폼에서 선로로 전락 시에 열차에 알려주기 위한 긴급 열차 정지장치 등도 설치한다. 열차 승하차의 안전을 확인하기 위한 감시 카메라를 필요에 따라서 역원용 또는 열차 승무원용으로 설치한다. 안전책은 통과 열차에 대하여 설치하는 경우가 많다. 또한 최근에는 제8.2.5(6)항과 같이 승강장 적외선 감지기도 설치하고 있다.

(4) 역사와 여객 플랫폼과의 연락(여객 통로)

(가) 통로의 위치와 형식

역사와 승강장 또는 승강장 상호간을 연락하는 것이 통로이다. 통로는 여객용과 업무용을 분리하여 여객의 유동을 방해하지 않도록 배려하는 것이 바람직하다. 통로에는 3 종류가 있으며, 이들과 선로와의 관계는 제(2)항에서 설명하였다.

역사와 플랫폼이 동일 평면상에 있을 때는 여객이 과선교(over-bridge)이든지 지하도(underpass)로 선로를 횡단하여야 한다.

여객 통로의 종류를 선택하는 기준은 다음과 같다.

1) 지형적인 조건 : 지하도는 고가나 흙 쌓기 개소에 적당하고, 과선교는 땅 깎기 개소에 적당하다.

2) 공사의 난이 : 지하도는 일반적으로 선로 아래의 지하 굴착으로 되므로 공사비가 크며, 시공법도 복잡하다. 특히 영업선에서는 궤도 가받침 보의 가설, 열차의 서행 등이 필요하게 된다. 이것과 비교하여 과선교는 크레인 가설이 주체이며 야간의 차단 공사로 단기간에 시공할 수 있다.

3) 구내의 전망 기타 : 지하도는 과선교에 비하여 역 구내의 전망이 좋고, 플랫폼의 유효 면적의 감소도 적다.

이와 같이 과선교는 시공이 비교적 쉽지만, 역구내의 전망에 지장을 주고 지하도에 비하여 계단수가 많다. 지하도는 역구내의 전망은 좋고 과선교보다 계단 수는 적지만, 시공이 복잡하고 건설비가 높으며, 배수 설비도 요한다. 그 때문에 중소 역은 과선교를, 큰 역은 지하도를 채용하는 케이스가 많다.

(나) 구조

이들 계단의 구배는 1 : 2 정도(답면 330 mm를 표준)로 하고, 난간을 설치한다. 계단 높이가 3 m를 넘는 경우에 3 m 이내마다 1.3 m 이상의 계단참을 설치한다. 계단 대신에 사로(斜路)를 설치하는 경우는 1/8 이하의 구배로 한다. 통로의 폭은 러시 아워의 원활한 여객의 유동을 위하여 가능한 한 넓게 하는 것이 바람직하다. 더욱이, 계단부는 시각 장애자에게 대단히 위험하므로 유도·경고 블록으로 완전하게 방호한다.

고가 역·지하 역에서는 역사의 출·개찰과 플랫폼이 입체적으로 되기 때문에 연락은 계단으로 되며, 고저 차가 큰 경우에는 에스컬레이터(escalator) 또는 엘리베이터를 채용한다. 즉, 깊은 지하 플랫폼, 높은 고가교의 출현에 따라 에스컬레이터는 빠뜨릴 수 없는 수송 기관으로 되며, 계층 높이 5 m 이상으로 되고 게다가 승차 인원 1만 인/h 이상은 에스컬레이터를 설치하게 된다. 그리고, 상향에 대하여는 계층 높이 5~12 m 미만에 대하여 유동 보조, 12 m 이상에 대하여는 유동 주체로 하고, 하향에 대하여는 계층 높이 18 m 이상에 대하여 유동 주체로 하는 것을 목표로 한다. 에스컬레이터의 경우에 폭이 넓은 2인용의 유효 수송능력은 6,750 인/h(공칭 능력 9,000 인/h), 1인용은 4,500 인/h(6,000 인/h)로 한다.

(5) 출찰·개찰·집찰의 자동화(automatic selling ticket · automatic ticket gate)

좌석(座席) 예약용의 컴퓨터·온라인 시스템(magnetic electronic automatic seat - reservation system)은 각 역마다 단말기를 설치한다. 또한, 철도 근대화의 일환으로 출찰·개찰·집찰의 전자 기술을 이용한 자동화가 진행되며, 역사내의 배치(layout)도 이들의 자동화에 대응하고 있다.

(가) AFC

역에서 승차권의 발매, 개표, 집표 및 승차권 발매의 수입을 처리하는 업무를 자동화 기기로 처리하는 것을 역무자동화(AFC, Automatic Fare Collection System)라 한다[245]. AFC는 이용승객의 편의도모와 역무관리의 생력화 등의 효과가 있다. 자동화 설비의 계획시에는 경제성, 이용편의, 고장에 대한 신뢰성, 부정승차방지 효과 등의 기능을 감안하여 계획한다.

  1) 자동발매기 : 승객이 조작하여 승차권을 발매하는 기능 등을 갖고 있다.

  ① 기기단위와 통제방법에 따른 작동 ② 승객요구에 따른 승차권 발매기능

  ③ 회계자료와 경영정보의 수집과 전달기능 ④ 사용기능과 작동중지 등의 표시기능

  ⑤ 거스름돈의 지불기능 등

  2) 자동발권기 : 역무원의 조작으로 승차권을 발매하는 기능 등을 갖고 있다.

  3) 자동개표기와 집표기 : 승하차 승차권을 판별하는 기능 등을 갖고 있다.

  4) 자동정산기 : 승객의 조작으로 이용시간과 구간초과를 정산하는 기능 등을 갖고 있다.

  5) 전산시스템

  ① 각 기기에서 전송되는 자료를 수신하고 제어하는 기능

  ② 수집된 자료를 종합분석하여 필요한 각종 통계자료를 처리하는 기능

  ③ 전산시스템은 역별, 관리역별, 중앙의 단계별로 구성하여 노선 전체에 대한 역무가 통합되어 처리할 수 있도록 구성

(나) RF카드

비접촉식 무선(RF, Radio Frequency) 인식 카드를 출입구에 설치된 플랩도어(Flap Door)형 자동개집

표기 상부의 안테나 박스 주위 10 cm 이내로 스치면 단말기가 RF 승차권 내의 정보(개인 ID 등)를 판독하여 승객의 출입을 통제하고, 그 이용대금을 일반신용카드 이용방법과 동일하게 후불정산시키는 설비로서, 기존 자석(Magnetic)식 승차권(MS카드) 설비에 비해 ① 승객의 이용편리, ② 설비도입비 절감, ③ 유지보수비 절감, ④ 유지보수인원 절감, ⑤ 고장 발생율 저하 등과 같은 장점이 있다[245].

(6) 안내 표시

역명 · 통로 안내 · 플랫폼 안내 · 열차 안내 등 표시의 컬러화, 디자인 등 최근에 개량 · 근대화가 추진되고 있다. 열차 안내 · 발차 안내에는 자막식 · 반전식 등을 거쳐 최근에는 보기 쉬운 LED(발광 diode)가 보급되고 있다.

자동안내게시기(Display Board)는 각 역의 플랫폼에 설치하여 시각적으로 여객에게 열차운행에 관한 정보를 안내하는 장치이며[245], 서울지하철 1~4호선에서 사용하던 플랫형(FLAP TYPE) 표시기를 5~8호선과 같이 발광 다이오드(diode) 표시기(LED소자)로 변경하였다. 지하철 9호선에서 사용할 자동안내게시기(Display Board)는 다음과 같은 특징이 있다.

① 유지보수와 운영에 편리 ② 문자크기와 표출내용이 다양
③ 행선지 안내 ④ 일반 공지사항 표시가 가능
⑤ 정보내용의 변경 및 다량의 정보를 신속정확하게 안내
⑥ 천연색 애니메이션(광고) 등을 고려하여 액정표시기(풀칼라 LCD)방식으로 계획

(7) 방송 설비

종래는 확산성이 강하고 음향이 높은 것이 채용되었지만, 최근에는 음 환경을 고려하여 스피커의 간격을 짧게 하는 등으로 개선하고 있다.

(8) 스크린도어(Platform Screen door)

승강장 연단에 고정 벽과 자동문을 설치하여 승강장과 선로부를 차단함으로써 승객의 안전과 승강장 환경의 개선 및 에너지 절감을 위한 시설이다[245]. 초기에는 외국에서 경전철에 주로 적용하였으나, 최근에는 파리 메테오선, 영국 쥬빌리선, 동경 남북선 등 중전철에서도 적용이 증가하고 있다. 우리나라도 서울지하철 9호선 부산지하철 3호선, 대전도시철도 및 인천국제공항 철도의 모든 정거장에 스크린도어(Screen door)를 도입하였다. 기타의 지하철노선과 일반철도에서도 환승역 등을 중심으로 도입 중에 있다.

설치 목적(기대 효과)는 다음과 같다.

(가) **승객의 안전 확보** : ① 추락사고 예방, ② 차량 화재시 연기확산 방지 등
(나) **열차운행의 안전성 증대** : 승강장과 궤도부를 완전 차단하여 승객의 추락, 열차접촉 등 승강장 안전사고의 근본적 해결 가능
(다) **환경조건의 향상** : 이용승객 불쾌감 해소, 실내공기질 향상, 승강장의 소음차단효과 등
(라) **에너지절감 효과 도모** : ① 정거장 · 냉방부하 약 50~60% 감소, ② 환기구 및 기계실 면적 축소(약 30%)

스크린도어의 종류는 설치형태에 따라서 밀폐형, 반밀폐형, 난간형의 세 가지로 분류한다(**표 7.2.1**). 밀폐형은 선로부와 승강장을 완전히 격리하는 방식으로 100 %의 안전 및 부대효과를 기대할 수 있으며, 반밀폐형은 스크린도어 상부에 개구부나 갤러리를 설치하는 방식으로 승객의 안전성은 100 %, 부대효과는 약 70 % 수준이며, 난간형은 상대적으로 효과가 떨어지는 방식이다[252].

스크린도어 장치의 구성은 승강장의 스크린도어설비와 고장 및 감시장치, 승강장제어반, 개별제어반, 승무원제어반 등으로 구성되며, 역무실에는 신호설비와 인터페이스가 가능하고 비상 또는 수동 필요시 스크린도어를 개폐할 수 있는 역무실 제어반이 설치된다.

신호설비는 스크린도어의 자동개폐 명령, 상태 표시 등의 신호를 처리할 수 있는 인터페이스 장치를 자동열차운행시스템(ATO)에 부가해 구성하며 종합사령실에는 역사의 스크린도어 개폐에 대한 상태와 고장 등이 표시되도록 구성된다.

표 7.2.1 스크린도어의 종류 및 장치 구성의 예

구분		완전 밀폐형	반 밀폐형	난간형
특징		· 선로부와 승강장을 완전분리	상부 오픈(open)	난간 철치 후 차량의 도어 위치에 자동문 설치
적용	대상	지하정거장	지상(지하)정거장	지상정거장
	구간	· 싱가폴 지하철 · 홍콩 지하철 · 프랑스 릴르지하철 · 일본 간사이공항 셔틀 · 대만, VAL 외 다수	· 일본 동경영단 7호선 · 런던쥬빌리 연장선 · 파리지하철 14호선 · 대만 경전철 (일본 교토의 동서선)	· 일본 타마시의 모노레일 · 일본 신칸센 고속전철
공조설비		가동	비 가동(가동)	자연환기
기대효과		· 승객의 안전성(100 %) · 승객의 쾌적성(100 %) -열차풍 차단 -소음, 분진 차단 · 에너지 절감(60 %)	· 승객의 안전성(100 %) · 승객의 쾌적성(80 %) -열차풍 감소 -소음, 분진 감소 · 에너지 일부 절감	· 승객의 안전성(60 %)
문제점		· 환기설비 필요 · 초기투자비 증대 · 유지관리비 증대	· 환기설비 필요 · 초기투자비 소요	· 초기투자비 저렴 · 안전성 및 쾌적성 저하

(9) 역 시설의 다양화와 민중 역

여객 역은 도시의 얼굴로서 중심적인 존재이며 도시 활동과 유기적인 일체성을 유지하고, 도시 기능의 향상에 중요한 위치를 점하고 있다. 따라서, 앞으로의 여객 역은 대량의 사람 유동을 원활하게 처리한다고 하는 교통 터미널로서의 기능에 그치지 아니하고 근대적인 상업·업무의 중심적인 기능을 정비하고 또한 다양한 정보 제공의 중심으로 하는 것이 필요하다. 한편, 시민 휴식의 장으로서 정취가 있는 광장을 만드는 외에 필요에 따라 공공 시설을 부대시켜 역 이용객의 시민생활 편의를 도모하는 것도 고려된다.

이와 같은 구상에서 역 빌딩을 도시 재개발의 일환으로 건설하는 경우가 있으며, 철도 이외의 부외자(部外者) 자금을 활용하여 역사 등 건설비의 일부를 부외자가 부담하고 그 조건으로 하여 건물의 일부를 부외자가 사용하는 민중 역(民衆 驛, general public station)의 방식이 도입되어 채용되고 있다.

민중 역의 형태는 일반적으로 2층 이상의 건물로 하여 1층 부분을 철도 전용의 출·개찰 설비·콩코스·대합실·역무실 등으로, 그 이외의 층을 점포 등으로 사용하는 예가 많다. 이 방식에는 철도 측도 적극적으로 출자하여 고층의 터미널을 건설하여 백화점이나 호텔 등을 입주시키는 대형 역 빌딩도 있다.

철도의 고가화 경우에도 민중 역과 마찬가지로 철도 이외의 사람에게 참가시켜 고가 아래에 점포·창고를 설치하는 예도 있다.

우리 나라의 민자역사 사업은 철도경영의 개선과 여객의 편익 증진, 지역사회의 개발을 촉진하는 다목적 사업으로 기존 단순 대합실의 기능을 한 차원 높인 복합적 기능을 가진 사업이다. 이 사업은 경제 발전과 도시의 질적·양적 팽창에 따라 늘어나는 여객의 수요와 서비스 향상의 요구를 충족시키기 위하여 1984년 관계법을 제정하여 1986년부터 본격적으로 추진되었으며, 한국화약이 1989년에 완공된 서울 민자역사가 최초이다.

(10) 지하 역의 방재

(가) 방재(disaster protection)의 특이성

"지하 역"이란 승강장이 지하에 있는 정거장(산악 지대에 설치된 것을 제외한다)을 말하며, 불특정 다수의 여객이 이용하기 때문에 방재상 다음과 같은 특이한 문제를 안고 있다.

① 외부로의 피난이 계단으로 한정되며, 지상과 같이 창으로 탈출할 수 없다.

② 구조대 등이 외부에서 접근, 진입하기가 극히 곤란하다.

③ 자연 배연이 곤란하다.

④ 정전(current off) 시는 외부 빛을 얻을 수 없으므로 완전히 암흑으로 된다.

(나) 상정되는 재해(disaster)와 방재 수단(제10.1.5(9)항 참조)

1) 화재(fire)

① 차량 화재(train fire) : 차량에 불연성의 재료를 사용한다.

② 전기·기계 설비, 역무실, 여객의 부주의 등의 방화 : 지하 역의 건조물은 구조상 중요한 부분인지의 여부에 관계없이 기초를 포함하여 내장까지 불연 재료를 사용한다. 주된 개소는 방화·방연 설비로 다른 개소와 구획한다. 또한, 지하의 변전소, 전기실, 기계실에 대하여는 구조의 파괴, 연소를 방지하기 위하여 기기류의 불연화와 함께 내화 구조의 바닥, 벽 또는 방화 문으로 다른 부분과 구획하며, 소화 설비, 배연 설비를 설치한다.

2) 수해(flood damage)

① 도로면의 물에 잠김(집중 호우, 수도 본관 파열 등)에 의한 출입구로부터의 침수 : 계단 출입구에 대하여 도로 면보다 올림, 지수판의 설치

② 터널 출입구로부터의 침수(집중 호우 등) : 터널 출입구에 침수방지 설비, 입갱(shaft)에 의한 배수(drainage) 설비

3) 정전(current off)

① 고압전원 계통 고장으로 인한 전체 정전, 부분 정전 : 다계통 수전의 1차 변전소에서 2회선 수전

② 변전소, 지하 배전소의 고장으로 인한 부분 정전 : 비상용 발전기를 설비

③ 말단 기기의 고장으로 인한 국부 정전 : 비상 조명(lightening)용의 전원으로 축전지 설비를 설치

4) 지진(earthquake) : 구조물을 내진 구조화

(다) 방재 관리실의 정비

재해가 일어난 경우는 비상용 조명 등으로 여객의 불안을 없앰과 동시에 재해의 조기 발견과 대책의 수배, 여객에 대한 정확한 정보의 조기 전달을 위하여 "방재 관리실"을 설치하여 방송 등으로 정보를 여객에게 적확하게 전달하고 역원의 피난 유도에 따라 안전한 장소에 있는 피난 계단에 의하여 지상으로 탈출시킨다. 또한, 소방대의 활동용으로서 소방차, 구급차 등이 접근할 수 있는 스페이스와 계단을 역과 환기탑 주변에 설치한다.

방재 관리실에는 정보의 수집, 연락 및 명령의 전달, 여객에 대한 안내 방송 및 방수 셔터 등의 감시와 제어를 하는 직원을 상시 근무시키며, 다음과 같은 설비를 갖춘다.

① 역에 설치한 자동 화재 경보 장치의 수신기

② 소방, 경찰, 관계 인접 건축물(일체 또는 연속된 지하 상가 등), 철도의 여러 시설과 연락할 수 있는 통신 설비

③ 방재 관리실에서 통괄할 수 있는 통신 설비

④ 방수 셔터의 원격 조작 설비 및 작동을 확인할 수 있는 설비

⑤ 비상 전원을 가진 조명 설비(lightening equipment)

(라) 피난 유도 설비의 정비

1) 피난 유도 설비

가) 승강장에서 지상까지 독립한 다른 2 개 이상의 피난 통로를 설치한다. 예를 들어,

① 통로는 승강장 양단부에서 각각 50 m 이내에 하나씩 입구를 설치한다. 지하 역의 각 부분에서 피난 통로의 입구까지의 거리는 100 m 이하로 한다.

② 피난 통로 최소 폭은 1.5 m로 한다.

③ 피난 통로는 지상까지의 길이를 될 수 있는 한 짧게 하고, 헤매지 않고 올라가는 것만으로 지상에 도달할 수 있게 한다. 돌아서 가는 계단(나선 계단)은 피난하기 어려우므로 설치하지 않는다. 에스컬레이터는 피난 통로의 일부로 간주하지 않는다.

나) 상용하는 전원이 정전된 경우에 비상 전원으로 즉시 자동적으로 점등하여 바닥면에 대하여 1 룩스 이상의 조도를 확보할 수 있는 조명 설비를 설치한다.

다) 피난구 유도등 및 통로용 유도등을 설치한다.

2) 배연 설비

가) 역 및 역간에는 유효하게 배연하는 설비를 설치한다.

① 배연 설비는 기계 환기(ventilation) 설비와 겸용하여도 좋다(기계 환기에 의한 풍속은 상시 1 m/s, 비상시 2 m/s로 하고 있다).

② 배연 설비는 충분히 검토하여 재해 시에 유효하게 가동하는 것을 설비한다.

나) 역에는 승강장과 선로의 사이, 계단, 에스컬레이터 등 외에 피난 통로, 콩코스 등의 부분에 대하여 필요에 따라 늘어뜨린 벽 등 연기의 유동을 방지하는 것을 설치한다. "연기의 유동을 방지하는 것"이란 천장 면에서 50 cm 이상, 하방으로 돌출한 늘어뜨린 벽 등으로 승강장의 천장과 선로상의 천장과의 차이가 50 cm 이상인 경우는 그것으로 간주하여도 좋다.

3) 방화 문

역과 다른 선로의 역(동일한 승강장을 사용하는 것을 제외한다), 지하 가로 등과의 지하 연락 개소에는 방화 문을 설치한다.

(마) 소화 설비의 정비

역에는 다음의 소화 설비를 설치한다.

  ① 소화기   ② 옥내 소화전 설비

  ③ 연결 살수 설비 또는 송수구를 부설한 스프링클러 설비   ④ 연결 송수관

역에는 공기 호흡기를 상비한다. 또한, 지하의 변전소에는 원칙으로서 화학약품 소화 설비와 전용의 환기(ventilation) 설비를 설치한다.

(바) 소화 관리체제의 정비

지하 역에는 방재에 관한 여러 규정을 정비하여 소방 등 방재 관계 기관과의 연락 등 긴급 처리 체제를 정비한다.

(11) 신체장애자, 노약자 등의 대응 설비

(가) 바닥표시블록

바닥표시블록은 유도 예고를 위한 유도블록과 주의위험을 지각시키는 경고블록 등이 있다(**그림 7.2.2**). 유도블록은 신체장애자가 역을 이용하는데 필요한 시설(출찰, 개찰, 계단, 플랫폼, 변소 등)로 유도하는 것이며, 경고블록은 플랫폼 가장자리나 계단의 시작, 통로의 분기 등을 알려주기 위하여 설치한다.

(나) 슬로프 · 에스컬레이터

동일 층에 있는 역의 콩코스에 고저차가 있는 것은 바람직하지 않지만 부득이하게 이 차이가 생기는 경우에는 슬로프를 설치한다. 이 기울기는 옥내 1/12, 옥외 1/20 이하로 한다. 또한, 근년에 고가역이나 지하역이 증가함에 따라 이용자에게는 다른 층으로의 이동이 신체적이나 심리적으로 부담이 되고 있으므로 이들을 경감시키기 위하여 많은 철도역에서 에스컬레이터를 도입하고 있다(상기의 (4)(나)항 참조).

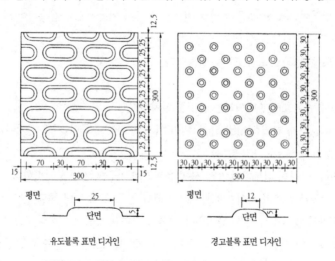

유도블록 표면 디자인   경고블록 표면 디자인

그림 7.2.2 유도 · 경고 블록의 디자인 표준도의 예

7.2.2 역전 광장

(1) 역전 광장의 기본 계획

(가) 역전 광장(station front)의 역할

여객 역은 도시의 앞 현관, 또는 지역의 교통, 도시 생활의 중핵이며, 많은 시민들은 이 역을 통하여 통근, 통학 및 업무, 가사, 레저 등의 일상생활을 활동하고 있다. 또한, 이들의 많은 여객이 집산하는 지점은 상업지로서도 매력이 있어 역전을 중심으로 상점가가 형성되어 도시의 중심적인 지역으로 된다.

따라서, 역은 철도와 도로 교통의 중계 점으로 보행자(자전거의 주·정거도 포함한다)의 편에 더하여 터미널·자가용·버스·기타 교통기관 등과의 연락이 유기적으로 원활하게 행하여지도록 역전 광장이 정비된다. 또한, 역전 광장은 도시의 현관으로서 도시 경관 상이나 방재(disaster protection) 대책에서도 중요시되고 있다.

역전 광장은 역사의 위치·평면 배치와의 관계가 깊고, 접속하는 가로와도 밀접한 관련이 있다. 특히, 최근에는 도로 교통의 발달에 따라 노면 교통의 구제도 겸하여 버스 터미널, 택시·자가용차 등의 주차장으로서의 성격이 강하며, 도시 교통을 위한 공공 광장적인 색채가 짙게 되어 있다.

그 때문에 역전 광장의 조성·정비는 도시 계획의 일환으로서 추진되며, 외국에서는 철도와 국가·지방 자체가 협의하여 각각 정비 부담을 분담하고 있다. 즉, 역전 광장의 공공적 시설의 성격에서 철도 측의 비용 부담이 경감되어 있다.

(나) 역전 광장의 기능과 정비 효과

역전 광장의 기능을 대별하고 역전 광장의 정비로 생기는 이용자별 효과를 나타내면 **표 7.2.2** 및 **표 7.2.3**에 나타낸 것과 같은 효과를 기대할 수 있다. 이들을 집약하면 다음의 네 가지로 대별된다.

① 교통 터미널로서의 기능 강화　　　　② 역세권 지역 교통 편리의 향상
③ 역전 상가, 상업지의 입지 조건 향상　　④ 경관이나 방재 등 도시 환경의 개선

표 7.2.2 역전 광장의 기능

기능 종별	내용
교통 터미널 기능	· 철도와 단말 교통 수단의 접속 · 2차 교통기관의 승하차와 상호 갈아타기 · 버스, 택시, 자가용차, 자전거의 주정차 · 수화물의 반출·입 · 역 주변 시설에 차량의 출입
도시활동 기능	· 역전광장 주변의 상가, 업무 장소로의 여객의 집산 · 시민의 집회, 커뮤니케이션의 장 · 매력적 상업공간 시설
환경정비 기능	· 시가지 교통과 철도 교통의 완충 지대 · 도시의 현관으로서 하이센스한 분위기의 조성 · 녹지, 식재 지대, 분수 등의 조경 시설 · 기념비, 꽃시계 등 기념물의 설치
방재 기능	· 대화재 시 등의 긴급 피난 광장 · 긴급 시 수송 물자의 적치장 · 긴급 차의 주정차

표 7.2.3 역전 광장의 이용자별 효과

이용자 종별	평가의 대상으로 되는 효과	
	직접효과	**간접효과**
공공 단체	· 도시 현관으로서의 이미지 향상	· 지가의 상승에 따른 고정자산세, 도시계획세의 증수 · 철도, 버스, 택시의 이익 증가에 따른 사업세, 법인세의 증수 · 주민의 증가에 따른 주민세의 증수
철도 사업자	· 역전 교통처리 공간의 확보	· 승하차 여객의 증가에 따른 증수
버스 사업자	· 역전 교통처리 공간의 확보 · 주행 시간의 절약	· 이용자의 증가에 따른 증수
택시 사업자	· 역전 교통처리 공간의 확보 · 주행 시간의 절약	· 이용자의 증가에 따른 증수
역전 상업 업무 시설	· 여객 서비스공간의 확보	· 이용자의 증가에 따른 증수
기타(주차장)	· 역전 교통처리 공간의 확보	· 이용자의 증가에 따른 증수
지역 주민	· 시간의 단축 · 교통 편이성의 향상 · 교통 안정성과 쾌적성의 향상 · 도시 경관의 향상 · 방재성의 향상	· 상업 시설의 집중에 의한 편이성의 향상 · 주택지에서 공공시설 정비 수준의 향상

(다) 역전 광장의 형식과 평면형

광장의 계획에서는 그 역과 도시의 실정을 좋게 조사 분석하여 장래의 예측을 세운 후에 각 시설을 기능적으로 결정하는 것이 중요하다. 일반적으로 광장내의 교통은 될 수 있는 한 간단하고 알기 쉬운 것이 좋으며, 복잡한 광장 시설은 교통의 흐름을 나쁘게 하고 혼란을 초래한다.

(2) 역전 광장의 각론
(가) 입체 이용

광장은 원칙적으로는 평면적으로 필요한 면적을 확보하여야 한다. 그러나 지하 역, 고가 역, 교상 역을 만들거나 역 주변의 토지 이용방법을 개선하여 보행자 도로와 버스, 택시, 일반 자동차 등의 교통 광장을 입체적으로 겹치게 하여 토지 이용효율을 높이는 경우도 있다. 외국에서는 토지의 유효 이용 및 사람과 자동차의 분리를 위하여 보행자 덱(pedestrian deck)을 이용한 입체 광장도 출현하고 있다.

입체화 광장은 일반적으로 다음과 같은 각 항목의 하나에 해당하는 경우에 필요에 따라서 계획한다.

① 역 주변 토지의 기복, 하천, 호소 등의 지형적 장해에 기인하여 평면적으로 필요한 면적을 확보할 수 없든지 또는 역전 광장과 역 시설, 혹은 연결 도로와의 사이에 고저 차가 있어 평면 광장으로는 교통의 원활한 동선 처리가 곤란한 경우 등 지형적 요소로 인하여 입체 역전광장으로 하는 것이 적절한 경우.

② 역전광장 주변이 고밀도로 밀집되어 있기 때문에 역전 광장으로서 필요한 전면적을 평면적으로 확보하기가 곤란하고 평면 광장으로서의 정비에 요하는 건설비가 입체시설 건설비를 포함한 입체 역전광장의 건설비에 비교하여 현저하게 거액으로 되어 입체 역전광장으로 하는 것이 적절한 경우.

③ 교상 역, 고가 역, 또는 지하 역 등의 역 시설과 버스 정류장 혹은 다른 철도역 등의 결절 교통시설과를 직접 연결함으로서 광장 내에서 보행자의 교통 안전과 자동차 교통의 원활화가 도모되는 등의 이점이

있어 입체 역전광장으로 하는 쪽이 이용 동선의 효율상 적절한 경우.

(나) 기본적 시설

역전 광장(station front) 내의 주된 시설은 여객의 보도(폭은 5 m 이상이 바람직하다), 차도(2차선이 원칙), 버스 승강장(폭은 1 m 이상) · 자동차 주차장(택시 등에 필요) · 교통통제 시설(로터리 등) · 녹지 · 조명 시설 등이다. 그 면적 규모는 예를 들어 승하차 5만 인/일의 전차 역에 대하여 6,000 m², 열차 역에 대하여 10,000 m² 정도, 승하차 10만 인/일의 전차 역에 대하여 10,000 m², 열차 역에 대하여 16,000 m² 정도를 표준으로 하고 있다.

역전 광장의 주된 구성 시설에는 ① 보도, ② 차도, ③ 버스 승강장, ④ 택시의 승강장, ⑤ 주차장, ⑥ 단체 광장, ⑦ 공공 시설, ⑧ 교통관제 시설, ⑨ 녹지, ⑩ 조명 시설, ⑪ 배수 시설이 있다.

이들 시설의 기능 및 배치 등에 대하여 고려하는 점을 **표 7.2.4**에 나타낸다.

표 7.2.4 역전 광장내의 주된 시설

시설명	배치상 고려하여야 할 사항	시설명	배치상 고려하여야 할 사항
보도	· 일반 도로보다 넓게 하고 여러 가지 시설 배치의 여유를 준다 · 시민의 집합 공간의 기능을 준다.	공공시설	· 경찰 파출소, 화장실, 전화 박스, 우체국, 구급 간호소, 시내 안내소 등이며, 역사 내 시설과 조정하여 배치한다.
차도	· 광장 내는 일방 통행을 원칙으로 한다. · 주변 도로에의 연결을 고려하여 동선의 교차, 출입구의 수와 배치를 충분히 검토한다.	단체광장 (기준 0.5m²/인)	· 터미널 역, 관광지 역, 중심적인 역, 종교 본부에 가까운 역 등에 필요하며, 그 단체의 집산 거점, 교통 연결거점으로 한다.
버스 승강장	· 역사에 가까운 쪽이 바람직하다. · 택시, 일반 차량 등과 함께 배치를 고려한다. · 버스 정류장은 계통별로 한다.	교통 관계시설	· 로터리, 중앙 분리대, 격리 녹지대, 유도대 등의 시설이며, 교통 동선이 교차하지 않도록 배치한다.
택시 승강장	· 역사에 가까운 곳. · 하차장→집합소→승차장을 일환적으로 한다. · 역 주변은 일반적으로 주차 수요가 높다.	녹지	· 역전의 조경상 교목, 관목, 잔디밭, 분수 등으로 배치하여 시민의 휴식터로 한다.
주차장	· 광장의 입체적 이용으로서 고려한다. · 관리상 유로로 하는 것이 바람직하다.	조경	· 광장기능 보안의 조도 이상으로 하여 미관상 종합적으로 조화가 있는 조명으로 한다.

(다) 미관과 조경

광장 설계에서 미관 · 조경적 요소가 필요하며, 도시의 얼굴로서의 광장 구성이 중요한 사항으로 된다.

① 공간적 확장   ② 광장 내 시설의 배치와 디자인

③ 주변 건물의 디자인(형상 · 색조 · 높이)

따라서, 이들의 요소를 고려하면, 역전 재개발 사업이나 철도의 연속 입체화 사업 등과 동시에 역전 광장을 정비하는 것은 종합적인 계획을 기초로 조화가 있는 디자인으로서 평가가 높은 것이다.

(3) 역전 광장의 설계

· 역전 광장(station front)의 형상은 직사각형에 가까운 형[종횡의 비 1/1~1/3(표준 1/2)]으로 구역의 치수는 종횡 모두 40 m 이상이 바람직하며, 광장 전체의 레이아웃은 심플하고 미로를 만들지 않도록 한다. 광장 내의 주요 시설은 여객 · 공중의 통로, 역과 연락하는 버스, 택시, 자가용차 등의 정차 및 주차 시설 등이

며, 이들 설계의 기본은 다음과 같다.

① 여객과 공중의 안전과 편리를 최우선으로 고려한다. 특히, 보행자가 목적지까지 눈으로 보아 최단 경로를 취하려고 하므로 크게 우회시키거나 자동차와의 평면 교차는 적극 피한다.

② 역전 광장 내의 주요 시설이 역사 및 주변 도로와 유기적으로 연락될 수 있도록 한다.

③ 역전 광장의 구역에는 통과 교통을 주로 하는 도로를 비롯하여 역전 광장의 교통 질서를 유지하기 위하여 필요한 시설 이외의 것(화물 자동차의 작업 공간, 버스의 차고·대기 장소 등)은 원칙적으로 포함하지 않는 레이아웃으로 한다.

④ 철도 시설, 도시 개발 등의 장래 계획에 지장 없도록 한다.

⑤ 역전 광장 시설로서 (2)항과 같은 것이 필요하다.

7.2.3 화물 설비(freight facilities)

(1) 화물 수송 업무와 화물의 종류

(가) 화물의 수송

철도 화물수송(goods(or freight) transport)의 주된 수속·순서는 화물주가 화물의 운송을 역에 신청하고, 역은 화차·컨테이너(container)를 수배하며, 화물주는 화물·컨테이너를 역으로 소운반하여 화차에 적재하고, 적재된 화차는 봉인하여 목적 역으로 수송된다. 도착의 연락을 받은 수하인은 역원의 입회 하에 봉인을 뜯고, 화물은 화차에서 내려져 소운반된다.

이들의 발화주·수하인의 수속이나 소운반은 대리인으로서 통운 업자에게 모두 위탁하는 경우가 많다. 그 때문에 화물 역은 여객 역의 경우와 다르게 통운 사업자를 상대로 하는 설비를 설치하는 것이 일반이다.

도로 수송의 진전, 물류 구조의 변혁 등으로 철도 화물의 분야가 최근에는 대폭으로 변하였고, 화물 역은 전용 역이 주로 되어 있다. 또한, 도시 지가의 고등에 맞추어 화물 역은 도시 근교로의 이전이 많고 또한 용지의 유효 이용을 위하여 역 설비의 입체화도 적극적으로 추진되고 있다.

(나) 화물의 종류

최근의 철도 수송이 다루는 화물은 탱크 차(tank wagon)·홉퍼 차(hopper wagon) 등과 같은 물자별 전용 화차(material wagon)를 사용하지만, 컨테이너로 적재하는 것이 태반을 점하고 컨테이너의 비율이 해마다 늘고 있다. 일손의 노력을 요하는 바꿔 싣기는 비용과 시간을 요하기 때문에 역두 하역은 기계화를 원칙으로 하고 있다.

적재 효율(load efficiency)이 좋은 컨테이너 수송을 계속하여 왔지만, 외국에서는 차체 상부를 둥글게 한 전용의 4톤 트럭 2대를 전용 차운반차(car-carrier)에 적재한 피기 백(piggyback) 수송의 이용이 늘고 있다.

피기백(Piggy Back)은 화물을 적재한 채로 트레일러(trailer)를 그대로 저상(低床)화차에 적재시켜 수송하는 방법이다(**그림 9.5.1** 참조)[244]. 피기백의 특징은 다음과 같다.

① 화차의 적하비와 소운반비가 절약된다.

② 화물의 수량, 목적, 방향이 이미 정해져 있다.

③ 별도의 화물 분리작업이 필요없다.

④ 철도와 상관된 최근 공로와의 연결로 화물을 신속, 정확하게 처리할 수 있다.

⑤ 화주가 화물을 직접 관리할 수 있으며, 정거장의 화물 이동시에 사용한다.

⑥ 유럽 및 미국, 캐나다 등지에서 주로 많이 사용하고 있다.

(다) 화물 역의 종류

거점간의 직행 수송에 대응한 화물 역은 주로 컨테이너를 다루는 역, 물자별 화물을 다루는 역, 기타의 화물을 다루는 역, 각종의 화물을 다루는 복합 역, 전용선(private siding, industry track)을 가진 역 등으로 분류되며, 구내 배선, 화물 취급 설비 등이 상응하여 설치되어 있다. 또한, 새로운 화물 역[245]으로서 ① 컨테이너 열차(freight liner) 전용터미널, ② 거점화물터미널(복합거점, 화물별 거점, 전용선 거점, 항만거점 등), ③ off-rail 화물역(컨테이너급 화물이 증가하면, 영업거점 선로와 떨어진 시내나 유통단지 등에 화물역을 두고 트럭과 협동으로 일괄수송체계 도모, ④ 복합터미널(트럭수송, 선박 등과 일괄수송체계 수립) 등으로 구분하기도 한다.

(2) 화물 수송 방식의 변화

(가) 개요

과거의 화물 수송은 기관차의 견인력(tractive force)을 풀로 활용하는 집결 수송이었기 때문에 야드 중계 등에 시간이 너무 걸리고 화차의 발착 시간을 명확하게 할 수 없었다. 또한, 화주가 필요한 때에 화차가 부족한 일이 많고 화주는 저스트 타임(just time) 등의 유통 기구 변혁을 놓치지 않기 때문에 트럭 등의 수송 기관을 이용하도록 되었다. 이것은 전국에 네트워크를 가진 철도가 본래의 기능을 살려 그 힘을 발휘할 수 없게 되는 것을 의미하며, 국민 경제적인 손실이다.

따라서, 야드 집결 수송 시스템 대신에 거점 역간 직행 수송 체제를 확립하여 화물 발착 시간의 명확화, 화물 취급 유효 시간대의 확보 등에 따라 중·장거리, 대량 수송(mass transport)이라고 하는 철도의 특성을 살리도록 하는 것이 필요하다.

(나) 화차의 수송 방식

석유·시멘트 등의 물자별 화물의 수송은 전용 화차로 착발 역간을 직행 수송한다.

일반 차량 취급·컨테이너 화차는 일반적으로는 계주계(繼走系) 수송으로 한다. 특히, 컨테이너 화물에 대하여는 포장비의 절감과 문전에서 문전까지의 속달화에 따라 앞으로의 발전을 기대할 수 있다. 그 때문에 화물을 컨테이너화하여 열차 편성(train consist)의 화차에 직접 실어 컨테이너만을 계주하고 열차는 편성인 채로 거점 역간을 직행하여 화물의 속달을 유의하는 것이 필요하다.

(다) 컨테이너 취급 역의 개량

컨테이너 취급에서 화주 주도형에 대응할 수 있어야 하며, 화물 역에서는 하역 설비, 적치장 등이 충분하도록 하는 것이 필요하다.

(라) 앞으로의 철도 화물수송(제1.3.3(3)~(5)항 참조)

현재의 유통계는 생에너지, 노동력 부족, 공해 대책, 도로 혼잡 등 제반의 문제를 안고 있으며, 철도 수송의 특성을 재인식하여 이들을 해소하도록 하여야 한다. 이것에 대응하기 위하여 화주가 시간, 장소에 관계없이 컨테이너를 이용할 수 있도록 화차를 포함하여 컨테이너를 대량으로 보유하여 보관할 필요가 있지만, 도회지의 화물 역은 좁고 하역장도 부족한 경우가 많다. 앞으로의 진전을 고려하여 컨테이너의 구조 · 하역 · 집배 · 적치 방법에 대하여 기술 혁신을 계속하는 것이 필요하다.

동시에 화주의 요망이 강한 열차의 고속화, 장대화도 중요하며, 대출력 기관차의 도입도 필요하다.

그러나, 현재 유통업계의 저스트 타임(무재고화)은 필요 이상으로 많은 빈도의 수송을 필요로 하고 전술한 유통계의 여러 문제를 더욱 심각한 것으로 하고 있으며, 사회 전체의 이익과 합치하지 않는다. 앞으로 철도 수송이 그들의 뒷받침으로서 활약하기 위하여는 이들의 검토가 필요하다.

(3) 화물 취급 설비

(가) 화물 취급 설비

주된 취급 업무는 접수와 연락 사무, 화물의 바꿔 싣기, 화물의 분류(통운 업자가 동일 방향의 화물을 하나의 화차나 컨테이너로 모으기 위하여), 화물의 보관 등이다. 필요한 설비는 역사, 화물 바꿔 싣기 설비, 화물 분류 설비, 화물 보관 설비, 화차나 컨테이너의 일시 체류 설비 등이다. 또한, 최근에는 화차나 컨테이너의 동태를 즉시 파악하여 대응할 수 있는 신정보 시스템이 정비되어 있다.

화물 역에서 주역의 하역기계(loading and unloading machine)는 디젤 구동의 포크 리프트(fork-lift truck)가 컨테이너를 포함한 화물의 싣고 내리기에 사용되고 있다. 예전에는 화차의 바닥 면에 높이를 맞춘 화물 플랫폼(높이 960~1,060 mm)이 설비되었지만, 최근에는 포크 리프트의 사용에 따라 궤도면과 같은 높이의 플랫폼이 원칙으로 되어 있다. 컨테이너는 예를 들어 적재 중량 5 t, 10 t, 20 t용이 채용되며, 포크 리프트도 대형화하여 톱 리프터가 사용되고 있다.

(나) 컨테이너의 취급

컨테이너 열차의 도중 역에서 싣고 내리기 수송에 대응하여 착발선 컨테이너 하역 역(container station with arrival and departure track)이 정비되어 있다. 즉, 본선의 착발선(departure and arrival track)에 인접하여 컨테이너 플랫폼을 설치하여 열차가 정지한 채로 컨테이너를 싣고 내릴 수 있는 방식으로 서비스를 개선하고 수송 능률도 향상시키고 있다.

컨테이너를 취급하는 역의 주된 구성은 컨테이너를 싣고 내리기 위한 하역 플랫폼과 화물선, 컨테이너의 임시 적치를 위한 컨테이너 적치장, 편성된 열차의 출발이나 도착용의 착발선, 본선에서 이용한 기관차를 분리하여 우회하기 위한 기회선, 화차의 유치선 등으로 된다. 또한, 컨테이너를 화차에 싣고 내리며 트럭에 싣고 내리기(이들의 일련의 작업을 하역작업이라 부른다) 위한 포크 리프트와 이것을 정비하기 위한 포크 리프트용 차고 등이 있다. 하역 플랫폼에서는 종래의 조차장에서 행하여왔던 분류작업을 개개의 컨테이너로 행하기 때문에 트럭으로도 싣고 들어가는 컨테이너는 행선방면별의 하역 플랫폼에 일시 적치하고 해당 열차가 도착하고부터 포크 리프트를 이용하여 하역작업을 한다. 컨테이너의 종류는 최대 적재중량에 따라 예를 들어 5 톤형(길이 12 피트/최대중량 7 톤), 10 t형(길이 20 피트/최대중량 15 톤)의 것이나 해외로부터의 해상 컨테이너(길이 20, 40의 각 피트) 등이 있다.

(다) 하역 플랫폼

하역 플랫폼의 연장은 그 역에 발착하는 화차의 차량길이에 전후의 여유길이를 더한 길이에서 결정된다.

통상은 화차를 20.4 m/1 량으로 하여 편성 량수로 곱하고 여유길이를 10 m 정도로 한다. 폭은 컨테이너 작업대(12 ft용 포크 리프트에 대하여 10 m 전후)와 트럭의 하역대(3.5 m), 트럭통로(3.5 m), 컨테이너 적치장(3.0 m)으로 결정된다. 컨테이너 플랫폼의 포장은 아스팔트 포장과 콘크리트 포장이 있지만 아스팔트 포장은 시공 후 곧 이용할 수 있는 등의 이점이 있다. 또한, 대형의 포크 리프트의 윤하중이 통상의 도로포장에서의 교통하중보다 무거운 점에서 다층 탄성이론 설계법에 의거하여 포장구성을 결정한다.

(라) 화물 수송과 설비

직행방식의 수송에서는 거점역간의 수송이 중심으로 되지만 이 도중에 위치하는 중간 역에서는 거점 역에 컨테이너를 수송하고 그 역에서 행선에 맞는 열차에 컨테이너를 다시 싣는 작업이 발생한다. 화물수송의 효율화를 도모하기 위하여 여객수송과 마찬가지로 착발선에 접하는 하역 플랫폼에서 직접 컨테이너를 적재하여 목적지로 수송하는 방식(착발선 하역방식)이 도입되고 있다.

물자별 화물 취급 역은 석유·시멘트·석회석·사료·종이·펄프 등에 대응한 하역기계(loading and unloading machine)·저장(stock) 설비가 설치되어 있다. 피기 백 수송에 대응하는 역에는 트럭의 싣고 내리기 선로의 끝에 자주(自走) 슬로프대를 설치하고 있다.

철도수송에 적합한 대량화물에 대해 품종별로 특수한 축적설비를 설치하고 그곳을 기지로 하여 소비지에 트럭으로 수송하는 수송시스템이 있다. 축적 품목에는 시멘트, 석유 등이 있으며 그러한 기지를 물자별 적합 수송기지라고 한다.

(마) 화물 취급 작업과 기능

이하에서는 화물 취급의 주된 것인 컨테이너용 및 차량 취급용의 싣고 내리기 장소에서 행하는 작업과 기능을 나타낸다.

1) 화물의 옮겨 싣기 : 화물 플랫폼은 화차와 자동차간의 화물의 옮겨 싣기 작업을 하는 장소이며, 그들의 효율화를 위하여 하역 기계(포크 리프트, 벨트 컨베이어, 크레인 등)를 배치한다(제(4)항 참조). 또한, 화물의 형태도 개선되어 일괄 작업이 가능한 컨테이너, 판(板) 팔레트(pallette), 박스 팔레트 등을 이용한다. 한편, 다른 수송기관과의 효율적인 연계 수송이 요구된다. **그림 9.5.2**와 같은 슬라이드 밴(slide van) 시스템도 있다.

2) 화물의 분류 : 통운 사업자가 동일 방면의 목적지로 가는 소량 발송 화물을 하나의 화차 또는 컨테이너로 모으기도 하고 소량 도착 화물을 동일 방면의 목적지로 분류하는 작업은 인력 작업 외에 벨트 컨베이어, 스키드(skid), 팔레트 등을 이용한다.

3) 보관 : 화차에서 내려진 화물은 자동차나 화주의 형편 등으로 일시적으로 보관할 필요가 생기는 경우가 많다. 특히, 철도 이용의 촉진을 위해서는 화물 역에 직결한 창고가 필요하다. 최근에는 도시 부근에서 컨테이너 보관 장소에 이용되는 예도 많다.

4) 화차·트럭의 일시 체류 : 화물 수송을 원활하게 운영하기 위해서는 하화 후 빈 화차, 빈 컨테이너의 일시 체류·유치, 트럭의 야간 체류 등이 필요하다.

(4) 하역기계
(가) 크레인(Crane)

목재, 철강 및 기계류 등의 화물을 적하할 때에는 집 크레인(Jib crane), 천장 주행 크레인, 문형 크레인, 부두 크레인(wharf crane) 등을 사용한다[245].

(나) 컨베이어(conveyor)

하조를 하지 않고 취급하는 화물 또는 소급화물의 하역에 사용하며 벨트(belt) 컨베이어, 에어프론(apron) 컨베이어, 훅크(hook) 컨베이어 등이 있다.

(다) 호크 리프트(지게차, fork lift)

수평으로 된 호크 상부에 화물을 올려놓고 마스트(mast)로 들어 올려 화물을 적하하고 이동시킬 수 있는 하역기계이다.

(라) 토오베이어(twoveyor)

포장된 노면에 홈을 파서 이 홈 안에 체인 컨베이어(chain conveyor)를 환상(loop)으로 설치하고 체인 컨베이어로 트롤리(trolly)를 이동시키는 것으로 소급화물에 사용한다.

(마) 기타 기계 등

1) 계중대(track scale or weight bridge) : 화차에 적재한 채로 화물의 중량을 화물을 계량하고 화차의 자중을 차인하여 화물의 적재중량을 산출하는 장치이다. 보통 정지상태에서 계량하나 열차운행 중에 서행하여 계량하는 전자식도 있다.

2) 적재정규 : 무개화차에 적재한 화물이 차량한계 외에 나가는 지를 검사하는 설비이다.

3) 컨테이너(container) : 화물을 철제상자에 넣어 단위화물(unit load)로 취급하여 무개화차에 적재시켜 수송하는 소정 크기의 운송용 철제 상자이며, 하조비와 소운반비를 절약할 수 있다. 화차에 적하할 때는 호크 리프트 또는 크레인을 사용한다.

4) 파렛트(pallet) : 일반 잡화 중에 봉지 또는 상자포장으로 되어 있는 여러 단으로 포갤 수 있는 것을 파렛트라는 평대(깔판)에 포개 쌓고 이것을 단위 화물로 취급하여 호크 리프트로 적하하면, 하역작업의 능률이 향상되므로 최근에 이 방법을 많이 사용하고 있다.

5) 피기백(piggy back) : 제(1)(나)항 참조

6) 후렉시반(flexi-van)

트레일러의 차체만이 화물을 적재한 채로 화차 또는 선박에 이적될 수 있는 것으로 자동차 1대분의 대형 컨테이너로 생각할 수 있다. 수송단위가 큰 역에서 도로와 철도의 협동수송체계로서 미국이나 유럽에서 사용한다.

(5) 리타더 시스템(Retarder System)

험프조차장(제7.1.2(1)(라)항 참조)의 험프 정상에서 자전하는 화차를 제동하는 방법으로 자전 도중에 궤도에 설치된 제동장치로 임의로 브레이크를 걸어주는 차량 제동방식을 말한다[245]. 리타더 시스템에는 다음과 같은 종류(방식)가 있다.

① 양쪽 레일에 설치한 브레이크를 동력으로 작동시키는 방식

② 궤도에 자장을 만들어 주행차량으로 생기는 과전류와의 작용으로 제동을 걸어주는 방식

③ 브레이크슈를 전동기로 작동하는 캐리어를 배치하여 제동하는 방식

④ 차량의 무게로 자동적으로 제동력이 걸리게 하는 방법

7.2.4 운전 업무상의 설비

(1) 여객 열차의 운행과 주된 작업

차량기지에서 조성된 여객차(passenger car)는 시발역(starting station)으로 회송되어 열차로 되며, 여객을 취급하고 출발하여 중간 각 역에서 여객을 승하차시키면서 종착역(terminal station)까지 운행한다. 종착역에 도착한 열차는 곧바로 반복하는 경우와 일단 차량기지(또는 여객 차 유치선)로 들어가 시발역과 같은 모양으로 검사 · 청소 · 조성 등의 작업을 거쳐 시발 열차로 되는 경우가 있다. 그리하여 여객 차는 최종적으로는 소속된 차량기지로 돌아가 검사 · 수선 등의 점검 · 정비 작업을 받는다.

열차가 기관차 견인인 경우는 기관차의 바꿔 달기 · 입출고용의 설비, 혹은 기관차 사무소가 필요하다. 도중의 역에서 여객 차를 증차, 해결 작업하는 경우는 그를 위한 설비가 필요하게 된다.

(2) 화물 열차의 운행과 주된 작업

화차를 시발역(starting station)에서 도착역(destination station)까지 수송하는 방법에는 발착역간을 직결하는 "직행계 수송"과 화차를 가장 가까운 거점 역으로 보내어 동일 행선지의 화차를 모아 열차로 조성하여 도착역 부근의 거점 역까지 수송하여 각 도착역으로 탁송하는 "계주계(繼走系) 수송"으로 대별된다.

화물 열차가 화물 역의 착발선에 도착하면, 견인 기관차가 도착 화차를 해결선으로 해방하고 발송 화차를 연결하여 출발한다.

하물 플랫폼으로 화차의 넣기 · 빼기 등의 입환(shunting) 작업은 입환 기관차가 행하지만, 그것이 배치되어 있지 않을 때는 견인 기관차로 행한다.

컨테이너 화차, 급행 화물 열차 등의 화차는 착발선에서 직접 화물 플랫폼으로 넣기 · 빼기를 행하든지, 또는 착발선에서 화물의 싣고 내리기를 한다.

(3) 운전 업무상의 설비

역에는 열차가 착발하기 위한 본선(main line)이 필요하지만, 그 외에 열차가 시 · 종착하게 되는 역에는 열차 조성, 차량 입환, 유치, 혹은 정비, 검사 · 수리 등의 철도 업무를 수행하기 위한 설비를 병설하면, 차량의 운용 짬을 이용할 수 있고, 2중 작업, 회송 로스가 적어 효율적이다. 이 경우에 각 작업 용도에 합치한 여러 명칭의 측선(side track)이 필요하게 된다(제7.1.4항 참조).

그러나, 프런트(front)로서의 역은 인가 밀집 지대, 공업 지대로 노선을 연장함에 따라 각 역에 이들의 설비가 필요한 경우에 각 역마다 이것을 설치하면, 2중 작업이 많게 되므로 비능률적으로 된다. 또한, 광대한 역 용지를 필요로 하는 경우도 많으므로 프런트로서의 역만을 노선 연장에 포함하고, 화물 역, 조차장, 차량기지 설비를 분리하는 경우도 많다.

7.2.5 정거장의 개량

(1) 정거장 개량의 필요성

정거장의 사명은 고속선로의 건설, 복선화(doubling of track), 전철화, 차량의 근대화 등 철도의 소장(消長)과 시대의 변천과 함께 변화하여 객화의 취급 수량도 그것에 따라 증감되어 왔다. 특히, 최근에는 다른 수송기관의 발달에 따라 철도의 시장 점유율이 감축하고 있는 한편으로 인건비가 대폭적으로 증가하는 점 등으로 인하여 철도의 경영이 극단으로 악화되어 왔다. 철도의 설비 투자는 수송력 추종의 것으로부터 경영 기반의 확립을 위한 것으로 변하고 있다.

이와 같은 상황하에서 정거장은 철도 영업의 프런트이고 동시에 객화의 승강·열차 운전(train operation)의 요점이며 또한, 종업원의 대다수가 근무하는 장소이므로 정거장을 단순히 객화의 취급 장소로만 보지 않고 지역에 밀착하여 객화 요구의 다양화에 대응한 양질의 서비스를 제공하는 장소로 하는 것이 중요하게 된다. 또한, 프런트인 역에 활성을 갖게 하고 철저한 업무의 근대화·합리화로 요원을 삭감함과 동시에 관련 사업의 전개로 수입의 확보와 증대를 도모하는 시책이 역 개량에 요구되고 있다.

한편, 역은 도시·지역에서도 다른 도시와의 접점 및 지역 교통과의 결절 점으로서의 기능을 수행할 뿐만 아니라 도시·지역의 중추 기능, 종합 교통 센터, 지역 주민을 위한 시설로서의 기능을 가지며, 이미지에 호감을 가지는 역으로의 탈피가 요망되고 있다(제7.1.3항 참조).

이상에서 알 수 있는 것처럼, 정거장 개량의 필요성은 항상 높은 것이라고 한다.

그러나, 정거장의 설비는 일단 사용을 개시하면 수십 년 동안 사용되며, 예를 들어 노후되고 좁다고 하여도 무리를 하면 참을성 있게 사용할 수가 있다. 그 후 이들의 개량 공사는 객화 혹은 열차를 취급하면서 시행하여야 하기 때문에 일반적으로 난공사로 되며, 공사비도 고가로 된다. 따라서, 정거장의 개량은 경영적 판단에 맡겨지는 경우가 많고 신선 건설, 선로 증설 등의 큰 프로젝트 혹은 도시 계획의 일환으로 실시되는 일이 많다.

다른 프로젝트가 촉진제로 된 개량, 또는 단독의 개량 공사이어도 정거장 개량 공사는 한번 시행되면 다시 수십 년은 개량이 시행되지 않는 것이 보통이다. 그 때문에 개량 공사를 계획하는 경우에 그것이 예를 들어 단순한 교체 공사이어도 손대는 범위 내에서는 이상에 가까운 것으로 하고, 만약 기준에 위반되어 있는 것이 있으면, 그것을 해소하는 것이 일반적이다. 그 때문에 개량 계획을 세울 경우에는 장래의 전망과 개량하여야 할 범위를 충분히 검토하여 화근이 남지 않도록 계획을 세우는 것이 중요하다.

(2) 정거장 개량 계획

정거장의 개량 계획을 세울 때에 배려하여야 할 중요한 점은 다음과 같다.

① 역무 전반에 걸쳐 근대적·합리적인 업무 운영 시스템을 도입하여 근대적인 설비로 개선한다.

② 과밀, 다양화가 진행되는 이용자의 편리를 향상하여 여유와 헤아림이 있는 수송 거점으로서의 역으로 개량한다.

③ 다른 수송기관, 관련 사업과의 연계를 견고하게 하는 설비로 개량한다.

④ 운반의 철도에서 서비스의 철도로 변환하며, 정보를 파악하여 광역·중점적인 영업 체제에 조화된 서

비스를 제공하고, 판매하는 설비로 개량한다.

⑤ 경영 기반의 강화, 고용 대책 및 지역의 밀착을 위한 관련 사업 외에 커뮤니티 시설 등을 역에 병설한다. 정거장에서 목적별로 개량이 필요하게 되는 공사 종별을 이하에 나타낸다.

(가) 경영 기반의 확립을 위한 개량

1) 프런트 업무의 효율화 : ① 오픈 카운터화, 여객 센터의 강화, 신설, ② 자동 출 · 개찰화, 자동 발매기 · 자동 개 · 집찰기의 신설 등 역 시설의 근대화, 합리화, ③ 컨테이너 플랫폼의 신 · 증설, 화물 착발선 플랫폼의 신 · 증설, 새로운 컨테이너의 개발

2) 일반 업무의 근대화 : 차량기지, 화물 역의 이설 · 증설, 차량 정비, 검사수리 설비의 근대화

3) 역의 활성화 : 커뮤니티 시설, 지역 서비스 설비 등 역의 지역 거점화, 화물 역의 유통 기능 재개발, 정보 설비의 정비

4) 관련 사업의 전개 : 역 빌딩, 호텔, 고가하, 역구내 등의 개발

(나) 양질의 서비스를 제공하기 위한 개량

1) 수송력(transportation capacity)의 증강 : ① 선로의 증설 · 전철화와 도시간 직행 수송(고속 선로 포함) 및 편성 량수의 증대 등에 따른 배선의 변경 및 플랫폼의 증설 · 연신, 교상 역사화, ② 착발선, 대피선, 교행(cross) 설비, 플랫폼 등의 신 · 증설

2) 여객 서비스, 통근 · 통학의 혼잡 완화 : ① 플랫폼. 여객용 통로(과선교, 지하도), 계단, 콘코스 등의 확폭, 신 · 증설, ② 역사의 개축, 에스컬레이터, 엘리베이터의 신 · 증설

(다) 보안 대책, 도시 계획에 의거한 개량

1) 건널목 제거, 도시 계획 : 연속 입체 교차화(고가 아래 역사화), 자유 통로의 신설(교상 역사화)

2) 안전 대책 : 평면 교차의 제거, 무인 역 과선교의 신설

(라) 노후 · 협소한 설비의 개량 · 교체, 다른 공사의 지장 이전 : 역사, 차량기지(depot), 화물 역의 신설 · 이전

7.3 차량기지와 차량공장

차량기지가 정거장과 전혀 다른 작업을 하는 것으로는 차량의 검사 · 수선 작업이 있다. 차량의 검사(car inspection)란 차량의 성능을 유지하기 위하여 차량과 부품의 열화 상태를 조사 · 조정하고 각부의 기능을 보충하여 사용에 지장이 없는 상태로 유지하고 동시에 차량 · 부품의 사용에 대하여 미리 기능을 확인하는 것이다.

범용 화차를 제외한 차량은 각각의 차량기지에 배속되며, 미리 결정된 예정 계획에 따라서 차량기지를 출발하여 운용되고 나서 차량기지로 되돌아가는 것을 원칙으로 하고 있다. 차량기지(해외에서는 "depot"라고 한다)에서는 임시 수선도 포함하여 소정의 정비 · 청소 · 검사 등의 작업이 행하여지며, 해체나 대수선 또는 전반적인 검사는 회송되어 철도에 부대하는 차량공장(workshop이라 한다)에서 행하여진다. 일반철도에서는 원칙으로서 차량기지와 차량공장을 따로따로 하고 있지만, 지하철에서는 양자를 병설하고 있는 예가 많다.

7.3.1 차량의 운용과 정비 · 보수

(1) 차량의 운용(car operation)

철도의 건전 운영에는 시설의 효율적 사용과 함께 차량에 대하여도 보다 적은 량수로 최대한의 수송과 보다 좋은 서비스를 할 수 있는 고효율의 운용이 바람직하다. 그러나, 계절 · 요일 · 조석으로 이용의 파동이 있어 수송량(volume of transportation)에 조밀이 생기고 열차 다이어그램(train diagram)도 평준화할 수 없기 때문에 년간을 통하여 1일 24시간 풀로 차량을 운용하는 것은 불가능하다. 또한, 후술하는 것처럼 차량은 정비 · 보수를 필요로 하기 때문에 정상적인 다이어그램으로 운용되는 량수에 대하여 수송 파동에 따른 소요 증가도 포함하여 어느 정도 예비의 차량을 소요로 한다.

명절 · 연말 연시의 단시일의 큰 파동 증가에 대하여도 대응할 수 있도록 상당한 수의 차량을 보유하는 것은 채산적으로도 곤란한 경우가 많다. 그러나, 다른 교통기관과의 경쟁에 대항하기 위하여도 여객 수송(passenger transport)의 경우는 주말 등의 년간 합계 2~3 개월 정도의 많은 여객 파동에 비하여, 화물 수송(goods(or freight) transport)의 경우는 추동 번망기의 약 3 개월에 대하여 충분한 예비 차량(reserve car)을 보유하는 것이 바람직하다. 예를 들어, 여객차의 실적에서는 정비 · 보수를 위한 보유 량수의 약 5 %를 포함하여 예비율은 7~14 % 정도이며, 부족한 예가 많다.

대도시 근교 교통의 통근 전차는 아침의 러시 아워 대의 다이어그램으로 소요 량수가 결정되고 최근에는 설정 가능한 최대한의 다이어그램으로 하고 있는 선구가 많아 그 외의 시간대에서는 전차(electric car)가 상당한 잉여로 되어 있다.

배치 량수는 관계 선구와 그 운전 범위 및 운행 열차횟수 등으로 구하여지지만 동시에 인접 기지의 규모, 그들과의 차종 · 검사수리 작업 등의 분담 방법 등에도 좌우된다. 즉, 일반적으로는 관련 선구 전체의 소요 차량 수를 구하여 이것을 차종별, 선구별, 운전 계통별 등으로 정리 · 통합하여 기존 기지의 설비를 풀로 활용하고 나머지 차량, 검사수리 작업 등을 새 기지로 소속시키는 일이 많다. 이 경우에 객차, 기관차, 화차 등의 그룹으로 나누어 집중 관리할 수 있도록 배분하는 것이 득책으로 되는 일이 많다.

차량의 정비 · 보수율이 적고 차량의 운용이 효율적이며 그 외에 파동 수송 대책의 예비율이 불충분할 경우에, 배치 량수당 1일 평균 주행 km는 예를 들어 전기기관차(electric locomotive)가 약 400 km, 특급 전차가 약 600 km, 통근 전차가 약 300 km, 고속 전차가 약 1,200 km라는 예가 있으며, 이 경우에 후자의 두 가지는 높은 수치이다.

(2) 예방보전 방식의 채용

차량은 주행 사용으로 인하여 여객차(passenger car)의 더러워짐에 따른 청소 · 세척 외에 브레이크 장치의 제륜자, 집전 장치인 팬터그래프(pantograph)의 접판(slider) 등 소모 부품을 어느 일정 주행마다 교환하고, 베어링 등의 기름을 보충하여야 한다. 또한, 차량은 일반의 기계와 마찬가지로 주행 사용으로 인하여 각부의 마모 · 열화 · 피로가 진행하여 성능 · 서비스의 저하를 초래하고 또한 고장 발생의 원인으로 된다.

그 고장이 발생하고 나서 고친다고 하는 사후수선의 방식(breakdown maintenance, BM)에서는 차륜 · 베어링 등 주행 장치(running gear)의 고장이 중대사고(major accident)로 될 가능성이 있는 점이나 차량 고장(car trouble)으로 인한 운행 불능이 다른 많은 열차에 영향을 주는 등 간접적인 손실도 크기 때문에 철도차량(rolling stock)에서는 가능한 한 피하여야 한다.

따라서, 고장을 일으키기 쉽게 되기 전에, 또는 서비스가 저하하여 사용이 좋지 않게 되기 전에 정비·보수하여 복원하는 예방 보전(PM, preventive maintenan)의 방식이 채용되며, 일정 기간마다 각부의 검사가 행하여진다. 이 방식은 예전부터 확립되어 동서양을 불문하고 채용되고 있는 철도차량의 정비·보수의 원칙이다.

검사의 주기는 차량의 운전 거리가 소정의 거리에 달하든지 혹은 소정의 거리에 달하지 않은 경우에도 전회의 검사 후의 경과 일수가 소정의 일수에 달한 때에 행한다(후술의 (3)항 참조).

최근에는 차량의 근대화, 설계의 개선, 부품의 내구성 연신 등으로 검사 주기(회귀라고도 한다)가 대폭으로 늘어나고 또한 검사 내용도 간소화되어 있지만, 정비·보수에 대한 PM 방식의 기본 원칙은 변하지 않고 있다. 즉, 고장을 한없이 없도록 노력하고 있는 항공기의 정비·보수의 방식 등과도 공통하고 있다.

(3) 각종의 검사

차량은 복잡한 각종의 장치·부품(기관차의 경우에 약 2만 점)으로 성립되어 있지만, 각각 교환·보수를 필요로 하기까지의 주행 킬로미터나 기간에는 차이가 있다. 그 때문에 일본에서는 거의 같은 정도인 수명의 장치·부품마다의 그룹에 기초하여 ① 일상 검사(daily inspection, 운전정비 상태에서 소모 부품의 교환, 조정, 기름 보충 등을 하면서 각부의 상태와 기능을 검사하여 우발적인 지장을 찾아내는 것으로 운용의 틈에 작업한다), ② 교번 검사(regular inspection, 있는 형태의 상태로 기기의 검사·조정 등을 하며, 운용에서 벗어나 작업한다), ③ 중간 검사(intermediate inspection, 전반 검사까지의 중간에 지장이 중대 사고로 될 우려가 있는 대차(truck) 등의 주요 개소를 해체 검사한다), ④ 전반 검사(general inspection, 모든 범위에 걸쳐 해체 검사를 하며, 차체를 도장한다) 등으로 나누어 검사 내용의 표준을 정하고 있다. TGV(train a grande vitesse)에는 일상 검사수리, 실내설비 검사, 주행장치 검사, 시스템 종합검사, 제한 검사, 일반 검사, 전반 검사, 미적 대수선, 반수명 대수선, 대청소 등으로, ICE(intercity express)에는 일상 검사, 주간 검사, 월상 검사, 4개월 검사, 20개월 검사, 4년 검사, 8년 검사, 16년 검사, 대차 수선 등의 검사 종류가 있다. 이들은 크게 나누어 일상 검사와 정기 검사(regular inspection)로 나눌 수 있다. 차량의 검사 종류와 주기는 기종에 따라 다르며, TGV는 기간을, 신칸센과 ICE는 기간과 거리를 복합 적용하고 있다.

장치·부품의 수명은 일정하지 않고 일반적으로 정규 분포가 많으며, 검사 시기는 평균 수명보다 앞서 행하지만, 검사 시기가 너무 빠른 것(검사 횟수가 증가한다)은 여분의 비용을 필요로 하고 또한 너무 늦은 것은 고장 사고가 발생하게 되므로 어느 것도 바람직하지 않다. 따라서, 적정한 시기는 장년에 걸친 실적을 거쳐 종합적으로 결정한다.

상기의 정기 검사 외에 초기 고장적인 것이나 부품 수명의 분산 등 때문에 때때로 돌발 고장의 발생을 면할 수 없고, 이 경우의 수리 복구에서 가벼운 것은 차량기지에서, 무거운 것은 차량공장에서 임시 수선으로서 다루어진다.

여객차 기지에서는 검사·수선과 병행한 정비의 일도 있다. 차체(car body)의 내외를 청소·세척하고 침구 시트 등을 교환하는 서비스 관계의 소모품을 보충하고 오물 탱크의 오수를 빼내고 세척을 하는 등의 업무이다.

차량기지에서는 일상 검사 · 교번 검사를 주로 하고 중간 검사도 하는 기지도 있다. 차량공장은 전반 검사를 주로 하고 중간 검사도 실시하고 있다. 이들 차량의 검사수리에 요하는 년간 경비(차량기지와 차량공장의 비용)는 차량 자산액의 6 % 전후에 이르며, 철도 경영에 있어서 비용의 부담은 가볍지 않고, 차량 고장의 삭감에 맞추어 검사수리비 경감의 개선이 과제로 되어 있다.

7.3.2 차량기지의 사명과 업무

차량기지(depot)는 기관차 · 전차 · 디젤동차 · 객차 · 범용 이외의 화차 등 각종 차량의 유치, 열차의 재편성, 정비 · 청소 · 검사 · 수선 등을 하는 장소이며, 동시에 열차를 운전하는 승무원의 거점으로도 되어 있다. 더욱이, 일부 철도에서는 차장을 포함한 승무원을 다른 조직으로 하고 있다. 따라서, 일반적인 차량기지에서는 다음의 업무가 행하여진다.

① 차량 운용(car operation)에 관한 업무로서 구내 작업 · 재편성 작업 · 차량 운용의 관리 · 기술 관리 등.
② 차량 보전에 관한 업무로서 청소 작업, 정비 작업, 검사 작업, 수선 작업, 기술 관리 등. 작업은 원칙적으로 차량 운용의 짬을 이용하여 행하며, 검사 작업과 수선 작업은 유기적으로 조합되고, 즉시 처리된다.
③ 승무원에 관한 업무로서 운전 관리, 운전 당직, 지도 훈련, 휴양 관리 등.
④ 현업 기관의 운영 업무로서 사무, 물품 업무, 기획관리 업무 등.

여기서 다루는 차량의 종류에 따라서 기관차 기지, 전차 기지, 기동차 기지, 객차 기지, 화차 기지(freight car depot) 등, 복수의 차종을 다루는 차량기지에 따라서 복합 기지 등이 설치되어 있다.

규모를 어느 정도 크게 하여 시설을 보다 활용하고 작업을 기계화 · 단순화하여 효율을 향상하는 (1차량당 적은 요원으로 처리한다) 것이 바람직하다. 그러나, 너무 크게 되면 관리가 곤란하게 되기 쉬우므로, 예를 들어 관리가 2단계 조직인 기지의 요원 수는 최대 약 500명, 관리가 3단계인 복합 기지인 경우에는 최대 약 1,000명이다.

7.3.3 차량기지의 레이아웃

(1) 차량기지의 배치

예전의 증기기관차(steam locomotive) 시대에는 증기기관차를 운용할 수 있는 거리인 약 60 km마다 기관차 기지(예비 기지도 포함)가 짧은 간격으로 설치되어 있었다. 운용 거리가 긴 (long run) 전기 기관차나 디젤 기관차에서는 운용 효율(efficiency of car operation)이 유리한 시 · 종착역에 가까운 장소를 제1의 조건으로 보유 량수의 단위도 100량 전후의 규모로 하여 적당한 간격으로 위치가 결정되고 있다. 운용 효율이 유리한 위치는 운전간의 짬을 최대한으로 활용하는 것으로도 된다. 그러나, 이 조건은 대도시에서 용지 취득이 곤란하든지 고가이기 때문에 회송 비용도 포함하여 종합적으로 결정할 수밖에 없다.

객차(coach)의 경우는 시 · 종착역에 가까운 장소에 기지가 설치되며, 당초부터 기관차 기지에 비하여 긴 거리의 간격이고, 근대화 후에도 장거리의 운용에 대응하여 보유 량수의 단위가 증대하였다. 동력 분산화가 진행되어 량수가 많은 전차에서는 단독의 기지가 신설되고, 적은 량수인 경우에는 디젤동차의 예와 같이 기관차 기지에 아울러 소속된다. 그 후 량수가 증가하면 단독 차종의 기지가 설치되지만, 많은 차종의 기지에서는 복합 기지의 형태로 되는 예가 있다.

차량기지(depot)는 검사수리 · 정비를 위한 설비 · 요원의 면에서 될 수 있는 한 집중되는 것이 바람직하지만, 그를 위한 차량의 회송 비용 등도 종합하여 배치 규모를 결정한다. 이들 기지의 간격은 사고시의 구원 체제 등에서 대개 200 km로 하고 있다.

차량기지는 시 · 종착 열차를 취급하는 역구내에 설치하는 것이 가장 일반적이지만, 대규모인 것, 인가가 조밀하고 지가가 높은 곳에서는 독립한 기지를 다음의 선정 기준으로 설치한다.

① 검사수리 · 정비 작업은 설비, 요원의 면에서 적극 집중하는 것이 득책이다.
② 차량기지는 되도록 역 · 조차장의 근처에 두어 차량의 회송 · 승무원의 운용 로스 등을 적게 한다. 기지가 멀리 떨어질 때는 승무원 기지만을 역 등에 설치한다.
③ 역 등의 착발선에서 운전대를 교환하는 일이 없이 기지로 입출고할 수 있는 위치를 선택한다.
④ 입출고 루트는 본선 열차에 대한 지장을 적극 적게 한다. 경우에 따라서는 입체 교차로 한다.
⑤ 기지의 배선(track layout)은 불필요한 반복을 적게 하고 만약 반복이 필요한 경우는 어떤 작업의 종료 후에 행하도록 배선할 수 있는 장소를 고른다.
⑥ 건설비가 싼 장소를 선택한다.

(2) 기관차 기지(engine depot)

기관차 기지의 위치는 객차 기지나 화물 역과 관련지어 결정하며, 모든 작업이 1량 단위로 행하여진다. 특히, 입고 기관차는 반드시 일상 검사를 받으므로 일상 검사선을 입고 시에 편리한 위치에 설치하고 1선당의 동시 검사 량수는 2량을 한도로 한다.

구내의 배선은 본선으로의 출입에 대한 형편, 일상 검사선 · 교번 검사선 · 수선선(repair track. car repairing track) 등을 감안하여 결정한다. 구내의 기관차 유치 량수의 용량은 운용을 고려하여 최대 유치의 경우에 다소의 여유를 가질 수 있도록 설정하는 것이 원칙이지만, 장래에 설비가 증가하는 경우의 확장 여지에 대한 고려도 바람직하다.

검사 · 수선선에는 우설 시의 작업에 지장이 없도록 옥내 설비가 바람직하다. 강설 한냉 지역에서는 융설 차고가 설치된다. 이들의 선과 유치선(car storage track)의 일부를 포함한 차고는 증기기관차에 대하여는 전차대(turn-table)도 겸한 부채형 차고가 많았지만, 전향이 대단히 적은 전기기관차 · 디젤기관차에 대하여는 구내 배선에 편리한 직사각형 차고가 원칙으로 되어 있다.

또한, 검사 · 수선선은 상하(床下) 장치를 검사 · 수선하기 위한 피트가 필요하고, 전기기관차에 대하여는 옥상 기기의 점검을 안전하게 할 수 있는 점검대의 설치가 필요하다. 그 때문에, 기지 내는 단독 급전 가능한 설비로 하고(제5.2.1절 참조), 일상 검사선 · 교번 검사선에는 전기 개폐기를 설치하며, 안전용 전기 개폐기는 옥상 점검대에의 승강 문과 연동하여 있다. 수선고에는 천정 크레인(차체내 기기의 떼어 내기용) · 드롭 피트(drop-pit, 차륜의 떼어 내기용) · 리프팅 잭(lifting jack, 차체의 들어 올림용), 공작 기계(machine tool) · 브레이크 시험기 · ATS시험기 · 내압 시험기 등을 설치한다.

디젤 기관고의 경우는 도착선(reserving track) 등에 급유 · 급수 설비(oiling and watering facilities)를 설치한다.

기관차는 점착(adhesion) 견인력을 보충하기 위하여 레일에 모래를 뿌리는 일이 있기 때문에 모래를 저장하여 기관차의 모래 상자에 보급하는 급사 설비(sand supply device)를 도착선 등에 설치한다. 모래는 흐르기 쉽기 때문에 마르는 것이 필요하므로 가열 건조하는 장치도 병설한다.

기관차용 전차대(기관차의 앞뒤 방향을 바꾸는 장치)의 길이는 27 m 이상으로 한다(제(8)항 참조).

(3) 객차 기지(passenger car depot)

구내의 배선이나 유치선(car storage track)의 용량은 기관차의 경우에 준하고 있지만, 다른 점은 세척선 · 청소선 · 재편성선 등이 필요한 점이다. 세척 · 청소는 객차(coach)로서는 중요한 작업이며, 세척선에는 자동 세척기(automatic car washer)가 설치되고 급수관 · 수조 · 청소용 등의 압축 공기관 · 진공관 · 오수 인출 장치 등을 설치한다. 청소선의 선수는 소요의 작업 시간을 취하도록 고려된다. 또한, 파동 수송 대책의 예비차용 등의 유치선도 부가한다.

(4) 전차 기지(electric car depot)

전차는 도시내 여객 수송의 주역으로 되어 있으므로 도시 철도에서는 전차 전용 기지를 설치하고 있다. 전차는 반복 운전(pendulum operation)이 용이하기 때문에 프런트인 역만 도심에 설치하고 기지는 도심에서 떨어진 지가가 싸고 구하기 쉬운 교외에 설치하는 일이 많다. 전차는 반복 운전을 할 경우에 승무원이 운전실을 갈아타야 하므로 입환(shunting) 작업 도중의 반복은 적극 피하고 하나의 작업에서 다음의 작업으로 옮길 때 반복 운전으로 되도록 선군(track group)을 배치하는 것이 바람직하다.

또한, 통근 전차와 같은 근거리 전차는 통근 러시 아워에 태반이 동원되지만 심야는 대부분이 기지 내에 주박하고 주간의 한산 시도 상당한 수가 기지에 체류한다. 즉, 전차 기지의 배선 형식은 근거리 전차에 대하여는 주간의 한산 시에 일상 · 교번 검사를 할 수 있으므로 입환 작업보다도 유치하는 것을 주된 사명으로 하고 1 유치선에 2 편성을 수용함으로서 최소의 용지로 최대 량수를 체류할 수 있는 선군 병렬형으로 하는 일이 많다.

한편, 중 · 장거리 전차에 대하여는 운용 중 또는 외박하는 일이 많으며, 소속의 차량이 입고한 기회에 될 수 있는 한 세척, 일상 검사, 교번 검사 등의 작업을 한다. 그 때문에 이들의 작업을 흐름 작업적으로 시행할 수 있는 선군 직렬형 배선이 바람직하다.

일반적으로 유치선군과 세척 · 검사선군을 병렬형으로 하는가 직렬형으로 하는가의 레이 아웃은 취득할 수 있는 용지나 지형 등도 종합하여 채용한다. 용지 면적은 병렬형이 적게 되지만, 교체 효율은 직렬형이 우수하다.

선군 직렬형에는 운용에서 돌아온 전차가 착발선을 지나 차량 자동 세척기(automatic car washer)를 통과하여 세척되며, 일상 검사선에 들어가 검사 · 정비되고 착발선으로 되돌아가 운용에 대기하는 순서에 합치한 구내 배선으로 하고 있다.

배선에서 세척선 · 교번 검사선이 착발선과 직접 출입할 수 있도록 되어 있는 것은 야간의 최대 체류 시에 유치선으로서 이용할 수 있고, 또한 이들의 선에서 작업이 필요한 입고 전차가 직접 입선할 수 있도록 하기 위하여 이다.

일상 검사선에는 상하(床下) 작업을 하기 쉬운 피트와 지붕 위 작업을 하기 쉬운 높은 점검대를 설치한다. 일상 검사선과 병렬로 교번 검사선과 중간 검사용의 대차 검사 차고를 설치하며, 있는 상태대로 차륜의 삭정이 가능한 차륜 전삭반(wheel tread milling machine under floor) · 천정 크레인 · 공작 기계 · 브레이크 장치 시험기 · ATC 시험기 등을 설치한다.

(5) 기동차 기지(diesel car depot) 및 다차종 기지(종합 차량기지)

디젤 동차(diesel rail car)의 경우는 도착선의 각 차량마다 급유 · 급수가 가능하게 하고 있다. 편성이 고정되어 있는 특급용과 편성이 가지각색인 보통 열차(ordinary train)용과는 일상 검사 등의 길이가 다르다. 기동차 기지에서의 주된 작업은 전차의 경우와 같은 모양이지만 분할 · 병합이 용이하기 때문에 1량 단위로 풀로 활용되므로 교번 검사 등도 1량 단위로 하고 입고도 급유를 위한 것이 원칙이다. 다만, 우등 열차용 기동차는 편성 운용, 편성 교환을 원칙으로 하고 있다.

다차종 기지에는 예를 들어 전기기관차 · 디젤기관차 · 객차 · 전차 등의 기지인 종합 차량기지(general depot)가 있다.

(6) 고속철도 차량기지 일반

(가) 고속철도 전차 검사수리의 특색

① 고속 운전으로 인한 사고의 중대성, 차량 고장(car trouble)으로 인한 다이어그램에 대한 영향의 크기 등에서 기지에서 완전한 검사수리를 필요로 한다.

② 1일당의 차량 주행 킬로미터가 예를 들어 1,400~2,000 km/일로 재래선에 비하여 길고, 차량 고장 발생의 빈도가 증가할 가능성이 강하다. 한편, 차량비는 재래선 차량의 10배 가까이 높기 때문에 차량 예비비율을 5~10 %로 저하시킬 필요가 있다.

③ 종착 · 시발간(24시경에서 6시경까지)의 야간 일정 시간에 검사수리, 정비를 집중하여 행하고 차량의 운용 효율을 올릴 필요가 있다.

(나) 기지 설비와 차량 검수의 기본적인 고려 방법

① 기지 내는 착발 겸 수용선, 일상 검사 겸 정비선의 2 선군으로 하고, 입환 등 구내 작업의 로스를 적극적게 한다.

② 기상 조건, 야간 등의 환경에 지배되지 않는 일상 검사 정비선을 차고 내에 부설하고, 조명 · 정비대 · 통로 등을 정비한다.

③ 일상 검사에서 발견한 불량품은 예비품으로 교환하고, 차량을 곧 운용에 충당한다. 교환이 많은 부품은 차량 설계 시, 블록으로 분해할 수 있도록 배려한다.

④ 대차 검사는 예비 대차와의 교환 방식으로 하고 교환한 차량은 그 날 중으로 운용한다.

(다) 기본 배선

기지의 배선은 착발 수용선과 일상 검사 정비선과는 직렬형으로 연결하는 것이 좋다. 그러나, 야간 체류

편성 수 4~10 정도인 때는 병렬형으로 하는 일도 있다. 더욱이, 예를 들어 기지 내의 착발 수용선의 선로 유효장(effective length of track)은 열차 편성(train consist) 길이 + 30 m 외에 절대 정지제어 구역 50 m를 도착 측, 출발 측의 양쪽에 설치한다. 즉, 차량 접촉한계 표지간은 "편성 길이 + 130 m"로 한다.

(7) 경부고속철도 차량기지 및 차량정비시설

경부고속열차는 1편성이 20량으로 구성되어 있고, 차량과 차량 사이는 관절형 연결장치로 연결되어 있어 차량의 분리 자체가 매우 어렵기 때문에, 이를 유지보수하기 위하여 1량씩 정비하는 일반철도 차량과는 달리 1편성 단위로 유지보수 할 수 있는 유지보수시스템을 구축하여야 한다[239].

이를 위하여 20량의 1편성을 동시에 인양할 수 있는 동시 인양설비, 대차를 1개씩 분리할 필요가 있을 경우를 대비한 대차분리장치, 바퀴의 상태를 자동으로 검사할 수 있는 바퀴 자동검사장치, 2축의 바퀴를 동시에 가공할 수 있는 바퀴 가공기계 등 특수 검수장비들을 설치하였으며, 친환경적인 기지운영을 위한 폐기물 처리시설을 설치하고, 물의 사용을 줄이기 위한 중수도 개념을 도입하는 것 등을 추진하였다.

그리고, 차량별, 부품별로 정비, 교환, 수명에 대한 이력을 관리하여 기계적인 습성을 파악하고, 부품별 신뢰성(수명)을 확보하여 부품의 정기적인 교환으로 고장을 미연에 방지하는 과학적인 검수체계를 구축하였다.

또한, 차상컴퓨터, 운전실내 블랙박스를 해독할 수 있는 특수장비, 안티스키드(Anti-Skid)장치 검사 등 각종 첨단 서브시스템(Sub-System)을 검사하는 특수공구와 시험장비 및 고속열차의 유지보수에 필요한 예비품을 확보하였으며, 총 3,673종 100여만 점으로서 이를 위한 체계적이고 과학적인 예비품 관리가 필요하다.

(8) 전향설비(Engine Turing facilities)

전향설비는 기관차와 기타 차량의 방향을 전환하거나 한 선에서 다른 선으로 전환하는 설비를 말하며[245], 전차대와 천차대 외에 델타선과 루프선이 있다(제7.1.4.(10)항 참조).

(가) 전차대(turn table)

원형 피트 내에 강판형(steel plate girder)을 설치하고 그 중심에 회전축을 설치하여 주(主) 레일 상을 전주시켜 강판형 위에 적재된 차량을 180°로 방향을 전환시킬 수 있도록 되어 있다. 근래에는 증기기관차가 사용되지 않고 있어 전차대의 필요성이 줄어들었으며, 고속철도 오송궤도기지에도 설치되어 있다.

그림 7.3.1 전차대

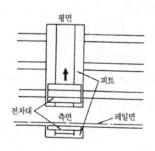

그림 7.3.2 천차대

(나) 천차대(traverser)

병행되어 있는 선군의 중간에 대차를 설치하여 차량을 적재하고 한선에서 타선으로 전선하는 것이며, 평행방향의 전환이다. 협소한 구내 또는 공장 내에 많이 시설된다.

7.3.4 철도(차량) 공장의 업무

(1) 철도(차량) 공장의 특색

일반의 공장 생산은 생산량의 증대와 생산비의 저감에 주력을 두어 수익 우선으로 하고 있다. 이에 비하여 차량공장에서의 생산(취급) 규모는 담당 차량의 정기적 입장(入場, shop-in)에서 타동적으로 결정된다. 또한, 수송의 파동에 맞추어 차량의 공장 입장을 조정하고 공장에서의 생산비에 대한 다소의 증가가 있어도 차량의 가동률을 높이기 위하여 공장 체류 일수의 단축도 요구되는 등 수송을 우선한다고 하는 다른 조건이 있는 점이 특색이다.

그 때문에 내외의 철도에서는 부대한 차량 공장(workshop)을 갖는 것이 원칙으로 되어 있다. 즉, 차량 공장은 담당 차량이 효율적으로 운용되어 수송을 지장이 없이 수행할 수 있도록 하고, 게다가 보전의 비용을 가능한 한 저감하고 품질의 향상(차량 고장의 방지)에 노력하는 것이 요구되며, 아울러 지방에서는 기술 센터적인 사명도 맡고 있다.

(2) 차량 공장의 업무

차량 공장의 업무는 담당 차량의 수년마다의 전반 검사(general inspection) · 중간 검사(intermediate inspection)를 주로 하고, 갱신 등의 특별 수선이나 운전대 설치 · 침대차의 개조와 같은 개조 공사 등이다.

전반 검사 · 중간 검사는 차량 설계의 진전, 공작 기술의 개선 향상, 재료의 혁신 진보, 품질의 개량 등에 따라 예를 들어 증기기관차의 회귀 킬로미터(periodical car kilo meter)는 약 30만 km이었지만, 최근의 전기기관차에서는 80만 km의 예와 같이 검사 회귀가 대폭으로 연신되고 검사수리의 인공수도 감소되고 있다.

증기기관차를 주력으로 하였던 시대는 철도 전 종사원의 약 10 %가 철도공장에서 일하고 있었다. 차량의 근대화 후에는 전차나 디젤동차의 대폭적인 증가가 있어도 설비의 근대화, 작업의 기계화 · 자동화의 추진, 부내 제작의 격감, 화물 수송의 감소(화차의 감소가 크다) 등으로 차량 공장의 인원은 철도 전 종사원의 약 5 % 내외로 감소하는 예가 있다.

(3) 차량 공장의 위치와 종류 · 규모

차량 공장은 복수의 담당 차량 기지로부터의 회송 거리가 가장 짧은 위치에 있는 것이 이상적이지만, 수송의 변혁, 차량 운용(car operation)의 변경 등으로 차량기지의 담당 변화도 있어 반드시 이상적으로 하기는 어렵다.

또한, 많은 차종을 담당하는 종합 공장(general workshop)과 단일 차종을 담당하는 단일기능 공장(simple purpose workshop) 등이 있다. 전문 설비를 충실히 할 수 있는 단일기능 공장은 그 차종에 대한 수선의 합리화가 도모되지만, 담당 차량이 광범위한 지역으로 되어 회송 거리가 길게 되는 불리한 점을 초래하기 쉽다. 따라서, 디젤기관의 예와 같이 전문 설비를 필요로 하는 부품은 특정의 공장에 집중하여 담당시키는 방식도 채용되며, 그 외는 차량기지에 대응한 많은 차종 담당의 차량 공장이 많다.

증기기관차 시대의 철도 공장(railway workshop)이 담당하는 경제적 최소 규모는 차량의 회송 거리나 공장의 생산비 등에서 기관차 량수로 약 300량, 여객차에 대하여 약 700량, 화차에 대하여 약 2,500량의 시산이 있다. 차량이 근대화되고 있는 최근에는 회귀의 연신과 공장의 생산 효율 등으로 담당하는 최소 규모가 대폭으로 늘어나고 있지만, 회송 거리 등도 아울러 종합적으로 고려된다.

(4) 차량 공장에서의 공정과 작업

차량이 정기 검사로 공장에 들어오면 먼저 입장(shop-in) 검사로 차량의 상태를 점검하여 이력관리 데이터와 함께 수선 작업의 범위와 내용을 판단한다. 계속하여 차체와 대차의 분리, 기기의 떼어내기, 차체·대차·기기류 각각의 수선을 하고 차체의 도장을 거쳐 의장을 하며 출장(shop-out) 검사로서 최종 점검을 하고, 시운전(test run)을 거쳐 차량기지로 회송된다.

개개의 부품·장치의 세척·분해·검사·측정·가공 수리·조립·검사·도장·운반 등의 소요 기계설비 일식의 검사수리 프런트는 대차·윤축(wheelset)·주전동기(main motor)·디젤 기관(diesel engine)·공기 제어 부품·연결기(coupler) 등에 대하여 정비하고 있다. 장기의 수선 일수를 요하는 부품 등은 예비품을 보유하고 있기 때문에 전반 검사의 공장 체류 일수는 약 7일 공정이 일반적이며, 개조 공사를 병행하여 시행하거나 특히 특별 수선이 발생한 경우는 그를 위한 일수가 가산된다.

(5) 차량 공장의 경리

공장에서 재무 회계를 명확하게 하여 운영의 개선을 도모하기 위해서는 표준 단가에 따른 차량 검사수리비의 수입과 실제의 차량 검사수리를 위하여 공장에서 지출되는 여러 경비를 대비시키는 경리 제도가 일반적으로 채용되고 있다.

7.3.5 차량 공장의 레이아웃

공장의 설비 규모·레이아웃은 담당하는 차량으로부터의 입장(shop-in) 량수에서 결정된다.

입장의 파동, 특별 수선, 임시 수선, 개조 공사, 장래의 설비 증설 등을 종합하여 어느 정도의 여유를 둔다. 주된 설비로서 차체를 수용하는 주건물 규모의 기초 수치는 다음과 같이 산정된다.

$$A \times B \times C \times a \div n \tag{7.3.1}$$

여기서, A는 담당 량수, B는 입장률, C는 건물 내 체류 일수, a는 여유율, n은 년간의 작업 일수이다.

차량의 정기 입장률 B는 운용 킬로미터와 검사 회귀 킬로미터로 결정되며, 건물 내 체류 일수 C의 단축에 따라 주건물의 규모도 변한다. 여유율은 입장 파동도 포함하여 실적 등을 참고로 사정한다.

공장의 주건물과 그 외 건물의 배치·레이아웃은 작업의 효율을 높이기 위하여 다음의 조건이 고려된다.

① 수선 공정의 흐름에 순응할 것.
② 각 건물이 작업의 내용에 합치할 것.

③수선 부품 · 재료의 관리, 운반이 편리할 것.

④건물의 방향이 작업 리듬 등에 좋을 것.

⑤장래의 확장에 대비하여 여유를 남길 것.

공장 작업은 자동화 · 기계화가 진행되고 비해체 검사 · 비파괴 검사의 개발, 품질 정밀도의 향상 등이 도모되고 있다.

특수한 차체운반 장치를 채용하여 차체 유치 장소의 스페이스를 압축하고 기기의 수선장을 입체화함으로서 공장 용지를 종래의 반으로 줄일 수 있다. 또한, 공장의 설비를 차체 · 대차 · 기기류의 3가지로 대별하여 차체 검사 수리장, 대차 검사 수리장, 해체 의장과 기기 검사 수리장 등의 직장에 대응하여 건물의 레이아웃도 공정의 흐름에 따르게 하는 예도 있다.

제8장 운전관리·안전대책 및 철도의 유지관리

8.1 운전관리

수송 계획(traffic plan)에 기초하여 구체적인 열차 종별의 책정, 운전 성능의 사정, 열차 횟수(train frequency)의 책정, 열차 다이어그램(train diagram)의 작성, 차량 및 승무원 운용계획의 작성 등 운전계획 업무, 열차 운행의 사령관리 등 운전취급 업무 등의 일련의 업무를 운전관리(management of operation)라 칭하며, 열차운전 업무의 일체를 관리한다.

수송의 요구에 맞추어 열차를 운전하고 시설이나 차량을 유효하게 살리는 것이 운전관리이며 보안의 확보를 전제로 하면서 수입을 도모하고 비용을 감안한다.

여기서, 열차란 정거장 외 본선을 운전할 목적으로 조성한 차량을 말하며, 본선이란 열차의 운전에 상용하는 선로를 말한다.

8.1.1 열차 운전관리의 안전지표

열차를 운전관리(management of operation)할 때에는 열차운전의 안전이 최우선으로 되므로 그 안전을 유지하기 위하여 다음의 원칙을 엄수한다.

(가) 폐색의 채용

열차 상호의 충돌·추돌 등의 사고를 피하기 위하여 하나의 구역에는 1열차밖에 운전하지 않는 철도 기본의 폐색 방식을 지킨다. 따라서, 열차 다이어그램의 설정, 열차 운행의 관리(train operation control system)도 어디까지나 이 기본이 지켜진다.

(나) 신호에 의거한 열차의 제어

열차의 운전은 원칙으로서 신호의 현시에 의거한다. 신호기(signal)는 폐색 구간의 입구에 설치될 뿐만 아니라 역구내 선로 등 진입의 가부를 나타내는 개소에도 설치된다.

(다) 속도의 제한(speed restriction)

신호에 의거한 속도 제한의 지시 외에 선로의 규격·곡선·구배·분기기 등 여러 조건의 제한 속도(restricted speed)나 차량 성능에 따라 열차 속도를 제어한다.

(라) 선로·가선(overhead line)의 지장이나 건널목 지장의 경우

·지진(earthquake) 등의 경우는 긴급 정보를 받아 즉각 열차에 알려 정지시킨다.

열차 운전(train operation)의 관리 지표는 이상의 안전 원칙을 전제로 하면서 정확·신속·확실·편리{빈도, 유효 시간대(effective time) 등}·저렴한 값 등의 품질과 비용이 예시된다.

8.1.2 열차의 종별(classification of train)

철도의 수송은 모두 열차로 행하여진다. 열차로서 운전하기 위하여 필요한 조건은 다음과 같다.

① 동력 장치를 가지고 있을 것.

② 속도와 정지를 제어할 수 있는 제동 기능이 완전할 것.

③ 열차표지(전조등과 미등)를 갖추고 있을 것.

④ 승무원이 타고 있을 것.

⑤ 운전 시각이 원칙적으로 미리 정하여져 있을 것.

(1) 목적에 의한 구분

열차의 종별에는 사명·편성 차량의 종류에 따라 여러 가지이지만, 먼저 여객 열차·화물 열차·단행 기관차(light engine) 열차·특수 열차로 대별된다.

(가) 여객 열차(passenger train)

객차 열차·전차 열차(electric rail-car train)·기동차(diesel rail car) 열차(디젤동차 열차)로 중분류되며, 고속열차(KTX), 새마을·무궁화·통근·회송·임시 등의 각 열차로 소분류된다. 회송 열차(dead-head train)는 차량 운용 등의 이유로 차량기지와 발착역간 등에서 공차인 채로 운전된다. 열차를 고급화하는 경향이 크다.

(나) 화물 열차(freight train)

취급에 따라 컨테이너 열차와 차급(車扱) 열차(carload service train)로 나뉘어지며, 차급 열차에는 물자별 전용 열차·피기 백 열차(piggy back train)·전용 열차·차급 임시 열차 등이 있다.

(다) 특수 열차

단체 열차(party passenger train)·시운전 열차(test run train)·구원 열차(relief train)·공사 열차(construction train)·시험 열차(test train) 등이 있으며, 어느 것도 임시적이다.

한편, 열차종류를 다음과 같이 분류할 수도 있다[239].

○ 여객열차   : 고속여객열차, 특급여객열차, 급행여객열차, 보통여객열차

○ 소화물열차   : 급행소화물열차, 보통소화물열차

○ 화물열차   : 특급화물열차, 급행화물열차, 보통화물열차

○ 특수열차   : 특별열차, 공사열차, 회송열차, 단행기관차열차, 시운전열차

(2) 운전 기간에 의한 구분

정기·계절·임시의 각 열차가 있다.

정기 열차(regular train)는 매일 운전하는 것이다. 간선(trunk line), 대도시 근교 구간의 열차와 같이 주일과 휴일의 다이어그램을 바꾸어 수송의 요구에 따라 운전하는 것이 많게 되어 있다. 계절 열차(seasonal train)는 여름의 피서철 등에 설정하는 것으로 파동 대책이라고도 한다.

임시 열차는 필요에 따라 운전하는 것으로 단체 열차, 연말 연시 등의 여객이 많을 때의 열차나 시험 열

차 · 구원 열차 · 공사 열차 등의 예가 있다. 기타, 각양의 캠페인에 맞추어 이벤트적 열차나 새로운 여객 수요를 개척하기 위한 마케트 리서치적 열차 등도 있다.

8.1.3 열차 속도의 사정

열차의 운전 속도(operating speed)는 선로 조건에 따른 제한, 차량 성능에 따른 제한, 각종의 여유를 종합한 열차 종별 등으로 결정된다.

(1) 열차 속도
열차의 속도를 나타내는 방법에는 다음과 같은 것이 있다.

(가) 평균 속도(average speed) : 정거 시간(stopping time)을 제외한 실 운전 시간으로 운전 거리를 나눈 속도(**그림 8.1.1**의 V_{Ex}, V_{Lo}).

(나) 표정 속도(schedule speed) : 정거 시간을 포함하여 전(全)운전 시간으로 운전 거리를 나눈 속도(**그림 8.1.1**의 V'_{Ex}, V'_{Lo}).

(다) 최고 속도(maximum speed) : 선로와 차량과의 조건에서 허용되는 범위의 최고 속도를 말한다.

(라) 균형 속도(equilibrium speed) : 동력차의 견인력(tractive force)과 열차 저항이 같게 되어 등속 운전을 하게 되는 속도이며, 일정의 견인 중량에 대하여 주로 그 선구의 구배로 결정된다(제8.1.4(4)항의 **그림 8.1.2** 참조).

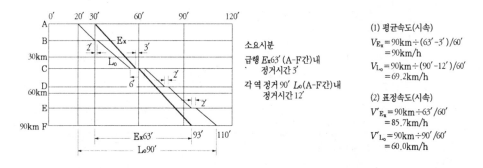

그림 8.1.1 운행 다이어그램으로 본 열차 속도의 종별

(2) 선로 조건에 따른 속도
최고속도는 평탄한 직선 구간에서 허용되는 최고의 운전속도이다. 그 선구(railway division)의 선로 규격, 전차선(trolley wire)의 구조 규격에 따라 열차 종별로 결정된다(제9.1절 참조).

2급선의 경우에 경부선의 최고 속도는 표준 선구간이 140 km/h, 기타 선구간이 135 km/h(대구–부산간은 KTX에 한하여 150 km/h)이며, 호남선의 최고 속도는 구간에 따라 서대전~익산(3급선) 140 km/h, 익산~목포(2급선) 150 km(KTX 열차 160 km/h), 전라선(신리~동순천) 150 km/h이며, 3급선의 경우에 대구선 · 중앙선의 최고 속도는 120(기관차), 130(각종 동차) km/h, 충북선의 최고 속도는 120 km/h, 전라선(익산~신리, 동순천~여수), 영동선의 최고 속도는 100(기관차), 110(각종 동차) km/h, 장항선·경춘선·경전선·동해남부선의 최고 속도는 100 km/h 등이다. 군산선, 범일선, 목포항선, 옥구선, 우암선 등 4급선의 측선(20 km/h)을 제외한 대부분의 측선(side track)에 대한 최고 속도는 25 km/h이다. 또한 대부분의 본선에 대한 기중기의 최고 속도는 60 km/h이다.

곡선이 많은 일반철도는 곡선에 대한 제한 속도의 영향이 크다. 차량 중심이 높은 기관차 열차의 곡선 제한속도에 비하여 중심이 낮은 경량의 동력분산 열차(decentralize power train)의 곡선 제한속도는 5~10 km/h 높고, 우리 나라는 없지만, 진자(tilting)형 동력분산 열차의 경우는 20~25 km/h 높다.

분기기(turnout)에 대한 곡선 측의 제한 속도는 분기기 번호별로 정하여져 있다. 즉, 8번 분기기($R=145$ m)는 25 km/h, 10번 분기기($R=245$ m)는 35 km/h, 12번 분기기($R=350$ m)는 45 km/h, 15번 분기기($R=565$ m)는 55 km/h이다(제9.1.3(3)항 참조).

표 8.1.1은 일반철도에서 적용하는 하구배의 속도 제한을 나타낸다.

표 8.1.1 일반철도 하구배의 속도제한

구분	하구배(%)	5-9 미만	9-13 미만	13-16 미만	16-19 미만	19-23 미만	23-28 미만	28-33 미만	33-36 미만
속도 (km/h)	여객열차	110	105	90	85	80	75	70	65
	수도권전기동차	110	110	110	105	100	95	90	80
	기타열차	70	70	65	60	60	55	50	45

특인	경부선 및 호남선(강경~임성리)

종별	하구배(%)	제한속도(km/h)
새마을호 (무궁화호디젤동차 포함)	5-9 미만	125
	9-13 미만	120
기타 여객열차	5-9 미만	115
	9-13 미만	110

① 고속열차(KTX)의 하구배 제한속도는 고속선의 경우에 시스템에서 지정하는 속도로 제한하며, 기타 선에서는 하구배 제한속도를 받지 않는다.
② 경부선, 호남선(강경~임성리) 및 전라선(신리~동순천)과 수도권 전기동차열차는 하구배 연장거리 1,000m 미만인 경우는 하구배 속도제한을 받지 않는다.
③ 소화물전용열차 및 소화물전용차를 여객열차에 연결하고 운전하는 경우 속도제한은 여객열차에 준한다(다만, 제②항의 특인사항은 적용하지 아니 한다).

(3) 차량 성능에 의한 속도

기관차 열차의 경우는 기관차 성능과 견인 단위에 따라, 또한 동력분산 열차의 경우는 차량 성능과 편성 내용(MT 비율 등)에 따라 각각 가속 성능, 상구배 속도가 다르다. 그 때문에 열차의 종별(classification of train)·단위(train unit)에 따라 운전 성능이 사정된다.

(4) 열차 속도의 종별

선로 조건과 차량 성능에 따라 열차 속도가 변하지만, 그 고저를 세분하여 나타낸 것을 속도종별이라 칭하며, 속도 명칭과 속도 기호로 구성되어 있다.

8.1.4 열차 계획(train working program, 운전 계획)의 책정

열차설정의 조건[239]은 아래와 같은 요인에 따라 설정된다.

① 수송량과 수송력   ② 수송의 파동

③ 열차의 사명과 계통   ④ 열차의 배열 시격과 유효시간대

⑤ 견인정수와 표준 운전 시분   ⑥ 정거역 정거 시분과 접속 시분

⑦ 운전설비   ⑧ 여유 시분과 운전취급 시분

⑨ 차량운용, 열차조성과 화차집결방법   ⑩ 구내작업

⑪ 선로와 전차선 보수   ⑫ 기타 운전에 관계되는 사항

구체적으로 열차의 운전을 계획할 때는 수송 계획(traffic plan)에 기초하여 다음의 조건을 고려하여 책정한다.

(1) 수송력의 사정

수송량(volume of transportation)의 상정에 기초하고 수송 파동에도 맞추어 각종 열차의 수송력(transportation capacity)을 결정한다. 여객 수송(passenger transport)의 경우는 상정 수송량에 대한 평균 승차율을 고속 열차에 대하여 70 % 정도, 조석의 통근 열차(commuter train)에 대하여 150 % 정도로 하고 있는 예가 많다. 이 승차율이 낮을수록 앉을 확률이 높아져 서비스상 바람직하고 고속열차에 대하여는 원칙적으로 언제라도 앉을 수 있도록 60 % 정도가 좋다. 최근에는 다른 교통기관과의 경쟁이 심하기 때문에 파동 수송 시에도 좌석이 확보될 수 있도록 세심한 수송력의 설정이 요구된다. 그러나, 승차율이 낮을수록 소요 량수가 늘어나 비용이 증가하기 때문에 다른 교통기관과의 경쟁 등도 종합하여 판단한다.

게다가, 수도권 전차구간의 대부분의 경우는 서울로의 이상 인구집중으로 인한 통근 증가에 대하여 선로시설(railway facilities) 증강의 대응이 늦어지기도 하고, 또한 대응이 지난한 상황으로 되어 있다. 국철·지하철의 많은 아침 러시 아워의 수송은 최대한의 열차 편성과 횟수(평행 다이어그램, parallel train diagram)로 대처할 수밖에 없는 상황이 계속되고 있다. 또한, 통근 전차의 다이어그램이 흐트러지지 않는 승차 효율은 약 250 %가 한도로 되어 있다.

(2) 열차의 설정 구간

이용의 상황에 맞추어 열차의 운전설정 구간이 결정되지만, 차량의 운용(car operation)과도 종합하여 구간이 결정되는 예가 많다. 구간마다의 이용에 따라 편성 량수를 증감하든지 열차 횟수(train frequency)를 조정한다. 열차 횟수가 많은 쪽이 이용자의 선택 범위가 늘어나서 좋고, 서비스상은 많은 열차 횟수가 바람직하지만, 선로용량(track capacity)의 여유나 분할 병합의 구내 작업, 유치선(car storage track)의 유무, 차량 운용 등을 종합하여 결정한다.

또한, 여객의 유동에 따라 갈아타지 않고 가는 직통 열차(through train)를 설정한다. 갈아타지 않는 직통의 요망은 크며, 수요가 있는 경우는 될 수 있는 한 직통이 좋다. 직통 운전으로 직통 이전보다 이용이 약 40 % 증가한 예도 있다.

(3) 열차의 배열

열차의 사명에 따라 시간대에 어떻게 열차를 배열하는지 이다.

여객 열차의 경우는 6~23시(선구나 열차 사명에 따라 5~24시)의 이른바 유효 시간대(effective time, available time)에 발착하는 등, 이용자의 편의를 우선하지만, 차량 운용이나 선로 용량(track capacity), 역의 발착선 용량, 역의 대피선(relief track) 등의 제약도 종합하여 결정한다. 이들의 다이어그램은 이용 실적에 기초하여 수정을 가하여 개선하는 예가 많다.

화물 수송의 경우는 저녁때에 화물을 집결 적재하고 야간에 운행하여 익일 아침에 도착 배송하는 것을 이상적으로 하고 있다.

(4) 견인 정수와 기준 운전시간

(가) 견인력(tractive force)과 견인 정수(nominal tractive capacity)

동력차의 출력은 그 원동기에서 차륜으로 전하여져 레일과의 점착력을 이용하여 주행한다. 따라서, 출력은 점착력에 따라 제한을 받는다. 동력차의 견인력에서 동력차 자신의 주행 저항을 차인한 것을 인장봉 견인력(draw-bar pull)이라 하며 객화차를 견인하는 힘을 말한다. **그림 8.1.2**는 열차 속도와 견인력·열차 저항의 관계를 나타낸 것이며, 운전 속도가 높을수록 인장력이 줄고 저항력이 크게 되지만 인장력과 열차 저항이 평형인 상태의 열차 속도를 "균형 속도"(equilibrium speed)라고 한다. 동력차에서는 어떤 일정 속도를 확보할 수 있는 견인중량의 값을 "견인 정수"(nominal tractive capacity, locomotive rating, hauling capacity of engine)라고 하고, 견인중량을 1 차량의 가상 중량(하기 참조)으로 나눈 값으로 정의한다. 이 값은 각 선구(railway division)의 구배, 곡선 등의 선로 조건을 고려하여 정하며, 열차 운전계획을 세우는 기초 자료로 된다.

일반철도에서는 객차의 경우에 40 tf, 화차의 경우에 43.5 tf를 1량으로 하며, 예를 들어 최대 견인중량 400 tf인 경우에는 객차의 견인정수 10으로 나타내고 있다. 하구배에 대하여는 속도의 감소가 없지만, 제동력에 따른 운전의 안전 상에서 견인정수가 결정되다. 기관차에는 각 구간마다 견인정수가 정해져 있으므로 실제로 견인되고 있는 객화차의 중량을 견인정수로 환산하여야 하며, 그를 위해서는 실제 차량의 하중 상태에 따라 그 차량이 환산 몇 량 분에 상당하는가를 환산하여야 한다. 일반철도에서는 공차(空車), 영차(盈

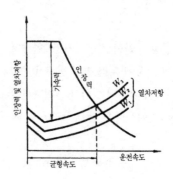

그림 8.1.2 인장력 및 열차 저항과 운전 속도의 관계

車)마다 상기와 같이 화차의 경우에 43.5 tf, 객차의 경우에 40 tf로 나눈 환산 량수(number of corerted car)를 각 차량의 외측에 표기하고 있다. 객차의 경우는 전정원(全定員) 인수(人數)가 승차하고 있는 경우를 영차로 하고, 20 인을 1 tf로 환산한다.

견인정수법[245]에는 다음과 같은 방법이 있다.

1) 실제 양수법 : 실 차량 수로 견인정수를 구하는 가장 원시적 방법으로 차량의 종류와 크기가 다르므로 실용성이 없다.

2) 실제 톤(ton)수법 : 객 · 화차의 실중량으로 견인정수를 구하는 방법이다.

3) 인장봉 하중법 : 동력차의 인장봉 인장력과 객 · 화차의 열차저항이 균형을 이루는 객 · 화차 수를 견인정수로 하는 방법이다.

4) 수정 톤(ton)수법 : 객 · 화차의 톤당 주행저항이 만차, 공차별로 다르므로 이를 수정하여 인장봉 인장력과 동일한 열차저항이 되는 열차 수로 견인정수를 정하는 방법이다.

$$W_0(수정\ ton수) = \frac{f \cdot w \cdot n + c \cdot n}{f} = \left(w + \frac{c}{f}\right)n \tag{8.1.1}$$

여기서, w : 화차 1량의 중량(t)

c : 중량에 무관한 부분(kg)

f : 객화차의 주행저항이 객화차 중량에 비례하는 부분(kg)

n : 객화차량 수

5) 환산량수법 : 차량의 환산량수로 견인정수를 구하는 방법이다.

$$W_g(환산량수) = \frac{차량중량(W)}{기준중량(W_0)} \tag{8.1.2}$$

여기서, W_0 : 기관차 · 화차 43.5 tf, 객차 40 tf

(나) 운전 성능 곡선

이상과 같은 각 차량의 성능에 따른 견인력, 각종의 열차 저항 및 열차 속도 등에 따라 여러 가지 선로 조건 아래에서 각종 열차의 단위 중량당 견인력, 가속 · 감속에 요하는 거리 · 운전 시간(running time) · 전력량 등을 계산하여 열차의 성능을 도표화한 것을 운전성능 곡선이라 총칭하며, 하중 곡선 · 가속력 곡선 · 구배별 속도거리 곡선 · 제동 곡선 등이 있다. 이들의 곡선으로 일정 선구의 각종 열차의 기본 운전상황을 나타내는 운전 곡선도를 작성하여 역간(구간), 운전 시간, 최고 속도, 사용 전력량 등을 구하여 열차 다이어그램을 작성한다. 현재는 이들의 곡선도를 컴퓨터로 계산, 작도하고 있다.

(다) 운전 곡선도(운전선도)

열차의 운전상태, 운전속도, 운전 시분, 주행거리, 전력소비량 등의 상호 관계를 열차운행에 수반하여 변화하는 상태를 역학적으로 도시한 것을 운전선도라 한다. 운전선도는 주로 열차운전 계획에 사용하며, 신선 건설, 전철화, 동력차 변경, 선로의 보수 및 계획 시에 역간 운전 시분을 설정하여 열차운전에 무리가 없도록 하는 외에 동력차의 성능비교, 견인정수의 비교, 운전 시격의 검토, 신호기의 위치 결정, 사고조사, 선로 계획 등의 자료가 된다.

운전선도에는 기준채택 방법에 따라 시간기준과 거리기준 운전선도가 있으며, 시간기준 운전선도는 시간을 횡축으로 하고 종축에 속도, 거리, 구배, 전력량을 표시하여 작도한다. 거리기준 운전선도(**그림 8.1.3**)는 거리를 횡축으로 하고 종축에 속도, 시간, 전력량 등을 표시하여 작도한 것으로 열차의 위치가 명료하고, 임의 지점의 위치에 운전 속도와 소요 시간을 구하는데 편리하며, 운전선도라 함은 보통 이 거리기준 운전선도를 말한다.

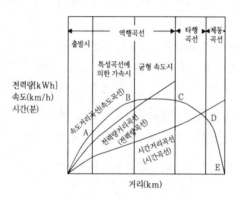

그림 8.1.3 거리기준 운전선도

다시 말하여, 각종 운전 성능도를 기초로 속도거리 곡선, 시간거리 곡선을 동시에 그려 열차의 어떤 역간에서의 기준 운전을 나타낸 것을 운전 곡선도라고 한다. 이 그림은 횡축에 거리(역간 거리)를, 종축에 속도, 운전 시간을 취하고, 더욱이 거리에 따라 선로 조건(구배 · 곡선 · 분기기 등의 위치와 제한 속도 등)을 기입하여 이에 따라 열차의 가속(역행), 타행, 제동 등의 운전 조작을 한, 효율이 좋은 열차의 운행 상황을 속도 곡선으로 그리며, 또한 이에 따른 역간의 운전 시간을 나타내는 시간 곡선을 그려 소요 시간을 나타낸다. 또한, 별도로 전력량 거리곡선을 그려, 사용 전력량의 산정, 곡선 개량이나 구배 개량을 검토하기 위한 진입 속도, 단축 시간, 또는 공사중의 서행 운전(slow operation)으로 인한 시간의 손실, 동력 소비량의 증가량 등의 산정 등 선로 개량의 자료로서 폭넓게 활용하고 있다. 서행으로 인한 손실의 일례를 **그림 8.1.4**에 나타낸다.

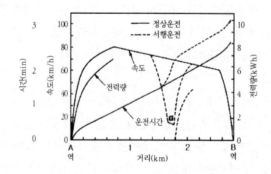

그림 8.1.4 서행 및 도중 정차시의소비 전력량 영항의 예

그림 8.1.4의 실선은 정상 시의 운전 곡선(train operation curve)이며, 이 경우의 열차는 출발부터 750 m까지 역행(power running)하고 그 후는 타행(coasting)으로 2.6 km까지 운전하여 2.6 km 지점에서 제동을 걸어 2.8 km의 B역에서 정지한다. 이 경우의 전력량은 7 kWh로 된다.

지금, 15 km/h의 서행을 요하는 개소가 1.7 km 부근에 발생하였다고 하면, 열차는 A역을 출발하여 0.75 km 부근까지 역행하고 타행에 들어가지만 1.4 km 부근에서 제동을 걸어 1.65 km 부근까지에서 15 km/h로 감속하여야 한다. 서행 지점을 통과 후 다시 역행에 들어가서 2.1 km 부근까지 정상 운전시의 속도 65 km/h에 달하고 타행에 들어가 2.6 km 부근에서 제동을 걸어 B역에서 정지한다. 따라서, 역행이 2회로 되어 최초의 7 kWh와 나중의 4.5 kWh를 합산한 11.5 kWh를 요한다. 또한, 운전 시간은 정상시의 2분 50초가 3분 30초로 된다.

(라) 기준 운전시간

선로 조건(최고 속도·곡선 속도·분기기 속도 등의 제한)을 전제로 기관차 열차의 경우는 기관차의 성능과 견인 정수(견인 톤수, 상기의 (가)항 참조)의 다소에 따라 변한다. 동력분산 열차는 차량 성능과 편성 내용(전차의 MT 비율)·승차율(러시 아워 등)에 따라 운전 시간이 변한다. 따라서, 역 구간마다 상기의 운전 곡선(running curve, 거리와 속도·시간의 관계도)을 작성하여 계획상의 최소 소용의 "기준 운전시간"(regular running time)을 사정한다(**그림 8.1.5** 참조). 이 시간은 15초 단위로 하여 사정 시간이 4분 9초와 같이 15초 미만인 경우는 절상하여 기준 시간을 4분 15초로 한다.

여객 열차의 승차율은 새마을호 열차 등의 정원 열차에서는 정원 승차로, 기타의 열차는 승객이 많을 때의 상당 비율(예 150 %)의 승차를 조건으로 한다. 최고 속도나 곡선 등의 제한 속도(restricted speed)에 대하여는 약 3 km/h 내린 속도로 "기준 운전시간"을 산정한다.

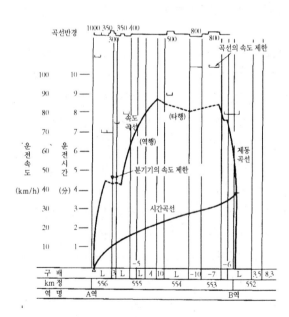

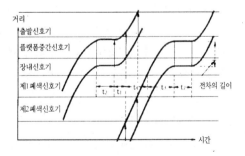

그림 8.1.5 운전 곡선의 예(전차 6M 6T)　　　**그림 8.1.6** 역 부근에서의 정거와 신호기와의 관계

더욱이, 이 사정 시간은 어디까지나 주요한 부분의 운전 가능한 시간이다. 실제의 다이어그램 설정은 선로 공사 등의 서행이나 지연의 회복 등을 고려하여 다소의 여유 시간을 더한다. 그 여유율은 열차 종별에 따라 다소 다르며, 단선의 경우에 3~5 %, 복선의 경우에 2~3 % 정도로 하고 있다. 이들의 여유 시간은 전구간에 대하여 일률적이 아니고, 이용객이 많은 역 근처에 붙이는 등을 감안한다.

여유 시간이 너무 작으면, 날마다의 다이어그램에 대하여 만성적인 지연이 생기는 요인으로도 되며, 또한 너무 많은 것은 소요 시간의 연장을 초래하여 서비스 · 효율의 점에서도 좋지 않다. 최근의 속도 향상(speed up) 요청에 대하여 이들의 여유도 적극적으로 감축되는 경향으로 되어 있지만, 실제 운전의 지연 실적을 자세히 조사 해석하여 사정한다.

(5) 정거 역과 정거 시간

고속 여객열차(passenger train)의 속도 향상에는 되도록 정거 역을 적게 하고, 정거 시간(stopping time)을 짧게 하는 것이 바람직하다. 그러나, 정거를 요구하는 연선 주민의 요구도 치열한 경우가 많다. 정거 역을 결정하는 요소로서 승하차 인원수, 지역의 사정, 타 선구와의 분기 역, 다른 교통기관과의 관계, 승무원의 교체 등이 고려된다. 정거 시간도 승하차 인원수의 다소, 편성의 분할 병합, 편성의 증감, 승무원의 교체, 기관차 바꿔 달기 등에 따라 적정하게 최소 20초로 사정된다.

(6) 열차 최소 시격(minimum train headway)

열차 시격의 기본은 후속 열차(following train)가 항상 속도조절의 브레이크를 필요로 하지 않는 진행의 신호 현시에 따라 원활하게 운전할 수 있는 것이다. 따라서, 자동 폐색구간에서는 전후 열차의 간격이 2 이상의 폐색 구간을 사이에 두도록 설정되기 때문에 최소의 열차 시격은 2~3 폐색 구간 + 열차 길이를 주행하는 시간으로 된다.

여기서, 신호기의 간격을 줄이어 열차의 속도 성능을 높이면 열차 시격을 단축할 수 있어 증발이 가능하게 되지만, 열차 시격은 그 선구를 통하여 가장 큰 시격으로 제약된다. 대도시 근교 통근 전차열차의 역간 운전에서의 최소 시격은 1분 정도로 단축할 수 있다. 그러나, 실제의 운전에서 주로 시격이 제한되는 것은 역간에 대하여가 아니고 정거 역 부근이나 터미널 반복 등의 열차 시격이다. 따라서, 승하차가 많은 역의 정거 시간, 반복 시간, 다이어그램 회복 여유 등 때문에 다이어그램 설정상의 최소 열차 시격은 가감속이 빠른 10량 편성 통근 전차에 대하여 2분으로 하고 있다. 기타의 여객 열차에 대하여 3분, 고속선로에 대하여 4분, 화물 열차(freight train) 등의 장편성 열차에 대하여 6분 정도로 하고 있다.

대도시 근교 구간에서는 역에서의 승하차 시간의 연신을 억제하여 열차 시격을 단축하거나 확보하기 위하여 승하차가 많은 역에서 플랫폼의 양 측선으로 교호 발착, 양면 플랫폼을 이용한 승하차별 사용, 긴 플랫폼에서의 속행 2열차의 발착 등으로 하는 예가 있다. 또한, 신규제작 차량에 대한 승하차 도어의 증설(예 : 한쪽 4 → 5 · 6), 도어 폭의 확대(예 : 1.3 → 1.8 m) 등을 고려할 수 있다.

특히 혼잡이 심하여 열차 증발의 개선이 요망되는 대도시 근교 전차 구간에서의 최소 시격(초)을 검토하여 보자. 여기서는 최소 시격이 제약되는 일반적인 역의 1선 착발인 경우의 전후 열차의 간격을 산정하면(**그림 8.1.6** 참조), 최소 시격 T(sec)는 다음 식으로 산정된다.

$$T = t_1 + t_2 + t_3 + t_4 + t_5$$
$$= \sqrt{20 \times 7.2/a} + t_2 + \sqrt{(L+50) \times 7.2/\beta} + t_4 + 4 \qquad (8.1.3)$$

여기서, t_1 : 선행 열차가 발차 후, 출발 신호기(50 m)를 통과하든지, 플랫폼 중간 신호기를 전차(電車)의 후부가 통과하기까지의 시간

t_2 : 정거 시간

t_3 : 속행 열차의 선두부가 장내 신호기(플랫폼 앞의 50 m)에 진입 후, 정거하기까지의 시간

t_4 : 속행 열차가 후방 제2 폐색 신호기와 장내 신호기와의 사이를 주행하는 시간(2 폐색 구간)

t_5 : 신호 변환 시간(1초) + 제동 공주시간(3초)

a : 평균 가속도(km/h/s)

β : 평균 감속도(km/h/s)

L : 열차 편성 길이(m)

플랫폼 중간 신호기가 설치되어 있는 경우에 전차의 최후부와 플랫폼 중간 신호기까지의 거리(20 m)가 짧기 때문에 가속도 a의 차이로 인한 영향의 쪽이 크다. 열차 편성을 10량 200 m로 하면 진출 시간 t_1이 약 9초(평균 가속도 2 km/h/s) 또는 약 7초(3 km/h/s), 정거 시간 t_2가 30초, 진입 시간 t_3가 약 25초(평균 감속도 3 km/h/s), t_4는 신호기의 간격 거리와 열차 속도에 따라 다르지만, 신호기 거리를 600 m, 속도를 60 km/h로 하면, 약 36초로 산정되고, 합계의 T는 약 104~102초로 되며, 정거 시간의 비율이 크다.

가감 속도를 높이고 폐색 신호기(block signal) 간격을 한층 줄이면 이론적인 최소 시격은 10량 편성에 대하여도 약 90초 정도로 되지만, 실제는 정거 시의 정지 위치 맞추기의 운전 조작, 정거 시간의 연장이나 다이어그램의 회복 등을 위하여 120초 정도를 채용할 수밖에 없다.

해외에서 최소 시격을 약 90초로 하고 있는 예도 있지만, 어느 것도 전차의 편성이 6량 정도이고 승차율이 낮아 혼잡이 적으므로 역의 정거 시간이 약 20초로 지켜지고 있다.

더욱이, 시격 단축의 발본책으로서 폐색 신호기를 이용하지 않고 선행 열차(previous train)와의 거리를 자동적으로 제어하는 이동 폐색식도 채용되고 있다(제5.4.3(1)(나)2)항 참조).

8.1.5 열차 다이어그램 책정

(1) 열차 다이어그램

열차의 운전계획 · 운전관리(management of operation)에 사용되는 열차 다이어그램(diagram, 우리나라에서는 일반적으로 '다이아' 라고 약칭하고 있다)은 열차 계획(train working program)에 기초하여 구체적으로 열차를 설정하는 것이며, 열차가 주행하는 상황을 일목요연하게 도표로 나타내고 있다. 열차 다이어그램은 열차 운행의 시간적 추이를 나타내기 위하여 종축에 거리 · 역을, 횡축에 시각으로 한 좌표가 일반적이며, 열차가 주행하는 궤적을 사선으로 기입하고 있다. 여기서, 역간의 속도가 구배 등으로 변하는 경우는 열차의 궤적이 꺾은 선으로 되지만, 역간의 간격을 속도에 따라 조정하여 열차의 궤적이 직선으로 되도록 하고 있다.

열차의 시각표에서는 표시할 수 없는 역간의 시간적 궤적이 명확하게 표시되므로 열차 운행 시각을 제작

하는 수단일 뿐만 아니라 사고, 재해(disaster), 열차 지연(train delay) 등에 있어서 전후의 열차 관계나 대향 열차(opposing train)의 상태를 아는 수단으로도 빠뜨릴 수 없는 것이다.

열차 다이어그램을 결정하기 위하여 ① 수송량과 수송력, ② 열차 계통의 운용, ③ 기준 운전 시간, ④ 운전 시격(headway), ⑤ 정거장에서의 정거 시간과 접속 시간, ⑥ 운전 설비, ⑦ 탄력성이 있는 운전 시간의 여유, ⑧ 차량 운용의 효율화와 경제성 등의 여러 조건을 고려하여야 한다.

다이어그램의 설정은 신선 등 개업시의 신규는 별개로 하고, 필요에 따라 개정하는 예가 대부분이다. 다이어그램의 개정은 신선 개업, 증설·전철화(electrification) 등 시설의 개량, 신형 차량의 투입·차량 증비 등의 기회나 수송의 변화에 대응하여 모아서 실시하는 경우가 많다.

수송량(volume of transportation)의 상정이나 이용 실적을 근거로 하여 먼저 장거리 열차의 초안 다이어그램을 책정하여 검토하면서 순차 다른 열차를 넣어 간다. 다이어그램 책정의 마무리 작업은 기준 운전시간(regular running time), 열차 상호간의 속행 간격, 다른 열차와의 경합(예 : 아침의 통근 열차와 장거리 열차·화물 열차), 역 설비(발착선 능력, 대피선 등), 평면 교차의 지장 시간, 타 선구 열차와의 접속 확보, 선로나 전차선 보수 짬의 확보 등을 종합하면서 행한다.

열차 밀도(traffic density)가 높은 대도시 근교 구간은 최종 열차에서 최초 열차까지의 심야가 선로나 전차선 보수의 작업 시간으로 되지만 야행 열차가 설정되는 간선 등에서는 보수 작업을 위하여 열차가 주행하지 않는 시간대를 설정할 필요가 있다.

운전에 앞서 예상되는 임시 열차 등도 될 수 있는 한 예정 다이어그램을 설정하여 둔다.

(2) 열차 다이어그램의 종류

열차 다이어그램에는 용도에 따라 시간 눈금의 조밀에 의하여 다음의 종류가 사용된다.

(가) 1시간 단위 열차 다이어그램(one-hour unit train diagram)

시각의 눈금을 1시간으로 한 열차 다이어그램이며, 일례로서 1시간의 폭은 20 mm로 취하고 시각 개정 시에 구상을 검토하는 초안의 다이어그램으로 사용하기도 하며 또는 차량의 운용 계획, 장기 열차계획(train working program) 등의 계획작업에도 사용한다.

(나) 10분 단위 열차 다이어그램(ten-minute unit train diagram)

시각의 눈금을 10분으로 한 열차 다이어그램이며, 열차횟수가 많은 선구(busy line)에 대하여 1시간 다이어그램 대신에 사용한다.

(다) 2분 단위 열차 다이어그램(two-minute unit train diagram)

시각의 눈금을 2분으로 한 열차 다이어그램이며, 일례로서 1시간의 폭은 60 mm로 취하고 있다. 역의 발착 시간을 15초 단위로 표현할 수 있도록 특별한 기호도 정해지며, 시각 개정 시 열차 시각의 설정에 사용하는 외에 임시 열차의 계획, 시각 변경 등의 작업에 사용한다.

(라) 1분 단위 열차 다이어그램(one-minute unit train diagram)

시각의 눈금을 1분으로 한 열차 다이어그램이며, 일례로서 1시간의 폭은 120 mm로 취하고 있다. 10초 단위로 나타내며 2분 다이어그램과 같은 목적에 사용하지만, 주로 열차 밀도가 높은 전차전용 구간에 사용한다.

또한, 특별한 호칭의 다이어그램 예로서 "네트워크 다이어그램"(network train diagram), "평행 다이어그램"(parallel train diagram) 등이 있다. "네트워크 다이어그램"은 단선(single line) 구간에서 최대한의 열차를 설정하기 위하여 상하의 열차를 교호로 설정하여 망의 눈과 같이 짜 맞춘 다이어그램을 말한다. "평행 다이어그램"은 복선(double line) 구간에서 최대한의 열차를 설정하기 위하여 각 열차의 속도를 같게 하여 운전하도록 열차선(線)이 평행하게 되는 다이어그램을 말한다. 간선의 야행 여객 열차와 컨테이너 화물열차가 설정되는 야간대나 대도시 근교구간 전차운전의 러시 아워대 등에 채용하고 있다.

(3) 열차 다이어그램의 기재 사항
열차 다이어그램에는 다음과 같은 것을 기재한다.
① 열차선(線)과 열차 번호(train number)
② 하행 열차에 대한 표준 상구배와 표준 하구배(‰)
③ 정거장간의 거리와 기점부터의 거리(영업 킬로미터)
④ 정거장 이름과 정거장의 종류
⑤ 폐색 방식(block system)의 종류와 선수별(단선, 복선)
⑥ 전철화 구간(electrified section)과 변전소(transforming station)
⑦ 선로 명칭 및 본선의 유효장
⑧ 대피 또는 교행가능 여부
⑨ 작성 개소와 정리 번호
⑩ 실시 연월일 · 개정 번호

(4) 열차선의 기재
열차 종별 · 운전 기간에 따라 다음 기호의 예로 한다.
① 열차의 기호
② 운전 기간의 기호

(5) 열차번호의 부여방법
철도의 선로를 운행하는 열차는 고유의 열차번호를 부여한다. 그 부여 규칙을 보면 아래와 같다(예를 들어, #1열차 : 서울—부산행 하행 KTX)[239].
　1) 열차번호는 시발역에서 종착역까지 동일한 번호를 부여한다.
　2) 열차번호는 속도기호와 4단계 이하의 숫자로 표시하고 하행열차는 홀수번호를, 상행열차는 짝수번호로 하는 것을 원칙으로 한다.
　　① 2개 선로 이상에 걸쳐 운전하는 경우에는 중요 선로를 기준으로 한다.
　　② 중요 선로와 중요 선로의 경우에는 운행거리가 길고 운행 정거장 수가 많은 쪽을 기준으로 한다.
　3) 열차번호 배당은 상위등급 열차부터 순차적으로 부여하되 다음에 의한다.
　　① 열차번호는 열차종별로 구분하고 그 범위 내에서 선로 및 직통 등 우선순위로 배당한다.

② 수도권 전동열차는 열차번호 앞에 알파벳 두 문자로 소속 및 구간을 구분한다(철도공사 : K, 서울시 : S).

③ 열차번호 배당은 운전취급용 열차운전시각표의 열차별 배당번호표에 의한다.

(6) 다이어그램 책정작업의 기계화

이상의 다이어그램의 작성에서 종래는 수작업으로 많은 노력과 시간을 요하여 왔지만, 최근에는 컴퓨터로 신속화와 효율화가 도모되고 있다. 즉, 수요의 동향에 즉응하여 기동적인 수송 서비스를 제공할 수 있도록 하기 위하여 될 수 있는 한 단시일 · 능률적으로 행할 수 있는 개선이 진행되고 있다. 다시 말하여, 일정한 룰로 행하여지는 열차 다이어그램이나 다음 항의 차량 · 승무원 운용 다이어그램의 책정은 최근에 컴퓨터를 이용한 기계화가 도모되고 있다.

8.1.6 차량과 승무원의 운용

운전 관리에서 열차 다이어그램(train diagram)과 차량 · 승무원 운용은 표리일체이다. 기관차나 일반 여객차량은 열차 다이어그램에 대응하여 효율적으로 사용하기 때문에 같은 차량이 매일 같은 열차에 충당되지 않고, 다른 열차에 순환 충당되는 것이 원칙이다. 이와 같은 순서에 따라 사용하는 것을 차량 운용이라고 한다. 높은 효율과 적정한 여유를 감안하여 운용될 수 있도록 책정한다. 이 차량 운용예정에 따라서 차량이 운용되며, 소요의 량수가 결정된다.

동력차 승무원 · 차장 등의 승무원에 대하여도 실무 제약시간을 지키면서 효율적이고 무리가 없도록 배려하며, 차량 운용(car operation)과 같은 승무원 운용을 책정한다. 승무원은 운용에 따라 기관차나 열차에 승무하며, 소요의 인수가 산정된다.

8.1.7 열차의 지령 관리

열차의 운전은 언제나 다이어그램대로 운행될 수가 없고, 건널목 지장, 다수 승강의 정거 시간(stopping time) 연신 등 무엇인가의 이유로 인하여 열차의 지연이 생기기도 한다. 따라서, 매일의 열차 운전에는 열차의 운전 상황을 감시하여 지연 등의 이상 시에 열차 운전(train operation)의 흐트러짐을 최소한으로 막고, 신속하게 정상 상태로 복귀시키기 위하여 적당한 선구 · 구간을 집중하여 원격 관리하는 중앙 운전 사령실을 설치하여 열차의 지령 관리를 한다. 그 업무 내용은 열차 지령 · 기관차 지령 · 전차 지령 · 객화차 지령 등이며, 열차 다이어그램의 변경, 열차의 운행 순서의 정리, 기관차 등의 운용 변경 등을 행하는 것이 열차 지령 관리(train dispatching control, 철도공사에서는 '열차관제(管制)'라고 한다)이다. 한국철도에서는 5개 지역에 분산되어 있는 CTC사령실을 통합하여 구로에 CTC 통합사령실을 구축하였다(제5.6.2항 참조).

예전에는 중앙 사령실과 각 역과의 전화로 각 역 · 열차에 지시 연락을 하여 왔지만, 최근에는 많은 선구에 CTC(central traffic control device, 열차집중제어장치, 5.6.1항 참조)가 보급되고 열차 무선(train radio system)의 정비에 따라 열차와의 연락도 신속하게 행할 수가 있도록 되어 있다.

열차 무선은 CTC에 아울러 정비되며 널리 보급되고 있다. 열차 무선은 열차 지령을 민속 확실하게 함과 동시에 열차 안정성의 확보(선로 지장 등의 긴급 연락), 여객 서비스의 개선(이상 시의 회복예상 정보의 제공), 화물 열차(freight train)의 1인 운전(one-man operation)화 (재래는 차장차를 연결하여 차장이 승무) 등에 공헌하고 있다.

열차무선의 방식에는 유도무선(inductive radio)과 공간파 무선(space-wave radio)의 2 방식이 있다. 유도무선은 유도선을 선로에 평행하게 가설하고 여기에 고주파 전류를 통하여 차량의 안테나 사이와의 유도 작용을 이용하는 것으로 지형상의 영향이 적어 지하철에서 채용하고 있다. 공간파 무선은 VHF(초단파)를 사용하는 것으로 각종 잡음의 영향이 적어 지상선에 채용하며, 터널내는 LCX(누설 동축케이블)로 하고 있다.

8.2 안전과 운전사고 방지 대책

8.2.1 개요

철도 운영(railway operation)의 중요 조건으로 "안전, 민속, 확실, 쾌적, 저렴"이 열거된다. 그 중에서도 "안전"은 절대의 지상으로 되며, 안전의 확보를 끊임없이 노력하여 왔다. 그러나, 사람이 만든 기계 · 시설 등에는 절대의 안전이 있을 수 없어 때때로 고장을 일으키기도 하고, 또한 사람의 조작에서 미스도 피할 수 없다.

철의 레일과 철의 차륜을 사용하여 생긴 철도는 고속의 대량 수송(mass transport)을 가능하게 하였지만, 이상의 기계 · 시설의 특성에 더하여 제동 성능이 좋지 않은 점(정지까지의 제동 거리가 자동차에 비하여 수 배 길다) 등 때문에 영국에서의 철도창업 시부터 비참한 인신 사고가 발생하고 있다. 그 때문에 신호(signalling) 등의 보안 설비를 채용하며, 폐색 방식이나 자동 연결기 · 직통 공기 브레이크의 채용도 중대사고(major accident)의 교훈에 따른 것이었다. 그 후도 시설 · 차량의 개선이 끊임없이 도모되고 운전사고(operating accident)의 방지는 철도 경영의 제1의 과제로 되어 왔다.

사고를 귀중한 교훈으로 하여 채택한 사고방지 대책이 공을 세워 운전사고가 해마다 감소하고 있다. 그러나, 앞으로도 사고 방지를 소홀히 할 수 없다.

8.2.2 중대 사고의 분석 예

운전사고(operation accident)에는 큰 것에서 작은 것까지 여러 가지가 있지만, 철도에서 특히 문제로 되는 것은 중대사고(major accident)이다. 이 절에서 말하는 중대 사고는 예를 들어 여객의 사망이 발생된 것, 탈선 차량이 30량 이상인 것, 그 외 특기하여야 할 것으로 되어 있다. 중대 사고를 분석한 자료에 의거하여 직접 원인별로 집계한 예[31]에 따르면,

① 신호 오인이나 브레이크 취급의 지연 등 동력차 승무원의 취급 관련 사고(41 %).

② 신호 취급이나 폐색 취급 미스 등의 역 취급으로 인한 사고(12 %).

③ 차량 고장에 의한 사고(10 %). 최근에는 급격히 줄고 있다.

④ 낙석 · 강풍 등의 천재에 의한 사고(13 %).

⑤ 건널목 사고(11 %). 최근에 많다.

⑥ 열차 방해 · 화재 등의 사고(7 %).

⑦ 화차와 레일과의 경합탈선 사고(4 %).

⑧ 시설에 관련된 사고(2 %).

등으로 되어 있다. 최근에는 보안 대책이나 근대화의 추진, 시설 · 차량의 개선 정비 등에 따라 최근의 사고는 건널목 사고와 전례가 없는 사고가 늘어나고 있다.

철도의 보안도를 측정하는 하나의 척도로서 대표적인 사고로 되는 열차사고{train accident ; 열차충돌(train collision)사고 · 열차탈선(train derailment)사고 · 열차화재(train fire)사고 등}의 열차 킬로미터(train kilometers)당의 사고율이 하나의 목표로 되어 있다.

8.2.3 건널목 대책

열차의 고속화와 고빈도화 및 자동차의 격증에 따라 최근에는 건널목 사고(level crossing accident)가 철도 사고(railway accident)의 상당 비율을 점하고 있다. 중대사고(severe accident)도 늘고 있기 때문에 건널목 사고의 방지 대책이 극히 중요한 과제로 되어 있다. 최근에 발생된 건널목 사고의 실상에서 충격물로는 자동차가 약 60 %로 가장 많고 원인별로는 직전 횡단이 약 60 %를 점하고 있다.

발본적인 방지 대책은 고속 철도와 같이 건널목을 없게 하는 것으로 도로와 입체 교차화하도록 철도 · 도로의 어느 쪽을 고가화 · 지하화하는 것이 바람직하다. 그러나, 부근 주민과의 조정이나 팽대한 공사비 때문에 단기적으로 실현하는 것은 불가능하며, 앞으로도 순차적으로 진행하여 가는 수밖에 없다. 병행하여 다음과 같은 차선의 건널목 대책이 추진되고 있다.

(1) 건널목의 격상

건널목의 통폐합 등을 계속 진행하여 전국의 건널목이 1994년도의 약 2천 개소에서 2005년 초의 약 1,600 개소로 감소되었지만, 해외의 철도에 비하여 킬로미터당 건널목 수가 많은 편이다. 건널목의 종별은 철도 측의 열차 횟수와 도로 측의 통행량 등으로 결정하며, 경보기 · 차단기가 설치되어 있는 제1종 건널목(first class railway crossing)이 1994년의 약 41 % 에서 2004년 말에 93 %로, 경보기가 설치되어 있는 제2종 건널목이 약 50 %에서 2 %로, 건널목 교통안전표지만이 설치되어 있는 제3종 건널목이 9 %에서 5 %로 되는 등 건널목 개량을 꾸준히 진행하여 왔다. 앞으로도 실태에 따라 격상이 계속 도모될 것이다.

(2) 건널목 보안설비의 개량

통행의 실태에 따라 추진되는 주된 개선은 다음과 같이 고려할 수 있다.

① 시각 인식 · 전망이 좋지 않은 건널목에는 오버 행형의 경보기를 설치한다.

② 건널목을 멀리에서 시각으로 인식하기 쉽도록 차단간에 늘어뜨린 막, 늘어뜨린 벨트를 설치한다.

③ 도로 폭이 넓은 건널목에 대하여는 2단 차단으로 하여 진입 측을 먼저 차단하고 진출 측을 나중에 차단한다.

④ 절손이 많은 차단간은 자동차 등이 건널목 내로 들어박힌 경우에도 용이하게 탈출할 수 있도록 자재(自在) 굴절이 가능한 FRP제로 개선한다.

⑤ 한쪽만 설치되어 있는 건널목 지장통지 장치(비상 버튼)는 양측에 설치한다.

⑥ 건널목 장해물검지 장치는 복선 구간의 자동차 통행이 많은 개소에 대하여 적극적으로 정비한다. 비용이 저렴한 것도 개발되어 있다.

⑦ 경보 시간의 적정화를 도모한다.

⑧ 열차진행 방향표시기를 열차 밀도가 많은 복선 구간에 증설한다.

(3) 건널목 구조의 개량

① 통행량의 증대에 따라 폭을 넓힌다.

② 낙륜 방지벽이나 복륜공도 설치한다.

③ 엔진 정지, 낙륜 방지를 위하여 포장을 개량한다.

④ 건널목으로의 도로 접근이 좋지 않은(교각 · 급곡선 · 급구배 등) 것은 개량한다.

(4) 사고 방지(prevention of accident)의 홍보 활동

TV · 라디오를 이용한 홍보, 역 · 차내에서의 홍보, 포스터의 배포, 자동차 운전학원에서의 지도 등에 힘쓴다.

(5) 건널목 첨단교통체계의 도입

한국철도에서는 철도건널목 및 인접교차로에 지능형 교통체계(ITS)를 적용하여 건널목 주변 교통 혼잡을 최소화하기 위한 실시간 제어체계를 도입하고 있다. 건설교통부는 '건널목관련 첨단교통관리체계(IGCS) 구축운영지침을 2006. 1. 6에 제정, 공포하였다.

지금까지는 철도건널목 차단기와 인접교차로의 신호가 별개로 운영되었으나, 첨단교통체계는 철도건널목 차단기와 인접교차로 시스템을 상호 연동하는 시스템이다. 이 시스템이 적용되면 검지기로 수집된 열차 위치, 속도, 차단시간 정보를 인접교차로 시스템에 제공하여 신호현시를 조정하는 등 건널목 차단에 따른 자동차 대기행렬을 조정함으로서 교통 혼잡을 최소화하고, 보다 안전한 도로체계 구현이 가능할 것으로 전망된다.

8.2.4 방재 대책

철도에서 풍수해 · 설빙해 · 낙석 · 지진 등이 초래하는 자연 재해(disaster)는 피할 수가 없다. 자연 재해로 인한 사고는 전 항의 사고 통계 예에 포함되어 있지만, 그 대책 등에 대하여 기술한다(고속철도에 대한 상

세는 제9.3.4항, 터널 내 방재시설은 제4.2.3항, 지하역의 방재는 제7.2.1(10)항, 지하철의 방재대책은 10.1.5(9)항 참조).

여기서의 방재(disaster protection)란 일상의 검사 · 관측 등의 축적을 통하여 자연의 외력으로 인한 철도 구조물(자연 사면 · 절토 · 성토 · 교량 · 고가교 · 터널 등)이나 차량 통행에의 영향을 예지 · 예측하는 일과 불행하게 생긴 자연 재해의 복구와 항구적인 방재 대책을 시행하는 일이다. 지금까지는 재해 발생에 의한 사후 복구가 주이었지만, 장년에 걸친 실적 등에서 최근에는 강풍 · 호우 · 홍수 · 지진 등의 이상 상태에 관한 정보수집 시스템의 정비나 구조물(structure)의 강화 · 방호 등의 사전 방재에 주력을 쏟는 것으로 되어 자연재해 사고발생이 감소되고 있다.

(1) 사면 재해(slope disaster)

기존선의 노반(road bed)은 선로 연장의 대부분이 흙 구조물이기 때문에 흙 사면에서의 자연 재해가 많다. 사면의 대부분은 비에 약한 흙 사면이며, 모두를 없게 하는 것은 개량비가 거액이기 때문에 실현이 극히 곤란하므로 실태를 지켜보면서 순차적으로 개선을 진행한다(제4.7.1(5)항 참조).

그 때문에 문제 개소의 건전도나 안전성을 정확하게 평가하여 사전 대책의 방재 공사를 행하고 있지만 외국에서는 평가의 방법 등의 여러 가지 연구 성과가 채용되고 있다. 또한, 연구 성과에서 1시간당의 강우량(rainfall)과 내리기 시작하고부터의 총 우량에 따라 경험적인 데이터에서 운전을 규제(정지 또는 속도 제한)하는 예도 있다(제9.3.6(1)(가)항 참조).

방재강도를 고려하여 강우에 따른 운전규제의 고려방법은 예를 들어 다음과 같다.

  1) 전선의 방재강도에 대한 강도에서 구간을 설정하여 각각의 구간에 대하여 ① 강우량(1 시간에 대한 총 우량), ② 연속 우량(비가 내리기 시작한 때부터의 총 우량이며 비가 중단하여 12 시간 이내에 다시 시작한 때는 연속 우량으로서 카운트한다)의 각 규제치를 정한다.

  2) 상기 1)의 규제치 ①과 ②의 조합에 따라 운전규제를 마련한다. 그 단계로서는 ① 경비에 들어간다, ② 열차를 서행시킨다, ③ 열차를 정지시킨다고 하는 3 단계로 하고 있다.

(2) 토석류 재해(mud and stone flow disaster)

호우로 인하여 산허리가 붕괴하여 토석 자체의 무게로 유동화하는 것이다. 이러한 재해는 연선(wayside) 근방만의 조사로는 예측이 곤란하며, 선로를 횡단하는 시냇물의 원류 지역까지를 공중 사진 등을 활용하여 조사 · 파악할 필요가 있다.

(3) 낙석(falling-rock)

산허리에서의 낙석으로 인한 사고(falling-rock accident)의 예가 많지만 낙석의 발생 개소나 시기를 예지하는 것은 용이하지 않다. 떨어질 듯한 돌을 발견하여 조처 · 처리하든지 선로로 들어가지 않도록 옹벽(falling-rock protection wall) · 방책 등을 설치한다. 또한, 전기망(網)식 등으로 낙석이 검지 경보될 수 있는 장치(falling-rock detector)를 정비하며, 그 경우는 자동적으로 열차에 경보하여 열차를 정지시키는 방책이 채용된다(제9.3.6항 참조).

(4) 지진(earthquake)

신설의 철도 구조물은 내진 설계로 개선되고 있지만, 기설 구조물의 강화도 포함하여 추진이 요망된다(제4.2.3(4)항, 제9.3.4(5)(아) 참조). 최근에 외국에서는 연선에 변전소의 차단기와 연동한 지진계를 설치하여 지진의 크기에 대응하여 자동적으로 소요의 조치를 취하는 체제의 예도 있다.

대규모 지진이 발생하면 철도연선에서 토목구조물의 파괴나 변상이 발생하고 지진동으로 인하여 열차가 탈선할 우려가 있다. 이와 같은 지진에는 구조물 등의 재해와 피해발생 구간으로 열차가 진입함에 따른 2차적 피해 등의 발생이 예상된다. 그래서 연선에 설치된 지진계로 검지한 값에 따라 운전규제, 예를 들어 진도 5에 상당할 때는 정지, 진도 4에 상당할 때는 서행 등의 규제를 하게 된다.

조기검지경보시스템의 예로서 1개소의 지진계를 이용하여 진앙 방위, 지진규모, 진원거리를 거의 리얼타임으로 추정하는 시스템이 있다. 이것은 최초에 도달하는 지진파(P파)가 진동방향과 파동의 전파방향과 일치하는 사실로부터 진앙의 방위를 추정하고 P파의 탁월 주파수에서 지진규모(예를 들어, 기상청 매그니튜드)를 추정하는 것이다. 또한, P파를 이용하여 진원을 추정하고(제1차 추정), 다음에 도달하는 지진파(S파)에서 더욱 진원지와 규모에 관하여 정밀도가 높게 추정(제2차 추정)을 한다. 그 결과, P파 도착부터 지진경보를 발하는 것이 가능하게 되며, 대(大)진동이 도달하기까지의 여유시간에 열차를 정지시키거나 감속시킬 수가 있다.

(5) 설해(snow disaster)

설해는 적설·눈보라·눈사태로 대별된다. 선로에 적설하는 경우는 제설한다. 눈보라·눈사태 대책으로 예전부터 채용되고 있는 것은 방설림이며, 방설 효과가 크다. 고속철도의 분기기는 전열 장치를 설치하여 융설한다. 고속 주행시의 설빙피해 방지 대책은 제9.3.4(6)항에서 설명한다.

(6) 풍해(wind damage)

최근의 차량 경량화(weight reduction of car)나 고속화에 따라 풍해에 주의할 필요가 있다. 지형 등으로 강풍이 발생하기 쉬운 개소에 풍속계를 설치하여 강풍의 강도에 따라 예를 들어 일반 선구에서는 30 m/s, 조기규제 구간에서는 25 m/s에서 운전 정지, 20~25 m/s에서 속도 규제 등 소정의 조치를 취하는 대책을 강구하는 예도 있다(제9.3.6(1)(가)항 참조).

(7) 철도시설 재난 대책
(가) 개요

건설교통과 관련된 시설·수단의 대형화, 복잡화, 고속화 등으로 사고발생 시에 많은 인명과 재산피해가 수반됨을 감안하여 철도시설과 건설현장 등의 분야별로 재난대책 조직, 사고보고체계, 긴급구조·구급체계와 사고수습복구체계, 사고유형별 대응매뉴얼 등과 같은 재난의 예방·대비·대응·복구체계를 마련함으로써 현장실무자들이 재난대비 대응에 쉽게 활용할 수 있도록 하여 인적·물적 피해를 최소화 하는데 목적이 있다.

(나) 재난의 정의

'재난' 이라 함은 국민의 생명·신체 및 재산과 국가에 피해를 주거나 줄 수 있는 것으로써 인적·자연·

국가기반 재난을 말한다(재난 및 안전관리기본법 제3조).

1) 인적재난 : 화재 · 붕괴 · 폭발 · 교통사고 · 화생방사고 · 환경오염사고, 그 밖에 이와 유사한 사고로서 국가 또는 재산의 피해

2) 자연재난 : 태풍 · 홍수 · 호우 · 해일 · 폭설 · 가뭄 · 지진 · 황사 · 적조, 그 밖에 이에 준하는 자연현상으로 인하여 발생하는 재해

3) 국가기반재난 : 에너지 · 통신 · 교통 · 금융 · 의료 · 수도 등 국가기반체계의 마비와 전염병 확산 등으로 인한 피해

(다) 건설교통 재난 영상정보 시스템

재난 발생시 휴대폰 등 매체를 이용하여 동영상, 사진, 문자 등을 전송 · 활용함으로써 신속하고 효율적으로 재난에 대응하기 위한 시스템이다(현장 근무자 → 건교부 건설교통재난 사이버정보센터).

8.2.5 열차 방호(train protection), 화재 발생시 조치 및 기타

열차의 운전은 신호보안 설비(signal protection device)나 방재 설비의 가일층의 충실 등으로 보안이 확보되고 있지만, 예상할 수 없는 선로 지장이 생겨 열차의 진로는 절대 안전하다고는 할 수 없다. 즉, 열차의 진로는 레일 파손 등의 내적 요인이나 자연 재해 등의 외적 요인 외에 대향 열차에 의한 한계 지장 등도 있을 수 있기 때문에 그 경우에는 열차의 방호가 필요하게 된다. 이 항에서는 주로 일반철도에 관하여 설명하며, 고속선로의 안전설비는 제9.3.4(5)항에서 설명한다.

(1) 사고시의 열차 방호
(가) 개요

열차의 고장이나 선로의 지장 등 때문에 운전하여 오는 열차를 급거 정지시킬 필요가 있을 때에 지상 작업자 또는 열차 승무원은 진행하여 오는 열차를 정지시키는 열차 방호를 한다. 일반의 열차 방호는 청각과 시각에 의한 2중계(dual system)의 완전을 기하며, 신호 뇌관(detonator, torpedo)과 화염 신호(신호 염관, fusee, warning flare)를 사용하고 있다.

(나) 열차방호장치

정거장 외에서 열차사고(탈선, 전복 등), 기타 위급상황 발생시에 운행 중인 열차를 방호함으로써 2차 사고를 방지토록 규정에 정하여 시행하고 있으며, 그 방호수행은 기관사와 차장이 시행하도록 되어 있다.

그러나, 1종방호를 실시할 경우에 방호를 위한 이동거리는 약 1,600 m 이상이며 이에 소요되는 시간은 약 7분 이상이 되기 때문에 열차운행 빈도가 향상되고 고속열차가 차지하는 비율이 증가됨은 물론 복선 또는 2복선(3복선)구간이 계속 증가되는 현실에 비추어 볼 때 현재의 열차방호 방법은 실용성 및 생산성 면에서 비현실적이다. 참고로, 경부선의 경우에 최고속도는 140 km/h로서, 최고속도로 운행시 1,600 m 이동에 소요되는 시간은 약 42초이며, 최소 운행 빈도는 5분이다.

따라서, 현실에 맞는 열차방호 수행으로 안전 확보가 가능하고 모든 화물열차의 차장승무 생략과 기관사 단독승무(기관조사 생략)의 실행을 통한 생산성의 향상(경영개선)이 가능한 설비로서 '무선방호장치'의 설

치 운용이 반드시 필요하다[239].

'열차무선방호장치'는 중대사고의 발생 등 위급사태의 발생시에 기관사가 동력차에 설치된 열차무선방호장치의 버튼을 누르면 즉시 자동으로 전파를 발사하여 사태발생 장소로부터 2~4 km 범위 내를 운행하는 모든 열차에 위급상황을 전파로 전달하면 이를 수신한 기관사는 즉시 안전조치를 취할 수 있도록 하며, 만약 정보를 수신한 기관사가 아무런 조치를 취하지 않을 시는 자동으로 비상제동이 체결되어 열차를 정거시킴으로써 안전이 확보되는 설비이다.

(다) 열차방호의 종류, 필요시기 및 방호방법

운전취급지침에서 다음과 같이 정하고 있다.

1) 제1종 방호

제1종 방호를 하여야 하는 경우는 ① 열차가 탈선, 전복 등으로 인접선로를 지장하였을 경우, ② 열차 운행중 기관사가 인접선로에 대한 열차운행상의 위험사항을 발견하였을 경우, ③ 통표폐색식 시행구간에서 기관사가 정당한 운전허가증(통표)을 휴대하지 않고 운행하고 있음을 알았을 때이다.

열차방호를 하여야 하는 곳은 열차의 앞 뒤 양방향이며, 방호방법은 **그림 8.2.1**과 같이 사고 또는 지장지점에 화염신호를 현시하고 200 m 지점에 정지수신호, 800 m 지점에 폭음신호를 설치한다. 이것은 열차의 비상제동 거리인 최장 600 m와 과주 여유의 200 m를 고려한 것이다. 한쪽 방향의 방호를 위한 이동거리는 1,660 m(왕복거리)가 된다. 방호의 수행은 기관사와 차장이 분담하여 수행하며, 열차의 전방은 기관사, 후방은 차장이 수행한다.

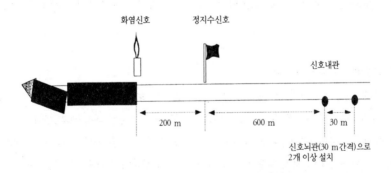

그림 8.2.1 일반철도에서 열차 방호의 방법

2) 제2종 방호

제2종 방호를 필요로 하는 경우는 ① 정거장 외에서 열차가 사고 등으로 차량을 남겨놓고 운행할 경우, ② 구원열차 요구 후 부득이한 사유로 열차를 이동시킬 경우, ③ 격시법 또는 지도격시법 시행구간에서 열차가 사고 등으로 정거하였을 경우 및 퇴행할 경우(지도표 휴대열차 제외)이다.

제2종 방호 방법은 200 m 지점에 정지 수신호를 현시하고 800 m 지점에 폭음신호 현시한다. 이 경우에 한쪽 방향의 방호를 위한 이동거리는 1,600 m(왕복거리)이다.

3) 제3종 방호

제3종 방호를 필요로 하는 경우는 ① 자동폐색구간에서 열차가 사고 등으로 정거하였을 경우, ② 통신식으로 운전하는 열차가 정거장 외에서 정거하였을 경우이다. 방호방법은 지장 지점에 화염신호를 현시하고 200 m 지점에 정지 수신호를 현시하며, 이 경우에 방호를 위한 이동거리는 400 m(왕복거리) 이다.

4) 제4종 방호

제4종 방호를 필요로 하는 경우는 ′정거장 외에서 구원열차를 요구하였을 경우 또는 구원열차가 운행 하고 있음을 통보 받았을 경우′이다. 방호방법은 지장지점으로부터 200 m 지점에 정지 수신호 현시를 현시하며, 이 경우에 방호를 위한 이동거리는 400 m(왕복거리)이다.

(2) 긴급의 열차 방호

전항에서 설명한 것처럼 열차 방호는 600 m 이상만큼이나 주행하여야 하기 때문에 열차가 접근하고 있을 때는 방호의 시기를 잃을 우려가 있다. 그 때문에 열차 방호에 앞서 긴급 방호를 하여 열차를 정지시키는 수 배를 취한다. 즉, 신호 염관 또는 방호 무선을 이용하여 정지 신호를 현시하든지, 자동신호 구간에서는 방호 스위치 등을 사용하여 궤도회로(track circuit)를 단락(short circuit)시켜 정지 신호를 현시하고, 긴급히 정지 수배를 한다. 이와 같은 긴급 방호를 취한 후에 전항의 열차 방호를 하는 것이 가장 바람직하다.

(3) 지장 통지 · 경보 장치

이상의 진로 지장은 모두 우발적으로 발생하는 것이기 때문에 발생 개소 · 시기의 예측은 어렵다. 그러 나, 과거의 교훈 등에서 발생의 위험이 예상되는 개소에는 장해물검지 장치 · 한계지장 통지장치를 설치 한다.

(4) 터널 내 화재 발생시 조치요령의 예

① 열차화재 발생 시는 여객 전무, 차장, 기관사, 기타 승무원 순으로 1차적인 책임을 지고 초기진화, 승객 대피 등을 지휘하여야 하며, 운전사령에게 신속히 연락하여 상황에 대응한다[239].

② 열차화재 발생시 신속히 판단하여 조치하되 열차운전이 가능한 경우에는 화재발생 차량에서 가능한 떨 어진 차량으로 여객을 대피시킴과 동시에 터널 밖으로 화재열차를 탈출하는 것을 원칙으로 한다.
   ※ 열차는 화재 등 사고 시에도 일정시간(약 15분)주행이 가능하다.

③ 사령실에서는 화재경보를 접한 경우에 해당 터널을 향하여 운행 중인 모든 열차를 정거시켜야 하며, 이 미 터널 내로 진입한 열차는 터널 외로 탈출하도록 하고, 화재열차의 운행이 불가능한 경우에는 구난열 차의 운행 등 승객의 안전한 대피를 최우선으로 조치하여야 한다.

(5) 탈선기(derailer)

탈선기란 평소 탈선기를 레일면에 올려놓아 운전명령에 위반하는 차량을 탈선시켜 충돌사고를 미연에 방 지하는 장치를 말한다[245]. 필요에 따라 레버(Lever)로 탈선기를 궤간 내측에 전도시켜 선로를 개통시키 며, 안전측선(제7.5.1(1)(다)항 참조)이나 탈선 포인트(제3.5.1(1)항 참조)와 동일한 목적으로 사용된다.

(6) 승강장 적외선 감지기

지하철 정거장의 승강장에서의 추락 사고를 방지하지 위한 첨단 적외선 감지기는 높이 1 m 가량의 철제 기둥 모양인 이 감지기는 승강장 안전선 옆에 55 cm 간격으로 설치되며, 승객이 안전선 밖으로 나오면 역무실로 신호를 보낸다. 역무실에서는 폐쇄회로(CC)TV로 승강장 주변을 살펴 승객이 선로로 떨어졌을 경우에 즉시 구조에 나서게 된다. 또한, 역사 진입 전 150 m와 250 m 지점에 있는 붉은색 경고등도 자동적으로 켜져 역으로 접근하는 열차 운전사가 열차를 서행시키거나 정지시킬 수가 있다.

8.2.6 직원 실수의 대책

운전사고(operation accident)의 원인은 일반적으로 복잡한 요인으로 형성되어 있는 경우가 대부분이지만, 사람의 판단 미스나 표준 조작의 불이행 등 휴먼 에러(human error)에 기인한 것이 많은 점은 중대 사고의 예나 해석에서 나타나고 있다.

이 휴먼 에러는 사람의 대뇌의 활동 상태에 좌우되는 내적 요인과 작업을 둘러싼 여러 가지 환경 등의 외적 요인이 복합하여 사고를 야기하는 경우가 많다. 또한, 이 휴먼 에러는 인간 특유의 약점, 특히 특성이 시간적으로 동요하기 쉬운 성질에 유래하는 것으로 피하기 어려운 현상이라고도 한다.

대뇌의 활동 상태가 정상으로 작용하고 있을 때에 인간 행동의 신뢰도는 0.99~0.99999 이상이지만, 긴급 사태가 발생한 때는 주의가 1점에 집중하고 긴급 방호반응이 작용하여 판단 능력이 정지 또는 현저하게 저하하여 그 신뢰도는 0.9 이하로 된다고 하는 연구 데이터도 있다. 또한, 인간의 심리는 의식한다고 하지 않음에도 불구하고 "틈이 있으면 게으름을 피우려고 하는 특성을 갖고 있다"고 하는 연구도 있어 휴먼 에러의 사고를 근절하는 것은 용이하지 않다.

인간의 특성이나 심리를 구명하는 이러한 연구는 인간공학(human engineering) 등에서 채택되며 그 성과는 사고방지 대책에 채용되고 있다. 일반적으로 보급되어 있는 "신호의 지적 환호"에서도 그 효과가 실증되고 있다. 또한, 자동화 · 기계화 등의 시스템은 생력화와 함께 가일층의 보안도 개선을 전제로 하여 추진되고 있다.

8.2.7 무사고 목표

운전사고(operating accident)를 줄이고 없애기 위하여는 시설 · 차량, 취급 인원, 조직 · 체제 등의 전반에 걸치지만, 사고의 교훈이나 최근의 동향에서 사고방지 대책을 이하와 같이 기술한다.

(1) 직원 모럴의 유지와 고양

많은 사고의 인적 요인으로서 부주의 · 오인 · 착오 · 억측 · 태만 등의 휴먼 에러가 열거되며, 사고 내용을 상세하게 조사하여 보면 실무의 지식이 결여되어 있거나, 미숙 · 경험 부족 등 때문에 사고가 일어나는 예는 의외로 적다고 한다. 당사자 자신도 사고의 염려를 이해하고 있으면서도 인간의 행동이 자칫하면 안이한 쪽으로 흐르기 쉬운 본질이 화가 되어 사고를 일으키고 있는 예가 많다. 사회에서 엄하게 규탄된 큰 사고도 시간의 경과와 함께 잊어버려 사라지는 것이 보통이며 현장 제1선의 직원이 끊임없이 금지와 긴장감을 갖고 직책을 완수하기 위하여 직원의 모럴{moral, 사기, 하려는 기(氣)}의 유지·고양에 노력할 수 있는 환경을 만드는 것도 휴먼 에러 방지의 중요한 열쇠이다.

(2) 사고 교훈의 확실한 계승

사고는 좋은 것이 아니기 때문에 철도사 등에서도 기록으로 남아 있지 않은 것이 많으며, 사고의 교훈도 세월과 함께 사라지는 예가 적지 않다. 많은 사고의 교훈이 현재 철도의 높은 보안도의 기초로 되어 있는 점에서도 중대사고 등의 기록이나 경과 등은 확실히 계승되어야 할 것이다.

(3) 하인리히 법칙(1 : 29 : 300)의 활용

왕년의 사고는 전례가 있는 반복의 내용이 대부분이었지만, 시설의 개선·자동화 등의 개선이 진행된 최근에는 전례가 없는 예가 많게 되어 있다. 대사고의 배후에는 중사고가 29건 일어나고 있고, 그 이면에는 사소한 소사고가 300건 발생하고 있다고 하는 것이 하인리히 법칙(Heinrich law)이며, 운전 사고도 비율이 다소 달라도 경향으로서는 같을 것이다. 전례가 없는 대사고의 배후에는 나타나지 않은 중사고·소사고가 반드시 발생하여 있다고 하는 의미이며, 중·소 사고의 실태 해석 등으로부터 대사고의 방지 대책에 활용되어야 할 것이다.

(4) 적정한 보안대책 투자의 추진

차축(axle)의 절손을 방지하기 위해서는 차량 설계의 재조사에서 시작하여 탐상 검사의 정밀도 향상, 검사기간의 단축 등, 일반적으로 보안도를 보다 높이기 위한 비용의 증가를 수반하기 쉽다. 또한, 비참한 사고의 발생은 철도의 신용을 크게 저하시키므로 보안도는 철도 경영의 기본과도 밀접하게 연결된다. 따라서, 보안 대책은 그 기본도 종합적으로 감안하면서 진행하여야 한다.

여기서, 보안대책의 투자가 과제로 되고 있다. 보안대책의 투자는 지금까지 이런 저런 사고의 실적으로부터의 추후적인 "수비"형의 것이 많았지만, 이러한 투자도 어느 정도 끝맺음에 가까워지고 있는 금후는 중·소사고 등의 통계에서 대사고 방지의 선행적인 "공격"형의 보안대책 투자를 추진하여야 할 것이다.

(5) 장치 산업으로의 가일층 추진

사람에 의한 판단 작업은 생력화(man-power saving)와 아울러 휴먼 에러를 없애기 위하여도 될 수 있는 한 적게 하도록 철도의 장치 산업화를 한층 추진하여야 할 것이다. 철도는 앞으로도 철저한 근대화와 고속 운전을 위하여 모든 사고방지 대책을 강구하여야 한다.

(6) 보수의 개선

장치 산업화가 진행된 경우에 부대하는 것은 시설·차량의 합리적이고 적정한 보수이며, 이것이 중요한 과제로 된다. 터널·교량 등 구조물의 경년에 따른 노후 대책도 금후 과제의 하나일 것이다. 인간이 만드는 어떠한 고도의 시설·차량도 절대로 안전하고 영구 불멸의 것은 있을 수 없다.

(7) 교육의 철저

기계화 · 자동화 등 설비의 근대화가 진행되고 있는 최근에 하나의 과제는 상당히 격감하고 있는 고장, 기타의 이상 시에 대한 대책이다. 통상 시는 대부분 행하는 일이 없는 취급을 이상 시에 실수가 없이 수행할 수 있도록 가상의 훈련 등을 효율적으로 행하는 것이 중요하다.

8.2.8 철도안전 종합계획

(1) 계획의 성격

(가) 철도안전법에 근거한 '법정계획'

철도안전법(법률 제7245호, 2004. 10. 22) 제5조의 규정에 의거하여 5년마다 수립하며, 철도산업발전심의위원회(위원장 : 건설교통부장관)의 심의를 거쳐 법정계획으로 확정

(나) 지방자치단체, 철도사업자 등 의견을 수렴한 '철도안전종합계획'

① 철도안전업무와 관련된 국가의 장기적이고 종합적인 계획이면서 철도 운영자, 시설관리자 등 철도사업자의 안전수행에 대한 기본 방향 제시

② 고속철도, 일반철도, 도시철도 등 철도산업의 안전에 대한 제도, 시설 및 차량, 인적관리, 운영상의 안전성 등을 종합하여 수립하는 계획

(2) 계획의 주요 내용

① 철도안전 종합계획의 추진목표와 방향

② 철도안전시설의 확충 · 개량 및 점검 등에 관한 사항

③ 철도차량의 정비와 점검 등에 관한 사항

④ 철도안전관련 법령의 정비 등 제도개선에 관한 사항

⑤ 철도안전관련 전문 인력의 양성과 수급관리에 관한 사항

⑥ 철도안전관련 교육훈련에 관한 사항

⑦ 철도안전관련 연구와 기술개발에 관한 사항

⑧ 철도안전에 관한 사항으로 건교부장관이 필요하다고 인정하는 사항

(3) 계획의 범위

(가) 공간적 범위 : 전국

(나) 계획기간 : 5년 단위

(다) 대상철도

본 계획의 적용대상은 계획기간 중(5년 단위) 국내에서 운영 중이거나 건설 중인 고속철도, 일반철도, 도시철도(경량전철 포함) 등 해당(**표 8.2.1**)

표 8.2.1 철도안전 종합계획의 적용 대상

유형	개념	건설주체
고속철도	○열차가 주요 구간을 시속 200 km 이상으로 주행하는 철도로서 건교부장관이 그 노선을 지정·고시한 철도(철도건설법 제2조제2호)	- 국가, 지자체, 한국철도시설공단 - 민간투자사업 시행자
일반철도	○고속철도와 도시철도를 제외한 철도(철도건설법 제2조제4호, 교통시설특별회계법 제2조제2호)	- 국가, 지자체, 한국철도시설공단 - 민간투자사업 시행자
도시철도	○도시교통의 원활한 소통을 위하여 도시교통권역에서 건설·운영하는 철도·모노레일 등 궤도에 의한 교통시설과 교통수단(도시철도법 제3조제1호) ※도시교통권역 : 도시교통정비촉진법 제2조제3의2호 규정에 의한 도시교통정비지역	- 국가 - 도시철도사업의 면허를 받은 지자체, 특별법인, 지방공기업(도시철도공사), 기타 법인
전용철도	○다른 사람의 수요에 따른 영업을 목적으로 하지 아니하고 자신의 수요에 따라 특수목적을 수행하기 위해 설치·운영(철도사업법 제2조제5호)	- 민간투자사업 시행자

*일반철도·도시철도에는 2개 이상 시·도에 걸쳐 운행되는 광역철도를 포함

8.3 철도의 유지관리

8.3.1 기본적인 고려방법

(1) 유지관리의 필요성

철도에서 유지관리의 범위는 철도시스템이 거대하기 때문에 실로 광범위하며 차량, 토목·건축설비, 전기·통신 설비 등 그야말로 다기에 걸쳐 있다. 철도사업의 건전한 운영을 전제로 한 각 분야에서의 유지관리는 지금까지 필요에 따라서 행하여 왔다. 그러나 유지관리에 드는 비용은 철도경비의 1/3을 점하고 있을 정도로 막대한 것이며 금후의 철도운영경비 절감에서 큰 과제로 되어 있다. 여기에서의 유지관리에는 설비의 보수 관계 외에 철도사업에서 생기는 환경대책(제2.4.2항 참조)도 포함되는 것으로 한다.

(2) 유지관리의 방법

설비가 노후되면 기능저하가 발생하며 기능을 회복하기 위해서는 유지관리가 필요하게 된다. 유지관리가 필요한지 아닌지는 예를 들어 교형(橋桁)의 일부가 부식되어 내하력(耐荷力)이 저하되어 있지만 누가 보아도 분명한 경우는 별도로 하고 통상은 무엇인가의 검사·진단이 따르게 된다. 진단 결과, 요구 기능의 저하가 크고 소정의 기능이 만족되어 있지 않은 경우는 기능회복을 위한 수선, 교체 등이 필요하게 된다. 그리고 기능회복 후에는 기능을 저하시킨 원인을 제거할 수 없는 한 다시 기능저하가 발생하여 기능회복의 유지관리가 필요하게 된다(그림 8.3.1 참조).

즉, 유지관리를 적게 하기 위해서는 다음에 나타낸 항목이 주요한 포인트로 된다고 생각된다.

① 설비의 참된 수명을 파악한다.

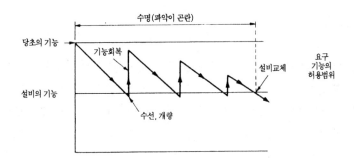

그림 8.3.1 설비의 수명과 유지관리

② 언제의 시점에서 어디를 어떻게 검사하는가를 적확하게 한다.

③ 유효한 기능회복 수선이나 교체를 어느 시점에서 어디를 어떻게 행하는가를 진단한다.

이상의 포인트 중에서 설비의 참된 수명에 대하여는 오랫동안 알 수 없었던 것이 사실이다. 따라서 유지관리는 항상 안전 측으로 빠르게 자주 행할 필요가 있다. 즉, 설비의 중대한 기능열화가 돌연 생기는 열화패턴의 경우에는 예방보전적인 유지관리로 된다. 어느 정도 수명을 알 수 있는 경우 또는 열화가 서서히 진행하는 패턴은 설비의 상태를 감시함으로서 기능열하를 예지하여 적정한 시기에 유지관리를 행할 수가 있다. 또한, 설비의 중요도에 따라서 사후에 행하는 유지관리도 나타난다. 요컨대 설비의 참된 수명을 아는가 모르는가에 따라서 유지관리의 방법도 변하게 된다. 그에 따라서 경비나 요원도 다르게 된다.

이상과 같이 유지관리를 적게 하기 위해서는 먼저 수명을 아는 것이 기본적으로 가장 중요하다. 수명이란 요구되는 기능의 저하가 허용될 수 없게 된 경우를 말하지만 부재의 수명은 파악할 수 있어도 부재가 모인 설비로서의 수명은 파악이 곤란하다. 그러나 지금까지의 유지관리 실적이나 상태감시를 행함에 따라 추정은 가능하다고 생각된다. 이와 같이 수명을 아는 것은 그 후의 유지관리 방법, 규모, 주기 등에 중요한 정보를 가져오게 된다.

또한, 철도시스템의 각 분야에 대하여 차이는 있다고 생각되지만(각 분야별 유지관리는 각 장 참조) 유지관리를 적게 하는 기본적인 구도는 **그림 8.3.2**에 나타낸 것처럼 된다고 생각된다.

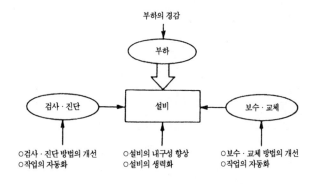

그림 8.3.2 유지관리 생력화의 구도

8.3.2 보수의 생력화

철도사업이 활발하게 됨에 따라 궤도, 가선(架線)으로 대표되는 선형 구조물의 연장이 늘어나고, 또한 교량, 터널의 노후화가 진행되고 있다. 차량의 경우도 주행에 따른 유지관리가 필요하게 된다. 이들의 유지관리, 즉 보수에 대하여 생력화를 도모하는 것이 극히 중요하다. 그 때문에 **그림 8.3.2**에 나타낸 설비의 보수에 관계하는 요인에 대하여 기술개발을 행하는 것이 중요하게 된다. 특히, 검사·진단에 대하여는 보수·교체를 유효하게 행하기 위해서도 중요하다.

예를 들어, 차량에서는 매일의 시업(始業) 점검으로부터 연 단위의 주기로 행하는 각종의 점검, 즉 검사·진단에 상당한 노력과 경비가 투입되고 있다. 이것은 사고방지를 위하여 불가결한 행위이지만 사고방지를 위한 과잉의 예방조치로 되고 있는 부분도 있다. 여분인 부분을 삭제하여 정말로 필요한 부분의 점검으로 함과 동시에 효율적이고 효과적인 검사·진단방법을 확립할 필요가 있다. 일례로서는 주기적으로 행하는 부분을 최소화하여 차량에 각종 모니터를 탑재하여 상태감시를 수행하고 필요한 때에 상세한 점검을 행하거나 보수·교체를 시행하도록 하는 것도 고려된다.

또한, 궤도의 레일 면과 같이 mm 단위의 정밀도로 유지되고 있지만, 현재 생력화가 진행되고 있고 아직 상당한 부분에 많은 노력이 투입되고 있다. 레일, 침목, 도상자갈 등의 교환에서 기계화 시공이 아직 충분하지 않은 부분이 많이 있어 향후 생력화의 과제이다.

제9장 속도향상 · 경영개선 · 고속철도 및 향후의 과제

9.1 열차의 속도 향상

9.1.1 속도 향상의 진행

(1) 개요 및 우리 나라의 고속화

속도는 인간의 본능적인 욕망이며, 교통의 역사는 속도가 늦은 교통기관이 포기되고 빠른 교통기관으로 치환되어 오고 있다. 따라서, 철도의 역사에서도 안전의 확보를 전제로 하면서 열차의 속도가 꾸준히 향상 (speed up)되어 왔다. 속도 향상은 차량 · 선로 · 가선 · 신호 · 운전 등의 많은 기술 개선을 균형이 되게 종합한 뒤에 실현할 수 있는 것이며, 속도 향상의 역사는 철도 기술의 진보에도 있다(제1.2.8항, 제9.3.1항 참조).

우리 나라에서 해방 이후인 1946년 5월 운행하기 시작한 서울~부산간의 특급 "해방자호"는 10량 편성으로 운행 시간 9시간, 평균 속도(average speed) 50 km/h이었다. 그 후의 서울~부산간 특급 열차 운행시간의 변천을 보면, 1955년 8월 "통일호" 7시간, 1962년 5월 "재건호" 6시간 10분, 1966년 7월 "맹호호" 5시간 45분, 1969년 6월 초특급 "관광호" 4시간 45분이었다. **표 9.1.1**은 경부선 특급열차 운행시간의 변천 과정이다. 현재 경부 제1본선의 최고속도는 140 km/h, 호남선(익산-목포), 전라선(신라-동순천)의 최고속도는 150 km/h이다. 2004. 4.1 개통한 경부고속철도 KTX열차의 최고속도는 300 km/h이다.

철도의 창업(commencement of railway)이 우리 나라보다 74년 빠른 구미 선진국의 경우는 우수한 선형을 가진 선로의 좋은 조건도 있어 표정 속도(scheduled speed)가 100 km/h 전후인 열차가 1900년대에 주행하였다. 제2차 세계대전 전의 열차 최고 속도는 독일의 디젤 특급이 160 km/h(표정 속도 122 km/h)에 달하였다. 제2차 세계대전 후에는 일본 신칸센의 영향도 있어 서구 선진국에서는 차량의 고성능화에 따라 선형이 좋은 재래선을 개량하여 많은 주요 간선에 대하여 최고 속도(maximum speed)를 200 km/h로 향상하였다(**표 9.1.2** 참조). 이 항은 제9.3.1항과도 관련된다(고속차량의 기술동향은 제6.6절 참조).

표 9.1.1 경부선 특급열차 운행시간의 변천 과정

연도	1946	1955	1960	1962	1966	1969	1985
열차명	해방자호	통일호	무궁화	재건호	맹호호	관광호	새마을호
운행시간	9시간	7시간	6시간30분	6시간10분	5시간45분	4시간45분	4시간10분
운행속도(km/h)	평균50	80	85	90	95	110	135

(2) 프랑스의 고속화

프랑스의 TGV(traingrande vitesse)는 세계의 영업 최고속도인 300 km/h로 운행되고 있지만, 1988년에 482.4 km/h, 뒤이어 1990년에 515.3 km/h의 시험주행 최고기록을 내어 그때까지의 상식을 뒤집었다. 그때까지 철도 속도의 한도는 350 km/h 정도라고 하여, 그 이상 속도를 올리면 차륜과 레일의 마찰보다 공기 저항 등의 열차를 멈추게 하려는 힘이 크게 되어 차륜이 공회전하여 버린다고 생각되고 있었다. 이와 같이 철도 고속화에서 세계 기록의 달성은 공기 저항과의 싸움이라고도 한다.

프랑스 국철에서는 팬터그래프의 수를 줄이어 선두와 최후미 기관차의 2기만으로 하고, 커버도 붙여 고속 주행 시는 후부의 팬터그래프 만을 사용하는 궁리도 하고 있다. 더욱이, 도어나 창 부분 등 차체 표면의 요철을 없게 하고 차량의 규모를 작게 하였다. 이 외에 차륜을 크게 하고 기어비를 작게 하였다. 대차도 차량과 차량의 사이를 연결하는 관절 대차(연접차)로 하는 등 곡선에서도 중심이 안정되도록 고안되어 있다.

이 성과에 따라 프랑스 국철에서는 차량의 파워조차 늘릴 수 있다면 더욱 속도의 향상이 가능하다는 자신을 깊게 하고 있다. 완만한 전원 지대를 통과하여 노선을 선정할 수 있고 주변에 민가가 거의 없기 때문에 소음도 문제가 되지 않는다.

표 9.1.2 해외의 속도 향상의 진행

연도	철도	속도(km/h)	연도	철도	속도(km/h)
1825	스톡튼~달링톤칸	(약 25)	1967	프랑스의 특급	200
1830	리버풀~맨체스타간	(32)	1969	미국 메트로라이너	180
1888	런던~에싱버러간	(90)	1976	영국의 HST개시	200
1895	런던~에싱버러간	(100)	1978	남아프리카 SL시험	245
1903	독일의 전차 시험	210	1981	TGV운전개시	260
1926	독일의 디젤차	(94)	1983	TGV	270
1932	(골덴 아로)	(122)	1985	東北 신칸센	240
1936	독일의 SL	200	1989	TGV-A개업	300
1938	영국의 SL	202	1990	TGV-A시험	515
1955	프랑스의 EL시험	331	1991	上越신칸센 시험	345
1964	東海道 신칸센 개업	210	1992	東海道신칸센(노조미)	270
1965	신칸센	(163)	1993	上越신칸센 시험	425

※ 속도란 중 ( )내는 표정 속도

(3) 일본의 고속화

일본은 민영화 이후 JR의 각 사에서 속도 향상에 적극적으로 몰두하기 시작하였다. 이것은 기술상의 경쟁 뿐만이 아니고 항공기와의 경쟁에 대한 경영상의 위기감도 있다. 주요 중핵 도시간 교통에 대하여 철도가 항공기에 승리한 것은 3 시간 이내의 범위라고 한다. "노조미"(270 km/h의 영업 최고속도)가 東海道 신칸센에 운행되고 있으며 앞으로 영업 최고속도를 300 km/h로 계획하고 있다. JR 동일본은 "STAR 21", JR동해는 "300-X", JR 서일본은 "WIN 350"의 시험 차량을 투입하여 경쟁이 계속되고, 1993년에 上越 신칸센의 구간에서 425 km/h의 일본 최고속도를 기록하고 있다.

이러한 추세에서 300 km/h의 영업 최고속도를 목표로 차량, 궤도, 가선, 신호 등의 분야가 일체로 되어 열심히 노력하고 있다. 과제로서는 공기 저항의 경감, 곡선에서의 속도 향상, 소음 대책 등이 그 주된 것이다. 그 중에서도 소음 대책이 긴급하고 최대의 과제이다.

그를 위하여 차체를 가일층 작게 하고 차체에 알미늄 경합금을 사용하는 등 항공기의 기술을 응용한 철저한 경량화, 대차에는 TGV 방식인 연접식의 채용, 팬터그래프에 커버를 붙여 바람을 가르는 음을 적극 방지하고 가선(overhead line)을 지상에 부설하여 제3 레일화를 도모하는 등 신기술의 채용, 개발에 노력하고 있다.

유럽에서는 재래선에 대하여 200 km/h를 넘는 속도로 영업 운전이 이루어지고 있는 점에서 JR 각 사에서도 알루미늄화에 따른 차량의 경량화, 안전·쾌적화에 정보 기술의 활용, 저소음 차량의 개발로 도시간 고속화에 노력하고 있다.

한편, JR 총연에서는 지금까지의 철도의 개념을 바꾸어 고속에서도 한 층 효과가 있는 연접 방식으로 차륜의 수를 적게 하고, 진동의 흡수에도 최신의 기술을 사용하여 "한없이 승용차에 가까운" 승차감을 고려한 소형이고 고성능인 "고속 열차"를 목표로 하고 있다. 이 차량은 레일면(rail level)에서 지붕까지 2.9 m로 종래의 차량보다 약 70 cm 낮게 설정하고, 12량 편성으로 전장도 지금까지의 반분으로 하여 공기의 저항과 소음을 억제하고 있다. 이 차량을 사용하면 현재의 선로에서도 속도 향상은 충분히 가능하다고 하지만, 보다 성능을 발휘시키기 위해서는 선로의 대폭적인 개량 외에 신선이라면 더욱 좋다. 신선 구간에서는 레일의 옆에 전류가 흐르는 제3의 레일을 부설하여 그곳에서 집전하는, 소음 대책의 결정적인 방법이라고도 하는 방식도 채용한다. 이와 같이 하여 재래의 신선 구간에서 200 km/h가 가능하도록 하고 있다.

(4) 기타 나라의 고속화

(가) 독일

독일 국철은 1988년에 ICE에서 406.9 km/h의 최고 속도를 기록하고 있다. 1991년부터는 최고 속도 280 km/h로 영업 운전하고 있다. 환경보호 인식의 국가적 특질을 이어 받아 소음, 진동, 경관에의 배려 등이 도처에 보인다.

(나) 이탈리아

이탈리아 국철은 1992년에 디일츠디시마(일직선이라는 의미)라고 불려지는 고속 철도에 고속 차량 펜드리노를 투입하여 운행을 개시하였다. 이 철도는 1968년에 제정한 법률에 의거하여 25년에 걸쳐 1992년에 완성하였다(로마~휘렌체간 262 km).

재래선과의 접속이 배려되어 10 개소에서 재래선의 역과 병합되어 있다. 로마~휘렌체간을 1시간 40분으로 잇는다. 장래는 트리노를 지나 프랑스의 TGV와 연결할 계획이 있다.

(다) 스페인

마드리드~세비야간을 최고 속도 270 km/h로 연결하는 AVE가 1992년에 운행을 개시하였다. 이것은 EC 통합에의 움직임 중의 필요에 강요된 것이다. 스페인의 철도는 레일의 폭이 넓어 인접한 나라와 상호 진입(trackage right operation)할 수 없기 때문에 여러 가지의 면에서 처진다고 하는 위기감이 있었다. 그 때문에 같은 궤간의 신선로를 부설할 필요가 있었다고 한다. 장래는 프랑스의 철도와 연결할 계획이 있다. 열차의 기술은 프랑스에서, 설비의 기술은 독일에서 도입하였다.

(라) 기타 재래선의 고속화

스웨덴에서는 고속 주행의 전용 신선은 아니지만 재래의 선로를 사용하여 200 km/h 이상의 속도를 차량 "X2000"으로 내고 있다.

유로 터널의 개통에 따라 철도를 이용한 유럽 대륙의 일체화는 경제ㆍ사회에 큰 영향을 준다고 예측되며, 지금까지 철도에 그다지 힘을 들이지 않았던 영국도 신차량의 투입으로 재래선의 고속화를 200 km/h의 IC로 운행을 시작하였다.

9.1.2 속도 향상의 기본적인 고려방법과 효과

최고 속도(maximum speed)는 그 교통기관의 이미지를 위하여 중요하지만, 보다 바람직한 것은 실질 도달 시간(schedule time)의 단축에 직결하는 표정 속도의 향상이다.

(1) 속도향상의 기본적인 고려방법

제9.1.1항에서는 고속선로를 중심으로 철도의 속도향상에 관하여 설명하였지만, 일반철도에서도 곡선부의 속도향상에 노력하고 있다. 속도향상을 달성하기 위해서는 육상을 주행하는 교통기관으로서 "달리다", "돌다", "멈추다"가 밸런스 되어야 한다. 또한, 이 외에 환경에 대한 배려도 중요하다. 특히, 최근의 속도향상은 환경문제를 극복할 수 있는가 어떤가에 달려있을 만큼 환경이 중요한 사항으로 되어 있다. 속도를 향상시킬 때에 발생하는 문제와 현재의 대처법을 **표 9.1.3**에 나타낸다(제9.1.3항 참조).

표 9.1.3 속도 향상시의 문제점과 대처방법

문제점	대처 방법
◎ 주행저항의 증대	· 동력 강화 · 차체 단면적의 축소 · 차체 표면의 평활화
◎ 차륜과 레일간의 점착력 감소	· 동력 분산 · 레일 면에 점착 증가재료 살포
◎ 브레이크 정지거리의 증대	· 새로운 브레이크방식의 채용(레일 브레이크 등) · 개별 차량마다의 브레이크 제어(중간차량 브레이크의 증대) · 건널목의 철폐(입체교차화)
◎ 곡선통과 시의 원심력	· 차체경사장치(진자 대차) · 자기 조타 대차
◎ 궤도 횡압의 증대	· 궤도 캔트 량의 증대 · 침목 횡 저항력의 증대
◎ 궤도에의 충격력 증대	· 장대레일화에 따른 레일 이음매의 제거 · 분기기 구조의 강화(고속 분기기)

문제점	대처 방법
◎ 승차감의 악화 　· 동요 가속도의 증대 　· 귀가 아프고 멍한 현상	· 레일 면의 평탄성 확보(장파장 틀림의 관리) · 차륜의 완전한 원형(圓形)화 · 서스펜션의 개량(액티브 서스펜션) · 차체의 기밀화 · 차내 기압의 제어
◎ 차체, 집전기기(팬터그래프), 가선, 레일 등의 　마모 · 열화의 진행	· 신 재료, 신 구조의 채용 · 메인테난스 방법의 개선
◎ 신호현시에 의한 속도제어가 곤란	· 고속 신호현시의 추가 · 고속 대응의 자동열차정지장치
◎ 환경에의 악영향 　· 소음의 증대 　· 지반진동의 증대 　· 터널 미기압파	· 차체와 차체 주위의 저소음화 · 팬터그래프의 저소음화(공력, 갯수(個數) 삭감) · 방음벽 · 차체의 경량화 · 방진궤도 · 방진 대책 공 · 터널단면 확대 · 터널 완충 공 · 선두 차체의 첨예화와 평활화
◎ 비석(飛石)(차체에서 떨어진 빙괴가 고속으로 　자갈에 충돌하여 자갈이 비산되는 현상)	· 궤간 내의 자갈 높이 낮춤 · 밸러스트 네트 · 수지 살포에 의한 자갈 고결

(2) 속도 향상의 이점

속도의 향상(speed up)은 철도 이용의 증가에 따른 수입 증대나 차량 · 승무원 운용의 효율화에 따른 비용 저감 등의 이점이 열거된다. 궤도 강화(track strengthening) · 가선 개량 · 신호 개량 · 차량의 고성능화나 동력비 증가 등 비용의 증가도 수반된다. 재래선의 경우에 실적에서 보아 속도 향상에 가장 효과가 큰 것은 복선 전철화이지만, 상당한 투자를 필요로 한다. 또한, 그 외의 궤도 강화 · 고속 분기기 · 곡선 개량 · 1선 직 통 등 개량의 경우도 1분의 단축에 막대한 예산의 투자를 요하고 있다. 따라서, 속도 향상을 도모할 경우에 경영적으로는 안전성을 전제로 하면서 종합한 득실을 감안하여 추진하게 된다.

표정 속도(scheduled speed)의 향상에 따른 제1의 이점은 이용의 증가이지만, 그 속도 향상률, 열차의 빈 도 · 종류, 다른 교통기관의 상황, 호 · 불황의 사회 정세 등에 따라 이용률의 증가가 크게 변한다. 속도의 향 상률과 이용 증가율과의 관계 등에 여러 가지 학설도 있지만, 이들에 의한 예측과 실적에 간격이 벌어진 예 도 적지 않다.

프랑스 TGV(train a grande vitesse) 운전에 따라 파리~리용간의 이용이 2년 전에 비하여 약 2배로 증 가하였고, 신칸센 개업 전의 東海道線 고속열차(특급 · 급행)의 이용에 비하여 신칸센 개업으로 예측을 크게 상회하여 5년간에 대하여 약 4배나 증가한 것은 아무래도 획기적인 속도 향상의 효과일 것이다.

시간 가치를 이용 행동법에서 금액으로 환산하면 시간의 단축에 따라 상당한 가치가 생기며, 속도 향상의 간접 효과에 더해지는 경우도 있다. 또한, 주간 열차에 의한 승차 "3시간 한계설"도 사회 통념의 유력한 견해 인 듯하다. 이것은 비즈니스 여행의 경우에 3시간을 넘으면 당일치기 왕복이 괴롭게 되는 점도 있지만, 인간 의 생리적 피로도 3시간 정도에서 급증하는 점에서도 말하여질 것이다.

(3) 속도 향상과 시간 단축의 효과

표정 속도가 향상되면 도달 시간은 단축되지만, 이론적으로는 속도가 높아지게 됨에 따라 시간단축의 시간이 작게 된다.

여기서, 시간을 T, 거리를 S, 속도를 V, 단축 시간을 ΔT, 속도 향상을 ΔV로 하면,

$$T = S / V \qquad \Delta T / \Delta V = - S / V^2 \qquad\qquad (9.1.1)$$

로 된다.

따라서, 같은 속도의 향상에 대하여 단축 시간은 속도의 2제곱에 반비례한다. 예를 들어 50 km/h의 속도를 10 km/h 향상하는 것에 비하여 100 km/h를 10 km/h 향상한 경우의 단축 시간은 전자의 1/4로 된다. 즉, 앞으로의 속도 향상은 기술적으로 곤란이 증가하는 반면, 시간 단축의 효과는 왕년의 속도 향상보다 대폭으로 줄기 때문에 경영적으로 신중한 취급이 요구된다.

(4) 철도의 고속화
(가) 고속화의 의미

'고속화' 라고 하는 말이 갖는 의미는 넓다. 일반적으로는 최고속도를 올리는 의미로 이해하는 경향이 많지만, 고속화는 어디까지나 목적지에 빠르게 도달하기 위하여 시행하는 것이며 궁극적인 목적은 도달 시간의 단축으로 된다. 즉, 고속화는 본래 낭비시간인 이동시간을 적게 하기 위하여 평균속도를 올리는 것을 의미하며, 최고속도를 올리는 것과 반드시 일 대 일로 대응하지 않고 몇 개의 수단을 포괄하는 것으로 된다.

(나) 고속화의 가치

철도에 한하지 않는 교통기관은 지금까지 최고속도를 올리는 것을 포함하여 고속화에 대하여 대단히 열의를 기울여왔다. 교통기관의 고속화가 갖는 가치(merit)는 크다.

가치의 하나는 시간의 가치가 점점 높아져 가는 중에 고속화로 얻어지는 단축 시간을 새로운 노동력으로 사용할 수가 있다는 점이다. 또는, 여가 시간의 생산으로 이어지는 이른바 국민적 이익(gain)을 새로 창출한다고 할 수가 있다. 이에 대하여 단순히 계산하더라도 막대한 금액으로 되는 점은 잘 알려져 있다.

또 하나는 사업자로서의 메리트이다. 고속화하면 확실히 여객과 화물이 늘어나는 점을 각 교통기관의 과거 실적이 나타내고 있으므로 비용 대 효과(cost performance)를 정확하게 추구하여 효과가 있다고 예측되는 경우에 고속화를 추진하면 반드시 좋은 성과를 얻을 수 있다.

(다) 고속화의 수단

이동시간의 단축이라고 하는 의미의 고속화 수단은 이전부터 여러 가지가 취하여지고 있다. 가장 보편적으로 이용되는 수단은 역시 '최고속도의 향상' 이다.

최고속도의 향상은 이미지로서도 가장 효과적이며 사회에서 알기 쉽다. 또한, 기술레벨을 재는 척도로서도 사용하기 쉬우므로 국내뿐만 아니라 해외와의 기술협력이나 해외진출을 위한 협상 등에서 무기로 되는 일이 많다. 이 때문에 지금까지 세계의 여러 나라에서는 최고속도를 올리기 위하여 차량, 궤도, 전기설비 등 폭넓은 분야에서 많은 기술개발을 수행하여 왔다.

또 하나의 유효한 방책은 '곡선의 통과속도' 를 올리는 방법이다. 일반적으로, 곡선을 고속으로 주행할 때

의 제약 요소로서는 외궤 측으로의 탈선 전복, 횡압의 증가, 초과 원심력으로 인한 승차감의 악화 등이 있다는 점은 잘 알려져 있다.

이 중에서 탈선 전복을 방지하기 위해서는 차량의 중심을 적극적으로 낮추는 것으로 대처하고, 또한 횡압을 작게 하기 위해서는 차량을 경량화하든지 자기조타 대차를 개발하여 전향 횡압을 작게 하기도 하여 이것에 대응하여 왔다. 남아 있는 장해(neck)는 승차감의 문제이며, 이에 대하여 이탈리아, 스웨덴, 독일, 일본 등 외국에서는 초과 원심력을 제거하기 위하여 진자(振子) 시스템을 채용하는 방법이 널리 시행되어오고 있다.

근년에 들어 일반철도의 속도향상(speed up)에 관한 보편적인 특징은 곡선통과 속도의 향상이다. 이 때 궤도 측에서 보면, 곡선통과 속도에 대하여는 곡선반경, 캔트, 완화곡선 등의 곡선선형 제원이 결정요인이다. 어느 경우에도 주행 안정성으로부터 정해지는 '절대기준'과 승차감으로부터 정해지는 '목표치'의 2 단계로 이루어지며, 실제로는 선구의 상황에 따라서 확정된다.

곡선통과 속도의 결정 시에 가장 중요한 기술기준은 캔트 부족량이다. 캔트 부족량은 승차감의 평가지표이지 주행 안정성에는 관계가 없다고 하는 주장도 있지만, 캔트 부족량은 차체에 작용하는 수평방향의 힘에 비례하므로 일정 이상으로 되면 주행 안정성의 평가지표로 된다. 근년에는 차량의 경량화가 진행되고 있어 곡선통과 시에 바람으로 인한 전도 안정성에도 캔트 부족량이 직접적인 평가지표로 된다.

고속화에는 그 외에도 더욱 단적인 방법으로서 정거 역의 수나 정거시간을 줄임에 따른 '평균속도의 향상', 또는 다른 관점에서 '열차횟수 증가(frequency up)' 등의 수단도 있지만 스스로의 한계가 있어 실제로는 최고속도나 곡선 통과속도의 향상에 의존하는 일이 많다.

(라) 고속화의 과제

이러한 고속화를 달성하기 위해서는 몇 가지 기본적인 과제가 있다.

첫째로, 고속화를 달성하기 위해서 '안전성'을 손상하는 일이 없어야 하는 점은 두 말할 필요도 없다. 이 때, 고속화에 따른 안전성의 검증은 처음부터 외부 원인에 대한 안전성의 확보도 아울러 고려하여두어야 한다. 예를 들어, 지진이나 강우 등의 천재에 대하여도 고속화로 인하여 철도 시스템의 안전도를 손상시키는 일이 없도록 하는 것은 중요하다.

둘째로, 고속화에 한하지 않는 향후의 새로운 시책을 강구할 때는 소음·진동 등의 '환경 문제'를 빼놓고는 논할 수가 없다. 특히, 고속화의 경우는 환경 보전이 장애물(hurdle)로 되는 일도 많으므로 충분한 배려가 필요하게 된다.

셋째로, 고속화를 달성하기 위해서는 최고속도를 올리든지 곡선 통과속도를 올리든지 여하를 불문하고 그 수단이 일반적으로 막대한 "비용"을 필요로 하는 일이 많다. 따라서, 실제로 그 시책을 실행에 옮길 때는 충분히 그 효과를 검증하여 수요에 대응하는 시책으로 할 필요가 있다.

(마) 고속화에 대한 도전

철도기술의 역사는 '안전과 속도(speed)에 대한 도전'이었다. 안전은 철도라고 하는 대량 교통기관이 존재하는 원점이고 속도는 철도의 시장 경쟁력과 기술의 심벌이라고 할 수 있으며, 고속 철도는 이 두 개의 명제(thesis)에 정면으로 도전한 새로운 철도의 모델을 나타낸다고 할 수 있다.

속도는 앞으로도 '철도기술'의 중요한 연구 테마임에 틀림없다. 특히, 시장의 통합을 이룩하고 있는 유럽에서는 고속철도가 국경을 넘는 교통의 네트워크를 이룩하고 공항, 도로의 혼잡 문제나 환경 문제의 개선을 위한 수단으로서 중요한 정책 과제로 되어 있다. 또한, 고속운전을 실현하기 위해서는 차량, 선로, 구조물, 전기설비, 제어 시스템 등 모든 철도기술 분야의 진보가 필요하며 속도에 도전하는 것은 철도기술 전반의 진보에 연결된다. 속도에 대한 도전은 철도기술의 기본적인 과제임과 동시에 철도기술에 관련되는 사람을 끌어당기는 특수한 마력을 갖고 있다. 단순한 기술개발을 넘어 실용을 목표로 하는 경우에는 '사업 전략으로서의 속도향상(speed up)의 의미'를 음미하여야 한다고 생각된다.

첫째는 속도향상이 갖는 '사업 전략'으로서의 의의이다. 세계최초의 고속철도를 건설할 당시에는 도래하여야 할 교통혁명을 선도하는 고속화가 철도의 생존(survival)을 걸은 전략이었다고 한다. 그러나, 고속철도망이 어느 정도 구축된 후의 기존선 고속화는 여러 가지 기술적 전략의 하나에 지나지 않는다.

둘째는 '비용(cost)'과의 관계이다. (다)항에서 언급한 것처럼 속도 향상을 사업으로서 추진하기 위해서는 당연한 것이지만 비용에 걸맞은 효과, 혹은 효과의 성과보다 적은 비용으로 실현하지 않으면 곤란하다. 고속화를 위한 비용, 환경문제의 비용 등을 고려하면 고속화의 비용 문제는 앞으로 엄한 과제로 될 것으로 생각된다.

셋째로, 고속운전을 실현하기 위해서는 '오랜 시간과 기술의 축적'이 필요하다. 세계 최초로 200 km/h의 시운전을 실현한 것은 1903년 독일 베를린의 교외이었다. 200 km/h의 영업운전이 시작된 것은 그 때부터 61년 후이다. 프랑스 국철은 1955년의 시운전에서 331 km/h에 달하였지만 그 속도는 아직 영업상의 실용 속도로는 되어 있지 않다. 기존 시스템의 속도 향상에서도 시운전의 성공과 실용화의 사이에는 반세기의 시간이 필요한 것이다.

넷째로, '에너지의 문제'이다. 현재야말로 에너지 문제가 소강(小康)을 유지하고 있지만 멀지 않은 장래에 이 문제가 아주 심각하게 될 가능성은 크다. 또한, 현재 큰 과제로 되어 있는 지구환경 문제도 에너지에 관계하는 부분이 크다. 이와 같은 관점에서 보면 철도 사업도 단지 다른 교통기관과의 상대적인 에너지 효율의 우위를 강조하는 것만이 아니고 에너지 절약형의 시스템을 지향하여가야 한다.

고속화에의 도전은 앞으로도 철도의 기술진에게 중요한 과제이다. 그러나, 그것은 철도 사업의 근대화, 생산원가 절감(cost down), 정보 시스템의 개선 등과 병행하는 일반의 테마일 것이다. 그것도 비용, 환경, 에너지 등과의 조화가 요구되는 어려운 과제이다. 한편으로 '성공체험의 매몰'을 조직의 쇠퇴에 이르는 병의 하나로 열거하는 사람도 있다. 고속철도의 성공이라고 하는 큰 체험을 어떻게 살려 어떤 교훈으로 살려가는가가 지금까지의 고속화에 대한 철도기술자의 과제일 것이다.

(5) 기존선 고속화 방안의 사례

일본에서는 기존선의 현대화를 기존선의 고속화로 대변하고 있으며, 속도를 결정하는 요인을 물리적 능력과 소프트(Soft)적 능력으로 구분하고 있다(**그림 9.1.1**)[220]. 물리적 능력은 최고속도, 곡선통과속도, 가감속도, 분기기 통과속도로 결정된다. 소프트(Soft)적 능력은 열차다이어그램 구성으로 결정되는데, 열차다이어그램을 구성함에 있어 정거역의 설정, 접속, 열차간 속도차이, 대피, 열차교환을 고려하여 결정한다.

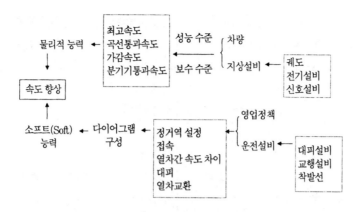

그림 9.1.1 기존선 고속화 방안

9.1.3 제약 요인과 대책

철도는 여객 수송(passenger transport)의 분야에서 자동차 · 항공기 등과 경쟁 중에 있으며, 총 수송량과 총수입에 미치는 각종 항목 중에서 경제 성장률, 고속도로망 및 에너지 비용은 외부 환경 조건이며, 속도, 운임 및 선로망은 내부 조건이다.

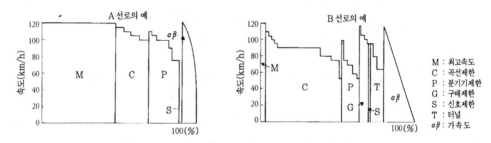

그림 9.1.2 운전 곡선(train operation curve) 분석의 예

철도의 속도 향상에 관하여 최고 속도(maximum speed)는 대상 선구의 운전 상황의 상징으로서 중요하지만, 요는 도달 시간이 문제이며, 여기에는 최고 속도 외에 곡선 통과속도(curve running speed), 분기기 통과속도(turnout passing speed) 및 가감속도(acceleration and deceleration)가 관계한다. 따라서, **그림 9.1.1**의 예에서 보는 것처럼 이들이 점하고 있는 비율을 확인하고 투자 효율을 감안하여 실제의 시책을 고안하는 것이 필요하다.

그림 9.1.2에서는 외국의 두 선로에 대한 속도의 제약 조건에서의 시간을 집계 정리한 예를 나타낸 것이다. 즉, 급곡선이 적은 그림 왼쪽의 선로(A)가 고속 운전에 비교적 좋은 것에 비하여 그림 오른쪽의 선로(B)는 최고 속도로 주행하는 비율이 대단히 적고, 곡선 · 분기기 등으로 인한 제한 비율이 크다.

이들에 관계하는 항목의 예를 **그림 9.1.3**에 나타낸다. 여기에서 보는 것처럼 속도 향상에는 차량, 선로, 신호, 전력 등의 모든 철도 시스템(railway system)이 관계하지만, 궤도는 "최고 속도(maximum speed) 향상"에서 주행 안전 · 안정성에서의 탈선 방지(derailment prevention), 승차 감에서의 궤도틀림으로 인한 차량동요의 억제, 궤도 강도에서의 궤도 파괴량·부재 응력의 억제, "곡선 통과속도 향상"과 "분기기 통과속도 향상"의 전 항목을 통하여 차량과 궤도의 상호작용(interaction between car and track)에 관계하며, 속도 향상에서 중요한 역할을 수행한다. 이와 관련하여 궤도에 관한 각종의 측정이 필요하게 된다.

최고속도 향상 (하구배 통과속도 향상 포함)	궤도 안전성, 안정성	탈선의 방지
	대차강도	강도 향상과 경량화
	역행기능	구동(점착)력의 확보
	브레이크 성능	브레이크 거리의 확보, 열 강도의 향상
	승차감	궤도틀림으로 인한 차량동요의 억제
	집전성능	팬터그래프 추수성능 향상, 내마모
	궤도강도	궤도틀림진행, 부재응력의 억제
	신호시스템	고속주행시의 보안도 확보
	환경대책	소음, 진동, 미기압파 등의 억제
곡선통과속도 향상	주행 안정성	전도, 탈선의 방지
	승차감	좌우동요의 정상 진동성분의 억제 캔트의 올리기, 완화곡선 길이연장
	궤도강도	횡압에 의한 궤간확대, 편향틀림의 방지
분기기 통과속도 향상 (직선측, 곡선측)	승차감	리드반경, 슬랙, 곡선의 적정
	분기기 부재의 강도	가드레일, 텅레일 등의 강도 향상

그림 9.1.3 속도향상을 실현하기 위한 기술적 검토 과제

속도 향상의 실현에는 차량 성능의 향상과 지상 설비가 차량 속도의 제약 조건으로 되지 않도록 배려하는 것이 필요하다. 상기의 관점에서 차량 측에 대하여는 기본적으로 동력분산형의 전차(혹은 기동차) 방식을 이용하여 동력 향상을 도모함과 동시에 브레이크 장치를 개량하는 외에 차체경사 장치를 설치한 이른바 진자형 차량을 채용한다. 지상 측에서는 상기와 같이 주로 궤도 강화로 실현하여 왔지만, 발본적으로는 신선 건설, 선로 증설(track addition) 시에 대(大)곡선, 완구배(slight gradient) 등으로의 선형 개량, 건널목의 제거 등도 실시되고 있다.

표정 속도를 향상시키기 위하여 최고 속도만이 아니고 비율이 높은 곡선 부분이나 분기기 속도(turnout speed), 가감속 등의 개선도 아울러 행하는 것이 바람직하다. 하구배의 속도제한은 제8장의 **표 8.1.1**에 나타내었다.

이하에서는 표정 속도의 향상을 제약하고 있는 최고 속도(maximum speed)·곡선 속도(curve speed)·분기 속도·가감속도에 대한 요인과 대책의 요점을 기술한다.

(1) 최고 속도

최고 속도가 제약되는 조건에는 브레이크 성능·차량 성능·선로 조건·집전 조건·주행의 안정성(승차

감)·소음 등이 열거되며(제9.1.5항 참조), 재래선에서는 제동 성능으로, 고속 선로에 대하여는 소음으로 주로 제약된다.

(가) 제동 성능

건널목이 많은 철도에서는 보안상 시각 인식 가능의 한계 거리로 보여지는 600 m를 최대 제동 거리로 하고 있다. 건널목이 적은 서구 선진국의 경우에 독일에서는 최대 허용 제동 거리가 간선에 대하여 1,000 m, 기타의 선에 대하여 700 m, 구소련에서는 표준치로서 800 m, 영국·프랑스에서는 제한의 규정이 없는 등 국가 사정에 따라 상당히 다르다.

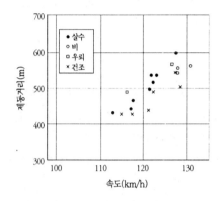

그림 9.1.4 비상 제동 거리의 측정 예

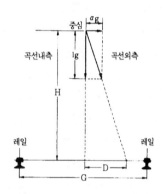

그림 9.1.5 원심력과 중력의 관계

그림 9.1.4에서는 비상 제동 거리에 대한 측정값의 일례를 나타낸다. 즉, 전기지령 공기 브레이크·전기 브레이크·디스크 브레이크 등을 채용하여 활주(skid) 대책·재점착 대책 등의 만전을 기하여도 600 m 이내인 제동 거리의 제약에서 점착(adhesion) 브레이크에 따른 최고 속도는 130 km/h(평균 감속도 4.2 km/h/s) 정도가 한계라고 보여진다.

따라서, 최고 속도 130 km/h를 넘기 위해서는 점착 브레이크에다 레일 브레이크 등 차륜과 레일의 마찰에 의존하지 않는 별도의 브레이크를 부가하든지, 건널목이 없고 선형(alignment)이 우수한 고가 선로로 하여 제동 거리의 특별 승인 취급으로 하든가, 건널목 개량 등을 전제로 하여 제동 거리 600 m를 연신하든지 등의 어느 쪽인가를 선택하게 된다.

기관차 견인 열차의 경우는 제동 성능이나 중심이 높은 화차의 주행 안정성(running stability) 등의 이유 때문에 최고 속도를 110 km/h로 하는 예가 있다.

(나) 차량 성능

고속 철도의 경우는 높은 규격의 선로로서 건널목이 없고, ATS와 차내 신호 등 고도의 보안 설비 때문에 제동 거리로 인한 제약이 없으며, 최고 속도에 관련하는 것은 차량 성능·점착 성능·주행의 안정성·소음 등이다. 여기서는 차량 성능과 점착 성능을 기술한다.

주행 저항(running resistance)은 속도와 함께 증가하기 때문에 속도를 높이기 위하여 출력의 증강이 요구되며, 1990년 5월에 기록한 TGV-A의 시험 515.3 km/h에서는 차량 중량당 출력이 약 50 kW/t을 나타내어 현용 신칸센 전차의 3배 이상의 출력을 필요로 하고 있다.

주행저항에는 차체의 공기저항, 차륜과 레일간의 구름 마찰저항, 차륜이나 구동장치의 차축 베어링이나 치차의 마찰저항 등이 있다(제6.1.4(2)항 참조). 주행저항 중에 가장 큰 것이 공기저항이다. 공기저항은 다음 식으로 나타낼 수가 있다.

$$F = \frac{1}{2} \rho V^2 C_x S \tag{9.1.2}$$

여기서, F : 공기저항, ρ : 공기밀도, V : 열차속도, C_x : 차체의 공기저항계수, S : 차체의 단면적

또한, 종래부터 차량 설계나 운전 계획에 이용되고 있는 다음 식의 예(외국 고속 전차)와 같이 속도와 함께 점착계수(adhesion coefficient)가 감소하며(제6.1.5항 참조), 한편 주행 저항은 거의 속도의 2제곱에 비례하여 증가한다.

점착계수(예) = 13.6 / (V+85)   (V : km / h) (9.1.3)

주행저항(예) (kgf/t) = 1.2+0.022V+0.000126 V^2 (9.1.4)

따라서, 우천 시 레일이 젖어있는 경우의 점착 운전에 따른 최고 속도는 점착 구동력과 주행 저항이 거의 균형이 되는 380 km/h 정도로 보아 왔다. 그런데, 1990년에 기록한 프랑스 TGV-A의 515.3 km/h 운전에 대하여는 차륜과 레일과의 점착 성능이 건조한 좋은 조건에서는 더욱 여유가 있다고 한다.

그러나, 점착계수가 저하하는 우천 등의 조건이나 고출력에 따른 비용 증가, 시간 단축의 효과, 소음 등을 종합하면, 영업 운전의 실용 최고 속도는 300 km/h대라고 보여지고 있다.

점착력을 증강시키기 위한 점착재료로서 최근에는 세라믹스 입자가 이용되고 있다. 이것은 세라믹스의 입자를 레일 면에 분사하여 일시적인 견인력, 또는 브레이크 힘을 확보하기 위하여 유효한 방법이다.

(다) 궤도틀림진행(destruction of track, track (geometry) deterioration)

궤도가 평탄하지 않은 경우에는 차륜과의 사이에서 보다 큰 충격력이 발생하고 속도증가와 함께 충격력이 증대한다. 이 때문에 레일이음매의 제거나 레일용접부의 평활화가 중요하다. 또한, 열차 하중(train load)이 궤도 부담력의 한계 내에 있더라도, 미소의 궤도 틀림이 진행하여 소요의 보수 작업을 수반한다. 궤도틀림진행은 궤도의 강화{레일의 중량화·장대화, 침목의 PC화·배치 증가, 도상의 깬 자갈(crushed stone)화·두께 증가 등}에 따라 경감되며, 궤도 틀림을 진행시키는 열차 하중은 통과 톤수(tonnage), 열차 속도, 차량계수{축중(axle weight, axle load)·스프링하 축중 등에 따라 변한다} 등에 따라 변동한다. 열차 속도의 향상은 거의 비례하여 궤도 틀림을 초래하는 경향이 있지만, 축중이나 스프링하 축중의 저감 등에 따라 차량계수가 삭감되어 궤도 틀림의 진행이 억제된다. 최근에는 차량의 개선·근대화와 궤도 강화의 추진과 더불어 궤도 틀림진행의 면에서 속도가 제한되는 케이스는 적어지고 있다.

또한, 차륜에 플랫(flat)이 생겨 원형(圓形)으로 되지 않은 경우에도 충격하중이 발생하므로 차륜형상에도 주의하는 것이 중요하다.

최고속도와 궤도 구조(track structure)에 관한 사항은 제9.1.7항에서 상세히 설명한다.

프랑스의 TGV 등은 차륜 횡압 대책이나 주행의 안정성을 목적으로 차체의 연접식(제6.1.2(6)(나)3)항 참조)을 채용하고 있다. 또한, 해외의 200 km/h 이상의 고속 열차에 대하여 연접식 대차(articulated truck)로 하고 있는 것은 프랑스·스페인이며, 독일·영국·이탈리아·스웨덴은 재래형 구조로 하고 있다.

(라) 집전(current collection)

가선(overhead line)과 팬터그래프(pantograph)는 모두 유연한 구조로 하나의 진동계를 구성하고 있다. 속도가 높게 되면, 가선의 지지점과 중간과의 고저차나 가선의 경점(硬點, hard spot), 진동이나 바람의 영향 등으로 인하여 가선과 팬터그래프의 사이에 이선이 생기고, 이선이 크게 되면 가선이나 팬터그래프 접판(slider)의 마모가 크게 되며, 더욱 이선이 크게 되면 전류 중단이나 용해손상에 이를 우려가 있다. 집전 속도의 한계는 가선의 파동전파 속도의 60~70 % 정도로 되며 시험에 의거하면 일반적으로 사용되고 있는 가선 · 팬터그래프에 대하여 재래선의 130 km/h, 고속선로의 300 km/h에서는 지장이 없는 것이 확인되고 있다.

금후 가일층의 속도 향상에서는 교류 구간(A.C. electrified section)의 강성이 높은 데드 섹션 대책 등의 집전에 대하여도 중요하게 되며, 가선과 팬터그래프가 하나의 진동계로서 연구되고 있다.

(마) 소음 대책

최근에는 환경보존 대책에서 열차의 주행 소음이 엄하게 억제되고 있는 경향이 있다. 철도 소음에 관계하는 환경 기준(environmental standard)에 대하여는 제2.4.2항을 참조하기 바란다.

열차 소음은 차륜과 레일과의 "전동음"(wheel/rail noise, rolling noise), 차체가 공기를 가르는 "차체 공력음(aerodynamic noise)", 팬터그래프와 가선에서의 "집전계 음"(current collecting noise), 시설 구조물의 진동에서 발생하는 "구조물 음" 등으로 합성된다. 교량의 "구조물 음(structure-borne sound)"을 별도로 하면, 저속 영역에서는 "전동음"이 전체 소음을 지배하고, 고속영역에서는 "차체 공력음"이나 "집전계 음"이 크게 된다.

고속 선로의 "전동음" 대책으로서 차륜 답면 · 레일의 평활화, 차륜 플랫의 방지, "집전계 음" 대책으로서 팬터그래프 커버의 설치, 팬터그래프 수의 삭감, 가선의 장력 올림, "차체 공력음" 대책으로서 차체 표면의 평활화 등의 차량 대책과 병행하여 레일패드(rail pad)의 삽입, 선로 가장자리의 방음벽(sound-proof wall) 설치 등의 지상 대책으로 소음 대책 전의 76~83 폰이 이상의 제반 대책에 따라 71~76 폰으로 개선되었다고 하는 예가 있다.

(바) 각부의 마모와 열화

고속화는 궤도, 차량, 토목이나 가선을 포함한 각종 구조물에게 마모, 또는 열화를 진행시킨다. 이 때문에 조기의 교체가 필요하게 되는 경우가 있다. 특히, 궤도나 차량은 안전성에 직결되는 부분이 많기 때문에 정성들인 정비나 관리가 필요하게 된다.

(사) 열차 제어

열차제어에서는 열차를 보다 확실하게 제어하기 위하여 신호기 설치위치의 변경, 또는 신호기를 증설하거나 고속대응용 ATS(자동열차정지장치)로 할 필요가 있다.

그러나 보다 고속화하면, 열차 기관사가 신호기를 육안으로 확인하여 열차를 제어하는 것이 곤란하게 된다. 이 경우에는 ATC(열차자동제어장치) 등이 유효하게 된다.

(2) 곡선통과 속도

곡선통과 속도를 제약하는 이유는 통과시의 원심력이나 강풍으로 인한 전복의 위험, 승차감(riding quality)의 악화 등이다.

따라서 곡선을 고속으로 통과하기 위해서는 증대하는 원심력에 대처하기 위하여 궤도에 캔트를 설정하여 차체를 보다 곡선중심 쪽으로 경사시키기도 하고 곡선의 확폭(擴幅)인 슬랙(slack)을 설정하게 된다. 그러나 궤도 측의 대처에는 한계가 있으므로 차체자신이 기울지는 차체경사장치(진자대차)가 필요하게 된다.

(가) 곡선 제한속도

재래선의 곡선 제한속도는 중심이 가장 높은(높이 H) 차량(예 : 기관차, 화차 등)에 대하여 캔트를 0으로 하여 곡선의 바깥쪽으로 작용하는 원심력과 중력의 합이 선로 중심에서 벌어지는 정도($2D$)의 내ㆍ외궤 레일의 중심간 거리(G)와의 안전율(a) (**그림 9.1.5**의 $G/2D$)에서 다음의 식으로 산정된다.

곡선 제한속도를 V(km/h), 곡선반경을 R(m)로 하면,

원심 가속도 $\alpha = V^2 / 127R = D / H = G / (2a \cdot H)$에서

$$V \leqq \sqrt{127G \cdot R/(2a \cdot H)} \tag{9.1.5}$$

국철에서는 곡선에서의 열차 최고속도를 선로 조건에 따라 $V = 2.8 \sim 4.5 \sqrt{R}$ 로 하고 있으며, 해외 표준궤의 경우는 $V \leqq 4.2 \sim 4.5 \sqrt{R}$ 이고, 일본의 고속선로의 경우는 동일한 속도 종별의 열차가 운전하기 때문에 $V = 4.8 \sqrt{R}$ 로 하고 있다. **표 9.1.4**는 국철의 곡선부에 대한 속도 제한(speed restriction)의 일부를 나타낸다.

표 9.1.4 국철의 곡선속도 제한(열차운전시행세칙) (단위 : km/h)

선(구간)별 / 곡선반경(m)	200~249	250~299	300~349	350~499	450~549	550~649	650~749	750~849	850~949	1,000	1,200 이상
2급선 경부 제1본선				90	100	110	115	125	130	135	140
호남선(익산~목포), 전라선(신리~동순천)										140	150
분당선				75	85	90	100				
경부 제2본선 가리봉~수원						95	105	110			
수원~천안					90	100	110	115	120		
호남선 서대전~강경								120		125	140
강경~익산				85	95	100	110	125		130	
대전선(대전~서대전)								120			
전라선(익산~신리, 동순천~여수), 중앙선, 대구선		65	70	80	90	95	105	110			
3급선 경부 제2본선(서울~구로), 경부 제3본선(영등포~구로), 호남선(대전조차장~서대전), 경인선, 경의선, 영동선, 태백선, 경전선, 경북선(김천~점촌), 안산선, 진해선, 미전선, 광주선	55	60	65	75	85	90	100				
충북선		65	70	85	95	100	110	120			
장항선, 경춘선, 동해남부선(부산진~경주)	50		70	80	90	100					
경부 제3본선(서울~용산), 광양제철선, 경원선, 천안직결선	55	60	65	70	75	80					
과천선, 일산선, 분당기지선	50	55	65	75	85	90	100				
경부 제2본선(구로~가리봉, 구로고가선로)			60	70	80						
경부 제3본선(구로~가리봉, 구로고가선로), 대불선			60		90						
기타 선	50	55		65	70	75					
4급선 군산선, 범일선, 묵호항선, 광양항선, 옥구선, 병점차량기지선	45	50	55	60							

(나) 캔트의 설정

곡선에는 일반적으로 외측의 레일을 높게 하는 캔트를 붙여 초과 원심가속도를 제거하도록 하고 있다. 즉, 원심력과 중력의 합력이 선로 중심을 향하도록 캔트를 붙이면 초과 원심가속도가 없게 된다. 열차가 곡선 중을 통과하는 경우에 중력과 원심력의 합력이 궤간 중심을 통과할 때는 차체 바닥면 방향의 원심력 성분은 0으로 된다. 이 때의 속도와 캔트를 균형속도(equilibrium speed)와 균형캔트(equilibrium cant)라고 하며, 균형캔트보다 실제 캔트가 적을 경우에 그 차이를 캔트 부족량(cant deficiency)이라 한다.

곡선을 통과하는 여객 열차나 화물 열차 등 열차의 속도에 폭이 있는 선구에서는 2제곱 평균 속도를 구하여 그것에 대응하는 캔트를 설정하고 있다. 이 경우에 이 평균 속도를 상회하는 고속 열차는 캔트 부족(cant deficiency)으로 되고, 하회하는 저속 열차는 캔트 초과로 된다. 곡선통과 속도와 설정 캔트량·캔트 부족량과의 관계는 다음의 식으로 된다(**그림 9.1.6** 참조).

$a = V^2 / 127R = (C + C_d) / G$ 에서

$$C + C_d = 11.8 \times V^2 / R \qquad\qquad (9.1.6)$$

여기서, C : 설정 캔트량(mm)

$\qquad\quad C_d$: 캔트 부족량(mm)

$\qquad\quad V$: 곡선통과 속도(km/h)

$\qquad\quad R$: 곡선반경(m)

최대 캔트량은 차량이 곡선에서 정지 또는 저속으로 주행하는 경우에 곡선의 외측에서 부는 바람으로 인하여 전도되지 않기 위한 안전상과 차체의 경사로 승객이 불쾌감을 느끼지 않는 승차감의 면에서 일반철도에서는 160 mm(경사각 6.1°), 고속철도에서는 180 mm(6.8°)로 정하고 있다.

외국의 재래선에서는 완화곡선(transition curve) 등 때문에 균형 캔트량에 대하여 30~60% 정도가 많았지만, 최근에는 열차의 고속화에 대응하여 캔트량의 수정이 적극적으로 진행되고 있다.

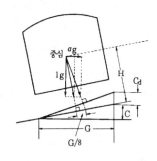

그림 9.1.6 속도와 캔트의 관계

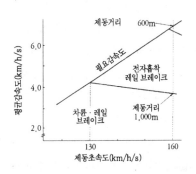

그림 9.1.7 제동 초속도와 필요 감속도

(다) 캔트 부족량의 한계

곡선 속도(curve speed)가 캔트(cant)에 대응하는 속도를 넘어 상승하여 가면, 캔트 부족량(cant deficiency)으로 인한 초과 원심력이 생기므로 안전성·승차감의 영향 등에서 한계가 있다.

곡선의 원심력과 중력의 합력 작용점을 궤간의 1/8 이내(안전 비율 4)로 하고, 내외궤 레일의 중심간 거리

를 G (mm), 차량 중심 높이(hight of gravity center)를 H (mm)로 하면, 허용 캔트 부족량 C_d(mm)는

$C_d : G = G / 8 : H$에서

$$C_d \leqq G^2 / 8H \tag{9.1.7}$$

으로 된다(제3.2.1항 참조).

승차감(riding quality)의 좌우 가속도 한계는 많은 시험과 여러 외국의 예에서 0.08 g (2.8 km/h/s에 상당)를 목표로 하고 있다. 또한, 최근의 연구에서는 정상의 초과 원심가속도뿐이라면 0.08 g를 넘어도 문제가 없고, 경우에 따라서는 0.15 g 정도까지 허용할 수 있다고 한다. 다만, 초과 원심가속도에 더욱 진동 가속도가 가해지면 승차감을 해치는 점이 판명되어 여기에 대한 대책이 과제로 된다. 더욱이, 표준 궤간의 서구 선진국에서는 0.12 g까지 허용하고 있다.

(라) 바람에 대한 전도 한계

곡선 통과 시에 캔트 부족(cant deficiency)의 경우는 안쪽으로부터 바람이 가해지면 안전율(safety factor)이 저하하고 캔트 초과의 경우는 외측에서 부는 바람으로 인하여 안전율이 저하하며, 후자의 경우인 쪽이 위험하게 되는 예가 많다.

후자인 경우에 정지 또는 저속 시에 전복(overturning)의 위험이 높아지는 풍속을 산정한다. 이 경우에 전복시키려고 하는 힘은 초과 원심력과 중력 분력 차이의 항, 진동 관성력의 항, 풍압력의 항으로 합성된다. 전복에 대한 위험의 한계치는 정적으로는 안전 비율로 1.5, 동적으로는 1.2 정도로 하게 한다.

외국의 사례로서 예를 들어 고속선로 R = 2,500m의 곡선, 최대 캔트량 180 mm, 80 km/h 주행 시에 대한 안쪽 전복 한계 풍속의 가장 낮은 것은 약 35 m/s, 재래선로 최대 캔트 105 mm, 20 km/h 주행 시에 대한 안쪽 전복 한계 풍속의 가장 낮은 것은 약 40 m/s로 산정된다. 이들은 재래의 차량을 전제로 한 것으로 앞으로 가일층 경량화 등을 전제로 하면, 강풍시의 열차 억제의 기준 수치로 하고 있는 30 m/s에 대한 여유는 적다.

(마) 차체 진자차에 의한 속도 향상

외국에 최근 보급되어 있는 진자차량(tilting car, pendulum car)은 곡선통과 시에 원심력에 따라 차체(car body)가 경사지어 원심력과 중력의 합력이 차체의 바닥 면에 대하여 수직에 가까워지도록 하고 있기 때문에 승객에는 초과 원심가속도가 그다지 느껴지지 않는 구조로 하고 있다(제6.7절 참조). 진자 최대 각도 5°인 전차나 디젤동차(diesel car) 등의 경우에 캔트 부족량은 일반 차량의 60 mm를 크게 상회하여 110 mm로 하고 있다. 따라서, 작은 곡선반경에서의 비진자차의 곡선 속도가 본칙 + 15 km/h에 대하여 진자차량의 + 20~30 km/h가 가능하게 된다.

외국에서 최근에 곡선 속도의 최고는 제어진자형 디젤동차·전차에서의 곡선반경 R > 600 m에 대하여 본칙 + 35 km/h, 600 m > R > 400 m에 대하여 본칙 + 30 km/h, 400 m > R에 대하여 본칙 + 25 km/h로 향상하고 있다. 또한, 경량화와 차체 중심을 가일층 내리고, 조타 대차의 채용에 맞추어 가일층 곡선 속도(curve speed) 향상의 연구가 진행되고 있다.

차체경사장치는 최근에 컴퓨터로 곡선의 크기나 열차속도 등을 고려하여 경사각과 경사개시의 시기나 경사복원을 제어하는 것이 주류로 되어 있어 원심력 증대에 따른 불쾌한 승차감을 저감시키는데 효과를 발휘하고 있다.

또한, 대차에 조타 기능을 갖게 하여 곡선을 보다 원활하게 통과하는 차량도 등장하고 있다. 즉, 곡선의

차륜 횡압을 발본적으로 줄이어 원활하게 주행시키는 방책으로서 차축이 자동적으로 곡선 중심으로 향하는 래디얼 대차(radial truck, 자기조타 대차)가 연구되어(제6.1.2(6)(나)4)항 참조) 스웨덴의 고속 열차 X2000에 채용되고, 일본에서도 실용화가 도모되고 있다.

(바) 캔트(cant)와 완화 곡선(transition curve)과의 관계

재래선의 경우에 캔트량은 일반적으로 규정의 제한 속도(restricted speed)에 대응한 캔트량보다 낮은 경우가 많다. 이것은 직선(straight)에서 곡선에 이르는 완화 곡선 때문에 억제되며, 선형상에서 캔트량을 크게 하기 어렵기 때문이다.

완화 곡선의 길이는 윤하중 감소를 피하거나, 승차감이 나쁘게 되지 않게 하기 위한 등의 이유로 제3.2.1항에 설명한 것처럼 정하고 있다.

(3) 분기기 통과 속도(turnout speed)

재래선의 분기기는 제3.5.2(2)항과 같은 약점이 있기 때문에 직선 측(straight side)에 대하여도 오랜 세월 동안 속도가 제한되어 직선의 최고속도를 올려도 고속 열차는 분기기가 있는 통과역에서는 부득이 하게 감속하여 왔다. 즉, 분기기 크로싱의 강도, 텅레일(tongue rail)의 벌어짐, 가드레일과 윙 레일 배면 횡압이 한도 이상으로 될 우려나 보수량 증가 등의 이유였다.

그 후 50NS 분기기에 대하여는 침목의 강화 · 힐 볼트의 강화 → 탄성 포인트(flexible point)화 · 상판의 강화와 차륜 및 레일에 대한 보수 한도의 개선으로 종래의 제한 속도(restricted speed)를 올리고 있다.

표 9.1.5는 일반철도의 분기기 직선 측의 통과 속도를 나타낸다.

한편, 여러 선진 외국의 표준궤 이상의 철도에서는 차륜 · 레일의 정밀도 확보를 전제로 분기기 직선 측의 제한이 대부분 없으며, 경부 고속철도의 고속 분기기도 제한이 없다.

일반철도에서 분기기 분기 측(turnout side)의 제한 속도는 분기기의 강도, 승차감, 보수 등을 종합하여 안전 비율을 일반 곡선보다 작게 하여 **표 9.1.6**와 같이 하고 있다. 고속철도에서는 **표 3.1.4**에 나타낸 것처럼 분기선에 대하여 46번 분기기는 170 km/h, 26번 분기기는 130 km/h, 18.5번 분기기는 90 km/h로 하고 있다.

표 9.1.5 일반철도 분기기의 기준선 측 통과속도

통과속도(km/h)	경부선 정거장	기타 선로의 각 정거장
45	서울	
80	부산진북부	영동선, 태백선, 경북선, 미전선, 진해선
90	용산북부, 노량진, 영등포, 부산진남부	대전선, 호남선(대전 조차장-서대전), 전라선(익산-신리, 동순천-여수), 동해남부선, 경전선, 장항선, 경춘선
100	김천남부, 삼성 상선	호남선 서대전-익산, 대전선 중앙선, 충북선, 대구선
110	삼랑진 북부, 기타 정거장	
125	삼성 북부, 전동	
130	용산남부, 시흥, 안양, 군포, 부곡북부, 수원, 세류, 병점북부, 오산, 서정리북부, 평택, 성환, 직산, 두정, 소정리남부, 서창남부, 조치원북부 외 21정거장	호남선 익산-목포간 전라선 신리-동순천간

표 9.1.6 일반철도 분기기의 분기선 측 통과속도

구간별	분기기별	구분	분기기 번수별			
			8	10	12	15
지상 구간	편개분기기	곡선반경(m)	145	245	350	565
		속도(km/h)	25	35	45	55
	양개분기기	곡선반경(m)	295	490	720	1,140
		속도(km/h)	40	50	60	70
지하 구간	편개분기기	속도(km/h)	25	30	40	–
	양개분기기	속도(km/h)	35	45	45	–

(4) 가감속 성능의 향상

곡선 등의 속도 제한은 부득이하기 때문에 그 전후에 대하여 되도록 신속하게 가감속하는 것이 시간 단축에 효과적이므로 가감속 성능의 개선이 요망된다. 동력분산 열차(decentralize power train)는 가감속 성능의 점에서 유리하게 작용한다. 그러나, 가속력을 높이기 위하여는 출력의 강화나 변전소(transforming station)의 증강 등을 필요로 하고, 비용 증가로도 이어지기 쉬우므로 그 득실을 확인하여 대처하는 것이 바람직하다.

또한, 직류 전동기(direct current motor)를 사용하고 있는 전기차량의 경우는 고속 영역에서의 가감 성능이 내려가는 경향이 있는 것에 비하여 그 경향이 적은 유도 전동기(induction motor)를 채용하는 전기차량(electric rolling stock)에서는 보다 가속 성능 개선의 여지가 남아 있다.

9.1.4 속도의 기술적 한계

전 항에서는 속도를 제약하는 요인과 대책에 대하여 기술하였지만, 여기서는 특히 직선(straight) 최고속도에 대한 기술적 한계를 언급한다.

(1) 표준궤 철도의 한계 최고속도(limited maximum speed)

제약되는 것은 ① 점착 성능, ② 주행 안정성, ③ 집전 성능의 3 요인으로 된다(제9.1.5항 참조).

(가) 점착(adhesion) 성능

프랑스 TGV(train a grande vitesse)의 515.3 km/h 기록은 종래의 점착 성능에 관한 상식을 크게 상회하는 것이었다. 그러나, 점착계수가 낮게 되는 우천 시 등을 고려하면, 점착 성능의 개선을 전제로 하여도 실용의 영업 운전에는 기록 속도를 상당히 하회하는 것으로 될 것이다. 또한, 초(超)고출력을 요하는 비용 증가나 선로 보수의 정밀도 유지 등을 합치면 300 km/h대가 실용의 최고 속도라고 하는 견해가 일반적이다.

(나) 주행 안정성(running stability)

종래는 사행동(hunting movement) 등의 주행 안정성에 한계가 있을 것이라고 하여 왔지만 TGV나 일본의 시험 결과에서 상응의 대책을 강구하면 300~500 km/h에도 특히 문제가 없는 것이 확인되고 있다.

(다) 집전(current collection) 성능

열차 속도가 가선의 파동전파 속도에 접근하면, 가선이 크게 굽이치고 이선이 많게 되어 가선이나 팬터그래프의 파손 우려가 있다. 따라서, 가선의 파동전파 속도를 될 수 있는 한 올리는 것이 필요하며, 여기에는 가선 장력을 올리는 것과 가선 밀도를 내리는 것이 유효하게 된다.

TGV의 515.3 km/h 시험 시의 가선은 보통의 심플 커테너리 방식인 대로이며, 가선 장력을 27 kN에서 최대한의 33 kN으로 강화하였다[31]. 가선 밀도를 내리기 위하여 철·알루미늄 합성 전차선 등이 연구되고 있지만, 어느 것으로 하여도 실용 목표 속도인 350 km/h 정도에서는 문제가 없다고 한다.

(2) 제동 성능

이상은 건널목이 없는 고규격의 신선을 전제로 한 최고 속도이지만, 재래선의 최고 속도가 제약되는 요인은 제동 거리(600m 이내)이다. 최고 속도를 점착 브레이크에 대하여 최고 130 km/h 이상으로 올리기 위해서는 차륜과 레일과의 점착(adhesion)에 의존하지 않는 레일 브레이크의 개발이 열쇠를 쥐고 있다.

당면한 목표로서의 최고 속도 160 km/h의 경우에 600 m 이내에서 정거하기 위한 필요 감속도는 **그림 9.1.7**에 나타낸 것처럼 7 km/h/s의 높은 수치(제트기가 이륙할 때의 가속도에 필적)이며, 승차감과의 관련도 문제로 될 것이다. 이 경우에 레일 브레이크의 부담률은 대단히 크며, 그 때문에 브레이크로 인한 궤도에의 전후 하중은 차량 중량당 약 20 %에 달하므로 궤도 측 등의 대책도 필요하게 된다.

(3) 고속화의 연구 개발상 기술적인 과제

상기에 언급한 것처럼 이전까지 점착력의 속도 한계는 레일이 젖어있는 경우에 350 km/h라고 하여 왔지만 최근의 제어 기술을 이용하여 미끄러진 축을 능숙하게 컨트롤하여 다른 미끄러지지 않은 축의 점착력을 유효하게 이용하면, 열차 전체의 점착력을 상당히 높게 취하는 것을 알게 되었다.

(가) 차량의 경량화

건설 당시의 설계치를 훨씬 넘어 속도를 향상하기 위한 차량의 경량화는 궤도에의 영향을 적게 한다. 또한, 생에너지화를 도모하고, 소음·진동을 저감한다. 최근에, 외국에서는 축중 11 t대로 계량화하여 개발하고 있다.

(나) 이선이 적고 안정된 고속 집전

역행 성능, 전기 브레이크 성능의 향상, 소음의 감소, 마찰판의 마모 저감 등이 필수이다.

(다) 승차감(riding quality)의 향상

여러 가지의 궤도틀림이 있으면 속도의 증가와 함께 승차감이 보다 악화한다. 특히, 저속에서는 문제가 아니었던 장파장의 궤도틀림도 속도의 증가와 함께 문제로 되므로 속도증가에 대응하는 궤도관리가 필요하다.

또한, 차량에서는 궤도틀림에 따른 차체동요를 저감하는 액티브 서스펜션이 등장하고 있으며 금후의 발전에 기대를 걸 수 있다. 고속에서의 터널 돌입은 차체기압과 터널 내 기압 사이에 급격한 차이가 생겨 차체로의 기압 부가의 증대와 차내 기압의 증대를 초래하며, 이 때문에 차체의 삐걱거림 소음이나 승객의 이명이 발생하게 되므로 보다 강성이 크고 기밀성이 높은 차량이 필요하게 된다.

(라) 공기 저항과 공력 소음의 저감

전자는 동력 장치를 소형·경량화하고, 차륜·레일간 점착력과의 관계에서 정해진 한계 속도를 향상시킨다. 또한, 생에너지화가 도모된다. 후자는 공력 소음이 속도의 6승에 비례하여 증가하기 때문에 기계 소음보다 탁월하고 있으므로 이것의 해결을 요한다. 이것이 고속화의 포인트로 된다.

(마) 고속 영역에 있어서 보안 시스템

경제적 신호 설비와 높은 감속도를 확보하기 위한 제동 시스템이 요구된다.

(바) 터널 미기압파의 저감

9.1.5 최고속도의 결정 방법

(1) 최고속도의 결정 요인

철도의 속도 향상에는 최고속도 외에도 여러 가지의 제약요인이 있다. 제9.1.3항과 제9.1.4항에서도 논의하였지만, 기준선을 고속화하는 경우에 속도를 결정하는 요인으로는 ① 차량 및 궤도, 전기, 신호 등 지상설비의 성능과 보수수준을 감안한 최고속도, 곡선 통과속도, 분기기 통과속도 등과 같은 '물리적 능력' 과 ② 영업정책 및 정거 역 설정, 접속, 열차간 속도차이, 대피, 열차교환 등을 고려한 다이어그램의 구성 등과 같은 '소프트(soft) 능력' 이 관계된다. 또한, 당해 노선이 처한 상황에 따라 고속화 전략이 달라진다고 할 수 있다.

이 중에서 열차 '최고속도' 의 결정요인으로는 다음과 같은 것이 있다.

① 차량의 가·감속 성능   ② 차량 각부의 진동
③ 궤도의 진동 전파   ④ 집전 시스템(팬터그래프, 가선)의 진동 전파
⑤ 구조물의 공진   ⑥ 공기 진동(소음, 미기압파 등)
⑦ 인간공학 상의 문제(승차감, 신호 확인거리 등)

즉, ①과 ⑦(신호 확인거리 등)을 제외하고는 (준정적인 것도 포함한) 진동 현상이다. 신호의 확인거리는 일반선로와 같이 지상 신호의 경우에는 문제로 되지만, 고속선로와 같이 차내 신호의 경우는 공학적인 제약요인으로 되지 않는다.

한편, 궤도구조는 최고속도를 결정할 때 검토 요인의 하나이지만, 일정 이상의 강도가 확보되어 있으면 직접적인 제약조건으로 되는 일은 없다. 다만, 궤도틀림 진행을 고려한 궤도정비 레벨의 유지 가능성을 검토할 필요성은 있다.

이하에서는 '최고속도의 결정방법' 에 관련된 요인을 간결하게 논의한다.

(2) 차량의 가·감속 성능과 점착력

(가) 차륜/레일간의 점착력

철도는 강(鋼)차륜과 강(鋼)레일간의 마찰력에서 구동력을 얻는다. 자동차의 경우도 타이어와 아스팔트간의 마찰력에서 구동력을 얻지만, 이 마찰력은 충분히 큰 값이며, 얼은 노면 등이 아닌 한 타이어가 활주하는 일은 거의 없다. 또한, 등판 능력도 철도보다 높다. 한편, 강차륜/강레일간의 마찰력은 타이어/아스팔트간에 비하면 대단히 작으며, 마찰력 이상의 회전력, 브레이크 힘을 차륜에 가하면 차륜이 공전(空轉), 활주

(滑走)하여 버린다. 이 때문에 철도차량의 가·감속도에는 한계가 있다.

철도에서는 차륜/레일간의 마찰계수를 특히 '점착계수'라고 부른다. 점착계수(μ)와 윤하중(上下 하중)(P)의 곱(積)이 점착력(F)으로 되며, 이것이 차량의 가·감속 성능을 지배한다. 미끄럼(스키드) 속도(V)가 작은 동안에는 점착계수가 미끄럼 속도에 비례하고, 미끄럼 속도가 어떤 일정 값으로 되면 포화한다. 이 포화한 시점에서의 점착계수는 차륜강과 레일강의 마찰계수에 거의 일치하며, 이 때의 점착력이 최대 점착력(F_{max})으로 된다. 최대 점착력 이상의 가·감속력을 가한 경우에는 차륜이 공전, 활주한다.

여기서, (9.1.8)

미끄럼 속도(ΔV) = 차륜의 회전속도(원주 속도)(V_r) - 차륜의 진행속도(V_c) (9.1.9)

미끄럼 률 = $(V_r - V_c)/V_c$ (9.1.10)

점착계수(μ) = F_{max} / P

우천 시와 같이 차륜/레일간의 마찰계수가 작은 경우에도 열차를 안전하게 가·감속하기 위해서는 점착계수를 항상 어떤 일정 값 이상으로 확보할 필요가 있다. 증기기관차 시대는 차륜/레일간에 모래를 뿌려 점착계수를 높이었지만, 현재는 미소한 세라믹스 입자를 뿌려서 점착계수를 높이고 있다. 또한, 최근의 모터에서는 모터의 회전수에서 공전을 검출하여 일단 모터의 회전력을 낮추어 재점착시키는 제어 기술이 개발되고 있다. 점착 성능은 이들의 성과에 따라 이전보다 대폭적으로 개선되고 있다.

(나) 가속력과 점착력

점착계수, 즉 차량이 얻을 수 있는 점착력(=가속력)은 속도와 함께 서서히 저하한다.

한편, 속도를 올리기 위해서는 목표로 하는 속도까지 주행 저항 이상의 가속력을 계속 주어야 한다. 주행 저항에는 상기의 차륜/레일간이나 축받이, 치차 등과 같은 회전·접동 부분의 마찰력, 구배 오름, 공기저항 등이 있지만, 속도가 높게 되면 공기 저항이 지배적으로 된다. 또한, 공기 저항은 속도와 함께 증가한다. 따라서, 속도와 함께 저하하는 가속력과 속도와 함께 증가하는 주행 저항이 같게 되는 시점이 가속력의 한계로 되며 속도를 그 이상 올릴 수 없게 된다. 이것이 열차 최고속도의 상한으로 된다. 차량 형상을 개선하여 공기 저항을 감소시키고 전술한 점착 성능을 향상시킴에 따라 주행 한계속도를 증가시킬 수 있다.

(다) 감속력(브레이크 성능)

가령 선로 상에 장해물이 없고 선행 열차도 없다고 가정하면, 감속력이 최고속도를 결정하는 요인으로는 되지 않는다. 그러나, 영업 열차를 안전하게 운행하기 위해서는 열차 다이어그램이 혼란해진 경우에도 열차가 선행 열차에 충돌하지 않고 멈출 필요가 있다. 또한, 재래선로에서는 건널목에서 장해물이 검지되면 곧바로 정지할 수 있어야 한다. 한편으로, 차량의 감속도 가속도와 같은 꼴로 점착력으로 정해지는 한도가 있다. 따라서, 영업열차의 최고속도는 이들의 요인을 고려하여 정해지고 있다.

재래선로의 경우는 건널목에서의 안정성을 확보한다고 하는 관점으로부터 제동거리를 최대 600 m로 정하고 있다. 이러한 관점에서 현재의 브레이크 성능으로는 일반적인 재래선로의 최고속도가 130 km/h로 되어 있다. 재래선로에서 130 km/h를 넘는 속도로 영업운전을 하는 경우는 건널목이 없는 구간으로 한정되고 있다.

고속선로에는 건널목이 없지만 특히 하구배가 연속하여 있는 경우에는 ATC 섹션 길이 이내(대개 2 km)에서 정지할 수 있도록 영업 최고속도가 제한되고 있다.

(3) 차량의 운동 및 궤도와의 상호작용

(가) 사행동

사행동(hunting)이란 차륜 답면구배, 레일형상 및 윤축, 대차의 지지스프링 시스템의 특성에 따라 윤축, 대차가 자려 진동을 일으키는 현상이다. 사행동이 생기는 직접적인 원인은 차륜에 답면구배 $\gamma(=\tan\theta)$가 붙어있으므로 이에 따른 좌우 차륜의 지름차이로 인하여 윤축이 일정 파장으로 사행동하기 때문이다. 이것을 기하학적 사행동이라 부른다. 사행동의 파장은 레일과 차륜의 형상으로 정해지며, 또한 윤축, 대차가 좌우로 흔들리기 쉬운 진동수(고유 진동수)는 각부의 질량, 지지스프링정수로 정해진다. 고유 진동수에 대응하는 공간 파장은 속도와 함께 길게 되며 사행동의 파장과 일치하면 사행동이 발생한다.

대차의 설계 시에는 사행동 발생 속도가 영업속도보다도 충분히 높게 되도록, 또한 설사 사행동이 발생하여도 감쇠되도록 배려하고 있다. 한편으로 차륜의 답면구배나 윤축, 대차의 좌우 지지스프링정수는 대차의 곡선통과 성능과 밀접하게 되며, 또한 곡선통과 성능과 사행동 안정성은 상반되는 성능을 갖는다. 양자를 비교한 것을 **표 9.1.7**에 나타낸다.

표 9.1.7 사행동 안정성과 곡선통과 성능

항목	사행동 안정성을 중시	곡선통과 성능을 중시
대차 회전성능	대	소
축상 지지강성	어느 정도 대	소
답면구배	소	대
축거	대	소
차륜 지름	대	소
궤간	대	소

고속선로에서 사행동 안정성을 중시하여 차량을 설계하면, 곡선통과 성능이 희생되므로 곡선통과에 수반하는 레일이나 차륜 플랜지의 마모가 문제로 된다. 이에 따라 고속선로 차량은 사행동 안정성을 약간 희생하게 하여 곡선통과 성능을 향상시키도록 설계하는 경우가 많다.

이상과 같이 사행동은 완전히 억제할 수가 없는 진동 현상의 하나이다. 차량 각부 스프링정수의 공차나 차륜 마모상태에 따라서는 저대한 궤도틀림을 실마리로 하여 영업속도 내에서도 사행동을 일으키는 일이 있다. 이 경우에 궤도의 각 부재도 큰 반력을 받으며 또한 궤도틀림도 급격하게 진행되기 때문에 궤도관리의 입장으로서도 사행동 특성을 포함한 차량운동 특성을 의식하여 둘 필요가 있다.

○윤축과 대차의 사행동(제3.1.4(3)항 참조)

여기서, 윤축과 대차의 사행동 파장에 대하여 약간 상세히 살펴본다. 이 진동은 통상적으로 급속하게 감쇠하여 윤축의 중심이 궤간 중심 부근을 진행하도록 돕게 된다. 그러나, 어느 한계속도를 넘으면 이 진동이 불안정하게 되고 증대하여 탈선이나 궤도틀림의 위험이 생긴다. 이 때문에 이 한계속도가 영업속도를 크게 상회하여 안전이 확보되도록 대차를 설계한다.

먼저, 윤축의 사행동을 살펴본다. 사행동은 그 진동의 파장이 정해져 있으며, 윤축 단체(單體)의 모델을 고려하면, 윤축의 사행동 파장(S_1)은 다음의 식으로 계산할 수 있다.

$$S_1 = 2\pi \sqrt{\frac{b\,r}{\gamma}} \tag{9.1.11}$$

여기서,

b : 좌우 레일/차륜 접촉점 간격의 반분

r : 차륜반경

γ : 레일/차륜 접촉점에서 차륜의 답면구배

만일, 차륜 답면이 원뿔 꼴(圓錐形)이 아니고 원호 형상인 경우에는 γ 대신에 다음 식의 유효 답면구배 γ_e 를 대입한다.

$$\gamma_e = \frac{\gamma}{1 - \dfrac{\rho_R}{\rho_W}} \tag{9.1.12}$$

여기서,

ρ_R : 레일 단면의 반경

ρ_W : 차륜 답면의 반경

윤축의 불안정 진동을 일으키는 한계속도(V_c)는 다음과 같다.

$$v_c = S_1 \sqrt{\frac{b^2 f_y + i^2 f_\phi}{b^2 + i^2}} \tag{9.1.13}$$

여기서,

$$f_y = \frac{1}{2\pi}\sqrt{\frac{k_y}{m}}, \qquad f_\phi = \frac{1}{2\pi}\sqrt{\frac{k_x \cdot b_1^2}{m\,i^2}}$$

b_1 : 좌우 축상 간격의 반분

k_x : 1 차축당 전후방향의 축 스프링정수

k_y : 1 차축당 좌우방향의 축 스프링정수

m : 윤축의 질량

i : 윤축의 중심에 대한 관성반경

이와 같이 레일과 차륜 답면의 형상에 따라 사행동 파장이 정해지며, 사행동 파장과 축 스프링의 제원에 따라 한계속도가 정해진다. 결국, 레일과 차륜의 형상은 주행 안정성에까지 영향을 주는 것이다.

다음에, 대차의 사행동을 살펴본다. 축 스프링의 영향을 무시하여 보기 대차의 모델을 고려하면, 윤축 단체의 경우보다 긴 별도의 사행동 파장(S_2)이 존재한다.

$$S_2 = S_1 \sqrt{1 + \left(\frac{a}{b}\right)^2} \tag{9.1.14}$$

여기서,

a : 축거의 반분

대차의 한계속도는 (9.1.13) 식의 m, i를 대차의 값으로, k_x, k_y를 볼스터 스프링의 값으로 바꿔 읽은 후

에 다음과 같이 치환하면 구할 수가 있다.

$$i \rightarrow i\,\frac{l}{b}\,, \qquad k_x \rightarrow k_x\,(\frac{b}{l})^2\,, \qquad \frac{b\,r}{\gamma} \rightarrow \frac{b\,r}{\gamma}\,(\frac{b}{l})^2 \qquad\qquad (9.1.15)$$

여기서,

$$l = \sqrt{a^2 + b^2}$$

이상과 같이 통상적으로는 불안정하게 되는 일이 없기는 하나 차량은 원래 어떤 파장으로 진동하기 쉽게 만들어져 있으며, 레일과 차륜의 답면 형상은 그 파장을 정하는 요소로 되어 있다.

(나) 차량 진동

궤도틀림이 있는 선로 위를 열차가 주행함에 따라 차량의 각 부위가 진동한다. 또한, 궤도의 각 부위는 차량 진동의 반력을 받는다. 물체가 받는 힘은 질량과 가속도의 곱이므로 진동 가속도가 크게 되면 차량, 궤도를 구성하는 각 부재에 작용하는 힘도 크게 되어 경우에 따라서는 파괴에 이르는 일이 있다. 또한, 부재가 파괴되지 않은 경우에도 과도한 차체 진동은 승차감에 악영향을 미친다.

철도차량은 질량, 스프링이 복잡하게 조합된 시스템이다. 어떠한 진동 시스템도 질량, 스프링정수, 감쇠정수에 응하여 흔들리기 쉬운 주파수(고유 진동수)를 갖는다. 입력되는 외력의 주파수가 고유 주파수와 일치하면, 이른바 공진 현상을 일으켜서 진폭이 급격하게 증대한다. 전 항의 사행동도 윤축, 대차 및 이들을 지지하는 스프링 시스템의 공진이 구동력에서 에너지를 얻음으로 인하여 감쇠되지 않고 지속하는 현상이다.

차량의 진동은 주로 궤도틀림으로 인하여 차륜이 받는 강제 변위로 말미암아 야기된다. 이 궤도틀림은 일반적으로 파장이 길게 될수록(주파수가 낮게 될수록) 진폭이 크게 되는 성질을 갖는다.

한편, 열차속도가 높게 됨에 따라 같은 시간 주파수에 상당하는 공간 주파수가 낮게(파장이 길게) 된다. 예를 들면, 주파수 1 Hz(1/s)에 상당하는 공간 파장(주파수의 역수)은 속도 200 km/h에서 56 m, 300 km/h에서 83 m로 된다. 이들의 관계에서 속도가 높을수록 같은 시간 주파수에 대응하는 궤도틀림의 진폭이 크게 되고 이에 수반하여 차량, 궤도에 발생하는 진동 가속도가 크게 된다. 속도가 높게 됨에 따라 장파장 궤도틀림의 정비가 요구되는 것은 이 때문이다. 한편으로 궤도틀림의 정비에도 경제적인 한계가 있기 때문에 부재 응력, 부재의 피로(응력 진폭), 승차감 등을 고려한 영업 최고속도는 궤도틀림 정비의 정도에 수반되는 한계가 존재한다. 다만, 실제로는 영업 최고속도의 상승에 수반하여 궤도틀림의 정비한도가 엄하게 된다고 고려하여야 한다.

(4) 집전 시스템, 구조물, 공기 등의 진동 및 기타

(가) 집전 시스템의 진동

가선(트롤리 선, 카테너리)은 팬터그래프로부터 힘을 받아 변위한다. 이 변위는 파(波)와 같이 전해져 간다. 이 파가 전하는 속도를 파동전파 속도라고 부른다. 열차의 속도가 파동전파 속도와 비슷해지면 가선의 변위가 급격하게 증대하여 이선(離線), 가선의 파단에 이른다. 초음속 비행기가 음의 속도를 넘을 때에 충격파가 발생하는 것과 같은 원리이다. 따라서, 전철화 선로에서는 가선의 파동전파 속도가 최고속도를 결정하는 요인의 하나이다.

가선의 진동에 수반하는 여러 문제는 파동전파 속도가 열차속도보다도 3할 이상 높으면 실용상 문제가 없는 것으로 되어 있다. 파동전파 속도를 올리기 위해서는 가선의 장력을 높이든지, 가선의 단위 길이당 질량을 작게 할 필요가 있다. 이들은 상반되는 성능이지만, 현재는 경량·고강도의 가선 재료를 개발하여 실용화하고 있다.

더욱이, 궤도에서도 진동이 레일 위로 전파되어가지만 전파속도가 열차속도보다도 상당히 높기 때문에 이것이 문제로 되는 일은 없다.

(나) 구조물의 공진

교량 등의 토목 구조물도 철도차량과 마찬가지로 고유 진동수를 가진다. 철도교와 도로교 설계에서의 큰 차이는 대차간격, 축거에 상당하는 일정 간격으로 열차하중이 작용한다고 하는 점이다. 이 간격의 시간 주기는 속도의 증가와 함께 짧게 된다(주파수는 높게 된다). 속도의 증가에 수반하여 열차하중의 주파수가 높게 되며, 이것이 구조물의 고유 진동수와 일치하는 경우에는 구조물이 공진하여 부재 응력이 허용 응력을 넘는 일이 있다.

철도교는 일반적으로 고유 진동수가 열차하중의 주파수보다도 충분히 높게 되도록 설계되어 있지만 경간(span)이 긴 교량은 구조상 고유 진동수를 그다지 높게 할 수가 없다. 이 때문에 고속화에 수반하여 공진이 발생할 수 있으므로 주의가 필요하다.

(다) 공기의 진동

이른바 소음, 미기압파가 여기에 상당한다. 특히 공기와 차량 각부의 마찰로 인하여 발생하는 공력 소음은 속도의 6승에 비례하여 크게 되기 때문에 열차의 영업 최고속도를 결정하는 중요한 요인으로 되어 있다.

공력 소음을 감소시키기 위해서는 차체 선두형상, 팬터그래프 형상의 개선, 차체 표면요철의 감소 등이 필요하다. 또한, 차체 선두형상의 개선은 미기압파의 감소에도 효과가 있다.

(라) TGV의 세계 최고속도

TGV가 1990년 5월에 기록한 515.3 km/h의 세계 최고속도는 **표 9.1.8**의 조건[110]에서 이루어졌다(제 9.1.3(1)(나)항 참조). 이 최고속도가 곧바로 영업속도 향상으로 이어지지는 않았으나 그 후 프랑스에서의 영업속도가 300 km/h로 되는 획기적인 사건(epoch)으로 된 점은 특기하여야 한다고 할 수 있다.

표 9.1.8 TGV 최고속도 기록 시의 사양

항목	효과
부수차 3량(영업시 10량)	공기저항 감소, MT비 개선
차륜 지름 170 mm 증	출력 향상, 사행동 안전성 개선
가선 장력 20 kN → 30 kN	파동 전파속도의 향상
요 댐퍼 4조/1 대차(영업시 2조/1 대차)	사행동 안전성 개선
연결부 포장 취부, 선두차 하부 커버	공기저항 감소
선형 : 연속 하구배	주행저항 감소

9.1.6 기타의 요인 및 비석(飛石)

이상은 최고 속도(maximum speed)나 각종 제한 속도의 제약되는 요인이나 개선책에 대하여 기술하였지만, 도달 시간(schedule time)의 단축에는 그 외의 여러 가지 요인이 있으므로 주된 것을 기술한다.

(1) 다이어그램 여유 시간의 개선

실제의 열차 다이어그램(train operation diagram) 설정에는 운전 시간(running time)의 우수리 절상, 여객이 많은 때를 전제로 한 승차율의 시간, 선로 공사 등의 서행 여유, 지연을 예상한 회복 여유 등의 시간이 가해진다. 이것에 대하여 실적 등을 해석하여 필요 이상의 여유는 제외함으로서 의외의 시간 단축이 실현될 수 있었던 예도 적지 않다.

(2) 통과 역 배선의 개선

종래 단선(single line)의 재래 역은 정거 열차를 전제로 하여 속도가 빠른 열차의 통과 등을 고려한 배선(track layout)이 적었다. 따라서, 속도가 빠른 열차의 증발에 대응하여 교행(cross)·대피 역에 대하여는 양개 분기기(double turnout)를 편개 분기기(simple turnout)로 변경하여 1선을 감속하지 않고 통과할 수 있도록 1선의 통과 방식(one line through system)을 채용하는 예가 있다(**그림 9.1.8** 참조).

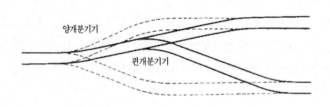

그림 9.1.8 1선 통과의 예

(3) 주의 신호의 감속 속도의 개선

역의 출발 신호기(starting signal)가 정지 정위인 경우에는 역 진입 시의 장내 신호기가 주의 신호(caution signal)인 45 km/h의 서행 현시로 되며(제5.4.1(4)항 참조), 유효장(effective length of track)이 긴 역으로 진입하는 경우는 45 km/h 운전이 길게 되어 시간 손실이 적지 않다.

또한, 주의 신호인 45 km/h는 SL 운전 시대의 제동 성능이 좋지 않은 화물 열차도 포함하여 결정된 것이므로 전방의 전망이 나쁜 증기 기관차(steam locomotive) 운전이 없게 되어 제동 성능이 대폭으로 개선되어 있는 전차(electric car)나 디젤 동차(diesel car)가 주력으로 되어 있는 경우에는 서행 속도를 개선할 여지가 남아 있다. 외국의 사철에서는 60 km/h로 향상하고 있는 실적도 있어 60 km/h 정도의 향상은 지장이 없고, 이것에 의한 시간 단축이 기대될 것이다. 국철에서 일반열차의 5현시의 경우에 주의신호의 서행속도는 65 km/h이다.

(4) 기타의 개선

(가) 단선 구간에서의 대향 열차(opposing train) 대기 시간의 단축

단선에서 역간의 주행 시간이 같다면 교행하는 대향 열차의 대기 시간은 없게 될 터이지만, 실제는 대기 시간이 긴 경우가 많다. 교행 설비 신설(new construction) 등의 경우는 역간의 주행 시간을 적극적으로 가지런하게 하는 것도 효과적이다.

(나) 대피 시간의 단축

속도가 빠른 열차의 증발에 따라 중간 역에서 대피하는 각 역 정거 열차의 대피 시간의 연신이 크다. 이 것은 일반적으로 대피 역이 적기 때문인 예가 많아 폐색 신호기 간격의 단축과 함께 대피 역의 증가가 요망된다.

(다) 접속 시간의 단축

지선(branch line) 등으로의 직통이 바람직하지만, 이용 여객 수 등의 이유로 갈아타기 접속이 여의치 않게 된다. 이 경우는 동일 플랫폼에서의 갈아타기가 가장 바람직하지만, 배선이나 다른 열차와의 관계 때문에 다른 플랫폼에서 갈아타는 경우도 적극적으로 보행 거리의 단축을 고려하여야 할 것이다.

(라) 정거 시간의 개선

정거 시간(stopping time)의 장단은 승하차 여객수의 다소, 승무원의 갈아타기, 편성의 분할 병합 등을 위한 것이지만, 연결 해방의 자동화 등으로 시간을 적극 압축하는 것이 바람직하다.

(5) 비석(飛石)

열차가 눈이 쌓인 선로를 주행할 때에는 차체하부에 눈이 부착되어 고속주행에 따라 냉각된 눈이 빙괴(氷塊, 이른바 雪氷)로 된다. 빙괴가 기온상승에 따라 차체에서 떨어져서 궤도의 도상자갈에 충돌하여 자갈을 공중으로 비산시키는 현상을 비석(자갈비산)이라고 한다. 비석에는 열차의 통과에 수반하는 열차바람으로 인하여 생기는 경우가 있지만 아직도 메커니즘이 해명되지 않고 있다. 해외에서는 프랑스의 TGV나 독일의 ICE에 같은 고속철도에서도 일부는 열차바람으로 인하여 생긴다고 고려되고 있지만 기본적으로 비석은 빙괴와의 충돌로 생긴다고 고려되고 있다. 어느 것으로 하여도 비산하기 쉬운 도상자갈은 편평한 것이라고 고려되고 있다.

비석은 속도가 200 km/h 이상인 속도에서 생긴다고 고려된다. 외국의 고속선로에서는 스프링클러로 물을 뿌려 눈을 융해하거나 달라붙기 어렵게 하여 차체에 대한 눈의 부착 방지를 도모하고 있다. 그러나 눈의 부착은 완전히 방지할 수 없으므로 빙괴가 자갈을 비산시킬 수 없도록 자갈에 고화(固化)재를 살포하여 자갈입자를 고착시키는 방법도 이용한다. 또한, 자갈에 네트를 씌우는 방법이나 침목 사이의 자갈 높이를 내려서 비산되기 어렵게 하는 방법도 이용되고 있다(제9.3.4(6)항 참조). 경부고속철도 1단계구간(광명~대구)의 자갈궤도는 후자의 방법으로서 궤간내의 도상을 침목 상면에서 5 cm 낮추는 방법을 적용하였다.

또한, 열차바람으로 인하여 생기는 비석에 대하여는 예방수단으로서 도상자갈을 수지로 고결시키는 방법을 일본에서 적용하고 있다.

9.1.7 궤도구조와 선로 대책

궤도는 열차하중을 지지하고, 합리적인 보수량으로 양호한 상태를 유지할 수 있는 강도를 갖고 있어야 한다. 차량의 입선(入線)에서는 안전상 필요한 궤도구조(track structure) 조건을 만족하고 있는지를 확인하기 위하여 입선하는 차량의 속도조건에 대한 궤도 부담력을 계산하고, 레일 및 노반의 강도와의 비교검토를 행하게 된다. 여기서는 이 검토를 "입선관리(train entrance on line)"라고 부른다.

더욱이, 수송량이나 보수 조건 등을 고려하여 실제로 열차가 최고 속도로 주행하도록 필요하고 합리적인 궤도구조를 결정하지만, 차량마다 대차의 성능, 축중 등이 달라 주행 안전성이나 승차감에 차이가 생기기 때문에 일본에서는 차량을 몇 개의 종별로 분류하고, 분류마다 최고속도와 궤도구조를 정하고 있다. 이하에서는 이들에 관하여 설명한다.

(1) 입선 관리

궤도 부담력의 계산 시에는 본래 레일 휨응력, 침목 압력, 침목 휨응력, 도상압력, 노반압력 등의 항목이 검토의 대상으로 되지만, 입선관리상은 침목과 도상에 대하여는 강도적으로 여유가 있으므로 생략하고, 레일 휨응력과 노반압력의 2 항목을 계산하여 각각 허용 응력도의 범위 내라는 것을 확인한다.

(가) 레일 휨모멘트

W_i인 윤하중(wheel load)에 대하여 윤하중의 작용점에서 거리 x_i의 점에 작용하는 레일 휨모멘트 M_i는 다음의 식으로 나타낸다.

$$M_i = \frac{W_i}{4\beta} e^{-\beta x_i} (\cos \beta x_i - \sin \beta x_i) \qquad (9.1.16)$$

여기서, $\beta = (k / 4EI)^{0.25}$

      EI : 레일의 수직 휨강성

      $k = D / a$: 단위지지 스프링계수

      a : 침목 간격

      $D = 1 / (1 / K_1 + 1 / K_2)$

      K_1 : 목침목의 경우는 휨강성과 압축 스프링계수를 고려한 계수이고,

            PC 침목의 경우는 레일패드의 스프링계수이다 = 100 (tf/cm)

      $K_2 : C \cdot b \cdot l / 2$

      C : 침목 분포지지 스프링계수(tie supporting spring coefficient)

      b : 침목 폭

      l : 침목 길이

대상 차량의 축배치와 축중에 대응하는 레일 휨모멘트 M은 검토의 대상으로 하고 있는 계(系)가 선형이므로 겹침의 원리로 구할 수가 있고, 다음의 식으로 나타낸다.

$$M = \Sigma M_i \qquad (9.1.17)$$

(나) 레일 압력(rail pressure, force acting between rail and tie or slab)

윤하중 W_i에 대하여 윤하중의 작용점에서 거리 x_i의 점에 작용하는 레일 압력 P_i는 다음의 식으로 나타 낸다.

$$P_i = \frac{W_i}{2} [\ e^{-\beta(x_i - \frac{a}{2})} \cos \beta(x_i - \frac{a}{2}) - e^{-\beta(x_i + \frac{a}{2})} \cos \beta(x_i + \frac{a}{2})] \tag{9.1.18}$$

또한, 윤하중 W_i에 대하여 윤하중의 작용점 직하에 작용하는 압력 P_{Ri}는 다음의 식으로 나타낸다.

$$P_{Ri} = \ W_i(1 - \ e^{-\beta \frac{a}{2}} \cos \beta \frac{a}{2}) \tag{9.1.19}$$

어떤 차량의 축 배치와 축중에 대응하는 레일 압력 P_R은 검토의 대상으로 하고 있는 계가 선형이므로 겹침에 의하여 구할 수가 있어 다음의 식으로 나타낸다.

$$P_R = \Sigma \ P_{Ri} \tag{9.1.20}$$

(다) 도상 압력(ballast pressure)

도상압력 p_{bmax}는 레일압력 P_R에 대하여

$$P_{bmax} = P_R \times P_o \tag{9.1.21}$$

여기서, P_o : 노반계수(coefficient for maximum ballast pressure)로 나타내어진다.

(라) 허용 응력과의 비교

허용 응력과 속도 V로 열차가 주행하는 경우에 발생하는 응력의 비교에는 각각 다음의 식을 이용한다.

1) 레일 응력

$$\sigma_{Rdy} = (1 + \alpha \cdot \frac{V}{100}) \cdot \frac{M}{Z} \leqq \sigma_a \tag{9.1.22}$$

여기서, σ_{Rdy} : 동적 레일 휨응력 (kgf/cm²)

　　　　　V　 : 열차 속도 (km/h)

　　　　　$a = $ 0.3 (장대레일 궤도), $a = 0.5$ (이음매 궤도)

　　　　　Z　 : 레일의 단면계수 (cm³)

　　　　　σ_a　 : 허용 레일 휨응력 (kgf/cm²)

2) 레일 압력

$$P_{Rdy} = (1 + \alpha \cdot \frac{V}{100}) \cdot P_R \leqq \ P_{Ra} \tag{9.1.23}$$

여기서, P_{Ra} : 침목의 허용 레일압력 (kgf/cm²)

3) 도상 압력

$$P_{bdy} = (1 + \alpha \cdot \frac{V}{100}) \cdot P_{bst} \leqq P_{ba} \tag{9.1.24}$$

여기서, P_{bdy} : 동적 도상압력 (kgf/cm²)

　　　　　P_{bst} : 정적 도상압력 (kgf/cm²)

　　　　　P_{ba} : 허용 노반지지력 (kgf/cm²)

(마) 허용 속도를 나타내는 식

허용 속도를 구하는 경우는 상기 제 (라)항에서 기술한 식을 각각 변형하면 좋다.

1) 레일응력에 관한 허용 최고 속도 (V_{Ra})

$$V_{Ra} = (\sigma_a \cdot \frac{Z}{M} - 1) \cdot \frac{100}{\alpha} \tag{9.1.25}$$

2) 레일압력에 관한 허용 최고 속도 (V_{Ra})

$$V_{Ra} = (\frac{P_{Ra}}{P_R} - 1) \cdot \frac{100}{\alpha} \tag{9.1.26}$$

3) 도상압력에 관한 허용 최고 속도 (V_{ba})

$$V_{ba} = (\frac{P_{ba}}{P_{bst}} - 1) \cdot \frac{100}{\alpha} \tag{9.1.27}$$

(2) 속도와 궤도 관리

열차의 최고속도(maximum speed)에 대한 궤도구조(track structure) 결정방법의 후로우 챠트를 **그림 9.1.9**에 나타내다. 이 순서를 직선구간과 곡선구간으로 나누어 설명한다.

(가) 직선구간의 속도와 궤도구조

직선(straight)구간의 속도와 궤도구조와의 관계는 차체 진동가속도, 보수량, 궤도 파괴량 및 궤도정비 레벨을 고려하여 결정하고 있다. 먼저, 차체 진동가속도의 한도치는 주행 안전상에서 탈선계수(derailment coefficient)가 0.8로 되는 한도 중에서 A 한도로 결정되고 있는 다음의 값을 상한으로 고려한다.

- 차체 상하 진동가속도 (전진폭) : 0.375 g
- 차체 좌우 진동가속도 (전진폭) : 0.300 g

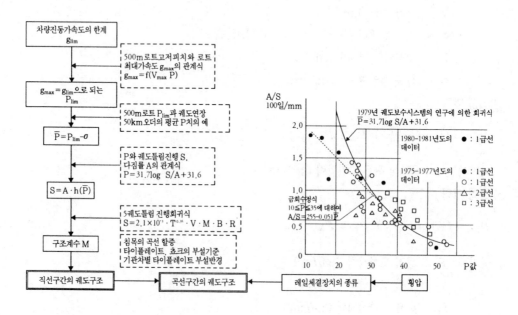

그림 9.1.9 궤도구조 결정방법의 후로우 챠트

다음에 차체 상하 진동가속도와 궤도정비 레벨의 관계를 과거의 데이터 등으로 정한다. 고성능 우등열차에 대한 일본의 예를 **그림 9.1.10**에 나타내며, 식으로는 다음과 같이 나타낸다.

$$log\, a = a \cdot P_k + b \cdot log\, V_{max} + c \tag{9.1.28}$$

$$\therefore P_k = (log\, a - b \cdot log\, V_{max} - c)\, /\, a \tag{9.1.29}$$

여기서, P_k : 500 m 롯트 고저(면) P값

a : 차체 상하 진동가속도의 500 m 롯트 관리치 g (m/s²)

V_{max} : 구간의 최고속도(km/h)

$a = 7.92\ 10^{-3}, b = 0.4150, c = -0.7937$

표 9.1.9 최고속도별 500 m 롯트 *P*값의 한도

g_{tim}(m/s²)	g_{max}(m/s²)	V_{max}(m/s²)	P_{klim}
3.7	2.327	120	38
3.7	2.327	110	40
3.7	2.327	95	43

o를 표준편차로 하여 가속도 데이터의 분산으로서 $2o$ 를 취하면 $2o = 1.59$이다. 따라서, 차체 상하 진동가속도의 최대를 $0.375\ g \fallingdotseq 3.7$ m/s²로 하면 차체 상하 진동가속도의 500 m 롯트 관리치는 $g = 2.327$ (m/s²)로 된다. $V = 95, 110, 120$ km/h에 대하여 500 m 롯트 P값의 관리한계 P_{klim}을 구한 예를 **표 9.1.9**에 나타낸다.

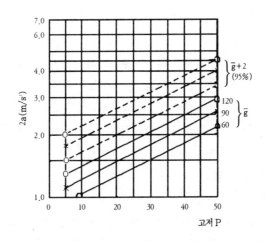

그림 9.1.10 고저 *P*값과 차체가속도의 관계 예

더욱이, 보수량, 궤도 파괴량, 궤도구조와 궤도정비 레벨은 다음의 관계로 나타낸다.

$$S = 2.1(\times)\ 10^{-3} \cdot T^{0.3} \cdot V \cdot M \cdot B \cdot R \tag{9.1.30}$$

여기서, S : 고저틀림 진행(mm/100일), $\qquad$ T : 통과 톤수(백만 tf/년)

$\qquad\quad$ V : 선구의 평균속도(km/h), $\qquad$ M : 구조계수(structure factor)

$\qquad\quad$ B : 이음매계수(**표 9.1.10**), $\qquad$ R : 노반계수(**표 9.1.11**)

표 9.1.10 이음매 계수

장대화율(%)	계수
0~39	1.6
40~89	1.4
90 이상	1.0

표 9.1.11 노반 계수

노반 상태		계수
고가교 · 강화노반		1.0
땅 깎기 및 흙 쌓기	양호	1.0
	보통	1.2
	불량	1.8

또한, 궤도연장 50 km 정도의 지구 평균 $\overline{P}$값과 고저틀림 진행 S의 관계에 대한 예는 다음과 같다.

$10 \leq \overline{P} \leq 35$에 대하여 $\qquad\qquad\qquad$ $S / A = 2.55 - 0.051 \, \overline{P}$ $\qquad\qquad\qquad\qquad$ (9.1.31)

$35 < \overline{P}$에 있어서 $\qquad\qquad\qquad\qquad$ $\overline{P} = 31.6 + 31.7 \, log(S / A)$ $\qquad\qquad\qquad\quad$ (9.1.32)

여기서, A : 다짐률(년간의 다짐연장 / 궤도연장)

로 나타낼 수 있다.

궤도정비 레벨은 500 m 롯트 P값 P_{klim} 및 궤도연장 50 km 오더의 평균 P값으로 나타내고 있다. 500 m 롯트 P값을 관리한계 이내로 하기에는 50 km 오더의 P값을 그보다 낮은 값으로 할 필요가 있다. 양자의 분산은 표준편차로 하여 5~10 정도이므로

$\overline{P} = P_{klim} - \sigma = P_{klim} - 10$ $\qquad\qquad\qquad\qquad\qquad\qquad\qquad\qquad\qquad\qquad$ (9.1.33)

으로 된다. 분산을 σ밖에 고려하지 않는 것은 선구 단위로 보면 모든 구간이 최저의 궤도구조인 경우는 드물며, 그 몫이 여유로 되기 때문이다.

이들의 관계를 이용하면 차종별 최고속도에 대하여 필요하게 되는 직선부의 궤도구조를 계산할 수 있다. 바꾸어 말하면, 각각의 궤도구조에 대한 최고속도를 구할 수 있다.

이와 같이 하여 결정된 궤도구조는 최고속도로 주행하기 위하여 필요한 최저한의 구조이다. 또한, 계산 과정에 P값이 나타내어지는 것에서도 알 수 있듯이 이 주행속도를 유지하기 위해서는 필요한 궤도정비 레벨을 유지하는 것이 전제로 되어 있다. 따라서, 경제적으로 최적으로 되는 궤도구조는 더욱 강한 것을 필요로 하는 경우가 있는 점에 유의할 필요가 있다.

(나) 곡선구간의 속도와 궤도구조

곡선의 통과속도와 궤도구조의 관계는 각 차량의 주행시험 데이터를 기초로 하여 횡압이 레일 체결장치의 설계하중을 넘지 않고, 더욱이 윤축(wheelset) 횡압과 축중의 관계가 급격한 줄틀림의 한계를 넘지 않도록 검토를 한 후에 결정한다. 근년에는 주로 차체 경사장치를 갖춘 차량을 사용하여 곡선부에서의 대폭적인 속도향상이 행하여지고 있다. 그러므로, 곡선부의 속도와 궤도구조의 규정은 차량에 맞추어 세분화한다.

곡선구간의 궤도구조(track structure)는 일본의 경우에 직선구간의 구조를 기초로 반경 600 m 이하의

곡선에 대하여 곡선용 침목을 사용하는 경우를 제외하고 25 m당 2개(목침목 34개 / 25 m의 구간은 3개)를 할증한 구조로 한다. 다만, PC 침목은 44개 / 25 m, 목침목은 48개 / 25 m를 넘지 않도록 한다.

(3) 선로의 속도 향상 대책

속도향상 계획 시에 선로 측에서 시행하는 여러 가지 대책이 있다. 어떠한 대책을 취하여야 하는지는 투자 효과에 따라 결정하는 것이며, 그 판단은 철도 사업자에게 맡겨진다. 속도 향상을 위한 선로의 대책을 요약 하여 이하에 열거한다.

(가) 평면 선형(horizontal alignment)(제9.1.3(2)항 참조)

① 곡선 반경을 될 수 있는 한 크게 한다.

② 캔트를 될 수 있는 한 크게 한다.

③ 캔트 부족량을 될 수 있는 한 적게 한다.

④ 완화 곡선 길이를 될 수 있는 한 길게 한다.

⑤ 곡률 변화구간과 캔트 변화구간이 일치하는 쪽이 바람직하다.

(나) 종단 선형(vertical alignment)

① 구배는 완만한 쪽이 좋다.

하구배에서는 제동거리 확보의 면에서 열차의 운전 속도(operating speed)가 제한된다.

② 종곡선을 통과할 때의 상하 방향의 정상 가속도를 일정치 이내로 억제한다.

이것은 주행 안정성(윤중의 증대·감소) 및 승객의 승차감의 면에서 일정치 이내로 억제할 필요가 있다. 목표치는 0.05g 정도로 되어 있다. 일반적으로 볼록부의 쪽이 오목부보다 승차감에 대한 영향이 크다.

(다) 궤도 구조(track structure)(상기의 (1), (2)항 등 참조)

궤도 보수상의 관점에서 어떠한 궤도 구조를 선택하는가는 경제상의 문제이며, 경영상의 판단에 의하는 것이지만 안전에 대한 여유, 재료 수명의 연신 및 보수량 저감의 견지에서 이하의 방책을 취하는 것이 유리 하다.

1) 레일의 중량화(use of heavier rails)를 도모한다.

레일의 중량화는 레일의 변위를 작게 하고, 열차 하중(train load)을 보다 넓은 범위로 분산시키는 효 과가 있으며, 레일에 발생하는 휨 응력이나 충격을 저감시키는 외에 침목이나 도상, 노반의 부담을 경감 시켜 보안도의 향상과 보수량의 저감에 유효하다.

2) 침목 수의 증가(increase of sleeper density)를 도모한다.

침목 수의 증가는 침목 직하에서의 도상 반력을 저감시켜 도상의 부담을 경감시키므로 보수량의 저감 에 효과가 있다.

3) 침목의 PC화·대형화에 따른 중량화를 도모한다.

침목의 PC화·대형화에 따른 중량화를 시행하면 충격적인 하중으로 인한 도상 진동의 저감에 효과 가 있는 동시에 침목의 대형화에 따른 침목 저면적의 증대로 도상의 반력을 저감시킨다. 이들의 결과, 궤도 침하량이 억제되어 궤도 보수량을 저감시킬 수 있다.

4) 도상 두께(depth of ballast)의 증대를 도모한다.

도상 두께의 증대는 노반면에서의 압력을 저하시킬 수가 있다. 이 결과, 노반면의 침하나 도상의 노반 내로의 박힘에 의한 궤도 틀림을 적게 하고 궤도 보수량을 저감시킬 수 있다.

5) 레일의 장대화를 도모한다.

레일의 장대화는 궤도 보수의 약점인 레일의 이음매를 용접하여 없앤 것이며, 보수량의 경감뿐만 아니라 승차감의 향상 및 소음·진동의 경감에 따른 환경 보존의 면에서도 앞으로의 고속화에 유효한 대책이다.

6) 궤도 각부의 탄성화를 도모한다.

궤도 각부의 탄성화는 레일에서 궤도의 하부에 전하여지는 충격력이나 진동을 저감시켜 궤도 보수량, 구조물 진동의 저감에 유효하다.

　① 레일 체결장치의 탄성화(레일 패드 등)
　② 침목의 탄성화(방진 침목 등)
　③ 도상자갈의 하부에 탄성 재료의 부설(도상 매트 등)

(라) 분기기 구조

1) 분기기 내 이음매의 강화 또는 제거한다.

분기기 내에 존재하는 관절 포인트의 후단 이음매(heel joint of switch), 크로싱 전·후단 이음매 및 보통 이음매는 속도 향상에 수반하여 충격력이 증대하고 재료 손상의 원인으로 되기 때문이다.

2) 크로싱의 구조와 관리의 강화를 도모한다.

크로싱의 구조와 관리의 강화를 도모함으로서 궤간과 윤축의 정비 한도를 엄하게 하여 차륜 유도량을 작게 하고 배면 횡압의 증대를 억제한다. 또한, 노스 가동 크로싱을 채용하는 방법도 있다.

3) 가드의 구조와 관리의 강화를 도모한다.

궤간 축소가 발생하기 쉬운 재래형 가드에서 신형 가드로 개량하는 것이 바람직하다.

(마) 궤도 관리

1) 장파장(long wave length) 궤도 틀림의 관리가 필요하다.

속도 향상에 수반하여 궤도 틀림으로 인한 열차 동요는 가속도적으로 증대한다. 10 m 현 종거의 궤도 틀림뿐만 아니라 20 m 현 종거의 궤도 틀림에 대한 관리를 도입할 필요가 있는 경우가 있다.

2) 160 km/h 영역의 주행 구간에서는 레일 단파장 요철 관리가 필요하다.

3) 곡선부의 관리는 직선부 관리보다도 레벨이 높은 궤도보수 상태를 유지할 필요가 있다.

특히, 이음매의 보수에 유의하고, 충격적인 횡압에 관련되는 이음매 꺾임이나 이음매 단차의 보수에 노력하여야 한다.

9.2 경영 개선

철도의 경영은 수입으로 운영의 경비를 조달하는 것이 원칙이며, 수입을 좋게 하기 위하여 수입의 증가를 도모하고 경비(영업비)의 절감에 노력하는 것이 상도이다.

9.2.1 경영 분석(business analysis)

철도의 영업비는 기업에 따라 분류의 방식이 다르며 비목의 효율이 상당히 다르지만 대체의 경향은 비슷하다. 원가는 여기에 차입금의 이자 등 영업외 비용이 가해진다. 영업비에 점하는 인건비의 비율이 높은 것은 철도 산업이 여전히 노동 집약형 산업(labor intensive industry)인 것을 나타낸다. 즉, 영업비를 억제하기 위하여 가장 효과적인 시책은 인건비의 삭감이며, 또한 수송의 신장 즉 수입의 증가를 도모하면서 각종의 근대화 등으로 인건비 등 경비의 증가를 억제하는 노력을 계속하고 있다.

건설 투자에 따른 자본 경비{capital cost, 자본이자와 감가 상각(depreciation)}는 고정적인 것으로 전 경비에 점하는 비율은 이용의 증가에 따라 감소된다. 경영 성적(operation result, 전경비/영업 수입)의 개선은 열차의 증발·증가에 따른 수입의 증가가 직접 경비(direct cost, 동력비 등의 영업비)의 증가를 상회하여야 한다. 즉, 일반적으로 이용을 증가시켜 수입의 증가를 도모하면서 경비의 증가를 어떻게 하여 억제하는가가 경영 개선의 열쇠를 쥐고 있다고도 한다. 따라서, 철도의 경영에는 시설과 차량을 효율적으로 사용하면서 경비의 절감은 그 효과를 종합하여 모든 것에 대하여 추진하여야 한다.

경비의 절감을 도모함에 있어서 충분히 고려하여야 하는 것은 그 시책에 따라 다음의 점 등이 열거된다.

① 보안도를 저하시키지 않을 것.

② 서비스의 후퇴를 적극 방지할 것.

③ 설비의 재해(disaster) 복구에도 신속하게 대응할 수 있을 것.

④ 종업원의 노동 조건 등을 충분히 감안할 것.

①의 보안도 저하에 대하여는 절대 피하여야 할 것이며, ②의 서비스 후퇴도 좋지 않으므로 피하여야 한다. 철도의 장치 산업화의 추진으로 설비가 점점 증가하지만, ③의 설비 등의 지장이 없도록 노력하여도 근절은 극히 어렵기 때문에 지장 시에 대한 대응도 고려하여야 한다. 또한, 경비의 절감을 추진하기 위하여 종사원의 적극적인 사명과 참여 의식에 맡기는 경우가 많아 합리화에 수반하는 상응의 되돌아봄도 고려하여야 할 것이며, ④를 소홀히 하면 원활히 이루어지지 않는다.

설비의 근대화·기계화 등에 따른 채산성은 그에 따른 인건비 등의 절감과 투자에 따른 자본비·보수비 등의 증가가 대비된다. 자본 이자율이나 감가 상각비, 보수비의 다소 등에 따라 폭이 있지만, 투자의 채산 한계는 삭감될 수 있는 경비 연간 액의 배수가 바람직하고, 적어도 10배 정도까지가 목표로 될 것이다.

이 절에서는 경비 절감의 방책에 대하여 기술한다. 이 책의 여러 장에서도 언급하고 있는 내용이지만, 각 철도에서 특히 채용되고 있는 최근의 주된 동향을 정리한다.

표 9.2.1은 운영효율화에 대한 예를 나타낸다〔220〕.

표 9.2.1 운영효율화의 예

구분	기술 방향
선로 구조물	· 유지보수, 궤도틀림, 검사, 장비의 현대화, 정보화 · 분기기시스템 개발, 합리적인 궤도유지관리시스템 개발, 터널과 교량의 모니터링시스템 개발, 하부구조의 모니터링시스템 개발, 선로진단시스템 개발 · 연계시설(열차간, 타교통수단간) 건설, 기존선 개량 · 대륙철도 연결을 대비한 궤간가변시설 개발 · 궤도틀림 검사장비의 현대화(RDTF : Rail Defect Test Facility) · 궤도폭 변화 측정 장비(GRMS : Gage Restraint Measurement System) · 궤도선형 정밀도 유지 요구, 궤도좌굴 안정성향상 기술 · (수직)궤도 부담력 측정기술 개발 · 노반검사 자동화(Ground Penetrating Radar & Sonic or Vibratory Signal 이용기술) · 교량에 대한 비파괴검사, 지능형 교량개발(Smart Bridge)
전기 신호 통신	· 에너지절감 저장장치 개발 · 급전 자동화 · 전력품질 향상 수동/능동 필터 개발 · 차폐기술 개발 · 고압배전선로의 네트워크 구축 · 역사와 터널 등의 조명설비 현대화 · 전기시설의 메인테난스 프리를 위한 사전 예측진단시스템 구축 및 계측장비 첨단화 · 열차 집중제어 설비의 통합화 · 지능형 열차관제시스템 도입 · 전자식 연동 장치 · 건널목 무인자동화, 원격제어 감시 · 다중화 설비에 의한 부품의 효율화, 규격화, 단일화 추구 · 선로변 설비의 최소화에 의한 유지보수 효율성 제고 · 국가간 통합 운영, 표준화 추구 · 선로용량 분석지원시스템 개발 · 네트워크 설계지원시스템 개발 · 지능형 차량운용시스템 도입
차량	· 확률적 유지보수 주기 개발과 적용 · 차량의 에너지 효율성 제고 · 완전자동 연결기(Coupler) · 고속 2층열차 개발 · 궤간가변차량 개발 · 복합운송용 화차 개발
역	· 이동보도 등 이동성향상 설비 · 화물상하역설비 자동화 · 복합운송용 설비

9.2.2 선로 관계

(1) 궤도 강화(track strengthening)

열차의 주행으로 인한 선로의 틀림진행(deterioration)에 대처하는 것이 보선 작업이며, 그 비용이 철도 운영(railway operation)의 전체 비용에서 점하는 비율이 높다. 그 때문에 비용저감 대책이 중점적으로 채택되고 있다. 또한, 최근에는 인구의 고령화나 노동 기호의 변화 등으로 옥외에서의 육체 노동이나 야간 노동에는 일손의 확보가 어려워 선로 작업의 생력화(man-power saving)가 적극적으로 추진되고 있다.

즉, 비용의 저감, 생력화의 추진, 보안도의 향상, 승차감의 개선, 소음 · 진동의 저감과도 아울러 추진되고 있는 것이 제9.1.3절에서도 언급한 레일의 중량화 · 장대화, 침목의 PC화 · 배치 증가, 도상의 깬 자갈화 · 두께 증가 등 궤도의 강화, 탄성 분기기의 채용 등이다.

이들에는 상당한 투자를 수반하기 때문에 어느 정도의 통과 톤수(tonnage)가 없으면 불채산으로 되지만, 보선작업(maintenance working of track) 비용의 감소가 크며, 속도 향상(speed up)에도 대응하여 각 철도의 최근의 진보율은 눈부시다.

철도 선로의 궁극의 모습은 일손을 요하지 않는 메인테난스프리(maintenance-free)의 구조가 바람직하지만, 지하철(subway)의 콘크리트 도상(concrete bed)이나 고속철도의 콘크리트 도상과 슬래브 궤도(slab track)가 그 일례이다. 그러나, 일반의 선구에 대하여 자갈 궤도(ballast bed track)를 콘크리트 궤도로 하기 위해서는 막대한 투자를 필요로 하고, 또한 치환에서 열차의 운휴가 없는 공법의 실현은 용이하지 않다. 그러나, 수도권의 구간과 같이 보전 노동력 확보의 지난, 소음 대책, 고밀도의 운전 다이어그램 등에서 실현이 강하게 요망되고 있기 때문에 합리적인 메인테난스프리 궤도의 조기 개발이 연구되고 있다.

(2) 보선 작업의 기계화

궤도 강화와 병행하여 최근의 노동력 확보의 곤란에도 대처하기 위하여 적극적으로 채용하고 있는 것이 보선 작업의 기계화이다. 여기서는 보선기계의 용도 등 일반적인 사항만을 설명하며, 그외 사항과 상세는 제3.6.4절을 참고하기 바란다.

(가) 멀티플 타이 탬퍼(multiple tie tamper)

도상 다짐에 고성능의 전용 기계가 개발되어 보급되고 있다. 다짐과 동시에 줄과 방향 등 궤도틀림(irregularity of track)을 정정하는 이 기계는 컴퓨터를 이용한 자동 계측 등도 가능하게 되어 지상 작업자를 배치하지 않고 조작할 수 있다. 일반 구간용인 멀티플 타이 탬퍼와 분기기용인 스위치 타이 탬퍼가 있다.

(나) 밸러스트 레귤레이터 (ballast regulator)

자갈의 긁어 올리기 · 긁어 넣기 · 긁어내기 등의 도상 정리나 단면형상 정리 및 침목 위 청소 등의 전용 기계이며 동력은 디젤기관(diesel engine) 발전으로 하고 자주한다.

(다) 도상교환 작업차(track bed exchange car)

도상의 갱신 등 자갈의 굴착 · 자갈 치기와 폐기물의 적재 · 새로운 자갈의 공급까지 일련의 작업을 하는 기계화 편성으로 되어 있다. 예를 들어 밸러스트 클리너(ballast cleaner) 1대, 자동 벨트 컨베이어 장치가 설치된 호퍼 유니트 4량, 자갈 호퍼차 4량을 표준 편성으로 하는 예가 있으며, 구동 동력원으로서 작업차에 탑재한 디젤기관 발전을 이용하고 있다. 밸러스트 클리너로 자갈을 굴착하고 체질을 하여 사용 가능한 자갈은 궤도로 되돌리고 토사 등은 컨베이어로 보내 호퍼 유니트에 적재하며 호퍼차로 새로운 자갈을 살포한다.

(라) 동적 궤도 안정기(dynamic track stabilizer)

궤도의 다짐과 도상 클리닝 후에 이 기계로 궤도에 횡방향으로 진동을 주어 도상을 압밀(consolidation)시키고 궤도를 안정시킴으로서 작업 직후에 선로의 최고 속도로 열차를 주행시킬 수 있다.

(마) 침목 교환기(sleeper replacer)

무거운 PC침목(prestressed concrete sleeper)을 기계력으로 교환하는 기계이다.

(바) 레일 삭정차(rail grainding car)

파상 마모 등의 이상 마모나 쉐링 등 표면이 손상된 레일의 두부 표면을 그라인더로 삭정하여 소음 방지나 선로보수(maintenance of track)의 경감과 레일 수명의 연신을 도모한다. 삭정 장비를 장치한 삭정차와 검측 및 디젤 견인하는 견인차의 2량 편성으로 하는 유형도 있다. 삭정은 1회에 0.02~0.05 mm이기 때문에 수회 왕복하고 있는 경우가 많으며, 삭정 부스러기는 신호 회로에 영향을 주지 않도록 진공으로 흡수 · 집진한다.

(사) 레일 탐상차(rail flow detecting car)

주행하면서 레일의 손상 검사와 마모량 검측을 동시에 가능하게 하는 전용차가 개발되어 있다. 즉, 탐상은 차륜에 내장된 초음파 탐상자를 이용하고, 마모 측정은 광 대역의 조사에 따른 화상 연산으로 하며, 디젤로 자력 주행한다.

(아) 궤도 검측차(track inspection car)

주행하면서 궤도 틀림(면 · 줄 · 궤간 · 수평)을 검측한다. 재래의 검측차는 측정 차륜을 레일에 접촉시켰지만, 신형의 검측차는 관성식 또는 광학식이나 자기식의 비접촉 방식을 채용하여 고속 검측을 가능하게 하고 있다. 경부고속철도용 검측차는 전차선 검측과 겸용이며, 레일 두부의 표면 상태도 측정한다.

(자) 궤도중심간격 측정차(track spacing measuring car)

인접하는 선로의 중심 간격을 레이저광으로 측정하여 화상 처리하고 측정 수치가 기록된다.

이상의 선로 관계의 기계는 이러한 보선기계의 선진국인 오스트리아 · 스위스 등에서 제작하고 있다.

(3) 건널목의 자동화

경보 · 차단기의 자동화에 계속하여 복선 구간의 교통량이 많은 건널목에 장해물 검지 장치를 설치하며, 완전 자동화를 목표로 하여 보안도도 높이고 있다(제5.5.2절 참조). 건널목 첨단교통체계도 도입하고 있다(제8.2.3(5)항 참조).

9.2.3 전기 운전(electric traction) · 신호 관계

(1) 일반

(가) 전차선로의 개선

전차선 전주의 PC화 · 강 전주화로 내용 연수의 연장, 점검 · 보수 등을 생력화하고 있다. 전차선 애자(insulator)의 2중화로 점검 주기를 연장한다. 또한, 전차선(trolley wire)의 사이즈 강화, 더블화로 보전 작업을 경감한다.

(나) 변전소의 원방감시 제어화 · 개선

기기의 신뢰성 향상, 메인테넌스프리화(예 : 진공 차단기 · 디지털 보호 계전기)에 맞추어 변전소(transforming station)의 무인화와 중앙 원격제어를 진행하고, 그 후 중앙 감시 제어소에 컴퓨터를 비치하여 기기 작동 및 조작 기록 · 전력일보 작성 · 고장 기록 등의 자동화도 행하고 있다. 또한, 역률 개선 콘덴서의 설치로 수전의 역률을 개선(약 4 %)하여 전기 요금을 개선하는 예도 있다.

(다) 신호 장치의 2중화

장치의 2중화로 고장을 방지하고, 점검 회귀를 연신하고 있다.

(라) 작업의 자동화

변전소 기기의 컴퓨터 제어화로 조작 · 전력 관리의 기록 업무를 자동화한다.

(2) 작업의 기계화

(가) 전기 검측차(electric inspection car)

전차선의 마모 · 편위 · 고저 · 구배 · 경점 · 지장물 · 이선 등을 검측하고, ATS 지상자(wayside coil) 주파수의 검측, 신호 · 통신 관계의 검측 등을 예를 들어 2량 편성으로 하여 전기 자력주행 중에 행한다.

(나) 가선 작업차(trolley wire service car)

암의 구동을 이용한 작업용 바스켓의 탑재(일례로서, 수직방향 15 m, 수평방향 10 m)에 따라 가선 작업의 능률과 안전성이 향상되고 있다. 암의 구동과 자력 주행의 동력원으로서 디젤기관 발전장치를 탑재하고 있다.

(다) 가선 연선차(trolley wire extending car)

전차선을 새로 갈아대는 것으로서 일례로 연선차 + 작업차(작업대의 승하차 가능) 4량 + 연선차의 편성이며, 디젤로 자력 주행하고 있다.

(라) 가선 보전차(trolley wire maintenance car)

고속선로 전차선의 점검 · 보전 작업을 행하는 것이며, 작업대를 탑재하고, 디젤로 자력 주행하고 있다. 유압식의 전차(轉車) 기능 장치를 보유하고 있어 예를 들어 간이 보수기지에 수용할 수 있다.

9.2.4 차량 관계

(1) 차량의 근대화 개선

설계의 혁신과 재료 · 부품의 품질 향상이나 내구성의 연신으로 검사 회귀의 대폭적인 연장과 검사 대상을 감축하고 있다.

동력 장치의 출력이 강화된 MT 편성으로 M차의 감소에 따른 기기 수의 감소, VVVF(전압가변 주파수가변) 인버터 제어방식의 도입에 따른 전동기 검사수리비의 대폭 삭감, 회생 브레이크 장치의 채용에 따른 동력비의 삭감과 제륜자 교환의 감소 등을 추진하고 있다. 이들의 개선에 따라 주전동기(main motor) · 브레이크 장치만으로 약 50 %의 검사수리비가 삭감된다는 예가 있다.

최근에는 경량 스텐레스 및 알루미늄 차체의 채용이 보급되어 동력비를 삭감하고 도장을 생략하고 있다.

팬터그래프(pantograph) 접판(slider) · 전동기 브러시 · 제륜자 등 소모품의 재질 개선, 사이즈 변경으로 교환 회귀 킬로미터(periodical car kilo-meter)를 연신하고 있다. 정지(靜止)형 인버터를 채용하여 접동부의 배제 또는 무급유화를 도모하고 있다. 대차(truck)에는 자동 급유 장치를 설치하고 급유 펌프를 수동 조작하여 필요한 개소에 일괄 급유하는 예도 있다. 볼스터레스 대차(bolsterless truck) · 전기지령 브레이크 장치 등으로 보수를 경감하고 있다.

(2) 기타

(가) 공작 기계(machine tool) 등의 개선

자동 차륜선반 · 자동 도장장치 · 자동 해체장치 · 자동 청소장치 등의 예와 같이 검수 기계의 자동화 · 고성능화를 도모하고 있다.

차륜 전삭반(wheel tread milling machine under floorer)의 도입으로 대차 무해체에서의 작업 능률을 개선하고 고성능 차체세척기 등의 도입에 의하여 생력화되고 있다.

(나) 보수 작업의 기계화 · 자동화

윤축 · 주전동기 · 공기제어 부품 · 디젤기관 · 롤러 베어링 등의 검사수리 작업에 소요의 기계를 일관하여 설치한 효율적인 자동 흐름 방식의 검사수리 플랜트(plant of inspection & repair)를 채용하고 있다.

(다) 차량 분할병합 작업의 자동화

종래 분할병합의 연결 작업은 제어 회로의 연결 해결 등에 일손과 시간을 요하였지만 최신의 차량은 일손이 불필요하고 신속한 자동 연결이 원칙으로 되어 있다.

(라) 차량 정보장치의 근대화

열차별 · 행선지 · 정거 역 안내 등의 표시 장치의 근대화를 보급하여 서비스 개선과 생력화에 도움이 되고 있다.

(마) 운전대 모니터 장치(cab monitor device)의 채용

마이크로 컴퓨터의 발달과 함께 차량의 기기 등의 상태를 기관사에게 전하여 조급하게 대응할 수 있는 모니터 장치의 채용이 늘고 있다.

9.2.5 영업 관계

(1) 역의 영업 관계

(가) 출찰 업무의 개선

자동 발매기(automatic ticket vending machine)와 정기권 발행기 · 회수권 발매기 등을 채용하고 있다.

(나) 개집찰 업무의 기계화

자동 개집찰화가 최근 급속히 보급되었으며, 갈아타기 등 정산의 기계화도 채용하고 있다(제7.2.1(5)항 참조).

(다) 지정권 예약 시스템

컴퓨터를 이용한 좌석예약 시스템(seat reservation system)의 개량 확대를 계속하여 예약 여객 서비스에 기여하고 있다. 또한, 화물수송에 대하여도 컨테이너(container) · 화차의 예약 · 운용 관리가 가능한 정보 시스템을 채용하고 있다.

(라) 역구내 안내 표시

역명 · 통로 안내 · 플랫폼 안내 · 열차 안내 등의 LED식 표시의 개선으로 서비스의 향상과 역무원의 합리화를 도모하고 있다.

(2) 플랫폼 도어(platform door)의 설치

플랫폼 도어는 이용객이 상당히 많아도 1인 운전(one-man operation)과 역무원의 생력화를 가능하게 한다. 신교통 시스템(new traffic system)의 역에 설치되고 해외에서는 최근에 러시 아워의 이용 효율이 150 %인 지하철 등에도 채용되는 예도 있다.

러시아에서는 산크트페텔브르크(구 레닌그라드) 지하철의 1호선에 채용되었지만, 정거 시의 차량 도어와 플랫폼 도어의 불일치, 밀폐 분위기 등으로 평가가 좋지 않아 보급되지 않고 있다. 국내에서도 서울 지하철 9호선, 환승역, 부산지하철 3호선, 대전도시철도 등에도 채용하는 등 점차적으로 설치의 수가 늘어나고 있다(제7.2.1(8)항 참조).

(3) 고객 중심의 매표 시스템에 관한 비교 예

모든 상업적 체제 향상을 위하여 미국 항공사가 채택한 전략적인 사항에 주목하여 프랑스 국철이 철도의 수송 상황과 항공 수송의 상황을 비교하였다. 확인된 주된 요소는 미국 항공사의 경쟁력이 높으며, 다음과 같은 이득을 제공하는 아주 효과적인 매표 시스템에 그 노력이 집중되어 있다는 점이었다.

  1) 산출관리 시스템을 이용한 모든 비행의 비용—효과 최적화
  2) 다음을 이용하여 상당한 이윤의 발생
    ① 네트워크 상에서 생기는 다른 항공사(또한, 호텔)와의 연결 처리
    ② 각 매표 대리점과의 연결 처리를 위한 송장료
철도와 항공 수송간의 차이점을 고려하기 위한 해결책 중 중요한 것은 다음과 같다.
    ① 많은 촉진 장려책과 사회적 비용의 절감
    ② 열차/날짜/노선(출발지 · 목적지)의 많은 수의 조합
    ③ 많은 가능한 각 열차에 제공된 좌석 수를 매일 영업부에서의 수정 작업 및 예측 통계학 프로그램 도구
    ④ 고객을 유지하기 위한 마케팅 전략

(4) 영업 관리(조정과 고객 서비스)

출발지에서 목적지까지 하나의 전체적인 운송 네트워크는 고객을 위하여 중요하다. 영업관리 기능은 ① 장기 전략 기능, ② 전략적 마케팅 기능, ③ 운영 마케팅 기능 등 세 가지 부류로 나눌 수 있다.

시장 조사를 할 때의 조사 항목은 다음과 같다.

① 누가 여행자인가? : 사회적 계층, 연령과 성별, 고용률, 소득 수준, 주거 지역
② 어떻게 여행하는가? : 목적, 체류 시간, 단독 혹은 가족 단위, 예약 여부, 승차권 종류, 할인 요금, 구입자
③ 어떠한 계획으로 여행하는가? : 출발지, 출발지까지의 교통 수단, 도착지, 도착지에서의 교통 수단, 최종 목적지, 주거지

(5) 조달 관계 서비스

고속 철도의 품질 기준은 제공하여야 할 서비스의 전체와 고객들의 높은 수준의 욕구에 만족하는 서비스 제공에 있다. 이러한 고객의 욕구는 차내의 공급 음식에 대하여도 적용되는 사항이다.

차내 음식 조달 상황은 한층 더 높은 위생적일 것을 요구하고 있다. 차내 서비스, 특히 음식 조달은 고객에게 제공·조달하는 것 중에서 아주 중요한 부분을 차지하고 있으며, 철도 여행 후에도 열차 이미지에 대한 인상 유지에서 중요한 요소이다.

최고로 완벽한 서비스는 더욱 경쟁적인 운송 기관에서 보편화, 일반화 상태로 되어 가는 추세이다.

9.2.6 운전관리 관계

(1) CTC·PTC의 보급

신호의 자동화·분기기의 기계화와 CTC(열차집중관리시스템)의 채용에 계속하여 외국에서는 PTC(열차운행관리시스템)를 도입하여 운전 관리를 생력화·효율화하고 있다(제9.3.4(1)항 참조). 즉, 요원의 합리화와 인위적 미스를 없애기 위하여 표준 다이어그램에 따른 진로 설정의 자동화, 다이어그램 흐트러짐에 대한 착선 변경, 우선 발차 순위 등의 자동 판단 등을 할 수 있는 새로운 시스템을 일부에서 채용하고 있다.

(2) 기타

(가) 운전 다이어그램 작성의 컴퓨터화

종래의 다이어그램 작성은 많은 일손과 시간을 요하였지만, 최근에는 컴퓨터를 이용한 기계화를 도모하고 있다.

(나) 1인 운전의 보급

지하철 등에서 채용하고 있다. 일부의 경우는 그를 위하여 역의 여객 플랫폼을 직선으로 하여 전망을 좋게 하고 있다. ATO와 플랫폼 도어(platform door)를 채용하여 실현하는 경우도 있다.

(다) 무인 운전의 채용

신교통 시스템 등에서는 자동화를 한층 진행하여 무인 운전(unmaned operation)으로 하고 있는 예가 많다. 무인화하기 위하여 건널목의 배제, 플랫폼 도어의 설치 등 시설의 고도화, 제어의 다중계 등으로 높은 신뢰성의 확보, 지장에 즉각 대응할 수 있는 우수한 기술력 등을 필요로 하며, 간소한 시설인 경우의 비용과 비교하면 반드시 유리하지 않기 때문에 앞으로의 과제로 되어 있다.

9.2.7 전반 관리

(1) 사무 관리의 근대화

인사 관리·노무 관리·급여 계산·경리 재무·수입 관리·운전통계 관리·자료 관리·시설기계 관리·차량 관리(management of rolling stock) 등을 전산화하고 있다(전사적 자원관리(ERP)시스템을 도입한다).

(2) 설비상태 관리의 근대화

종래는 전기실 설비·신호 통신 설비·공기 팬·물 펌프·환기(ventilation) 설비·공조 설비 등은 보수 요원이 순회하여 점검하여 왔지만, 설비 기기의 상태를 설비 사령실에 표시하여 감시하는 방책을 채용하고 있다.

9.2.8 경영의 다각화

상기에도 언급한 것처럼, 철도는 팽대한 설비 투자를 수반하는 장치 산업이지만, 동시에 그 운영에는 인력에 대부분을 의존하는 노동 집약형 산업이기도 하다. 또한, 항공, 버스, 택시 등에 비하면 생에너지형이지만, 다른 산업에서 보면 전력, 석유에 그 동력원을 의존하는 에너지 다소비형 산업이다. 이 때문에 철도는 가격 인상에 약하고 노임이나 원유 가격의 상승은 경영 수지에 항상 큰 압박 요인으로 된다.

철도 이용자는 급격한 인구 증가가 없는 한 전체로서의 큰 신장을 기대할 수 없다. 지역적으로는 대도시나 그 근교 및 경부 축에서는 인구의 사회 증가가 있기 때문에 신장하고 있지만 다른 지역에서는 인구 감소와 항공, 도로 교통의 진출에 따라 수송량이 감소하고 있다.

이와 같이 인구의 동향, 다른 교통기관과의 시장점유 경쟁이 있으므로 철도 이용자의 증가를 보통은 바랄수 없다. 따라서, 이에 따른 수입 증가도 낮은 율밖에 기대할 수 없다. 한편, 임금, 물가의 상승을 생산성이나 효율의 상승으로 흡수하기 어려운 체질이다. 이 때문에 외국의 철도 기업은 철도 수입에 크게 기대하지 않고 효율의 상승을 도모하여 코스트의 가격 인상에 대처하는 한편으로 철도 이외의 수익 증대가 기대되는 사업에 참여하여 여기서의 수익과 철도사업 수익을 합하여 경영의 안정을 도모하고 있다.

이하에서는 이들 철도에 대한 예를 중심으로 소개한다. 철도는 자기의 설비 투자나 영업으로 미치는 외부 경제효과가 극히 큰 사업임에도 불구하고 그 효과를 흡수하기 어려운 사업이다. 철도 이용자가 지불하는 것보다 훨씬 많은 수익을 역 주변 입지의 다른 사업에도 가져다준다. 새로운 노선(route)에서 철도 측은 설비 투자의 비용조차 조달하지 못하고 기존 노선의 수익으로 부담하여 전체에 대한 수지를 맞추고 있는 상태이다. 그러므로, 철도는 적극적으로 자기 역 주변의 사업에 진출할 필요가 있다. 이것이 다각화의 근원적인 이유이다. 다각화를 하면 좋은 것이 아니고, 하지 않으면 아니 되는 것이다.

경영의 다각화란 경영 자원의 다면적인 활용으로 되며, 토지 · 인재 · 기술 · 노하우 · 정보 등이 경영 자원을 구성한다. 철도의 경우에 경영 자원의 하나는 역이라고 하는 일급 지의 토지이다. 그러나, 역 주변에 넓은 용지를 소유하고 있는 경우를 제외하면 역 용지라고 하여도 역 업무와 입체적으로 사용할 필요가 있다. 또한, 역전의 다른 기업과의 경쟁도 있는 등 그렇게 후한 것은 아니다. 그보다도 철도의 광역적이고 그것도 지역에 밀착한 네트워크, 철도라면 안심된다고 하는 고객의 신뢰성 및 철도가 철도 사업으로서 본질적으로 가지고 있는 외부 경제효과의 3 가지의 점을 높이 평가하여 활용하여야 할 것이다.

철도 사업의 본래는 사람과 물자를 운반하는 것에 있다. 따라서, 안전이 제1의 사명이기 때문에 규칙을 준수하고 연락을 빈틈없이 하며 협조하는 것이 불가결하다. 그러나, 유통 · 광고 등 창조적인 아이디어를 필요로 하는 분야에서는 성실 · 정직과 협조만이 장점인 듯한 사람에게는 감당할 수 없다. 수송업의 웨이트 (weight)를 적게 하고 다각화를 철저히 하도록 하는 것은 철도가 본업이라는 의식을 적게 할 필요가 있다.

그를 위해서는 제도 면에서의 설비 투자의 결정, 자금 지출 등의 회계 제도, 인사의 면에서는 인사 고과, 근무 시간, 승진 · 승급의 규칙에 융통성을 두어 유능한 인재, 귀중한 자금, 적절한 타이밍을 충분히 살릴 수 있을 것과 우수한 인재의 파견 등 대담한 인사 운용을 하여 그 사업에 거는 기대를 크게 할 필요가 있다. 그러나, 본래적으로 동일한 조직으로의 활약이 무리인 경우에는 별도 회사로 하여 각각의 목적에 맞춘 기동적인 활약의 장을 고려하는 것도 하나의 방법이다.

9.3 고속철도

철도의 역사는 속도향상 노력의 역사라고도 한다. 1938년경 구미에서는 최고 130 km/h 정도의 급행 열차 (express train)를 영업 운행하였으며, 시운전으로서는 1936년에 독일에서 3량 편성의 디젤동차가 205 km/h, 1955년 3월에 프랑스에서 전기기관차(electric locomotive) 2량이 객차 6량을 견인하여 331 km/h 의 기록을 수립하였다. 그러나, 1964년에 일본에서 최고속도 210 km/h의 東海道 신칸센이 개업하기까지 보통 철도의 최고 영업속도는 160 km/h 정도이었다. 시험에서는 상기와 같은 속도 기록이 있지만, 궤도·가선의 보수 등 때문에 실용의 최고 속도로서는 160 km/h 정도가 한계라고 보고 있었다. 따라서, 신칸센의 개업은 중·장거리 수송에서 철도의 고속 수송성을 재평가시키고 또한 철도의 기술 발달사에서도 획기적인 사건이었다. 그 후 구미에서도 200 km/h를 넘는 고속열차가 잇달아 생기기 시작하고 있다. 지금까지 세계 최고속도의 시험 주행(test run)은 상기(제9.1.1(2)항, 제9.1.5(4)(라)항)에서도 언급하였지만 1990년 5월 에 기록한 TGV(traingrande vitesse)-A의 515.3 km/h이다.

9.3.1 고속철도의 진행

(1) 고속철도의 역사

신칸센의 성공은 국제적으로 큰 영향을 주었고, 특히 이에 자극을 받은 서구에서도 200 km/h 이상의 속 도 향상을 목표로 하는 기술 개발을 채택하여 왔다. 그 다음 해인 1965년에 서독에서 뮨헨 국제철도박람회에 즈음하여 재래선의 짧은 구간 62 km에서 E103 전기기관차 견인의 특별 열차로 200 km/h의 운전을 3 개월 시행하였다.

프랑스에서는 선형(alignment)이 좋은 재래의 간선(trunk line)을 개량하여 1967년부터 고성능 전기기 관차 견인의 특급 열차로 본격적인 200 km/h의 운전을 시작하여 순차적으로 구간을 확대하였다.

뒤이어, 파리-Lyon간에 높은 규격의 동남 신선 389 km를 건설하여 초고속 열차 TGV-SE를 주행시키는 계획을 구체화하였다. 당초는 항공기용의 소형경량 최대출력 가스터빈 기관을 탑재한 터보트레인(turbo train)으로 계획하여 차량을 시험 제작하고 장기 시험을 하였다. 1972년의 석유 파동 등으로 인하여 동력 효 율이 우수한 전기열차로 변경하여 시험을 계속하였다(제9.4.5(1)항 참조).

1981년 신선의 부분 개업 시에 양단 동력차 방식의 전기열차로 최고 속도 260 km/h의 운전을 시작하여 전구간을 개업한 1983년에 270 km/h로 향상하였다. 계속하여 1989년 개업의 대서양 신선 TGV-A, 더욱이 1993년 개업의 북부 신선 TGV-R, 1994년 개업의 영불 해협 터널선 통과의 유로스타(Eurostar) 등으로 최 고 속도 300 km/h의 운전을 하고 있다.

프랑스 TGV-EST(동선)는 기존 객차에 신형동력차 POS를 연결하여 30년인 수명을 10년 이상 늘렸으 며, 듀플렉스(Duplex)는 2층 고속열차로 좌석이 기존 TGV의 2배에 이른다.

독일에서는 재래의 간선을 개량하여 1977년부터 103형 전기기관차 견인으로 특급 열차의 200 km/h 운전 을 개시하고, 또한 ET403 전차(electric car)를 시험 제작하였다. 그 후에 고속 신선 426 km의 완성과 아울 러 1991년부터 양단 동력차 방식의 전기열차 ICE(intercity express)로 280 km/h(기본 최고속도는 250

km/h)의 운전이 이루어지고 있다.

영국에서는 1970년대에 재래 간선에서의 250 km/h를 목표로 한 진자(tilting)형의 전기열차 APT로 시험 제작하였지만, 대부분의 새로운 방식이 지나치게 많고 고장이 잇달아 좌절되었다. 대신하여 등장한 것이 1976년부터의 재래의 간선을 개량하여 양단 동력차 방식의 디젤 특급열차 HST (high speed train)로 200 km/h의 운전을 개시하고 고출력 기관에 대한 고심의 보수를 수반하면서 순차적으로 설정 구간을 확대하였다. 그 후에 1991년의 동해안선 전구간의 전철화(electrification)에 대응하여 91형 고성능 전기기관차를 이용한 편단 기관차 방식으로 속도를 225 km/h(재래선에서는 최고 속도)로 향상하였다.

이탈리아에서는 로마~휘렌체간의 고속 신선 260 km(1992년에 전구간이 완성)의 건설에 대응하여 1986년부터 전기기관차 견인으로 200 km/h의 운전을 하고, 1988년부터 고속 전차 ETR450(편성 8M 1T)으로 250 km/h의 운전을 개시하였으며, 앞으로 양단 동력차 방식의 전기열차 ERT500에 의한 275 km/h를 목표로 하고 있다.

스웨덴에서는 재래 간선인 스톡홀름~요테보리간 495 km를 개량하고 장기 시험을 거쳐 한쪽 동력차 방식의 X2000 진자형 고속 전기열차로 1990년부터 200 km/m의 운전을 개시하여 다른 간선에도 확대하고 있다.

스페인에서는 Madrid~Sevilla간 471km에 고속 신선(궤간은 1435 mm)를 건설하여 프랑스의 TGV-A를 기초로 한 고속 전기열차 AVE(alta velocidad espanola)로 1992년부터 250 km/h의 운전을 하고 있다.

미국에서는 뉴욕~워싱턴간의 북동 회랑선 346 km에 대하여 1967년 당초의 메트로라이너(metroliner)는 전차 운전으로 최고 속도 258 km/h(160 mph)를 목표로 하였지만, 트러블이 많아 193 km/h(120 mph)로 억제되었다. 전차 운전과 병행하여 터보트레인을 이용한 초고속 운전의 시도가 미국과 캐나다에서 있었지만 신뢰성이나 소음 등에 문제가 있어 실용화될 수 없었다. 그 후에 북동 회랑선은 전면적으로 시설이 개량되어 당초의 전차 대신에 스웨덴제의 고성능 AEM7형 전기기관차의 견인으로 1986년부터 200 km/h로 향상되어 있다.

또한, Amtrack(American track corporation)은 미국 북동부축인 보스턴-뉴욕-워싱턴간 734 km의 기존 선로를 개량 · 전철화하고 고속 열차(틸팅 방식) Acela을 도입하여 2000년 1월에 최고 속도 240 km/h로 운행을 개시하였다.

구소련에서는 1970년에 고속 전차 ER200을 시작하여 장기 시험을 계속하고 1986년부터 모스크바~산크토페텔불그간의 재래간선(궤간 1524 mm, 전기 방식 DC 3 kV)에 주 1왕복의 200 km/h의 운전을 하고 있다. 최근에 같은 구간에 대한 고속 신선의 건설이 착공되어 있다.

우리 나라에서는 서울~부산간 412 km를 최고 속도 300 km/h로 연결하는 고속 신선을 1992년 6월에 착공하고 차량은 TGV 방식을 채용하여 1단계 구간(서울~대구)의 신선을 2004년 4월 개통하였으며 2단계 구간(대구~부산 및 대전 · 대구 도심 구간)을 건설(2004~2010년간)하고 있다.

일본에서는 東海道에 뒤이어 山陽 · 東北 · 上越의 각 신칸센을 건설하여 총연장이 1,879 km에 이르고, 이용 여객 수, 열차 횟수는 다른 나라에 비하여 압도적으로 많다. 최고 속도는 上越 신칸센의 짧은 구간에서 275 km/h에 달하고 1992년부터 東海道 신칸센에서 270 km/h의 "노조미"를 운전하고 가까운 장래는 300 km/h를 목표로 하고 있다.

이상의 실적 경위를 보면 특히 보안에 대하여 신중히 하면서 높은 철도기술 수준을 기초로 하고 있다. 고속 신선의 실현은 상당한 수송 수요(traffic demand)가 있어야 하며, 재래선의 고속 운전은 곡선반경이 크고 특히 선형이 우수하며 건널목이 없던지 특히 적어야 하는 등이 조건으로 된다. 기타 각 국에서도 고속 철도의 채용이 구체화 또는 기획하고 있다.

고속 철도(high-speed (or rapid transit) railway)는 육상 수송에서는 대신할 기관이 없는 것으로 되어 있다. 여객·화물의 수송량(volume of transportation)당 소요 에너지나 용지 면적은 도로 수송에 비하여 수 분의 1인 것 등에서도 높게 평가하여야 할 것이다. 앞으로도 우리들의 생활을 유지 개선하여 가기 위하여도 철도는 변함없이 중요시되어 갈 것이다.

(2) 고속철도 가능성의 입증

상기에서 언급한 세계 최초의 고속철도인 신칸센은 철도의 이점과 가능성을 실증하여 철도에 대한 재인식의 필요를 촉구하였으며, 재래 철도에 비하여 210 km/h라고 하는 고속 운전을 가능하게 한 철도 기술상의 새로운 점은 다음과 같다.

① 평면 건널목이 일체 없다.

② 역간 거리가 30~70 km이며, 분기기가 극히 적다.

③ 곡선반경이 크고 구배가 완만하다.

④ 고출력 모터, 공기 스프링, 팬터그래프 등 고성능 차량을 개발하였다.

⑤ 지상 신호를 배제하여 차내식으로 하고 센터에 의한 열차 집중제어를 실시하였다.

⑥ 궤도를 고규격화하고 선로보수의 대규모적인 기계화 작업 시스템을 도입하였다.

콜럼버스의 달걀처럼 현재야말로 당연한 것으로 되었지만, 이들은 당시의 철도 상식을 넘는 발상의 전환이고, 획기적인 진보이었다.

이와 같이 종래의 상식을 넘는 철도가 출현한 것은 다음의 두 조건이 구비되어 있었기 때문이다.

① 대량·고속 수송의 수요가 있었던 점.

② 고도의 철도 기술(차량, 시설, 전력, 신호, 제어)이 있었던 점.

한편, 1981년 9월에 운행하기 시작한 TGV 동남선은 기술적인 관점에서 뿐만 아니라 상업적, 경제적, 재정적 분야에서 성공을 이루었다. 철도의 통행량이 아주 높게 증가하고 항공 통행은 상당히 감소하였다.

(3) 고속철도의 효과

고속철도의 효과를 직접 효과와 간접 효과로 나누어 일반적인 사항을 열거하면 다음과 같다.

(가)직접 효과

1) 여객에 대한 효과 : ① 속도의 향상으로 목적지까지의 소요 시간이 단축되며, 여객의 서비스가 향상된다. ② 재래선에 비하여 고속 운전이기 때문에 수송력이 현저하게 향상되고 좌석의 확보가 용이하게 된다.

2) 철도 사업자에 대한 효과 : ① 상기의 질적 서비스의 향상으로 교통수단 선택의 자유도가 늘어나 다른 교통기관으로부터의 전환에 따라 교통기관 상호간 시장 점유율의 변화가 일어난다. 또한, 잠재 수요를 현재(顯在)화시켜 이른바 유발 수요를 생기게 함과 동시에 사람 이동의 원거리화를 촉진한다.

② 속도 향상에 따라 차량·승무원의 운용 효율이 향상되고 또한 역수·역원수가 적게 되어 수송비가 저감된다. ③ 위의 ①로 인하여 수요, 따라서 수입이 늘어나며, ②에 따라 수송비가 절감되므로 경영 개선에 이바지한다.

(나) 간접 효과

교통 시설은 종래 수송 수요가 있는 경우에 그 요청을 만족시키는 것을 목적으로 하여 추수적으로 건설되고 개량되어 왔다. 그러나, 고속철도와 같이 대규모 교통 시설의 효과는 그것만으로 그치지 않고 시간 거리의 단축 효과가 자극되어 다른 지역과의 교역 패턴의 변화나 그 연선(wayside)의 산업·인구의 새로운 정착 등이 연선 지역의 시민 소득의 향상에 공헌한다. 게다가, 그것이 새로운 수송 수요를 생기게 한다.

(다) 고속철도의 유발 효과

고속철도가 개통되면 그 때까지의 재래선 이용객의 일부가 고속철도로 옮겨지며(전이), 자동차나 항공기 이용객의 일부가 고속철도로 옮겨진다(전환). 그 외에 여행이 편리하게 됨에 따라 업무·사용·관광을 위한 여행빈도가 늘어난다고 하는 수요 증가(유발)가 있다.

또한, 고속선로의 개통에 따라 재래선의 선로 용량에 여유가 생기기 때문에 재래선도 유발 효과가 있다.

(4) 고속철도망의 필요와 적합성

(가) 고속철도망의 필요성

상기의 (1)항에 기술한 것처럼 프랑스·독일 등을 비롯한 서구 선진국에서는 국토의 간선 교통기관으로서 철도를 재인식하고 200 km/h를 넘는 고속화를 적극적으로 진행하고 있다. 우리 나라에 비하여 도시권 인구로 보면 공항의 수나 규모로 볼 때 공항이 각별히 정비되고 공로망이 발달한 구미 여러 나라에서조차 이와 같은 철도의 필요성이 재인식되고 있는 것은 다음과 같은 이유 때문이다.

① 유럽의 대륙은 반경 약 500 km의 범위로 그 중심부가 대부분 커버되며 조밀한 인구와 고도의 경제·문화가 집적되어 있다.

② 여행 거리가 수백 km의 범위에서는 철도가 도시의 중앙 역에서 중앙 역까지 직통할 수 있는 이점도 고려하면, 200~300 km/h의 고속화로 철도가 항공기에 충분히 대항할 수 있다.

③ 서구 여러 나라의 철도는 대부분 표준 궤간이며, 또한 지형이 평탄하여 처음부터 곡선·구배가 적기 때문에 고속 운전을 위한 개량 공사가 그다지 어렵지 않다.

④ 항공 여객의 증가에 맞추어 새로운 공항을 건설하는 경우에 도시에서 멀리 떨어질 수밖에 없고 또한 공사비가 거액으로 된다.

(나) 철도의 적합성

상기에서 철도 고속화의 필요성에 대하여 서구의 예를 들어 설명하였지만, 우리 나라의 교통 장래상은 국토의 지리적·사회적 조건을 감안하여야 한다. 우리 나라 국토의 대부분은 산악지대이며, 적은 평지에 고밀도의 인구와 도시가 집중되어 있다. 또한, 간선(trunk line)에서 사람과 물건의 유동이 많다.

·이 점에서 간선 교통수단에 대하여 특히 다음과 같은 특징이 요구된다.

1) 대량 수송능력 : 대량의 여객수송 수요를 처리하기 위하여 고속철도와 같은 수송 용량이 있는 철도가 필요하다.

2) 토지 이용률 : 고밀도로 집적된 국토에서는 철도·도로·공항 등에 이용할 수 있는 교통 용지가 한정되어 있다. 교통 수요를 처리하기 위하여 필요한 토지 면적이 작은, 즉 토지 이용효율이 높은 교통 수단(제1.6.3.(3)항 참조)은 앞으로 점점 중시되어 갈 것이다.

3) 고도의 질적 서비스 : 고밀도 사회일수록 교통 수단에 대하여 고도의 질적 서비스를 요구한다. 장래의 국민생활 수준의 향상에서 보아도 보다 고속·쾌적·안전하고 공해가 적은 교통 수단으로의 요구가 강하게 된다.

4) 교통기관의 노동 생산성 : 일반적으로 차량·선박·항공기의 대형화로 단위 수송당의 수송비를 싸게 할 수가 있다. 그러나, 자동차나 항공기의 대형화에는 한계가 있기 때문에 장래의 노동력 부족을 고려하면 대단위 수송이 가능한 교통기관의 우위성에 충분히 유의할 필요가 있다.

(5) 고속철도의 향후 전망

인류의 수천 년 역사는 늘 스피드를 추구하여 교통 수단의 진보를 실현하여 왔으며 앞으로도 "보다 빨리"라고 하는 욕구는 변하지 않을 것이다. 교통의 목적은 공간적 거리의 극복에 있다. 그 목적을 위한 손실 시간이 짧으면 짧을수록 바람직한 것은 당연하며 보다 고속의 교통 수단을 얻으려는 노력은 인류가 계속 살아있는 한 계속될 것이다.

철도·선박, 여기에 자동차·항공기 등의 각종 교통 기관(means of transport)은 갖가지의 기술 진보를 통하여 인류의 경제·사회 발전에 큰 역할을 수행하여 왔다. 쾌적성·기동성·안전성·저렴성 등과 함께 각종 교통 수단이 각각 가능한 한의 기술 혁신을 통하여 고속화를 추구하는 것은 바로 국민 생활의 향상에 공헌하는 길이었고 이것은 앞으로도 변하지 않을 것이다.

21 세기의 사회는 지식 집약형의 고도 정보산업이 번영하고, 국민 소득의 상승, 가치관의 다양화와 함께 모빌리티(mobility)가 향상되어 교통 수단의 고속화로의 지향은 보다 한층 높아질 것이라고 생각된다.

결국, 21세기 고도의 기술·경제 사회에서는 철도가 독자의 기술 혁신으로 400~500 km/h의 초고속 열차를 실현하면 도심의 중앙 역에서 다른 도시의 중앙 역까지 직통할 수 있는 이점도 있기 때문에 500~800 km 떨어진 도시간에서 가장 우위인 교통기관으로서 중요한 역할을 할 것이다.

9.3.2 고속철도의 제원

고속철도의 건설에는 신선의 경우와 재래선 개량의 경우가 있지만, 이하에서는 기본 제원인 궤간·곡선반경·구배·동력 방식·전기 방식·열차 방식·신호보안 방식·건널목 대책 등에 대하여 기술한다.

(1) 고속화를 위한 기술적 과제

철도의 고속화를 위하여는 다음과 같은 과제가 있다.

(가) 차량에 대하여 : 가감속 성능의 향상, 주행장치의 개량, 차량의 경량화, 중심의 저하, 고출력 엔진, 곡선통과 성능의 향상, 팬터그래프의 개량, 고성능 브레이크의 개발 등.

(나) 시설에 대하여 : 최급 구배의 완화, 최소 곡선반경의 증대, 장대레일, 슬래브 궤도, 궤도 강화(track strengthening) 등에 따른 보수 수준의 향상과 보수작업의 기계화 등.

(다) 열차 제어에 대하여 : ATC, CTC 등의 도입.

(2) 노선 계획

고속철도 노선의 건설은 다음의 세 가지 기본적인 요소를 고려하여야 한다.

① 구배가 있는 선로에서도 등반 능력이 있고 효과적인 제동 작용을 할 수 있는 차량이어야 한다.

② 토목 구조물과 궤도는 차량의 하중, 경사, 횡가속도로 유발되는 힘에 충분히 견디어야 한다.

③ 노선이 통과하는 용지를 조정하고, 토목 공사에 대한 공학적인 연구가 필요하다.

노선 계획은 다음 사항을 고려한다.

① 일반적인 선로는 승객에 대한 의무적인 요소로 결정되고, 역의 장소는 상업적인 요소로 결정된다.

② 마을과 숲 지역은 환경적인 이유로 배제된다.

③ 경제적인 이유로 터널과 고가교를 최소화하도록 노선이 선정된다.

④ 가능한 한 농업 지역을 보호하고 값비싼 투자를 피하도록 기존 철도의 노선 혹은 도로와 병행하는 노선으로 계획을 변경하기도 한다.

한편, 고속 선로의 건설비에서 토목 공사는 6~7할을 점하며, 게다가 그 중에서 정거장의 비율이 일관되게 증가하고 있고, 토공이 줄고 고가교가 증가하고 있다. 이것에 대한 건설비 절약을 위한 계획상, 하기의 방책이 고려된다.

① 구조물의 높이를 낮게 억제하여 되도록 토공을 채용하고, 터널 굴착(tunneling)에 따라 발생하는 버력의 전용을 도모한다.

② 급구배를 채용한다. 구배를 크게 하여도 사정 구배로 되지 않는 한 문제가 없다.

③ 수송 규모에 맞추어 역 설비를 콤팩트화한다. 될 수 있는 한 지평부에 설치한다.

④ 설계 · 시공법의 개선과 차량의 경량화를 도모한다.

그 외에 TGV가 재래선에 진입(trackage right operation)하여 건설비의 절감을 도모하는 것처럼 재래선을 이용한다.

(3) 궤간(track gauge)

주행의 안전성에서는 궤간이 넓은 쪽이 유리하지만, 장년의 실적이 있는 1,435 mm의 표준 궤간이 대부분이다. 서구와 같이 표준 궤간인 재래선과의 상호 진입에 따라 용지 취득이 용이하지 않은 도시 구간이나 역은 재래선과 공동으로 사용할 수 있는 이점이 크다. 스페인의 고속 신선 AVE는 표준 궤간을 사용하므로 재래선의 1,668 mm 궤간과 다르지만, 가까운 장래는 표준 궤간인 유럽 고속망선에 상호 직통시키는 장기 계획을 갖고 있다.

일본의 정비 신칸센의 일부인 재래선 1,067 mm 궤간의 고규격 신선 계획에서는 설계 속도를 200 km/h로 하고 있는데, 차량 성능으로는 200 km/h 이상을 가능하게 하여도 궤도 보수의 소요 정도나 주행 안정성(running stability) 등에 대하여는 시험에 의한 확인이 남아 있다.

(4) 곡선반경(curve radius)

고속 운전의 성패를 결정하는 가장 중요한 선로 규격이며, 최고 속도(maximum speed)도 이 규격에서 거의 결정된다. 재래선에서의 고속 운전도 이 규격에 의하여 결정된다. 경부 고속철도는 속도를 300 km/h로 하여 곡선반경을 7,000 m로 하고 있다.

해외의 경우, 프랑스의 TGV-A까지와 스페인의 신선에서는 4,000 m, TGV-N은 6,000 m, 독일은 7,000 m, 이탈리아는 3,000 m로 하고 있다. 東海道 신칸센은 속도를 210 km/h로 하여 곡선반경을 2,500 m, 山陽 신칸센 이후의 신칸센은 260 km/h로 하여 4,000 m로 하고 있다.

프랑스 · 영국 · 독일 · 스웨덴 · 미국의 재래 간선의 경우는 비교적 평탄한 지형의 혜택도 받아 곡선반경이 큰 선형(alignment)이기 때문에 궤도 · 가선의 강화나 곡선 캔트의 수정, 건널목 대책 등으로 200 km/h의 운전을 하고 있다.

(5) 구배율(gradient)

노선 선정(location of route)과 차량 성능에서 결정된다. 경부 고속철도는 25 ‰로 하고 있다. 해외의 경우에 프랑스 TGV-SE선은 지형의 혜택을 입어 35 ‰를 채용하고 터널(tunnel)을 없게 하여 건설비의 대폭적인 경감에 효과를 올리고 있다. 그 후의 신선은 25 ‰, 스페인의 신선은 12.5 ‰로 하고 있다. 독일 · 이탈리아의 신선은 화물 열차(freight train)의 공용 운전도 감안하여 각각 12.5 ‰, 8 ‰로 하고 있다.

일본의 경우에, 東海道 신칸센은 15 ‰, 山陽 신칸센 이후는 속도 향상을 고려하여 12 ‰로 하였다. 그 후 노선 연장 킬로미터나 터널 구간의 단축 등에 의한 건설비의 경감을 위하여 고성능 차량의 채용을 전제로 하여 정비 신칸센의 北陸線에서는 30 ‰, 九州線에서는 35 ‰를 채용하고 있다.

(6) 궤도중심 간격(track center distance, track spacing)

일반철도의 4.3 m 이상에 대하여 경부 고속철도에서는 5 m 이상으로 하고 있다. 프랑스의 TGV-A는 4.2 m, TGV-N은 4.5 m, 일본의 신칸센은 4.3 m 이상으로 하고 있다.

(7) 동력 방식

차량 성능과 동력 효율이 좋은 전기 방식이 유리하며(제5.1.2항 참조), 비전철화 운전의 재래간선 구간인 영국의 200 km/h 디젤 열차 HST(high speed train)를 제외하고 전기 운전이 세계적으로도 원칙으로 되어 있다(**표 9.3.1** 참조).

(8) 전기 방식

고속 운전은 소요 동력이 커서 급전 전력량이 크게 되기 때문에 전압이 높은 것이 바람직하다. 그 때문에 신선의 경우는 교류 25 kV가 일반적이다. 독일 · 스웨덴 및 미국과 이탈리아의 경우는 재래선의 전기 방식인 교류 15 kV 및 11 kV와 직류 3 kV를 그대로 사용하고 있다.

(9) 열차 방식

프랑스·스페인·독일·영국·스웨덴의 양단 또는 편단 동력차 방식과 일본·이탈리아의 MT 편성 동력분산 방식이 있다.

동력집중 방식(concentrative power system)은 객실의 바닥 아래에 동력 장치가 없기 때문에 승차감이 좋고 동력 장치의 수가 적어 정비 보수가 경감될 수 있는 등의 이점이 있다. 동력분산 방식(decentralize power system)은 가감속 성능이 우수하고 전기 브레이크를 풀로 사용하며 차량 중량이 가볍고 축중(axle load)이 작으며 열차 길이가 짧은 점 등이 뛰어 나다.

동일 수송력(transportation capacity)에 대한 비교에서 차량 중량은 분산 열차가 가볍고, 차량 비용의 차이는 사소하며 각각 1장1단이 있어 어느 것이 우수한가의 판정은 어렵다(제6.2절 참조).

(10) 신호보안·열차제어 방식

예를 들어 210 km/h에서는 제동 거리가 2,500 m 이상에 미치므로 시각인식 거리를 넘어 정거하기 때문에 신호는 차내 신호 방식으로 하는 ATC(자동열차제어장치)를 채용하고 있다.

열차제어 방식으로서 보다 높은 보안도와 효율성을 위하여 CTC(열차집중제어장치)를 채용하고 있다.

(11) 건널목 대책

고속 운전의 보안 대책을 위하여 건널목 등의 사고는 절대 피하여야 하며 원칙적으로 입체 교차 또는 고가화하여 건널목을 없게 하고 있다. 서구의 재래선에서 건널목이 남아있는 경우에는 차단기를 특히 견고하게 하고 경비원을 배치하고 있다.

9.3.3 시설과 차량

(1) 선로

고속 운전의 경우에 선로의 파괴가 속도의 2제곱에 비례한다고 예상되며, 선로보수(maintenance of track)를 완수하여 대응할 수 있지만 안전하고 양호한 승차감을 위하여 어느 정도의 궤도 틀림으로 억제하여야 하는가 등이 과제이었다.

선로의 기본 구조로서는 60 kg/m 장대레일(continuous welded rail), PC 침목, 두꺼운 깬 자갈의 도상, 고속 분기기(high-speed turnout)(노스 가동 크로싱, movable nose crossing)의 채용이 일반적이다. 장대 터널 등에서는 슬래브 궤도(slab track) 등 콘크리트 궤도(concrete bed track)로 하고 있다. 경부고속철도 2단계구간(대구–경주–부산)은 전구간을 콘크리트 궤도로 하였다(제3.1.1.항 참조).

또한, 선로의 궤간·수평·면(고저)·줄(방향) 등의 보수 정비에 높은 정밀도를 요한다. 궤도의 관리 및 보수에 관하여는 제3.6.6항을 참조하기 바란다.

장대 교량과 고가교는 미학적인 특성과 미래의 환경 문제들을 고려하여 최적으로 설계한다. 각 교량은 건축 양식이 각자의 개성을 가지고 있다 할지라도 노선을 구성하는 일관성의 조정이 필요하며, 기본적으로 교량부에서의 고속 특성으로 결정된다. 여행자들에 대한 최적의 서비스를 제공하고 교량의 수명을 연장하기 위하여 계속적인 유지 보수를 필요로 한다.

터널은 일반 교량보다 눈에 띄지 않지만 여전히 특별한 주의가 요구된다. 터널 디자인과 특성을 이용하여 입구 · 출구의 특성과 외양의 디자인과 함께 조용하고 진동이 없이 운행되도록 한다. 또한, 건설 기간에는 지역 주민에게 피해를 주지 않아야 한다.

표 9.3.1에는 각국의 고속철도별 주요 건설 기준, **표 9.3.2**에는 각국의 고속철도별 노반 구성의 내역을 나타낸다. 한편, 일본의 경우에 山陽 신칸센 이후, 슬래브 궤도의 구성비를 보면 山陽 신칸센 중 新大阪~岡山 간(165 km)이 5 %, 岡山~博多간(398 km)이 69 %, 東北 신칸센(470 km)이 90 %, 上越 신칸센(270 km)이 94 %이다.

표 9.3.1 각국별 주요 건설 기준

구분	정부고속철도	기존 정부선	일본 신칸센	프랑스TGV	서독 ICE
궤간(mm)	1,435				
레일	60kg/m, 장대	50kg/m, 일부 장대	60kg/m, 장대		
침목	P.C 침목	P.C 침목, 목침목	P.C 침목	2블록 콘크리트	P.C 침목
도상	자갈, 슬래브	자갈	자갈, 슬래브	자갈	
궤도중심 간격(m)	5.0	4.0	4.3	4.5	4.7
노반 폭(mm)	14,000	10,000	11,600	13,600	13,700
통로 폭(mm)	1,500	600	1,200	1,800	1,600
최고 속도(km/h)	300	150	275	320	250
최소 곡선반경(m)	7,000	400	4,000	6,000	7,000
최급 구배(%)	25	12.5	15	25	12.5
설계 표준하중	UIC-하중	LS-22	NP-하중	UIC-하중	
터널단면 크기(m²)	107	62.2	60	100	82
신호	ATC	CTC	ATC		
전기	AC-25kV				AC-15kV

표 9.3.2 각국의 고속철도별 노반 구성

구분	정부고속철도	프랑스 TGV	독일 ICE	일본 신칸센	스페인 AVE
구간	서울~부산	파리~리용	하노버~뷔르쯔브르그	도쿄~오사카	마드리드~세비야
총연장(km)	412	426	327	515	471
터널	182.3(44%)	–	118(36%)	72(14%)	16(3%)
교량	109.3(27%)	2(1%)	33(10%)	170(33%)	10(2%)
토공	120.5(29%)	424(99%)	176(54%)	273(53%)	445(95%)

(2) 가선(overhead line) 방식

가선 방식은 일반적으로 변Y 심플 카테너리(strange Y simple catenary)식을 이용하며, 300 km/h의

TGV-A선에서는 컴파운드 카테너리(compound catenary)식을 채용하고 있다[31]. 경부 고속철도에서는 헤비 심플 카테너리(heavy simple catenary)식을 이용하고 있다.

일본의 경우에 전차선 높이의 공차를 최소한으로 하여 팬터그래프(pantograph)의 상하동을 적게 하고, 또한 경점을 없게 하여 진동이 억제되는 조건에서 東海道 신칸센의 경우에 당초는 **그림 9.3.1(1)**과 같은 합성소자가 있는 컴파운드 방식을 채용하였다(나중에 헤비컴파운드 방식으로 교체). 즉, 선행 팬터그래프로 가선의 진동을 보다 빨리 감쇠시켜 후속의 팬터그래프에 크게 영향을 주지 않도록 하였다. 합성 소자는 스프링과 댐퍼(감쇠 장치)를 원통 내에 넣은 것으로 팬터그래프로 전차선이 밀려 올려질 때는 스프링이 자유로 수축하지만, 팬터그래프가 통과하여 스프링이 늘어날 때는 댐퍼가 작용하여 전차선의 잔류 진동을 억제하는 작용으로 하고 있다.

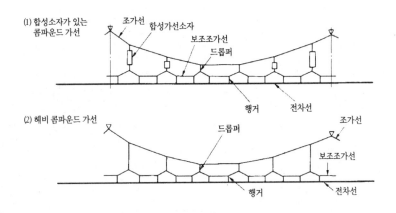

그림 9.3.1 가선 방식

이 방식의 이선율(ratio of contact keep)은 시험 사용에서는 우수하였지만, 개업 후 가선계 상위의 변위가 크기 때문에 열차 횟수의 증가로 구성요소의 기계적 피로 등에 기인하여 트러블이 발생하고, 또한 강풍을 받을 때에 뜨기 쉬운 등의 결점이 판명되어 山陽 신칸센 이후는 헤비 컴파운드 방식(heavy compound catenary system, **그림 9.3.1(2)**)을 채용하였다. 즉, 가선 전체를 무겁게 하고 전차선(trolley wire)의 장력을 증가시켜 팬터그래프로 밀어 올리는 힘에 대한 가선의 변위를 보다 작게 하였다. 東海道 신칸센 전차선의 단면적은 110 mm², 장력은 1 tf이었지만 山陽 신칸센 이후는 170 mm², 1.5 tf로 되었다.

(3) 차량

여기서는 고속 운전에서 특히 고려하여야 할 일반적인 사항을 기술한다(경부 고속철도의 차량에 관하여는 다음의 항 참조).

공기 저항이 상당히 크기 때문에 선두 형상은 풍동 시험에 의거하여 유선형으로 하고, 차체 측면 등의 평활에도 고려한다. 고속철도에서는 열차 중량당 약 2배의 소요 출력이 요구되기 때문에 경량화에 노력한다. 가일층의 경량화와 공기 저항을 줄이기 위하여 차체 단면적을 작게 하고 있는 설계가 많다. 터널에 들어 갈 때의 차내 기압 변동이 현저하여 불쾌감을 주기 때문에 차체와 문을 기밀 구조로 하고 터널 통과 시에 자동

표 9.3.3 세계의 고속철도 열차 현황

국가	차종	개통년도	편성수	운행최고속도 (실험최고속도) km/h	편성구성 (PC+T)	Tilt	좌석수 (1st+2nd /total)	열차길이 (m)	열차중량 (tf)	최대축중 (tf)	정격출력 (kW)	비고
영국	GNER IC225	1988~9	31	225(260)	1+10	N	112+368/480	224	451	20.5	4540	
	Eurostar Class373	1993~5	11	300	2+18	N	210+560/770	394	752	17.0	12240	
	Eurostar Class373	1995~6	7	300	2+14	N	106+424/530	319	616	17.0	12240	
벨기에	Class373	1993~5	4	300	2+18	N	210+560/770	394	752	17.0	12240	
프랑스	Class373	1993~5	16	300	2+18	N	210+560/770	394	752	17.0	12240	
	TGV Sud-Est	1978~5	27	270(408)	2+8	N	108+260/368	200	385	17.0	6420	
	TGV Sud-Est	1978~5	63	300	2+8	N	110+240/350	200	385	17.0	6420	
	TGV Sud-Est	1981~4	7	270	2+8	N	285+0/285	200	379	17.0	6420	1등실 편성
	TGV Sud-Est	1981~5	9	270	2+8	N	108+260/368	200	394	17.0	6420	스위스운행
	TGV Sud-Est	1984	2.5	270	2+8	N	0	200	345	17.0	6420	
	TGV Sud-Est	1981	1	270	2+8	N	0	200	345	17.0	6420	
	TGV Atlantique	1989~2	105	300(515)	2+10	N	116+369/485	238	484	17.0	8800	
	TGV Reseau	1992~4	50	300(350)	2+8	N	120+257/377	200	386	17.0	8800	프랑스 운행
	TGV Reseau	1994~5	24	300(350)	2+8	N	120+257/377	200	386	17.0	8800	벨기에 운행
	TGV Reseau	1995~6	6	300(350)	2+8	N	120+257/377	200	386	17.0	8800	이태리 운행
	TGV Duplex	1995~7	30+55	300	2+8	N	197+348/545	200	380	17.0	8800	
	Thalys(PBKA)	1997~8	6	300	2+8	N	120+257/377	200	385	17.0	8800	
	Thalys(PBKA)	1997~8	9	300	2+8	N	120+257/377	200	385	17.0	8800	궤간:1524
	TGV NG01	개발중	1	360	1	N	N/A	N/A	N/A	16.0	6000	
스페인	AVE	1991~2	18	270(357)	2+8	N	116+213/329	200	392	17.0	8800	
독일	ICE1(401동력차))	1990~3	45	280	2+12	N	192+435/627	358	790	19.4	9600	
	ICE1401)	1990~3	15	280	2+10	N	192+303/495	305	684	19.4	9600	
	ICE2(402)	1996~8	44	280	1+7	N	105+263/368	205	420	19.5	4800	
	ICE3(405)	1999	4	330	4+4	N	135+244/380	200	420	16.0	8000	암스텔담 운행
	ICE3(406)	1999	9	330	4+4	N	135+244/380	200	420	16.0	8000	PBKA
	ICE3(403)	1999	37	330	4+4	Y	141+250/391	200	405	15.0	8000	독일 국내용
	IC-T(411)	1997~9	32+40	230	6+1	Y	53+307/360	184	360	15.0	4000	
	IC-T(415)	1998~9	11	230	5+0	Y	N/A	132	257	15.0	4000	
이탈리아	ETR450	1988	15	250	8+1	Y	390+0/390	208	440	12.5	4700	
	ETR460	1994	7	250	6+3	Y	115+333/448	237	434	13.5	6000	이태리 국내용
	ETR460	1995~6	3	250	6+3	Y	115+333/448	237	434	13.5	6000	프랑스 운행
	ETR460	1997~8	15	250	6+3	Y	115+333/448	237	434	13.5	6000	
	ETR470	1996~7	9	200	6+3	Y	156+256/412	237	447	14.2	6000	
	ETR480	1997~8	15	250	6+3	Y	156+256/412	237	434	13.5	6000	
	ETRY500	1991	2	300(319)	2+10	N	192+480/672	302	544	19.0	8500	
	ETR500	1995~7	30	300	2+11	N	180+483/663	328	598	17.0	8800	
	ETR500	1997~9	20+22	300	2+11	N	180+483/663	328	598	17.0	8800	
	ETR500	1997~9	10	300	2+8	N	90+400/490	250	520	17.0	8800	
핀란드	S220	1994~5	2+23	220(222)	4+2	Y	262+0/262	159	302	18.3	4000	
노르웨이	BM7	1997~8	16	220	1+2	Y	0+184/184	70	220	17.5	2645	공항서틀용
스웨덴	X2000	1990	20	210(276)	1+5	Y	98+296/394	164	365	18.3	3260	
	X2-2	1995	14	210	1+4	Y	214+0/214	115	271	18.3	3260	
일본	Series 0(JR Central)	1964	30	220(235)	16+0	N	132/1208/1340	393	970	16.0	11840	
	Series 100(〃)	1986	57	220(276)	12+4	N	168+1153/1321	395	922	15.0	11040	2층 차 포함
	Series 300(〃)	1992	36	270	10+6	N	200+1123/1323	400	710	10.1	11040	
	Series 200(JR East)	1980~82	55	275(278)	12+0	N	52+833/885	400	697	17.0	11040	
	Series 400(〃)	1990	12	240(345)	6+1	N	20+379/399	126	318	13.0	5040	기존선:130kph2층차
	E1 Max(〃)	1994	11	240	6+6	N	102+1133/1235	302	693	17.0	9840	
	E2(〃)	1997	16	275	6+2	N	51+579/630	200	366	13.0	7200	
	E3(〃)	1997	16	275	4+1	N	23+247/270	100	220	12.0	4800	기존선:130kph2층차
	E4(〃)	1997	3	240	4+4	N	54+763/817	201	428	16.0	6720	
	Series 0(JR West)	1964	32	230	16+0	N	132+1208/1340	393	970	16.0	11840	
	Series 100N(〃)	1989	9	230	12+4	N	168+1153/1321	395	922	15.0	11040	2층차 포함
	Series 300N(〃)	1992	9	270	10+6	N	200+1123/1323	400	654	11.3	12000	
	Series 500(JR West)	1997	9	300	12+4	Y	-	382	-	10.8	-	

적으로 외기와 차단하는 환기 장치로 설계한다.

스프링하 중량(unsprung load)의 저감이 특히 중요하며, 대차(truck)는 주행 안정성이 우수하고, 차륜 횡압이 적은 것을 선정한다. 차축 베어링은 차량용의 표준 유형의 원통 롤러 베어링이지만, 고속 회전을 위하여 기름 윤활로 하고 있다. 차륜과 레일과의 점착계수를 안정시키기 위하여 답면 청소 장치를 설치하고 있다.

차륜의 타이어 윤곽(tire contour)은 탈선 방지(derailment prevention)성이 보다 높은 것을 선택한다. 팬터그래프는 강도가 높은 틀, 고속에 대하여 밀어 올리는 힘의 변화가 적은 형상, 접판(slider)의 재질 등을 특히 고려한다.

화장실의 오물 처리에는 당초는 저류식으로 하였지만, 나중에 항공기에 사용되고 있는 순환식으로 하고 있다.

만일, 선로상에 장애물이 있는 경우를 고려하여 선두부의 스커트를 견고하게 하고 그 내부에 상당 강도의 배장 장치를 설치하며, 더욱이 레일면에 닿을랑말랑한 고무의 보조 배장기(obstruction guard)를 설치하고 있는 예도 있다.

눈이 많은 지역의 신칸센 차량은 차체를 바닥 아래까지 길게 한 보디 마운트 구조(body mount struc-ture)로 하여 상하 기기를 그 안에 탑재하고 있다. 300 km/h대에서는 주행풍 대책으로서 상하 기기에 대하여도 같은 구조를 취한다.

프랑스의 고속철도 차량은 상세한 마케팅 조사의 결과, 차내 안락함의 새로운 기준과 새로운 색깔을 선택하고 새로운 내부 시설과 외부 치장을 하였다.

표 9.3.3에는 고속 차량의 주요 제원을 나타내며 속도의 향상에 따라 열차 중량당 출력이 크게 되어 있다. 또한, 프랑스의 TGV와 스페인의 AVE, 유로스타(Eurostar)는 객차(coach)를 연접식(articulated truck) 편성으로 하여 보다 높은 주행 안정성과 실내의 소음 저감을 도모하고 있다.

(4) 경부고속철도 차량의 특징
(가) 개요(제9.3.5(1)항 참조)

경부고속철도 차량은 프랑스의 TGV 설계를 바탕으로 1 열차당 약 1,000 명의 대량 수송 능력을 갖추고, 프랑스보다 추운 한국의 기후조건에 맞도록 내한 성능을 강화(영하 25 ℃에서도 정상적으로 운영할 수 있도록 내한 성능을 강화)하였다. 또한, 터널이 많은 지형조건을 감안하여 터널 통과 시 외부의 높은 공기압력이 실내로 유입되지 않도록 차량 기밀(氣密) 설계를 채택하였으며, 열차가 터널로 진출입할 때 발생하는 외부의 압력파가 객실 내로 유입되지 않도록 환기구가 자동적으로 개폐되게 설계하였다.

그리고, 마찰·발전·회생 제동의 3중 제동 장치를 설치하는 등 국내의 환경에 적합하도록 설계를 보완하였다. 1 열차당의 수송능력을 증대시키기 위하여 18,000 마력의 추진 시스템(엔진)과 12 대의 견인 전동기를 장착하였다.

승객에 대한 서비스의 향상을 위하여 오디오와 비디오 시스템을 갖추고, 팩스와 공중전화를 설치하였다. ·2호 객차에는 휠체어 보관대, 장애인용 화장실 등 장애인 편의 설비를 갖추었다. 실내 디자인은 한국 고유의 색상인 고려청자색(翡色)을 바탕으로 하여 배색하였고, 열차 선두부 형상을 비롯한 외부 디자인은 공기 저항력을 줄이고 300 km/h의 고속 성능이 잘 표현될 수 있도록 디자인하였다.

안전 시스템에는 열차제어 시스템, 통신 시스템, 방화 시스템, 자연재해 감지시스템, 선로내 장애물 검지장치, 차축 발열 감지장치, 자기진단 시스템, 전차선 동결방지 시스템 등이 있다(제9.3.4(5)항, 제9.3.6항 참조).

(나) 견인 시스템

견인 시스템은 GPU(large central spring box) 팬터그래프, 고압회로 차단기, 주변압기, 모터블록, 견인 전동기, 기계적 동력전달장치, 보조 전력장치 등으로 구성된다(**그림 9.3.2**).

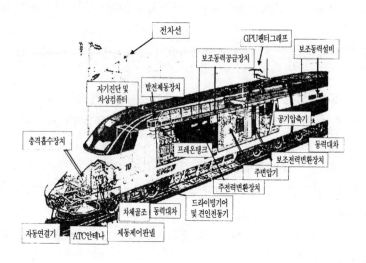

그림 9.3.2 KTX열차의 추진 시스템

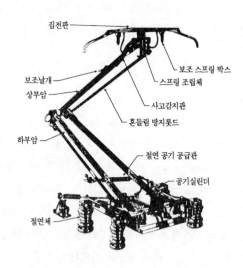

그림 9.3.3 팬터그래프의 구조(싱글 암형)

GPU 팬터그래프는 전차선에서 전기를 받아 차량으로 전달하는 역할을 하며, 고속 운행 중 전차선과 원만한 접촉을 유지시켜 열차가 운행 중에 튀는 현상(離線 현상)을 적게 하여 아크 발생을 적게 하고 차량에 연속적으로 전기가 공급되도록 한다. 접촉력(contact wire pressure)은 약 70 N(17 lbs)이다. 고속에서의 공기

저항과 소음을 줄이기 위하여 팬터그래프(**그림 9.3.3**)의 크기를 최소화하고 차량 1편성당 양쪽 끝의 동력 차량에 1개씩 2개가 설치되어 있으며, 실제 운행 시는 진행 방향으로 볼 때 뒤쪽의 1개만 올려서 이용한다.

고압회로 차단기(main circuit breaker)는 팬터그래프에서 주변압기에 이르는 전류를 감지하여 과전류 발생 시 주회로를 차단함으로서 주변압기, 모터 블록 등 주요 기기에 대한 보호 작용을 한다.

주변압기(main transformer)에서는 25kV 60Hz의 단상 전력을 1,800V(견인용)와 1,100V(보조 전력용)로 변환한다.

모터블록(motor block)은 주변압기에 공급되는 교류 전원을 견인 특성에 맞도록 전원을 변환하는 장치로 1개의 모터 블록당 2대의 견인 전동기에 동력을 공급하며 주정류기 장치(main rectifier)와 견인 인버터(traction inverter)로 구성된다. 주정류기 장치는 주변압기의 2차 견인 권선의 1,800V의 교류 전압을 직류 전원으로 정류한 후에 평활 리엑터(smoothing reactor)를 거쳐 평활한 전류를 얻는 장치이고, 견인 인버터는 견인 전동기를 제어하기 위하여 직류 전원을 다양한 주파수의 교류 파형으로 변환하여 견인 전동기에 3상 전원을 공급하는 장치이다.

견인 전동기(synchronous traction motor)는 모터 블록에서 제어되는 전류량과 주파수에 따라 견인 전동기의 회전력과 회전 속도가 결정된다. 직류 전동기와 같은 정류자 면이 없어 유지 보수비가 적고 경량화할 수 있으며, 대차 질량을 가볍게 하기 위하여 차체에 설치되어 있어 궤도 등 하부 구조물의 손상을 적게 한다. 견인 전동기의 출력은 1,130 kW(최대 회전 속도 4,000 rpm)이며, 열차당 12 대의 전동기가 설치되어 총 13,560 kW(약 18,000 Hp)의 출력을 낼 수 있다.

기계적 동력 전달 장치(mechanical transmission)에서, 전동기의 축은 Sliding Cardan(유니버설 조인트)을 사용한 삼각 트랜스미션(tripod transmission)으로 기어 박스(axle gear box)에 연결되어 있다. 기어박스는 축에 연결되어 차륜에 동력을 전달하여준다(**그림 9.3.4**).

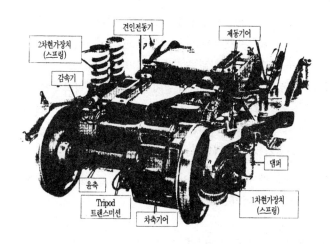

그림 9.3.4 KTX 차량의 동력전달장치

보조 전력장치(auxiliary power supply unit)에서는 주변압기에서 공급된 단상 교류 1,100 V의 전력을 보조 정류기를 통하여 직류 570 V를 생성하고, 동력차 충전기, 객차의 440 V용 인버터, 객차 충전기, 동력차 보조 인버터(모터 블록 냉각 송풍기, 견인 전동기 냉각 송풍기, 주변압기 냉각 송풍기, 공기 압축기에 3상 380 V를 공급) 등에 전원을 공급한다.

(다) 제동 시스템

제동 시스템은 전기 제동장치(회생 제동장치, 발전 제동장치), 마찰 제동장치, 차륜활주 방지장치 등으로 구성된다.

전기 제동장치는 열차가 속도를 낮출 때에 견인 전동기를 발전기로 바꾸어 열차의 운동 에너지를 전기 에너지로 변환하는 제동장치로서 주로 고속시 속도 조절용으로 사용하며, 최고 속도에서 열차를 정지시키기까지 제동 에너지의 절반 정도를 담당한다. 회생 제동 장치는 전기 에너지를 전차선으로 역송시켜 다른 열차의 전원으로 사용할 수 있도록 하는 장치로 서울~부산간 운행 시 사용되는 총전력의 약 10 %의 전력을 회생시킬 수 있다. 발전 제동장치는 전기 제동장치 고장 시 전기 에너지를 모터 블록 상부에 설치된 저항기에 연결시켜 열에너지로 바꾸고 송풍기로 냉각시키는 제동장치로서 기계적 마찰 부위가 없어 소음이 없고 유지 보수비가 적게 든다.

마찰 제동장치는 열차 속도를 낮추기 위하여 제동 블록을 강력한 힘으로 접촉시켜 열차의 운동 에너지를 마찰열로 소산시키는 제동장치로 주로 비상시 또는 저속도에서 열차를 정지시키기 위하여 사용하며, 동력차는 차륜답면에 제륜자를 접촉시키고, 객차는 축당 2조씩 설치된 패드를 디스크에 접촉시킨다. 제동력은 동력차에 설치된 공기 압축기에서 만들어지는 압축 공기(9 bar)를 전기/전자적으로 제어하여 이용한다.

차륜활주 방지장치는 차륜에 속도감지 센서를 설치하여 미끄러지거나 공전될 경우에 차륜과 레일 사이의 마찰력을 높이기 위하여 자동으로 모래를 분사시키고 제동력을 낮추어 차륜이 미끄러지는 현상을 방지하는 장치이다.

(라) 차량간 연결장치

차량간 연결장치는 관절(articulation)형 연결장치(인접한 2량의 객차가 1개의 대차 위에서 연결되는 반영구적인 방법), UIC형 연결기(동력차와 동력 객차 사이의 연결)와 자동 연결기(automatic coupler, 차량 피견인을 위하여 열차 선두부를 연결할 수 있도록 하는 연결기)를 이용한다.

관절형 연결장치의 장점으로는 대차 수를 줄이어 열차 중량과 공기 역학적인 면을 개선하였고, 객차 사이에 대차를 위치시켜 실내 소음과 진동을 줄이고 객실 면적을 증대시켰으며, 주행시 안정성이 높다. 관절 구조는 댐퍼를 사용하여 인접한 객차를 동역학적으로 연결시킬 수 있고 객차간 연결 통로를 깨끗하게 처리할 수 있으며, 사고 발생 시 차량간의 견고한 연결로 차량의 전복을 방지할 수 있다.

자동 연결기는 사용하지 않을 때에 두 개의 화이버 글라스(fiber glass)로 된 문을 닫으면 동력차의 선두부 형상으로 된다. 이것을 열면 연결기가 노출된다.

9.3.4 운전관리 시스템 및 보안과 환경 대책

(1) 운전관리 시스템

복잡화되는 열차군의 관리 · 제어는 컴퓨터로 자동화하고 있으며, 운전 계획{열차 계획(train working program) · 차량 운용계획)의 작성과 전달의 자동화, 운전 정리(operation adjustment)를 위한 예측 다이어그램의 작성과 전달의 자동화, 진로 자동화 등을 행하고 있다.

다음은 그 순서의 대강이다.

① 사전 입력되어 있는 기본 다이어그램과 계절 · 주말 · 임시 열차 등 당일의 다이어그램을 기억시켜 둔다.

② CTC(central traffic control device)가 열차의 운전 상황을 받아서 다이어그램의 흐트러짐이 있는 경우에는 사령원(관제사)에게 경고함과 동시에 변경안을 제시하여 사령원의 판단을 구한다. 또한, 사령원이 임시로 지시하는 다이어그램 변경이 따른 경우에 장래의 운전 상태를 예측하여 그 결과를 디스플레이에 다이어그램 형식으로 표시한다.

③ 열차 지연(train delay) 정보나 사령 정보를 역 · 관계 개소에 전달한다.

④ 소정 다이어그램, 또는 사령원이 변경한 다이어그램대로 열차의 진로를 설정한다.

⑤ 열차운전 실적에 의거하여 각종의 통계를 작성한다.

(2) 보안 대책

(가) 선로방호 설비(track protective device)

고속 운전에서는 이물 등과의 충돌을 절대로 피하여야 하며, 선로 내로의 출입 방지용 울타리를 설치하고 있다. 또한, 선로를 넘는 과선교(over bridge), 도로나 땅 깎기(cutting) 구간의 병행 도로로부터의 자동차 등의 전락(fall) 사고 방지를 위하여 자동차의 충격에 견딜 수 있는 견고한 전락 방지책 등이 설치되어 있다.

(나) 열차 방호(train protection)

선로의 지장 등으로 긴급하게 열차를 정지시키는 경우의 방호 방법을 보다 고도의 것으로 하고 있다. 열차 방호는 지상에서 행하는 경우와 차상에서 행하는 경우가 있다. 다음은 일반적인 예이다.

1) 열차 방호 스위치(train protective switch)

연선 250 m마다 상하선 근방에 각각 설치되어 있다. 지상 계원이 이것을 다루면 궤도회로가 단락(short circuit)하여 정지 신호로 된다.

2) 방호 무선

지상 계원이 이 방호무선 발신기를 다루면 경보 신호에 따른 정거 신호를 약 1 km 범위내의 열차에 현시하여 기관사는 즉시 비상 브레이크로 열차를 정지시킨다.

3) 차량의 보호접지 스위치(protective earthing switch of car)

선로 · 전차선의 이상 등으로 지장개소 부근을 운전중인 열차를 긴급 정거시킬 필요가 있는 경우에는 차상의 기관사 또는 차장이 소정의 스위치를 다룬다. 보호접지 스위치는 운전대에 설치되며, 이것을 다루면, 지장개소를 중심으로 상하선의 전차선이 정전되도록 되어 있다.

(다) 선로 내 출입 금지

고속 운전 중의 선로보수 등 선로 내의 출입은 위험하기 때문에 금지되고 있다. 선로 · 가선 등의 보수 작업은 열차가 운전되지 않는 야간 시간대의 작업으로 하고 있다. 더욱이, 해외의 경우는 열차 횟수가 적기 때문에 약 25 km마다 건넘선을 설치하여 단선 운전(single track operation)으로 하고, 보수 작업에서는 열차를 서행시키지 않는 예가 많다.

(3) 환경 대책

열차 소음은 차륜의 전동음(rolling noise) · 차체의 공력음(aerodynamic noise) · 집전계 음(current collecting noise) · 구조물 음(structure-borne sound) 등이 합성되며, 예를 들어 다음과 같은 상응의 대책이 강구된다(제2.4.2절 및 제9.1.3절 참조).

고가교 · 교량 · 궤도 등에 대하여는 환경 대책을 배려하고, 연선 주택이 많은 구간에서는 선로 옆에 역 L형 등의 방음벽(sound-proof wall)을 설치하고 있다. 구조가 약간 복잡한 역 L형 방음벽은 일반의 직립 방음벽에 비하여 수 폰 정도 경감된다.

집전계 음의 대책으로서 가장 기여가 높은 이선 아크 음의 저감에 가선 행거 간격의 축소(예 : 5 m → 3.5 m)가 효과적이기 때문에 필요한 대책 구간에서 채용하는 예가 있다.

300 km/h 이상을 목표로 하는 차량은 선두 형상의 개량, 측면 창의 단차 축소, 팬터그래프 커버, 팬터그래프의 개량, 방음 스커트 등을 이용하여 될 수 있는 한 소음의 저하에 노력하고 있다.

TGV는 기존의 기차보다 바퀴 수를 감소시키고 공기역학적 유선형으로 하였으며, 바퀴에 직접 제동을 가하는 것을 점차적으로 지양하여 부드러운 운행을 보장하고 있다. 또한, 계획의 준비 단계부터 환경에 대한 다양한 요구를 사업 계획에 반영하는 것이 필요함을 고려하여 왔다.

① 식물의 생장을 고려하고, 주요 산림 지역은 우회하며, 수많은 수목으로 조경한다.

② 동물 서식지에는 고가 또는 지하로 동물이 우회하도록 충분한 규모로 통로를 설치한다.

③ 용지 매수한 농경지를 재편성하여 관리한다.

④ 수로는 자연적이든, 인위적이든 흐르도록 한다.

⑤ 노선 건설 이전의 모든 기존 교통망을 교량과 고가교로 유지토록 한다.

⑥ 지역 주민에게 불편을 주지 않도록 소음을 제한함에 따라 소음 방지 시설을 한다.

⑦ 문화적인 요소 또한 주목할 가치로 고고학적으로 발굴 작업을 수행한다.

(4) 방재(disaster prevention) 대책

자연 재해 대책으로서 필요한 개소에 풍속 감시 장치, 우량 감시 장치를 설치하고 있다.

일반적으로 지진(earthquake) 발생 시에는 먼저 초기 미동의 P파라고 불려지는 종파가 도래하고, 그 후에 S파라고 불려지는 횡파가 전하여진다. 보통의 지진계는 S파를 취하고 있지만, 외국의 지진동 조기 검지 통보 시스템은 P파의 초동 부분을 검지하여 주진동 도달 전의 조기 검지를 가능하게 한다.

경부 고속철도에서는 지진 감도 검색 시스템을 이용하고 있다(제(5)(아)항 참조).

(5) 경부 고속철도의 안전 설비

철도의 생명은 안전이라고도 한다. 열차의 속도가 빠른 고속 철도의 경우에 사고가 엄청난 인적 · 물적 손실을 초래할 수 있기 때문에 완벽한 안전 장치를 필요로 한다. 경부 고속철도에서 채택하고 있는 여러 가지 안전 설비는 표 9.3.4에 나타낸 것과 같다(제5.7.5항, 제9.3.6항 참조).

(가) 자연재해 감지시스템

갑작스런 기상 이변으로 인한 재해를 방지하기 위하여 약 20 km 간격으로 기상 설비를 설치하였다. 강우/

표 9.3.4 고속 철도의 안전 설비(safety installation)

설비 명칭	설치 목적 및 활용	설치 장소
축소 검지 장치	· 차축 과열로 인한 탈선사고 방지 · 이상 과열 시 양쪽 루프 케이블(loop cable)에 검지 정보를 전송하여 차량에서 알 수 있도록 함	· 상 · 하선 평균 30 km간격 · 상구배, 곡선 및 상시 제동 구간은 설치하지 않음
지장물 검지 장치	· 선로 위를 지나는 고가 차도나 낙석 · 토사 분기 우려 지역에서 자동차, 낙석, 토사의 침입을 검지하여 사고 예방 · 1선 단선 시 무선으로 기관사에게 주의 운전 유도 · 해당 궤도회로에 정지 신호 전송. · 기관사 확인 후 지장을 주지 않으면 복귀 스위치 조작, 운행 재개	· 검지선을 2개 선으로 설치.
끌림 물체 검지 장치	· 차체 하부의 부속품이 이완되어 궤도 시설이 파괴되는 것을 방지 · 기관사는 열차 정지 후 차량 상태 확인 및 끌림 물체 제거	· 약 60 km간격마다 선로 중앙에 설치
강우검지장치	· 집중 호우로 인한 지반 침하, 노반붕괴 우려 시 열차 정지 또는 서행	· 20 km간격으로 설치
풍속검지장치	· 강풍 시의 열차 운행 속도 제한	
적설검지장치	· 폭설 시의 열차 운행 속도 제한	
레일 온도 감지 장치	· 레일 온도의 급격한 상승으로 인한 장출 방지 · 한계 온도 이상으로 상승 시 경보 조치, 운전 규제하여 탈선 예방	
터널 경보 장치	· 터널 내 작업자와 순회자의 안전 확보 · 열차가 접근하면 경보를 주어 터널 내에 있는 작업자 등이 대피하도록 경보	· 모든 터널에 설치
안전 스위치	· 선로 순회자나 작업자가 위험 요소 발생 시 스위치를 눌러 진입 열차를 정지시킴	· 선로변 약 250~300 m 간격
연선 전화	· 선로 순회자나 작업자가 이상 발견 시 관련자와 직통으로 통화	
순회 직원의 무전기	· 선로 순회자나 작업자가 무전기를 휴대하여 이상 발생 시 부근의 기관사와 통화	

강풍 검지기를 20 개소 설치하여 시간당 60 mm 이상, 혹은 일일 연속 강우량이 250 mm 이상, 풍속 35 m/s 이상인 경우에 열차를 자동으로 정지시킨다. 또한, 폭설이 예상되는 대구 이북 3 개소에 강설 감지기를 설치하여 폭설 시에 주의 운전하도록 하고 있으며, 차량에는 피뢰기를 설치하여 낙뢰 시에 대비토록 하고 있다.

(나) 선로 내 장애물 대책

1차로 선로를 횡단하는 고가도로 및 비탈 개소로 낙석 또는 토사 붕괴가 우려되는 곳에 그물망형의 검지 장치를 설치하여 열차를 비상 정지시키는 장치이다. 1차 검지장치로 발견되지 않은 장애물이 선로에 방치되어 있으면, 동력차 전부에 설치된 배장기(레일 상면보다 235 mm 이상의 장애물)와 대차 전부에 설치된 제석기로 장애물(60~235 mm의 작은 장애물)을 제거한다.

1, 2차 안전설비에도 불구하고 이를 통과한 장애물은 열차와 부딪치게 되는데, 먼저 선두부 연결기와 부딪치면서 약 50 톤의 에너지를 흡수하고, 다음으로 동력차 전부에 설치된 충격흡수 장치에서 2 MJ(약 60 kg의 콘크리트와 시속 300 km/h의 속도로 충돌할 때 발생하는 에너지량)의 충격 에너지를 흡수하고, 최종적으로 동력차 자체에서 약 200 톤의 압력 하중을 받게 된다.

(다) 방화 시스템

차량 내 화재 발생 또는 각종 기기에서 이상 고온이 감지되면 기기의 전원을 차단함과 동시에 경보를 발하는 화재탐지 설비를 갖추고 있으며 총 29개의 소화기를 적재하여 화재 발생 시 신속한 진화가 가능하도록 하고 있다. 특히, 객실 내 카펫, 의자 포지, 내장재 등 객실 내부의 자재는 불연성의 재질을 사용하고 있다.

(라) 차축발열 감지

약 30 km마다 차축발열 감지장치를 설치하여 운행중인 열차의 축상 온도를 검지하여 베어링 온도가 70 ℃ 이상이면 경고, 90 ℃ 이상이면 열차를 정지시키도록 하여 운행 중 차축 절손 등의 사고를 미연에 방지토록 하고 있다.

(마) 열차제어 시스템 및 통신 시스템

고속 운전에서는 컴퓨터를 이용한 계기 운전에 의존하게 되며, ATC와 CTC를 설치하고 있다. 무선 통신 시스템을 설치하여 기관사와 중앙 통제실간의 직접 음성 통신과 데이터 통신을 할 수 있도록 하고 있다.

(바) 자기 진단 시스템 및 2중 보완 설계

차량에는 자기 스스로 각 기능을 진단하여 고장 발생 시 이를 기관사에게 통보하고, 2중으로 설계된 예비 기기를 가동시켜 목적지까지 정상 운행토록 설계되어있다.

(사) 전차선 동결방지 시스템

열차가 운행 중일 때에는 전차선에 전기가 흐르고 이로 인하여 열이 발생하여 전차선에 성애가 발생하지 않으나, 열차가 운행되지 않는 심야에는 전류가 흐르지 않아 추운 날씨에는 전차선에 성애가 발생하여 열차가 운행할 수 없게 된다. 이를 방지하기 위하여 50 km 간격으로 설치된 변전소에 열차가 없어도 전차선에 전기가 흐를 수 있도록 해주는 회로를 설치하여 열차 운행전 20~30 분간 전기를 공급하면 약 80 ℃의 열이 발생하여 성애가 자동으로 녹도록 해주는 해빙 시스템이 설치되어 있다. 이 외에도 우리 나라의 기후 조건을 감안하여 -35 ℃, 얼음 두께 40 mm, 초속 45 m의 강풍 속에서도 전차선이 절단되지 않도록 설계되어 있다.

(아) 지진감지 시스템

고속철도 인근에 지진응답 계측기를 약 11 km 간격으로 설치(1단계 개통구간은 05. 10~06. 5 21개소, 37개 지진감지센서 설치)하고 지진감지 시스템을 구축하여 고속철도 종합사령실의 중앙통제 방식으로 운용한다. 지진감지센서에서 감지한 지진관련 정보를 고속철도 관제실에서 3~5초 이내 실시간으로 전송하여 열차운행을 통제한다. 선로변에서 계측된 지진값이 40 gal(진도 4) 이상이 되면 관제실에서는 황색경보가 울리고, 관제사는 운행중인 열차를 170 km/h로 서행운전을 지시하며, 65 gal(진도5) 이상이 되면 관제실에는 적색 경보가 울려 운행중인 열차가 즉시 정거하도록 지시한다.

(6) 설빙 대책

고속선로의 강설·적설에 따른 재해는 기존 선로와 달리 고속주행에 따른 열차풍으로 인하여 선로 위의 눈이 날려 차량의 대차나 바닥 등에 부착되어 얼음덩어리로 형성되어 있다가 열차의 주행 중에 얼음덩어리가 낙하하여 선로의 자갈을 비산시켜 차량손상을 발생시키는 현상이 발생하게 된다.

즉, 열차가 강설 중이거나 적설된 자갈궤도구간을 고속주행시에 차체 하부의 눈이 얼음의 결정으로 되어 쌓이는 수빙(樹氷) 또는 설빙(雪氷) 현상이 일어나고 이것이 성장한 얼음 덩어리는 주행중에 떨어져 궤도의 자갈을 퉁겨내어 차체에 부딛혀서 차량을 파손시키거나 선로 인접구조물에 손상을 입히는 경우가 발생하므로 이에 대한 대책이 필요하다. **그림 9.3.5**는 이의 현상과 대책을 도해하며, **표 9.3.5**는 설빙피해방지 대책을 나타낸다.

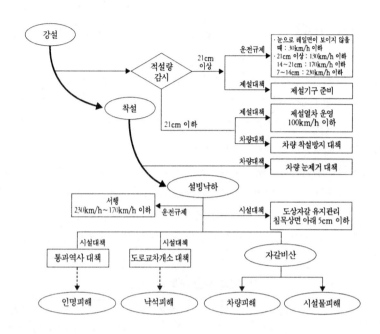

그림 9.3.5 고속선로의 설빙현상과 대책

표 9.3.5 고속선로 설빙피해 방지대책

대책		내용	비고
운전규제	적설량에 따른 감속	·눈이 덮여 레일이 보이지 않을 때 : 30 km/h 이하 ·궤간 내 적설량 기준 ·7 cm～14 m : 230 km/h ·14 cm～21 cm : 170 km/h ·21 cm～ :130 km/h	적설량에 따른 감속
	설빙피해 우려 시 감속	·230～170 km/h로 감속	※KTX 기장/승무원이 이상 진동·소음 여부로 판단
	제설열차(중지시간)	·폭풍설 또는 대설경보 발령시 야간 제설열차 운행(2시간 간격, 170 km/h)	※제설열차 운영조건 (7 cm 이상 강설 예상시)
제설대책	제설기구(운행중 지시)	·이상 기후 대비 제설기구 준비(용산, 대전, 대구 차량기지)	※ATC개량 디젤기관차 부착
차량대책	차체하부 설빙제거	·대차융설 설비 설치 및 운용(차량기지/반복역) ·반복역 간이 설빙 제거작업 실시	※대차융설 설비 처리 용량 : 분당 1편성
	차량 착설방지 설계	·신규 차량 착설방지 설계	※기존 운행차량은 적용대상에서 제외
시설대책	통과역사 대책	·통과 역사 자갈비산 방지대책 적용	※자갈궤도 전구간의 자갈 면을 침목 상면 아래 5 cm 이하 유지
	도로 교차개소 대책	·도로교차개소 자갈비산 및 낙석 방지대책 적용	※자갈펜스 설치, 합성수지 살포

9.3.5 경부 고속철도의 기술 특성

(1) 차량

(가) 차량의 제원

경부 고속철도의 차량에 관한 일반의 제원은 **표 9.3.6**, 객차의 제원은 **표 9.3.7**에 나타낸 것과 같다.

(나) 첨단의 기술을 이용한 설비와 기능(제9.3.3(4)항 참조)

1) 관절형 대차 : 대차는 객차를 연결하는 주행장치로써, 경부 고속열차는 움직임이 자유로운 관절형 대차를 사용한다. 이는 마치 사람의 관절처럼 자유로이 움직일 수 있는 원리로 제작되어 가볍고 소음이 적으며 안락한 승차감의 유지가 가능하다. 객차연결 방식은 객차를 견고하게 붙잡아 주는 연결 링을 사용하며, 차량이 분리되거나 넘어지지 않는다.

2) 바퀴구조 및 차체구조 : 몸체가 하나인 일체형 바퀴구조로 되어 있으며, 시속 300 km로 주행 시의 어떠한 충격에도 바퀴의 파손이 없이 안전한 운행이 가능하다. 독일 ICE의 경우에는 분리형 바퀴의 파손에 의한 탈선 사고 이후에 모든 차륜을 일체형으로 교체하여 운행 중이다. 차체 구조도 공기 저항을 최소화시키도록 비행기의 앞모양과 같이 공기 흐름에 적합한 유선형 구조로 제작하였다.

표 9.3.6 차량의 일반 제원

항목		내용	항목		내용
외부 형상		유선형 구조	제동 방식		회생＋발전＋공기제동
설계 특징		공기역학적 설계, 관절방식 객차 연결		공기 제동 형식	구동대차 : 단편 제동, 관절 대차 : 디스크 제동
열차 동력	사용전압	25kV, 60Hz AC	열차 편성		동력차 2량＋동력객차 2량＋중간객차 16량 (1등 객차 4량, 2등 객차 14량)
	견인동력	13,560 kW	열차길이		388 m
	전기 제동력	300 kN	좌석수		935 석 (특실 127석, 일반실 808석)
대차	궤간	1,435 mm	열차 중량	공차 중량(W_0)	637.1 ton
	대차 수량	23/20량(구동 대차6, 관절 대차 17)		운전 정비 중량(W_1)	701.1 ton
	차륜 직경	920 mm / 850 mm (신품/마모한도)		영차 중량(W_2)	771.2 ton
열차 성능	안전한도속도	330 km/h		만차 중량(W_3)	841.3 ton
	최대 운용 속도	300 km/h	차량 치수	동력차 (PC)	22.517(길이)×2,814(폭) ×4,100(높이)mm
	가속 성능	0→300 km/h의 도달시간 6분5초		동력 객차 (MT)	21,854(길이)×2,904(폭) ×3,484(높이)mm
	여행 시간	서울→부산 118분		객차 (IT)	18,700(길이)×2,904(폭) ×3,484(높이)mm

표 9.3.7 객차의 제원

항목	차종	특실	일반실
좌석	좌석배열	2 + 1	2 + 2
	좌석수	25, 32, 35 석	56, 60 석
편의 시설	오디오	이어폰(Earphone) 청취	-
	비디오모니터	4 대/량	2 대/량
	전화	2 대	4 대
	팩스	1 대	-
	음식 저장 시설	-	2 개소
	자판기(캔/스넥)	3/0	7/3
	장애자 설비	장애자 화장실, 휠체어 보관소	-
색상	천장	밝은 회색 펠트	밝은 회색 펠트
	바닥	비색 카펫트	비색 고무판
	의자	회녹색 벨벳	녹색 벨벳
	측벽	회색 펠트	회색 펠트

3) 3중 제동시스템 : 기존 프랑스 TGV의 2중 제동장치보다 한 가지가 더 추가된 3중 제동시스템을 갖춰 훨씬 강력한 제동이 가능하다. 마찰제동, 저항제동, 회생제동의 3중 제동시스템을 컴퓨터로 제어하여, 열차제동과 에너지 절감효과를 동시에 얻을 수 있도록 설계하였다.

4) 충격흡수 장치 : 충돌 사고 시에 2 MJ의 충격 에너지를 흡수하여 승객의 안전을 최대한으로 확보하기 위한 충격흡수 장치로서 벌집 모양의 특수 재질로 된 "허니컴(honeycomb)"을 설치하였다.

5) 운전감시 시스템 : 고속 열차는 최첨단 시스템을 이용해 자동으로 운행되나, 보다 안전한 운행을 위하여 기관사의 운전 상태를 확인하는 감지 시스템을 설치하였다. 기관사가 졸거나 운전 이상 시에는 자동경보 시스템이 작동하고 자동 경보에도 기관사의 적절한 조치가 없을 때는 열차가 자동으로 정지한다.

6) 압력밀폐 시스템 : 고속 차량에는 비행기 수준의 뛰어난 압력밀폐 시스템을 갖추었다. 터널이 많은 우리 나라의 지형적 특성을 고려하여 환기구의 자동 여닫힘 장치와 진공 오물처리 장치 등을 구축하여 공기 압력의 영향을 철저히 차단하고 있다.

(다) 편의 시설

1) 객차 디자인 : 실내 디자인은 한국 고유의 색상인 고려청자색(翡色)을 바탕색으로 하여 배색하였고, 외부 디자인은 기관차 선두부와 함께 푸른색 띠로 처리하여 시속 300 km로 달리는 고속철도의 속도감을 강조하였다.

2) 승객의자 : 좌석은 포항공대의 연구보고서(한국인 체형에 맞는 차량 내 공간 배치에 관한 연구, 1993. 1)를 바탕으로 한국인의 체형에 맞는 인체공학적 설계를 채택하여 여행 중에도 최대의 안락감을 느낄 수 있도록 하였다

3) 오디오/비디오 시스템 : 5 채널의 이어폰을 특실의 각 의자에 설치하였으며, TV 모니터는 특실에 4대, 일반실에 2대를 설치하여 여행 중에 음악과 영화를 즐길 수 있도록 하였다.

4) 화장실 : 화장실의 오물과 냄새의 역류 방지를 위해 항공기와 같은 특수 장치를 하여, 오물처리 장치 내부의 압력을 언제나 진공 상태로 유지시킬 뿐만 아니라 화장실 배수 파이프 안에 특수 밸브를 설치하여 운행 중 오물이나 냄새가 차내로 들어오지 못하도록 설계하였다. 특히, 장애인용 화장실의 경우는 휠체어를 탄 장애인의 출입이 용이하도록 하였다.

5) 장애인 설비 : 특실(2호차)에 장애인용 화장실과 휠체어 보관소와 장애인석을 설치하여 장애인 승객의 편의를 도모하였다.

6) 음식물 저장설비 : 일반실에는 음식물을 저장하기 위한 저장실과 음식물을 신선하게 보존하기 위한 냉장고, 음식물을 데우기 위한 오븐 및 음식물을 승객에게 배달하기 위한 운반용 트레이를 설치하였다.

(2) 전력 · 통신 · 신호
(가) 송전 선로

1) 가공 송전선로 : 154kV 2회선 ACSR 410 mm² (30.5 km, 3 개소)

2) 지중 송전선로 : 154kV CV케이블 800 mm² 2회선 (16.6 km, 4 개소)

(나) 변전 설비

1) 변전소(7 개소)

① 개폐기와 차단기 : GIS(gas insulated switchgear)설비 : 170kV, 72.5kV

② 22 kV 고압 배전용 차단기 : 진공 차단기(정격 : 24kV 630A 25kA)

③ 변압기 : 변압기의 제원은 **표 9.3.8**에 나타낸 것과 같다. 접지설비는 제1종 접지이며, 공동 접지망 구성은 노반의 구조체 접지망까지 공동 연결하여 서울~대구간 전구간을 공동 접지망으로 구성하였다.

표 9.3.8 변압기의 제원

구분	결선	용량
주변압기	스코트결선	154kV/55kV, 90/120MVA
고배용변압기(유입)	Y - △	3/4MVA
단권 변압기	-	10MVA
소내용 변압기	△ - Y	22kV/380V, 150kVA

2) 급전 구분소(7 개소) 및 병렬 급전소(13 개소)

① 개폐기와 차단기 : 72.5kV GIS 설비

② 22 kV 고압 배전용 차단기 : 진공 차단기(정격 : 24kV 630A 25kA)

③ 변압기 : 단권 변압기는 용량이 10 MVA이며, 소내용 변압기는 몰드변압기로서 결선은 △-Y이고 용량은 22kV/380V, 75kVA이다. 접지설비는 변전소와 같은 모양으로 하였다.

(다) 전차선로의 구성(그림 **5.1.13~5.2.15**, 제5.2.5항 참조)

1) 전선류 : 전차선 Cu 150 mm², 조가선 Bz 65 mm², 급전선 ACSR 288 mm², 보호선 ACSR 93.3 mm²

2) 지지물 : 전철주는 H형 강 전주(200*200, 250*250, 300*300)이며, 하수강은 터널과 고정 빔 개소 사용에 사용한다.

3) 장치류 : 장력조정 장치는 도르레식 개별 장력조정 장치, 흐름방지 장치는 Bz 65 mm²를 사용하고, 애자 구분 장치는 본선(고속용)과 측선(저속용)에 설치하며, 단로기는 본선용(동력식), 측선용(수동식)이 있다.

(라) 신호 설비(제5.7절 참조) 및 통신 설비

고속선로 구간의 신호 방식은 ATC 차상신호를 이용하며, 연동장치는 ABS/ATS 지상장치이다. 또한, CTC와 ATO를 이용한다. 고속철도 신호시스템의 주요기능은 ① 열차구성에 관한 명령과 제어, ② 열차 간격을 조정하는 기능, ③ 운행 안전의 확보, ④ 각종 보호기능 등이다. 신호방식은 차상(차내)신호, 선로전환기는 전기선로 전환기, 궤도회로는 AF궤도회로, 연동장치는 전자연동장치를 이용하고 있다. 표 9.3.9에는 주요 신호설비의 제원, 표 9.3.10에는 주요 통신설비의 제원을 나타낸다.

표 9.3.9 주요 신호설비의 제원

구분	주요기능	주요구성품	비고
자동 열차 제어 장치 (ATC)	지상장치는 지상의 제반 조건을 레일을 통하여 차상으로 전송, 차상장치는 이들 정보와 차량의 제동성능과 현 주행속도를 감안하여 최적의 운행속도를 운전석에 표시하고 속도초과시 자동으로 열차를 정지시키는 장치 - 궤도회로로 열차유무 검지 - 열차진행에 따라 후방 속도신호를 순차적으로 자동 변경 - 차상안테나로 지상신호를 수신하여 운전허용속도를 기관실에 현시 - 허용속도나 실제운행속도를 비교하여 속도 초과 시 자동으로 제동장치 작동	A. 지상 설비 - 신호기계실 설비(데이터처리 장치, 입출력 장치) - 선로변 설비(궤도회로 장치, 전송 케이블, 각종 표지물 등) B. 차상 설비 - 열차속도 검지기 - 차상 컴퓨터 - 차상표시 유니트 - 안테나 등	이중계로 구성
연동 장치 (IXL)	선로가 분기되는 역이나 건넘선 등에서 안전한 열차운행을 확보토록 신호기, 선로전환기, 궤도회로 등을 상호 연동시켜 일정한 절차에 따라 취급으로써 사고를 미연에 방지하고 조작자의 오동작에도 열차를 안전하게 운행할 수 있는 장치 - 진로 내 타 열차와 경합진로를 조사 후 신호, 또는 속도정보 제어 - 열차접근 시 진로 내 선로전환기 전환 방지 - 분기 개소에 차량점유시 선로 전환기 전환 방지 - 조작자의 오취급에 대한 방호 등	- 역 조작반 - 전자 연동반 - 정보 수신반 - 보수 장치 - 현장 제어 모듈 - 표시 판넬 등	2 out of 3 방식으로 구성
열차 집중 제어 장치 (CTC)	열차운행 상황을 중앙 사령실에서 집중적으로 종합감시하고 열차운행을 자동 제어함으로서 열차를 안전하고 효율적으로 운행할 수 있게 해주는 장치 - 운전 정리와 신호 제어 - 열차추적 제어 - 열차운행 일정 계획 등	- 주컴퓨터 - 통신 컴퓨터 - 개발 컴퓨터 - 사령실 제어대 - 표시 판넬 등	이중계로 구성

표 9.3.10 주요 통신설비의 제원

구분	주요기능	주요 구성품	비고
전송망 설비	교환설비와 단말장치 등으로부터 수신된 부호, 음향 또는 영상 등의 전기통신신호를 변환, 재생·증폭하여 광통신 선로를 이용하여 송수신하는 설비 -열차제어설비 관련정보 전송 -전력원격제어설비 관련정보 전송 -열차무선설비 관련정보 전송 -교환시스템 관련정보 전송 -폐쇄회로설비 관련정보 전송 등	-기간망 설비 ·STM-16 ·4-Fiber Double Ring -구간망와 연선접속망 설비 ·STM-1 ·2-Fiber Double Ring	다중계로 구성
열차 무선 설비 (TRS)	열차를 운전하는 기관사/승무원, 선로변의 보수작업자, 사령근무자 등 직원상호간에 필요한 연락수단을 제공하는 설비 -디지털 방식 -800MHz대의 고주파 이용 -차상 컴퓨터와 열차상태를 실시간으로 중앙센터에 전송 -전국 단일망 방식	-Zone Controller -Telephone Interconnect -Comparator Digital -Network Controller -Data Host Computer 등	

(마) 첨단의 기술을 이용한 설비

1) 전기설비의 2중 안전 설계 : 안정적인 전기공급을 위하여 전선, 변압기 등 모든 전기설비를 2중으로 설치, 정전 시에도 원활한 전기 공급이 가능하도록 설계하였다. 일반적으로 전기 공급은 하나의 단선으로 공급하나, 경부 고속철도는 2중의 복선으로 전원을 공급한다

2) 전차선 해빙 시스템 : 동절기 고속철도 전차선에 얼음이 얼거나 눈이 쌓일 때에 이를 녹여주는 장치로서, 전기 히터 원리를 이용하여 전기 저항력으로 열을 발생시켜 전차선의 얼음과 눈을 녹여 아무리 추운 겨울에도 안전하게 열차에 전기를 공급해 줄 수 있다(제9.3.4(5)항 참조).

3) 자동 열차제어 시스템(ATC) : 열차 내의 차상 컴퓨터에서 자동으로 속도를 조절하는 최첨단 장치이다. 선로상의 신호장치와 지상의 신호기계실 장치 및 차상의 컴퓨터간 긴밀한 삼각 구도로 허용 속도와 운영 속도를 비교하여 자동으로 열차 속도를 조절함으로서 고도로 열차 운행의 안전을 확보한다. 또한, 장치 고장 시에도 기능을 정상 수행토록 장비를 이중화하여 안전에 지장을 주지 않는 방향으로 동작하는 2중안전장치(fail safe) 개념으로 설계한 장비이다.

4) 연동 장치(IXL) : 열차의 안전운행 확보를 위하여 기존의 계전기 대신에 높은 신뢰성을 가진 컴퓨터 칩을 채용한 최첨단 전자 연동장치이다. 고도의 열차운행 안전을 확보하기 위하여 3개의 처리 장치가 동시에 동일한 정보를 입력, 처리한 후 상호 비교하여 2개 장치 이상의 처리 결과가 일치할 때만 출력하는 2 out of 3 방식으로 설계된 장비이다. 또한, 장치 고장 시에도 안전에 지장을 주지 않는 방향으로 동작하는 fail safe 개념으로 설계한 장비이다.

5) 열차 집중제어 장치(CTC) : 열차의 안전운행 확보와 효율적인 운행을 위하여 중앙 사령실에 설치한다. 중단이 없는 운용을 위하여 고장 허용(fault tolerant) 개념으로 설계한 최첨단 장비이다.

6) 열차무선 설비(TRS) : 국내 최초로 도입하는 완전 디지털 방식의 주파수공용 통신시스템(Trunked

Radio System)으로 800 MHz대의 한정된 주파수를 다수의 이용자가 이용하는 첨단 시스템이다. 통화 품질이 우수하고 데이터 통신이 가능하다. 또한, 운행중인 차량의 상태를 스스로 진단·감시하여 중앙 센터로 전송함으로써 신속한 조치가 가능하다.

7) 전송망 설비 : 부호, 문자, 음향, 영상 등의 전기신호를 광신호로 변환하여 전송하는 설비이며, 고도의 신뢰성을 확보하고, 고장 시 자동 절체토록 예비계로 구성하였다. 또한, 회선장애 시 우회회선으로 자동 변경할 수 있도록 링형 망으로 구성하였다.

8) 전력 원격제어 설비(SCADA) : 모든 전력공급 장치를 본부의 전력 사령실에서 한눈으로 감시하여 자동으로 제어하는 설비로서, 서울~부산간 모든 전력 설비의 이상 유무 확인 등 신속한 조치가 가능하다.

(3) 시설

(가) 고속철도 건설 분야의 주요 기술특성

고속철도는 300 km/h로 열차가 운행될 때 고주파진동에 기인하는 재료의 피로, 구조물 공진 현상에 따른 불안정성(unstability), 터널 내 급격한 공기압력의 변화로 인한 승차감 저하 등 기존철도에서 볼 수 없던 여러 가지 복잡한 동역학적 현상이 발생된다. 고속철도 공사는 이러한 기술적인 특성을 감안하여 충분한 강도와 안정성이 확보되는 구조물을 시공해야 하는 건설공사이다.

경부고속철도에서 주요한 특징의 하나는 토목 구조물이 많다는 점이다. 표준화된 구조물과 건설 공법은 건설 공정을 최적화화기 위하여 적용하였다. 전형적인 고가교 구조물은 2 또는 3 연속 25 m 경간 또는 2 연속 40 m 경간으로 구성하였다. 이들의 전형적인 경간의 적용은 교량 상판의 신축 이음매간 길이를 80 m보다 작도록 제한하였으며, 따라서 대부분의 경우에 레일 신축 이음매의 설치를 피하였다. 터널 출입구는 나팔모양으로 시공하여 터널 내 고속주행 시의 안전확보에도 차질이 없도록 하였다.

1) 열차성능 모의 시험(train performance simulation, TPS)에 의한 노선 선정 국내 최초로 도입한 TPS는 건설하고자 하는 선정 노선의 제원을 입력하여 열차 주행시의 운행 소요 시분, 표정 속도, 전력 소비량 등을 거의 유사하게 산출할 수 있으며, 신선의 철도 계획에 있어 최적의 노선을 결정하는 기법이다. 항공 측량에서 해석·도화된 지형 정보와 선로의 건설 조건을 입력하면, 차량의 운행 상황, 운행 시간, 정거장간 운행 소요 시간, 전력 소모 소요량, 운전선도 등을 출력한다.

2) 전산화 시스템에 의한 설계 및 도면 제작
디스크에 수록된 지형도의 해석 도화 정보와 TPS에서 검토된 노선을 전산 프로그램에 입력하여 노선의 종평면도 작성, 절·성토량의 산출, 유토 곡선도의 작성, 공사비 산출, 교량·터널의 위치 및 구조형식 대안 등에 대하여 반복 작업으로 최적 안을 제시한다.

3) 교량의 안전성
교량은 400 kg/cm² 이상의 고강도 콘크리트로 건설하고, 여름철에는 냉각수를 사용하는 등 철저히 골재를 관리하였다. 또한, 교량의 동적 거동을 검토하였고, 지진, 태풍 등에도 견딜 수 있도록 내진 설계하였다. 교량 구간의 궤도도 장대레일로 하기 위하여 모든 고가교를 포함한 모든 교량을 자갈궤도 교량으로 하였다. 교량 상판간에는 수평력 분산장치와 고무제 콘크리트 신축 이음을 설치하였다.

4) 교량의 동적 해석 및 설계

고속철도의 교량 설계는 국철의 일반적인 설계와 같이 UIC 하중을 재하시켜 교량단면과 PC강선 및 철근량 등을 산정하나, 고속열차주행에 필요한 동적 안정성을 만족시키기 위해서는 실제 차량을 재하하여 설계속도로 시뮬레이션한 후 상판가속도(0.35 g), 단부 꺾임각(50×10⁻³ rad: 1′43″), 비틀림(0.4 mm/3 m) 등의 기준을 만족하여야 한다.

고속철도 교량은 고속으로 주행하는 연행하중을 받는 구조물로 실제 주행속도에서 현행하중에 의한 교량구조물의 공진 현상이 발생할 가능성이 있다. 구조물의 공진이 발생할 경우 구조물의 거동은 매우 불안정해지고 교량의 상판가속도와 처짐을 증폭시키는 주요 원인이 된다. 공진으로 인하여 교량의 상판 가속도와 처짐 폭이 일정 값 이상으로 되면 구조물의 불안정성은 물론, 교량 위에 설치되어 있는 도상자 갈이 튀는 현상이 발생한다.

또한, 열차가 교량 위를 고속으로 주행하는 경우 교량상판의 길이와 처짐 현상은 열차의 상하 진동을 유발시키며 이 진동이 차량의 고유 진동주기(1~1.5 Hz)와 공진을 일으킬 경우, 차상의 진동가속도가 크게 증폭되어 승차감을 악화시키고 순간적으로 열차의 수직하중을 저감시켜 탈선계수를 증가시키거나 구조물에 수직하중을 증가시킬 수 있으므로 이에 대한 고려가 필요하다.

경부고속철도는 교량설계 시에 이러한 점을 감안해 정적 안전성과 사용성 뿐만 아니라 동적 안전성도 추가적으로 검토하였으며 상판 가속도·단부 꺾임각·처짐·비틀림 등 검토된 모든 항목이 허용치 이내가 되도록 설계하여 열차의 고속주행에 대한 안전성을 확보하고 있다.

5) 고속 주행을 위한 선로의 직선화 및 수평유지

300 km/h의 주행을 위하여 선로를 거의 직선화하고 지면과도 수평을 유지하도록 건설하였다. 즉, 곡선반경이 7 km인 원의 곡선보다 반듯하도록 설계하고, 지면과의 수평각도가 1,000 m당 25 m 이상 변화되지 않을 만큼 지면과 거의 수평을 유지하였다.

6) 터널 내 풍압

열차가 터널 내를 고속으로 진입하면 차체가 공기를 밀고 나가 압축함으로써 터널내의 공기압 변동이 발생하고 이러한 공기압 변동은 터널 내부에서 ±10,000 Pa 정도이다. 열차의 계속적인 통과에 따른 공기압 변동은 파동을 발생시켜 반복 응력에 의한 구조물 피로를 증가시킨다. 터널의 길이는 파동수와 상관이 없이 열차의 속도에 관계되어 증가한다. 또한, 장대터널에서 열차가 교행하는 경우 압력의 변화 값은 단선주행의 두 배로 된다.

경부고속철도는 승차감을 고려하여 터널내 공기압 변동량의 기준 값을 3초간 4,300 Pa(10,000 Pa이 1/10 기압에 해당됨) 이하가 되도록 설계하였으며, 구조물의 피로현상을 방지하기 위하여 터널 단면적을 크게 하고, 터널 내의 wave-front를 반사하는 통풍구를 설치해 압력 최고점을 크게 감소시켰다.

터널 출입구는 나팔모양으로 시공하여 터널 내 고속주행 시의 안전확보에도 차질이 없도록 하였다.

7) 터널 내 미기압파

미기압파는 고속철도에서만 나타나는 독특한 특성이며 열차의 고속주행에 따라 터널내부에서 발생하는 공기의 압력파가 터널 입·출구부에 도달했을 때 "펑"하는 소리가 발생하는 현상으로 터널출구 주변에 소음 등 환경문제를 일으킨다.

경부고속철도는 터널 단면적을 107 ㎡로 설계하여 공기압 변동량이 3 초 동안 4,300 파스칼 이내로 조정되어 터널내 공기압 및 미기압파 문제를 해소하였다.

8) 토공

토공과 구조물의 접속부에서 급격한 노반강도 변화방지 및 구조물과 토공 사이의 부등 침하를 방지하기 위하여 어프로치 블록 설치하였다. 어프로치 블록이 규정대로 시공이 안될 경우 고속주행열차의 진동으로 수직방향에 과대한 침하가 발생 시에 탈선의 우려가 있다. 특히, 토공이 교대배면에 접속될 때에는 이를 감안하여 정밀 시공하였다.

궤도를 충분히 지지하고 상부노반의 연약화를 방지하기 위하여 도상자갈 아래에 강화노반 층을 설치하였으며, 노반 연약화 등 문제발생으로 고속열차의 안정운행에 지장을 초래하지 않도록 별도의 쇄석층을 시공하였다.

9) 고속철도용 분기기(제3.5.5항 참조)

분기부를 통과할 때에 직선의 기준선 측에서 속도의 제한을 받지 않고 운행최고속도와 일치되어야 하며, 분기선 측의 통과속도도 가능한 고속으로 통과가 가능하도록 설계되어야 한다. 기존철도의 분기기 선형은 분기 통과속도가 낮기 때문에 직선 구간과 원곡선 구간에 완화곡선이 없었으나, 고속철도에서는 분기기 통과속도 증가가 필요함에 따라 완화곡선을 삽입하였다.

기존철도의 분기기는 분기부 내에 레일 이음매 및 크로싱 부분의 결선 부로 인하여 충격이 발생되고 전환되는 각도가 커서 고속운전이 불가능하였으나, 고속 분기기는 분기부 내의 레일을 용접하고 가동 크로싱의 채용으로 결선부를 제거하였으며 전환되는 각도를 적게 하여 고속운전 시 승차감을 향상하였으며, 탄성 포인트를 도입하였다.

또한, 분기부 내 탈선을 방지할 수 있도록 밀착 검지장치 및 쇄정 장치 등을 설치하여 안전성을 확보하였으며 분기기에 가열장치를 설치하여 겨울철의 결빙이나 강설시에 가동부가 원활히 작동되도록 하였다.

10) 장대레일 용접(제3.5.5(4)항 참조)

열차속도가 고속화됨에 따라 승차감을 유지하고 충격 등에 대한 재료파괴를 최소화하고 안전을 확보하기 위하여 고속선로에는 장대레일 부설이 필수적이다. 장대레일 부설을 가능하게 하기 위하여 레일 용접기술에 대한 확신과 신축이음장치의 설치가 필요하다.

분기기를 포함한 서울–부산 전구간의 레일 이음매를 모두 용접하고 장대 교량 등 특수 구간에는 신축이음매를 설치하여 덜컹거림이 없이 쾌적한 운행이 가능토록 하였다. 기지 용접은 국내에서 최초로 도입된 플래시 버트 용접에 의하였다.

장대레일의 부설로 궤도재료의 수명이 연장되고 궤도유지보수 주기 및 작업량이 절감되며 소음 및 진동을 저감시키는 효과를 얻을 수 있다.

11) 최첨단 장비를 이용한 궤도부설

초음파나 레이저 장치 등 첨단 장비를 이용하여 자동화, 기계화 시공을 통하여 정밀하게 궤도를 부설하였다. 궤도부설은 먼저 10 km 정도의 임시 궤도를 부설하여, 그 위로 레일, 침목 등 궤도 재료를 운반하여 부설하여 궤광을 조립하고, 6회의 자갈 살포 다짐, 장대레일 설정, 선형 조정, 선형 측정의 순으로 진행하였다. 모든 궤도 부재는 고속 궤도 성능 시방서의 요구조건에 적합함을 보장하기 위하여 국내 또는 해외에서 시험하였다.

(나) 교량상부의 시공

경부고속철도 교량의 주요형식인 P.C Box 교량(상자형 교량)의 시공 공법으로는 M.S.S 공법(Movable Scaffolding System), P.S.M 공법(Precast Span Method), F.C.M 공법(Free Cantilever Methed), F.S.M 공법(Full Staging Method) 등으로 대별되나 경부고속철도에서는 주로 M.S.S, F.S.M 공법을 사용하였고, 공기가 촉박한 일부 공구에 대해서는 이탈리아 고속철도 건설 시에 사용되어 안정성과 품질이 입증된 P.S.M공법을 사용했다. F.S.M 공법은 교량의 높이가 높지 않고, 지반이 양호한 곳, M.S.S공법은 교량이 높고 하부에 하천이나 연약지반 등이 통과하는 구간에 적용하였다. 특히 M.S.S공법 적용 시에는 부분 공장철근 조립공법(Partial Caging Method)를 개발하여 시공함으로써 공기단축, 정밀시공, 품질확보 등의 효과를 거두었다.

1) 이동식 비계공법 (MSS 공법)

종래에는 교량 시공시 거푸집, 동바리를 각각 조립하여 작업 후 다시 거푸집 동바리를 해체하여 다음 경간으로 운반·설치하는 작업을 반복하였다. 그러나 이와 같은 조립 해체 작업의 반복시행에는 많은 노력과 시간을 필요로 하며, 또한 작업 중에 인근주민이나 교통 등에 지장을 초래할 염려가 있다. 따라서 이와 같은 문제를 해결하기 위해 고안된 시공법이 이동식 비계공법이다. 이동식 비계공법은 교량의 상부구조 시공시 거푸집이 부착된 특수한 이동식 비계를 이용하여 한 경간씩 시공해 나가는 공법으로서 원래 독일의 Strabag가 처음으로 개발하여, 1959년 독일의 Kettiger Hang교에 최초로 시공된 이래 많은 발전이 거듭되어 오늘날 선진국에서 널리 사용되고 있는 공법이다.

이 공법은 독일의 Strabag사 외에도 Dywidag사, P&Z사 등 여러 회사에서도 시공법을 개발하는 등 공법의 다양화가 이루어지고 있다. 이 공법이 국내에 도입된 것은 1983년 1월로서 한강변에 위치한 노량대교에 최초로 시공되어 1986년 5월 성공적인 완공을 보게 되었다. 이 공법의 주요 특징은 다음과 같다.

① 기계화된 장비를 사용하므로 급속 시공이 가능하고, 안전 시공이 가능하다.

② 하천이나 도로 등 교량의 하부조건에 관계없이 시공할 수 있다.

③ 철도나 도로에 근접되어 있어 공사용 도로 등을 확보할 수 없는 장소에서도 시공이 가능하다.

④ 반복작업으로 소수의 인원으로도 시공이 가능하고, 시공관리도 확실히 수행할 수 있으며 일기(日氣)에 의한 영향이 적다.

⑤ 장비를 타 현장에 전용할 수 있으므로 경제적 시공이 가능하다.

시공속도는 일반적으로 30 ~ 35 m의 한 경간을 시공하는데 20 일 정도 소요되므로 한 달에 50 ~ 60 m의 길이를 시공할 수 있다. 시공방법이 일정작업의 반복수행에 의한 것이므로 능률이 오르게 되면 더욱 효과를 나타낼 수 있다.

그러나, 이 공법이 여러 가지 장점을 지니고 있기는 하지만 이동식 비계의 중량이 무겁고 제작비가 비싸, 제작비 및 감가상각비가 많이 소요된다는 문제점이 있다. 따라서 이 공법의 특징과 경제성을 발휘하기 위해서는 고교각(高橋脚), 다경간(多徑間) 교량에 적용하는 것이 바람직하다.

이동식 비계공법으로서 현재 개발되어 사용되고 있는 종류에는 여러 가지가 있으나, 사용장비에 따라 시공방법이 약간씩 다르다. 그러나 기본적인 원리는 동일하며 장비의 위치에 따라 하부이동식(Support Type)과 상부이동식(Hanger Type)등으로 구분된다.

하부이동식에는 비계 보와 추진 보가 계산척 모양으로 이동해 나가는 Rechenstab 방식, 비계 보가 추진 보 역할까지 하는 Mannesmann 방식 등이 있으나 이 중 대표적인 형태는 독일의 Strbag사에서 개발한 Rechenstab 방식이다.

상부이동식에는 Gerystwagen방식, FPS식, PSC식 등이 있으며, 이 중 대표적인 형태는 Dywidag사에서 개발된 Gerustwagen방식이다. FPS방식, PSC방식은 기본적으로는 Gertistwagen방식과 동일하나 FPS방식은 주형이 2개로 되어 있어 횡형으로 연결되어 있으며, PSC방식은 이들 장비 외에 거푸집 이동용 거더가 추가로 설치되어 있는 것이 다르다.

2) 프리캐스트 경간 공법(PSM 공법)

가) 개요

장대 고가교 상판의 건설에 적용한 프리캐스트 경간 공법(PSM, Precast Span Method)이란 1경간 길이 25 m , 폭 14 m, 중량 600 ton의 교량 상부(콘크리트 Box Girder)를 Precast 제작공장에서 고정된 Mould로 Pretension을 도입하여 제작한 후에 특수차량(Straddle Carrier)으로 현장까지 운반하고 교량에 이미 설치된 이동식 가설장비(Launching Girder)를 사용하여 설치하는 최신 교량 가설 공법으로써 최신식의 건설 기술이다. 이탈리아의 고속철도 및 고속도로 교량에 적용하여 안전성 및 품질이 입증된 바 있으며, 국내에서는 고속철도가 처음 도입한 공법이다.

당초에는 현장 타설 이동식 비계(MSS)공법으로 설계되었으나 이 공법은 하절기 및 동절기에 현장 작업시 기후의 영향을 많이 받으며 또한 기능공의 숙련도에 따라 품질에 영향을 미쳐 균일한 품질 유지가 어렵고 연장이 긴 교량의 공기 준수가 불투명하여 균일한 품질확보 및 공기 준수가 가능한 새로운 PSM공법을 적용하게 되었다.

나) 공법의 장점

① 품질확보 : 동일 작업의 반복으로 최적의 균일한 품질을 확보하며, 기계화와 자동화된 공장설비에서 단계별로 분업화하여 작업함으로써 정밀한 시공이 가능하다.

② 공기단축 : 건설 현장이 아닌 공장에서 제작함으로써 기온 및 우천 등 기후의 영향을 받지 않아 획기적인 공기의 단축이 가능하다. 1경간의 소요 기간은 기존 공법(MSS, FSM)이 30일~35일임에 비하여 신공법(PSM)은 3일이다.

③ 비용절감 : 초기 투자비용은 크나 대량 생산이 가능하며 경간의 수가 많은 긴 교량의 경우 총공사비는 오히려 절감된다.

④ 추가 이점 : 공정의 장비화로 기능 인력을 절감하며, 지상에서의 공장 작업이 대부분이므로 안전성이 확보되어 산업 재해가 감소된다. 지장물 등 교량하부 조건에 영향을 받지 않고, 계속 반복되는 공정으로 정밀도와 숙련도가 향상되며, 가설 도로나 공사 부지가 불필요하여 공사비가 절감된다.

3) Caging 공법(철근의 공장 조립공법)

가) 개요

P.C Box 상판 시공법 중 기존에 사용중인 MSS(Movable Scaffolding System) 공법은 P.C Box(Prestress Concrete Box)를 2단계로 구분 시공하도록 되어있으며, 1단계는 바닥과 벽체(Web), 2단계는 상부 슬래브로 구분 시공한다. 그러나, 고속철도의 교량상판 P.C Box는 철근 가공 종류가 많고 특히 다이아프램 부위(단부)의 철근이 복잡하고 정밀조립을 요하므로 조립 시간이 많이 소요된다. 이를 극복하기 위하여 지상의 공장에서 철근을 가공·조립하여 교량 위에 설치된 MSS에 운반 설치하는 Caging System을 개발함으로써 품질향상 및 고기단축 등의 효과를 거두었다. 적용 구간은 정거장과 접속된 교량이며, 정거장 접속 구간이 40 m의 12 연속 경간으로 기존의 공법으로는 관리기준 공정의 준수가 곤란하여 Caging공법을 도입하여 공기를 단축(경간당 10일 단축)하였다.

나) 장점

① 공장에서 균일한 규격으로 철근을 가공할 수 있다.

② 기능공의 숙련도가 향상되고, 인력의 전문화로 품질이 확보된다.

③ 개방된 공간에서 현장 작업과 병행하여 철근을 별도로 조립함으로써 공기가 단축된다.

④ 철근 조립이 매우 복잡한 격벽 구간(Diaphragm)에서도 조립 허용오차 이내로 정밀 조립이 가능하다.

⑤ 콘크리트 양생 기간에도 별도의 제작장에서 철근 조립이 가능하여 효율적인 인력관리가 가능하다.

4) TFS 공법(Travelling Formwork System)

3경간 연속구조의 25m P.C Box(3@25 P.C Box)를 F.S.M (Full Staging Method)공법을 적용하여 시공시 지보공 상부에서 바로 해체, 이동, 설치 작업이 가능한 거푸집인 Travelling Formwork System(이동식 거푸집 공법)을 사용한다.

외부 거푸집에 대한 Travelling Formwork System의 적용은 대량의 장비 및 인력을 투입하여 설치, 해체 작업을 반복하여야 했던 기존의 재래식 거푸집 공법을 탈피하여 지보공 상에서 간단한 조작과 소수의 인원만으로 이동, 조립, 설치가 가능하므로 공사비 절감과 공기 단축이 가능하다. 특히 최적 설계를 통한 거푸집 경량화를 실현하여 인력만으로 손쉽게 운영할 수 있도록 하였으며 form til 수량을 최소화하여 작업의 편리성과 우수한 품질을 실현하였다.

5) 강합성 아치교 회전 거치 공법

경부고속도로를 가로지르는 모암1교는 교축 방향으로 최소 125 m 순경간과 약 20. 사각으로 만들어졌다. 최초 설계시 90° 각도(약 20 m 지간)로 고속도로를 가로지르는 4 개의 PSC 라멘 교각과 표준 고속철도 25 m 지간 포스트텐션 콘크리트 박스 구조물 사용을 계획했었다. 그러나, 이 구간에 대한 시공시 고속도로에 대한 교통 방해나 어떠한 임시 가설물 재배치가 허용되지 않았으므로 이 시공 방법은 복잡하고 부적절했다. 이러한 이유로 125 m 단경간 강재 아치교를 고속도로와 평행한 위치에서 제작하여 시공하는 '회전 거치 공법' 으로 변경하였다.

이 공법은 교량 설치 시에 고속도로상의 교통에 방해를 주지 않는 최대한 안전한 임시 가설기구 위에 있는 최종 위치에서 구조물을 회전시키는 방식으로 하였다.이 교량의 설계는 프랑스에서 가장 최근에 건설된 고속철도선인 프랑스 지중해 고속철도에 건설된 아치 구조물을 기본으로 한 것이다. 한국에서 최초로 건설된 이러한 형식의 철도교는 고속철도 아치교에 있어서는 건설 당시 세계에서 가장 긴 교량 구조물이다.

(다) 터널의 시공

1) 3차원(NET2B) 광파 측정

최근 전자/통신의 발달로 터널 계측도 과거 인력에 의존하던 방법에서 탈피, 자동화한 타켓 부착 장치 및 3차원 광파 계측기를 활용한 내공 변위 및 천단 변위를 계측할 수 있는 신기술을 적용하였다.

현재 국내에서 시공되고 있는 대부분의 터널 공사의 경우 NATM공법으로 시공하고 있으나 수동 계측의 경우에 인위적 오차 발생 및 측정기간 중 작업 중단 등의 문제점이 있어 계측의 정밀도 확보 및 공기 단축 필요성 대두되었다.

2) T.S.P 탐사 시스템

TSP(Tunnel Seismic Prediction) 탐사는 터널 안에서 굴착지점이나 굴착지점 전면의 상태를 용이하게 탐사할 수 있도록 개발된 방법으로 화약을 장약한 여러 곳의 발파공(약 24 공~30 공)에서 발파를 시행하면 이 발파에 의해 암반에 충격을 주게 되어 암반에서는 진동이 생기게 되고, 이 진동은 발파점에서 모든 방향으로 진행하게 되는 반사법을 이용한 공법이다. 따라서, 터널 막장 후방과 터널 막장 전방으로 진행하는 진동을 주로 수신기에 기록하는 방법이 TSP 탐사의 개요이다. 발파공에서 수신기 방향으로 진행하는 진동파는 수신기와 발파공 사이의 거리, 발파순간부터 수신기에 기록될 때까지의 시간을 이용하여 진동파의 진행속도를 알 수 있다(속도=거리/시간).

발파 후 터널 막장 전방으로 진행하는 진동은 지질구조대에서는 거울면의 역할을 하여 진동파가 반사되어 수신기 쪽으로 오게 되고, 이를 수신기에서 기록하게 되며, 이후 수신기에 기록된 시간과 속도를 이용하여 지질 이상대의 위치를 알아내게 되는데 위와 같은 작업을 여러 개의 발파공에 대해 실시함으로써 여러 기하학적 각도의 자료를 얻게되고, 이 자료들을 종합하면 터널 전방 지질의 이상유무에 대한 상황을 정확히 예측할 수 있는 공법이다.

터널 굴착 작업의 안전성과 시공능률의 극대화를 위해 터널 막장 전방 암층의 물성 뿐 아니라 지질구조에 대한 정확한 정보가 필요하다. 선진 조사공의 경우 비용과 시간이 많이 들고 경우에 따라 터널 작업을 지연시키므로 이의 개선이 필요하므로 적용하였다.

(라) 고속철도 건설분야의 기술성과

1) 시스템 분야

고속철도는 토목, 궤도, 건축, 차량, 기계, 신호, 전기, 전자, 통신 분야 등이 통합된 첨단기술의 집합체이다. 경부고속철도의 건설과정에서 최첨단의 궤도장비를 이용한 궤도의 기계화시공, 궤도재료의 성능과 품질의 향상, 교량·터널·노반 설계와 시공 기술의 향상 등을 이룩하였다. 또한, 자동열차제어시스템, 전력 공급선과 변전설비, 카테너리, 차량간의 기술적 연계성 등의 기술을 확보하고 설계·제작 기술의 향상 및 재료의 국산화와 품질 향상 등을 이루었다.

2) 설계 분야

고속철도 신선건설과 기존철도 연결운행 등의 노선선정 및 정거장 시설, 궤도시설, 전기시설, 신호시설, 통신시설, 차량성능, 철도경제분석 등 고속철도계획 능력을 국내기술로 축적하였다.

노선 및 정거장 등 철도토목공사 부문은 우리나라에서 처음으로 항공사진촬영 측량을 국내항공측량 회사가 3차원 해석으로 실시하여 지형도를 컴퓨터디스켓 작업을 하게 되어 토공, 교량, 터널, 정차장, 차량기지 등 토목공사설계를 컴퓨터로 설계할 수 있게 하였으며, 설계속도 350 km/h로 철도노선 및 정거장 입지, 토공, 교량, 터널 등을 설계하여 고속철도 차량제공 국가의 검토보완으로 프랑스, 독일 등 유럽 선진국 고속철도 설계 기법과 설계프로그램, 특히 교량 동특성 해석(Dynamic Study), 터널 공기압 해석(Air Dynamic Study) 등 국제적으로 최고권위자의 검토를 받아 고속철도 설계기술을 선진국 기술수준으로 향상시키게 하였다.

또한, 교량에 장대레일을 부설하기 위하여 궤도와 교량 구조물간의 상호작용 문제를 정밀하게 해석함으로서 이 분야의 기술을 향상시켰으며, 교량을 포함한 전 구간을 장대레일로 부설하였다. 분기기에도 장대레일의 개념을 도입하고, 분기선의 곡선반경을 크게 하고 완화곡선을 삽입하였으며, 노스 가동 크로싱을 채택함으로서 최적의 승차감을 확보할 수 있게 되었다.

다음에, 속도와 관련된 기술을 살펴보면, 교량의 설계 단계에서 동적 해석을 하여 교량의 동적 안정성을 검토하게 되었으며, 상판 가속도, 단부 꺾임각, 처짐, 비틀림 등을 검토하는 기술을 확보하였다. 또한, 터널 내 풍압과 미기압파에 관한 문제를 해소하게 되었다.

또한, 사업초기의 설계상 문제점을 해결하고 설계도면에 대한 검증을 완료하여 교량, 터널 및 궤도구조 등 주요 공종에 대한 표준도를 완성함으로써, 향후 사업에서는 차량특성이 반영된 노반설계가 가능하도록 하였으며, 공사시행과정에서 얻어진 노하우를 반영한 시공도면 보완 및 공법개선 등으로 독자적인 고속철도 설계기술력을 확보할 수 있게 되었다.

3) 사업관리

경부고속철도의 사업관리는 사업초기에는 외국기술에 의존하였으나, 2001년 12월 이후에는 독자적인 기술자립을 통해 고속철도건설사업을 성공적으로 추진 · 완료하게 되었다. 공단은 이러한 사업관리체계 구축을 통해 사업 공종을 업무분류체계(WBS)로 세분화, 타 분야와의 연계공정의 명확화, 업무처리의 절차화 등 표준화된 관리체계를 구축함과 동시에 직원 개인 및 조직의 목표와 책임사항을 부여하였고, 사업추진상의 문제점 및 현황에 대하여 사업관리시스템을 통한 전 직원의 정보공유가 가능하였다. 나아가 이러한 공유는 공단이 열린 조직으로 변화하는 계기가 되었다고 평가한다.

아울러, 직원 개개인은 각자의 책임사항의 시작점과 종료시점, 연관된 선행 및 후속공정을 충분히 숙지하게 됨으로써 사업비 증가나 일정지연 발생을 조기에 파악하여 대처할 수 있으므로, 조기경보를 통한 예방조치 및 문제 발생 시에 즉각적인 조치가 가능하게 되었다.

98년 종합사업관리시스템을 구축하여 운용한 이래 사업비, 공정, 품질 등이 계획 또는 계획을 상회하여 진행되었던 결과, 1998년~2002년 기간 중에는 연평균 15 %씩 공정을 추진하게 되었다.

4) 품질관리

고속철도의 기반시설인 노반과 궤도, 건축 등은 국내 기술진이 건설함에 따라 철도 건설계획, 설계능력이 국내기술로서 축적되어 고속철도 계획과 설계가 가능하게 되었고, 시공부문은 신공법 개발 및 기계화 시공으로 기술수준을 국제수준으로 향상시켰으며, 품질관리기법은 ISO 9000 계열을 도입(2000년

5월 ISO 9001 : 1994 인증, 2003년 5월 ISO 9001 : 2000 인증전환 및 재인증)하여 완벽한 시공에 기여하고 각종 시험자료의 축적으로 노하우를 확보하였으며, 또한 건설장비의 국산화에도 기여하였다.

또한, 시공업체와 감리업체도 ISO 9000 인증을 받도록 하고 품질관리 절차서 개발과 고속철도 선진국인 프랑스, 독일 감리팀의 참여로 고속철도 건설공사 관리기술을 선진국 기술을 습득하여 선진국 수준으로 향상되도록 하였다.

ISO 9001 인증을 통하여 국제품질기준에 따른 체계적 품질관리시스템을 수립하였는데, 고속철도 사업과정의 주요 업무에 대한 절차서 작성을 완료하여 업무수행에 있어 시행착오 방지체계를 구축하였으며, 현장에서는 부실의 우려가 있는 시중 레미콘 사용을 자제하고 각 현장마다 자체 배치플랜트(Batch Plant)를 설치하여 골재 규격별 투입구를 분리해 배합설계대로 컴퓨터에 의한 자동생산관리를 이룰 수 있게 되었고, 공종별 주요공사 착공 시에는 철저한 시험시공을 통하여 사전에 문제점 발견 및 해결이 가능하게 되었다.

5) 재료 관리와 품질 향상

건설분야는 공사용 재료의 생산제품 수준을 국제기술수준으로 국산화하고 기계화하여 해외고속철도 사업진출이 가능하도록 하였다.

고속철도 건설현장에 투입되는 모든 기자재는 사전에 공급원 승인을 받은 후, 현장에 투입되도록 제반 절차 및 시스템을 구축하였고, 모든 설계자료는 자격을 갖춘 요원에 의하여 검토·승인되고 그 결과가 기록·관리되도록 하였으며, 고속철도 건설참여자들에 대한 지속적인 교육시행으로 품질관리의 중요성을 항상 인식하도록 조치하였다. 따라서, 재료부문은 새로운 공법의 도입에 따른 공사용 재료와 신소재의 국산화에 기여하였고 재료생산 공장설비 및 생산제품의 시험, 검사방법 등을 국제수준으로 향상시키는 계기가 되었다.

6) 기초과학 분야

기초과학부문은 궤도역학, 궤도파괴 이론의 연구, 궤도시험 및 기술개발, 동역학 등을 응용한 연구, 시험 및 기술개발에 따른 새로운 이론체계의 확립으로 설계능력을 확보하였으며, 최첨단 장비를 이용한 완전기계화 공법으로 궤도를 정밀하게 시공할 수 있는 능력을 배양함으로서 국내의 철도 기술을 크게 향상시켰다.

7) 토목공사

토공공사의 교대 뒤 채움 기법 등 프랑스, 독일 고속철도 공사시방을 적용하였다.

교량공사는 PC-BOX형 거더를 주(主)교량으로 정하여 MSS(Mobable Scaffolding System)공법, ILM(Incremental Launching Method)공법, PSM(Precast Span Method)공법, 공장철근조립 공법(Caging Method)으로 시공하고 고속도로 횡단개소는 강합성 아치교량 등으로 시공하여 교량시공 기술을 국제기술수준으로 향상시켰다.

특히, PC-BOX형 교량 받침(Shoe)의 패드슈(Pad Shoe)는 공장생산시설과 품질검사기준 등을 국제수준으로 향상시켜 국산화함으로써 국가경쟁력을 강화하는데 기여하였다.

터널공사는 NATM공법을 최신기계로 드릴 잠보(Hydrolic Drill Jumbo), 숏크리트 로보트, 라이닝 거푸집 전단면 자주식 스틸폼, 레이저광선 측량, 숏크리트 처리 공해물 자동여과시설 등 시스템화하였으며 특히 숏크리트 건식 공법을 습식 공법으로 로보트화하여 재료 및 장비를 국산화한 것은 터널공사 기술수준을 선진국 수준으로 향상시키고 국가경쟁력을 강화하는데 더욱더 기여하였다.

9.3.6 경부고속열차의 안전성 확보

고속철도시스템이 타 수송수단에 비하여 비교 우위에 있는 점은 속시성(速時性), 정시성(定時性), 안전성(安全性) 및 대량 수송성(大量 輸送性)이라 할 수 있다. 안전성은 타 수송시스템에서도 물론 가장 심혈을 기울이는 분야이다. 경부고속철도 시스템에서도 열차의 안전성을 확보하기 위해 여러 가지 첨단의 감시·제어시스템을 채택하고 있으며, 그중 대표적인 역할을 하는 신호시스템 분야는 별도의 주제로 제5.7.5항에서 다루었으므로 여기서는 신호시스템을 제외한 경부고속철도 시스템에 채택하고 있는 안전에 관한 대표적인 몇 가지를 소개하고자 한다[239].

(1) 열차안전운행 감시시스템

경부고속철도시스템에는 돌발적인 기상변화나 낙석과 같은 안전운행 저해요소를 사전에 인지하여 열차를 정지시키거나 감속운행하게 함으로써 열차안전운행을 확보하고 있다. 대표적으로 다음과 같은 장치가 설치되어 있다.

(가) 기상 감시장치와 열차운행 기준

강우량, 적설량 및 풍속을 검지하여 열차종합사령실에서 열차감속, 정지 및 주의운행을 지시하도록 되어 있다. 기상감시장치에는 선로변에 약 20 km 간격으로 설치하였다.

1) 열차운행 기준
    ① 시간당 강우량 60 mm 이상시 : 열차 운행중지
    ② 일일 연속 강우량 250 mm 이상시 : 열차 운행중지
    ③ 풍속 20 m/s 이상시 : 열차 감속운행
    ④ 풍속 35 m/s 이상시 : 열차 운행중지

2) 강설, 또는 적설시(제9.3.4항의 표 9.3.5 참조)
    ① 눈이 덮여 레일 면이 보이지 않을 때 : 30 km/h 이하
    ② 궤간 내의 적설량이 21 cm 이상 : 130 km/h 이하
    ③ 궤간 내의 적설량이 14 cm 이상 21 cm 미만 : 170 km/h 이하
    ④ 궤간 내의 적설량이 7 cm 이상 14 cm 미만 : 230 km/h

3) 레일 온도
    ① 64 ℃ 이상일 때 : 운행 중지 또는 운행 보류
    ② 60 이상 64 ℃ 미만일 때 : 70 km/h 이하
    ③ 55 이상 60 ℃ 미만일 때 : 230 km/h
    ④ 50 이상 55 ℃ 미만일 때 : 레일온도 검지장치를 계속 감시
    ⑤ 기온상승으로 열차속도 제한시는 관제사가 필요한 조치를 취함

(나) 선로 내 장애물 감지 설비(제5.7.5(2)항 참조)

① 1차적으로 선로를 횡단하는 고가도로 및 낙석과 토사붕괴가 우려되는 비탈면에 장애물 방호벽을 설치하고, ② 2차적으로 그물망형의 검지시스템을 설치하여 장애물이 방호벽을 파괴하고 선로내로 침입시에 이를 검지하여 열차를 비상 정지시키며, ③ 3차로, 그물망형 검지시스템에 검지되지 않은 작은 장애물이 선로 내로 침입하면, 동력차 전부에 설치된 배장기(레일 상면보다 235 km 이상의 장애물)와 대차 전부에 설치된 제석기(60~235 km의 작은 장애물)로 장애물을 제거하도록 되어 있다.

(다) 기타

  ○ 차축 과열 감지장치(제5.7(1)항 참조)

  ○ 끌림 검지장치(제5.7.5(3)항 참조)

  ○ 터널 경보장치(제5.7.5(8)항 참조)

(2) 속도 및 사건 기록 시스템

경부고속열차에는 비행기의 블랙박스와 같은 역할을 하는 속도 및 사건기록장치(**그림 9.3.6**)가 앞/뒤 운전실에 설치(**그림 9.3.5** 참조)되어 있어 평상시에는 운행기록 유지관리에 활용하며 만일 사고의 경우에는 원인을 규명할 수 있는 단서를 제공하여 사고 원인의 규명과 수습에 도움이 되도록 하고 있다.

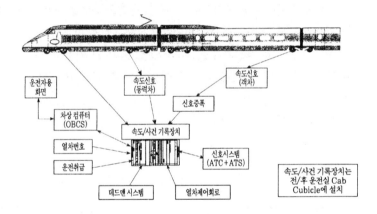

그림 9.3.6 속도/사건 기록관련 인터페이스

속도/사건 기록장치는 고도의 안전성을 확보하기 위해 전/후 운전실 모두에 설치되어 있으며 각 기록장치는 ① 착탈가능한 특수 카세트에 주요 내용의 기록(동작 중인 운전실의 것만 기록), ② 착탈가능한 특수 가세트에 최근 운행의 상세 내용을 연속 기록(전/후부 운전실 모두 기록), ③ 레코더 자체에 있는 메모리(EEPROM : Electrically Erasable and Programmable ROM)에 최근 운행의 상세 내용을 연속 기록(전/후부 운전실 모두 기록) 등의 독립된 3가지 유형으로 기록된다. 속도/사건 기록장치에 기록되는 정보의 유형은 ① 운전자에게 현시되는 차상 신호정보, ② 열차속도, ③ 주행거리, ④ 시각, 날짜, ⑤ 운전자의 운전 취급 내용, ⑥ 열차 주요 기기의 동작 상태(주회로 차단기, 판타그래프 등), ⑦ 운전자 정보(운전자 ID) 등이다.

기록된 속도/사건 기록 내용은 착탈식 카세트를 지상 해석장치에 삽입하거나 휴대용 컴퓨터를 직접 연결하여 기록된 정보를 축출하여 분석하고 지상의 데이터 저장장치에 보관한다.

(3) 열차화재 감시시스템

경부고속열차에는 열차 내 화재를 감시하여 화재발생시 관련된 전기회로를 차단함으로써 화재 확산을 방지하고 신속히 대처하기 위한 화재 감시시스템이 채택되어 있으며 화재감지 센서는 다음과 같은 주요 전기장치에 설치되어 있다.

1) 동력차의 경우 : 주 변압기, 모타 블록, 보조 블록
2) 객차의 경우 : 보조전원 인버터, 축전지 충전기, 비디오/오디오 케비넷, 배전반

화재감지센서로는 Rilsam 튜브를 이용하며 이 튜브 안에 압축공기를 주입한 상태에서 온도가 약 175 ℃에 이르면 튜브가 녹으면서 압축공기가 배기되고 이에 따라 압력센서가 동작됨으로써 화재를 감지한다.

화재가 일단 감지되면 관련 회로의 전원공급이 차단되며 운전대에 있는 화재감지표시등이 점등되고 운전실과 객실에 경고음이 울리며 객차의 배전반에 설치된 승무원용 고장 표시기에 화재 발생 위치를 표시하여 운전자와 승무원이 신속히 조치하도록 하고 있다.

(4) 운전자 운전감시 시스템(Deadman System)

운전 중 운전자의 갑작스런 발작이나 졸음 운전으로 정상적인 운전을 수행할 수 없는 경우를 감지하여 열차의 안전을 위해 비상정지시키는 시스템으로서 운전자에게 일정한 동작을 반복시킴으로써 항상 운전 경계태세를 유지시키는 장치이다. 이를 위해 운전자가 운전석에 앉은 위치에서 발을 이용해 페달스위치를 주기적으로 취급하거나 또는 주간제어기 좌우 측면에 붙어 있는 터치센서를 반복 접촉함으로써 정상운전 상태임을 확인시킨다. 만일 정해진 반복동작을 행하지 않는 경우에는 1차 경고음이 울리고 이에 반응하지 않을 경우에는 자동으로 비상제동이 체결되어 열차가 정지하게 되며 또한 열차무선시스템을 통하여 자동으로 열차종합사령실로 통보된다.

이를 도식적으로 설명하면 **그림 9.3.7**과 같다.

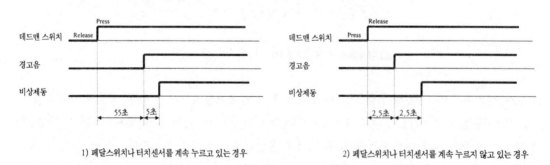

1) 페달스위치나 터치센서를 계속 누르고 있는 경우   2) 페달스위치나 터치센서를 계속 누르지 않고 있는 경우

그림 9.3.7 운전자 운전감시시스템의 작동

(5) 충돌안전 시스템

고속철도는 많은 승객을 싣고 고속으로 운행하므로, 완벽한 승객안전 확보가 절대적이다. 안전을 최우선

으로 고려한 경부고속열차에서도 위험을 사전에 방지하기 위한 각종 감시와 제어시스템이 장착되어 있어 승객의 안전을 보장하고 있다. 그럼에도 불구하고 만일의 경우에 대비하여 열차 충돌시에도 승객을 보호하기 위한 각종 안전장치를 추가로 고려하였다.

주행중인 열차의 운동에너지는 충돌시에 차체와 충격흡수장치로 흡수되며, 그 나머지가 승객에게 전달된다. 따라서, 충돌시 승객의 안전을 위해서는 차체와 충격흡수장치의 에너지 흡수를 최대화하여 승객에 전달되는 에너지를 최소화시켜야 한다.

경부고속열차는 충돌시 에너지가 동력차의 선두부에서 최대한 흡수될 수 있도록 선두부에 하니콤(Honeycomb)이라는 특수한 충격 흡수 장치(**그림 9.3.8**)를 설치하였을 뿐만 아니라, 차체 구조를 에너지 흡수에 적합하도록 설계하였다. 한편 운전자와 승객을 보호하기 위해 운전실과 객실의 차체는 강한 충격에 견딜 수 있도록 하였다.

또한, 열차 사고시 인명피해의 대부분이 차량과 차량이 서로 타오름(Overriding)으로써 발생하므로, 이러한 현상을 방지하기 위해 타오름 방지장치(Anti-climber)를 동력차와 동력객차간에 설치하였다. 기존 열차의 경우 차량과 차량이 링크만으로 연결되어 타오르는 현상이 쉽게 발생하는데, 객차와 객차가 하나의 대차에 동시에 고정되는 KTX 차량의 독특한 연결 방식은 충돌시 탈선과 타오르는 현상을 방지하는데 매우 효과적이다.

그림 9.3.8 동력차 전두부에 취부되어 있는 충격흡수 장치

(6) 열차의 사행동 및 탈선방지 시스템

철도 차량은 자동차와 달리 레일을 따라 정해진 궤도를 주행한다. 이때 차륜의 답면구배 및 레일과 차륜간의 상호 작용으로 레일 중심을 기준으로 좌우 진동이 발생하며, 이러한 운동은 차량의 진행과 합쳐져 뱀이 기어가는 형태와 비슷한 모양으로 나타나므로 사행동(Snake Motion)이라 한다(제3.1.4(3)항, 제9.1.5(3)항 참조).

이러한 진동은 차량의 속도가 커짐에 따라 점차 증가하여 한계 값에 이르면 차량이 궤도를 벗어나 탈선에 이르기도 한다. 이때 차량이 안전하게 달릴 수 있는 이론적 한계속도를 임계속도라 하며, 임계속도가 높을수록 차량은 탈선에 대해 안전하다고 할 수 있다.

경부고속열차의 경우 운행 최고속도는 300 km이나, 이론상 임계속도는 400 km/h 이상을 요구하고 있어 상당한 안전 여유를 갖도록 설계되었을 뿐만 아니라, 주행시 일정한 기준(0.8 g)을 넘는 횡방향 진동이 3.5 초 이상 지속할 경우에 이를 감지하여 운전자에게 알리고 운전자는 즉시 열차를 감속하여 탈선을 방지할 수 있도록 되어있다.

9.4 레일과 차륜을 이용하지 않는 철도

9.4.1 의의

현재의 철도는 차륜과 레일 면과의 점착력(마찰력)으로 구동되지만, 속도가 높게 됨에 따라 점착력은 **그림 9.4.1**의 예와 같이 급격히 저하하며, 한편 주행저항은 속도가 높게 되면 급속히 크게 된다. 이와 같이 약 330 km/h로 되면 이 저항이 점착력을 넘기 때문에 차륜이 공전(slip)하여 이 이상의 속도를 낼 수 없다고 한다. 다만, 이 값은 문헌마다 다소의 차이가 있으며(예를 들어 상기의 제9.1.3(1)항에서처럼 380 km/h 정도로 보는 견해도 있다), 좋은 조건에서는 1990년 TGV-A의 515.3 km/h의 시험 운전의 예도 있다.

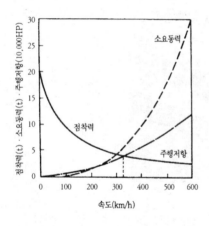

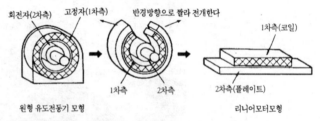

1차측(코일)을 차량의 대차에 장치하여 2차측(플레이트)을 지상의 레일 사이에 설치하는 방식(예를 들면 ICTS* 방식)과 역으로 지상에 1차측의 코일을 부설하고 차량측에 플레이트만을 설치하는 방식이 있다.
*Intermediate Capacity Transit System

그림 9.4.1 주행 저항과 점착력의 관계   **그림 9.4.2** 리니어 모터의 원리

또한, 그 밖에 현재와 같이 플랜지가 붙은 차륜과 레일 답면(tread surface)의 방식에서는 차체의 횡진동이 심하게 되는 점이나 팬터그래프 마모 등의 기술적 문제도 부수되므로 현재의 점착식 철도에서는 상기의 약 330 km/h가 한계라고 하는 견해가 있다.

따라서, 그 이상의 고속으로 주행하기 위하여는 완전히 다른 구동 방식이 필요하게 되며, 리니어 모터 (linear-motor), 가스터빈 엔진 등으로 추진력을 취하여 차륜과 레일의 조합을 없게 할 필요가 있다.

자기부상(magnetic levitation)의 리니어 모터(linear-motor) 방식은 소음·진동이라고 하는 교통 공해가 일체 없으므로 인구밀집 지역에서는 고속도로나 공항과 비교하여 큰 이점도 기대할 수 있다.

9.4.2 방식과 원리

(1) 자기 부상과 추진의 방식

현재의 철도는 레일과 차륜의 조합으로 ① 차체 중량을 지지하고, ② 열차 진로를 유도하며, ③ 구동력을 얻는 세 가지의 기능을 수행하고 있다. 레일과 차륜을 사용하지 않는 철도는 이 3 개의 기능을 무엇인가의 다른 방법으로 치환할 필요가 있다. 상기 ②의 열차 진로의 유도는 차체(차륜이 없기 때문에 정확하게는 "부상체"라고 하여야 하지만 알기 쉽도록 이하에서는 "차체"라고 한다)의 중량을 지지하는 힘을 그대로 수평 방향으로도 작용시키는 경우가 많으므로 이 양자를 하나로 모아 기존의 레일과 차륜을 사용하지 않는 열차의 시험제작 차량(prototype car)을 분류하면 **표 9.4.1**과 같다.

공기 부상식은 소음이 심하기 때문에 지상 교통기관으로서의 실용화가 불가능하므로 이하에서는 리니어 모터(linear-motor)와 자기부상(magnetic levitation) 방식에 대하여 기술한다.

표 9.4.1 차체 부상과 추진력에 의한 철도 방식의 분류

방식 부상방식	동력	가스터빈 엔진	터보 제트 엔진	리니어 모터	
				리니어 인덕션 모터 (LIM)	리니어 싱크로나이즈 모터 (LSM)
공기부상 방식		아에로트랑(프랑스)* (Ae' ro - train)	-	-	-
자기 부상 방식	흡인식	-	-	HSST (상전도 · 차상1차)	-
	반발식	-	-	ICTS(캐나다) (상전도 · 차상1차)	-
	유도 반발식	-	-	ML - 100 (초전도 · 지상1차)	ML-100(초전도104지상1차) MLU-001(초전도104지상1차)

*제9.4.6(1)항 참조

(2) 리니어 모터

(가) 리니어 모터의 원리

통상의 모터(유도 전동기)는 외주의 1차 측 코일(고정자)에 전류를 흐르게 하여 자장의 작용으로 안쪽의 2차 측 회전자에 생기는 회전력을 동력으로 이용하는 것이다. 이에 비하여 리니어 인덕션 모터(linear induction motor, LIM)는 **그림 9.4.2**에 나타낸 것처럼 통상의 모터를 절개하여 평판 모양으로 전개한 것이며 이것에 의하여 회전력 대신에 수평 이동력을 얻을 수가 있다. 이 경우에 전류가 흐르는 1차 측을 차상으로 하는가 지상으로 하는가에 따라 다음의 2 가지 방식이 있다.

- 1) 차상 1차 방식 : 캐나다 뱅쿠버의 도시교통에 이미 실용화되고, 또한 독일, 미국에서 시험제작이 진행되고 있다. 팬터그래프 또는 제3레일을 이용하여 차량에 전력을 공급할 필요가 있으므로 고속철도에서는 적합하지 않지만, 통상 속도의 경우에는 건설비가 싸다.

2) 지상 1차 방식 : 차량에는 전력을 공급할 필요가 없으므로 고속운전에 형편이 좋지만 지상 설비비가 높게 된다.

이상은 리니어 모터를 알기 쉽게 하기 위하여 LIM에 대하여 기술하였지만, 유도 전동기(induction motor)는 고정자(코일)와 회전자 사이의 틈(air gap)이 크게 되고 효율이 나쁘게 되므로 리니어 모터중의 한 방식인 리니어 싱크로나이즈 모터(linear synchronize motor, LSM)의 연구 개발이 진행되고 있다.

LSM은 고정자에 상당하는 코일을 지상에 연속하여 배치하고 이 코일이 만들어내는 자계를 이동시킴에 따라 차량이 추진력을 얻도록 각 코일에 교류 전류를 흐르게 하는 방식이다. 지상 코일의 전류 방향을 컨트롤함으로서 차량의 속도를 조작한다. 이 방식은 후술의 ML-500이나, MLU-001에 사용되고 있다.

(나) 리니어모터의 특징

① 물리적 접촉이 없더라도 구동력이 주어지므로 차륜과 레일간의 마찰력이 필요없다[245].

② 회전부분이 없으므로 원심력이 작용하지 않고, 따라서 속도에 관하여 기구상의 제한이 없다.

③ 치차 등의 접촉·활동·부분이 없으므로 마모가 없고, 보수성도 우수하다.

④ 소음·진동이 작고, 공기도 오염되지 않으므로 교통기관의 구동원으로서 적당하다.

⑤ 지상 1차 리니어모터 방식의 경우 차량에는 에너지 공급이 필요없다. 리니어모터는 전기적으로 동력의 공급을 받으므로 소음, 대기오염, 터널 내의 온도 상승 등의 문제가 없으나, 코일 또는 투자체의 리액션 레일(reaction rail)을 필요로 하므로 이들의 경제성을 극복하면 다른 구동 방식에 비하여 가장 우수한 구동방식이다.

(3) 자기 부상(magnetic levitation)의 원리

(가) 부상력의 종류

자력을 이용하여 차체를 부상시키고 또한 차체를 소정의 진로로 안내하는 방식에는 흡인형·반발형·유도 반발형의 세 가지가 있다.

1) 흡인형 : **그림 9.4.3**(b)의 상전도전자(常電導電磁)흡입형의 HSST(high speed surface transit)에 나타낸 것처럼 주행 거더의 아래 측에 설치한 유도 조강(條鋼)(B)에 차상의 전자석(A)을 상대시켜 그 전자석의 전류를 제어함으로서 차량 중량과 흡인력을 밸런스시켜 부상시킨다. 이 경우에 전자석, 유도 조강 양극의 갭이 약 10 mm 이상으로 되면 흡인력이 부족하게 되므로 통로 거더의 시공에 높은 정밀도가 요구되며 고속열차 운전에는 적합하지 않다. 이 형식은 독일이나 일본 항공이 개발한 HSST에 이용하고 있다. 추진은 LIM 방식으로 차상의 상전도 자석(C)이 통상적인 전동기의 고정자에 상당하고, 주행거더 위의 리액션 플레이트(D)가 회전자에 상당하며, 차량의 집전이 필요하다. 도시 교통용의 리니어 모터에 응용할 수 있다.

2) 반발형 : 차체와 지상에 전자석의 N극과 N극을 상대하여 설치하여서 발생된 반발력을 이용하는 방식이지만, 다음의 유도 반발형 쪽이 큰 부상력을 효율 좋게 얻을 수가 있다. **그림 9.4.3**(a)의 초전도 전자유도(超電導電磁誘導) 반발형은 차상의 초전도 전자석(A)과 차량이 통과할 때만 자석으로 되는 지상코일(B)과의 반발력이 차체를 부상시킨다. 추진은 LSM방식으로 측벽 내면의 코일(C)에 전류를 흐르게 하여 초전도 자석(A)과의 사이에 생기는 인장합력을 이용하여 구동하며 차량의 집전이

불필요하다. 저속시에는 부상이 약하므로 보조차륜이 필요하다.

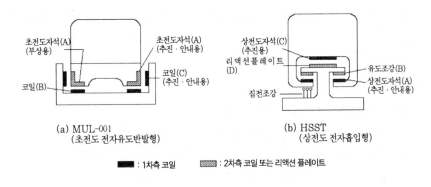

(a) MUL-001
(초전도 전자유도반발형)

(b) HSST
(상전도 전자흡입형)

■■ : 1차측 코일   ▨▨ : 2차측 코일 또는 리액션 플레이트

그림 9.4.3 MLU-001과 HSST

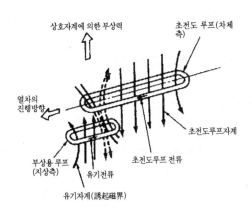

그림 9.4.4 초전도에 의한 자기 부상의 원리

3) 유도 반발형 : 대전류를 흐르게 한 차상 코일이 지상 코일의 위를 주행하면 **그림 9.4.4**에 나타낸 것처럼 자속(磁束)의 변화에 따라 지상 코일에 유도 전류가 흐른다. 이 전류에 의한 자속은 차상 코일의 자속과 역방향으로 되기 때문에 양자의 사이에 반발력이 작용하여 차체가 부상한다.

(나) 자석의 종류

영구 자석은 흡인력·반발력의 크기에 비교하여 중량이 무거우므로 부상 철도에는 사용하지 않고 모두 전자석을 이용한다. 상온에서 좋은 통상의 전자석(상전도 방식) 외에 초전도 현상을 이용하여 높은 전력효율로 강한 부상력을 얻도록 하는 초전도 방식이 있다.

초전도 현상이란 니오브(Niob)·티탄(Titan)·지르코늄(Zirconium)의 합금 등, 어떤 종류의 금속은 절대 0도(-273 ℃)에서 전기 저항이 0으로 되는 현상의 것이다.

이 금속제의 코일을 초전도 상태로 유지하여 두면 이론적으로 한 번 흐른 대전류는 영구히 코일을 흐르므로 강력한 자력이 얻어진다. 이와 같이 하여 100 mm 이상의 부상 높이가 가능하게 되며, 초고속 운전을 위하여 필요한 궤도 정비의 정밀도에도 여유가 취하여진다.

초전도 방식에서는 이론적으로 차상 코일에의 급전이 필요 없지만, 저온 단열 용기나 액체 헬륨(Helium) 등에 의한 냉각법, 보다 초전도 효율이 좋은 합금의 발견, 냉각을 위한 비용 저하 등, 앞으로 더욱 기술 개발의 여지가 있다.

(4) 마그레브 구조물의 특성

마그레브(Maglev)의 구조물의 특징은 다음과 같다[245].

①가이드웨이(Guide way)에 장파장 틀림이 있으면 승차감이 불쾌하다.

②하중조건은 부상주행시 차륜지지가 아닌 면(面)지지로서 양호한 상태이다.

③터널은 초고속 주행시의 공기저항 증가요인이므로 회피함이 좋다.

④초고속 운전을 위한 U형 단면의 가이드 웨이(Guide way)와 고속 분기장치가 필요하다.

⑤최소곡선반경은 캔트, 횡가속도, 안전율, 열차속도 등을 고려하여 설정한다.

⑥최급기울기는 60 %까지 가능하나 긴 하기울기에서의 제동 등을 감안하여 최급 기울기는 40 % 정도가 적합하다.

⑦고속분기기, 에너지 절약 등에 대한 연구개발이 필요하다.

9.4.3 자기 부상식 철도의 종류

자기 부상식 철도는 상기에도 언급하였지만 차량에 탑재하는 자석에 따라 크게 2 가지로 분류된다. 초전도 자석을 이용한 반발 방식으로 10 cm 부상하여 주행하는 JR형 "마그레브(MAGREV)", 보통의 상전도 자석을 이용하여 1 cm 부상하여 주행하는 것이 일본 항공의 HSST 방식과 독일이 실용화를 추진하고 있는 "트랜스래피드(TR)"가 있다.

표 9.4.2는 대량수송용으로서 개발 중인 자기부상식 철도의 종류와 내용을 나타낸다.

표 9.4.2 각종 자기부상식 철도의 비교

	초전도 자기부상식 철도	상전도 자기부상식 철도	
		HSST	트랜스 래피드
개발 주체	일본의 (재)철도총합기술연구소	일본의 HSST개발(주)	독일의 트랜스 래피드 컨소시엄
개발 목적	고속 도시간 수송	도시 내·도시근교 수송 (공항 접근 포함)	유럽 대도시간 수송
특색	전기저항을 없게 한 초전도 전자석을 이용하여 차량을 부상시켜 주행시킨다.	통상의 전자석을 이용하여 차량을 흡인 부상시켜 주행시킨다.	
부상 방법	초전도 전자유도 흡인·반발 (약 10 cm 부상)	상전도 흡인 (약 1 cm 부상)	
최고속도	552 km/h(유인 1999년) 550 km/h(무인 1997년)	110 km/h(유인) 307 km/h(무인 1978년)	435 km/h(유인 1989년)
개발 개소	山梨 실험선	名古屋 실험선	엠스 랜드 실험선방식

전술한 것처럼 단순한 회전 모터를 절개하여 직선 모양으로 펼치면 회전하는 회전자는 자계를 만드는 고정자 위를 이동하게 되며 이것이 "리니어 모터카"의 원리이지만, "초전도(超電導) 자기부상식 철도"에서의 회전자는 초전도 전자석을 탑재한 차체로 간주하고 고정자는 전력을 공급하여 코일 자계를 발생시키는 가이드 웨이로 간주할 수 있다. 이 방식의 특징은 부상, 주행 및 안내에 모두 자계에 의한 현상을 이용하고 차상에 탑재된 전자석에 전기저항을 없게 한 초전도 전자석을 이용하는 점에 있다(**그림 9.4.5**).

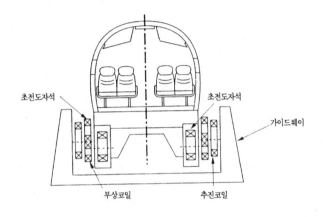

그림 9.4.5 초전도 자기부상식 철도의 단면

독일(trans-rapid)에서 개발한 "상전도(常電導) 흡인식(吸引式) 자기부상 철도"는 차상에 탑재한 전자석의 흡인력을 이용하여 차체를 부상시키는 것으로 이것과 추진용 리니어 모터를 조합하여 부상 주행하도록 하는 구조의 것이며, 일본의 초전도(超電導) 방식과 같이 500 km/h 대를 노려 차세대 초고속철도를 목표로 하고 있다.

더욱이 영국 버밍검의 공항과 철도의 셔틀로서 전자석 흡인식의 자기부상식 철도가 1984년 이후 가동 중이지만 영업연장 620 m, 최고속도 50 km/h로 되어 있다. 차량은 길이 6 m이고 26인승이며 규모는 작지만 세계에서 처음으로 실용화되어 공공 교통기관으로서 사용되고 있다.

이와 같이 "자기부상식 철도"는 플레밍의 법칙으로 나타나는 전자유도 현상과 자기의 반발·흡인(N극, S극)을 이용하여 부상과 추진을 하는 철도를 말한다.

(1) JR형 "마그레브"

1962년부터 일본 국철이 개발을 시작한 초전도 부상식 철도(리니어 모터카)로서 초고속, 저공해 등의 성격을 가지는 장래의 도시간 대량 수송기관으로서 기대되며, 현재 철도총합기술연구소에서 개발을 진행하고 있다. 이 방식은 차상의 초전도 자석과 지상 코일의 유도 자계를 이용하여 부상시킴과 함께 지상의 제어로 리니어 모터를 이용하여 추진하는 구조로 되어 있다.

宮崎 실험선(단순 고가구조, 7 km)에서는 1979년에 무인의 실험 차량으로 517 km/h를 달성하였다. 또한 1987년에는 유인의 실험 차량으로 400 km/h를 달성하였다. 1987년도부터는 장래의 영업용 차량의 원형차를 이용하여 주행 시험을 하고 있다. 또한, 초전도 자석으로 인한 자계를 차단하는 자기 실드의 개발이나

추월을 위하여 초고속으로 통과 가능한 분기 장치 등을 개발하고 있다.

초전도 자기부상식은 주행로인 가이드 웨이에 설치된 부상 코일에 충분한 유도전류가 흘러 큰 부상력을 발생시킬 수가 있다. 또한, 초전도 자석을 이용함으로서 차체에는 이동을 위한 전력이 공급되지 않으며 전력은 가이드 웨이의 추진용 코일에만 공급된다. 부상은 초전도 자석의 고속이동에 따라 가이드 웨이의 부상용 코일에 발생하는 유도자계를 이용하고 있으므로 초전도 자석의 고속이동이 필요조건으로 된다. 이 때문에 초전도 자기부상식 철도에서 부상에 필요한 고속(차체중량에도 연유하지만 현재에는 120 km/h 정도)이 얻어지기까지는 고무타이어로 주행할 필요가 있다. 더욱이, 초전도 자기부상식 철도에서는 가이드 웨이의 부상 및 추진 코일 모두 측벽에 설치되어 있다.

앞으로 철도 시스템으로서 실용화하기 위해서는 연속한 고속 주행 시험으로 기기의 신뢰성과 내구성의 확인, 건설비의 확인, 복수의 열차를 제어하는 장치의 개발, 고가교 위와 터널 안에서의 고속 교행 시험, 게다가 이상 시에 대한 안전 대책 등을 검토할 필요가 있어 1990년~1997년에 山梨 리니어 실험선(42.8 km, 최급 구배 40‰, 최소 곡선반경 8,000 m, 실험 최고속도 550 km/h 예정)을 건설하였다(**그림 9.4.6**). 이 실험선에서의 기술개발의 목표는 고속성, 수송 능력·정시성, 경제성에 대하여 확인·검토하는 것이다.

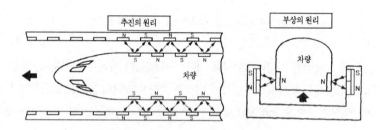

그림 9.4.6 리니어-JR형 "마그레브"의 원리

(2) 초전도 자기부상식 철도의 원리

상기의 (1)항에서 논의한 초전도 자기부상식 철도의 각종 원리는 다음과 같다.

(가) 부상의 원리

당초 이용되었던 부상방법은 가이드 웨이의 주행로에 부설된 코일에 전류를 흘려 차량의 초전도 자석과의 반발에 따라 차량을 부상시키는 대향(對向) 부상방식이었다. 그러나 그 후에 보다 적은 유도전류로 큰 부상력을 발생시킬 수 있는 측벽 부상방식으로 변경되었다. 측벽 부상방식은 **그림 9.4.7**에 나타낸 것처럼 가이드 웨이에 설치된 8자형의 코일(하나의 코일을 비틀어 8의 글자 모양으로 한 것이라고 고려한다)에 차상의 초전도 자석이 통과하면 전자유도 현상에 따라 전류가 흐른다. 전류는 8자로 흐르므로 상하의 코일에서는 전류의 방향이 역으로 되고 그 결과, 자계가 역으로 된다. 따라서 **그림 9.4.7**에 나타낸 것처럼 아래의 코일과 초전도 자석은 반발하고 위의 코일과 초전도 자석은 서로 끌어당기는 것으로 되어 초전도 자석이 부상하는 것으로 된다.

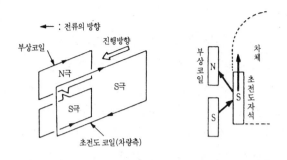

그림 9.4.7 측벽 부상방식의 원리

(나) 주행의 원리

그림 9.4.8에 나타낸 것처럼 차량에 탑재한 초전도 자석은 가이드 웨이 측벽의 추진 코일에서 발생한 자계에 따른 흡인 · 반발로 추진된다. 이와 같이 초전도 자석, 즉 차량의 위치 이동에 따라서 추진 코일에 흐르는 전류를 바꾸어 자계의 극을 순차로 바꾸면 차량이 주행하게 된다. 차량의 속도는 코일에 흐르는 전류의 교체속도에 따라 결정되며 차량을 움직이는 구동력은 전류의 크기에 따라 결정된다.

그림 9.4.8 추진의 원리

(다) 안내의 원리

그림 9.4.9에 나타낸 것처럼 좌우 측벽의 부상용 코일을 눌 플럭스(null flux)선으로 이으면 차량이 가이드 웨이 중앙으로 주행하고 있을 때는 좌우의 코일에는 전자유도에 의하여 발생하는 전압이 같기 때문에 전류가 흐르지 않는다. 차량이 좌우 어느 쪽인가에 치우친 경우는 코일에 발생하는 유도전압에 차이가 생겨 전류가 흐른다. 그 결과, 코일에 자계가 발생하여 차량을 중앙으로 되돌리는 힘이 생긴다. 이와 같이 부상 코일은 눌 플럭스 선에 의하여 안내 코일로서 기능을 한다. 다만, 차량주행이 저속인 경우는 안내하기에 충분한 자계가 발생하지 않기 때문에 차체의 좌우에 지름이 작은 고무타이어를 이용한 안내륜으로 안내된다.

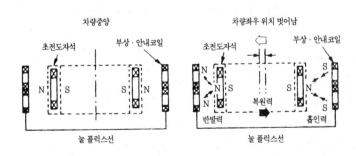

그림 9.4.9 안내의 원리

(3) 일본 항공의 HSST 방식

일본 항공이 서독의 크라우스마츠하이사에서 기초 기술을 도입하여 1974년부터 개발한 것으로 현재 HSST(high speed surface transit)개발(주)에서 개발이 진행되고 있다. 1978년에 무인 실험차로 307.8 km를 달성하였다. 그 후, 계획은 100 km/h 정도의 도시 내 교통기관용을 목표로 하는 것으로 변경되었다. 이 방식은 부상에 전자석의 흡인력을 이용하고 차상 제어에 의하여 주행하는 구조로 되어 있다.

HSST의 경우에 목표 속도가 100~300 km/h로 비교적 낮은 점이나 기술적으로도 초전도 기술과 같은 선단 기술을 필요로 하지 않는다. 단거리형으로 지금까지도 여러 박람회장에서 손님을 태우고 주행하고 있다. 철도 시스템으로서의 실현까지는 일부의 기술 개발이나 실증 시험 등도 남아 있으므로 도시 내 교통을 목표로 한 최고속도 100 km/h 정도의 철도 시스템으로 1991년부터 名古屋의 실험선(연장 1530 m)에서 실용화의 각종 시험을 행하고 있다.

상전도 자석은 초전도 자석에 비하여 힘이 약하기 때문에 부상높이가 15 mm 정도로 극히 작아 구조물의 시공에 상당한 정밀도가 요구되지만, 초전도라고 하는 새로운 기술을 개발하지 않고 용이하게 실용화할 수 있다고 하는 이점이 있다. **그림 9.4.10**은 상전도 자기부상식 철도의 예를 나타낸 것이다.

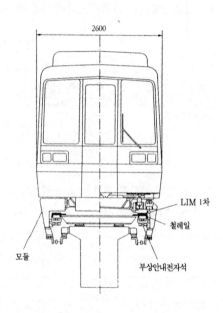

그림 9.4.10 상전도 자기부상식 철도의 구조

(4) 독일의 "트랜스래피드"(TR)

트랜스래피드(TR)는 독일에서 거국적으로 개발하고 있는 상전도 방식의 장거리용의 고속 철도이다. 엠스랜드에는 전장 31.5 km의 실험선이 있으며, 시험차 "TR 06"은 유인의 주행 시험으로 최고속도 450 km/h를 달성하여 1989년부터 영업 운전용의 시험 주행(test run)을 개시하였다.

시험 운전은 독일 국철, 루프트한자 항공, 정부의 연구 기관이 합동으로 설립한 리니어시험회사(MVP)가 실시하고 있다. 또한, 시험차는 멧샤슈미트, 크라우스마츠하이, 디츠센헨잘의 각 사가 정부의 지원으로 설립한 "트랜스래피드 공동기업체"가 제조하였으며, 독일의 리니어 모터카 구상은 관민 일체의 대사업으로 되어 있다.

1 cm 부상에는 HSST와 같이 상전도 자석을 이용한 자기 흡인 방식을 도입하고, 추진은 차량 집전이 필요없는 JR형의 "리니어 싱크로나이즈 모터(LSM)" 방식을 채용하였다. LSM 추진이므로 가이드 웨이(guide way)에 전자석을 설치하여 그 전자석에 흐르는 전기로 차상의 발전기를 움직이고, 여기에서 상전도 자석으로 전기를 보내고 있다. 흡인식 부상이기 때문에 정차중이나 저속 주행 시에도 부상이 가능하며 차륜은 붙어 있지 않다.

독일 정부는 트랜스래피드의 실용화에 자신을 깊게 하고 있으며 "함부르크-하노버"(전장 159 km)에 리니어 신선을 건설, 영업 운전할 계획이다. 이 트랜스래피드의 신선은 최고 속도 400 km/h로 주행할 계획이다. 독일 국철에서는 리니어 신선을 계획중인 고속 신선(ICE)에 연결하여 프랑스가 실용화하고 있는 TGV와 상호 진입(trackage right operation)할 계획이다.

9.4.4 자기 부상 철도의 기술 개발과 장래

(1) 자기 부상 철도(magnetic levitation train)의 기술 개발

캐나다의 뱅쿠버에서는 ICTS(제10.1.9항 참조)를 개발하여 도시의 공공 교통수단으로서 실용화하고 있다. 이것은 최고 속도 70 km/h, 평균 속도 40~50 km/h의 중량(中量)궤도 시스템이다.

고속을 목표로 한 실험에서 가장 일찍부터 시행한 것은 이미 언급한 것처럼 프랑스의 아에로트랑(Aéro-train)이지만, 소음이 크다고 하는 결점이 있다. 그래서, 현재는 프랑스 국철의 연구소에서 흡인식 자기부상 열차를 실험하고 있다.

자기부상식 고속철도의 개발에 본격적으로 진행하고 있는 것은 일본과 독일이다. 독일에서는 흡인식 · 상전도식을 이용하는 자기부상 열차 트랜스래피드 06(TR-06)의 주행시험을 행하고 있다.

일본에서는 1973년부터 초전도 자기부상 방식으로 시험하기 시작하였으며, ML-500형까지는 좌우 방향의 가이드 방식이 **그림 9.4.11**에 나타낸 것처럼 역T형이었지만, 이것을 보다 안정성이 있는 U형의 실험으로 개량하여 3량 연결의 유인 운전의 MLU-001형으로 보다 경제성 · 안전성의 향상을 목표로 하여 실용 단계로의 각종 시험을 행하고 있다.

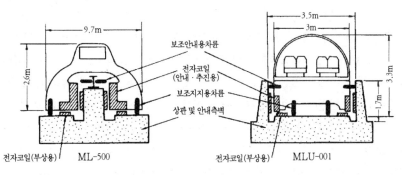

그림 9.4.11 역T형에서 U형으로

일본항공(주)에서는 도심에서 공항 접근을 목적으로 한 HSST의 기술을 개발하였다. 이 방식은 고속의 목적이 아니므로 상전도 방식 LIM 추진, 흡인식인 점 등 상기의 일본 철도의 방식과는 다르다. 일본에서는 그 외에 (주)일본차량공업협회 등에서 근교 통근 수송을 목적으로 한 저공해 철도(ELM) 방식의 기술 개발도 진행하고 있다.

(2) 중국 상해의 리니어 모터카

리니어 모터카는 중국의 경우에 북경~상해간에서의 도입이 보류되었지만, 상해 포동(浦東) 국제공항과 상해 시내로 노선이 이어지는 지하철 환승역 간의 30 km를 최고속도 430 km/h로 영업 운전하고 있다. 이것은 기네스북에도 '세계 최고의 영업열차' 로서 등록되어 있다.

독일로부터 기술 협력을 받아 실현한 거대 프로젝트이지만 이미 몇 개의 문제가 노정되어 있다고 한다. 우선, 상업 베이스에서 보았을 때에 연간 수입이 지불 이자에 충족되지 않는 상황이라고 하는 점, 다음으로 공공교통의 관점에서 보았을 때에 영업 운전되고 있는 노선이 일반 시민은 고사하고 공항 이용자에게도 편리성이 낮은 구간이라고 하는 점, 끝으로 독일로부터의 기술 취득이 거의 되어있지 많다고 하는 점이다.

이와 같이 비판이 많은 리니어 모터카이지만, 2005년 1월에 돌연 상해~抗州간 170 km를 리니어 모터카로 연결하는 계획이 발표되었다. 상해시는 2010년에 상해 만국박람회의 핵심으로서 리니어 모터카를 자리매김하고 있는 것으로 보인다.

(3) 리니어 모터 철도의 장래

리니어 모터(linear-motor) 철도의 장래를 고려할 경우에는 그 용도와 리니어 모터의 방식에 따라 이것을 도시간과 도시 내 철도 수송으로 구분하여 고려할 필요가 있다.

(가) 리니어 모터 방식과 그 필요성

1) 도시간 수송

여객의 시간 가치는 대단히 높으며, 여객은 이동에 시간을 사용하는 것을 바라지 않고, 앞으로도 고속 수송 시스템에 대한 요구가 높아질 것이다.

자기 부상식의 리니어 모터 철도는 고속일 뿐만 아니라 급구배에서의 주행이 가능하며, 저소음·저진동이라고 하는 특징을 가지고 있다.

2) 도시 내 철도(제10.1.9항 참조)

현재의 지하철은 건설비가 높지만, 대폭적인 여객 수요를 기대하지 않는 계획 노선이 증가하고 있다. 따라서, 건설비의 절약을 위하여 터널 단면의 축소, 급곡선, 급구배의 철도가 요구되고 있다. 역간 거리가 짧기 때문에 고속으로 할 필요는 없다. 신교통 시스템에서도 단면이 작게 되지만, 고무 타이어 차륜에서는 그 마찰과 주행 저항이 크기 때문에 더욱 유리한 철도가 요구되어 회전 모터 대신에 리니어 인덕션 모터를 사용하는 작은 반경의 차륜 지지의 리니어 모터 구동 방식의 철도가 등장하여 왔다.

3) 공항 접근 수송

국제 공항 등이 도심에서 멀리 떨어져 있는 경우에 공합 접근 수송은 선로 연장이나 역간 거리, 따라서 최고 속도도 상기 1), 2)의 중간 규모로 된다. 이 경우에 상전도 자기 부상식 리니어 모터 철도가 고려된다.

이상을 분류하면 **표 9.4.3**에 나타낸 것처럼 된다.

표 9.4.3 리니어 모터 철도의 분류

실험 경제 속도	용도	방식	실예
저속도 : 최고속도 70km/h	도시 교통	리니어 모터 구동 철륜지지	동경도교통국 12호선
중속도 : 최고속도 300km/h(무인)	공항 접근 근교 교통	상전도 자기 부상	일본항공 HSST 독일 트랜스래피드
고속도 : 최고속도 500km(무인)	도시간 철도	초전도 자기 부상	JR 宮崎시험

(나) 도시간 수송에서 초전도 자기 부상식 철도의 채용과 금후

세계의 상황을 보면 각국에서 고속 열차의 실용화나 개발을 진행하고 있다. 개발 목표를 500 km/h에 둔 경우에 재래의 철도 방식으로는 ① 점착 구동, ② 차륜·레일을 이용한 지지, ③ 접촉 집전의 면에서 한계가 있다. 이것에 대하여 ①에서는 리니어 모터, ②에서는 자기 부상, ③에서는 구동용 전력을 지상 측의 전자석에 공급하는 지상 1차 방식을 취하는 것으로 해결한다.

자기 부상에는 상기의 (1)항에서와 같이 2 가지가 있지만, JR에서는 고속 주행의 차량과 가이드 웨이(guide way)와의 간격을 크게(10 cm 정도) 취하므로 ① 가이드 웨이에 엄한 정비 한도가 요구되지 아니하고, ② 부상을 유지하는데 제어를 필요로 하지 않는 점에서 초전도 방식을 채용하고 있다.

문제는 아직 개발 도상에 있는 점이며, 초전도 방식에서는 차량에 설치한 초전도 자석을 극저온으로 계속 냉각하여야 한다. 종래는 초전도 선재(線材)에 절대 온도 0도에 가까운 소재밖에 없고 액체 헬륨의 냉각 이용 때문에 고가로 제작되어 왔다. 그런데 최근에 높은 임계 온도를 가진 세라믹스계의 초전도 선재가 발견되었다. 이와 같은 초전도 선재가 실용화되면 한제(寒劑)는 액체 질소로 끝나고 초전도 자석이나 냉동 시스템이 대폭으로 간소화되며 대폭적인 코스트 다운으로 되므로 실현도 멀지 않다고 생각된다. 그렇지만,

① 초전도 자석이 아직 안정되지 않고 있다(quench 현상).
② 많은 전력량을 요한다(피크 시 고속 철도의 약 6.7 배).
③ 500 km/h의 공력음으로 인한 소음이 크다.
④ 변동 자계(磁界)가 크고, 인체에 대한 영향이 미지수다.
⑤ 분기기의 구조가 대규모이며 터미널이 대규모로 된다.

등 금후의 실험으로 해결하여야 할 과제를 안고 있다.

이에 비하여 상전도 자기 부상식은 차량 측에 전자석을 설치할 뿐으로 기지의 기술 수준으로 실현이 가능하고 문제가 적지만, 차량과 가이드 웨이와의 간극이 1 cm 정도밖에 생기지 않고 안정된 주행을 하기 위해서는 가이드 웨이에 극히 높은 시공 정밀도가 요구된다. 또한, 차량은 외부에서 구동용 전력을 받으므로 집전 장치가 필요하며, 속도가 제한된다. 그러나, 초전도 방식과 같이 자기가 인체에 영향을 주는 일도 없고, 궤도의 건설비도 싸다.

(다) 도시 내 수송에서 리니어 모터의 채용과 금후

상기에 대하여 자기로 부상시키지 않고, 추력만을 주는 값이 싼 리니어 모터 철도는 차량을 철 레일, 작은 철 차륜으로 지지하지만 점착력을 필요로 하지 않고 차체 중력을 지지할 뿐이므로,

① 리니어 모터는 회전 모터에 비하여 편평하므로 바닥 아래의 높이를 낮게 할 수가 있고(110 cm → 75 cm), 따라서 건축 한계의 축소가 가능하게 된다.

② 우천 시에도 슬립이 발생하지 않고, 구배에 강하다(60 ‰ 이상도 가능).

③ 대차프레임 내에 모터를 설치할 필요가 없고 스티어링(steering) 구조가 가능하므로 급곡선($R = 300$ m 가능)을 통과한다. 삐걱거림 음도 발생하지 않는다.

④ 종래의 철도 차량 혹은 타이어식의 신교통 시스템에 비하여 소음이 훨씬 적다.

⑤ 건설비, 보수비도 싸다.

등의 특성을 거의 만족하고 있기 때문에 장래에는 미니 지하철(제10.1.9항 참조) 등에 많이 이용될 것으로 생각된다. 또한, 이 경우에도 상전도 자기 부상식에 비하여 저속의 리니어 모터 구동이라도 좋다는 뜻이며 최종 개발단계에 있다(HSST). 차량비는 높게 되지만, 전술의 철륜 지지의 특성을 만족하고 게다가 저소음·저진동으로 된다. 가로(街路) 상공 이용의 고가 철도로서 유망하다.

9.4.5 초전도 방식의 각종 설비

(1) 차체

철 차륜과 레일간의 점착력으로 주행하는 일반철도와 마찬가지로 초전도 자기부상식 철도에서도 차체에는 안전성, 쾌적성, 경제성이 요구되지만 특히 부상식 철도로서 차체전체에 요구되는 주요한 요건으로서는 이하와 같은 것이 있다.

① 가볍고 강성(터널 내의 압력변동 등에 충분히 견디는 강성)이 크다.

② 기밀성이 높다.

③ 객실의 거주성을 확보하며 더욱이 단면치수가 작다(공기저항을 적게 한다).

④ 불연성, 난연성의 재료를 사용한다.

(2) 대차

대차는 부상, 주행, 정지 등의 기능을 발휘하기 위한 각종 기기류가 장비되어 있어 차량 중에서도 중요한 부분이다. 대차는 각종 하중에 견디도록 강도와 강성이 큰 대차 프레임이 기본으로 된다. 대차 프레임에 설치되는 주된 장치는 이하와 같다.

① 초전도 자석

② 초전도 상태를 유지하기 위한 자석 냉각장치인 헬륨 냉동기와 압축기

③ 부상하지 않고 있는 저속주행 시의 주행 타이어를 포함한 지지다리(支持 脚)와 안내 타이어를 포함한 안내다리(案內 脚)

④ 다리와 브레이크를 작동시키는 유압장치

⑤ 이상시 대응용 각종 긴급 정지장치

(3) 초전도 자석

전기저항이 0으로 되는 초전도 상태는 이론적으로는 절대0도(-273 ℃)에서 가능하게 된다. 초전도 자기부상식 철도에서는 자석의 코일 전도선 재료로서 니오브(N)와 티탄(Ti)의 합금인 니오브티탄 합금을 이용하여 액체 헬륨으로 -269 ℃까지 냉각시킴으로서 초전도 상태를 가능하게 하고 있다. **그림 9.4.12**에 나타낸 것처럼 초전도 자석은 N극과 S극이 교호로 된 합계 4개의 초전도 자석으로 구성된다. 이들의 자석은 액체 헬륨이 들어있는 내조(內槽)라고 부르는 스테인리스제의 용기에 고정되어 있다. 또한, 내조는 외부로부터의 열 침입을 막기 위한 액체 질소로 냉각된 복사열 실드 판으로 덮여 있다. 실드 판의 외측은 내부를 진공으로 하여 열의 침입을 막고 지상 코일의 변동 자계에 의한 영향을 방지하기 위하여 알루미늄제의 외조(外槽)로 덮는다. 한편, 자석의 상방에는 액체 헬륨을 정기적으로 보급하지 않아도 되도록 기화(氣化)한 헬륨을 회수하여 재사용하기 위한 차재(車載) 냉동기가 장비되어 있다.

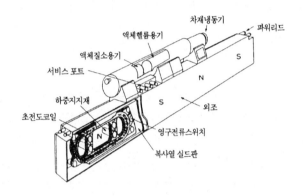

그림 9.4.12 초전도 자석의 구성

(4) 지지다리 장치

지지다리(支持 脚) 장치는 부상주행 이외의 저속 시, 즉 정지와 부상주행까지의 사이에서 사용된다. 대차의 하면에 장비된 지지다리 장치는 저속주행 시에는 차량의 전(全)중량을 지지하는 것으로 된다. 이 때문에 자동차나 항공기의 주행륜과 마찬가지로 하중완충 장치와 스틸 레이디얼(steel radial)의 고무타이어를 장비하고 있다. 타이어 휠은 경량이고 견고한 알루미늄 합금을 이용하고 있다. 한편, 대차의 측면에 장비하고 있는 지지다리 장치는 저속 시의 안내로서 이용하게 되어 있지만 차륜은 지름이 작은 스틸 레이디얼의 고무타이어가 이용되고 있다.

(5) 브레이크

브레이크는 상용 브레이크와 비상시에 이용하는 비상 브레이크가 있어 어떠한 상태 하에서도 확실하게 정지할 수 있도록 페일 세이프로 되어 있다. 상용 브레이크는 전기 브레이크인 전력회생 브레이크라고 부른다. 전력회생 브레이크는 추진용의 코일에 흐르는 전류의 위상을 역으로 하여 차량의 추진을 막는 자계를 발생시키고 동시에 차량의 주행에너지로 발전한 전력을 전원으로 되돌리는 것이다.

비상 브레이크에는 전기 브레이크, 기계 브레이크, 공력 브레이크가 있다. 비상용 전기 브레이크에는 발전 브레이크와 코일 단락 브레이크가 있다. 전기 브레이크는 정전 등의 경우에 발전한 전력을 변전소에 설치한 저항기로 열로서 에너지를 소비하는 것이다. 또한, 코일 단락 브레이크는 다수의 지상 코일을 연결하여 그 저항으로 에너지를 소비하는 것이다.

기계 브레이크는 지지다리 장치의 디스크 브레이크의 것이며 속도가 500 km/h인 때에 가이드 웨이 구배 중에 4 %의 급구배에서도 확실하게 정지할 수 있는 것이다.

공력 브레이크는 제트기가 항공모함 등의 착함(着艦) 시에 감속하는데 이용되는 것과 기본적으로는 같으며, 차체에서 공기저항을 증대하기 위한 브레이크 판을 내밀음으로서 고속에서 큰 브레이크 힘을 얻는 것이다. 브레이크 판은 유압으로 작동하고 상시에는 차체에 격납되어 있다.

이상 시에는 비상용 브레이크의 모든 브레이크가 작동하지 않게 되는 것도 고려된다. 이와 같은 최악의 이상 시를 상정하여 차체하면에서 긴급적인 브레이크로서 썰매를 꺼내어 가이드 웨이의 차륜 주행 면과의 마찰로 브레이크를 확보하는 주행로 마찰 브레이크가 고려되었다. 속도 500 km/h로부터 착지에서 브레이크 성능의 확인이 필요하다.

(6) 가이드 웨이

가이드 웨이는 차량을 지지하는 지상설비 중에서 지상 코일이 설치되어 있는 부분으로 차량의 안내로를 말하지만 그 방식은 빔 방식, 패널 방식, 직부(直付) 방식의 3종이 고려되고 있다. 승차감을 확보하기 위하여 가이드 웨이에 설치된 자석과 차량의 초전도 자석과의 거리가 항상 일정하게 되도록 가이드 웨이에는 토목구조물로서는 높은 정밀도가 요구된다. 이 때문에 장래의 침하 등이 생긴 경우에 대비하여 보수할 수 있는 것이 바람직하다. 표 9.4.4에 3종의 가이드 웨이의 특징을 나타내고 그림 9.4.13은 가이드 웨이 구조의 예로서 빔 방식을 나타낸다.

표 9.4.4 가이드 웨이의 종류와 특징

방식	특징
빔	지상 코일(추진 및 안내 코일)을 설치한 빔 모양의 박스 거더(box 桁)를 현지로 반입하여 지지차륜 주행로로 되는 가이드 웨이의 하부에 설치하는 방식 · 코일 설치작업의 생력화 · 지상코일의 관리를 빔 길이(12.6 m)의 유니트마다로 할 수 있다 · 가이드 웨이의 침하에 대하여 빔 양단을 오르내림뿐으로 간단히 수정할 수 있다
패널	코일을 설치한 콘크리트의 패널을, 먼저 구축한 현지의 가이드 웨이의 측벽에 설치하는 방식 · 코일 설치작업의 생력화 · 지상코일의 관리를 빔 길이(12.6 m)의 유니트마다로 할 수 있다 · 가이드 웨이의 침하에 대하여 패널의 코일 위치를 수정할 수 있다
직부(直付)	현지에서 제작한 가이드 웨이의 측벽에 지상 코일을 현지에서 설치하여 가는 방식 · 정밀도가 높은 코일 취부작업이 필요 · 가이드 웨이의 침하에 대하여 코일 위치의 약간의 수정 가능 · 빔 방식과 패널 방식보다도 경제성에서 우수하다

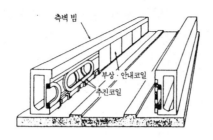

그림 9.4.13 빔 방식 가이드 웨이의 개요

(7) 분기방식

가이드 웨이를 2 이상의 가이드 웨이로 나누는 분기방식에는 현재 2가지 방법이 고려되고 있다. 고속용 분기로서의 트래버스(traverse) 방식, 저속용 분기로서의 측벽분리 방식이다. 전자는 분기가 없는 일반 구간과 같이 고속으로 주행할 수 있는 것으로 주로 중간 역에서 저속열차를 추월하는 경우에 이용되며 작동은 유압, 또는 전동으로 행한다. 트래버스 방법은 **그림 9.4.14**에 나타낸 것처럼 가이드 웨이를 6 내지 7 련의 거더(桁)로 분할하여 횡 방향으로 작동시키는 것으로 대규모의 이동장치를 필요로 하고 비용도 소요되지만 신뢰성은 높다. 후자는 고속으로 부상주행하지 않고 차륜으로 주행하는 시·종단역 등에서 사용하는 것이며 트래버스 방식에 비하여 경제적으로는 유리하게 되지만 측벽의 강도 부족으로 고속 부상주행은 할 수 없다.

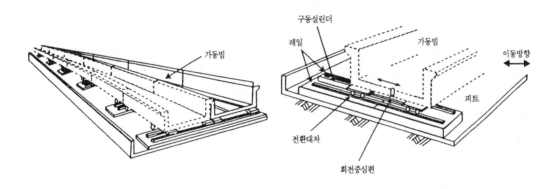

그림 9.4.14 트래버스 방식의 분기장치

(8) 환경 대책

흙 쌓기나 땅깎기와 같은 흙 구조물이 채용된 경우에 부상식 철도에서는 철 레일과 철 차륜으로 주행하는 기존 방식의 철도와 마찬가지로 틈새가 없는 주행로로 인하여 주위의 생태계를 분단하게 된다. 동물의 왕래가 차단되면 동물의 생식범위가 변화하고 식물 연쇄에서 식물, 곤충 등의 모든 생태계에 영향을 주게 된다. 특히, 가이드 웨이 측벽은 작은 동물도 지나갈 수 없는 연속한 벽이므로 고속도로나 고속철도 이상으로 동물의 횡단에 대한 배려가 필요하다. 횡단로는 설치 위치, 형상, 크기를 고려할 뿐만 아니라 횡단로 주변의 지형 형상, 식생도 고려하여 동물에 경계감을 주지 않도록 하여야 한다.

한편, 500 km/h에서의 주행은 터널 돌입에 수반하여 터널 내 기압의 급격한 증대를 초래하여 미기압파가 터널 내를 전파한다. 그 결과, 미기압파는 터널 출구에서 충격음이 생기게 한다. 미기압파가 생기지 않도록 하기 위해서는 차량단면에 비하여 터널단면을 크게 하면 좋지만, 터널단면의 증대는 건설비의 증대를 초래하게 된다. 예를 들어 일본에서의 단면적 비율(1 차량의 단면적/터널 단면적)은 부상식 철도의 경우는 약 0.12, 신칸센 철도의 경우는 약 0.21로 되어 있다.

그러나 이 정도의 터널단면적 증대만으로는 미기압파 현상을 완전히 방지하기가 어렵고, 차량 선두형상의 검토(차량의 노스를 길게 하는 등)나 터널입구에서 기압의 급격한 증대를 방지하기 위한 터널 완충공을 입구에 설치하고 있다. 터널 완충공은 터널입구에 작은 창이 있는 후드를 설치한 것으로 차량이 터널로 돌입하기 전에 미기압파를 작은 창으로 방사하여 터널 내에서의 급격한 기압의 증대를 방지하는 것이다.

9.4.6 에어러트레인과 튜브 방식

(1) 에어러트레인

에어러트레인(aerotrain, 프로펠러 추진식 공기 부상 열차)과 자기 부상 열차의 기술은 (재래 열차와 같이) 안내되는 차량 기술에 기초하기는 하나, 이동 차량과 수송이 행하여지는 지지 구조물과의 어떠한 접촉도 피하여지는 반면에, 철도는 금속(차륜) 대 금속(레일) 접촉에 의지한다.

에어러트레인은 역 "T" 형 콘크리트 지지 하부구조물 위를 주행하는 차량이다(**그림 9.4.15**).

추진은 어떠한 차륜 시스템도 없이 차량과 지지 하부구조물간에 내뿜은 압축 공기 쿠션에 의한다. 따라서 에어러트레인은 재래 열차를 추진하기 위하여 필요한 점착력을 압축 공기 층으로 교체하였다.

본 기술은 1960년대에 프랑스에서 개발하였으며 1969년에는 422 km/h의 인상적인 속도에 달하였다. 에어러트레인 건설에 대한 여러 가지 계획(예를 들어, 18 km의 지지 하부구조가 건설된 Paris~Orleans, Brussels~Luxembourg 등)이 있을지라도, 여러 가지 이유 때문에 1970년대에 그들의 계획을 포기하였으며, 주된 원인은 다음과 같다.

① 새로운 기술이 재래 철도와 양립될 수 없었다.

② (재래 선로와 비교하여 에어러트레인의 훨씬 더 낮은 보수비용으로 상쇄되는 비용이 없이) 새로운 재래 선로보다 건설이 훨씬 더 비싼 것으로 확인되었다.

③ (에어러트레인 추진에 사용되는 공기 터빈에 기인하여) 에너지 소비가 재래 열차보다 훨씬 더 높았다.

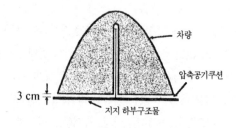

그림 9.4.15 에어러트레인의 원리

④ 에어러트레인의 수송 능력이 낮았다(원형에서 64~96 승객, 그러나 나중에 계획된 2량 열차에서 160 승객까지 향상).

승객 안전의 고려(지반 위 5 m에 있는 차량의 화재 가능성), 소음, 의심이 가는 전체의 미적(美的) 정서 등과 같은 2차적인 이유로 프로젝트를 포기하였다.

(2) 튜브(tube) 방식

이 시스템에서 외부 추진 방식은 점착이나 리니어 모터 등으로 구동하여, 내적 추진 방식은 차량전방의 공기를 흡입하여 후방으로 가속 분출함으로써 구동력을 얻는다.

9.5 철도의 향후 과제

9.5.1 철도기술의 장래

철도기술은 지금까지 약 180년에 걸친 역사를 통하여 배양되어 왔지만, 어느 지점에서 목적지까지 여객, 또는 화물을 안전하게 수송한다고 하는 교통기관 본래의 목적에 비추어 본다면 실용적으로는 거의 성숙의 경지에 도달한 수송수단이라고 할 수 있다. 그러나 철도를 둘러싼 환경은 끊임없이 변화하고 있으며 180년 전에는 예상할 수 없었던 자동차나 항공기라고 하는 대체 교통기관의 급속한 발전과 함께 철도수송이 수행하여야 할 역할도 크게 변하고 있는 중이다.

특히, 철도는 그 기능을 유지하기 위하여 다종다양한 시설과 복잡한 시스템을 포함하고 있으며 전형적인 중후장대형의 산업으로서 걸어왔다. 이 때문에 시대의 변화에 대하여 유연(flexible)하게 대응할 수 없고 결과적으로 철도사업 자체도 쇠퇴를 초래하는 것으로 되어버렸다. 그러나 고속철도의 성공은 철도의 특징을 살린 대담한 시스템 체인지를 도모함으로서 철도의 활성화가 충분히 가능하다는 점을 증명하고 있으며 금후도 시대의 요구에 맞는 기술개발을 적극적으로 계속하여 전개할 필요가 있다. 특히, 고도의 정보사회에서는 하드 면의 기술개발뿐만 아니라 소프트 면에서의 기술개발이 중시되어가는 중이며 기존의 기반시설(infra-structure)을 최대한 활용하여 어떤 사업전개가 가능한가, 다른 교통기관이나 산업분야와 제휴를 도모하면서 어떻게 철도를 활성화시켜야 하는가, 라는 관점도 중요하다(제1.4절 참조).

이 절에서는 철도에서 향후의 과제로서 안전성의 향상, 수송 서비스의 향상, 생력화, 장벽제거(barrier-free), 환경의 5 가지를 포착하여 21 세기에 어떠한 노력이 필요한지에 대하여 논의한다.

9.5.2 안전성의 향상

철도는 일반적으로 다른 교통기관에 비하여 안전성이 높으며, 또한 사고건수, 사망자수도 해마다 감소의 추세에 있다. 그러나 일단 사고가 발생하면 많은 사상자가 나는 경우도 있고 또한 후속 열차가 큰 영향을 받아 운휴나 지연이 다른 선구에도 미쳐 다이어그램이 혼란해지는 등 사회적 영향도 크다. 이 때문에 수송안전의 확보는 철도수송을 수행하기 위하여 가장 우선하여야 할 목표로서의 위치를 갖고 있으며, 지금까지도 ATS의 설치나 방재설비의 강화 등 많은 노력을 하여 왔다.

철도 운전사고의 발생건수를 사고종별로 분류하여 보면 건널목 장해(건널목에서 열차 등이 사람이나 자동차 등과 충돌한 사고 중에 열차사고에 이르지 않은 것)가 약 반수를 점하고 있다. 이 때문에 입체교차 사업의 추진에 따른 건널목의 제거나 장해물 검지장치의 설치라고 하는 종래의 대책에 더하여 운전자 측에서의 가시 성능을 보다 향상시킨 건널목의 정비 등을 행하고 있다. 또한, 중대사고(사상자수가 10 명 이상, 또는 탈선 차량이 10 량 이상 생긴 사고)로 이어질 가능성이 높은 열차사고에 대하여도 CTC의 설치나 열차무선의 정비라고 하는 열차운행 관리체제의 강화, 종래의 ATS 기능을 보다 강화한 새로운 ATS의 도입으로 운전 보안도 향상 등의 대책이 행하여지고 있다.

또한, 자연재해(제8.2.4항 참조)에 대한 안전성의 향상도 중요한 문제의 하나이며 지진, 강우, 낙석, 태풍, 눈 등에 강한 철도의 실현을 향하여 기술이 개발되고 있다. 특히, 지진대책으로서는 고가교나 교각 · 교대, 개착터널의 중간 기둥에 대한 강판 둘러쌈 등 철도구조물에 대한 내진성의 강화나 새로운 설계기준의 작성, 지진 조기검지 시스템의 정비 등이 실시되고 있다.

이러한 사고를 미연에 방지하기 위해서는 상기와 같은 하드 면에서의 대책 외에 인간자신의 착오로 생기는 휴먼에러를 미연에 방지하는 것도 중요하며, 주로 인간공학적 관점에서 여러 가지 분석 · 연구가 진행되고 있다. 휴먼에러의 배경요인에는 판단의 무름, 습관적인 조작, 주의환기의 늦음, 맹신이나 생략, 정보수집의 오류 등과 같은 5 점이 있으며, 사고방지를 위하여 계몽활동이나 안전교육의 추진, 휴먼에러가 생기지 않도록 작업순서나 기기배치의 검토, 보안장치 기능향상 등의 대책이 시행되고 있다.

9.5.3 수송 서비스의 향상

철도수송에서 쾌적성이나 편리성, 속달성이라고 하는 수송 서비스의 향상은 철도의 시장점유율(share)을 확보하기 위하여 중요한 수단이다. 특히, 근년에는 고객제일의 입장에 세운 평가지표로서 고객만족도(CS, Customer's Satisfaction)가 중시되고 있으며, 끊임없이 변화하는 이용자의 요구를 적확하게 파악하면서 보다 상품가치가 높은 철도수송을 계속하여 제공하는 노력이 필요하다.

철도수송의 큰 결점은 목적지에서 목적지까지의 모든 행정(行程)을 철도로만 연결할 수가 거의 없고, 부득이 말단을 다른 교통수단에 의지할 수밖에 없는 점이다. 철도의 여객이나 화물은 무엇인가의 수단으로 철도역까지 가든지 운반하든지 하여야 하며, 갈아타거나 갈아 싣기를 위한 로스타임도 무시할 수 없다. 이러한 철도의 결점을 극복하기 위하여 인터모들(inter-modal) 수송이라 부르는 이종 교통기관과의 공동 일관수송이 전개되고 있다(제1.3.3항 참조). 그 구체적인 수송이 컨테이너 수송이며, 컨테이너를 1 단위로 하여 자동차에서 화차로의 갈아 싣기를 포크리프트나 크레인 등의 하역기계로 간단하게 행할 수가 있기 때문에 현재 화물수송의 주력으로 되어 있다. 또한, **그림 9.5.1**과 같이 트럭이나 트레일러를 직접 화차에 실어 수송하는 피기 백(piggyback) 수송이나 **그림 9.5.2**에 나타낸 슬라이드 밴 시스템(slide van system), 자동차와 운전자를 같은 열차로 수송하는 카 트레인(car train) 등도 그것의 전형적인 예이다.

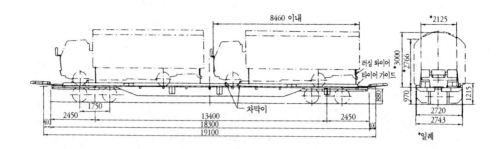

그림 9.5.1 피기 백용 화차의 예

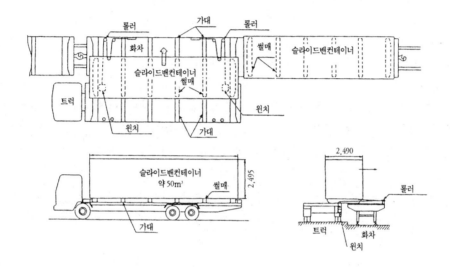

그림 9.5.2 슬라이드 밴 시스템

이러한 인터모들 수송의 한 형태로서 자가용이나 자전거 등의 개인 수송기관을 터미널 부근에 주차시키고 철도 등의 공공 교통기관을 이용하여 목적지까지 가는 파크 앤드 라이드(park and ride)가 근년에 주목되고 있다(제10.1.2(6)항 참조). 파크 앤드 라이드에는 철도로 갈아타는 파크 앤드 레일 라이드, 버스로 갈아타는 파크 앤드 버스 라이드, 가족이 운전하여 접근(access)하는 키스 앤드 라이드(kiss and ride), 자전거로 접근하는 사이클 앤드 라이드(cycle and ride) 등의 종류가 있지만, 키스 앤드 라이드를 제외하고 교통 결절점에서 주차장·주륜장의 정비가 필요하며 또한 갈아타기를 어떻게 원활하게 하는가라고 하는 점도 중요하다. 이와 같은 파크 앤드 라이드의 실현으로 도심으로의 자동차 진입이 억제되어 교통체증의 해소나 환경문제의 해결, 도시 내에서 보행자 공간의 확보 등이 가능하게 된다.

또한, 도시수송에서 혼잡의 완화도 철도의 서비스 향상에서 큰 과제이며, 운전간격(frequency)의 향상이나 편성의 장대화, 윈도보디(window body) 차나 문이 많고 좌석이 없는 차의 도입, 복복선화 등의 수송력 증강에 따라서 **그림 9.5.3**에 나타낸 혼잡도를 완화시킬 수가 있다.

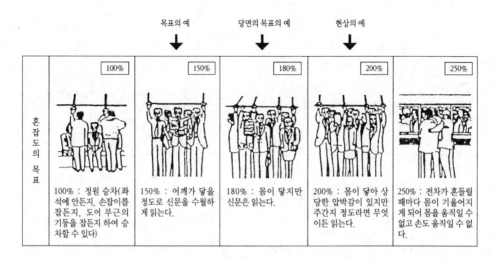

목표의 예 　　당면의 목표의 예　　현상의 예

| 100% | 150% | 180% | 200% | 250% |

혼잡도의 목표

100% : 정원 승차(좌석에 안든지, 손잡이를 잡든지, 도어 부근의 기둥을 잡든지 하여 승차할 수 있다)

150% : 어깨가 닿을 정도로 신문을 수월하게 읽는다.

180% : 몸이 닿지만 신문은 읽는다.

200% : 몸이 닿아 상당한 압박감이 있지만 주간지 정도라면 무엇이든 읽는다.

250% : 전차가 흔들릴 때마다 몸이 기울어지게 되어 몸을 움직일 수 없고 손도 움직일 수 없다.

그림 9.5.3 혼잡도의 예

더욱이, 연락통로의 증설 등 터미널에서 갈아타는 설비의 충실이나 상호 진입에 따른 편리성의 향상도 갈아탈 때의 불편이나 로스타임을 해소하는 수단으로서 유효하다. 특히, 지하철과 지상을 주행하는 일반철도의 상호 진입이 필요하다. 더욱이, 플렉스타임(flex time) 제도 등의 활용에 따른 오프피크(off-peak) 통근의 보급도 혼잡의 해소로 이어지는 소프트 면에서의 수단으로서 기대되고 있다.

이 외에 프리페이드 카드(pre-payed card)를 이용하여 개찰구에서 자동적으로 운임을 정산하는 스토어드 페어 카드시스템(stored fare card system)이나 복수의 사업자에 걸쳐 공동으로 사용할 수 있는 프리페이드 카드도 운임 수수의 수고를 줄여 서비스 향상수단으로서 급속히 보급되었다. 또한 비접촉 IC카드를 이용한 차세대 출·개찰 시스템도 개발되어 있으며 전자 머니(money) 시대의 새로운 운임수수 방식으로서 기대되고 있다.

한편, 근년에 도로교통의 분야에서 최신의 정보·통신기술을 도입하여 교통체증의 해소나 안전성의 향상을 도모하고 있는 ITS(高度 도로교통 시스템, Intelligent transport System)가 주목되고 있지만 이것이 실현되면 정시성, 안전성, 속달성이라고 하는 점에서 유리하였던 철도로서는 큰 위협으로 될 가능성이 있다고 한다. 이 때문에 금후의 과제로서는 ITS와의 협조·제휴를 깊게 함으로서 인터모들 수송의 중핵으로서 철도가 기능을 하는 것이나 ITS에서 개발된 기술을 철도분야에도 응용함에 따라서 보다 효율적이고 편리성이 높은 철도수송을 목표로 하는 것이 필요하다.

9.5.4 생력화

제8.3절에서도 기술한 것처럼 철도는 많은 시설을 보수 관리하면서 그 기능을 유지하고 있지만, 숙련 노동자의 고령화가 진행되는 한편으로 자녀 소수화에 따라 노동인구가 감소하고 있으며, 보수 관리에 종사하는 인재의 확보가 점차 어렵게 되어가고 있다. 또한, 경영적으로도 보수 관리에 요하는 팽대한 비용을 절감하고 경영의 효율화를 도모할 필요가 있다. 이를 위하여 보수 관리에 비용이나 수고가 들지 않고 보다 장기간에 걸쳐 그 기능을 유지할 수 있는 철도시설의 실현이 급무로 되어 있다.

이와 같은 보수 관리의 경감을 도모하는 것을 메인테난스 프리(maintenance-free)라고 부르지만 그를 위해서는 시설자체의 장(長)수명화를 도모하고 이들을 보다 효율적이고 적확하게 검사·진단함과 동시에 시설의 내구성을 저해하는 요인을 경감하는 것이 중요하다. 시설의 장수명화 방법으로서는 당초보다 보수 관리에 수고가 들지 않는 설비를 설치하는 방법과 기존의 설비를 보강·보수하면서 연명(延命)을 도모하는 방법이 있으며 새로운 신설·개량공사를 하는 경우는 당초보다 내구성이 뛰어난 설비를 도입하는 경우가 많다. 보수 관리에 수고가 들지 않는 설비로서는 기설의 도상자갈과 침목 사이에 시멘트 모르터 등을 주입하여 내구성의 향상을 도모한 생력화 궤도나 입체 보강재(geo-cell)를 도상자갈의 내부에 삽입하여 침하의 경감을 도모한 도상 강화의 실용화 등이 근년에 외국에서 성과를 올리고 있다.

한편, 검사·진단 방법으로서는 종래의 육안검사나 도보순회에 대신하는 수단으로서 궤도 검측차와 같이 주행상태에서 설비를 검사·진단하는 방법이 개발되어 있으며, **그림 9.5.4**에 나타낸 것처럼 터널검사 등에 실용화되어 있는 외에 비파괴 검사기술이나 모트 센싱(mort sensing) 기술을 도입함에 따라서 적확하고 정량적인 검사가 가능하게 되고 있다. 또한, **그림 9.5.5**에 나타낸 것처럼 검사·진단 기록을 데이터베이스로 하여 축적하고 AI(인공지능)을 이용한 전문가 시스템(expert system)과 링크시킴으로서 전문가와 동등한 판단을 할 수 있는 시스템 등도 개발되어 있다. 이러한 검사·진단 기술의 진보에 따라 이것에 요하는 작업을 경감할 수 있을 뿐만 아니라 조기에 이상이나 변상을 파악하여 적확한 대책을 실시함으로서 설비의 연신을 도모할 수 있다.

향후 보수 관리계획의 책정에서는 초기투자의 비용뿐만이 아니고 각 설비의 수명이나 보수 관리에 요하는 비용을 고려하여 가장 합리적으로 투자하는 라이프사이클코스트(life cycle cost)의 고려방법이 중요하며, 특히 수10 년 이상에 걸치는 사용을 전제로 하여 건설되는 토목구조물에서는 장기적인 시야에 선 사전의 평가를 충분히 하여둘 필요가 있다.

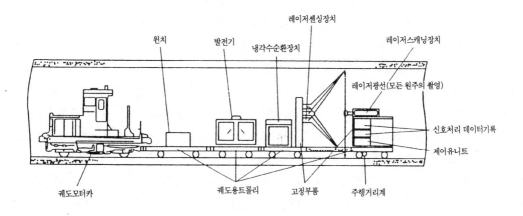

그림 9.5.4 레이저 광선을 이용한 터널검사의 예

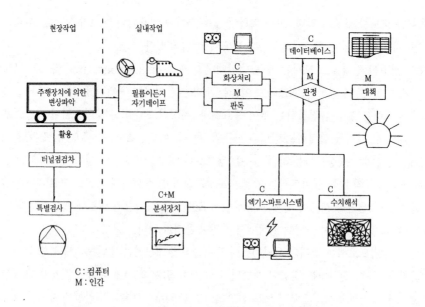

현장작업 | 실내작업

주행장치에 의한 변상파악 → 필름이든지 자기테이프 → 화상처리 C / 판독 M → 판정 M → 대책 M

데이터베이스 C

활용

터널점검차

특별검사 → 분석장치 C+M

엑기스파트시스템 C 수치해석 C

C : 컴퓨터
M : 인간

그림 9.5.5 터널검사를 대상으로 한 메인테넌스의 장래 이미지

9.5.5 철도의 장벽제거

우리 나라의 인구구성은 장수명화와 자녀 소수화의 영향을 받아 급속하게 고령화가 진행 중이며 65세 이상 고령자의 비율이 늘어나고 있다. 또한, 신체장애자나 고령자의 사회참가를 촉진하기 위해서도 이동에 제약을 받는 사람들에 대한 교통시설의 설비가 급무로 되어 있다. 이와 같은 핸디캡을 가진 사람들(고령자, 신체장애자 이외에도 임산부, 유아와 동행하는 이용자, 외국인 등을 포함한다)의 이동 시에 여러 가지 장해를 제거하여 건강한 보통 사람들과 동등한 교통서비스를 향수(享受)할 수 있는 환경을 갖추기 위하여 역시설이나 열차를 중심으로 하여 장애의 제거(barrier-free)가 적극적으로 추진되고 있다.

교통기관을 대상으로 한 장벽제거로서는 교통기관 상호의 원활한 이동을 확보하도록 공공교통 터미널에서 고령자·신체장애자 등을 위한 시설정비가 필요하며, 전락 검지 매트나 육성안내 시스템 등 최신의 기술개발 성과도 도입되고 있다. 철도의 경우에 철도역의 엘리베이터나 에스컬레이터의 설치가 진행되고 있다.

장벽제거를 위한 시책으로서는 보도의 정비 등에 따른 터미널로의 접근의 개선, 엘리베이터나 에스컬레이터의 설치, 외국인이나 고령자라도 알기 쉬운 정보안내 시스템이나 사인의 정비, 계단이나 차량의 스텝 등 단차의 해소나 슬로프화, **그림 9.5.6**에 나타낸 것처럼 경고·안내 블록의 부설, 바퀴의자 스페이스나 바퀴의자용 화장실 등의 설치, **그림 9.5.7**에 나타낸 것처럼 개찰구나 차량 도어의 확폭, 촉지 안내판이나 음성안내 시스템의 설치, 구호·구급체제의 정비, 이동에 제약을 받는 사람을 상시 지지(support)할 수 있는 체제 만들기 등이 있으며, 이동에 제약을 받는 사람의 이용을 전제로 한 역설비나 차량설비의 확충이 요구되고 있다. 이러한 상황에 따라 플랫폼의 면과 차량의 바닥 면 높이가 수 cm 밖에 안 되는 초저상식이라고 부르는 노면전차의 도입이나 흰 지팡이에 송수신 기능을 갖게 하고 유도블록을 따라서 음성정보를 알리는 안내 시스템의 개발 등이 행하여지고 있다.

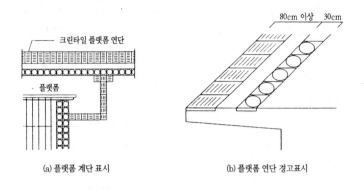

(a) 플랫폼 계단 표시   (b) 플랫폼 연단 경고표시

그림 9.5.6 플랫폼 끝에 설치한 안내블록의 예

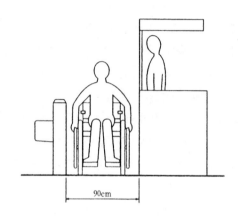

그림 9.5.7 바퀴의자의 이용을 고려한 개찰구

9.5.6 환경과 철도

지금까지 철도에서 환경문제는 소음이나 진동이라는 공해문제로 한정되어 왔지만 근년에 지구온난화나 이온층 파괴 등이 클로즈업되는 중으로 장래의 철도수송이 지구환경 문제에서 완수하여야 할 역할이 중요하게 되고 있다(제1.6절 참조).

예를 들어, 전(全)에너지 소비량 중에서 약 1/4이 운수관계에서 소비되고 그 중에서 약 87 %를 자동차가 점하고 해운과 철도가 각각 5 %, 항공이 3 %라고 하는 외국의 예가 있다. 이 중에서 여객부문에 대하여 한 사람을 1 km 수송하는데 필요한 에너지 소비량을 비교하면 영업버스는 철도의 약 1.8 배, 자가용 자동차는 약 6 배에 달하고 있다. 또한, 화물부문에서도 1 톤의 화물을 1 km 운반하는데 필요한 에너지 소비량은 예를 들어 영업용 트럭은 철도의 약 6 배, 자가용 트럭에서는 약 20 배에 달하고 있어 철도의 에너지 소비량은 다른 교통기관에 비하여 대단히 적다. 교통기관별 2산화탄소 배출비율에서도 마찬가지로 그 약 90 %를 자동차 교통(자가용 승용차 54.1 %, 자가용 화물차 13.2 %, 영업용 화물차 16.9 %, 택시 1.9 %, 버스 1.9 %)

이 점하고 철도는 겨우 3 %에 지나지 않는다(항공 3.5 %, 내항 해운 5.5 %)는 예도 있다.

이 때문에 자동차 자체의 2산화탄소 배출량을 억제하기 위하여 저공해차나 저연비 차가 개발되는 한편 철도나 해운과 같이 환경 부하가 적은 교통기관으로 수송을 전이(轉移)시키는 모들 시프트(modal shift)도 진행되고 있으며 화물열차 편성의 장대화나 자동차를 직접 화물로 적재하는 피기 백 수송의 추진 등과 같은 시책이 추진되고 있다. 또한, 여객수송에서도 될 수 있는 한 공공 교통기관으로 이용자를 전이시키기 위하여 철도수송의 정비나 서비스 향상은 물론 파크 앤드 라이드 등에 따른 수송의 원활화, 운임의 할인제도 등에 따른 공공 교통기관의 이용촉진을 도모하고 있다. 더욱이, 근년에는 관광지에서 자연환경에의 부하를 될 수 있는 한 적게 하고 환경이나 문화의 보호와 관광산업의 발전을 양립시키도록 하는 에코투어리즘(eco-tourism)의 수단으로서 철도수송이 주목을 받고 있으며 트럭 열차의 운행이나 열차 내로의 자전거 반입 등의 검토가 행하여지고 있다.

환경에의 부하를 경감하기 위한 검토로서는 이외에 환경에의 부하가 적고 리사이클(recycle) 비율이 높은 에코머티어리얼(eco-material) 재료를 적극적으로 채용하는 것도 중요하며 용도 폐지된 구조물이나 차량의 해체 시에 발생하는 잔재나 부품을 재이용하고 있다. 또한, 역이나 열차, 공장, 사무소 등에서 배출되는 쓰레기 처리의 문제, 내연 동차(특히 디젤동차)에서 나오는 배기가스 대책 등도 금후 검토하여야 할 과제로 되어 있다. 이러한 환경문제에 대한 사업자의 검토상황을 평가 · 인정하기 위한 지표로서 ISO 14001 시리즈라고 부르는 환경 매니지먼트(management) 규격이 있으며 ISO(국제표준화기구)에서 1996년에 제정하였다. ISO 14001 시리즈 중에는 환경문제에의 목표설정, 환경영향 평가, 사내 계발, 추진체제 등에 대하여 상세히 규정되어 있다. 금후 자동차의 저공해화, 저연비화가 진행되면 환경에 대한 철도의 우위성도 잃게 되므로 보다 가일층의 노력이 필요하다고 생각된다.

그 외에 철도사업자가 검토하여야 할 과제로서는 주변 환경과 구조물 경관의 조화가 주목을 받고 있으며 철도건설에서는 기능면뿐만 아니라 디자인적으로도 우수한 구조물의 실현이 요구되고 있다. 특히, 철도구조물은 자연경관이나 도시경관의 중간을 양쪽으로 가르면서 선 모양으로 관통하여 구축되는 것이 많고 또한 완성 후에도 수10 년 이상 장기간에 걸쳐 존치하게 되므로 특히 주변 환경과의 경관을 충분히 배려하여 설계할 필요가 있다. 이를 위하여 컴퓨터 그래픽스를 이용한 경관 시뮬레이션 등을 활용함으로서 주변의 환경에 보다 조화된 디자인의 구조물을 채용하기도 하고 모든 지역에서 경관의 일부로서 익숙해져 있는 역사적 · 문화적으로 중요한 구조물의 보존 · 재생을 도모하면서 철도시설을 리뉴얼(renewal)하는 시도 등이 실시되고 있다. 예를 들어, 철도교의 경우에 용(用, 사용목적), 강(强, 강도), 미(美, 미관)의 3요소를 완전하게 조화시키는 것이 필요하다.

제10장 도시철도·신교통 시스템 및 특수 철도

10.1 도시철도

최근에 국내외의 대도시에서는 도로와 평면 교차하지 않고 빈발 운전의 편성 전차를 이용하는 지하와 고가의 철도가 도시 기능에 불가결한 기본적 교통기관으로 되어 있다. 최근에는 도시로의 인구 집중과 자동차의 격증으로 인한 도로의 체증에 맞추어 지하철(subway)을 주로 하는 도시철도(urban (or city, metropolitan) railway)의 건설과 정비가 적극적으로 추진되고 있다. 지하철을 가졌거나 가까운 장래의 채용을 예정하고 있는 도시는 최근에 세계에서 70 도시 정도이다(영업 킬로미터 약 5,090 km, 1992년). 또한, 예전에는 아열대나 열대 지역의 도시에는 지하철이 없었지만, 홍콩·싱가포르·캘커타·카라카스 등에서도 개업되고 있다.

지하철의 정의는 "도시 교통을 사명으로 하여 독립한 교통 체계의 지하 공간을 가지는 철도", 또는 "노선(route)의 대부분이 지하에 건설되어 있는 대량 교통기관으로서의 도시 철도"로 정의된다. 광의의 지하철에는 보통 철도의 도시지하 노선연장 구간, 노면 철도(tramway)의 지하 구간도 포함되지만, 여기서는 전자의 정의에 의한다. 예를 들어, 일부에 지하 구간을 가진 국철이 지하철은 아니지만, 파리의 교외직통 급행선(RER)을 지하철의 범주로 하고 있는 것은 이 선로가 도시 교통을 사명으로 하는 노선이기 때문이다.

지하철을 주로 하는 도시 철도의 건설에는 거액의 비용을 요하기 때문에 그 경영은 공공적 기업에 의하며, 또한 상당한 공적 조성을 받고 있는 것은 세계적으로도 공통이다. 그 동향과 보통 철도와 다른 점을 기술한다.

10.1.1 도시철도의 역사

19세기에 이루어진 철도의 보급과 산업 경제의 발전은 도시로의 급격한 인구 집중을 가져 왔다. 서구에서 당시의 마차를 이용한 도시 교통은 위생 문제 등으로 종말에 달하게 되고 노면 전차(tram car)가 실용화되어 보급되었다. 그러나, 더욱더 격증하는 도시 교통은 수송력 부족으로 함락되고, 더욱이 자동차의 격증으로 인한 도로의 체증도 있어 채용된 것이 지하철과 고가 철도이었다.

세계 최초의 도시 철도는 1863년에 개업한 런던 동서의 철도 종착역을 지하 터널선으로 연결한 휠링톤~파딩턴간(**그림 10.1.1**) 6 km로서, 증기기관차(steam locomotive) 견인으로 운행되고 연료에 연기가 적은 코크스를 사용하였으며 역에는 배연구(排煙口)를 설치하였다. 이 지하철은 메트로폴리탄 철도(Metropolitan railway) 회사가 운영하였기 때문에 후년에 지하철이 메트로(metro)라고 불려지는 연원(淵源)으로 되었다. 1890년에 전철화되어 전기기관차(electric locomotive)로 바뀌었고 뒤이어 1896년에 부다페스트, 1900년에 파리에서 전차(electric car) 운전의 지하철을 개업하였다. 당초의 전차는 노면 전차의 성능이었다. 그 후에 런던에서도 전차 운전이 채용되고 이용의 증가와 기술의 진보에 따라 전차를 고성능화·장편성화하여 고속 전차의 지하철 방식을 확립하였다.

그림 10.1.1 세계 최초의 지하철(런던)

뉴욕에서는 1868년에 최초의 고가 철도 11 km를 증기 운전으로 개업하고, 뒤이어 1870년에 소구간의 지하철도 개업하였지만, 매연이 불평을 받자 오로지 고가 방식만으로 연신하였다. 그 후에, 도시의 경관이나 소음과 건설 공사의 곤란 등 때문에 1904년에 최초의 전차 운전 방식의 지하철을 개업하였고, 그 후는 지하철을 적극적으로 연신하였다. 한편, 시카고에서는 고가 방식으로 1882년에 개업하였고, 도로상의 고가 방식인 채로 연신하여, 터널 구간이 11 %인 예외적인 도시 철도로 되어 있다.

이와 같이 자동차의 보급 이전에 도시 교통의 필요에서 건설한 지하철로서 19세기말에서 1930년대까지 거의 현재의 지하철망을 완성한 도시는 런던, 파리, 뉴욕, 시카고, 보스턴, 베를린, 필라델피아 등이 있으며, 비교적 간선 철도(main-line railway)가 발달하여 있었기 때문에 지하철의 발달이 늦어져 제2차 세계대전 전에 착수하여 근대까지에 지하철망을 완성한 도시는 스톡홀름, 모스크바, 마드리드, 바로셀로나, 우에노아이레스, 아테네, 함부르크, 東京, 大阪 등이 있다.

세계적으로 소련(11 도시), 미국(10 도시)에 이어 일본의 지하철 보유는 9 도시이다. 최근에는 지하철의 추진에서 하나의 방향으로서 도시 교외에 위치하는 공항에 직결하는 노선을 건설하여 런던, 파리, 뉴욕, 워싱턴, 보스턴, 福岡 등에서 개업하였고 많은 도시에서도 계획하고 있다. 우리 나라도 인천의 영종도에 건설된 신공항과 서울을 연결하기 위하여 추진중인 인천국제공항 전용철도도 그 유형의 하나이다.

우리 나라의 지하철은 서울에서 1974년 8월 15일 1호선(서울역~청량리)이 최초로 개통되었고 이를 시작으로 6 대도시에서 도시 철도를 건설하였다. 서울의 1기 지하철(지하철공사)과 부산의 1기 지하철의 정거장(station)에는 콘크리트 도상, 기타 구간은 자갈 도상을 채택하였으며, 서울 2기 지하철(도시철도공사)과 부산의 2기 지하철 및 대구, 대전 등의 도시철도는 콘크리트 도상 궤도(concrete bed track)의 일종인 Stedef 궤도, 인천 도시철도는 Sonneville 궤도를 개량한 L.V.T. 시스템, 광주 도시철도는 영단형 콘크리트도상 궤도로 건설하였다.

대도시권에서 도시계 철도의 역할은 높은 수송 효율(traffic efficiency)과 저공해성 때문에 종래보다도 점점 증대하고 통근 수송과 다양한 목적을 가진 도시 교통에 중요한 역할을 계속하여 노선망이 확충되고 있다.

그 중에서도 중량(中量) 수송의 영역에서 지금까지의 철도 개념을 넘는 모노레일(monorail)이나 신교통 시스템(new traffic system) 등 새로운 수송 시스템이 출현하였다. 또한, 대도시의 주요한 역은 종합 터미널로서 각종의 도시 기능을 구비함과 함께 역을 중심으로 도시 활동이 집중·집적함에 따라 지역·도시 계획상 중요한 거점(핵)을 형성하게 되었다.

10.1.2 도시철도 일반

(1) 도시철도의 종류
도시철도는 대·중 도시에서 업무, 통근, 일상의 시민 생활에 이용되며, 시민 생활에 밀착한 필수의 교통수단이라고 할 수 있다. 도시철도는 예를 들어 다음과 같이 분류할 수 있다.

(가) 시설·차량 구조에 따른 분류
  1) 대량형 철도 : 일반의 철도
  2) 중량형 철도 : ① AGT(후술 참조), ② 모노레일(monorail), ③ 미니 지하철(mini subway), ④ 라이트 레일(light rail), ⑤ 노면 전차(재래형)

(나) 경영 주체에 따른 분류
  1) 국철
  2) 민철(民鐵) : ① 공영 철도(시영의 지하철, 노면 전차 등), ② 사철, ③ 제3 섹터(제1.1.2(9)항 참조)

(2) 통근 수송의 특징과 문제점
도시 철도(urban railway)의 문제는 도시 내 지역 상호의 용무 여객보다도 도시 주변으로부터의 통근 수송의 문제로 귀착된다. 도시의 통근 유동에는 일반적으로 다음과 같은 4 가지 특성이 있다.
  ① 대량 수송(mass transport)이다.
  ② 여객 수송(passenger transport)에서 점하는 철도의 비중이 크다.
  ③ 짧은 시간에 수송 수요가 집중한다. 대도시의 경우에는 1일 교통량에 대한 1시간 집중률이 3할에 달하는 예도 있다.
  ④ 도심을 향한 근거리 수송이다. 통근의 시간은 1시간 반~2시간이 한도이다.

통근수송 문제를 해결하기 위하여 인구 100만 이하에서는 비용이 많이 드는 지하철 등을 건설하기 어려운 것처럼 어느 정도의 인구 규모가 전제로 된다. 이것은 공사비가 막대함에 비하여 그 설비는 짧은 시간밖에 유효하게 작용하지 않으며 그것도 시민이 철도의 건설비를 세금 또는 운임의 형으로 상각하여야만 하고, 또한 인구의 규모가 적으면 도시의 활동이 활발하고 조석의 인구 이동이 많더라도 도시 계획이 정연히 행하여져 도로망이 정비되어 있으면 승용차나 버스로 끝나지만, 대도시의 도심부에는 사람이나 차량이 집중됨에도 불구하고 도로의 확폭은 곤란하며 따라서 노상의 교통기관으로는 기능을 완수할 수 없기 때문이다.

도시 교통기관으로서 갖추어야 할 조건은 ① 대량 수송이 가능할 것, ② 운임이 저렴할 것, ③ 시간이 정확할 것, ④ 교통기관 상호의 연락이 좋을 것, ⑤ 도달 속도가 빠를 것, ⑥ 수송량에 대하여 탄력성을 가질 것 등이다.

(3) 도시철도의 필요성

(가) 통근 수송에 대한 도시 철도에 의한 대응

도시내의 노면 교통이 한계에 가깝게 되면, 수송량(volume of transportation)이 큰 철도로 치환된다. 이 경우에는 다음과 같은 방책을 행한다.

① 기존의 철도를 도시 철도의 일부로서 이용한다.

국철은 도시간 수송을 중심으로 운영되어 왔기 때문에 도시간의 여객 수송, 화물 수송으로 인하여 다이어그램 편성상의 제약을 받고, 역 사이도 긴 것이 많으므로 이것을 도시의 발달 동향에 맞추어 통근 수송용으로 개량하여 그 사명을 수행하여 왔다.

② 전용의 도시 철도를 신설한다.

③ 다른 철도 사업자의 선구를 연결하여 상호 진입을 한다.

설비를 동일 기준으로 갖출 필요가 있지만, 갈아타기의 불편을 해소하고 차량의 운용 효율을 높여 대량의 통근 여객에게 편리한 방법이다.

(나) 대량형 철도의 필요성

대도시 도심의 업무 · 상업 지구로 유동 인구(정기 여객)는 대도시의 행정, 경제의 영향력 증가와 함께 현저하게 증가하고 있다. 이와 같은 대량의 통근자를 수송하기 위하여 국철 · 지하철과 같은 대량형 수송기관이 필요하다.

또한, 정기 여객만이 아니고, 일반 여객도 많아 도시의 대동맥으로서 없어서는 아니 되는 중요한 역할을 하고 있다. **그림 10.1.2**는 각종 교통 수단에 적합한 1 시간당 수송의 영역을 나타낸다. 즉, 국철 · 지하철과 같은 철도는 1 시간에 2~6만 명이라고 하는 대량의 수송력을 가지고 있다.

도시에서는 이미 교통 공간의 여유가 한정되어 있는 점에서 앞으로도 대량형 철도의 중요성은 변하지 않는다고 생각된다. 예를 들면, 세계의 대도시에서도 지하철의 건설이 현저한 템포로 진행되고 있다.

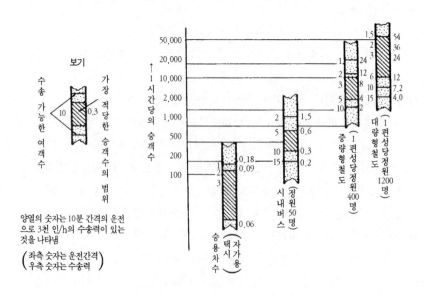

그림 10.1.2 여객 수에서 본 각종 교통기관의 적정 분야

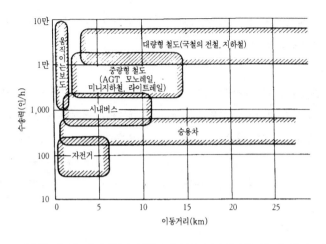

그림 **10.1.3** 수송력과 이동 거리에서 본 도시교통 수단의 영역

(다) 중량(中量)형 철도의 필요성

한편으로, 대도시 이외에서는 수송 수요도 적지만, 철도가 가진 수송력과 버스의 수송력과의 차이가 크다. 중량형 철도는 1시간당 2천~2만 명 정도의 수송력을 가진 궤도형 교통 시스템의 총칭이다. 모노레일, 신교통 시스템(제10.4절 참조)은 도로 상공의 점용이 가능하며 소음도 작고 비교적 적은 투자액으로 대응할 수 있다.

지하철(수송량 2~6만 명/h)과 버스(수송량 500~2천 명/h)의 중간을 보충하는 중동맥(中動脈)으로서의 역할도 중량형 철도의 중요한 역할이다. 앞으로 대도시의 보조간선, 중도시의 중심적 교통 동맥이나 대규모 단지, 공항 접근 등에 이용될 것이다.

각종 도시교통 수단에 대하여 각각에 적합한 수송 인원 및 그 이동 거리의 영역을 **그림 10.1.3**에 나타낸다. 중량형 철도는 거의 2 km 이상, 15 km 정도까지가 적합한 영역이라고 생각된다.

(4) 도시 계획과 도시철도의 관계

(가) 도시 계획과 도시철도의 관계

도시교통 계획의 기본은 역사적으로 보아 간선(trunk line)의 동맥을 철도로 하고, 모세관적인 단거리나 적은 수송량에 대하여는 버스, 승용차로 보충하는 형으로 되어 왔다. 종래의 철도는 도시간 수송과 화물 운반의 목적으로 건설되어 모터라이제이션(motorization)이 진행되기까지는 그 역할을 충분히 수행하여 왔다. 그 사이 여객이 집중하는 여객 역 근방에는 비즈니스 센터, 상점가를 육성하고 연선(wayside)에 주택을 유치하여 여객, 특히 통근 여객을 유발시켜 왔다. 그 결과, 역을 중심으로 시가를 발전시켜 왔지만, 팽대한 철도 시설은 도시의 발전을 저해하여 왔다. 그 때문에 도시 철도의 입체화가 행하여지고 차량 기지의 이전, 일반 역에서 여객 화물 취급의 분리도 행하여져 왔다.

더욱이, 통근 여객의 증가는 통근선(commuter line)의 선로 증설(track addition)을 필요로 하기에 이른다. 이들의 건설에는 지장을 가져오는 도로, 상하수도의 교체, 주변 도로의 신설 등 도시 시설의 변경 등이 시행되는 등, 용지 취득, 환경 대책 등에 따른 도시 계획과 밀접한 관계를 갖고 있다. 또한, 시가지의 재개발에 관련되어 그 핵으로 되는 역의 복합화가 요구되고 있다. 앞으로는 철도로서의 입장뿐만 아니라 재개발의 면에서 도시 계획과 동 사업의 협력을 전제로 할 수밖에 없다.

(나) 신도시, 부도심과 신선

도시 내에서는 지가가 앙등하고, 이 때문에 원격의 장소에 대규모 주택 단지가 조성되고 있다. 택지의 개발과 철도 신선정비의 정합성을 취하여 일체적으로 추진하여야 한다.이 단지의 통근 여객이 가장 가까운 기설 역으로 나오기까지에 시간이 걸리며, 기존선 자체의 수요로 인하여 포화 상태로 되어 있는 경우가 많다. 이 때문에 단지 내로 철도의 진입과 이 철도의 전차가 도심 내로 진입 가능하도록 하는 것이 바람직하다.

신선열차는 도중의 부도심에 정거하여 상호로 유기적인 관련을 지어 통근·통학뿐만 아니라 업무용으로도 이용하도록 하여야 한다.

(다) 타사업과 일체화한 철도정비

대도시의 주변, 지방중핵도시에서 모노레일, 신교통 시스템을 건설할 경우에 가로의 일부에 설치하기도 하고 교량을 도로와 철도에서 2층으로 사용하기도 하여 가로사업과의 일체화에 따라 또는 항만 정비사업으로서 철도가 정비되고 있다. 이것은 노선의 전부가 이들의 사업에 따르는 것은 아니지만 용지비, 건설비의 절감으로 건설이 쉽게 진행된다.

(5) 대도시의 교통 계획 책정상의 문제점과 대책

(가) 문제점

1) 기본적인 문제

상기에서도 기술하였지만, 대도시 교통에는 다음과 같은 점이 있다.

① 자동차의 급격한 증가에 따른 노면 교통의 체증

② 도시 주변부의 주택지에서 업무 기능이 집중하는 도심으로의 통근·통학 수송

③ 자동차의 배기 오염, 철도·자동차로 인한 소음·진동·건널목 사고 등의 교통 공해

④ 자본비의 부담 증가, 여객 수요의 정체로 인한 만성적 적자

2) 도심에서 교통 이용면

① 버스 교통도 주행 속도가 저하하고 도착 시각이 불안정하다.

② 통근·통학은 철도 이용이 많지만, 업무 교통은 절반이 승용차를 이용하며, 도시 교통은 업무 교통으로서 반드시 충분하지 않다.

③ 지하철에서는 하기의 터널 내 온도 상승이 현저하다.

④ 도심의 지하철을 이용하기 위하여 계단을 이용한 승하차, 갈아타기가 불편하며, 특히 화물을 가진 경우에는 자동차가 편리하다.

⑤ 한편, 통근 거리는 점점 장거리화되고 있으며, 도달 시간의 단축이 요망된다.

3) 건설면

① 철도망의 건설도 환경 대책, 용지 취득의 문제가 있고, 기존선에 병설하는 방식은 곤란하게 되어 도로면 아래를 이용하는 지하철 신선 방식으로 하지만, 기존의 지하철과의 입체 교차를 위하여 심도가 깊게 되고 공사비가 높다.

② 도로 건설도 사정이 같고, 지하도화는 배기 가스 때문에 곤란하며, 도로 상호의 입체 교차를 이용한 고속 도로도 도심에서는 건설이 불가능하다.

③ 가로도 종래의 산업교통 우선에서 변화중이며, 보행자·자전거 우선으로 되고 있다.

4) 재원 문제

철도 정비의 필요성이 강함에도 불구하고 실시에 이르지 않는 것은 채산성에 문제가 있기 때문이다. 구미에서는 도시 철도가 운임으로 채산을 확보할 수 없는 것이 당연하다고 하여 건설비뿐만 아니라 운영비에도 보조가 이루어지고 있다. 앞으로 공적 부담이 없이는 철도의 정비가 어렵게 되고 있다.

버스 등도 공공 교통의 경영 상태가 나쁘게 되고 있다.

(나) 대책

상기의 여러 문제에 대한 대책은 기본적으로 자가용 자동차의 억제를 도모함과 동시에 도심부 관리중추 기능의 지방 분산, 대도시권내에서 도시 기능의 다극적 분산, 즉 부도심과 주변 도시로 분산시켜 도심부로 집중하는 교통 마비를 해소시켜 가는 것이다.

1) 교통 환경의 개선

① 버스전용 차선, 버스 우선 차선, 차선 변경, 일방 통행 등의 교통 규제

② 컴퓨터를 이용한 버스의 중앙 운행관리를 하여 정시 운전의 확보. 정류장에 버스 접근표시를 하여 안달이 남의 해소

③ 노상 주차의 제한, 교통 신호기의 증설

④ 역전 광장의 자전거 보관장의 정비

⑤ 러시 아워가 아닌 때의 업무 교통으로서의 촉진을 위하여 갈아타는 차표, 균일 차표의 발매

⑥ 지하철의 냉방, 에스컬레이터 설비의 설치 등 서비스의 향상

⑦ 사업자가 다른 철도간의 상호 진입(trackage right operation)

⑧ 연락 역에서의 직통 운전

⑨ 역을 중심으로 하는 단거리간의 접근으로 버스 노선의 재편성

⑩ 원거리 통근용 전차(electric car)의 빈발화, 쾌속화 도모

2) 철도의 건설

통근·통학의 대량·고속 수송의 정시성의 확보는 철도가 가장 뛰어난 점이며, 철도를 주체로 하여 건설을 진행하고, 특히 각 역에서의 다른 교통기관으로의 접근을 좋게 한다.

① 앞으로 수송력의 증강은 선로 병설 증설이 어렵게 되고 있으므로 도심을 중심으로 하여 지하 철도를 방사상으로 건설한다. 이 경우에 부도심 및 주변의 핵도시를 연결하여 기능의 다극화에 이바지한다.

② 주변의 핵 도시를 연결하는 환상선(loop line)을 건설하고 각 도시간의 결합을 도모하며 도심을 통과하는 교통을 배제한다.

③ 도심부 역의 배치 간격은 인간이 걷기에 고통으로 되지 않을 정도(300~400 m×2)로 하여 이용하기 쉽게 한다.

④ 교외부에서는 역간을 크게 하여 도달 시간을 짧게 한다.

⑤ 각 역에서는 갈아타기, 승하차를 편리하게 하기 위하여 에스컬레이터 등의 설치를 고려한다. 역전 광장을 정비하여 버스와의 연락을 좋게 한다. 통근자를 위하여 자전거 보관장도 고려한다.

⑥ 핵 도시 혹은 신도시내의 교통은 철도역으로의 접근으로 하고 그 수송 규모에 따라 버스 외에 신교통 시스템, 모노레일의 도입도 고려한다.

3) 도로의 건설

도시 내에서 용지비의 앙등은 도로 정비를 불가능하게 하고 있다. 지하도도 배기 가스의 처리에 문제가 있으므로 우회로(bypass)의 정비가 중심으로 된다.

① 철도와 마찬가지로 핵 도시와 도심, 핵 도시 상호간을 연결하는 고속 도로를 정비한다.

② 화물의 교착 수송, 통과 수송을 배제하기 위하여 주변 환상도로를 정비함과 동시에 주변 지역에 물류 기지, 트럭 터미널 등을 설치한다.

③ 건널목의 입체 교차화, 고가화를 진행한다.

④ 버스 정류장, 자동차 주차장을 정비한다.

(6) 도시의 공공 교통망

(가) 철도망의 패턴

대량형 철도(도시철도)는 수송 서비스의 안전성, 정시성; 더욱이 경제 효율에서 본 대량성, 생력성, 생(省)에너지성 등이 "자동차"에 비하여 큰 것이 특징이다. 따라서, 이 이점을 살리면서 도시의 발전 형태별로 유도하여 장래의 바람직한 도시 형태를 고려하여 대량형 철도 노선망을 계획할 필요가 있다. 대량형 철도망은 도시의 지리적 조건이나 역사적 발전 형태에 좌우되며, 1점 집중형, 중심 집중형, 도심 환상선형 등 여러 가지의 철도망 패턴이 있다.

(나) 공공 교통의 네트워크

대도시 철도 정비의 기본적인 고려 방법은 점점 다양화되는 교통 서비스의 요청에 대응하기 위하여 대량형 철도의 골격을 중량형 철도와 버스 등으로 보완하고 갈아타기의 불편을 가능한 한 적게 하여 쾌적하고 편리한 공공 교통기관망을 정비하는 것이다. 이에 따라 격증하는 자동차 교통에서 공공 교통기관으로의 전환을 촉진시키는 것이 기대된다. 이와 같은 고려 방법은 각 교통기관의 기능 특성에 맞춘 것이며, 철도는 선적인 간선 교통에 적합함에 비하여 버스는 철도와 달리 극히 세세한 면적인 수송 서비스에 적합하므로 이들 양 교통기관의 특성을 살린 유기적인 연계 수송이 가능하도록 정비하는 것이다. 또한, 중량형 철도 중 노면 전차(tram car)는 한 때 도로 혼잡의 원흉이라고 하고, 효율이 나쁜 수송 기관으로서 그 자리를 빼앗겼지만 외국에서는 장년의 실적과 기술의 진보에 따라, 또한 교통 정책의 개선으로 그 효율화와 쾌적성의 향상에 노력하여 최근에는 중도시에서 매력 있는 도시교통 수단으로서 발전하고 있다(제10.2절 참조).

공공교통 네트워크의 구체적인 방책은 다음과 같다.

1) 존 버스 시스템(zone bus system, **그림 10.1.4** 참조)

도시 내에서는 버스 노선이 장대화함에 따라 도로 혼잡의 영향을 받아 정시성의 확보가 곤란하게 됨과 함께 적정한 조차(操車)가 행하여지지 않는 등의 폐해가 생긴다. 이 때문에 버스의 운행 범위를 작은 지역으로 한정하는 주택 지역, 업무 지역 등의 존(zone)으로 종합하고, 지역 내를 주행하여 면(面)적인 서비스를 제공하는 존 버스(소형 버스)와 터미널이나 철도역을 연결하여 선(線)적인 서비스를 제공하는 간선 버스(대형 버스)로 버스의 기능을 분리한다. 또한, 이 간선 버스 또는 지하철 등과 존 버스와의 공동 승차권으로 운임의 부담을 늘리는 일이 없이 이들을 조합하는 방법이 존 버스 시스템이다. 이에 따라 버스의 계통을 짧게 함과 동시에 중복을 피하고 복잡한 계통을 단순화하여 이용자가 알기 쉽도록 할 수 있다.

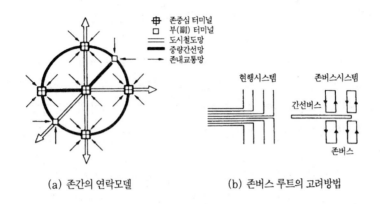

(a) 존간의 연락모델   (b) 존버스 루트의 고려방법

그림 10.1.4 존 버스 시스템

2) 라이드 앤드 라이드 시스템(ride and ride system, 공공 교통기관 승계제도)

공공 교통기관을 이용하기 쉽게 하기 위하여 교통기관 상호간의 승계 터미널을 설치하고, 공통 승차권 제도(지하철과 버스연계 차표의 할인 발매 등)를 도입하여 지하철과 버스, 간선 버스와 존 버스의 승계가 용이하고 편리하도록 고려된 시스템이다. 존 버스 시스템에서 기술한 것처럼 대도시에서는 시내 각 존의 중심에 버스 터미널을 만들고 존 버스를 운행하여 터미널로 여객을 모은 후에 간선 대형 버스 또는 철도로 유기적으로 수송하는 것이다.

3) 파크 앤드 라이드(park and ride)

도시 근교에서 가장 가까운 역, 터미널까지 자동차를 이용하고, 여기에 주차하여 철도 또는 간선 버스를 이용하여 통근하는 방법이다. 우리 나라에서는 교외의 역전에서도 용지의 취득이 곤란하기 때문에 실시 예가 적고 가족이 자가용차로 역까지 태워다 주는 이른바 키스 앤드 라이드(kiss and ride)가 늘어나고 있다.

10.1.3 도시철도의 건설 계획

(1) 건설 방식의 선정
(가) 기설 철도의 이용

증가하는 교통 수요에 대처하기 위하여 편성 길이의 증대, 시격의 단축이라고 하는 차량 증비(增備)의 단계를 지나면 선로 증설 또는 신선 건설의 필요에 이른다. 선로 증설도 복복선화까지가 한도이며, 그 이상은 신선 건설에 따른 다른 유리한 루트를 선정하여야 한다.

복복선화는 선로별과 방향별이 있지만, 선로별이 기존선의 운영에 영향을 주지않고 별선으로 시공할 수 있으므로 최근에는 주류로 되고 있다. 병설 선로 증설의 실시에서 여객·화물별에서는 화물선(goods line)이 소재지에 대하여 단순한 통과선(through track)으로 되기 때문에 소재지의 반대를 강하게 받는다. 속도별로 하여도 용지 취득의 조건으로서 정거 역의 설치가 요구되므로 반드시 그 이점이 생기지 않는다. 따라서, 병설 선로 증설의 경우에는 갈아타기 및 교체 수송이 용이한 방향별의 쪽이 바람직하다.

도심부에서는 화물 역이 철거되고 있어 화물 역의 여객 역화 가능성을 검토할 필요가 있다.

(나) 신선 건설

도심의 신선 건설은 지하 철도로 된다. 도로 아래에 건설하기 때문에 이용 공간 확보의 면에서는 문제가 없지만, 건설비의 반분 이상을 점하는 토목 구조물은 지하 매설물 및 기설 지하철과의 입체 교차를 위하여 지하 수10 m의 깊이에 달하는 일도 있어 대단히 높은 가격으로 되어 채산이 악화되고 있다.

① 채산성을 확보를 위해서는 여객의 편리를 도모하고, 또한 여객 수요의 증가에 기여하도록 노선(loute)과 역을 선정한다.

② 건설비의 절감을 위해서는 노선과 노선상의 구조물(structure) 형식의 경제 비교를 하지만 단독 노선에서는 급곡선, 급구배 및 터널 단면의 축소를 도모한다. 그것과 함께 수송 수요를 감안하면서 여기에 대응할 수 있는 소형 차량의 채용을 고려한다.

(2) 도시철도의 일반계획

(가) 수송수요의 예측

1) 노선계획, 역의 규모를 정하고 열차운용과 지하철 건설의 종합적인 계획을 수립[244]

2) 발생교통량 추정–분포교통량 추정–교통수단별 배본–교통량 배분

(나) 운송계획

1) 수송력과 승객량의 추정

   가) 수송력의 추정은 차량의 편성차량 수와 열차시격에 좌우되며, 1시간별 승객발생량에 따라 수송계획

   나) 승객량의 수송력

      ① 역세권 내 발착여객(1차 여객)

      ② 노면교통기관 경유여객(2차 여객)

      ③ 고속 교통기관 경유 발차여객(3차 여객)

2) 차량 수송력

   ① 1량당 승차인원 160명, 운전실이 있는 경우 148명

   ② 4량 편성 616인/열차, 6량 : 936명, 8량 1,256명, 10량 : 1,552명

3) 열차시격

   최소시격 1~2분, 10분 이내

4) 열차편성 : 제(6)(가)항 참조

5) 열차의 속도 : 100 km/h, 30초간 정차

6) 표정속도 : 선로와 운전조건에 따라 여객수요와 안정성을 고려하여 단계별로 실시방안 검토 결정

7) 운행횟수 : 오전 오후 러시아워에 중점적으로 대량 수송체계를 위한 열차 계획

(3) 지하식인지 고가식인지의 선택

선로용지 취득의 난이 등에서 도심은 지하철(subway) 방식, 교외에서는 고가철도 방식으로 하고 있는 예가 많다. 양 방식을 비교하여 보자(**표 10.1.1** 참조).

표 10.1.1 고가식과 지하식의 비교

구분	고가식	지하식
가로에 대한 장해	가로에 대한 점유 폭이 크고 가로로서의 기능을 현저하게 저하시킨다.	출입구, 환기공 정도이며, 원칙적으로 지장이 없다.
건설비	건설비가 싸다. 지질이 나쁜 개소에서는 기초 공사비가 높다.	건설비가 크다.
방재면	차량 화재의 경우에 차 바깥으로 나오면 비교적 안전하다.	터널 내에서의 화재 사고의 경우에 큰 사고로 되기 쉽다.
지진 시	구조물에 대한 피해는 어느 정도 발생할 위험성이 있다.	비교적 안전하다.
소음	차내 소음이 적지만, 연도로의 소음 공해로 되기 쉽다.	차내 소음은 크지만 지상으로의 소음 공해는 없다.
차 바깥 전망	전망이 좋아 쾌적하다.	터널 내는 암흑으로 불쾌하다.
도시 경관	좋지 않다.	영향이 없다.
노선의 집중화	높은 고가 또는 그 이상으로 불리하다.	복수 이상의 노선이 집중하는 경우에도 고가식보다 훨씬 유리하다.

(가) 건설비

지층의 상황이나 관련 공사 · 용지비 등으로 건설 단가의 폭이 크지만, 실적에서 지하철은 고가식에 비하여 약 3배 전후로 높다. 최근의 지하철은 심층화 때문에, 또한 고가철도는 용지 지가의 앙등 때문에 어느 것도 건설비가 한층 높게 되어 있다.

(나) 도시 경관

고가철도는 좋지 않으며, 지하철은 문제가 없다.

(다) 승차감(riding quality)

고가식은 전망이 좋고 차내 소음(interior noise in train)도 적다. 지하철은 터널(tunnel)내의 주행 소음으로 인한 반향으로 소음이 크다.

(라) 공해 소음

· 고가식은 연선으로의 소음이 문제로 되기 쉽지만, 지하철은 지상으로의 소음이 대단히 적다.

(마) 지진(earthquake)시

고가식은 구조물의 피해가 많게 될 위험이 있지만, 지하철은 터널의 견고한 구조로 말미암아 멕시코 시

티 · 샌프란시스코 등의 상당한 지진에도 피해가 근소하였다. 그러나, 1995년 阪神 대지진으로 인한 神戶시 지하철에서는 패해가 극심한 예도 있어 지진대책도 개선되고 있다.

(바) 방재(disaster protection)면

지하철에서는 터널 내 화재 사고 등의 경우에 큰 사고로 될 우려가 있기 때문에 만전의 방재 대책이 필요하게 된다.

(4) 노선망의 계획

(가) 노선망의 형성 계획

노선망의 형성에는 도시 교통에 관한 장래의 수요를 예측하여 지하철이 분담하는 지역간 OD표{origin(출발지) destination(도착지) table}를 구하여 희망 선도를 작성한다. 노선망은 당연히 이 희망 선을 만족하여야 한다.

노선망의 기본 형태는 도심을 중심으로 하는 방사형과 격자형이 고려된다. 격자형은 용도 지역이 확정될 수 없는 직장 · 주거 일치형의 도시에 적당하고 1회의 갈아타기로 어디라도 가는 이점이 있다. 방사형은 중심부의 노선 밀도가 높고 이용자의 편이성은 높지만, 주변 지역에서는 역세권 외의 부분이 늘어간다. 이것에 대하여 주변 지역에서는 그 보완으로서 버스, 중량 궤도 시스템을 이용한 피더 서비스(feeder service) 혹은 광역적으로는 환상선(loop line)의 신설(new construction)이 필요하게 된다. 기존 철도의 이용에 대하여도 이 계획 내에서 고려하여 간다. 직장 거주 분리형에서는 도심으로 통근 수요가 집중하므로 방사형에 가깝게 된다.

다음에 노선망 계획에 기초하여 착공 순위에 따라 사업화하여야 할 노선을 선정한다.

(나) 노선 계획

도시 철도(urban railway)는 도시의 중요한 교통기관이며, 또한 고가의 건설비를 필요로 하기 때문에 그 건설 계획에서는 도시권의 장래도 포함한 교통 수요와 유동의 파악, 기존의 다른 철도 노선과의 관련 등을 종합하여 가장 합리적인 노선의 선정이 바람직하다.

특히 유의하여야 할 점은 다음과 같다.

① 교통 수요와 유동(현상 및 장래의 예측)에 대응시키고 장래의 도시권 확대와 도시 발전에 대응할 수 있도록 도시계획의 방침과 합치시킨다.

② 도심과 주변 지역을 될 수 있는 한 일직선으로 연결하여 관통시키고, 즉 부도심 · 위성 도시 · 주택 지역과 도심을 최단 경로로 연결하고 지하철의 간선(trunk line)은 될 수 있는 한 도시 중심부를 관통시킨다.

③ 노선망으로서의 기능을 살리고, 적은 횟수의 갈아타기로 목적지에 도달할 수 있도록 한다.

④ 양단, 터미널 및 다른 철도와의 입체교차 개소는 연락(連絡) 역으로 하고 각 단면 교통량의 균등화를 도모한다. 될 수 있으면, 지상의 보통 철도와 상호 진입(through service)을 고려하고, 갈아타기를 배제하여 편리를 도모한다. 즉, 국철 등 다른 철도와 상호 직통할 수 있도록 고려한다.

⑤ 도심으로의 진입에서 주변 지역에 대하여는 시간 · 거리의 단축을 위하여 쾌속화가 가능한 설비로 하고, 긴 역간 거리를 취한다. 도심 내에서는 현재의 도로 사정에 따라 유일한 발로서의 기능을 수행하

도록 짧은 거리에 배치한다.

⑥ 지하철의 용지 취득에 대하여는 도로 아래가 유리하지만, 노선 선정(location of route) · 선형과도 종합한다. 평면 선형(horizontal alignment)의 선정에서는 선형에 무리가 없고, 연선의 토지이용 계획과도 조화를 도모한다.

⑦ 종단 선형(vertical alignment)의 선정에서는 매설물의 실태를 충분히 조사하고, 지하 구조물에 대한 필요 최소한의 토피를 결정한다. 교외에 대하여는 고가식과의 조합을 고려하여 건설비의 저감에 힘쓴다.

⑧ 다른 교통기관과의 접속을 고려하여 역의 위치 · 배치를 결정한다(다음의 (다)항 참조).

⑨ 간선 가로를 통하여 노면교통 수요를 흡수시키고, 도로를 유효하게 이용한다. 또한, 사유지의 아래를 통과할 경우에는 민가에 대한 영향(공사중의 침하, 열차 통과시의 진동)을 최소한으로 그치도록 한다.

(다) 지하 역의 선정

① 여객의 보행 이동거리를 고려하여 배치 간격은 도심부에 대하여 700~1,200 m 정도로 한다{전술의 제10.1.2(5) (나) 2)항 및 후술의 (4) (사)항 참조}.

② 열차 간격이 작으므로 대량 수송의 승하차와 유도가 원활하도록 설비를 한다.

③ 도심 역의 출입구는 여객의 이용에 편리한 위치에 다수 설치하여 인접하는 빌딩과의 연락을 고려한다.

④ 역전 광장의 정비로 버스, 터미널과의 연락도 원활하게 행하여지는 위치로 한다.

(5) 철도 제원의 선정

도시 철도{urban (or city, metropolitan) railway}는 고성능 열차를 이용한 빈발 고속 운전이 원칙이지만, 노선망과 함께 궤간 · 차륜 방식 · 구동 방식 · 차량 사이즈 · 수송력 · 역간 거리 · 정거장의 형태 · 곡선 반경 · 구배율 · 급전 방식 등의 철도 제원을 결정하여야 한다.

(가) 궤간(gauge)

우리 나라는 표준 궤간을 채용하고 있지만, 해외의 경우에는 기존의 철도와 규격 통일도 있어 일반적으로 동일 궤간이 채용되고 있다.

(나) 차량 한계(car gauge)와 건축 한계(structure gauge)

차량 한계와 건축 한계는 각 지하철마다 정하여져 있다. 가공선(aerial line) 방식에서는 국철과 상호 진입하는 일이 있기 때문에 진입하는 노선의 한계에 맞추고 있는 일이 많다.

(다) 차륜 방식

보통 철도의 철 차륜과 레일의 방식이 원칙이지만, 1957년 파리의 일부 노선에 채용된 고무 타이어가 고점착 · 소음 방지 · 승차감의 향상 등에서 우수하다고 하여 몬트리올 · 멕시코 시티 · 산티아고 등의 도시에도 채용되고 있다. 그러나, 고무 타이어식은 동력비의 증가, 차량비의 증가, 고무 타이어의 수명이 짧고 복잡한 분기기(turnout) 등의 불리한 점을 종합하면, 철 차륜 방식보다 우수하다고는 보여지지 않기 때문에 그 후는 보급되지 않고 있다(제10.1.8항 참조).

(라) 구동 방식

전동기를 이용한 차륜의 점착(adhesion) 구동이 원칙이었지만, 최근에 미니 지하철(mini subway, 보통

지하철보다 수송력이 작다)에는 차륜 주행·리니어 모터(linear-motor) 추진 방식을 채용하고 있다. 리니어 모터 방식은 전차(electric car)의 바닥 아래 높이를 낮추어 차량한계(car clearance)를 감축할 수 있기 때문에 차량의 소형화에 맞추어 터널 단면을 작게 할 수가 있으므로 건설비가 경감되고 있다. 이 방식은 점착 구동 방식이 아니기 때문에 구배율도 높아질 수 있으며, 예를 들어 최급 구배를 45 ‰로 하는 외국의 지하철도 있다(제10.1.9항 참조).

(마) 차량 사이즈

차체(car body) 폭은 2.6~3.2 m, 높이는 3.4~3.7 m, 길이 16~22 m 범위이다. 수용 인원당 차량 비용의 점에서는 소형보다 대형 차량이 유리하지만, 길이는 곡선반경의 대소로 결정된다. 건설비의 경감을 목표로 한 미니 지하철은 차량 사이즈를 작게 하고 있다(제10.1.9항 참조).

(바) 수송력(transportation capacity)

차량 사이즈, 편성 량수와 운전 시격(headway)에 따라 결정된다. 편성에서는 뉴욕에 11량의 예가 있지만, 그 외는 10량 편성을 최대로 하고 있다. 운전 시격은 전차의 가일층 고성능화를 도모하고 역에서의 정거 시간(stopping time)을 20 초 정도로 억제하고 또한 신호기(signal)의 간격을 줄이면, 계산상으로는 20 m 차량의 10량 편성에 대하여 운전 시격이 최소 1분 30초로 된다(제8.1.4항 참조). 그러나, 실제 운전에서의 여러 가지 지장의 발생이나 회복 운전의 여유 등을 고려하면 다이어그램의 운전 시격은 2분 정도가 최소로 되어 있다. 최소 운전 시격의 실적은 모스크바 지하철의 1분 40초로 19 m 차량의 6량 편성, 역 정거 시간은 20초로 하고 있다.

(사) 역간 거리

이용의 편에서는 역간 거리를 짧게 하여 역을 많게 하는 것이 바람직하지만, 반면에 역간 거리의 단축은 전차 운전의 표정 속도(scheduled speed)를 낮추기 때문에 지하철의 역간 거리는 편이성과 표정 속도를 종합하여 도심 구간에 대하여 1 km 전후, 교외 구간에 대하여 1.5 km 전후가 많다. 파리 지하철의 급행선은 2.1 km 전후, 구소련 각 도시의 지하철은 1.7 km 전후, 샌프란시스코의 BART선은 3.5 km 전후로 하고 있다.

(아) 정거장의 형태

지하철의 정거장은 일반적으로 2층 구조로 하며, 플랫폼은 섬식과 상대식의 하나가 선택된다. 섬식(island platform)은 역 전후의 선로가 S곡선으로 되는 것이 불리하지만, 플랫폼의 이용률이 좋고, 개·집 찰구가 1 개소로 되어 플랫폼 요원의 효율이 좋고 상하선 열차가 상호 협력할 수 있는 점 등이 유리하게 되며, 상대식(separate platform)은 이들이 상반된다.

어느 것을 선택하는가는 일반적으로 지상 측의 조건 등에 따라 결정되며, 큰 정거장은 섬식, 작은 정거장은 상대식이 많다. 섬식 플랫폼을 채용하면서 역의 접근 부분을 단선 병렬 터널로 하여 장래의 플랫폼 연신을 고려하는 예도 있다. 좌측 운전의 경우에 모든 플랫폼을 섬식으로 하고 전차의 운전석을 우측으로 하여 1인 운전(one-man operation)의 승무원이 플랫폼을 감시하기 쉽도록 하는 예도 있다.

정거장의 규모를 좌우하는 플랫폼의 길이는 전차의 편성 길이에 따라 결정되지만, 개업 시뿐만 아니라 장래의 편성도 고려하는 것이 바람직하다.

(자) 곡선반경(curve radius)

고속 운전에는 곡선반경이 큰 것이 바람직하다. 예전의 지하철은 도로의 아래에 건설되는 경우가 많아

160~200 m의 작은 반경도 있었지만, 최근의 지하철은 심층화와 속도 향상(speed up)을 위하여 작은 반경이 감소되고 있는 추세이다.

플랫폼과 전차와의 간격(최소 60 mm)을 안전상 적게 하기 위하여도 정거장 본선은 급곡선이 좋지 않다. 최근에는 1인 운전도 채용되고 있지만, 그 경우의 정거장은 플랫폼의 전망을 좋게 하기 위하여 곡선을 피한다.

(차) 구배율(gradient)

예전의 구배율은 만일의 고장 전차와 연결 운전할 수 있는 조건으로서 최급 25~35 ‰로 하여 왔다. 최근의 고성능 전차에서는 보다 높은 구배율에서도 지장이 없게 되고 건설비의 경감에서도 지형에 따른 높은 구배율이 바람직하기 때문에 앞으로는 이 방향으로 행할 것이다. 고성능 전차를 이용한 속도의 향상에는 구배율이 그다지 문제가 없고 속도가 가장 억제되는 것은 급곡선(sharp curve)과 짧은 역간 거리이다.

해외에서는 운전 동력비를 절감하기 위하여 역간을 역보다 낮게 하는 예가 있지만, 반면에 역간을 낮게 하지 않고 정전 시에도 역으로의 도달을 가능하게 하고 있는 예도 있다.

정거장 선로는 조작 운전 등에서 예를 들어 최급 10 ‰로 하고, 수평 구간에서도 배수를 좋게 하기 위하여 2 ‰ 정도의 완구배(slight gradient)로 하고 있다.

(카) 터널 단면

터널 단면은 되도록 작게 하여 건설비를 절감하는 것이 바람직하다. 예전에는 터널의 높이가 건설비에 크게 영향을 주었기 때문에 제3 레일 집전 방식이 유리하다고 하여 왔지만, 최근에는 굴착 기술의 진보에 따라 건설비에서 굴착비가 점하는 비율이 작게 된 점이나 운전·보안·보수에서 본 이점도 있어 가공선 방식을 다시 보게 되었다.

(타) 급전 방식(표 10.1.2, 표 5.2.2)

터널 단면적을 줄이기 위하여 외국에서는 제3 레일 방식(third rail system)으로 하고 직류 전압도 600~825 V로 하는 예가 있다. 깊은 지하철의 경우는 실드 공법을 이용하여 원형 단면 터널로 하기 때문에 제3 레일 대신에 강체 가선을 채용한다.

보통 철도와 상호 연결되는 경우는 기존 보통 철도의 가선(overhead line) 방식을 채용하고, 전압도 1,500 V로 하며, 이 경우는 터널 단면 높이를 낮게 할 수 있는 강체 가선으로 하고 있다.

표 10.1.2 제3 레일 방식과 가공선 방식의 비교

구분		제3 레일 방식	가공선 방식
터널내 단면	상자형	높이가 낮으므로 건설비가 저감된다	내공 높이가 높게 된다
	실드	큰 차이가 없다	큰 차이가 없다
차량바닥 아래 기기의 정비		전압이 600~750V이므로 기기가 많다	기기가 적다
변전소 수량		많다	적다
고속 운전		불리	유리
상호 직통 운전		교외 국철이 진입하는 경우는 불리	유리

(6) 도시철도의 열차편성

도시철도의 열차편성은 제어차, 동력차, 부수차 등을 조합하여 구성한다[245].

(가) 차량종류

1) 제어차(Trailer Car with Driver's Cab : Tc) : 운전장치와 ATC/ATO 장치가 있는 차량으로 Tc
   차라고 하며, 자체 추진력이 없다.

2) 동력차(Motor Car : M) : 모터가 장치되어 추진력(견인력) 있는 차량으로 집전 설비(팬터그래프)
   가 없는 M_2차와 집전설비가 있는 M_1차가 있다.

3) 부수차(Trailer Car : Tc) 모터, 제어장치가 없이 다만 끌려오는 차량으로 트레일러(Trailer)라고
   하며 제동장치, 기타 장치는 설치되어있다.

(나) 열차편성

1) 4량 편성(2M2T)

   $Tc + M_1 + M_1 + Tc$

   Tc : 운전실을 가진 제어 부수차(Trailer Car with Driver's Cab)

   M_1 : 동력차(Motor Car), 집전설비 + 인버터 + 견인전동기(+연장 급전장치)

   4량 편성 시에는 M_1차량 중 1량에 연장 급전장치를 설치하고 차량번호로 관리

   ※유니트(Unit) : 전동차가 움직일 수 있는 최소단위, 즉 Tc, M, M', Tc의 4량이 한 유니트로 되고
   두 개 유니트가 한 편성으로 됨

2) 6량 편성(3M3T)

   $Tc + M_1 + M_2 + T + M_1 + Tc$

   Tc   : 운전실을 가진 제어 부수차(Trailer Car with Driver's Cab)

   T_1, T_2 : 부수차(Trailer Car), 연장 급전장치

   M_1 : 동력차(Motor Car), 집전설비 + 인버터 + 견인전동기

   M_2 : 동력차(Motor Car), 인버터 + 견인전동기

3) 8량 편성(4M4T)

   $Tc + M_1 + M_2 + T_1 + T_2 + M_1 + M_2 + Tc$

10.1.4 도시철도의 개량과 수송력 증강

(1) 통근 · 통학 수송에의 요청

대도시내의 교통에서 철도에 요청되는 것은 통근 · 통학 수송이며 다음의 점이 요청된다.

① 열차 다이어그램을 의식하지 않고 마음이 놓인다(짧은 시격의 균일 다이어그램이고 운전 시간대가 크
   다).

② 시간 파동(러시 아워대)과 편도 수송을 감당해낸다(초만원의 완화).

③ 도심으로의 직통 진입과 다른 교통기관으로의 갈아타기가 용이하다.

④ 먼 베드 타운에서 단시간에 도심으로 들어간다(고속화).

⑤ 승차 중 쾌적하다(플랫폼과 차내의 냉방화).

전항에서 언급한 것처럼 철도는 도시교통에서 앞으로도 큰 역할을 수행하여야 한다. 이를 위해서는 현재의 도시철도가 가지고 있는 문제점을 극복하여 철도 본래의 기능을 최대한으로 발휘할 수 있도록 하기 위하여 수송력(transportation capacity)의 증강, 철도의 편이성과 서비스의 향상, 철도의 쾌적성 향상, 도시계획에서 본 시설 정비의 4점에 대하여 여러 가지의 개선이 필요하다.

(2) 수송력 증강

대도시에서는 대부분의 철도에 대하여 거의 예외가 없이 통근 러시 아워의 복잡이 만성화되고 있다. 이것에 대하여 다음과 같은 수송력(transportation capacity) 증강을 위한 시책이 필요하다.

(가) 운행 다이어그램의 적정화와 증발

이미 제2장에서 언급한 것처럼 열차 종별마다의 횟수와 편성 길이를 적정화하고, 운전 시격의 단축과 균등 시격화하며, 그 선구(railway division)와 각 역에서의 승하차 여객 수에 따른 운행 다이어그램으로 선로 용량(track capacity)을 최대한으로 효율이 좋게 활용한 운행 다이어그램을 설정하는 것이 필요하다. 이에 따라 열차 종별마다로 증발 열차를 고려하여 수송력의 증가를 도모한다.

또한, 도달 시간(schedule time)의 단축을 위하여 쾌속 운전, 가감속 성능이 높은 차량을 투입하고, 정확을 위하여 과밀하지 않는 열차 다이어그램과 단순한 열차 체계로 한다. 도시간 수송과 통근 수송을 분리한다.

(나) 편성 길이의 증가

선로 용량상 증발할 수 없는 경우, 또한 특정 열차만의 집중도가 높은 경우에는 열차 편성(train consist) 길이를 증가시킴으로서 수송력을 증강시킬 수 있지만, 플랫폼을 연신하기 위하여 인접 건널목의 이설, 또는 폐지, 역 주변 용지의 매수, 선로 구배·곡선의 개량 등 곤란한 문제가 많으며, 철도의 연속 입체화 사업으로 하여야 하는 경우가 많다. 또한, 지하철역 등에서는 플랫폼 연신에 거액의 비용을 요하고 기술적으로도 난공사가 많다. 더욱이, 편성 량수의 증가는 플랫폼 연신만이 아니고 소요 전력량의 증대에 따른 변전소의 용량 및 신호계의 개선(안전을 위하여 ATS, ATC 등) 등 부대 공사를 많이 수반한다.

(다) 선로 증설(track addition)

수송력의 증강을 위하여 선로 용량상 증발도 장편성도 할 수 없는 경우에는 복복선화의 가능성을 검토한다. 복복선화를 시행하는 경우는 급행선과 지방선(local line)으로 분리하여 각각 네트 다이어그램을 설정할 수 있기 때문에 비약적으로 증발이 가능하게 되며, 또한 선별·방향별 등 운용의 편이성이 높고 여객에 대한 서비스가 한 층 상승한다.

(라) 신선 건설(new construction)

도시철도 각 선의 혼잡 현상이나 기설 선 복복선화의 한계 등에서 보아 대부분의 대도시에는 더욱 많은 철도 신선의 건설이 필요하다.

그러나, 도심으로 진입하는 신선의 건설은 도시 공간의 제약에서 보아 이미 지하철도로 하지 않으면 아니 되는 상태이며 거액의 건설 투자를 필요로 한다. 따라서, 이들의 건설을 촉진하기 위하여 되도록 싸게 건설하는 공법이 필요함과 동시에 국고 보조율의 인상과 보조금 예산의 향상이 필요하다. 또한, 지하철 신설에 따른 연선 교외나 도심의 수익을 평가하여 그 일부를 지하철 건설비로 환원하는 방법에 대하여도 검토가 필요하다.

(마) 라이트 레일(light rail)화

현재도 노면 전차가 활용되고 있는 외국의 도시에서는 이 궤도를 순차 고가화 또는 지하화하여 고성능인 "경쾌 전차"(light rail vehicle, LRV)로 치환하고 있다. 이에 따라 편성길이가 증대하고 수송력이 증강됨과 동시에 교통 신호나 노면 체증의 제약에서 해방되어 속도 향상과 정시성의 확보 등 질적인 서비스 향상이 실현된다.

(3) 도시철도의 편이성과 서비스의 향상

승용차에 비교한 철도·버스 등의 결점은 목적지까지 갈아타기를 수반하는 점이다. 이것을 경감하기 위하여 다음과 같은 방책이 있다.

(가) 철도의 상호 진입(trackage right operation)의 촉진 : 국철·지하철 각각의 열차를 다른 철도의 선로로 직통시킴으로서 갈아타는 일이 없게 하므로 대도시에서 실시하고 있다.

(나) 플랫폼 투(to) 플랫폼 갈아타기 : 철도의 승환 역에 대하여는 연결 통로를 되도록 짧게 하고 움직이는 보도나 에스컬레이터의 완비 등 여러 가지 갈아타기의 편리를 고려하여 시설을 배치하지만, 이상적으로는 동일 플랫폼의 양쪽에서 갈아탈 수 있도록 하는 것이다. 서구에서는 암스테르담의 암스텔 역, 에센 중앙 역 등 많은 예가 있으며, 경부선(전철)과 안산선의 금정역도 그 예이다.

(다) 버스 터미널의 정비 : 철도역에 직결한 버스 터미널을 정비하여 철도와 버스 운행의 연계성을 높여 승객의 편리를 향상시키는 것이다. 같은 관점에서 철도와 버스의 결절 점으로서 역전 광장(station front)의 정비가 필요하다.

(라) 공통운임 제도 : 국철·지하철 등의 갈아타기를 용이하게 하기 위하여 중요한 것은 승계 요금이 높게 되지 않을 것과 알기 쉽고 구입이 번거롭지 않아야 한다.

우리 나라도 장래에 유럽 여러 나라에서처럼 전(全)철도망과 버스 전노선망의 공동운임 제도를 목표로 하여도 각 경영주체가 다른 경우에서는 그 조정이 복잡하고 당면은 실현 불가능하지만 비교적 용이한 2사 상호간 또는 공영 자하철과 공영 버스라고 하는 동일 경영체에서의 공동 운임화를 먼저 추진하는 것이 바람직하다.

(마) 승객·시민의 안내 유도 : 갈아타기 경로나 출입구가 승객에게 알기 쉽도록 표지나 안내도를 자세히 설치하는 외에 통로의 광고류를 제한하여 안내 표지를 보기 쉽게 한다. 또한, 주요 역 등에 대하여는 여행 목적지로의 갈아타기 계통·승환역 등을 나타내는 안내 표시기를 설치함과 함께 시민이 철도와 버스를 갈아탈 경우에도 같은 모양으로 이용 계통, 승환역 등을 한 눈으로 알 수 있는 표시판의 설치 등의 서비스가 필요하다. 또한, 고저차가 큰 역에서는 에스컬레이터를 설치한다.

(4) 도시철도의 쾌적성 향상

예전에는 "안전하게 빨리 목적지까지 도달할 수 있다"고 하는 기능면만으로 도시 교통이 논의되어 왔지만, 이제부터는 탈것을 이용하고 있는 시간의 쾌적, 편안함이 요구되는 시대로 될 것이다. 철도 차내의 쾌적을 위하여 승차감 외에 차량의 냉난방화, 지하철역의 냉방화, 차량의 좌석·내장·조명 등의 디자인이나 차내 광고의 선택 등이 필요하며, 역구내나 플랫폼, 콩코스(concourse), 통로, 벤치 등의 비품, 안내판, 표지판, 조명 기기에 이르기까지 그 색조, 형상, 조도 등을 종합적으로 고려한 토탈 디자인의 사상을 도입하여야 한다.

(5) 도시 계획에서 본 시설 정비

도시철도와 관련한 역전 광장이나 연속 입체교차는 도시 계획의 견지에서 도시 시설 중에서도 가로, 공원과 함께 시민 생활에 필요한 근간 시설이다. 따라서, 적극적인 시설 정비는 도시철도의 개선을 위하여 중요한 시책이며, 제2.4.3항과 제7.2.2항에서 각각 상술하였지만, 그 개요를 도시철도의 견지에서 다음에 기술한다.

(가) 연속 입체교차

철도 때문에 발생하는 지역 분단이나 건널목에 기인하여 일어나는 교통 체증 및 교통 사고(traffic accident) 등을 근본적으로 없애는 방법은 철도를 고가화, 또는 지하화하는 것이다. 따라서, 도시계획 사업의 일환으로서 철도의 연속 입체교차화 공사의 추진을 도모할 필요가 있다.

(나) 역전 광장(station front)

여객 역은 시민의 통근·통학 교통의 거점이며, 더욱이 업무, 쇼핑, 레저 활동의 큰 거점으로 되어 있다. 즉, 시민의 교통수단(버스, 택시, 자가용차 등)이 집중하는 중심적인 장으로 되며, 도시의 터미널로서 업무·상업의 활동이 활발하게 되고 토지 이용이 상업적으로 특화되는 경향으로 된다. 이와 같은 역전의 활성화와 주변 정비, 도시 미관 등의 입장에서 최근에는 도시 정책의 일환으로서 역전 광장이 정비되고 있다.

10.1.5 보통 지하철

(1) 지하철의 시설

지하철 시설의 특징을 요약하면 다음과 같은 점이 열거된다.

① 도심부에서는 역간 거리가 짧다(500~1,000 m).

② 정거장 내의 노선 배선(track layout)은 비교적 단순하다.

③ 도로 하부라고 하는 제약 때문에 급곡선, 급구배가 많다.

④ 플랫폼 형식으로는 예전에는 역 스페이스를 절약하기 위하여 섬식이 많았지만 근년에 플랫폼 확폭이나 연신이 용이한 상대식 플랫폼이 늘고 있다.

⑤ 터널내의 오염된 공기를 배출하고 차량이나 조명 등으로 인한 온도 상승을 제어하기 위하여 (7)항에서 후술하는 환기(ventilation) 설비가 필요하다.

⑥ 승객에의 서비스와 터널의 열 축적 방지를 위하여 역 구간 전체의 냉방이 일부 행하여지고 있다. 그러나, 냉방 효율이 나쁘기 때문에 비용이 대단히 높다.

⑦ 터널내의 누수(water leak)가 있기 때문에 배수(drainage) 설비가 필요하다.

⑧ 집전 방식을 비교하면 **표 5.2.2** 및 **표 10.1.2**와 같다.

⑨ 변전소는 통상적으로 지상에 설치하지만 지하철에서는 용지난 등으로 역에 인접한 터널 상부에 지하 변전소로 하여 설치하는 일이 많다. 간격은 전압 600~750 V에 대하여 약 2 km, 1,500 V에 대하여 약 4 km 정도로 하는 일이 많다.

⑩ 화재, 침수 등의 재해(disaster)를 고려하여 불연화 차량은 물론 비상 계단, 비상 문, 각종 경보장치 등의 방재(disaster prevention) 설비가 필요하다(제(9)항 참조).

(2) 터널의 종류

터널(tunnel)의 구축 공법은 대부분 지표에서 수 m 낮은 형과 수 10 m의 깊은 형이 있다. 낮은 형은 일반적으로 도로에서 시공하는 개착 공법으로 하고, 단면은 직사각형을 선정한다. 깊은 형은 실드 공법(shield method)을 이용하든지, 보통 철도의 산악터널 공법으로 구축하며, 단면은 원형이든지 말굽형을 채용한다. **그림 10.1.5**에 각종 터널의 단면을 직선 구간과 역 구간으로 나누어 나타낸다.

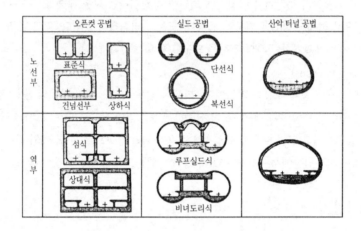

그림 10.1.5 지하 터널의 단면

건설비의 단가는 개착 공법·실드 공법은 산악터널 공법에 비하여 약 2.5배이며, 산악터널 공법은 단단한 지질이나 암반의 지역에서 채용한다. 스웨덴의 스톡홀름 지하철에는 암반을 굴착한 대로인 산악터널의 예도 있다.

지하철의 시공은 제10.1.6항에서 상술하지만, 터널의 구조에는 다음의 종류가 있다.

(가) 철근콘크리트 상자형 터널

개착 공법에 사용되며 철근 콘크리트로 상자형 라멘을 만든다. 복선의 중앙에 격벽 또는 일정 간격의 지주를 철근 콘크리트로 만든다.

(나) 철근 콘크리트 아치형 터널

산악터널 공법을 채용하고 단면형상은 표준 유형의 말굽형이며 철근 콘크리트로 만든다.

(다) 원형 터널

실드 공법에 채용하고 단면형상은 원형이며 복공 재료는 철근 콘크리트 또는 철제 세그먼트(segments)로 하고 있다.

(3) 방수(waterproof)와 배수(drainage)

지하철은 지표면 아래에 있기 때문에 지하수나 우수 등으로 인한 침수의 위험을 수반하며, 소요의 대책이 필요하다.

구축의 주위에는 아스팔트 방수, 고분자 재료 방수 등으로 방수층을 설치한다. 누수(water leak)는 콘크리트의 균열을 따라 이동하는 경우가 많기 때문에 균열이 일어나지 않도록 미리 신축 이음부를 두고 그 개소의 물막이를 확실하게 한다.

이상의 구축에 대한 방수를 될 수 있는 한 시행하여도 완성 후에 구축 내로 약간의 물의 침입은 피할 수 없다. 그것을 배수하기 위하여 궤도 직하에 배수구를 설치하고 노선 단면의 최저로 되어 있는 개소에 배수 펌프를 설치하여 지상으로 유출시킨다.

(4) 궤도 구조(track structure)

환경이 좋지 않은 터널 내이기 때문에 궤도틀림이 적고 보수가 거의 불필요한 콘크리트 도상을 원칙으로 하고 있다(제10.1.1항 참조). 당초의 콘크리트 도상은 탄성(elasticity)이 부족하고 소음이 크며 레일에 파상 마모 등이 발생하는 등의 문제도 있었지만, 레일의 장대화, 고무 패드의 채용 등으로 개량되어 있다.

(5) 전차(electric car)의 구조 · 성능

지상을 주행하는 전차와 약간 다른 설계로 되며, 그 다른 주된 점은 다음과 같다.

① 불연 구조로 하여 열차 화재(train fire)를 방지한다.

② ATS · ATC · ATO 등을 장치하여 열차충돌(train collision) 사고를 방지한다(제5.6.2항 참조). 또한, 승무원과의 연락을 위하여 유도 무선설비도 설치되어 있다.

③ 만일의 경우에 승객의 긴급 피난용으로 열차 최전후의 정면에 비상문을 설치한다.

④ 창 측의 개폐 치수를 제한하여 여객이 창에서 차 바깥으로 상체를 내밀지 않도록 한다.

⑤ 정전 시를 대비하여 축전지를 이용한 예비의 등을 설치한다.

⑥ 좁은 장소에서의 분할합병 작업을 위하여 전기 연결기가 붙은 밀착 연결기(tight lock coupler)를 채용한다.

⑦ 차량 고장(car trouble)으로 움직이지 않는 경우에는 별도 편성과 연결하여 운전할 수 있다.

⑧ 차량 중량이나 차체 보수비 경감을 위하여 스텐레스나 알루미늄 무도장의 것이 많이 이용되고 있다.

⑨ 생에너지, 발열량의 저감을 위하여 사이리스터 초퍼(thyristor chopper) 제어 방식*에 의한 차량이 많아지고 있다.

이상의 특수 설계에 더하여 고가의 지하철 건설비를 적극 살려 도시 교통의 보다 높은 효능화를 도모하기 위해서도 고성능의 전차를 채용하고 있다. 즉, 높은 가속 · 높은 감속으로 하고, 최근에는 생에너지와 발열을 적게 하기 위하여 상기의 초퍼(chopper) 제어나 인버터 제어와 전력 회생 브레이크를 채용하고 있다. 외국 지하철의 조사에 의거하면, 재래 지하철에 대한 열 발생원의 구성비는 전차 70 %, 조명 16 %, 사람 14 %이

---

*) 사이리스터 초퍼 제어란 반도체를 이용하여 전류를 고속으로 개폐함으로서 운전 속도를 제어하는 방식이며, 주행에 필요한 전력만을 모터에 공급하기 때문에 종래 저항기로 열로 변환하여 왔던 전력의 손실을 절약할 수가 있다.

었기 때문에 회생 브레이크 전차에 따른 효과(초퍼 제어 전차의 회생 예 : 61 %)가 크다.

높은 가속을 위하여 출력 강화와 아울러 경합금이나 스텐레스강을 이용한 경량화 차체를 채용하고, 편성 중량당 출력이 10~15 kW/t, 가속 성능은 3 km/h/s를 상회하는 것이 많다.

외국에서 초기의 지하철은 올(all) 전동차 편성이 원칙이었지만, 동력 장치의 강화, 차체의 경량화(weight reduction of car body) 등에 따른 차량 비용의 저감을 위하여 최근에는 MT 편성이 주류로 되어 있다.

한국철도공사에서는 소음과 화재의 위험성을 획기적으로 감소시킨 이른바 "웰빙형 전동차"를 수도권전철 1호선에 2005년 말부터 투입하고 있다(제6.2.6(2)항 참조). 이 신형 전동차는 객차간 연결부위가 기존의 비닐에서 이중 막 고무로 대체되어 소음차단이 10 dB 이상 향상되었다. 차량마다 화재탐지장치와 비상통화장치도 설치하였다. 출입문 개폐장치는 기존의 공기압축식이 아닌 전기식을 적용하여 작동 시에 정확성이 높아지고 고장률이 획기적으로 낮아질 것으로 기대된다.

(6) 역 설비

생활 수준의 향상과 더불어 역의 벽면 처리에 대하여도 개선이 도모되어 지하에서의 저항감을 불식할 수 있는 디자인을 채용하고 이용하기 쉽도록 계단을 피한 에스컬레이터(escalator)를 적극적으로 설치하고 있다(제7.2절 참조).

(7) 환기와 공조

지하철은 일반적으로 정거장의 출입 통로로 지상과 연결되어 있는 것에 지나지 않기 때문에 이용의 증가에 따라 공기의 오염이 심하게 되어 무엇인가의 환기(ventilation)가 필요하다.

환기의 방법으로서 터널의 곳곳에 환기구(air-passage)를 설치하고 열차의 주행에 따른 피스톤 작용으로 행하여지는 자연 환기 및 환기구와 송풍기(fan)를 설치한 기계 환기가 있다. 이용객이 많은 노선에서는 자연 환기만으로는 불가하며, 최근에는 기계 환기가 원칙으로 되어 있다. 기계 환기의 경우에 환기를 각 역의 중간으로 하는 방식이나 급기를 역의 중심과 각 역의 중간으로 하고 배출을 역의 양단으로 하는 방식 등이 있지만, 환기탑이 설치 가능한 지상 조건 등도 종합하여 결정한다(**그림 10.1.6** 참조).

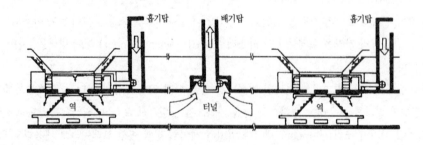

그림 10.1.6 환기 방식

지하철의 초기는 터널내의 온도가 여름철에 27 ℃ 전후로 비교적 시원하고, 겨울철은 따뜻하다는 호평으로 전차에는 난방 장치를 설치하지 않을 정도이었다. 그러나, 열차 빈도의 증가와 이용의 격증 때문에 여름철의 온도 상승이 현저하여, 그 대책으로서 역의 공조(주로 냉방)와 터널 내의 냉방이 채용되어 최근에는 역의 공조가 표준 설비로 되어 있다.

이것은 전차에 냉방하여도 냉방 장치에서 배출되는 더운 공기가 터널 내에 자욱하였기 때문이었다. 그 후는 지상 차량의 냉방화의 보급에 따라 상호진입 구간의 확대에 맞추어 지하철 전차(subway car)에도 냉방을 채용하고 인버터 제어와 회생 브레이크로 전차의 발생 열을 줄이고 터널의 환기(ventilation)를 강화하는 추세로 되어 있다.

역에서의 대용량 공조설비인 경우에 공조기를 집중 또는 분산하는 방식을 채용하지만, 어느 것도 회수 열을 지상의 공중으로 배출하기 위한 냉각 탑의 설치 개소가 문제로 된다.

(8) 환경 대책

(가) 지하철에서의 환경 대책

철도는 본래 저공해형의 교통 기관이지만, 더욱 다음에 대하여 주의를 요한다.

① 소음 대책상 지하화함과 동시에 노선 연선(route wayside)의 민가에 대한 열차진동 대책을 고려할 필요가 있다. 즉, 방진 매트, 콘크리트 도상 궤도의 채용 등 발생원에 대하여 경감한다. 교통 시설의 주변에 오픈 스페이스를 취한다.

② 터널은 사용개시 이후 차체에서 나는 열을 축적하므로 터널 냉방대책을 시스템 전체로서 고려할 필요가 있다(상기의 (7)항 참조).

③ 지하 역에서는 화재, 수해 등 재해 발생의 방지와 이들의 감시장치 및 피난유도 설비를 완비할 필요가 있다(하기의 (9)항 참조).

④ 공사 중은 소음·진동의 발생, 지반의 부등 침하(uneven subsidence), 교통 사고(traffic accident)도 일으키기 쉬운 환경으로 되며, 가설물과 작업 방법에 주의를 요한다. 특히, 연선 주민에 미혹이 생기지 않는 시책을 강구할 필요가 있다.

(나) 소음 대책

승차감을 위해서도 소음을 줄이는 것이 중요하며, 선로 측의 고무 패드, 레일의 장대화 등에 맞추어 차량 측도 동력 장치·대차의 저소음화, 창·도어의 밀폐화 등을 도모하고 있다.

스톡홀름 지하철의 경우는 차량의 소음을 경감하기 위하여 차량 한계(rolling stock gauge)와 건축 한계와의 공간을 크게 하여 정거장 플랫폼의 상부나 하부에 흡음재를 붙이고 있다.

(9) 방재 대책

지하철의 주된 방재(disaster protection) 대책은 화재 대책·지진 대책·풍수해 대책·정전 대책 등이 있으며 상응의 대책을 강구한다. 지하 역의 방재에 대한 상세는 제7.2.1(9)항을 참조하기 바란다.

(가) 화재 대책

지하에 있는 건조물·비품은 원칙적으로 불연화하고 화재자동 경보장치·소화기를 설치한다. 만일의 경우에 대비하여 피난 통로·비상용 조명설비·유도등·유도 표지 등을 설치한다.

(나) 지진(earthquake) 대책

지진계에 연동하는 경보 장치를 열차 지령소에 설치하여 진도 등의 상황에 따라 열차의 정지 수배, 또는 서행 등의 운전 규제를 한다.

(다) 풍수해 대책

비교적 바람이 강한 지상 구간의 교량 등에 설치한 풍속계와 연동하는 경보 장치를 열차 지령소에 설치하여 25 m/s 이상의 강풍에서는 정지 수배로 한다. 터널내의 침수에는 역 등의 지상으로의 출입구 바닥 면을 도로 면보다 높게 하는 등 각각의 개소에 대하여 유입 방지의 구조로 하고, 또한 필요에 따라 터널 입구에 방수 문을 설치한다.

(라) 정전 대책

수전은 복수의 계통으로 하고 만일의 정전에 대비하여 역구내에 축전지나 디젤 발전기 등의 비상용 전원을 설치한다. 만일의 경우에 전차가 서행으로 주행할 수 있도록 비상용 가스 터빈 발전기를 설치하고 있는 예도 있다.

10.1.6 지하철의 시공

(1) 개요

지하철의 공사가 일반의 도시 토목공사와 다른 점은 다음과 같다.

① 시가지에서의 토목공사로는 가장 규모가 크다.

② 장기간(3~6년)에 걸친 프로젝트 공사이다.

③ 장래 교통 수요의 변화에 응하도록 역 시설 등에 개량의 여지를 가지게 한다.

④ 연도(沿道)로의 지반 침하(ground subsidence), 소음, 진동 등의 건설 공해에 대하여 충분한 배려가 필요하다.

⑤ 지하 매설물에 지장이 없도록 신중한 시공이 요구된다.

⑥ 자동차를 통행시키면서 공사를 하기 때문에 노면 복공이 필요하다.

⑦ 자동차 교통에의 대처나 연도 환경에의 배려 때문에 작업 시간이 대폭으로 제약을 받는다.

대부분의 대도시의 경우에 하천의 충적평야에 발달하여 왔기 때문에 지반(ground)은 실트, 모래, 점토, 호박돌에 더욱이 지하수의 영향이 가해져 복잡하고 연약한 개소가 많다. 이 때문에 각종의 공법이 이용되고 있다. 지하철 시공법의 종류는 다음과 같다(여기에서 언급하지 않은 사항은 제4장 참조).

(가) 지하 터널

① 개착(opencut) 공법

② 잠함(caisson) 공법 : 압기(pneumatic) 잠함, 오픈(open) 잠함

③ 침매(沈埋) 공법(submerging method)

④ 동결(freezing) 공법

⑤ 실드 공법(shield method) : 단선 병렬형, 복선형

⑥ 산악터널(mountain tunnel) 공법(NATM 등)

(나) 고가교(viaduct)

(2) 개착(opencut) 공법

개착(opencut) 공법이란 **그림 10.1.7**에 나타낸 것처럼 지하 매설물을 이설 또는 방호하여 토류(sheet-ing) 말뚝을 시공한 후에 노면을 복공하여 자동차를 통행시키면서 굴착을 진행하고, 굴착 완료 후에 철근 콘크리트의 지하철 터널 구조물을 구축하는 공법이다(제4.3.1항의 참조).

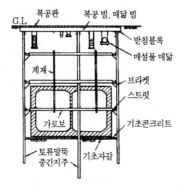

그림 10.1.7 개착 공법

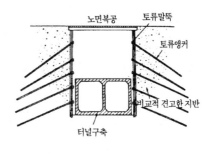

그림 10.1.8 백 앵커 공법

(가) 공법의 특징

공법의 특징은 다음과 같다.

① 얕은 터널이고 지장물이 적으면, 공사비가 비교적 싸다.

② 공기의 전망을 하기 쉽고, 또한 비교적 단기간이다.

③ 시공이 용이하다.

④ 깊은 터널이나 건물의 아래를 횡단하는 개소에는 부적당하다.

(나) 시공법

토류(sheeting) 공법에는 **표 10.1.3**에 나타낸 것처럼 각종의 공법이 있다. 일반적으로 강말뚝 토류판 공법이 공사비도 싸고 공기도 짧기 때문에 잘 이용된다. 시가지에서는 소음·진동을 적게 하기 위하여 어스 오거(earth auger)로 지반에 구멍을 뚫어 강말뚝을 세워 넣는 공법을 많이 이용한다. 또한, 지하수가 높고 연약한 지반에서는 강널말뚝 공법(steel sheet piling)을 취한다. 교각이나 고층 빌딩 등 중요 구조물에 근접하여 시공하는 경우나 완전한 지수가 필요한 경우 등에는 지중에 연속하여 콘크리트 토류벽을 설치하는 연속지중벽(continuous diaphragm) 공법을 이용하며, 또한 이 콘크리트 연속벽을 본체 구조물 벽체의 일부로 하는 것도 있다.

최근에는 **그림 10.1.8**에 나타낸 것처럼 작업성을 향상시키고 공기의 단축을 도모하기 위하여 버팀대(strut)*를 생략하고 백 앵커(back anchor, 토류 앵커) 공법을 이용하는 예도 있다.

---

*) 굴착에서 토압에 저항하기 위하여 상대하는 토류공 상호간을 H형강 등으로 지지하는 보를 말한다.

표 10.1.3 개착 공법의 토류 방법

공법	종별	시공 방법	사용 개소
강말뚝 토류판공법	박아 넣기	노상에서 직접 항타기로 박아 넣는다.	토질이 양호하고 연도 가옥 등이 없는 개소
	구멍을 뚫어 세워 넣기	어스 오거 등으로 지반에 구멍을 뚫어 강 말뚝을 세워 넣는다.	토질이 양호하고 연도 가옥 등이 많은 개소
강널말뚝공법	박아 넣기	노상에서 직접 항타기로 박아 넣는다.	연약 지반으로 연도 가옥 등이 없는 개소
	구멍을 뚫어 세워 넣기	어스 오거 등으로 구멍을 뚫은 후에 박아 넣는다.	연약 지반으로 연도 가옥 등이 많은 개소
주열(column strip)식 지하 연속벽		구멍을 뚫어 세워 넣은 강 말뚝 사이에 모르터 말뚝을 조성하여 연속벽을 만든다. 강 말뚝 및 모르터 말뚝의 조성은 어스 오거 등으로 지반에 구멍을 뚫고 오거를 잡아 뺄 때 선단부터 모르터를 분출시키는 방법이 이용된다. 연속벽의 조성 방법은 여러 가지의 형식이 고려된다.	연약 지반, 중요 구조물에 근접하는 개소 등. 현장의 상황에 따라 각종의 형식이 나뉘어 사용된다.
연속 지중벽 (continuous diaphragm)		지반 안정액 굴착공법을 이용하여 지중에 장방형으로 굴착하여 철근을 삽입하고 트레미 공법으로 콘크리트를 타설하여 지중에 철근 콘크리트의 연속 벽을 순차 구축한다.	특히 연약 지반 중요 구조물에 근접하는 개소, 완전 지수를 필요로 하는 개소 등

(3) 실드 공법(shield method)

대도시에서는 기존 지하철이나 다수의 지하 매설물 직하를 통과하는 일이 많기 때문에 이들에 대한 영향이 적고 게다가 노면 교통에 대한 영향이 적은 공법으로서 실드 공법(제4.3.4항 참조)을 채용하는 일이 많다.

이 공법은 외압에 대항하는 강도를 유지하고 터널 외형보다 약간 큰 강제의 원통을 가진 실드를 다수의 잭으로 추진시키고 세그먼트라고 불려지는 강제 또는 콘크리트제의 피스(piece)로 구성된 원형 터널벽을 구축하여 간다.

또한, 이 공법은 하천 횡단이나 토피가 큰 구간에도 이용하며, 도시토목에서는 일반적인 공법으로 되어가고 있다. 실드 공법에는 수굴(手掘)식, 기계식, 전면 압기식, 토압 밸런스식, 니수 가압식 등 지반(ground)에 맞추어 여러 가지의 것이 있다. 특히, 연약한 지반에서는 니수 가압식의 실드 공법이 성과를 올리고 더욱이 역의 플랫폼 부분도 안경 모양의 실드로 시공하는 일도 있다. 이것은 2개의 단선 실드 굴착 후에 양실드의 중간부(플랫폼)를 시공하는 것이다.

실드 공법은 1825년 영국의 테임즈강 횡단에서 처음으로 채용되었다.

최근에는 기술의 진보에 따라 절삭날개 전면에 니수를 가압 충전하여 절삭날개를 안정시키면서 굴진하는 니수 가압식 실드공법도 개발되어 연약 지반에서 효과를 발휘하고 있다.

(4) 잠함(caisson) 공법

하천 횡단 공법으로 잘 이용하며, 또한 연약 지반에서 주변 지반의 침하가 예상되는 경우에도 이용하지만,

최근에는 실드 공법으로 변하고 있는 중이다.

짧은 구간으로 분할한 터널 구조물(함체)을 지표에 미리 구축하고 함체 하부의 흙을 굴착하여 소정의 깊이까지 침하시킨다. 이 때 지하수를 배제하기 위하여 압기 공법(pneumatic method)을 사용하는 일도 많다. **그림 10.1.9**에 공법의 개요를 나타낸다.

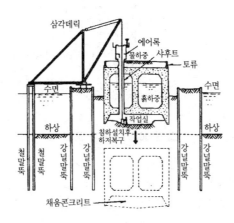

그림 10.1.9 하천 횡단에서의 케이슨 공법

(5) NATM 공법

NATM 공법(New Austrian Tunneling Method)은 제4.3.1항의 **그림 4.3.1**에 나타낸 것처럼 원지반을 록 볼트나 뿜어 붙이기 콘크리트로 보강함으로서 원지반 자체의 아치 작용을 이용하여 터널을 유지하도록 하는 공법이다. 이 합리적인 고려 방법으로 가설용 강재나 복공 콘크리트를 줄일 수가 있기 때문에 공사비의 절감이 가능하게 된다. 이 때문에 산악 터널에서는 재래의 지보공과 널판을 이용하는 공법에서 이 공법으로 급속하게 변하였다.

NATM 공법을 지하철에 처음으로 이용한 것은 뮨헨이다.

이 공법이 도시토목에서 주목되고 있는 것은 실드 공법에 비하여 지표 침하가 적고 또한 역 구간과 같은 변형 대단면이 있어도 지질에 따라서는 굴착이 가능하다고 하는 이점이 있기 때문이다. 그러나, 연약 지반이고 용수가 많은 지반에서는 NATM 공법이 적합하지 않으며 실드 공법이나 굴착 공법을 이용한다.

역 구간이나 복선 단면에서 NATM 공법으로는 터널 단면이 크고, 편평하기 때문에 굴착에서는 측벽 도갱(side pilot, 선진 도갱 ; Ⅰ, Ⅱ)을 선행하고, 계속하여 상반(上半) 아치부(Ⅲ), 인버트(invert ; Ⅳ)를 시공한 다음에 최후로 2차 복공 콘크리트를 타설한다.

(6) 특수 공법
· **(가) 침매(沈埋) 공법(submerging method)**

하저 또는 해저를 횡단하는 터널을 만들 경우에는 **그림 10.1.10**에 나타낸 것처럼 터널 엘레멘트를 어떤 길이로 구획하여 드라이 독(dry dock)에서 축조하고 양단에 가벽을 시공한 후에 부력을 이용하여 소정의 횡단 개소로 예항하여 간다. 미리, 하저(해저)에 기초를 만들어 두고 굴착된 홈 안에 가라앉힌다. 터널의 이음
매는 수중에서 접합하여 모든 구축을 콘크리트로 둘러싼 후, 파묻는다(제4.3.5항 참조). 샌프란시스코의 지
하철 BART(Bay Area Rapid Transit) 등의 대규모 시공 예도 많다.

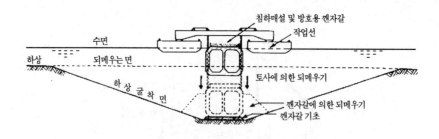

그림 10.1.10 침매 공법

(나) 동결 공법(freezing method)

하천을 막기가 불가능하고 선형상 얕은 위치에 축조하지 않으면 아니 되는 개소에서 이용한다. 이것은 하
상 등 함수량이 많은 연약한 지반(soft bed) 안에 미리 냉동 파이프를 박아 염화 칼슘 등의 냉동액을 환류
(還流)시켜 흙 중의 수분을 동결시킴으로서 지반을 강화한 후에 터널을 파 들어가는 공법이다. **그림 10.1.11**
에 공법의 개요를 나타낸다.

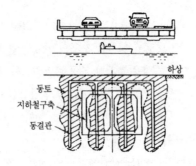

그림 10.1.11 동결 공법

(7) 보조 공법

(가) 언더피닝(underpinning) 공법

그림 10.1.12에 나타낸 것처럼 교량이나 건물 아래에 지하철을 건설할 때 기존의 구조물을 대신 지지할 수
있는 다른 기초를 신설하고 나서 터널을 굴착하는 공법이다.

(나) 트렌치(trench) 공법

그림 10.1.13에 나타낸 것처럼 건축물이나 교대(abutment) 아래에 지하철을 건설하는 경우에 개착
(opencut) 공법으로는 건물에 악영향을 주기 때문에 트렌치(trench, 橫溝)를 굴착하여 터널의 벽체 또는
주열(column strip)을 선행하여 시공한다. 그 후에 위 바닥판(천장) 부분을 구축한 다음에 중간 부분을 굴

착하여 마지막으로 아래 바닥판을 시공한다. 인력 굴착이 많기 때문에 공기가 길게 되는 결점이 있다.

(다) 생석회(quick lime) 말뚝 공법

생석회는 물과 반응하여 소석회로 되고 체적이 약 2배로 팽창하여 고열을 일으킨다. 이 성질을 이용하여 수분이 많은 연약 지반에 생석회를 말뚝 모양으로 만들어 지중의 수분을 흡수하고, 그 팽창, 발열 작용으로 지반을 개량하는 공법이다.

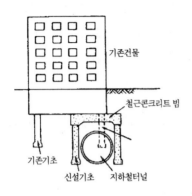

그림 10.1.12 언더피닝(underpinning)공법그림   **10.1.13** 트렌치(trench) 공법

(라) 웰 포인트 공법(well point method) 및 디프 웰 공법(deep well method)

지하 수위가 높고 용수가 많은 지반에서 굴착하는 경우에 지하 수위를 내리고 용수를 감소시켜 공사를 안전하게 진행하기 위한 공법의 하나이다. 웰 포인트 공법은 양수 펌프를 흙 안에 깊게 매설하여 배수(drainage)하는 공법이며, 디프 웰 공법은 심정호(deep well)를 파서 지하수를 모아 배수하는 공법이다.

(마) 약액 주입 공법(chemical grouting method)

지반중의 공극에 시멘트 밀크(milk)나 시멘트와 물 글라스(glass) 혼압액 등의 주입제를 가압 주입하여 고결시킴으로서 지반의 개량 강화, 용수의 방지를 도모하는 공법이다.

(8) 국내 지하철 시공상의 특징

(가) 서울 제2기 지하철의 주요 특징

1) 주요 건설 공법

가) 터널 공법의 확대 적용

건설 기간 중 시민 불편을 최소화시키고 교통 혼잡으로 인한 사회적 손실을 줄이기 위하여 터널 공법의 적용을 원칙으로 하였으나, 정거장, 환기구 등 구조상 불가피하거나 지반 취약 등 현장 여건상 터널 공법으로 불가능한 구간과 하천 등 공용지 및 교통량이 적은 시 외곽 지역에 대하여만 개착 공법으로 시공하였다. 제1기 지하철은 전노선의 16.5 %인 약 20 km 구간만 터널 공법을 적용하였으나, 제2기 지하철은 49.2 %인 약 86 km를 터널 공법으로 시공하였다[233].

나) 한강을 하저로 횡단

여의도~마포간 1.3 km 구간은 NATM 공법으로, 광장동~천호동 약 1.0 km는 가물막이식 개착

공법으로 시공하였다.

다) 타 사업과 병행 건설

7호선 한강 통과구간은 분당 도시고속도로와 복층(폭 27 m, 길이 1,050 m)으로 건설하고, 6호선 화랑로 3 km 구간은 고가도로(폭 26 m) 및 송유관(지름 2.4 m×2 련)과 함께 건설하는 등 4건의 도로 사업과 병행 시행하였다.

신정 차량기지는 상부를 복개하여 인공 대지 29,000 평을 조성하고 아파트 2,99 8세대, 학교 1 개소를 건설하였다. 그 밖에 역세권 주차장(5 개소), 지하 상가(1 개소), 통신구 공사(15 건), 공항 연결통로(1개소) 등을 병행 건설하였다.

라) 콘크리트 도상 궤도의 채택

마) 굴착 단면 최소화

차량의 집전 장치를 개량하는 등으로 차량 높이를 65 cm 축소하여 구조물 높이를 줄이었고, 토목 공사비는 약 5 % 정도 절감하였다.

바) 취약 구간에 대한 안전 공법 적용

개착 구간에는 지중 연속벽(slurry wall), S.C.W(soil cement wall), C.I.P(cast in- place pile), J.S.P(jumbo special pile) 등의 흙막이 공법과 S.G.R(space grouting rocket system), L.W(labile wasser glass), 시멘트 밀크(cement milk) 주입 공법을 구간별로 적용하였다. 터널 구간에는 차수, 지수 또는 지반 강화를 위하여 갱내 수평 또는 수직으로 S.G.R, L.W, 폴리우레탄(poly urethane), 시멘트 밀크 주입 공법을 적용하였고, 한강 통과구간 등 일부 구간에는 수평 고압 분사(jet grouting) 공법, 강관 보강 주입 공법(mini pipe roof grouting)을 적용하였다.

사) 터널 기계 굴착 등 특수 공법의 적극 적용

암반이 연속적으로 견고하고, 터널 주변의 시설물과 건물의 안전이 필요한 지하철 공사에 3개 공구 1.9 km 구간에 T.B.M 기계굴착 공법을 적용하였다. 한강 하저 터널, 도심건물 밀집지역 하부 및 지반 취약구간 등에서는 터널 굴착 시 주변 지반의 진동과 이완을 최소화하기 위하여 기계굴착 공법을 채택하였고, 철도, 도로 등 기존시설 하부횡단 구간과 지표하부의 낮은 연결 통로 등에서는 프런트잭킹(front jacking), 파이프 루트(pipe roof), 메셔 쉴드(messer shield), 언더피닝(under pinning) 공법도 다수 적용하였다.

2) 이용 편의의 제고와 환경 개선

가) 환승 구조와 이용 동선의 합리화

나) 환경 개선

기존 지하철의 자연 환기 또는 반강제 환기방식을 제2기 지하철에서는 전면적으로 강제 환기방식으로 전환하였고, 분진 발생을 줄이기 위하여 콘크리트 궤도 구조로 하였다. 모든 역사에 냉방 시설을 설치하였고, 역사내부 색채계획을 수립하여 지하 공간의 쾌적성을 향상시켰다.

다) 장애자, 노약자 편의 시설의 확충

에스컬레이터, 장애자용 휠체어 리프트, 점자 유도 블록, 점자 안내판 등을 전 역사에 설치하고, 승객이 많은 주요 역에는 엘리베이터도 설치하였다.

라) 열차 운행 시격 단축

유치선, 회차선을 적정 배치하여 열차 운행 시격을 2분(기존 지하철 2.5분~6분)까지 단축하였다.

3) 운영의 합리화

가) 완전 자동 운전 방식(ATO)의 채택

나) 에너지 절약형 차량제어 방식의 채택

기존 지하철 차량의 제어장치는 저항제어 또는 초퍼(chopper) 방식(제10.1.5(5)항 참조)이었으나 최신의 가변전압 가변주파수 제어장치(VVVF)로 전환하고(제6.1.2(7)항 참조) 차량을 경량화하여 운행 시의 전력 비용을 절감케 하였다.

다) 역무기능 자동화 · 집중화

인건비 등 유지관리비 절감을 위하여 역무 기능을 자동화하고 집중 배치하였으며, 역사 종합감시 제어시설을 설치하였다. 또한, 역무 자동화 설비(AFC)를 종전의 수동 회전식(turn style)에서 자동 여닫이식(flap style)으로 개선하여 편리를 도모하고 분당 60인(종전 30인)까지 승객을 처리할 수 있도록 하였다.

라) 건설비

토목 · 궤도 분야가 57.0 %, 차량 · 설비 분야가 38 %, 보상비 7 %, 기타 사업비 6 %로서 제2기 지하철 km당 평균 사업비는 약 551억 원으로 산정된다.

(나) 부산 지하철의 주요 특징

1) 2호선의 주요 특징 : 톱다운(top down) 공법

부산 지하철 2호선의 건설에서는 각종 약액 주입 공법, 개착(open cut) 공법과 터널 공법, 일부 구간에 지중연속벽(slurry wall) 공법을 적용하였다. 시내 중심가로서 기존 1호선 구조물 밑을 통과하는 개소에 대하여 연도 건물의 철거 지연과 굴착작업 시 버팀 보 설치작업의 어려움 등을 고려하고 교통 소통의 원활과 안전 시공을 도모하고자 지중 연속 벽 톱다운(top down) 공법을 적용하였다. 이 공법의 기대 효과는 ① 안전 시공을 할 수 있고, ② 강재 투입량의 감소(정거장 강재 소요량의 약 2,500톤 감소)로 경제성이 증진되고 ③ 전체 공기의 절감(지하 구조물과 부대 공사의 병행 시공으로 전체 공기 절감)으로 공사비 절감 효과를 기대할 수 있다[233].

가) 톱다운 공법의 개요

톱다운(top down) 공법이란 지하 외벽과 구조체 중앙 기둥을 먼저 시공한 후에 단계별로 토공 작업과 슬래브 구조물 등 구조물 시공을 반복하면서 위에서 아래로 구조물을 완성하여 가는 공법을 말한다.

나) 톱다운 공법의 특징

톱다운(top down) 공법은 개착(open cut) 공법으로 시공하기 어려운 심도 굴착 시 대지가 협소하며 인접 건물이 많고 도로폭이 좁은 도심 구간에서 민원을 줄이고 인접 건물에 영향을 최소화하는 방법으로서, 지하 구조물과 부대 시설물을 병행시공하여 공기단축 효과가 크고, 지중 연속 벽은 가시설로 사용하므로 굴착으로 인한 붕괴사고 방지 및 지하 공간의 작업장과 야적장의 활용이 가능하며, 불투성의 지중 연속 벽의 시공으로 지하수위 저하를 방지할 수 있으므로 주변 지반의 침하에 대

한 안전성의 확보가 가능하다.

다) 톱다운 공법의 시공

가설 흙막이를 연속 지중 벽으로 설치 → 상부 복공의 지지를 위하여 중간 H파일의 설치 → 상부 슬래브 완성 후에 H파일을 상부 슬래브 상단에 거치(H파일 밑 부분은 절단) → 상부의 복공 지지는 중간 H파일과 외측의 지중 연속 벽이 지지함. 상부, 중간, 하부 슬래브는 일반 개착식 공법의 스트러트를 대신하여 지중 연속 벽을 횡방향으로 지지함. 시공 중 구조물 자체의 지지는 중앙 강관 기둥 및 외측의 지중 연속 벽과 슬래브의 연결 전단철근으로 지지 → 상부, 중간, 최종 하부 슬래브 타설 후에 중앙 강관 기둥 외곽부를 철근 콘크리트로 보강 마무리 → 상부 복공 철거 → 상부 방수 후 되메우기.

톱다운 공법에는 완전 역타 공법(full top down)과 부분 역타 공법(partial top down)이 있다.

완전 역타 공법은 상부 슬래브를 시한공 후에 되메우기와 복공을 철거한 다음에 노면 복구를 실시하며, 지하 2층 이후는 계속 지표 하에서 시공 진행한다. 따라서, 조속한 노면 복구로 교통 소통이 원활하다. 상부 슬래브 시공 후에 되메우므로 상부 토피가 중앙 기둥에 바로 전달되어 시공 중 중앙 기둥의 단면이 증가되고 지지력의 확보가 어렵다. 시공 시 중앙 기둥 단면이 증가하므로 공사비가 증대한다.

부분 역타 공법은 상부 슬래브에서 중간 슬래브, 하부 슬래브 시공 등 구조물의 시공을 완료 후에 복공의 철거와 노면의 복구를 실시한다. 하부 슬래브 시공 후에 되메우기를 진행하므로 상부 토피를 하부 슬래브와 중앙 기둥이 분담하게 되어 시공 중 중앙 기둥의 단면이 감소되며, 지지력 확보가 유리하고 공사비도 절감된다.

2) 3호선의 주요특징

2005. 11월에 개통된 부산지하철 3호선은 17개역 전체에 전국 최초로 승강장 스크린도어를 설치했으며, 화상무선전송설비시스템을 통해 기관사가 역 진입 500 m 전에 승강장 상황을 미리 볼 수 있게 해 사고를 막을 수 있게 했다. 또한, 17개 전체 역에 엘리베이터, 에스컬레이터 등의 시설을 설치해 장애인 등 노약자가 편하게 이동할 수 있게 했다[252].

영국화재안전기준(BS 6853)에 맞춰 손잡이, 의자 등 내장재를 불연내장재로 제작했고, 화재감지기, 소화기, 비상인터폰 등을 설치했다. 또 소음을 줄이기 위해 전동차 바닥 두께를 25 mm에서 40 mm으로 유리두께를 12.7 mm에서 16.7 mm로 보강했다.

(다) 대구 지하철의 주요 특징

1) 주요 공법의 적용

전구간(연장 28.3 km)을 지하에 건설하고, 이 중 4.2 km를 NATM 공법, 나머지를 개착 공법으로 건설하였다. 기존 경부선 철도의 횡단 구간은 파이프 루프(pipe roof)공법(대구역 통과 구간)과 NATM 터널 공법(동대구역 통과 구간, 도로·하천철도 통과 구간)을 채택하였다. 파이프 루프 공법은 전진·도달 기지의 설치 → 대구경(직경 2 m) 천공(군말뚝 6개) → 수평 강관(직경 0.8 m) 추진 → 굴착 및 지보공 설치 → 지하철 구조물 설치 → 민자 역사 구조물 설치의 공정 순으로 시공하였다[233].

하천 횡단 구간은 NATM 터널 공법과 가물막이 공법의 개착 공법을 채택하고 일부는 교량을 철거하여 지하철 박스 구조물을 설치한 후에 재건설하였다. 지하 통신구, 대형 하수 박스, 고속화 도로 교각, 지하 상가, 각종 매설관 등은 각종 보강 공법을 적용하였다.

2) 지하 공간 개발

지하철 이용 시민의 편의와 시민 휴식 공간을 제공하기 위하여 도로 교차 구간인 도심 도로 지하에 공공 시설인 보도와 광장, 주차장, 상가 등을 조성하였으며, 지하철과 병행 시공하여 건설비를 절감하였다. 또한, 2호선 교차 구간을 동시 시공하였다.

(라) 인천 지하철의 주요 특징

완화곡선은 800 m 이하에 삽입하고, 최소 곡선반경은 200 m 이상, 곡선간 직선거리는 20 m 이상으로 하였다. 최대 구배는 35 ‰ 이하(정거장 8 ‰ 이하)로 하고, 정거장은 승객의 접근성을 고려하여 가능한 지상에 가깝게 시설하였으며, 최소 토피는 4.0 m 이상을 원칙으로 하고 주택지 하부 통과 구간은 건설과 운영 시 지표 침하, 진동·소음 등을 고려하여 가급적 15 m 이상 유지하도록 하였다[233].

지반 조건, 지장물 등 주변 여건이 허용하는 한도 내에서 포지티브 험프(positive hump)의 개념을 도입하여 전동차 주행성의 향상과 에너지 절감을 위한 종단 계획을 수립하였다.

개착 구간은 지하철과의 교차, 장애물 등을 피하는 최소의 깊이로 계획하였고 사유지 등 지장물 및 노면 교통이 복잡하여 개착 공법이 불가능한 구간은 터널 공법을 적용하여 심도가 깊다.

개착 구간은 전면 복공을 원칙으로 한 토류식 개착 공법으로 하되 주변 지반의 침하 예방을 위하여 현장 여건에 맞는 보조 공법(S.S.W, 차수 그라우팅, 어스 앵커(earth anchor) 공법, 지중 연속 벽 공법 등)을 병행 시공하였고, 구조물은 박스형 라멘 구조로 계획하였다.

터널 구간은 NATM 공법을 위주로 시공하되 일부 구간은 파이프 루프(pipe roof), 프런트 잭킹(front jacking), 언더피닝(under pinning) 등의 특수 공법을 적용하였다. 구조물은 복선 또는 대단면으로 구성되는 마제형 아치 터널 단면으로 하였다.

10.1.7 심층 지하철(deep subway)

대도시의 도심 지역에는 이미 고밀도로 고층 빌딩이 건설되어 있어, 고가 선로는 물론이고 지하 선로에서조차 통상의 지하철과 같이 직접 도로 밑으로 진입할 수 있는 공간적 여유가 없는 예가 있다. 따라서, 기존의 지하철이나 철도 고가교(viaduct), 고층 빌딩 직하까지도 신선의 선로를 선정할 수밖에 없는 경우가 많다. 이와 같이, 대도시에서 지하철의 선로망을 확충하는 경우에 새로운 선로는 재래 선로와 입체 교차(vertical crossing)하기 위하여 노선을 지하의 심층부에 둘 수밖에 없다. 그 제원으로서 심층(예를 들어, 지표에서 50 m 이상), 장대 역간(4~6 km)의 지하철로 된다.

이 경우의 주된 조건은 다음과 같은 것이 열거된다.

① 안전성 확보에 효율적이고 충분한 방재 시스템을 확립한다.

② 편이성이 감소하지 않도록 역과 지상간을 단시간에 원활하게 승하차 이동할 수 있도록 한다.

③ 건설비가 비싸게 되지 않도록 우수하고 합리적인 시공법 등을 개발한다.

현재의 에스컬레이터 속도는 30 m/분 이하로 정하여져 있지만, 대심도 역의 에스컬레이터 길이가 100 m를 넘는 것도 있을 경우에는 시승 시험의 결과나 해외의 실상 등에서 45 m/분 정도의 속도가 요망된다.

심층 지하철에서는 기설 구조물의 기초를 대신 지지하는 언더피닝 공법 등 특수한 시공이 요구되는 예가 많다. 게다가, 다수의 여객이 승하차하는 대규모 터미널의 증강, 신설의 필요성이 생겨 지하 공간에 대단면의 역 설비나 선로 구조물을 건설하여야 하는 경우가 있다. 심층 지하철의 건설 조건으로서 산악 터널(mountain tunnel)에 비하여 큰 수압이 작용하고 지질이 비교적 견고하지 않는 점 등이 열거된다. 외국 재래의 지하철에서도 지하 40 m 정도의 예가 있지만, 심층 지하철을 위한 합리적·고효율·경제적인 것을 목표로 한 개선·개발의 연구가 설계·토목 시공·실드 공법·방재 설비·승하차 시스템·공조의 각 부문에서 진행되고 있다.

특수 실드공법에는 에스컬레이터 터널시공용으로서 급구배(각도 30°) 사갱(inclined shaft) 굴착 실드의 개발, 역 구간의 시공용으로서 다련(多連)형 실드의 개발, 장거리 굴착 내(耐)고수압 실드의 개발 등을 채택하고 있다. 터널 복공의 두께는 터널 지름이 10 m인 경우에 통상의 재료에 의하여 두께가 50 cm 정도라면 지장이 없다.

앞으로 도심화의 진전과 철도 서비스의 향상을 위하여 이와 같은 새로운 도시 공간을 지하에서 구하는 공사의 필요성은 앞으로 더욱 크게 될 것이다.

10.1.8 고무 타이어 지하철(rubber-tired subway)

고무타이어식 지하철은 철차륜 대신에 고무타이어를 이용하여 소음의 저감과 점착성능의 향상, 궤도보수량의 경감을 도모한 것이다(**표 10.1.4**). 파리 지하철의 차량은 고무타이어 외에 포인트 통과 시에 이용하는 철차륜도 내궤 측에 병용하고 있지만, 삿뽀로시 교통국의 차량에는 고무타이어만의 주행방식이 채용되고 있다.

표 10.1.4 고무 타이어 지하철의 제원

국명	일본		프랑스	캐나다	멕시코	칠레
도시·선명	삿뽀로·남북	삿뽀로·동서	파리	몬트리올	멕시코시티	샌디아고
궤간(mm)	2300	2300	1978	1990	1990	1995
최급구배율(‰)	43	35	40	65	68	48
전기방식(V)	750	1500	750	750	750	750
집전 방식	제3레일	가공선	제3레일	제3레일	제3레일	제3레일
전차 편성(형식)	연절식8M	3M 3T	4M 2T	2M 1T	6M 3T	3M 2T
차량길이(m)	13.8×2	18.0	M15.0	M17.2	M17.2	16.0
	(2000계)	(6000계)	T14.4	T16.2	T16.2	
전동차출력(kW)	360	560	440	480	480	480
편성중량당출력(kW/t)	10.3	11.5	-	-	-	-
최고속도(km/h)	70	70	71.5	71.5	80	80
개업년	1971	1956	1956	1966	1969	1975

(1) 파리 방식

파리 지하철의 일부 노선에서 1957년에 최초로 고무 타이어 방식이 채용되어 현재 15 노선 중 5 노선에 보급되어 있다. 파리의 고무 타이어식 지하철의 특징은 안내 수평 고무 타이어 차량 외에 공기 타이어의 안쪽에 재래식의 플랜지가 붙은 강제 차륜을 설치하고 있다. 즉, 분기기의 주행은 강제 차륜에 의하며(**그림 10.1.14**(a) 참조), 게다가 고무 타이어 펑크 시에도 대응하고 있다.

(2) 삿뽀로 방식

삿뽀로시가 1971년에 고무 타이어식을 채용하여 개업하였다. 도시 교통의 기간(基幹)적 교통기관으로서 파리의 고무 타이어 지하철의 실정으로부터 고무 타이어식을 채택하였으며, 그 이유는 다음과 같다.

① 교외 고가 구간에서의 주행 소음을 피한다.

② 고가 구간에서 시가지의 지하구간까지 최단 거리로 이동하기 위하여 급구배가 필요하기 때문에 전차 (electric car)는 고점착 성능이 요구된다.

③ 궤도의 보수를 줄인다.

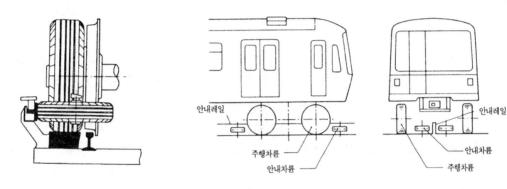

그림 10.1.14(a) 파리 지하철의 고무 타이어 방식주행 궤도

그림 10.1.14(b) 고무타이어 지하철의 구조

최초의 전차(직류 750V)는 연접(連接) 차체에 7차륜, 즉 2개의 동륜(driving wheel)이 1차체 중앙에 고정되며 차체 전후에 안내 차륜과 세트로 되어 있는 안정용의 1축 대차가 설치되어 있다. 전동기를 이용한 동력 전달은 직각 카르단(right-angled Cardan)식으로 하고 좌우의 차륜은 차동 톱니바퀴 장치로 구동된다. 고무 타이어 차륜은 철 차륜에 비하여 부담 중량이 적기 때문에 큰 직경으로 하고 내구성이 우수한 튜브레스 타이어를 채용하며 만일의 펑크에 대비하여 알루미늄 차륜이 들어 있다. 타이어의 주행 저항으로 인한 동력비 증가의 염려는 가감속 운전이 대부분이기 때문에 문제가 없고, 전차의 출력 성능도 재래 지하철 전차에서 그다지 변경되지 않았다.

그 후 1975년에 개업한 선로는 일반의 보통 전차와 같이 2축 보기(two-axle bogie) 방식의 MT 편성을 채용하고 있다. 이 전차의 최대 특징은 1대차에 4개의 소형 전동기를 설치하여 1차륜 1전동기 구동의 기묘한 설계로 차동 톱니바퀴 장치를 불필요하게 하고 있다.

삿뽀로 방식은 **그림 10.1.14**(b)에 나타낸 것처럼 궤간의 안쪽에 안내레일이 있어 안내차륜을 양쪽으로 끼워 주행하는 것이며, 일본에서는 법규상 안내 레일식 철도의 일종으로서 다루고 있다. 차량의 비용이 높게 되는 점이나 주행 장치의 라이닝 비용(고무타이어의 수명이 철차륜의 1/3 정도)이 드는 등 때문에 삿뽀로 이외에 채용된 예가 없으며, 그 외의 국가에서 채용하고 있는 것도 후술의 (3)항에서처럼 많지 않다.

(3) 그 후의 동향

프랑스에서 개발된 고무 타이어 지하철은 프랑스 내의 도시와 몬트리올 · 멕시코 시티 · 샌디아고 등에도 채용되었고, 기복이 많은 지형의 몬트리올과 멕시코 시티에서는 고점착 성능이 살려지고 있다(**표 10.1.4** 참조). 그러나, 그 후는 보급되지 않고 있으며, 고무 타이어식은 모노레일이나 신교통 시스템의 설계에 채용되고 있다.

고무 타이어 지하철은 저소음과 고점착은 우위로 되지만, 재래 철도와는 철도 시스템이 다르기 때문에 직통할 수 없고 구조가 복잡하므로 차량비가 비싸며, 복잡한 분기기, 고무 타이어 차륜의 마모 수명이 철 차륜의 약 1/3, 주행 동력비가 높은 점 등 불리한 점도 많다.

10.1.9 리니어 모터 지하철(linear-motor subway)

(1) 미니 지하철과 리니어 모터 카

지하철(subway)의 초기에는 이용의 예상에 따라서 영국의 Glasgow(차체 폭 2,340 mm, 차체 길이 12.6m), 부다페스트 등의 도시에서 소단면 지하철(미니 지하철)을 채용하였지만, 거주성(livability)이 좋지 않기 때문에 그 후 그다지 보급되지 않았다.

최근에 도시 지하철 건설의 최대 고민은 공사비의 증대이다. 이 건설비의 경감 대책으로서 외국에서는 수송력(transportation capacity)이 재래 지하철(예를 들어, 정원 수송력 약 3만 명/h, 최대 수송력 약 8만 명/h)만큼 필요하지 않은 노선(예를 들어, 정원 수송력 약 1.5만 명/h, 최대 수송력 약 3만 명/h)에 채용된 것이 차륜 주행 · 리니어 모터 추진을 이용한 리니어 모터 방식의 미니 지하철(mini subway)이다. 즉, 리니어 지하철은 지하철에서 건설비의 삭감을 도모하기 위하여 터널의 단면적을 작게 하고 리니어 모터 구동으로 상면(床面)높이를 적극 낮춘 소단면의 차량을 이용하는 지하철이다.

리니어 모터란 **그림 10.1.15(a)**에 나타낸 것처럼 전동기의 1차 측 코일을 선(linear) 모양으로 전개하여 2차 측 플레이트의 회전력을 전진력으로 변환하는 것이다. 즉, 리니어 지하철(**그림 10.1.15(b)**)의 원리는 대차 측의 리니어 모터로 자계(磁界)를 발생시켜 선로 사이에 부설된 리액션(reaction) 플레이트를 여자(勵磁)하여 그 흡인력과 반발력으로 추진 주행하는 것이며, 주행성능상은 종래의 지하철과 거의 다르지 않다.

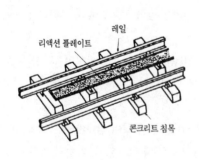

그림 10.1.15(a) 리니어 모터 카의 주행 궤도

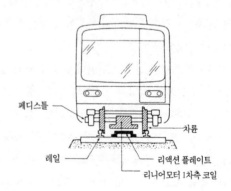

그림 10.1.15(b) 리니어 지하철의 구조

리니어 모터의 수송 시스템에의 적용은 고속 철도(제9.4절 참조)나 도시 교통 시스템 등의 분야이며, 개발이 진행되고 있다. 즉, 차량의 단면은 종래의 지하철 차량보다도 훨씬 작지만 지금까지와 같은 수송량을 기대할 수 없는 지하철 노선에 대하여는 저비용으로 건설할 수 있는 리니어 방식이 유리하다고 생각된다.

도시 교통 시스템에 리니어 모터를 적용한 경우에 기어 등의 동력전달 장치가 불필요하기 때문에 저소음, 보수 간편화 등의 이점이 있으며, 또한 인버터 제어와 조합함으로서 에너지 효율을 높이는 것도 가능하다. 또한, 미니 지하철, 신교통 시스템 등에 적용되는 전차(최고 속도 60~80 km/h)에 리니어 모터 구동 방식을 채용하는 것이 기대된다. 리니어 모터의 특징과 이점을 **표 10.1.5**에 나타낸다.

이 방식은 기술적인 면에서는 거의 해결되어 있지만, 현 단계에서는 경제적인 면에서의 검토가 남아 있다. 뱅쿠버(캐나다)에서는 이미 "ICTS*"라 불려지는 리니어 모터가 실용화 단계에 있다.

또한, 리니어 모터와 자기 부상의 비점착 구동방식을 이용한 도시교통 중량(中量)수송 시스템의 개발도 진행되고 있으며 하이델베르크(독일)에서 도입을 고려하고 있다. 그리고 예를 들어 東京, 大阪 등에서 채용하고 있다.

표 10.1.5 리니어 모터의 특징과 이점

특징	이점	수송시스템에의 용용
편평한 형상	→ 저상형의 차량	→ 터널의 소단면화
감속 장치가 불필요	→ 저소음의 대차	→ 저소음의 전차
비점착 구동방식	→ 구동 차륜이 불필요한 대차(독립 차륜의 대차) → 급구배의 등반이 가능	→ 곡선부에서 삐걱거림 음이 발생하지 않는 전차 → 하천, 도로 및 다른 지하철의 급구배 횡단이 가능한 전차(터널 노선이 단축된다)
직류 모터 특성화	→ 인버터 제어와의 조합으로 직류 모터 특성이 얻어진다(급구배의 기동이 가능하다) → 인버터 제어와의 조합으로 회생 전력이 얻어진다.	→ 지금까지의 전차 특성과 동일 → 생에너지 전차

(2) 리니어 모터카, 리니어-메트로(LIM)시스템의 특징

자기부상열차는 차체를 띄운 상태에서 운행하지만 본 리니어 모터카(리니어-메트로)는 차체를 띄우지 않고 운행하며, 추진방식은 자기부상열차와 동일한 개념이고 차륜은 일반 철제차륜과 동일한 형태이다. 구동 대차가 없고 차륜은 단지 상부의 하중을 레일에 전달하는 역할만 한다[241]. 따라서, 급구배 등판시 및 급곡선 통과시 차륜과 레일간의 마찰이 일반 로터리 모터형보다 현저히 적어 파상마모의 요인이 적다.

추진원리(제9.4.2(2)항 참조)는 다음과 같다(**그림 10.1.16, 표 10.1.6** 참조).

① 자기력을 응용한 '리니어모터(LIM)'를 이용하여 레일 위를 주행한다.

② 회전 인터큐모터 외측의 코일(1차 도체)을 차량의 바닥에 부착하고 내측의 회전모터(2차 도체)를 궤도에 부설하여 주행한다. 따라서 매설물이 많고 과밀한 도시의 지하부에서도 노선선정이 용이하게 행하여지

---

*) Intermediate Capacity Transit System의 약자로 트론트의 UTDC(온타리오주 도시개발공사)가 개발한 리니어 모터 구동의 레일 시스템

는 이점이 있다.

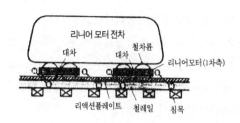

그림 10.1.16(a) 리니어모터 전차의 비점착 구동방식

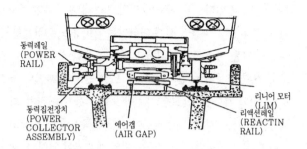

그림 10.1.16(b) LIM 시스템의 궤도단면(단선)

표 10.1.6 비점착 구동방식(리니어-메트로)과 점착 구동방식(기존 방식)의 비교

비점착 구동방식	점착구동방식
• 리니어 모터의 자석의 흡인력, 반발력으로 추진	• 차륜의 회전력을 이용하여 레일과의 마찰로 추진 • 차륜을 전동기로서 회전시켜 추진하기 때문에 회전력이 크면 공전 발생
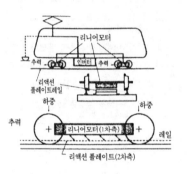	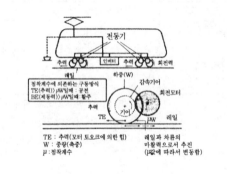

LIM이 LSM(linear syclonus Motor)과 구분되는 것은 회전자에 해당되는 코일이 LIM의 경우에 차량에, LSM의 경우는 지상에 설치되는 점이 다르다.

(3) 시설의 양식

리니어 모터 지하철은 가능한 한 터널(tunnel)의 단면을 축소하고 있다. 전차의 실내 높이 2,100 mm를 확보하면서 바닥 아래 높이를 낮추고, 예를 들어 재래 지하철에 비하여 터널의 내경에서 69 %, 단면적에서 48 %로 하고 있다. 또한, 건설비의 가일층 삭감을 도모하고 지형 등에 즉응하여 최소 곡선반경 100 m, 최급 구배율 45 ‰로 하고 있다.

일본 동경도 교통국의 예를 보면, 일반지하철(도영 신주꾸선)의 내공단면적 36.2 ㎡(내경 6.2 m)에 비해 리니어지하철 도영(12호선)은 14.5 ㎡(내경 4.3 m)로서 약 반분 정도로 되어 있다.

리니어 모터카, 리니어-메트로(LIM)는 다음과 같은 특징이 있다(**그림 10.1.17, 표 10.1.7**)〔241〕.

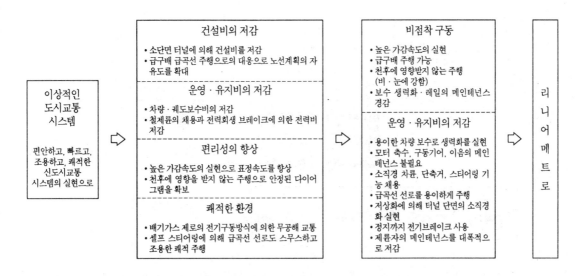

그림 10.1.17 리니어 메트로의 특징

표 10.1.7 LIM의 특성과 계획노선에 대한 적용

LIM의 특성	계획노선에 대한 적용
터널단면 감소에 따른 공사비 절감	일반지하철 차량은 견인전동기로부터 동력을 전달받기 위하여 직경이 약 800 mm 이상인 차륜을 사용하나 리니어 모터 차량은 차륜직경을 약 460 mm까지 축소가 가능하여 터널의 단면을 축소할 수 있기 때문에 본선, 정거장 구간 모두를 소단면화하여 건설비의 절감이 가능하다.
급곡선 적용으로 사유지 보상면적의 최소화	토지가 비싼 도시에서는 사유지에 영향이 없도록 노선을 계획할 수 있다.
급구배 채택가능으로 건설비 절감	정거장, 개착부 구간의 굴착심도를 최소화할 수 있고 고가구간에서도 교량 상부에 설치되는 높이를 최소화할 수 있어 경제적인 건설이 가능하다.
운영비 절감	·리니어 모터 차량은 일반전동차에 비하여 전력비가 30 % 많이 소요되지만, 고무차륜에 비하여는 전력비의 절감이 가능하다. ·리니어 모터는 원형모터보다 간단하여 검수와 정비 비용이 적게 소요된다.
저소음	리니어 모터 차량은 자기조타대차(Self Steering Bogie)의 사용으로 일반전동차에 비하여 급곡선부에서 발생하는 스퀼 소음이 없어 인근주민들에 대한 소음피해를 최소화할 수 있다.

① 차륜직경이 작으므로 급곡선 주행성이 우수하며, 이에 따라 노선 계획의 유연성이 높으며, 차량 높이의 감소를 통한 소요 내공단면의 축소가 가능하다.

② 비점착 구동으로 구배의 등판능력이 우수하다. 리니어 모터카는 노면조건과 관계없이 6∼8 %의 급구배에서도 주행이 가능하여 목적지를 경제적, 효율적으로 연결하여 경제적인 노선계획이 가능하다.

③ 자기조타대차(Self Steering Bogie)의 채택으로 급곡선 주행능력이 우수하고(**그림 10.1.18**) 급곡선 주행에 따른 소음감소가 가능하여 도시철도 건설비 중의 약 1/2를 차지하는 토목 공사비를 현저히 절감시킬 수 있으며 소음을 감소시킬 수 있다.

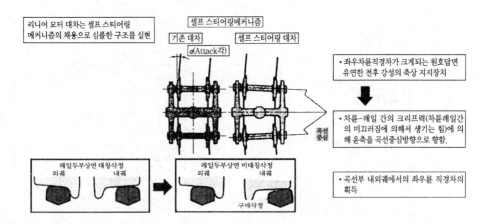

그림 10.1.18 자기조차대차의 사용 및 비대칭 삭정에 따른 급곡선 주행성의 향상 방안

④ 리액션플레이트(Reaction Plate)와 LIM이 13 mm 이격되어 있어 동력전달의 효율성이 감소되므로 원형모터에 비하여 전력이 약 20 % 더 소모된다.

⑤ 차체가 낮아서 차량 높이를 보통 전차와 동일하게 계획할 경우에 높은 실내공간을 얻을 수가 있다.

⑥ 차량이 가벼워 구조물의 크기가 작으므로 도시경관에 부합되는 구조물로 할 수 있다.

⑦ 차륜직경이 작아 바닥이 낮으므로 플랫폼의 높이를 낮출 수 있으며 이에 따라 역사 내 플랫폼 규모를 축소하고 전체 내공을 낮출 수 있다.

⑧ 차륜이 직접 구동하지 않으므로 타 시스템에 비하여 소음이 적다.

⑨ 차륜이 직접 구동하지 않으므로 급구배에서도 공전하지 않는다.

⑩ 리액션플레이트, 제3레일, 레일면의 상대적인 위치를 동일하게 유지하기 위하여 자갈도상 구간에서는 침목 사용을 원칙으로 한다.

⑪ 일반적으로 차륜직경이 적어 장대레일 파단시의 허용 개구량이 적다.

⑫ 일반 자갈도상 구간에서는 리액션 플레이트, 제3레일, 레일의 상대적인 위치를 유지하기 위하여 리액션 플레이트, 제3레일, 레일을 침목에 함께 취부하여야 한다.

(4) 리니어 모터의 추진 방식

미니 지하철은 리니어 모터식 전차를 채용하고 있다. 예를 들어, 대차(truck)에 설치되는 리니어 모터(철심의 코일로 구성)는 회전형 모터의 고정자에 상당하는 1차 측으로 하고, 선로간에 설치되는 리액션 플레이트(reaction plate)는 회전형 모터의 회전자에 상당하는 2차 측으로 되며, 양자의 공극은 약 12 mm로 하고 있다. 이 방식의 최대 이점은 편평한 리니어 모터의 채용으로 전차의 바닥 아래를 낮게 할 수 있고, 비점착 운전이기 때문에 급구배율을 채용할 수 있는 점이다.

주행은 대차의 1차 측 코일에 3상(three phase) 교류로부터의 VVVF(전압가변 주파수가변) 제어로 전류를 흐르게 하여 자계를 발생시키고 이것으로 선로 측의 2차 측 리액션 플레이트를 여자하여 상호간의 흡인력과 반발력을 추진력으로 하는 것이며, 주행 전력 소비량의 실적은 재래 방식과 차이가 적다. 전노선의 선로 간에 리액션 플레이트의 설치가 필요하게 되므로 재래 지하철의 구동 방식에 비하여 건설비가 약간 늘어나 지만, 전체의 건설비에서 점하는 비율은 작다.

(5) 리니어 모터 전차의 양식

전차는 예를 들어 6M 편성으로 하고, 경합금 차체의 치수는 길이 16.5 × 폭 2.5 × 높이 3.05 m, 바닥 면 높이 0.8 m, 차륜 지름 660 mm, 전동기 출력 240 kW, 중량 25.5 t(중량당 출력 9.4 kW/t), 3개의 문, 장대 좌석, 중간 차의 정원을 96명으로 하고 있으며, 재래 지하철의 전차에 비하여 스케일이 작다.

급곡선에서 원활하게 주행하도록 하기 위하여 자연적으로 차륜의 방향을 바꾸는 자기 조타 대차를 채용하며, 주행 성능(running quality)은 가속도 3 km/h/s, 최고 속도 70 km/h의 성능으로 하여 재래 지하철 전차에 비하여 손색이 없다. 구배율을 크게 취하고 있으므로 정전 시를 고려한 급구배용 브레이크를 채용하고 있다.

10.1.10 고가 철도

주로 용지의 취득이 가능한 도시 근교 구간에 채용된다.

(1) 고가 철도의 구조 형식

환경 등으로 여러 가지의 구조 형식이 선정된다.

(가) 흙 쌓기

지상에 흙 쌓기(banking)하여 축제(bank)를 만들고 그 위에 선로를 부설한다. 공사비는 저렴하지만, 노반 폭이 넓게 되기 때문에 용지비가 늘어나고 선로 아래를 활용할 수 없다. 용지비가 쌌던 시대에 채용하였지만, 용지비가 고가인 최근에는 거의 채용하지 않는다.

(나) 흙 쌓기 옹벽식

지상에 흙 쌓기하는 점은 상기의 흙 쌓기식과 같지만, 양측에 수직의 철근 콘크리트 옹벽(retailing)을 세워 폭을 줄인다. 선로가 지하에서 고가로 바뀌는 개소나 고가 아래를 이용할 수 없는 구간에 채용한다.

(다) 철골 구조식

적당한 간격으로 강 교각에 강의 트러스를 가설한다. 자중이 가볍고, 장대한 지간(span)의 것이 가능하지만, 전차의 주행 소음이 심하기 때문에 최근에는 거의 채용하지 않는다.

(라) 철근 콘크리트 구조(RC · PC식)

건설비, 저소음, 고가 아래 활용 등의 이유로 널리 보급되어 있다. 방식에는 기둥 사이에 거더(girder)를 거는 단순 슬래브, 수 개의 기둥 사이에 거더를 거는 연속 슬래브, 기둥과 거더를 일체로 한 연속 라멘 등이 있지만, 지형 · 지반 등의 조건을 감안하여 선정한다. 외국에서는 최근에 비용이 유리한 라멘 구조를 널리 채용하고 있다.

(마) 강거더식

상기의 철근 콘크리트 구조처럼 상부 구조(superstructure)는 강거더, 하부 구조(infrastructure)는 철근 콘크리트 구조로 하고 있다.

(2) 정거장의 배선(track layout)

섬식 플랫폼(island platform)은 S곡선으로 되어 공사비의 면에서 불리한 점 등의 이유로 상대식 플랫폼(separate platform)을 원칙으로 하고 있다.

10.2 노면 철도

10.2.1 노면 철도의 현황

도로에 궤도를 부설하여 일반의 교통에 제공하는 철도를 노면 철도(tramway) 또는 시가전차궤도라고 부르며, 또한 대부분이 전차 운전으로 하고 있기 때문에 노면 전차(tram car) 또는 시가 전차라고 부른다. 우리 나라에서는 1899년 서울의 서대문–종로–동대문–청량리 노선 25.9 km를 최초로 운행한 것이 전기철도의 효시이며[239], 서울과 부산에 부설되어 시민의 발로서 많은 기여를 하여 왔으나, 자동차의 증가로 인한 도로의 체증, 운행 속도의 저하로 인한 이용객의 감소, 경영 수지의 악화 등으로 1968년에 철거하였다. 해외의 도시도 노면 철도의 폐지 추세에 있으나 서구와 미국의 일부 도시는 다르다.

즉, 지하철(subway) 등의 수송력을 필요로 하지 않는 노선(route)에서는 전차의 가감속 성능의 개선이나 저소음화, 자동차 통행과의 분리에 따른 운행 속도의 향상, 연절차(連節車) 편성의 채용에 따른 수송력의 강화 등이 도모되어 도로 교통이 폭주하기 쉬운 도심 구간에서 낮은 굴착의 지하철, 근교 구간에서 전용 궤도의 정비를 공적 보조로 적극적으로 진행하고 있다.

이와 같이 근대화 노면 철도(light rail)로 다시 태어나 시민의 발로서 이용되고 있는 예가 적지 않다. 또한, 최근에는 플랫폼이 없이 도로에서 용이하게 승하차할 수 있는 초저상식(超低床式, lower floor) 전차가 개발되어 보급되기 시작하고 있다.

여기서, 노면전차(Tramway)와 SLRT(Street Light Rail Transit)간의 차이[241]를 보면 노면전차는 도시 내 일반 자동차와 경합하여 운행하는 형태이고 SLRT는 도로와 분리된 전용궤도를 주행하는 형태를 말한다(제10.2.2(1)항 참조). 따라서, 노면전차는 최고속도가 40~60 km/h이고 표정속도가 약 15 km/h인 반면 SLRT는 최고속도가 80~100 km/h이고 표정속도가 약 25 km/h 내외이다. 또한 일반적으로, 교외는 완전하게 독립된 SLRT로 운행하고 시내구간은 노면전차로 운행하는 경우도 있다.

10.2.2 노면 철도의 특성과 특징

(1) 노면철도의 특성

노면철도 또는 시가전차(트램웨이)는 일반 철도의 궤도와 상당히 다르다. 철도는 일반적으로 자갈 도상에 묻힌 침목 위의 장대레일로 구성되는 "오픈 궤도(예를 들어, 건널목처럼 포장(Closed)하지 않은 궤도를 의미)"로 운영된다. 철도가 도로와 협력하여 다루어져야 하는 유일한 장소는 항구와 건널목이며, 이러한 상황에서는 수정된 유형의 궤도 구조를 사용한다. 대부분의 시가전차 선로망은 포장-내 구조물, 즉 시가 전차와 도로 교통이 동일 공간을 공유하는 구조로 구성한다. 이 상황에서는 시가전차의 차륜 플랜지가 도로 면에서 충분한 공간을 확보하도록 홈이 있는 레일을 사용한다.

시가전차의 궤도는 다음의 세 가지 유형으로 분류할 수 있다.

(가) 배타적인(excusive) 시가전차 궤도(상기의 SLRT)

포장-내 궤도 또는 "오픈" 궤도는 도상과 콘크리트 침목으로 구성하며, 또는 빈터의 궤도로서 운송한다. 이 궤도는 표준 철도의 궤도와 유사하다. 도로 교통은 이 궤도를 사용할 수 없다.

(나) 개방(free) 시가전차 궤도

이 유형은 "포장한(closed)" 궤도로서 건설하며, 버스(공공 교통), 공공 서비스 및 때때로 택시와 같은 특정한 유형의 도로 교통만이 이 궤도를 사용할 수 있다.

(다) 보통 시가전차 궤도

시가전차와 도로 교통이 같은 교통 면을 사용한다. 이 궤도는 항상 "포장한 궤도" 구조이다.

시가전차의 속도와 축중은 철도와 비교하여 훨씬 더 낮다. "경철도"는 보통 철도와 시가전차의 중간 정도인 시스템의 이름이며, 업그레이드된 시가전차 시스템으로 볼 수 있다. 시가전차는 20 km/h의 평균 속도를 가지며, 도시 지역의 경철도는 25 내지 30 km/h 또는 더 높기조차 한 평균 속도를 목적으로 한다.

시가전차와 경철도의 궤도 선형은 일반 철도의 시스템과 다르다. 궤도의 곡선은 시가전차/경철도 차량이 기존의 도시 기반시설에 융합되게 하는 훨씬 더 작은 반경을 가진다.

시가전차의 궤도에서는 일반적으로 25 m의 최소 반경을 사용하며 기지 근처에서는 더 작은 곡선조차 가능하다. 수평 곡선의 절대 최소 반경은 차량의 구조, 특히 오늘날 일반적으로 사용하는 관절 차량에 좌우된다. 경철도에서는 속도가 중요한 이슈이며, 그러므로 가능한 한, 곡선 반경이 큰 것을 요구한다. 지방적인 상황이 곡선을 큰 반경으로 건설하는 것을 허용하지 않을 때는 차량의 기술적 조건이 결정적일 것이다.

종 곡선의 최소 반경에 대하여도 차량 구조가 결정적이다. 그러나, 승객은 쾌적함을 요구하고 있으므로, 궤도를 설계할 때 고려하여야 한다. 승객에 대한 최대 가속도를 결정하여야 하며, 그 다음에 열차의 속도에 따라 최소 곡선반경을 계산할 수 있다. 시가 전차에 대한 250 m의 종 곡선 반경은 대단히 작은 것이지만 대부분의 경우에 기술적으로 가능하며, 최소로서 1,000 내지 2,000 m의 반경을 목표로 하는 것이 좋다.

많은 수송회사들은 시가전차 시스템 대신에 경철도의 사용으로 전환하였다. 이 시스템의 장점은 훨씬 더 높은 평균 속도이며, 이것은 더 개방된 궤도 또는 더 좋고 배타적인 궤도를 필요로 한다. 경철도의 용량도 최대 속도와 마찬가지로 더 크다. 궤도가 100% 배타적이고 사람들의 궤도 출입이 통제되는 경우에는 이 시스템을 (예를 들어, 런던의 Dockland와 같이) 완전히 자동화할 수 있다.

(2) 노면전차궤도의 특징

제(1)(다)항의 보통시가전차 궤도는 원칙으로서 전용의 용지를 갖지 않고 일반의 도로에 궤도를 부설하기 때문에 노면 철도를 법규상으로 "궤도"(제1.1.2(8)항 참조)라고 부르는 나라도 있다. 이 경우의 "궤도"는 궤도 구조의 궤도와 문자는 같지만, 의미는 다르다.

또한, 궤도의 종류로서 제(1)항과 같이 도로상에 부설되는 병용 궤도와 보통 철도와 같이 전용의 부지에 부설되는 전용 궤도로 구분하는 예가 있지만, 병용 궤도가 대부분이다.

따라서, 병용 궤도의 특징으로서 다음의 사항이 열거된다.

① 용지비를 필요로 하지 않기 때문에 건설비를 경감시킬 수 있는 것이 보통 철도에 비하여 최대의 이점이다. 노면전차[241]는 도시 내 고속 대량수송철도인 지하철과 비교하여, 수송력, 속도 등은 뒤떨어지지만, 도로부지 등을 이용하기 때문에 역 설비, 기반설비, 구조물, 신호보안 시스템을 간단하게 설치할 수 있어, 건설비용을 큰 폭으로 낮출 수 가 있다(지하철의 약 1/4).

② 수송 인원당 도로의 소요 면적이 적은 점이 배기 가스 등의 공해(environmental pollution) 대책과도 더불어 서구 등의 도시에서 몰랐던 가치를 인정하는 이유의 하나이다.

③ 도로와 병용하기 때문에 시각 인식으로 차량 간격을 제어하여 보안을 확보하는 운전으로 하며, 예를 들어 규정의 최고 속도는 40 km/h로 늦다. 또한, 정류장(car stop)의 간격이 짧고 평면 교차의 정거도 있기 때문에 표정속도(scheduled speed)는 15 km/h 전후로 낮다. 최근에는 재래형 노면전차의 기술을 기초로 하여 전용노선의 확보 및 가감속 능력이 향상된 고성능 저상차량(SLRT용 차량, Street Light Rail Transit)의 도입[241]으로 승하차 시간 감소에 따른 수송력, 신속성, 정시성, 쾌적성이라고 하는 서비스 편을 개선하여 대량 수송기관과 버스의 중간 수송력을 가진 새로운 중량 수송시스템으로서 재생하였다고 할 수 있다.

④ 단일 차량 또는 연접차(articular car)의 운전이기 때문에 수송력도 1시간당 최대 1만 명 정도이지만, 연접차의 중련으로 증강이 가능하다.

⑤ 자동차의 격증에 기인하여 도로의 체증이 심각하고 운전 속도(operating speed)의 저하를 초래하며, 또한 도로 안쪽의 정류장에서 승하차하기 때문에 차도의 횡단에 위험을 수반하는 것이 부득이 폐지할 수밖에 없는 이유의 하나이었다. 일부의 도시에서는 궤도 내로 자동차의 침입을 허용하지 않는 예도 있지만 도로 폭이 넓을 것과 행정 당국의 영단(英斷)이나 시민의 이해가 전제로 된다.

⑥ 지하철이나 모노레일 · 신교통 시스템의 건설비가 공적 보조를 받고 있음에도 노면 철도에는 이것이 없는 점도 연신을 저해하고 있지만, 노면 전차의 근대화에 맞추어 개선이 요망되고 있다. 즉, 모노레일 · 신교통 시스템 등을 지금부터의 교통 기관으로서 위치를 두어야 한다.

⑦ 급곡선, 급구배의 주행성이 좋다[241]. 노면전차는 도로에 부설되어 도로망의 지배를 받는다. 따라서, 자동차와 비슷한 가감속 능력, 급구배 급곡선 주행능력을 갖추는 것이 바람직하다. 최근에는 각 차륜에 견인전동기가 부착된 특수대차를 개발하여 급구배(약 80~100 %)와 급곡선의 주행성 및 가감속 능력을 향상시켰다. 실제로 LA 경량전철에서는 곡선반경 $R=30$ m를 장대레일화하고 있으며, 차량기지 내에서는 부지를 최소화할 목적으로 분기기는 4.5#까지 사용하고 있다.

⑧ 이용하기가 편리하다[241]. 일반지하철, 고가철도와 달리 계단을 이용하지 않고 손쉽게 승하차할 수 있고 바닥(Floor)이 낮아 노면으로부터 바로 승차가 가능하여 노약자가 무리 없이 이용할 수 있으며, 승하차시간을 단축시킬 수 있다. 따라서 노약자, 장애인이 지하 또는 고가의 도시철도를 이용하는 것보다 이용하기가 편리함은 물론 승하차 시간이 단축되어 표정속도를 높일 수 있다.

⑨ 노면점유 및 횡단보도 설치[241] : 노면전차의 정거장은 일반적으로 도로 중앙에 위치하며 이에 따라 노면전차를 이용하는 승객을 위한 안전지대(간이 승차대)의 설치가 불가피하고 이를 위해서는 3~4개 차선의 점유가 불가피하다.

또한 노면전차에서 내린 승객이 도로 좌우에 위치한 보도로 이동하기 위해서는 횡단보도의 설치가 불가피하다. 따라서, 노면전차를 운영하기 위해서는 도로교통망의 정비가 선행되어야 한다.

⑩ 가공전차선 방식[241] : 노면전차는 도로 위를 주행하는 특성 때문에 제3레일을 설치하는 것이 불가능하다. 따라서, 일반적으로 가공전차선 방식으로 운영하고 있다. 그러나, 최근에는 가공전차선으로 인한 도시미관의 저해를 고려하여 노선의 일부구간에 한하여 노면에 제3레일을 설치하여 운행하는 예도 있다.

⑪ 유인운전[241] : 노면전차는 도로 위를 주행하는 특성 때문에 다양한 도로 상황에 맞추어 운전해야 하므로 반드시 운전원이 탑승해야 한다.

(3) 철제차륜형 경량전철

이 시스템[241]은 이 절(10.2 노면 철도)에서 설명하는 노면전차와, 일반철제차륜형 경량전철 외에 제10.1.9항에서 설명한 리니어 모터카, 리니어 메트로를 포함한다.

(가) 철제차륜형 경량전철의 일반적인 특성

① 철제차륜형 경량전철(Steel Wheel Light Rail Transit)은 지가가 비싼 도로의 지형에 맞도록 급구배 주행이 가능하며, 자기조타대차(Self Steering, Radial) 기능의 채택으로 급곡선 주행성이 우수하여 급곡선 주행에 따른 스퀼소음(Squealing noise)을 현저히 줄일 수 있으며, 이에 따라 토목공사비의 대폭적인 절감이 가능하다.

② 급곡선 주행성을 향상시킬 목적으로 급곡선에서는 레일을 엣징(Adzing)하여 부설한다(**그림 10.2.1**).

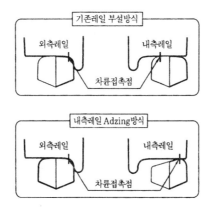

그림 10.2.1 내측레일 엣징(Adzing)으로 차량의 곡선주행성을 향상시킨 모습

③ 속도가 낮고 곡선주행성을 높이기 위하여 차륜직경을 작게 계획한다.

④ 급곡선이 많고 산뜻한 이미지 및 효율성 제고를 위하여 궤도에서 도유하지 않고 차량에 도유기를 부착한 형태로 운영한다.

⑤ 교량구간의 경우에 산뜻한 이미지의 제고와 중량을 감소시키기 위하여 콘크리트도상 또는 직결도상을 채택한다.

⑥ 축중이 적어 침목(base plate)간격이 넓게 형성되며, 방진성을 제고하기 위하여 탄성계수가 낮은 소프트(Soft)한 방진 베이스 플레이트를 사용한다.

⑦ 급곡선부에서의 열차주행에 따른 소음과 진동을 최소화할 목적으로 탄성차륜을 채택한다.

⑧ 전구간을 장대레일로 부설하여야 하며 분기기에도 수음, 수진부와 인접한 지역에서는 원칙적으로 노스 가동크로싱을 사용한다.

⑨ 차량기지는 부지면적을 최소화하기 위하여 가능한 한 저번호 분기기(4.5#~6#)를 사용한다.

⑩ 급곡선 통과에 따라 체결력이 다소 하향 조정되고 횡방향 탄성과 강성이 충분히 확보되어야 한다.

⑪ 급곡선 교량구간에서는 받침의 부반력에 대비하여 교각과 거더의 일체식을 적극 검토하여야 하며, 장대레일화를 위하여 레일 축력이 일정치를 넘지 않도록 할 수 있는 MFM 방식의 받침 배치를 적극 검토해야 한다.

⑫ 교량구간에서는 차량의 종방향력에 비하여 장대레일 종하중이 크게 작용하므로 장대레일의 축력제한과 교각에 작용하는 장대레일 종하중에 대한 대책으로 교량의 경간조정, 체결장치의 체결력 조정 등의 대책을 수립하여야 한다.

⑬ 급곡선 구간 내에 위치한 교량구간에도 장대레일로 하여야 하므로 곡선에 적용 가능한 둔단형 레일 신축이음매를 적용하며, 거더의 트위스트, 거더의 신축에 따른 선형의 변형 가능성을 감안하여 경간장을 제한하여야 한다.

⑭ 고가로 노선이 형성되는 경우에 잦은 급곡선과 급구배가 계획되고 생력화 궤도를 채택하게 되므로 부득이한 경우에는 종곡선과 완화곡선의 경합이 허용되어야 한다.

(나) 일반 철체차륜형 경량전철

일반 철체차륜형으로 대표적인 형식으로는 영국의 도클랜드 경량전철(DLR)을 들 수 있다. 이 일반철제차륜 형식은 제3레일을 제외하고는 우리가 일반적으로 접하는 철도차량과 가장 유사하다. 이 시스템은 제(1)(가)항에서 설명한 "배타적인 시가전차궤도"에 해당된다.

DLR 시스템의 주요 특징은 다음과 같다.

① 전자동 무인운전

② 승객이 단추를 눌러 출입문의 개폐를 조작하는 시스템

③ 탄성차륜에 따른 소음, 진동의 최소화모드

④ 레일을 이용한 궤도회로와 전차선 귀선 등 일반철도와 유사한 제어시스템의 채택

⑤ 승객수요에 따라 유니트(Unit) 분리 운영(예 : 첨두시에는 2유니트, 비첨두시에는 1유니트로 운영)

⑥ 1유니트가 2량이며, 차량과 차량 중간에 관절형 대차를 채택하므로 내측의 건축한계 확대에 비하여 외측 건축한계 확대량이 크게 형성됨

⑦ 궤도의 중량을 최소화하기 위하여 교량에는 콘크리트 도상 위에 베이스플레이트를 사용

⑧ 급곡선의 장대레일화를 위하여 곡선에서도 무리 없이 신축할 수 있는 신축이음매 사용

10.2.3 시설의 양식

(1) 보통 시가전차의 궤도

(가) 궤도의 제원

① 궤간은 주로 1,435 mm이며, 1,067 mm도 채용되고 있지만, 마차 철도의 궤간을 답습한 1,372 mm도 있다.

② 선로의 위치는 도로의 중앙을 원칙으로 하고 노면 궤도를 부설하는 도로의 폭은 복선 궤도 부설의 폭 5.5 m와 2차선의 차도 폭 5.5 m × 2 = 11 m, 좌우의 보도 폭을 더하여 약 20 m 이상이 바람직하다. 도로의 중앙으로 하고 있는 이유는 자동차 통행의 왕복이 구분되고 노면의 배수가 용이하며, 가로에서의 교통의 혼란을 피할 수 있는 점 등이지만 승하차 시의 차도 횡단에 위험을 수반하는 결점도 있다.

③ 도로와의 관계로 곡선반경이 적으며 전차의 대차 축거 2 m에서 최소 반경을 18 m 정도로 하고 곡선의 캔트는 도로의 구배를 복잡하게 하기 때문에 붙이지 않는다.

④ 구배는 도로에 따라 좌우되지만, 본선로(main track)의 최급 구배는 40 ‰, 정류장에서의 구배는 기동 조건이나 안전을 위하여 10 ‰ 이하로 하고 있다.

⑤ 정류장의 간격은 이용의 형편 때문에 지하철의 약 반분인 500 m 전후로 짧다.

⑥ 정류장에는 이용자의 안전을 위하여 안전 방호 설비를 설치한다. 자동차의 원활한 통행을 위하여 정류장의 안전 방호지대 바깥의 차도 폭은 5.5 m 이상으로 하고 있다.

(나) 레일

도로의 포장에 대한 두께와 레일의 부담 하중에 대응할 수 있는 조건으로 **그림 10.2.2**에 나타낸 것 같은 HT 레일(high tee rail), 홈붙이 레일(grooved rail)의 특수 레일 등을 사용한다. 홈붙이 레일은 고가이지만, HT 레일은 **그림 10.2.3**에 나타낸 것 같이 차륜의 플랜지가 지나는 윤연로를 설치할 필요가 있다. 양자의 레일에는 일장일단이 있어 일반적으로 직선부에서는 HT 레일이, 곡선·분기기(turnout)에서는 홈붙이 레일을 사용한다.

(다) 침목

최근에는 보수의 합리화를 위하여 내구성이 있는 PC 침목을 채용하고 있다.

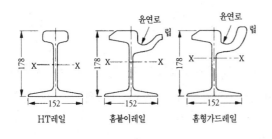

그림 10.2.2 레일의 종류

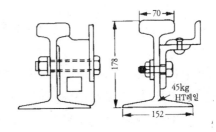

그림 10.2.3 HT 레일의 윤연로

(라) 궤도관리

① 급곡선, 급구배 구간의 통과에 따른 파상마모를 제거하기 위한 레일면 밀링, 그라인딩 등 표면관리 작업성을 위하여 레일면이 노면보다 다소(5~10 mm) 높게 설치한다[241].

② 급곡선부에서는 주행성을 제고하기 위하여 횡방향 탄성이 풍부한 궤도구조를 적용해야 한다.

③ 도로와 일체가 되므로 장대레일 설정이 크게 필요하지 않으며, 레일 신축이음매, 장대레일 축력 및 파단시 개구량을 고려할 필요가 없다.

④ 차량과 차량 중간에 관절형 대차형식을 채택 시는 내측의 건축한계 확대에 비하여 외측의 건축한계 확대량이 크게 형성된다.

⑤ 특수분기기 및 전철기 사용 : 노면전차용 선로는 노면 위로 궤도, 신호시설이 돌출되면 안되기 때문에 특수한 분기기를 사용한다. 분기기의 스위치레일은 자동차 통과에 따른 변형을 막기 위하여 첨단부에 강성을 갖도록 해야 하며 전철기는 전철기가 노면 아래 위치하도록 해야 한다.

(2) 궤도의 포장

레일과 도로의 노면은 동일 구조로서 고저 차이가 없도록 하고 있다. 재래는 휨 구조의 궤도 포장이 많았지만 최근에는 메인테난스프리를 목적으로 한 구조가 채용되며 **그림 10.2.4**에 그 일례를 나타낸다.

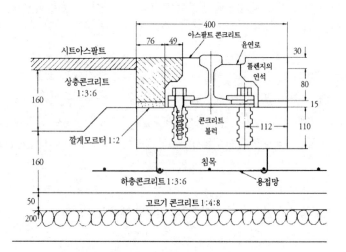

그림 10.2.4 궤도 구조의 예

궤도 레일의 외측 부분에 대하여는 차도를 향하여 약 1/20의 구배를 붙이고 있으므로 배수는 문제가 없지만, 수평으로 되어 있는 레일 사이에는 우수가 윤연로에 따라 넘치기 쉽다. 그 때문에 궤도를 횡단하는 하수구를 일정 간격으로 설치하여 도로의 측구(side ditch)로 유도하도록 되어 있다.

그림 10.2.5는 노면철도(시가전차)에 많이 사용하는 구조를 나타낸다. 지지 구조는 30 cm 두께의 연속 슬래브 궤도로 구성한다. 홈이 있는 레일은 합성 플레이트에 체결하며, 레일과 플레이트 사이에는 탄성 레일 패드를 삽입한다. 여기에는 보슬로 레일 클립을 사용한다.

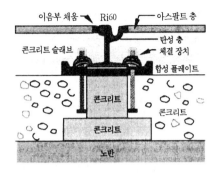

그림 10.2.5 포장-내 궤도 : 합성 플레이트 위의 홈이 있는 레일

홈이 있는 레일은 비대칭 단면이기 때문에 레일의 압연 프로세스 동안에 상당한 변형이 일어날 수 있으므로, 쐐기형의 인서트로 정밀한 궤간을 달성하도록 레일의 횡 위치를 조정할 수 있다.

도로 포장은 자유로 선택할 수 있으며, 지지 구조물에 무관하다.

레일은 상층 콘크리트의 타설 전에 탄성 코팅으로 덮는다. 체결 장치는 100 cm의 간격을 두며 레일 교환 시의 해체를 용이하게 하기 위하여 플라스틱 캡을 준비한다. 레일 두부와 인접 포장 간의 틈은 역청 제품으로 채운다.

기술적으로 우수하지만 고가인 해결법은 **그림 10.2.6**에 나타낸 매립 레일 원리이다. 여기서, 레일은 강 또는 콘크리트 홈 안에 탄성 혼합물을 따른 후에 그 안에서 정밀하게 고정한다. 이 방법은 레일과 포장간의 완전한 분리로 귀착된다. 이 구조의 부설 절차는 대단히 정밀하게 수행하여야 하며, 표면의 특별한 취급을 필요로 한다. 이 구조는 소음과 진동을 상당히 감소시킨다.

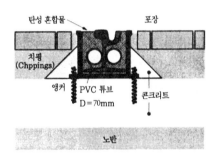

그림 10.2.6 포장-내 궤도 : 매립 레일

이 구조는 무-보수인 것으로 가정한다. 이 구조의 원리는 네덜란드의 Harmelen 건널목에서도 사용한다. 더욱이, 매립 레일 원리는 고속궤도에서 강력한 후보로서 고려되고 있다.

마지막 예는 소위 Nikex-구조이다(**그림 10.2.7**). 이 구조는 특수 형상의 블록 레일을 콘크리트 슬래브의 홈에 삽입한다. 레일은 홈이 있는 고무 스트립으로 지지되고, 압력으로 위치에 끼워 넣는 고무 스트립으로 고정된다. 네덜란드에는 HTM (Hague)과 RET(Rotterdam)의 시가전차 망에 시험 궤도가 있다. 그들은 약간의 초기 문제가 해결된 이후에 대단히 잘 사용되고 있다. Nikex 궤도에서 표준 시가전차 궤도로의 천이 접속은 강성 차이로 인한 충격 하중을 피하도록 신중하게 설계하여야 한다.

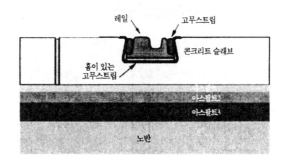

그림 10.2.7 포장-내궤도 : 프리스트레스트 콘크리트 슬래브 안의 레일

(3) 전차선로와 신호

(가) 전차선로(trolly lines)

직류 600V를 기본으로 하고, 저속 운전이기 때문에 구조가 간단한 직접 조가선을 원칙으로 하고 있다. 최근에는 도시 경관과 구성의 간이화의 이유 때문에 가선의 지지주를 복선의 선로 사이에 설치하는 방식으로 되어 있다.

(나) 운행상황 표시 시스템(running indicator system)

최근에는 각 정류장 등에 설치되어 있는 차량 검지기로 전차의 통과 정보를 수집 파악하고 다음 정류장으로의 접근 통지나 운행 간격의 조정에 근대화 표시 시스템을 채용하고 있다.

(다) 신호(signalling)

저속 운전이기 때문에 반복 터미널 · 분기점 등 이외에는 신호기(signal)가 없다. 일부의 경우에 시내의 교차점에 전차의 접근을 감지하면 청신호를 연장하는 전차 우선 신호를 설치하여 전차의 원활한 운전에 도움이 되고 있는 예가 있다.

10.2.4 전차의 양식

(1) 재래 전차

전차(electric car)의 형태는 보기(bogie) 차가 원칙이며, 차량 길이는 일반적으로 약 12 m를 사용하고 있다. 또한, 수송력(transportation capacity)을 증가시키기 위하여 2 또는 3개의 차체에 3 또는 4개의 대차를 이용한 연접차(약 18 m 또는 27 m)도 일부에서 사용하고 있다. 노면전차는 최근에 탄성 차륜을 채택하는 경향이며, 계속 저상화(低床化)하고 있다.

종래의 집전 장치(power collector)는 전차의 진행 방향이 변할 때에 차장의 조작이 필요한 트롤리 폴을 사용하여 왔지만, 최근에는 조작이 필요 없는 뷰겔이나 Z 팬터그래프(Z type pantograph)를 채용하고 있다.

구동 방식은 장년에 걸쳐 구조가 간단한 조가식을 많이 사용하고 있으며, 가속도는 약 3 km/h/s로 되어 있다. 최근에는 냉방 장치를 탑재하고 있다.

(2) 근대화 전차

유선형 스타일의 경량화 구조, 직각 카르단(right-angled Cardan) 구동 방식, 전기 브레이크 등의 채용으로 소음이 적고 높은 가감속 성능(약 5 km/h/s)의 근대화 노면 전차가 탄생하였다. 그러나, 이 근대화 노면 전차도 그 후의 자동차 격증에 따라 급속히 진행된 노면 전차 폐지의 추세를 저지할 수가 없었다. 즉, 자동차가 많은 도로와의 병용은 모처럼의 고성능 차를 살리는 것이 곤란한 실정이며, 최근까지 신제 차의 주력은 차량 비용이 싼 재래의 조가식이 많다.

(3) 경쾌 전차(light rail vehicle, LRV)

그 후는 외국의 일부 도시에 노면 전차가 남아 근대화 전차를 한층 개선한 "경쾌(輕快) 전차"가 등장하고 있다. 즉, 1대차 1모터 방식(one-truck one-motor system), 안쪽 대차(inside truck), 축 스프링에 적층 고무 스프링, 디스크 브레이크 장치, Z 팬터그래프(Z type pantograph), 히트 펌프식 냉방 장치 등의 신기술을 결집하여 고성능화, 한층의 소음 저하, 메인테난스프리(maintenancefree)화가 도모되고 있다. 1982년에 VVVF(전압가변 주파수가변) 제어의 교류 유도 전동기(AC induction motor)를 탑재한 경쾌 전차가 탄생하였다. 이에 대하여는 다음의 항에서 상술한다.

10.2.5 라이트 레일로의 발전

(1) 발전 과정

외국에 남아 있는 노면 전차는 갱신의 기회로서 경쾌 전차로 치환되어 속도 향상이나 승차감의 개선이 도모되고 있지만, 도로와의 병용이기 때문에 속도의 발본적인 향상은 어렵다.

미국에서 제2차 세계대전 전에 개발된 PCC(President Conference Committee)카는 종래의 노면 전차에 비하여 획기적인 성능 개선으로 약 5,000량이 양산되어 각 도시에 채용되었다. 그러나, 도시 내 교통기업에 대한 교통기관의 통합 정책과 도로의 체증 등에 기인하여 뉴욕·시카고·로스앤젤레스 등의 대도시에서는 노면 전차가 폐지되었다. 이에 비하여 서구의 독일(프랑크푸르트 등), 네덜란드(암스테르담 등), 프랑스(그르노블 등), 벨기에(안토우프 등), 스위스(취리히), 오스트리아(비인 등), 스웨덴, 덴마크의 인구 50~100만 명 정도의 도시에서는 1960년경부터 노면 철도(tramway)의 개선 근대화에 성공하고 있다.

즉, LRV(light rail vehicle)이라 불려지는 고성능의 경쾌 전차(4~5 km/h/s의 높은 가속도, 최고 속도약 80 km/h 정도)를 이용한 속도 향상(speed up), 3차체 4대차 연접차(articular car)나 연결 운전(연접차의 연결)에 따른 수송력의 증강, 도심부에서의 평면 교차를 없게 하기 위하여 지하화(pre metro), 교외선의 전용 궤도화 등을 착실히 진행하여 고속 중량(中量) 교통기관으로서의 근대화 노면 철도(light rail이라 부른다)로 면목을 일신하고 있다.

이 경쾌 전차에는 출력이 큰 고속 전차와 같이 보통의 전동기를 1대차에 1개씩 설치하여 2개의 차축(axle)을 구동하고 부수 차(trailer)와의 연결 운전도 가능하게 하고 있다.

라이트 레일(light rail)에서는 정거 시간을 단축하기 위하여 이용자가 승차 전에 승차권을 자동 발매기(automatic ticket vending machine)에서 구입하여 승차 시에 자체 개찰하는 1인 방식이 보급되어 있는 것도 특징이다.

이상의 서구에서 성공한 방식은 그 후 동구(프라하 등)나 미국에서도 재평가되어 도입되고 있다.

미국의 경우에 이러한 경쾌 전차를 장려하기 위하여 표준형의 양산을 추진할 목적으로 운수성이 SLRV(표준형 경쾌 전차)로서 통일 설계를 작성하여 보스턴·샌프란시스코에서 SLRV를 채용하고 있다. 이 SLRV는 2 차체 연접식, 전후 대차는 모노모터 구동 방식, 차체 길이 21.6 m, 좌석 정원 52~6 8명, 직류 전압 600 V, 가속도 3.1 km/h/s, 최고 속도 80 km/h로 하고 있다.

또한, SLRV과 병행하여 버팔로에서는 도심으로의 자동차 진입을 금지한 가로의 지상 구간과 지하철의 노선을 주행하는 교외 구간은 참신한 단일차체 경쾌 전차 LRV(차체 길이 20.3 m, 3문식, 차량 중량 30 t, 가감속도 5 km/h/s)를 채용하고 있다.

(2) 정의와 개념

LRT(Light Rail Transit)는 경량철도 수송기관, 경편(輕便)철도 노면전차, 경쾌(輕快)전차, 또는 라이트 레일 등으로 번역되고 있지만, 적역(適譯)이 아니라고 하여 일반적으로는 LRT라고 하는 약칭을 그대로 부르고 있다. LRT는 노면전차의 일종으로 주행원리도 기본적으로 일반의 노면전차와 다른 것이 없다.

LRT의 정의에 대하여는 아직 명확하지는 않지만 이른바 노면전차 중에서 가·감속 성능이나 고속주행 성능이 우수하고 보다 편리성이 높은 차체구조나 최신 기술을 이용한 동력기구가 채용된 차량을 LRV(Light Rail Vehicle)이라 부르며, 이 LRV의 도입에 맞추어 승강설비나 운행설비 등을 근대화시킨 노면전차의 전체 시스템을 총칭하여 LRT라고 부르고 있다(LRV 자체를 LRT라고 부르는 경우도 있다).

따라서 LRT는 단지 종래의 노면전차를 갱신(renewal)하였을 뿐만 아니라 환경문제의 심각화에 따라 공공 교통기관의 활성화, 보다 편리성이 우수한 경쾌한 교통기관의 추구, 고령자·신체장애자 등의 장벽제거(barrier-free)라고 하는 조류 중에 완전히 새로운 개념의 경~중량 교통기관으로서의 위치를 갖고 있으며 지금까지의 노면전차와는 하나의 선을 그은 존재로서 인식되고 있다.

LRT의 개념은 1970년대에 미국에서 탄생되어 당시의 미국 운수조사국이 ① 대부분을 전용의 궤도로 주행한다, ② 평면교차가 가능하다, ③ 전기구동으로 2개의 레일 위를 주행한다고 하는 정의를 하였지만, 그 후, 유럽에서 등장한 연접대차 방식을 이용한 비교적 장(長)편성의 노면전차나 프리 메트로(pre-metro)라고 부르는 지하철화된 노면전차의 등장에 따라 현재의 개념은 상기와 같이 수정된 것으로 되어 있다. 특히, 최근의 유럽에서는 일단 폐지하여버렸던 노선을 LRT로 하여 부활시키기도 하고 지금까지 노면전차가 없었던 도시에 새로운 LRT를 도입하는 등, LRT의 적극적인 도입이 전개되고 있으며 LRT를 핵으로 한 도시계획이 활발하게 진행되고 있다.

(3) 이점과 특성

라이트 레일은 고속 성능이며, 가감속 성능이 좋으므로 주행 속도가 높고 저소음, 저진동이기 때문에 주변 환경에 미치는 영향도 거의 없다. 게다가, 차량의 개선에 따라 승차감도 좋다. 종래의 노면 전차와 라이트 레일의 비교를 **표 10.2.1**에 나타낸다.

LRT의 특징은 상술한 것처럼 몇 가지가 있지만, ① 높은 가·감속 성능(5 km/h/s)이나 고속 성능(60~80 km/h)이 우수한 차량인 점, ② 연접식 대차를 이용하여 짧은 차체를 연속시켜 정원의 증가를 도모하고 있는 점, ③ 초저상식(超低床式)이라 부르는 구조를 채용하여 거리(street) 감각으로 승강할 수 있는 점, ④ 차량에 따라서는 차체의 각부가 옵션(option)화(化)되어 수송조건에 따라 조합할 수 있는 점, ⑤ 종래의 노면전차 이미지를 그대로 활용할 수 있는 점 등이 열거된다(이들의 특징은 필수조건이 아니고 필요에 따라서 조합된다). 이 중에서 특히 주목되고 있는 것은 제10.2.6항에서 설명하는 초저상식 차량이다.

표 10.2.1 노면 전차(재래형)와 라이트 레일의 비교

구분	재래의 노면 전차	라이트 레일
승차감	소음, 진동이 많다	저소음, 저진동, 넓은 창
수송력	원칙적으로 단독 운전	연결 운전 가능
주행 조건	"자동차"와 병용 궤도 (교통 체증이 생기기 쉽다)	"자동차" 배제, 전용 부지, 일부 지하화, 전차 우선 신호
생에너지	-	사이리스터 초퍼(thyristor chopper)제어 등에 의한 소비 전력의 절감
차량 속도	35mk/h정도 이하	40~60km/h고가속, 고감속
운전성	숙련을 요한다.	운전 취급이 용이
차내 거주성	무거워 보이고 약간 어두운 느낌	실내 디자인이 뛰어나고 밝은 느낌
보수	-	보수가 간단
차체 외관	중후	근대적, 선명한 색채
중량	비교적 무겁다	경량화
공조	없다	공조 장치가 있음

(4) 서구 도시의 예

독일의 많은 도시에서는 노면 전차의 지하화를 진행하고 있다. 또한, 동시에 전차를 중형(中型) 고성능의 경쾌 전차(Stadt-Bahn)로 바꾸어 이 경쾌전차나 각종의 도시 철도가 도시 교통에 큰 역할을 수행하고 있다.

(가) 독일의 도시 철도

도시 교통은 그 나라의 국민성, 시민 의식, 그리고 각 도시의 규모나 산업의 종별, 지리적·사회적 조건에 적합한 형태의 것이어야 한다. 독일을 중심으로 하여 인접하는 네덜란드, 벨기에, 스위스, 오스트리아, 스웨덴, 덴마크나 동구권의 여러 나라에서는 노면 전차나 경쾌 전차가 도시 교통의 주역으로 된다고 하는 세계의 다른 지역에 없는 특징을 갖고 있다. 이 방식의 대표적인 예로서 독일의 경우에 **그림 10.2.8**에 나타낸 것처럼 도심과 교외를 연결하는 대량수송 고속철도에는 국철 원거리선(Schnell Bahn), 국철 교외선(Nahschnell Verkhehr), 도시 교외선(S-Bhan), 지하철(U-Bahn)이 있으며, 시가지 내를 면(面)적으로 커버하는 중량(中量)수송 철도에는 경쾌 전차(Stadt-Bahn), 노면 전차(Straßen Bahn)가 있다. 또한, 철도 이외의 중량 수송 수단으로서 승합 버스(Omnibus)가 있다.

이 가운데 Stadt-Bahn은 자동차로 인한 노면의 교통 체증을 피하기 위하여 도심부에서는 궤도를 대부분 지하화함으로서 평면 교차를 줄이어서 고속 운전을 가능하게 한 철도이다. 노면 전차(Straßen Bahn)의 계통 중에서 교통 체증이 심한 노선부터 순차 지하화, 전용 궤도화를 추진하고, 동시에 차량도 중량(中量) 고성능 전차로 바꾸어 오고 있다. 이 차량에는 지하 구간의 플랫폼과 노면 구간의 승강장과의 고저차를 해소하기 위하여 출입구에 가동식 스텝을 설치하고 있다.

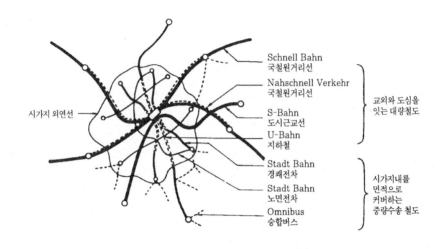

그림 10.2.8 독일형 도시 철도

(나) 노면 전차에서 경쾌 전차로

독일도 자동차의 격증에 따라 노면 전차(tram car)가 자동차의 흐름을 막아버려 주행할 수 없게 되어왔다. 그래서, 프랑크푸르트, 뮤헨, 쾰른, 엣센, 본 등 구서독의 많은 도시에서는 도심부에 대한 노면 전차의 지하화 사업을 시행하여 막혀진 도시 교통의 해결에 큰 효과를 얻었다. 이들의 경쾌 전차는 고속중량 수송기관으로서 질적·양적으로 시민의 필요에 응하여 큰 역할을 담당하고 있다. 그리고, 이 성공을 더욱 넓히기 위하여 경쾌 전차의 투입이나 노면 전차의 경쾌 전차로의 개량 사업이 서구 여러 나라뿐만 아니라 동구, 북미, 아시아 등의 도시에서 진행되고 있다.

(5) 장래성

라이트 레일은 수송 수요에 대응한 지역에서의 교통 수단으로서 경편의 탈것인 점, 교통 약자(노령자, 어린이, 장애자 등)도 비교적 타기 쉬운 점, 기존의 네트워크를 활용할 수 있는 점, 기존의 궤도를 사용하면 건설비가 들지 않는 점 등 경영면에서 보아도 충분히 채산성이 있는 것으로 재인식되고 있다.

독일을 중심으로 하는 북·동유럽의 많은 도시에서는 3량 연결의 라이트 레일이 도회지 교통 수단의 주역을 담당하고 있으며, 도심 재개발을 기회로 일부 지하화 등 도심에서 라이트 레일을 잘 정합시킨 활용 방법이 도처에 보여진다.

미국에서도 버팔로, 필라델피아 등의 도시에서 라이트 레일을 재인식하고 있으며, 마닐라에서도 새로운 고가식으로 도입하고 있다.

이와 같이 라이트 레일은 장래에 도심부 교통 혼잡에 따른 혼잡 지구의 단계적인 고가화나 지하화가 가능하며, 대량 수송에 적합한 지하철까지는 불필요한 중도시의 간선 교통으로서 충분히 대응할 수 있는 가능성을 갖고 있는 도시교통 수단이라고 할 수 있다.

10.2.6 초저상식 경쾌 전차의 개발

획기적이라고도 말하는 초저상식(超低床式) 경쾌 전차(lower floor light rail vehicle)는 1984년에 스위스의 제네바 시가 전차에 채용한 것이 최초이며, 그 후 서구의 재래 노면철도(tramway)나 라이트 레일(light rail)에 적극적으로 채용하고 있다(**표 10.2.2** 참조).

표 10.2.2 초저상식 전차의 제원

도시명		제네바	그르노블	뮤렌	비인	로마
형식명		741	2001	2701	2600	9000
궤간	(mm)	1000	1435	1435	1435	1445
전압	(V)	600	750	600	750	600
구조		2량 연접	3량 연접	3량연접	2량 연접	2량 연접
차체 길이	(m)	21.0	29.4	26.5	26.8	21.1
차체 폭	(mm)	2,300	2,300	2,300	2,650	2,300
저상율	(%)	60.4	65.0	100	60	60
저상면 높이	(mm)	480	345	300	440	350
정원 좌석＋입석		48＋88	54＋120	64＋102	86＋101	72＋100
자중	(t)	27.0	43.9	29.5	34.0	29.7
차륜지름 동축	(mm)	660	660	680	590	680
〃 종축	(mm)	375	660	680	660	620
전동기 출력	(kW)	150×2	275×2	85×2	110×4	100×4
자중당 출력	(kW/t)	11.1	12.5	9.3	11.7	13.4
최고 속도	(km/h)	60	70	70	80	70
신제초년		1984	1987	1990	1992	1990
기사		작은 지름 차륜 중간 대차	독립 차륜 중간 대차	독립차륜 중간 대차	독립 차륜 중간 대차	독립 차륜 중간 대차

이 전차는 플랫폼이 없는 노상에서도 1단으로 용이하게 승하차할 수 있도록 바닥면의 높이를 200~400 mm로 낮게 하고 있다. 저상(低床) 면적의 비율에 따라 부분 저상형·반저상형·전저상형의 종류로 나눈다(**그림 10.2.9** 참조). 기본 구조는 교차점 등의 급곡선 통과를 위하여 차체가 짧은 연접형이 원칙이며, 필요에 따라서 연결 운전으로 하고 있다. 또한, 바닥 면 높이의 저감에 따라 플랫폼 면에서의 높이는 종래의 60 cm 전후에서 수 cm~10 cm 전후까지 줄여지고 차 의자에서도 용이하게 승강할 수 있게 되었다.

저상화를 가능하게 한 것은 인버터 제어에 의한 소형 유도 전동기(induction motor)의 채용과 기기의 하이테크 소형화이며 기기는 지붕 위에 설치되어 있다. 중량당 출력은 9~13 kW/t, 최고 속도는 70 km/h 정도로 하고 있다. 서구의 경우에 냉방 장치를 필요로 하지 않는 조건은 초저상식 전차 설계의 혜택을 받고 있다.

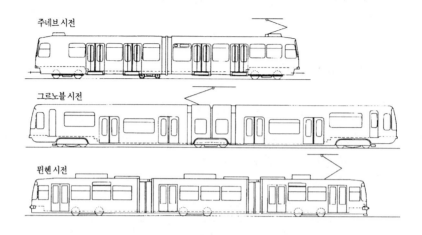

주네브 시전

그르노블 시전

뮌헨 시전

그림 10.2.9 초저상식 전차의 예

대차(truck)와 구동 방식의 해결책으로서 회전하지 않는 오목형의 빔 차축에 독립 차륜(independent wheel, 좌우의 차륜이 따로따로 회전), 또는 차축이 없는 독립 차륜으로 하여 걸상 아래의 스페이스에 설치하며, 주전동기(main motor)에 직각 카르단(right-angled Cardan) 구동 방식, 작은 지름 차륜의 중간대차 등을 채용하고 있다. 특히, 참신한 것으로서 전동기·차륜 구동 장치·차륜을 일체로 한 유니트 독립 차륜(unit independent wheel)도 개발·시험 사용하고 있다. 이들의 차륜 지름은 600 mm 전후이며 이보다 작은 지름의 차륜은 중간 대차에 있지만, 부담 하중이나 제동 용량의 부족, 분기기 통과 시의 째고 들어감 등의 문제도 일으키기 쉽다. 외국에서는 현재 각 차량 제작사에서 경쟁적으로 제작하므로 비용 저감의 표준화 양산이 요망되고 있다. 초저상식은 노면 전차의 살아 남을 수 있는 하나의 방향으로 보여지고 있다.

10.3 모노레일

10.3.1 모노레일의 정의와 역사

(1) 모노레일의 정의

고가에 설치된 한 개의 궤도 거더(girder, PC빔 또는 강형)위를 고무 타이어 또는 강제의 차륜으로 주행하는 철도를 모노레일(monorail)이라 부르며, 최근에 철도와 버스 중간 규모의 교통 기관으로서 외국의 도시 근교에 채용하고 있다. 차량의 지지 방식에 따라 과좌식(誇座式, straddled type)과 현수식(懸垂式, suspension type)이 있다. 모노레일은 "주로 도로에 가설되는 하나의 궤도 거더에 과좌 또는 현수하여 주행하는 차량으로 사람 또는 화물을 운송하는 시설로서 노선의 대부분이 도시 계획법의 규정에 따라 지정된 도시계획 구역 내에 있는 것"으로 정의되며, 건설비의 보조 제도가 실현되고 있는 예도 있다. 즉, 인프라(하부구조 부분)의 건설비(전체의 약 60 %)를 공적 보조로 하여 도로정비 회계의 공공 사업으로 국가가 2/3, 나머지 1/3을 지방 자치단체가 분담하고 있다.

(2) 모노레일의 역사

모노레일의 역사는 대단히 오래되어 세계 최초의 증기 기관차(steam locomotive)가 주행한 1825년에 증기를 동력으로 한 화물 전용의 과좌식 모노레일이 런던 북방에 건설되었다. 그러나, 그 후 유럽의 각지에서 여러 가지의 모노레일이 건설되었지만, 어느 것도 소규모이고 기술적으로도 미성숙하며 본격적인 교통기관으로 되지 않았다. 그 후 한 개의 레일로 이루어진 철도가 연구되어 1888년에 아일랜드에서 지상 1 m 높이의 과좌식 증기 동력의 모노레일이 개업되어 36년간 사용된 기록이 있다.

본격적인 것으로는 1898년 독일인 Eugen Langen이 고안하여 고가식으로 성공한 것으로 1901년에 독일의 브파달시에서 여객 영업을 개시한 전차 운전의 현수식 발멘~엘베휄드간 13.3 km(11 km는 라인강 지류인 브파천 위에 가설)이며, 그 후 갱신되어 현재도 시민의 발로서 사용되고 있다. 그 외에 1900년대 전반에 몇 개인가의 모노레일이 유럽을 중심으로 계획되어 시험 제작되었지만 기술적 문제와 특성이 충분히 발휘될 수 없었던 점 등 때문에 실용화에 이르지 않았다.

제2차 세계대전 후, 즉 1900년대 후반에 들어 도시에의 인구의 집중과 모터라이제이션(motorization)의 진전으로 각 도시 모두 공공 교통기관의 필요성이 대두되어 지하철보다 수송력이 약간 적기는 하나 건설비가 싸고 공간의 유효 이용이 가능하며 노면 교통에 영향이 적은 고가식의 모노레일이 주목되어 재인식되었다.

1950년 이후 각국에서 연구가 진행되어 고무 타이어의 채용에 따른 소음의 저감, 점착력의 증대로 구배에 대한 대응 등의 자유도가 늘어 도시 교통기관으로서의 도입 가능성이 높았다. 1952년에 과좌식으로서 독일의 알웨그식(Alweg system) 모노레일의 시험선(pilot line)이 건설되고 뒤이어 1960년에는 프랑스의 사페지식(Safage system) 현수형 모노레일의 시험선이 건설되었다. 또한, 미국에서는 록히드식(Lockheed system) 과좌형 모노레일이 개발되었지만 이것은 철 레일 · 철 차륜식이며 고속성이 뛰어나다.

10.3.2 모노레일의 종류와 특징

차량이 모노레일 위를 타는 형태의 과좌식, 차량이 궤도 거더에 매달리는 형태의 현수식 모두 주행 거더가 기둥으로 지지되는 고가 구조로 된다(그림 10.3.1, 제10.3.6항 참조). 다만, 과좌식은 일부구간에 터널을 채택한 구간도 있으나 터널단면이 높아지게 된다. 모노레일의 수송력으로서 최대 1~3만 인/h이며, 안내 레일식 신교통 시스템과 지하철과의 중간적 능력을 가진다. 또한 건설비도 양자의 중간적 위치에 있다.

도시 교통에서 모노레일의 역할은 다음 절의 표 10.4.1에 나타낸 신교통 시스템의 분류와 같이 대도시의 간선 교통으로 활용하는 경우나 보조적 교통기관으로 이용하는 방법이 있으며, 중도시에서는 간선 교통으로서의 기능을 갖고 있다.

모노레일은 긴 역사와 함께 도시 교통기관으로서 기대되었지만 현재 생각만큼 보급되지 않고, 수 개의 선로밖에 영업하고 있지 않다. 이것은 수송력의 면에서 보통 철도와 신교통 시스템의 중간에 위치하지만 어중간한 점, 보통 철도와 직통 운전이 불가능한 점, 생각만큼 건설비가 싸지 않았던 점 등에 기인한다. 그러나, 외국의 도심 지역에서는 다른 교통기관이나 도시 시설의 점유로 인하여 이용하지 않은 도시 공간이 얼마 남지 않았기 때문에 모노레일의 활용은 앞으로 늘어갈 것으로 생각된다.

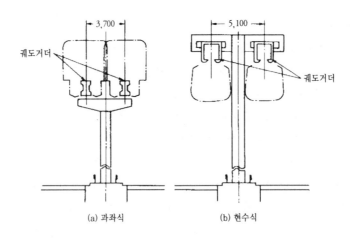

그림 10.3.1 모노레일의 종류

(1) 이점과 특징

① 도로 교통에 지장이 없고, 지주는 될 수 있는 한 가늘게 하여 도로의 중앙 분리대에 설치할 수 있다.

② 도로나 하천 등의 공간에 건설할 수 있어 지하철에 비하여 공사가 용이하며, 용지가 적기 때문에 건설비가 지하철의 약 40 %로 저렴하며 공기도 비교적 짧다.

③ 폭이 좁은 더블 타이어의 주행이기 때문에 철도보다 반경이 작은 급곡선 운전도 가능하며, 현수식은 특히 작다.

④ 안정성이 높다. 다른 교통 기관과 입체 교차하기 때문에 충돌의 우려가 없고 탈선의 위험성이 없다.

⑤ 운전 속도가 높다. 노면을 이용하는 교통 기관과 항상 입체 교차하기 때문에 운전 다이어그램대로 주행할 수 있다.

⑥ 전기 운전(electric traction)의 차륜에 고무 타이어를 사용하기 때문에 다른 교통 기관에 비하여 대기 오염, 소음·진동 공해가 적고 급구배, 급곡선(R=30~50 m)에서도 운전이 용이하다. 그러나, 실상은 궤도의 열화(deterioration) 등으로 소음이 발생하고 구배율도 강설 시 등을 고려하여 과좌식은 최급 50 % 정도이며 보통 철도차량(rolling stock)의 고성능화에 따라 급구배의 우위는 감소하고 있다.

⑦ 차내에서 차 바깥으로의 조망이 좋으므로 압박감이 적다.

⑧ 궤도가 거더 구조이기 때문에 보통 철도의 고가 구조물에 비하여 공중 점유율이 적고 일조(sunshine)·경관 등의 환경면, 도시내 공간의 유효 이용면에서 우수하다.

⑨ 차광막과 방음벽의 설치가 불가하나 환경친화적이다[241].

⑩ 승차감이 양호하다.

(2) 문제점

이상의 이점에 대하여 모노레일(monorail)은 다음과 같은 문제점이 있다.

① 주행로는 1개이지만, 주행 장치에 수많은 차륜을 필요로 하기 때문에 1대차에 고무 타이어 10개 정도를 장치하여 차량의 기능이 약간 복잡하고 고가로 된다.

② 최고속도는 80 km/h 정도로, 철도에 비하여 고속 성능이 떨어지며, 고무 타이어이기 때문에 동력비가 높다.

③ 보통 철도와 궤도 방식이 다르기 때문에 다른 교통 기관과는 상호 진입(through service)이 불가능하게 된다.

④ 고무 타이어의 부담 하중이 강 차륜보다 작고 현용 차량의 수용력이 보통 철도보다 작기 때문에 비교적 수송력이 큰 모노레일의 경우에도 1시간당 편도 수송은 6량 (정원 584명) × 15회 = 약 1만 명 정도로 미니 지하철과 같다.

⑤ 분기기는 무거운 주행 거더를 이동시키기 때문에 구조가 복잡하고 전환에 약간의 시간을 요한다. 그 때문에 분기기의 변경 · 증설 등의 공사는 보통 철도에 비하여 수월하지 않다. 보통 철도가 채용하고 있는 시서스 크로스오버는 만들지 않는다.

⑥ 만일에 열차가 분기기로 돌진하면 대사고로 되며, 복구가 용이하지 않다.

⑦ 차량 사고 등의 긴급 시 피난에 시간을 요한다.

⑧ 시가지나 주택지 등의 통과에서는 경관 등을 문제로 하는 견해도 있다. 따라서, 도시 경관상 도심부, 주택 지구를 통과하는 경우에 무엇인가의 배려가 필요하다.

⑨ 다른 고가 교통기관과의 교차는 높은 고가 구조물로 된다.

⑩ 도로에 건설하는 경우 도로의 폭에 제약되는 외에 소방 활동, 일조 등의 면에서 역사의 길이 · 구조 등이 제한된다.

⑪ 대피선 배치가 곤란하다[241].

⑫ 빔의 전도와 비틀림에 주의해야 한다.

10.3.3 궤도의 양식

(1) 기본 구조

(가) 알웨그(Alweg) 과좌식

궤도 거더는 속이 빈 굵은 I자 형의 PS 콘크리트제를 원칙으로 하고, 교차점 등의 긴 경간을 필요로 하는 개소에서는 강제 거더(girder)로 하고 있다. 이 궤도 거더 위로 주행 구동용 고무 타이어가 타서 과좌식 차량을 지지하며, 안내 차륜이 좌우 상하 전후로 궤도 거더를 좁히고 있다(**그림 10.3.2** 참조). 주행로는 에폭시 수지 혼합물로 바닥칠을 한 뒤에 다시 위에 더 칠한 것, 강판 바닥을 깔은 것 등이 있다.

· 지주는 RC제 T형이 표준이며, 지주 간격은 15~22 m로 하고 있다.

(나) 록히드(Lockheed) 과좌식

콘크리트제 거더에 강 레일을 부설하여 그 위를 강제 차륜의 과좌식 차량이 주행한다. 안내 차륜도 강제이며, 거더에 닿는 부분은 강 레일이 설치되어 있다.

　(다) 사페지(Safage) 현수식

　강판제의 박스형 내부에 대칭형의 주행로가 설치되며, 차량을 현수하기 위하여 하면 중앙부가 열려져 있다. 고무 타이어 차륜은 박스 개구부 양측의 주행로를 주행하며, 안내 차륜은 안쪽에서 박스 측면의 안내 레일을 누르고 있다(**그림 10.3.3** 참조). 주행로에는 승차감을 좋게 하기 위하여 에폭시 수지 등의 포장을 하는 예도 있다. 지주는 T형 강제가 대부분이고, 정류장(car stop) 등은 문형 구성으로 되며, 지주 간격은 30~40 m로 하고 있다.

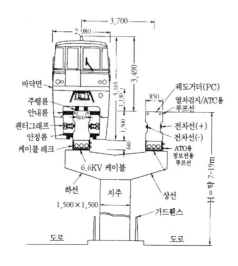

그림 10.3.2 과좌식의 단면 상세

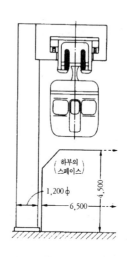

그림 10.3.3 현수식의 단면

　(2) 궤도의 제원

　강설의 장해가 없는 현수식은 구배율이 높게 채용하며(예를 들어 74 ‰), 도로상에 건설된 현수식의 곡선 반경이 특히 작다(예를 들어 50 m). 건축한계와 차량한계 폭의 차이는 예를 들어 다음과 같이 되어 있다. 즉, 과좌식의 경우에 3,850 mm - 3,050 mm = 800 mm, 현수식의 경우에 3,740 mm - 2,700 mm = 1,040 mm. 현수식은 차량 동요 때문에 약간 크게 하고 있다.

　모노레일은 사전에 TPS(열차 모의운전시험)로 적절히 검토하여 해당곡선의 속도와 캔트 값을 도출하고, 이에 따라 빔을 제작, 가설하여야 한다[241].

　(3) 집전 장치(power collector)

　전기 방식은 직류 1,500 V를 기본으로 하며, 전차선(trolley wire)은 궤도 거더의 옆에 정과 부의 복선 강체 전차선을 설치한다.

　(4) 분기 장치(switchgear)

과좌식의 분기 장치는 보통 철도의 둔단 포인트(stub switch)와 거의 같은 구조이며(제3.5.3(1)항 참조), 몇 개인가의 짧은 거더(예 : 5 m)를 이동시켜 꺾은 선 모양으로 진로를 구성한다. 그 때문에 종단 역에는 한쪽 건넘 방식 또는 일단(一端) 단선(單線)에 의한 방식의 채용이 많다. **그림 10.3.4**에 8개의 짧은 거더로 구성되어 있는 예를 나타낸다. 거더의 이동 동력은 전동식 · 유압식 · 공기식 등이 있다.

현수식의 분기 장치는 보통 철도의 텅레일(tongue rail)과 리드 레일에 상당하는 T형 단면의 가동 레일을 사용하며, **그림 10.3.5**에 나타낸 것처럼 상당히 복잡한 구조이다.

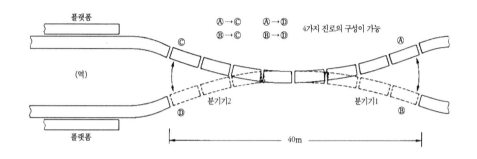

그림 10.3.4 과좌식의 분기 장치

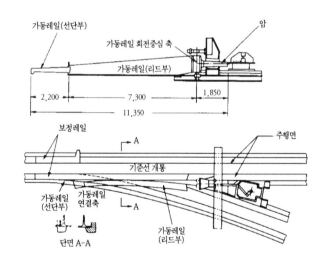

그림 10.3.5 현수식의 분기 장치

10.3.4 정류장(car stop)

일반적으로 1층을 출입 통로, 2층을 콩코스(concourse) · 출찰구 · 역무실 · 기계실, 3층을 상대식 플랫폼(separate platform)으로 하는 것을 원칙으로 하고 있다. 평균 역간 거리는 일부의 2.1 km와 1.9 km 이외에는 지하철같이 1 km 전후로 하고 있다. 또한, 정거장의 간격은 고무 차륜식으로 가감속 성능이 우수하며 최소거리는 약 300 m까지 적용하는 예도 있다[241]. 플랫폼 길이는 차량형식과 편성당 차량 수에 따라 결정되지만 도시교통 용도의 모노레일은 4량~6량 편성으로 플랫폼 길이는 66 m~96 m이다.

플랫폼의 앞 끝에는 이용자의 전락(fall) 방지를 위하여 안전책이 설치되어 있는 예도 있다.

10.3.5 차량과 신호보안 장치 및 차량 고장시 승객대피 방안

(1) 차량(monorail car)의 개요

궤도의 부담을 가능한 한 가볍게 하기 위하여 경합금 구조를 채용하고, 차 길이는 고무 타이어의 하중 제약과 급곡선(sharp curve) 통과를 위하여 약 15 m로서 보통 철도의 차량보다 짧으며, 승하차 문은 한쪽 2개를 원칙으로 하고 있다. 또한, 화재 방지를 위하여 지하철 전차(subway car) 등과 같은 모양으로 불연재료 규격으로 하고 도시 내를 주행하기 때문에 주행 장치 · 동력 장치 등의 소음 저하에 노력하고 있다. 모노레일은 트레일러를 이용한 반입이 전제되어야 한다.

(2) 차체(car body)

차체폭은 과좌식에 비하여 현수식이 좁고 수용력이 작다.

예를 들어, 과좌식 차량은 경량화(weight reduction of car)를 위하여 바닥면 높이를 낮게 하고 대차(truck)를 바닥 아래에 완전히 수용하여 바닥면을 평면으로 개선하고 있다. 현수식 차량에는 보통 철도 전차의 바닥 아래 기기가 모두 지붕 위에 탑재되어 있다. 편성의 최전 · 후 면은 관통 문을 설치하고 만일의 고장 등의 경우에 구원 열차(relief train)에 옮겨 타도록 건넘 판이 설치되어 있다.

(3) 주행 장치(running gear)

2축 보기(two-axle bogie)로 하며, 주행 차륜은 질소 가스를 넣은 타이어, 안내 차륜은 공기를 넣은 타이어로 하고 있다. 주행 차륜의 펑크에 대비하여 대차 틀 전후에 솔리드(solid) 타이어 보조 차륜을 설치하고 있는 예도 있다.

(4) 동력 장치

구동(驅動)용 주전동기(main motor)는 보통 철도의 전차와 같이 직류 전동기(direct current motor)를 채용하며, 대차 스페이스가 좁기 때문에 직각 카르단(right-angled Cardan) 구동, 올M 편성으로 하고 있다. 차량 중량당 출력은 10 kW/t 전후로 하고 있지만, 최고 속도는 80 km/h 정도이며 보통 철도보다 떨어진다.

(5) 신호보안 설비(signal protection device)

일반적으로 궤도 거더의 옆에 신호 회로를 설치한 차내 신호 방식의 ATC와 열차무선 장치(train radio system)를 채용하고 있다. 일부에서는 ATO를 채용하고 승무원은 발차의 버튼을 누르는 것만으로 정거까지를 모두 자동 운전으로 하고 있다. 그 때문에 승무원의 업무는 생력화(man-power saving)되어 1인 승무로 되어 있다.

(가) 신호보안 장치

ATC방식으로 열차와의 상대거리(폐색구간)와 경로조건에 대응하여 자동적으로 제어속도까지 감속 또는 정지시킨다[241].

열차 검지(TD : Train Detector)는 고무 타이어식 차량에 대하여 철제차륜과 레일처럼 궤도 회로 단락 방식을 채용하지 않기 때문에 폐색구간에 열차 전부가 진입한 경우에 또는 열차후부가 폐색구간을 탈출한 경우의 신호를 지상에 수신함으로써, 열차의 운행구간을 연속적으로 검지하는 방식이다.

(나) 열차 집중제어

CTC장치를 이용하여 전선 열차의 운행감시, 신호와 분기기의 원격제어를 하며 설비로는 열차의 현재 위치, 진로의 개통상황, 전차선의 급전상태 등을 원격 감시하는 모니터 넬레비전, 열차 외의 통보ㆍ통화장치, 그 외의 필요한 정보전달 장치와 주변 기기류 등으로 이루어진다[241].

(다) 자동열차 운행장치

ATO 운행제어의 균일화, 고질화를 꾀하기 위하여 운행조작을 자동화하는 것이다[241]. 또한 필요에 따라 출입문의 개폐나 안내방송 등도 ATO에 맞추어서 전(全)자동화할 수도 있다.

(6) 모노레일 차량고장시 승객대피 방안

모노레일은 정거장과 정거장간 중간에서 화재발생시 별도의 대피로가 없기 때문에 내장재는 완벽한 불연재를 사용하여야 한다. 모노레일 운영 중 고장이 발생하였을 경우 대피방안은 아래와 같다[241].

① 열차 내에서 차량간 통행을 자유롭게 개방형으로 제작

② 고장차량을 추진운전 및 견인운전하는 방안

③ 고장차량으로부터 동일선로로 접근한 구난차량으로 옮겨타는 방안

④ 고장차량으로부터 타선로로 접근한 구난차량으로 옮겨타는 방안

⑤ 구난용 특수자동차에 의하여 승객을 지상으로 내리게 하는 방안

⑥ 로우프를 이용 승객을 지상으로 내리게 하는 방안

10.3.6 과좌식과 현수식의 비교

과좌식과 현수식은 1장 1단이 있어 현재 병행하여 채용되고 있다. 외국의 실적 등에서 양 방식을 비교한다 (**표 10.3.1** 참조).

과좌식 주행 거더 하부의 높이와 현수식 차량 하부의 지면으로부터의 높이가 거의 같으므로 주행 거더의 두께와 차량 높이가 같다면, 지지주는 높은 주행 거더를 지지하는 현수식의 쪽이 높게 된다. 그러나, 지지주는 강제이기 때문에 단면적이 작아 점유 면적을 축소할 수 있다. 이러한 구조물의 압박감이나 도시 미관 등에서는 과좌식이 우수하지만, 건설 공기는 현수식이 짧아 도로 등의 지장 기간을 단축할 수 있다.

곡선반경은 현수식의 쪽이 작기 때문에 급곡선이 많은 좁은 도로 등에 현수식을 채용한다. 현수식은 차체

를 현수하는 기구이기 때문에 안전 설계에 가일층의 신중이 요구된다. 최고 속도 등 주행 성능의 실적은 현수식이 약간 떨어지며, 수송력(transportation capacity)은 차량 크기의 차이에서 과좌식이 우세하다.

따라서, 외국의 실적에서는 부지에 여유가 있는 경우에 과좌식을, 여유가 없고 급곡선이 있는 경우에 현수식을 채용하고 있다.

표 10.3.1 과좌식과 형수식의 비교

구분	과좌식	현수식
기둥의 높이	차량의 크기에 관계가 없다.	차량의 높이만큼 높게 되지만 전망은 높은 쪽이 좋다.
차체	기기를 바닥 아래에 배치한다.	바닥면이 평평하게 만들어진다.
곡선부	캔트가 붙어진다.	진자 작용이 강하게 작용한다.
풍설에 의한 영향	눈에 의한 영향이 있다.	강한 돌풍의 경우에는 영향이 있다.

10.3.7 전자동 모노레일 시스템

(1) 전자동 모노레일 일반

① 일반 모노레일이 승객 대피유도문제 때문에 승무원이 탑승하는 것과는 달리 전자동 모노레일은 일반적으로 적은 규모로 완벽한 원격 제어체계를 갖추고 운영하므로 승무원이 없이 운영한다[241].

② 급곡선과 급구배의 주행성이 높아 토목구조물(노반)의 건설비가 작게 소요되는 장점이 있다.

③ 5 km 내외인 단거리에서 운영하며, 거점간 연결, 지하철의 보조수단으로 운영하는데 적당하다.

④ 규모가 작고 경량으로 지하철구조 상부 등 기존 구조물 위에 구조물을 설치하는 것이 큰 무리 없이 가능하다.

⑤ 차량기지는 일반적으로 시내중심부에 위치하여 부지확보가 곤란하고 규모가 작은 점을 감안하여 지하, 또는 건물 내 일부층을 할애하여 사용해야 하므로 부지의 면적을 최소화하기 위하여 천차대의 사용을 적극 검토하여야 한다.

⑥ 도심지 또는 짧은 거리를 운영하므로 일반적으로 최고속도가 약 50 km/h 내외로 제한된다.

⑦ 전구간 교량을 전제로 건설하며 구조물이 작아서 도로의 중앙보다는 보도, 건물 내 또는 건물에 인접하여 건설된다.

⑧ 수송수요에 따라 시격을 조정할 수 있어 첨두시와 비첨두시에 효과적인 열차 운전시격 조정이 가능하다.

(2) 운행 예

(가) Darling Harbour Monorail

ADtranz(현 봄바르디)사의 Von Roll Monorail System에서 제작 납품하여 시드니에서 운영 중인 이 시스템은 호주(오스트레일리아) 역사상 가장 큰 Darling Harbour Monorail은 3.6 km의 짧은 거리를 운행하며 서울 롯데월드, 서울 능동 어린이대공원 등 우리가 통상 관광지에서 볼 수 있는 모노레일과 비슷한 형태이다[241].

(나) 봄바르디 Mark VI Monorail

1980년대 중반 디즈니 운영처는 당시 운행 중이던 Mark VI Monorail 시스템이 승객수송 수요에 충족되지 못함에 따라 좀더 수송용량이 큰 시스템을 설치하고자 제안을 받아 선정한 시스템으로 기존 모노레일에 비하여 수송량이 약 30 % 증가시킨 Mark VI Monorail를 성정하였다[241]. 그러나, 이는 당초에는 좌석위주로 운행되었으나, 입석을 전제로 한 용량이다.

Mark VI Monorail은 현재 유인운전으로 운행하고 있으나, 추후 무인운전이 가능하도록 계획되어져 있으며 신호시스템으로는 차상신호와 ATP(Automatic Train Protection)시스템을 채택하고 있다.

Mark VI Monorail은 1989년부터 운영하여 왔고 일일 최대 20만 명을 수송할 수 있으며 연간 약 5,000만 명을 수송하는 큰 용량의 모노레일이다.

10.4 신교통 시스템

10.4.1 신교통 시스템의 정의와 개발 경과

(1) 신교통 시스템의 정의

급격한 도시 집중은 재래의 보통 철도 · 지하철 · 버스나 라이트 레일(light rail) 등만으로는 대응할 수 없게 되어 최신 기술을 응용한 교통 시스템의 개발이 외국에서 진행되고 있다. 이 신교통 시스템(new traffic system)의 넓은 정의는 "하드웨어의 개발에 따라 새로운 특성이나 기능을 가진 교통 수단(예 : 움직이는 보도, 모노레일, 리니어 모터카) 및 기존의 교통 수단을 소프트웨어의 대폭적인 개혁으로 발전시킨 새로운 교통 시스템{예 : 라이트레일, 디맨드(demand) 버스, 파크 앤드 라이드(park and ride)}의 총칭", 또는 "종래의 교통 시스템을 기술적으로 개선하여 기존 운송 수단의 형에 적용되지 않는 여러 가지 교통 수단의 총칭"으로 하고 있다. 즉,

① 연속 수송 시스템의 움직이는 보도

② 궤도 수송 시스템으로서의 고무 타이어식 중량(中量) 궤도 수송 방식 · 자기 벨트 구동 방식

③ 무궤도 수송 시스템으로서의 호출 버스 시스템

④ 복합 수송 시스템으로서 2종류 이상의 시스템을 복합화한 것이며 일례로서 듀알 모드(dual mode) 버스*(제10.6.5항 참조)

등의 광범위한 교통 수단을 포함한다. 사람이 걷는 속도 정도의 ①은 별개의 종류로 하고, 자동차를 사용하는 ③ · ④는 철도의 범위 외로 하여, 이 절에서는 ② 중에서 최근 외국에서 보급되고 있는 "도시 교통 등에

---

*) 이중동력 버스(Dual Mode Trainsit)는 전동기와 디젤엔진 등 두 가지 동력장치를 부착한 대중교통수단이다. 즉, 궤도구간에서는 전동기를 사용하여 궤도를 운행하고 일반 도로구간에서는 자동차와 같이 디젤엔진을 사용하여 운행한다.

대처할 수 있도록 일렉트로닉스(electronics) 등의 신기술을 적극적으로 이용하고, 전용의 가이드 웨이(guide way)를 이용하여 차량을 자동 제어에 의하여 주행시키는 고무 타이어식 중량 궤도 수송 방식의 신교통 시스템"(new traffic system)을 주(主)대상으로 한다. 이것이 협의의 신교통 시스템의 정의이며, 중량수송 시스템 중에서 이와 같은 시스템을 AGT(Automated Guide way Transit, 안내 레일식 철도)이라고도 한다.

즉, 레일이나 모노레일 거더(桁) 이외의 가이드 웨이를 따라 고무 타이어로 주행하는 교통기관을 총칭하여 안내 레일식 철도라고 부른다. 안내 레일식 철도에는 고무 타이어식 미니지하철도 포함되지만 현재에는 비교적 소형의 차량을 자동 운전으로 제어하는 교통기관으로서 포착되고 있으며, 일반적으로 신교통 시스템으로도 부르고 있다(고무타이어식 지하철은 10.1.8항 참조).

또 한편, 전자의 정의에서 이들 신교통 시스템을 분류하면 **표 10.4.1**에 나타낸 것처럼 되지만, 이중에서 철도공학의 대상으로 되는 것은 궤도 수송 시스템 중에서 대량 수송(mass transport)과 중량 수송 시스템이다.

표 10.4.1 신교통 시스템의 분류

구분		대량 수송	중량수송	개별 수송
연속 수송 시스템	정속식	움직이는 보도(belt식)	움직이는 보도(belt식, palette식)	–
	속도 가변식	움직이는 보도	움직이는 보도(speeder way) 캡슐(kapsel)수송 시스템	–
궤도 수송 시스템	고무 타이어식	대형 모노레일(고무 타이어식 지하철)	AGT, 모노레일	캐비넷(cabinet) 택시
	철륜식	–	미니 지하철, 라이트 레일	–
	리니어모터식	리니어모터카	ALRT, HSST, ICTS	
무궤도 수송 시스템		–	디맨드(demand)버스, 기간버스, 대형급행 버스	시티 카(city car)
복합 수송 시스템	하드면	–	듀알 모드(dual mode)버스	
	소프트면	라이드 앤드 라이드 시스템	버스 우선 신호, 버스 로케이션 공동 운임제	파크 앤드 라이드 키스 앤드 라이드

모노레일(monorail)은 지하철과 버스 중간의 중량 수송 교통기관으로 되지만, "고무 타이어식 중량(中量) 궤도 수송 방식의 신교통 시스템"도 대상은 거의 같다. 신교통 시스템도 도로 위 등 고가의 궤도로서 용지비를 필요로 하지 않고 전기 동력을 이용하는 고무 타이어의 소형 경량 차량으로 궤도 구조물(track work)의 비용을 경감하고 자동 운전 제어로 생력화를 도모하고 있다. 뉴 타운에서 철도역으로의 접근 수송 등을 목적으로 하여, 이용객수가 철도로는 채산이 맞지 않고 버스로는 러시 아워에 대응이 곤란한 경우를 대상으로 하며, 외국의 실적에서 수송력이 미니 지하철, 모노레일을 하회한다.

기설 도로의 교통 혼잡 완화를 목적으로 하는 구간에 대하여는 인프라스트럭쳐*(기초의 고가 구조물)의

---

*) 신교통 시스템 중에서 도로라고 하는 개념에 상당하는 부분(교형, 교각 등)을 인프라스트럭쳐(infrastructure)라고 부르며, 이 부분의 건설에 대하여 도로 보조와 동률의 보조 방식을 취하고 있다.

건설비에 공적 보조(국가 2/3, 나머지가 지방 자치단체이며, 건설 년도에 교부)를 받고 있는 예가 있다. 인프라스트럭쳐(infrastructure) 부분에 상당하는 공사비의 실적은 총사업비의 45 %이기 때문에 분할 교부의 지하철 보조 비율과 큰 차이가 없는 예가 있다.

(2) 신교통 시스템의 개발 경과

신교통 시스템이 처음으로 검토된 것은 미국에서이다. 1960년대 초의 미국은 경제적 번영이 강장 왕성한 시기이었지만, 당시의 미국에서는 도시로의 현저한 인구 집중이 도시 문제를 발생시켰다. 특히, 급격한 모터라이제이션(motorization)화에 따라 교통 문제가 최대의 현안으로 되어 도시의 스프롤(sprawl)화와 중심부의 슬럼(slum)화가 생기게 하였다. 정부로서도 묵과할 수 없는 상황으로 되어 1964년에 도시 대량 수송법을 제정하여 18 개월에 걸쳐 도시 교통을 연구하였다.

보고서로서 "Tomorrow's Transportation(명일의 수송) – New Systems for the Urban Future(미래의 도시를 위한 신교통 시스템)"이 정리되었다. 이 보고서 중에서 신교통 시스템을 평가하는 관점을 8 항목으로 열거하고 있다.

① 도시에서 이동의 평등　　　　② 교통 서비스의 질
③ 교통 혼잡의 완화　　　　　　④ 교통 시설의 유효 이용
⑤ 토지의 유효 이용　　　　　　⑥ 저공해
⑦ 도시 개발을 위한 유연성　　⑧ 제도의 개선

이들 평가의 관점에서 여러 가지의 시스템을 검토하여 1965년에 펜실베니아주 피츠버그시에 3 km의 실험선이 건설하고 실험과 데몬스트레이션을 행하였다. 그 성과에 의거하여 1972년에는 플로리다주 탬파 국제공항, 텍사스주 휴스턴 공항에 실용화되었다. 1972년에 개최된 "Transpo 72"에서 PRT(Personal Rapid Transit)라 불려지는 4종류의 AGT(Automated Guide way Transit)가 실험 운전되어 신교통 시스템이 주목을 받게 되었다. 더욱이, 1974년에는 텍사스주 달라스 훠트워스 공항에의 접근으로서 달라스 시와 공항을 연결하는 신교통 시스템이 개업하고 그 다음 해에 웨스트버지니아주 몰간다원에 있어서 웨스트버지니아 대학의 캠퍼스간을 연결하는 신교통 시스템이 개업하였다.

미국 운수성은 1976년에 도시 중심부에 신교통 시스템을 건설하여 도시의 재개발을 도모하는 프로그램을 개시하여 여러 도시에서 조사하였지만 그 후 우여곡절을 거쳐 실현에는 이르지 않았다.

유럽에서도 독일, 프랑스 등에서 신교통 시스템을 검토하였지만 당초의 기대만큼 보급되지 않았으며, 도시 교통으로 본격적으로 채용된 것은 1983년에 프랑스의 릴리 시에서 개업한 VAL 12.7 km (7.8 km는 지하이기 때문에 지하철이라고도 한다)이며, 개업 당초부터 완전한 무인 운전(unmaned operation)을 실시하고 있다. 이것은 분기 방식으로 통상의 철도 분기기와 같은 원리의 방법을 개발하여 사용하였다. 그 후 해외의 동향은 기대만큼이 아니며 일본 이외에는 그다지 보급되지 않고 있다.

일본에서는 1969년부터 개발을 시작하여 철도차량 메이커가 여러 시스템을 개발하였다. 1975년에 보잉의 PRT가 해양 박람회의 장내에 시험 이용되었고, 도시 교통으로 처음 실용화된 것은 1981년에 개업한 神戸시의 포트 아일랜드선(6.4 km)과 大阪시 남항 포트 타운선(6.6 km)이 최초이다.

(3) 중량수송 시스템

(가) 중량(中量)수송 시스템의 필요성

대도시에서는 지하철과 버스의 중간적인 수송 용량을 갖고, 게다가 건설비가 비교적 싸며 생에너지가 가능한 중량수송 시스템의 필요성이 높아지고 있다.

중량수송 시스템은 AGT라 불려지는 중량궤도 시스템(프랑스 릴리 시의 VAL, 일본의 뉴 트램, 포트 라이너 등), 모노레일, 경쾌 전차(light rail), 미니 지하철 등 1 시간당 2,000~20,000명 정도의 수송력(**그림 10.1.3** 참조)을 가진 교통 수단의 총칭이다.

경영채산 면에서 보면 고가 궤도나 지하철에 비하여 건설비가 싸고, 무인 운전도 가능하기 때문에 수송량(volume of transportation)으로 채산을 취하는 것이 가능하다. 또한, 소음·진동이 작고, 전기 구동이기 때문에 배기 가스도 발생하지 않으므로 환경에의 영향도 적다.

(나) 도시 교통에서의 역할과 목적

도시 내 교통은 상기에서도 언급하였지만 도시의 발전과 자동차의 급증으로 인하여 큰 문제점을 수많이 안고 있다. 이들의 문제점은 다음과 같다.

① 도시 내로 주간 유입 인구의 증대에 따른 도시 내 교통의 혼잡

② 자동차를 이용한 통근·통학·업무의 증대

③ 상기 ①, ②의 조석의 집중과 만성적인 교통 혼잡

④ 교통 체증으로 인한 노면 교통기관의 경영 악화

⑤ 도시 철도의 고가화나 지하철 건설비의 대폭적인 증대

⑥ 대기 오염, 소음, 진동 등 교통 공해의 발생

상기 외에 교통 사고(traffic accident)가 전과 다름없이 다발하고 있는 사실이나 도시 내에서도 공공 교통기관을 이용할 수 없는 지역에 대한 서비스 개선 등의 문제가 있다.

이들의 과제를 해결하기 위하여 여러 가지의 대책이 고려되고 있지만, 중량교통 시스템은 상기와 같이 종래의 대량형 철도에 없는 이점이 있으며, 예를 들면 ① 대도시에 있어 보조간선, ② 대규모 주택 단지와 철도역의 연결, ③ 신개발지와 도시간의 직결, ④ 중규모 도시의 간선 교통 등의 목적에 적합한 교통 수단이라고 생각된다.

10.4.2 신교통 시스템의 특징

전술한 것처럼 신교통 시스템의 검토가 종종 있었지만 결과적으로는 채산성의 문제 등 제약이 많아 중량궤도 수송시스템을 실현하는 것에 그치고 있다. 신교통 시스템으로서 이용자 측에서 요구되는 서비스 수준에 대하여는 일반의 교통기관에도 공통이지만 ① 수의성(프리켄트 서비스), ② 정시성, ③ 고속성, ④ 쾌적성, ⑤ 저렴성, ⑥ 평등성(교통 약자 대책), ⑦ 저공해성 등이 요구된다.

(1) AGT의 일반적인 특징

신교통 시스템인 AGT(Automated Guide way Transit, 안내 레일식 철도)에는 여러 종류가 있지만, 공

통적인 특징은 다음과 같은 것이 열거된다.

① 전기 동력을 이용한 주행.

② 고무 타이어 차륜이 있는 소형 경량 차량의 연결 운전.

③ 고가(高架) 가이드 웨이(guide way)의 설치.

④ 급곡선 · 급구배가 지장 없다.

⑤ 자동(무인) 운전을 가능하게 한다.

⑥ 열차의 운행 관리는 컴퓨터를 이용한 집중 관리.

⑦ 최대 수송력은 5,000(또는 3,000)∼15,000 명/h 정도.

⑧ 고가 구조물의 하중 제한을 위하여 정원(定員) 승차를 규정.

이들의 특성에서 AGT는 고도의 자동제어 시스템을 가진 새로운 철도라고 할 수 있다. 즉, 고무 타이어 차륜이 있는 등 시스템으로서는 모노레일에 가깝고, 따라서 득실도 모노레일과 거의 같다. 차량의 소형화 · 경량화를 도모하여 궤도 구조물의 건설비를 경감하고 있기 때문에 외국의 실적에서 km당의 건설비는 지하철의 약 20 %, 모노레일(monorail)의 약 50 %로 되어 있다.

최소 곡선반경은 약 25 m, 최급구배는 약 60 ‰ 정도까지 대응할 수 있다. 그러나 수송력이나 속도의 면에서 뒤떨어지며 시스템의 자유도가 적은 등의 결점도 있다. 따라서 그 존재는 노면전차와 모노레일의 중간적인 교통기관으로서의 위치를 갖고 있다.

이 시스템이 유리하다고 하는 낮은 소음과 양호한 승차감은 외국의 실적에서 그만큼이 아니고, 급구배도 리니어 모터 지하철(linear-motor subway)에 비하면 우수하지 않으며, 급곡선도 소형 차량을 전제로 하고, 속도도 낮은 점 등으로 이 시스템의 유리성을 의문시하는 견해도 있다.

(2) 고무차륜형 AGT의 특징

광의의 AGT는 무인 자동운전이 가능한 고무차륜, 철제차륜(영국 DLR), LIM(캐나다 Sky Train) 등 전 시스템을 포함한다. 그러나, 일반적으로는 고무차륜의 차량을 가이드웨이로, 무인으로 운영하는 시스템을 말한다[241].

현재 프랑스, 일본 등에서 활발하게 운영되고 있으며 특히 일본의 경우에 새로 개발된 경량전철 시스템 중에서 모노레일과 함께 가장 많이 운영되고 있다. 고무차륜의 특징은 타이어에서 바람이 빠질 경우를 대비하여 고무타이어 내부에 알루미늄으로 된 안전차륜이 내장되어져 있으며, 차륜이 2개로 배치된 경우에는 차륜 사이에 강 차륜(Steel Wheel)을 배치하여 펑크시에도 일정치 이하로 내려가지 않도록 하는 시스템을 채택하고 있다.

고무차륜 방식은 철제차륜과 비교할 때 주행면과의 마찰력이 우수하여, 급가속, 급감속성이 뛰어나며, 정거장간 거리가 짧은 시내구간에 적당하나 그만큼 전력소모가 많으므로 노선연장이 길고 정거장간 거리가 길게 형성되는 지역에서는 심도 있게 검토하여야 할 것이다.

일본에서 사용하고 있는 AGT는 일반적으로 다음과 같은 특징으로 요약된다.

① 종래 철도와 버스의 중간 수송 성격이 있다(pphpd(passengers per hour per direction) 2,000-20,000).

② 최고속도는 50~60 km/h이며, 표정속도는 30~40 km/h 정도이다.

③ 1량 당의 정원은 60~70 인이며, 4~6량 편성으로 운행된다.

④ 운전시격은 컴퓨터제어로 수요변동에 따라 조정이 가능하다.

10.4.3 시설의 양식

(1) 표준화와 기본 양식

고무 타이어식 중량(中量) 궤도 수송 방식의 신교통 시스템에서 개발 회사마다 다른 각 시스템은 거의 같은 수송력(transportation capacity)·성능이면서도 구조·사이즈 등이 다소 다르다. 이와 같은 많은 종류는 이 시스템의 보급에 좋지 않기 때문에 외국에서는 예를 들어 "신교통 시스템의 표준화와 기본 사양"을 작성하여 1983년부터 적용하고 있다. 예로서, 이 표준화의 기본 사양은 필요·최소한의 제원으로 하여 다음의 9 항목을 정하고 있다.

① 안내 방식 : 옆쪽 안내식

② 분기 방식 : 구조가 비교적 간단한 수평 가동 안내판 방식

③ 전기 방식 : 원칙으로 직류 750 V

④ 차량 한계 : 높이는 주행면에서 3,300 mm, 폭 2,400 mm

⑤ 차량의 만차 중량 : 18 t 이하

⑥ 건축 한계 : 높이는 주행면에서 3,500 mm, 폭 3,000 mm

　(차량한계와의 여유 간격 : 옆쪽 좌우 250 mm 이상, 상부 200 mm 이상)

⑦ 안내면 치수 : 좌우측 안내면의 간격은 2,900 mm, 안내면의 중심 높이는 주행면에서 300 mm

⑧ 승하차 플랫폼 높이 : 주행면에서 1,070 mm (차량과의 간격 150 mm 이하, 플랫폼 연단부는 승강구를 제외한 전장에 걸쳐 방호 설비를 설치)

⑨ 설계 하중 : 9 t의 운행 하중(간격은 교호로 3, 5 m)

최소 곡선 반경은 25m로 적게 취하며(일반적으로는 본선로 100 m 이상), 고무 타이어의 높은 마찰계수를 적극 활용하여 구배율도 최급 60 ‰(부득이 한 경우는 90 ‰)로 크게 취하고 있다. 그러나, 강설 시 등을 고려하여 약간 완만하게 하는 예도 있다. 더욱이, 정류장(car stop)의 정거 구간에서는 10 ‰ 이하, 차량의 정류·해결을 하는 구간에서는 15 ‰ 이하로 하고 있다. 궤도중심 간격은 양 선로의 건축 한계에 지장 없는 길이 이상으로 한다.

(2) 주행 궤도

일반적으로 직선부는 PC(prestressed concrete)제, 급곡선부는 강제 상자형 등이 채용되며, 주행면(running surface)에는 에폭시계 수지로 코팅하고 있다.

더욱이, 도로상에 건설하는 경우는 소방법의 규제나 왕복 2차선의 원활한 통행을 확보하기 위하여 보도를 포함한 도로 폭은 약 22 m 이상으로 된다(**그림 10.4.1** 참조).

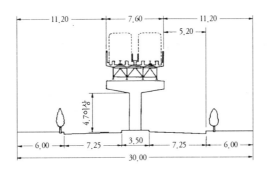

그림 10.4.1 일반 국도와의 단면의 예

(3) 주행 안내 방식

외국의 각 도시에서 채용하고 있는 AGT에는 여러 가지의 기종이 있지만, 특히 안내 방식과 분기 방식에 큰 특징이 있다. 고무 타이어의 주행에서는 전동(轉動) 방향을 규제하는 무엇인가의 안내 장치를 필요로 한다. 여기에는 차량에 수평으로 설치한 안내 차륜을 주행 궤도에 따라 설치된 안내 궤도(H·I형강)로 안내하는 방식을 채용하고 있다. 이 안내 방식에는 주행 궤도의 좌우 양측에 안내 궤도를 설치한 양측 안내 방식과 주행 궤도의 중앙에 한 개의 안내 궤도를 설치한 중앙 안내 방식이 있다(**그림 10.4.2** 참조).

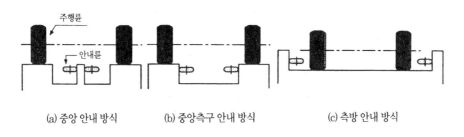

그림 10.4.2 AGT의 안내 방식

중앙 안내 방식의 경우는 차량의 바닥 아래 기기의 탑재 공간이 필요하기 때문에 안내 궤도는 주행 궤도보다 아래의 위치에 설치하는 것이 보통이다. 그 외의 다른 방식으로서 궤도 옆의 좌우 어느 쪽이든지 한쪽을 선택하여 항상 여기에 안내 차륜의 접촉을 강제하는 한쪽 안내 방식도 있다. 이들의 방식에는 각각 득실이 있지만, 양측 안내 방식이 일반적이다.

AGT 시스템의 안내방식을 다시 정리하여 분류하면 다음과 같다[241].

(가) 중앙안내 방식 : 궤도중심에 설치된 1개의 가이드레일에 한쌍의 안내차륜이 끼워져 있는 안내방식이다. 안내차륜으로 완벽하게 유도되므로 속도는 낮으나 안정된 주행유지가 가능하다. 중앙안내식의 대표적인 형식은 CX-100(C-100의 후속모델)과 C-100이며, 주로 공항 및 도시내 지하철 보조수단으로 운영되고 있다. CX-100은 독일 프랑크푸르트 공항, 미국 마이애미 공항, 덴버, 올란드, 피츠버그, 말레이시아 KL공항(경량전철 Aero-Train), 런던공항에서는 터미널간을 연결하며, 일반구간으로는 싱가포르 SLRT(Bukit Panjan 경량전철) 등에서 운영하고 있다. C-100은 싱가포르 창이 공항(Sky-Train), 미국 마이애미시

Metro Mover에서 운영하고 있다.

(나) **측방안내 방식** : 주행로면의 측면에 안내 레일을 설치하여, 연직하중 지지 차량을 외측 안내차륜에 따라 가이드하는 방식이다. 측방에 위치한 가이드레일이 소극적인 가이드를 하는 형식으로 속도는 높으나 중앙안내방식에 비하여 승차감이 떨어진다. 측방 안내방식은 최고속도로 주행시에는 차량이 많이 떨리는 경향이 있다. 안내레일은 $R \leq 500$ m인 경우에는 공장에서 굴곡시켜야 한다. 프랑스 마트라 사(현 지멘스)가 개발하여 릴리시에서 채용하고 있는 VAL(Vehicle Automative leger)이 대표적이다(1983 개통). VAL 206은 2량 편성으로 운행중이며 장래는 4량/편성까지 증설운행을 계획하고 있다. 현재 VAL 208을 개발하여 영업운전을 하고 있다. 일본 동경도 임해 신교통(유리카모메)은 도심부(新僑) 지역과 임해 부도심을 연결하며 복층 현수교인 Rainbow 교량을 이용하여 바다를 통과하며 270° Loopline 형성 등 다양한 특수노선 형태를 띄고 있다.

(다) **중앙측구(中央側溝)안내 방식** : 주행로 구조물의 좌우 내측을 안내에 이용하는 방식으로 중앙 안내 방식과 유사하다.

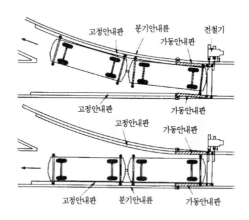

그림 10.4.3 분기 장치

(4) 분기 장치(switchgear)

고무타이어 차륜 안내식의 경우에 성가신 것이 분기 장치이며, 지상 분기의 가동 안내 방식, 차상 분기 방식 등이 있다. **그림 10.4.3**에 가동 안내 방식(옆쪽 안내식)을 나타낸다. 이러한 분기 장치의 경우에 차량에는 주행용의 안내 차륜 외에 분기 주행에 사용하는 분기 차륜이 장치된다. 가동 안내 방식은 분기기의 궤도상에 연동하여 작동하는 가동 안내판, 고정 안내판을 설치하고, 차량의 안내 차륜 아래에 있는 분기 안내 차륜을 끼워서 분기하는 간단한 방식이며, 가동 안내판의 전환은 지하철 등에서 실적이 있는 쇄정 장치가 붙은 전기 전철기(electric switch machine)로 행한다.

이외에도 부침(浮沈)식, 안내 빔 수평회전 장치, 선단레일 분기식 등이 있다. 부침식은 직선 및 곡선의 가동 안내레일을 교호로 올리고 내림으로서 차량을 항상 양측 안내시키는 분기기이다.

복잡한 분기 장치를 줄이기 위하여 종단 역에는 1방향 운전의 루프(loop) 방식으로 하든지 일단(一端) 단선(單線)의 방식으로 하고 있다. 이상을 정리하면 다음과 같다[241].

(가) **부침식** : 각각의 진행방향에 따라서 가이드 레일을 올렸다 내렸다하여 방향을 바꾸는 방식이다.

(나) **회전식** : 2종류의 안내 빔(桁)을 안팎에 설치한 분기기장치가 180° 회전하여 진행 방향을 변화하는 방식이다.

(다) **가동안내판 방식** : 가동안내판이 작동하여 그 방향으로 차량을 진행시키는 방식이다.

(라) **수평 회전식** : 주방향과 안내궤도가 일체로 작동하는 방식이다.

(5) 급전 장치

안내 궤도에 병행하며, 교류 3상의 경우는 강체 3선식, 직류의 경우는 강체 복선식의 전차선(trolley wire)을 설치하며, 차량 측에 집전 장치(power collector)를 설치한다(**그림 10.4.4** 참조). 상업용 전원을 그대로 사용할 수 있는 3상(three phase) 교류도 많이 사용하지만, 직류가 표준 사양이다.

(6) 신호

종래 철도의 궤도회로(track circuit)를 사용하지 않기 때문에 신호는 열차 검지법으로 하여 편성 전방의 차량에서 체크인(check-in)과 후방의 차량에서 체크아웃(check-out)의 신호를 내는 연속 체크인·체크아웃 방식과 차내 신호 폐색식(ATC·ATO)을 채용하고 있다(제5.3.2(6)항 참조).

(7) 정류장(car stop)

섬식 플랫폼(island platform)이 원칙이며 풍우를 방지함과 함께 역 요원의 무인화와 승하차의 안전 확보를 위하여 플랫폼 도어(platform door)의 채용이 보급되고 있다. 상시는 중앙 제어소에서 모니터 텔레비전으로 각 정류장 플랫폼을 감시한다.

(8) 시설물과 시스템간의 인터페이스

AGT의 경우에는 토목공사 후에 전차선용 제3레일 취부용 인서트, 점검통로 설치용 인서트, 콘크리트 구체와 주행로간을 연결시키는 철근 매립, 가이드레일 설치용 인서트 등을 정밀하게 설치해야 하므로 시공시 특별한 주의를 요한다[241]. 또한, 곡선용 가이드 레일을 공장에서 굴곡된 상태로 반입하여야 하므로 지하구간의 경우에는 철저한 투입계획을 수립해야 한다.

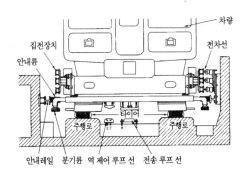

그림 10.4.4 궤도와 차체의 단면

10.4.4 차량의 양식

(1) 구조

중앙 문식 경량화 2축 차(자중 10.5 t)의 올M 6량 편성으로 되어 있다. 불연 규격 구조로 하고 정원(75명) 승차의 규정에 대하여 정원을 초과하면 부자로 경보하여 문이 닫히지 않도록 되어 있다. 종단 역을 루프 방식, 중간 역을 섬식 역으로 하며, 차량의 문은 한쪽만으로 하는 예도 있다.

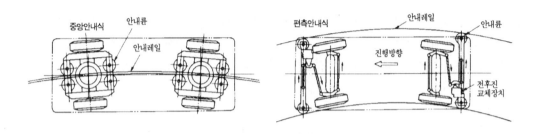

그림 10.4.5 주행 차륜 조향 방식

차량(new traffic car) 구성 기술의 근간은 철도의 전차에 의거하고 있지만, 고무 타이어 차륜을 사용하기 때문에 주행 장치(running gear)나 동력전달 장치 기구 등에 자동차의 기술을 채용하고 있다. 소형이기 때문에 한 개의 전동기(약 100 kW)로 전후의 차륜을 차동 톱니바퀴를 거쳐 구동하고 2량의 전동기를 1대의 제어 장치로 제어하는 2량 단위 방식이 많다. 고무 타이어의 일례로서 주행 차륜에 우레탄 충전 스틸 코드 래디얼(steel code radial) 타이어, 안내 차륜에 경질 우레탄제 타이어를 채용하고 있다.

곡선에서 안내 차륜의 전향에 결부되는 방법으로서 철도차량(rolling stock)의 보기 차량과 같이 대차(truck)마다에 그 중심을 축으로 하여 선회시키는 1축 보기의 방식(중앙 안내식)이든지 안내 차륜의 변위를 로드 등으로 전달하고 자동차와 같이 너클을 설치한 주행 차륜을 전향시키는 조향(操向) 방식(양측 안내식)을 채용하고 있다(**그림 10.4.5** 참조). 표준 사양이 양측 안내식이기 때문에 후자의 채용이 많다.

(2) 성능과 열차 운행

(가) 성능

역간 거리가 짧기 때문에 최고 속도(maximum speed)는 60 km/h 정도로 철도나 모노레일에 비하여 낮지만, 가속 성능은 3.5 km/h/s로 약간 높다.

(나) 열차운행 관리(train operation control)

정상시의 열차운행 관리는 중앙 지령소에서 컴퓨터가 열차군의 움직임을 파악하여 열차 다이어그램(train diagram)에 의거하여 제어하지만, 이상 시에는 사령원이 수동으로 지시할 수 있다.

(다) 무인 운전(unmaned operation)

운전 제어의 ATO와 브레이크 장치 등은 2중계(dual system)로 하는 등 만전을 기하는 것이 조건으로 되며, 기타 시설의 고도화 때문에 비용 증가가 크게 된다.

모노레일은 이상 발생시에 승객의 피난유도 등을 위하여 승무원이 없는 완전무인 운전이 어렵지만, AGT는 일반적으로 피난통로가 구조물 위에 설치되기 때문에 완전무인화 운영이 가능하다[241]. 따라서, 최근 개발되어 운영 중인 고무차륜형 경전철은 대부분 전자동 무인 운전방식으로 운영하고 있다.

10.5 경량전철

10.5.1 경량전철 개요

(1) 경량전철(Light Rail Transit)의 정의

수송용량이 pphpd(person per hour per direction) 5,000~pphpd 30,000으로 지하철 차량보다 작은 규모로써 일정한 궤도를 따라 중행하는 교통수단을 말한다[241].

상기의 제10.1.9항, 제10.2절 ~ 제10.4절, 제10.6절에서 설명한 리니어모터카, 노면철도, 모노레일, AGT 시스템, 특수철도(트롤리 버스, 가이드웨이 버스, PRT, 노-웨이트 등) 등이 포함되며(각 시스템별 상세는 해당되는 항을 참조), 여기서는 공통적인 사항[241]만을 설명한다.

(2) 경량전철의 종류

경량전철은 노면전차, 모노레일, 고무차륜형 AGT(측방 안내식 및 중앙 안내식), 철제차륜형 AGT, 리니어모터(LIM), HSST(저속용 자기부상열차), 트롤리 버스, 가이드웨이 버스, PRT, 노-웨이트(LSM), 산악용(케이블 견인식) 등 다양한 시스템이 있으며, 해당지역의 기후, 도시환경 등에 따라 많은 형태로 운영되고 있다.

우리나라에서도 계속되는 경량전철 수요에 대비하여 고무차륜형 AGT, 철제차륜형 AGT, 리니어 모터(LIM) 등 3개 형식을 대표 시스템으로 선정하여 시스템 기술개발사업을 진행하고 있으며, 고무차륜형은 시제차를 참여업체에서 제작하고 있다.

(3) 경량전철의 기능

경량전철은 일반적으로 소규모, 도시에서는 주간선 교통축으로, 대도시에서는 지하철과 연계하여 보조수단으로 사용하고 있으며 연장이 5~20 km 내외인 노선으로 주로 운영하고 있다.

독일 스위스 등 유럽에서는 노면전차가 주축을 이루어 도시내 교통수요를 처리하고 있으며, 일본에서는 적은 면적에 많은 인구가 거주하는 특성 때문에 모노레일, 고무차륜형 AGT, LIM 시스템 등이 해당 도시의 특성에 따라서 다양하게 지하철과 조화를 이루며 교통수요를 처리하고 있다.

또한, 경량전철은 놀이공원 및 공항 내 셔틀용으로 운영되는 사례도 많으며 위성도시와 대도시의 연계(지하철) 수단으로도 운영되고 있다.

(4) 경량전철의 특징(**표 10.5.1**)

표 10.5.1 지하철과 경량전철의 특성 비교

항목	지하철	경량전철
구동형태	· 일반적으로 철제 차륜형태(프랑스에서는 고무차륜으로도 운행)	· 노면전차, 고무차륜, 철제차륜, 자기부상열차, 케이블 견인(Pulling) 형, LIM 등 다양한 형태
곡선 주행성	· 일반적으로 2개 차축인 고정 대차 · 본선 최소곡선반경이 약 200 m 내외	· 자기조타(Self steering) 대차 등을 채택하여 급곡선 주행성이 우수함 · 최소곡선반경이 약 50 m 내외(LA 경량전철의 경우 R=30 m, 캐나다 Sky-Train의 경우 R= 70 m)
급구배 주행성	· 최급구배 35 % · 구동차축이 전체 차량의 약 50 % 수준임 · M카의 2개 축에 구동 모터 장착	· 최급구배 60 % 내외 · 구동차축이 전체의 50 % 수준임 · 매 차량마다 구동 모터 장착 · LIM의 경우 레일과 차륜이 별도 마찰하지 않아 공전흠이 발생하지 않음
가감속 성능	· 가감속 능력이 경량전철에 비하여 떨어지므로 역간 거리를 800 m 이상 유지하는 것이 바람직함	· 가감속 능력이 지하철에 비하여 높아 역간 거리를 단축시킬 수 있음
분기기	· 최소번호 8# (리드곡선반경 165 m)	· 철제차륜의 경우 최소번호 4.5#(리드곡선반경 57 m) · 차량기지 면적의 대폭적인 축소 가능
운전방식	· 일반적으로 유인운전 방식	· 노면전차, 모노레일을 제외하고 일반적으로 무인운전 방식
운전시격	· 통상적인 회차방식으로 운전시격 2분 이하 유지가 현실적으로 불가능	· 열차길이가 짧고 무인운전으로 열차 방향전환이 자유로워 운전 시격을 1분 이하로 유지 가능
수송량	· pphpd 30,000~100,000	· pphpd 5,000~30,000
건설형태	· 지하형태가 일반적	· 도심지에는 지하형태도 있으나 낮은 소음, 진동으로 고가화에 유리
건설비	· 정거장 길이가 약 150 m 이상으로 토목공사비는 고가이나 시스템 공사비가 저렴	· 정거장 길이가 약 50 m 내외로 시설물 공사비는 저렴한 반면 시스템 공사비가 고가임.
운영비	· 기관사, 검수요원 등 인력이 많이 소요되어 운영비가 높음	· 운행이 완전자동으로 지하철에 비하여 운영비가 적게 소요됨.
최고속도	· 80 km/h 이상	· 역간 거리가 지하철에 비하여 짧아 일반적으로 80 km/h 이하임
차량기지	· 열차장이 길고 차량수가 많아 대규모로 지상에 건설함. · 부지의 효용성을 높이기 위하여 인공대지를 설치하는 경우도 있으나 건폐율에는 한계가 있음.	· 열차장이 짧고 차량수가 적어 전차대의 이용이 가능하며 소규모로 지하, 건물내 등 다층구조로 설치가 가능함.
승강장 설비	· 유인운전이며 일반적으로 스크린도어(Screen Door)를 일부만 적용.	· 무인운전으로 승객의 안전측면을 고려하여 일반적으로 스크린 도어 적용.

① 현대인의 취향에 맞도록 1분~2분 이내로 짧은 시격의 배차가 가능하다.

② 버스가 pphpd 1,000~5,000이고, 기존 지하철이 pphpd 약 30,000~90,000임에 비해 경량전철은 시스템에 따라서 그 중간용량인 pphpd 약 5,000~30,000으로 중간정도의 수송용량을 갖고 있다.

③ 무인 자동운전 시스템의 경우에 사령실에서 열차운영을 직접 제어하므로 승객 수송수요 변화에 신속하게 대응할 수 있다.

④ 일반 지하철은 동력전달이 일반적으로 원형모터 방식임에 비하여 경량전철은 해당지역의 여건에 따라서 원형모터, 선형모터(LIM, LSM), 케이블 견인식, 자기 부상식(HSST) 등 다양하게 운영되고

있다.

⑤ 지하철에 비하여 급구배, 급곡선의 주행성이 우수하고 정거장 길이가 기존 지하철 및 전철에 비하여 1/2 이하로 짧고, 차량크기와 구조물의 크기가 작아 기존의 지하철과 토목, 건축 등 고정 시설비가 적게 소요된다. 그러나 완전자동 무인운전으로 시스템비용이 다소 고가이지만, 운영비용의 대폭적인 절감이 가능하여 장기적인 측면에서 경제성이 있는 시스템이다.

⑥ 적은 면적의 차량기지로 운영된다.

⑦ 빈도의 다양화, 신속성, 쾌적성, 프라이버시의 확보가 가능하며, 타 교통수단에 비하여 문전수송(door to door)에 가까운 교통수단으로 접근성이 우수하다.

⑧ 가감속 능력이 뛰어나 지하철에 비하여 정거장 간격의 축소가 가능하여 많은 인근 주민에게 경량전철 서비스 제공이 가능하다.

⑨ 산뜻한 이미지 제고를 위하여 가능한 한 방음벽 설치가 자제되어야 한다.

⑩ 저공해성이다. 즉, 디젤 또는 가솔린 엔진으로 운행하는 자동차와는 달리 배기가스가 없는 전기를 이용하므로 대기오염을 현저히 감소시킬 수 있다.

⑪ 짧은 운전시격을 유지하기 위하여 혼잡률을 일반지하철(200 %)에 비하여 다소 완화(150 %～180 % 내외)해야 한다.

⑫ 일정한 궤도를 따라 운행되므로 차량의 고유 폭 외에는 추가 공간이 필요하지 않다.

⑬ 제3 레일의 경우에는 지상구간이 제한된다.

⑭ 완벽한 무인 방재 시스템을 구축해야 한다.

⑮ 유지보수 시간의 제한으로 대부분의 구조가 생력화를 원칙으로 계획된다.

⑯ 토목, 궤도, 신호, 통신, 전차선, 제어 등 여러 분야가 상호 밀접하게 연계되어져야 하므로 완벽한 통합(Coordination) 시스템을 구축하여야 한다.

(5) 경량전철의 노선형태

지하철은 일반적으로 복선으로 건설되어져 종점역에서 회차하는 방식이나 경량전철 노선은 도입 대상지역의 규모, 수요의 크기와 분포, 지리적 특성 등을 고려하여 노선형태를 경정한다.

경량전철은 신개발지역의 주간선 교통수단으로, 혹은 신도시와 지역간 철도역을 연결하는 지역 교통수단으로 계획, 운영되고 있으며 노선연장도 비교적 짧은 10 km 이내가 많아서, 지역특성에 따라 여러 가지의 노선형태로 계획하게 된다.

경량전철 시스템의 노선형태는 도입지역의 특성에 따른 교통서비스의 질을 경정하는요인일 뿐만 아니라,

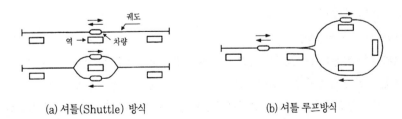

(a) 셔틀(Shuttle) 방식　　　　　　　(b) 셔틀 루프방식

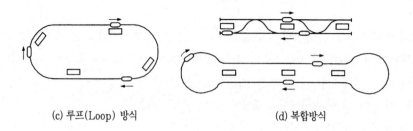

(c) 루프(Loop) 방식　　　　　　　　(d) 복합방식

그림 10.5.1 경량전철의 노선형태

차량구조를 비롯하여 신호제어 방식이나 차량진행방식 등 시스템 전체와 같은 관계를 갖고 있다.

　그림 10.5.1은 현재 운영 중인 다양한 노선형태의 예를 나타내고 있다.

（6）경량전철의 하중

　경량전철 차량은 생산국, 지역에 따라서 다양하게 형성된다. **표 10.5.2**는 차륜형식별 차량하중과 축중의
예를 나타낸다.

표 10.5.2 차륜형식별 차량하중과 축중의 예

차량 요소	고무차륜형 AGT	철제차륜형 AGT	리니어모터(LIM)
만차하중	31톤	19톤	36톤
공차하중	21톤	12톤	22톤
정원하중	26톤	15.5톤	29톤
축중	9.5톤 이하	10.8톤 이하	9.1톤 이하

10.5.2 경량전철 계획일반

（1）철제차륜 AGT와 고무차륜형 AGT형식이 설계에서 상이한 사항

（가）선로설계 기준

　① 곡선반경, 구배, 종곡선 반경, 완화곡선 길이, 캔트의 부족량, 정거장의 배선의 변경[241]

　② 선로간격, 표준단면도의 변경

　③ 완화곡선과 종곡선의 경합 허용

　④ 건축한계, 차량한계의 변경

（나）하중 변경에 따른 구조물 도면변경

　① 차량자체의 중량변화에 따른 구조물 단면 변경 또는 경간장의 변경 적용

　② 차량의 횡하중 변경 및 운행중 소음치 변경

　③ 철제차량에서 작용하였던 장대레일 종하중이 없어짐으로 인하여 교량에 작용하는 종하중의 현저한

감소

(다) 열차운영 계획

① 가감속 능력과 차량제원 변경에 따른 회차 소요시간 변경과 이에 따른 열차 운영계획의 전반적인 변경

② 소요 편성수와 차량수의 변경

(라) 차량형식 변경에 따른 궤도시스템의 전반적인 수정

① 철제차륜의 경우에 레일을 사용한 궤도로서 장대레일화가 불가피

② 고무차륜의 경우에 주행로를 정밀하게 시공하여야하며, 가이드레일과 주행로는 구조물 접속부마다 핑거 플레이트(Finger Plate)로 주행로의 평탄성 확보필요

(마) 차량형식 변경에 따른 건축설계 변경

○ 열차연장의 변경에 따른 정거장 길이의 감소와 이에 따른 건축도면, 전기실, 신호기계실, 변전실 등 각종 기능실의 변경

(바) 차량형식 변경에 따른 E&M 설계의 변경

① 신호방식의 변경에 따라 신호설계의 전반적인 변경

② 전력소모량의 변경에 따른 수전, 변전, 송전 등 전차선 설계의 변경

③ 일반 철제차륜은 레일을 귀선으로 사용하지만, 고무차륜은 별도의 귀선이 필요

④ 통신과 제어시스템 설계의 변경

(사) 차량기지 설계의 변경

① 열차 연장의 변경에 따른 유치선 연장의 변경

② 편성수의 변경에 따른 유치선 선로 수의 변경

③ 검수체계 변경에 따른 검수 설비의 변경 및 이에 부대되는 건축설계의 변경(예로서, 고무차륜 채택시에는 철제차륜에서 소요되는 차륜 전삭설비가 불필요함)

④ 궤도 설계의 변경(고무차륜은 주행면과 바퀴사이에 마찰이 많고 차륜 자체가 탄성이 많아 철제차륜에 비하여 캔트 부족량을 크게 채택함)

⑤ 신호, 통신, 전차선 설계의 변경

(2) 경량전철 노선선정

경량전철 노선선정에는 일반 지하철 등의 도시철도와는 상이하게 다음 항목에 특히 주의를 요한다.

① 경량전철 노선과 지하철 등 지하구조물과의 상호지장 여부 점검

② 고가화를 전제로 하는데 따른 아파트 등 주거지역 통과시 민원 고려

③ 반드시 차량기지 설치를 전제로 접근해야 함

④ 고가구조물 설치시에 교각 방호벽 등 약 1개 차선을 점하게 되는데 따른 기존도로의 차선확보 방안

⑤ 장래 지하철 확장 계획, 지하개발 계획을 감안하여 상호저촉이 되지 않도록 계획

⑥ 제3레일은 지상구간 채택에는 제한

(3) 경량전철의 이해

(가) 경량전철의 사업비

1) 경량전철의 사업비 절감요인

① 정거장 길이는 열차가 짧게 편성되므로 약 150 m 이상으로 설치되는 지하철에 비하여 정거장 길이가 약 50 m 내외로 짧고 급곡선, 급구배 등판능력이 뛰어나 지장물을 피할 수 있어 공사비가 절감될 수 있다.

② 경량전철은 고가화를 전제로 한 사항이나 이는 기존 지하철도 똑같은 조건이라면 본선 구간에서는 공사비 차이가 많지 않다. 다만, 상부하중이 지하철은 일반적으로 16 톤인데 비하여 경량전철은 약 9~12 톤 수준으로 활하중이 적어 부재를 줄일 수 있다.

③ 경량전철은 산뜻한 이미지 때문에 일반 지하철에 비하여 고가구간을 확대 적용할 수 있어 공사비 절감이 가능하다.

◎ 지하철과 경량전철의 교량 폭

HRT : 교량 폭 약 10.9 m

MRT : 교량 폭 약 9.2 m

LRT : 교량 폭 약 9.0 m(7.7 m : 중앙점검 통로 채택시)

2) 경량전철의 사업비 증액요인

① 경량전철은 도심지를 통과하고 산뜻한 이미지를 제고하기 위하여 공사비가 고가로 소요되는 장경간 구조인 P.C상자(Box)형 또는 강제상자(Steel Box)형을 사용하여야 하기 때문에 가격이 상승된다.

② 경량전철은 산뜻한 이미지 제고를 위한 궤도의 높이의 최소화, 전방이 승객에게 노출되는 점 때문에 자갈궤도가 아닌 방진 직결궤도를 전제하여야 한다. 따라서, 궤도공사비도 약 2.5 배 상승이 불가피하다(철제차륜 전제).

③ 차량의 소요가 많지 않고 최첨단 시스템이므로 차량가격이 상승된다.

④ 제3레일을 원칙으로 하므로 선로와 평면교차가 불가능하여 지상구간이 철저하게 지양된다. 부득이 지상구간을 설정시에는 완전히 전용공간으로 계획하여야 한다.

⑤ 무인 자동운전시 시스템 비용이 상대적으로 다소 고가이다. 일반전철은 보통 유인운전을 전제로 한 시스템(A.T.C)으로 그동안 노하우가 축적되어 자체적으로 관리되지만 경량전철은 무인운전을 전제로 한 시스템으로 제어설비, 고장 등에 대비하여 자동검지 및 원격제어설비 등을 설치하여야 하므로 시스템 비용이 고가로 소요된다.

(나) 경량전철의 고가(高架)화와 지하화

고가화는 실제적으로 도시경관, 해당지역의 토지이용 형태, 지역주민들의 의견 등에 따라 결정되는 사항으로 경량전철이 소음과 진동이 적어서 고가화가 유리한 것은 사실이나 반드시 고가로 운영하는 것은 아니다. 실제, 토지가 극도로 제한되는 우리나라 대도시에서는 시내구간을 고가로 통과시 도록폭을 1차선 이상 점유하므로 현실적인 문제가 있다.

실제로 경전철이 지하로 운영되고 있는 현실을 보면 ① VAL을 운영하고 있는 프랑스 릴리시의 도심구간, ② Sky-Train을 운영하고 있는 캐나다 뱅쿠버의 도심구간, ③ 동경 모노레일의 하네다 공항구간은 지하로 건설 운영하고 있으며 ④ 국내에서도 부산의 마남-반송 구간은 도심지에서는 고가공간을 확보하는데 어려움이 있어 지하로 건설을 추진 중에 있다.

(4) 경량전철 시스템별 특성의 비교

표 10.5.3은 각종 경량전철 시스템별 특성의 비교이다[241].

표 10.5.3 경량전철 시스템별의 특성 비교

구분		적용조건	시스템 특성
철제차륜형	노면전차	· 도로가 충분한 폭을 확보하고 도심지 외곽은 전용 선로공간을 확보할 수 있는 지역에 적당	· 표정속도를 높이기 위하여 교차로의 입체화가 요망됨 · 모든 궤도시설이 레일면 하부에 위치해야 함
	철제차륜	· 장거리이고 수요가 개략 pphpd 10,000~25,000에 적당 · 전구간의 장대레일이 전제되어어 함	· 에너지가 가장 적게 소요됨 · 소음, 진동을 최소화하기 위한 대책이 필요함
	LIM	· 비교적 장거리이고 급곡선, 급구배가 많고 수요가 pphpd 10,000~22,000 내외에 적당 · 전구간 장대레일이 전제되어져야 함	· 에너지가 철제차륜과 고무차륜의 중간 정도 소요됨
모노레일		· 10 km 내외로 정거장간 거리가 짧고 승객에게 외부 조경이 강조되는 지역에 적당 · 수요가 pphpd 약 4,000~20,000에 적당	· 고무타이어 시스템으로 급구배와 급곡선의 주행성 우수 · 전구간 고가화 전제 · 차광막, 방음벽설치 불가
전자동 모노레일		· 5 km 내외 단거리이고 수요가 pphpd 약 5,000 내외에 적당 · 외부조경 강조 지역에 적당 · 차량기지 선정에 특히 유의해야 함	· 고무타이어 시스템으로 급구배와 급곡선의 주행성 우수 · 전구간 고가화 전제 · 차광막, 방음벽 설치 불가
측방안내식 A.G.T		· 10 km 내외인 중거리 · 수요가 pphpd 약 15,000 내외에 적당 · 정거장간 거리가 짧은 경우에 적당	· 고무타이어 시스템으로 급구배와 급곡선의 주행성 우수 · 지하화 고가화 모두 적용 가능 · 에너지가 많이 소요됨
중앙안내식 CX-100 C-100		· 5 km 내외 단거리이고 수요가 pphpd 약 5,000~7,500(2량) 내외에 적당 · 중앙안내식 AGT으로 안정 주행가능 · 소형으로 수요 유발처인 건물 내부로 직접 진입 또는 건물에 캔틸레버식으로 노반구조물 설치가 가능함 · 거점간 연결에 적당 · 지하철 보조수단으로 지하철 정거장과 대규모 교통집산지와의 연계에 적절함	· 고무타이어 시스템으로 급구배와 급곡선의 주행성 우수 · 에너지가 많이 소요됨

10.6 특수 철도

철도는 일반적으로 2 개의 레일을 가이드 웨이로 하여 그 위를 차량이 자력 주행하지만, 그 외에도 무엇인가의 형으로 주행로에 따라 이동의 제약을 받는 교통기관을 철도의 범주에 포함하고 있다. 이와 같은 개념에 해당되는 철도로서는 전술한 현수철도(현수식 모노레일, 제10.3절 참조), 과좌식 철도(과좌식 모노레일, 제10.3절 참조), 안내 레일식 철도(신교통 시스템, 제10.4절 참조), 부상식 철도(리니어 모터카, 제9.4절 참조)

외에 삭도(로프웨이, 리프트), 무(無)레일 전차(트롤리버스), 강색철도(케이블카) 등을 총칭하여 특수철도라고 하며, 이 절에서는 상기의 뒷부분에서 언급한 특수철도에 대하여 논의한다. 상기 외에 재래형의 철도 중에도 리니어 지하철(linear-motor subway)이나 LRT 등 기본적으로는 지금까지의 철도의 연장선상에 서 있으면서 새로운 개념의 철도로서 다루고 있는 철도도 존재한다(제10.1.8항, 제10.2.5항 참조).

이와 같은 특수한 철도는 종래 교통기관의 결점을 보충하기도 하고, 이들을 보완하는 존재로서 위치를 잡고 있다. 이 외에도 외국에서는 노면전차, 노면전차를 부분적으로 지하화한 프리 메트로(pre-metro), 버스와 안내 레일식 철도를 조합한 듀얼모드 버스(dual-mode bus) 등의 실용화가 진행되고 있다.

10.6.1 삭도

삭도(索道)는 공중에 가설한 강색(鋼索)에 기기를 매달아 이것을 강색의 순환, 또는 왕복 운동으로 이동시키는 교통기관이며 주로 산악부의 관광지나 스키장 등에서 이용되고 있다. 삭도는 문짝을 가진 폐쇄식의 운반기를 이용하는 보통 삭도(이른바, 로프웨이 · rope way)와 외부에 해방된 좌석으로 구성되는 의자(椅子)식 운반기를 이용하는 특수 삭도(이른바, 리프트 · lift)로 대별된다.

삭도의 방식에는 **그림 10.6.1**에 나타낸 것처럼 교행식과 순환식이 있으며, 교행식은 원칙으로서 운반기가 2 량뿐으로 왕복을 하여 양단의 정류장에서 동시에 승강을 하는 방식이다.

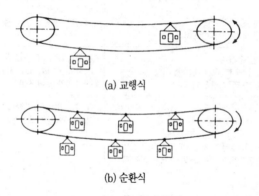

(a) 교행식

(b) 순환식

그림 10.6.1 삭도의 운전방식

이에 비하여 순환식은 복수의 운반기를 동시에 순환시키는 방식으로 승강 시는 예삭(曳索)하고나서 방색(放索)되어 극히 저속으로 진행하여 다시 옥색(屋索)을 취급하여 이동한다. 교행식은 일반적으로 운반기를 대형화할 수 있고 급구배에서도 강하지만 장거리 수송에는 적합하지 않고 운행간격도 길게 된다. 더욱이, 삭도의 구배에 대하여는 수평선에 대하여 45° 이내로 하고 있다. 또한, 운전속도는 출발간격이나 삭도의 종류, 설비 등을 고려하여 안전에 지장을 주지 않는 범위로 규정되어 있어 특히 수치는 정해져 있지는 않지만 일반적으로 1.0~7.5 m/s 전후가 이용되고 있다.

10.6.2 강색철도

강색철도는 급구배를 등반하기 위하여 강색에 차량을 연결하고 산 위에서 감아올리는 기계를 동력으로 하여 차량이 오르내리는 철도이며 일반적으로는 케이블카(cable car)라고 부른다. 특히, 관광지의 등산철도로서 이용되고 있다.

급구배에 대한 등반한계는 점착식의 철도에서는 80 ‰ 정도, 치차(齒車)를 맞물리면서 등반하는 래크레일(rack rail)식 철도에서는 250 ‰ 정도가 한계로 되어 있지만, 강색철도에서는 700 ‰ 정도까지 가능하다고 되어있고(이론적으로는 그 이상도 가능하지만 제동기구나 승객의 공포감을 고려하여 700 ‰ 정도로 하고 있다), 일본의 경우에는 高尾 등산전철의 608 ‰가 최급구배로 되어 있다. 운전방식은 **그림 10.6.2**에 나타낸 것처럼 케이블의 양단에 차량을 연결하여 오르내리는 왕복식과 연속 회전하는 케이블에 차량이 수시로 옥색(屋索), 방색(放索)하여 등반하는 순환식으로 대별되지만 여객용에는 안전성이 높은 왕복식이 이용되며, 순환식은 상업용으로만 이용되고 있다. 또한, 차량은 **그림 10.6.3**에 나타낸 것처럼 구배에 맞추어 평행4변형으로 되어 있으며 바닥도 계단 모양으로 마무리되어 있다.

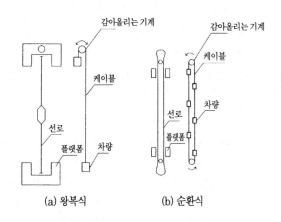

(a) 왕복식   (b) 순환식

그림 10.6.2 강색철도의 운전방식

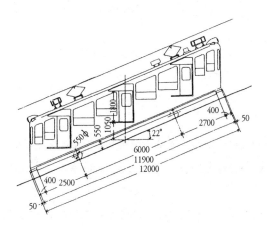

그림 10.6.3 강색철도 차량의 예

이 외에, 레일은 긴급 시에 레일을 파지하여 제동을 걸도록 특수한 단면형상을 하고 있으며, 또한 궤도구조는 350 ‰ 정도의 급구배로 되면 자갈도상으로는 안정되지 않기 때문에 그 이상의 급구배에 대하여는 콘크리트 도상이 이용되고 있다.

10.6.3 스카이 레일 시스템

스카이 레일 시스템(sky rail system)은 **그림 10.6.4**에 나타낸 것처럼 삭도와 현수식 노모레일의 특징을 살린 경량 교통기관으로서 개발되었으며, 일반적으로 현수식 철도의 일종으로 다룬다. 주행은 옥색(屋索) 장치를 이용하여 강색으로 견인된다고 하는 점에서는 삭도와 같지만, H형강을 2개 나란히 한 플랜지 붙임 상형(床桁)을 가이드 웨이로 하고 있는 점에서 현수식 모노레일에 가깝다. 또한, 역 구내의 가·감속에는 리니어 모터(LIM)를 이용하고 있으며, 역에 가깝게 되면 방색(放索)하여 리니어 모터로 감속하여 기계식 브레이크로 정지하고 다시 리니어 모터로 가속한 후에 옥색(屋索)하여 강색으로 이동하는 구조로 되어 있다.

현재 실용화되어 있는 외국의 예를 보면, 건설비는 신교통 시스템의 1/3 정도, 구배도 223 ‰(성능 상은 270 ‰)로 급구배가 가능하지만 속도는 5 m/s로 삭도의 중간치이며, 1량당 정원도 25 명이다. 작은 용량이면서도 운행 빈도(frequency)에 우수하며, 또한 지형상의 제약도 거의 받지 않기 때문에 고저차가 큰 구릉지나 산악지에 조성된 단지나 테마공원의 접근수단에 적합한 교통기관으로 고려된다.

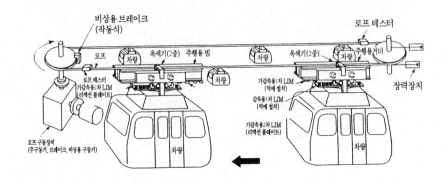

그림 10.6.4 스카이 레일 시스템의 구조

10.6.4 무(無)레일 전차

무(無)레일 전차는 전기 동력으로 주행하는 철도 중에서 집전장치로 외부에서 전기를 공급받는 한편 주행로에 레일 등의 가이드 웨이(guide way)를 갖지 않은 교통기관의 총칭이며 일반적으로는 트롤리버스(trolley bus)라고 부른다.

트롤리버스의 구조는 차량구조적으로는 버스와 같으며 클러치가 없는 점을 제외하면 운전 장치도 거의 같지만, 바닥 아래 또는 차체 후부에 설치한 모터로 주행하기 때문에 제어장치는 오히려 전차에 가깝다. 또한, 고무타이어를 이용하기 때문에 전차선은 가공 복선식으로 처리하며, 집전장치(트롤리 폴)도 2개이다. 교통기관으로서는 거의 노면전차에 상당하지만, 전차선을 제외하고 지상설비를 거의 요하지 않기 때문에 건설비를 적게 할 수 있으며, 고무타이어이기 때문에 가·감속 성능이 우수하고 급구배에 강하며, 레일이 없기 때문에 운행상의 자유도도 높다고 하는 이점이 있다. 그 반면에 정원이 적기 때문에 수송량이 약간 작고, 복선식이기 때문에 전차선의 구조가 복잡하게 되며 반환점은 원칙적으로 루프선으로 되기 때문에 스페이스를 요하는 등의 결점이 있다. 트롤리버스는 중국, 유럽, 러시아를 중심으로 약 50개 국 350 도시에서 현재 활약 중이며, 배기가스가 적은 점 등 환경에 대한 부하가 작고 간편하며 경제적인 교통기관으로서 평가받고 있다.

10.6.5 듀얼모드 버스(가이드 웨이 버스)

듀얼모드 버스(dual-mode bus system)는 버스와 철도의 중간적 성질을 가진 교통기관으로서 **그림 10.6.5**에 나타낸 것처럼 통상의 버스 차체에 안내차륜을 설치하여 일반도로에서는 버스로서 주행하고 전용궤도에서는 안내 레일식 철도로서 주행한다. 가이드 웨이 버스, 가이드버스, 듀얼버스 등으로도 부르며, 전용궤도 내에서는 무인 주행도 고려되고 있다.

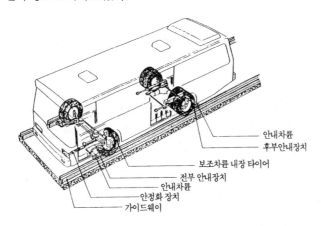

안내차륜
후부안내장치
보조차륜 내장 타이어
전부 안내장치
안내차륜
안정화 장치
가이드웨이

그림 10.6.5 듀얼모드버스의 구조

독일에서 개발된 듀얼모드 버스는 "O-버스"라고 부르며, 에센에서 실용화되어 있는 듀얼모드 버스는 노면전차의 선로에 진입하여 주행할 수 있도록 고안되어 있다. "O-버스"는 오스트레일리아의 아디레드에도 도입되어 전용궤도를 시속 100 km/h로 주행하는 것이 가능하다. 이들은 엔진으로 주행하는 방식과 전기구동을 이용하는 방식이 있으며 후자의 경우에 안내레일 내에서는 집전하여 주행하고 일반도로에서는 배터리로 주행하는 것도 있다. 발착지가 명확하고 그 목적지에 어느 정도의 교통 네트워크를 갖고 있고 중간을 전용궤도로서 통과할 수 있는 경우에 유효한 교통수단이라고 생각된다.

가이드웨이 버스는 종래의 노선버스에 기계식 안내장치를 부착하여, 전용 궤도 위를 가이드 레일에 안내되어 주행하는 시스템이다[252]. 가이드 레일에 의한 궤도안내 주행 중에는 운전기사는 핸들 조작을 할 필요가 없고, 가속페달과 브레이크 조작만으로 운행된다. 가이드 레일로 유도하기 위하여 주행로의 폭은 최소한으로 하고, 전용 주행로의 전체 폭은 2차선의 경우는 7.5 m 정도이며, 11 m 이상이 소요되는 일반도로에 비교하여 대폭적으로 폭이 절약된다. 가이드웨이 버스는 일반적인 경전철과 같이 궤도 고가구조로 도입되는 것이 일반적이다. 전기모터를 탑재하고 전용궤도 위에서는 전기로 주행하는 시스템도 있지만, 이는 전용궤도구간에서만 가능하다. 현재에는 가이드레일에 의한 궤도 안내만을 채용한 시스템이 보다 경제적으로 실현화가 용이한 시스템으로 주목되고 있다.

독일의 O-Bahn은 이런 유형의 교통수단이다. 이중동력 버스의 장점은 다음과 같다[245]. ① 궤도가 없는 구간은 자동차처럼 운행할 수 있다. 즉, 도로가 혼잡한 곳은 도로와 분리된 궤도 내를 운행하고 외곽지역은 일반도로를 운행할 수 있다. ② 투자에 신축성이 크다. 즉, 혼잡한 시가지만 궤도를 부설함으로 초기투자비를 자유롭게 설정할 수 있다. ③ 궤도구간은 지하철과 같이 열차제어장치를 설치하여 짧은 시격으로 버스를 운행할 수 있다.

10.6.6 국내의 주요 대중교통시설 추진

국내에서는 자동안내주행차량(Automated Guideway Transit, AGT), 노면전차(tram), 모노레일(monorail), 간선급행버스(Bus Rapid Transit, BRT) 등과 같은 새로운 교통수단의 도입이 추진되고 있다. 이와 같은 교통수단은 이른바 교통사각지대의 불편해소 뿐만 아니라 지역개발에도 긍정적인 역할을 미칠 것으로 예상된다.

경전철의 일종인 자동안내주행차량(AGT)은 고가(高架)의 가이드 웨이를 주행하며 건설비가 지하철의 70 % 수준으로서 용인 경전철(구갈~전대, 18.6 km)이 2005. 11에 착공(2009. 6 준공예정)되었고, 김해 경전철(삼계~사상, 23.5 km)도 06. 2 착공하였다. 그 외에도 의정부 경전철, 광명 경전철, 우이동 경전철 등도 추진되고 있으며, 서울의 면목동과 목동, 대전, 울산, 부산(지하철 3호선 2단계)에서도 AGT의 도입이 검토되고 있다. 전주시는 2개 노선 24.29 km에 대하여 노면전차를 추진하고 있으며, 성남시도 2개 노선의 노면전차의 도입을 검토하고 있다. 단거리순환 전철망(모노레일)은 서울의 강남구, 영등포구, 관악구 등에서 추진하고 있다.

다른 한편, 이외에도 다음과 같은 대중교통수단이 추진되고 있다. 경남 양산 물금지구에서는 노 웨이트 트랜짓(no wait transit)의 도입이 추진되고 있다. 지상 5 m 높이에 설치된 투명재질의 튜브 속으로 길이 6 m, 폭 1.6 m의 차량이 16 m 간격으로 운행된다. 승객은 스키장의 리프트처럼 운행하는 객차를 기다리지 않고 바로 탑승할 수 있다. 간선급행버스(BRT)는 정류장과 정류장 사이를 달리는 신개념의 버스이며, 하남시~서울 군자역(지하철 5 · 7호선 환승), 인천 청라지구~서울 화곡동의 구간을 추진하고 있다. 또한, 자기유도버스(GRT)도 서울 난곡~신대방(3.1 km)에서 건설되고 있다. 이는 고무차륜형 버스차량에 자기장 유도장치를 부착하여 운행되는 차량이다.

이와 같은 신교통 수단은 전용궤도를 이용하므로 대도시권의 교통 혼잡을 획기적으로 개선하는 것이 기대되고 있다.

10.6.7 기타의 특수 철도

(1) 노-웨이트(No-Wait) 시스템

승객을 연속적으로 수송함으로써 승강장에서 승객이 기다리는 시간을 줄이고 모든 구축물을 연속으로 이용하여 승객 하중을 전 노선에 걸쳐 연속 분산시킴으로 해서 단위 면적당 부하의 감소를 도모하고, 차량 중량을 가능한 경량화함으로써 기본 구조물의 건설비용 및 에너지 소비를 현저히 감소시키며, 인프라 효율의 극대화를 목표로 승강장의 대기시간이 없이 승객을 연속적으로 수송하도록 개발한 시스템이다[256]. 스웨덴에서 개발한 시스템으로 국제특허협력기구에 의해 특허권이 보호되고 있는 대량 교통시스템으로 차량, 전기, 전 분야에서 제작을 위한 상세 설계가 이미 완료된 상태이나 아직 실용화가 되지 않은 시스템이다.

노웨이트 시스템에서는 추진시스템으로 리니어-모터(LIM)를 사용하면서, 기존 리니어모터(LIM)로 구동되는 지하철과는 달리 리액션 플레이트를 차량측에 장착하고, LIM을 궤도측에 설치한다. 열차가 일정속도로 연속 운행되므로 완벽한 무인운전이 가능하면서도 ATP/ATO 장치같은 신호시스템이 전혀 필요하지 않다. 역간을 약 35~40 km/h의 속도로 정속 운전하므로 소음이나 진동 등 환경문제가 없다.

전 노선에 걸쳐 승객을 분산시켜 연속 운행이 가능하게 만드는 새로운 원리로서 정거장에서는 90° 수평접힘을 통해 진행방향으로 차량 길이를 줄임으로써 승강장에서의 운행속도를 아주 저속(약 3 km/h)으로 감소시켜 이 때 승객이 승하차하게 된다. 따라서 연속적인 승하차가 가능하여 일시에 승차 및 하차시키는 기존 지하철이나 경전철 시스템에 비해 승강장에서의 승차능력은 현저하게 증가하며, 일반지하철이나 경전철과는 상이하게 역사의 승강장, 에스컬레이터나 계단의 크기를 기존 지하철에 비해 현저히 줄일 수 있다.

객실은 현가장치를 통하여 카빈 상부에 조립되어져 있고 승강장에는 출입문 밖 양쪽 발판이 일정 속도로 움직이는 이동보도(People Mover) 역할을 하도록 설계되어 있다.

(2) 궤도승용차(PRT)시스템

PRT(Personal Rapid Transit)란 3~5인이 승차할 수 있는 소형차량이 궤도(Guideway)를 통하여 목적지까지 정차하지 않고 운행하는 새로운 도시교통수단으로서 일종의 궤도승용차이다[256]. 유사한 시스템으로는 독일에서 개발한 Cabin Taxi(승차인원 3명, 운행속도 36 km/h, 배차간격 약 1초), 미국에서 LIM 형태로 구동하는 ROMAG 등이 있는데 재정문제 등으로 중단된 상태이다.

현재 활발하게 논의가 진행되고 있는 PRT는 미국 레이시온(Ratheon)사가 보스톤 근교의 말보로市에 시험선을 건설하여 시험운행하고 있다. 미국 모간시에서는 PRT와 유사한 형태의 WALNET가 운영중에 있어 앞으로 이와 유사한 형태의 교통수단이 계속 확대될 것으로 기대되고 있다. 우리나라에서는 당초 미국에서 개발된 PRT 2000을 개량한 Sky car를 민간기업에서 개발하였으며, 2005년 부터는 국가 R&D로 소형 궤도 시스템 기술개발 사업을 착수하였으며 수년 내 국내에서도 운행이 가능할 것으로 기대된다.

참고문헌

〔1〕 서사범 : 철도공학의 이해, 도서출판 얼과알, 2000. 4.

〔2〕 서사범 : 철도공학 개론, 도서출판 BG북갤러리, 2000. 4.

〔3〕 서사범 : 선로공학 개정2판, 도서출판 BG북갤러리, 2005. 11.

〔4〕 서사범 : 최신철도선로, 도서출판 얼과알, 2003. 5.

〔5〕 尹益相 : 鐵道工學, 共和出版社, 1970. 11.

〔6〕 徐士範 외 : 高速鐵道핸드북, 韓國高速鐵道建設公團, 1993.2.

〔7〕 건설교통부령 제453호, 철도건설규칙, 2005. 7. 6.

〔8〕 철도청 : 국유철도건설규칙해설, 2000. 8. 22.

〔9〕 申鍾瑞, "國有鐵道 建設規則 解說 (Ⅰ)～(Ⅳ)", 鐵道施設 No.10～16, 1983. 12.～1985. 6.

〔10〕 鄭時溶, "線路整備規則 解說 (Ⅰ)～(Ⅴ)", 鐵道施設 No.2～6, 1981. 12.～1982. 12.

〔11〕 Ernest F. Selig, John M. Waters : Track Geotechnology and Substructure Management, Thomas Telford Services LTD. 1994.

〔12〕 William W. Hay : Railroad Engineering (2nd Edition), John Wiley & Sons, New York, 1983.

〔13〕 C. J. Heeler : British Railway Track (Design, Construction and Maintenance), The Permanent Wary Institution, Nottingham, 1979.

〔14〕 Fritzfasten Rath : Railway track(Theory and Practice),Frederick Unger Publishing Co, New York, 1981.

〔15〕 Institution of Civil Engineers : Track Thechnology, Thomas Telford LTD, London, 1984.

〔16〕 G. A. Scott : VEHICLE TRACK DYNAMICS COURSE,British Rail Research, 1995. 5.

〔17〕 Jean Alias : LA VOLE FERREE(Techinques de construction et Dentetiom), Eyrolles, Paris, 1984.

〔18〕 Jean Alias : Le Rail, Eyrolles, Paris, 1987.

〔19〕 羽取 昌 : 技術士を目指して-建設部門・鐵道, 山海堂, 東京, 1995. 7.

〔20〕 佐藤吉彦, 梅原 利之 : 線路工學, 日本鐵道施設協會, 東京, 1987.

〔21〕 宮本俊光, 渡階年 : 線路(軌道の設計, 管理), 山海堂, 東京, 1983.

〔22〕 高原淸介 : 新軌道材料, 鐵道現業社, 東京, 1985.

〔23〕 龜田 弘行 외 3인 : 改訂 新鐵道システム工學, 山海堂, 東京, 1993. 12.

〔24〕 深澤義朗, 小林茂樹 : 新幹線の保線, 日本鐵道施設協會, 東京, 1980.

〔25〕 須田征男, 長門 彰, 德岡 硏三, 三浦 重 : 新しい線路, 日本鐵道施設協會, 東京, 1997.

〔26〕 佐藤吉彦 : 新軌道力學, 鐵道現業社, 東京, 1997.

〔27〕 大月隆土 外 1人 : 新軌道の 設計, 山海堂, 東京, 1983. 3.

〔28〕 天野光三 外 2人 : 鐵道工學, 丸善株式會社, 東京, 1984.

[29] 沼田 實 : 鐵道工學, 朝倉書店, 東京, 1983.

[30] 宮原良夫, 雨宮廣二 : 鐵道工學, コロナ社, 東京, 1993. 8.

[31] 久保田 博 : 鐵道工學ハンドブック, グランプリ出版. 東京, 1998.

[32] 한국고속철도건설공단 : 高速鐵道 軌道構造 基準(案), 1994.12.

[33] 고속전철사업기획단 : 고속철도 건설규칙(안), 1991. 11.

[34] 한국고속철도건설공단 : 고속철도 궤도공사 표준시방서, 1994. 12.

[35] 교통부령 제552호 : 국유철도건설규칙, 1977. 2. 15.

[36] 철도청훈령 제6714호 : 선로정비규칙, 1993. 4. 14

[37] 철도청훈령 제6872호 : 철도궤도공사 표준시방서, 1994. 2. 16.

[38] 鐵道廳 : 1995年度 線路保守資料

[39] 건설교통부 철도시설과-1615, 선로정비지침, 2004. 12. 30.

[40] 건설교통부 철도시설과-1616, 고속철도선로정비지침, 2004. 12. 30.

[41] 건설교통부 철도시설과-1619, 선로측량지침, 2004. 12. 30.

[42] 건설교통부 철도시설과-1622, 철도궤도공사 표준시방서, 2004. 12. 30.

[43] Fahey, W. R. Track Technology, Thomas Telford Ltd, London, 1985.

[44] Railway Gazette 1997. 10월호 및 1998. 1월호 Yearbook

[45] 건설교통부령 제00412호, 도시철도건설규칙, 2004. 12. 30.

[46] 加藤 八州夫 : レール, 日本鐵道施設協會, 東京, 1978.7

[47] J. J. Kalker : Rail Quality and Maintenance for Modern Railway Operation, Kluwer Academic Publishers, Delft, 1992. 6.

[48] 법률 제7304호, 철도건설법, 2004. 12. 31.

[49] H. L. Abbot, "Flash welding of continuous welding rail", Rail Technology, Technical PrintServices Ltd., Nottingham, 1983.

[50] Technical offer for a Rail Flash-but Welding Plant, L. Geismar.

[51] Flash-but Welding of Rails, Schlatter.

[52] 건설교통부 철도시설과-1621, 레일용접관련지침, 2004. 12. 30.

[53] 건설교통부 철도시설과-1623, PC침목 설계시방서, 2004. 12. 30.

[54] 한국고속철도건설공단 : 고속철도 레일용접공사 표준시방서, 1994. 12.

[55] 철도청훈령 제6245호 : 레일용접표준시방서. 1988. 8.

[56] JR 東海 : 軌道工事標準示方書 (營業線) 及び 同解說, 1992. 6.

[57] 한국고속철도건설공단 : 高速鐵道 PC枕木 設計, 1994. 12.

[58] Track Laying Procedure, Revised method and Descriptions of Activities & Practices

[59] Plasser & Theurer : Extracts from Track Geometry recording manual

[60] Joseph charles Loach, "Recent Development in Railway curve Design", Proceedings the Institution of Civil Engineers, 1952. 10.

[61] Henderson, "Alignment and Speed criteria", Dockland Light Railway, 1983. 8.

[62] Henderson, "Gauges and Clearances", Dockland Light Railway, 1983. 3.

[63] C. W. Clake, "Track Loading Fundamental", The Railway Gazette, 1957. 1.

[64] Davis : Surveying - Theory & Practice, Mcgrow-Hill Publishes

[65] Technical Description of Track Evaluation system CMA-R and Analysis Program ADA-Ⅲ, Plasser & Theures, Wien, 1985. 11.

[66] 正田英介 외 3인 : 磁氣浮上鐵道の技術, オーム社, 1992. 9.

[67] 법률 제06955호, 건널목 개량촉진법, 2003. 7. 29.

[68] 대통령령 제18118호, 건널목 개량촉진법 시행령, 2003. 11. 4.

[69] 건설교통부고시 제2004-495호, 2004. 12. 30.

[70] 행정자치부령 제176호, 건설교통부령 제321호, 건널목 입체교차화 비용부담에 관한 규칙, 2002. 7. 16.

[71] 韓國高速鐵道建設公團 : 高速分岐器 및 伸縮이음매 設計報告書, 1995. 12.

[72] Modern Future-Oriented Turnout Technology, BWG, 1992. 11.

[73] High Speed Turnout, Gogifer, 1990

[74] Demands on the Modern Turnout Technology on High Performance Tracks, Voest-Alpine, 1992.

[75] R. Holzinger : The Advantages of the Voest-Alpine Turnout Design, Voest-Alpine Eisenbahn systeme, Wien

[76] R. Holzinger : Geometry System for High Speed Turnouts, Voest-Alpine Eisenbahnsysteme, Wien

[77] R. Holzinger : Modern Design of the Turnouts Used by theBB, Voest-Alpine Eisenbahn systeme, Wien

[78] R. Holzinger : Switch Geometry as Decisive factor for Turnout Efficiency, Voest-Alpine Eisenbahnsysteme, Wien

[79] P.E Klausr : Assenssing the Benifits of Tangential-Geometry Turnouts, Railway Track & Structure 1991. 1.

[80] Stacy J. Saucer : Swing-Nose Frogs,Tangential Geometry Extend Turnout Life, Progressive Railroading, 1990. 8

[81] R. Holzinger : The Advantages of Turnouts with-Tangential Switch Curve, Continuous TurnoutRadius, Voest-Alpine Eisenbahnsysteme, Wien

[82] W. CZUBA : Principles to be used for Turnout Design

[83] BERG/HENKER Research in Wear Behaviour of Switch Tongues, 1978.

[84] G. H COPE : Calculation of Radial Velocity and Horizontal Impact

[85] R. Holzinger : High-Technology used in Crossing Construction, Voest-Alpine Eisenbahn systeme, Wien

[86] KURT BACH : Weichen und Krenzungen, Rachbuchverlag Gmbh Leipzig, 1951.

〔87〕 AAR Tests Advanced Turnout Design,IRJ, 1994. 9

〔88〕 康基東, "高速鐵道 運行을 위한 軌道構造의 信賴性과 品質要件", 第3回 鐵道保線技術發表會 資料, (社)韓國保線技術協會, 서울, 1995. 4. 7

〔89〕 철도청 : 선로용품도집, 1993.

〔90〕 原田吉治 : わかりやすい線路の構造, 交友社, 東京, 1987. 3.

〔91〕 神谷 進 : 鐵道曲線, 交友社, 東京, 1961. 10.

〔92〕 申漢澈 譯 : MTT 構造와 取扱, 湖南保線事務所, 裡里, 1988.

〔93〕 B. Ripke, "High Frequency Vehicle-Track interaction in Consideration of Nonlinear Contact Mechanics", Proc of S-TECH '93 Vol 2, JSME, Yokohama, 1993. 11.

〔94〕 Sato, Y. "Optimum Track Elasticity for High Speed Running on Railway", Proc of S-TECH '93 Vol 2, JSME, Yokohama, 1993. 11.

〔95〕 Kl. Knotheg, St. L. Passie and J. A. Elkins : Interaction of Railway Vehicles with the Track and its Substructure, Swets & Zeitlinger B. V, 1994.

〔96〕 韓國高速鐵道建設公團 : 高速鐵道 軌道構造 設計報告書, 1992. 11.

〔97〕 金正玉, "軌道力學 (I), (II)", 鐵道施設 No. 5~6, 1982. 9. ~ 12.

〔98〕 韓國高速鐵道建設公團 : 슬래브 軌道構造 設計 報告書, 1994. 12.

〔99〕 康基東 : 高速鐵道 軌道의 動特性에 關한 研究, 建國 大學校 工學博士學位 論文, 1992. 8.

〔100〕 D. J Round : A Comparison of Non-Ballasted Tracks for High Speed Rail System, British Rail Research,1993. 5.

〔101〕 康基東, "高速鐵道의 콘크리트 道床軌道", 鐵道施設 No.52, 1994. 6.

〔102〕 康基東, "高速鐵道의 軌道構造", 第1回 鐵道保線技術發表會 資料, 1993. 3.

〔103〕 Bernhard Lichtherger, "The Homogenization and Stabilization of the ballast bed" 1993. 3.

〔104〕 Plassen and Theurer, "The technology of dynamic Stabilization", 1993. 4.

〔105〕 Dynamic Track Stabilizer DGS-62 N Operational Manual, Plasser & Theurer.

〔106〕 Klaus Ridbold, "Innovations in the field of track maintenance"

〔107〕 Plasser & Theurer, "The dynamic track stabilizer"

〔108〕 鄭世泰, "캔트遞減에 관한 湖南保線의 質疑에 對한 答信", 1989. 4.

〔109〕 鐵道線路 Vol.25~34, 日本鐵道施設協會, 東京, 1977. 1 ~ 1986. 12.

〔110〕 協會誌, 日本鐵道施設協會, 東京, 1987~

〔111〕 新線路 Vol.47~, 鐵道現業社, 東京, 1992~

〔112〕 鐵道總合研究報告 Vol.3~, 鐵道總合技術研究所, 東京, 1989~

〔113〕 철도청훈령 제5477호 : 도상자갈규정, 1994. 12.

〔114〕 日野幹雄 : スペクトル解析, 朝倉書店, 東京, 1977.

〔115〕 강기동, 서사범, "경부고속철도 건설 분야의 기술 특성과 파급효과", 대한토목학회제, 제52권 제12호, 2004. 12.

[116] 權正攻 : 國費 海外訓練 結果 報告書, 鐵道廳, 1990.

[117] 鐵道技術總合硏究所, RRR, Vol.45~, 硏友社, 東京, 1989. ~

[118] JREA, Vo. l37~, 日本鐵道技術協會, 1994. ~

[119] 鐵道技術硏究所 : 鐵道技術硏究資料, 鐵道技術 Vol.26~43, 硏友社, 東京, 1969~1986

[120] Railway Gazette International, 1990.

[121] Railway Track and Structures, Simons Boardman, Publishing Corp, New York, 1991~

[122] 伊地知堅一 : ロンクレール 作業, 鐵道現業社, 東京, 1967.

[123] Rail International, IRCA and UIC, 1981.

[124] Dr. Andrew Kish, "Dynamic Buckling of CWR Tracks : Tests & safety concepts", National Transportation Systems Center, Cambridge, MA., 1990. 5.

[125] A. Jourdain, "Monitoring the level of track quality", French Railway Review, Vol. 1, No. 4, 1983.

[126] G. Janin, "Maintaining track geometry", French Railway Review, Vol. 1, No. 1, 1983.

[127] Heinz FUNKE : Rail Grinding transpress VEB verlag für Verkehrswesen, Berlin, 1990.

[128] Efficient Track Maintenance in the Age of High-Speed Traffic, Plasser & Theurer.

[129] EM 120 Track Recording Car, Plasser & Theurer

[130] Plasser & Theurer Today, Plasser & Theurer

[131] SYSTRA : Staff Training of the KNR TGV Managers Specific Manual "Track Maintenance"

[132] Jean-Pirrre PRNOST, "Track Maintenance on Paris-South-East High Speed Line", TRAV 86 / Maintenance.

[133] The Atlantic TGV-Track, Signalling, Catenary-Equipment, Telecommunications.

[134] Georges JANIN, "Maintaining track geometry ; Precision-making for levelling and lining, The 'Mauzin' synthesis method", French Railway Review Vol. 1, No 1, 1983.

[135] Jean-Pirrre PRNOST : Summary of talk on Track Maintenance on Paris- South-East High Speed Line.

[136] Fernand Henr Paniel CHAMPVILLARD, "Track Maintenance", French Railway Review Vol. 1, No 4, 1983.

[137] Maintainability of the Paris-South-East TGV Line.

[138] Arain JOURDAIN, "Monitoring the level of track quality", French Railway Review Vol. 1, No 4, 1983.

[139] Claude THOMAS, "A decade of progress infrastructure, track".

[140] Georges Berrin, "High Speed Track can be cheap to maintain", Railway Gazette International, 1992. 6.

[141] Fred Mau, "Detecting Residual Stress in Rails", 1996. 3.

[142] Alain Guidat, "The Fundamental Benefits of Preventive Rail Grinding", 1996. 3.

[143] John, C. Sinclaia, "Recent Development with Rail Profile Grinding in Europe", 1995. 3.

[144] Scheuchzer, "Laser control for leveling lining", International Conference European High Technology in Track Construction and Track Maintenance, 1990.

[145] P. J. HUNT, "Lining and Leveling Techniques", The Permanent Way Institution Journal, 1984.

[146] Matthias Manhart and Heinz Pfarrer, "Swiss develop. automated track measurement", 1996.3

[147] Erwin Klotzinger, "High Tech maintenance of switches and crossing – experience gained on Austrian Federal Railways", 1995. 9.

[148] Markus Schnetz, "The VM 150 JUMBO vacuum scraper-excavator technology", 1995. 3.

[149] P. L. Mcmichal, "Track Maintenance by Stone blower", 1992.

[150] AUSTROTHECH '90 (seminar 20), "Construction and Maintenance of High Speed Railway Lines with Modern Construction method and Equipment", 1990. 3.

[151] Progress Performance, Plasser and Theurer.

[152] One-Chord Lining System 3-Point Methods, Plasser & Theurer.

[153] Establishing the Versine Pattern for 3-Point Measuring system, Plasser & Theurer.

[154] Adjustment-Tables (0-point Displacement on lining trolley by digital setting in working cabin), Plasser & Theurer.

[155] Lifting-Leveling-Lining and Tamping Machine Duomatic 08-32 Operators Manual, Plasser & Theurer.

[156] C. Esveld, "The Performance of Lining and Tamping Machines", IRCA and UIC,1979.

[157] B. Lichtberger, "Mechanized Track Maintenance on High Speed Rail Networks", IRCA and UIC, 1992. 6.

[158] "The single-chord lining system", General Description, Plasser & Theurer.

[159] 서울특별시 도시철도공사 : 콘크리트도상 궤도유지관리 기술용역 종합보고서, 1997. 9.

[160] 철도청 : 선로보수체제 개선 최종보고서, 사단법인 한국철도선로기술협회, 1997. 7.

[161] 鐵道廳 : 콘크리트道床 軌道構造 比較分析 報告書, 鐵道廳設計事務所, 1991. 4.

[162] 金正玉 : 長大레일, 鐵道廳, 1966.

[163] 철도청 : 장대레일 보수관리, 1986.

[164] 철도청훈령 제7003호, 선로검사규칙, 1994. 12.

[165] SITAC Meeting for KHRC Track structures and Design Issues, seoul, 1994. 1.

[166] 건설교통부 철도시설과-1617, 선로점검지침, 2004. 12. 30.

[167] 교통공무원교육원 : 시설 (87 중견실무자 과정 교재)

[168] 權奇顔, "長大레일 試驗設 Report", 大韓土木學會誌, Vol15, No.1, 1967. 4.

[169] 철도청 : 프랑스철도선로유지보수(해외훈련 귀국보고), 1997. 12.

[170] 신광순, "철도보선 업무의 효율적인 관리 방안", 鐵道線路 No. 26, 1998. 8.

[171] Dr. Gopal Samavedam, "CWR Track Buckling Safety Assurance Through FieldMeasurements, etc", Foster-Miller, Inc., Waltham. MA., 1990. 5.

[172] 철도청훈령 제7012호 : 건널목설치 및 설비기준 규정, 1995. 1. 11.

[173] 건설교통부 일반철도과-1235, 건널목 설치 및 설비기준 지침, 2004. 12. 30.

[174] 법률 제7245호, 철도안전법, 2004. 10. 22.

[175] 한국고속철도건설공단 : 고속철도 차량 유지보수 개론, 1998. 6.

[176] William Thompson, "The Union Pacific's Approach to Preserving Lateral Track Stablity", UnionPacific Railroad, Omaha, Nebraska, 1990. 5.

[177] 渡邊勇作 : 鐵道保線施工法, 山海堂, 東京, 1978.

[178] 宮亮一 : 騷音工學, 朝倉書店, 東京, 1983.

[179] 騷音·振動計測技術委員會編 : 騷音·振動計測技術指導書, 社團法人 計量管理協會, 東京, 1978.

[180] 集文社 編譯 : 騷音·振動對策핸드북, 集文社, 서울, 1983.

[181] Basic Theory of Sound & Vibration(騷音·振動의 基礎 理論), Brel & Kjaer Korea Ltd,

[182] Andreas Stenczel, "Environmental protection in mechanized track maintenance", 1992.

[183] Klaus Riebold, "Innovations in tamping machines" 1991.

[184] G. Heimerl and E. Holzmann, "Assesment of traffic noise investigation on the annoyance efect on road and railway", 1982.

[185] H. j. Saurenman, J. T. NelsonG. P. Wilson : Handbook of Urban Rail Noise and Vibration control, 1982.

[186] J. Reybardy, "Facts about Railway Noise", 1984.

[187] David Wickersham, "An Assessment of the Effectiveness by Southern Pacific Lines in Controlling the Behavior of Continuous Welded Track",Southern Pacific Transportation Company, Tucson, Arizona, 1990. 5.

[188] 佐藤 裕 : 軌道力學, 鐵道現業社, 東京, 1964.

[189] (財)鐵道總合技術研究所 : 在來鐵道運轉速度向上のための技術方策, 東京, 1993. 5.

[190] (財)鐵道總合技術研究所 : 在來鐵道運轉速度向上試驗マニュアル·解說, 東京, 1993. 5.

[191] 鐵道技術研究所 : 高速鐵道の研究, (財)研友社, 東京, 1967. 3.

[192] 松原 健太郎 : 新幹線の軌道(改訂·追補板), 日本鐵道施設協會, 東京, 1969.

[193] V. A. Profillidis : Railway Engineering, Avebury Technical, 1995.

[194] S. L. Grassie : MECHANICS AND FATIGUE IN WHEEL/RAIL CONTACT, ELSEVIER, 1990.

[195] C. O. Fraderick & D. J. Round : RAIL TECHNOLOGY, 1881.

[196] Phillip Ogden, "Maintenance Procedures for Lateral Track Stability", Norfolk Southern Corportion, Atlanta, Georgia, 1990. 5.

[197] Technical Description of Analysis Programme ADA II, Plasser & Theures, Wien, 1979. 11.

[198] 노건현, "線路保守", 施設 제1집 1권 (職場訓練 基本敎材), 鐵道廳, 1981. 3.

[199] 윤승림 : 保線工學 (線路保守 敎材), 交通公務員敎育院, 1978.

[200] Rainer Wenty, "Strategies to Assure High Track Availability", 1993. 5.

[201] 北方常治 : 分岐器と EJ, 日本鐵道施設協會, 東京, 1973. 8.

[202] ATLANTIC TGV,The New Line's Railway Equipment, SNCF, 1989. 1.

[203] Seminar on Mechanization of Track and Works, Geismar, 1989. 9.

[204] TRA VAUX DU SUD-OUET, TSO, 1994.

[205] Proceedings of the International Conference on Speed up Technology for Railway andMaglev Vehicles, Yokohama, 1993. 11.

[206] 康基東, 徐士範, 金練國 : 高速鐵道 軌道技術 및 保守設備(公務 國外旅行 歸國 報告書), 韓國高速鐵道建設公團, 1992. 7.

[207] 서울特別市 地下鐵建設本部 : 外國 地下鐵 技術(軌道) 調査 出張報告, 1991. 4.

[208] 서사범, "궤도기술의 발달과 경험기술로부터의 탈피", 한국철도학회지, vol.9, No. 1, 2006. 3.

[209] G. Janin, "Maintaining track geometry", French Railway Review, Vol.1, No. 1, 1983.

[210] R. B. Lewis : The British Rail Research Track Recording system, British Rail Research, 1992. 11.

[211] Kirkuk - Baiji - Haditha Railway, Permanent way training course.

[212] Special Conditions of Tender.

[213] 서광석 : 21세기 국가 철도망 구축 방안, 교통개발연구원, 1999. 7.

[214] 建設交通部 : 第4次 國土綜合計劃 (2000~2020), 1999. 12

[215] 건설교통부 : 국가기간교통망계획(2000~2019), 1999. 12.

[216] 이길영, "한국철도의 과거, 현재와 미래", 한국철도학회지 Vol. 2 No. 2, 1999. 9.

[217] 김선호, "철도 100주년에 즈음한 보선업무 개선사항", 鐵道線路 No. 29, (財)韓國鐵道線路技術協會, 1999. 7.

[218] Helmt Hainitz, Walter Heindl and Gerard Presle : New Curve - Geometry to reduce Maintenance

[219] 한국고속철도건설공단 : 고속철도에 대한 이해, 1994. 6.

[220] 한국철도시설공단 : 21세기 국가철도망 구축 기본계획 수립연구, 2004. 12.

[221] 한국철도시설공단 : 2005년도 동절기 건설분야 직원교육교재, 2005. 2.

[222] 田中宏昌, 磯浦克敏 : 東海道新幹線の保線, 日本鐵道施設協會, 東京, 1999. 2.

[223] 한국고속철도건설공단 : 경부고속철도 제2공구 궤도공사 실시설계 보고서, 1997. 12.

[224] 高速電鐵事業企劃團 : 鐵道一般(高速電鐵教養教育教材), 1991.

[225] 철도공무원교육원 : 고속철도 선로유지보수, 철도청, 1997. 12.

[226] 韓國高速鐵道建設公團 : 土木工事 監督 實務要領 (高速鐵道), 韓國高速鐵道建設公團, 1992.

[227] 이우현 감수 : 고속철도의 차량 운영 및 유지보수 관리 지침서, 한국고속철도건설공단, 1996. 12.

[228] 李在活, "京釜 高速鐵道 建設推進 現況", 鐵道施設 No. 46, 1992. 12.

[229] 金正玉, "京釜 高速電鐵의 推進 現況과 技術 特性", 鐵道施設 No. 42, 1991. 12.

[230] 김선호, 고속철도-시속 300km의 비밀, 도서출판 일양문화사, 1999. 3.

[231] 金大永, 新 鐵道工學, 도서출판 정문사, 1998. 3.

[232] 한국고속철도건설공단, 인터넷 홈페이지 http://www.ktx.or.kr

[233] 대한토목학회, "특집, 대도시의 도시철도 건설계획", 土木, 대한토목학회, VOL. 43, No. 11, 1995. 11.

[234] 대한민국 법령집, 법제처

[235] 安龍模, "제22차 국제 철도보선 세미나를 다녀와서", 鐵道線路 No. 30, 1999. 9.

[236] 철도국 : 철도물류개선 종합대책, 건설교통부, 2005. 6.

[237] (株)韓國鐵道技術公社(KRTC) : CM활용·활성화 연구, 2005. 9

[238] 한국철도시설공단 : 안전보건경영시스템(OHSAS 18001) 구축에 따른 통합경영시스템 사용자 교육교재, 2005. 4.

[239] 한국철도시설공단 : 지식정보통합관리시스템-지식관리, 2005.

[240] 한국철도공사 : 철도신호(제어)시스템(사원용 교재), 2005.

[241] (주)유신코퍼레이션 : 경량전철 실무, 2003. 9.

[242] 김영태 : 신호제어시스템, 테크미디어, 2004. 5.

[243] 허현무, 유원희, "고속철도 차륜답면의 마모특성에 관한 연구", 한국철도학회논문집, 제8권 315호, 2005. 10.

[244] 강연구, 노병국 : 철도기술사 과년도 문제해설, 도서출판 예문사, 2004. 1.

[245] 宋錫俊 : 鐵道技術士 實務總論, 蘆海出版社, 2002. 5.

[246] 이종득, 철도공학, 노해출판사, 1993. 9.

[247] 김정옥, 박덕상, "철도공학", 토목공학핸드북, 대한토목학회, 1983.

[248] 강기동 : 궤도역학, 철도전문대학, 1993.

[249] 철도설계기준, 한국철도시설공단, 2004.

[250] 건설교통부 : 국가철도망 구축계획(안)(2006~2015), 2005. 11.

[251] 한국철도공사 : 열차운전시행세칙, 2005. 1. 1.

[252] 철도신문 제791호 14면, 2005. 11. 7.

[253] 서사범 : 고속선로의 관리, 도서출판 BG북갤러리, 2005. 4.

[254] 서사범 : 개정판 궤도시공학, 도서출판 (주)얼과 알, 2001. 3.

[255] 서사범 : 궤도장비와 선로관리, 도서출판 (주)얼과 알, 2000. 12.

[256] 佐藤芳彦 : 世界の高速鐵道, グランプリ出版, 1998. 4.

[257] 이덕영 외 2인 : 경량전철 개론, 노해출판사, 2006. 5.

[258] 上浦正樹 외 2人 : 鐵道工學, 森北出版株式會社, 2004. 3.

[259] Bernhard Lichtherger : Track compendium(Formation, Permanentway, Maintenance, Economics), Eurail press, 2005.

찾아보기

기관명 약호

○AAR : Association of American Railroads
미국철도협회

○AASHO : American Association of State Highway, USA
미국도로협회

○AREA : American Railroad Engineer's Association
미국철도기술자협회

○BN : Burlington Northern R R.
버링턴 노던 철도

○BR : British Railways
구영국국철

○BRR : British Rail Research
영국철도연구소

○DB : Deutsche Bahn AG, Deutsche Bundesbahn
독일철도, 구독일연방철도(서독)

○DOT : Department of Transportation, USA
미합중국 교통부

○DR : Deutsche Reichsbahn
구독일국철(동독)

○ERRI : European Rail Research Institute
유럽철도연구소

○FAST : Facility for Accelerated Service Testing, Colorado, USA
가속사용시험설비, 콜로라도, 미국

○FRA : Federal Railroad Administration, USA
미합중국 철도청

○IRCA : International Railway Congress Association
국제철도협의회

○JNR : Japanese National Railways
구일본국유철도, 국철

○JR : Japanese Railways
일본철도

○ORE : Office des Recherches et des Essais, UIC
국제철도연합 구철도시험소

○RATP : Regie Autonome des Transports Parisiens
파리수송공사

○SNCF : Socit Nationale des Chemins de Fer
프랑스국철

○TTC : Transportation Test Center
수송시험센터, 미국

○UIC : Union International des Chains defer
국제철도연합 (본부 소재지 파리)

남북한 철도 전문용어 비교 [239]

NO	남한	북한	NO	남한	북한
1	주행장치	달림장치	37	주행	달림
2	객실설비	봉사설비	38	발열현상	열나기현상
3	레일	레루	39	연료	동력에네르기
4	윤축	차바퀴쌍	40	횡진동	가로방향진동
5	축상	축함	41	스프링장치	용수철장치
6	견인력	끌힘	42	상호작용	호상작용
7	각량	개별적차량	43	유압저항	끈기저항
8	수용제동기	손제동기	44	발화온도	불붙기온도
9	물탱크	물탕크	45	질량	짐
10	식당차	봉사차	46	표준궤간	표준철길
11	우편차	손짐우편차	47	다이아후렘	차체이음장치
12	협궤차	좁은철길차	48	기계제동방식	쓸림식제동방식
13	주행속도	구조속도	49	답면제동장치	차바퀴디딤면쓸림식제동장치
14	고정축거	대차고정축사이거리	50	디스크제동장치	원판식제동장치
15	차량건축한계	륜곽치수	51	와전류제동장치	전자레루제동장치
16	보기축거	중심판사이거리	52	전기제동방식	반대돌림식제동방식
17	정원수	차타기밀도	53	발전제동	전기저항식제동
18	에너지절약	에네르기절약	54	회생제동	전력회생제동
19	궤도	철길	55	완해	풀기
20	상판	마루면	56	제동슈	제동구두
21	키스톤플레이트	차틀	57	최대압부력	최대누름힘
22	승차감	차타기기분	58	컷아웃콕크	끝마개변
23	떨림	요돌	59	체크밸브	제동가지판마개변
24	신뢰성장치	믿음직한장치	60	충기시간	채우기시간
25	궤간	철길너비	61	공차	빈차
26	마모부속	닳는부속	62	영차	실은차
27	스프링하질량	용수철장치아래질량	63	입환작업	차갈이작업
28	디스크제동	원판식제동	64	난방기간	차안덥힘기간
29	최고속도	최대달림속도	65	환풍장치	공기갈이장치
30	윤축내면거리	차바퀴쌍안면사이거리	66	단식	홑구두식
31	윤중	수직짐	67	복식	쌍구두식
32	장점	우점	68	마찰계수	쓸림계수
33	단점	부족점	69	점착계수	점착곁수
34	탄성차륜	튐성차바퀴	70	이동하중	짐변동
35	차체하중	차체짐	71	답면	디딤면
36	스포크차륜	겉바퀴와속바퀴	72	경도	굳기

철도기술사 기출 문제

▶▶제78회 철도 기술사 시험문제 ('06.2.19)

[1교시] ※ 다음 13문제 중 10문제를 선택하여 설명하십시오.

1. 궤도파괴이론
2. 도상저항력
3. 레일 탄성체결방식의 유형
4. 계수하중(factored load)
5. HL 하중
6. Miner의 피로손상 누적법칙
7. 운전선도
8. 제동거리
9. 제3레일 급전방식
10. 기울기(구배)의 보정
11. 틸팅(tilting) 열차(진자차량)
12. ATP(automatic train protection)
13. 스크린도어(screen door)

[2교시] ※ 다음 6문제 중 4문제를 선택하여 설명하십시오.

1. 레일용접의 품질관리를 위한 검사와 시험방법을 제시하고 설명하시오.
2. 연약심도가 깊고 폭이 200 m인 하천을 통과하는 철도교량을 건설하고자 할 때 가장 접합한 교량형식을 선정하고 그 이유를 논하시오.
3. 분니현상의 발생원인과 대책방안을 제시하시오.
4. 열차저항에 영향을 주는 인자 및 저항종류를 기술하시오.
5. 터널 미기압과 저감대책을 제시하시오.
6. 속도향상의 제약요인에는 최고속도, 곡선통과속도, 분기기 통과속도 등이 있는데 이 중에서 최고속도의 결정요인을 설명하시오.

[3교시] ※ 다음 6문제 중 4문제를 선택하여 설명하십시오.

1. 고속철도 교량의 경우에 탈선사고로 인한 교량손상이 최소가 되도록 설계하여야 한다. 이를 위해 고려하여야 할 탈선하중에 대하여 설명하시오.
2. 열차가 곡선부를 통과할 때에 발생하는 횡압의 원인과 저감대책에 관하여 설명하시오.
3. 각종 선형의 경합조건을 설명하시오
4. 지하역의 방재대책을 제시하고 설명하시오.
5. 차량기지 계획시 고려사항 및 시설물에 대하여 설명하시오.
6. 철도건설규칙에 명시되어 있는 선로의 중심간격에 대하여 설명하시오.

[4교시] ※ 다음 6문제 중 4문제를 선택하여 설명하십시오.

1. 트윈블록(twin block) 침목과 모노블록(mono block) 침목의 기하구조와 특징을 설명하시오.
2. 철도교량의 유지관리 필요성 및 유지관리 방안에 대하여 설명하시오.
3. 선로용량에 영향을 미치는 인자와 산정방법을 설명하시오.
4. 폐색구간의 운행방법과 폐색장치에 대하여 설명하시오.
5. 철도소음의 바생원인과 저감대책에 대하여 설명하시오.

6. 경량전철 시스템을 간략히 설명하고 우리 나라에서의 추진방향과 문제점을 설명하시오.

▶▶제77회 철도 기술사 시험문제 ('05.8.21)

[1교시] ※ 다음 13문제 중 10문제를 선택하여 설명하시오. (각 10점)

1. 유효장
2. 정거장 중심
3. DST (Double Stack Train)
4. GCP (Gravel Compaction Pile)
5. 장비유치선
6. BTL (Build Transfer Lease)
7. 사구간 (Dead Section)
8. DTS (Dynamic Track Stabilizer)
9. TPS (Train Performance Simulation)
10. 구조물 중성화 (中性化)
11. 선로의 등급
12. 파정 (Broken Chain)
13. 표정속도

[2교시] ※ 다음 6문제 중 4문제를 선택하여 설명하시오.(각 25점)

1. 곡선구간에서 속도제한 사유를 설명하시오.
2. 철도선형계획시 피하여야 할 경합조건에 대하여 쓰시오.
3. 동해안을 따라 철도를 건설하고자 한다. 콘크리트 구조물 계획시 염해(鹽害)에 대하여 고려하여야 할 사항과 대책에 대하여 쓰시오.
4. 정거장 배선계획시 고려하여야 할 사항을 대하여 쓰시오.
5. 고속철도역 계획시 연계교통망구축 방안에 대하여 쓰시오.
6. 대형보선장비의 종류와 기능을 점검용장비와 보수용장비로 구분하여 설명하시오.

[3교시] ※ 다음 6문제 중 4문제를 선택하여 설명하시오.(각 25점)

1. 완화곡선 길이 산정시 고려하여야 할 사항, 완화곡선 길이와 그 산출근거를 쓰시오.
2. 슬랙(Slack) 설치 목적 및 역할과 슬랙량 산정식을 설명하고 최근 동향에 대하여 쓰시오.
3. 철도표준활하중에 대하여 설명하고 도로교와 비교할 때 철도교에서만 고려하여야 하는 하중종류에 대하여 간략히 쓰시오.
4. 도시철도에서 정거장간 거리는 최소 1 km이상으로 설치하도록 하고 있다. 그 사유와 현안 문제점 및 대책에 대하여 쓰시오.
5. 철도의 안전설비에 대하여 쓰시오.
6. 철도건설사업 시행시 환경·교통 영향평가와 문화재지표조사의 시행근거, 목적 및 평가(조사) 내용이 철도시설계획에 반영되어야 할 사항에 대하여 각각 설명하시오.

[4교시] ※ 다음 6문제 중 4문제를 선택하여 설명하시오.(각 25점)

1. 경량전철의 개요, 도입필요성 및 종류, 노선형태별 적용가능시스템에 대하여 쓰시오.
2. 장대레일의 개요, 필요성 및 효과에 대하여 쓰시오.
3. 선로등급 2급선으로 계획중인 노선을 1급선으로 상향하고자 한다. 1, 2급선의 설계기준을 비교하고 각 세부사업별(노반, 궤도, 시스템설비 등) 검토사항에 대하여 쓰시오.
4. 철도장대터널 방재 설계기준 및 터널내 기본 방재 설비에 대하여 쓰시오.
5. 외국에서 철도민영화 이후 철도안전사고가 증가하고 있다. 사고 증가에 대한 배경과 국내철도에 시사하는 바를 쓰시오.
6. 도시철도 배선계획시 고려하여야 할 사항과 현안 문제점 및 대책에 대하여 쓰시오.

▶▶제75회 철도 기술사 시험문제 ('05.2.27)

[1교시] ※ 다음 13문제 중 10문제를 선택하여 설명하시오. (각 10점)

1. 아치가설공법 (Turing, Method Over Ground)
2. 지축 및 본선부속
3. L. I. M (Induction Motor Car System)
4. 완화곡선종류
5. 미기압파 (Micro Wave Pressure)
6. M. B. S (Movable Black System)
7. 분니 현상
8. 궤도 축력 안정성
9. 궤도좌굴의 영향인자
10. B. R. T (Bus Rapid Transit)
11. 선로제표
12. 부족 캔트(역 캔트)
13. 개구량 허용한도

[2교시] ※ 다음 6문제 중 4문제를 선택하여 설명하시오.(각 25점)

1. 철도노선 선정 및 선로 설계시 주의사항을 설명하시오(철도설계기준, 노반편을 기준으로).
2. 정거장 시설을 계획할 때 고려하여야 할 일반사항을 설명하시오.
3. 방진궤도의 필요성과 방진궤도의 구조 및 기술개발 동향에 대해서 설명하시오.
4. 장대레일의 제작공정, 용접방법 및 검사방법에 대하여 설명하시오.
5. 철도차량과 궤도사이의 작용력에 대해 설명하시오.
6. 고속철도 자갈궤도와 콘크리트 궤도 접속부의 시공 및 유지관리 방안에 대하여 설명하시요

[3교시] ※ 다음 6문제 중 4문제를 선택하여 설명하시오.(각 25점)

1. 기존선 개량을 위한 근접공사 시행시 시공계획과 중점으로 검토되어야 할 사항을 설명하시오.
2. 철도노반의 구비조건, 노반종류별 특징 및 흙 쌓기 노반의 재료선정에 대하여 설명하시오.
3. 철도횡단 구조물중 구교 설계시 고려하여야 할 일반적인 사항을(철도설계기준, 노반편) 설명하시오.
4. 곡선인 본선로에 철도건설시

   가. 곡선을 고려한 지하구조물의 내공치수 산정시 고려사항과

   나. 시공시 구조물 축조중심(구축중심)에 따라 구조물을 설치하여야 하므로, 측량중심(측심)을 기준으로 구조물축조중심
      을 부설하는 방법을 설명하시오.

5. 궤도의 피로 및 파괴이론 및 경감방안에 대하여 설명하시오.
6. 철도선로의 부담력과 설계표준활하중을 설명하시오.

[4교시] ※ 다음 6문제 중 4문제를 선택하여 설명하시오.(각 25점)

1. 일본신간선의 탈선등 지진피해규모와 한국철도 시설물의 지진대책에 대하여 2설명하시오.
2. 고속철도 영업노선의 설빙 피해 유형과 자갈비산방지 대책에 대하여 설명하시오.
3. 철도 토공노반의 배수시설을 적용 개소별로 구분하여 설명하시오(철도설계기준, 노반편을 기준으로).
4. 철도역의 환승교통체계구축 방향에 대하여 기술하시오.
5. 정거장의 종류, 위치 선정 및 구내 배선계획시 고려사항을 설명하시오.
6. 철도 교량의 상부 형식선정시 고려사항과 형식별 특징을 비교 설명하시오.

〔1교시〕 (13문제 중 10문제 선택, 각 10점)

1. L—상당치
2. 도상계수
3. 캔트부족
4. 연동장치
5. 알카리골재반응
6. 열차의 사행동
7. 탈선계수
8. 호륜레일(Guard Rail)
9. Aero Train(또는 Wing Train)
10. 궤도회로의 사구간(Dead Section)
11. AGT(Automatic Guideway Transit System)
12. Y 선
13. 궤도파괴계수

〔2교시〕 (6문제 중 4문제 선택, 각 25점)

1. 대도시 교통체계의 효율적 개선방향에 대하여 기술하시오.
2. 기존철도역사의 문제점을 설명하고, 미래 복합역사의 기능 및 개선방향에 대하여 기술하시오.
3. 장대레일의 원리 및 장·단점, 부설조건에 대하여 설명하시오.
4. 선로용량의 정의 및 용량증대방안에 대하여 기술하시오.
5. 자기부상식 철도시스템 건설시 토목기술분야에서 주요 검토사항을 설명하고, 최근 기술개발 동향 및 현안 문제점을 쓰시오.
6. 철도교에서 사용되는 PSC빔교, 강박스교, PSC박스교, 프리플렉스(Preflex) 빔교의 특징 및 장·단점에 대하여 설명하시오.

〔3교시〕 (6문제 중 4문제 선택, 각 25점)

1. 경부고속철도가 국제경쟁력 강화에 미치는 영향과 기대효과에 대하여 설명하시오.
2. 표준궤간과 광궤 또는 협궤 상호간 연계운행시 문제점 및 제도적, 기술적 개선방안에 대하여 기술하시오.
3. 궤도틀림의 종류 및 내용에 대하여 기술하시오.
4. 국유철도의 표준 활하중에 대하여 기술하시오.
5. 도시철도 시·종점역 배선계획시 주요 고려사항과 배선형태를 설명하고, 반복 시분을 최소화하는 방안을 제시하시오.
6. 궤도 변형에 대한 정역학 모델의 종류와 특성을 상호 비교 설명하시오.

〔4교시〕 (6문제 중 4문제 선택, 각 25점)

1. BRT(Bus Rapid Transit)와 LRT(Light Railway Transit)의 특징 및 장·단점을 비교 설명하시오.
2. 콘크리트 도상 및 슬래브 도상의 종류와 장·단점에 대하여 비교 설명하시오.
3. 철도 판형교를 대상으로 정밀안전진단을 시행하고자 할 때 그 진단종류 및 내용에 대하여 기술하시오.
4. 복진의 정의와 원인 및 대책에 대하여 설명하시오.
5. 정거장구내 차량한계와 승강장 연단간의 거리 및 레일상면(R.L)에서 연단까지의 높이에 대하여 국유철도 및 도시철도별 현황과 문제점 및 대책을 기술하시오.
6. 국유철도와 도시철도 시스템간 상이점과 그 원인을 설명하고, 시스템 상호간 직통 연결시 문제점 및 대책을 쓰시오.

▶▶ 제72회 철도 기술사 시험문제 ('04.2.22)

[1교시] ※ 다음 13문제 중 10문제를 선택하여 설명하시오 (각 10점)

1. 선로용량
2. 전식(電蝕)
3. 무절연 궤도회로
4. 선로 유효장
5. 사면 재해(Slope disaster)
6. 포인트의 입사각
7. 궤도틀림의 파워 스펙트럼 밀도(PSD. Power Spectral Density)
8. 열차 최고 속도
9. 전차 선로
10. 신호 5현시
11. 열차 저항
12. 신호소
13. 2중 탄성체결

[2교시] ※ 다음 6문제중 4문제를 선택하여 설명하십시오. (각25점)

1. 열차 속도와 캔트와의 상관관계를 설명하고, 설정 캔트를 정하는 사유를 기술하시오.
2. 완화곡선을 설명하고, 열차속도와 완화곡선 길이와의 상관 관계를 설명하시오.
3. 슬랙(Slack)을 설명하고, 곡선 반경과 차량, 슬랙과의 상관 관계를 설명하시오.
4. 열차가 곡선을 통과할 때 횡압의 발생원인과 저감대책을 설명하시오.
5. 궤도에 작용하는 힘의 종류와 발생원인을 설명하시오.
6. 철도 시스템의 구성요소와 그 설비에 대해 설명하시오.

[3교시] ※ 다음 6문제중 4문제를 선택하여 설명하십시오. (각25점)

1. 곡선구간 건축한계 확대량을 W = 50,000/R로 한 사유를 설명하고, 곡선 반경과 차량과 상관관계를 설명하시오.
2. 고속철도 자갈궤도의 특성과 부설공법을 설명하시오.
3. 지하철의 환경대책에 방재 대책을 제시하고, 지하역(地下驛)의 방재에 대하여 설명하시오.
4. 철도노선 선정과 정거장 입지 선정에 대하여 설명하시오.
5. 경량 전철의 종류를 구분하고 장.단점을 설명하시오.
6. 장대 레일의 성립 이론 및 부설 조건에 대하여 설명하시오.

[4교시] ※ 다음 6문제중 4문제를 선택하여 설명하십시오. (각25점)

1. 궤도부설 공사에서 분기기 구간을 제외한 일반 구간의 장대레일 설정 방법을 설명하시오.
2. 철도의 속도 향상에 대한 제약 요인을 기술하고, 직선의 최고속도에 대한 기술적 한계를 설명하시오.
3. 신선 건설의 새로운 철도 시스템을 실현할 때 기술적으로 검토할 사항을 명시하고 설명하시오.
4. 21세기에 대비한 한국 철도의 발전을 위해 철도인의 사명과 발전 방향을 설명하시오.
5. 고속 철도와 일반철도, 지하철, 버스, 택시, 승용차를 주민이 쉽고 편리하게 환승할 수 있는 방법을 명시하고 설명하시오.
6. 오는 4월 1일 개통되는 경부고속 철도가 기존 철도와 연결운행 될 때 기술적으로 검토할 사항을 명시하고 설명하시오.

▶▶ 제71회 철도 기술사 시험문제 ('03.8.24)

[1교시] ※ 다음 13문제 중 10문제를 선택하여 설명하시오 (각 10점)

1. 이명현상
2. 제3궤도 방식

3. 운전곡선도

4. 유효장

5. MBS(Moving Block System)

6. 자기부상열차

7. 노웨이트(No Wait) 시스템

8. Back Gauge

9. 궤도부담력

10. 궤도계수

11. Tilting Car

12. Free(Variable) Gauge Train

13. A.T.P.

〔2교시〕※ 다음 6문제중 4문제를 선택하여 설명하시오. (각25점)

1. 고속철도와 기존선의 직결 운행시 해결해야 할 기술적 검토과제에 대하여 설명하시오.

2. 방진궤도의 구조 및 진동절연체별 특성 및 효과에 대하여 기술하시오.

3. 우리나라의 경량전철 추진 방향과 문제점에 대하여 기술하시오.

4. 광역철도의 표정속도 향상시(50km/hr)지하철과 비교하여 문제점을 분석하고 대책방안을 기술하시오.

5. 궤도 중심간격에 따라 Scissors(X선 분기) 설치시 문제점에 대하여 설명하시오.

6. 기존선의 연약노반 개량방법에 대하여 기술하시오.

〔3교시〕※ 다음 6문제중 4문제를 선택하여 설명하시오. (각25점)

1. A.G.T.의 특징, 안내방식, 분기방식에 대하여 설명하시오.

2. 도시철도 지하구간에서 대형 8량 편성을 각 1분, 2분, 3분 간격으로 회차 계획하려 한다. 종착역에서 배선계획을 각회차 간 격별로 도시하고 설명하시오.

3. 열차 탈선의 정의와 차량의 탈선계수를 설명하고 탈선의 원인에 대하여 기술하시오.

4. 기존 철도의 속도향상시 궤도 구조강화 방안에 대하여 기술하시오.

5. 고속철도의 미기압파 발생원인과 저감방안에 대하여 기술하시오.

6. 고속철도 역사 및 주변개발에 따른 교통영향 평가절차와 평가항목에 대하여 기술하시오.

〔4교시〕※ 다음 6문제중 4문제를 선택하여 설명하시오. (각25점)

1. 완화곡선이 없을 경우 곡선과 직선에서 소정의 길이를 두고 캔트를 체감해야 하는 이유를 그림을 그리고 설명하시오.

2. 철도터널의 라이닝 표면 보수, 보강공법에 있어서 바탕면 처리방법에 대하여 기술하시오.

3. 국내 도시철도시스템의 안전방재 능력 향상 방안에 대하여 인적/시설/차량/제도개선 분야로 구분하여 설명하시오.

4. 도시철도의 지하역사 승강장 및 본선터널의 화재안전 대책에 있어서 고려되어야 할 사항 또는 항목을 기술하시오.

5. 고속철도의 기상방재 시스템 구성과 강풍, 강우시 열차 안전확보를 위한 운전규제 기준 개선에 대한 견해를 기술하시오.

6. 경부고속철도(양산구간 : 금정산/천성산경유) 노선 쟁점사항에 대한 귀하의 견해를 기술하시오.

▶▶제 69회 철도 기술사시험문제 ('03.3.9)

〔1교시〕※ 다음 13문제 중 10문제를 선택하여 설명하시오 (각 10점)

1. 열차풍과 미기압파

2. 전자식 연동장치

3. 차량 구동방식

4. PSM(Precast Span Method)

5. 완화곡선

6. 견인정수

7. L-상당치

8. 가동 K 크로싱

9. 승차감　　　　　　　　　　　　　　　10. ILM(Incremental Launching Method)

11. TPS(Train Performance Simulation)　　　12. ATP(Automatic Train Protection)

13. 고정축거

〔2교시〕 ※ 다음 6문제 중 4문제를 선택하여 설명하시오 (각 25점)

　　1. 설계표준하중에 대해 설명하시오.

　　2. 선로 종곡선 구간에 주행하는 차량과 종곡선 반경, 수직가속도와의 상관관계를 설명하시오.

　　3. 설정 캔트(Cant)에 대해 설명하고 설정 캔트를 160 mm로 정하는 사유를 설명하시오.

　　4. 신호장과 신호소를 구별하여 설명하시오.

　　5. 경량전철 시스템(System)에 대해 설명하시오.

　　6. 철도 설비에 대해 설명하시오.

〔3교시〕 ※ 다음 6문제 중 4문제를 선택하여 설명하시오 (각 25점)

　　1. 철도구조물을 계획할 때 유의할 사항에 대해 설명하시오.

　　2. 궤도 보수의 기계화에 대하여 설명하시오.

　　3. 열차 저항의 종류를 기술하고 설명하시오.

　　4. 도시철도의 차량기지를 계획할 때 유의할 사항을 설명하시오.

　　5. 장대레일 축력(軸力)과 신축(伸縮)에 대해 설명하시오.

　　6. 철도와 철도인의 사명에 대해 기술하고 설명하시오.

〔4교시〕 ※ 다음 6문제 중 4문제를 선택하여 설명하시오 (각 25점)

　　1. 단선철도의 수송능력을 증강하여야 하는데 재원 형편상 단계별로 개량하고자 한다. 단계별 개량 방안을 설명하시오.

　　2. 대구지하철 화재사고 예방에 대해 설명하시오.

　　3. 대도시 철도 정거장을 중심으로 교통 종합터미널을 시설하고 역세권을 개발하고자 한다. 계획 및 시행 절차와 기술적으로
　　　검토할 사항을 설명하시오.

　　4. 철도 화물역을 근대화하기 위해 화물기지를 건설하려고 한다. 계획 및 시행 절차와 기술적으로 검토할 사항을 설명하시오.

　　5. 철도 소음 및 진동의 원인과 저감 대책에 대하여 설명하시오.

　　6. 전식에 대해 논하고 방지대책을 설명하시오.

▶▶ 제 68회 철도 기술사 시험문제 ('02.8.25)

〔1교시〕 ※ 다음 13문제 중 10문제를 선택하여 설명하시오 (각 10점)

　　1. 건축한계　　　　　　　　　　　　　　2. 도상계수

　　3. 융설설비 및 방설설비　　　　　　　　4. 레일 쉐링

　　5. B.O.T (Build-Operation-Transfer)방식　　6. 슬랙 (Slack or Widening of Gauge)

　　7. C.B.T.C (Communication Based Train Control)　　8. P.C.L (Pre-cast Con'c Lining)

　　9. 설계기준강도와 배합강도　　　　　　　10. Approach Black

　　11. A.G.T (Automated Guideway Transit)　　12. 강화노반

　　13. 제3레일 급전방식 (제3궤조 방식)

〔2교시〕 ※ 다음 6문제 중 4문제를 선택하여 설명하시오 (각 25점)

1. 철도의 열차운전과 도로의 자동차 운전의 차이점을 설명하고, 열차의 안전한 운행을 위하여 철도에서 구비하고 있는 설비의 종류와 기능을 논술하시오.

2. 분니의 유발요소 및 예방 또는 보강대책에 대하여 설명하시오.

3. 철도의 평균 노반압력을 구하는 과정을 기술하시오.

4. 열차 운행선상에서의 선로하부 횡단굴착공법의 종류 및 각 공법의 장단점에 대하여 설명하시오.

5. 건설교통부에서 건설공사의 설계도서 작성 기준을 제정하여 운영하고 있다. 본 기준에서 제시하고 있는 철도공사 설계용역의 기본 설계시 수행하여야 할 업무를 단계별로 나누어 설명하시오.

6. 콘크리트 침목(또는 PC침목)의 레일 좌면이 도시철도의 경우 1/20의 기울기, 철도의 경우 1/40의 기울기로 내측으로 경사지어져 있다. 이 경사를 두어야 하는 이유를 상세히 설명하시오.

〔3교시〕 ※ 다음 6문제 중 4문제를 선택하여 설명하시오 (각 25점)

1. 철도설계기준 (철도교편)에서 하중의 종류를 주하중 (P), 부하중 (S), 주하중에 상당하는 특수하중(PP), 부하중에 상당하는 특수하중(PA)으로 분류하여 하중의 종류를 정의하고 있다. 각 분류별 하중의 종류를 열거하고, 간략히 설명하시오.

2. 철도청에서는 1999년 철도공사 전문 시방서를 제정하였다. 이 시방서에서 규정하고 있는 토공사 시공계획서를 작성할 때 구비하여야 할 사항들을 열거하고 각 사항별로 시공시 자신의 경험을 서술하시오.

3. 보선작업의 기계화 필요성 및 주요 보선장비를 보수용 장비와 점검용 장비로 구분하여 각각의 용도에 대하여 설명하시오.

4. 캔트의 정의 및 캔트의 체감방법에 대하여 설명하시오.

5. 열차 운행시 철도에서 발생되는 소음 및 진동의 종류를 들고 저감방안에 대하여 설명하시오.

6. 최근 선진국 철도의 경우 차량의 유지관리와 선로의 보선분야가 서로 협력하여 유지관리 기술을 향상시키기 위하여 차륜과 레일의 접촉부에서의 상호작용에 대한 연구가 많이 진행되고 있다. 차륜과 레일의 접촉면의 형상을 그리고, 차륜과 레일간의 상호 작용에 대하여 설명하시오.

〔4교시〕 ※ 다음 6문제 중 4문제를 선택하여 설명하시오 (각 25점)

1. 선로의 상태를 정확히 조사 파악하여 선로관리 및 보수의 합리화를 기함으로서 열차 안전운행을 확보하기 위하여 철도청의 훈령으로 선로점검 규정이 제정되어 시행되고 있다. 선로점검 규정에서 규정하고 있는 선로점검의 종류를 열거하고, 종류별 점검사항에 대하여 자신의 경험을 서술하시오.

2. 고속철도용의 KTX 차량이 국내에서 생산되기 시작하고 있다. 향후 국내생산이 가능할 경우 고속철도 차량이 지속적으로 발전될 것으로 예상되며, 동북아 물류 수송과 관련하여 아시아 횡단철도의 건설추진 등 국제철도로 발전될 것이며, 이와 관련하여 철도의 국제 경쟁력이 요구되고 있다. 또한 최근 들어 기존선로의 개량사항이 증대되면서, 구간별로 신설구간이 증가하고 있다. 이런 상황에서 개량사업의 선형 개량구간과 신설구간의 노선선정 및 선형 설계시 고려해야 할 사항에 대하여 설명하시오.

3. 분기기구간에서의 속도향상 방안에 대하여 설명하시오.

4. 남북철도 연결의 필요성과 사업 추진시 기술적인 문제점에 대하여 설명하시오.

5. 지하철에서 우려되는 재해 종류를 들고 예방대책에 대하여 설명하시오.

6. 운행선 인접 철도공사 현장의 안전사고의 유형별 안전관리 방안에 대하여 귀하의 의견을 기술하시오.

〔1교시〕 ※ 다음 13문제 중 10문제를 선택하여 설명하시오 (각 10점)

1. CTC
2. ATO
3. ATC
4. TPS
5. 곡선보정
6. 유효장
7. 표정속도
8. 사구간 (Dead Section)
9. 안전측선
10. 과주거리
11. 전식
12. ATP
13. 환산구배

〔2교시〕 ※ 다음 6문제 중 4문제를 선택하여 설명하시오 (각 25점)

1. 평면곡선에서 열차 주행속도와 캔트(Cant)와의 상관관계를 설명하고 최대캔트 160mm를 기준하여 최속곡선반경 크기를 정한 사유를 설명하시오.
2. 선로 종곡선 구간에 열차가 주행할 때 종곡선과 수직 가속도와의 상관관계를 설명하고, 종곡선 반경 크기를 정한 사유를 설명하시오.
3. 복심곡선에 대하여 설명하시오.
4. 선로 평면곡선에서 슬랙(Slack)을 설명하고 슬랙의 최대한도를 30mm로 제한한 사유를 설명하시오.
5. 철도 선로의 부담력과 설계표준하중을 설명하시오.
6. 완화곡선에 대하여 설명하시오.

〔3교시〕 ※ 다음 6문제 중 4문제를 선택하여 설명하시오 (각 25점)

1. 장대레일의 원리를 설명하고 부설조건을 설명하시오.
2. 궤도구조에 대하여 설명하고 자갈도상과 콘크리트 도상의 장단점을 비교 설명하시오.
3. 철도설비에 대하여 설명하시오.
4. 철도 소음, 진동의 원인과 대책에 대하여 설명하시오.
5. 도시철도와 일반철도의 노선 선정시 유의사항을 설명하시오.
6. 차량기지 위치선정 요건과 일반 시설 및 설비에 대하여 설명하시오.

〔4교시〕 ※ 다음 6문제 중 4문제를 선택하여 설명하시오 (각 25점)

1. 신설철도를 건설 계획할 때 시스템(System) 설정시 검토해야 할 기본 요건을 시스템별로 설명하시오.
2. 철도 수송능력의 개요와 수송능력 증강방안에 대하여 설명하시오.
3. 지하철과 일반철도, 고속철도 등 철도 이용객이 편리하게 쉽게 서로 승환할 수 있는 교통종합터미널을 시설하도록 정거장을 시설하려고 한다. 고려할 사항을 설명하고 타 교통수단과 승환 방안을 설명하시오.
4. 신설철도를 건설하기 위하여 실시설계를 할 때 과업수행 절차를 설명하시오.
5. 고속철도와 기존철도를 연결 운행할 경우 문제점과 대책을 설명하시오.
6. 지하철, 일반철도, 고속철도 등 BOT (Build Operated Transfer) 방식으로 건설할 경우 컨소시움(Consortium) 구성방안과 시행요령을 설명하시오.

▶▶제 66회 철도 기술사 시험문제 ('02.2.24)

[1교시] 13문중 10문 선택(각 10점)

1. 궤도검측차
2. 도상매트(Ballast mat)
3. 상대식 승강장
4. 균형속도
5 점착 철도
6. KTX(한국고속철도)
7. 궤간 가변열차(gage change train)
8. 선로
9. 고정 축거
10. 차장률
11. 피암 터널
12. 절대신호
13. 슬래브 궤도

[2교시] ※ 다음 7 문제 중 4 문제를 선택하여 설명하시오(각 25점)

1. 신교통 시스템의 정의와 종류를 아는 대로 설명하시오
2. 철도의 시설정비와 열차운영을 분리하여 경영하는 시책, 경영 민영화에 대하여 기하의 의견을 기술하시오
3. 철도청(또는 지하철)에서 시행하고 있는 현재의 선로보수체제에 대하여 논하시오
4. 기존선의 전철화에 따른 터널방수공법에 대하여 아는 바를 기술하시오
5. 철도시설의 개량을 분류하고 그 내용(사업)을 설명하시오
6. 도시에 있어서 지하철공사가 일반의 도시토목공사와 다른 점에 대하여 기술하시오
7. 열차저항에 대하여 상세히 기술하시오

[3교시] ※ 다음 7 문제 중 4 문제를 선택하여 설명하시오(각 25점)

1. 도시에 있어서 지하철도와 고가철도의 장단점을 비교하시오
2. 입체교차에 의한 효과를 철도 쪽과 도로 쪽으로 나누어 기술하시오
3. 자갈도상과 콘크리트도상의 장단점을 비교하시오
4. 철도의 설비에 대하여 설명하시오
5. 철도와 도로교통을 교통사고 및 환경측면에서 비교하여 설명하시오
6. 역의 기능을 운영특성에 따라 분류하고 시설계획이 어떻게 다른지 설명하시오
7. 한강을 횡단하는 하저에 철도터널 설계를 계획할 때 중점 검토사항에 대하여 설명하시오

[4교시] ※ 다음 문제 6 중 4 문제를 선택하여 설명하시오(각 25점)

1. 남북 간 및 대륙 간 연계철도망을 구축할 경우에 예상되는 간선철도망의 구축방안과 운영상 예측되는 기술적 문제점과 해결방안을 설명하시오
2. 철도의 궤간이 다른 두 선로에서 직결되어 연계 수송하는 방안에 대하여 설명하시오
3. 곡선구간 선로의 건축한계 및 선로중심간격을 어떻게 정하며 지하구간(가운데 기둥이 있는 함형 구간)과 지상선로의 경우를 비교하여 설명하시오
4. 지구 온난화에 따른 기상이변으로 기온상승 및 집중호우 현상이 자주 발생할 경우에 대하여 선로 유지관리상 예상 문제점과 해결방안을 설명하시오
5. 철도건설 시 일반 간선철도는 지상철도로, 도시철도는 지하철도로 많이 건설하는데 그 사유와 지상 및 지하 철도의 건설과 운영에 대하여 설명하시오
6. 두 선로가 분기하는 역 부근에서 두 선로를 직결하는 삼각선을 건설하는데 그 사유와 복선철도에서 삼각선 최적 배선방식

에 대하여 설명하시오

▶▶제65회 철도 기술사 시험문제 ('01.9.9)

[1교시] ※ 다음 13 문제 중 10 문제를 선택하여 설명하시오. (각 10점)

1. 안전 측선
2. 유효장
3. 제동거리
4. TKR
5. 최소 운전시격
6. 차륜의 공전(slip)
7. 설정 캔트
8. 사구간(dead section)
9. 궤도의 구비조건
10. PSD
11 표준 활하중
12 차륜의 주행각(attack angle)
13. 궤도의 구비조건
14. 차륜 답면 형상(wheel profile)

[2교시] ※ 다음 6 문제 중 4 문제를 선택하여 설명하시오. (각 25점)

1. 도시철도 차량기지 설비의 특징을 논하시오.
2. LIM에 대해서 설명하고 신교통 시스템 적용(도입) 방법에 대해 기술하시오.
3. 궤도에 작용하는 힘에 대해서, 또한 궤도에 작용하는 힘과 열차 탈선과의 관계에 대해 기술하시오.
4. 여객용 정거장의 기능, 설비에 대해 설명하시오.
5. 철도 구배를 분류하고 설명하시오.
6. 곡선구간에 PSC빔 교량 설계시 슬래브, 빔 배치, 슈 위치 설치의 고려사항에 대하여 쓰시오.

[3교시] ※ 다음 6 문제 중 4 문제를 선택하여 설명하시오. (각 25점)

1. 건축한계 여유 폭 $W=50,000/R$ 이다. 공식을 유도하시오.
2. 복선구간 선로의 시공기면은 국유철도 1급선은 4 m로 정하고 있다. 그 이유에 대해 설명하시오.
3. 장대교량에 장대레일 설계시 고려사항, 또한 고속철도에서 최적 경간장과 그 이유에 대해 설명하시오.
4. 철도터널 단면형태 결정시 고려사항에 관해 기술하시오.
5. 평면곡선과 기울기구간 경합개소에 열차주행시 횡가속도가 증가 발생하므로 이에 대응토록 캔트를 설정하는데 설정치와 그 이유에 대해 설명하시오.
6. 곡선간 직선 삽입 이유와 선로등2급에 따라 직선길이가 다른 이유에 대해 설명하시오.

[4교시] ※ 다음 6 문제 중 4 문제를 선택하여 설명하시오. (각 25점)

1. 남북철도 연결사업에 대한 과제와 TKR과 TSR과 연계관계에 대해 기술하시오.
2. 신도시와 기존 대도시간 도시철도와 도시고속도로의 비교, 위 도시간 도시철도 노선 계획시 고려사항에 대해 기술하시오.
3. 개착박스의 1안과 터널 2안의 비교와(종단면도 주어짐, 토피, 구배, 횡단시설 등) 귀하가 판단하여 적합하다고 생각되는 안과 그 이유에 대해 설명하시오.
4. 경전철(모노레일 제외)의 차륜등 구동방식, 분기기, 속도 설정 등을 비교 하시오.
5. PC침목 제작시 침목하단(저면)에 기울기를 1/20과 1/40으로 안쪽으로 두고 있는데 그 이유를 설명하시오.
6. 통근 전철, 여객열차, 화물열차가 동시에 운행되는 복선선로의 곡선부에 민원으로 통근용 전철 정거장을 설치할 때 배선과 캔트 설정에 대해 설명하시오

▶▶제 64회 철도 기술사시험문제 ('01.6.24)

[1교시] ※ 다음 13 문제 중 10 문제를 선택하여 설명하시오. (각 10점)

1. 폐색 구간
2. 백 게이지
3. LIM(linear induction motor)
4. 원활 체감
5. 열차저항
6. 견인정수
7. 복진
8. 운전선도
9. 완화곡선
10. 탄성체결구
11. 동상
12. TTC
13. 도상 압력

[2교시] ※ 다음 6 문제 중 4 문제를 선택하여 설명하시오. (각 25점)

1. 해안 매립지역에 차량기지 건설시 고려사항
2. 노반의 분니현상 원인 및 대책
3. 도시철도 배선 계획시 고려사항
4. 도시철도에서 완행, 급행 혼용 운영시 고려사항
5. 대도시 도시철도에서 통근수송의 문제점과 대책
6. 화물수송의 근대화 방안과 거점 화물역

[3교시] ※ 다음 6 문제 중 4 문제를 선택하여 설명하시오. (각 25점)

1. 기존선에 추가하여 도시철도 건설 계획시 노선선정시 고려사항
2. 도시철도 소음.진동의 원인 및 대책
3. 도시철도 전식발생 원인 및 대책
4. 철도 노반에 있어 그 역할과 구비조건. 특히 강화노반에 대해서
5. 철도 화물수송의 근대화 방안과 거점화물역의 역할
6. 건설공사에 있어 부실공사 방지를 위한 대책

[4교시] ※ 다음 6 문제 중 4 문제를 선택하여 설명하시오. (각 25점)

1. 틸팅카에 대해서 아는대로 쓰시오
2. 신교통 시스템에 대해 쓰시오
3. 대도시 인근 여객역과 화차조차장의 현대화 방안
4. 기존선 speed-up시 궤도강화 대책
5. 궤도에 작용하는 각종 힘과 원인
6. 신설 도시철도 건설시 수송수요 예측 단계(4단계)에 대해 쓰시오
7. 경제성장에 따른 대도시 여객역이 갖추어야 할 조건

▶▶제63회 철도 기술사 시험문제 ('01.3.11)

〔1교시〕 ※ 다음 13문제 중 10문제를 택하여 답하시오(각10점).

1. 이론캔트(평형캔트)와 설정캔트
2. 제3Sector 철도
3. L.R.V
4. 미니 지하철
5. ECOTRACK
6. D.T.S
7. 연락정거장
8. 궤도계수
9. P.S.M 공법
10. S.D.A공법
11. 허용응력설계법
12. A.G.T
13. 제한교각

〔2교시〕 ※ 다음 6문제 중 4문제를 택하여 답하시오.(각 25점)

1. 2000.8.22 국유철도 건설규칙을 개정하였다. 개정의 의의와 주요내용을 쓰시오
2. 고속철도 건설을 위한 교량 설계시 유의사항을 쓰시오.
3. H.S.S.T에 대하여 아는 바를 쓰시오
4. 국철에서 슬랙의 최대치수를 30mm 조정치 S′를 0~15mm로 한 이유를 쓰시오
5. 궤도에서 캔트 및 슬랙을 설명하고 각각의 설치 방법을 쓰시오
6. 궤도에 작용하는 힘과 그 응답의 측정방법을 쓰시오

〔3교시〕 ※ 다음 6문제 중 4문제를 택하여 답하시오.(각25점)

1. 국유철도 건설규칙 (2000.8.22개정) 기준에 의한 1급선과 경부 고속철도 건설에 적용되고 있는 설계기준을 주요 항목별로 비교 설명하시오
2. 제4차 국토 종합계획 중 남북통일을 대비한 접경지역의 철도 복원계획과 관련 역사성과 생태계 보전 차원에서 고려되어야 할 사항을 기술하시오
3. 도시철도의 특성 및 선로 계획시 유의하여야 할 사항을 쓰시오
4. 21세기 철도기술의 개발과제에 대하여 쓰시오
5. 차량기지 계획시 고려사항 및 제반 시설물 계획을 쓰시오
6. 궤도에서 구성 재료의 역할과 궤도재료가 구비해야할 조건을 쓰시오

〔4교시〕 ※ 다음 6문제 중 4문제를 택하여 답하시오.(각25점)

1. 철도 구조물 선정시 고려사항과 구조형식 선정에 유의할 사항을 쓰시오
2. 도시철도 건설계획 및 행정절차에 대하여 쓰시오
3. 경량전철의 특징, 장점을 선로 구축물 분야에서 약술하고 중요항목별 설계기준을 비교 설명하시오
4. 철도 콘크리트 교량의 유지관리 방안을 쓰시오
5. 기존선 철도와 고속철도 혼용 운영에 대한 문제점 및 대책을 쓰시오
6. 20 km 정도의 장대터널 계획시 설계, 시공성 유의해야 할 사항을 쓰시오

▶▶제 62회 철도 기술사 시험문제 ('00.9.1/7)

[1교시] ※ 다음 13문제 중 10문제를 택하여 답하시오.(각10점)

1. 표준하중
2. 파정
3. Y선
4. TSR(Trans Siberian Railway)
5. Vibro Compser 공법
6. 궤도회로
7. 제한구배
8. 곡선저항
9. L-상당치
10. 안전측선
11. 차량한계
12. 콘크리트 중성화 (Carbonation)
13. 2중 탄성체결

[2교시] ※ 다음 6문제 중 4문제를 택하여 답하시오. (각 25점)

1. 남북간 경의선 철도를 연결하는데 검토하여야 할 사항을 제시하고 중요 검토사항에 대한 귀하의 의견을 쓰시오
2. 앞으로 건설될 서울시 도시철도 9호선과 인천 국제공항 철도와의 연계방안에 대한 귀하의 의견을 제시하시오
3. 지하철 건설공법 결정시 유의사항을 설명하시오
4. 경의선 철도 여결사업을 1년내에 완공할 계획이고 국경역으로 공동역 또는 별도역을 설치할 계획이라고 하는데, 국경역 설치 및 운영방안과 그에 따른 장단점을 분석하고 귀하의 의견을 제시하시오
5. 정차장 계획 및 배선에 대하여 설명하시오
6. 복진에 대하여 논하고 그 방지대책을 설명하시오

[3교시] ※ 다음 6문제 중 4문제를 택하여 답하시오. (각 25점)

1. 모노레일에 대하여 설명하시오
2. 서울시 제3기 지하철 9호선 건설계획과 관련하여 설계상 중점적으로 고려할 사항에 대하여 설명하시오
3. 남북 철도 연결사업의 기대효과와 장기적인 측면에서 남북철도 연결사업이 기존 철도망에 미치는 영향을 검토하고 그 대책을 설명하시오
4. 도심지 터널공사의 NATM 시공에 대하여 설명하시오
5. 도시철도 공사시 발생되는 안전사고 원인과 방지대책에 대하여 설명하시오
6. 국내 철도화물을 궤간이 다른 TSR을 이용하여 유럽으로 수송하고자 할 경우 수송방법에 대하여 설명하시오

[4교시] ※ 다음 6문제 중 4문제를 택하여 답하시오. (각 25점)

1. 철도의 소음 · 진동방지 대책에 대하여 설명하시오
2. 철도 횡단 지하도를 건설하는 경우 각종 공법과 장단점에 대하여 설명하시오
3. 서울시가 발표한 제3기 지하철 9호선 건설계획과 관련하여 연계수송 체계 검토 및 건설기간중 교통처리 대책에 대하여 설명하시오
4. 지하차도에서 완행열차와 급행열차의 혼용 운행시 고려해야할 사항을 설명하시오
5. 곡선부의 레일을 장대화하는데 대한 곡선부 진동상황, 문제점 및 시행방법 등을 설명하시오
6. 해수 환경에 노출된 철근 콘크리트 구조물의 내구성과 염해 대책에 대하여 설명하시오

▶▶제 60회 철도 기술사 시험문제 ('00.3.5)

[1교시] ※ 다음 13문제 중 10문제를 택하여 답하시오.(각10점)

1. ATO
2. 표정속도
3. 유효장
4. 곡선보정
5. 가동 K 크로싱
6. TPS
7. 슬랙
8. FCM
9. ATP
10. ILM
11. MSS
12. ATC
13. Hump

[2교시] ※ 다음 6문제 중 4문제를 택하여 답하시오. (각 25점)

1. 철도에서 설정캔트를 왜 160 mm로 하였는지 설명하시오
2. 평면곡선에서 열차 주행속도와 캔트와의 상관관계를 설명하고, 최소곡선 반경 설정에 대하여 설명하시오
3. 종곡선 구간에서 열차 주행속도와 종곡선 반경, 수직 가속도와의 상관관계를 설명하고, 종곡선 반경 설정에 대해 설명하시오
4. 철도공사 전문시방서 (토목편, '99. 철도청) "3.5 흙쌓기 작업 중의 배수" 제2항 "흙쌓기 면의 배수를 좋게 하기 위해서는 2% 이상의 가로 기울기를 두되 흙쌓기 재료는 다지지 않은 채 방치하여서는 않 된다"라고 규정하고 있다. 복선의 상부노반 흙 쌓기가 아래와 같이 완료되었을 때 시공 기면을 어떻게 설정하는 것이 좋은지 설명하시오
5. 기존철도의 운용효율을 증대하고, 간선철도의 능력을 극대화하려면 어떻게 계획, 조사, 설계, 건설하는지 설명하시오
6. 최근 대구지하철 사고로 건설안전 문제에 대해 논란이 되고 있다. 왜 아직도 이러한 사고가 발생하는지 ? 귀하가 생각하고 있는 원인과 예방책을 쓰시오

[3교시] ※ 다음 6문제 중 "1번" 문제는 필수로 설명하고 나머지 5문중 3문제를 선택하여 설명하시오. (각 25점)

1. 철도설비에 대하여 설명하시오
2. 장대레일 이론과 부설 조건을 설명하시오
3. 철도 시설 보안장치에 대해 설명하시오
4. 철도 건설과 지하철 건설사업을 타당성 조사, 기본설계, 실시설계, 공사시공, 준공 등의 절차를 따라 추진하고 있는데, 최근 정부에서는 기본계획 조사제도를 도입하기로 하였다. 왜 도입하게 되었는지? 그 사유와 기본 계획조사를 어떻게 시행하여야 하는지 설명하시오
5. 건설교통부는 "99년.12. 기간 교통망 계획"을 수립 시행할 예정이다. 동 계획에서 분석하고 있는 우리나라 철도의 문제점에 대하여 논하시오
6. 최근 경춘선, 장항선 등 복선 전철과 사업이 활발히 추진 중이다. 전철화의 특징에 대하여 설명하시오

[4교시] ※ 다음 6문제 중 "1번"문제는 필수로 설명하고 나머지 5문중 3문제를 선택하여 설명하시오. (각 25점)

1. 철도 수송능력 개요와 수송능력 증강방안을 설명하시오
2. 21세기 철도의 미래와 철도의 발전방향을 설명하시오
3. 정거장 설비에 대해 설명하시오
4. 철도 소음 · 진동의 발생원인과 저감방안에 대하여 설명하시오
5. 몇 년 후면 우리나라 고속철도를 운행할 예정으로 시험 운행 중에 있다. 기존 철도와 연계하여 운용을 극대화하기 위하여

어떻게 활용하는 것이 좋은지 그 방안을 설명하시오

6. 도로교와 철도교를 비교할 때 철도교에서만 고려하여야 하는 하중의 종류는 무엇이며, 각 하중에 대하여 간략히 설명하시오

▶▶ 제 59회 철도 기술사 시험문제 ('99.8.29)

[1교시] ※ 다음 6문제 중 5문제를 택하여 답하시오.(각20점)

1. 델타선과 루프선 (Delta and Loop Track) 2. 피기백 (Piggy Back)

3. COMTRAC(Computer Aided Traffic control System)

4. BIP System (Borehole Image Processing System)

5. 노선용량 6. 틸팅카(Tilting)

[2교시] ※ 다음 문제 중 1번 문제는 필수, 2~4번 문제 중 2문제를 선택하여 답하시오.

1. 철도의 여러 가지 자동제어 장치에 대하여 아는 바를 쓰시오 (40점)

2. 서울~부산간 고속철도의 선로기준에 대하여 설명하시오 (30점)

3. 궤도구조에 대하여 많은 연구를 하고 있다. 궤도의 요소별 개발경향을 기술하고 최신 궤도의 예를 한가지 들어보시오 (30점)

4. 국유철도 건설규칙 개정의 필요성에 대하여 쓰시오 (30점)

[3교시] ※ 다음 문제 중 1번 문제는 필수, 2~4번 문제 중 2문제를 선택하여 답하시오.

1. 철도 100년이 되었다. 우리나라 철도 발전사를 약술하고 앞으로 철도의 역할에 대하여 쓰시오(40점)

2. 지하철에서의 방재 대책에 대하여 기술하시오 (30점)

3. 자기부상 철도에 관하여 쓰시오 (30점)

4. 분기기의 고속화 대책에 대하여 설명하시오 (30점)

[4교시] ※ 다음 문제 중 1번 문제는 필수, 2~4번 문제 중 2문제를 선택하여 답하시오.

1. 21세기 국가철도망 구축 기본계획 수립의 배경과 목적에 대하여 쓰시오 (40점)

2. 전기철도의 사구간 설정의 필요성과 설정기준에 대하여 아는바를 쓰시오 (30점)

3. 기존선의 속도향상을 위한 궤도구조 개선대책에 대하여 설명하시오 (30점)

4. 신 교통 시스템의 정의와 그 특징을 설명하시오 (30점)

▶▶ 제 58회 철도 기술사 시험문제 ('99.6)

[1교시] ※ 다음 6문제 중 5문제를 택하여 답하시오.(각20점)

1. 선로용량 2. 틸팅카

3. COMTRAC 4. 피기백 (Piggyback)

5. 델타선과 루프선

[2교시]

1. 고속철도 선로기준

2. 궤도구조의 발전방향 및 사례

3. 열차제어장치

〔3교시〕

1. 철도 100년사 및 철도역할

2. 지하철의 방재대책

3. 분기부의 속도향상 방안

4. 자기부상열차

〔4교시〕

1. 21세기 국가철도망 구축 기본계획 수립의 배경 및 목적

2. 전기철도 사구간 설정 필요성과 설정기준

3. 기존선의 속도향상을 위한 궤도구조 개선대책

4. 신교통시스템의 정의와 그 특징

▶▶제57회 철도 기술사 시험문제 ('99.4.25)

〔1교시〕 ※ 다음 5문제 중 1번 문제는 반드시 답하고, 2~5번 문제중 2문제를 택하여 답하시오.

1. 다음 사항을 간단히 설명하시오 (40점)

가. 견인정수 　　　　　　　　　나. 종곡선

다. 궤도회로 　　　　　　　　　라. 차량한계와 건축한계

마. 안전측선 　　　　　　　　　바. 궤간

사. 궤도중심간격 　　　　　　　아. 동력집중방식 및 동력 분산장치

자. 궤도 검측차 　　　　　　　　차. 전식(電蝕)

2. 선로의 분기기를 도시하고 설명하시오 (30점)

3. 장대레일 부설의 제한조건 (선로조건 및 궤도조건)에 관하여 설명하시오 (30점)

4. 열차저항에 관하여 설명하시오 (30점)

5. 선로의 종단구배에 관하여 설명하시오 (30점)

〔2교시〕 ※ 다음 6문제 중 1번 문제는 반드시 답하고, 2~6번 문제 중 2문제를 선택하여 답하시오.

1. 철도 수송수요에 영향을 주는 요인과 수송량 추정의 기법에 관하여 쓰시오 (40점)

2. 열차 주행의 한계 최고속도에 관하여 쓰시오 (30점)

3. 경부 고속철도 건설은 우리나라 철도사상 선진기술도입의 대사업인데 이것이 국가 경쟁력 강화에 어떤 효과가 기대되는지 아는대로 쓰시오 (30점)

4. 하천을 횡단하는 철도교량의 경간 분할에 관하여 쓰시오 (30점)

5. 레일훼손 및 마모에 대하여 기술하고 그 대책에 대하여 쓰시오 (30점)

6. 도시철도 차량기지의 위치 선정과 설비에 대하여 쓰시오 (30점)

〔3교시〕 ※ 다음 6문제 중 1번 문제는 반드시 답하고, 2~6번 문제 중 2문제를 선택하여 답하시오.

1. 기존철도의 수송력을 증강시킬 수 있는 방안에 대하여 상술하시오 (40점)

2. 철도 구조물의 설계에 적용하는 설계하중에 관하여 쓰시오 (30점)

3. 차량 주행의 점착 주행방식과 부상 주행방식에 관하여 쓰시오 (30점)

4. 복진 및 그 방지 장치에 대하여 쓰시오 (30점)

5. 도심에 있어서 지하철 신규노선의 계획 및 건설 시 고려해야할 주요사항을 쓰시오 (30점)

6. 신교통(경량전철) 시스템에 대하여 쓰시오 (30점)

[4교시] ※ 다음 6문제 중 1번 문제는 반드시 답하고, 2~6번 문제 중 2문제를 선택하여 답하시오.

1. 철도구조물(교량, 터널, 토공 등)의 설계에 있어서 환경보전을 위하여 진동 및 소음대책에 대하여 상술하시오 (40점)

2. 철도 화물수송의 근대화에 대하여 쓰시오 (30점)

3. 새로운 여객취급 시설로서의 철도역의 기본구상과 서비스 향상 및 대책에 대하여 쓰시오 (30점)

4. 철도궤도에서 분니(噴泥)의 원인과 철도노반에 미치는 영향 및 대책에 대하여 쓰시오 (30점)

5. 철도의 선로용량에 관하여 기술하고, 단선철도 선로용량 산출의 간단한 방법을 쓰시오 (30점)

6. 현행 보선작업에 있어서 개선해야 할 사항에 대하여 기술하시오 (30점)

▶▶ 제 56회 철도 기술사시험문제 ('98.9.20)

[1교시] ※ 다음 5문제 중 1번 및 5번 문제는 필수, 2~4번 문제중 1문제를 택하여 답하시오.

1. 철도가 타 교통수단과 비교하여 사회적으로 어떻게 공헌하는지 다음 사항에 대하여 설명하시오 (30점) : "에너지, 국토공간의 활용성, 인력과 시간, 교통사고, 환경성"

2. 궤도의 도상에 대하여 설명하시오 (20점)

3. 궤도 파괴이론에 대하여 설명하시오 (20점)

4. 선로의 부담력에 대하여 설명하시오 (20점)

5. 다음 용어 13개 문항 중 10개 문항에 대하여 간단히 설명하시오 (50점)

1) A.P.T(Automatic Train Portection)
2) 틸팅열차(Tilting Train)
3) A.G.T(Automated Guideway Transit)
4) 시공기면
5) 허용 신호기
6) 계전 연동장치
7) 제동곡선
8) 선로 이용율
9) 복진
10) 대향 및 배향 분기기
11) 피난측선
12) 터널의 미기압파
13) 라이드 시스템(Ride System)

[2교시] ※ 다음 5문제 중 1번 문제는 필수, 2~6번 문제 중 3문제를 선택하여 답하시오.

1. 태백산맥을 횡단하여 동해안 강릉지역으로 연결하는 철도를 계획할 때 선형 등 시설계획상 중점 검토할 사항을 설명하시오 (25점)

   "참고 : 태백산맥의 영서와 영동간 지반 고차 = 약 500m임"

2. 철도 터널의 내공단면 결정시 어떤 사항이 중점 검토되어야 하는지 설명하시오 (25점)

3. 분기부의 구조 및 종류와 열차의 통과속도 제한 사유 및 이의 개선 방안에 대하여 쓰시오 (25점)

4. 보선 작업 현황 및 문제점과 향후 개선방안에 대하여 설명하시오 (25점)

5. 산악지 협곡을 통과하는 교량을 계획할 때 책임기술자의 입장에서 교량 형식의 선정에 대하여 비교 논하시오. 단, 협곡의 폭 = 150m정도, 높이 = 50m임 (25점)

6. 신호보안장치의 필요성과 보안장치를 종류별로 설명하시오 (25점)

[3교시] ※ 다음 6문제 중 1번 문제는 필수, 2~6번 문제 중 3문제를 선택하여 답하시오 (각 25점)

1. 경부선과 호남선을 동서로 연결하는 간선철도를 건설하려 할 때 철도건설 기준은 어떤 수준으로 하여야 하며, 그 사유를 설명하시오

2. 정거장의 선로 종류를 들고 종류별로 기능을 설명하시오

3. 궤도 중심간격의 의미와 중심 간격 결정시 검토하여야 할 사항에 대하여 설명하시오

4. 철도의 견인 동력차에 대하여 다음사항을 비교 설명하시오 : - 동력 방식별, - 동력 집중식 및 동력 분산식

5. 철도 선형에서 곡선 및 구배와 열차속도의 상관관계에 대하여 설명하시오

6. 선로 절체 작업의 종류와 선로 절체 계획상의 주의사항에 대하여 설명하시오

[4교시] ※ 다음 6문제 중 1번 및 2번 문제는 필수, 3~6번 문제 중 2문제를 선택하여 답하시오

1. 차량한계 및 건축한계와 곡선부 편기에 대하여 설명하고, 지하구조물 등 노반 구조물 설계와의 상관관계를 설명하시오 (30점)

2. 열차의 속도 향상에서 얻어지는 효과와 기술적 제약요인에 대하여 설명하시오(30점)

3. 보선작업에 사용되는 보선 장비의 종류와 그 기능에 대하여 설명하시오(20점)

4. 기존선 개량을 위하여 운행선에 근접하여 공사를 시행할 때 공사 시행계획과 중점 관리사항에 대하여 설명하시오(20점)

5. 선진화된 화차 조차장의 종류를 들고 상세히 설명하시오(20점)

6. 고속철도의 차량기지 기능과 위치선정 및 선군별 기능에 대하여 설명하시오(20점)

▶▶ 제55회 철도 기술사 시험문제 ('98)

[1교시] ※ 다음 5문제 중 1번 및 5번 문제는 필수, 2~4번 문제중 2문제를 선택하여 답하시오.

1. 건축한계, 차량한계, 구축한계	2. 리니어모터
3. 가드레일	4. 임피던스 본드
5. 경제분석에서 RIE, RIO에 대해 써라	6. 분기기 동결방지
7. 분기기 정의, 구성	8. 곡선구배
9. 곡선보정	10. 절연방법
11. 구동장치	

[2교시]

1. 철도 종단선형의 의의, 열차운행관계, 선정시 유의사항

2. 급곡선 장대레일 부설, 관리요령

3. 정거장 배선시 유의사항

4. 진동, 소음대책, 차음대책

5. 교량검사시 검사항목 (교량 종류별로)

〔3교시〕

　　1. 신선 건설시 수송량 산정방법

　　2. 곡선에서 속도제한 사유 (4가지)

　　3. 차량기지 정의, 입지조건 및 설비

　　4. 철도 시설물의 재해방지 시스템 (종합안전시스템)

　　5. 분당선의 차내 소음대책

〔4교시〕

　　1. 도시철도로서 갖추어야 할 조건

　　2. 레일(종류, 구비조건, 성분 및 물리적 성질, 제조법, 용접, 검사 및 관리요령)

　　3. 자동화된 화물조차장

　　4. 철도구조물의 구조계획 (개요, 유의점, 구조종별 및 구조형식)

　　5. 신도시 건설계획 고속철도 정거장의 계획을 지상(고가), 지하로 분류하여 장단점을 비교분석하시오

▶▶제 53회 철도 기술사시험문제 ('98.2.15)

〔1교시〕 ※ 다음 5문제 중 1번 및 5번 문제는 필수, 2~4번 문제중 2문제를 선택하여 답하시오.

　　1. 철도 설비에 대하여 설명하시오 (30점)

　　2 선로용량에 대하여 설명하시오 (20점)

　　3. 정거장 배선계획에 대하여 설명하시오 (20점)

　　4. 철도 소음 및 진동방지 대책에 대하여 설명하시오 (20점)

　　5. 다음 용어를 간단히 설명하시오 (30점)

〔2교시〕 ※ 다음 5문제 중 1번 문제는 필수, 2~5번 문제 중 2문제를 선택하여 답하시오.

　　1. 캔트(Cant)의 필요성과 최고 Cant, 균형 Cant, 부족 Cant에 대하여 설명하시오 (40점)

　　2. 고속철도 역의 역할과 기능을 설명하고 역위치 선정을 위한 사전 결정해야할 기본 요건을 설명하시오 (30점)

　　3. 철도 선로의 종단구배를 설명하시오 (30점)

　　4. 신설 철도를 건설하기 위하여 철도 구조물을 설정하려고 한다. 구조물 계획상 유의할 사항을 설명하시오 (30점)

　　5. 철도 시설의 보안 장치에 대하여 설명하시오 (30점)

〔3교시〕 ※ 다음 5문제 중 1번 문제는 필수, 2~5번 문제 중 2문제를 선택하여 답하시오.

　　1. 현재 운행중에 있는 비전철 단선 철도에서 수송능력을 향상하기 위해 단계적으로 개량하고저 한다. 이에 대해 설명하시오
　　　(40점)

　　2. 철도 노선 선정시 평면선형과 종단 선형 등 설정시 경합조건을 설명하시오 (30점)

　　3. 고속철도 건설을 계획할 때 기술적으로 검토해야할 사항을 설명하시오 (30점)

　　4. 열차 속도를 형성하기 위해 궤도구조를 보강하려고 한다. 그 중 분기기의 문제점과 대책을 설명하시오 (30점)

　　5. 장대레일 부설조건에 대하여 설명하시오 (30점)

〔4교시〕 ※ 다음 5문제 중 1번 문제는 필수, 2~5번 문제 중 2문제를 선택하여 답하시오.

1. 기존 철도 복선구간에 지하철이 횡단하게 되어 승환(乘換) 전철역을 신설하고저 한다. 기존 철도의 열차 운행을 중지하지 않고 운행하면서 시공할 수 있도록 설계하여 시공하고저 한다. 이를 위한 조사, 설계, 시공에 대하여 고려할 사항을 설명하시오 (40점)

2. 철도 노선 선정을 계획할 때 평면선형에서 열차운행 최고속도와 최소곡선반경과의 상관관계를 설명하시오 (30점)

3. 대도시 광역전철망을 형성하기 위하여 복선전철 기본설계를 실시하고저 한다. 과업 수행할 때 기술적으로 검토해야할 사항을 설명하시오 (30점)

4. 차량기지 위치선정과 설비에 대하여 고려해야할 사항을 설명하시오 (30점)

5. 약 10km전후의 연장인 터널에 장대터널을 건설하려고 한다. 이에 대한 조사, 설계, 시공시 검토해야할 사항을 설명하시오 (30점)

▶▶제52회 철도 기술사 시험문제 ('97.9.21)

[1교시] ※ 다음 1번 문제와 5번 문제는 필수로 하고, 2~4번 문제중 2문제를 선택하여 답하시오.
   1. 철도의 특성에 대하여 설명하시오 (20점)
   2. 열차 저항의 종류를 들고 설명하시오 (10점)
   3. 레일 기능에 대하여 설명하시오 (10점)
   4. 표준 활하중이란 무엇이며, 경부고속철도의 표준 활하중에 대하여 설명하시오 (10점)
   5. 다음 8문제 중 6문제를 선택하여 설명하시오 (각 문제 당 10점)

[2교시] ※ 다음 5개 문제 중 4문제를 선택하여 답하시오. (각 25점)
   1. 철도 노선 선정의 의의 및 순서와 고려사항에 대하여 설명하시오
   2. 경전철 등 새로운 도시교통 Syatem의 형식과 적용사례에 대하여 간단히 설명하시오
   3. 철도 노선 선정에 있어 선형 설계 기준이 최고속도에 따라 획일적으로 제시될 경우 예상되는 문제점과 개선방안에 대하여 간단히 설명하시오
   4. 정거장의 설비계획에 대하여 기술하시오
   5. 완화곡선의 종류에 대하여 설명하시오

[3교시] ※ 다음 5개 문제 중 4문제를 선택하여 답하시오. (각 25점)
   1. 지하철도에서 완행열차와 급행열차의 혼용 운행시 고려할 사항을 기술하시오
   2. 표준 궤간에서 운행하는 열차를 아래 경우와 같이 광궤 또는 협궤 선로에 연장 운행하려면 어떤 방안이 있는지 제시하시오
      가. 표준 궤간 열차를 일본 국철 선로에 연장 운행,   나. 표준 궤간 열차를 러시아 광궤 선로에 연장 운행
   3. 열차 안전운행상 일정한 간격을 두고 운행하여야 하는데, 어떤 방식이 있으며, 가장 효과적인 방법을 쓰시오
   4. 기존 정거장 지하에 고속철도 정거장을 설치하려 한다. 건설 및 운영상 지하 정차장과 다른 점을 제시하시오
   5. 철도 노선의 종단 선형과 열차 운행 성능과의 상관관계를 설명하고, 선형 선정시 유의사항에 대하여 쓰시오
   6. 철도에서 노선 시설의 안전관리를 위하여 설치할 수 있는 안전 검지시설에 대하여 어떤 것이 있는지 설명하시오

[4교시] ※ 다음 1번 문제는 필수, 2~5번 문제 중 3문제를 선택하여 답하시오
   1. 터널 안에서 열차가 고속으로 주행할 때 발생하는 풍압영향과 저감방안에 대하여 설명하시오. (40점)
   2. 정차장 배선계획에 있어 건설규칙 등 기본적 기준과 배선시 고려할 사항에 대하여 설명하시오 (20점)

3. Front Jacking 공법에 대하여 설명하시오 (20점)

4. 기존 철도 교량 설계시보다 특히 고속철도 설계시 추가로 검토되어야 할 사항을 쓰시오 (20점)

5. 경부선 일부 구간의 선로를 개량하여 속도를 향상코자 한다. 중점 검토사항과 예상되는 문제점을 제시하시오 (20점)

▶▶제 50회 철도 기술사시험문제 ('97.4.20)

[1교시] ※ 다음 문제 중 10문제를 선택하여 답하시오. (각 10점)

1. 시공기면
2. 선로의 중심 간격
3. 곡선보정
4. 궤도 이용율
5. 폐색구간
6. 선로 등급
7. 표준 활하중
8. 철도의 특징
9. 도상 강도
10. 궤도에 작용하는 힘의 종류
11. 표정속도
12. 터널 미 기압파

[2교시] ※ 다음 5개 문제 중 4문제를 선택하여 답하시오. (각 25점)

1. 기존 철도의 화물수송 체계를 정비코저 한다. 화물역의 근대화 방안과 거점 화물역에 대하여 귀하의 의견을 말하시오
2. 노선 측량 및 설계시 적용해야할 기준을 열거하라
3. 고속철도의 필요성과 구비조건을 쓰시오
4. 도시철도 건설시 노선계획 및 지하역 선정시 고려할 사항을 쓰시오
5. 궤도 틀림에 대하여 아는 바를 상술하시오

[3교시] ※ 다음 5개 문제 중 4문제를 선택하여 답하시오. (각 문제당 25점)

1. 완화곡선의 종류를 들고 그 길이를 결정할 때의 고려사항을 쓰시오
2. 도시철도의 설비 기준이 되는 건설규칙에 포함하여야 할 항목과 그 내용을 요약하여 정리하시오
3. 반향 곡선에서 곡선간 최소 직선거리 결정에 대하여 아는 바를 쓰시오
4. 장대레일의 이론 및 부설조건에 대하여 설명하시오
5. 장대터널의 설계 및 시공시 고려해야 할 사항을 설명하시오

[4교시] ※ 다음 5개 문제 중 4문제를 선택하여 답하시오. (각 문제당 25점)

1. 열차의 수송능력 산정방법에 대하여 쓰시오
2. 도시철도 건설에서 차량기지 입지 선정시 고려해야 할 사항을 쓰시오
3. 열차 저항의 종류를 상세히 설명하시오
4. 본선로(本線路)의 구내 배선에 따라 정거장을 분류하여 설명하시오
5. 슬랙(SLACK)에 대하여 설명하시오

▶▶제 48회 철도 기술사시험문제 ('96.8.25)

[1교시] ※ 다음 문제 중 10문제를 선택하여 답하시오. (각 10점)

1. 궤도 중심간격 결정시 고려할 사항   2. 틸팅카 (Tilting Car)

3. 철도 선로에서 지오텍스타일(Geotextile)을 사용하는 목적

4. 레일 응력 발생 요인   5. 무도장 교량에 사용하는 내후성 강재

6. 궤도회로의 사구간   7. 레일 이음매가 취약한 이유

8. T.P.S(Train Performance Simulator)   9. 카 리타더(Car Retarder)

10. 선로 용량   11. 표준 활하중

12. 백 게이지

[2교시] ※ 다음 중 1번 문제는 필히 답하고, 2~5번 문제 중 3문제를 선택하여 답하시오

1. 철도 건설에 따라 발생되는 환경 피해에 대하여 건설시와 운영시로 구분하여 설명하시오 (25점)

2. 도시철도 시스템 중 다음에 대하여 그 특징을 설명하시오 (25점)

     가. 노면철도   나. 모노레일

     다. 리니어 모타   라. 고무타이어

3. 고속철도 터널 단면 결정시 고려하여야 할 사항을 설명하시오 (25점)

4. 정거장 배선의 기본 원칙을 쓰고 종단역 및 분기역의 배선방식을 설명하시오 (25점)

5. 열차 안전운행에 필요한 검지시설에 대하여 설명하시오 (25점)

[3교시] ※ 다음 중 1번 문제는 필히 답하고, 2~5번 문제 중 3문제를 선택하여 답하시오

1. 철도 건설사업 시행에 있어 사업계획 수립 단계로부터 영업 개시까지 사업추진 절차를 각 단계별로 내용, 소요기간에 대하여 설명하고 종합 공정 계획표를 작성 (Bar-Chart)하시오 (25점)

2. 철도 경영 개선을 위하여 선로분야에서 검토되어야 하는 사항을 설명하시오 (25점)

3. 운행선 인접 공사시의 특수성 및 안전대책을 설명하시오 (25점)

4. 정거장의 의의, 종류, 위치 선정에 대하여 설명하시오 (25점)

5. 상치 신호기의 종류를 들고 그 건식 방법을 설명하시오 (25점)

[4교시] ※ 다음 중 1번 문제는 필히 답하고, 2~5번 문제 중 3문제를 선택하여 답하시오

1. 기존 철도의 표정속도 향상을 위하여 각 분야별로 검토되어야 할 사항을 설명하시오 (25점)

2. 도시철도 계획시 검토할 사항을 다음 단계별로 설명하시오 (25점)

     가. 지하, 고가의 결정   나. 노선망의 계획   다. 철도 제원의 선정

3. 철도 노반에서 어프로치 블록(Approach Block)에 대하여 설명하시오 (25점)

4. 전동열차의 차량기지 사명과 주요 시설에 대하여 설명하시오 (25점)

5. 지하철도의 방재 대책에 대하여 설명하시오 (25점)

▶▶제47회 철도 기술사 시험문제 ('96.4.28)

[1교시] ※ 다음 4문제 중 3문제를 선택하여 답하시오. (각 20점)

1. 분기기를 설치할 때 준수하여야 할 조건에 대하여 설명하시오

2. 철도 보안장치를 열거하고 각각에 대하여 설명하시오

3. 장대레일의 이론과 부설조건에 대하여 기술하시오

4. 도시철도 건설의 타당성 기준에 대하여 논술하시오

※ 다음 15문제 중 10문제를 선택하여 답하시오. (40점)

1. 궤도회로
2. 안전측선과 피난측선
3. 인상선
4. 전철기의 정위와 반위
5. 배향과 대향분기기
6. 가동크로싱
7. 제한교각
8. 연동도표
9. 부족 Cant
10. 지중연속벽
11. 차량한계와 건축한계
12. 중계레일과 완충레일
13. LIM
14. 파정
15. L상당치

[2교시] ※ 다음 5문제 중 4문제를 선택하여 답하시오. (각 25점)

1. 인접된 두 도시가 도시철도 건설을 계획함에 있어서 차량기지를 통합 운영할 때의 장단점에 대하여 설명하시오
2. 궤도틀림의 종류를 열거하고 각각에 대하여 설명하시오
3. 정거장 배선 계획할 때의 유의하여야 할 사항에 대하여 기술하시오
4. 한강을 횡단하여 도시철도 건설을 계획한다고 할 때 교량 횡단안과 터널횡단을 비교 설명하시오
5. 오늘날 철도 수송수단의 바람직한 위상에 대하여 귀하의 의견을 제시하시오

[3교시] ※ 다음 5문제 중 4문제를 선택하여 답하시오. (각 25점)

1. 철도 소음을 열거하고 발생원인 및 완화책에 대하여 기술하시오
2. 도시철도의 노선 계획을 함에 있어서 유의해야할 사항을 기술하시오
3. 도시철도 연결역에서의 승환방식과 혼잡 완화 방안에 대하여 기술하시오
4. 보선작업의 기계화에 대하여 논술하시오
5. 합리적인 화물수송을 위한 수송체계에 대하여 기술하시오

[4교시] ※ 다음 5문제 중 4문제를 선택하여 답하시오. (각 25점)

1. 연장 10 km 정도의 장대터널 설계 및 시공때의 고려하여야 할 사항에 설명하시오
2. 지하 정거장을 계획함에 있어 안전과 관련한 재해의 종류를 열거하고 유발원인, 예방책 및 발생 때의 완화책에 대하여 기술하시오
3. 도시철도 정거장의 전체 폭원 결정에 있어 고려하여야 할 사항에 대하여 논술하시오
4. 대 도시권의 도시철도 노선을 크게 교외선과 도심선으로 대별하는데 각각의 특징과 차이점에 대하여 논술하시오
5. 열차 저항의 종류를 열거하고 각각에 대하여 설명하시오

▶▶제 45회 철도 기술사 시험문제 ('95.8.20)

[1교시] ※ 다음 문제에 답하시오.

1. 선로의 구배를 열차 운행면에서 분류하고 간단히 설명하시오 (10점)
2. 분기장치(분기기)의 정의 및 구성에 대하여 간단히 설명하시오 (10점)
3. 재무분석에 쓰이는 ROE와 ROI에 대하여 간단히 설명하시오 (10점)

4. 철도차량의 구동방식을 열거하고 간단하게 설명하시오 (10점)

5. 분기기의 동결방지 방법을 간단하게 설명하시오 (10점)

6. 레일 절연방법의 종류를 들고 특징을 간단히 설명하시오 (10점)

7. 차량한계, 건축한계, 구축한계에 대하여 간단히 설명하고 곡선 및 분기부 등에서 설치 요령에 대하여도 간단히 설명하시오 (10점)

8. 가드레일의 종류를 들고 부설방법을 간단하게 설명하시오 (10점)

9. 리니어 모타에 대하여 간단히 설명하시오 (5점)

10. 임피던스 본드에 대하여 간단히 설명하시오 (5점)

11. 견인정수에 대하여 간단히 설명하시오 (5점)

12. 곡선보정에 대하여 간단히 설명하시오 (5점)

〔2교시〕 ※ 다음 5문제 중 4문제를 답하시오 (각 문제 25점)

1. 철도 선로의 종단선형에 대하여 설명하시오 (의의, 열차운행관계, 선정시 유의사항)

2. 급곡선부의 장대레일 부설 및 관리요령에 대하여 설명하시오

3. 기존 철도교량 검사시 검사항목에 대하여 교량 종류별로 설명하시오

4. 정거장 배선시 유의사항에 대하여 설명하시오

5. 철도의 진동 소음 저감 대책을 들고 차음대책에 대하여 구체적으로 설명하시오

〔3교시〕 ※ 다음 5문제 중 4문제를 답하시오. (각 문제 25점)

1. 신선 건설시 수송량의 상정방법(想定方法)에 대하여 설명하시오

2. 곡선에서 속도제한 하는 이유를 크게 4가지로 구분하여 각각에 대하여 설명하시오

3. 차량기지의 정의, 입지조건 및 설비에 대하여 설명하시오

4. 철도 시설물의 재해방지 시스템 (종합 안전 시스템)에 대하여 설명하시오

5. 분당선 개통시와 같이 지하철도의 차내 소음이 사회문제로 야기된 경우 귀하가 철도 관리자라면 어떠한 조치를 취할 것인지를 쓰고 그 이유를 설명하시오

〔4교시〕 ※ 다음 5문제 중 4문제를 답하시오. (각 문제 25점)

1. 도시철도로서 갖추어야 할 조건에 대하여 설명하시오

2. 레일에 대하여 아는바를 구체적으로 설명하시오 (종류, 구비조건, 성분 및 물리적 성질, 제조법, 용접, 검사 및 관리요령 등)

3. 자동화된 화물 조차장에 대하여 설명하시오

4. 대도시간을 연결하는 간선철도를 건설할 때 철도구조물의 구조계획에 대하여 설명하시오 (개요, 유의점, 구조종별 및 구조형식 선정요령 등)

5. 경부 고속철도가 통과하는 역사 문화도시 (예 : 경주)에 역세권을 포함한 신도시 건설을 계획하는 경우 신도시 건설을 감안하여 고속철도 정거장의 계획을 지상(고가), 지하를 분류하여 장단점을 비교 분석하시오

▶▶제44회 철도 기술사 시험문제 ('95.5.28)

〔1교시〕 ※ 다음 문제를 설명하시오. (각 10점)

1. 궤도회로   2. 안전측선

3. 운전곡선도(Run Curve)   4. 도시전철의 전식

5. 캔트의 원활체감   6. L.R.T

7. 열차저항   8. A.G.T

9. 분기장치   10. COMTRAC (Computer Aided Traffic Control System)

〔2교시〕 ※ 다음 5문제 중 4문제를 답하시오 (각 25점)

1. 철도교량이 구조형식으로서 PC橋와 鋼橋의 장단점을 항목별로 비교 설명하시오

2. 철도교량이 斜橋인 경우 고속열차의 안전주행과 승차감에 관하여 설명하시오

3. 해안을 매립하여 조성된 신도시에 도시철도 차량기지를 건설하고자 한다. 설계할 때 검토하여야 할 사항을 설명하시오

4. 도심부를 통과하는 철도를 계획할 때 소음과 진동의 저감방안을 설명하시오

5. 열차 자동제어에 관하여 설명하시오

〔3교시〕 ※ 다음 문제를 답하시오 (각 25점)

1. 철도 수송화물이 적체되고 있는데 이의 개선대책과 화물수송의 근대화 방안에 관하여 설명하시오

2. 도시철도에서 지하여객 전용역의 재난예방 및 재난구조에 관하여 검토하여야 할 사항을 설명하시오

3. 철도 구조물의 설계에 적용하고 있는 표준 활하중인 LS-하중과 LS-상당치에 관하여 설명하시오

4. 건축한계와 차량한계의 관계와 특히 곡선구간에서의 설계 및 시공때 검토되어야 할 사항을 설명하시오

〔4교시〕 ※ 다음 5문제 중 4문제를 답하시오 (각 25점)

1. 유도상의 장대 철도교에 장대레일을 부설하고자 할 때 검토하여야 할 사항을 설명하시오

2. 궤도 위를 차량이 주행할 때 유발되는 차량진동과 궤도 파괴에 관하여 설명하시오

3. 도심부를 통과하는 지하철을 건설할 때의 모든 안전관리 대책을 항목별로 설명하시오

4. 고속철도의 선형을 계획할 때 완화곡선과 종곡선의 중복 등 피하여야 할 선로조건의 중복사항을 열거하고 설명하시오

5. 허용 응력 설계법과 강도 설계법에 관하여 설명하시오

▶▶제 42회 철도 기술사시험문제 ('94.9.4)

〔1교시〕 ※ 다음 용어를 10개만 골라 답하시오. (각 10점)

1. 폐색구간   2. 궤도회로

3. 유효장   4. 상당치

5. 슬랙(Slack)   6. 표정속도

7. 견인정수   8. 곡선보정

9. 경전철   10. 가동 Crossing

11. ABS   12. 인상선

13. 선로용량   14. 안전측선

15. Preflex Beam   16. LVT

17. 장대레일 설정온도   18. 궤도계수

19. 환산구배   20. 표준활하중

    1. 철도에서 소음 공해의 원인과 방지대책을 설명하시오

    2. 철도 선로곡선에 대해서 기술하시오

    3. 분니의 발생원인과 방지대책을 기술하시오

    4. 궤도 강화를 어떻게 하여야 하느냐에 관하여 기술하시오

    5. 장래 신설하는 여객역에 대해 기술하시오

    6. 일반 토목공사와 비교하여 지하철공사가 다른 점을 기술하시오

[3교시] ※ 다음 6문제 중 4문제를 선택하여 답하시오 (각 25점)

    1. 연약지반상에 철도 건설을 하려할 때 가능한 공법을 열거하고 각각에 대하여 기술하시오

    2. 궤도 틀림은 무엇을 말하는 것인지 주된 것 5가지 이상을 열거하고 설명하시오

    3. 철도 정차장의 위치 선정 배선원칙을 기술하시오

    4. 도심구간 지하철 공사 구간에서 발생된 재해에 대한 방지대책을 기술하시오

    5. 노선 선정시 필히 피하여야 할 경합조건에 대하여 기술하시오

    6. 열차 저항이란 무엇이며, 어떤 것이 있는지 5가지를 쓰고 설명하시오

[4교시] ※ 다음 6문제 중 4문제를 선택하여 답하시오 (각 25점)

    1. 궤도를 구성하는 각 부분의 역할과 구비조건을 기술하시오

    2. 선로 선정방법과 순서에 대하여 기술하시오

    3. 현재의 교통여건과 장래의 교통추이를 감안한 철도 교통수단의 바람직한 위상에 대하여 귀하의 의견을 기술하시오

    4. 선로 부설 기계화에 대해 기술하시오

    5. 기존철도 개량에 있어 그 항목을 열거하고 각각에 대하여 기술하시오

    6. 완화곡선에 대하여 논하시오

▶▶제41회 철도 기술사 시험문제 ('94.4.3)

[1교시] ※ 다음 5문제 중 4문제만 답하시오. (각 25점)

    1. 분기기의 종류를 도시하고 설명하시오

    2. 신선 건설에 있어서 노선선정에 대하여 요점을 정리하여 기술하시오

    3. 철도 선로의 종곡선에 대하여 설명하시오

    4. 지하철 토목공사의 재해예방 및 안전공사를 위한 기술적 및 행정적 사전 조치사항을 구체적으로 설명하시오

    5. 현대화된 철도선로의 유지보수 관리방안에 대하여 기술하시오

[2교시] ※ 다음 5문제 중 4문제를 택하여 답하시오. (각 25점)

    1. 일반 철도의 여객 역과 전철 또는 지하철역에 있어서 본선 유효장과 승강장 길이를 각각 도시하고 설명하시오

    2. 철도선로의 구배에 대하여 기술하시오

    3. 철도구조물의 설계에 있어서 환경공해인 진동, 소음의 예방을 위한 고려사항을 기술하시오

    4. 철도 선로에 있어서 콘크리트 궤도의 특성을 자갈도상과 비교하고, 콘크리트 도상의 종류를 열거하여 간단히 설명하시오

    5. 철도를 하저(河底)로 통과시키고자 하는 경우에 터널의 위치선정과 설계시 유의사항을 기술하시오

〔3교시〕 ※ 다음 5문제 중 4문제를 택하여 답하시오. (각 25점)

1. 차량기지의 위치선정과 그 설비에 대하여 기술하시오

2. 단선 철도의 수송력 증강방안을 제시하고 구체적으로 설명하시오

3. 곡선에 있어서 부족 캔트와 균형 캔트에 대하여 설명하시오

4. 철도 신호보안 설비를 간단히 분류하고, 열차 운전성의 중요성에 대하여 기술하시오

5. 터널 굴착공법 중 TBM(Tunnel Boring Machine)공법과 Shield 공법의 적용성을 비교하여 설명하시오

〔4교시〕 ※ 다음 5문제 중 4문제를 택하여 답하시오. (각 25점)

1. 정거장의 위치선정, 배선에 대하여 아는대로 기술하시오

2. 장대레일의 이론과 부설조건에 대하여 기술하시오

3. 국내 대도시의 교통혼잡을 가능한 조속히 해결 할 수 있는 방안에 대하여 귀하의 견해를 기술하고, 지하철 등 철도의 역할에 대하여 설명하시오

4. 지하철과 일반철도가 서로 교차하여, 이에 따른 승환하기 위한 역 위치 선정방안에 대하여 기술하시오

5. 다음 용어를 간단히 설명하시오

가. AFC   나. L-상당치   다. 파정

라. ATC   마. 분니(Pumping)

▶▶제 40회 철도 기술사시험문제 ('93.8.22)

〔1교시〕 ※ 다음 문제를 답하시오. (각 25점)

1. 대도시내 도시구간을 통과하는 철도를 이설 할 때 단계별 추진사항을 기술하시오

2. 신 교통 시스템(경량철도 위주)로 미래 교통수단 등의 종류를 기술하시오

3. 동력 집중 방식과 동력 분산방식을 비교 검토하시오

4. 점착식과 자기부상식을 경부고속철도 측면에서 비교 검토하시오

〔2교시〕 ※ 다음 문제를 답하시오. (각 20점)

1. 기존선의 운송력 증강대책을 주요 간선철도 측면에서 기술하시오

2. 도시철도에서 고가방식과 지하방식을 비교하시오

3. 차량기지 설계 사항을 기술하시오

4. 철도의 하천통과 방식을 설명하시오

5. 기존 철도 하부를 통과하는 도로건설공법을 제시하고, Front Jacking 공법과 비교 기술하시오

〔3교시〕 ※ 다음 문제를 답하시오. (각 25점)

1. 해협 2~3 km 길이의 장대교량 철도교와 도로교를 겸용하고자 한다. 교량의 계획부터 설계, 시공, 유지관리까지 기술적 사항을 기술하시오

2. 철도 구조물 설계시 사용하는 표준활하중을 설명하고, 문제점 및 개선방안을 기술하시오

3. 제3궤조 방식과 가공선 방식을 비교 검토하시오

4. 장대교량을 PC교로 하여 캔틸레버 가설공법으로 시공시, 처짐 관리방법을 기술하시오

〔4교시〕 ※ 다음 문제를 답하시오. (각 20점)

　1. 운전 곡선도를 설명하시오

　2. 도심 통과 철도의 환경문제에 대한 귀하의 소견을 제시하고, 소음·진동대책에 대하여 논하시오

　3. 대량 철도방식과 중량 철도방식을 기술하시오

　4. 철도 방재시설에 대하여 논하시오

　5. 다음 용어를 간단히 설명하시오

　　가. 열차풍　　　　　　　　　　나. L-상당치

　　다. 파정　　　　　　　　　　　라. 안전측선

　　마. 가동 crossing　　　　　　　바. linear motor

▶▶제39회 철도 기술사 시험문제 ('93.3.21)

〔1교시〕 ※ 다음 문제 중 1번 문제는 필히 답하고 2문제 중 1문제를 택하여 답하시오.(각 50점)

　1. 3차 포물선인 완화곡선의 공식 유도 및 측설 방법에 대하여 설명하시오

　2. 지하철과 일반철도의 연계 정거장 설계시 고려할 사항에 대하여 논하시오

　3. 지하철과 또는 일반철도 정거장의 구내 배선계획 원칙에 대하여 논하시오

〔2교시〕 ※ 다음 문제 중 1번 문제는 필히 답하고 2~4문제 중 2문제를 택하여 답하시오.

　1. 초 고속철도의 기술특성을 기술하시오(40점)

　2. 콘크리트 도상의 최신개발 공법에 대하여 기술하시오(30점)

　3. 10 km 장대터널의 설계시공 계획시 고려사항을 기술하시오(30점)

　4. 궤도(고속철도 부설공법) 및 장비에 대하여 기술하시오(30점)

〔3교시〕 ※ 다음 문제 중 1번 문제는 필히 답하고 2~4문제 중 2문제를 택하여 답하시오.

　1. 지하철 또는 일반철도의 계획, 설계, 건설, 개통 등 전 과정에서 기술사항 및 행정절차를 기술하시오(40점)

　2. 기존 철도의 열차속도 향상방안에 대하여 기술하시오(30점)

　3. 지질조건에 따른 철도교량 기초공법 선정에 대하여 기술하시오(30점)

　4. 지하철 또는 일반철도 건설시 안전 및 품질관리에 대하여 기술하시오(30점)

〔4교시〕 ※ 다음 문제를 답하시오. (각 25점)

　2. 기계화 보수체계에 대한 귀하의 의견을 기술하시오

　3. 3경간 연속 PC Beam 교량 (유 도상)에서 장대레일의 온도 상승 시 대책에 대하여 논하시오

　4. 다음 용어를 간단히 설명하시오

　　가. cant　　　　　　나. ILM　　　　　　　다. 연동장치

　　라. L-상당치　　　　마. 열차저항

▶▶ 제 38회 철도 기술사 시험문제 ('92.10.18)

[1교시]

1. 다음을 설명하시오. (25점)

   1) Rhamen 구조 (5점)
   2) Water Cement ratio (5점)
   3) Arch 구조 (5점)
   4) 극한 강도법 (5점)
   5) Well Point (5점)

2. 다음 문제 중 3문을 선택하여 쓰시오 (각 25점)

   1) 지하철이나 교량기초 등 깊이 15 m 굴착시 흙막이 공법에 대하여 아는 바를 쓰시오
   2) 중앙선 철도의 선로용량 증대방안을 기술하시오
   3) 고속철도 역구내 분기기 설치방안에 대한 귀하의 의견을 아는 대로 쓰시오
   4) 지하철에 있어서 일반역과 2개 선로 교차역의 각각 경우에 대하여 여객의 흐름과 열차운용에 따라 시설해야하는 사항을 아는 대로 쓰시오

[2교시]

1. 다음을 설명하시오. (25점)

   1) 열차 부상열차 (5점)
   2) 폐색구간 (5점)
   3) 표정속도 (5점)
   4) 분니(Pumping 현상) (5점)
   5) 차륜의 Flange와 레일 두부의 상관관계 (5점)

2. 다음 문제 중 3문을 선택하여 쓰시오 (각 25점)

   1) 기존철도 역구내 중 약 50 m구간을 횡단하는 6차선 지하도로를 신설하고자 한다. 이에 대한 설계 및 시공상 고려할 사항을 기술하시오
   2) 터널내를 고속열차가 통과할 때 공기압력을 많이 받게된다. 터널 시공시 검토해야할 사항을 쓰시오
   3) 지하철 차량기지 설비에 대하여 아는대로 쓰시오
   4) 철도 선형에서 사용되는 각종 곡선을 열거하고 설명하시오

[3교시]

1. 다음을 설명하시오. (25점)

   1) 탄성체결장치 (5점)
   2) Scissor Crossing (5점)
   3) Sand Pile (5점)
   4) A.T.O (5점)
   5) 유효장 (5점)

2. 다음 문제 중 3문을 선택하여 쓰시오 (각 25점)

   1) 도시내의 기존철도 평면역을 고가역으로 개량하려고 한다. 기술적으로 해결할 사항을 기술하시오
   2) 대도시간 장거리 철도와 도시 대중철도(지하철 포함)의 특징을 비교 논술하고 상호 연결역의 구상과 종합교통체계로서의 역 주변 정비 방안을 설명하시오
   3) 장대레일 부설구간에서 장대교량을 설계상 고려해야할 사항을 기술하시오
   4) 단선 전철인 현 중앙선의 선로보수 체제를 정기 보수체제로 전환하는 방안을 아는 대로 쓰시오

[4교시]

1. 다음을 설명하시오. (25점)

1) 제한교각 (5점) 2) 지하 연속벽 (5점)

3) Y선 (5점) 4) 열차저항 (5점)

5) 선로의 Cant (5점)

2. 다음 문제 중 3문을 선택하여 쓰시오 (각 25점)

1) 기존 전철 역구내 중 약 80 m 구간을 횡단하여 8차선 고가도로를 신설하려고 한다. 이에 대한 설계 및 시공상 고려해야 할 사항을 기술하시오

2) 현대화된 신호보안 설비에 대하여 아는대로 쓰시오

3) Slab 궤도와 자갈도상 궤도의 장단점을 비교하여 기술하시오

4) 지하철에 있어서 지하구조물의 시공법을 아는대로 열거하고 설명하시오

▶▶ 제37회 철도 기술사 시험문제 ('92.4.12)

[1교시] ※ 다음 6문 중 4문을 택하여 답하시오.(각 25점)

1. 열차속도와 기하학적 선로조건과의 관계를 설명하시오

2. 도시철도의 선로선정과 정거장 위치선정에 대하여 기술하시오

3. 철도를 신설할 때에 선로구조물 계획에 있어서 유의하여야 할 사항을 기술하시오

4. 도시철도 차량기지의 위치선정과 설비에 대하여 기술하시오

5. 지간이 40~80 m를 요하는 장지간 철도교량의 형식을 비교해 설명하시오

6. 자갈도상궤도, 콘크리트도상궤도, 슬래브궤도를 각각 설명하고 그 장단점을 비교하시오

[2교시] ※ 다음 6문 중 4문을 택하여 답하시오.(각 25점)

1. 기존 철도의 정거장 지하에 지하철 정거장을 설치하여 승환설비와 지하공간을 활용하고자 한다. 공사기간중 안전하게 시공할수 있는 공법을 설명하시오

2. PC침목의 설계시에 유의할 사항과 제작공법을 설명하시오

3. 시속 200 km 이상의 고속철도에 있어서 기술특성을 설명하시오

4. 현재까지 발달된 신교통 System에 대하여 아는데로 기술하시오

5. 도심부의 지하를 통과하는 수 km의 철도 장대터널을 건설하는 경우에, 설계 및 시공시 특히 유의하여야 할 사항을 기술하시오

6. 도시철도 건설에 있어서 고가철도 또는 지하철도로 할 경우 그 장단점을 비교 설명하시오

[3교시] ※ 다음 6문 중 4문을 택하여 답하시오.(각 25점)

1. 열차의 운전최고속도 300 km/h인 고속철도의 선로선정시 특히 유의하여야할 사항을 기술하시오

2. 현대화된 철도보수 유지관리에 대하여 논하시오

3. 장대레일의 이론을 설명하고, 부설 및 보수에 있어서의 관리요령을 기술하시오

4. 최근 지하철공사에 있어서 안전사고가 빈발하고 있는데 안전시공을 할 수 있는 철저한 예방방법과 사후 대책에 대하여 기술하시오

5. 도시간 철도와 도시내 교통과의 연계방법에 대하여 설명하시오

6. 다음 용어를 간단히 설명하시오

1) PDM(Paper Drain Method) 2) MSS(Movable Scaffolding System)

3) ILM(Incremental Launching Method) 4) 이동폐색

5) 전자연동장치

〔4교시〕 ※ 다음 6문 중 4문을 택하여 답하시오.(각 25점)

1. 기존철도의 지하로 지하철이 횡단하는 경우에 설계 및 시공시 유의해야 할 사항을 기술하시오

2. 열차속도와 궤도구조(Track Structure)와의 상관 관계를 설명하시오

3. 기존철도 선로의 수송능력 향상대책을 논하시오

4. 지하철에서 완행열차와 급행열차를 혼합 운영하고자 할 경우에 고려되어야 할 사항을 기술하시오

▶▶제 35회 철도 기술사시험문제 ('91.4.7)

〔1교시〕 ※ 다음 문제에 답하시오.(각 25점)

1. 철도계획의 일반사항을 체계화하여 기술하시오

2. 우리나라에서도 경부간에 고속철도 건설계획이 추진되고 있다. 귀하가 선로선정을 담당했을 때 가장 합리적이라고 생각하는 설계속도는 얼마이며, 그 이유는 무엇인가

3. 정거장의 배선과 설비에 대하여 논하시오

4. 다음 용어를 설명하시오

1) 균형캔트 및 설정캔트 (5점)   2) 터널 저항 (5점)

3) 분기각 (5점)   4) 철도교의 처짐 (5점)

5) 연동장치 (5점)

〔2교시〕 ※ 다음 문제에 답하시오.(각 25점)

1. 일본, 불란서, 독일에 이어 우리나라에서도 고속철도 건설계획이 추진 중에 있다. 재래철도 시설과 비교하여 고속철도의 특성 또는 각별히 계획에 고려되어야 할 사항을 아는대로 기술하시오

2. 철도선로의 설계시공 및 보수에 있어서 특히 유의할 사항을 구체적으로 기술하시오

3. 장대레일 관리에 대하여 기술하시오

4. 우리나라 고속철도 건설이 완성된 후의 이상적인 선로 보수방식 및 체제에 대하여 귀하의 의견을 기술하고 그 이유를 밝히시오

〔3교시〕 ※ 다음 5문중 4문만 답하시오.(각 25점)

1. 현재 철도화물 System의 문제점과 새로운 철도화물 수송체계를 위한 개선방향을 기술하시오

2. 부득이 연약지반위에 철도선로를 건설하고자 할 때 대책을 기술하시오

3. 서울, 대전, 대구, 부산, 전주, 광주, 인천 등 대도시 교통혼잡의 해결을 위하여 도시철도 시설이 필요한 경우에 그 기능과 기여에 대하여 귀하의 의견을 기술하시오

4. 어느 기설 단선철도의 선로용량이 수송수요의 증가로 한계점에 도달하였다. 조치가능한 수송력 증강방안을 아는데로 열거하고 설명하시오

5. 철도구조물의 설치계획에 대하여 계획에서 시공 및 사후관리까지 아는데로 기술하시오

〔4교시〕 ※ 다음 5문중 4문만 답하시오.(각 25점)

1. 열차운행 속도가 점차 고속화 됨에 따라 신호 및 운전보안장치도 현대화되어가고 있는바, 신호 및 운전보안을 위한 발달된 각종 제어장치를 아는데로 열거하고 설명하시오

2. 지하역을 건설시 방재대책에 대하여 기술하시오

3. 250km/hr이상의 고속철도에 있어서 장대교량 및 장대터널의 계획·설계·시공 및 보수유지에 관한 안전대책에 대하여 기술하시오

4. 철도교량의 기초공법에 대하여 기술하시오

5. 철도선로의 완화곡선으로 사용되는 3차포물선, 크로소이드 곡선, 정현반파장곡선을 설명하고 그 장단점을 비교하시오

▶▶제33회 철도 기술사 시험문제 ('90)

〔1교시〕 ※ 다음 문제 중 1번 문제는 필히 답하고 2~3문제 중 1문제를 택하여 답하시오

1. 철도설비에 대해 기술하시오 (40점)

2. 2000년내 장거리 교통수단 대책으로서 도로, 항공, 철도의 장단점과 특히 철도의 사명에 대해 기술하시오 (30점)

3. 열차속도 향상에 대한 궤도구조의 대책에 대해 기술하시오 (30점)

4. 다음 용어를 간단히 설명하시오 (각 6점) : 가. A.F.C 나. Deflection 다. TBM 라. ATO 마. Hump

〔2교시〕 ※ 다음 문제 중 1번 문제는 필히 답하고 2~4문제 중 2문제를 택하여 답하시오.

1. 기존 단선구간의 운송증대 방안, 개량계획에 대해 기술하시오 (40점)

2. 열차속도와 승차감의 관계에 대해 기술하시오 (30점)

3. 3차 포물선, Sine 반파장 곡선을 비교하고 특징을 기술하시오 (30점)

4. 기존 선로를 장대화시 고려사항 및 보수시 고려사항에 대하여 기술하시오 (30점)

〔3교시〕 ※ 다음 문제 중 1번 문제는 필히 답하고 2~4문제 중 2문제를 택하여 답하시오.

1. 지하철 건설공법 3가지에 대해 상세 설명 및 특성을 비교하시오 (40점)

2. Preflex & PSC빔을 비교 설명하시오 (30점)

3. 한강교량의 기존 교량 부근에 신설시 설계 시공시 고려사항에 대하여 기술하시오 (30점)

4. 열차 저항의 종류를 상세히 설명하시오 (30점)

〔4교시〕 ※ 다음 문제 중 1번 문제는 필히 답하고 2~4문제 중 2문제를 택하여 답하시오.

1. 시속 300 km의 초고속철도 노선 선정시 고려사항을 기술하시오 (40점)

2. 하저 통과 철도 터널공법에 대하여 설명하시오 (30점)

3. 고속철도의 소음 방지대책에 대하여 기술하시오 (30점)

4. PSC 장대교량의 재질에 대해 기술하시오 (30점)

▶▶제32회 철도 기술사 시험문제 ('90)

〔1교시〕

1. 철도 설비에 대해 기술

2. 2000년 내 장거리 교통수단 대책으로서 도로, 항공, 철도의 장단점과 특히 철도의 사명에 대해 기술하라

3. 열차 속도 향상에 대한 궤도구조의 대책

4. 용어 설명

   1) A.F.C   2) Deflection   3) T.B.M

   4) A.T.O   5) Hump

〔2교시〕

1. 기존 단선 구간의 운송 증대 방안, 개량 계획에 대해 기술

2. 택 2 문.

   1) 열차속도와 승차감의 관계에 대해 기술

   2) 3차 포물선, Sine 반파장 곡선을 비교, 특징을 기술하라

   3) 기존 선로를 장대화시 고려사항, 보수시 고려사항 기술

〔3교시〕

1. 지하철 건설공법 3가지에 대해 상세 설명 및 특성 비교

2. 택 2 문.

   1) Preflex & P.C Beam 비교 설명

   2) 한강교량의 기존 교량 부근에 신설시 설계 시공시 고려사항

   3) 열차 저항의 종류를 상세히 설명

〔4교시〕

1. 시속 300 km 초 고속철도, 노선 선정시 고려사항

2. 하저 통과 철도 터널 공법

3. 고속철도의 소음 방지대책

4. P.C 장대 교량의 재질에 대해 기술

▶▶제 31회 철도 기술사시험문제 ('89.5.14)

〔1교시〕 ※ 다음 문제를 설명하시오

1. 일본의 신간선과 불란서의 TGV의 차이점을 논하고 각기 선로의 설계기준에 대하여 아는대로 기술하시오 (30점)

2. 차량기지의 개념과 그 위치선정에 대하여 기술하시오 (25점)

3. 열차가 곡선부를 통과할 때 최고 통과속도를 계산하는 공식을 유도하시오 (25점)

4. 다음 용어를 설명하시오 (각 20점)

   가. ATC와 ATS(5점)   나. 파정(5점)

   다. L-상당치(5점)   라. LIM(Linear Induction Mortar) System(5점)

〔2교시〕 ※ 다음 문제를 설명하시오

1. 신선건설에 있어서의 선로선정의 과정을 설명하시오 (40점)

2. 완화곡선에 대하여 (30점)

1) 클로소이드 곡선과 3차 포물선에 대하여 그 특성을 설명하고, 우리나라 철도에서 3차 포물선을 채택하는 이유를 기술하시오(20점).

2) 완화곡선의 길이를 결정하는 요소를 열거하고 설명하시오 (10점)

3. P.C강선의 응력손실에 대하여 기술하시오

〔3교시〕 ※ 다음 문제를 설명하시오

1. 신도시 건설에 따른 도시철도(Regional Express Way)와 지하철의 역할은 무엇이며, 도시 철도망 구성상 유의하여야 할 점에 대하여 논하시오(40점)

2. 다음 문제를 설명하시오 (30점)

1) 압입 Cassion의 설계법(15점)

2) 터널 설계에서의 Invert에 대하여 기술하고 그 시공방법을 약술하시오 (15점)

3. cant의 설정기준에 대하여 기술하고 그 체감방법을 쓰시오 (30점)

〔4교시〕 ※ 다음 문제를 설명하시오

1. 그림과 같은 중앙단면을 가진 지간 10 m의 단순보에 등분포하중 2 ton/m가 작용하고 있다. 지간 중앙점에서 하연의 응력이 "0"이 되도록 강선의 인장응력을 계산하시오. 단, 콘크리트의 자중은 2.5 t/m³이다. (40점)

2. 속도향상을 하려고 할 때 선로의 대책을 열거하고 설명하시오 (30점)

3. 철도 강교에 있어서의 처짐(Deflection) 대책을 고려한 구조에 대해 논하시오 (30점)

▶▶제30-1회 철도 기술사 시험문제 ('88)

〔1교시〕

1. 철도보안 설비를 체계적으로 분류 설명하시오

2. 재질별 침목의 종류와 그 특징을 상술하시오

3. 거점 화물역의 설비를 구체적으로 설명하시오

4. 기초공법의 종류를 쓰고 그 특징 및 장단점을 논하시오

〔2교시〕

1. 2 km 장대 Tunnel 시공계획시 유의할 사항을 열거하고 설명하시오

2. Cant의 직선체감과 원활체감에 대한 이론과 그 운용상의 문제에 대하여 기술하시오

3. 철도 고속화를 위한 철도설비에 대하여 기존선과 신선을 구분하여 아는 바를 기술하시오

4. 환경보존문제와 관련하여 철도구조물을 설계함에 있어서 진동, 소음방지대책을 논하시오

〔3교시〕

1. 열차 운행속도 향상에 영향을 주는 사항을 아는대로 기술하고, 각각에 대하여 설명하시오

2. 현대화된 철도 신호방식을 열거하고 각각에 대하여 설명하시오

3. 열차가 곡선구간 선로를 통과할 때 열차속도와 승차감과의 관계를 논하시오

4. 교량의 구조별, 재질별, 경간별 종류에 따른 충격계수에 대하여 기술하시오

1. 도심지 철도구조물을 계획함에 있어서 고려하여야 할 사항에 대하여 설명하시오

2. 철도 수송수요 예측방법에 대하여 논하시오

3. 대도시 교통상으로 본 전철 및 지하철과 같은 대중 운송수단의 역할과 귀하가 생각할 수 있는 수도권 철도망(지하철 포함)의 구상을 기술하시오

4. 철근 콘크리트교, PSC교, 강합성교, Preflex 합성형교를 철도교에 적용할 경우 그 경제적 및 유지관리적인 측면에서 비교 검토하시오

▶▶ 제 30회 철도 기술사 시험문제 ('88)

1. 철도교량의 적절한 경간장을 그 상부구조의 각종 구성재료에 따라 구분하여 설명하시오. 또한 상부구조 형식에 따라 특성을 설명하고 설계 시공 및 유지보수 관리상 고려할 점을 기술하시오

2. P.S 콘크리트 교량의 특징과 각 형식별 장단점을 논하시오

3. Plate Girder의 가설공법을 아는대로 기술하시오

4. 표준 L.S 하중을 설명하시오. 그리고 L.S 하중이 모멘트에 큰 영향을 주는 지간장의 한계점을 약산하시오

5. 한강 철도교를 신설코자 한다. 이상적인 상·하부 구조에 대하여 귀하가 생각하는 바를 논하시오

6. L.S 하중을 부담하기 위한 강교와 PSC교를 그 특성과 적용에 대하여 비교 설명하시오

7. 선진국에서 설계 시공하고 있는 장대 PSC 교량 공법을 설명하고 현재 우리나라에서 응용하는데 어떤 문제점이 있으며, 그 기술발전에 대하여 논하시오

8. 연장 800 m, 수심 10 m의 철도 교량을 가설하고자 한다. 그 기초공법에 대해 논하시오

9. 고밀도 시가지를 통과하는 고가철도 건설시 계획, 설계, 시공시 유의사항에 대하여 논하시오

10. P.C구조와 PSC 구조의 설계 시공상 차이점에 대하여 논하시오

▶▶ 제 29회 철도 기술사 시험문제 ('87.4.26)

1. 선진국에서 설계 시공하고 있는 장대 PSC 교량공법을 설명하고 현재 우리나라에서 응용하는데 어떤 문제점이 있으며, 그 기술발전에 대하여 논하시오

2. 열차 저항에 대하여 아는 바를 상술하시오

3. 철도신호장치를 설명하고, 폐색장치에 대하여 기술하시오

4. 곡선을 통과하는 열차의 안전율은 $F=5$이고, 레일면에서 차량중심까지 높이가 $H_0=1,500$ mm일 때 부족 캔트량을 구하고 곡선을 통과하는 속도 공식을 상술하시오

1. R.C 구조와 PSC 구조의 설계 및 시공상의 차이점을 논하시오

2. 장대레일의 성립이론과 부설조건 및 설비에 대하여 기술하시오

3. 초 고속철도의 건설계획을 수립하기 위하여 검토해야 할 사항을 상술하시오

4. 부산 지하철과 같은 건설조건에서 귀하가 생각하고 있는 가장 이상적인 공법을 논하시오

〔3교시〕

1. 철도 교량을 상부 구조형식에 따라 특성을 설명하고, 설계시공 및 유지보수 관리상 고려할 점을 기술하시오

2. 기존 보선 철도구간의 철도 입체화 교량을 건설하고자 한다. 설계 및 시공에 대하여 상술하시오

3. 선로 종곡선 부설법을 설명하고 종곡선 반경이 열차 주행에 어떠한 영향이 미치는지에 대하여 기술하시오

〔4교시〕

1. 연장 20 km의 복선철도 산악철도를 건설하려고 한다. 공기가 가장 짧은 경제적인 굴착공법을 설명할 때 고려할 사항을 상술하시오

2. 현재 운행 중인 복선철도에서 열차속도 향상을 위한 대책에 대하여 논하시오

3. 정차장 계획 및 배선에 대하여 구체적으로 기술하시오

▶▶제28회 철도 기술사 시험문제 ('86.4.27)

〔1교시〕

1. P.C 침목의 장단점을 기술하시오

2. 연장 800 m, 수심 10 m의 철도 교량을 가설코자 할 때 그 기초공법을 설명하시오

3. 철도 선로의 종곡선의 필요성과 설치방법에 대하여 기술하시오

4. 분기기와 열차 속도와의 관련성에 대하여 기술하시오

〔2교시〕

1. 단선 철도의 선로용량의 증가책에 대하여 논하시오

2. 약 1,200 m의 터널에 있어서 노선측량의 작업순서와 측량결과의 확인방법을 기술하시오

3. 우리나라 철도 기술 발전사를 아는대로 설명하시오

〔3교시〕

1. 정거장의 역할을 약술하고, 특히 배선계획 및 제설비에 대하여 기술하시오

2. 열차 운행제약이 많은 도시철도(지하철 포함)에 있어서 바람직한 선로보호체제에 대하여 기술하시오

3. 현 운행선의 노반에 있어서 동상방지책에 대하여 기술하시오

4. 열차 운행횟수가 많은 기존 복선철도의 하부에 지하역사를 신설코자 한다. 성토 높이 10 m 정도일 때 필요한 설계, 시공, 열차 안전까지를 포함한 기술적 사항을 설명하시오

〔4교시〕

1. 고밀도 시가지를 통과하는 고가 철도의 건설시 계획, 설계 및 시공에 있어서 특히 유의 사항을 기술하시오

2. 지하철의 개착 공법에 있어서 굴착 높이 25 m 중 표토에서 15 m까지는 토사, 그 이하는 풍화암이 있고, 구조물에서 약 5 m에 인접 건물이 있는 경우, 공기가 14개월일 때 시공상의 안전대책을 구체적으로 설명하시오

3. 한국 국유철도 건설규칙에 의한 표준활하중(L.S-하중)을 적용하기 위한 강교와 PC교를 그 특성과 병용에 대하여 비교 설명하시오

▶▶제 26회 철도 기술사시험문제 ('85.5.19)

〔1교시〕

1. 철도계획 일반에 대하여 설명하고 기술하시오

2. 표준 L.S하중을 명시하라. 그리고 L.S하중이 모멘트에 영향을 주는 지간장의 한계점을 약산하시오

3. 선로보수 기계화 및 장비를 설명하고 기술하시오

4. 근래 발달된 터널 굴착방법을 기술하고 이를 TBM과 비교하시오

〔2교시〕

1. 철도 곡선에 Cant의 필요성을 설명하고 공식을 유도하시오

2. 궤도 각부에 발생하는 응력을 설명하시오

3. NATM의 계획에 대하여 설명하시오

4. 철도 교량의 상부구조 형식에 따라 그 특성을 설명하고 설계, 시공, 보수관리상 고려할 점을 기술하시오

〔3교시〕

1. 현 단선철도 운송 능력을 검토하고 단계적으로 운송력 증강방안을 논하시오

2. 서울~부산간 초 고속전철 노선을 건설함에 있어 제반 조사 및 계획에 대하여 고려할 사항을 논하시오

3. 장대레일의 전반사항에 대하여 귀하가 생각하고 있는 바를 논하시오

〔4교시〕

1. 귀하가 경험한 철도 건설공사 중 가장 감명이 깊었던 사항에 대하여 그 공사의 개요와 현재로써 유의할 사항을 논하시오

2. 서울시 지하철 같은데에 있어 귀하가 생각하는 이상적인 건설공법을 논하시오

3. 한강 철도교를 신설코자한다. 이상적인 상부, 하부구조에 대하여 귀하가 생각하는 바를 논하시오

▶▶제 24회 철도 기술사시험문제 ('84.5.20)

〔1교시〕

1. 철도설비(Facilities & Equipments)에 대하여 상술하시오

2. 철도 선로에 있어서 Cant와 그 체감방법에 대하여 기술하시오

3. 도심지내의 지하철 건설에 있어서 개착식 Open Cut 공법과 관련하여 그 안전대책을 구체적으로 기술하시오

4. 철도 교량의 적절한 경간장을 그 상부구조의 각종 구성재료에 따라 구분하여 설명하시오

〔2교시〕

1. 철도를 신설할 경우 철도 노선측량의 작업과정을 순서에 따라 설명하시오

2. 근근 채택하고 있는 발달된 철도 노선 보수작업 방식을 재래식 보수방식과 비교하여 논하시오

3. 철도 분기기 (Turn Out)에 대하여 아는 바를 쓰시오

4. P.S 콘크리트 교량의 특징과 각 형식별 장단점을 논하시오

1. 철도 정거장을 분류하여 설명하시오

2. 현행 철도 완화곡선으로 사용되고 있는 3차 포물선의 식을 유도하고 설명하시오

3. 초 고속전철을 위한 양질의 노반을 구축코자 한다. 바람직한 노반 구축 공법을 논하시오

4. 도심지를 통과하는 철도를 부설함에 있어 자동차 교통이 혼잡한 철도를 횡단하기 위한 철도 입체교차 설비를 설치할 때 고려되어야 할 제반사항을 상술하시오

〔4교시〕

1. 귀하가 경험한 철도공사 중 특기할 만한 1개 공사를 선택하여 그 개황을 설명하고 현 시점에서 회고할 때 개량하여야 할 점이나 그 당시의 애로점 등을 기술하시오

2. 궤도틀림(Track Irregularity)에 대하여 설명하시오

3. Plate Girder 의 가설공법을 아는 대로 기술하시오

4. 철도교량을 설계할 때 고려되어야 할 하중을 종류별로 열거하고 설명하시오

▶▶제21회 철도 기술사시험문제 ('82)

〔1교시〕

1. 철도곡선에 Cant가 필요한 사유를 설명하시오

2. Prestressed Concrete의 40×80 cm의 구형 단면을 가진 포스트텐션(Post-tension) 부착이 없는 P.C동선을 단면의 도심에서 25 cm의 편심거리에 배치하여 100,000 kg의 초기 Prestresse로 신장하였다. 이때의 부재 휨에 의한 Prestressed의 감소를 계산하시오 단, $\sigma ck = 250$ kg/cm^2

3. 철도의 정거장을 분류하고 설명하시오

4. 다음을 간단히 설명하시오

    가. A.B.S(Automatic Black System)   나. 제한구배

    다. Hump Yard   라. 차량한계와 건축한계 중간의 여유

    마. L.S하중

〔2교시〕

1. 다음 그림과 같은 중력식 옹벽의 안정을 검토하고 기초지지 Pile의 소요수를 구하시오.

    단, 토압계수 : $C=0.44$, 무근콘크리트 자중 : 2,200 kg/m^2, 옹벽 뒤 막돌 자중 : 2,200 kg/m^2 성토흙의 단위중량 : 1,800 kg/m^2, LS-22 하중과 궤도에 대한 토압 환산 높이 : $H=0.54$ m

2. 철도선로의 종곡선에 대하여 기술하시오

3. 분기기에 대하여 설명하시오

4. 한국의 국유철도 건설규칙의 내용에 대하여 주요사항을 설명하시오

〔3교시〕

1. 기존 비전철 단선철도의 운송능력 증강방안을 기술하고 귀하가 생각하고 있는 가장 효율적인 방안에 대하여 그 사유를 설명하시오

2. 보선작업의 종류를 분류하고 그 내용을 분석 평가하시오

3. 철도화물의 터미널 설비에 대하여 기술하시오

4. 철도의 설비에 대하여 상술하시오

[4교시]

1. 철도의 사명을 사회적, 기술적 견지에서 논술하시오

2. 복선철도 터널을 건설하고자 한다. 공기와 경제적으로 유리한 터널 공법을 기술하고 NATM에 대하여도 현재 우리나라 실정에서 시행할 수 있는 방안을 기술하시오

3. 외국의 고속철도를 약술하고 국내에 고속철도 건설을 하려고 한다면 귀하의 의견을 구체적으로 제시하시오

4. 보선작업의 기계화에 대하여 논술하시오

▶▶제19회 철도 기술사 시험문제 ('81)

[1교시]

1. 한국철도 80년간에 있어서 그 기술발전에 대하여 아는 바를 쓰시오

2. 유도상 P.C 합성빔 철도교의 설계 및 시공상의 순서와 유의점을 비교하시오

3. 철도의 선로 방호설비에 대하여 최근의 철도 고속화를 고려하여 구체적으로 기술하시오

[2교시]

1. 철도의 설비에 대하여 상술하시오

2. 캔트의 직선체감과 원활체감에 대하여 비교 설명하시오

[3교시]

1. 도심간 철도와 도시내 철도의 양면에서 본 국내 운송상의 문제점을 앞으로의 대책에 대하여 귀하의 의견을 기술하시오

2. 최근에 발달된 궤도구조를 설명하고 평가하시오

3. 터널 굴착공법에 대하여 아는 바를 쓰고 최근에 발달된 공법도 아울러 기술하시오

4. 철도 건널목의 입체화에 대하여 귀하의 경험과 의견을 기술하시오

[4교시]

1. 철도운송 수요의 예측방법을 기술하고 한국철도 운송상의 특성을 감안한 최적의 방법을 그 사유와 함께 설명하시오

2. 철도 구조물을 재료별(철근콘크리트, Prestressed Concrete, 구조 등)로 분류하여 설계 및 시공상의 고려점을 기술하시오

3. 시속 200 km/hr 이상의 고속철도를 건설코자 할 때 고려되어야 할 기술적 사항을 토목분야에 대해서만 상술하시오

▶▶제18회 철도 기술사 시험문제 ('80)

[1교시]

1. 최근 발달된 산악터널 시공법을 논하시오

2. 철도 교량 건설에 있어 경제적인 경간장 사정방법을 쓰시오

3. LS 하중의 유래와 L하중과 S하중을 구별하는 이유 및 그들을 사용하는 경간장 등을 논하시오

4. 열차속도를 증가함에 필요한 제반요건을 논하시오

5. 1개 철도 선로가 건설될 때까지의 모든 작업과정을 논하시오

6. 철도 트러스교의 가설방법을 아는대로 논하시오

〔2교시〕

1. 귀하가 응시서에 기입한 전문분야에 대하여 과거에 경험한 작업 2개의 개요를 쓰고 각개에 대하여 현시점에서 판단하시오

2. 대도시 교통기관으로서의 철도의 금후 문제점과 그의 대책을 논하시오

3. 시속 250 km의 철도를 건설함에 필요한 제반 요건을 논하시오

4. 우리나라 같은 지질에 금후에 건설되는 철도교량의 종류를 지간장 별로 논하시오. 물론 경제적이어야 한다

5. 도시철도 구조물에 필요한 제반사항을 지상, 지하별로 논하시오

6. Hump Yard에 대하여 아는 대로 논하시오

▶▶제17회 철도 기술사 시험문제 ('79)

〔1교시〕

1. 철도의 4대 요소에 대하여 아는 바를 기술하시오

2. 철도 완화곡선은 3차 포물선이다. 이것이 성립되는 과정을 논하시오

3. 단경간 철도교에 있어서 L하중 또는 S하중에 적용되는 지간의 한계장을 계산하시오. 단, 하중은 LS-18이다

4. 선로 종곡선의 부설법을 설명하고 종곡선 반경이 열차주행에 미치는 영향을 기술하시오

5. 철도 보안설비에 대하여 상술하시오

6. 철도를 건설하고자 할 때 노선 선정에 있어 고려하여야 할 사항과 기술적인 제 문제에 대하여 사유를 들어 논하시오

〔2교시〕

1. 철도교량 (강교)의 가설방법을 아는 대로 논하시오

2. 전장 10 km의 복선철도 터널을 시공코저 한다. 정교하고 경제적인 시공을 위한 기술적 사항을 기술하시오

3. 각종 조차장에 대하여 유형별로 아는 바를 쓰고 1일 1000량 취급 규모라면 어떤 유형이 합리적인가? 사유를 들어 설명하시오

4. 철도교량에 개상식과 폐상식이 있다. 각각에 대하여 필요성과 장단점에 대하여 논하시오

5. 1개 철도 노선의 운송량 증가에 따라 그 운송력 증강의 방법을 단계적으로 논하시오

6. 장대레일의 성립이론과 장대레일 설치의 가능한 궤도 조건 및 보수요령을 논하시오

▶▶제16회 철도 기술사 시험문제 ('78)

〔1교시〕

1. 장대레일의 부설조건 및 설비에 대하여 기술하시오

2. 서울~부산간 고속철도(시속 200 km.h이상)를 건설함에 필요한 제요건을 논하시오

3. R.C 구조와 P.C구조의 응력해석상 차이점을 논하시오

4. 1개 철도 선로가 건설될 때까지의 모든 작업과정을 논하시오

5. 조차장 시설 전반에 대하여 설명하고 특히 Hump Yard에 대하여 상술하시오

6. 다음 하로 Warren Truss에 있어서 1-2, 2-4, 3-4 부재의 응력 영향선을 그리시오

〔2교시〕

1. 궤도역학이란 무엇이며, 어떤 기본 가정에서 성립되는가

2. 철도 교량의 경제적 지간에 대하여 논하시오

3. 수도권을 위시한 대도시권 교통난 해소를 위하여 도시교통체제 정비 기본계획을 수립코저 한다. 철도 부문에 대하여 논하시오

4. 경간 40m의 단선 Truss 철교가 홍수 피해로 교각 1기, Truss 2경간이 유실되었을 때 긴급 복구하여 열차를 운행코자 한다. 긴급 복구대책을 수립하여 복구방법, 공정, 노력동원, 주요 장비 투입, 주요 자재 조달, 공사비 조달 등 열차 운행을 개시할 때까지의 과정을 상술하시오

5. 기존 단선철도의 수송능력을 증강코자 한다. 귀하가 증강이 시급하다고 생각되는 선로를 택하여 수송능력 증강방안을 비교 검토하고 최적 방안이라고 판단되는 안에 대하여 기본계획, 시행계획, 조사, 설계, 시공 등 운행 개시할 때까지 전반을 상술하시오

6. 산악지 장대터널 건설에 있어서 발달된 굴착방법을 논하시오

▶▶ 제 15회 철도 기술사 시험문제 (' 78)

〔1교시〕

1. 열차속도(Train Speed), 곡선반경(Radius of Curve), 선로 구배(Gradient), 캔트(Cant), 슬랙(Slack) 등의 상호관계를 이론식과 함께 설명하시오

2. 철도의 수송력 증강 방안에 대하여 구체적으로 논술하시오

3. 궤도구조에 관한 최근의 발전에 대하여 아는바를 기술하시오

4. 철도 수송수요의 예측방법과 그 성질을 설명하고, 우리나라 철도의 경우에 그 적용상 특이점이 있으면 지적하시오

5. 철도 선로에 있어서 노반 시공법을 설명하고 특히 다짐(Tamping)에 대하여 상술하시오

6. 다음 그림과 같은 단면을 가진 터널의 설계 및 시공상의 차이점을 기술하시오

〔2교시〕

1. 고속철도 (최고속도 200 km/h 정도)의 건설에 적합한 완화곡선에 대하여 설명하시오

2. 레일 중량화의 목적은 무엇이며, 국내 어느 선구를 예로 들어 그 선구의 레일 중량의 필요성과 타당성을 검토하고 이해 득실을 기술하시오

3. 프리텐션 방식 (Pretension System)과 포스트텐션 방식 (Post Tension System)의 PC부재 설계상의 차이점을 이론식으로 설명하시오

4. 우리나라 철도의 보선작업의 현황과 그 개선책에 대하여 논하시오

5. 거점 화물역과 물자별 적합수송에 대하여 설명하고 우리나라 철도 화물 수송현황과 앞으로의 대책을 논하시오

6. 전국(남한)의 철도망 정비에 대하여 귀하가 구상한 바가 있으면 그 사유를 들어 구체적으로 설명하시오

7. 철도구조(Railway Structure)의 특징과 설계, 시공, 보수면에 있어서의 유의점에 대하여 기술하시오

▶▶제14회 철도 기술사 시험문제 ('77)

[1교시]

1. 철도의 설비에 대하여 논하시오

2. 캔트(Cant, 고도)의 직선체감과 원활체감에 대하여 아는 바를 기술하시오

3. PC 구조물의 특징과 설계에 있어서의 유의점을 쓰시오

4. 열차속도를 향상시키기 위한 선로구조의 개량에 관하여 쓰시오

5. 다음 그림과 같은 L형 옹벽의 안정을 검토하고 철근을 배치하시오

[2교시]

1. 한국철도망상으로 보아 2대 간선인 경부선과 호남선의 분기지점인 대전지구에 보선기지를 설치하고자 한다. 그 규모와 시설(장비포함) 사항에 대하여 기술하시오

2. 장래 국내에 고속철도(시속 200 km/h 정도)를 건설할 경우에 대비한 궤도구조에 대하여 기술하시오

3. 서울 도시 교통난 해결과 관련하여 수도권 일원의 철도망을 정비한다면 어떻게 해야 할 것인가에 대하여 기술하시오

4. 장대레일(Welded Long Rail)의 부설조건과 특히 곡선상에서의 제한사항을 상술하시오

5. 화물기지 건설에 있어서 배선 및 설비사항을 기술하시오

6. 1 km 이상의 철도 장대터널의 조사, 설계, 시공에 있어서의 기술적 사항을 기술하시오. 다만, 사례를 들어 설명하여도 무방함

▶▶제13회 철도 기술사 시험문제 ('76)

[1교시]

1. 시속 160 km/h 고속열차를 운행하고자 할 때에 선로의 최소 곡선반경, 최급구배, 적당한 궤도구조에 대하여 논하고, 그 사유를 계산으로 설명하시오

2. 경간 20 m 내외의 철도교에 있어서 T-beam, PSC-beam, 강형에 대하여 구조계산, 설계, 시공, 경제성을 상세히 비교하시오

3. 선로 동상의 원인과 우리나라 기후에 알맞는 동상방지책에 대하여 기술하시오

4. 다음 술어를 설명하시오8
   가. 정현 반파장 완화곡선(Transition Curve By Semi-Sine Wave Length)
   나. 극한 설계법(Ulti-Mate Strength Design Method)
   다. 분기각 (Angle of Turn out)
   라. 궤도 표준 (Track Standard)
   마. 철도교의 충격 (Impact of Railway Bridge)

[2교시]

1. 정거장의 배선에 대하여 상술하시오

2. PC 구조물 (Prestressed Concrete Structures)의 설계에 있어서 프리스트레스(Prestress)의 손실량(Loss of Prestress)에 대하여 상술하시오

3. 현 경부 복선은 '80년대의 수송전망으로 보아 복복선화 또는 신선건설이 필요하다고 생각되는데 경부선의 수송 대책에 입각한 개량계획에 대하여 귀하가 생각하는 방안에 대하여 기술하시오

4. Cant에 대하여 설명하고, 곡선반경 $R=600$ m를 통과하는 최고속도 80 km/h와 최저속도 40 km/h의 열차가 운행되는 선로의 적정 Cant량을 계산으로 설명하시오

5. 목침목과 PC침목에 대하여 우리나라의 현실을 감안하여 비교 검토하시오

6. 그림(a)의 2경간 연속보의 BMD, SFD를 그리고 지간 중앙점 C의 처짐량을 구하시오. 단 보의 정수는 그림(b)와 같다

▶▶제11회 철도 기술사시험문제 ('74)

〔1교시〕

1. 연약지반에 세울 구조적 설계상의 기술적 사항과 가장 유리하다고 생각하는 형식의 일례를 들어 설명하시오

2. 궤도구조를 상술하고 최근의 궤도구조 근대화와 앞으로의 우리나라 궤도구조의 개선책을 기술하시오

3. 평야지, 구릉지 및 산악지를 각각 약 1/3을 통과하는 100여 km의 단선을 복선화하는데 있어서의 조사에서 시공까지의 기술적 사항을 논하시오

4. 철도의 완화곡선을 Cant의 체감방법, 차량의 운동, 열차의 안전운행, 승차감, 노선보수 등과 관련시켜 논설하시오

5. 다음 Rahmen구조의 BMD, SFD를 그리시오

  단, AB부재 및 CD부재의 단면2차 Moment $I_1=1,800,000$ cm⁴, BC부재의 단면2차 Moment $I_2=1,800,000$ cm⁴이다

〔2교시〕

1. 레일 중량화의 필요성을 설명하시오

2. 노선상의 분니 개소에 관한 대책을 설명하시오

3. 장대레일의 부설조건과 경제성을 논하시오

4. 단선을 복선화하지 않고 선로용량을 증가시키는 방법에 대하여 국내의 어느 선구를 예를 들어 설명하시오

5. 열차저항(Train Resistance)에 관하여 상술하시오

6. 한국철도의 현실을 고려한 철도의 근대화 방안에 대하여 논하시오

7. 경간 60 m의 Truss가 수년간 가설되어 있는 장대교량에서 수심 4~5 m의 수중부에 있는 교각 1기와 Truss가 홍수로 유실되었을 때 조속한 열차운행을 위한 복구대책에 대하여 시공법, 공사비, 공기, 재료조달에 관하여 기술하시오

▶▶제10회 철도 기술사시험문제 ('73)

〔기초분야〕

1. 침목 설계시 결정순서를 기술하시오

2. 약 1 km되는 철도 터널을 건설시 정확한 시공을 위한 기술사항을 기술하시오

3. 완화곡선의 부설순서를 그림으로 표시하면서 순서대로 쓰시오

4. 궤도의 근대화와 보수에 대하여 아는 바를 쓰시오

5. 철도의 장대교량이나 터널 설계 및 계획시 조사하여야 할 사항과 결정사항을 한 예를 들고 설명하시오

〔전문분야〕

1. 운행 단선철도를 안전운행하기 위한 각종 사항을 운행선을 예로 들어 아는 대로 상술하시오(선로약도 참조)

2. 다음 2문제 중 1문제만 선택하시오

가. 철도교량의 가설방법을 쓰시오

나. 철도 보수 설비에 대하여 쓰시오

▶▶제9회 철도기술사 시험문제 ('73)

〔기초분야〕

〔전문분야〕 ※ 다음 6문제 중 4문제를 택하여 답하시오

    1. 선로의 동상방지 대책을 논하시오

    2. 현 운행선의 속도향상 방안을 기술하시오

    3. 선로의 수행방지 대책을 논하시오

    4. Slack에 관하여 설명하시오

    5. 대(大)하천의 교량위치 선정에 관하여 논하시오

    6. 그림의 PC-Beam의 상한선 응력을 구하시오. 단 $BM = 40\,t \cdot m$, Prestress $N = 360\,ton$

▶▶제8회 철도기술사 시험문제 ('71)

〔기초분야〕 ※ 다음 문제 중 1번과 5번은 반드시 답하고, 나머지 4문 중 3문을 택하여 답하시오

    1. 곡선 부설시 고려하여야 할 사항을 쓰시오

    2. 지하철 시공법에 대하여 쓰시오

    3. 각종 열차저항에 대하여 기술하시오

    4. 분기기의 종류를 쓰시오

    5. 다음 Truss의 응력해석에 있어 가. 부재 A-1, 3-4, 5-7, 6-8 제 부재의 영향선을 그리시오. 나. 이 Truss에 6 ton/m의 등분포 하중이 작용할 때 4개 이상 부재의 응력을 계산하시오

    6. 극한강 설계법의 이론과 실제 설계법을 논하시오

〔전문분야〕 ※ 다음 문제 중 3문을 택하여 답하시오

    1. Speed-Curve의 필요성과 노선 선정에 대하여 설명하시오

    2. 도시 고속화 철도 건설에 있어 고려하여야 할 사항을 기술하시오

    3. 개량된 각종 조차장에 대하여 아는 바를 쓰시오

    4. 서울~부산간 고속전철(시속 200 km/h)을 건설하고자 한다. 여기에 부수되는 제반작업(조사부터 운영까지)을 기술하시오

    5. 현재 우리나라 철도 운영이 극히 부진하다. 그의 근본원인을 극복하는 방법을 최소한의 투자로 그의 해결방안을 기술하시오

▶▶제 7회 철도 기술사 시험문제 ('70)

〔기초분야〕

1. 최소량의 노선 축제(路線 築堤)를 축조하는 공법을 상술하시오

2. 점토질 절토부에서 노상 (Sub-Grade)의 배수의 필요성과 그 공법을 설명하시오

3. 그림 단면의 R.C Beam이 200 t·m의 휨 모멘트를 받을 때, 가. $f_{ck}=1,300$ kg/cm²으로 보고 A_s의 약산치를 구하시오. 나. 다음 표에 의해 K와 J를 구하여 위의 A_s를 변동시키지 말고 f_c와 f_s의 값을 구하시오

4. 그림 (자료없음)의 교각에 작용하는 외력에 대해 기초저반(4 m×4 m)에 작용하는 최대응력 (t/m²)의 값을 구하시오

5. 궤도구조의 발전 경향에 대하여 논하시오

6. 국내 어느 구간의 철도선로를 택하여 그 선로의 수송능력을 증가시키는 방안에 대해 설명하시오

〔전문분야〕

1. 노선의 선정에 대한 기술적 문제점에 대하여 설명하시오

2. 무 Joint의 궤조사용의 궤도에 대해 다음을 논하시오. 가. 그 궤도의 필수 조건, 나. 그 궤도의 이점

3. 콘크리트 침목에 대해 다음을 논하시오. 가. 그의 이점, 나. P.C 침목의 제조법, 다. 프랑스의 R.S 침목을 채택하는 의견

4. 무 Joint 또는 매우 긴 궤조가 -10 ℃에서 부설되어 +50 ℃의 고온으로 되었을 때 온도응력이 얼마로 되는가? 단, $a = 0.12\ 104$, $E = 200\ 104$kg/cm

5. 대 도시내의 교통기관으로서의 철도의 가치를 논하시오

6. 지질이 극히 불량할 때 터널의 굴착공법과 갱문의 설계법을 논하시오

▶▶제 6회 철도 기술사 시험문제 ('04.8.22)

〔기초분야〕

1. 고도가 160 mm이고 반경이 400 m인 원곡선상에 차량의 중심고가 200 cm인 열차가 최고속도 90 km/h로 운행될 경우의 안전율은 얼마인가? 또, 100 km/h인 경우는 얼마인가?

2. 30 ‰ 구배의 선로상에서 40 km/h인 속도에서 전락한 열차는 1분 후에 얼마정도의 속도가 될 것인가? 단, 공기저항은 약하기로 한다

3. 다음 3문 중 2문만 답하시오

   가. 궤도구조에 대한 최근의 경향을 기술하시오

   나. 철근콘크리트와 P.S콘크리트의 응력 해석법으로 본 차이점을 도시하여 설명하시오

   다. Well 공법의 설계방법을 논하고 Caisson 공법과의 이해 득실을 상술하시오

〔전문분야〕

1. 운행선에 있어서 열차속도를 증가시키기 위해 고려하여야 할 사항을 기술하시오

2. 약 35 m의 연약 이토층과 모래층을 서로 섞인 지반상에 길이 600 m의 철도교량을 건설할 경우, 교량 하부구조 공법을 열거, 상술하고 또, 경제적 경간 사정법을 논하시오

3. 금후 도시부근의 철도 건설에 필요한 사항을 구조상으로, 또 기능별로 상술하시오

4. 궤도 구조 결정에 대하여 상술하시오

▶▶제5회 철도기술사 시험문제 ('69)

〔기초분야〕

1. 다음 2문 중 1문만 답하시오
   가. 속도가 40 km/h인 열차가 20 ‰ 구배로 내려가고 있을 때 중력으로 인한 가속도만 고려할 경우 10초후의 속도는 얼마나 될 것인가? 또, 그때 진행한 거리는 얼마인가? 단, 기관차의 중량은 125 ton이고, 화차 총 중량은 575 ton이다. 기관차 주행저항 R_e = 2.4 + 0.04V + 0.00035 V^2, 화차의 주행저항 R_e = 1.3 + 0.014V + 0.00035V^2, 여기서 Re = kg/ton, V = km/h이다
   나. 철도선로의 곡선에 대하여 논하고 캔트가 160 mm, 차량 중심고가 200 mm, 곡선반경이 400 m인 경우 열차의 허용 최고속도는 얼마나 될 것인가? 단, 열차운전시 안전율을 4로 본다
2. 다음 3문 중 2문만 답하시오
   가. 궤도구조의 결정요소에 대하여 기술하시오
   나. 신설 건설 계획시 최급 경사는 어떻게 정하는가
   다. 호남선을 복선으로 개량코자 할 때 검토사항을 기술하시오

〔전문분야〕

1. 다음 4문 중 3문만 답하시오
   가. 선형을 그대로 두고 운행선의 표정속도를 향상시키는 방안을 기술하시오
   나. 장래의 도시철도 고속화에 대하여 기술하시오
   다. 노후화된 콘크리트 구조물의 수리방법을 기술하시오
   라. 궤도 구조 결정에 대하여 상술하시오
2. 전답이 있는 평야에서 복선철도와 고속도로(폭 22.4 m)가 교각 60으로 교차하여야 한다. 철도의 시공면 및 도로의 자연지반보다 약 1 m 높이에 있을 때 다음 문제에 답하시오.
   * 참고사항 하중 : 철도 L-22,, 도로 DB-18   종단 구배 : 철도 3 ‰, 도로 3 %
   가. 가장 합리적인 입체교차의 형태에 대하여 논하시오
   나. 결정된 입체교차의 구조물을 종류별로 열거하고, 각자가 구상하는 치수를 기입하시오
   다. 시공법을 순서적으로 설명하시오. 단, 열차는 계속 운행되어야 한다

▶▶제3회 철도기술사 시험문제 ('66)

〔기초분야〕

1. 급속도 열차(예로 150 km/h 이상)를 안전하게 통과시킬만 한 곡선반경과 궤도의 제 구조에 대하여 논하시오
2. 완화곡선을 $Y = \dfrac{x^3}{6RL}$, L =500 m, B.C(원곡선 시점)의 STA.는 2k 100 m로 가정하고 S.P와 P.C의 STA와 P.C에서의 지거와 P.C에서의 접선 방향 등을 역산법에 의하여 계산하시오
3. 각종 열차 저항에 대하여 논하시오
4. 궤도의 마모와 균열에 대하여 논하시오
5. 궤도장에 대하여 논하시오

〔전문분야〕

1. Prestressed Concrete의 Beam과 침목의 원리와 제작공법을 상술하시오

2. 다음 단면의 Prestressed Concrete Beam에서 단면적 A와 중립축에 대한 단면 2차율 I를 구하고

   가. Prestress가 가해지는 직후에 있어서의 Beam 중심부의 상하연 응력 ot와 ob를 구하시오

   단, Prestress는 200 ton이고, 그 위치는 중립축에서 e만큼 이때 Beam의 자중(0.6 t/m)이 16 m Span의 Simple Beam상에 실린다

   나. Prestress가 160 ton으로 감소되었을 때 전 하중 2 t/m가 작용할 때에 16 m Span 중심부 상하면 ot와 ob를 구하시오

3. 침목저면에 있어서 반 응력의 분포가 그림(그림없음)의 A, B와 같이 2종으로 된다고 가정하고 A, B 각각에 대한 A점과 C점의 휨모멘트 M_a와 M_c를 구하시오

4. Footing(확대기초)의 저면적의 결정법에 대하여 논하시오

▶▶제 2회 철도 기술사 시험문제 ('65)

〔기초분야〕

1. 곡선저항 $Y = \dfrac{x^3}{6RL}$ (R = 원곡선반경, L = 완화곡선장)으로 하여도 좋으나 어떻게 유도된 것인가?

2. 곡선저항 $Y = \dfrac{600}{\gamma}X$(kg/ton)이다. 여기서 γ = 곡선반경(단위 m)일 때 제한구배를 15 ‰로 결정한 구간에서 300 m 반경의 곡선부에서 구배를 얼마까지 급하게 할 수 있는가? (단, 구배저항은 i의 구배에 i kg/ton이다.)

3. 종선의 반경을 10,000 m (혹은, 2 km사이에서의 구배변환율을 2 ‰로)로 보고 각 측점에서의 시공 기준면고를 산출하라.

   단, 종곡선 방정식은 $Y = \dfrac{x^3}{2\gamma}$로 볼 수 있다.

4. 그림에서 평균폭이 10 m되는 정통(井筒)의 두께 X를 구하려고 하는데, 다음 조건에 부합되게 하시오

   상부구조의 교각 반력 = 100 ton,   교각 구체의 중력 = 160 ton,   종하중 = 20 ton   정통의 수중 중력 = 1,2 ton/m³,   유압의 종방향 분력 = 20 ton

   상기 여러힘의 합력이 정통(井筒)저(底)의 중간 ⅓ 점의 경계에 오게 한다. 이 때에 지반의 안전 지압력이 얼마이상으로 되어야 하는가?

5. 침목 1 개가 다음 하중과 지지력을 받는다. 그 침목의 M_a와 M_b를 구하시오

   또, 이때 침목의 단면을 24 cm × 15 cm로 하면 목침목의 최대응력 o는 얼마인지 구하시오

6. 기초 저면에서 도시의 4 기초 항에 작용하는 합력이 도시한 B항 위치에 작용하고 그 합력의 분중이 100 ton이다. A, B, C, D항의 압력을 구하시오. 또, 이때 항의 안전지지율이 얼마 이상이라야 하는지 기술하시오

7. 운행선에 있어서 열차속도를 증가시키기 위해 고려하여야 할 사항을 기술하시오.

8. 궤도 구조결정에 있어 고려사항을 기술하시오.

9. 장대철도 교량의 설계, 계획 및 시공에 있어 고려사항을 기술하시오.

〔전문분야〕

1. 지질과 지형을 잘 살펴서 선로를 결정하는 방법에 대하여 논하시오

2. 구배와 곡선이 건설비, 보선비, 운전비에 미치는 각 영향을 설명하시오

3. P.S 콘크리트 침목의 유리한 점과 그의 제작방법과 이상적인 기계설비 방법에 대하여 논하시오

4. 건설 당시부터 곧 급행열차 운행에 지장이 없도록 하고, 또 보선에서 도상의 보완을 최소로 줄일 수 있는 노반과 노상에 대하여 기술하시오

5. Staging을 거의 쓰지 않고 철도교량을 가설하고자 할 때에 교형을 선택하는 방법과 그의 가설방법을 논하시오

6. 기초지반에 작용하는 최대 지압력을 구하는 방법과 그 지반의 안전 지압력을 알아내는 방법을 기술하시오

7. 교각의 세굴을 미리 방지하는 방법과 또 세굴이 많이 되어서 위험시기에 도달하였을 때 그 이상 세굴되지 않게 방지하는 방법을 논하시오

8. 철도시설과 타 교통시설의 연결에 있어 효율적인 방안을 기술하시오

9. 수송력을 증가시키기 위한 타개책을 논하시오

10. 보선에 있어서 장래의 이상적인 형태와 연구과제를 기술하시오

11. 터널의 전단면 굴착공법에 대하여 설명하고 또 비판하시오

▶▶ 제1회 철도기술사 시험문제 ('64)

〔기초분야〕

1. 각종 철도교형에 대하여 논하시오

〔전문분야〕

1. 한 개의 철도건설이 결정될 때까지의 계획 및 조사사항을 기술하시오

2. 가장 진보되었다고 믿는 궤도구조에 대하여 논하시오

3. 교량 기초공법에 있어 정통(井筒, Well Cassion)과 잠함(Pneumatic Cassion)의 장단점에 대하여 논하시오.